面向21世纪课程教材

Textbook Series for 21st Century

无机化学

第五版 下册

北京师范大学
华中师范大学 编
南京师范大学

高等教育出版社·北京

内容提要

本书是在“面向21世纪课程体系教材”的基础上修订而成的。

本书是在2002年出版的《无机化学》（第四版，上、下册）的基础上修订完成的；在体系结构和选材两方面保留了第四版的特色，增加了部分学科前沿内容，使本书更具时代特征；通过对书中部分内容的调整，使全书重点更突出，层次更分明。全书共六篇，分上、下两册。上册为化学原理，包括物质结构基础、化学热力学与化学动力学基础、水溶液化学原理；下册为元素化学。

本书可作为高等师范院校化学类专业教材，也可供其他院校化学类专业选作教材。

图书在版编目（CIP）数据

无机化学. 下册 / 北京师范大学，华中师范大学，南京师范大学编. --5版. --北京 ：高等教育出版社，2021.9（2024.12重印）
ISBN 978-7-04-055222-5

Ⅰ. ①无… Ⅱ. ①北… ②华… ③南… Ⅲ. ①无机化学-高等学校-教材 Ⅳ. ①O61

中国版本图书馆CIP数据核字（2020）第210297号

策划编辑 曹 瑛　责任编辑 曹 瑛　封面设计 张 楠　版式设计 杜微言
插图绘制 于 博　责任校对 胡美萍　责任印制 高 峰

出版发行 高等教育出版社
社 址 北京市西城区德外大街4号
邮政编码 100120
印 刷 固安县铭成印刷有限公司
开 本 787mm×960mm 1/16
印 张 36.75
字 数 680千字
插 页 1
购书热线 010-58581118
咨询电话 400-810-0598
网 址 http://www.hep.edu.cn
http://www.hep.com.cn
网上订购 http://www.hepmall.com.cn
http://www.hepmall.com
http://www.hepmall.cn
版 次 1981年12月第1版
2021年9月第5版
印 次 2024年12月第8次印刷
定 价 65.00元

物 料 号 55222-00

目　　录

第四篇　元素化学(一)

第五篇 元素化学(二)

第六篇　无机化学选论

第四篇

元素化学(一)

第 13 章

氢和稀有气体

内容提要

本章包括氢和稀有气体两部分内容。

本章要求：

1. 氢及氢化物的物理和化学性质；
2. 了解稀有气体的发现简史，单质、化合物的性质及用途；
3. 掌握用 VSEPR 理论判断稀有气体化合物的结构。

13-1 氢

13-1-1 氢的存在和物理性质

早在 16 世纪，巴拉塞尔斯(Paracelsus)发现硫酸与铁反应时，有一种能燃烧的气体产生。直到 1766 年，英国科学家凯文迪西(H. Cavendish)才确认这是一种与空气不同的易燃新物质。他曾称之为“易燃空气”，甚至误认为这种气体就是“燃素”。直到 1787 年，拉瓦锡(A. L. Lavoisier)才命名这种气体为氢，希腊文原意为“水之素”。

氢是宇宙中最丰富的元素，为一切元素之源。在地壳和海洋中，若以质量计，氢在丰度序列中排第九位(0.9%)。含氢化合物的种类是极其丰富的，水、生命物质、化石燃料(煤、石油、天然气)等均含有化合态氢。

已知氢有三种同位素，它们是普通氢或氕(用 ^1_1H 或 H 表示)、重氢或氘(^2_1H 或 D)和氚(^3_1H 或 T)。自然界中所有氢原子的 99.98% 是 ^1_1H，大约 0.02% 是 ^2_1H，^3_1H 的存在是极少的，大约 10^7 个普通氢原子中才有 1 个氚原子。氢的同位素由于电子结构相同，故化学性质基本相同，但是由于它们含有的中子数不同，物理性质如放射性等方面有差异。它们所形成的双原子分子的熔点、沸点也不相同，H_2 的沸点为 -252.8 ℃、熔点为 -259.2 ℃，而 D_2 的沸点为 -249.7 ℃、熔点为 -254.4 ℃。氘的重要性在于它与原子反应堆中的重水有关，并广泛地应用于反应机理的研究和光谱分析。氚的重要性在于和核聚变反应有关，也可用作示踪原子。

H_2 是无色、无臭、无味的可燃性气体，它比空气轻 14.38 倍，具有很大的扩散速率和很好的导热性，氢在水中的溶解度很小，273 K 时 1 体积水仅能溶解 0.02 体积氢。

氢气容易被镍、钯、铂等金属吸附，钯对氢气的吸附最显著，室温下 1 体积粉状钯大约吸附 900 体积氢气。被吸附的氢气有很强的化学活泼性，在此状态下的氢气同氧气能迅速化合。

用液态空气冷却普通的氢气，并用活性炭吸附分离，可得到氢分子的两种变体，即正氢和仲氢。两者的区别在于分子内两个氢原子核自旋的方向不同。正氢的两核自旋方向相同，仲氢的两核自旋方向相反。普通氢气在室温下含 75% 正氢和 25% 仲氢。低温时，氢气内含仲氢较多，在 20 K 时，可达 99.7%。正氢和仲氢的化学性质相同，但物理性质如熔点、沸点，则稍有差异。

13-1-2 氢的化学性质和氢化物

氢在化学反应中有以下几种成键情况：

(1) 氢原子失去 1s 电子成为 H^+(即质子)。但是，除了气态的质子流外，H^+ 总是与其他原子或分子相结合，如酸类水溶液中的 H^+ 以 H_3O^+ 形式存在。

(2) 氢原子得到 1 个电子形成 H^-，主要存在于氢和ⅠA、ⅡA 族元素中(除 Be 外)金属所形成的离子型氢化物中。对这种 $H^-(1s^2)$ 来说，由于单个质子周围的电子云密度较大，很容易变形，其半径因金属的性质差异而发生明显的改变，典型数据如下：

化合物	MgH_2	LiH	NaH	KH	RbH	CsH	自由 H(计算值)
$r(H^-)$/pm	130	137	146	152	154	152	208

(3) 氢原子和其他电负性不大的非金属原子通过共用电子对结合，形成共价型氢化物。此外，与电负性极强的元素(如氟、氧等)相结合的氢原子易与电负性极强的其他原子形成氢键，以及在缺电子化合物(如乙硼烷)中氢原子可形成桥键。

H_2 分子在常温下不太活泼，解离能 $D_0=436\ kJ\cdot mol^{-1}$。但 H_2 同氟即使在暗处也能化合，而且 H_2 能迅速还原 $PdCl_2$ 水溶液：

$$PdCl_2(aq)+H_2 \longrightarrow Pd(s)\downarrow +2HCl(aq)$$

该反应可用作 H_2 的灵敏检验反应。在较高的温度下，H_2 与许多金属和非金属剧烈反应，得到相应的氢化物，还能将高价金属氧化物还原为低价，直至得到金属单质。氢的活性也可以用多相催化剂(Raney 镍、Pd 或 Pt 等)或均相加氢催化剂[$RhCl(PPh_3)_3$ 等]或光照诱发。氢的重要工业应用包括使许多有机化合物加氢还原，可将植物油液体变为固体或由烯加氢酰化形成醛或醇：

$$RCH{=\!=}CH_2+H_2+CO \xrightarrow[\text{高温高压}]{\text{钴化合物}} RCH_2CH_2CHO \xrightarrow{H_2} RCH_2CH_2CH_2OH$$

另一个例子是由氮和氢合成氨。

将 H_2 分子加热或经过一定波长的辐射或进行低压放电都能使它解离为原子。这种原子氢是比 H_2 更强的还原剂，它能与 Ge、Sn、As、Sb 等直接化合，还能把某些金属氧化物或氯化物还原为金属，并能使固体化合物中某些含氧的阴离子还原：

$$As+3H \longrightarrow AsH_3$$
$$CuCl_2(s)+2H \longrightarrow Cu\downarrow +2HCl$$
$$BaSO_4(s)+8H \longrightarrow BaS\downarrow +4H_2O$$

即使在常压下，氢通过钨电极间的电弧时也部分解离为原子。但所得的原子氢仅能存在半秒钟，随后重新结合成 H_2 分子。原子氢化合生成 H_2 分子时释放热能产生的高温可用于焊接金属，而且在焊接时能够防止焊接金属表面被氧化。

除了上述通常的共价型氢化物和离子型氢化物外，还有过渡金属与氢生成的金属型氢化物(或间充型氢化物)，以及氢作配体的含氢配合物。在金属型氢化物中，氢原子填充在金属的晶格间隙，其组成不固定，通常是非化学计量的。例如，在室温下通过吸氢所制得的氢化钯中，氢的最大含量可用化学式 $PdH_{0.8}$ 表示。又如 $LaH_{2.76}$、$CeH_{2.69}$、$PrH_{2.85}$、$TiH_{1.73}$、$ZrH_{1.98}$、$TaH_{0.78}$ 等也是金属型氢化物。这种特殊的方式仅表示氢化物中两种原子数的比值，如 $ZrH_{1.98}$ 表示锆和氢的原子数之比为100:198。该类氢化物的一个显著特性是氢原子在稍高温度下能在固体中快速扩散。氢的高流动性和氢化物组成的可变性使得金属型氢化物成为潜在的储氢材料。

金属含氢配合物如 $NaBH_4$、$LiAlH_4$ 及由氢作单齿或双齿配体的过渡金属配合物如$[Fe(CO)_4H_2]$、$[Co(CO)_4H]$、ReH_9^{2-} 和 $Cr_2(CO)_{10}H^-$等的数量正日益增多,结构类型多样,在均相催化中的作用引人瞩目。

需要指出的是,不同种类氢化物之间在性质和键型上没有明显的界线,存在着一种几乎连续渐变的情况,如钪族、钛族元素的氢化物,处于离子型氢化物和金属型氢化物的过渡状态,而铜族、锌族氢化物处于金属型氢化物和共价型氢化物的过渡状态。至于铍、镁、硼等元素的原子属于缺电子原子,它们的氢化物是通过氢桥而形成的聚合分子,如$(BeH_2)_x$、$(AlH_3)_x$ 等,因而有人将这类氢化物称为聚合型氢化物。各类氢化物将在以后的相应章节中分别介绍。

阅读材料
氢能源

13-2 稀有气体

13-2-1 稀有气体发现简史

1785 年,凯文迪西在他的经典著作中论述到空气的组分时指出,将空气样品经过量的 O_2 反复火花放电后,发现有少量不能用化学方法去除的气体残余物,并以出乎意料的准确度测定其量“不超过整个气体的 1/120”。当时,他未进一步鉴定空气的这个组分,而在一个世纪以后,才被确认为氩。氦是在地球上被发现以前首先从大气层外找到的唯一元素。1868 年 8 月 18 日发生日食期间,人们观察到在太阳光谱中,紧靠钠 D 线处有一条新的黄线。据此,洛克耶尔(J. N. Lockyer)和富兰克兰德(E. Frankland)提出有一种新元素存在,并恰当地命名为氦(出自希腊文,意为太阳)。1881 年,帕米尔(L. Palmieri)研究维苏威火山产生的气体的光谱时,也观察到同样的谱线。而氦在地球上的存在,最后是由拉姆齐(W. Ramsay)对大气的气体进行深入研究时所证实的。1895 年,他从大气中分离出了氦并进行了鉴定。

为了检验普劳特(Prout)提出的“所有元素的原子量(相对原子质量)均是氢原子的倍数”的假设,瑞利(J. W. S. Rayleigh)对普通气体的密度进行了精确的测定。他出乎意料地发现,将空气中的 O_2、CO_2、H_2O 去除后,所得氮的密度比由氨通过化学方法而得到的氮的密度总是高出约 0.5%。然后,拉姆齐用受热的镁与“大气的氮”进行反应($3Mg + N_2 \longrightarrow Mg_3N_2$),剩下一种少量的密度较大的单原子气体①。他在一篇合写的文章中确认这是一种新的元素,由于惰性,故命名为氩(出自希腊文,意为懒惰)。然而,这种新的不活泼的气体

---

① 分子量(相对分子质量)由测定密度而得。为了确定气体为单原子,且原子量和分子量是相同的,有必要测定气体中的声速及由此引出它们的比定压热容和比定容热容之比。

动力学理论预示:单原子为 $C_p/C_V = 1.67$;双原子气体为 1.40。

元素,在周期表中却找不到它的位置。拉姆齐大胆地建议,氦和氩可能是新一族元素,在元素周期表中可接纳整个新的一族,并预料该族中还有尚未被发现的元素。到了1898年,拉姆齐和特拉维斯(M. W. Travers)进一步通过液态空气的低温蒸馏制得并用光谱分析方法鉴定了新的元素:氪(出自希腊文,意为隐蔽)、氖(出自希腊文,意为新)和氙(出自希腊文,意为奇异)。

该族的最后一种元素,第86号元素,是一种寿命很短且具有放射性的元素,以前称作镭射气或射气同位素(因为它可作为放射性系列之源)。这种元素在1902年由卢瑟福(E. Rutherford)和索迪(F. Soddy)首先分离并进行了研究,现在称为氡(Radon)。名字取镭的字头Rad加on而成(on结尾是稀有气体常用的字尾,出自拉丁语radius,意为射线)。

新族元素的发现,不仅符合元素周期表,而且改善了元素周期表,因为它在高电负性的卤素和强正电性的碱金属之间架起了桥梁。该族的族名曾多次改变,最先称作稀有气体(rare gases),后来又称作惰性气体(inert gases),现在则称作贵气体(noble gases)。稀有气体名称不恰当是因为较轻的一些元素在大气中并不稀少,而当人们成功地制备出氙的化合物之后称惰性气体也不恰当了。化学界接受贵气体这个名称是因为它表达了这些元素反应活性很低,但仍然具有一定反应活性的事实①。

13-2-2 稀有气体的存在、性质、制备和应用

所有稀有气体元素都能在大气中找到,它们约占地球大气成分的1%(体积分数),其中Ar占主要成分。空气中稀有气体的百分数见表13-1。

表13-1 空气中稀有气体的百分数

稀有气体	百分数	
	体积分数	质量分数
He	5×10^{-4}	6.9×10^{-5}
Ne	1.5×10^{-3}	1.2×10^{-3}
Ar	0.94	1.3
Kr	1.1×10^{-4}	2.9×10^{-4}
Xe	9×10^{-6}	4.1×10^{-5}

其实,在宇宙中氦是第二最丰元素(76% H,23% He),这是由太阳及星际能源的热核反应所致:

$$4\,{}^{1}_{1}\text{H} \longrightarrow {}^{4}_{2}\text{He} + 2\text{e}^{+} + 2\nu_{e}$$

① 本书中仍用国内惯用的稀有气体名称。

式中，ν_e 为中微子(neutrino)。但由于它过于轻，不能被地球重力场维系住。地球上的氦像氩一样，是放射性矿物衰变的结果(^4He 是由较重元素的 α 衰变而来，^{40}Ar 由 ^{40}K 的电子捕获而得)。氡也是放射性元素(^{88}Ra)的衰变产物。从大气中提取各稀有气体可用低温分馏或低温选择性吸附的方法。另外在美国和欧洲的某些天然气资源中也存在高浓度的 He，可通过低温蒸馏予以回收。

稀有气体的制备

1. 空气的液化

空气是制取稀有气体(除氡外)的原料。但是从空气中分离出稀有气体，则需首先使空气液化。当空气受强大的压力时会放出热量。反之，当被压缩的空气膨胀(即压力减小)时，温度就会剧烈的降低(每减小 101.3 kPa，降温 0.25 K)。经过多次压缩、膨胀，就能使空气达到液化的温度。图 13-1 为空气液化装置示意图。图 13-2 为储存液态空气的杜瓦瓶。

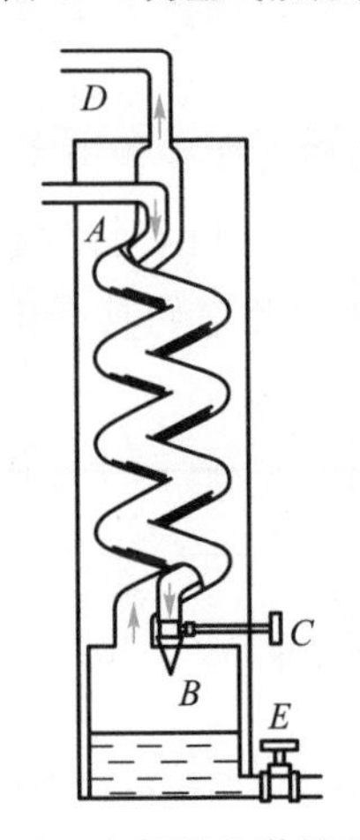

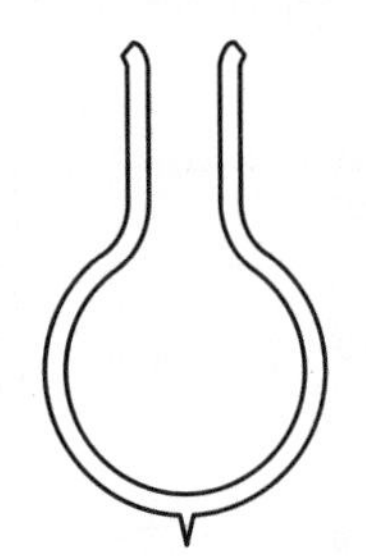

图 13-1 空气液化装置示意图　　图 13-2 储存液态空气的杜瓦瓶

将除去灰尘、水蒸气和二氧化碳的空气压缩至 20.265 MPa，经内管 A 到达管端，通过减压活塞 C 并在 B 内膨胀至 101.3 kPa，温度较原来可降低 50 K，冷却的空气经外管 D 逸出使内管的高压空气冷却，压缩和膨胀重复多次，空气即可液化。

液态空气呈淡蓝色，通常储存在杜瓦瓶中，当它蒸发时，温度可达到 83 K(−190 ℃)，故用作低温浴。许多物质在液态空气的温度下性质发生急剧改变。例如，黄色的硫变成白色；具有弹性的橡胶变得很脆；某些金属的电阻变得很小，显示超导性；水银变成硬且有延展性的金属，铅和锡变得很脆且易成粉末。在液态空气中，氧的浓度比空气中氧的浓度大得多。因此可燃性物质在液态空气中燃烧比在空气中燃烧要剧烈得多。工业上用液态空气作为制备氧、氮及稀有气体的原料。

2. 稀有气体的分离

从空气中分离稀有气体和从混合稀有气体中分离各组分，主要是利用它们不同的物理性质，如原子间作用力的不同，熔点、沸点的高低以及被吸附的难易程度不同等差异，达到分离的目的。先将液态空气分级蒸馏，挥发除去大部分氮后，稀有气体就富集于液氧之中（还含有少量的氮）。继续分馏可以把稀有气体和氮气分离出来。将这种气体通过氢氧化钠除去其中所含的二氧化碳，用赤热的铜丝除去微量的氧，再用灼热的镁屑使氮转变成氮化镁，剩余的气体是以氩为主的稀有气体。

从混合稀有气体中分离各组分常用低温分馏或低温选择性吸附的方法，如在低温下用活性炭处理混合稀有气体，越易液化的稀有气体就越易被活性炭吸附。在 173 K 时，氩、氪和氙被吸附，剩余的气体含有氦和氖。而在液态空气的低温下，氖被吸附而氦可分离出来。所以在不同的低温下，利用活性炭对各种稀有气体的吸附和解吸，就可以使它们分离开来。

表 13-2 给出了稀有气体的物理性质。本族元素都具有稳定的电子构型（$1s^2$ 或 ns^2np^6），为无色、无臭、无味的单原子气体。稀有气体原子间的作用力随着原子序数的增加而增大，与之相关的一些性质也随之发生有规律的变化，这也是研究稀有气体存在形态、物理性质和分离方法的重要依据。

稀有气体元素的电离能在同周期中最高，表明这些元素电子构型的稳定性。但是在同族中随着原子体积的增加，电离能是依次降低的，特别是较重稀有气体的电离能比第二周期元素如 F 和 O 的电离能小，因此它们具有化学活性。

表 13-2 稀有气体的物理性质

物理性质	He	Ne	Ar	Kr	Xe	Rn
原子序数	2	10	18	36	54	86
相对原子质量	4.0026	20.179	39.098	83.80	131.29	222*
价电子构型	$1s^2$	$2s^22p^6$	$3s^23p^6$	$4s^24p^6$	$5s^25p^6$	$6s^26p^6$
原子共价半径/pm	—	131	174	189	209	214
第一电离能/($kJ\cdot mol^{-1}$)	2372	2080	1520	1351	1170	1037
沸点/K	4.215	27.07	87.29	119.7	165.04	211
熔点/K	—**	24.55	83.78	115.90	161.30	202
$\Delta_{vap}H$/($kJ\cdot mol^{-1}$)	0.08	1.74	6.52	9.05	12.65	18.1
热容的比值(C_p/C_V)	1.65	1.64	1.65	1.69	1.67	—
气体密度/($g\cdot L^{-1}$)(标准状况)	0.17847	0.89994	1.78403	3.7493	5.8971	9.73
在水中溶解度/($mL\cdot L^{-1}$)(293 K)	8.61	10.5	33.6	59.4	108.1	230
电负性	—	—	—	—	2.60	—

* 该核素的相对原子质量为 222.018；

** 液氦是一种性质独特的液体，单靠降低温度不能使它凝固，还必须加压。它也是唯一没有“三相点”的物质。

由于 He 的极性极小,它的沸点是已知物质中最低的(比 H_2 还要低);在 4.18 K 时,液氦的性质同一般液体一样,但当温度降至 2.178 K 时,由液氦(Ⅰ)转变为一种具有流动性的液氦(Ⅱ),黏度接近零,因此液氦(Ⅱ)被称为"超流体"。将这种氦(Ⅱ)液体放入如图 13-3 所示的容器中,则较高液面的液体能向上流过容器壁,直至两液面高度相等为止。He 的另一个重要性质:能扩散穿过许多实验室常用的材料如橡胶和 PVC 等,甚至能透过大多数玻璃,以致玻璃杜瓦瓶不能用于液氦的低温操作。

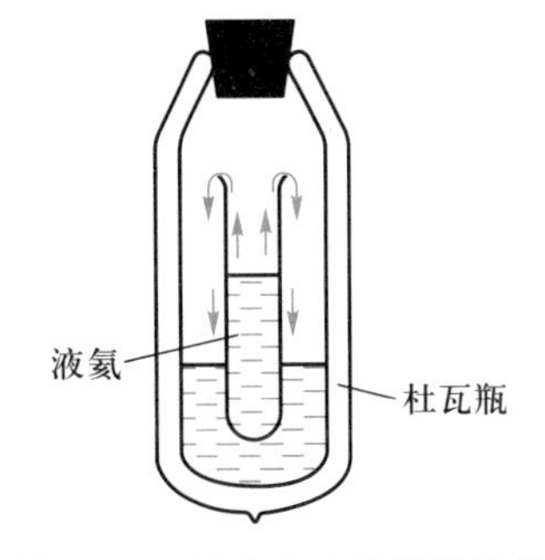

图 13-3 液氦(Ⅱ)的超流动性

稀有气体的应用,主要是基于这些元素的化学不活泼性、易于发光放电等性质,在光学、冶炼、医学以及一些尖端工业获得广泛的应用。

例如,大量的氦用在火箭燃料压力系统、惰性气氛焊接和用于核反应堆热交换器。氦的密度小且不易燃烧,常用它代替氢气填充气球和飞艇。近来还将其混入塑料、人造丝、合成纤维中制成很轻盈的泡沫塑料、泡沫纤维。因为氦比氮在血液中溶解度小,可用它与氧混合制成"人造空气",供潜水员使用,还用于医治气喘和窒息等。由于氦的沸点是现在已知所有物质中最低的,广泛用作低温研究中的制冷剂,也是核磁共振(NMR)谱仪和 NMR 显影中使用的超导磁体的制冷剂。

氩气氛可防止金属在焊接过程中被氧化。稀有气体还广泛用于各种光源,包括传统光源、霓虹灯(Ne)、氙闪光灯、高压长弧氙灯(人造小太阳)和激光如 Ar 离子激光、Kr 离子激光、He-Ne 激光灯。用作光源的原理:气体放电使部分原子电离并使离子或中性原子处于激发态,由激发态回到较低的能量状态时发射出各种光。

此外,Kr 和 Xe 的同位素在医学上也被用于测量脑中血流量和研究肺功能、计算胰岛素分泌量等。

氡是核动力工厂和自然界 U 和 Th 放射性衰变的产物,它产生的电离性核辐射对人体健康构成威胁。土壤、地下岩石或建筑材料中铀的浓度达到一定程度后会导致这些地区建筑物内 Rn 的含量超过规定限度。在医学上 Rn 已用于治疗癌症。

13-2-3 稀有气体化合物

1962年以前,稀有气体化合物仅限于在放电管中观察到的短寿命的化合物和不稳定的水合物和包合物①。

稀有气体的包合物是稀有气体的原子被捕集到相应的有机或无机化合物的晶格空隙内所形成的。例如,氢醌[p-$C_6H_4(OH)_2$]在稀有气体压力为1013~4052 kPa时,从水或乙醇中结晶能形成包合物。在结晶过程中,稀有气体被捕集到氢醌的晶格中,当晶体溶于水或受热时气体便逸出。此种晶体在室温下稳定,可保持一年。

气体被捕集的原因是氢醌晶格中存在空穴。X射线分析表明:在氢醌晶体中,每三个氢醌分子组成一个近似球体的空穴,直径约400 pm,氢醌分子之间以氢键结合。因此在结晶过程中,气体一旦被捕集到空穴中就很难逃脱。氩的包合物中,氩约占9%(质量分数),大约是一个氩原子比三个氢醌分子。

由于氢醌结晶中的空隙直径是400 pm,只有相应大小的分子才能被捕集。气体分子太小,就有可能从空穴中"溜掉",所以氦、氖的氢醌包合物至今也没有得到。Ar、Kr、Xe的氢醌包合物都已经制得。

稀有气体水合物也是一种包合物。水在稀有气体气氛下结冰时便生成水合物。它们的组成接近$R \cdot 6H_2O$,与上述情形相似,R为Ar、Kr和Xe,而不包括He和Ne。

笼形包合物提供了一种储存稀有气体的方法,也可以用于控制由核反应堆产生的Kr和Xe的各种放射性同位素。

自稀有气体发现以来,直至1962年,英国化学家巴特列(N. Bartlett)在研究铂和氟的反应时,发现生成了一种深红色固体,经鉴定其化学组成为$O_2[PtF_6]$,后又发现在室温下氧气直接同六氟化铂蒸气反应也可得此化合物。经X射线分析和其他实验证明,此化合物的化学式为$O_2[PtF_6]$:

$$O_2 + PtF_6 \longrightarrow O_2[PtF_6]$$

这是第一次制得二氧基阳离子的盐。由此,巴特列联想到氧分子的第一电离能($O_2 \longrightarrow O_2^+ + e^-$)为1175.7 $kJ \cdot mol^{-1}$,与氙的第一电离能1171.5 $kJ \cdot mol^{-1}$非常接近,这表明氙也可能被PtF_6氧化发生类似的反应。从晶格能计算发现,$Xe[PtF_6]$只比$O_2[PtF_6]$的晶格能小41.84 $kJ \cdot mol^{-1}$,可预计氙的类似产物有可能存在。于是他仿照合成$O_2[PtF_6]$的方法,使氙和六氟化铂蒸气在室温下直接反应,立即生成了一种橙黄色固体,其化学式为$Xe[PtF_6]$。

① 包合物的结构中,含有两种结构单位;一种是将其他化合物"囚禁"在它的结构骨架空穴里的化合物,称为包合剂或主体分子;另一种是被"囚禁"在包合剂结构的空穴或孔道中的化合物,称为客体分子。包合物的组成因骨架中可利用的空隙决定。大多数包合物分子之间以范德华力或氢键结合。

$$Xe + PtF_6 \longrightarrow Xe[PtF_6]$$

这是合成的第一个稀有气体的化合物。随后不久又相继发现了氙的一系列氟化物和氟氧化物。这个稀有气体化合物的发现,是化学发展史中一次重要的突破,巴特列为开拓稀有气体化学做出了历史性的贡献。

自第一个稀有气体化合物合成以来,稀有气体化学取得了长足的进展,到目前为止,已合成的化合物有数百种。可是,在六种稀有气体中,只有原子体积较大、电离能较小的氪、氙、氡生成了化合物,而且主要是氙的化合物。对于体积较大的氡,理应生成多种化合物,但由于氡具有很强的放射性,半衰期较短(^{222}Rn的半衰期最长也只有3.8 d),给实验带来困难。另外三种体积较小的稀有气体氦、氖和氩仅在理论上推测了生成化合物的可能性,迄今仍未合成出来。以下将以氙为主简介其氟化物和氧化物。

一、氟化物

氙可以生成多种氧化态的氟化物和氧化物,其中有些化合物很稳定。表13-3列举了氙的主要化合物。

表13-3 氙的主要化合物

氧化态	化合物	形 状	熔点/℃	分子构型	附 注
Ⅱ	XeF_2	无色晶体	129	直线形	易溶于氢氟酸,遇水分解成Xe、O_2和HF
Ⅳ	XeF_4	无色晶体	117	平面四方形	稳定
	$XeOF_2$	无色晶体	31	—	不稳定
Ⅵ	XeF_6	无色晶体	49	变形八面体	稳定
	$XeOF_4$	无色液体	-46	四方锥	稳定
	XeO_3	无色晶体	—	三角锥	吸潮,在溶液中稳定,爆炸性分解
Ⅷ	XeO_4	无色气体	—	四面体	爆炸性分解

氙的氟化物可由元素直接合成。通常使用镍制反应容器,使用前用F_2使之钝化形成一层很薄的NiF_2保护膜,这种预处理是为了除去表面氧化物,否则这种氧化物将与氙的氟化物发生反应。下列反应方程式中示出的合成条件表明,氟的比例和总压力越高,越有利于形成含氟较高的氟化物:

$$Xe(g) + F_2(g) \xrightarrow{400\ ℃,0.1\ MPa} XeF_2(g) \qquad (Xe过量)$$

$$Xe(g) + 2F_2(g) \xrightarrow{600\ ℃,0.6\ MPa} XeF_4(g) \qquad (Xe : F_2 = 1:5)$$

$$Xe(g)+3F_2(g)\xrightarrow{300\ ℃,6\ MPa}XeF_6(g)\qquad (Xe:F_2=1:20)$$

XeF_2 溶于水,在稀酸中会缓慢地水解,而在碱性溶液中则迅速水解:

$$2XeF_2+4OH^-\longrightarrow 2Xe\uparrow+O_2\uparrow+4F^-+2H_2O$$

XeF_4 和 XeF_6 都与水反应,完全水解后可以得到 XeO_3:

$$6XeF_4+12H_2O\longrightarrow 2XeO_3+4Xe+3O_2+24HF$$

$$XeF_6+3H_2O\longrightarrow XeO_3+6HF$$

氟化氙都是强氧化剂。例如,XeF_2 能将 Cl^- 氧化成 Cl_2,将 Ce^{3+} 氧化成 Ce^{4+},而一个更典型的例子是多年前人们就知道有 ClO_4^- 和 IO_4^- 的化合物,但 BrO_4^- 化合物的合成直到1968年用 XeF_2 作氧化剂后才第一次获得成功:

$$NaBrO_3+XeF_2+H_2O\longrightarrow NaBrO_4+2HF+Xe\uparrow$$

氟化氙的另一个重要性质是可作为较好的氟化剂:

$$2Hg+XeF_4\longrightarrow Xe\uparrow+2HgF_2$$
$$Pt+XeF_4\longrightarrow Xe\uparrow+PtF_4$$
$$2XeF_6+3SiO_2\longrightarrow 2XeO_3+3SiF_4\uparrow$$

特别是 XeF_6 与 SiO_2 的反应意味着不能使用玻璃或石英器皿来保存该化合物。

另外,氙的氟化物与强的路易斯酸反应可生成氟化物阳离子:

$$XeF_2(s)+SbF_5(l)\longrightarrow [XeF]^+[SbF_6]^-(s)$$

二、氧化物

XeO_3 是一种易潮解和极易爆炸的化合物,在水溶液中是一种极强的氧化剂($XeO_3+6H^++6e^-\longrightarrow Xe+3H_2O,\varphi^\ominus=2.10\ V$),能将 Cl^- 氧化为 Cl_2,将 I^- 氧化成 I_2,将 Mn^{2+} 氧化成 MnO_2(或 MnO_4^-)。它还能将醇和羧酸氧化为 H_2O 和 CO_2。

在水中,XeO_3 主要以分子形式存在,但是在碱性溶液中,主要是 $HXeO_4^-$ 形式,与 XeO_3 处于平衡状态:

$$XeO_3+OH^-\rightleftharpoons HXeO_4^-$$

$HXeO_4^-$ 会按下式缓慢地歧化生成 Xe(Ⅷ)和 Xe(0):

$$2HXeO_4^-+2OH^-\longrightarrow XeO_6^{4-}+Xe\uparrow+O_2\uparrow+2H_2O$$

在 XeO_3 的浓 NaOH 溶液中通入臭氧,可以得到高氙酸钠。高氙酸钠为白色粉末,通常含有6个或8个结晶水,干燥后转变成 $Na_4XeO_6\cdot 2H_2O$,若在

373 K 以上烘干,可获得无水高氙酸钠。其他碱金属和碱土金属的高氙酸盐也已制得。

用浓硫酸与高氙酸钡反应,可以制得很不稳定的具有爆炸性的气态四氧化氙 XeO_4。

从上述稀有气体的氟化物和氧化物可以看出,这些化合物不同程度地发生水解,并且在多数反应中氙都被还原为单质。这些性质与稀有气体具有很稳定的电子构型有关。这种稳定结构的存在使稀有气体难以发生化学反应而生成具有化学键的化合物。即使用很强的氧化剂将其氧化成化合物,稀有气体的那种趋于恢复原来稳定结构的倾向,将使化合物具有非常强的氧化能力。这就是为什么稀有气体化合物在许多反应中都表现出氧化性,并且氙在大多数情况下被还原为单质。

需要指出的是,原先人们通常认为稀有气体只与电负性最强的氟或氧成键,但是含 Xe—N 键的化合物 $FXeN(SO_2F)_2$ 和含 Xe—C 键的化合物$[Xe(C_6F_5)]\cdot[C_6F_5BF_3]$也已被合成出来。

稀有气体化合物中的键合

自发现稀有气体的化合物以来,人们就渴望有关于它们成键情况的说明。曾经提出过多种方法,如采用最简单的分子轨道来描述 XeF_2 中的三中心四电子 δ 键。它仅应用 Xe 的 $5p_x$ 轨道(含有 2 个电子)和 2 个来自 F 原子的 $2p_x$ 轨道(其中各含 1 个电子)组成如图 13-4 所示的分子轨道能级图,其中 1 个成键、1 个非键和 1 个反键轨道。一对单键合电子对把所有 3 个原子连接起来,而主要位于 F 原子上的非键轨道被占有,意味着具有足够的离子性。这种模式可与硼氢化物所用的三中心二电子的成键模式相比较。

用包括两个三中心键的类似处理,能满意地解释 XeF_4 的平面形结构,但不能解释 XeF_6 的成键原因。因为 3 个三中心键会形成正八面体,而实际测得的是变形结构。如果引入 Xe 的 5d 轨道,则处理上就能有所改进,因为这将形成三重态能级,使之产生 John-Teller 变形。然而,一直能对稀有气体化合物的立体化学做最合理说明的是吉列珀(Gillepie)和尼赫姆(Nyholm)的电子对互斥理论。它假定立体化学是由价层电子对(包括非键和成键电子对)的排斥所引起的。例如,XeF_2 中 Xe 被 10 个电子所环绕(8 个来自 Xe,每个 F 各 1 个),分成五对,两对成键和三对非键。这五对电子方向指向三角双锥的各角顶,而且由于它们有较大的相互排斥作用,三对非键电子彼此以 120°位于同一平面内,余下两对成键电子与该平面相垂直,并由此形成了线形 F-Xe-F 分子。

按同样的方法,可认为具有六电子对的 XeF_4 是假八面体,它的 2 个非键电子对彼此反式配置,余下的 4 个 F 原子则围绕着 Xe,并处于同一平面内。XeF_6 较特殊,具有七电子对,可能是不规则的八面体,这就意味着是一种变形结构,是基于单顶八面体或五角锥体电子

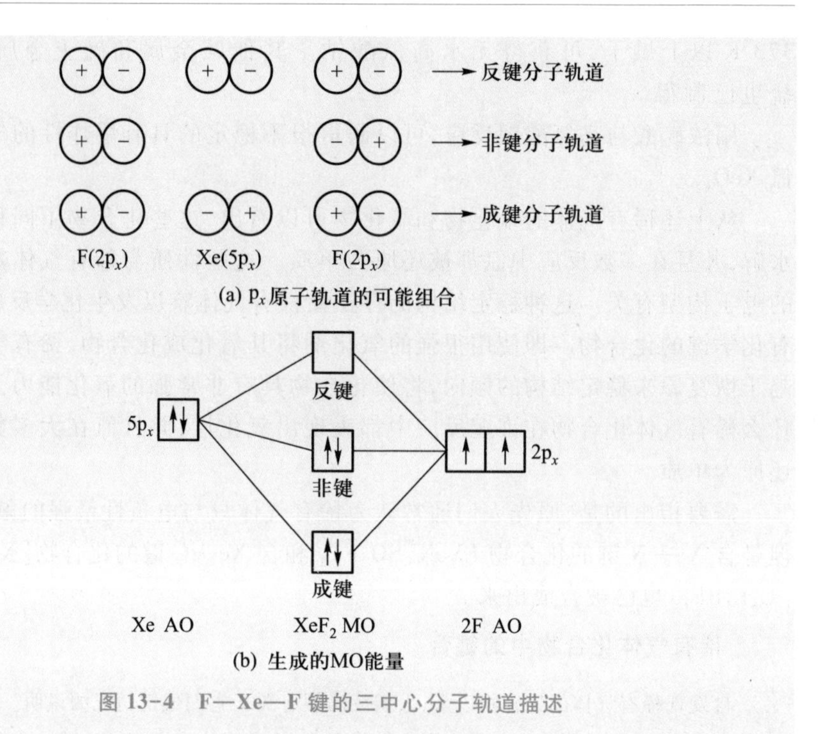

图 13-4 F—Xe—F 键的三中心分子轨道描述

对的排列，拥有的 Xe—F 键弯向偏离非键电子对所指的方向。

稀有气体化合物的实际应用有许多报道。例如，氟化氙是很强的氧化剂，可将许多物质氧化至最高氧化态。如 XeF_2 可将碘酸盐氧化成高碘酸盐，将溴酸盐氧化成高溴酸盐。在氧化过程中自身被还原为氙逸出，不给体系增加杂质，故用氙化合物作为分析试剂具有优异的性能。在工业上，利用氙化合物对铀、钚、镎的选择氧化特性，可简化其分离过程。氙的氟化物也可用作氟化剂，其中 XeF_2 是很有前途的氟化剂，它对有机化合物、无机物均有良好的氟化性能。稀有气体单质早已作为激光工作物质，近几年来发现的稀有气体卤化物，具有优质激光材料的性能，可发射出大功率及特定波长的激光。例如，含 XeF_6 10% 的光学玻璃具有奇特的光学、磁学和电学性质，可用作激光材料及其他用途。

习 题

13-1 氢作为能源，其优点是什么？目前开发中的困难是什么？

13-2 按室温和常压下的状态(气态、液态、固态)将下列化合物分类,哪一种固体可能是电的良导体?

BaH_2;SiH_4;NH_3;AsH_3;$PdH_{0.8}$;HI

13-3 试述从空气中分离稀有气体和从混合稀有气体中分离各组分的根据和方法。

13-4 试说明稀有气体的熔点、沸点、密度等性质的变化趋势和原因。

13-5 你会选择哪种稀有气体作为(1) 温度最低的液体制冷剂;(2) 电离能最低、安全的放电光源;(3) 最廉价的惰性气氛。

13-6 用价键理论和分子轨道理论解释 HeH、HeH^+、He_2^+ 存在的可能性。为什么氦没有双原子分子存在?

13-7 给出与下列物种具有相同结构的稀有气体化合物的化学式并指出其空间构型:

(1) ICl_4^- (2) IBr_2^- (3) BrO_3^- (4) ClF

13-8 用 VSEPR 理论判断 XeF_2、XeF_4、XeF_6、$XeOF_4$ 及 ClF_3 的空间构型。

13-9 用化学方程式表达下列化合物的合成方法(包括反应条件):

(1) XeF_2 (2) XeF_6 (3) XeO_3

13-10 完成下列反应方程式:

(1) $XeF_2 + H_2O \longrightarrow$

(2) $XeF_4 + H_2O \longrightarrow$

(3) $XeF_6 + H_2O \longrightarrow$

(4) $XeF_2 + H_2 \longrightarrow$

(5) $XeF_4 + Hg \longrightarrow$

(6) $XeF_4 + Xe \longrightarrow$

第 14 章

卤　素

内容提要

本章主要介绍了卤素及其重要化合物的结构和性质上的一些递变规律以及氟的一些特殊性质。

本章要求：

1. 掌握卤素单质、氢化物、含氧酸及其盐的结构、性质、制备和用途；
2. 掌握元素电势图和电势-pH 图并用以判断卤素及其化合物的氧化还原性及相互转化关系；
3. 掌握本族元素及其重要化合物性质的规律性及反常性。

14-1　卤素的通性

14-1-1　卤素的基本性质

周期系ⅦA 族元素包括氟、氯、溴、碘、砹和鿬六种元素，简称卤素。卤素在希腊语中有成盐的意思，因为这些元素是典型的非金属，都能与典型的金属——碱金属化合生成盐而得名。

卤素的一些基本性质见表 14-1。由于卤素原子的价电子构型为 ns^2np^5，很容易得到一个电子形成卤离子或与另一个原子形成共价键，所以卤素原子都能以-Ⅰ氧化态形式存在。除氟以外，在一定的条件下，氯、溴、碘的 nd 轨道也参与成键，故可呈现+Ⅰ、+Ⅲ、+Ⅴ、+Ⅶ氧化态，表现在氯、溴、碘的含氧化合物和卤素互化物中，如 HClO、HIO_3、Cl_2O_7 和 BrF_3 等。

表 14-1 卤素的一些基本性质

性 质	氟	氯	溴	碘	砹
原子序数	9	17	35	53	85
电子构型	[He]$2s^2 2p^5$	[Ne]$3s^2 3p^5$	[Ar]$3d^{10} 4s^2 4p^5$	[Kr]$4d^{10} 5s^2 5p^5$	[Xe]$4f^{14} 5d^{10} 6s^2 6p^5$
常见氧化态	-Ⅰ	-Ⅰ,+Ⅰ,+Ⅲ,+Ⅴ,+Ⅶ	-Ⅰ,+Ⅰ,+Ⅲ,+Ⅴ,+Ⅶ	-Ⅰ,+Ⅰ,+Ⅲ,+Ⅴ,+Ⅶ	-Ⅰ,+Ⅰ,+Ⅲ,+Ⅴ,+Ⅶ
共价半径/pm	71	99	114	133	140
X^-离子半径/pm	131	181	196	220	
第一电离能/($kJ\cdot mol^{-1}$)	1681	1251	1139	1008	926
电子亲和能/($kJ\cdot mol^{-1}$)	328	349	325	295	270
X^-的水合能/($kJ\cdot mol^{-1}$)	-507	-368	-335	-293	
X_2 的键解离能/($kJ\cdot mol^{-1}$)	156.9	242.6	193.8	152.6	
电负性(Pauling 标度)	4.0	3.2	3.0	2.6	2.2

卤素中从氯到碘的电子亲和能依次减小,但氟的电子亲和能却比氯小。其反常的原因是氟的原子半径特别小,核周围电子密度较大,当接受外来电子或共用电子对成键时,将引起电子间较大的斥力,从而部分抵消了气态氟原子形成气态氟离子时所放出的能量。尽管如此,氟化物的生成焓通常远远高于氯化物:

$$Na^+(g) + F^-(g) \longrightarrow NaF(s) \quad \Delta H^\ominus = -1505.59\ kJ\cdot mol^{-1}$$

$$Na^+(g) + Cl^-(g) \longrightarrow NaCl(s) \quad \Delta H^\ominus = -787.38\ kJ\cdot mol^{-1}$$

对此的解释是,离子型氟化物的高晶格焓和共价型氟化物的高键能补偿了氟的较低的电子亲和能。当其他元素原子的半径较大或最外电子层没有孤对电子时,电子之间的斥力减小,于是与氯相比,半径小的氟同这些元素原子更易形成稳定的共价键。例如,PF_3 和 PCl_3 中 P—F 键和 P—Cl 键的键能分别为 490 $kJ\cdot mol^{-1}$和 319 $kJ\cdot mol^{-1}$,CF_4 和 CCl_4 中 C—F 键和 C—Cl 键的键能分别是 485 $kJ\cdot mol^{-1}$和 327 $kJ\cdot mol^{-1}$。

14-1-2　卤素的存在

由于卤素单质具有很高的化学活性，因此它们在自然界不可能以游离状态存在，而是以稳定的化合物形式存在。氟在自然界主要以萤石（CaF_2）、冰晶石（$3NaF \cdot AlF_3$）和氟磷灰石（$[Ca_{10}F_2(PO_4)_6]_3$）这三种矿物存在，在地壳中的质量分数为 0.065%。氯和溴在自然界中分布很广，在地壳中主要存在于火成岩和沉积岩中，质量分数：氯，0.031%；溴，1.6×10^{-4}%；氯、溴最大的资源是海水，海水含盐约 3%，主要是 NaCl，相当于 20 $g \cdot L^{-1}$ 氯，含溴约 0.065 $g \cdot L^{-1}$；氯还存在于岩盐、井盐和盐湖中，溴还存在于某些矿水和石油产区的矿井水中。碘在自然界中的存在形式有碘化物及碘酸盐。碘在海水中的含量甚微（5×10^{-8}%），但海洋中某些生物如海带、海藻等具有选择性地吸收和聚集碘的能力，因而干海藻是碘的一个重要来源；目前世界上的碘主要来自智利硝石，碘含量为 0.02%～1%（以 $NaIO_3$ 形式存在）；此外，某些油井盐水中也含有少量碘。砹和础是人工合成的元素。砹在自然界仅有微量存在，大多数是放射反应的产物。117 号元素础是于 2010 年成功合成的。

14-1-3　卤素的电势图

$\varphi_A^\ominus$/V

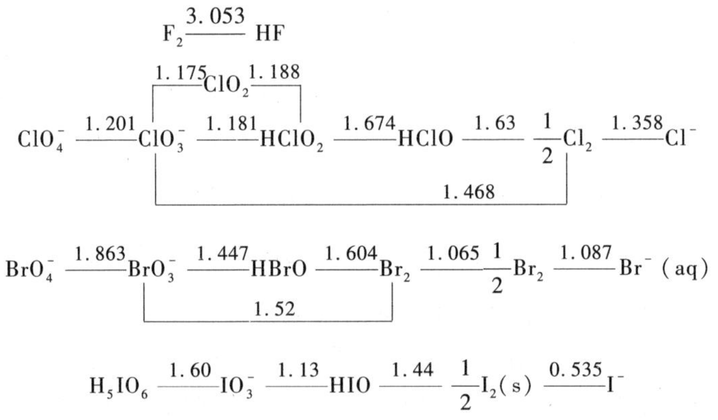

$$F_2 \overset{3.053}{\text{———}} HF$$

$$ClO_4^- \overset{1.201}{\text{———}} ClO_3^- \overset{1.181}{\text{———}} HClO_2 \overset{1.674}{\text{———}} HClO \overset{1.63}{\text{———}} \frac{1}{2}Cl_2 \overset{1.358}{\text{———}} Cl^-$$

$$ClO_3^- \overset{1.175}{\text{———}} ClO_2 \overset{1.188}{\text{———}} HClO_2$$

$$ClO_3^- \overset{1.468}{\text{———}} \frac{1}{2}Cl_2$$

$$BrO_4^- \overset{1.863}{\text{———}} BrO_3^- \overset{1.447}{\text{———}} HBrO \overset{1.604}{\text{———}} Br_2 \overset{1.065}{\text{———}} \frac{1}{2}Br_2 \overset{1.087}{\text{———}} Br^-(aq)$$

$$BrO_3^- \overset{1.52}{\text{———}} Br_2$$

$$H_5IO_6 \overset{1.60}{\text{———}} IO_3^- \overset{1.13}{\text{———}} HIO \overset{1.44}{\text{———}} \frac{1}{2}I_2(s) \overset{0.535}{\text{———}} I^-$$

$\varphi_B^\ominus$/V

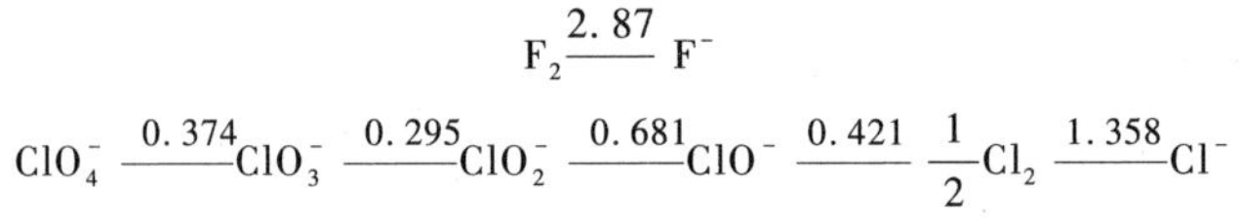

$$F_2 \overset{2.87}{\text{———}} F^-$$

$$ClO_4^- \overset{0.374}{\text{———}} ClO_3^- \overset{0.295}{\text{———}} ClO_2^- \overset{0.681}{\text{———}} ClO^- \overset{0.421}{\text{———}} \frac{1}{2}Cl_2 \overset{1.358}{\text{———}} Cl^-$$

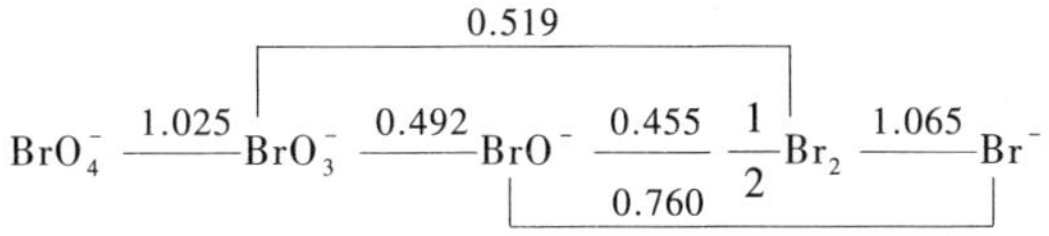

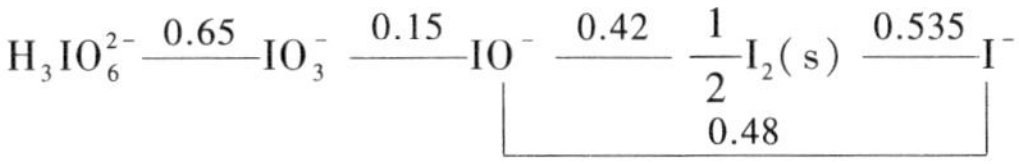

$$BrO_4^- \xrightarrow{1.025} BrO_3^- \xrightarrow{0.492} BrO^- \xrightarrow{0.455} \frac{1}{2}Br_2 \xrightarrow{1.065} Br^-$$

($BrO_3^- \to \frac{1}{2}Br_2$: 0.519; $BrO^- \to Br^-$: 0.760)

$$H_3IO_6^{2-} \xrightarrow{0.65} IO_3^- \xrightarrow{0.15} IO^- \xrightarrow{0.42} \frac{1}{2}I_2(s) \xrightarrow{0.535} I^-$$

($IO^- \to I^-$: 0.48)

14-2 卤素单质

14-2-1 卤素单质的结构与物理性质

卤素分子内原子间以共价键结合而形成双原子分子。从氟到碘，随着分子间色散力的逐渐增加，卤素单质的密度、熔点、沸点、临界温度和汽化热等物理性质均依次递增。

卤素单质的一些物理性质列于表 14-2 中。

表 14-2 卤素单质的一些物理性质

性质	氟	氯	溴	碘
物态(298 K,101.3 kPa)	气体	气体	液体	固体
颜色	淡黄色	黄绿色	红棕色	紫色(气) 紫黑色(固)
密度(液体)/($g\cdot mL^{-1}$)	1.513(85 K)	1.655(203 K)	3.187(273 K)	3.960(393 K)*
熔点/K	53.38	172	265.8	386.5
沸点/K	84.86	238.4	331.8	457.4
汽化热/($kJ\cdot mol^{-1}$)	6.54	20.41	29.56	41.95
临界温度/K	144	417	588	785
临界压力/MPa	5.57	7.7	10.33	11.75

* 20 ℃时固态碘的密度为 4.94 $g\cdot mL^{-1}$。

在常温下，氟和氯是气态，溴是易挥发的液体，碘为固体。氯较易液化，在 288 K于 607.8 kPa 或常压下冷至 239 K 时，气态氯即转变为液态氯。碘在常压下加热时不经熔化而升华，它也是一种半导体，高压下可显示如金属一样的导电能力。

颜色是卤素单质的重要性质之一。从氟到碘颜色依次加深。气态氟分子吸收能量大、波长短的紫光，显出黄色；而气态碘分子吸收能量小、波长长的黄光，显出紫色。卤素分子吸收光后，电子发生以下跃迁：

$$\pi_{np}^{4}\sigma_{np}^{2}\pi_{np}^{*4} \longrightarrow \pi_{np}^{4}\sigma_{np}^{2}\pi_{np}^{*3}\sigma_{np}^{*1}$$

或

$$\pi_{u}^{4}\sigma_{g}^{2}\pi_{g}^{4} \longrightarrow \pi_{u}^{4}\sigma_{g}^{2}\pi_{g}^{3}\sigma_{u}^{1}$$

（氟的能级次序中 π_{np} 与 σ_{np} 或 π_{u} 与 σ_{g} 要交换位置）

单质氟会剧烈地分解水而放出 O_2（同时有少量 H_2O_2、OF_2 和 O_3 生成）。其他卤素单质在水中的溶解度不大（见表 14-3），但在有机溶剂中的溶解度会大得多。如溴可溶于乙醇、乙醚、氯仿、四氯化碳、二硫化碳等溶剂，溶液的颜色随溴浓度的增加而逐渐加深，从黄色到棕红色。卤素溶于溶剂中所形成溶液的颜色还随溶剂不同而有区别。例如，碘在介电常数较大的溶剂中，如不饱和烃、液态二氧化硫、醇、酮、醚和酯，呈棕色或棕红色；而在介电常数较小的溶剂中，如二硫化碳和四氯化碳，则呈紫色。碘溶液颜色的不同是由于碘在极性溶剂中形成溶剂化物；而在非极性或极性较低的溶剂内，碘不发生溶剂化作用而以分子状态存在，故溶液的颜色与碘蒸气相同。

所有卤素单质均具有刺激性气味，强烈刺激眼、耳、鼻、气管等黏膜。吸入较多的蒸气会发生严重中毒，甚至造成死亡，因此使用时要特别小心、注意防护。使用液溴，必须戴橡胶手套。

14-2-2　卤素单质的化学性质

一、与金属、非金属的反应

卤素单质的氧化性是其最典型的化学性质。其中氟是最活泼的，在适当的条件下，氟能与所有金属和非金属（除氮、氧和一些稀有气体外）直接化合，而且反应常常是很猛烈的，伴随着燃烧和爆炸。氟与单质反应时总是把它们氧化到最高氧化态，如把 Co、S、V、Bi 和 I_2 氧化为 CoF_3、SF_6、VF_5、BiF_5、IF_7，而氯与它们反应生成的是 $CoCl_2$、SCl_4、VCl_4、$BiCl_3$ 和 I_2Cl_6。在室温或不太高温度下，氟与镁、铁、铜、铅、镍等块状金属反应，在金属表面形成一层保护性的金属氟化物薄膜，可阻止氟与金属进一步反应。在室温时，氟与金、铂不作用，加热时则生成氟化物。

氯也能与各种金属和大多数非金属（除氮、氧、稀有元素外）直接化合，但有些反应需要加热，反应还比较剧烈，如钠、铁、锡、锑、铜等都能在氯中燃烧。潮湿的氯在加热条件下能与金、铂反应，干燥的氯却不与铁作用，故可将干燥的液氯储存于钢瓶中。氯与非金属反应的剧烈程度不如氟。

一般能与氯反应的金属(除了贵金属)和非金属同样也能与 Br_2、I_2 反应,只是要在较高的温度下才能发生,而且一些碘化物中金属的氧化态要低一些(如 FeI_2、Hg_2I_2、CuI 等)。

二、与水的反应

卤素与水可能发生下列两类反应:

$$X_2 + H_2O \longrightarrow 2H^+ + 2X^- + \frac{1}{2}O_2 \tag{1}$$

$$X_2 + H_2O \rightleftharpoons H^+ + X^- + HXO \tag{2}$$

反应(1)是卤素作为氧化剂、水作为还原剂所组成的一个氧化还原反应。从电极电势数据可知卤素单质与 H_2O 发生反应的趋势是 $F_2>Cl_2>Br_2>I_2$,这与实验事实相符合。F_2 与水发生猛烈的反应并放出 O_2:

$$F_2 + H_2O \longrightarrow 2HF + \frac{1}{2}O_2 \quad \Delta G^{\ominus} = -794.9\ \text{kJ}\cdot\text{mol}^{-1}$$

氯和水的反应在热力学上是可能的,但由于该反应有较高的活化能,只能在光照条件下,缓慢放出 O_2;溴与水作用放氧的反应更慢;碘与水不存在这个反应,相反,将氧气通入碘化氢溶液内就有碘析出:

$$2H^+ + 2I^- + \frac{1}{2}O_2 \longrightarrow I_2 + H_2O \quad \Delta G^{\ominus} = -104.6\ \text{kJ}\cdot\text{mol}^{-1}$$

氯、溴、碘与水反应主要按照(2)进行。该反应是可逆的,25 ℃时卤素饱和水溶液中各物质的平衡浓度见表 14-3。由表中数据可知,在饱和氯水中,次氯酸的浓度不高;在饱和溴水中次溴酸也较少,在饱和碘水中次碘酸则极少。但是,当溶液的 pH 增大时,平衡向右移动,相当于卤素在碱性溶液中发生如下的歧化反应(参看电极电势图):

表 14-3 在 25 ℃下卤素饱和水溶液中各物质的平衡浓度

物质	溶解度/($mol\cdot L^{-1}$)	X_2(aq)浓度/($mol\cdot L^{-1}$)	HOX 浓度/($mol\cdot L^{-1}$)	$K^{\ominus}$
Cl_2	0.0921	0.062	0.030	4.2×10^{-4}
Br_2	0.214	0.210	1.1×10^{-3}	7.2×10^{-9}
I_2	0.0013	0.0013	6.4×10^{-6}	2.0×10^{-13}

$$X_2 + 2OH^- \longrightarrow X^- + OX^- + H_2O \tag{3}$$

$$3OX^- \longrightarrow 2X^- + XO_3^- \tag{4}$$

Cl_2 在 20 ℃时,反应(3)进行得很快,在 70 ℃时,反应(4)才进行得很快,因此常温下 Cl_2 与碱作用主要生成次氯酸盐。Br_2 在 20 ℃时反应(3)和反应(4)进行得都很快,而在 0 ℃时反应(4)较缓慢,因此只有在 0 ℃时才能得到次溴酸盐。I_2 即使在 0 ℃时反应(4)也进行得很快,所以 I_2 和碱反应只能得到碘酸盐。

X_2-H_2O 体系的 φ-pH 图可以直观地反映卤素的歧化反应与溶液 pH 的关系。例如,从 Cl_2-H_2O 体系的 φ-pH 图(见图 14-1)可以看出,只有当 pH>4 时,Cl_2 的歧化反应才能进行:

$$Cl_2+H_2O \longrightarrow HClO+H^++Cl^-$$

pH<4 时,上述反应向左进行,即次氯酸盐与盐酸作用生成 Cl_2。对于 Br_2,在pH>6 时发生歧化反应,生成 BrO_3^- 和 Br^-;而 I_2 需在 pH>8 时歧化生成 IO_3^- 和 I^-。

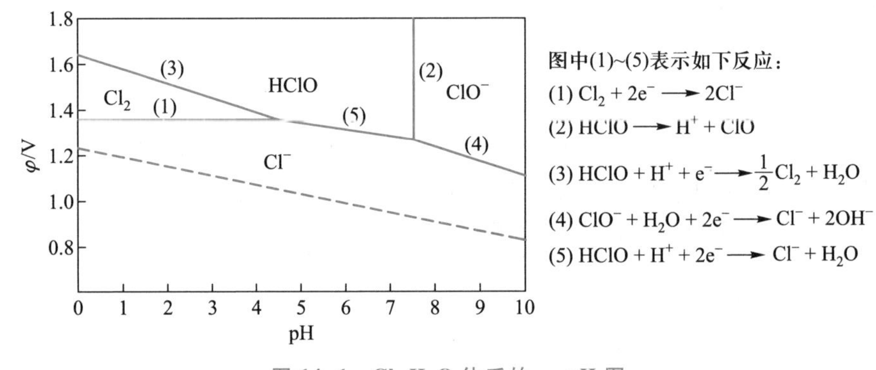

图 14-1 Cl-H_2O 体系的 φ-pH 图

氟与碱的反应和其他卤素不同,反应如下:

$$2F_2+2OH^-(2\%) \longrightarrow 2F^-+OF_2+H_2O$$

当碱溶液较浓时,则 OF_2 被分解放出 O_2:

$$2F_2+4OH^- \longrightarrow 4F^-+O_2+2H_2O$$

卤素与有机化合物的反应将在后续课程中学习,在此不一一列举。

14-2-3 卤素的制备和用途

卤素在自然界中主要以氧化数为-1 的卤化物存在。因此制备卤素单质基本是用氧化其相应卤化物的方法。

一、氟的制备

由于氟的高还原电位[$\varphi^{\ominus}(F_2/F^-)=2.87\ V$]，制备单质氟，只能采用电解氧化法。1886 年，法国化学家莫瓦桑(H. Moission)从电解氟氢化钾(KHF_2)的无水氟化氢溶液制得。现在无论是工业上还是实验室制取氟都是用电解熔融的氟氢化钾和氟化氢的混合物(KF·2HF)，以钢制容器作电解槽，槽身作阴极，以压实的石墨作阳极，在 100 ℃左右进行电解(见图 14-2)。电极反应为：

阳极(石墨)：

$$2F^- \longrightarrow F_2\uparrow + 2e^-$$

阴极(电解槽)：

$$2HF_2^- + 2e^- \longrightarrow H_2\uparrow + 4F^-$$

电解总反应：

$$2KHF_2 \xrightarrow{\text{电解}} 2KF + H_2\uparrow + F_2\uparrow$$

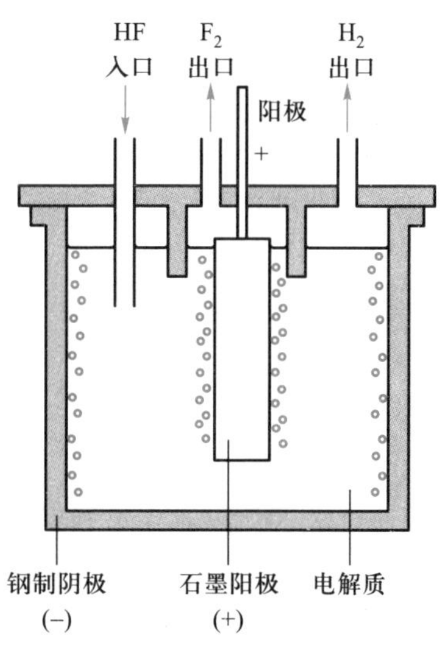

图 14-2 电解制氟装置示意图

为了降低电解质的熔点，减少 HF 的挥发和石墨电极的极化作用①，常加入少量的第二种氟化物如 LiF(或 AlF_3)于电解质熔盐中。在电解槽中用蒙乃尔合金(镍、铜及少量铁的合金)制的隔板将电解产生的两种气体严格分开。随着电解的进行，HF 不断被消耗，电解质的熔点会不断升高，因此需要不断地(或间断地)补充 HF。气体氟经过净化后(主要 HF)，将它以 17.7~17.8 MPa 的压力压入特种钢瓶中。

化学家 K. Chrite 曾推断：路易斯酸如 SbF_5 能将另一个较弱的路易斯酸 MnF_4 从稳定配离子 MnF_6^{2-} 的盐中置换出来；而 MnF_4 在热力学上不稳定，易分解为 MnF_3 和 F_2。根据这种推断，他首次用化学方法制得氟，这是 1986 年合成化学研究上的一大突破。具体制法：

$$4KMnO_4 + 4KF + 20HF \longrightarrow 4K_2MnF_6 + 10H_2O + 3O_2\uparrow$$

$$SbCl_5 + 5HF \longrightarrow SbF_5 + 5HCl$$

$$2K_2MnF_6 + 4SbF_5 \xrightarrow{423\ K} 4KSbF_6 + 2MnF_3 + F_2$$

---

① 电流通过电池或电解池时，由于电极上发生副作用(如电极上析出氢)而改变电极性质的现象称为极化作用。极化的结果是电流减弱。

随着尖端科学技术的发展,氟的用途日益广泛。在原子能工业中,用 F_2 将 UF_4 氧化成 UF_6,然后用气体扩散法使铀的同位素 ^{235}U 和 ^{238}U 分离。大量的氟用于氟化有机化合物,例如,俗称氟里昂的氟氯烷,广泛用作制冷剂、喷雾剂、发泡剂、清洗剂和杀虫剂①。

氟的有机产品也进入了大众生活领域,如烹饪用具表面上的特氟隆防粘涂层。氟化烃已用作血液的临时代用品用于临床,以挽救患者生命。

氟化物玻璃(组成中含有 ZrF_4、BaF_2、NaF)是20世纪70年代中期制成的,它的透明度比传统的氧化物玻璃大百倍,强辐射下也不变暗。氟化物玻璃纤维可用作光导纤维材料,其效果要比 SiO_2 的光导纤维(只适用于200 km 内的通信联络)大百倍。

二、氯的制备

氯既可用电解法也可用化学方法来制取。

实验室里用氧化剂 MnO_2、$KMnO_4$ 与浓盐酸反应制取氯气:

$$MnO_2 + 4HCl(浓) \xrightarrow{\triangle} MnCl_2 + 2H_2O + Cl_2\uparrow$$

$$2KMnO_4 + 16HCl \xrightarrow{\triangle} 2KCl + 2MnCl_2 + 8H_2O + 5Cl_2\uparrow$$

将 Cl_2 通过水、硫酸、氯化钙和五氧化二磷纯化。

工业上常用电解饱和氯化钠溶液来制备氯气,电解槽以石墨或金属钛作阳极(目前最好的阳极材料是 RuO_2),铁网作阴极,并用石棉隔膜把阳极区和阴极区隔开。电解时,

阳极反应: $2Cl^- \longrightarrow Cl_2 + 2e^-$

阴极反应: $2H_2O + 2e^- \longrightarrow H_2\uparrow + 2OH^-$

总的反应: $2Cl^- + 2H_2O \xrightarrow{电解} 2OH^- + H_2\uparrow + Cl_2\uparrow$

现代氯碱池中阳、阴极室之间的隔离材料使用高分子阳离子交换膜,这种阳离子交换膜只允许 Na^+ 由阳极室迁移至阴极室(见图14-3)。电解过程中阳极消耗了负电荷($2Cl^-$转化为 Cl_2)而阴极则产生了负电荷(形成 OH^-),Na^+的流动使两电极室保持电中性。OH^-向相反方向流动当然也能维持电中性,但定会与 Cl_2 反应从而破坏电解过程。电解槽中不发生 OH^- 的迁移是因为交换膜不能交换阴离子。

① 由于氟里昂化合物的化学键稳定,进入大气后可直达平流层,并在高能紫外光的作用下使 R—Cl 键断裂,游离的 Cl 原子破坏臭氧层的循环反应。因此发展氟里昂替代技术是当今重要的研究领域。

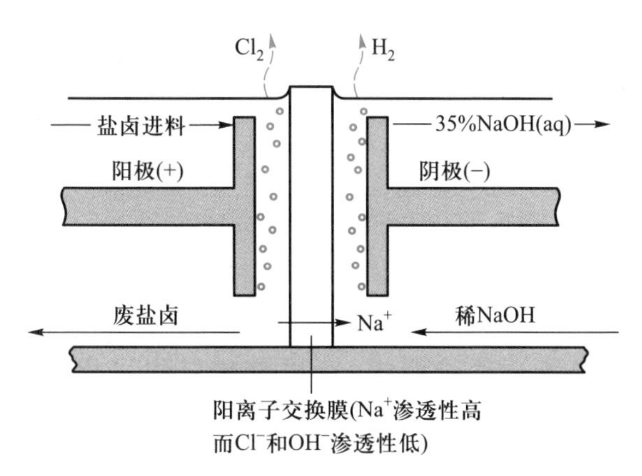

图 14-3 使用阳离子交换膜的现代氯碱池简图

工业上制氯的方法还有电解熔融 NaCl 法和汞阴极法，不过后者由于环境污染等原因正逐步被淘汰。

氯主要用于盐酸、农药、炸药、有机染料、有机溶剂及化学试剂的制备，用作纸张、布匹的漂白剂和饮水消毒剂，用于合成塑料和橡胶的原料。此外氯也用来处理某些工业废水，如将具有还原性的有毒物质硫化氢、氰化物等氧化为无毒物质。

三、溴和碘的制备

工业上从海水中制溴，先把盐卤加热到 363 K 后控制 pH 为 3.5，通入氯把溴置换出来；再用空气把溴吹出用碳酸钠吸收，这时溴歧化生成 Br^- 和 BrO_3^-；最后用硫酸酸化，单质溴又从溶液中析出。用此方法，从 1 t 海水中可制得约 0.14 kg溴。

另外溴也可用电解盐卤（NaCl 被分离后剩下的母液）来制取。

实验室中除常用氯来氧化 Br^- 和 I^- 以制取 Br_2 和 I_2 外，还可用制备氯的方法来制备溴和碘，不过分别以溴化物和碘化物与浓硫酸的混合物来代替 HBr 和 HI：

$$2NaBr + 3H_2SO_4 + MnO_2 \xrightarrow{\triangle} 2NaHSO_4 + MnSO_4 + 2H_2O + Br_2$$

$$2NaI + 3H_2SO_4 + MnO_2 \longrightarrow 2NaHSO_4 + MnSO_4 + 2H_2O + I_2$$

后一反应式是自海藻灰中提取碘的主要反应。

大量的碘以天然碘酸钠为原料，与还原剂 $NaHSO_3$ 反应制得：

$$2IO_3^- + 5HSO_3^- \longrightarrow 5SO_4^{2-} + H_2O + 3H^+ + I_2$$

溴已广泛用于医药、农药、感光材料、无机试剂及有机试剂的制备上。$C_2H_4Br_2$ 可用作抗爆汽油中四乙基铅的清除剂，但是近年来世界各国开始使用无铅汽油，$C_2H_4Br_2$ 的用量已大为减少。溴化合物也广泛用于纤维、地毯、塑料阻燃剂，最广泛应用的一种阻燃剂是磷酸二溴代丙三酯 $(Br_2C_3H_5O)_3PO$。溴化合物还可用作高密度钻井润滑液、染料和药物的合成。碘可用作催化剂、消毒剂、塑料稳定剂、火箭燃料添加剂和人工降雨催化剂及少量用于合成有机染料及其中间体。在医药卫生方面，碘药物可治疗甲状腺肥大。在 X 射线诊断中，有机碘化合物可用于血管、脊椎等的造影。

14-3　卤　化　物

14-3-1　卤化氢和氢卤酸

习惯上把纯的无水 HX 称为卤化氢，把其水溶液叫作氢卤酸。

一、卤化氢和氢卤酸的物理性质

卤化氢都是无色的有刺激性气味的气体，在湿空气中与水结合产生烟雾。从表 14-4 可知，卤化氢的熔点、沸点随着相对分子质量的增加，依 HCl—HBr—HI 的顺序升高。由于氟的原子半径小、电负性大，其分子间存在氢键形成缔合分子，使得 HF 的熔点、沸点和汽化热特别高。另外，卤化氢中 HF 的键能最大，$\Delta_f G^\ominus$ 最负，热力学稳定性最高。从 HF 到 HI，$\Delta_f G^\ominus$ 依次增大，热力学稳定性依次减小。将玻璃棒的一端烧红插入 HI 气体中，HI 立即大量分解生成紫红色的碘蒸气。

表 14-4　卤化氢和氢卤酸的一些性质

性　质	HF	HCl	HBr	HI
熔点/K	190.0	158.2	184.5	222.5
沸点/K	292.5	188.1	206.0	237.6
$\Delta_f H^\ominus/(kJ\cdot mol^{-1})$	−271	−92.30	−36.4	26.5
$\Delta_f G^\ominus/(kJ\cdot mol^{-1})$	−273	−95.4	−53.6	1.72
在 1273 K 的分解分数	忽略	0.0014	0.5	33
气态分子偶极矩/(10^{-3} C·m)	6.37	3.57	2.67	1.40
气态分子核间距 d(H—X)/pm	92	127.6	141.0	162

续表

性　质	HF	HCl	HBr	HI
键能/($kJ\cdot mol^{-1}$)	568.6	431.8	365.7	298.7
汽化热/($kJ\cdot mol^{-1}$)	30.31	16.12	17.62	19.77
在水中溶解度/[$g\cdot(100\ g)^{-1}$](溶液,101.325 kPa)	完全混合	45.15(0 ℃) 42.02(20 ℃)	68.85(0 ℃) 65.88(25 ℃)	~71
饱和溶液密度(20 ℃)/($g\cdot cm^{-3}$)	—	1.205	1.79	1.99
水合热/($kJ\cdot mol^{-1}$)	-48.14	-17.58	-20.93	-23.02
酸的 pK_a(实验)	3.2	~ -7	-9	-10
恒沸溶液(101.3 kPa) 沸点/K	393	383	399	400
恒沸溶液(101.3 kPa) 密度/($g\cdot mL^{-1}$)	1.14	1.097	1.49	1.70
恒沸溶液(101.3 kPa) 质量分数	35.35	20.24	47	57

红外及电子衍射等研究表明,气态 HF 是单体和环状六聚体的平衡混合物。在一定的温度和压力下,链状二聚体也可能存在:

$$6HF \rightleftharpoons (HF)_6;\quad 2HF \rightleftharpoons (HF)_2$$

HF 晶体由锯齿形链状多聚体组成,F---F 距离 249 pm,H—F---H 键角 120.1°:

其他 HX 在气相或液相时不存在氢键,但在低温 HCl 和 HBr 晶体中,与固态 HF 相似,存在着弱的氢键。

液态 HF 具有介电常数大、低黏度和宽液态范围等特点,是一种强的离子溶剂。HF 可发生自偶解离,即 $HF \rightleftharpoons H^+ + F^-$,由于 H^+ 和 F^- 都是溶剂化的,更常见的表示式为

$$3HF \rightleftharpoons H_2F^+ + HF_2^-$$

0 ℃时其相应的离子积约 8×10^{-12}(对比:$NH_3 \sim 10^{-33}$,$H_2O \sim 10^{-14}$)。液态 HF 是酸性很强的溶剂,其酸度与无水硫酸相当,但比氟磺酸弱。能够给氟化氢提供质子的化合物是很少的,在水溶液中许多呈酸性的化合物在 HF 溶剂中都呈碱性或两性。例如,HNO_3 呈碱性:

$$HONO_2 + HF \longrightarrow (HO)_2NO^+ + F^-$$

硫酸呈碱性:

$$H_2SO_4 + 2HF \longrightarrow HOSO_2F + H_3O^+ + F^-$$

高氯酸呈两性:

$$HClO_4 + HF \longrightarrow H_2ClO_4^+ + F^-$$

$$HClO_4 + HF \longrightarrow H_2F^+ + ClO_4^-$$

另一方面，按照 Lewis 酸定义，HF 中的酸是 F^- 的接受体，因此 AsF_5、SbF_5 和 BF_3 是液态 HF 中的 Lewis 酸：

$$BF_3 + 2HF \longrightarrow BF_4^- + H_2F^+$$

$$AsF_5 + 2HF \longrightarrow AsF_6^- + H_2F^+$$

$$SbF_5 + 2HF \longrightarrow SbF_6^- + H_2F^+$$

水、醇、羧酸和在 O、N 上有一对或一对以上孤对电子的其他有机化合物在液态 HF 中表现为碱：

$$H_2O + 2HF \rightleftharpoons H_3O^+ + HF_2^-$$

$$RCH_2OH + 2HF \longrightarrow RCH_2OH_2^+ + HF_2^-$$

$$RCOOH + 2HF \longrightarrow RC(OH)_2^+ + HF_2^-$$

大多数无机氟化物在液态 HF 中溶解后容易解离生成氟离子，可得到高度导电的溶液。除氟化物之外的无机溶质常发生溶剂解，因而氯化物、溴化物、碘化物可生成相应氟化物并放出 HX，氧化物、氢氧化物、碳酸盐和亚硫酸盐也生成氟化物，这是制备无水金属氟化物的一种极好的途径，已用于制备 TiF_4、ZrF_4、UF_4、SnF_4、VOF_3、SbF_5 等。

液态氟化氢还广泛用于生物化学的研究：使糖类、氨基酸及蛋白质易于溶解，特别是有脱水能力的复杂有机化合物（纤维素、糖类、酯等）常在液态 HF 中溶解而不失水。不溶于水的球状蛋白质和许多纤维状蛋白质如丝蛋白等也有相似的情况。这些溶液相当稳定，如激素胰岛素和促肾皮素在液态 HF 中于 0 ℃、2 h 后，仍能保持它们原有的生物活性，从而可方便地进行有关研究。

卤化氢在水中溶解度大，其水溶液是氢卤酸。氢卤酸的酸性依 HF—HCl—HBr—HI 依次增强，除了 HF 外都是强酸。

在水中氟化氢是弱酸，存在下列两个平衡：

$$HF + H_2O \rightleftharpoons H_3O^+ + F^- \qquad K_1^\ominus = 2.4 \sim 7.2 \times 10^{-4}$$

$$HF + F^- \rightleftharpoons HF_2^- \qquad K_2^\ominus = 5 \sim 25$$

与其他弱酸相似，HF 浓度越稀，其解离度越大。但是，随着 HF 浓度的增加，一部分 F^- 通过氢键与未解离的 HF 分子形成相当稳定的 HF_2^- 等离子，导致解离平衡正向进行，体系酸度增大。当浓度大于 5 $mol \cdot L^{-1}$ 时，氢氟酸是一种相当强的酸。

氢卤酸在一定压力下能组成恒沸溶液。当蒸馏氢卤酸时，无论蒸馏的是稀酸还是浓酸，酸溶液的沸点和组成会不断地改变，但最后都会达到溶液的组成和沸点恒定的状态。现以蒸馏盐酸为例说明：图 14-4 是在 101.3 kPa 压力下不同浓度盐酸的沸点。图中虚线表示与液体处于平衡状态的蒸气组成。可以看到，*B* 是盐酸的最高沸点（383 K），此时盐酸的浓度（质量分数）是 20.2%，所有其他浓度盐酸的沸点都较低。

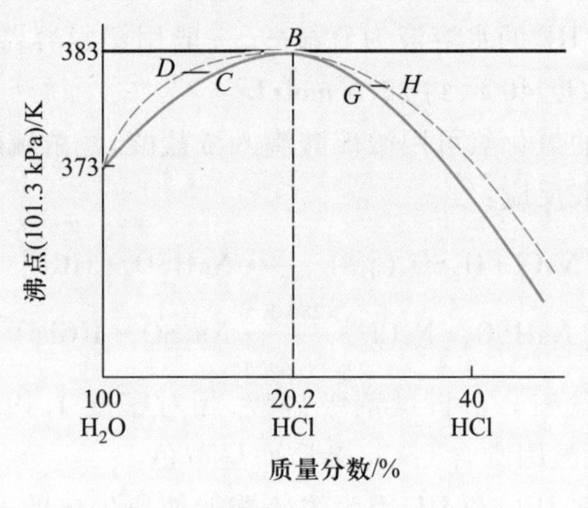

图 14-4 盐酸的沸点和组成关系

若蒸馏浓度大于 20.2% 的盐酸，如图中的 *G*，则在一定温度下与它处于平衡的气相是 *H*。比较气相、液相组成可以看出气相 *H* 组成中含有较多的 HCl 成分，即浓盐酸蒸发出去较多的 HCl，使溶液的组成不断改变，沸点逐渐升高，直至达到最高沸点 *B* 和恒定的组成，这时继续蒸发，溶液的组成与沸点都不再改变。

若蒸馏浓度小于 20.2% 的盐酸，如图中的 *C*，与它处于平衡的气相是 *D*，可看到 *D* 组成中含有较多的水蒸气，即蒸发稀盐酸时，蒸发出去较多的是水蒸气，所以溶液浓度不断增大，沸点逐渐升高，最后也达到最高沸点 *B* 和恒定组成，此时液相与气相的组成相同 20.2%。因此恒沸溶液是指在一定条件下，当某些溶液的组成与其处于平衡状态的蒸气组成相同时，其沸点保持恒定的溶液。不仅是氢卤酸能组成恒沸溶液，硝酸、硫酸、乙醇、乙醚等在一定条件下，都能组成各自的恒沸溶液。应该指出，恒沸溶液是混合物而不是具有确定组成的化合物，因为恒沸溶液的组成随压力而改变，如在 303.9 kPa 压力下，盐酸恒沸溶液的浓度为 18%。

二、制备和用途

1. 直接合成

工业上，盐酸主要是由氯和氢直接合成氯化氢，经冷却后以水吸收而制得。对于氢和溴作用，需用含铂石棉或含铂硅胶作催化剂，加热到 200～400 ℃ 制取。该法也可用于制取 HI，只是规模小些，氢和碘作用以 Pt 为催化剂，在 300 ℃ 以上得到 HI。

2. 复分解反应

用卤化物与高沸点的酸（如 H_2SO_4 或 H_3PO_4）反应来制取卤化氢。例如：

$$CaF_2 + H_2SO_4(浓) \xrightarrow{\triangle} CaSO_4 + 2HF\uparrow$$

工业上生产 HF 是把反应物放在衬铅的铁制容器中进行(因生成 PbF_2 保护层阻止进一步腐蚀铁)。HF 的水溶液为氢氟酸,一般用塑料容器盛装。试剂级氢氟酸相对密度 1.14,浓度 40%,约 22.5 $mol\cdot L^{-1}$。

实验室中少量的氯化氢可用浓硫酸滴入浓盐酸,经浓硫酸洗气瓶干燥制得,也可用食盐和浓硫酸反应:

$$NaCl + H_2SO_4(浓) \longrightarrow NaHSO_4 + HCl\uparrow$$

$$NaHSO_4 + NaCl \xrightarrow{>780\ K} Na_2SO_4 + HCl\uparrow$$

氯化氢的水溶液即盐酸。市售试剂级盐酸,相对密度 1.19,浓度 37%,相当于 12 $mol\cdot L^{-1}$。工业盐酸因常含 $FeCl_3$ 杂质而呈黄色。

本法不适于制取 HBr 和 HI,因为浓硫酸能使所生成的 HBr 和 HI 进一步氧化,得不到纯的卤化氢。

$$2HBr + H_2SO_4(浓) \longrightarrow Br_2 + SO_2 + 2H_2O$$

$$H_2SO_4(浓) + 8HI \longrightarrow 4I_2 + H_2S + 4H_2O$$

如果用非氧化性、非挥发性的磷酸与溴化物和碘化物作用,则可得到 HBr 和 HI:

$$NaBr + H_3PO_4 \xrightarrow{\triangle} NaH_2PO_4 + HBr\uparrow$$

$$NaI + H_3PO_4 \xrightarrow{\triangle} NaH_2PO_4 + HI\uparrow$$

3. 非金属卤化物的水解

此法适用于 HBr 和 HI 的制备,把水滴到非金属卤化物上,卤化氢即源源不断地产生:

$$PBr_3 + 3H_2O \longrightarrow H_3PO_3 + 3HBr\uparrow$$

$$PI_3 + 3H_2O \longrightarrow H_3PO_3 + 3HI\uparrow$$

实际上不需要事先制成卤化磷,把溴滴加在磷和少许水的混合物中或把水逐滴加入磷和碘的混合物中即可连续地产生 HBr 或 HI:

$$2P + 6H_2O + 3Br_2 \longrightarrow 2H_3PO_3 + 6HBr\uparrow$$

$$2P + 6H_2O + 3I_2 \longrightarrow 2H_3PO_3 + 6HI\uparrow$$

4. 碳氢化物的卤化

氟、氯和溴与饱和烃或芳烃的反应产物之一是卤化氢。例如,氯和乙烷的

作用:

$$C_2H_6(g) + Cl_2(g) \longrightarrow C_2H_5Cl(l) + HCl(g)$$

近年来,在农药和有机合成工业中这类反应获得大量的副产品盐酸。

碘和饱和烃作用,得不到碘的衍生物和碘化氢,因为碘化氢是活泼的还原剂,它能把碘的衍生物还原成烃和碘。

在氢卤酸中,氟化氢用于铝工业(合成冰晶石)、铀生产(UF_4/UF_6)、石油烷烃催化剂、不锈钢酸洗、制冷剂及其他无机物的制备。氢氟酸能与 SiO_2 或硅酸盐反应生成气态 SiF_4:

$$SiO_2 + 4HF \longrightarrow SiF_4\uparrow + 2H_2O$$

$$CaSiO_3 + 6HF \longrightarrow CaF_2 + SiF_4\uparrow + 3H_2O$$

利用这一特性,它被广泛用于分析测定矿物或钢板中 SiO_2 的含量,用于玻璃、陶瓷器皿的刻蚀等。

盐酸是最重要的强酸之一,在无机物制备、皮革工业、食品工业以及轧钢、焊接、搪瓷、医疗、橡胶、塑料等行业有着极其广泛的应用。

14-3-2 卤化物

卤素和电负性较小的元素形成的化合物叫作卤化物。由非金属或高氧化态(≥+Ⅲ)金属形成的卤化物如 BCl_3、CCl_4、$SbCl_5$、SF_6、WCl_6 等,不论气相、液相或固相,往往是共价型分子。它们有挥发性、较低的熔点和沸点,有的不溶于水,溶于水的往往发生强烈地水解。

碱金属、碱土金属及若干镧系和锕系元素的电负性小、离子半径大,形成的卤化物主要是离子型的。它们有高的熔点和沸点,在极性溶剂中易溶解,其溶液有导电性,熔融状态时也能导电。同一周期各元素的卤化物,随着金属离子半径减小和氧化数增大,离子性依次降低,共价性依次增强,熔沸点依次降低。第三周期元素氯化物的熔点、沸点数据如下:

氯化物	NaCl	$MgCl_2$	$AlCl_3$	$SiCl_4$	PCl_3	S_2Cl_2
熔点/K	1074	987	465	205	181	193
沸点/K	1686	1691	453(升华)	216	349	411

同一金属的卤化物随着卤离子半径的增大,变形性也增大,按 F—Cl—Br—I 的顺序,其离子性依次降低,共价性依次增加。一般来说,金属氟化物主要是离

子型化合物，其他卤化物从氯到碘共价型化合物则逐渐增多。例如，卤化钠的熔点和沸点从氟到碘依次降低，具体数据如下：

卤化钠	NaF	NaCl	NaBr	NaI
熔点/K	1206	1074	1020	934
沸点/K	1968	1686	1663	1577

不同氧化态的同一金属，其高氧化态卤化物的离子性小于低氧化态卤化物。例如，$FeCl_2$ 显离子性，而 $FeCl_3$ 基本上是共价型化合物。

除了上述两类卤化物外，还有如 $BeCl_2$、$AlCl_3$、ⅤA(As，Sb，Bi)和ⅥA(Se，Te)的卤化物属离子-共价过渡型卤化物。由于氟具有强氧化性和原子半径小等特性，元素在氟化物中可呈现最高氧化态，如Ag(Ⅱ)、Co(Ⅲ)、Mn(Ⅳ)、Ce(Ⅳ)等卤化物中只有氟化物能生成。X^- 的还原性从 F^- 到 I^- 依次增强，故卤化物中对高氧化态的稳定作用从氟到碘依次减弱，碘化物中元素呈现低氧化态，如铜、铁的碘化物以 CuI 和 FeI_2 存在。

14-3-3　卤素互化物与多卤化物

一、卤素互化物

不同卤素原子之间以共价键相结合形成的化合物称为卤素互化物。这类化合物可用通式 XX'_n 表示，n=1、3、5、7，X 的电负性小于 X′。除了 BrCl、ICl、ICl_3、IBr_3 和 IBr 外，其他几乎都是氟的卤素互化物。

卤素互化物都可由卤素单质在一定条件下直接合成。例如：

$$Cl_2 + F_2 \xrightarrow[\text{铜反应器}]{220\sim250\ ℃} 2ClF$$

$$Cl_2 + 3F_2 \xrightarrow[\text{Cu 或 Ni 反应器}]{200\sim300\ ℃} 2ClF_3$$

$$I_2 + 3Cl_2(l) \xrightarrow{-80\ ℃} I_2Cl_6$$

$$I_2 + 7F_2 \xrightarrow{250\sim300\ ℃} 2IF_7$$

绝大多数卤素互化物熔沸点低，是不稳定的，最稳定的是 ClF。双原子 XY 型卤素互化物的物理性质介于组成元素的分子性质之间，如深红色的 ICl(熔点 27 ℃，沸点 97 ℃)处于淡黄绿色的 Cl_2(熔点 −101 ℃，沸点 −35 ℃)和黑色的 I_2(熔点 114 ℃，沸点 184 ℃)之间。多原子卤素互化物中大多数是氟化物(见表 14-5)。IF_7 是中心原子氧化数为 +7 的唯一电中性卤素互化物，不存在

ClF_7 和 BrF_7。

表 14-5 卤素互化物的键能和熔、沸点

类型	化合物	状态	平均键能 / $kJ\cdot mol^{-1}$	熔点 / K	沸点 / K
XX'	ClF	无色稳定气体	248	117.5	173
	BrF^*	红棕色气体	249	240	293
	IF^*	很不稳定歧化为 IF_5 和 I_2	277.8	—	—
	$BrCl^*$	红色气体	216	207	278
	ICl	暗红色固体	208	300.5	370
	IBr	暗灰紫色固体	175	309	389
XX'_3	ClF_3	无色稳定气体	172	197	285
	BrF_3	稳定浅黄绿色液体	201	282	401
	$(IF_3)_n$	黄色固体	~272	245(分解)	—
	ICl_3	橙色固体	—	384(分解)	—
	IBr_3	棕色液体	—	—	—
XX'_5	ClF_5	稳定固体(在 78 K 以下)	142	170	260
	BrF_5	无色稳定液体	187	212.6	314.4
	IF_5	无色稳定液体	268	282.5	377.6
XX'_7	IF_7	无色稳定液体	231	278.9(升华)	277.5

* 很不稳定。

卤素互化物都是氧化剂,与大多数金属和非金属猛烈反应生成相应的卤化物;发生水解反应生成卤离子和卤氧离子,其中半径较大、电负性较小的卤原子生成卤氧离子。

$$6ClF + S \longrightarrow SF_6 + 3Cl_2$$
$$6ClF + 2Al \longrightarrow 2AlF_3 + 3Cl_2$$
$$XX' + H_2O \longrightarrow H^+ + X'^- + HXO$$
$$3BrF_3 + 5H_2O \longrightarrow H^+ + BrO_3^- + Br_2 + 9HF + O_2$$
$$IF_5 + 3H_2O \longrightarrow H^+ + IO_3^- + 5HF$$

IF_7 在水中比其他卤素互化物稳定,缓慢水解生成高碘酸和氟化物。

氟的卤素互化物如 ClF_3、ClF_5、BrF_3 通常都作为氟化剂,能够使金属、非金属单质及金属的氧化物、氯化物、溴化物和碘化物转变为氟化物:

$$NH_3 + ClF_3 \longrightarrow 3HF + \frac{1}{2}N_2 + \frac{1}{2}Cl_2$$
$$4ClF_3 + 6MgO \longrightarrow 6MgF_2 + 2Cl_2 + 3O_2$$

$$2Co_3O_4(s)+6ClF_3(g) \longrightarrow 6CoF_3(s)+3Cl_2(g)+4O_2(g)$$

$$4BrF_3+3SiO_2 \longrightarrow 3SiF_4+2Br_2+3O_2$$

ClF_3 在生产富集 ^{235}U 同位素用的 UF_6 合成中有重要应用：

$$UF_4(s)+ClF_3(g) \longrightarrow UF_6(s)+ClF(g)$$

多原子卤素互化物的结构可从中心卤素原子价层电子对互斥理论和杂化轨道理论来推测和解释。例如，IF_5 分子中 I 原子是 sp^3d^2 杂化的，电子构型是八面体。图 14-5 为几个典型多原子卤素互化物的空间构型。

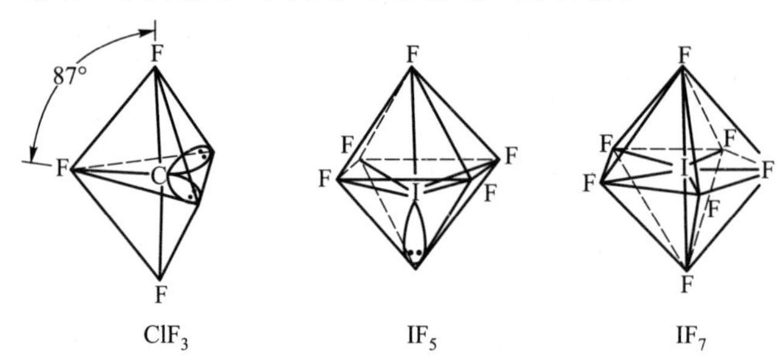

图 14-5 几个典型多原子卤素互化物的空间构型

二、多卤化物

碘在水中的溶解度很小（0.34 $g\cdot L^{-1}$），但当溶液中加入 I^-（如 KI）后，I_2 的溶解度大大增加，这是由于 I_2 和 I^- 以路易斯酸碱发生加合反应所致：

$$I_2+I^- \rightleftharpoons I_3^-$$

I_3^- 还可进一步与 I_2 分子反应形成 I_5^-、I_7^- 等更复杂的离子。KI 与其他卤素或卤素互化物也能发生类似反应：

$$KI+Br_2 \longrightarrow K[IBr_2]$$

$$KCl+Cl_2 \longrightarrow K[Cl_3]$$

$$ICl_3+KCl \longrightarrow K[ICl_4]$$

$$2ClF+AsF_5 \longrightarrow [FCl_2][AsF_6]$$

这种卤化物与卤素单质或卤素互化物加合所生成的化合物称为多卤化物。多卤化物中可只含一种卤素，也可以含两种或三种卤素。

多卤化物加热时会分解，分解产物是晶格能相对较大的卤化物及卤素互化物或卤素单质。如 $Rb[ICl_2]$ 的热分解产物是 RbCl 和 ICl，而不是 RbI 和 Cl_2：

$$Cs[I_3] \xrightarrow{\triangle} CsI + I_2$$

$$Rb[ICl_2] \xrightarrow{\triangle} RbCl + ICl$$

$$K[BrICl] \xrightarrow{\triangle} KCl + IBr$$

多卤化物的结构与卤素互化物近似，较大的卤素原子作为中心原子，较小的分布在四周，其构型可用 VSEPR 理论推测。如 I_3^-、ICl_2^-、$IBrCl^-$ 等是直线形，ICl_4^-、IBr_4^- 是平面四边形。也有一些例外，如 ClF_6^- 和 BrF_6^- 的中心原子上都有一对孤对电子，其结构却呈正八面体形。

卤素能够形成多种同一元素的或不同卤素间的复合阳离子，如 X_2^+、X_3^+、XY_2^+、X_5^+、XY_4^+、X_7^+、XY_6^+ 以及卤氧阳离子等。就卤素本身来说，卤素阳离子是缺电子的，它有一个亲电子的中心，因而它是一种强亲电子体，故只能在强的 Lewis 酸介质或足够弱的路易斯碱介质中稳定存在。

在强氧化条件下（如发烟硫酸中）I_2 可被氧化为蓝色的顺磁性二碘阳离子 I_2^+，相应的 Br_2^+、Cl_2^+ 阳离子在更强的酸性介质中也已制得。X 射线衍射研究表明 I_3^+、I_5^+ 两个多碘阳离子具有如下结构，符合 VSEPR 理论的判断。

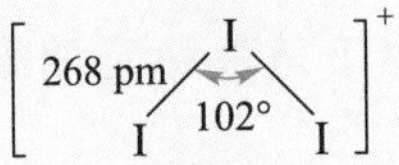

268 pm　102°
I_3^+

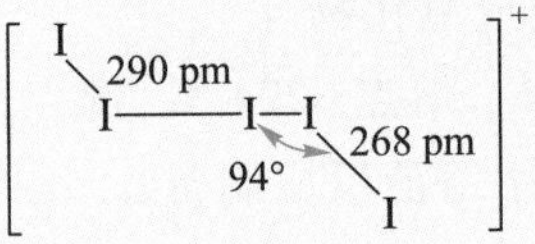

290 pm　268 pm　94°
I_5^+

强路易斯酸（如 SbF_5）与卤素氟化物反应时获得一个 F^- 得到另一类通式为 XF_n^+ 的多卤素阳离子：

$$ClF_3 + SbF_5 \longrightarrow [ClF_2]^+[SbF_6]^-$$

用该方法制备的卤素互化物阳离子有 $[XF_2]^+$（X = Cl、Br）、$[XF_4]^+$（X = Cl、Br、I）、$[XF_6]^+$（X = Cl、Br、I），对含有这些阳离子的固体化合物进行 X 射线衍射研究表明 F^- 并未完全脱离阳离子，阴离子和阳离子仍然通过氟桥较弱地缔合在一起：

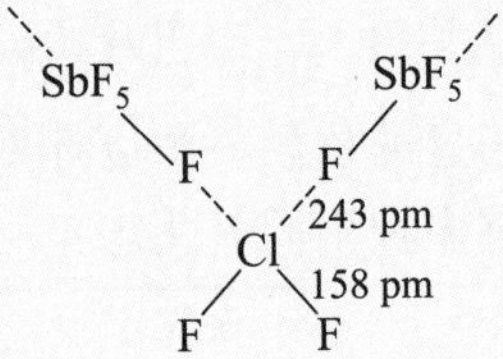

SbF_5　SbF_5　F　F　Cl　243 pm　158 pm　F　F

$(ClF_2)(SbF_6)$

需要指出的是，虽然独立存在的 Cl^+、Br^+、I^+ 还缺乏证据，但这些阳离子与芳香胺给予体形成的稳定配合物是已知的，I_2、IBr 和 ICl 分别溶解于吡啶中生成 $[I(py)_2]^+$ 阳离子，其固体配合物可由银盐和卤素等在惰性溶剂中反应制得：

$$AgNO_3 + I_2 + 2py \xrightarrow{CHCl_3} AgI + [I(py)_2]^+NO_3^-$$

$$[Ag(py)_2]SbCl_3 + Br_2 \xrightarrow{CH_3CN} AgBr + [Br(py)_2]SbCl_3$$

将 $[I(py)_2]^+NO_3^-$ 和酸化过的 KI 溶液反应可释出碘，说明含有正价态的碘。

14-4 卤素的含氧化合物

14-4-1 卤素氧化物

由于氟的电负性高于氧，因此卤素中氟与氧化合形成的二元化合物是氟化氧，其他卤素则生成氧化物。

二氟化氧（OF_2，熔点 -224 ℃，沸点 -145 ℃）是最稳定的氟氧化合物，可由 F_2 与稀氢氧化物水溶液反应制备：

$$2F_2(g) + 2OH^-(aq) \longrightarrow OF_2(g) + 2F^-(aq) + H_2O(l)$$

高于室温时，气相纯二氟化氧不但稳定而且不与玻璃发生反应。这个强氟化试剂的构型为角形分子，且氟化能力弱于 F_2。

二氟化二氧（O_2F_2，熔点 -154 ℃，沸点 -57 ℃）可通过两元素液体混合物的光解反应来合成。液态时不稳定，高于 -100 ℃即迅速分解。但在金属真空线上可被转化为低压蒸气（也伴随一定程度的分解）。O_2F_2 比 ClF_3 有更强的氧化作用，它能在 ClF_3 不能完成的反应中将金属钚和钚的化合物氧化为 PuF_6：

$$Pu(s) + 3O_2F_2(g) \longrightarrow PuF_6(g) + 3O_2(g)$$

人们对该反应的兴趣在于从用过的核燃料中以挥发性氟化物的形式除去 Pu。

氯的氧化物中氯原子具有多种不同氧化态：

氧化态	+Ⅰ	+Ⅳ	+Ⅵ	+Ⅶ
化学式	Cl_2O	ClO_2	Cl_2O_6	Cl_2O_7
状态和颜色	棕黄色气体	黄色气体	暗红色液体	无色油状液体
$\Delta_f G^\ominus(g)/(kJ\cdot mol^{-1})$	97.9	120.6	—	—

用新制得的黄色 HgO 和 Cl_2(用干燥空气稀释或溶解在 CCl_4 中)反应即可制得 Cl_2O:

$$2Cl_2 + 2HgO \longrightarrow HgCl_2 \cdot HgO + Cl_2O(g)$$

该反应适用于实验室和工业制备。另一种大规模的制法是在旋转式管状反应器中,使 Cl_2 和潮湿的 Na_2CO_3 反应:

$$2Cl_2 + 2Na_2CO_3 + H_2O \longrightarrow 2NaHCO_3 + 2NaCl + Cl_2O(g)$$

Cl_2O 极易溶于水,-9.4 ℃的饱和溶液中每 100 g 水含 143.6 g Cl_2O,在水中它与 HOCl 存在如下平衡:

$$Cl_2O + H_2O \rightleftharpoons 2HOCl$$

因此 Cl_2O 就是 HOCl 的酸酐。Cl_2O 主要用来制次氯酸盐,如 $Ca(ClO)_2$ 是一种有效的漂白剂。

黄色气体 ClO_2 能凝聚成一种红色液体,熔点 214 K,沸点 283 K。ClO_2 气体分子中含奇数电子,因此具有顺磁性和很高的化学活性。二氧化氯是唯一大量生产的卤素氧化物,制备方法是在强酸性溶液中用 NaCl、HCl 或 SO_2 还原 ClO_3^-:

$$ClO_3^- + Cl^- + 2H^+ \longrightarrow ClO_2 + \frac{1}{2}Cl_2 + H_2O$$

$$2ClO_3^-(aq) + SO_2(g) \xrightarrow{\text{酸}} 2ClO_2(g) + SO_4^{2-}(aq)$$

ClO_2 是强吸热化合物($\Delta_f G^{\ominus} = +121\ kJ \cdot mol^{-1}$),只能保持在稀释状态以防爆炸性分解,而且要现场合成使用。ClO_2 溶于水,溶解度最大可达 8 $g \cdot L^{-1}$,同时放热并得到暗绿色溶液,中性水溶液受光照则迅速分解,生成氯酸和盐酸;而其碱性溶液剧烈水解成亚氯酸盐和氯酸盐。ClO_2 的主要用途是纸浆漂白、污水杀菌和饮用水净化。

溴的氧化物有 Br_2O、BrO_2、BrO_3 或 Br_3O_8 等,它们对热都不稳定。

碘的氧化物是最稳定的卤素氧化物,有 I_2O_4(或 $IO^+IO_3^-$)、I_4O_9[或 $I(IO_3)_3$]、I_2O_5 和 I_2O_7。I_2O_5 具有代表性,200 ℃时,在干燥空气的气流中使碘酸失水即得 I_2O_5。

$$2HIO_3 \xrightarrow{200\ ℃} I_2O_5 + H_2O\uparrow$$

继续加热至 300 ℃左右,I_2O_5 分解为 I_2 和 O_2。I_2O_5 是容易吸潮的白色固体,吸水后重新形成母体酸 HIO_3。由于对水的亲和力极大,故市售"I_2O_5"几乎完全由

HI_3O_8，即 $I_2O_5 \cdot HIO_3$ 组成。I_2O_5 作氧化剂，可以氧化 NO、C_2H_4、H_2S、CO 等：

$$I_2O_5 + 5CO \longrightarrow I_2 + 5CO_2$$

此反应可用来定量测定大气或其他气态混合物中的 CO。

Cl_2O、ClO_2 和 I_2O_5 的结构分别如下：

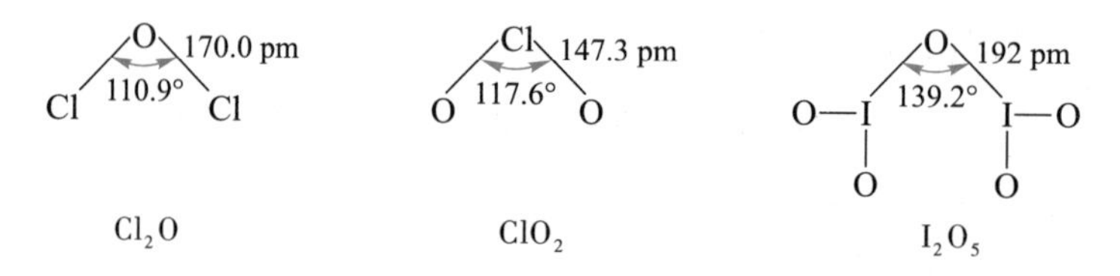

14-4-2 卤素的含氧酸及其盐

氟的含氧酸仅限于次氟酸 HFO。其余卤素除有 HXO 外还有许多其他含氧酸（见表 14-6）。

各种卤酸根离子的结构见图 14-6。除了 IO_6^{5-} 中碘原子是 sp^3d^2 杂化的外，其他离子中的中心原子均用 sp^3 杂化轨道同氧成键形成离子。

表 14-6 卤素含氧酸

名称	氟	氯	溴	碘
次卤酸	HFO	$HClO^*$	$HBrO^*$	HIO^*
亚卤酸		$HClO_2^*$	$HBrO_2^*$	—
卤　酸		$HClO_3^*$	$HBrO_3^*$	HIO_3
高卤酸		$HClO_4$	$HBrO_4^*$	HIO_4、H_5IO_6 等

* 仅存在于溶液中而不能分离出纯酸。

一、次卤酸及其盐

−40 ℃时，控制 F_2 与冰的反应可得 HFO。HFO 极不稳定，易挥发分解成 HF 和 O_2，与水反应生成 HF、H_2O_2 和 O_2。

$$F_2(g) + H_2O(s) \xrightleftharpoons{-40\ ℃} HFO(g) + HF(g)$$

Cl_2、Br_2、I_2 都微溶于水（见表 14-3），溶于水的一部分发生歧化反应，在该水溶液中，HXO 的浓度不大，故需加新鲜制备的 HgO 或 Ag_2O 或碳酸盐以破坏水解歧化平衡，而使反应向右进行：

$$2HgO + H_2O + 2Cl_2 \longrightarrow HgO \cdot HgCl_2 + 2HClO$$
$$CaCO_3 + H_2O + 2Cl_2 \longrightarrow CaCl_2 + CO_2 + 2HClO$$

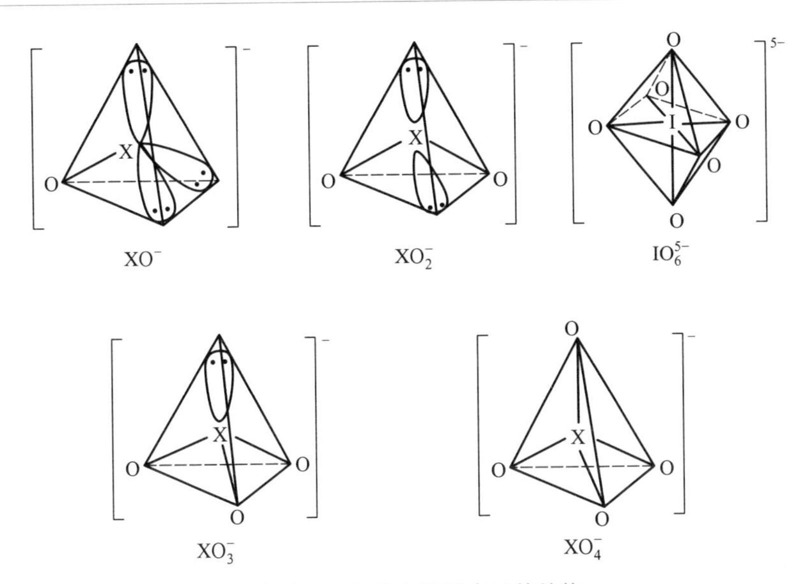

图 14-6 各种卤酸根离子的结构

将反应混合物减压蒸馏可得 HClO 溶液。除 HFO 外,其他纯的 HXO 至今尚未制得。

HXO 均是弱酸,酸强度随卤素原子半径的增大,从 HClO 到 HIO 依次减小,

HXO	HClO	HBrO	HIO
$K_a^\ominus$	2.95×10^{-8}	2.06×10^{-9}	2.3×10^{-11}

除 HOF 外,其他仅存在于水溶液中,稳定性次序:HClO > HBrO > HIO。HXO 的分解方式和速率与溶液的浓度、pH 和温度的高低有关,也与光照或有起催化作用的金属离子存在有关。分解按照以下两种基本方式进行:

$$2HXO \longrightarrow 2H^+ + 2X^- + O_2$$

$$(或\ 2XO^- \longrightarrow 2X^- + O_2)$$

$$3HXO \longrightarrow 3H^+ + 2X^- + XO_3^-$$

$$(或\ 3XO^- \longrightarrow 2X^- + XO_3^-)$$

次氯酸具有强的氧化性和杀菌、漂白能力就是基于以上第一种反应。

次卤酸盐中比较重要的是次氯酸盐。工业上生产次氯酸钠是采用无隔膜电解冷、稀的食盐溶液,并搅动溶液使阳极上所产生的氯气与阴极区所产生的 NaOH 溶液反应而制得:

$$2Cl^- + 2H_2O \xrightarrow{\text{电解}} 2OH^- + Cl_2\uparrow + H_2\uparrow$$

$$Cl_2 + 2OH^- \longrightarrow 2ClO^- + H_2\uparrow$$

总反应 $$Cl^- + H_2O \xrightarrow{\text{电解}} ClO^- + H_2\uparrow$$

用氯和 $Ca(OH)_2$ 反应，控制在 298 K 左右可得次氯酸钙：

$$2Cl_2 + 2Ca(OH)_2 \longrightarrow Ca(ClO)_2 + CaCl_2 + 2H_2O$$

当原料中所含水分较少时，不能使所有 $Ca(OH)_2$ 转化为 $CaCl_2$ 和 $Ca(ClO)_2$，在这种情况下其反应如下：

$$2Cl_2 + 3Ca(OH)_2 \longrightarrow Ca(ClO)_2 \cdot CaCl_2 \cdot Ca(OH)_2 \cdot 2H_2O$$

所得产物即为通常所称的漂白粉。

次氯酸盐最大的用途是漂白和消毒。这类漂白剂氧化能力是以“有效氯”的含量为标志。有效氯的含量定义：从 HI 中游离出相同量的 I_2 所需的 Cl_2 的质量与指定化合物的质量之比，常以百分数表示。例如，从下列两个化学计量方程可知 70.92 g Cl_2 或 58.4 g LiClO 均可生成 1 mol I_2：

$$Cl_2 + 2HI \longrightarrow I_2 + 2HCl$$

$$LiClO + 2HI \longrightarrow I_2 + LiCl + H_2O$$

所以纯 LiClO 的“有效氯”为 121%。常见的漂白剂有 $pH \geqslant 11$ 的次氯酸钠溶液（内含“有效氯”5%～10%）和含 $Ca(ClO)_2$ 和 $CaCl_2$ 的漂白液（内含“有效氯”为 85 $g \cdot L^{-1}$），它们对纸和木浆的漂白是有效的；干燥的 $Ca(ClO)_2 \cdot 2H_2O$（含“有效氯”为 70%）和漂白粉（含有 35%“有效氯”）用于一般漂白和公共卫生；在禁忌钙的地方如硬水的处理和某些牛奶房应用特别药品 LiClO（经硫酸盐稀释至含“有效氯”40%使用）。

二、亚卤酸及其盐

已知的亚卤酸仅有亚氯酸。在亚氯酸钡悬浮液中加入稀 H_2SO_4，除去 $BaSO_4$ 沉淀，就可得到亚氯酸水溶液。亚氯酸极不稳定会迅速分解：

$$4HClO_2 \longrightarrow 3ClO_2 + \frac{1}{2}Cl_2 + 2H_2O$$

$HClO_2$ 酸性比 HClO 强，是一种中强酸，$K_a^\ominus(25\ ^\circ C) = 1.1 \times 10^{-2}$。当 ClO_2 和碱溶液反应时生成亚氯酸盐和氯酸盐：

$$2ClO_2 + 2OH^- \longrightarrow ClO_2^- + ClO_3^- + H_2O$$

用 ClO_2 和 Na_2O_2 反应可制得 $NaClO_2$：

$$Na_2O_2 + 2ClO_2 \longrightarrow 2NaClO_2 + O_2$$

亚氯酸盐比亚氯酸稳定，如把亚氯酸盐的碱性溶液放置一年也不分解；但加热或敲击亚氯酸盐固体会立即爆炸，歧化成氯酸盐和氯化物：

$$3NaClO_2 \longrightarrow 2NaClO_3 + NaCl$$

亚氯酸及其盐具有氧化性，可作纺织品的漂白剂及用于某些工业废气的处理中。

三、卤酸及其盐

将 $Ba(ClO_3)_2$ 或 $Ba(BrO_3)_2$ 与 H_2SO_4 作用生成 $HClO_3$ 或 $HBrO_3$ 溶液：

$$Ba(XO_3)_2 + H_2SO_4 \longrightarrow BaSO_4\downarrow + 2HXO_3$$

减压下浓缩溶液可得到 40% $HClO_3$ 或 50% $HBrO_3$ 溶液；继续蒸发，则它们会迅速分解并发生爆炸。

$$8HClO_3 \longrightarrow 4HClO_4 + 2H_2O + 2Cl_2 + 3O_2$$
$$3HClO_3 \longrightarrow HClO_4 + H_2O + 2ClO_2$$
$$4HBrO_3 \longrightarrow 2Br_2 + 5O_2 + 2H_2O$$

将 I_2 与发烟硝酸作用可制得 HIO_3，HIO_3 是白色固体。

$$I_2 + 10HNO_3 \longrightarrow 2HIO_3 + 10NO_2\uparrow + 4H_2O$$

氯酸和溴酸在水溶液中都是强酸（$pK_a \leqslant 0$），而碘酸较弱些（$pK_a = 0.80$）。它们的稳定性从 $HClO_3$ 到 HIO_3 依次增强。

卤酸均具有较强的氧化性，其中以溴酸的氧化性最强：

	BrO_3^-/Br_2	ClO_3^-/Cl_2	IO_3^-/I_2
$\varphi_A^\ominus$/V	1.52	1.47	1.19

因此碘能从溴酸盐和氯酸盐的酸性溶液中置换出 Br_2 和 Cl_2，氯能从溴酸盐的酸性溶液中置换出 Br_2，这也反映了 p 区元素性质的不规则性。

卤酸盐的常用制备方法：

(1) 在一定温度下由卤素单质与碱溶液反应制得，但转化率较低。

(2) 电解法，如 $KClO_3$ 的制备是以 NaCl 为电解质，在无隔膜电解池中进行，用 Cl^- 的阳极氧化能产生的 Cl_2 与阴极的 OH^- 反应，生成次氯酸盐，然后再经歧化或本身进一步阳极氧化成 ClO_3^-。得到 $NaClO_3$ 后再与 KCl 进行复分解反应，由于 $KClO_3$ 的溶解度较小，可从溶液中析出。

溴酸盐和碘酸盐的制备也可采用化学氧化法，如用次氯酸盐溶液（Cl_2 加入 Br^- 的碱性溶液中）氧化 Br^- 成 BrO_3^-。在 600 ℃时用 O_2 使碱金属碘化物进行高压氧化或用氯酸盐氧化 I_2 都能制得碘酸盐：

$$I_2 + 2NaClO_3 \longrightarrow 2NaIO_3 + Cl_2$$

卤酸盐的热分解反应是较复杂的。例如，$KClO_3$ 在有催化剂时，可于较低温度下分解为 KCl、O_2 和痕量的 Cl_2。若不存在催化剂，则 $KClO_3$ 在 629 K 时熔化，668 K 时开始按下式分解：

$$4KClO_3 \xrightarrow{668\ K} KCl + 3KClO_4$$

$KBrO_3$、KIO_3 的热分解产物是相应的卤化物和 O_2，得不到高卤酸盐（在热力学上是不可行的）。

在水溶液中卤酸根离子的氧化能力按下列次序减小：溴酸根>氯酸根>碘酸根，并且其氧化能力（包括反应速率）明显地由溶液的氢离子浓度所决定，在酸性条件下要比在碱性条件下大得多。例如，在酸性条件下卤酸盐能氧化相应的卤离子生成卤素：

$$XO_3^- + 5X^- + 6H^+ \longrightarrow 3X_2 + 3H_2O$$

而在碱性条件下则主要发生的是上述反应的逆反应。

卤酸盐中比较重要的物质是 $KClO_3$ 和 $NaClO_3$。$NaClO_3$ 主要用于制备 ClO_2 及用来制备其他氯酸盐及高氯酸盐，还可作除草剂。$KClO_3$ 是焰火、照明弹等的主要组分，与易燃物质碳、硫、磷及有机物质相混合时，一经撞击即猛烈爆炸，“安全火柴”头的组分即为 $KClO_3$、S、Sb_2S_3、玻璃粉和糊精胶。

四、高卤酸及其盐

用浓 HCl 和无水 $NaClO_4$ 或 $Ba(ClO_4)_2$ 作用，在有脱水剂[发烟硫酸或 $Mg(ClO_4)_2$]存在下进行减压蒸馏，可得无水纯 $HClO_4$。

工业上用电解氯化物或氯酸盐来制备高氯酸，在阳极区生成高氯酸盐，经硫酸酸化后再减压蒸馏可得市售的 72% $HClO_4$ 溶液。

$$KClO_3 + H_2O \xrightarrow{电解} KClO_4(阳极) + H_2\uparrow(阴极)$$

纯 $HClO_4$ 是一种无色易流动、对震动敏感的不稳定液体，凝固点 161 K，沸点 363 K，密度（25 ℃）1.761 $g\cdot cm^{-3}$，是无机酸中最强的酸。室温时氧化活性很弱，与 H_2S、SO_2、HNO_2、HI 及 Zn、Al、Cr（Ⅱ）等都不发生反应，与 Sn（Ⅱ）、Ti（Ⅲ）、V（Ⅱ）及连二亚硫酸盐反应缓慢；但浓、热的 $HClO_4$ 是强氧化剂，与大多数有机物质发生爆炸性反应，可使 HI 和亚硫酰氯（$SOCl_2$）燃烧，并能迅速氧化金和银。

在周期表中,大多数金属的高氯酸盐都是已知的。高氯酸盐的热分解主要有下列三种情形:

$$M(ClO_4)_n \longrightarrow MCl_n + 2nO_2$$

(M = ⅠA 金属、Ag、Mg、Ca、Ba、Cd、Pb、Zn 等)

$$M(ClO_4)_n \longrightarrow MO_{n/2} + \frac{n}{2}Cl_2 + \frac{7n}{4}O_2$$

(M = Al、Fe、Zn、Mg 等)

$$2NH_4ClO_4 \longrightarrow N_2 + Cl_2 + 2O_2 + 4H_2O$$

NH_4ClO_4 可用作火箭燃料;$Mg(ClO_4)_2$ 在"干电池"中作电解质及干燥剂,能吸收相当于其自身含量60%的水量,且在使用时不变黏,经真空加热至约 200 ℃时可活化再生。$KClO_4$ 则是烟火设备等的主要组分。

高氯酸盐一般是可溶的,但 K^+、Rb^+、Cs^+的高氯酸盐溶解度很小,可用于分离目的。水溶液中高氯酸盐的氧化还原性与高氯酸相似。另外,由于 ClO_4^- 在水溶液中对金属离子的配位能力很小,因此许多水溶液中的平衡常数的测定及动力学方面的研究可用高氯酸盐来维持介质的离子强度。

1968 年,阿佩曼(E. H. Appelman)首先用 F_2 或 XeF_2 氧化 BrO_3^- 水溶液制得高溴酸盐:

$$BrO_3^- + F_2 + 2OH^- \longrightarrow BrO_4^- + 2F^- + H_2O$$

$$BrO_3^- + XeF_2 + H_2O \longrightarrow BrO_4^- + Xe + 2HF$$

将生成的高溴酸盐溶液通过氢型阳离子交换树脂便制得 $HBrO_4$ 水溶液,可浓缩至 55%还较稳定,浓度高于 83%时很不稳定,$HBrO_4 \cdot 2H_2O$ 已制得。$HBrO_4$ 是一种强酸。$KBrO_4$ 为白色晶体,加热分解为 $KBrO_3$ 和 O_2。热稳定性次序:$KBrO_3 > KBrO_4$,这相似于碘的相应化合物,而不同于氯的化合物(稳定性次序:$KClO_4 > KClO_3$)。

高碘酸和高碘酸盐以许多不同的形式存在,如 M_3IO_5、$M_8I_2O_{11}$、$M_4I_2O_9$ 或 M_5IO_6 等。它们的原酸①可认为是 I_2O_7 的水合物,其中以正(偏)高碘酸 H_5IO_6(或 $I_2O_7 \cdot 5H_2O$)最稳定。和其他高卤酸相应的高碘酸 HIO_4 也可称为偏高碘酸。

在碱性的碘或碘酸盐溶液中通入 Cl_2,可得到高碘酸盐。

$$NaIO_3 + Cl_2 + 3NaOH \longrightarrow Na_2H_3IO_6 + 2NaCl$$

---

① 酸分子中氢氧基的数目和成酸元素的氧化数相等时,可用词头"原"来表示,称为原某酸;如原碳酸 H_4CO_4,原硅酸 H_4SiO_4,原碲酸 H_6TeO_6,原碘酸 H_7IO_7。自一个分子正酸缩去一分子水而成的酸,定名为偏酸,也可称为一缩某酸。

在上述 $Na_2H_3IO_6$ 悬浮液中加入 $AgNO_3$，有 Ag_5IO_6 黑色沉淀生成，然后再用氯气和水处理 Ag_5IO_6 的悬浮液便生成 H_5IO_6：

$$Na_2H_3IO_6 + 5AgNO_3 \longrightarrow Ag_5IO_6\downarrow + 2NaNO_3 + 3HNO_3$$

$$4Ag_5IO_6 + 10Cl_2 + 10H_2O \longrightarrow 4H_5IO_6 + 20AgCl + 5O_2$$

H_5IO_6 是白色晶体，熔融时分解为 HIO_3：

$$2H_5IO_6 \xrightarrow{413\ K} 2HIO_3 + O_2\uparrow + 4H_2O$$

在真空中加热时 H_5IO_6 逐渐失水生成偏高碘酸：

$$2H_5IO_6 \xrightarrow[-3H_2O]{353\ K} H_4I_2O_9 \xrightarrow[-H_2O]{373\ K} 2HIO_4 \xrightarrow{473\ K} I_2O_5 + O_2 + H_2O$$

HIO_4 在水溶液中又重新变为 H_5IO_6。高碘酸是强氧化剂，在酸性介质中能定量地将 Mn^{2+} 氧化为 MnO_4^-：

$$2Mn^{2+} + 5H_5IO_6 \longrightarrow 2MnO_4^- + 5IO_3^- + 11H^+ + 7H_2O$$

该反应在分析化学中得到应用。

高碘酸在强酸性溶液中主要以 H_5IO_6 形式存在，它是一种相当弱的酸（$K_1 = 5.1\times10^{-4}$，$K_2 = 4.9\times10^{-9}$，$K_3 = 2.5\times10^{-15}$）。它的二取代盐 $Na_2H_3IO_6$，三取代盐 $Na_3H_2IO_6$ 和五取代盐 Ag_5IO_6、Na_5IO_6 都已制得。无论是正盐还是酸式盐都共同存在 IO_6^{5-} 八面体结构。在 IO_6^{5-} 酸根离子中，碘以 sp^3d^2 杂化轨道成键。碘具有较高的配位数与碘原子半径较大有关。IO_6^{5-} 酸根离子的结构见图 14-6。

14-5 拟卤素及拟卤化物

某些-1 价离子在形成化合物时，其性质与卤化物很相似，在自由状态时原子团性质与卤素单质也很相似，将这些原子团称为拟卤素，把它的-1 价离子形成的化合物称为拟卤化物。一些拟卤离子、拟卤素及相应的酸列于表 14-7。

拟卤素与卤素、拟卤化物与卤化物的性质比较如下：

(1) 在游离状态时皆是二聚体，具有挥发性，并具有特殊的刺激性气味。二聚体拟卤素不稳定，许多二聚体还会发生聚合作用。例如：

$$x(SCN)_2 \xrightarrow{\text{室温}} 2(SCN)_x$$

$$x(CN)_2 \xrightarrow{673\ K} 2(CN)_x$$

表 14-7　一些拟卤离子、拟卤素及相应的酸

拟卤离子	拟卤素		酸		$pK_a^\ominus$
CN^-	氰	$(CN)_2$	氰化氢	HCN	9.2
SCN^-	硫氰	$(SCN)_2$	硫氰酸	HSCN	-1.9
$SeCN^-$	硒氰	$(SeCN)_2$			
OCN^-			氰酸	HOCN	3.5
ONC^-			雷酸	HONC	
NCN^{2-}			氨基氰	H_2NCN	
N_3^-			叠氮酸	HN_3	4.92

(2) 与金属反应都能生成一价阴离子的盐。例如：

$$2Fe + 3Cl_2 \longrightarrow 2FeCl_3$$

$$2Fe + 3(SCN)_2 \longrightarrow 2Fe(SCN)_3$$

拟卤化物和卤化物的溶解性相似，如它们的 Ag(Ⅰ)、Hg(Ⅰ)和 Pb(Ⅱ)盐都难溶于水，相应的两类盐同晶。

(3) 与氢形成氢酸，但拟卤素形成的酸一般比氢卤酸弱，其中以氢氰酸最弱。

(4) 易形成配合物。例如：

$$3CN^- + CuCN \longrightarrow [Cu(CN)_4]^{3-}$$

$$2I^- + HgI_2 \longrightarrow [HgI_4]^{2-}$$

(5) 氧化还原性质相似。例如，和卤素单质相似，自由状态的拟卤素也可用化学方法或电解方法氧化氢酸或氢酸盐制得：

$$Cl_2 + 2SCN^- \longrightarrow 2Cl^- + (SCN)_2$$

$$Cl_2 + 2Br^- \longrightarrow 2Cl^- + Br_2$$

$$MnO_2 + 4HSCN \longrightarrow (SCN)_2 + Mn(SCN)_2 + 2H_2O$$

在水和碱溶液中发生歧化反应：

$$Cl_2 + H_2O \rightleftharpoons HCl + HOCl$$

$$(CN)_2 + H_2O \rightleftharpoons HCN + HOCN$$

$$Cl_2 + 2OH^- \rightleftharpoons Cl^- + ClO^- + H_2O$$

$$(CN)_2 + 2OH^- \rightleftharpoons CN^- + OCN^- + H_2O$$

发生分子内氧化还原反应,如 Pb(Ⅳ)化合物的分解:

$$PbCl_4 \longrightarrow PbCl_2 + Cl_2$$

$$Pb(SCN)_4 \longrightarrow Pb(SCN)_2 + (SCN)_2$$

卤素与拟卤素的氧化性和阴离子的还原性从强到弱排列如下:

氧化性减弱

$$\xrightarrow{\qquad\qquad\qquad\qquad\qquad\qquad}$$

$$F_2, (OCN)_2, Cl_2, Br_2, (CN)_2, (SCN)_2, I_2, (SeCN)_2$$

$$F^-, OCN^-, Cl^-, Br^-, CN^-, SCN^-, I^-, SeCN^-$$

$$\xleftarrow{\qquad\qquad\qquad\qquad\qquad\qquad}$$

还原性减弱

14-6 砹和鿬的化学

85 号元素砹是 1940 年由 D. Corson、K. R. Mackenzie、E. G. Segre 等在美国加利福尼亚大学用 α 粒子轰击 ${}^{209}_{83}Bi$ 靶发现的,命名为 Astatine,源自希腊文,意为不稳定:

$${}^{209}_{83}Bi + {}^{4}_{2}He \longrightarrow {}^{211}_{85}At + 2{}^{1}_{0}n$$

已知有 20 种放射性同位素,其中寿命最长的是 ${}^{211}At$;半衰期 8.3 h。在氮气氛下将铋靶加热到 573~973 K 时得到砹蒸气,用冷的玻璃管收集。

砹的单质呈金属光泽,熔点 575 K,已知氧化态的形态与酸性、碱性溶液的电极电势为

$$\varphi_A^\ominus/V \qquad HAtO_3 \overset{1.4}{\text{———}} HAtO \overset{0.7}{\text{———}} At_2 \overset{0.2}{\text{———}} At^-$$

$$\varphi_B^\ominus/V \qquad AtO_3^- \overset{0.5}{\text{———}} AtO^- \overset{0.0}{\text{———}} At_2 \overset{0.2}{\text{———}} At^-$$

与其他卤素不同,砹的单质不能自发歧化。砹与 HNO_3、HCl 等反应而溶解。

砹与卤素 X_2 反应生成卤素互化物 AtX,能用 CCl_4 萃取,而与卤离子 X^- 所生成的多卤离子 AtX_2^- 则不能用 CCl_4 萃取。在表 14-8 中比较了 25 ℃时三卤离子的平衡生成常数。

表 14-8 25 ℃时三卤离子的平衡生成常数

反应	$K/(L\cdot mol^{-1})$	反应	$K/(L\cdot mol^{-1})$
$Cl_2+Cl^- \rightleftharpoons Cl_3^-$	0.12	$AtI+Br^- \rightleftharpoons AtIBr^-$	120
$Br_2+Cl^- \rightleftharpoons Br_2Cl^-$	1.4	$ICl+Cl^- \rightleftharpoons ICl_2^-$	170
$I_2+Cl^- \rightleftharpoons I_2Cl^-$	3	$AtBr+Br^- \rightleftharpoons AtBr_2^-$	320
$AtI+Cl^- \rightleftharpoons AtICl^-$	9	$IBr+Br^- \rightleftharpoons IBr_2^-$	440
$Br_2+Br^- \rightleftharpoons Br_3^-$	17	$I_2+I^- \rightleftharpoons I_3^-$	800
$IBr+Cl^- \rightleftharpoons IBrCl^-$	43	$AtI+I^- \rightleftharpoons AtI_2^-$	2000

砹的生物化学性质与碘有相似的地方,对于破坏反常的甲状腺组织来说,砹比碘更为优越:砹发射的 α 质点能定域在 70 μm 的组织范围内耗散 5.9 MeV 能量;而放射性碘的 β 射线能量低得多,却有约 2000 μm 的最大范围。当然,砹通常难以得到且价格昂贵,所以未必能应用。

117 号元素石田最早发现于 2010 年,通过钙-48 原子轰击同位素锫-249 人工合成。IUPAC 最终确定 117 号元素由俄罗斯杜伯纳核研究联合研究所、美国加利福尼亚州劳伦斯·利弗莫尔国家实验室和美国田纳西州橡树岭国家实验室的科学家共同合成,命名为以“田纳西州”英文地名拼写为开头 Tennessine。

石田的单质以固体存在时为银白色或灰色。元素石田有极强的放射性,很快衰变为其他粒子,因此很多物理化学性质当前还不能确定。

习　题

14-1 电解制氟时,为何不用 KF 的水溶液?液态氟化氢为什么不导电,而氟化钾的无水氟化氢溶液却能导电?

14-2 氟在本族元素中有哪些特殊性?氟化氢和氢氟酸有哪些特性?

14-3 (1) 根据电极电势比较 $KMnO_4$、$K_2Cr_2O_7$ 和 MnO_2 与盐酸($1\ mol\cdot L^{-1}$)反应而生成 Cl_2 的反应趋势。

(2) 若用 MnO_2 与盐酸反应,使能顺利地生成 Cl_2,盐酸的最低浓度是多少?

14-4 根据电势图计算在 298 K 时,Br_2 在碱性水溶液中歧化为 Br^- 和 BrO_3^- 的反应平衡常数。

14-5 三氟化氮 NF_3(沸点-129 ℃)几乎不显 Lewis 碱性,而相对分子质量较低的化合物 NH_3(沸点-33 ℃)却是典型的 Lewis 碱。(a) 说明它们挥发性差别如此之大的原因;(b) 说明它们碱性不同的原因。

14-6 从盐卤中制取 Br_2 可用氯气氧化法。不过从热力学观点看，Br^- 可被 O_2 氧化为 Br_2，为什么不用 O_2 来制取 Br_2？

14-7 通 Cl_2 于消石灰中，可得漂白粉，而在漂白粉溶液中加入盐酸可产生 Cl_2，试用电极电势说明这两个现象。

14-8 下列哪些氧化物是酸酐：OF_2、Cl_2O_7、ClO_2、Cl_2O、Br_2O 和 I_2O_5？若是酸酐，写出由相应的酸或其他方法得到酸酐的反应。

14-9 如何鉴别 KClO、$KClO_3$ 和 $KClO_4$ 这三种盐？

14-10 以 I_2 为原料写出制备 HIO_4、KIO_3、I_2O_5 和 KIO_4 的反应方程式。

14-11 利用电极电势解释下列现象：在淀粉碘化钾溶液中加入少量 NaClO 时，得到蓝色溶液 A，加入过量 NaClO 时，得到无色溶液 B，然后酸化之并加少量固体 Na_2SO_3 于 B 溶液，则 A 的蓝色复现，当 Na_2SO_3 过量时蓝色又褪去成为无色溶液 C，再加入 $NaIO_3$ 溶液蓝色的 A 溶液又出现。指出 A、B、C 各为何种物质，并写出各步的反应方程式。

14-12 写出碘酸和过量 H_2O_2 反应的方程式，如在该体系中加入淀粉，会看到什么现象？

14-13 写出三个具有共价键的金属卤化物的分子式，并说明这种类型卤化物的共同特性。

14-14 什么叫多卤化物？与 I_3^- 比较，形成 Br_3^-、Cl_3^- 的趋势怎样？

14-15 什么是卤素互化物？

(a) 写出 ClF_3、BrF_3 和 IF_7 等卤素互化物中心原子杂化轨道、分子电子构型和分子构型。

(b) 下列化合物与 BrF_3 接触时存在爆炸危险吗？说明原因。

SbF_5；CH_3OH；F_2；S_2Cl_2

(c) 为什么卤素互化物常是抗磁性、共价型而且比卤素化学活性大？

14-16 实验室有一卤化钙，易溶于水，试利用浓 H_2SO_4 确定此盐的性质和名称。

14-17 请按下面的实例，将溴、碘单质、卤离子及各种含氧酸的相互转化和转化条件绘成相互关系图。

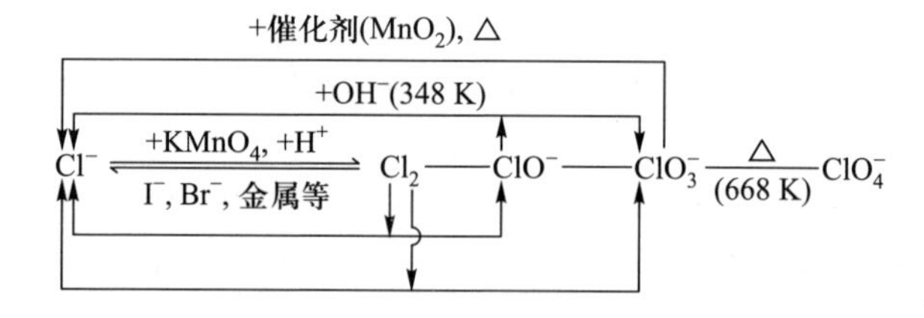

第 15 章
氧族元素

内容提要

本章主要介绍氧、臭氧、水、过氧化氢和硫及其重要化合物的结构、性质、制备和用途。对硒和碲只做简介。对放射性元素钋、人工合成元素鉝，只介绍其基本知识。

本章要求：

1. 掌握氧、臭氧、水、过氧化氢的结构、性质、制备和用途；

2. 掌握硫的成键特征及多种氧化态所形成的重要物种的结构、性质、制备和用途，以及它们之间的相互转化关系；

3. 掌握本族元素性质的周期递变规律。

15-1 氧族元素的通性

15-1-1 氧族元素的基本性质

元素周期表中ⅥA 族元素包括氧、硫、硒、碲、钋和鉝六种元素，总称为氧族元素。其中钋是放射性元素，鉝是人工合成元素。

氧族元素的一些基本性质列于表 15-1 中。

氧族元素中，氧和硫是典型的非金属，硒和碲是准金属，而钋和鉝是典型的金属，为放射性元素。

从价电子构型来看，氧族元素原子在 p 轨道上比相应稀有气体原子少两个电子。因此本族元素在与其他元素的原子化合时可通过共用或夺取两个电子的方式达到稀有气体原子电子构型。从电子亲和能的数据来看，氧族元素的原子结合第二个电子需要吸收能量。因此本族元素的原子获得两个电子形成简单阴

离子 X^{2-} 的倾向要比卤素原子形成 X^- 的倾向小得多。不过由于氧的电负性很高(仅次于氟),它仍然能够与大多数金属形成二元离子型化合物(形成离子晶体时晶格能很大,足以补偿结合第二个电子所需的能量)。除氧以外,硫、硒、碲只能与电负性较小的金属形成离子型化合物(如 Na_2S、BaS、K_2Se 等),与大多数金属元素化合时,主要是形成共价型化合物(如 CuS、HgS 等)。氧族元素与非金属元素化合形成的均是共价型化合物(如 H_2O、H_2S 等)。

表 15-1 氧族元素的一些基本性质

性质	氧	硫	硒	碲	钋
原子序数	8	16	34	52	84
电子构型	[He]$2s^22p^4$	[Ne]$3s^23p^4$	[Ar]$4s^24p^4$	[Kr]$5s^25p^4$	[Xe]$6s^26p^4$
常见氧化态	-Ⅱ,-Ⅰ,0	-Ⅱ,0,+Ⅱ,+Ⅳ,+Ⅵ	-Ⅱ,0,+Ⅱ+Ⅳ,+Ⅵ	-Ⅱ,0,+Ⅱ+Ⅳ,+Ⅵ	—
共价半径/pm	66	104	117	137	167
X^{2-} 离子半径/pm	140	184	198	221	230
第一电离能/($kJ\cdot mol^{-1}$)	1314	1000	941	869	812
第一电子亲和能/($kJ\cdot mol^{-1}$)	-141	-200	-195	-190	-183
第二电子亲和能/($kJ\cdot mol^{-1}$)	780	590	420	295	—
单键解离能/($kJ\cdot mol^{-1}$)	142	226	172	126	—
电负性	3.44	2.58	2.55	2.10	2.00

氧原子半径较小,价电子层无 d 轨道,因此同本族其他元素相比,氧表现出一些特殊的性质:氧的第一电子亲和能及单键键能反常的小;在与其键合原子成键时,氧除形成 σ 键外,还可使用 $p\pi$ 轨道与之形成强的 π 键(如 CO_2、HCHO 等分子),而硫、硒、碲形成这类 π 键或双键的倾向越来越小;氧在化合物(除 H_2O_2 和 OF_2 外)中的氧化态为-Ⅱ,而硫、硒、碲除了有-Ⅱ氧化态外,因它们均有可供成键的空价层轨道,能形成+Ⅳ或+Ⅵ等氧化态的化合物。

15-1-2 氧族元素的存在

氧是地球表面丰度最大的元素。它既以自由单质 O_2 或 O_3 分子形式存在,也以化合态的形式存在。自由单质态的 O_2 大量存在于大气中,在海洋和地球表面的各种水中也溶解了相当多的氧。几乎所有这些氧都来自 H_2O 和 CO_2 在绿色植物中发生的光合作用:

$$H_2O + CO_2 + h\nu \xrightarrow[\text{酶}]{\text{叶绿素}} O_2 + \{CH_2O\}(\text{糖类})$$

大多数岩石组分、矿物、土壤及水中均含化合态氧。氧构成了大气质量的 23%，岩石质量的 46%，水层质量的 85%以上。另外，就目前所知，氧还是月球表面丰度最高的元素，其质量占 44.6%。

除氧外，本族其余元素主要以化合态形式存在于自然界。硫在自然界分布极广（占地壳质量的 0.034%，元素丰度序中居第 16 位），但是富集程度达到具有开采经济价值的硫矿较少。火山多发地区常有固态的单质硫，是硫的三种最重要的工业资源之一，另外两种一是天然气中的 H_2S 和原油中与煤中的有机硫化合物（对空气造成污染的元素的最大来源），二是硫铁矿和其他金属硫化物矿及硫酸盐（如 $CaSO_4 \cdot 2H_2O$）。另外，硫也存在于许多植物、动物蛋白质中，在三种主要的氨基酸如半胱氨酸 $HSCH_2CH(NH_2)CO_2H$、胱氨酸 $[SCH_2CH(NH_2)CO_2H]_2$ 和甲硫氨酸 $MeSCH_2CH_2CH(NH_2)CO_2H$ 中都含有硫。

硒和碲存在于金属硫化物矿中，提取硒和碲的主要原料是电解法精炼铜的残留物。在硫化物矿焙烧的烟道气中除尘时，也可回收硒和碲。钋是居里夫人在铀矿和钍矿中发现的，它是这些天然放射系衰变的产物：

$$^{210}_{82}Pb \xrightarrow[22.3\ a]{\beta} {}^{210}_{83}Bi \xrightarrow[3.01\ d]{\beta} {}^{210}_{84}Po \xrightarrow[138.38\ d]{\alpha} {}^{205}_{82}Pb$$

由于 ^{210}Po 半衰期短（138.38 d），故铀矿每吨仅含 Po 约 0.1 mg。用中子轰击 Bi 原子核可得人工合成的钋。

15-1-3 氧族元素的电势图

氧的电势图：

$\varphi_A^\ominus/V$

$$O_3 \xrightarrow{2.076} O_2 \xrightarrow{0.695} H_2O_2 \xrightarrow{1.776} H_2O$$

$O_2 \to H_2O$: 1.229

$\varphi_B^\ominus/V$

$$O_3 \xrightarrow{1.24} O_2 \xrightarrow{-0.076} HO_2^- \xrightarrow{0.878} OH^-$$

$O_2 \to OH^-$: 0.401

硫的电势图：

$\varphi_A^\ominus/V$

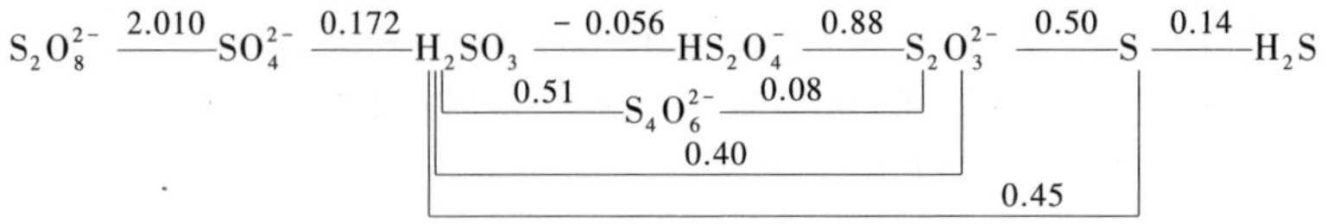

$$S_2O_8^{2-} \stackrel{2.010}{\overline{\qquad\quad}} SO_4^{2-} \stackrel{0.172}{\overline{\qquad\quad}} H_2SO_3 \stackrel{-0.056}{\overline{\qquad\quad}} HS_2O_4^- \stackrel{0.88}{\overline{\qquad\quad}} S_2O_3^{2-} \stackrel{0.50}{\overline{\qquad\quad}} S \stackrel{0.14}{\overline{\qquad\quad}} H_2S$$

$$H_2SO_3 \stackrel{0.51}{\overline{\qquad\quad}} S_4O_6^{2-} \stackrel{0.08}{\overline{\qquad\quad}} S_2O_3^{2-}$$

$$H_2SO_3 \stackrel{0.40}{\overline{\qquad\quad}} S_2O_3^{2-}$$

$$H_2SO_3 \stackrel{0.45}{\overline{\qquad\quad}} S$$

$\varphi_B^\ominus/V$

$$SO_4^{2-} \stackrel{-0.93}{\overline{\qquad\quad}} SO_3^{2-} \stackrel{-0.571}{\overline{\qquad\quad}} S_2O_3^{2-} \stackrel{-0.74}{\overline{\qquad\quad}} S \stackrel{-0.476}{\overline{\qquad\quad}} S^{2-}$$

$$SO_3^{2-} \stackrel{-0.66}{\overline{\qquad\quad}} S$$

$$SO_3^{2-} \stackrel{-1.12}{\overline{\qquad\quad}} S_2O_4^{2-} \stackrel{-0.50}{\overline{\qquad\quad}} S$$

$$SO_3^{2-} \stackrel{-0.59}{\overline{\qquad\quad}} S^{2-}$$

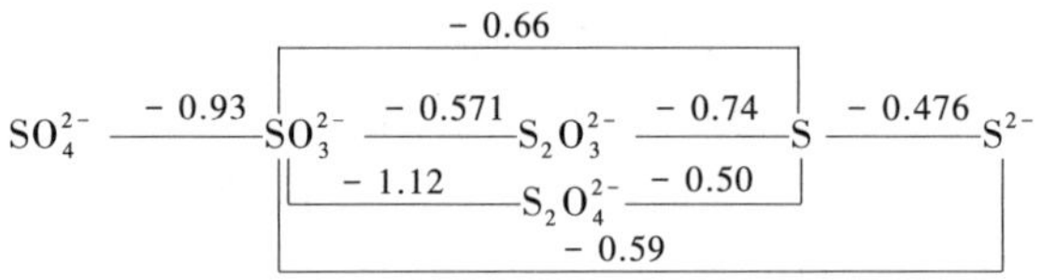

硒和碲的电势图：

$\varphi_A^\ominus/V$　$SeO_4^{2-} \stackrel{1.15}{\overline{\qquad}} H_2SeO_3 \stackrel{0.74}{\overline{\qquad}} Se \stackrel{-0.99}{\overline{\qquad}} H_2Se(aq)$

$H_6TeO_6 \stackrel{1.02}{\overline{\qquad}} TeO_2 \stackrel{0.593}{\overline{\qquad}} Te \stackrel{-0.69}{\overline{\qquad}} H_2Te(aq)$

$\varphi_B^\ominus/V$　$SeO_4^{2-} \stackrel{-0.05}{\overline{\qquad}} SeO_3^{2-} \stackrel{-0.366}{\overline{\qquad}} Se \stackrel{-0.78}{\overline{\qquad}} Se^{2-}$

$TeO_4^{2-} \stackrel{<0.4}{\overline{\qquad}} TeO_3^{2-} \stackrel{-0.57}{\overline{\qquad}} Te \stackrel{-0.92}{\overline{\qquad}} Te^{2-}$

15-2　氧及其化合物

15-2-1　氧的单质

氧元素有氧气(O_2)和臭氧(O_3)两种单质。

一、氧气的基本性质、制备和应用

O_2 是一种无色无味的气体，在−182.96 ℃时凝聚成淡蓝色液体，在−218.4 ℃时固化成淡蓝色固体。O_2 是共价型分子，在水中溶解度不大：20 ℃、标准状态下在 100 cm^3 水中可溶解 O_2 3.08 cm^3。光谱实验证明在溶有 O_2 的水中存在氧的水合物 $O_2 \cdot H_2O$ 和 $O_2 \cdot 2H_2O$。O_2 在盐水中的溶解度略小些，但足以支持海洋水生生物的存活。需要注意的是，在许多有机溶剂(如乙醚、CCl_4、丙酮、苯等)中，O_2 的溶解度较在水中大 10 倍左右，在使用这类溶剂制备、处理对氧敏感的化合物时，需仔细除氧。

氧气可以由空气或某些金属化合物来制备。实验室中少量的 O_2 是以 MnO_2

为催化剂,加热分解 $KClO_3$ 制得。工业上利用 O_2、N_2、Ar 沸点的不同,将液态空气分馏得到液态氧,压入高压钢瓶便于运输和使用。

氧气的分子轨道电子排布式是 $[KK(\sigma_{2s})^2(\sigma_{2s}^*)^2(\sigma_{2p_x})^2(\pi_{2p})^4(\pi_{2p_y}^*)^1(\pi_{2p_z}^*)^1]$,在 π 轨道中有不成对的单电子。事实上,O_2 分子是所有双原子气体中唯一一种具有偶数电子同时又显示顺磁性的物质。

氧气是反应活性很高的气体,在室温或较高温度下,可直接剧烈地氧化除 W、Pt、Au、Ag、Hg 和稀有气体以外的其他元素,形成氧化物,遇活泼金属还可以形成过氧化物(O_2^{2-})或超氧化物(O_2^-)。在适当条件下许多无机物(如 H_2S、CO、S^{2-} 等)及所有的有机化合物均可直接与 O_2 作用,反应或是自动发生或是被热、光、放电等催化方法所引发(O_2 的键能为 404 $kJ\cdot mol^{-1}$,氧参与反应有动力学惰性)。氧的另一个重要反应类型是作为配体与金属配位,如氧气与血红蛋白中血红素辅基的作用,构成了血液输送氧的基础。

氧的用途广泛,炼钢工业耗氧量占氧生产总量的 60% 以上,化学工业中乙烯直接氧化为环氧乙烷、合成气(H_2+CO)、纸浆漂白、污水处理、渔业养殖、潜水、医疗等,都要用到氧。氧还可用作卫星发射及宇宙飞船中火箭燃料的氧化剂。氧的同位素之一 ^{18}O 常作为示踪原子(试剂 $H_2{}^{18}O$)用于反应机理的研究。

二、单线态氧及其性质

实验证明,许多有氧和光参加的有机合成反应、生物氧化过程及染料光敏化氧化反应过程,都涉及单线态氧,是这些过程中的活性物质。

什么是单线态氧? 按照分子轨道理论,基态氧分子的两个 π_{2p}^* 轨道各有一个电子且相互自旋平行。实际上,这两个电子还有其他排布方式,即不同的运动状态,在原子吸收和发射光谱中用原子光谱项 ^{2S+1}L 表示,其中 S 是总自旋量子数,L 是总轨道量子数,$2S+1$ 表示谱项的自旋多重性。当两个电子是自旋平行时,其 $S=1$,$(2S+1)=3$,即 O_2 的自旋多重性为 3。因此基态氧分子是三重态($^3\Sigma_g^-$),又称三线态氧 $^3O_2$。当 $^3O_2$ 被激发后,两个电子可以同时占据一个 π_{2p}^* 轨道,自旋相反,也可以分别占据两个 π_{2p}^* 轨道,自旋相反。这两种激发态氧分子的电子状态,其 $S=0$,$(2S+1)=1$,即它们的自旋多重性均为 1,是单重态(分别用 $^1\Delta_g$ 和 $^1\Sigma_g^+$ 表示)。所以激发态氧分子又称单线态氧 $^1O_2$。现将氧的基态和激发态的 π_{2p}^* 轨道电子排布和能量差列于表 15-2 中。

表 15-2 氧分子 π_{2p}^* 轨道电子排布

电子态	π_{2p}^* 轨道电子排布		符号	高出基态的能量/($kJ\cdot mol^{-1}$)
第二激发态	↑	↓	$^1\Sigma_g^+(^1O_2)$	154.8
第一激发态	↑↓	—	$^1\Delta_g(^1O_2)$	92.0
基态	↑	↑	$^3\Sigma_g^-(^3O_2)$	0

氧气是无色的气体，在液体和固态时，呈现蓝色的原因是由于发生了分子内电子跃迁，电子运动状态从能量低的三重态变为单重态。在纯净的气态时这类电子跃迁是受禁阻的，然而在液态或固态时，一个光子可同时激发两个氧分子使其转化为激发态，氧分子的电子受激跃迁时吸收可见光谱（红-黄-绿）区域的能量（光子），从而显蓝色。

在水溶液中$^1\Delta_g O_2$的寿命为$10^{-6}\sim10^{-5}$ s，$^1\Sigma_g^+ O_2$的寿命为10^{-9} s。相对来说，$^1\Delta_g O_2$的寿命比$^1\Sigma_g^+ O_2$长得多，因此通常所说的单线态氧就是$^1\Delta_g O_2$。从基态氧$^3O_2$吸收光直接产生$^1O_2$是不可能的（因为跃迁高度禁阻）。单线态氧的生成可以通过光敏化法、微波放电法和化学法实现。光敏化法就是在光敏化剂存在下，对普通的三重态氧$^3O_2$进行辐照，即可容易地生成单重态氧$^1O_2$。常用的光敏化剂是一种荧光型染料（如荧光黄、亚甲基蓝、叶绿素等）。该过程可表示为

$$\text{敏化剂(基态)} \xrightarrow{h\nu} \text{敏化剂 } T_1\text{(激发态)}$$

$$\text{敏化剂 } T_1 + {}^3O_2 \xrightarrow{\text{能量传递}} \text{敏化剂} + {}^1O_2$$

在乙醇中进行如下化学反应，可制备单线态氧。该反应过程伴有红光，为$^1O_2$转化为$^3O_2$时的能量释放：

$$H_2O_2 + ClO^- \xrightarrow{EtOH} {}^1O_2 + H_2O + Cl^-$$

$^1O_2$在有机合成的反应主要是1,2-、1,3-及1,4-烯烃的加成。例如1,2-加成可将空间受阻的烯烃转变为二氧乙烷，继而经热解或光解而生成两个羰基化合物：

$$R_2C{=}CR'_2 + {}^1O_2 \longrightarrow R_2C(O{-}O)CR'_2 \xrightarrow[\text{或 } h\nu]{\Delta} R_2CO + R'_2CO$$

$^1O_2$在有机体的代谢中会不断地生成与淬灭，并且在多种生理及病理生理过程中起作用（包括好的和坏的两方面）。例如，在染料光敏化氧化条件下，各种生物成分（蛋白质、氨基酸、核酸等）很容易与氧反应而使有机体受损，如在动物和人体中会引起蛋白质光氧化疾病等。

三、臭氧

臭氧和氧是由同一种元素组成的不同单质，互称为同素异形体。

臭氧在地面附近的大气层中含量极少，仅有0.001 mg·L^{-1}；在离地面20～40 km处有个臭氧层，臭氧质量浓度高达0.2 mg·L^{-1}。大气层中臭氧的形成与分解的主要反应如下：

$$O_2 \xrightarrow{\lambda<242\text{ nm}} O + O$$

$$O + O_2 \longrightarrow O_3$$

$$O_3 \xrightarrow{\lambda=220\sim320\ \text{nm}} O_2+O$$

可见,高层大气中同时存在着臭氧形成和分解的两种光化学过程,这两种过程最终达到动态平衡,形成了一个浓度相对稳定的臭氧层。正是臭氧层吸收了高空紫外线的强辐射,使地球上的生物免遭伤害。但近来由于大气中污染物(如氯氟烃 $CFCl_3$、CF_2Cl_2 和氮氧化物等)不断增加,使臭氧层遭到破坏,从而造成对环境和生物的严重影响。CF_2Cl_2、NO_2 对 O_3 的破坏性反应如下:

$$CF_2Cl_2 \xrightarrow{\lambda<221\ \text{nm}} CF_2Cl\cdot + Cl\cdot$$

$$NO_2 \xrightarrow{\lambda<426\ \text{nm}} NO+O$$

$$Cl\cdot + O_3 \longrightarrow ClO\cdot + O_2$$

$$NO+O_3 \longrightarrow NO_2+O_2$$

$$ClO\cdot + O \longrightarrow Cl\cdot + O_2$$

$$NO_2+O \longrightarrow NO+O_2$$

因此 Cl 原子或 NO_2 分子能消耗大量 O_3。

实验室利用对氧气无声放电来获得臭氧。简单的臭氧发生器装置如图15-1所示。主要由两个玻璃管所组成,其中的一个玻璃管套在另一个中间。干燥的氧气在两管之间慢慢地通过。导线的两端和高压感应圈的两极相连接。无声放电发生在两管壁之间,从臭氧发生器中出来的气体中含 3%~10%臭氧。利用氧和臭氧沸点相差较大(≈70 ℃)的特点,通过分级液化的方法可制取更纯净、浓度较高的臭氧。

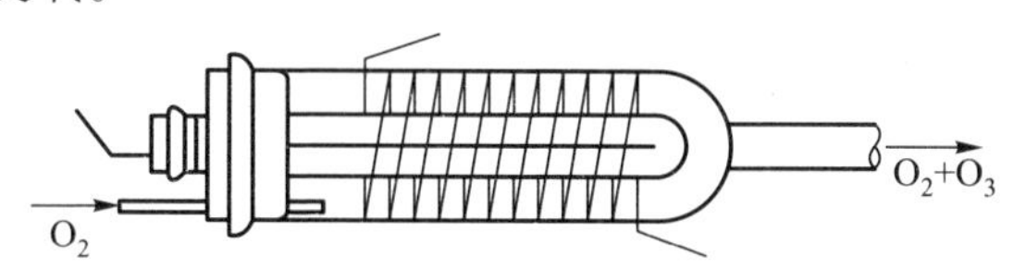

图 15-1 简单的臭氧发生器

臭氧是淡蓝色的气体,有一种鱼腥臭味(因其特殊气味而命名)。臭氧与氧的性质不同,它们的物理性质见表 15-3。

臭氧分子的结构如图 15-2 所示。中心氧原子与其他两个配位氧原子相结合,键角为 116.8°,键长为 127.8 pm(该键长正好介于氧原子间的单键键长148 pm与双键键长 112 pm 之间)。中心氧原子的杂化形式为 sp^2,利用它的两个单电子占据的杂化轨道分别与其他两个氧原子的一个单电子占据轨道成键,形成两个 σ 键。第三个杂化轨道由孤对电子占据。中心氧原子未参与杂化的 p

轨道垂直于分子平面，与另外两个氧原子各提供的单电子占据轨道“肩并肩”形成3个氧原子、4个电子的离域 π 键，符号为 Π_3^4。

表 15-3 氧和臭氧的物理性质

物理性质	氧	臭氧
气体颜色	无色	淡蓝色
液体颜色	淡蓝色	暗蓝色
熔点/℃	-218.4	-192.7
沸点/℃	-182.96	-111.9
临界温度/℃	-118.57	-12.1
0℃时在水中的溶解度/($mol\cdot L^{-1}$)	49.1	494
磁性	顺磁性	抗磁性
偶极矩/D	0	0.58

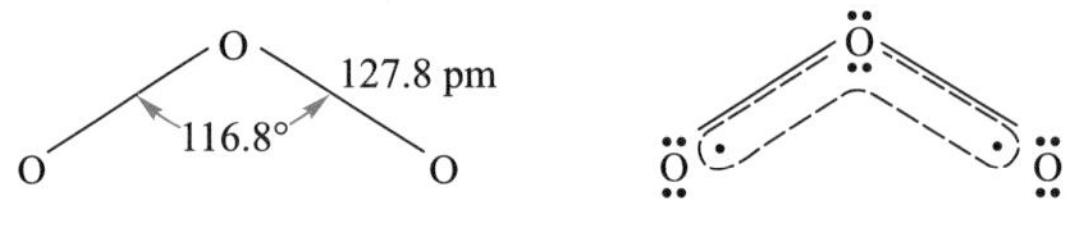

图 15-2 臭氧分子的结构

离域 π 键除用上述方法表示外还可用如下长方框表示：

:Ö—Ö—Ö:

[· ·· ·]

框内圆点表示形成离域 π 键的电子，框外圆点表示未成键的电子。

O_3 是抗磁性的，分子中没有单电子。臭氧分子成键氧原子之间的键级为1.5，小于氧分子（键级为2），臭氧也因键能小一些而不稳定。从热力学看，臭氧分解时放出热量

$$2O_3 \longrightarrow 3O_2 \qquad \Delta_r H^\ominus = -284\ kJ\cdot mol^{-1}$$

$$\Delta_r G^\ominus = -326\ kJ\cdot mol^{-1}$$

臭氧在常温下缓慢分解，437 K 以上则迅速分解。二氧化锰、二氧化铅、铂黑等催化剂的存在或紫外辐射都会促使臭氧分解。

从电极电势可知，无论在酸性或碱性条件下臭氧都比氧气具有更强的氧化性，是仅次于 F_2、高氙酸盐的最强氧化剂之一。下列反应可显示出 O_3 的强氧化性：

$$CN^- + O_3 \longrightarrow OCN^- + O_2$$

$$2NO_2+O_3 \longrightarrow N_2O_5+O_2$$

$$PbS+4O_3 \longrightarrow PbSO_4+4O_2$$

$$2Co^{2+}+O_3+2H^+ \longrightarrow 2Co^{3+}+O_2+H_2O$$

利用 O_3 的强氧化性，可以测定 O_2 与 O_3 的混合气体中 O_3 浓度。测定可由碘量法完成，即将混合气体通入 KI 的硼酸盐缓冲溶液（pH = 9.18）中，所产生的 I_2 用 $Na_2S_2O_3$ 滴定：

$$O_3+2I^-+H_2O \longrightarrow O_2+I_2+2OH^-$$

臭氧在处理工业废水中有广泛用途，不但可以分解不易降解的聚氯联苯、苯酚、萘等多种芳烃和不饱和链烃，而且还能使发色团如重氮、偶氮等的双键断裂。臭氧对亲水性染料的脱色效果也很好。所以臭氧是一种优良的污水净化剂、脱色剂、饮水消毒剂。雷雨过后，大气中放电产生微量的臭氧使人产生爽快和振奋的感觉，这是因为微量的臭氧能消毒杀菌、能刺激中枢神经、加速血液循环（但人连续暴露在臭氧气氛中的最高允许浓度是 0.1 $mg\cdot L^{-1}$）。空气中臭氧含量超过 1 $mg\cdot L^{-1}$时，不仅对人体有害，而且对庄稼以及其他暴露在大气中的物质也有害。例如，臭氧对橡胶和某些塑料有特殊的破坏性作用，它的破坏性也是基于它的强氧化性。

15-2-2 氧化物

除了较轻的稀有气体元素外，周期表中其他所有元素的氧化物均已知，而且多数元素可与氧形成不止一种的二元化合物。总的来说，氧化物为数众多，在性质上跨越了很大的范围：从难以冷凝的气体如 CO（沸点为-191.5 ℃）到耐火氧化物如 ZrO_2（熔点为 3265 ℃，沸点约为 4850 ℃）；它们的电学性能从最好的绝缘体（如 MgO），经半导体（如 NiO），再到金属良导体（如 ReO_3）；它们的组成可以精确地符合化学计量，也可以在或宽或窄的组成范围内变化；相对于其单质，它们可能是热力学稳定或不稳定的等。

氧化物可按其成键特征分为离子型氧化物、共价型氧化物和过渡型氧化物。只有碱金属和碱土金属（不包括 Be）的氧化物为离子型，大部分金属氧化物则属于过渡型。过渡型有两种情况：一种主要是离子型含部分共价型的，如 BeO、Al_2O_3、CuO 等；另一种主要是共价型含部分离子型，这些金属离子外壳为 18 电子或小于 18 电子构型，本身有较大的变形性，形成化合物后，成键具有明显的共价性，如 Ag_2O、GeO_2 等。非金属氧化物和高氧化态 8 电子构型、18 及 18 + 2 电子构型的金属氧化物，如 N_2O、SnO_2、TiO_2、Mn_2O_7、Bi_2O_3 均属于共价型。

氧化物的化学性质是元素化学的重点之一，有关内容在相关元素章节分别讨论，这里仅对氧化物的酸碱性质做一般介绍。

大多数非金属氧化物和某些高氧化态的金属氧化物均显酸性；大多数金属氧化物显碱性；一些金属氧化物（如 Al_2O_3、ZnO、Cr_2O_3、Ga_2O_3 等）和少数非金属氧化物（如 As_4O_6、Sb_4O_6、TeO_2 等）显两性；不显酸碱性即呈中性的氧化物有 NO、CO 等。氧化物酸碱性的一般规律如下：

（1）同周期各元素最高氧化态的氧化物，从左到右是碱性—两性—酸性：

$$\underbrace{Na_2O \quad MgO}_{\text{碱性}} \quad \underbrace{Al_2O_3}_{\text{两性}} \quad \underbrace{SiO_2 \quad P_4O_{10} \quad SO_3 \quad Cl_2O_7}_{\text{酸性}}$$

（2）相同氧化态的同族各元素的氧化物从上到下碱性依次增强：

$$\underbrace{N_2O_3 \quad P_4O_6}_{\text{酸性}} \qquad \underbrace{As_4O_6 \quad Sb_4O_6}_{\text{两性}} \qquad \underbrace{Bi_2O_3}_{\text{碱性}}$$

（3）同一元素能形成几种氧化态的氧化物，其酸性随氧化态的升高而增强：

As_4O_6	两性	PbO	碱性
As_2O_5	酸性	PbO_2	两性

氧化物的酸碱性随氧化态从低到高而发生递变在 d 区元素中表现更为突出，如 CrO（碱性）、Cr_2O_3（两性）、CrO_3（酸性）。

（4）稀土元素从 La 到 Lu 随着原子序数的增大，其氧化物的碱性减弱。

可以看出，氧化物的相对酸碱性受诸多因素影响，如元素的电负性、氧化态、原子的半径和电子结构等。比较氧化物水合反应的相应自由能的变化：

$$Na_2O(s)+H_2O(l) \longrightarrow 2NaOH(s) \qquad \Delta_r G^{\ominus}=-148\ kJ\cdot mol^{-1}$$

$$MgO(s)+H_2O(l) \longrightarrow Mg(OH)_2(s) \qquad \Delta_r G^{\ominus}=-27\ kJ\cdot mol^{-1}$$

$$\frac{1}{3}Al_2O_3(s)+H_2O(l) \longrightarrow \frac{2}{3}Al(OH)_3(s) \qquad \Delta_r G^{\ominus}=7\ kJ\cdot mol^{-1}$$

以上三个反应的 $-\Delta_r G^{\ominus}$ 值依次减小，与按 Na_2O—MgO—Al_2O_3 顺序碱性依次减弱的事实一致。

同样，以下三个反应的 $-\Delta_r G^{\ominus}$ 值依次增加，与按 P_4O_{10}—SO_3—Cl_2O_7 顺序酸性依次增强的事实一致。

$$\frac{1}{3}P_2O_5(s)+H_2O(l) \longrightarrow \frac{2}{3}H_3PO_4(s) \qquad \Delta_r G^{\ominus}=-59\ kJ\cdot mol^{-1}$$

$$SO_3(l)+H_2O(l) \longrightarrow H_2SO_4(l) \qquad \Delta_r G^{\ominus}=-70\ kJ\cdot mol^{-1}$$

$$Cl_2O_7(g)+H_2O(l) \longrightarrow 2HClO_4(l) \qquad \Delta_r G^{\ominus}=-329\ kJ\cdot mol^{-1}$$

也就是说,氧化物的酸性强或者碱性强,表现之一是其水合反应为热力学趋势大的反应。

关于过氧化物、超氧化物、臭氧化物、双氧基盐及双氧金属配合物[相应的例子有 Na_2O_2、KO_2、KO_3、$O_2[AsF_6]$和 $Ir(CO)Cl(O_2)(PPh_3)_2$]以及非化学计量比氧化物等将在以后相关章节介绍。

15-2-3 水

一、水的存在与基本性质

水(H_2O)是氢的一种氧化物,是地球上最常见的物质之一,地球上水的总储量为 13.6 亿立方公里,包括河流、湖泊、大气水、海水、地下水等天然水。陆地上的淡水资源只占水总储量的 9%,其中有 97%的淡水储存在南极、北极的冰川中,与人类生活关系最密切的湖泊、河流和浅层地下的淡水仅占淡水总储量的 0.2%。

在常温下,水是三相(固体、液体和气体)都能存在的唯一的天然物质。相较而言,水的一些物理性质十分异常,如熔沸点高、比热大($4.186\ J\cdot kg^{-1}\cdot K^{-1}$)、蒸发热大、蒸气压小等。绝大多数物质有热胀冷缩现象,但水在 3.98 ℃有最大的密度。

水分子 H_2O 是极性分子(偶极矩 1.87 D),水属于弱电解质,纯水导电率低。液态水具有大的介电常数(20 ℃,$80.18\ F\cdot m^{-1}$),是离子型化合物或极性化合物的良好溶剂。离子或者极性分子进入水中,会被水分子包围(称为水化)。水的相对分子质量小,一个溶质分子可以被多个水分子包围。

二、水的结构

从价键理论看,水分子中氧原子为不等性 sp^3杂化,其中有两个单电子占据 sp^3杂化轨道,被用来与两个氢原子分别形成一个 O—H 键,还有两对孤电子对分别占据两个 sp^3杂化轨道,形成“V”形分子几何构型。由于氧有比氢大得多的电负性,导致分子具有大的键极性和分子极性。

水有很多异常的物理性质,说明水分子之间存在强的作用力。水是共价分子,相对分子质量很小,液态水中水分子之间的作用力主要是氢键作用。按照氢键理论,一个水分子可提供两个氢原子,同时还能够接受两个氢原子形成 4 个氢键,从而可以形成三维网络结构。由于热运动,液态水中氢键网络并不完整,在固态冰中则能形成这种结构(见图 15-3),结构中存在“空洞”,使冰的密度小于水。

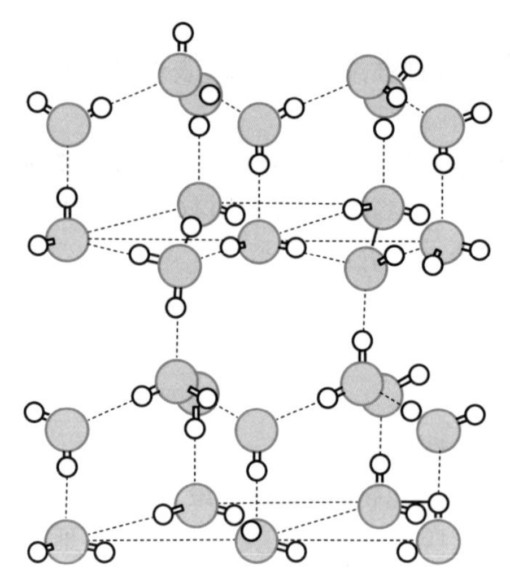

图 15-3　冰的结构示意图

冰的融化热为 5.0 $kJ \cdot mol^{-1}$，只占氢键总能量 18.8 $kJ \cdot mol^{-1}$ 的 30%，这样液态水中有氢键结合的小的类似冰结构的簇合物，随着温度的升高，这种结构也将被破坏，以致在 3.98 ℃ 时有最大的密度和最小的体积；液态水存在缔合体 $(H_2O)_x$，也将随着温度的升高而被破坏。

三、水的化学性质

纯水有极微弱的导电能力，因为水有微弱的自解离：

$$H_2O + H_2O \rightleftharpoons H_3O^+ + OH^-$$

298.15 K（即 25 ℃）时纯水的离子积为 1.0×10^{-14}。

水对热非常稳定，在 2000 ℃ 以上才开始分解。水在化学中被广泛用作溶剂。当然，水也可作为反应物直接参与化学反应。水中氢元素为 +I 氧化态，氧元素为 -II 氧化态，水具有氧化、还原性质。与较活泼金属或碳反应时，水表现氧化性，氢被还原成氢气：

$$Mg(s) + 2H_2O(l) \longrightarrow Mg(OH)_2(s) + H_2(g)$$

$$3Fe(s) + 4H_2O(g) \xrightarrow{\triangle} Fe_3O_4(s) + 4H_2(g)$$

$$C(s) + H_2O(g) \xrightarrow{\text{高温}} CO(g) + H_2(g)$$

水跟强氧化剂如氟单质反应时，表现还原性，氧被氧化成氧气：

$$2F_2 + 2H_2O \longrightarrow 4HF + O_2\uparrow$$

在电解作用下，水分解生成氢气和氧气，工业上用此法制纯氢和纯氧：

$$2H_2O \xrightarrow{\text{电解}} 2H_2\uparrow + O_2\uparrow$$

水分子中氧有两对孤电子对，具有配位作用，可以发生本质上属于碱的反应；同时，水分子的氢比较容易以 H^+ 的形式转移，发生本质上属于酸的反应。一些物质的水合、水解反应都包含了这两类反应：

$$SO_3 + H_2O \longrightarrow H_2SO_4$$

$$CH_2{=\!=}CH_2 + H_2O \longrightarrow C_2H_5OH$$

$$Mg_3N_2 + 6H_2O \xrightarrow{\triangle} 3Mg(OH)_2\downarrow + 2NH_3\uparrow$$

$$CaC_2(\text{电石}) + 2H_2O(\text{饱和 NaCl 溶液}) \longrightarrow Ca(OH)_2 + C_2H_2\uparrow$$

$$PCl_3 + 3H_2O \longrightarrow H_3PO_3 + 3HCl$$

15-2-4 过氧化氢

一、制备和用途

过氧化氢 H_2O_2 是氢的另外一种氧化物，其水溶液俗称双氧水。实验室里可用稀硫酸与 BaO_2 或 Na_2O_2 反应来制备过氧化氢：

$$BaO_2 + H_2SO_4 \longrightarrow BaSO_4\downarrow + H_2O_2$$

$$Na_2O_2 + H_2SO_4 + 10H_2O \xrightarrow{\text{低温}} Na_2SO_4\cdot 10H_2O + H_2O_2$$

除去沉淀后的溶液含有 6%～8% H_2O_2。

工业上制备过氧化氢的方法：

（1）电解法　电解硫酸氢盐溶液[也可用 K_2SO_4 或 $(NH_4)_2SO_4$ 在 50% 硫酸中的溶液]。电解时在阳极（铂极）上 HSO_4^- 被氧化生成过二硫酸根，而在阴极（石墨或铅极）产生氢气：

阳极　$2HSO_4^- \longrightarrow S_2O_8^{2-} + 2H^+ + 2e^-$

阴极　$2H^+ + 2e^- \longrightarrow H_2\uparrow$

对电解产物过二硫酸盐进行水解，便得到 H_2O_2 溶液：

$$S_2O_8^{2-} + 2H_2O \longrightarrow H_2O_2 + 2HSO_4^-$$

（2）乙基蒽醌法　以 Raney 镍或载体上的钯为催化剂，在苯溶液中用 H_2 还原乙基蒽醌变为蒽醇。当蒽醇被氧氧化时生成原来的蒽醌和过氧化氢。蒽醌可以循环使用。

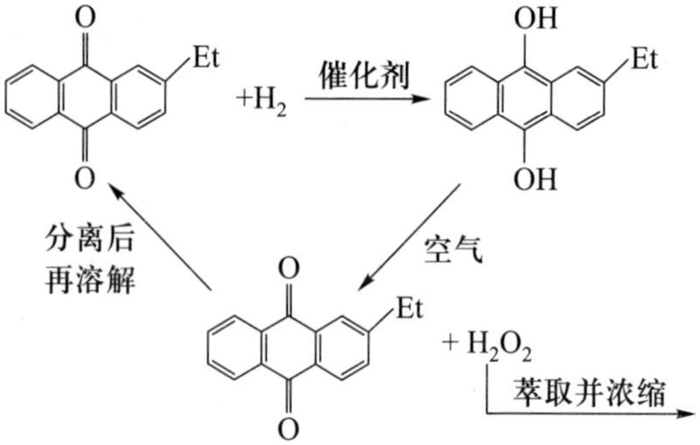

当反应进行到苯溶液中的过氧化氢浓度为 5.5 $g \cdot L^{-1}$时，用水抽取之，便得到 18%过氧化氢水溶液，减压蒸馏可得质量分数为 30%的 H_2O_2 溶液；减压下进一步分级蒸馏，H_2O_2 的质量分数可达 85%。

H_2O_2 最主要的用途是漂白和杀菌消毒。作为漂白剂，由于其反应时间短，白度高、放置久而不泛黄、对环境污染小等优点而广泛应用于织物、纸浆、皮革、油脂等的漂白。H_2O_2 在环境保护中的应用也越来越多，用于氧化氰化物及恶臭有毒的硫化物等。

$$KCN + H_2O_2 \longrightarrow KOCN + H_2O$$

$$KOCN + 2H_2O \longrightarrow KHCO_3 + NH_3 \uparrow$$

在化学合成方面，过氧化氢常作为氧化剂用于合成有机过氧化物和无机过氧化物。例如，合成洗涤用过硼酸钠和过碳酸钠，合成稻谷栽培和鱼塘处理用的过氧化钙，以及合成酒石酸、过氧乙酸及环氧化合物等。在医药上，过氧化氢还可以用于合成维生素 B_1、B_2 以及激素类药物。

二、结构和性质

在过氧化氢分子中有一个过氧键—O—O—，每个氧原子上各连着一个氢原子。两个氢原子位于像半展开书本的两页纸上。两页纸面的夹角 θ 为 94°，O—H 键与 O—O 键间的夹角 ϕ 为 97°（见图 15-4）。O—O 键键长为 148 pm，O—H 键键长为 97 pm。过氧化氢分子中氧原子都是 sp^3 杂化的，每个氧原子都有两对孤对电子，由于短的 O—O 键键长，两个氧原子之间存在较大的排斥力。这样，可以预计 H_2O_2 中 O—O 键键能不大，该化合物不稳定。

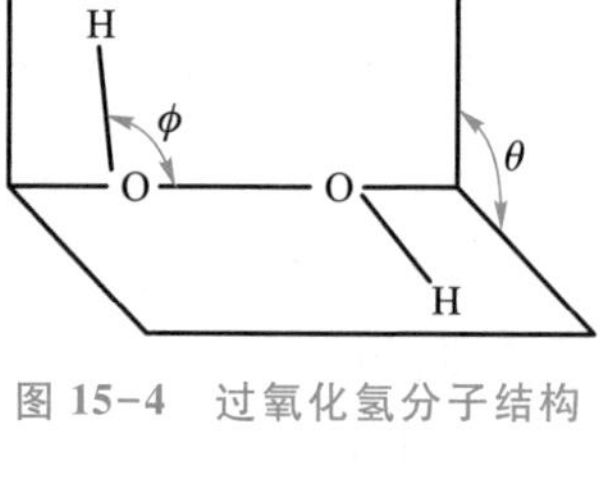

图 15-4　过氧化氢分子结构

纯净的 H_2O_2 为浅蓝色液体，挥发性比水小，密度及黏度略比水大（25 ℃ 时密度是 1.4425 $g \cdot cm^{-3}$）。由于 H_2O_2 分子间具有较强的氢键形成缔合分子,所以它的沸点(150 ℃)远比水高,但其熔点(-0.89 ℃)与水接近。它和水能以任意比例混溶。

如上所述,H_2O_2 不稳定,容易分解。从有关电极电势和反应 $H_2O_2(l) \longrightarrow H_2O(l)+\frac{1}{2}O_2(g)$ 的 $\Delta_r H^\ominus=-98.2\ kJ\cdot mol^{-1}$,$\Delta_r G^\ominus=-119.2\ kJ\cdot mol^{-1}$ 数据可知,H_2O_2 水溶液或纯 H_2O_2 可自发地发生歧化反应。但实际上,当不存在催化剂时,H_2O_2 的分解较慢;当接触金属表面(Pt,Ag)、MnO_2 或痕量的碱(从玻璃上溶解下来的)或当溶液中含有一些重金属离子,如 Fe^{2+}、Mn^{2+}、Cu^{2+}、Cr^{3+} 等,都能加速过氧化氢的分解。过氧化氢在碱性介质中分解远比在酸性介质中快。波长为 320~380 nm 的光也使过氧化氢的分解速率加快。因此过氧化氢保存在棕色瓶或塑料容器中,且放置在阴凉处。为了防止过氧化氢分解,通常放入一些稳定剂,如微量的锡酸钠、焦磷酸钠或 8-羟基喹啉等。

H_2O_2 中氧的氧化态居于 O_2 及 H_2O 中氧的氧化态之间,因此 H_2O_2 既可作氧化剂又可作还原剂。例如:

$$H_2O_2+2I^-+2H^+ \longrightarrow I_2\downarrow+2H_2O$$

$$PbS+4H_2O_2 \longrightarrow PbSO_4\downarrow+4H_2O$$

$$2CrO_2^-+3H_2O_2+2OH^- \longrightarrow 2CrO_4^{2-}+4H_2O$$

$$Cl_2+H_2O_2 \longrightarrow 2HCl+O_2\uparrow$$

$$2KMnO_4+5H_2O_2+3H_2SO_4 \longrightarrow 2MnSO_4+K_2SO_4+8H_2O+5O_2\uparrow$$

从 H_2O_2 的电极电势可知,在酸性介质中 H_2O_2 的还原性很弱,只有遇到强氧化剂(如 Cl_2、$KMnO_4$)时才能将它氧化。而在碱性介质中,H_2O_2 的还原性稍强些,如与 Ag_2O 反应时可放出 O_2(H_2O_2 作还原剂时总是放出 O_2):

$$Ag_2O+HO_2^- \longrightarrow 2Ag+OH^-+O_2\uparrow$$

在酸性溶液中还原电位居于 +0.695~+1.776 V 的物质均可催化 H_2O_2 的分解反应,因为其还原型可以还原 H_2O_2,其氧化型可以氧化 H_2O_2。例如,Fe^{2+} 作催化剂时:

$$2Fe^{2+}+H_2O_2 \xrightarrow{+2H^+} 2Fe^{3+}+2H_2O$$

$$2Fe^{3+}+H_2O_2 \xrightarrow{-2H^+} 2Fe^{2+}+O_2$$

总的反应: $$2H_2O_2 \longrightarrow 2H_2O+O_2$$

H_2O_2 是一种弱酸，在 298 K 时，它的第一级电离常数 $K_1^{\ominus}=2.3\times10^{-12}$，约与 H_3PO_4 的第三级电离常数相当。

$$H_2O_2+H_2O \longrightarrow H_3O^++OOH^-$$

H_2O_2 去质子后可产生 OOH^-，如液氨可促使 H_2O_2 去质子而形成白色固体 NH_4OOH，红外光谱表明在它的固相中存在着 NH_4^+ 及 OOH^-。H_2O_2 脱去两个质子时产生过氧离子 O_2^{2-} 而形成过氧化合物。例如，在酸性溶液中过氧化氢能与重铬酸盐生成二过氧合铬的氧化物［化学式为 $CrO(O_2)_2$ 或 CrO_5］，简称为过氧化铬，其分子结构是（O=Cr 双键，Cr 与两个 O—O 基团成环，结构式）。CrO_5 显蓝色，在乙醚中比较稳定，故通常在反应前预先加一些乙醚，否则在水溶液中 CrO_5 进一步与 H_2O_2 反应，蓝色迅速消失。这个反应可用来检出 H_2O_2，也可以检验 CrO_4^{2-} 或 $Cr_2O_7^{2-}$ 的存在：

$$4H_2O_2+H_2Cr_2O_7 \longrightarrow 2CrO(O_2)_2+5H_2O$$

$$2CrO_5+7H_2O_2+6H^+ \longrightarrow 2Cr^{3+}+7O_2\uparrow+10H_2O$$

在讨论某些过渡金属元素的化合物时还将涉及较多的这类化合物。

15-3 硫及其化合物

15-3-1 硫的单质

与氧不同，硫及其他氧族元素的单质原子间都形成单键而不是双键，因而易聚集为较大的分子并在室温下以固态存在。

硫有许多同素异形体，最常见的是晶状的斜方硫和单斜硫①。菱形硫（斜方硫）又叫 α-硫。单斜硫又叫 β-硫（见图 15-5）。斜方硫在 395.6 ℃以下稳定，单斜硫在 395.6 ℃以上稳定。395.6 ℃是这两种变体的转变温度，也只有在这个温度时这两种变体处于平衡状态。

斜方硫和单斜硫都易溶于 CS_2 中，都是由 S_8 环状分子组成的分子晶体，见

① α-硫，正交晶系，具正交面心晶胞，$Z=16(S_8)$，“斜方硫”或“菱形硫”都不是确切的译名，但已约定俗成，确切地应称“正交硫”。

图 15-6。在这个环状分子中,每个硫原子以 sp^3 杂化轨道与另外两个硫原子形成共价单键相联结。

若迅速加热斜方硫,由于没有足够时间让它转化为单斜硫,而在 112.8 ℃时熔化。若缓慢地加热斜方硫,超过 395.6 ℃时它便转变为单斜硫。单斜硫在 119.25 ℃时熔化。

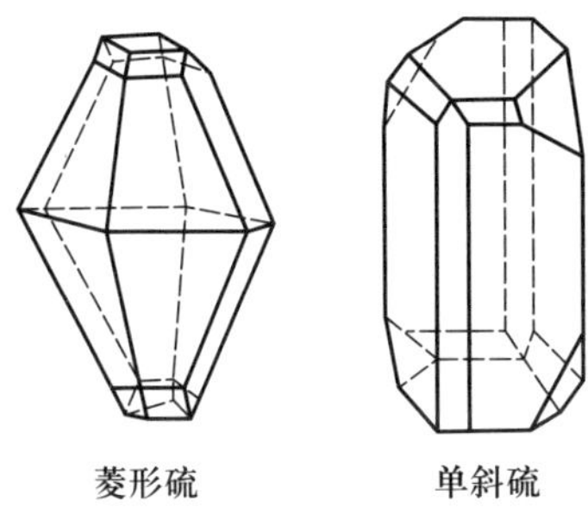

图 15-5 单质硫晶体

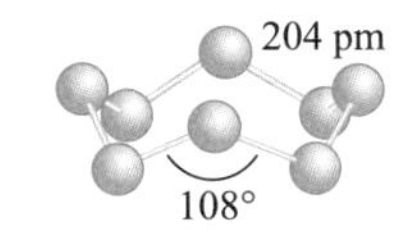

图 15-6 S_8 环状结构

把硫加热超过它的熔点就变成黄色流动性的液体,加热到 160 ℃以上,S_8 环状结构断裂并聚合成无限长链状聚合物(S_∞),硫链互相缠绕在一起,液态硫的颜色变深,黏度增加,接近 190 ℃时它的黏度最大。继续加热时(250 ℃以上)长链硫断裂为小分子,所以黏度下降。到 444.6 ℃时,硫就变成蒸气,蒸气中有 S_8、S_6、S_4、S_2 等分子存在。在 1000 ℃左右硫蒸气的密度相当于 S_2 分子(有顺磁性)。

若把熔融的硫迅速倾入冷水中,长链状的硫被固定下来,成为能拉伸的弹性硫,但经放置会发硬并逐渐变为 α-硫。

15-3-2 硫化物和多硫化物

硫是活泼的元素,特别是在略升温时更甚,除了稀有气体、氮、碲、碘、铱、铂和金外,硫几乎能直接和所有元素化合得到硫的化合物。

一、硫化氢

硫化氢 H_2S 是热力学上唯一稳定的硫的氢化物,它作为火山爆发或细菌作用的产物广泛存在于自然界中,是单质硫的主要来源之一。H_2S 是无色有恶臭的剧毒气体,空气中 H_2S 浓度达 5 $mg\cdot L^{-1}$时,使人感到烦躁,达 10 $mg\cdot L^{-1}$会引起头疼和恶心,达 100 $mg\cdot L^{-1}$就会使人休克而致死亡。H_2S 在空气中燃烧时产生浅蓝色火焰,会生成 H_2O 和 SO_2(或 S)。H_2S 微溶于水,通常条件下,1 体积水能溶解 2.61(20 ℃)体积 H_2S(H_2S 气体压力为 100 kPa 时),对应水溶液浓度为

$0.1\ mol\cdot L^{-1}$，称为 H_2S 的饱和水溶液。H_2S 水溶液称为氢硫酸，是一种弱酸，$pK_1^{\ominus}=6.97$，$pK_2^{\ominus}=12.90$。

H_2S 具有强还原性，能和许多氧化剂如 Cl_2、Br_2、$KMnO_4$、浓 H_2SO_4 等反应：

$$2KMnO_4+5H_2S+3H_2SO_4 \longrightarrow K_2SO_4+2MnSO_4+8H_2O+5S\downarrow$$

$$H_2S+4Cl_2+4H_2O \longrightarrow H_2SO_4+8HCl$$

$$H_2SO_4(\text{浓})+H_2S \longrightarrow SO_2\uparrow+2H_2O+S\downarrow$$

H_2S 水溶液在空气中放置时，会逐渐变浑浊，这是由于 H_2S 被氧化为 S 的缘故。另外，H_2S 可作沉淀剂，使溶液中的某些金属离子以硫化物形式沉淀。

H_2S 可由硫蒸气与 H_2 直接合成，也可用稀盐酸和 FeS 反应制得。作沉淀剂时还可用硫代乙酰胺来代替 H_2S 作用：

$$CH_3CSNH_2+2H_2O \xrightarrow[\triangle]{H^+} CH_3COO^-+NH_4^++H_2S$$

$$CH_3CSNH_2+3OH^- \longrightarrow CH_3COO^-+NH_3+H_2O+S^{2-}$$

二、金属硫化物和多硫化物

金属与硫直接反应或氢硫酸与金属盐溶液反应以及用碳还原硫酸盐（如 $Na_2SO_4+4C \longrightarrow Na_2S+4CO$）等方法均能制得金属硫化物。金属硫化物大多是有颜色的、难溶于水的固体（见表15-4）。碱金属和碱土金属的硫化物易溶，而ⅠB和ⅡB族重金属的硫化物溶解度很小。硫化物的溶解度不仅取决于温度，还与溶解时溶液的pH及 H_2S 的分压有关。金属硫化物在水中有不同的溶解性和特征的颜色，可以应用极化理论定性说明。利用这些性质，在分析化学中可用于鉴别和分离不同的金属。

表15-4　硫化物的颜色和溶解性

名　称	化学式	颜　色	在水中	在稀酸中	溶度积
硫化钠	Na_2S	白色	易溶	易溶	—
硫化锌	ZnS	白色	不溶	易溶	1.2×10^{-23}
硫化锰	MnS	肉红色	不溶	易溶	2.5×10^{-13}
硫化亚铁	FeS	黑色	不溶	易溶	6.3×10^{-18}
硫化铅	PbS	黑色	不溶	不溶	8.0×10^{-28}
硫化镉	CdS	黄色	不溶	不溶	8.0×10^{-27}
硫化锑	Sb_2S_3	橘红色	不溶	不溶	2.9×10^{-59}
硫化亚锡	SnS	褐色	不溶	不溶	1.0×10^{-25}
硫化汞	HgS	黑色	不溶	不溶	1.6×10^{-52}
硫化银	Ag_2S	黑色	不溶	不溶	6.3×10^{-50}
硫化铜	CuS	黑色	不溶	不溶	6.3×10^{-36}

由于氢硫酸是一个很弱的酸，金属硫化物无论是易溶或微溶于水，都会发生一定程度的水解而使溶液显碱性。Cr_2S_3、Al_2S_3 在水中完全水解：

$$Na_2S + H_2O \rightleftharpoons NaHS + NaOH$$
$$Al_2S_3 + 6H_2O \rightleftharpoons 2Al(OH)_3 \downarrow + 3H_2S \uparrow$$

故这些硫化物不可能用湿法从溶液中制备。

碱金属或碱土金属硫化物的溶液能溶解单质硫生成多硫化物。例如：

$$Na_2S + (x-1)S \longrightarrow Na_2S_x$$

多硫化物的溶液一般显黄色，随着 x 值的增加由黄色、棕色而至红色。

多硫离子具有链状结构。S_3^{2-}、S_5^{2-} 结构如下：

215 pm　103°

S_3^{2-}　　S_5^{2-}

在多硫化物中存在过硫链，一定程度上类似于过氧化物中的过氧键，因此多硫化物和过氧化物相似，具有氧化性，可将 Sb_2S_3、SnS 等氧化为硫代酸盐。例如：

$$SnS + (NH_4)_2S_2 \longrightarrow (NH_4)_2SnS_3$$

多硫化物在酸性溶液中很不稳定，易发生歧化反应而分解：

$$S_x^{2-} + 2H^+ \longrightarrow H_2S + (x-1)S$$

Na_2S 和 Na_2S_2 可用作制革工业中原皮的脱毛剂，CaS_4 是农业上的一种杀虫剂。多硫化物还是分析化学中常用的试剂。

钠硫电池　关于钠硫电池的研制工作，首先是美国福特汽车公司的 J. T. Kummer 和 N. Weber 于 1966 年发表了有关报道；随后，包括我国和其他一些国家的科学家也积极进行了研制。

常用的电池是由一个液体电解质将两个固体电极隔开。而钠硫电池正相反，它是由固体电解质将两个液体电极隔开（见图15-7）：一个由钠-β-氧化铝固体电解质做成的中心管，将内室的熔融钠（熔点 98 ℃）和外室的熔融硫（熔点 119 ℃）隔开，并允许 Na^+ 通过。整个装置密封于不锈钢容器内，此容器又兼作硫电极的集流器。在电池内部，Na^+ 穿过固体电解质和硫反应从而传递电流。电池反应如下：

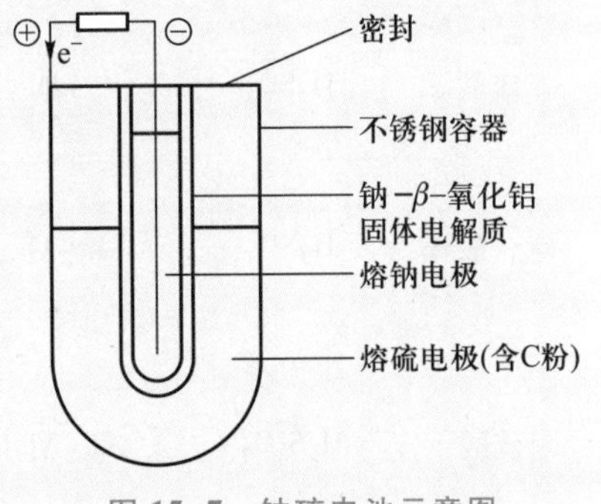

图 15-7　钠硫电池示意图

$$2Na(l) + \frac{n}{8}S_8(l) \longrightarrow Na_2S_n(l)$$

中心管内室的熔融 Na 放出电子，通过外电路将 S_8 还原成多硫离子 S_n^{2-}，350 ℃下电池的开路电压为 2.08 V。由于硫是绝缘体，故在外室填充多孔碳以保证有效导电。当充电完全时，硫电极内局部地为硫所充填。完全放电后则全部容积充满硫化钠。再次充电时电极的极化作用正好相反，通电流迫使 Na^+重新回到中心管内室，并在此放电成为 Na 原子。

钠硫电池体积可大至发电站，小至便携电器电池，发展最快的则数车载电池。例如，典型的 β-氧化铝电解质管长为 380 mm、外径 28 mm、壁厚 1.5 mm。机动车发动机常用蓄电池装有钠硫电池 980 个（20 组，每组 49 个电池），开路电压 100 V，功率 50 kW·h 以上。钠硫电池适宜的工作温度为 300~350 ℃（保证多硫化钠呈熔融态，β-氧化铝固体电解质有合适的 Na^+电导率）。因此电池必须绝热以减少热量耗费，使它在非运行时间中也能保持电极呈熔融态。钠硫电池系统的质量是相应铅酸电池的五分之一，使用寿命也较长（工作循环在 1000 次以上）。钠硫电池至今未成批生产，主要原因是尚未解决密封技术和电池寿命等问题。

15-3-3　硫的含氧化合物

硫呈现多种氧化态，能形成种类繁多的氧化物和含氧酸，呈现出丰富多彩的氧化还原行为。氧化物有 S_2O、S_7O、S_8O、S_2O_2、S_7O_2、S_6O_2、SO_2、SO_3 等十多种，其中以 SO_2 和 SO_3 最稳定也最重要，一些硫的含氧酸见表 15-5。

表 15-5　一些硫的含氧酸

名　称	化学式	硫的氧化态	结构式	存在形式
次硫酸	H_2SO_2	+Ⅱ	H—O—S—O—H	盐
连二亚硫酸*	$H_2S_2O_4$	+Ⅲ	H—O—S(→O)—S(→O)—O—H	盐
亚硫酸	H_2SO_3	+Ⅳ	H—O—S(→O)—O—H	盐
硫　酸	H_2SO_4	+Ⅵ	H—O—S(→O)(→O)—O—H	酸，盐
焦硫酸	$H_2S_2O_7$	+Ⅵ	H—O—S(→O)(→O)—O—S(→O)(→O)—O—H	酸，盐

续表

名　　称	化学式	硫的氧化态	结构式	存在形式
硫代硫酸	$H_2S_2O_3$	+Ⅱ	O ↑ H—O—S—O—H ↓ S	盐
过一硫酸	H_2SO_5	+Ⅵ	O ↑ H—O—S—O—O—H ↓ O	酸,盐
过二硫酸	$H_2S_2O_8$	+Ⅵ	O　　　　O ↑　　　　↑ H—O—S—O—O—S—O—H ↓　　　　↓ O　　　　O	酸,盐
连多硫酸	$H_2S_xO_6$ ($x=2\sim6$)	(+Ⅴ,0,+Ⅴ)	O　　O ↑　　↑ H—O—S—S—S—O—H ($x=3$) ↓　　↓ O　　O	盐

*　一个分子中成酸原子不止一个,而成酸原子又直接相连者,称为“连若干某酸”。由简单的一个酰基取代 H—O—O—H 中的氢而成的酸称为过酸。取代一个氢形成“过一某酸”,取代两个氢形成“过二某酸”。由两个简单的含氧酸缩去一分子水的酸,用“焦”字作词头来命名。

一、二氧化硫、亚硫酸和亚硫酸盐

硫或 H_2S 在空气中燃烧或煅烧硫铁矿 FeS_2 均可得 SO_2:

$$3FeS_2+8O_2 \xrightarrow{煅烧} Fe_3O_4+6SO_2$$

SO_2 是无色具有窒息性臭味的有毒气体,是大气中一种主要的气态污染物(形成酸雨的根源),燃烧煤或燃料、油类时均会产生相当多的 SO_2。含有 SO_2 的空气不仅对人类(最大允许浓度 5 $mg\cdot L^{-1}$)及动、植物有害,还会腐蚀建筑物、金属制品,损坏油漆颜料、织物和皮革等。目前如何将 SO_2 对环境的危害减小到最低限度已引起人们的普遍关注。

工业上生产 SO_2 主要用来制备硫酸,制备亚硫酸盐和连二亚硫酸盐。因 SO_2 能和一些有机色素结合成为无色的化合物,故还可用于漂白纸张等;它能杀灭细菌,可用作食物和干果的防腐剂。此外,人们对 SO_2 浓厚的兴趣还在于它作为多齿配体的性质。

二氧化硫与臭氧分子是等电子体,具有相似的结构,是 V 形分子构型(见图 15-8)。

SO_2 分子具有极性,极易液化,常压下 −10 ℃ 即可液化。液态二氧化硫是很

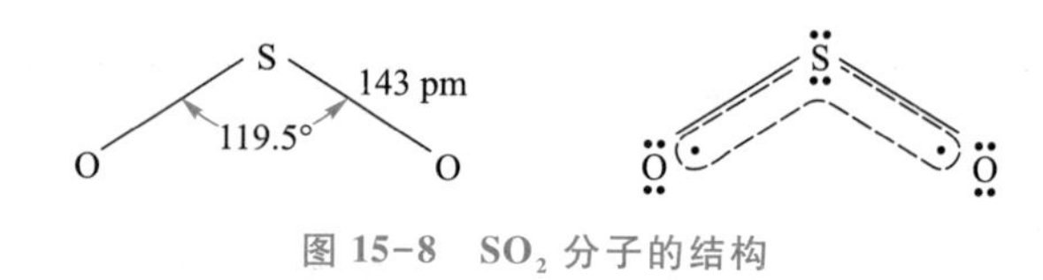

图 15-8 SO_2 分子的结构

有用的非水溶剂。SO_2 易溶于水(20 ℃时每 100 g H_2O 溶解 3927 cm^3),其溶液被称作"亚硫酸"溶液。对 SO_2 水溶液的光谱研究,表明其中主要物质为各种水合物$SO_2 \cdot nH_2O$,随着浓度、温度和 pH 的变化,存在的离子有 H_3O^+、HSO_3^-、$S_2O_5^{2-}$,还有痕量的 SO_3^{2-},但 H_2SO_3 仍未检测出来。在亚硫酸的水溶液中存在下列平衡:

$$SO_2 + xH_2O \rightleftharpoons SO_2 \cdot xH_2O \rightleftharpoons H^+ + HSO_3^- + (x-1)H_2O$$

$$K_1^\ominus = 1.3\times10^{-2}(298\ K)$$

$$HSO_3^- \rightleftharpoons H^+ + SO_3^{2-} \qquad K_2^\ominus = 6.24\times10^{-8}(298\ K)$$

加酸并加热时平衡向左移动,有 SO_2 气体逸出。加碱时,则平衡向右移动,生成酸式盐或正盐:

$$NaOH + SO_2 \longrightarrow NaHSO_3$$

$$2NaOH + SO_2 \longrightarrow Na_2SO_3 + H_2O$$

$$2NaHSO_3 + Na_2CO_3 \xrightarrow{\text{煮沸}} 2Na_2SO_3 + H_2O + CO_2\uparrow$$

由于硫的氧化态为+Ⅳ,故 SO_2、亚硫酸和亚硫酸盐既有氧化性,又有还原性,以还原性为主。如 SO_2 在酸性溶液中能将 MnO_4^- 还原为 Mn^{2+},与 I_2 进行的定量反应已用于定量分析。

$$HSO_3^- + I_2 + H_2O \longrightarrow HSO_4^- + 2H^+ + 2I^-$$

只有在遇到强还原剂时,才会表现出氧化性。例如:

$$2SO_3^{2-} + 2H_2O + 2Na\text{-}Hg \longrightarrow S_2O_4^{2-} + 4OH^- + 2Na^+ + 2Hg$$

$$2SO_3^{2-} + 4HCOO^- \longrightarrow S_2O_3^{2-} + 2C_2O_4^{2-} + 2OH^- + H_2O$$

NH_4^+ 及碱金属的亚硫酸盐易溶于水,溶液由于水解显碱性,其他金属的正盐均微溶于水,而所有酸式亚硫酸盐都易溶于水,酸式盐的溶解度大于正盐。这是因为酸式酸根的电荷低、降低了正负离子间的作用力,使其溶解度增大。亚硫酸盐的另一性质是受热容易分解:

$$4Na_2SO_3 \xrightarrow{\triangle} 3Na_2SO_4 + Na_2S$$

亚硫酸盐或酸式亚硫酸盐遇强酸即分解，放出 SO_2，这也是实验室制取少量 SO_2 的一种方法。

亚硫酸氢钙 $Ca(HSO_3)_2$ 大量用于溶解木质素制造纸浆。亚硫酸钠和亚硫酸氢钠大量用于染料工业，也用作漂白织物时的去氯剂；农业上使用亚硫酸氢钠作抑制剂，促使水稻、小麦、油菜、棉花等农作物增产，这是由于 $NaHSO_3$ 能抑制植物的光呼吸（消耗能量和营养）从而提高净光合作用所致。

二、三氧化硫、硫酸和硫酸盐

无色的气态三氧化硫 SO_3 主要以单分子存在。分子构型为平面三角形，键角 120°，S—O 键键长 143 pm，显然具有双键特征（S—O 单键键长约 155 pm）。固态 SO_3 有 α、β、γ 三种变体，其稳定性依次减小。γ-SO_3 具有类似冰状的三聚体环状结构（见图 15-9）。将纯的液态 SO_3 冷却到 16.8 ℃时凝固得到 γ-SO_3。

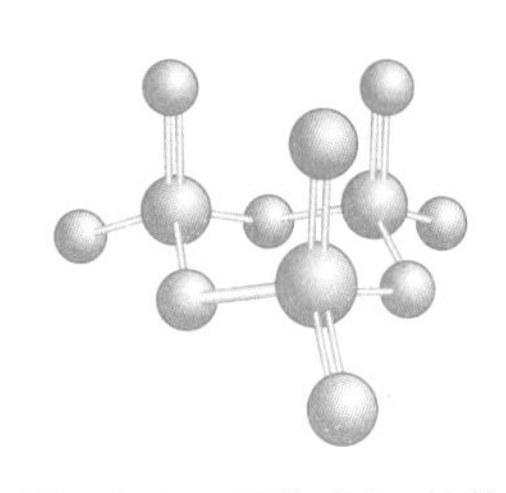

图 15-9 固体 SO_3 结构

β-SO_3 要在痕量水存在下才能形成，呈链状结构，由许多[SO_4]四面体彼此共顶点连接起来呈螺旋状长链。

α-SO_3 有类似石棉的外观，但在链的中间含有一些交联键，以致形成一种复杂的层状结构，它是三种变体中最稳定的一种，熔点 62.3 ℃。

SO_3 是一种强氧化剂，特别在高温时它能将 P 氧化成 P_4O_{10}，将 HBr 氧化为 Br_2。作为强路易斯酸，SO_3 能广泛地同无机和有机配体形成相应的加合物，如与氧化物生成 SO_4^{2-}，与 Ph_3P 生成 Ph_3PSO_3，与 NH_3 在不同的条件下可分别生成 H_2NSO_3H、$HN(SO_3H)_2$、$NH(SO_3NH_4)_2$ 等。SO_3 还可磺化烷基苯化合物用于洗涤剂制造业。

SO_3 由 SO_2 经催化（Pt 或 V_2O_5）氧化法制备，通常并不将它分离出来而是直接转化成硫酸。SO_3 和水能剧烈反应并强烈放热生成 H_2SO_4。但通常不用水吸收 SO_3，因为大量的热使水蒸发为蒸气后与 SO_3 形成酸雾进而影响吸收效率，所以工业上采用浓硫酸来吸收 SO_3 制得发烟硫酸（如 $H_2S_2O_7$、$H_2S_3O_{10}$），经稀释后又可得浓硫酸。发烟硫酸的浓度通常以其中游离 SO_3 的含量来表明，如 20%、40% 发烟硫酸即表示在 100% 硫酸中含有 20% 或 40% 游离的 SO_3。

纯硫酸是无色油状液体，10.36 ℃时凝固。硫酸的分子结构见图 15-10。加热硫酸时，会放出 SO_3 直至酸的浓度降低到 98.3% 为止，这时它成为恒沸溶液，沸点为 338 ℃。硫酸溶液是强的二元酸，第一步解离是完全的，$K_2^\ominus=1.0\times10^{-2}$。

硫酸的介电常数很高（293 K 时为 110），作为溶剂能很好地溶解离子型化合物。100% 硫酸具有相当高的电导率，这是由它的自偶解离生成以下两种离子

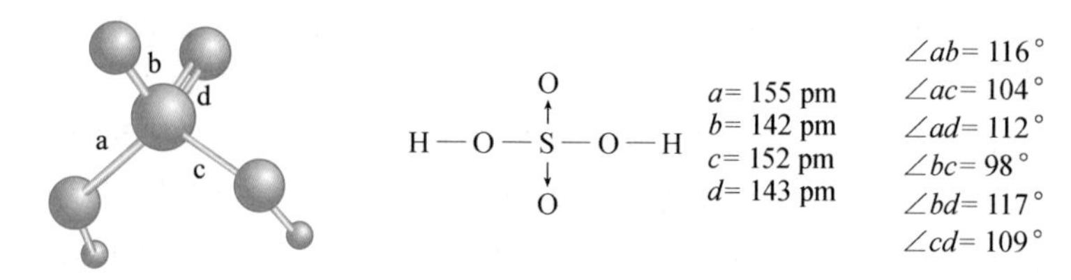

图 15-10　硫酸的分子结构

所致：

$$2H_2SO_4 \rightleftharpoons H_3SO_4^+ + HSO_4^- \qquad K^\ominus(25\ ℃) = 2.7\times10^{-4}$$

在硫酸溶剂体系中，使溶剂阴离子 HSO_4^- 增加的化合物起碱的作用，使 $H_3SO_4^+$ 增加的化合物起酸的作用：

$$KNO_3 + H_2SO_4 \longrightarrow K^+ + HSO_4^- + HNO_3$$

$$CH_3COOH + H_2SO_4 \longrightarrow CH_3C(OH)_2^+ + HSO_4^-$$

$$HSO_3F + H_2SO_4 \longrightarrow H_3SO_4^+ + SO_3F^-$$

$$HNO_3 + 2H_2SO_4 \longrightarrow NO_2^+ + H_3O^+ + 2HSO_4^-$$

上述反应说明浓 H_2SO_4 有非常强的质子化能力。浓 H_2SO_4 与 HNO_3 反应产生硝鎓离子 NO_2^+，是芳香烃硝化反应中的基本反应，反应中生成的 NO_2^+ 进攻芳香环形成反应过渡态。

硫酸与水能以任意比例混合，以氢键形成一系列水合物，故浓硫酸有强烈的吸水性，在工业上和实验室常用作干燥剂，如干燥 Cl_2、H_2 和 CO_2 等。同时，它甚至还能从一些有机化合物中夺取与水分子组成相当的氢和氧，使这些有机化合物碳化。例如，蔗糖或纤维被浓硫酸脱水：

$$C_{12}H_{22}O_{11}(\text{蔗糖}) \xrightarrow{\text{浓 } H_2SO_4} 12C + 11H_2O$$

因此浓硫酸又是强脱水剂，能严重地破坏动植物的组织，如损坏衣服和皮肤等，使用时必须注意安全。

浓硫酸是一种氧化性酸。加热时氧化性更显著，可以氧化许多非金属和金属。但金和铂甚至在加热时也不与浓硫酸反应。此外冷浓硫酸（93%以上）不和铁、铝等金属反应，因为铁、铝的表面在冷浓硫酸中被钝化，故可将浓硫酸装在钢罐中运输。

硫酸是一种重要的化工原料，硫酸年产量可衡量一个国家的重化工生产能力。硫酸大量用于肥料工业中制造过磷酸钙和硫酸铵；用于石油精炼、炸药生产及制造各种矾、染料、颜料、药物等。

硫酸能形成酸式盐和正盐。碱金属元素能形成稳定的固态酸式硫酸盐。在碱金属的硫酸盐溶液内加入过量的硫酸便有酸式硫酸盐生成：

$$Na_2SO_4 + H_2SO_4 \longrightarrow 2NaHSO_4$$

酸式硫酸盐均易溶于水，也易熔化。加热到熔点以上，它们即转变为焦硫酸盐 $M_2S_2O_7$，再加强热，就进一步分解为正盐和三氧化硫。

一般硫酸盐都易溶于水，只有为数不多的硫酸盐溶解度稍小，如硫酸银微溶，碱土金属（除 Be、Mg 外）和铅的硫酸盐微溶。可溶性硫酸盐从溶液中析出的晶体常带有结晶水如 $CuSO_4 \cdot 5H_2O$、$FeSO_4 \cdot 7H_2O$、$Na_2SO_4 \cdot 10H_2O$ 等。除了碱金属和碱土金属外，其他硫酸盐都有不同程度的水解作用。

多数硫酸盐有形成复盐的趋势，在复盐中的两种硫酸盐是同晶型的化合物，这类复盐又叫作矾。常见的复盐有两类：一类的组成通式是 $M^{I}_2SO_4 \cdot M^{II}SO_4 \cdot 6H_2O$（其中 $M^{I} = NH_4^+$、K^+、Rb^+、Cs^+，$M^{II} = Fe^{2+}$、Co^{2+}、Ni^{2+}、Zn^{2+}、Cu^{2+}、Mg^{2+}），如摩尔盐 $(NH_4)_2SO_4 \cdot FeSO_4 \cdot 6H_2O$、镁钾矾 $K_2SO_4 \cdot MgSO_4 \cdot 6H_2O$。另一类组成的通式是 $M^{I}_2SO_4 \cdot M^{III}_2(SO_4)_3 \cdot 24H_2O$，［其中 M^{I} = 碱金属（Li 除外）离子、NH_4^+、Tl^+；$M^{III} = Al^{3+}$、Fe^{3+}、Cr^{3+}、Ga^{3+}、V^{3+}、Co^{3+}］，如明矾 $K_2SO_4 \cdot Al_2(SO_4)_3 \cdot 24H_2O$。它们的通式也可写为 $M^{I}M^{III}(SO_4)_2 \cdot 12H_2O$。

所有的硫酸盐基本上都是离子型化合物。SO_4^{2-} 呈正四面体结构，其中 S—O 键的键长为 149 pm，有很大程度的双键性质，其中的 π 键为 d-p π 键。4 个氧原子与硫原子之间的键完全一样（见图 15-11）。

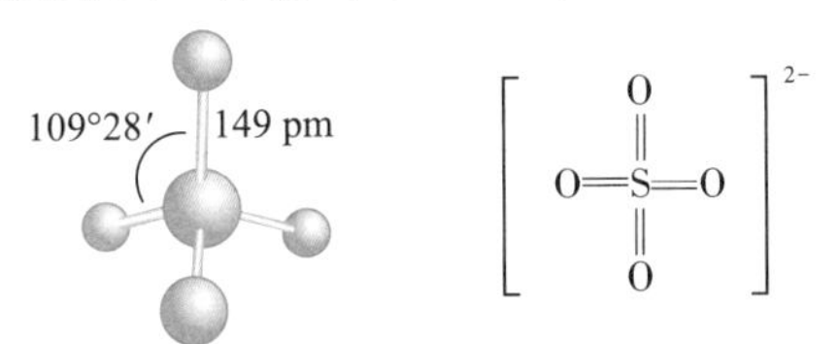

图 15-11 SO_4^{2-} 的结构

三、焦硫酸及其盐

焦硫酸是一种无色的晶状固体，熔点 35 ℃。当冷却发烟硫酸时，可以析出焦硫酸晶体。焦硫酸由等物质的量的 SO_3 和纯 H_2SO_4 化合而成：

$$H_2SO_4 + SO_3 \longrightarrow H_2S_2O_7$$

焦硫酸也可看作由两分子硫酸脱去一分子水所得的产物：

$$\mathrm{HO{-}\underset{\downarrow\atop O}{\overset{O\atop\uparrow}{S}}{-}\boxed{OH\ +\ H}O{-}\underset{\downarrow\atop O}{\overset{O\atop\uparrow}{S}}{-}OH \xrightarrow{-H_2O} HO{-}\underset{\downarrow\atop O}{\overset{O\atop\uparrow}{S}}{-}O{-}\underset{\downarrow\atop O}{\overset{O\atop\uparrow}{S}}{-}OH}$$

焦硫酸与水反应又生成 H_2SO_4。焦硫酸的结构特点使其具有比浓硫酸更强的氧化性、吸水性和腐蚀性，在制造某些染料、炸药中用作脱水剂。

将碱金属的酸式硫酸盐加热到熔点以上，可得焦硫酸盐：

$$2KHSO_4 \xrightarrow{\triangle} K_2S_2O_7 + H_2O$$

进一步加热，分解为 K_2SO_4 和 SO_3：

$$K_2S_2O_7 \xrightarrow{\triangle} K_2SO_4 + SO_3\uparrow$$

焦硫酸盐在无机合成上的重要用途是与一些难溶的碱性金属氧化物共熔生成可溶性的硫酸盐：

$$Fe_2O_3 + 3K_2S_2O_7 \longrightarrow Fe_2(SO_4)_3 + 3K_2SO_4$$

$$Al_2O_3 + 3K_2S_2O_7 \longrightarrow Al_2(SO_4)_3 + 3K_2SO_4$$

四、硫代硫酸及其盐

游离的硫代硫酸遇水即迅速分解，分解产物与反应的条件有关，而且分解产物间又会发生多次氧化还原反应，其产物主要有 S、SO_2 以及 H_2S、H_2S_x、H_2SO_4 等。所以由稳定的硫代硫酸盐经酸化制备硫代硫酸的设想始终未获成功。史密特(M. Schmidt)和他的同事于1959—1961年采用无水条件成功地合成了无水 $H_2S_2O_3$：

$$H_2S + SO_3 \xrightarrow{Et_2O,\,-78\,℃} H_2S_2O_3 \cdot nEt_2O$$

$$Na_2S_2O_3 + 2HCl \xrightarrow{Et_2O,\,-78\,℃} 2NaCl + H_2S_2O_3 \cdot 2Et_2O$$

稳定的硫代硫酸盐(与游离酸相比)可由 H_2S 和亚硫酸的碱溶液作用制得，也可通过将硫粉溶于沸腾的亚硫酸钠碱性溶液中或向摩尔比为2∶1的 Na_2S 和 Na_2CO_3 的溶液中通入 SO_2，便可制得 $Na_2S_2O_3$：

$$2HS^- + 4HSO_3^- \longrightarrow 3S_2O_3^{2-} + 3H_2O$$

$$Na_2SO_3 + S \longrightarrow Na_2S_2O_3$$

$$2Na_2S + Na_2CO_3 + 4SO_2 \longrightarrow 3Na_2S_2O_3 + CO_2$$

硫代硫酸钠($Na_2S_2O_3 \cdot 5H_2O$)又称海波或大苏打，是无色透明的晶体，熔点48.5 ℃，易溶于水，其水溶液显弱碱性。它是一种中等强度的还原剂[$\varphi^{\ominus}(S_4O_6^{2-}/S_2O_3^{2-}) = 0.08\ V$]，能定量地被 I_2 氧化为连四硫酸根(定量分析中碘量法的理论基础)：

$$2S_2O_3^{2-} + I_2 \longrightarrow S_4O_6^{2-} + 2I^-$$

若遇更强的氧化剂,将进一步反应而生成硫酸盐:

$$S_2O_3^{2-}+4Cl_2+5H_2O \longrightarrow 2HSO_4^-+8H^++8Cl^-$$

硫代硫酸盐在漂白工业中用作"脱氯剂"就基于上述反应。

硫代硫酸根可看成 SO_4^{2-} 中的一个氧原子被硫原子所代替,并具有与 SO_4^{2-} 相似的四面体构型(见图 15-12)。

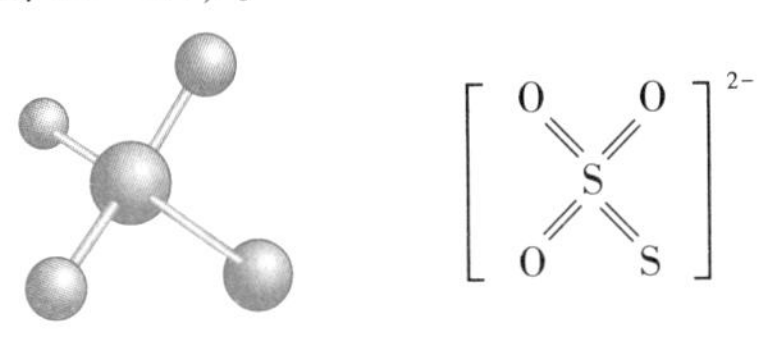

图 15-12 $S_2O_3^{2-}$ 的结构

$S_2O_3^{2-}$ 中的 2 个硫原子平均氧化态是+Ⅱ。因此硫代硫酸钠具有一定的还原性。$S_2O_3^{2-}$ 中的端基硫原子及氧原子在一定条件下可和金属离子配位,因此它又是一个单齿或双齿配体,有很强的配位能力:

$$2S_2O_3^{2-}+Ag^+ \longrightarrow Ag(S_2O_3)_2^{3-}$$

照相底片上未曝光的溴化银在定影液中即由于形成这个配离子而溶解。

五、连二亚硫酸钠

连二亚硫酸钠又称保险粉。在没有氧的条件下,用锌粉还原 $NaHSO_3$ 可制得连二亚硫酸钠:

$$2NaHSO_3+Zn \longrightarrow Na_2S_2O_4+Zn(OH)_2$$

析出的晶体含有 2 个结晶水($Na_2S_2O_4 \cdot 2H_2O$)。它在空气中极易被氧化,不便于使用,经酒精和浓 NaOH 共热后,就成为比较稳定的无水盐。

$Na_2S_2O_4$ 是一种白色固体,其酸根 $O_2SSO_2^{2-}$ 中硫处于+Ⅲ氧化态,使其热稳定性差,加热至 129 ℃即分解:

$$2Na_2S_2O_4 \xrightarrow{\triangle} Na_2S_2O_3+Na_2SO_3+SO_2\uparrow$$

同样,$Na_2S_2O_4$ 是一个很强的还原剂(参见硫的电势图),其水溶液能被空气中的氧氧化,因此 $Na_2S_2O_4$ 在气体分析中用来吸收氧气:

$$2Na_2S_2O_4+O_2+2H_2O \longrightarrow 4NaHSO_3$$

$$Na_2S_2O_4+O_2+H_2O \longrightarrow NaHSO_3+NaHSO_4$$

$Na_2S_2O_4$ 在工业上可由 $NaHSO_4$ 和 $NaBH_4$ 现场制备,它可用作染色工艺的还原剂,纸浆、稻草、黏土、肥皂等的漂白剂,在水处理和控制污染方面可将许多重金属离子如 Pb^{2+}、Bi^{3+} 等还原为金属,还可用于保存食物、水果等。

六、过硫酸及其盐

过硫酸即为硫酸的过氧酸，即该化合物含有过氧键(—O—O—)。已经制得硫的两种过硫酸，即过一硫酸(H_2SO_5)和过二硫酸($H_2S_2O_8$)。

在无水条件下由氯磺酸和 H_2O_2 经取代反应可得过一硫酸：

$$HOOH + ClSO_2(OH) \longrightarrow HOOSO_2(OH) + HCl$$

它是无色晶体，45 ℃熔融，由于有爆炸性，处理时应当特别小心。

电解 H_2SO_4 溶液可得 $H_2S_2O_8$(H_2SO_5 为副产物)，它在 65 ℃时熔化且分解，可溶于水，具有极强的氧化性。特别重要的盐有$(NH_4)_2S_2O_8$ 和 $K_2S_2O_8$。它们都是强氧化剂，可将 Mn^{2+}氧化为 MnO_4^-，将 Cr^{3+}氧化为 CrO_4^{2-}：

$$2Mn^{2+} + 5S_2O_8^{2-} + 8H_2O \xrightarrow{Ag^+} 2MnO_4^- + 10SO_4^{2-} + 16H^+$$

在钢铁分析中常用过硫酸铵(或过硫酸钾)氧化法测定钢中锰的含量。在有机合成中，过二硫酸盐可用作乙烯基乙酸酯合成人造丝、氯乙烯合成 PVC 的聚合反应的自由基引发剂。

过硫酸及其盐都是不稳定的，在加热时容易分解。例如：

$$2K_2S_2O_8 \xrightarrow{\triangle} 2K_2SO_4 + 2SO_3\uparrow + O_2\uparrow$$

七、连多硫酸

连多硫酸的通式为 $H_2S_xO_6$，$x=3\sim6$。其盐的阴离子通式为$[O_3SS_ySO_3]^{2-}$，$y=1\sim4$ 的连多硫酸盐已经确定。根据分子中硫原子的总数，可命名为连三硫酸($S_3O_6^{2-}$)、连四硫酸($S_4O_6^{2-}$)等。连多硫酸根中都有硫链。游离的连多硫酸不稳定，迅速分解为 S、SO_2 和 SO_4^{2-} 等：

$$H_2S_5O_6 \longrightarrow H_2SO_4 + SO_2 + 3S$$

连多硫酸的酸式盐由于不稳定而不存在。

制备连多硫酸盐有多种方法，如 0 ℃时，在饱和 SO_2 溶液中通入 H_2S，能得到一种瓦肯罗德(Wackenroder)溶液，它是一个复杂的体系，其中有胶状硫、$H_2S_4O_6$ 和 $H_2S_5O_6$ 等，加入 KOH 并浓缩即有 $K_2S_4O_6$ 和 $K_2S_5O_6$ 的晶体生成，根据晶体的密度不同经过处理可将它们分离。

用适当的氧化剂(如 H_2O_2、I_2)与硫代硫酸钠反应也可获得连多硫酸盐：

$$2Na_2S_2O_3 + 4H_2O_2 \longrightarrow Na_2S_3O_6 + Na_2SO_4 + 4H_2O$$

需要指出的是，连二硫酸及其盐并不是连多硫酸及其盐中最简单的类型，这是因为前者在结构上并不存在二键合硫原子，导致其在化学性质方面非常不同。

例如,连二硫酸是用 MnO_2 氧化亚硫酸制备的:

$$MnO_2 + 2SO_3^{2-} + 4H^+ \xrightarrow{0\ ℃} Mn^{2+} + S_2O_6^{2-} + 2H_2O$$

说明连二硫酸不易被氧化,而连多硫酸则容易被氧化:

$$H_2S_3O_6 + 4Cl_2 + 6H_2O \longrightarrow 3H_2SO_4 + 8HCl$$

连二硫酸不与硫结合产生较高的连多硫酸,其他连多硫酸则可与硫结合:

$$H_2S_4O_6 + S \longrightarrow H_2S_5O_6$$

另外,连二硫酸是一种强酸,它较连多硫酸稳定,浓溶液或加热时才慢慢分解:

$$H_2S_2O_6 \xrightarrow{\triangle} H_2SO_4 + SO_2\uparrow$$

连二硫酸的水溶液即使煮沸也不分解。

总的说来,在硫的化合物中,硫原子可以相连形成长硫链,如多硫化氢 H_2S_x,多硫化物 M_2S_x 和连多硫酸 $H_2S_xO_6$ 等,这是硫属元素中硫的最突出的一个特点。

15-3-4 硫的其他化合物

一、硫的卤化物

已知的几种硫的氟化物有 S_2F_2、SF_2、S_2F_4、SF_4、S_2F_{10}和 SF_6 等。由硫在氟气氛中燃烧可制得 SF_6,它是无色、无臭、无味和无毒的气体,加热至 500 ℃ 也不分解。SF_6 的特点是极不活泼,不与水、酸反应,甚至与熔融的碱也不反应(在高温、高压下才显示其反应性)。正是由于它突出的稳定性和优良的绝缘性,广泛用作高压发电机和开关装置中的绝缘气体。SF_6 的不活泼性可能与 S—F 键的强度较大等因素有关,当然也有动力学的因素。

当用冷却的硫与 F_2 作用时,则会得到 SF_6 和 SF_4 的混合物。SF_4 最好的制法是在温热的乙腈溶液中由 NaF 对 SCl_2 进行氟化:

$$3SCl_2 + 4NaF \xrightarrow[75\ ℃]{CH_3CN} S_2Cl_2 + SF_4 + 4NaCl$$

SF_4 遇潮气迅速分解并立即水解生成 HF 和 SO_2。作为一种具有高度选择性的强氧化剂和氟化剂,它能将 BCl_3 转化为 BF_3,酮基和醛基C═O 转化成═CF_2,将羧基—COOH 转化为—CF_3,用途颇为广泛。它还能参与多种氧化加成反应，得到 S(Ⅵ) 衍生物，如 F_2（或 ClF）在 380 ℃ 对 SF_4 直接氧化可得 SF_6 或 $SClF_5$。

对于硫的其他卤化物，其稳定性和反应性与硫的氟化物比较有很大的不同。如 S_2Cl_2 是由熔融硫经直接氯化后，再进行分馏得到的。是一种有毒并有恶臭的金黄色液体，熔点 −76 ℃，沸点 138 ℃，结构与 S_2F_2、H_2O_2 类似。在催化剂 $FeCl_3$ 存在下将 S_2Cl_2 进一步氯化，即得 SCl_2，该化合物为樱桃红色液体，易挥发，熔点 −122 ℃，沸点 59 ℃。SCl_2 与 S_2Cl_2 相似，有毒并有恶臭，但更不稳定。

S_2Cl_2 和 SCl_2 都易和 H_2O 发生反应而得到各种生成物如 H_2S、SO_2、H_2SO_3、H_2SO_4 及 $H_2S_xO_6$ 等。将 SCl_2 氧化即得亚硫酰氯（$OSCl_2$）和硫酰氯（O_2SCl_2）。用 S_2Cl_2 和 NH_4Cl 在 160 ℃ 下作用时则生成 S_4N_4。

S_2Cl_2 和 SCl_2 都是重要的化工产品。S_2Cl_2 主要用在气相下对某些橡胶的硫化作用，SCl_2 可用于烯烃的双键加成。例如，对乙烯进行硫化氯化，会产生臭名昭著的糜烂性毒气，即芥子气（在第一次世界大战和两伊战争中曾被使用过）：

$$SCl_2 + 2CH_2{=\!=}CH_2 \longrightarrow S(CH_2CH_2Cl)_2$$

含有多个硫的二氯硫烷也已制得：

$$H_2S_x + 2S_2Cl_2 \longrightarrow 2HCl + S_{4+x}Cl_2$$

二、硫的卤氧化物

硫可以形成两个主要系列的卤氧化物，即亚硫酰二卤化物 OSX_2 和磺酰二卤化物 O_2SX_2（X = F, Cl, Br）。在亚硫酰化合物中以 $OSCl_2$ 最为重要，可通过下列反应制得：

$$SO_2 + PCl_5 \longrightarrow OSCl_2 + OPCl_3$$

$$SO_3 + SCl_2 \longrightarrow OSCl_2 + SO_2$$

$OSCl_2$ 是无色、易挥发的液体，与水能剧烈作用，所以常用于对那些容易水解的无机卤化物如 $MgCl_2 \cdot 6H_2O$、$AlCl_3 \cdot 6H_2O$、$FeCl_3 \cdot 6H_2O$ 等进行脱水以制取无水的金属卤化物：

$$MX_n \cdot mH_2O + mOSCl_2 \longrightarrow MX_n + mSO_2 + 2mHCl$$

另外，$OSCl_2$ 在高于沸点（76 ℃）时就会分解成 S_2Cl_2、SO_2 和 Cl_2，所以在有机化学上常用作氧化剂和氯化剂。

磺酰二卤化物和它们的亚硫酰同系物相似，也是活泼而易挥发的无色液体或气体，其中以 O_2SCl_2 最重要，可用活性炭或 $FeCl_3$ 作催化剂，将 SO_2 直接氯化制得。将 O_2SCl_2 加热至 300 ℃ 仍是稳定的，高于此温度就开始分解成 SO_2 和 Cl_2。在有机化合物中引入 Cl 或 O_2SCl 时，O_2SCl_2 是一种很有用的试剂。磺酰二卤化物在形式上可看成 H_2SO_4 中的 2 个 OH

被卤素原子取代后的衍生物，如果 H_2SO_4 中仅有一个羟基被卤素取代即得到卤磺酸，如氟磺酸、氯磺酸等。

氟磺酸是一种很重要的强酸性溶剂，用 SbF_5（一种极强的路易斯酸）与 HSO_3F 反应后，其产物是一种更强的酸称为超强酸或超酸①：

$$SbF_5 + HSO_3F \longrightarrow H[SbF_5(OSO_2F)] \xrightleftharpoons{HSO_3F} H_2SO_3F^+ + [SbF_5(OSO_2F)]^-$$

超酸大多由强质子酸和强路易斯酸混合而成。超酸的重要用途是它能向链烷烃供给质子，使其质子化产生碳正离子：

$$R_3CH + H_2SO_3F^+ \rightleftharpoons R_3CH_2^+ + HSO_3F \rightleftharpoons H_2 + R_3C^+ + HSO_3F$$

而碳正离子是有机化学的一个重要研究领域。另外，超酸对链状卤素和硫阳离子的研究提供了一个优良的溶剂介质。由于链状卤素和硫阳离子有非常强的氧化性和酸性，因此严格要求溶剂介质是无还原性和不显碱性的，超酸符合这些要求。

三、S_4N_4 和 $(SN)_x$

在现代无机化学研究中，对 S-N 化合物的研究是最为活跃的领域之一，已制备出许多新型的环状和非环状化合物。最著名的 S-N 化合物是 S_4N_4（1851 年即得该纯化合物），它也是制备其他 S-N 化合物的起点。S_4N_4 可按如下方法制得：

$$6SCl_2 + 16NH_3 \longrightarrow S_4N_4 + 2S + 12NH_4Cl$$

$$6S_2Cl_2 + 16NH_3 \xrightarrow{CCl_4} S_4N_4 + 8S + 12NH_4Cl$$

$$6S_2Cl_2 + 4NH_4Cl \longrightarrow S_4N_4 + 8S + 16HCl$$

S_4N_4 为固体，熔点 178 ℃，具有色温效应，-30 ℃ 以下为浅黄色，室温时颜色加深至橙色，达 100 ℃ 变为深红色。S_4N_4 在空气中稳定，但受到撞击或迅速加热时会发生爆炸。S_4N_4 具有摇篮形结构（见图 15-13），为一个硫和氮交替构成的 8 元杂环，环内 S┄S 的距离（258 pm）介于寻常 S—S 键（208 pm）和未键合 S┄S 的范德华距离（330 pm）之间，说明在环内 S 原子之间存在着虽弱却仍很明显的键合作用。

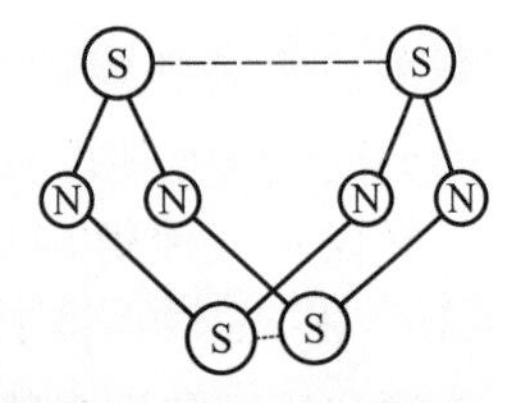

图 15-13　S_4N_4 的结构

S_4N_4 不溶于水也不和水反应，但遇稀 NaOH 溶液时极易水解：

$$2S_4N_4 + 6OH^- + 9H_2O \longrightarrow S_2O_3^{2-} + 2S_3O_6^{2-} + 8NH_3$$

遇更浓的碱则生成亚硫酸盐而不是连三硫酸盐：

$$S_4N_4 + 6OH^- + 3H_2O \longrightarrow S_2O_3^{2-} + 2SO_3^{2-} + 4NH_3$$

---

① （R. J. Gillespine）对超酸的定义：比 100% H_2SO_4 更强的酸称为超酸。

S_4N_4 和 Lewis 酸如 BF_3、SbF_5 和 SO_3 反应可形成组成比为 1:1的加合物,过程中 S_4N_4 环发生重排。

将 S_4N_4 蒸气通过热银丝,生成二氮化二硫 S_2N_2,同时生成 Ag_2S 和 N_2。S_2N_2 比 S_4N_4 更不稳定,高于室温即爆炸。S_2N_2 在 0 ℃下放置数天转变为青铜色聚合物$(SN)_x$,这个"之"字形链状聚合物具有金属导电性,0.3 K 以下显示超导性。超导性的发现显然是非常重要的,因为它是第一个不含金属组分的超导体。

其他的 S-N 化合物如 S_4N_2、$S_{11}N_2$、$(S_7N)_2S_x$、$S_3N_2O_2$ 等可参看有关综述。

15-4 硒 和 碲

硒有几种不同的同素异形体,其中三种红色单斜多晶态物质(α,β,γ)由 Se_8 环组成。室温下最稳定的同素异形体是灰硒(由螺旋形链构成的晶体)。市售商品则通常为无定形黑硒。

硒是典型的半导体材料。硒在光照射下导电性可提高近千倍,故可用于制造光电管。少量的硒加到普通玻璃中可消除由于玻璃中含有 Fe^{2+} 而产生的绿色(少量的硒的红色与绿色互补成为无色)或生产精美的粉红色玻璃。由蒸气沉积法可获得一种无定形透明硒,在静电复印的光复制过程中用作光感受器。硒也是人体的一种必需元素,各种食物中以动物内脏含硒最丰富,其次是鱼类、肉类和蔬菜。硒对肿瘤的发生、发展有一定的阻遏和抑制作用。当硒的浓度为 $0.04 \sim 0.1\ \mu g \cdot g^{-1}$ 时,对动物和人都是有益的,超过 $4\ \mu g \cdot g^{-1}$ 则是有害的。

碲仅有一种螺旋形链状结构的晶形,它也是一种半导体(25 ℃电阻率:Se,$10^{10}\ \Omega \cdot cm$①;Te,$1\ \Omega \cdot cm$)。碲的毒性较大。

硒和碲可和大多数元素直接化合,当然比氧和硫要困难一些。稳定的化合物有:与强正电性的ⅠA、ⅡA 族元素以及镧系元素形成的硒化物、碲化物;与电负性元素 O、F 等所生成的其氧化态为 +Ⅱ、+Ⅳ和 +Ⅵ的化合物,这类化合物的稳定性比由 S 或 O 生成的相应化合物稍低。硒和碲几乎没有像 S-N 化合物那样多种相似物,它们与硫的一个相似之处是原子间通过成键形成同质链的强烈倾向(如同素异形体等)。

硒化氢和碲化氢都是无色、有恶臭的气体,毒性比 H_2S 更大,热稳定性更

① 显著地取决于纯度、温度以及光电通量。

差，在水中的溶解度比 H_2S 小，但它们的水溶液的酸性却比 H_2S 强。H_2Se 和 H_2Te 比 H_2S 有更强的还原性，只要 H_2Se 与空气接触便逐渐分解析出硒。燃烧 H_2Se 时，有 SeO_2 产生，若空气不足则生成单质硒。加热至 300 ℃，硒化氢即分解；碲化氢则在更低温度分解。现将硒、碲的氢化物的重要性质与 H_2O 和 H_2S 相比较列于表 15-6。

表 15-6 氧族元素氢化物的性质

性 质	H_2O	H_2S	H_2Se	H_2Te
沸点/℃	100	-71	-41	-2
熔点/℃	0	-86	-60	-49
生成热/$(kJ\cdot mol^{-1})$	-241.8	-20.14	85.81	155.0
解离常数 $K_1^\ominus$(298 K)	1.07×10^{-16}	9.1×10^{-8}	1.7×10^{-4}	2.3×10^{-3}
M^{2-} 负离子半径/pm	132	184	191	211
酸性增强 还原性增强 热稳定性减小	⟶			

从表 15-6 可以看出，氧族元素的氢化物在热稳定性、水溶液的酸碱性与还原性等方面与卤化氢类似，呈现明显的递变规律。相关解释也类似，主要影响因素是元素的电负性和原子半径。

硒和碲在空气或氧中燃烧能生成 SeO_2 和 TeO_2。SeO_2 是易挥发的白色固体（升华温度为 315 ℃），X 射线证明它是由无限的链状分子所组成。SeO_2 易溶于水，其水溶液呈弱酸性，蒸发其水溶液可得到无色结晶的亚硒酸。TeO_2 是不挥发的白色固体，难溶于水，能溶于 NaOH 中生成亚碲酸钠，加硝酸酸化，即有白色片状的 H_2TeO_3 析出。H_2SeO_3（$K_1^\ominus=2.4\times10^{-3}$，$K_2^\ominus=5.0\times10^{-8}$，298 K）和 H_2TeO_3（$K_1^\ominus=5.4\times10^{-7}$，$K_2^\ominus=3.7\times10^{-9}$，298 K）都是二元弱酸，它们的酸性比 H_2SO_3 弱。

与 SO_2 不同，SeO_2 和 TeO_2 主要显示氧化性，容易被还原为游离的硒和碲，如亚硒酸能氧化 SO_2、H_2S、HI 和 NH_3 等而本身被还原为硒，在有机化学中也用作氧化剂。

$$H_2SeO_3+2SO_2+H_2O \longrightarrow 2H_2SO_4+Se$$

在强氧化剂如 Cl_2、Br_2、$KMnO_4$ 等作用下，亚硒酸被氧化为硒酸：

$$H_2SeO_3+Cl_2+H_2O \longrightarrow H_2SeO_4+2HCl$$

蒸发此溶液可得硒酸的无色晶体。

硒酸和硫酸相似，是一种不易挥发的强酸，有强烈的吸水性，能使有机化合物炭化。硒酸水溶液的第一步解离是完全的，$K_2^\ominus = 2.2\times10^{-2}$（298 K）。硒酸的氧化性比硫酸强得多（与ⅦA族中溴酸的氧化性比氯酸更强的情况相似）。热的浓硒酸能溶解Cu、Ag和Au生成硒酸盐如Ag_2SeO_4、$Au_2(SeO_4)_3$，热硒酸与浓盐酸的混合液像王水一样可以溶解铂。

硒酸盐的许多性质，如组成和溶解性都与相应的硫酸盐相似。

碲酸与硫酸、硒酸很不相同，碲酸是白色固体，它的分子式是H_6TeO_6或$Te(OH)_6$。经X射线研究证明在碲酸分子内的6个氢氧根排列在Te原子周围形成八面体结构，与ⅦA族的高（偏）碘酸H_5IO_6的结构相似。

可以用$HClO_3$溶液、CrO_3-HNO_3或30% H_2O_2等氧化Te或TeO_2制得碲酸。碲酸具有中强的氧化性，但它是很弱的酸（$K_1^\ominus = 2.2\times10^{-8}$，$K_2^\ominus = 1.0\times10^{-11}$，298 K）。已制得的碲酸盐有$K[TeO(OH)_5]\cdot H_2O$、$Ag_2[TeO_2(OH)_4]$、$Hg_3TeO_6$等，它们都是六配位的八面体结构的化合物。

15-5　钋　和　钍

一、钋

钋作为一种放射性蜕变系列的产物，存在于U和Th的矿物中。它最先是由居里夫人发现的。为纪念她的祖国波兰（Poland），居里夫人把这种新元素命名为钋（Polonium）。

最易得到的钋的同位素是^{210}Po，其半衰期为134 d。它可在核子反应器中通过对Bi照射而制得：

$$^{209}Bi(n,\gamma)^{210}Bi \longrightarrow {}^{210}Po + \beta^-$$

用升华或其他化学方法可从Bi中分离出Po。

单质钋有两种同素异形体，它们都有典型金属的电阻率及正的温度系数。其中一种具有立方体结构，在低于100 ℃时稳定；另一种是菱形的，在高于100 ℃时稳定。

钋为ⅥA族的金属元素，价电子构型为$6s^26p^4$，内层为饱和结构，即$(n-2)$f层有14个电子，$(n-1)$d层有10个电子。虽然外层仅比稀有气体少2个电子，但由于内层电子的作用，Po元素的原子半径较大，得电子能力弱，已有明显的金属性。Po显示阳离子的性质，如PoO_2具有离子型晶格。Po还能形成$Po(OH)_4$及一些盐，如$Po(SO_4)_2$。由此可见，钋的低氧化态，即+Ⅳ氧化态的化合物较稳定。

关于钋化学的研究比较困难，原因在于它放射出强烈的 α 射线，不仅可以破坏固体和液体，而且放出大量的热，易对研究人员造成身体伤害。钋化合物中卤化物研究得稍多。其卤化物的性质与同族的碲的卤化物相似，在 150 ℃以上挥发，能溶于有机溶剂，在水中易水解并形成配合物。

二、鉝

鉝是一种放射性人造元素，原子序数为 116，元素符号是 Lv。

俄罗斯杜布纳核研究联合科研所和美国劳伦斯利弗莫尔国家实验室合作，于 2000 年合成了元素周期表上的第 116 号元素，从而确认了这一新元素的存在。2000 年 7 月 19 日，专家首次直接在加速器上合成了第 116 号元素，但该元素存在了 0.05 s 后便衰变成了其他元素。

116 号元素生成之后，几乎立刻衰变成第 114 号元素，并释放出含 2 个质子、2 个中子的粒子。而 114 号元素又会进一步衰变成更轻的元素。当然，114 号元素也可直接通过钙原子核轰击 94 号元素钚而制得。

2012 年，IUPAC 宣布第 116 号元素命名为鉝（Livermorium），以纪念劳伦斯利弗莫尔国家实验室（LLNL）对元素发现做出的贡献。

鉝预计为第七周期 p 区的第 4 个元素，是元素周期表中 16 族（ⅥA）最重的成员，位于钋之下。这一族的最高氧化态为 + Ⅵ，除了缺少 d 轨道的氧以外。硫、硒、碲及钋都有氧化态 + Ⅳ，稳定性由 S（Ⅳ）和 Se（Ⅳ）的还原性到Po（Ⅳ）的氧化性。Te（Ⅳ）是碲最稳定的氧化态。这表示较高氧化态稳定性渐低，因此 Lv 应有氧化性的 + Ⅳ 氧化态，以及更稳定的 + Ⅱ 氧化态。同族其他元素亦能产生 - Ⅱ 氧化态，如氧化物、硫化物、硒化物、碲化物和钋化物。

鉝的化学特性能从钋的特性推测出来。因此它应在氧化后产生二氧化物 LvO_2。LvO_3也有可能产生，但可能性较低。在 LvO 中，鉝会展现出 + Ⅱ 氧化态的稳定性。鉝经氟化可能会生成四氟化物 LvF_4和/或二氟化物 LvF_2。氯化和溴化后会产生 $LvCl_2$和 $LvBr_2$。碘对鉝氧化后一定不会产生比 LvI_2更重的化合物，甚至可能完全不发生反应。

习　题

15-1　空气中 O_2 与 N_2 的体积比是 21∶78，在 273 K 和 101.3 kPa 下 1 L 水能溶解 O_2 49.10 mL，N_2 23.20 mL。问在该温度下溶解于水的空气所含的氧与氮的体积比是多少？

15-2 在标准状况下,750 mL 含有 O_3 的氧气,当其中所含 O_3 完全分解后体积变为 780 mL。若将此含有 O_3 的氧气 1 L 通入 KI 溶液中,能析出多少克 I_2?

15-3 大气层中臭氧是怎样形成的?哪些污染物引起臭氧层的破坏?如何鉴别 O_3,它有什么特征反应?

15-4 比较 O_3 和 O_2 的氧化性、沸点、极性和磁性的相对大小。

15-5 少量 Mn^{2+} 可以催化分解 H_2O_2,其反应机理解释如下:H_2O_2 能氧化 Mn^{2+} 为 MnO_2,后者又能使 H_2O_2 氧化。试从电极电势说明上述解释是否合理,并写出离子反应方程式。

15-6 写出 H_2O_2 与下列化合物的反应方程式,$K_2S_2O_8$、Ag_2O、O_3、$Cr(OH)_3$ 在 NaOH 中、Na_2CO_3(低温)。

15-7 SO_2 与 Cl_2 的漂白机理有什么不同?

15-8 (1) 把 H_2S 和 SO_2 气体同时通入 NaOH 溶液中至溶液呈中性,有何结果?

(2) 写出以 S 为原料制备以下各种化合物的反应方程式,H_2S、H_2S_2、SF_6、SO_3、H_2SO_4、SO_2Cl_2、$Na_2S_2O_4$。

15-9 (1) 纯 H_2SO_4 是共价化合物,却有较高的沸点(384 ℃),为什么?

(2) 稀释浓 H_2SO_4 时一定要把 H_2SO_4 加入水中边加边搅拌,而稀释浓硝酸与浓盐酸没有这么严格规定,为什么?

15-10 将 a mol Na_2SO_3 和 b mol Na_2S 溶于水,用稀 H_2SO_4 酸化,若 $a:b$ 大于1/2,则反应产物是什么?若小于 1/2,则反应产物是什么?若等于 1/2,则反应产物又是什么?

15-11 完成下面反应方程式并解释在反应(1)过程中,为什么出现由白到黑的颜色变化?

(1) $Ag^+ + S_2O_3^{2-}$(少量) $\longrightarrow$

(2) $Ag^+ + S_2O_3^{2-}$(过量) $\longrightarrow$

15-12 硫代硫酸钠在药剂中常用作解毒剂,可解卤素单质、重金属离子及氰化物中毒。请说明能解毒的原因,写出有关的反应方程式。

15-13 石灰硫磺合剂(又称石硫合剂)通常是以硫磺粉、石灰及水混合,煮沸、摇匀而制得的橙色至樱桃色透明水溶液,可用作杀菌、杀螨剂。请给予解释,写出有关的反应方程式。

15-14 电解硫酸或硫酸氢铵制备过二硫酸时,虽然 $\varphi^\ominus(O_2/H_2O)$(1.23 V)小于 $\varphi^\ominus(S_2O_8^{2-}/SO_4^{2-})$(2.01 V),为什么在阳极不是 H_2O 放电,而是 HSO_4^- 或 SO_4^{2-} 放电?

15-15 在酸性的 KIO_3 溶液中加入 $Na_2S_2O_3$,有什么反应发生?

15-16 写出下列各题的生成物并配平。

(1) Na_2O_2 与过量冷水反应;

(2) 在 Na_2O_2 固体上滴加几滴热水;

(3) 在 Na_2CO_3 溶解中通入 SO_2 至溶液的 pH=5 左右;

(4) H_2S 通入 $FeCl_3$ 溶液中;

(5) Cr_2S_3 加水;

(6) 用盐酸酸化多硫化铵溶液;

(7) Se 和 HNO_3 反应。

15-17 列表比较 S、Se、Te 的 + Ⅳ 和 + Ⅵ 氧化态的含氧酸的状态、酸性和氧化还原性。

15-18 按下表填写各种试剂与四种含硫化合物反应所产生的现象。

试剂	Na_2S	Na_2SO_3	$Na_2S_2O_3$	Na_2SO_4
稀盐酸				
$AgNO_3$				
酸性介质				
中性介质				
$BaCl_2$				
中性介质				
酸性介质				

15-19 画出 SOF_2、$SOCl_2$、$SOBr_2$ 的空间构型。它们的 O—S 键键长相同吗？请比较它们的 O—S 键键能和键长的大小。

15-20 现将硫及其重要化合物间的转化关系表示如下，请用硫的电势图解释表中某些化学反应可以发生的原因。例如，在酸性介质中，硫化氢为何能将亚硫酸（或二氧化硫）还原为单质硫？为何硫与氢氧化钠反应能生成硫化钠及亚硫酸钠？

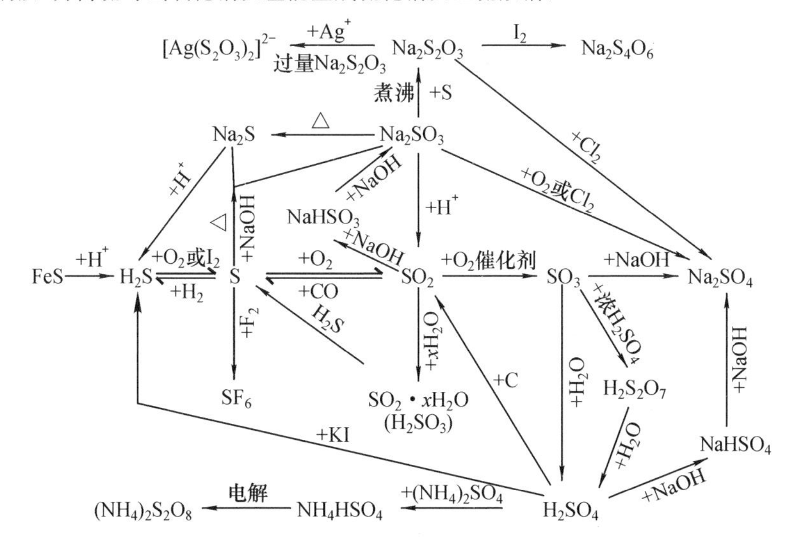

第 16 章

氮族元素

内容提要

本章简要介绍了元素周期表ⅤA 族元素氮、磷、砷的通性，以及位于第二周期的氮和第四周期砷元素的某些特殊性。

本章要求：

1. 重点掌握氮和磷的单质及其氢化物、卤化物、氧化物、含氧酸及其盐的结构、性质、制备和用途；
2. 了解砷的重要化合物的性质和用途；
3. 掌握锑和铋的单质及化合物的性质及变化规律。

16-1 氮族元素的通性

元素周期表ⅤA 族包括氮(N)、磷(P)、砷(As)、锑(Sb)、铋(Bi)五种元素。该族元素从氮到铋，经历了一个完整的从典型的非金属元素到典型的金属元素的过渡。其中，氮、磷为典型的非金属元素，砷为准金属，锑、铋则已具有明显的金属性。

氮族元素的基本性质列于表 16-1 中，它们的价电子构型为 ns^2np^3。由于它们的电负性比同周期的ⅦA、ⅥA 族元素小，因此能与卤素、氧、硫反应，主要形成氧化态为+Ⅲ和+Ⅴ的共价化合物。它们与电负性较小的氢则形成氧化态为-Ⅲ的共价型氢化物。

电负性较大的氮和磷与活泼金属也能形成少数氧化态为-Ⅲ的离子型化合物，如 Li_3N、Mg_3N_2、Na_3P、Ca_3P_2 等。但由于 N^{3-}(171 pm)和 P^{3-}(212 pm)离子半径较大，易于变形，遇水强烈水解生成 NH_3 和 PH_3，这种离子型化合物只能以固态存在，溶液中不存在 N^{3-} 和 P^{3-} 的简单离子。

表 16-1 氮族元素的基本性质

性　质	氮	磷	砷	锑	铋
原子序数	7	15	23	51	83
相对原子质量	14.01	30.97	74.92	121.8	209.0
价电子构型	$2s^2 2p^3$	$3s^2 3p^3$	$3d^{10} 4s^2 4p^3$	$5s^2 5p^3$	$6s^2 6p^3$
主要氧化态	-Ⅲ,-Ⅱ,-Ⅰ +Ⅰ⟶+Ⅴ	-Ⅲ,+Ⅰ, +Ⅲ,+Ⅴ	-Ⅲ,+Ⅲ, +Ⅴ	+Ⅲ, +Ⅴ	+Ⅲ (+Ⅴ)
共价半径/pm	70	110	121	143	152
第一电离能/($kJ\cdot mol^{-1}$)	1402	1012	947.1	831.7	703.3
第一电子亲和能/($kJ\cdot mol^{-1}$)	-7	72	78	100.92	90.92
电负性(鲍林标度)	3.04	2.19	2.18	2.05	1.9
(阿莱-罗周标度)	3.07	2.06	2.20		
M—M 单键键能/($kJ\cdot mol^{-1}$)	167	201	146		
M≡M三键键能/($kJ\cdot mol^{-1}$)	942	481	380		

位于第二周期的氮,由于内层电子少(只有 $1s^2$),原子半径小,价电子层没有可用于成键的 d 轨道,所以其性质与同族其他元素有显著差异:

(1) N—N 单键的键能反常地比第三周期 P—P 键的小。

(2) N 易于形成 p-pπ 键(包括离域 π 键),所以,N═N 和 N≡N 多重键的键能又比其他元素的大。

(3) 在共价化合物中,N 最多只能形成 4 个共价键,即 N 的配位数最多不超过 4。而 P、As 由于有可利用的 d 轨道,配位数可扩大到 5 或 6,如 PCl_5(sp^3d 杂化)和 PCl_6^-(sp^3d^2 杂化)。应当提及的是,在氮的某些含氧化合物中,由于 N 的一对 2s 电子参与了价键的形成如 H—O—N(=O)(→O),[N(→O)(=O)(—O)]$^-$,N 虽表现出+Ⅴ氧化态,但配位数仍未超过 4。

(4) 和 O、F 相似,N 也有形成氢键的倾向,但是 H—N···H 键的强度比 H—O···H 键要弱。

位于第 4 周期的 As,由于次外层为 18 电子结构,即已充填了 10 个 3d 电子,d 电子的屏蔽效应小,导致有效核电荷(Z^*)增大,4s 轨道能量降低,所以从 P 到 As 原子半径增加不多;As 的电负性($\chi_{A.R.}$ = 2.20)反而比 P 的电负性($\chi_{A.R.}$ = 2.06)略大;与 P(Ⅴ)不同,As(Ⅴ)的化合物不太稳定,有一定的氧化性。

对于锑、铋,随着原子序数的增加,其+Ⅴ价越来越不稳定,+Ⅲ价越来越稳定,这主要由于 ns^2 电子会随原子序数的增加而逐渐稳定。特别是铋,其+Ⅴ价氧化态具有强的氧化性,易被还原为+Ⅲ氧化态。随着原子序数的增加,锑、铋的电离能逐渐降低,表现出金属的性质。

氮族元素的电势图如下：

酸性溶液　$\varphi_A^\ominus/V$

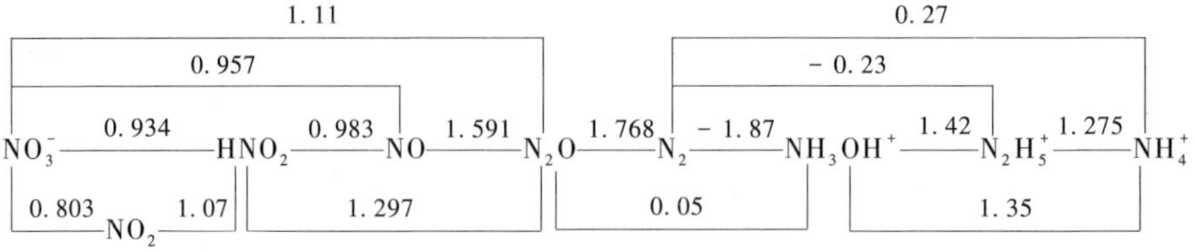

$$NO_3^- \xrightarrow{0.934} HNO_2 \xrightarrow{0.983} NO \xrightarrow{1.591} N_2O \xrightarrow{1.768} N_2 \xrightarrow{-1.87} NH_3OH^+ \xrightarrow{1.42} N_2H_5^+ \xrightarrow{1.275} NH_4^+$$

$NO_3^- \xrightarrow{1.11} N_2O$；$NO_3^- \xrightarrow{0.957} NO$；$NO_3^- \xrightarrow{0.803} NO_2 \xrightarrow{1.07} HNO_2$；$HNO_2 \xrightarrow{1.297} N_2O$；$N_2O \xrightarrow{0.05} NH_3OH^+$；$NH_3OH^+ \xrightarrow{1.35} NH_4^+$；$N_2 \xrightarrow{0.27} NH_4^+$；$N_2 \xrightarrow{-0.23} N_2H_5^+$

$$H_3PO_4 \xrightarrow{-0.276} H_3PO_3 \xrightarrow{-0.499} H_3PO_2 \xrightarrow{-0.508} P \xrightarrow{-0.063} PH_3$$

$$H_3AsO_4 \xrightarrow{0.560} H_3AsO_3 \xrightarrow{0.248} As \xrightarrow{-0.608} AsH_3$$

碱性溶液　$\varphi_B^\ominus/V$

$$NO_3^- \xrightarrow{0.01} NO_2^- \xrightarrow{-0.46} NO \xrightarrow{0.76} N_2O \xrightarrow{0.94} N_2 \xrightarrow{-3.04} NH_2OH \xrightarrow{-0.73} N_2H_4 \xrightarrow{0.11} NH_3$$

$$PO_4^{3-} \xrightarrow{-1.05} HPO_3^{2-} \xrightarrow{-1.65} H_2PO_2^- \xrightarrow{-2.05} P \xrightarrow{-0.89} PH_3$$

$$AsO_4^{3-} \xrightarrow{-0.71} AsO_3^{3-} \xrightarrow{-0.68} As \xrightarrow{-1.43} AsH_3$$

16-2　氮及其化合物

16-2-1　氮的单质

氮在地壳中的含量是 0.0046%(质量分数),绝大部分氮以单质(氮气)状态存在于空气中。除土壤中含有一些铵盐、硝酸盐外,氮很少以无机化合物形式存在于自然界。化合态的氮主要存在于有机体中,它是组成植物体蛋白质的重要元素。

工业上生产大量氮气一般是由分馏液态空气得到,其纯度为 99%,常以 15.2 MPa(150 atm)压力装入钢瓶备用。实验室里制备少量氮气的常用方法是加热饱和亚硝酸钠和氯化铵的混合溶液,其反应式：

$$NH_4Cl + NaNO_2 \xrightarrow{\triangle} NH_4NO_2 + NaCl$$

$$NH_4NO_2 \xrightarrow{\triangle} N_2\uparrow + 2H_2O$$

该反应的实质是在 NH_4NO_2 分子中发生了分子内的氧化还原反应；若直接加热固体 NH_4NO_2，反应过于剧烈，故用间接方法进行。这样制得的 N_2 中含有少量 NH_3、NO、O_2 和 H_2O 等杂质，可设法除去。在厌氧条件下，以氨氧化菌为代表的微生物直接利用此反应，将 NH_4^+、NO_2^- 转化成氮气以实现污水处理。

由 $(NH_4)_2Cr_2O_7$ 的热分解或将 NH_3 通过红热的 CuO 或将 NH_3 通入溴水中，均可得到少量 N_2：

$$(NH_4)_2Cr_2O_7 \xrightarrow{\triangle} N_2\uparrow + Cr_2O_3 + 4H_2O$$

$$2NH_3 + 3CuO \xrightarrow{\triangle} 3Cu + N_2\uparrow + 3H_2O$$

$$8NH_3 + 3Br_2 \longrightarrow N_2\uparrow + 6NH_4Br$$

极纯的 N_2（光谱纯）可由叠氮化钠（NaN_3）加热分解而得到。

$$2NaN_3(s) \xrightarrow{\triangle} 2Na(l) + 3N_2(g)$$

氮气是无色、无味、无臭、难溶于水的气体，熔点、沸点分别为 63 K 和 77 K，临界温度为 126 K，因此难以液化，只有在加压和极低温度下，才能得到液氮。

氮分子中存在着三重键 $N\equiv N$，其键长很短（110 pm），键能很高（942 kJ·mol^{-1}），因而 $N_2(g) \rightleftharpoons 2N(g)$ 反应的 $\Delta_r G_m^\ominus$ 很大，（911.13 kJ·mol^{-1}），反应的 K_p 很小，所以，氮分子比其他任何双原子分子都稳定。在室温时，不与氧、水、酸、碱等化学试剂反应。但 I A 族中的锂在常温下就可与氮气直接反应，生成高晶格能的离子型化合物 Li_3N。随着温度升高，氮的化学活泼性增强。在高温时不但能和镁、钙、铝、硼、硅等化合生成氮化物，而且还和氢反应（需催化剂）生成氨，和焦炭共同灼热生成氰（CN）$_2$，在放电条件下或极高温度时（约 2273 K）甚至可与氧直接化合成 NO。

氮主要用于合成氨，由此制造化肥、硝酸和炸药等。由于氮的化学惰性，常用做保护气体，以防止某些物质暴露于空气中时被氧所氧化。用 N_2 充填粮仓可达到安全地长期保管粮食的目的。液态氮可用于低温体系做深度冷冻剂。

常压下，N_2 对液体和固体的溶解能力极低，但随着压力的提高，其溶解度有所提高，尤其对于有机化合物的溶解度更会提高，虽然 SO_2、NH_3 等气体在液态或超临界状态也具有较好的溶解能力，但它们不是化学惰性物质，而且残留在被萃取物质中是有害的，而 CO_2 溶解于水或 CO_2 中含有一定量的水分，呈偏酸性，会影响萃取物质的活性与 pH 及萃取物质的质量。而液 N_2 作为惰性物质，它不存在酸性，也不会给萃取物质带来影响，安全性较大。液氮作为溶剂来替代 CO_2 有许多有利条件。液氮作为萃取溶剂，可以溶解低、中分子量的酸、酮、醇、醚、醛及非极性有机化合物等，并能使一些生物碱、叶绿素、胡萝卜素、水果酸、糖类溶于临界液 N_2 中。应用液 N_2 萃取食品、饮料、油料、香料、药物等物质的工艺，在国外已有工业应用成果的报道。

氮气在食品和医学方面的应用也是十分广泛的。目前是市场上投放的一些保健品，就是利用液氮的低温物特性，在低温和真空条件下将保健制品研磨成粉末真空干燥，烘干后装入胶囊中。

阅读材料
化学模拟
生物固氮

16-2-2 氮的氢化物

一、氨

氨是最重要的氮肥，也是生产炸药的原料，是产量最大的化工产品之一。工业上采用哈伯法，用氮气和氢气在高温、高压和催化剂存在下合成，因此哈伯（F. Haber）获得1918年诺贝尔化学奖。近一个多世纪，全世界都这样生产氨。然而最近有两位希腊化学家发明了在常压下把氢气和用氦稀释的氮气分别通入一个加热到570 ℃的电解池中，氢和氮在电极上就合成了氨，而且转化率达到78%。在实验室中通常用铵盐和碱的反应来制备少量氨气。

在氨分子中氮原子采取不等性 sp^3 杂化，其中三个杂化轨道与氢原子形成 σ 键，另一杂化轨道被未键合的孤对电子占据，分子形状为三角锥形。这样的结构使 NH_3 分子有很强的极性（偶极矩为 4.87×10^{-30} C·m），容易形成氢键。

氨极易溶于水，在水中的溶解度比所有其他气体都大，常压下293 K时，水可溶解氨的体积比为1∶700，氨水的密度小于1 $g\cdot cm^{-3}$，氨含量越大，密度越小，一般市售浓氨水的密度为0.88 $g\cdot cm^{-3}$，含氨的质量分数约为28%。

氨的临界温度为405.6 K，在常温下很易被加压液化，液氨又有较大的蒸发热，常被用作制冷机的循环制冷剂。液氨的介电常数（在239 K时约为22 $F\cdot m^{-1}$）比水（在298 K时为81 $F\cdot m^{-1}$）低得多，故是有机化合物的较好溶剂，但溶解离子型无机物的能力则不如水。和水相似，液氨也能发生自偶解离：

$$2NH_3 \rightleftharpoons NH_4^+ + NH_2^-$$

但自偶解离常数（223 K时 $K=1.9\times10^{-30}$）比水（298 K时 $K=1.0\times10^{-14}$）小得多。和水不同，液氨有溶解碱金属、碱土金属等活泼金属的特性，生成的稀溶液均呈现淡蓝色，并有顺磁性、导电性和强还原性。这些性质是由于溶液中有“氨合电子”而引起的。

$$M+(x+y)NH_3 \rightleftharpoons [M(NH_3)_x]^+ + [e(NH_3)_y]^-$$

氨的化学性质主要有以下几方面：

（1）还原性　氨在纯氧中能燃烧生成氮气（火焰呈黄色）：

$$4NH_3+3O_2 \xrightarrow{燃烧} 2N_2+6H_2O$$

在水溶液中能被许多强氧化剂（Cl_2、H_2O_2、$KMnO_4$ 等）所氧化。例如：

$$3Cl_2+2NH_3 \longrightarrow N_2+6HCl$$

若 Cl_2 过量，则得 NCl_3：

$$3Cl_2+NH_3 \longrightarrow NCl_3+3HCl$$

（2）取代反应　氨分子中的氢被其他原子或基团取代，生成氨基（$-NH_2$），亚氨基（$=NH$）的衍生物或氮化物（$\equiv N$）；或者以氨基或亚氨基取代其他化合物中的原子或基团。例如：

$$HgCl_2+2NH_3 \longrightarrow Hg(NH_2)Cl\downarrow +NH_4Cl$$

$$\underset{（光气）}{COCl_2}+4NH_3 \longrightarrow \underset{（尿素）}{CO(NH_2)_2}+2NH_4Cl$$

这类反应实际上是氨参与的复分解反应，与水解反应相类似，所以又称氨解反应。

（3）易形成配合物　氨中氮原子上的孤对电子能与具有空轨道的分子或离子形成配位键，如 $Ag(NH_3)_2^+$ 和 $BF_3\cdot NH_3$ 都是以 NH_3 为配体的配合物。

（4）弱碱性　氨与水反应实质上就是氨作为路易斯碱与水提供的 H^+（路易斯酸）以配位键相结合：

$$:NH_3+H:OH \rightleftharpoons NH_4^++OH^- \quad K=1.77\times10^{-5}$$

不过氨溶解于水主要形成水合分子 $NH_3\cdot H_2O$，只有一小部分（1 mol 氨分子中只有 0.04 mol）发生如上式的解离作用，所以氨的水溶液呈弱碱性。

氨和三氧化硫反应得到 H_3NSO_3 晶体，熔点 205 ℃，不含结晶水。$H_3\overset{+}{N}-\overset{-}{S}O_3$ 晶体中的分子有一个三重旋转轴，有极性。

二、铵盐

铵盐一般是无色的晶体，易溶于水。NH_4^+ 离子半径为 143 pm，接近 K^+（133 pm）和 Rb^+（149 pm）的半径，因此铵盐的性质类似碱金属盐类，而且往往与钾盐、铷盐同晶,并有相似的溶解度。

由于氨的弱碱性,由强酸组成的铵盐,其水溶液显酸性:

$$NH_4^+ + H_2O \rightleftharpoons NH_3 \cdot H_2O + H^+$$

因此在任何铵盐溶液中加入强碱,并加热,就会放出氨(NH_4^+ 的鉴定反应):

$$NH_4^+ + OH^- \xrightarrow{\triangle} NH_3\uparrow + H_2O$$

铵盐热分解反应的实质是质子的转移。和 NH_4^+ 结合的阴离子碱性越强,该铵盐对热越不稳定。铵盐热分解产物和阴离子对应的酸的氧化性、挥发性有关,也和分解温度有关。卤化铵 NH_4X 的热稳定性比较特殊:$NH_4F<NH_4Cl<NH_4Br>NH_4I$,这主要跟它的分解产物的稳定性有关。

若对应的酸有挥发性,而无氧化性,则分解产物为 NH_3 和相应的酸,如 NH_4Cl、NH_4HCO_3;若酸无挥发性,则只有 NH_3 挥发逸出,而酸或酸式盐则残留在容器中,如 $(NH_4)_2SO_4$、$(NH_4)_3PO_4$。若对应的酸有氧化性,则分解出来的 NH_3 立即被氧化为氮或氮的氧化物,并放出大量的热。例如,NH_4NO_3 分解反应在密闭容器中进行,就会产生爆炸,因此 NH_4NO_3 可用于制造炸药。

$$NH_4NO_3 \xrightarrow{\triangle} N_2O(g) + 2H_2O(g)$$

$$NH_4NO_3 \xrightarrow{300\ ℃} N_2(g) + \frac{1}{2}O_2(g) + 2H_2O(g)$$

铵盐中的碳酸氢铵、硫酸铵、氯化铵和硝酸铵都是优良的肥料,氯化铵还用于染料工业,制作干电池以及焊接时除去待焊接金属物体表面的氧化物。

三、联氨(N_2H_4)

联氨又称肼。它可看成氨分子内的一个氢原子被氨基所取代的衍生物,其中氮的氧化态为-Ⅱ,其结构如图 16-1 所示。分子中的两个 N 原子以 sp^3 杂化轨道形成 σ 键,两对孤对电子的排斥作用,使两对电子交错开,并使 N—N 键键能减小,因此 N_2H_4 的稳定性比 NH_3 小,受热即发生爆炸性分解,生成 N_2、NH_3 和 H_2。

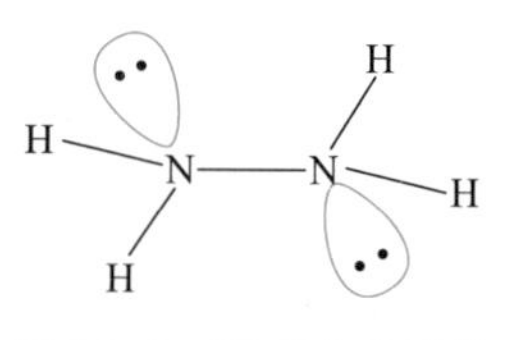

图 16-1　联氨分子结构

无水 N_2H_4 为无色发烟液体,并有微弱氨的气味。当点燃时,迅速而完全燃烧,并放出大量的热:

$$N_2H_4(l) + O_2(g) \longrightarrow N_2(g) + 2H_2O(g) \quad \Delta_rH_m^{\ominus} = -621.5\ kJ\cdot mol^{-1}$$

用其他氧化剂,如 $N_2O_4(l)$、H_2O_2、HNO_3 甚至是 F_2,也能发生类似的氧化燃烧反应。例如:

$$N_2O_4(l) + 2N_2H_4(l) \longrightarrow 3N_2(g) + 4H_2O(g)$$

该反应的 $\Delta_r H_m^\ominus = -1038.7\ kJ \cdot mol^{-1}$、$\Delta_r S_m^\ominus = 911.6\ J \cdot mol^{-1} \cdot K^{-1}$，在热力学上非常有利于推动反应的自发进行。所以联氨及其甲基衍生物 CH_3NHNH_2 和 $(CH_3)_2NNH_2$ 的主要用途是作导弹、宇宙飞船的燃料。例如，阿波罗宇宙飞船就是利用 $N_2O_4(l)$ 作氧化剂，以 CH_3NHNH_2 和 $(CH_3)_2NNH_2$ 的混合物作火箭推进剂。

联氨的水溶液呈弱碱性，其强度比氨水还要弱。

$$N_2H_4 + H_2O \rightleftharpoons N_2H_5^+ + OH^- \qquad K_1(298\ K) = 8.5 \times 10^{-7}$$

$$N_2H_5^+ + H_2O \rightleftharpoons N_2H_6^{2+} + OH^- \qquad K_2(298\ K) = 8.9 \times 10^{-16}$$

从氮的电势图可知，联氨的水溶液和 H_2O_2 很相似，既有氧化性，又有还原性。在酸性溶液中以氧化性为主，被还原的产物是 NH_4^+，但大多数氧化反应的速率都很慢。在碱性溶液中以还原性为主，被氧化的产物一般为 N_2。通常总是把联氨用作强还原剂，它可将 Ag^+、CuO、卤素(X_2)还原为 Ag、Cu_2O 和 X^-。

较古老的但仍然是最有用的制备联氨的方法是以次氯酸钠氧化过量的氨：

$$NaClO + 2NH_3 \longrightarrow N_2H_4 + NaCl + H_2O$$

此法仅能获得肼的稀溶液，较新的方法是用氨和醛(或酮)的混合物与氯气进行气相反应合成异肼，然后使其水解而得到无水的肼：

$$4NH_3 + (CH_3)_2CO + Cl_2 \longrightarrow \begin{array}{ccc} H_3C & & NH \\ & \diagdown\ \ \diagup & | \\ & C & | \\ & \diagup\ \ \diagdown & | \\ H_3C & & NH \end{array} + 2NH_4Cl + H_2O$$

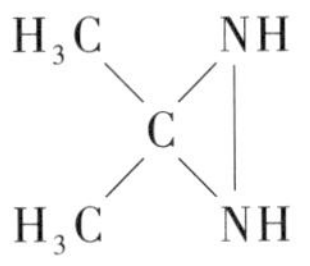

(异肼)

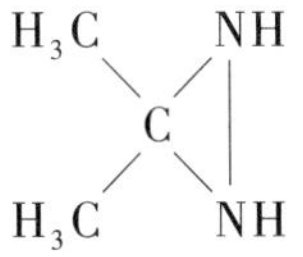

$$\begin{array}{ccc} H_3C & & NH \\ & \diagdown\ \ \diagup & | \\ & C & | \\ & \diagup\ \ \diagdown & | \\ H_3C & & NH \end{array} + H_2O \longrightarrow (CH_3)_2CO + NH_2—NH_2$$

四、羟氨(NH_2OH)

羟氨可看成氨分子的一个氢原子被羟基取代的衍生物，其结构如图16-2所示。纯羟氨是不稳定的白色固体，受热即分解为 NH_3、N_2 和 H_2O。

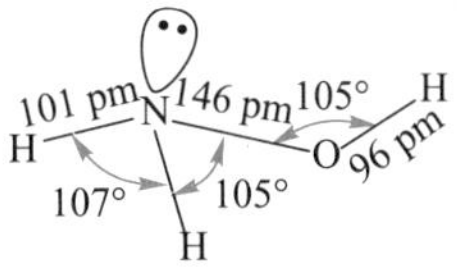

羟氨易溶于水，其水溶液是比肼还弱的碱($K = 6.6 \times 10^{-9}$)。由于羟氨分子内有孤对电子，所以也可

图 16-2 羟胺的分子结构

作配体。例如，羟氨和 Zn^{2+} 配位生成 $Zn(NH_2OH)_2Cl_2$。

和联氨一样，羟氨也是既有氧化性，又有还原性，但以还原性为主。特别在碱性介质中是强还原剂，可使银盐、卤素还原，本身则被氧化为 N_2、N_2O、NO 气体放出，不给反应体系带来杂质。

制备羟氨的方法是用还原剂还原较高氧化态的含氮化合物，如用 SO_2 还原亚硝酸盐：

$$NH_4NO_2 + NH_4HSO_3 + SO_2 + 2H_2O \longrightarrow [NH_3OH]^+ HSO_4^- + (NH_4)_2SO_4$$

五、叠氮酸

当联氨被亚硝酸氧化时，生成叠氮酸(HN_3)。它是无色、有刺激性气味的液体，熔点 193 K，沸点 310 K，极不稳定，受撞击就立即爆炸而分解：

$$2HN_3 \longrightarrow 3N_2 + H_2 \qquad \Delta_r H_m^{\ominus} = -593.6 \text{ kJ} \cdot \text{mol}^{-1}$$

HN_3 的水溶液为一元弱酸($K = 1.9 \times 10^{-5}$)，与碱或活泼金属作用生成叠氮化物：

$$HN_3 + NaOH \longrightarrow NaN_3 + H_2O$$
$$2HN_3 + Zn \longrightarrow Zn(N_3)_2 + H_2 \uparrow$$

利用 HN_3 的挥发性，用稀 H_2SO_4 和 NaN_3 作用也可得到 HN_3：

$$NaN_3 + H_2SO_4 \longrightarrow NaHSO_4 + HN_3$$

HN_3 中 N 的氧化态为 $-\frac{1}{3}$，所以，它既显氧化性，又显还原性，HN_3 在水溶液中就会发生歧化而分解：

$$HN_3 + H_2O \longrightarrow NH_2OH + N_2$$

HN_3 的分子结构如图 16-3(a) 所示，分子中 3 个氮原子都在一条直线上，靠近 H 原子的第一个 N 原子以 sp^2 杂化轨道成键，第二和第三个 N 原子以 sp 杂化轨道成键，在 3 个 N 原子间还存在一个离域 π 键 Π_3^4。当叠氮酸和金属生成叠氮化物后，叠氮离子 N_3^- 的结构如图 16-3(b) 所示，3 个 N 原子间存在 2 个离域的 Π_3^4。叠氮化物一般不稳定，易分解，其剧烈程度视金属活泼性而异，碱金属等活泼金属的叠氮化物受热不爆炸，仅分解为氮气和相应的金属(LiN_3 例外，它转变为氮化物)；而重金属如 Ag、Cu、Pb、Hg 和 Tl 等的叠氮化物加热就发生爆炸，所以 $Pb(N_3)_2$ 和 $Hg(N_3)_2$ 可作雷管的起爆剂。

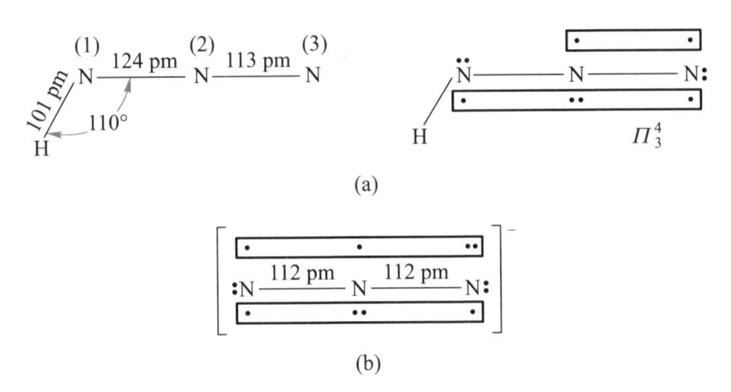

图 16-3 叠氮酸(a)和叠氮离子(b)的结构

16-2-3 氮的含氧化合物

一、氮的氧化物

氮和氧有多种不同的化合形式,在氧化物中氮的氧化态可以从+Ⅰ到+Ⅴ,所有氧化物在热力学上都是不稳定的,都有毒性,其中 N_2O(笑气)被认为是一种新型毒品。工业废气和汽车尾气中含有多种氮氧化物,主要是 NO 和 NO_2,以 NO_x 表示。NO_x 能破坏臭氧层,产生光化学烟雾,是造成大气污染的来源之一。空气中 NO 和 NO_2 主要来自石油和煤燃烧、汽车尾气、制硝酸工业的废气等。

各种氮的氧化物的主要性质和结构列于表 16-2 中。下面着重介绍 NO 和 NO_2。

阅读材料
笑气

(1) 一氧化氮(NO) 工业上由氨催化氧化可制得 NO,实验室中,通常以铜与稀硝酸反应来制备 NO。NO 共有 11 个价电子,其分子轨道中电子排布为 $[KK(\sigma_{2s})^2(\sigma_{2s}^*)^2(\sigma_{2p})^2(\pi_{2p_y})^2(\pi_{2p_z})^2(\pi_{2p_y}^*)^1]$,分子中有一个 σ 键,一个双电子 π 键 Π_2^2 和一个 3 电子 π 键 Π_2^3。所以,气态 NO 显示顺磁性。但在低温下,液态和固态 NO 却显示抗磁性,红外光谱证明,这是发生了聚合作用,有二聚体 N_2O_2 存在,其结构为

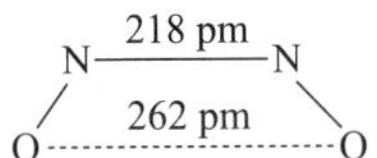

NO 不助燃,微溶于水,但不与水,也不与酸、碱反应。常温时,极易氧化为红棕色的 NO_2,温度较高时,也与许多还原剂反应,例如,红热的 Fe、Ni、C 能把它还原为 N_2,在铂催化剂存在下,H_2 能将其还原为 NH_3。

NO 分子内有孤对电子，故可与金属离子形成配合物。例如，与 $FeSO_4$ 溶液形成棕色可溶性的硫酸亚硝酰合铁(Ⅱ)。

阅读材料 $Fe(NO)SO_4$ 中 Fe 的化合价

$$FeSO_4 + NO \longrightarrow [Fe(NO)]SO_4$$

表 16-2 氮的氧化物的主要性质和结构

化学式	熔点/K	沸点/K	性状	结构
N_2O	182	184.5	无色气体，可助燃，毒品	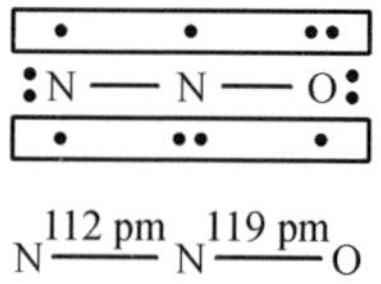 N—N—O；N 112 pm N 119 pm O；N 以 sp 杂化轨道成键
NO	109.5	121	无色气体，有顺磁性，易氧化	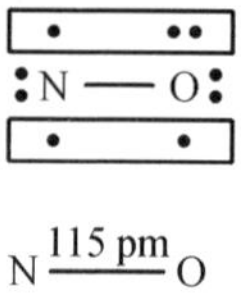 N—O；N 115 pm O；N 以 sp 杂化轨道成键
N_2O_3	172.4	276.5（分解）	低温下的固体和液体，为蓝色，极不稳定，室温下即分解为 NO 和 NO_2	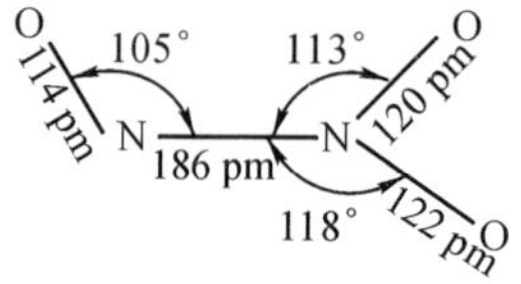 105°，113°，118°；114 pm，186 pm，120 pm，122 pm
NO_2	181	294.5（分解）	红棕色气体，低温下聚合为 N_2O_4	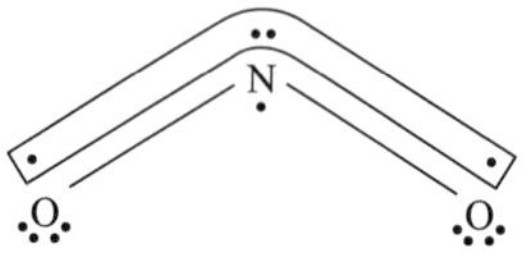 N 以 sp^2 杂化轨道成键
N_2O_4	261.9	297.3	无色气体，极易解离为 NO_2	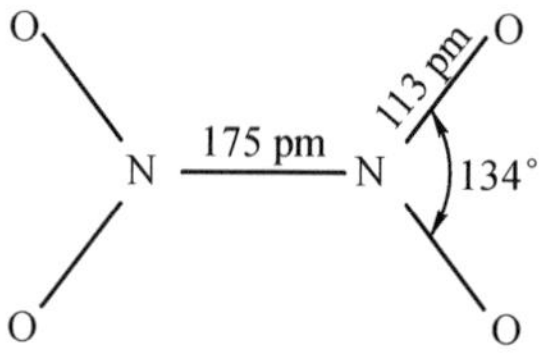 175 pm，113 pm，134°；N 以 sp^2 杂化轨道成键，5 个 σ 键，1 个 Π_6^8 键

续表

化学式	熔点/K	沸点/K	性状	结构
N_2O_5	305.6	（升华）	固体由 $NO_2^+NO_3^-$ 组成，无色，易潮解，极不稳定，强氧化剂	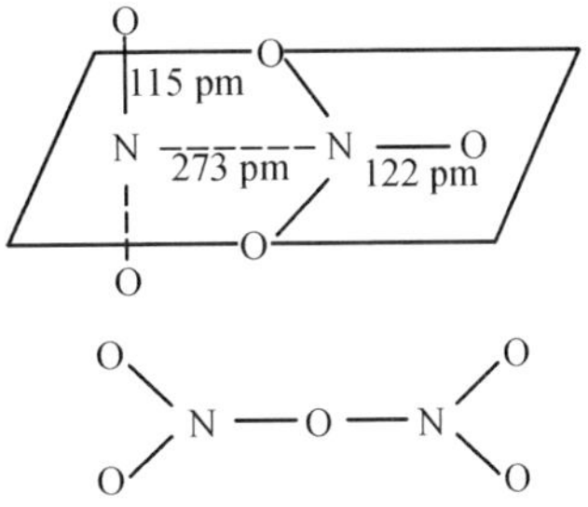

NO 分子中 π^* 轨道上的单电子，在反应中易失去，形成正一价的亚硝酰离子 NO^+。例如，NO 与 X_2 反应可生成卤化亚硝酰 NOX：

$$2NO + Cl_2 \longrightarrow 2NOCl$$

NO^+还能和许多酸根离子形成盐，如 $NO^+ClO_4^-$、$NO^+HSO_4^-$ 等。

NO 被称为“明星”小分子，这是因为 NO 对生命体的神奇作用。药物硝酸甘油酯可以用来治疗突发的心绞痛，就是利用了这种药物在生理条件下释放出的一氧化氮。近年，人们才认识到 NO 对动物体有着多种十分重要的作用。它是神经脉冲的传递介质，有调节血压的作用，能引发免疫功能等。如果人体不能制造出足够的 NO，会导致一系列严重的疾病：高血压、血凝失常、免疫功能损伤、神经化学失衡、性功能障碍以及精神痛苦等。

NO 可经氮氧化物酶催化在生命过程中产生，但是 NO 参与代谢的细节至今尚未探明。因此发展能够在生物环境下实时检测 NO 的方法，成为化学家、生物学家面前的课题。小分子荧光检测器在实时检测生物体内 NO 的领域具有良好的应用前景。例如，荧光分子 FL1 可与 $CuCl_2$ 制成配合物，当体系中有 NO 出现时，可置换出 Cu(Ⅰ)，体系的荧光光谱发生变化，从而检测 NO。

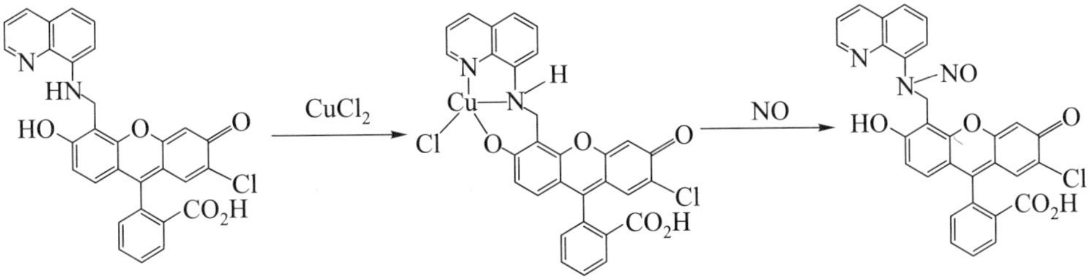

（2）二氧化氮（NO_2）　铜与浓硝酸反应或将 NO 氧化均可制得红棕色的 NO_2。NO_2 是具有顺磁性的单电子分子，易发生聚合作用生成抗磁性的二聚体 N_2O_4。在混合气体中 N_2O_4 和 NO_2 的组成与温度有关，在极低的温度下以固态存在时，NO_2 全部聚合成无色的 N_2O_4 晶体。当达到熔点的 264 K 时，N_2O_4 发生部分解离，其中含有 0.7% NO_2，故液态 N_2O_4 呈黄色。当达到沸点 294 K 时，红棕色气体为 NO_2 和 N_2O_4 的混合物，其中约含 15% NO_2。当温度达到 413 K 以上时，N_2O_4 全部转变为 NO_2，所以 N_2O_4 与 NO_2 共存的温度范围为 264～413 K：

$$N_2O_4(g) \xrightleftharpoons{264\sim413\ K} 2NO_2(g) \qquad \Delta_r H_m^{\ominus} = 57\ kJ\cdot mol^{-1}$$

当温度超过 423 K 时，NO_2 发生分解：

$$2NO_2(g) \xrightarrow{>423\ K} 2NO + O_2$$

NO_2 易溶于水，并歧化成 HNO_3 和 HNO_2，因此 NO_2 为混合酸酐：

$$2NO_2 + H_2O \longrightarrow HNO_3 + HNO_2$$

HNO_2 不稳定，受热立即分解：

$$3HNO_2 \xrightarrow{\triangle} HNO_3 + 2NO + H_2O$$

NO_2 溶于热水的总反应式如下：

$$3NO_2 + H_2O(热) \longrightarrow 2HNO_3 + NO$$

这是工业制备 HNO_3 的重要反应。

NO_2 和 N_2O_4 气体混合物的氧化性很强，碳、硫、磷等在其中容易起火燃烧，和许多有机化合物的蒸气混合可形成爆炸性气体，液态 N_2O_4 可用作火箭推进剂（如 N_2H_4）的氧化剂，也可用于制造炸药。

NO_2 分子为弯曲形，键角 134.25°，键长 119.7 pm，对于它的电子结构有三种观点：

第一种观点认为，单电子处于 N 的一个 sp^2 杂化轨道上，剩余 p_z 轨道形成 Π_3^4 离域 π 键，见图 16-4(a)。

第二种观点认为，一对孤对电子占据 N 的一个 sp^2 杂化轨道，π 电子形成 Π_3^3 离域 π 键，见图 16-4(b)。

介于上述两者之间的第三种观点，可用共振结构式表示，见图 16-4(c)。

分子轨道的量子化学计算和分子的电子自旋共振的实验结果，比较支持第一种观点。NO_2 的键角为 134°，支持第一种观点，因为如果中心 N 原子 sp^2 杂化轨道上有一对孤对电子，其键角应小于 120°。另外，未成对电子占据杂化轨道

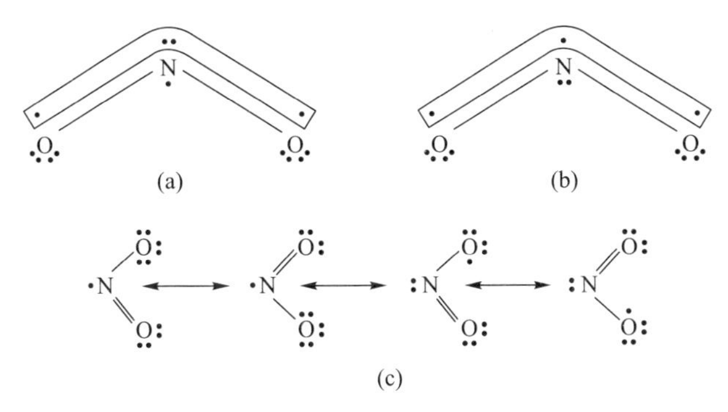

图 16-4 NO_2 的电子结构

使 NO_2 容易发生二聚，也佐证了这一观点。

NO_2 中的未成对电子也易电离，通过失去一个电子（9.91 eV）形成硝酰阳离子 NO_2^+（与 CO_2 等电子）或者通过获得一个电子形成亚硝酸根离子 NO_2^-（与 O_3 等电子），随着价电子由 16 增加到 18，键角明显地缩小，而 N—O 键键长增大。

N_2O_4的量子化学计算结果表明，N—N 原子之间的 Weiberg 键级为 0.962，其中 σ 键级为 0.950，π 键级只有 0.012。σ 键级小于 1 的主要原因是两个 N 原子分别与两个电负性较大的 O 原子相连，电子移向 O 原子，O 原子的净电荷为 -0.205，使得两个 N 原子上电荷密度减小，净电荷为 0.410，因而削弱了 N—N 之间的 σ 键级，由于两个带正电的 N 原子之间排斥，N—N 键键长（175 pm）比普通 N—N 单键（140 pm，N_2H_4 为 145 pm）要长，N—N 键很容易断裂，分解为两个 NO_2分子。而 π 键级较小是由于 4 个占据的 π 轨道中两个成键，两个反键互相抵消，使得 π 键级很小。但 π 键使 N_2O_4分子中 N—N 键的旋转势垒很大，因此它仍为平面形分子。

二、亚硝酸及其盐

当将等物质的量的 NO 和 NO_2 混合物溶解在被冰冻的水中或向亚硝酸盐的冷溶液中加酸时，均能生成亚硝酸。

$$NO + NO_2 + H_2O \xrightarrow{\text{冷冻}} 2HNO_2$$

$$NaNO_2 + H_2SO_4(\text{稀}) \xrightarrow{\text{冷冻}} HNO_2 + NaHSO_4$$

亚硝酸是一种比醋酸略强的弱酸（$K_a = 4.6 \times 10^{-4}$，291 K），但很不稳定，仅存在于冷的稀溶液中，室温下放置时，逐渐发生歧化反应而分解：

$$3HNO_2 \longrightarrow HNO_3 + 2NO + H_2O$$

亚硝酸盐，特别是碱金属和碱土金属的亚硝酸盐都有很高的热稳定性。用粉末状金属铅、碳或铁在高温下还原固态硝酸盐，可得到亚硝酸盐。例如：

$$Pb + KNO_3 \xrightarrow{\text{高温}} KNO_2 + PbO$$

KNO_2 和 $NaNO_2$ 大量用于染料工业和有机合成工业中。除了浅黄色的不溶盐 $AgNO_2$ 外，一般亚硝酸盐易溶于水。亚硝酸盐均有毒，易转化为致癌物质亚硝胺。

在亚硝酸和亚硝酸盐中，氮原子处于中间氧化态（+Ⅲ），因此它既有氧化性，又有还原性。从氮的电势图可看出，NO_2^- 在碱性溶液中以还原性为主，空气中的氧就能使它氧化为 NO_3^-。在酸性溶液中则以氧化性为主，用不同还原剂可把 NO_2^- 还原为 NO、N_2O、N_2、NH_3OH^+ 或 NH_4^+，但最常见的产物是 NO。例如 NO_2^- 在酸性溶液中能将 I^- 氧化为 I_2。

$$2NO_2^- + 2I^- + 4H^+ \longrightarrow 2NO + I_2 + 2H_2O$$

这个反应可以定量进行，能用于测定亚硝酸盐含量。水中痕量的亚硝酸根用离子色谱法测定。

HNO_2 的强氧化性是由于动力学因素起了作用。实验表明，在酸性介质中，有 HNO_2 参加的氧化还原反应速率相当快，HNO_2 是一个快速氧化剂，其原因可能是酸将 HNO_2 转变成亚硝酰离子 NO^+：

$$HNO_2(aq) + H^+(aq) \longrightarrow NO^+(aq) + H_2O(l)$$

NO^+是强路易斯酸，能迅速与阴离子缔合，形成反应中间体，再分解为产物。例如，在 HNO_2 氧化 I^-的反应中，NO^+与 I^-迅速形成 NOI，继而转变为 I_2 和 NO：

$$NO^+(aq) + I^-(aq) \longrightarrow NOI(aq)$$

$$2NOI(aq) \longrightarrow I_2(aq) + 2NO(g) \text{（定速步骤）}$$

应当注意的是，HNO_2 及其盐的氧化还原性不仅和溶液的酸碱性有关，还和与它反应的氧化剂或还原剂的相对强弱有关。在酸性溶液中，当遇到更强氧化剂时，NO_2^- 就变成了还原剂。例如：

$$2MnO_4^- + 5NO_2^- + 6H^+ \longrightarrow 2Mn^{2+} + 5NO_3^- + 3H_2O$$

$$Cl_2 + NO_2^- + H_2O \longrightarrow 2H^+ + 2Cl^- + NO_3^-$$

在碱性溶液中，当遇到更强还原剂时，NO_2^- 则成了氧化剂。例如：

$$2Al + NO_2^- + OH^- + H_2O \longrightarrow NH_3 + 2AlO_2^-$$

HNO_2 有顺式和反式两种结构（见图 16-5），红外光谱数据表明，室温下反式比顺式更稳定。

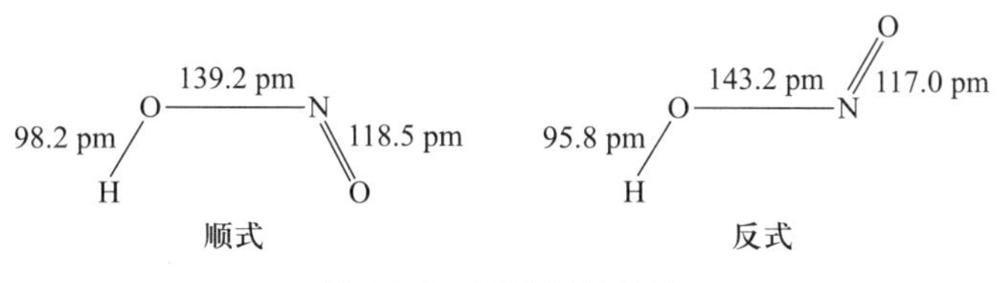

图 16-5 亚硝酸的结构

NO_2^- 为角形（见图 16-6），键角 ∠ONO 为 115.4°，键长（N—O）为 123.6 pm，中心 N 原子采取 sp^2 杂化，除与 O 原子形成 σ 键外，还有一个 Π_3^4 离域 π 键。

从图 16-6 看出，NO_2^- 中 N 和 O 原子上均有孤对电子，因此 NO_2^- 是一个很好的配体，它能分别以 N 或 O 作配位原子与金属离子配位：$M \leftarrow NO_2^-$ 或 $M \leftarrow ONO^-$，前者称硝基，后者称亚硝酸根。

三、硝酸及其盐

硝酸是工业上重要的无机酸之一。在国防工业和国民经济中都有极其重要的用途。

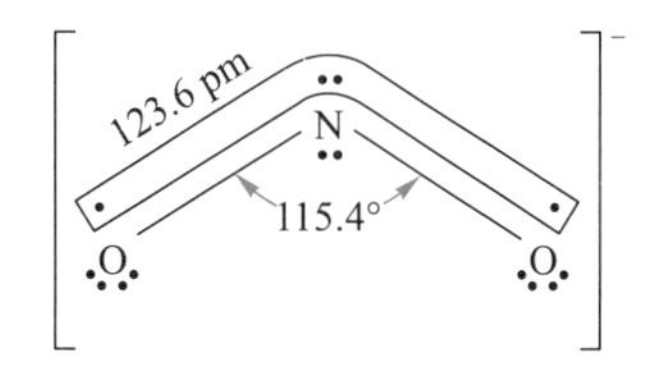

图 16-6 NO_2^- 的结构

1. 硝酸的制法

工业上制硝酸的最重要方法是氨的催化氧化法。将氨和过量空气的混合物通过装有铂（90%）铑（10%）合金网的催化剂，氨在高温下被氧化为 NO，NO 与 O_2 进一步反应生成 NO_2，NO_2 被水吸收得到硝酸。

$$4NH_3 + 5O_2 \xrightarrow[760\sim840\ ℃]{\text{Pt-Rh 催化剂}} 4NO + 6H_2O \qquad \Delta_r H_m^\ominus = -903.74\ kJ\cdot mol^{-1}$$

$$2NO + O_2 \longrightarrow 2NO_2 \qquad \Delta_r H_m^\ominus = -113\ kJ\cdot mol^{-1}$$

$$3NO_2 + H_2O \longrightarrow 2HNO_3 + NO\uparrow$$

此法所制得的硝酸溶液约含 50% HNO_3，可在稀 HNO_3 中加浓 H_2SO_4 或用无水 $Mg(NO_3)_2$ 作吸水剂，然后蒸馏，可使其进一步浓缩到 98%，若用尽可能高浓度的 HNO_3 作起始原料，加浓 H_2SO_4 重复减压蒸馏，可制得纯硝酸。

在实验室中，用硝酸盐与浓硫酸反应来制备少量硝酸：

$$NaNO_3 + H_2SO_4(\text{浓}) \longrightarrow NaHSO_4 + HNO_3$$

利用 HNO_3 的挥发性，可从反应混合物中将其蒸馏出来。反应之所以停留在这一步，是因为第二步反应：

$$NaHSO_4 + NaNO_3 \longrightarrow Na_2SO_4 + HNO_3$$

需要在773 K左右进行，但在这样高的温度下，硝酸会分解，反而使产率降低。

2. 硝酸的性质

纯硝酸是无色液体，沸点是359 K，在226 K下凝固为无色晶体。硝酸和水可以按任何比例混合。硝酸恒沸溶液的沸点为394.8 K，密度为1.42 $g \cdot cm^{-3}$，含HNO_3 69.2%，相当于16 $mol \cdot L^{-1}$。这就是一般市售的浓硝酸。浓硝酸受热或见光就按下式逐渐分解，使溶液呈黄色：

$$4HNO_3 \xrightarrow{h\nu} 4NO_2\uparrow + O_2\uparrow + 2H_2O \qquad \Delta_r H_m^\ominus = 259.4\ kJ \cdot mol^{-1}$$

溶解了过量NO_2的浓硝酸呈红棕色，称为“发烟硝酸”。由于NO_2起催化作用，所以发烟硝酸具有很强的氧化性。

硝酸的重要化学性质表现在以下两方面：

（1）氧化作用　由于HNO_3分子中的氮处于最高氧化态，以及HNO_3分子不稳定，易分解放出O_2和NO_2，所以HNO_3是强氧化剂。非金属单质如碳、硫、磷、碘都能被浓硝酸氧化成氧化物或含氧酸：

$$S + 6HNO_3(浓) \longrightarrow H_2SO_4 + 6NO_2\uparrow + 2H_2O$$
$$C + 4HNO_3(浓) \longrightarrow CO_2\uparrow + 4NO_2\uparrow + 2H_2O$$
$$P + 5HNO_3(浓) \longrightarrow H_3PO_4 + 5NO_2\uparrow + H_2O$$
$$3P + 5HNO_3(稀) + 2H_2O \longrightarrow 3H_3PO_4 + 5NO\uparrow$$
$$I_2 + 10HNO_3(浓) \longrightarrow 2HIO_3 + 10NO_2\uparrow + 4H_2O$$
$$3I_2 + 10HNO_3(稀) \longrightarrow 6HIO_3 + 10NO\uparrow + 2H_2O$$

金属中除Au、Pt、Ir、Rh、Nb、Ta、Ti等金属外，硝酸几乎可氧化所有金属，反应进行的情况和金属被氧化的产物，因金属不同而异。

某些金属如Fe、Cr、Al等能溶于稀硝酸，但不溶于冷、浓硝酸，这是因为这类金属表面被浓硝酸氧化形成一层十分致密的氧化膜，阻止了内部金属与硝酸进一步作用，即所谓“钝化”现象。经浓硝酸处理后的“钝态”金属就不易再与稀酸作用。

Sn、Pb、Sb、Mo、W等偏酸性的金属和浓硝酸作用生成含水的氧化物或含氧酸，如β-锡酸$SnO_2 \cdot xH_2O$、锑酸H_3SbO_4。其余金属和硝酸反应均生成可溶性的硝酸盐。

HNO_3被还原的产物，可能为以下一系列较低氧化态的氮的化合物：

$$H\overset{+V}{N}O_3 — \overset{+IV}{N}O_2 — H\overset{+III}{N}O_2 — \overset{+II}{N}O — \overset{+I}{N}_2O — \overset{0}{N}_2 — \overset{-I}{N}H_2OH — \overset{-II}{N}_2H_4 — \overset{-III}{N}H_3$$

一般地说，浓硝酸（12～16 mol·L^{-1}）与金属反应，不论金属活泼与否，它被还原的产物主要是 NO_2。稀硝酸（6～8 mol·L^{-1}）与不活泼金属（如 Cu）反应，主要产物是 NO；与活泼金属（如 Fe、Zn、Mg 等）反应，则可能生成 N_2O（HNO_3 浓度约 2 mol·L^{-1}）或 NH_4^+（HNO_3 浓度<2 mol·L^{-1}）。极稀 HNO_3（1%～2%）与极活泼的金属作用，会有 H_2 放出。

图 16-7 表示了铁与不同浓度 HNO_3 反应时的主要还原产物。从图可以看出，当其他条件（如还原剂和温度）相同时，在浓硝酸（密度为 1.40 g·cm^{-3}）中，主要产物是 NO_2，随着 HNO_3 浓度逐渐降低，NO_2 逐渐减少而 NO 相对含量逐渐增多；当密度为 1.30 g·cm^{-3}时，主要产物是 NO，其次是 NO_2 及少量的 N_2O；当密度为 1.15 g·cm^{-3}时，NO 与 NH_4^+ 的相对含量几乎相等；当 HNO_3 的浓度降至密度为 1.05 g·cm^{-3}时，NH_4^+ 成为主要产物。由此可见，不同浓度 HNO_3 被还原的产物不是单一的，只是在某浓度时，以某种产物为主而已。

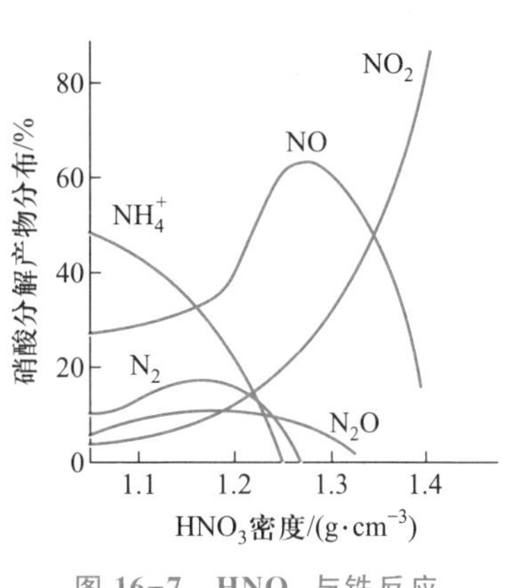

图 16-7 HNO_3 与铁反应的还原产物

浓硝酸与浓盐酸的混合液（体积比为 1∶3）称为王水，可溶解不能与硝酸作用的金属，如 Au、Pt 等：

$$Au + HNO_3 + 4HCl \longrightarrow H[AuCl_4] + NO\uparrow + 2H_2O$$
$$3Pt + 4HNO_3 + 18HCl \longrightarrow 3H_2[PtCl_6] + 4NO\uparrow + 8H_2O$$

Au 和 Pt 能溶于王水，一方面是由于王水中不仅含有 HNO_3，而且还有 Cl_2、NOCl（氯化亚硝酰）等强氧化剂：

$$HNO_3 + 3HCl \longrightarrow NOCl + Cl_2 + 2H_2O$$

更主要的是由于含有高浓度的 Cl^-，能够形成稳定的配离子 $AuCl_4^-$（或 $PtCl_6^{2-}$），使溶液中金属离子浓度减小，电对 $AuCl_4^-/Au$ 的标准电极电势比电对 Au^{3+}/Au 低得多，金属的还原能力增强：

$$Au^{3+} + 3e^- \longrightarrow Au \qquad \varphi^\ominus = 1.42\ V$$
$$AuCl_4^- + 3e^- \longrightarrow Au + 4Cl^- \qquad \varphi^\ominus = 0.994\ V$$

（2）硝化作用　硝酸以硝基（—NO_2）取代有机化合物分子中的一个或几个氢原子的作用称为硝化作用。例如：

$$C_6H_6 + HNO_3 \xrightarrow{H_2SO_4} C_6H_5NO_2 + H_2O$$

硝化过程中有水生成,因此浓 H_2SO_4 可以促进硝化作用的进行。

利用硝酸的硝化作用可以制造许多含氮染料、塑料、药物,制造硝化甘油、三硝基甲苯(TNT)、三硝基苯酚等,它们都是烈性的含氮炸药。

N_2O_5为无色透明鳞片状晶体,密度1.163 g/cm^3,熔点 29 ℃,在室温下有升华现象。随着温度的上升,晶体逐渐变黄直至棕褐色,45 ℃左右呈液态并分解释放出 O_2和 NO_2等。若遇高温或可燃性物质,就会爆炸。纯品 N_2O_5在 0 ℃时 10 d 可分解一半,在 20 ℃时 10 h 即可分解一半。N_2O_5在低温下与碳、铁、镍等元素不发生化学反应,但与大多数有机化合物化学反应剧烈。

固体 N_2O_5被推荐为绿色硝化剂。N_2O_5作硝化剂与工业上最常用的硝硫混酸等硝化剂相比具有如下优点:①温度易控制,反应基本不放热;②无须处理废酸;③产物分离简单,通常蒸出溶剂即可;④对多官能团反应物,硝化选择性高;⑤不会发生氧化等副反应;⑥产物产率很高(80%~90%)。此外,当用 N_2O_5/硝酸硝化时,硝化无选择性;而当用 N_2O_5/有机溶剂(尤其是氯代烃)硝化时,反应选择性极强。

3. 硝酸和硝酸根离子的结构

硝酸分子和 NO_3^- 的结构如图 16-8 所示。

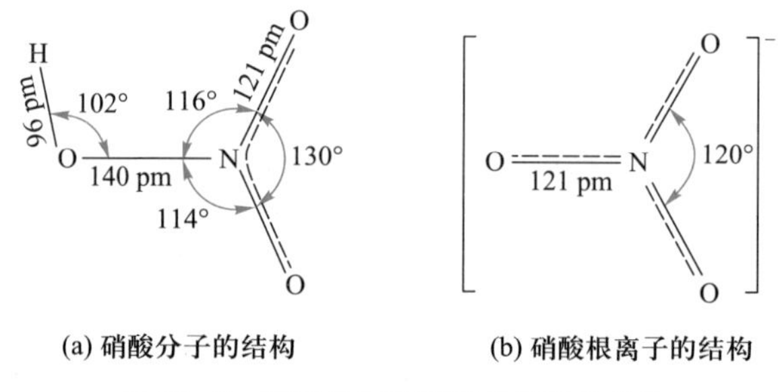

(a) 硝酸分子的结构　　(b) 硝酸根离子的结构

图 16-8 硝酸分子和硝酸根离子的结构

HNO_3 分子为平面结构,其中氮原子以 sp^2 杂化轨道分别和 3 个氧原子形成 3 个 σ 单键,余下一个 $p\pi$ 轨道中的一对电子和 2 个氧原子 $p\pi$ 轨道中的单电子形成 Π_3^4 离域 π 键。

NO_3^- 是平面三角形,其中氮原子以 sp^2 杂化轨道和 3 个氧原子的 p 轨道形成了 3 个 σ 键。此外,氮原子的另一个 $p\pi$ 轨道上的一对电子还和 3 个氧原子 $p\pi$ 轨道中的单电子,再加上一个外来的电子,形成垂直于 sp^2 杂化轨道平面的

Π_4^6 离域 π 键。在 NO_3^- 中，∠ONO 键角 120°，键长 121 pm，介于 N—O 单键键长（143 pm）和 N═O 双键键长（119 pm）之间。

对比 NO_3^- 和 HNO_3 分子的结构可看出，NO_3^- 结构对称性高，较稳定，氧化性弱；而 HNO_3 分子中由于一个质子与 NO_3^- 相连，键角和键长也发生了变化，与氢相连的 N—O 键较长（140 pm），所以 HNO_3 分子的对称性较低，不如 NO_3^- 稳定，氧化性较强。

浓 HNO_3 的氧化性强于稀 HNO_3 也是缘于此，因为在浓 HNO_3 中，存在 HNO_3 分子，H^+的反极化效应使浓 HNO_3 的氧化性极强。

分析化学上鉴别硝酸根离子的方法是在酸性介质中，通过和 Fe（Ⅱ）反应产生棕色环加以定性检出，反应方程式为

$$3Fe^{2+}+NO_3^-+4H^+ \longrightarrow 3Fe^{3+}+NO+2H_2O$$

$$Fe^{2+}+NO \longrightarrow Fe(NO)^{2+}$$

在碱性溶液中使用 Devarda 合金（45%Al，5%Zn，50%Cu，可用 Al 粉代替），硝酸根离子可被还原为氨。

$$3NO_3^-+8Al+5OH^-+2H_2O \longrightarrow 3NH_3+8AlO_2^-$$

$$NO_2^-+2Al+OH^-+H_2O \longrightarrow NH_3+2AlO_2^-$$

亚硝酸盐也会出现同样的现象，要进一步鉴别硝酸盐和亚硝酸盐溶液，只需另取溶液，分别加入稀盐酸或稀硫酸，如果产生气泡（NO），随之无色气体在溶液上面变为红棕色气体（NO_2）则为亚硝酸盐溶液。这是因为亚硝酸很易发生歧化反应：

$$3HNO_2 \longrightarrow HNO_3+2NO\uparrow + H_2O$$

四、硝酸盐

硝酸盐大多数是无色、易溶于水的离子型晶体，它的水溶液氧化性非常弱。固体硝酸盐在常温下较稳定，高温时受热迅速分解放出 NO_2，而显强氧化性。硝酸盐热分解产物除有共同的 O_2 以外，其他产物则因金属离子不同而异。例如：

$$2NaNO_3 \xrightarrow{\triangle} 2NaNO_2+O_2\uparrow$$

$$2Pb(NO_3)_2 \xrightarrow{\triangle} 2PbO+4NO_2+O_2\uparrow$$

$$2AgNO_3 \xrightarrow{\triangle} 2Ag+2NO_2+O_2$$

由于各种金属亚硝酸盐和氧化物稳定性不同，热分解的最后产物不同，碱金属和碱土金属硝酸盐产生相应的亚硝酸盐；电位顺序在 Mg 和 Cu 之间的金属硝酸盐产生相应的氧化物；电位顺序在 Cu 以后的最不活泼的金属硝酸盐产生相应的金属。

16-2-4 氮的其他化合物

一、氮化物

氮在高温时能与许多金属或电负性比氮小的非金属反应生成氮化物。例如：

$$3Mg + N_2 \longrightarrow Mg_3N_2$$
$$2B + N_2 \longrightarrow 2BN$$

ⅠA族、ⅡA族元素的氮化物属于离子型，可以在高温时由金属与N_2直接化合，也可用加热氨基化合物的方法而制备。例如：

$$3Ba(NH_2)_2 \xrightarrow{\triangle} Ba_3N_2 + 4NH_3$$

这类氮化物大多是固体，化学活性大，遇水即分解为氨与相应的碱。例如：

$$Li_3N + 3H_2O \longrightarrow 3LiOH + NH_3$$

ⅢA族、ⅣA族的氮化物如BN、AlN、Si_3N_4、Ge_3N_4是固态的聚合物，其中BN、AlN具有金刚石型结构，熔点很高（2273~3273 K），它们一般是绝缘体或半导体。

过渡金属的氮化物如TiN、ZrN、Mn_5N_2、W_2N_3等属于“间充化合物”，氮原子填充在金属结构的间隙中。这类氮化物化学性质稳定，一般不与水、酸反应，不被空气中的氧所氧化，具有金属的外形，热稳定性高，能导电并具有高熔点（一般在3000 K左右）和高硬度（在9~10），因此适合于作高强度材料。

二、氮的卤化物

已经分离和鉴定过的氮的卤化物只有NF_3和NCl_3。纯NBr_3直到1975年才分离出来，但极不稳定，甚至在-100 ℃时也爆炸。NI_3尚未制得。NBr_3和NI_3的氨合物$NBr_3 \cdot 6NH_3$（紫色）和$NI_3 \cdot 6H_2O$（黑色）已制得，都是易爆炸的固体。

NF_3是无色气体，熔点66 K，沸点154 K，化学性质比较稳定，在水和碱溶液中均不水解。但和H_2O、H_2、NH_3、CO、H_2S等的混合气体遇火花即发生猛烈爆炸。虽然NF_3分子中N原子上有孤对电子，但由于F的电负性很大，所以NF_3几乎不具有路易斯碱性。

在等离子条件下，NF_3的反应性与氟相似，具有释放氟（F）的能力，是一种热力学稳定的氧化剂，是信息产业中优良的等离子蚀刻和清洗气体。NF_3气体用于干法刻蚀时，可提高晶片制造中的自动化水平，减轻劳动强度，增大安全系数，具有高蚀刻速率、高选择性和污染物残留小的优点。

NF_3的制备方法很多，目前工业上制备方法主要有F_2与NH_3直接化合法和NH_4F-HF熔融盐电解法。

$$4NH_3+3F_2 \longrightarrow NF_3+3NH_4F$$

电解法的阳极反应

$$6F^- \longrightarrow 6F+6e^-$$

阳极附近溶液反应

$$4H^++4F^- \longrightarrow 4HF$$

$$6F+NH_4^+ \longrightarrow NF_3+4H^++3F^-$$

阳极总反应 $7F^-+NH_4^+ \longrightarrow NF_3+4HF+6e^-$

阴极反应 $6H^++6e^- \longrightarrow 3H_2$

阴极附近溶液反应 $6HF \longrightarrow 6H^++6F^-$

阴极总反应 $6HF+6e^- \longrightarrow 3H_2+6F^-$

电解池的总反应

$$NH_4^++F^-+2HF \xrightarrow{\text{电解}} NF_3+3H_2\uparrow$$

NCl_3 是黄色液体,沸点 344 K,超过沸点或受振动即发生爆炸性分解。NCl_3 是一种具有强烈刺激性气味的有毒物质,人体接触较高浓度的 NCl_3,可发生黏膜充血、声哑、呼吸道刺激甚至窒息。在使用含氯消毒剂的游泳池中,也会产生 NCl_3,原因是 Cl_2(或 HClO)与游泳者排放的尿液、汗液及其他有机成分反应。

Cl_2 或次氯酸与 NH_3、铵盐反应可得到 NCl_3,但必须是在酸性条件下,碱性或中性条件下得不到 NCl_3。在水溶液中,氨分子中的氢可被氯取代生成 3 种氯取代物 $NH_{3-n}Cl_n$($n=1\sim3$),它们之间存在的平衡反应与溶液的 pH 有关,要使 NCl_3 显著生成,条件是 $pH<4.5$。在氯气过量的情况下,其他因素(溶液的酸度、NH_4^+的浓度、反应温度)对反应有影响,从 pH = 4.6 到盐酸浓度6.8 $mol\cdot L^{-1}$的范围内,在其他条件相同时,盐酸浓度接近 1 $mol\cdot L^{-1}$时生成 NCl_3 的量最大;当盐酸浓度大于 5 $mol\cdot L^{-1}$时,NCl_3 生成的量很少;在弱酸介质中(pH 1~6),NCl_3 产率为 30%~70%;在 pH≥10 和盐酸浓度大于 6 $mol\cdot L^{-1}$条件下,没有 NCl_3 生成。由此可见,适宜的酸性介质是氨(或铵盐)与 Cl_2(或 HOCl)反应生成 NCl_3 的基本条件。NCl_3 是氯碱工业中爆炸危险性较大的副产品。①

NCl_3 在水和碱溶液中水解,其水解产物和同一族的 PCl_3 不同:

$$2NCl_3+6OH^- \longrightarrow N_2+3ClO^-+3Cl^-+3H_2O$$

$$PCl_3+3H_2O \longrightarrow H_3PO_3+3HCl$$

这是因为 NCl_3 中 N 的价电子层没有可利用的 d 轨道,原子体积又较小,不能接受水分子中氧原子上孤对电子(亲核体)的进攻,NCl_3 的水解是通过 OH^-或

---

① 郝力生,南延青.三氯化氮的生成和水解.大学化学,2008,23:62.

碱性缓冲剂的催化途径，首先形成一个共同的活性中间体$[Cl_2N—Cl—OH]^-$，该中间体与缓冲对介质中的酸（HB^+或H_3O^+）、碱（OH^-）或H_2O反应，形成$HNCl_2$和ClO^-（或$HClO$），$HNCl_2$迅速与NCl_3反应生成$N_2+ClO^-+Cl^-$。

$$NCl_3+OH^- \longrightarrow [Cl_2N—Cl—OH]^-$$

$$[Cl_2N—Cl—OH]^- + OH^- \longrightarrow NCl_2^- + ClO^- + H_2O$$

$$NCl_2^- + H_2O \longrightarrow HNCl_2 + OH^-$$

合并得

$$NCl_3+OH^- \longrightarrow HNCl_2 + ClO^-$$

N_2的产生是由下面反应所致：

$$NCl_3+HNCl_2+5OH^- \longrightarrow N_2+2ClO^-+3Cl^-+3H_2O\text{（快速反应）}$$

NH_3在水溶液中的水解机理与碱条件下类似，按下式进行：

$$NCl_3+H_2O \longrightarrow \left[\overset{\delta^-}{\ddot{N}}(Cl^{\delta+})_3 \leftarrow\cdots H—O—H \right] \longrightarrow \ddot{N}HCl_2 + HClO$$

16-3 磷及其化合物

16-3-1 磷的单质

自然界的磷主要以磷灰石存在。另外，铁陨石里有$(Fe,Ni)_3P$，水圈里有$H_2PO_4^-$和HPO_4^{2-}，生命体中有磷酸酯。磷灰石主要有氟磷灰石$Ca_5(PO_4)_3F$和羟基磷灰石$Ca_5(PO_4)_3OH$两种，其三种离子均可被其他离子少量地取代。以$Ca_3(PO_4)_2$为化学式的磷酸钙极为罕见。磷和氮一样也是生物体中不可缺少的元素之一。在植物体中磷主要存在于种子的蛋白质中，在动物体中则存在于脑、血液和神经组织的蛋白质中，大量的磷还以羟基磷灰石的形式存在于脊椎动物的骨骼和牙齿中。磷以磷酸根形式存在于核酸的成分中。核酸是一种复杂的有机聚合物，在所有生物机体中核酸直接参与生命细胞遗传性质的传递过程。肾结石15%～20%为磷酸镁铵和磷灰石。

制备单质磷是将磷灰石混以石英砂（SiO_2）在1500 ℃左右的石墨电极电炉中还原：

$$2Ca_3(PO_4)_2+6SiO_2+10C \xrightarrow{1500\ ℃} 6CaSiO_3+P_4\uparrow+10CO\uparrow$$

把生成的磷蒸气和 CO 通过冷水，磷便凝结为白色固体——白磷。氟大多以 CaF_2 形式进入炉渣，约 20% 以 SiF_4 形式逸出。

磷至少有 10 种同素异形体，其中主要的是白磷、红磷和黑磷三种。

纯白磷是无色而透明的晶体，遇光逐渐变黄，因而又叫黄磷。黄磷剧毒，误食 0.1 g 就能致死。皮肤若经常接触单质磷也会引起吸收中毒。白磷不溶于水，易溶于 CS_2 中。经测定，不论在溶液中或在蒸气状态，磷的相对分子质量都相当于分子式 P_4。磷蒸气热至 800 ℃，P_4 开始分解为 P_2。P_2 的结构与 N_2 相同。

白磷晶体是由 P_4 分子组成的分子晶体，P_4 分子呈四面体构型（见图 16-9），分子中 P—P 键键长是221 pm，键角∠PPP 是 60°。理论研究认为，P—P 键是 98% 3p 轨道形成的键（3s 和 3d 仅占很少成分），纯 p 轨道间的夹角应为 90°，而实际仅有 60°，因此 P_4 分子中 P—P 键是受了很大应力而弯曲的键。其键能比正常无应力时的 P—P 键要弱，易断裂，使白磷在常温下有很高的化学活性。

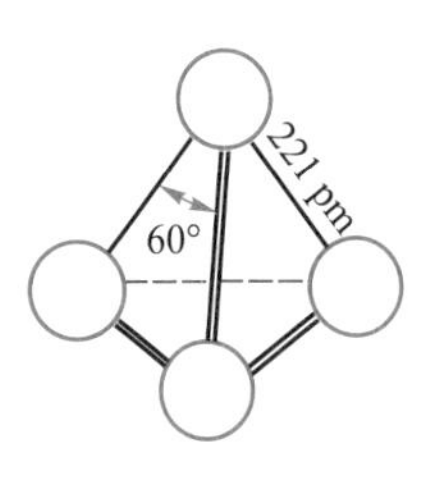

图 16-9 白磷分子

白磷在潮湿空气中发生缓慢氧化作用，部分反应能量以光能的形式放出，故在暗处可看到白磷发光。当缓慢氧化积聚的热量达到燃点（313 K）时便发生自燃，因此通常白磷要储存于水中以隔绝空气。

白磷和氧化剂反应猛烈，它在氯气中能自燃；遇液氯或溴会发生爆炸，与冷浓硝酸反应剧烈生成磷酸；在热的浓碱液中发生歧化反应生成磷化氢（主要是 PH_3，还有 P_2H_4）和次磷酸盐：

$$P_4+3KOH+3H_2O \xrightarrow{\triangle} PH_3\uparrow+3KH_2PO_2$$

白磷还能将 Au、Ag、Cu 等从它们的盐溶液中还原出来。例如：

$$11P+15CuSO_4+24H_2O \xrightarrow{\triangle} 5Cu_3P+6H_3PO_4+15H_2SO_4$$

$$2P+5CuSO_4+8H_2O \xrightarrow{\triangle} 5Cu+2H_3PO_4+5H_2SO_4$$

所以如不慎将白磷沾到皮肤上，可用 $CuSO_4$ 溶液（$0.2\ mol\cdot L^{-1}$）冲洗，利用磷的还原性来解毒。

将白磷隔绝空气加热到 260 ℃就转变为无定形红磷。它是一种暗红色的粉末，不溶于水、碱和 CS_2 中，基本无毒。其化学性质比较稳定，虽然也可与各种氧化剂如 Cl_2、HNO_3 反应，但不如白磷那样剧烈，在空气中也不自燃，加热到400 ℃

以上才着火。若与空气长期接触也会极其缓慢地氧化，形成易吸水的氧化物，所以红磷保存在未密闭的容器中会逐渐潮解，使用前应小心用水洗涤、过滤和烘干。

无定形红磷通过适当的加热处理，可转变为各种晶状的红色变体，似乎所有形式的晶状变体都是高度聚合的并含有链状结构，链是通过以下方式构成的：每个 P_4 四面体中断裂一个 P—P 键，然后连接剩余的 P_4 单元而形成 P 原子的环-链结构，每个 P 原子呈角锥形，并且是三配位的（见图 16-10）。

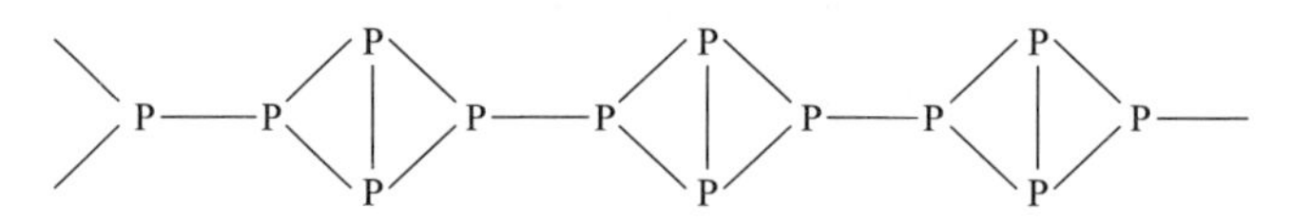

图 16-10　红磷的可能结构

黑磷是磷的一种最稳定的变体，但因形成它所需的活化能很高，故在一般条件下，其他变体不易转变为黑磷，只有在 1200 MPa（12000 atm）的压力下，将白磷加热到 200 ℃ 方能转化为类似石墨的片状结构的黑磷。黑磷能导电，故有“金属磷”之称。在磷的主要三种同素异形体中，黑磷密度最大（$2.7\ g\cdot cm^{-3}$），不溶于有机溶剂，一般不易发生化学反应。

工业上用白磷来制备高纯度的磷酸，生产有机磷杀虫剂、烟幕弹等。含有少量磷的青铜叫磷青铜，它富有弹性、耐磨、抗腐蚀，用于制轴承、阀门等。大量红磷用于火柴生产，火柴盒侧面所涂物质就是红磷与 Sb_2S_3 等的混合物。磷还用于制备发光二极管的半导体材料如 $GaAs_xP_{1-x}$ 等。

16-3-2　磷的氢化物、卤化物和硫化物

一、磷的氢化物

磷与氢组成一系列氢化物如 PH_3、P_2H_4、$P_{12}H_{16}$ 等，其中最重要的是 PH_3，称为膦。由磷化物（如 Ca_3P_2、AlP）的水解反应，碘化鏻和碱的反应都能生成膦：

$$Ca_3P_2 + 6H_2O \longrightarrow 3Ca(OH)_2 + 2PH_3\uparrow$$
$$PH_4I + NaOH \longrightarrow NaI + PH_3\uparrow + H_2O$$

较大量的 PH_3 可由白磷在碱溶液中的歧化反应来制备。

PH_3 是一种无色、剧毒的有类似大蒜臭味的气体。磷化物之所以用作杀虫剂就是由于它极易吸收空气中的水分生成 PH_3。纯净的 PH_3 在空气中的燃点

是 150 ℃,燃烧时生成磷酸。若制得的 PH_3 中含有痕量的联磷 P_2H_4,则在室温时可自燃。PH_3 微溶于水,其溶解度比 NH_3 小得多,水溶液的碱性也比氨水弱得多($K_b \approx 10^{-26}$),它不易形成类似铵盐的鏻盐(PH_4^+),固体卤化鏻(PH_4X)显然没有卤化铵稳定,极易水解。例如:

$$PH_4I + H_2O \longrightarrow PH_3\uparrow + H_3O^+ + I^-$$

所以在水溶液中不存在 PH_4^+。

PH_3 分子的结构和 NH_3 相似,但键角小得多。它的分子及其取代衍生物 PR_3 中的 P 原子上都有一对孤对电子,故能与许多过渡金属形成多种配位化合物,其配位能力比 NH_3 还强。由于 P 还有空的 d 轨道,可接受过渡金属反馈来的 d 电子,从而加强了配合物的稳定性。

PH_3 是一种强还原剂,其还原能力比氨强,通常情况下能从 Cu^{2+}、Ag^+、Hg^{2+} 等盐溶液中还原出金属。例如:

$$4CuSO_4 + PH_3 + 4H_2O \longrightarrow H_3PO_4 + 4H_2SO_4 + 4Cu$$

二、磷的卤化物

磷的卤化物有 PX_3 和 PX_5 两种类型(PI_5 不易生成)。除 PF_3 外,PX_3 和 PX_5 都可用磷和卤素直接反应制备,只是前者磷过量,后者卤素过量而已。卤化磷的一些物理性质见表 16-3。

表 16-3 卤化磷的一些物理性质

卤化磷	形态	熔点/K	沸点/K	生成焓/($kJ\cdot mol^{-1}$)
PF_3	无色气体	121.5	171.5	-918.8
PCl_3	无色液体	161	348.5	-306.5
PBr_3	无色液体	233	445	-150.3
PI_3	红色晶体	334	573(分解)	-45.6
PF_5	无色气体	190	198	-1595.8
PCl_5	无色晶体	—	435(升华)	-398.8
PBr_5	黄、红两种固态变体	173	分解	-276.3

PF_5分子是三角双锥结构。按照 VSEPR 理论,其中 P 原子应该采用 sp^3d 杂化,但是分子轨道计算表明,其实 d 轨道只有很少部分参与成键,因此可以根据超价键理论认为平面上的 3 个键为普通的单键,而位于轴向的 F—P—F 则为超价键。根据分子构型和轨道的对称性, P 原子的 $3p_z$轨道与两个氟原子各一个

$2p_z$ 轨道形成成键、非键和反键轨道。4个电子填充在成键轨道和非键轨道上，形成 3c-4e 超价键（见图16-11）。因此轴向 P—F 键键级为 0.5。这也可以说明 PF_5 分子中的轴向键键长大于水平键键长（分别为 158 pm 和 153 pm）。八面体分子（如 SF_6）也可类似成键。

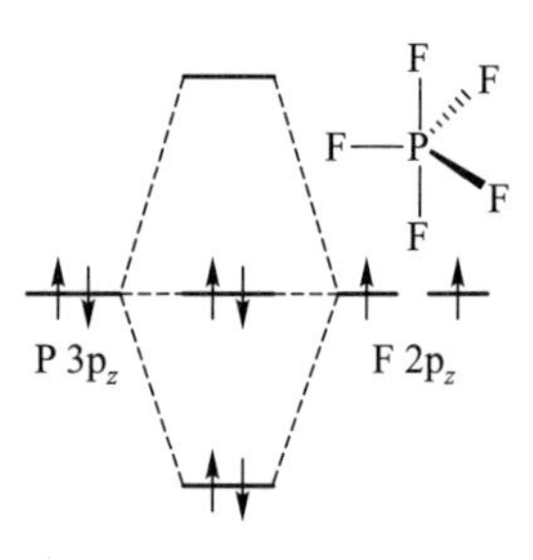

图 16-11　PF_5 中的轴向超价键轨道略图

三氯化磷（PCl_3）是无色液体，在 PCl_3 分子中，磷原子以 sp^3 杂化轨道与3个氯原子形成3个 P—Cl σ 键，尚余1个杂化轨道放置一对孤电子对[见图16-12(a)]，因此 PCl_3 是电子对给予体，可以与金属离子形成配合物如 $Ni(PCl_3)_4$，也能与卤素加合生成 PCl_5。在较高温度或有催化剂存在时，可以与氧或硫反应，生成三氯氧磷[见图16-12(b)]或三氯硫磷 $PSCl_3$。PCl_3 极易水解生成亚磷酸和氯化氢。其水解过程与 NCl_3 的水解反应不同，水分子中的氧原子（亲核体）进攻 P，最终生成 H_3PO_3。

$$PCl_3 + 3H_2O \longrightarrow H_3PO_3 + 3HCl$$

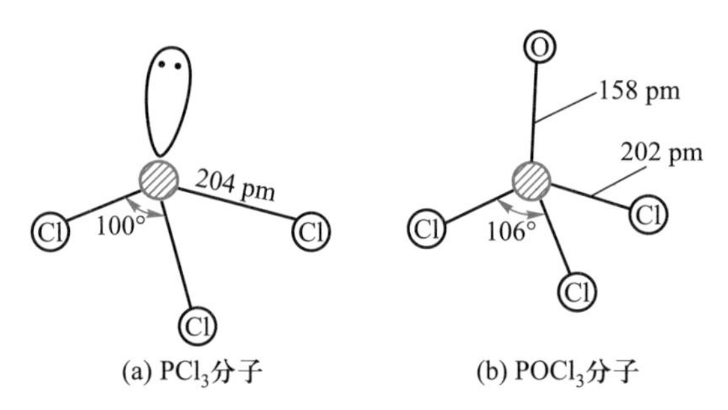

图 16-12　PCl_3 和 $POCl_3$ 分子的结构

五氯化磷（PCl_5）是白色固体，加热时（160 ℃）升华并可逆地分解为 PCl_3 和 Cl_2，在 300 ℃以上分解完全。在气态和液态时，PCl_5 分子结构为三角双锥（见图16-13），P 原子位于锥体的中央，以 sp^3d 杂化轨道成键。在固态时 PCl_5 不再保持三角双锥结构，而形成离子型晶体。在其晶格中含有正四面体的 PCl_4^+ 和正八面体的 PCl_6^-。

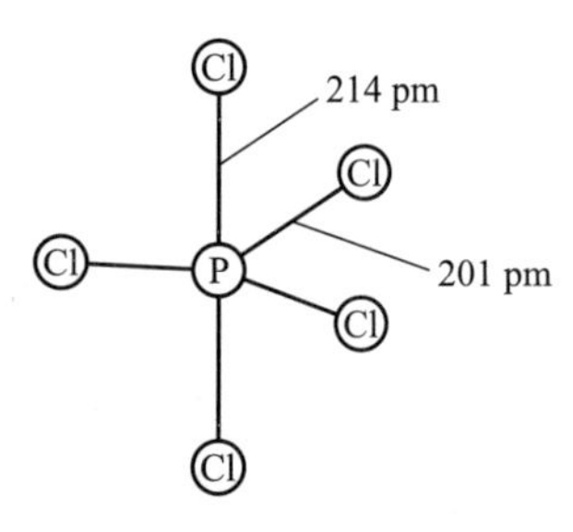

图 16-13　PCl_5 分子

PCl_5 与 PCl_3 相同，也易于水解，当水量不足

时,则部分水解成三氯氧磷和氯化氢:

$$PCl_5 + H_2O \longrightarrow POCl_3 + 2HCl$$

在过量水中则完全水解:

$$POCl_3 + 3H_2O \longrightarrow H_3PO_4 + 3HCl$$

*三、磷的硫化物

磷有四种较重要的硫化物:P_4S_3、P_4S_5、P_4S_7 和 P_4S_{10}。它们都是以 P_4 为结构基础的衍生物,即 4 个 P 原子仍然保持原来 P_4 四面体中的相对位置(见图 16-14)。P_4S_3 是黄色晶体,熔点为 447 K,不溶于水,可溶于苯和 CS_2 中,是制造安全火柴的原料。其他硫化磷具有相似的物理性质,有稍高的熔点,热稳定性较差,在室温的干燥空气中比较稳定。硫化磷水解产物比卤化磷复杂得多,如 P_4S_3 与热水反应生成 PH_3、H_2、H_3PO_2 及 H_2S;P_4S_{10} 水解生成 H_3PO_4 和 H_2S。

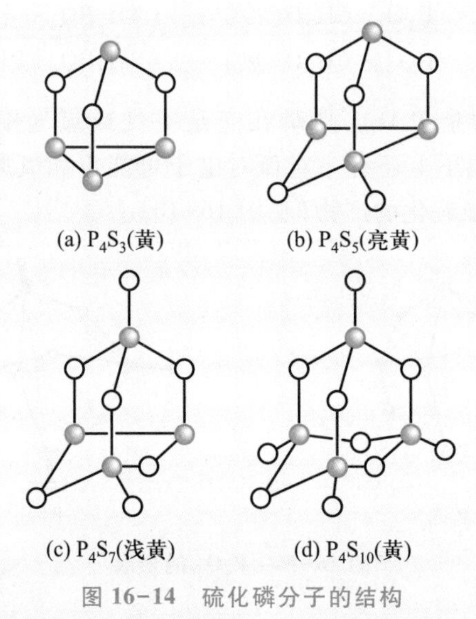

图 16-14 硫化磷分子的结构

16-3-3 磷的含氧化合物

一、磷的氧化物

P(Ⅲ)的氧化物是 P_4O_6,是磷在不充分的空气中燃烧而生成(见图16-15)。这个氧化物的生成可以看成 P_4 分子中的 P—P 键受氧分子进攻而断开,在每一对 P 原子之间嵌入一个氧原子而形成的。形成 P_4O_6 后,4 个 P 原子的相对位置并未发生变化。由于这个分子具有似球状的结构容易滑动,故 P_4O_6 具有滑腻感。P_4O_6 为白色吸湿性蜡状固体(熔点 297 K,沸点 447 K),有很强的毒性,可溶于苯、二硫化碳和氯仿等非极性溶剂中,P_4O_6 是亚磷酸的酸酐,但只有和冷水或碱溶液反应时才缓慢地生成亚磷酸或亚磷酸盐,在热水中则发生强烈的歧化反应:

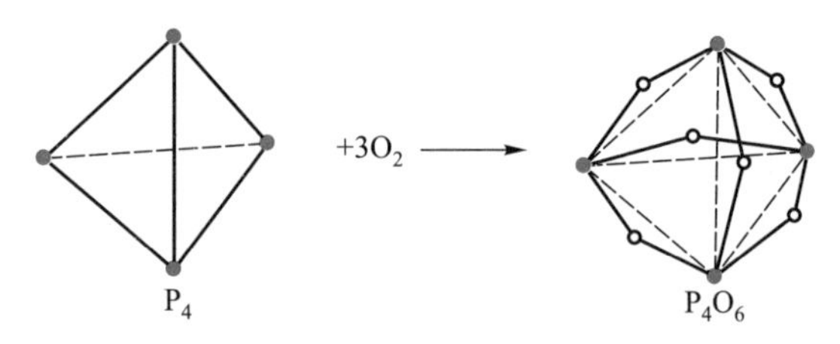

图 16-15 P_4O_6 的形成

$$P_4O_6+6H_2O(冷) \longrightarrow 4H_3PO_3$$
$$P_4O_6+6H_2O(热) \longrightarrow 3H_3PO_4+PH_3\uparrow$$

P(Ⅴ)的氧化物是 P_4O_{10},是磷在充足空气或氧气中燃烧的产物。由于 P_4O_6 分子中每个 P 原子上还有一对孤对电子可能再和氧原子结合,所以 P_4O_{10} 也可看成 P_4O_6 进一步氧化的产物(见图 16-16)。

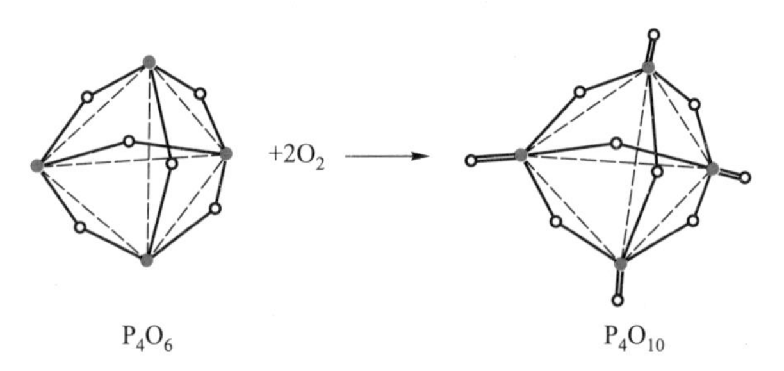

图 16-16 P_4O_{10}的形成

在 P_4O_{10}分子中,处于端基的 P—O 键的键长为 140 pm,具有双键的特征。

P_4O_{10}是白色雪状固体,易升华(359 ℃),在加压下加热到较高温度,晶体就转变为无定形玻璃状体,在 566 ℃熔化。P_4O_{10}是磷酸的酸酐,与水反应视水的用量多少,6 个 P—O—P 键将不同程度地断开,生成不同组分的酸。当用水量少时,有利于生成各种聚合度的偏磷酸,而当用水量多时,则容易生成正磷酸,若 P_4O_{10}与 H_2O 的物质的量之比超过 1∶6,特别是在加热和有硝酸作催化剂时,可迅速完全转化为正磷酸。

$$P_4O_{10}\begin{cases}\xrightarrow[\text{断开2个P—O—P键}]{+2H_2O}(HPO_3)_4\\ \xrightarrow[\text{断开3个P—O—P键}]{+3H_2O}H_3PO_4+(HPO_3)_3\\ \xrightarrow[\text{断开4个P—O—P键}]{+4H_2O}H_3PO_4+H_5P_3O_{10}\\ \xrightarrow[\text{断开5个P—O—P键}]{+5H_2O}2H_3PO_4+H_4P_2O_7\\ \xrightarrow[\text{断开6个P—O—P键}]{+6H_2O}4H_3PO_4\end{cases}$$

由于 P_4O_{10}对水有很强的亲和力，吸湿性强，因此它常用作气体和液体的干燥剂。P_4O_{10}干燥效率比其他一些常用干燥剂的干燥效率高(见表16-4)，甚至可以从许多化合物中夺取化合态的水，如使 H_2SO_4、HNO_3 脱水生成相应的酸酐：

$$P_4O_{10}+6H_2SO_4 \longrightarrow 6SO_3+4H_3PO_4$$

$$P_4O_{10}+12HNO_3 \longrightarrow 6N_2O_5+4H_3PO_4$$

P_4O_{10}储存在耐酸的密闭容器中，使用时不要沾到皮肤上。

表 16-4 几种常用干燥剂的干燥效率

干燥剂	$CuSO_4$	$ZnCl_2$	$CaCl_2$	NaOH	H_2SO_4	KOH	P_4O_{10}
298 K 时，被干燥的空气中剩余的水蒸气含量/($g\cdot m^{-3}$)	1.4	0.8	0.34	0.16	0.003	0.002	0.00001

P_4O_{10}的最新用途之一是用来生产“生物玻璃”，是一种填有 P_4O_{10}的苏打石灰玻璃，把它移到体内，钙离子和磷酸根离子在玻璃和骨头的间隙中溶出，有助于诱导新的骨骼的生长。

二、磷的含氧酸及其盐

磷有以下几种较重要的含氧酸：

名称	正磷酸	焦磷酸	三磷酸	偏磷酸	亚磷酸	次磷酸
化学式	H_3PO_4	$H_4P_2O_7$	$H_5P_3O_{10}$	$(HPO_3)_n$	H_3PO_3	H_3PO_2
磷的氧化态	+V	+V	+V	+V	+Ⅲ	+I

在磷的氧化态为+V的四种含氧酸中，仅正磷酸和焦磷酸已制得结晶状态

的纯物质。正磷酸经强热发生脱水作用，依次生成 $H_4P_2O_7$、$H_5P_3O_{10}$、$(HPO_3)_n$，其反应过程如下：

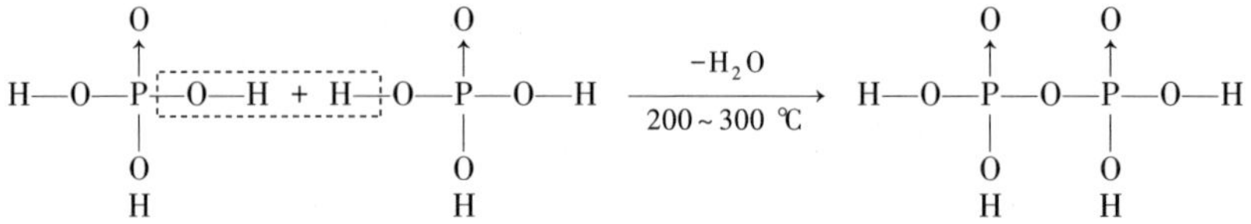

$-H_2O$

200～300 ℃

焦磷酸

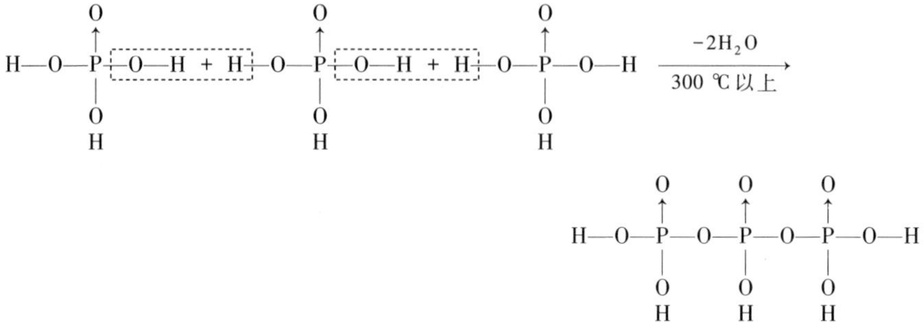

$-2H_2O$

300 ℃以上

三磷酸

$-4H_2O$

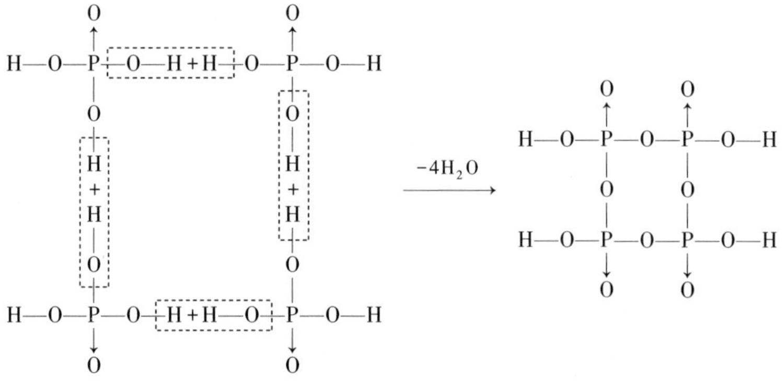

四偏磷酸

以上各式表明焦磷酸、三磷酸和四偏磷酸是由若干个磷酸分子通过共用氧原子连接起来的链状或环状的多酸。链状多磷酸是由 n 个 H_3PO_4 分子脱去$(n-1)$个 H_2O 分子聚合而成。环状多磷酸则是由 n 个 H_3PO_4 分子脱去 n 个 H_2O 分子聚合而成。

正磷酸的各种盐都是简单磷酸盐，而多磷酸的相应盐是复杂磷酸盐。简单磷酸盐或复杂磷酸盐的基本结构单元是磷氧四面体。

复杂磷酸盐中的直链多磷酸盐的酸根阴离子是两个或两个以上磷氧四面体通过共用顶角氧原子成直链状而连接起来的[见图 16-17(a)]。这类磷酸盐的

通式是 $M_{n+2}P_nO_{3n+1}$,在式中 M 是+1 价金属离子,n 是多磷酸盐中的磷原子数。

环状偏磷酸盐的通式是$(MPO_3)_n$,这类盐的酸根阴离子是由 3 个或 3 个以上的磷氧四面体通过共用氧原子而连接成环状结构[见图 16-17(b)]。当 n 值很大时,直链多磷酸盐和聚偏磷酸盐具有近似的组成。

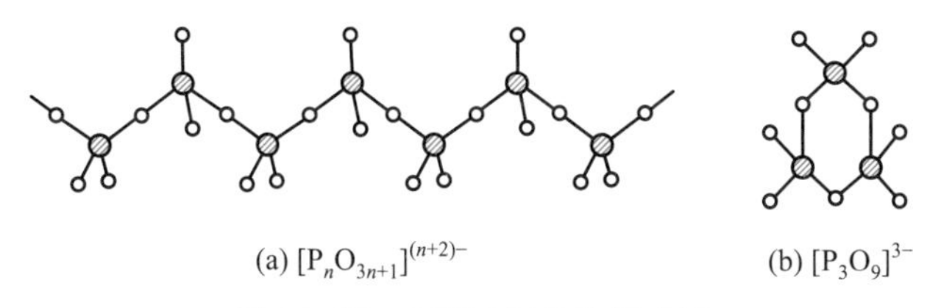

图 16-17 多磷酸根结构示意图

1. 正磷酸及其盐

正磷酸简称磷酸,是由一个单一的磷氧四面体构成的磷酸[见图 16-18(a)]。在磷酸分子中 P 原子是 sp^3 杂化的,3 个杂化轨道与氧原子间形成 3 个 σ 键,另一个 P—O 键是由一个从磷到氧的 σ 配键和两个由氧到磷的 d←p π 配键组成的[见图 16-18(b)]。σ 配键是磷原子上一对孤对电子向氧原子的空轨道配位而形成。d←p π 配键是氧原子的 p_y、p_z 轨道上的两对孤对电子和磷原子的 d_{xz}、d_{yz} 空轨道重叠形成[见图 16-18(c)]。由于磷原子 3d 能级比氧原子的 2p 能级高很多,组成的分子轨道不是很有效,所以 P—O 键从键的数目来看是三重键($P \overset{\leftarrow}{\underset{\leftarrow}{\longrightarrow}} O$),但从键能和键长来看是介于单键和双键之间(P—O 键键长为 163 pm,P═O键键长为 150 pm)。

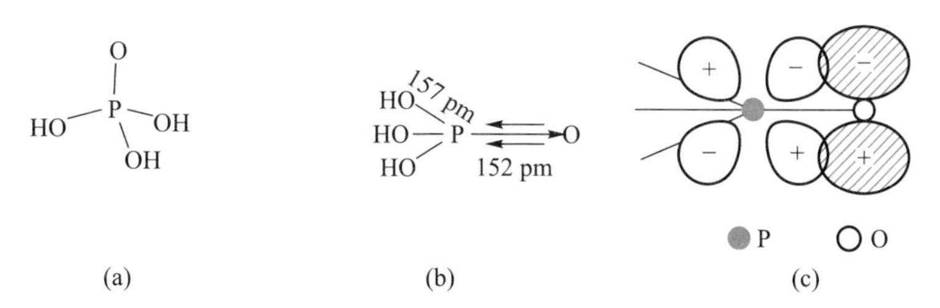

图 16-18 磷酸的分子结构和 P—O 键中的 d←pπ 配键

要形成 d-pπ 配键,首先中心原子必须有空的 d 轨道。第二周期元素的含氧酸如 HNO_3、H_2CO_3、H_3BO_3 等,因为中心原子没有空的 d 轨道,所以在它们的结构中不存在 d-pπ 配键。第三、四周期元素的原子具有空的 nd 轨道,其能量和 ns、np 轨道相近,在一定条件下,nd 轨道可以参加成键,所以它们的含氧酸和含氧酸根中大都含有 d-pπ 配键。特别是第三周期的 Si、P、S、Cl 作为中心原子时，易与非羟基氧原子形成 d-pπ 配键。在 SF_2O_2、$(PNCl_2)_3$ 的分子中都存在着 d-pπ 配键。存在 d-pπ 配键的 RO_4^{n-} 型离子，若在酸性介质中，由于氢离子的强极化作用，使得氧原子与中心原子的 d-pπ 配键受到极大的削弱和破坏，这样中心原子与羟基氧原子的键长变长。另一方面，氢离子的强极化作用，造成中心原子的正电荷增加，中心原子与非羟基氧原子的 d-pπ 配键强度增大，这反映在中心原子与非羟基氧原子的键长变短。

d-pπ 配键的强弱可用化学键强度来表示，部分 RO_4^{n-} 型离子的化学键强度见表 16-5。

表 16-5 含氧酸根离子 RO_4^{n-} 的化学键强度

离子	σ	π	离子	σ	π	离子	σ	π
SiO_4^{4-}	9.9	1.8	SeO_4^{2-}	12.7	2.2	ClO_3^-	13.9	2.5
PO_4^{3-}	14.1	2.6	TeO_4^{2-}	11.6	2.0	ClO_2^-	12.6	2.0
SO_4^{2-}	14.6	2.6	ClO_4^-	17.4	3.4	ClO^-	9.5	1.4

纯磷酸是无色晶体，熔点 315 K，加热磷酸时逐渐脱水生成焦磷酸、偏磷酸，因此磷酸没有自身的沸点。磷酸能与水以任何比例混溶，市售磷酸是含 85% H_3PO_4 的黏稠状浓溶液。从浓溶液中结晶，则形成半水合物 $2H_3PO_4 \cdot H_2O$（熔点 302.3 K）。晶体结构表明，纯 H_3PO_4 和它的晶体水合物中都有氢键存在，这可能是磷酸浓溶液黏稠的原因。在通常温度下，磷酸是一种无氧化性、不挥发的三元中强酸（298 K 时，$K_1 = 7.5\times10^{-3}$，$K_2 = 6.2\times10^{-8}$，$K_3 = 2.2\times10^{-13}$）。但在高温时，磷酸能与金属反应，并能使金属氧化。高温时，磷酸能分解铬铁矿、金红石、钛铁矿等矿物，并能腐蚀石英。

磷酸具有很强的配位能力，能与许多金属离子形成可溶性配合物，如与 Fe^{3+} 生成无色的 $H_3[Fe(PO_4)_2]$ 和 $H[Fe(HPO_4)_2]$，因此分析化学上常用 PO_4^{3-} 掩蔽 Fe^{3+}。浓磷酸能溶解钨、锆以及硅、硅化铁等，并与它们形成配合物。

工业上生产磷酸主要是用 76%左右的硫酸分解磷酸钙矿：

$$Ca_3(PO_4)_2 + 3H_2SO_4 \longrightarrow 2H_3PO_4 + 3CaSO_4$$

这样制得的磷酸不纯，但可用于制造肥料。纯的磷酸可用黄磷燃烧生成 P_4O_{10}，再用水吸收而制得。

磷酸除了用于生产肥料、制造试剂外，还用于处理金属表面，在金属表面生成难溶的磷酸盐薄膜，以保护金属免受腐蚀。另外磷酸与硝酸的混合酸可作为化学抛光剂，用以提高金属表面的光洁度。

正磷酸能生成三个系列的盐：M_3PO_4、M_2HPO_4 和 MH_2PO_4（M 是正一价

离子)。所有磷酸二氢盐都易溶于水,而磷酸一氢盐和正盐中,除了 K^+、Na^+ 和 NH_4^+ 的盐以外,一般不溶于水。可溶性的磷酸盐在水溶液中均能发生不同程度的水解,以钠盐为例,Na_3PO_4 呈较强的碱性(故可用作洗涤剂),而在酸式盐中,其酸根离子在发生水解(获得质子)的同时,也有解离(给出质子)作用,因此溶液的酸碱性取决于水解和解离的相对强弱,如 Na_2HPO_4 溶液呈弱碱性,就是因为 HPO_4^{2-} 的水解($K_h=1.6\times10^{-7}$)倾向强于解离($K_{a_3}=2.2\times10^{-13}$)。而 NaH_2PO_4 则由于解离($K_{a_2}=6.2\times10^{-8}$)倾向强于水解,故溶液呈弱酸性。

在热稳定性方面,正磷酸盐比较稳定,而磷酸一氢盐或磷酸二氢盐受热却容易脱水生成焦磷酸盐或偏磷酸盐。

磷酸盐(主要是钙盐和铵盐)是重要的无机肥料,但天然磷酸盐都不溶于水,不能被作物吸收,需要经过化学处理,如用适量硫酸处理磷酸钙:

$$Ca_3(PO_4)_2+2H_2SO_4 \longrightarrow 2CaSO_4+Ca(H_2PO_4)_2$$

所生成的硫酸钙和磷酸二氢钙的混合物叫过磷酸钙,可直接用作肥料,其中有效成分是可溶于水的 $Ca(H_2PO_4)_2$,易被植物吸收。若用磷酸分解天然磷酸盐,生成物中就没有 $CaSO_4$,可得含量较高的 $Ca(H_2PO_4)_2$:

$$Ca_3(PO_4)_2+4H_3PO_4 \longrightarrow 3Ca(H_2PO_4)_2$$

$CaHPO_4$ 也是磷肥,它不溶于水。

磷酸盐与过量钼酸铵在浓硝酸中反应有淡黄色磷钼酸铵晶体析出,这是鉴定 PO_4^{3-} 的特征反应:

$$PO_4^{3-}+12MoO_4^{2-}+3NH_4^++24H^+ \longrightarrow (NH_4)_3[P(Mo_{12}O_{40})]\cdot6H_2O\downarrow+6H_2O$$

有机化学上,磷酸酯可用作阻燃剂,可避免溴系阻燃塑料可能引起的卫生、环境和腐蚀性等问题,如用 1,4- 哌嗪和三氯氧磷反应可得含氮磷酸酯齐聚物 PN612:

2. 焦磷酸及其盐

焦磷酸中 d-pπ 键键强度减小,配位氧原子参与 d-pπ 配键的 p 轨道变得容易与其他原子键合,所以 PO_4^{3-} 聚合程度提高,PO_4^{3-} 离子间不仅可以共用一个点顶氧,而且还可以共用两个或三个点顶氧相连,聚合成多种多磷酸根离子。焦磷

酸 $H_4P_2O_7$ 是无色玻璃状固体，在冷水中会缓慢地转变为正磷酸。$H_4P_2O_7$ 是四元酸（291 K 时，$K_1>1.4\times10^{-1}$，$K_2=3.2\times10^{-2}$，$K_3=1.7\times10^{-6}$，$K_4=6.0\times10^{-9}$），其酸性强于正磷酸，能生成多种形式的酸式盐，常见的有 $M_2H_2P_2O_7$ 和 $M_4P_2O_7$。焦磷酸盐是由磷酸一氢盐加热脱水聚合而来：

$$2Na_2HPO_4 \xrightarrow{\triangle} Na_4P_2O_7 + H_2O$$

分别往 Cu^{2+}、Ag^+、Zn^{2+}、Hg^{2+}、Sn^{2+} 等盐溶液中加入 $Na_4P_2O_7$ 溶液，均有难溶的焦磷酸盐沉淀生成，当 $Na_4P_2O_7$ 过量时，由于过量的 $P_2O_7^{4-}$ 与这些金属离子形成配离子（如 $Cu(P_2O_7)^{2-}$、$Mn_2(P_2O_7)_2^{4-}$）而使沉淀溶解，这些可溶的配阴离子常用于无氰电镀。

3. 偏磷酸及其盐

常见的偏磷酸有三偏磷酸和四偏磷酸。偏磷酸是硬而透明的玻璃状物质，易溶于水，在溶液中逐渐转变为正磷酸，若在 HNO_3 存在下加热，则转化反应速率大大加快。偏磷酸盐是由磷酸二氢盐加热脱水聚合而得到。例如：

$$3NaH_2PO_4 \xrightarrow{400\sim500\ ℃} (NaPO_3)_3 + 3H_2O$$

若加热到 700 ℃左右，然后骤冷则得到玻璃态的格氏盐（Graham salt）：

$$xNaH_2PO_4 \xrightarrow{700\ ℃} (NaPO_3)_x + xH_2O$$

它没有固定熔点，易溶于水，水溶液黏度大。它能与钙、镁等离子形成配合物，故常用作软水剂和锅炉、管道的去垢剂。过去因格氏盐有 $(NaPO_3)_6$ 的组成，被称为六偏磷酸钠；实际上格氏盐是一个长链状的聚合物。这个链长达20~100个 PO_3^- 单位，环偏磷酸盐仅占1%左右。

$$Na^+\ O^-{-}\underset{\underset{O^-\ Na^+}{|}}{\overset{\overset{O}{\uparrow}}{P}}{-}O{-}\left[\underset{\underset{O^-\ Na^+}{|}}{\overset{\overset{O}{\uparrow}}{P}}{-}O\right]_n{-}\underset{\underset{O^-\ Na^+}{|}}{\overset{\overset{O}{\uparrow}}{P}}{-}O^-\ Na^+$$

正、焦、偏三种磷酸可以用硝酸银和蛋白质加以鉴别。硝酸银与正磷酸产生黄色沉淀，与焦、偏磷酸都产生白色沉淀，但偏磷酸能使蛋白质沉淀。

4. 亚磷酸

纯亚磷酸（H_3PO_3）是白色固体（熔点 74 ℃），在水中溶解度极大。H_3PO_3 的结构如下所示，这种平衡在通常情况下几乎全部移向四面体形（酮式）结构：

$$\underset{\text{三角锥形}}{P(OH)_3} \rightleftharpoons \underset{\text{四面体形}}{HPO(OH)_2}$$

三角锥形　　　　四面体形

H_3PO_3 是一个二元酸，其解离常数 $K_1 = 1.0\times10^{-2}$，$K_2 = 2.6\times10^{-7}$，属中强酸。能形成 NaH_2PO_3 和 Na_2HPO_3 两种类型的酸式盐。在亚磷酸分子中有一个P—H键容易被氧原子进攻，故具有还原性。亚磷酸及其盐都是强还原剂，能将 Ag^+、Cu^{2+} 等离子还原为金属，能将热、浓 H_2SO_4 还原为二氧化硫。

纯的 H_3PO_3 或它的浓溶液受热发生歧化反应：

$$4H_3PO_3 \xrightarrow{\triangle} 3H_3PO_4 + PH_3\uparrow$$

所以制备 H_3PO_3 要用 P_4O_6 和冷水反应。

5. 次磷酸

在次磷酸钡溶液中，加硫酸使 Ba^{2+} 沉淀，可得游离态的次磷酸（H_3PO_2）：

$$Ba(H_2PO_2)_2 + H_2SO_4 \longrightarrow BaSO_4\downarrow + 2H_3PO_2$$

另外，在一定计量水存在的情况下，I_2 可将 PH_3 氧化为 H_3PO_2：

$$PH_3 + 2I_2 + 2H_2O \longrightarrow H_3PO_2 + 4HI$$

H_3PO_2 的分子结构如下：

$$\begin{array}{c} \quad\quad\;\; H \\ \quad\quad\;\; | \\ H—O—P\rightarrow O \\ \quad\quad\;\; | \\ \quad\quad\;\; H \end{array}$$

因此它是一元酸（$K = 1.0\times10^{-2}$，298 K），由于分子中有两个 P—H 键，所以次磷酸比亚磷酸具有更强的还原性，甚至可把冷的浓 H_2SO_4 还原为 S，尤其是在碱性溶液中 $H_2PO_2^-$ 是极强的还原剂，能使 Ag(Ⅰ)、Cu(Ⅱ)、Hg(Ⅱ)分别还原为 Ag、Cu、Hg(Ⅰ)或 Hg。例如：

$$H_2PO_2^- + 2Cu^{2+} + 6OH^- \longrightarrow PO_4^{3-} + 2Cu\downarrow + 4H_2O$$

所以次磷酸盐可用于化学镀，将金属离子（如 Ni^{2+} 等）还原为金属，并在其他金属表面或塑料表面沉积，形成牢固的镀层。

H_3PO_2 及其盐都不稳定，受热分解放出 PH_3：

$$3H_3PO_2 \xrightarrow{400\ K} 2H_3PO_3 + PH_3\uparrow$$

$$4H_2PO_2^- \xrightarrow{500\ K} P_2O_7^{4-} + 2PH_3 \uparrow + H_2O$$

16-4 砷及其化合物

16-4-1 砷的单质

砷在地壳中的含量不高(其质量分数为$5\times10^{-4}\%$),但却是广泛分布于自然界的一种元素。在自然界中,只发现了少量的天然砷,而含砷的矿物却有150多种,最普通的矿物是砷化物矿(如砷黄铁矿 FeAsS、硫砷黄铁矿 $FeAsS_2$、辉砷镍矿 NiAsS 等)和硫化物矿(如雄黄 As_4S_4、雌黄 As_2S_3),也有一些氧化物矿(如白砷矿 As_2O_3)和砷酸盐矿(如毒石 $CaHAsO_4\cdot 2H_2O$)。此外,海水中平均含有$1.1\ \mu g\cdot L^{-1}$砷,在矿泉中、土壤和人体中都有微量砷。

从硫化物矿提取单质砷,一般先将硫化物煅烧为氧化物,再用碳还原。

砷对人体是有害的元素,砷化合物能与蛋白质中的巯基(—SH)结合,使蛋白质失去生理功能。食品中砷含量不得超过$1\ mg\cdot kg^{-1}$。另一方面,砷也许是人的必需微量元素,正常情况下每100 kg体重有0.005 g砷。As(Ⅲ)化合物的毒性较As(Ⅴ)大,能致癌和致畸胎,砒霜 As_2O_3 更是自古有名的毒药。故砷的化合物常用作杀虫剂和杀菌剂。

砷的另一个用途是与铅组成合金,如在铅中加入0.5%砷,可增加铅的硬度,用于制造子弹和轴承。

砷的最重要用途是超纯砷以及它和p区金属元素Al、Ga、In等组成的金属互化物,它们是优良的半导体材料。例如,砷化镓(GaAs),其性能优于硅,它具有禁带宽度大、电子迁移率高、介电常数小等优点,可用于制作发光器件、半导体激光器、微波体效应器件、太阳能电池和高速集成电路等。以砷化镓为基础材料制成的集成电路,其工作速度可比目前硅集成电路高一个数量级,有广阔的发展前景。

砷有黄砷、灰砷、黑砷三种同素异形体,在室温下,最稳定的是灰砷(α-As),它是一种折叠式排列的片层结构,每一片层中,每个砷原子以3个单键相互连接。灰砷具有金属的外形,能传热、导电,但性脆、熔点低、易挥发。

将砷蒸气(以四面体 As_4 存在)迅速冷却得到黄砷。它的结构与黄磷相似,是以 As_4 为基本结构单元组成的分子晶体,有明显的非金属性,不溶于水,易溶于 CS_2。它是亚稳态的,见光很快转变为灰砷。

用液态空气冷却砷蒸气,可得到无定形黑砷。

常温下,砷在空气和水中比较稳定,加热时能与卤素、氧和硫等非金属化合,生成As(Ⅲ)化合物。与强氧化剂氟反应还能生成五氟化砷。

水和非氧化性酸不与砷反应，但稀硝酸和浓硝酸能分别把砷氧化成 H_3AsO_3 和 H_3AsO_4，热、浓硫酸能将砷氧化成 As_4O_6。

熔融的碱能和砷反应生成亚砷酸盐，并析出氢：

$$2As + 6NaOH(熔融) \longrightarrow 2Na_3AsO_3 + 3H_2\uparrow$$

但碱的水溶液不与砷作用。

在高温下，砷也能与大多数金属反应，生成合金或金属互化物。

16-4-2 砷的化合物

一、砷化氢

砷不能直接与氢反应，但可通过还原剂还原砷的化合物或使砷化物水解的方法制备砷化氢（AsH_3）。例如：

$$As_2O_3 + 6Zn + 6H_2SO_4 \longrightarrow 2AsH_3 + 6ZnSO_4 + 3H_2O$$
$$Na_3As + 3H_2O \longrightarrow AsH_3 + 3NaOH$$

砷化氢（又称胂）是剧毒、有恶臭的无色气体，它的标准生成焓 $\Delta_f H_m^{\ominus} = +66.4\ kJ\cdot mol^{-1}$，说明在热力学上是不稳定的，但在室温下分解缓慢，一般在 250～300 ℃时就分解为单质。

$$2AsH_3 \xrightarrow[缺氧条件]{\triangle} 2As + 3H_2$$

析出的砷聚集在器皿的冷却部位形成亮黑色的“砷镜”，此即马氏试砷法，能检出 0.007 mg As。砷镜能为 NaClO 溶液所溶解。室温下，AsH_3 在空气中可以自燃：

$$2AsH_3 + 3O_2 \xrightarrow{燃烧} As_2O_3 + 3H_2O$$

AsH_3 的还原性极强，能与大多数无机氧化剂反应，如与 $AgNO_3$ 反应便有黑色 Ag 析出：

$$2AsH_3 + 12AgNO_3 + 3H_2O \longrightarrow As_2O_3 + 12HNO_3 + 12Ag\downarrow$$

此反应也是检验微量砷的方法。

二、卤化物

砷主要有 AsX_3 和 AsX_5 两种卤化物。

AsX_3 是液体或低熔点固体，其熔点、沸点、密度基本上随相对原子质量递增而递增（AsF_3 的熔点、密度比 $AsCl_3$ 反常地高）。AsX_3 在水溶液中强烈水解，水解产物是亚砷酸(H_3AsO_3)和相应的氢卤酸。

AsX_5 中只知道 AsF_5 和 $AsCl_5$ 两种,$AsCl_5$ 还是在1976年才制得,是在低温(-105 ℃)和紫外线照射条件下,用液氯氧化 $AsCl_3$ 合成的,它很不稳定,高于 -50 ℃就要分解。$AsBr_5$ 和 AsI_5 尚未制得,这可能是因为 As(Ⅴ)有一定氧化性,使还原性较强的 Br^-、I^- 氧化。

三、氧化物、含氧酸及其盐

As生成As(Ⅲ)和As(Ⅴ)两类氧化物。

通常情况下,As(Ⅲ)的氧化物与磷相似,其分子式为 As_4O_6,较高温度下解离为 As_2O_3。As_2O_3 是砷的重要化合物,俗称砒霜,是剧毒的白色固体,致死量为0.1 g。As_2O_3 中毒时可服用新制的 $Fe(OH)_2$(把MgO加入 $FeSO_4$ 溶液中强烈摇动制得)悬浮液来解毒。

As_2O_3 微溶于水(298 K,2.04 g/100 g)生成亚砷酸,H_3AsO_3 仅存在于溶液中,是一个非常弱的酸($K_1 \approx 6\times10^{-10}$),$H_3AsO_3$ 的结构和 H_3PO_3 不同,即分子中没有As—H键存在。

As_2O_3 两性偏酸性,易溶于碱生成亚砷酸盐:

$$As_2O_3 + 6NaOH \longrightarrow 2Na_3AsO_3 + 3H_2O$$

碱金属的亚砷酸盐易溶于水,碱土金属的亚砷酸盐溶解度较小,而重金属的亚砷酸盐则几乎不溶。

As(Ⅲ)既可作氧化剂,也可作还原剂,在酸性介质中以氧化性为主,如在浓盐酸中与 $SnCl_2$ 作用生成黑棕色的砷:

$$3SnCl_2 + 12Cl^- + 2H_3AsO_3 + 6H^+ \longrightarrow 2As + 3SnCl_6^{2-} + 6H_2O$$

在碱性介质中,则以还原性为主,如在pH=8时 H_3AsO_3 能使 I_2-KI溶液褪色:

$$AsO_3^{3-} + I_2 + 2OH^- \longrightarrow AsO_4^{3-} + 2I^- + H_2O$$

As_2O_3 和亚砷酸盐都可用作长效杀虫剂、杀菌剂和除草剂。

As_2O_5 不能像 P_2O_5 那样由单质直接氧化得到,因为它在高温下会分解而失去氧。由 As_2O_3 直接氧化成 As_2O_5 即使在一定压力下的纯氧中也不能定量进行,因此制备 As_2O_5 的最好方法是加热砷酸的水合物,使其逐步脱水:

$$H_3AsO_4\cdot 2H_2O \xrightarrow{-30\ ℃} H_3AsO_4\cdot\frac{1}{2}H_2O \xrightarrow{36\ ℃} H_5As_3O_{10} \xrightarrow{170\ ℃} As_2O_5$$

As_2O_5 在空气中吸潮,易溶于水(20 ℃,230 g/100 g),对热不稳定,在熔点(300 ℃)附近即失去 O_2 变成 As_2O_3。As_2O_5 是强氧化剂,能将 SO_2 氧化成 SO_3:

$$As_2O_5 + 2SO_2 \longrightarrow As_2O_3 + 2SO_3$$

As_2O_5 显弱酸性，溶于水可得砷酸 H_3AsO_4，它是三元酸，291 K 时，$K_1 = 5.62\times10^{-3}$，$K_2 = 1.70\times10^{-7}$，$K_3 = 3.95\times10^{-12}$，溶于水的过程很慢，但若溶于碱，则迅速生成砷酸盐。除正盐外，还存在两种酸式盐 $M^{I}H_2AsO_4$ 和 $M_2^{I}HAsO_4$。

砷酸及其盐有一定的氧化性，在酸性介质中可分别将 I^-、H_2S、SO_2、$SnCl_2$ 等氧化为 I_2、S、SO_4^{2-}、$SnCl_6^{2-}$，本身被还原为 As(Ⅲ)化合物或 As。与较活泼的金属(如 Zn)，则生成 AsH_3。例如：

$$4Zn + H_3AsO_4 + 8H^+ \longrightarrow AsH_3 + 4Zn^{2+} + 4H_2O$$

砷酸盐用于制药和杀虫剂，如 Na_2HAsO_4、$Cu_3(AsO_4)_2$、$PbHAsO_4$ 等是农林中常用的杀虫剂。

四、硫化物

已知砷有 6 种硫化物：As_2S_3、As_2S_5、As_4S_3、As_4S_4、As_4S_5、As_4S_6。天然的硫化物有黄色的 As_2S_3，俗称雌黄；橘红色的 As_4S_4，俗称雄黄。

这些砷的硫化物的结构与磷的硫化物类似，也可通过 As_4 结构来理解，从 As_4 四面体出发，若在每一个棱边上插入 1 个 S 原子，形成 6 个 S 桥就生成 As_4S_6。如果 As_4 四面体的 6 个棱边中只有 3、4 或 5 个棱边插入 As 原子就生成 As_4S_3、As_4S_4、As_4S_5。

As_4S_6 是 As_2S_3 的二聚体，As_2S_3 是容易升华的固体，其蒸气由 As_4S_6 分子组成。将 H_2S 通入 As^{3+}盐或强酸酸化的亚砷酸盐(AsO_3^{3-})溶液中，得到黄色的无定形的 As_2S_3 沉淀：

$$2AsCl_3 + 3H_2S \longrightarrow As_2S_3\downarrow + 6HCl$$

$$2AsO_3^{3-} + 6H^+ + 3H_2S \longrightarrow As_2S_3\downarrow + 6H_2O$$

As_2S_3 不溶于水，其酸碱性与 As_2O_3 相似，也是两性偏酸性，不溶于浓盐酸，只溶于碱或碱性硫化物溶液中，生成硫代亚砷酸盐。例如：

$$As_2S_3 + 6NaOH \longrightarrow Na_3AsO_3 + Na_3AsS_3 + 3H_2O$$

$$As_2S_3 + 3Na_2S \longrightarrow 2Na_3AsS_3$$

As_2S_3 有一定的还原性，可被碱金属的多硫化物氧化为硫代砷酸盐。例如：

$$As_2S_3 + 3Na_2S_2 \longrightarrow 2Na_3AsS_4 + S$$

也可被 H_2O_2 或浓 HNO_3 氧化为 H_3AsO_4：

$$As_2S_3 + 10H^+ + 10NO_3^- \longrightarrow 2H_3AsO_4 + 3S + 10NO_2\uparrow + 2H_2O$$

若遇到更强还原剂，如 $SnCl_2$、As_2S_3 可被还原为 As_4S_4：

$$2As_2S_3 + 2SnCl_2 + 4HCl \longrightarrow As_4S_4 + 2H_2S + 2SnCl_4$$

As_2S_5 和 As_2S_3 类似，是将 H_2S 通入强酸酸化的砷酸盐溶液中而得到：

$$2AsO_4^{3-} + 6H^+ + 5H_2S \longrightarrow As_2S_5\downarrow + 8H_2O$$

As_2S_5 呈淡黄色，其酸性比 As_2S_3 强，易溶于碱或碱性硫化物溶液中，生成硫代砷酸盐：

$$4As_2S_5 + 24NaOH \longrightarrow 3Na_3AsO_4 + 5Na_3AsS_4 + 12H_2O$$

$$As_2S_5 + 3Na_2S \longrightarrow 2Na_3AsS_4$$

硫代亚砷酸盐或硫代砷酸盐均可分别看作 AsO_3^{3-} 或 AsO_4^{3-} 中的 O 被 S 所取代的产物。AsS_3^{3-} 和 AsS_4^{3-} 只能存在于碱性或近中性溶液中，遇强酸即因生成极不稳定的硫代亚砷酸 H_3AsS_3 或硫代砷酸 H_3AsS_4 而分解放出 H_2S 并析出硫化物：

$$2AsS_3^{3-} + 6H^+ \longrightarrow As_2S_3\downarrow + 3H_2S\uparrow$$

$$2AsS_4^{3-} + 6H^+ \longrightarrow As_2S_5\downarrow + 3H_2S\uparrow$$

16-5 锑、铋及其化合物

锑、铋属元素周期表中ⅤA 族的金属元素。与 N、P、As 一样，Sb、Bi 的价电子构型为 ns^2np^3。不同的是，N、P 的次外层为 8 电子构型，而 Sb 和 Bi 与 As 一样，次外层为 18 电子结构。由于 18 电子结构对核的屏蔽效应较强，因此与 N、P 相比，Sb、Bi 的性质与 As 更接近。常把锑、铋和砷一起合称为砷分族。

在化合物中锑、铋主要呈+Ⅲ、+Ⅴ氧化态。它们很难获得电子形成 M^{3-}。相反，锑、铋特别是铋却有明显的 M^{3+}存在，可形成氧化态为+Ⅲ的离子化合物，如 $Sb_2(SO_4)_3$ 和 $Bi(NO_3)_3$。但它们在水中强烈水解，这时阳离子形式是 SbO^+ 和 BiO^+及 Bi^{3+}，而非 Sb^{3+}。锑和铋的+Ⅲ氧化态的化合物大部分是共价型的，+Ⅴ氧化态的化合物则全是共价型的。在形成共价型化合物时，锑、铋可采用 sp^3、sp^3d 或 sp^3d^2 杂化。一般而言，它们的+Ⅴ氧化态化合物的氧化性较强，易被还原为+Ⅲ氧化态的物质。其中+Ⅴ氧化态的铋化合物是最强的氧化剂之一，它的+Ⅲ氧化态最稳定，几乎不显还原性。

16-5-1 锑、铋的单质

锑、铋元素在自然界存在广泛，但丰度较低，它们常与其他元素的硫化物矿，特别是 Cu、Pb 和 Ag 的硫化物矿伴生在一起。辉锑矿(Sb_2S_3)和辉铋矿(Bi_2S_3)是它们的主要矿物。我国锑的蕴藏量居世界第一位。

从这些硫化物中提取单质，一般先将硫化物转化为氧化物，再用还原剂还原。例如：

$$2Sb_2S_3 + 3O_2 + 6Fe \longrightarrow Sb_4O_6 + 6FeS$$

$$Sb_4O_6 + 6C \longrightarrow 4Sb + 6CO$$

锑有 5 种同素异形体。其中最稳定的是灰锑，属三方晶系，菱方晶胞，层状结构，质脆，有金属光泽，白色或灰色，熔点 903.5 K，沸点 2023 K。另有黑锑，无定形体；还有黄锑，在 183 K 以下才稳定存在。在锑的蒸气中，锑以四原子分子存在，加热到 1073 K 开始分解为双原子分子，在 2343 K 时，锑蒸气才以单原子分子存在。在凝固时，锑的体积收缩，而铋的体积膨胀。

锑、铋在空气中燃烧生成氧化物；也能与卤素反应生成卤化物。稀的非氧化性酸及碱对它们不起作用，仅硝酸、热浓硫酸及王水能与之反应。例如：

$$2Sb + 6H_2SO_4(\text{热,浓}) \longrightarrow Sb_2(SO_4)_3 + 3SO_2\uparrow + 6H_2O$$

$$2Bi + 6H_2SO_4(\text{热,浓}) \longrightarrow Bi_2(SO_4)_3 + 3SO_2\uparrow + 6H_2O$$

锑、铋能与许多金属生成合金，已达 200 多种。锑的主要功能是提高合金的硬度和机械强度，制造子弹、电缆防护壳、电池等；也用于制作半导体，如红外检测器、二极管等。锑的化合物还有阻燃性质。锑和镓、铟之间的化合物 GaSb、InSb 还可作半导体材料。由铋组成的合金也有广泛的用途，如武德合金(质量分数：Bi 50%，Pb 25%，Sn 12.5%，Cd 12.5%)其熔点很低，可作保险丝及用于自动灭火设备和蒸气锅炉的安全装置。铋在原子反应堆中还常作为冷却剂使用，因为它的熔点(544 K)和沸点(1743 K)相差很大。

16-5-2 锑、铋的化合物

一、氢化物

锑、铋均能形成 MH_3 型氢化物，它们都是无色、有恶臭的气体，不稳定。SbH_3 在室温下即分解，BiH_3 在 228 K 分解。这些氢化物都是强还原剂。

锑、铋的氢化物与氮、磷、砷的氢化物的性质对比列于表16-6中。

表16-6 SbH_3、BiH_3与同族其他元素氢化物性质的比较

性质	NH_3	PH_3	AsH_3	SbH_3	BiH_3
熔点/K	195.3	140.5	156.1	185	
沸点/K	239.6	185.6	210.5	254.6	298.8
生成焓/($kJ\cdot mol^{-1}$)	-46.11	5.4	66.4	145.1	277.9
键长/pm	102	142	152	171	
键角/(°)	106.6	93.08	91.8	91.3	

二、氧化物及其水合物

1. 氧化物

锑、铋的氧化物主要有两种形式，即+Ⅲ氧化态的Sb_4O_6、Bi_2O_3和+Ⅴ氧化态的Sb_4O_{10}（或Sb_2O_5）和Bi_2O_5。

直接燃烧锑、铋单质只能得到+Ⅲ氧化态的氧化物：

$$4Sb+3O_2 \longrightarrow Sb_4O_6$$

$$4Bi+3O_2 \longrightarrow 2Bi_2O_3$$

要得到+Ⅴ氧化态的氧化物，可先将Sb单质或Sb_2O_3用HNO_3氧化，使生成锑酸，再加热脱水便得Sb_2O_5：

$$3Sb+5HNO_3+8H_2O \longrightarrow 3H[Sb(OH)_6]+5NO\uparrow$$

$$4H[Sb(OH)_6] \xrightarrow{275\ ^\circ C} Sb_4O_{10}+14H_2O$$

HNO_3只能将Bi氧化为+Ⅲ氧化态的$Bi(NO_3)_3$：

$$Bi+4HNO_3 \longrightarrow Bi(NO_3)_3+NO\uparrow+2H_2O$$

在碱性介质中用较强的氧化剂Cl_2，能把Bi(Ⅲ)氧化为Bi(Ⅴ)，生成$NaBiO_3$：

$$Bi(OH)_3+Cl_2+3NaOH \longrightarrow NaBiO_3+2NaCl+3H_2O$$

以酸处理$NaBiO_3$，则得红棕色的Bi_2O_5，它极不稳定，很快分解为Bi_2O_3和O_2。

Sb_4O_{10}是一种淡黄色粉末，显酸性，其酸性比Sb_4O_6强，易溶于碱：

$$Sb_4O_{10}+4KOH \longrightarrow 4KSbO_3+2H_2O$$

Sb_4O_6为两性氧化物，能溶于酸和碱。在酸中由于水解有SbO^+存在，在碱中Sb(Ⅲ)以SbO_2^-存在。Bi_2O_3为弱碱性，只溶于酸。生成的盐中，Bi(Ⅲ)以BiO^+及Bi^{3+}形式存在：

$$Sb_4O_6+2H_2SO_4 \longrightarrow 2(SbO)_2SO_4+2H_2O$$

$$Sb_4O_6+4NaOH \longrightarrow 4NaSbO_2+2H_2O$$

$$Bi_2O_3+H_2SO_4 \longrightarrow (BiO)_2SO_4+H_2O$$

$$Bi_2O_3+6HNO_3 \longrightarrow 2Bi(NO_3)_3+3H_2O$$

锑、铋三氧化物的某些性质列于表 16-7 中。

表 16-7 锑、铋三氧化物的某些性质

氧化物	颜色和状态	酸碱性	熔点/K	生成焓/($kJ\cdot mol^{-1}$)	溶解度/($g\cdot 100\ g$ 水$^{-1}$)
Sb_4O_6	白色晶体	两性偏碱性	923	-696.64	0.002(288 K)
Bi_2O_3	黄色晶体	弱碱性	1090	-576.97	极难溶

Sb_4O_6 又称锑白，是优良的白色颜料，其遮盖力仅次于钛白，而与锌钡白相近。它广泛用于搪瓷、颜料、油漆、防火织物等制造业。

2. 氧化物的水合物

锑、铋氧化物的水合物有+Ⅲ和+Ⅴ两种氧化态。它们的酸碱性及其氧化还原性表现出较好的递变规律性（见表 16-8）。

表 16-8 锑、铋氧化物及其水合物的酸碱性

化合物	锑 化 合 物	铋 化 合 物
+Ⅲ氧化态	Sb_4O_6、$Sb(OH)_3$（两性偏碱性，易溶于酸碱）	Bi_2O_3、$Bi(OH)_3$（弱碱性，只溶于酸）
+Ⅴ氧化态	Sb_4O_{10}、$H[Sb(OH)_6]$（两性偏酸性，溶于碱）	
酸碱性递变规律	从锑到铋，氧化物及其水合物的碱性递增，酸性递减；同一元素+Ⅴ氧化态化合物的酸性比+Ⅲ氧化态的强	

锑酸 $H[Sb(OH)_6]$ 微溶于水，可溶于 KOH 溶液生成锑酸钾。锑酸钾是鉴定 Na^+ 的试剂。锑酸是一元酸，其 $K_a=4.0\times10^{-5}$。它与同周期的 H_6TeO_6、H_5IO_6 有相同的结构，都是六配位的八面体结构，而且它们互为等电子体。

锑、铋的+Ⅲ氧化态的化合物是较稳定的，而+Ⅴ氧化态的化合物具有氧化性，这可从它们的电极电势看出。

酸性溶液中：

$$H_3AsO_4+2H^++2e^- \longrightarrow H_3AsO_3+H_2O \qquad \varphi_A^\ominus=0.56\ V$$

$$Sb_2O_5+6H^++4e^- \longrightarrow 2SbO^++3H_2O \qquad \varphi_A^\ominus=0.58\ V$$

$$Bi_2O_5+6H^++4e^- \longrightarrow 2BiO^++3H_2O \qquad \varphi_A^\ominus=1.59\ V$$

碱性溶液中：

$$AsO_4^{3-} + H_2O + 2e^- \longrightarrow AsO_3^{3-} + 2OH^- \qquad \varphi_B^\ominus = -0.68\ V$$

$$Sb(OH)_6^- + 2e^- \longrightarrow SbO_2^- + 2OH^- + 2H_2O \qquad \varphi_B^\ominus = -0.40\ V$$

$$Bi_2O_5 + 2H_2O + 4e^- \longrightarrow Bi_2O_3 + 4OH^- \qquad \varphi_B^\ominus = 0.56\ V$$

在酸性条件下，Sb(Ⅴ)的氧化性较弱，仅能将 I^- 氧化成 I_2；而Bi(Ⅴ)的氧化性较强，它能将 Mn^{2+} 氧化成 MnO_4^-：

$$2Mn^{2+} + 5NaBiO_3 + 14H^+ \longrightarrow 2MnO_4^- + 5Bi^{3+} + 5Na^+ + 7H_2O$$

在实验室中常用该反应来检验 Mn^{2+}。

在碱性条件下，Sb(Ⅴ)无氧化性，相反 Sb(Ⅲ)有一定程度的还原性；而Bi(Ⅴ)仍有氧化性。

由此可知，从锑到铋低氧化态的化合物稳定性增强，氧化性减弱。

3. 卤化物

锑、铋的卤化物主要有 MX_5 和 MX_3 两种类型。其三卤化物均已制得，五卤化物仅制得几种。它们的某些性质列于表16-9中。

表16-9 锑、铋卤化物的性质

	MX_3		MX_5	
	Sb	Bi	Sb	Bi
F	无色晶体(565)*	灰白色粉末(998 1003)	无色液体(281.3)	固体(427.4)
Cl	白色晶体(346)	白色晶体(506.5)	黄色液体(277)	
Br	白色晶体(370)	金黄色晶体(492)		
I	红色晶体(444)	棕黑色晶体(681)		

* 均指常温下的形态，括号中的数据为卤化物的熔点。

锑、铋的三卤化物在水溶液中强烈水解：

$$MCl_3 + H_2O \longrightarrow MOCl\downarrow + 2HCl \qquad M = Sb^{3+}, Bi^{3+}$$

但由于水解产物卤化氧锑(SbOX)和卤化氧铋(BiOCl)难溶于水，因此水解不完全，常温下通常停留在酰基盐阶段。

与 PCl_3 相似，$SbCl_3$、$BiCl_3$ 等卤化物也是强的 X^- 接受体，可以形成相应的配合物，如 $NaSbF_4$、$(NH_4)_2SbCl_5$ 等。锑、铋的五卤化物是强氧化剂，其中 BiF_5 极不稳定，易分解为 BiF_3 和 F_2。五卤化物也有形成配合物的强烈趋向。例如：

$$AsCl_3+SbCl_5+Cl_2 \longrightarrow [AsCl_4]^+[SbCl_6]^-$$

4. 硫化物

锑、铋为亲硫元素，它们在自然界主要以硫化物形式存在。这些硫化物在结构和性质上类似它们的氧化物。由于 S^{2-} 与 Sb(Ⅲ)、Bi(Ⅲ)、Sb(Ⅴ)间的作用力很强，因此化合物的共价性很强，在水中的溶解度很小[$K_{sp}(Sb_2S_3)=2.0\times10^{-93}$，$K_{sp}(Bi_2S_3)=1.0\times10^{-97}$]，且都有颜色。锑、铋硫化物的性质对比列于表16-10中。

表 16-10 锑、铋硫化物的颜色和溶解性

硫化物	Sb_2S_3	Sb_2S_5	Bi_2S_3
颜色	橙红	橙红	棕黑
在浓盐酸中	溶	溶*[Sb(Ⅴ)⟶Sb(Ⅲ)]	溶
在氢氧化钠中	溶	溶	不溶
在硫化钠或硫化铵中	溶	易溶	不溶
酸碱性递变规律	硫化物从锑到铋碱性递增，酸性递减；同一元素+Ⅴ氧化态硫化物的酸性比+Ⅲ的强		

* $Sb_2S_5+6H^++8Cl^- \longrightarrow 2SbCl_4^-+3H_2S+2S\downarrow$

和氧化物相似，锑、铋硫化物的酸碱性不同，它们在酸或碱中的溶解性也不同。有关的反应式如下：

$$Sb_2S_3+6OH^- \longrightarrow SbO_3^{3-}+SbS_3^{3-}+3H_2O$$

（硫代亚锑酸根离子）

$$4Sb_2S_5+24OH^- \longrightarrow 3SbO_4^{3-}+5SbS_4^{3-}+12H_2O$$

（硫代锑酸根离子）

$$Sb_2S_3+6H^++12Cl^- \longrightarrow 2SbCl_6^{3-}+3H_2S\uparrow$$

$$Bi_2S_3+6H^+ \longrightarrow 2Bi^{3+}+3H_2S\uparrow$$

$$Sb_2S_3+3S^{2-} \longrightarrow 2SbS_3^{3-}$$

$$Sb_2S_5+3S^{2-} \longrightarrow 2SbS_4^{3-}$$

与 Sb_2O_3 一样，Sb_2S_3 也具有还原性，它能被多硫离子氧化生成+Ⅴ氧化态的硫代锑酸盐：

$$Sb_2S_3+3S_2^{2-} \longrightarrow 2SbS_4^{3-}+S$$

Bi(Ⅲ)稳定，不能被多硫化物氧化。

上述锑的硫化物与碱(NaOH)、硫化钠及多硫化物[$(NH_4)_2S_2$、Na_2S_2]的反应中均有 SbS_3^- 或 SbS_4^{3-} 生成，这些离子仅能在碱性及中性介质中存在，遇酸则生成硫代锑酸和硫代亚锑酸，它们很不稳定，在生成时即分解放出硫化氢并析出

硫化物：

$$2SbS_4^{3-} + 6H^+ \longrightarrow Sb_2S_5 \downarrow + 3H_2S \uparrow$$
$$2SbS_3^{3-} + 6H^+ \longrightarrow Sb_2S_3 \downarrow + 3H_2S \uparrow$$

习　题

16-1 请回答下列有关氮元素性质的问题：

(1) 为什么 N—N 键的键能（167 kJ·mol^{-1}）比 P—P 键（201 kJ·mol^{-1}）的小？而 N≡N 键的键能（942 kJ·mol^{-1}）又比 P≡P 键（481 kJ·mol^{-1}）的大？

(2) 为什么氮不能形成五卤化物？

(3) 为什么 NO 的第一电离能比 N 原子的小？

16-2 请回答下列问题：

(1) 如何除去 N_2 中少量 NH_3 和 NH_3 中的水汽？

(2) 如何除去 NO 中微量的 NO_2 和 N_2O 中少量的 NO？

16-3 以 NH_3 与 H_2O 作用时质子传递的情况，讨论 H_2O、NH_3 和质子之间键能的强弱；为什么醋酸在水中是一弱酸，而在液氨溶剂中却是强酸？

16-4 将下列物质按碱性减弱顺序排序，并给予解释。

NH_2OH　　NH_3　　N_2H_4　　PH_3　　AsH_3

16-5 请解释下列事实：

(1) 为什么可用浓氨水检查氯气管道的漏气？

(2) 过磷酸钙肥料为什么不能和石灰一起使用储存？

(3) 由亚砷酸钠制备 As_2S_3，为什么需要在浓的强酸性溶液中？

16-6 请解释下列有关键长和键角的问题：

(1) 在 N_3^- 中，两个 N—N 键有相等的键长，而在 HN_3 中两个 N—N 键键长却不相等；

(2) 从 NO^+、NO 到 NO^-的键长逐渐增大；

(3) NO_2^+、NO_2、NO_2^- 键角（∠ONO）依次为 180°、134.3°、115.4°。

(4) NH_3、PH_3、AsH_3 分子中的键角依次为 107°、93.08°、91.8°，逐渐减小。

16-7 已知 F_2、Cl_2、N_2 的解离能（D）分别为 156.9 kJ·mol^{-1}、242.6 kJ·mol^{-1}、946 kJ·mol^{-1}；N—Cl、N—F 平均键能分别为 192.5 kJ·mol^{-1}、276 kJ·mol^{-1}。试计算 NF_3(g) 和 NCl_3(g) 的标准生成焓，说明何者稳定？指出在玻恩-哈伯循环中哪几步的能量变化对稳定性影响较大？（本题忽略 NCl_3(l) 和 NCl_3(g) 之间的相变热效应。）

16-8 为了测定铵态氮肥中的含氮量，称取固体样品 0.2471 g，加过量 NaOH 溶液并进行蒸馏，用 50.00 mL 0.1050 mol·L^{-1} HCl 溶液吸收蒸出的氨气，然后用 0.1022 mol·L^{-1} NaOH 溶液滴定吸收液中剩余的 HCl，滴定中消耗了 11.69 mL NaOH 溶液，试计算肥料中氮的百分数。

16-9 为什么 PF_3 可以和许多过渡金属形成配合物，而 NF_3 几乎不具有这种性质？PH_3 和过渡金属形成配合物的能力为什么比 NH_3 强？

16-10 红磷长时间放置在空气中逐渐潮解，与 NaOH、$CaCl_2$ 在空气中潮解，实质上有什么不同？潮解的红磷为什么可以用水洗涤来进行处理？

16-11 在同素异形体中，菱形硫和单斜硫有相似的化学性质，而 O_2 与 O_3，黄磷与红磷的化学性质却有很大差异，试加以解释。

16-12 回答下列有关硝酸的问题：

(1) 根据 HNO_3 的分子结构，说明 HNO_3 为什么不稳定？

(2) 为什么久置的浓 HNO_3 会变黄？

(3) 欲将一定质量的 Ag 溶于最少量的硝酸，应使用何种浓度（浓或稀）的硝酸？

16-13 若将 0.0001 mol H_3PO_4 加到 pH=7 的 1 L 缓冲溶液中（假定溶液的体积不变），计算在此溶液中 H_3PO_4、$H_2PO_4^-$、HPO_4^{2-} 和 PO_4^{3-} 的浓度。

16-14 试从平衡移动的原理解释为什么在 Na_2HPO_4 或 NaH_2PO_4 溶液中加入 $AgNO_3$ 溶液，均析出黄色的 Ag_3PO_4 沉淀？析出 Ag_3PO_4 沉淀后溶液的酸碱性有何变化？写出相应的反应方程式。

16-15 试计算浓度都是 0.1 $mol\cdot L^{-1}$ 的 H_3PO_4、NaH_2PO_4、Na_2HPO_4 和 Na_3PO_4 各溶液的 pH。

16-16 AsO_3^{3-} 能在碱性溶液中被 I_2 氧化成 AsO_4^{3-}，而 H_3AsO_4 又能在酸性溶液中被 I^- 还原成 H_3AsO_3，二者是否矛盾？为什么？

16-17 试解释下列含氧酸的有关性质：

(1) $H_4P_2O_7$ 和 $(HPO_3)_n$ 的酸性比 H_3PO_4 强。

(2) HNO_3 和 H_3AsO_4 均有氧化性，而 H_3PO_4 却不具有氧化性。

(3) H_3PO_4、H_3PO_3、H_3PO_2 三种酸中，H_3PO_2 的还原性最强。

16-18 画出下列分子结构图：

$P_4O_{12}^{4-}$ PF_4^+ As_4S_4 AsS_4^{3-} PCl_6^-

16-19 画出结构图，表示 P_4O_{10} 和不同物质的量的 H_2O 反应时 P—O—P 键断裂的情况，说明反应的产物。

16-20 完成下列物质间的转化：

(1) NH_4NO_3—NO—HNO_2—HNO_3—NH_4^+

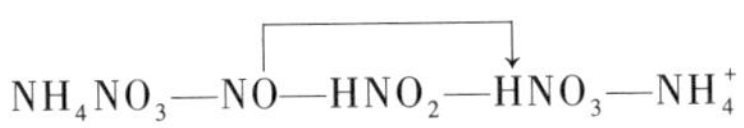

(2) $Ca_3(PO_4)_2$—P_4—PH_3—H_3PO_4

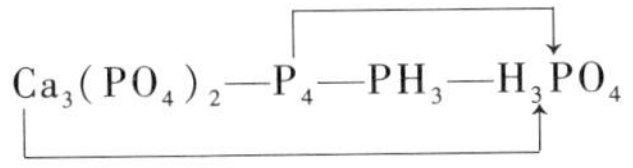

(3) As_2O_3—Na_3AsO_4—Na_3AsS_4

16-21 鉴别下列各组物质：

(1) NO_2^- 和 NO_3^- (2) AsO_4^{3-} 和 PO_4^{3-}

(3) AsO_4^{3-} 和 AsO_3^{3-} (4) PO_4^{3-} 和 $P_2O_7^{4-}$

(5) H_3PO_4 和 H_3PO_3 (6) AsO_4^{3-} 和 AsS_4^{3-}

16-22 完成并配平下列反应方程式：

(1) $NH_4Cl+NaNO_2 \longrightarrow$

(2) $NO_2^-+ClO^-+OH^- \longrightarrow Cl^-$

(3) $N_2H_4+H_2O_2 \longrightarrow$

(4) $NH_2OH+Fe^{3+} \longrightarrow N_2O$

(5) $HN_3+Mg \longrightarrow$

(6) $KNO_3+C+S \longrightarrow$

(7) $AsH_3+Br_2+KOH \longrightarrow K_3AsO_4$

(8) $PH_3+AgNO_3+H_2O \longrightarrow$

(9) $HPO_3^{2-}+Hg^{2+}+H_2O \longrightarrow$

(10) $H_2PO_2^-+Cu^{2+}+OH^- \longrightarrow$

(11) $[Ag(NH_3)_2]^++AsO_3^{3-}+OH^- \longrightarrow$

(12) $Na_3AsO_4+Zn+H_2SO_4 \longrightarrow$

16-23 有一种无色气体 A，能使热的 CuO 还原，并逸出一种相当稳定的气体 B，将 A 通过加热的金属钠能生成一种固体 C，并逸出一种可燃性气体 D。A 能与 Cl_2 分步反应，最后得到一种易爆的液体 E。指出 A、B、C、D 和 E 各为何物？并写出各过程的反应方程式。

16-24 ⅤA 族和ⅥA 族氢化物在沸点时的蒸发焓如下：

	$\Delta_r H^\ominus/(kJ\cdot mol^{-1})$		$\Delta_r H^\ominus/(kJ\cdot mol^{-1})$
NH_3	233	H_2O	406
PH_3	14.6	H_2S	18.7
AsH_3	16.7	H_2Se	19.3
SbH_3	21.0	H_2Te	23.1

以每族氢化物蒸发焓对其摩尔质量作图，假定 NH_3 和 H_2O 不存在氢键时，估计它们的蒸发焓各是多少？在液氨和 H_2O 中，何者具有较强的氢键？

16-25 完成下列转化过程，以方程式表示之。

(1)

$$Na_3SbO_3 \underset{2}{\overset{1}{\rightleftharpoons}} Sb(OH)_3 \underset{4}{\overset{3}{\rightleftharpoons}} SbCl_3 \underset{6}{\overset{5}{\rightleftharpoons}} SbOCl$$

$$SbCl_3 \xrightarrow{7} Sb_2S_3$$

$$Na_3SbS_4 \xleftarrow{8} Sb_2S_3 \underset{10}{\overset{9}{\rightleftharpoons}} Na_3SbS_3$$

(2)

$$Bi(OH)_3 \longrightarrow NaBiO_3 \xrightarrow{4} Bi(NO_3)_3$$

$$Bi(OH)_3 \underset{3}{\overset{2}{\rightleftharpoons}} Bi(NO_3)_3 \underset{6}{\overset{5}{\rightleftharpoons}} (BiO)(NO_3)$$

$$Bi(NO_3)_3 \underset{8}{\overset{7}{\rightleftharpoons}} Bi_2S_3$$

第 17 章

碳族元素

内容提要

本章主要介绍碳族元素及其重要化合物的结构和性质上的一些递变规律。

本章要求：

1. 掌握碳、硅的单质、氢化物、卤化物和含氧化合物的结构、性质和制备；
2. 掌握锗、锡、铅的单质、氧化物、氢氧化物、卤化物和硫化物的结构、性质和制备；
3. 了解硅酸及硅酸盐的结构与特性；
4. 认识碳、硅之间的相似性与差异。

17-1 碳族元素的通性

17-1-1 碳族元素的基本性质

碳族元素包括碳、硅、锗、锡、铅五种元素，其中碳和硅是非金属，锗、锡、铅是金属。碳族元素的一些基本性质列于表 17-1。

表 17-1 碳族元素的一些基本性质

性质	碳	硅	锗	锡	铅
元素符号	C	Si	Ge	Sn	Pb
原子序数	6	14	32	50	82
价电子构型	$2s^2 2p^2$	$3s^2 3p^2$	$4s^2 4p^2$	$5s^2 5p^2$	$6s^2 6p^2$
主要氧化态	+Ⅳ，+Ⅱ，0 （-Ⅱ，-Ⅳ）	+Ⅳ（+Ⅱ）， 0，（-Ⅳ）	+Ⅳ，+Ⅱ	+Ⅳ，+Ⅱ	+Ⅳ，+Ⅱ

续表

性　质	碳	硅	锗	锡	铅
共价半径/pm	77	117	122	140	154
离子半径/pm M^{4+}	15	41	53	69	78
M^{2+}			73	93	119
第一电离能/($kJ \cdot mol^{-1}$)	1090	786	762	707	716
电子亲和能/($kJ \cdot mol^{-1}$)	154	134	116	107	35
电负性(χ_p)	2.5	1.8	1.8	1.8	1.9

17-1-2 电子构型和成键性质

碳族元素的价电子构型为 ns^2np^2，价电子数目与价轨道数相等，最高氧化态是+Ⅳ。C 和 Si 的常见氧化态为+Ⅳ，其与卤素、氧族、氮族元素相比，均不易得到电子，从电离能数据可看出，它们也不易失去电子，故形成离子键的倾向小，形成化合物的键型以共价键为主。碳通常采取 sp^n 型杂化方式成键。所形成的 σ 键的空间构型分别是配位数为 4、3、2 的四面体、平面三角形和直线形，最大配位数为 4。由于碳的原子半径小，形成 p-pπ 键的倾向强，所以当它以 sp^2 或 sp 杂化轨道形成 σ 键时，还可形成 π 键（包括大 π 键），因此碳的一些单质和化合物中有多重键（双键或三键）如 C_6H_6、CO_2、石墨等。硅通常以 sp^3 杂化轨道形成 σ 键，由于硅的原子半径较碳的大，它形成p-pπ 键的倾向小，但可以用 3d 价轨道成键，以 sp^3d^2 杂化轨道形成配位数为 6 的 σ 键，如 SiF_6^{2-}，或者与 PO_4^{3-} 类似，形成 d-pπ 配键，如 SiO_4^{4-}。

表 17-2 列出的是 C、Si 有关化学键的键能。碳、硅都有自相结合成链的特性，从表 17-2 中数据可知，C—C 键的强度比 Si—Si 键大，所以碳自相结合成链的能力强。这些元素与氢形成的单键比它们各自结合的键更牢固，因而都有一系列氢化物，尤其是烷烃，数量达到数百万种之多。

硅与氧结合的 Si—O 键的键能比对应的 Si—Si 键和 Si—H 键的键能都大，所以 Si 是亲氧元素，它们在自然界中都是以含氧化合物的形式存在，没有游离态单质。

表 17-2 C、Si 有关化学键的键能 单位：$kJ \cdot mol^{-1}$

化学键	键能	化学键	键能
C—C	348	C—O	360
Si—Si	226	Si—O	466
C—H	412	C—F	486
Si—H	318	Si—F	584
C=O	743	Si—C	318
C≡O	1072		

随着原子序数的增大，碳族元素的常见氧化态由+Ⅳ变为+Ⅱ价，这主要由于 ns^2 电子会随着原子序数的增加而逐渐稳定。特别是铅，其常见氧化态为+Ⅱ，而+Ⅳ氧化态具有强的氧化性，易被还原为+Ⅱ氧化态。在锗、锡和铅中，随着原子序数的增加，锗、锡和铅的电离能逐渐降低，表现出金属元素的性质，为第ⅣA 族的金属元素，也称为 p 区金属元素。

17-1-3 自然存在和丰度

碳、硅在地壳中的丰度分别为 0.023% 和 25.90%。天然同位素 ^{12}C，相对原子质量为 12（整数，为相对原子质量的基准），同位素丰度 98.93%；^{13}C 相对原子质量为 13.003354826，同位素丰度 1.07%；此外自然界还存在 ^{14}C 放射性同位素，系大气中的氮被高能宇宙射线作用的产物，很稳定，半衰期长达 5700 余年。^{14}C 从大气进入动植物，动植物死去后因 ^{14}C 衰变又得不到补充，因此可以根据测定发掘出来的标本中 ^{14}C 的含量比判断年代，称 ^{14}C 断代术。硅的含量在所有元素中居第二位，它主要以硅酸盐矿石和石英矿（化学式为 SiO_2）的形式存在于自然界。地球上的天然硅酸盐有一千多种；月球岩石主要成分也是硅酸盐。碳在地壳中的含量不多，但分布极为广泛，常见的单质状态的碳有金刚石和石墨，化合态的碳种类就更多。大气中有 CO_2，矿物界有各种碳酸盐，还有煤、石油和天然气等碳氢化合物；动植物体中的脂肪、蛋白质、淀粉和纤维素也都是含碳的化合物。如果说硅是构成地球上矿物界的主要元素，那么碳就是组成生物界的主要元素。人体中碳含量高达 23 mg/g，是构成人体有机化合物的基本元素。

锗为稀有元素，它没有独立的矿物，常以硫化物形式伴生在其他金属的硫化物矿中。褐煤中含约 0.1% 的锗，无烟煤的煤灰中含锗量高达 4%～7.5%。这些物质均是提取锗的原料。锡在自然界中常以氧化物（如锡石 SnO_2）的状态存在。铅则以各种形态的化合物形式存在,其中最重要的铅矿为方铅矿(PbS)。

17-2 碳及其化合物

17-2-1 碳的单质

一、金刚石和石墨

碳有多种同素异形体:金刚石、六方金刚石(发现于陨石)、六方石墨、三方石墨(占天然石墨约 30%)、白碳、球碳、管碳等。

1. 金刚石

在金刚石晶体中,碳原子按四面体成键方式互相连接,组成无限的三维骨架,是典型的原子晶体。图 17-1(a)表示了金刚石的面心立方晶胞的结构。每个碳原子都以 sp^3 杂化轨道与另外 4 个碳原子形成共价键,构成正四面体[见图 17-1(b)]。由于金刚石晶体中 C—C 键很强,且所有价电子都参与了共价键的形成,没有自由电子,所以金刚石不仅硬度最大,熔点极高,而且不导电。在工业上主要用于制造钻探用的钻头和磨削工具,形状完整的金刚石还用于制造首饰等高档装饰品,其价格十分昂贵。

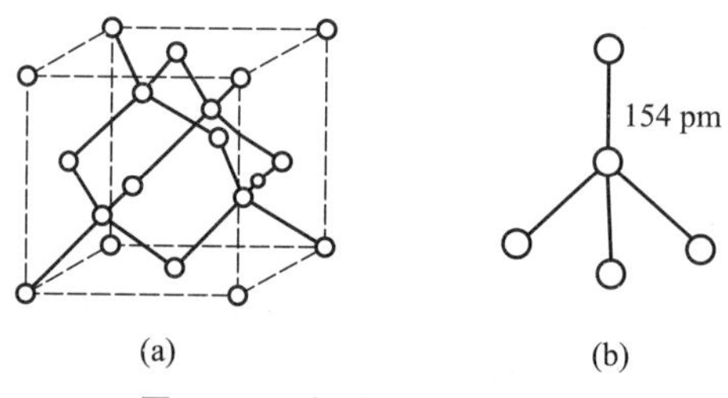

图 17-1 金刚石的晶体结构

2. 石墨

石墨是碳的另一种同素异形体。石墨具有层状结构(见图 17-2),层内每个碳原子以 sp^2 杂化轨道和邻近的 3 个碳原子形成共价 σ 单键,C—C 键键长为 142 pm。同层中每个碳原子均余下一个未参与杂化的 p 轨道,并占有一个未成对的 p 电子,这种碳原子中的 p 轨道相互重叠,形成一个垂直于 σ 键平面的 m 中心 m 电子的大 π 键(Π_m^m)。这些离域的电子可以在整个平面层中活动,所以石墨具有层向的良好的导电、导热性。石墨的层与层之间的距离较大,为 335 pm,以范德华力结合,很容易沿着与层平行的方向滑动、裂解,因此石墨质软且具有润滑性。石墨有化学稳定性，有很好的耐热性，且热膨胀系数小。所以用它制作电极和高温热电偶，坩埚和冷凝器等化工设备，火箭发动机喷嘴和宇宙飞船、导弹的某些部件，在核反应堆中作中子减速剂及防射线材料等，石墨粉可用作润滑剂、颜料和铅笔芯。

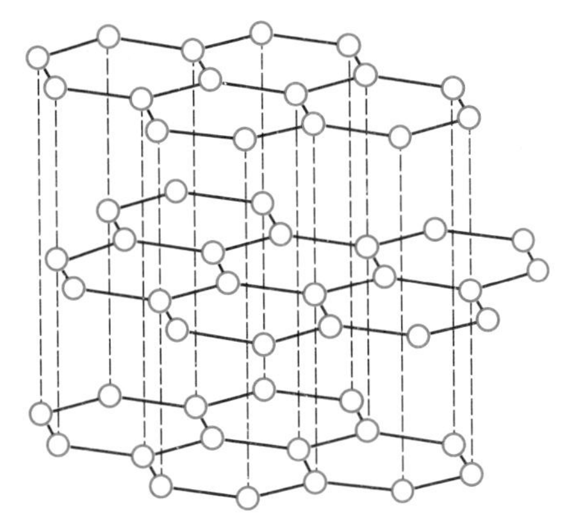

图 17-2 石墨结构

如垂直虚线所标明的那样，隔层而不是邻层碳原子上下对准

自然界有金刚石和石墨矿，大量的工业用的石墨和金刚石是人工制造的。人造石墨是用石油、焦炭和煤焦油或沥青，经过成型烘干，最后在真空电炉中加热到 3000 ℃左右制得。

3. 石墨与金刚石之间的相互转化

石墨是碳的热力学稳定变体（$\Delta_f G_m^\ominus$ 和 $\Delta_f H_m^\ominus$ 均为 0），所以在室温和常压下，将石墨转变为金刚石比较难（金刚石的 $\Delta_f G_m^\ominus = 2.9\ kJ \cdot mol^{-1}$，$\Delta_f H_m^\ominus = 1.9\ kJ \cdot mol^{-1}$）。但金刚石可以自发转变为石墨，其转变速率较慢，事实上很难发生。

由于金刚石的密度（$3.51\ g \cdot cm^{-3}$）比石墨的密度（$2.25\ g \cdot cm^{-3}$）大，因而高压条件有利于使石墨转变为金刚石。工业上就是利用高温（1000 ℃）、高压（$5\times10^6 \sim 6\times10^6$ kPa）以 Co 或 Ni（或 Ni-Cr-Fe）为催化剂，大量生产人造金刚石。后来发现，利用甲烷热解所产生的碳原子，能够在催化剂表面上形成混有石墨的金刚石微晶。这是因为 CH_4 在热解过程中，产生的原子态氢对金刚石微晶的形成有重要作用。因为原子态氢与石墨反应生成碳氢化合物的速率比与金刚石的反应速率大，从而使混杂于金刚石中的石墨被除去。金刚石的合成技术虽然尚待改进，但合成的金刚石薄膜已找到实际用途，如用来提高易磨损表面的硬度以制造电子器件。人们还利用爆炸（原子弹地下爆炸）产生的压力由石墨制得金刚石微晶。

4. 石墨层状间充化合物

石墨层与层之间的作用力为范德华力，片层间结合疏松，这就使许多分子或离子有可能渗入层间形成插入化合物（intercalation compound）或称为层状（lamellar compound）间充（interstitial compound）化合物，总称为石墨化合物（graphite compounds）。这些插入化合物的渗入基本上不改变石墨原有的层状结构，但片层间的距离增加，表现为石墨“膨胀”了，其他性质也有变化。有两种类型的石墨层状间充化合物。

第一种称为导电的石墨层状间充化合物，是指各种原子、分子和离子与石墨反应，被插入石墨的薄层之间而形成具有导电性质的一类化合物。这类化合物保留石墨的高导电能力并且还有所增强。这是由于有的插入物把电子加入石墨本身的导电能级上，使片层带负电荷；或者是由于拿走了成键电子，在片层中留下了能够迁移的带正电荷的“空穴”，因而能传导电流。有的石墨插入化合物还有超导性，如 SbF_5-石墨的导电能力为石墨的 15 倍，它是甲基戊烷裂解和异构化的催化剂及制备氟碳化合物的润滑剂。

石墨与钾、铷、铯的蒸气生成的石墨夹层离子化合物：C_8M、$C_{24}M$、$C_{36}M$、$C_{48}M$ 和 $C_{60}M$（M=K，Rb，Cs）。图 17-3 为石墨与碱金属石墨夹层化合物层间关系的示意图。在 C_8M、$C_{24}M$、$C_{36}M$、$C_{48}M$ 和 $C_{60}M$ 中分别每隔一层、二层、三层、四层、五层碳原子插入一层 M 原子。与 M 原子层相邻的上下两层碳原子的排列方式相同，是这类化合物的结构特点。

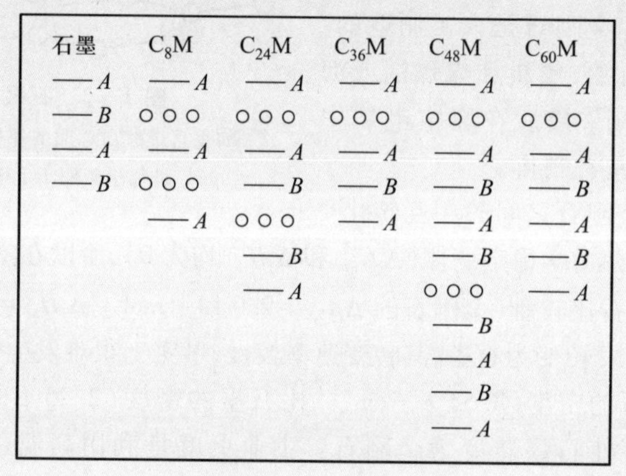

图 17-3　石墨与碱金属石墨夹层化合物层间关系示意图

在 C_8M 中，M 原子形成三角形网[见图 17-4(a)]，M 有 12 个等距的配位碳原子，即上层和下层各有 6 个碳原子，若从垂直于石墨平面层的方向观察，则如图 17-4(b)所示。在 $C_{24}M$中，M 原子形成六角形网[见图 17-4(c)]。

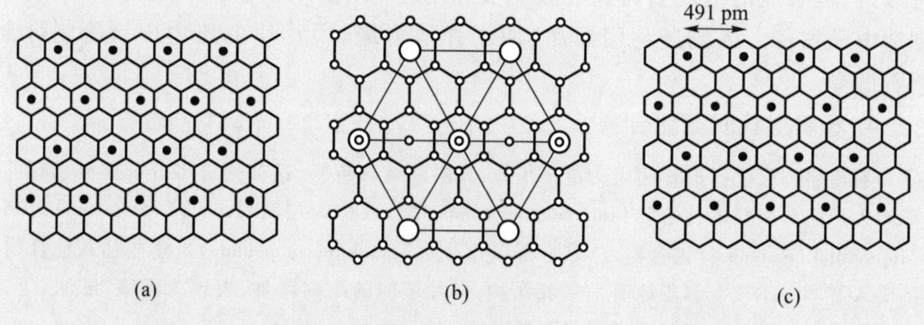

图 17-4　M 原子在 C_8M(a)和(b)及 $C_{24}M$(c)中的排列方式

石墨还可以和 NH_3、R_4N^+、卤素、酸及金属卤化物等生成多种石墨夹层化合物。例如，石墨能与一些强酸反应而生成石墨盐，如 $C_{24}^+HSO_4^-\cdot 2H_2SO_4$ 是一种由于石墨层带有正电荷空穴，而引起导电性增强的石墨化合物。

氟和氧与石墨形成的化合物由于氟与氧的插入而使具有良好导电性的石墨转变为非电导的，称为第二种类型的石墨层状间充化合物。这些化合物中，氟和氧同石墨平面中的碳原子结合时，用到离域 π 键的电子，所以 π 电子体系被破坏，它们不导电，而且碳原子不再处于同一平面，而是呈波浪状。

将石墨悬浮在体积比为 1∶2 的浓硝酸和浓硫酸的混合溶液中，加入固体氯酸钾氧化，可得到一种不稳定的、淡柠檬黄色的氧化石墨，结构如图 17-5 所示。

石墨与 F_2 在 450 ℃时反应，得到一种灰色固体一聚一氟化碳 $(CF)_x$，它是一种能抗大气氧化的润滑剂，其结构如图 17-6 所示。

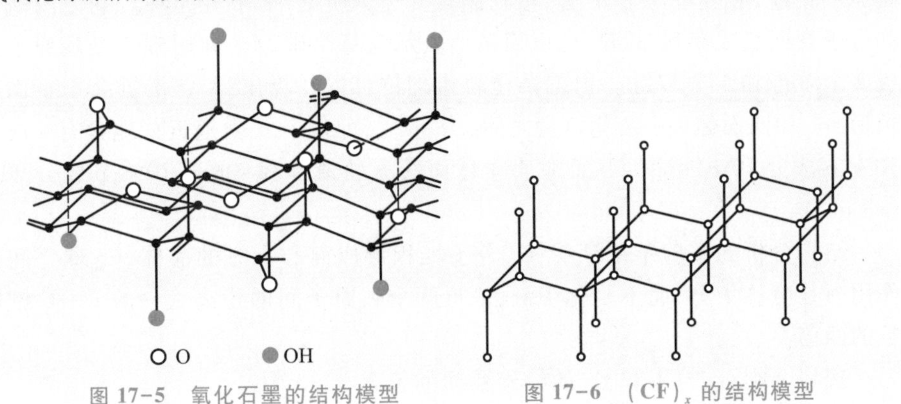

图 17-5 氧化石墨的结构模型　　图 17-6 $(CF)_x$ 的结构模型

二、纳米碳材料

1. 富勒烯(C_{60})

1985 年 9 月，R. E. Smalley、H. W. Kroto 和 R. F. Curl 和 Rice 大学的同事们在氦的脉冲气流里用激光汽化石墨生成碳簇合物，并用飞行质谱仪分析得到的产物，发现了 C_{60}、C_{70}等球碳分子。因此他们分享了 1996 年诺贝尔化学奖。

C_{60}是由 60 个 C 原子相互联结的多边形所构成的近乎圆球的分子，是碳单质的一种新的存在形式。它的结构很像由著名建筑师布克明斯特·富勒(Buckminster Fuller)所设计的一个博览会建筑的圆顶，所以把它叫作“富勒烯”或“布基球”。

C_{60}发现以后，又相继发现 C_{44}、C_{50}、C_{70}、C_{84}、C_{120}、C_{180}等纯碳组成的分子，这类由 n 个碳原子组成的分子，称为碳原子簇，其分子式以 C_n 表示(n 一般小于

200),它们都呈现封闭的多面体形的圆球形或椭球形。

在种类繁多的碳原子簇中,以 C_{60} 研究得最为深入,因为它最稳定。对 C_{60} 的结构研究表明:C_{60} 分子是一个直径为 1000 pm 的空心圆球,60 个碳原子围成直径为 700 pm 的球形骨架,球心到每个碳原子的平均距离为 350 pm,圆球中心有一直径为 360 pm 的空腔,可容纳其他原子。在球面上有 60 个顶点,由 60 个碳原子组成 12 个五元环面,20 个六元环面,90 条棱(见图 17-7)。

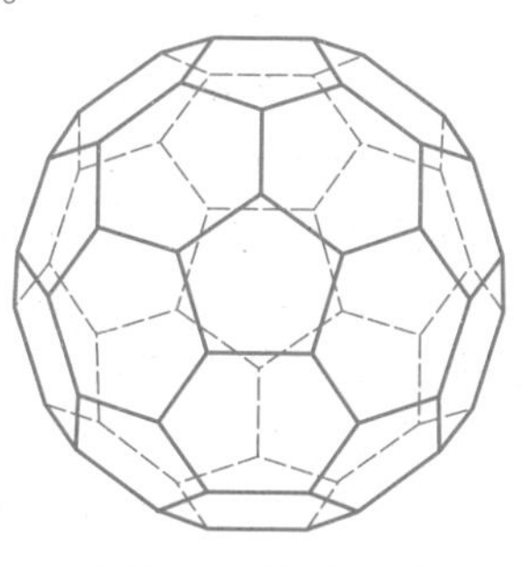

图 17-7　C_{60} 的结构

和石墨分子相似,C_{60} 中每个碳原子与周围 3 个碳原子相连,形成了 3 个 σ 键,参与组成 2 个六元环、1 个五元环。剩余的轨道和电子共同组成离域 π 键,也可简单地表示为每个碳原子和周围 3 个碳原子形成 2 个单键和 1 个双键。根据杂化轨道理论可以计算出,3 个 σ 键介于平面三角形 sp^2 和四面体 sp^3 杂化轨道之间,为 $sp^{2.28}$,即每个 σ 轨道近似地含有 s 成分 30%、p 成分 70%($s^{0.3}p^{0.7}$),而垂直于球面的 π 轨道含有 s 成分 10%,p 成分 90%($s^{0.1}p^{0.9}$)。

结构分析的实验结果证明:C_{60} 分子堆积形成面心立方的晶体,C_{60} 球之间的作用力是范德华力,而不是化学键,最近两个碳原子间的距离为一般 C—C 键键长的两倍。

现将金刚石、石墨和 C_{60} 的结构数据列于表 17-3 中。

表 17-3　三种碳单质的比较

性　质	金刚石	石墨	C_{60}
C 原子构型	四面体形	平面三角形	球面形
键角∠CCC(平均)	109.5°	120°	116°
杂化轨道形式	sp^3	sp^2	$sp^{2.28}$
密度/($g\cdot cm^{-3}$)	3.514	2.266	1.678
每个 C 原子占据体积/($10^{-3}nm^3$)	5.672	8.744	11.87
C—C 键键长/pm	154.4	141.8	(6/6)139.1;(6/5)145.5

在分离出纯的 C_{60} 和 C_{70} 晶体后,有关球碳化合物的合成及性质的研究、结构的测定和开发应用等一系列工作也紧随着蓬勃地发展起来。

由球碳可以合成出品种繁多的各种化合物,因为它可在球体内部空腔包含其他原子；也可在球间空隙填入原子；可用另一种原子置换球面上的碳原子；还可以用各种官能团在球面上进行加成反应等。例如，C_{60} 可被 F_2 和 H_2 等分步加成产生 $C_{60}F_6$、$C_{60}F_{42}$、$C_{60}H_{36}$ 等共价化合物。碱金属 K、Rb、Cs 等可与 C_{60} 产生 K_3C_{60}、Rb_3C_{60} 等离子型化合物。K_3C_{60} 为面心立方晶体，晶体由 K^+ 和 C_{60}^{3-} 组成，C_{60}^{3-} 球形离子按立方最密堆积形成面心立方结构，K^+ 填入全部八面体和四面体空隙中（见图 17-8）。

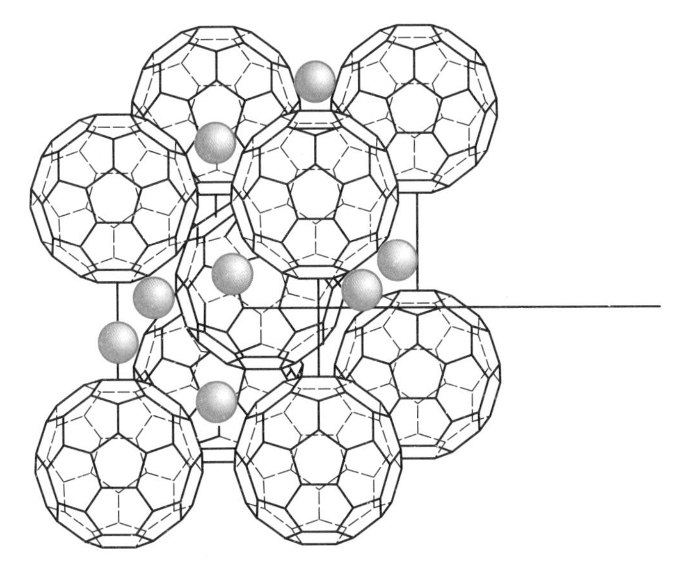

图 17-8 K_3C_{60} 的 f_{cc} 结构

这里只给出整个单元晶胞的一个碎片，整个晶胞为 f_{cc}

C_{60} 还可与亚氨基二乙酸二甲酯在光照的条件下得到其衍生物。

MeOOC–CH₂–NH–CH₂–COOMe $\xrightarrow[h\nu]{C_{60}}$ （COOMe、NH、COOMe 取代的 C_{60} 吡咯烷衍生物）

亚氨基二乙酸二甲酯

人们发现 C_{60} 与碱金属作用形成的 A_xC_{60}（A=K，Rb，Cs 等），具有超导性能，其超导临界温度（T_c）比金属合金超导体高（如 K_3C_{60} 的 T_c 为 19 K，$RbCs_2C_{60}$ 的 T_c 为 33 K），而且 A_xC_{60} 是球状结构，属三维超导，因此是很有发展前途的材料。C_{60} 的化合物也可能作为新型催化剂或催化剂载体、超级润滑剂的材料。还有可能在半导体、高能电池和药物等领域得到应用。

2. 碳纳米管

1991 年,由日本筑波 NEC 实验室的物理学家 Sumio Iijima 使用高分辨透射电子显微镜从电弧法生产的碳纤维中发现了碳纳米管(carbon nanotube)。碳纳米管与石墨、金刚石一样,也是碳的同素异形体。碳纳米管是一种管状的碳分子,管上每个碳原子采取 sp^2 杂化与周围的 3 个碳原子成键,构成六边形平面围成的圆柱面,每端由五边形或七边形参与封闭形成。碳纳米管的结构如图 17-9 所示。碳纳米管可以按层数分为单壁碳纳米管(single wall carbon nanotubes, SWNTs)和多壁碳纳米管(multiple wall carbon nanotubes, MWNTs)。单壁碳纳米管由单层石墨烯形成,其直径为零点几纳米至几十纳米,长度为几十纳米至微米级,直径分布范围小,缺陷少,具有更高的均一性。多壁碳纳米管由同轴多个碳纳米管组成。层数为 2~50,层间距为(0.34±0.01) nm,与石墨的层间距 0.34 nm 相当。

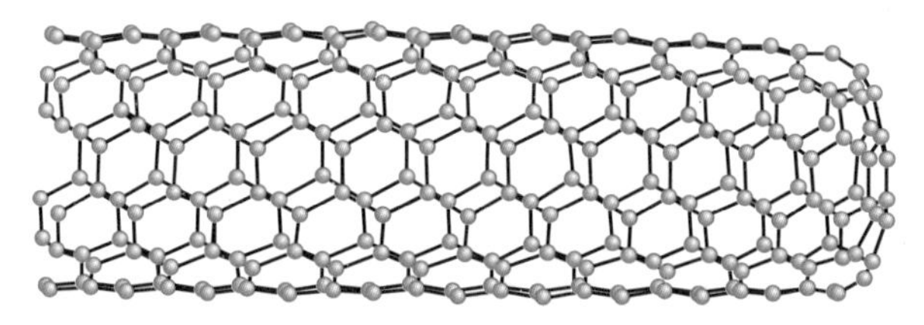

图 17-9 碳纳米管结构

碳纳米管的制备方法有很多,如电弧法、化学气相沉积法、激光蒸发法、等离子体法等,其中主要的制备方法为电弧法和化学气相沉积法。电弧法是最早用于制备碳纳米管的工艺方法,用含有金属催化剂的石墨棒作阳极,纯石墨棒作阴极,在惰性气体的保护下,通过电弧放电,阳极石墨不断被消耗,在阴极上沉积出碳纳米管。化学气相沉积法又名催化裂解法,是一种比较成熟的、可以制备工业使用量级碳纳米管的制备方法。该方法主要是以石英管为反应器,将涂好催化剂的基片放入其中,用 CO、CH_4 等含碳气体作碳源,在惰性气体的保护下,碳源在基片表面裂解形成碳纳米管。对于碳纳米管的生长模型普遍接受的是气相-液相-固相模型(VLS)。碳氢化合物在金属的活性晶面上吸附并分解,生成碳原子簇。在 800~1000 ℃的高温下呈液态的催化剂是反应的活性位点,会吸收气体中的碳原子簇直至过饱和状态。过饱和的碳原子簇在催化剂表面析出形成碳纳米管或碳纤维。这种方法生成的 SWNTs 产量较高、缺陷较少。

碳纳米管是应用较为广泛的一种新材料,在电子学、信息存储、纳米电子器件、储能等方面具有明显的优势。此外,碳纳米管可以作为催化剂载体使用。碳纳米管复合材料性能优异,在水泥、陶瓷材料、电子、航空航天等领域得到广泛应用。

3. 石墨烯

2004年,英国曼彻斯特大学两位科学家A.Geim和K.Novoselov首次用机械剥离法制备出石墨烯,并因此共同获得了2010年诺贝尔物理学奖。石墨烯是一种由碳原子构成的六角形呈蜂巢晶格的二维碳纳米材料(见图17-10)。每个C原子以3个sp^2杂化轨道和邻近的3个碳原子形成3个σ键,剩下的一个p轨道和邻近的其他碳原子的p轨道一起形成π电子共轭体系。因此石墨烯具有超强导电性、超高强度、超大比表面积等特点。制备石墨烯的方法可以分为物理法和化学法,主要有机械剥离法、化学剥离法、化学气相沉积法、外延生长法和有机合成法。这里主要介绍机械剥离法、化学剥离法和化学气相沉积法。

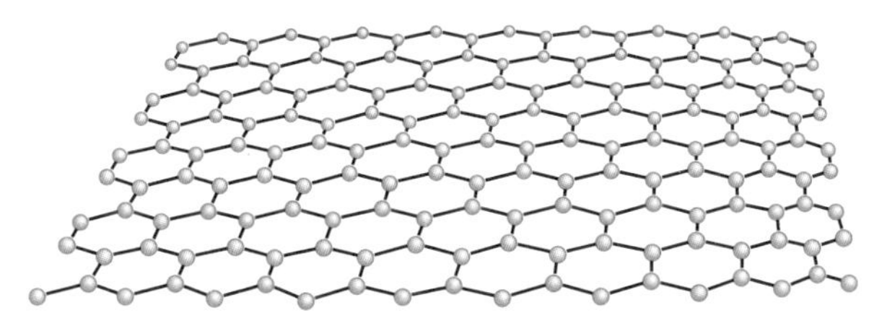

图17-10 石墨烯结构

机械(胶带)剥离法是利用胶带的黏合力,通过多次粘贴将鳞片石墨剥离成石墨烯薄片。然后,将带有石墨烯的胶带粘贴到硅片等基体上。用丙酮等溶剂除去胶带,得到单层或少层石墨烯。该方法可以获得高品质的石墨烯片,但是很难控制所得石墨烯的大小和层数。

化学剥离法是先将石墨在强酸溶液中处理形成石墨插层化合物,然后利用氧化剂氧化石墨层的碳原子,引入含氧官能团,破坏石墨层的结构。再通过超声或快速膨胀将氧化石墨层层分离得到氧化石墨烯。最后,通过化学还原或高温还原等方法除去含氧官能团得到石墨烯。这种方法可以大量制备石墨烯,同时制备的石墨烯便于进行溶液操作和处理,但是很难得到单层石墨烯。此外,石墨烯片层上会不可避免地含有很多缺陷和残留的官能团,降低了石墨烯的质量。

化学气相沉积法是利用甲烷等含碳化合物作为碳源,在镍或铜等金属催化剂基体表面高温分解,形成的碳原子吸附在金属表面,连续生长成石墨烯。这种方法生长的石墨烯质量高,可实现大面积生长,但催化剂基底不易除去。用化学气相沉积法生长石墨烯最常用的金属基体是铜,在铜膜上可以较为容易地生长单层的石墨烯。

石墨烯作为一种新型的二维碳纳米材料,广泛应用于电容器、锂电池、半导体器件等领域,也可以作为催化剂的载体使用。石墨烯薄膜在柔性屏和传感器方面也是很有发展前途的材料。随着对石墨烯的不断研究和探索,石墨烯在不久的将来会有更广阔的应用。

4. 多孔碳

多孔碳是指具有不同孔结构的碳材料,其孔尺寸从纳米级的超细微孔到微米级的细孔。多孔碳根据孔道尺寸大小可以分为以下几类:微孔碳(孔径小于2 nm),介孔碳(孔径在2~50 nm)和大孔碳(孔径大于50 nm)。多孔碳作为一种新型的碳材料,具有耐高温、耐酸碱、良好的导电导热性等众多优点。不同的多孔碳材料在催化、电化学、吸附、储氢等众多领域应用广泛。多孔碳的制备多采用模板法,可以可控制备不同孔径的碳材料。以介孔碳 CMK-3 的制备为例,用蔗糖作前驱体,与少量 H_2SO_4混合后,注入介孔二氧化硅(SBA-15)模板内,在氮气保护下高温碳化,得到介孔碳 CMK-3。二氧化硅模板可通过 HF 或热的 NaOH 溶液除去。

三、无定形碳

无定形碳是由石墨层形结构的分子碎片互相大致平行地无序堆积,而形成的无序结构。无定形碳的颗粒有大有小,有的形成分散度很大的颗粒,其直径只有几个到几十个纳米。焦炭、木炭、炭黑、碳纤维和玻璃态碳等都是无定形碳的主要存在形式。

以木材、煤、骨头或气态碳氢化合物(包括天然气、石油气等)为原料,用隔绝空气加热或干馏等方法可以制得木炭、焦炭、骨炭和炭黑等多种无定形碳。无定形碳具有大的比表面积(1 g 物质所具有的总表面积)。经过活化处理的无定形碳,其比表面积增大,有更高的吸附能力,称为活性炭,常用作吸附剂、净化空气、提纯物质、脱色和去臭等。焦炭和木炭还用于冶金工业。炭黑的颗粒很小,基本的结构单位是层形石墨分子。炭黑主要用作印刷油墨的颜料和橡胶制品的填料,汽车轮胎中加入炭黑能大大改善橡胶的耐磨强度,也能减缓阳光下的老化过程。

碳纤维是一种人工制造的纤维状的碳,可用含碳的有机高聚物纤维炭化得到。例如,利用聚丙烯腈纤维为原料制备碳纤维,是将丙烯腈聚合后,首先在空气中于较低温度(200~300 ℃)下,进行前处理,促使支联化,使高聚物稳定;然后在惰性气氛中进一步提高温度至600 ℃,此时分子间发生聚合反应。当温度达到1300 ℃时,就形成了排列较好的碳纤维。若进一步在更高的温度下(2600~3000 ℃)进行处理,促使晶体成长,可得石墨纤维。现在用沥青也能制得碳纤维。它是一种新型的结构材料,具有质轻、耐高温及很强的机械性能,可用作塑料的增强剂。碳纤维的强度比玻璃纤维高六倍,用碳纤维增强的塑料比玻璃钢更优越,是制造飞机和汽车的部件、火箭和导弹的推进器和发动机外壳等的重要材料。在外科医疗上作韧带和腱植入体内,它不仅可作代用器官,还能与机体组织结合,有利于促进新组织生长。

17-2-2 碳的氢化物

分子中只含有碳和氢两种元素的有机化合物为碳的氢化物。碳的氢化物种类繁多,有烷烃、烯烃、炔烃和苯等。甲烷(CH_4)是最简单的烃类化合物,是一种无色、无味、易燃的气体,是天然气和“瓦斯”的主要成分。甲烷由一个碳和四个氢原子通过 sp^3 杂化的方式组成,因此甲烷分子的结构为正四面体结构,四个键的键长相同、键角相等。甲烷主要用作燃料,发生反应的化学方程式为

$$CH_4(g) + 2O_2(g) \longrightarrow CO_2(g) + 2H_2O(g) \qquad \Delta H^{\ominus} = -802\ kJ \cdot mol^{-1}$$

通常情况下,甲烷比较稳定,与高锰酸钾等强氧化剂不反应,与强酸、强碱也不反应。但是在特定条件下,甲烷也会发生某种反应如取代反应:

$$CH_4(g) + Cl_2(g) \xrightarrow{h\nu} CH_3Cl(g) + HCl(g)$$

17-2-3 碳的氧化物、含氧酸及其盐

一、氧化物

碳有许多氧化物,除常见的 CO、CO_2 外,还有 C_3O_2、C_4O_3、C_5O_2 和 $C_{12}O_{19}$ 等低氧化物。

1. 一氧化碳

当碳或碳的化合物在氧气不足的情况下燃烧时,可得到无色、有毒、易燃的一氧化碳(CO):

$$C(s) + \frac{1}{2}O_2(g) \longrightarrow CO(g) \qquad \Delta_f H_m^{\ominus}(CO,g) = -111\ kJ \cdot mol^{-1}$$

工业上 CO 的主要来源是发生炉煤气和水煤气。发生炉煤气是由有限量空气通过赤热煤层,产生 CO 和 N_2 的混合气体,其成分大致为 CO 25%,N_2 70%,CO_2 4%,还有少量的 H_2、CH_4 和 O_2 等。水煤气是用水蒸气通过灼热(1000 ℃)的焦炭而产生的 CO 和 H_2 的混合气体:

$$C(s) + H_2O(g) \xrightarrow{1000\ ℃} CO(g) + H_2(g) \qquad \Delta_r H_m^{\ominus} = 131.4\ kJ \cdot mol^{-1}$$

其成分大致为 CO 40%,H_2 50%,CO_2 5%,此外还有 5%左右的 N_2 和 CH_4 等。水煤气不仅是 CO 气体的重要来源,也是工业上氢气的重要来源。

实验室制取少量 CO 是用浓 H_2SO_4 作脱水剂,使 $HCOOH$ 脱水而制得:

$$HCOOH \xrightarrow[\triangle]{浓 H_2SO_4} CO\uparrow + H_2O$$

CO 和 N_2、CN^-、NO^+是等电子体，结构相似，分子中有三重键，即一个 σ 键和两个 π 键。但和 N_2 分子不同的是，其中一个 π 键是配键，其电子来自氧原子。其结构式为

$$:C \overset{\longleftarrow}{=\!=} O: \quad 或 \quad \begin{array}{c}\boxed{\quad\quad\ \ \cdot\cdot}\\ :C\text{——}O:\\ \boxed{\cdot\quad\quad\ \ \cdot}\end{array}$$

这个 π 配键在一定程度上抵消了因碳和氧间电负性差所造成的极性，故 CO 的偶极矩很小，只有 0.112 D（即 3.73×10^{-31} C · m），可表示为 $\overset{\delta^-}{C} \overset{\longleftarrow}{\equiv} \overset{\delta^+}{O}$。正因为碳原子略带负电荷，比较容易向其他有空轨道的原子提供电子对，所以 CO 分子的键能（1072 kJ · mol^{-1}）虽比 N_2 分子的大（945 kJ · mol^{-1}），但它却比 N_2 活泼。

CO 的主要化学性质如下：

（1）还原性　CO 在空气中燃烧放出大量的热，是很好的气体燃料。

$$CO+\frac{1}{2}O_2 \longrightarrow CO_2 \quad \Delta_r H_m^\ominus = -284\ kJ\cdot mol^{-1}$$

高温时，CO 能从许多金属氧化物（如 Fe_2O_3、CuO、PbO 等）中夺取氧，使金属还原。冶金工业中，用焦炭作还原剂，实际上起重要作用的是 CO。

为消除汽车排出废气中的 CO 和碳氢化合物对空气的污染，现在有些汽车在排气口装有催化转化装置，用 Al_2O_3 纤维织物作载体，Pt 或 Pd 的化合物为催化剂，此催化剂吸附 O_2，使 CO 转化为无毒的 CO_2。

常温下，CO 还能使一些化合物中的金属离子还原。例如：

$$CO + PdCl_2 + H_2O \longrightarrow CO_2 + Pd\downarrow + 2HCl$$

$$CO + 2Ag(NH_3)_2OH \longrightarrow 2Ag\downarrow + (NH_4)_2CO_3 + 2NH_3$$

这些反应可用来检测微量 CO 的存在。

（2）配位性　CO 作为一种配体，能与一些有空轨道的金属原子或低氧化态的金属离子形成羰基配合物，如 $Fe(CO)_5$、$Ni(CO)_4$ 和 $Cr(CO)_6$ 等。

CO 之所以对人体有毒，是因为它能与血液中携带 O_2 的血红蛋白（Hb）形成稳定的配合物 COHb，CO 与 Hb 的亲和力为 O_2 与 Hb 的 230～270 倍，COHb 配合物一旦形成后，血红蛋白就丧失了输送氧气的能力，所以 CO 中毒将导致组织低氧症。如果血液中 50%的血红蛋白与 CO 结合，即可引起心肌坏死。

在工业气体分析中，常用亚铜盐（CuCl）的氨水溶液或盐酸溶液来吸收混合气中的CO，就是利用CO的加合性，使其生成$CuCl\cdot CO\cdot 2H_2O$。这种溶液经过处理放出CO，可重新使用。合成氨工业中用铜洗液吸收CO，也是基于CO的加合性：

$$[Cu(NH_3)_2]Ac + CO + NH_3 \rightleftharpoons [Cu(NH_3)_3CO]Ac$$

醋酸二氨合铜（Ⅰ）　　　　醋酸羰基三氨合铜（Ⅰ）

（3）与其他非金属反应　CO可以与氢、卤素等非金属反应：

$$CO + 2H_2 \xrightarrow[350\sim400\ ^\circ C]{Cr_2O_3\cdot ZnO} CH_3OH$$

$$CO + 3H_2 \xrightarrow[250\ ^\circ C,101\ kPa]{Fe,Co\text{或}Ni} CH_4 + H_2O$$

$$CO + Cl_2 \xrightarrow{\text{活性炭}} COCl_2\text{（碳酰氯）}$$

这些反应使水煤气成为合成甲醇和某些有机化合物的原料之一。碳酰氯又名“光气”，极毒，它是有机合成中的重要中间体。

（4）与碱的作用　CO具有非常微弱的酸性，在200 ℃及1.01×10^3 kPa压力下能与粉末状NaOH反应生成甲酸钠：

$$NaOH + CO \xrightarrow[1.01\times10^3\ kPa]{200\ ^\circ C} HCOONa$$

因此也可以把CO看作甲酸HCOOH的酸酐，故用甲酸脱水可得CO。

2. 二氧化碳

碳和碳的化合物在空气或氧气中的完全燃烧产物以及生物体内许多物质的氧化产物都是二氧化碳（CO_2）：

$$C(s) + O_2(g) \longrightarrow CO_2(g) \qquad \Delta_f H_m^\ominus(CO_2,g) = -394\ kJ\cdot mol^{-1}$$

$$CH_4(g) + 2O_2(g) \longrightarrow CO_2(g) + 2H_2O(g) \quad \Delta_r H_m^\ominus = -802\ kJ\cdot mol^{-1}$$

CO_2在大气中约占0.03%，在海洋中约占0.014%，它还存在于火山喷射气和某些泉水中。地面上的CO_2主要来自煤、石油、天然气及其他含碳化合物的燃烧、碳酸钙矿石的分解、动物的呼吸以及发酵过程。地面上的植物和海洋中的浮游生物则将CO_2转变为O_2，一直维持着大气中O_2与CO_2的平衡。但是近几十年来随着全世界工业的高速发展并由此带来的海洋和大气的污染，同时森林又滥遭砍伐，这在很大程度上影响了生态平衡，使大气中的CO_2越来越多。CO_2虽无毒，但空气中含量过高，也有使人因缺氧而发生窒息的危险。

CO_2 还是造成地球“温室效应”的主要原因。太阳光中绝大部分的紫外光被大气上层的臭氧层所吸收,其余部分的光进入大气。大气中的水汽和 CO_2 不吸收可见光,因此可见光可通过大气层而到达地球表面。与此同时,地球也会向外辐射能量,不过此能量以红外光的形式辐射出去。水汽和 CO_2 能吸收红外光,这就使得地球应该失去的那部分能量被储存在大气层内,造成大气温度升高。有人估计,大气温度升高 2~3 ℃,就会使世界气候发生剧变,同时会使地球两极的冰山部分融化,从而使海平面升高,甚至使一些沿海城市有被海水淹没的危险。

CO_2 分子为直线型,其结构式为

$$\Pi_3^4$$

$$:O —— C —— O:$$

$$\Pi_3^4$$

碳原子上两个未杂化成键的 p 轨道,侧向同氧原子的 p 轨道肩并肩地发生重叠,π 电子的高度离域性,使 CO_2 中碳氧键的键长(116 pm)处于C ═O双键的键长(120 pm)和C≡O 三键的键长(113 pm)之间。

CO_2 分子没有极性,很容易被液化,其临界温度为 31 ℃,在常温下,施加 7.1×10^3 kPa 的压力即能液化。液态 CO_2 的汽化热很高,−56 ℃时为 25.1 $kJ\cdot mol^{-1}$。当部分液态 CO_2 汽化时,另一部分 CO_2 即被冷却成为雪花状的固体。这固体俗称为“干冰”,它是分子晶体。从相图 17−11 可知,它的三相点高于大气压,所以在常压下于−78 ℃直接升华为气体,它是工业上广泛使用的制冷剂。CO_2 不能自燃,也不助燃,是目前经常使用的灭火剂,但它不能扑灭燃着的镁条。

常温下,CO_2 不活泼,但在高温下能与碳或活泼金属镁、钠等反应:

$$C(s)+CO_2(g)\longrightarrow 2CO(g)$$

$$2Mg+CO_2\xrightarrow{点燃}2MgO+C$$

$$2Na+2CO_2\longrightarrow Na_2CO_3+CO$$

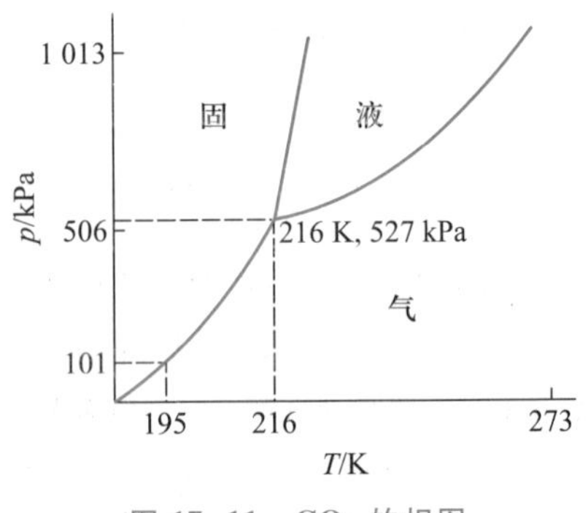

图 17−11 CO_2 的相图

CO_2 是酸性氧化物,它能与碱反应,利用这一性质,氮肥厂用氨水吸收 CO_2 制得 NH_4HCO_3;实验室或某些工厂(酒厂)用碱吸收废气中的 CO_2,使其转变为碳酸盐,一般是用石灰水[$Ca(OH)_2$]作吸收剂,但由于 $Ba(OH)_2$ 的溶解度比

$Ca(OH)_2$大，用$Ba(OH)_2$吸收 CO_2 的效果更好。

工业上 CO_2 被大量用来生产纯碱($Na_2CO_3 \cdot 10H_2O$)、小苏打($NaHCO_3$)、纯Al_2O_3、铅白[$Pb(OH)_2 \cdot 2PbCO_3$]等工业产品。食品工业中用以生产汽水等饮料。

CO_2 在水中的溶解度不大，25 ℃时，1 L 水中能溶 1.45 g(约 0.033 mol)，溶解在水中的 CO_2 大部分以弱的水合分子存在，只有 1%~4%的 CO_2 与 H_2O 反应生成 H_2CO_3。

二、碳酸和碳酸盐

碳酸(H_2CO_3)是二元弱酸，其分步解离：

$$H_2CO_3 \rightleftharpoons H^+ + HCO_3^- \qquad K_1 = 4.3 \times 10^{-7}$$

$$HCO_3^- \rightleftharpoons H^+ + CO_3^{2-} \qquad K_2 = 5.61 \times 10^{-11}$$

式中，K 只是表观解离常数，是假定所有溶于水的 CO_2 全部转化为 H_2CO_3 而计算出来的。根据碳酸的实际浓度，K_1 大约为 2×10^{-4}。

碳酸盐可分为酸式碳酸盐 $M^{I}HCO_3$、碱式碳酸盐 $M_2^{II}(OH)_2CO_3$ 和正盐 $M_2^{I}CO_3$或 $M^{II}CO_3$。通常所说的碳酸盐指的是正盐。

在 HCO_3^- 和 CO_3^{2-} 两种离子中，碳原子均以 sp^2 杂化轨道与 3 个氧原子的 p 轨道形成 σ 键，它的另一个 p 轨道与氧原子的 p 轨道形成 π 键，离子为平面三角形。

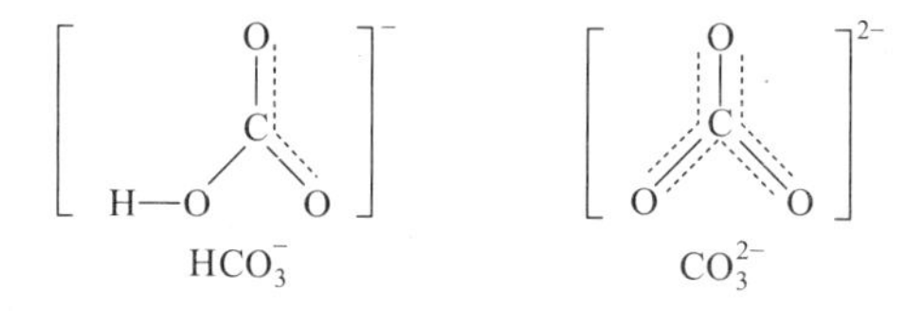

碳酸盐的主要性质有以下三点：

(1) 溶解性　所有碳酸氢盐都溶于水，正盐中只有铵盐和碱金属(Li 除外)的盐溶于水。对难溶的碳酸盐，其相应的酸式盐通常比正盐的溶解度大，如 $CaCO_3$ 难溶，$Ca(HCO_3)_2$ 易溶。对于易溶的碳酸盐，其相应的酸式盐溶解度却比较小。例如，工业上生产碳酸氢铵肥料就是向碳酸铵的浓溶液中通入 CO_2 至饱和：

$$2NH_4^+ + CO_3^{2-} + CO_2 + H_2O \longrightarrow 2NH_4HCO_3 \downarrow$$

这种溶解度的反常和 HCO_3^- 通过氢键形成双聚或多聚离子有关(见图 17-12)。

大理石、石灰石、方解石以及珍珠、珊瑚、贝壳等主要成分都是 $CaCO_3$。白云石、菱镁矿含有 $MgCO_3$。地表层中的碳酸盐矿石在 CO_2 和水的长期侵蚀下可以部分地转变为 $Ca(HCO_3)_2$ 而溶解：

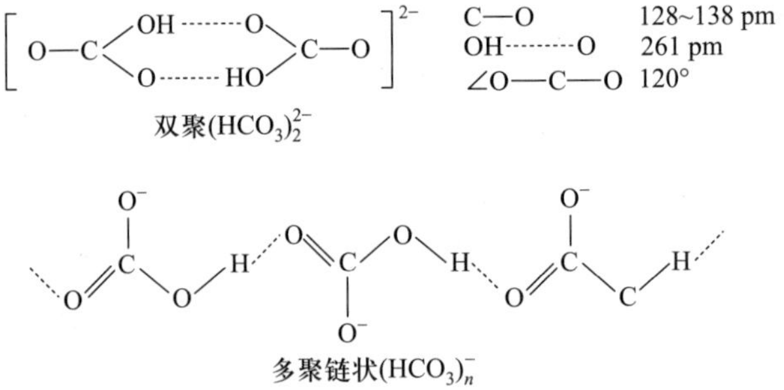

C—O　128~138 pm
OH······O　261 pm
∠O—C—O　120°

双聚$(HCO_3)_2^{2-}$

多聚链状$(HCO_3)_n^-$

图 17-12　双聚$(HCO_3)_2^{2-}$和多聚$(HCO_3)_n^-$

$$CaCO_3 + CO_2 + H_2O \rightleftharpoons Ca(HCO_3)_2$$

$Ca(HCO_3)_2$ 又可分解析出 $CaCO_3$。这就是自然界中景观奇特的钟乳石和石笋形成的原因。

（2）水解性　由于 H_2CO_3 是弱酸，所以 CO_3^{2-} 和 HCO_3^- 均能水解：

$$CO_3^{2-} + H_2O \rightleftharpoons HCO_3^- + OH^-$$

$$HCO_3^- + H_2O \rightleftharpoons H_2CO_3 + OH^-$$

由强碱形成的碱金属碳酸盐和酸式碳酸盐水解度不大，溶液分别呈强碱性和弱碱性，如 0.1 $mol \cdot L^{-1}$ Na_2CO_3 和 $NaHCO_3$ 溶液的 pH 分别是 11.63 和 8.3。

由可溶性弱碱 $NH_3 \cdot H_2O$ 形成的$(NH_4)_2CO_3$ 和 NH_4HCO_3，由于 NH_4^+ 也能水解，双水解使它们的水解趋势较大，但溶液的碱性比相应的 Na_2CO_3 和 $NaHCO_3$ 要弱。

当可溶性碳酸盐如 Na_2CO_3 作为沉淀剂与其他金属盐溶液反应时，其产物可能是碳酸盐、碱式碳酸盐或氢氧化物。究竟是哪种产物，取决于反应物、生成物的性质和反应条件。如果金属离子不水解（如 Ba^{2+}、Ca^{2+}、Ag^+ 等），将得到碳酸盐；如果金属离子的水解性极强（如 Fe^{3+}、Al^{3+}、Cr^{3+} 等），其氢氧化物的溶度积又很小，将得到氢氧化物：

$$2Fe^{3+} + 3CO_3^{2-} + 3H_2O \longrightarrow 2Fe(OH)_3 \downarrow + 3CO_2 \uparrow$$

有些金属离子有一定程度水解，如 Cu^{2+}、Zn^{2+}、Pb^{2+} 和 Mg^{2+} 等，但其氢氧化物的溶度积与碳酸盐的溶度积相差不多，则可得到碱式盐：

$$2Cu^{2+} + 2CO_3^{2-} + H_2O \longrightarrow Cu_2(OH)_2CO_3 \downarrow + CO_2 \uparrow$$

如果用 $NaHCO_3$ 溶液代替 Na_2CO_3 溶液作沉淀剂，由于溶液中 OH^- 浓度减小，有些离子如 Mg^{2+} 等，就沉淀为碳酸盐。

(3) 热稳定性　一般来说,酸式碳酸盐的热稳定性均比相应的正盐稳定性差。碳酸盐受热分解的难易程度与金属离子对 CO_3^{2-} 的反极化作用有关。在没有外界电场影响时,CO_3^{2-} 中的 C^{4+} 对其周围的 3 个 O^{2-} 有一定的极化作用,使其产生诱导偶极而变形[见图17-13(a)],但是在含氧酸或含氧酸盐中,由于 CO_3^{2-} 周围的 H^+ 或 M^{n+} 对 O^{2-} 也有极化作用,所产生的偶极与原来的偶极方向相反,这种作用称为反极化作用。由于外界电场的增强,首先是最近的一个 O^{2-} 原来的偶极被抵消[见图17-13(b)],进一步是诱导偶极超过原有的偶极[见图 17-13(c)],因而使 O^{2-} 和 C^{4+} 之间的键被极大地削弱,随着外界电场的继续加强和温度的升高,晶体中 M^{n+} 和 CO_3^{2-} 的振动加剧,使它们更加靠近,反极化作用加强,就会引起 CO_3^{2-} 的完全破裂[见图17-13(d)],分解成 MO 和 CO_2。

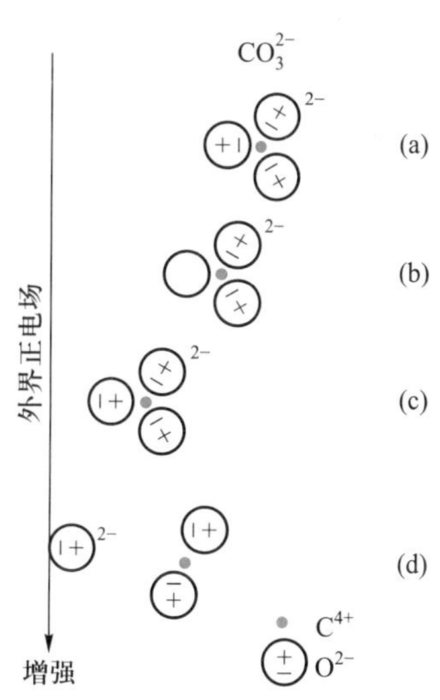

图 17-13　CO_3^{2-} 在电场中的变化

很显然,非稀有气体电子构型(18,18+2,9~17)的 M^{n+} 其极化能力比稀有气体电子构型(2,8)的 M^{n+} 强,因此前者碳酸盐的稳定性比后者的小,分解温度较低(见表 17-4)。

表 17-4　某些碳酸盐的分解温度

金属离子	离子的外层电子构型	离子半径/pm	分解温度/K
Li^+	2	60	1513
Na^+	8	95	2017
Be^{2+}	2	31	373
Mg^{2+}	8	65	813
Ca^{2+}	8	99	1170
Sr^{2+}	8	113	1462
Ba^{2+}	8	135	1633
Zn^{2+}	18	74	573
Cd^{2+}	18	97	633
Pb^{2+}	18+2	121	588
Fe^{2+}	14	76	553

当离子的电子构型相同时，一般来说，正电荷高或半径小的 M^{n+}，极化能力强，碳酸盐的分解温度相对来说较低；反之，则较高。从表 17-4 中的数据可看出：碱土金属碳酸盐的热稳定性比碱金属的小；同一族中，随 M^{n+} 半径增加，碳酸盐的热稳定性增加。

至于 H^+，虽然它只有一个正电荷，但它的半径很小，电荷密度大，正电场也很强，甚至可以钻到氧的电子云中间去，反极化作用特别大，所以相同 M^{n+} 的酸式盐不如正盐稳定。含有两个 H^+ 的 H_2CO_3 当然更不稳定，三者之间的热稳定性变化次序为 $H_2CO_3 < M^IHCO_3 < M_2^ICO_3$。

17-2-4 碳的硫化物和卤化物

一、二硫化碳

二硫化碳(CS_2)的工业制法主要有两种：一种方法是将硫磺和焦炭混合放入铸铁制的曲颈瓶中，加热至 897 ℃；另一种方法是将硫粉与甲烷的混合物通过硅胶或氧化铝催化剂加热至 597 ℃。

二硫化碳为直线形分子，结构式为 S═C═S ，C═S 键键长为 155 pm。CS_2 为无色有毒的挥发性液体(沸点为 46.2 ℃)，在空气中极易着火，反应生成 $CO_2(g)$ 和 $SO_2(g)$。它不溶于水，但若加热到 150 ℃，可和 H_2O 反应，生成 CO_2 和 H_2S。

CS_2 可作有机化合物、磷和硫的溶剂，大量地被用于生产黏胶纤维，其次用于制玻璃纸和生产 CCl_4。农业上还用它控制虫害。

二、碳的卤化物

在碳的卤化物中最常见的为四卤化碳。室温下，CF_4 是气体，CCl_4 是液体，CBr_4 和 CI_4 是固体，它们的某些性质列于表 17-5 中。

表 17-5 四卤化碳的某些性质

性质	CF_4	CCl_4	CBr_4	CI_4
熔点/K	89.7	250.3	360.3	444.2
沸点/K	144.9	349.9	462.7	—
颜色	无	无	淡黄	淡红
$\Delta_f H_m^{\ominus}/(kJ\cdot mol^{-1})$	-925	-135	79	—
C—X 键键能/($kJ\cdot mol^{-1}$)	485	327	285	213
C—X 键键长/pm	135	177	194	214
水溶性	均不溶于水，只溶于有机溶剂			

在 CX_4 中以 CF_4 最为稳定，化学性质不活泼。用碳和氟直接化合或碳化硅的氟化或 AgF 与 CCl_4 在 240 ℃时作用都可生成 CF_4。

碳和氯不能直接化合，所以 CCl_4 是在催化剂（$MnCl_2$、$AlCl_3$ 等）作用下，由 CS_2 和 Cl_2 反应制得：

$$CS_2 + 3Cl_2 \xrightarrow{MnCl_2} CCl_4 + S_2Cl_2$$

副产物 S_2Cl_2 又能使 CS_2 进一步氯化，因此这是工业上制备 CCl_4 的重要方法。

CCl_4 不与酸碱发生反应，但对一些金属如铁、铝有明显的腐蚀作用。CCl_4 可以和乙醇及其他有机液体完全互溶，是实验室常用的不燃溶剂，工业上或实验室中常用它溶解油脂和树脂。CCl_4 也是常用的灭火剂。

除单一的四卤化碳外，碳还有一些混合四卤化物：CX_nY_{4-n}，如灭火剂-1211、$CBrClF_2$ 和制冷剂氟里昂等。氟里昂为烷烃的含氟和氯的衍生物的总称，如 $CClF_3$、CCl_2F_2、CCl_3F 等。它们的商业名称分别叫氟里昂-11、氟里昂-12、氟里昂-13。其中，氟里昂-12 即二氟二氯甲烷 CCl_2F_2 的化学性质极不活泼，无毒又不可燃，在 243 K 时为液体，是常用的制冷剂，主要用于小型制冷装置中。但氟里昂对大气上层的臭氧层有破坏作用，为减少环境污染，现已在推广使用“无氟”冰箱和空调器等，“无氟”之意指无氟里昂，事实上新工作气体仍为新品种的卤代烃。

近年来，世界范围内对 C_1 化学开展了相当多的研究工作，C_1 化学主要研究一氧化碳、二氧化碳和甲醇化学。这些研究的最终目标是将丰富的煤资源经济地转化成更有价值的气体燃料和液体燃料。

17-2-5 碳化物

碳化物是指碳与比它电负性小的元素形成的二元化合物。部分碳化物具有熔点高、硬度大、高温下强度好和耐化学腐蚀的优点。

碳化物按组成结构可分为离子型、共价型和间充型（金属型）三大类。

一、离子型化合物

碳与活泼金属或其氧化物加热反应可得离子型碳化物。例如：

$$CaO + 3C(焦炭) \xrightarrow{2000\ ℃} CaC_2 + CO$$

这类离子型碳化物中含有 C_2^{2-}，其结构为 $[:C\equiv C:]^{2-}$，遇水发生水解反应。例如：

$$CaC_2 + 2H_2O \longrightarrow Ca(OH)_2 + C_2H_2\uparrow$$

纯 CaC_2 是白色晶体，熔点为 2300 ℃，工业产品中因掺有杂质碳而呈灰色，俗称电石。

碳与铍、铝生成符合化合价规则的 Be_2C 和 Al_4C_3，它们与水反应生成甲烷，故又叫作“甲烷化物”：

$$Al_4C_3(s)+12H_2O(l) \longrightarrow 4Al(OH)_3(s)+3CH_4(g)$$

二、共价型化合物

这类化合物主要是非金属硅或硼的碳化物，如碳化硅 SiC、碳化硼 B_4C，它们都是原子晶体。

碳化硅 SiC 为无色晶体，具有金刚石的结构，故又名金刚砂，其硬度(9.5)介于金刚石(10)和氧化铝之间，热稳定性极高，温度高达 2700 ℃时才开始分解，不被大多数酸溶液(包括 HF)侵蚀，所以 SiC 是一种极好的磨料和耐火材料。它与 Si_3N_4 并列为精细陶瓷中的高温结构陶瓷，具有耐高温、耐磨损、密度小、耐腐蚀、强度高等优点。用 SiC 或 Si_3N_4 陶瓷制造的汽车发动机部件，能承受 1327 ℃以上的高温而又不需要水冷系统，热效率大幅度提高。用精细陶瓷制造发动机，还可减轻汽车质量，这对航空、航天事业具有更大的吸引力。

碳化硼 B_4C 是熔点高、硬度大、具有化学惰性的黑色固体。主要用途是作抛光或研磨用的磨料，也用在制作轻质的防护器具，如用在防弹服及飞船的防护板中，还用于制原子能反应堆中的控制棒。

三、间隙型(金属型)化合物

过渡金属单质结构大都采取体心、面心、六方密堆积形式，在这些结构中存在许多四面体和八面体空隙，使半径较小的非金属原子如 B、C、N 等可填入空隙中，形成金属间隙化合物或间隙固溶体，在具有这类结构的化合物中，同时存在金属键和共价键，原子间结合特别牢固，因此它们常具有高强度、高硬度和高熔点等优异性能。

d 区从ⅣB 族到Ⅷ族过渡元素的碳化物均为金属型碳化物，按组成它们又可分为 MC(TiC，ZrC，HfC 等)、M_2C(Mo_2C，W_2C)以及 M_3C(Mn_3C，Fe_3C)三类，它们具有金属光泽，且导电、导热性好，热膨胀系数小，硬度大，熔点极高，有的熔点甚至超过原来金属。如 TiC、TaC、HfC 的熔点在 3127 ℃以上(接近 3727 ℃)，用 20% HfC 和 80% TaC 制得的合金是已知物质中熔点最高的。因此它们是耐高温材料，已用作火箭的芯板和火箭用的喷嘴材料。MC 及 M_2C 型碳化物不仅难熔化，还耐腐蚀。

17-3 硅及其化合物

17-3-1 硅的单质

常温下,硅单质的唯一存在形式是晶态固体。硅晶体属于立方晶系并具有金刚石型晶体结构,这种晶体结构的特征是晶格中任一硅原子的周围都对称地以正四面体形式连接着另外 4 个硅原子,这是硅单质常温下存在的唯一晶形。

一、制备

从天然二氧化硅或硅酸盐出发,用不同方法可以制备各种纯度等级的单质硅。工业上用焦炭在电炉中将石英砂还原得到粗硅:

$$SiO_2+2C \xrightarrow{3000\ ℃} Si+2CO\uparrow$$

粗硅可通过下列反应转变为纯硅:首先将其直接氯化为四氯化硅或与氯化氢作用生成三氯氢硅:

$$Si(粗)+2Cl_2(g) \xrightarrow{450\sim500\ ℃} SiCl_4(l)$$

$$Si(粗)+3HCl(g) \xrightarrow{280\sim300\ ℃} SiHCl_3(l)+H_2(g)$$

用精馏的方法将 $SiCl_4$ 和 $SiHCl_3$ 提纯后再用 H_2 还原得到高纯硅:

$$SiCl_4+2H_2 \xrightarrow{1100\sim1180\ ℃} Si(纯)+4HCl$$

$$SiHCl_3+H_2 \xrightarrow{1100\ ℃} Si(纯)+3HCl$$

制备高纯硅还有许多新方法,如硅烷的热分解或用 Na 还原 Na_2SiF_6 等。

二、物理和化学性质

硅单质的颜色灰黑,具有闪亮的金属光泽。由于硅属原子晶体,Si—Si 共价键的强度也大,所以硅晶体质地坚硬且有脆性(硬度为 7.0),熔点、沸点极高(熔点 1410 ℃,沸点 2477 ℃),在常温下化学性质不活泼。粉末状的硅比晶体硅活泼,其主要化学性质如下:

(1) 与非金属作用 从表 17-2 中的键能数据可知,Si—F 键的键能比 Si—Si、Si—O、Si—H 的都大得多,所以常温下,Si 只与 F_2 反应生成 SiF_4。但在高温下，能与其他卤素及一些非金属单质反应：

$$Si + O_2 \xrightarrow{600\ ℃} SiO_2$$

$$3Si + 2N_2 \xrightarrow{1300\ ℃} Si_3N_4$$

$$Si + C \xrightarrow{1950\ ℃} SiC$$

$$Si + 2Cl_2 \xrightarrow{400\ ℃} SiCl_4$$

合成 Si_3N_4 除可用单质直接反应外，还可将 SiO_2 在氮气中用碳还原，然后进行氮化，也可以利用 $SiCl_4$ 和 NH_3 的气相反应。

(2) 与金属作用　固态 Si 不太活泼，难与液体或气体试剂反应。与此相反，液态 Si 极为活泼，它与金属（如 Zn、Cd 等）可形成简单互溶合金，也可形成二元化合物硅化物：

$$Si + 5Cu \longrightarrow Cu_5Si$$

(3) 与酸作用　Si 在含氧酸中被钝化，在有氧化剂（如 HNO_3、CrO_3、$KMnO_4$、H_2O_2 等）存在的条件下，与 HF 反应：

$$3Si + 4HNO_3 + 18HF \longrightarrow 3H_2SiF_6 + 4NO\uparrow + 8H_2O \quad \Delta_r G_m^\ominus = -2133\ kJ \cdot mol^{-1}$$

(4) 与碱作用　粉末状硅能剧烈地与强碱反应，放出 H_2：

$$Si + 2NaOH + H_2O \longrightarrow Na_2SiO_3 + 2H_2\uparrow$$

三、用途

将高纯硅熔融拉成单晶后，再经“区域熔炼法”提纯为超纯硅，就成为重要的半导体材料，大量用于制造各种半导体器件、元件及其他仪器设备。

在超纯晶体硅中，充满电子的价带和未填充电子的导带间的能量间隔（即禁带宽度）比绝缘体的小，一般为 0.5~0.3 eV（绝缘体的 $\Delta E \approx 6$ eV）。当光照或加热时，价带的电子容易激发到导带上，而价带上则留下“空穴”，电子和“空穴”都是载流子，在电场的作用下可以运动，传导电流。这样，两种能带都成了导带。这种半导体称为本征半导体。载流子数目的多少，取决于禁带宽度和温度。温度升高，电子容易被激发越过禁带，因而导电性增加（这和金属导体相反，温度升高，金属离子振动加剧，妨碍了电子的流动，使其导电性下降）。

在纯硅或锗中掺入杂质，将极大地影响其导电性，如果掺入少量 P、As、Sb、Bi，由于这些掺杂原子在 Si、Ge 中成键只需要 4 个价电子，因而多了 1 个电子，这些“多余的”电子在靠近导带处形成了一个分立的能级，只需要不大的热能，就可以进入导带，使导电性增加。这类掺杂半导体是以电子（即负电荷）为载流子，故称为n型半导体（n表示负电荷negative）。如果掺入的是ⅢA族元素（B、Al、Ga、In），则晶体中每掺入一个这样的原子，就比成键所要求的价电子数少一个电子，留下一个带正电荷的“空穴”，在靠近价带的上方形成一个分立的能级，这个能级上有单个电子和空穴，还能从外界接受一个电子，所以该能级叫作受主能级。由于受主能级靠近价带，其中的电子不易进入导带，对电导没有贡献。但价带中的电子却容易被激发进入受主能级，这样价带中留下空穴，可以导电。这类掺杂半导体是以正电荷空穴为载流体，故称为p型半导体（p表示正电荷positive）。n型和p型半导体统称为非本征半导体。将n型和p型半导体结合在一起，制成太阳能电池，可将太阳能转变为电能。另外，近年来研制成功的非晶态硅薄膜主要用于太阳能光电转换和信息技术方面。

太阳能电池的工作原理基于“光伏效应”。当太阳光照在半导体的p-n结上，会产生电子-空穴对，在p-n结内建电场的作用下，光生空穴会流向p区，光生电子会流向n区，在外接电路后产生电流，将光能转化成电能。

硅除用作半导体材料外，还大量应用于化学工业，用以合成硅酮化合物、硅酮油、硅酮树脂和硅酮橡胶。在冶金工业中，硅以硅铁（硅铁合金）形式作为铸铁时的脱氧剂；制造高硅铁合金，增强铁的抗腐蚀性能；还大量用来制造硅钢片，用于制造电动机及变压器等电器的硅钢叠片。

17-3-2 硅的氢化物——硅烷

硅与碳相似，有一系列氢化物，但硅自相结合成链的能力比碳差，生成的氢化物在种类和数量上要少得多。现在已知带支链与不带支链的硅烷Si_nH_{2n+2}（$n\leqslant 8$），包括SiH_4、Si_2H_6、Si_3H_8、Si_4H_{10}等。

由于硅不能与H_2直接作用，简单的硅烷常用金属硅化物与酸反应来制取或者用强还原剂$LiAlH_4$还原硅的卤化物：

$$Mg_2Si + 4HCl \longrightarrow SiH_4\uparrow + 2MgCl_2$$

$$2Si_2Cl_6(l) + 3LiAlH_4(s) \longrightarrow 2Si_2H_6(g) + 3LiCl(s) + 3AlCl_3(s)$$

硅烷是无色的气体或挥发性液体，反应活性极强，在空气中会自燃或爆炸。随着链的增长，硅烷的热稳定性下降，在室温下只有甲硅烷SiH_4是稳定的。表17-6列出了硅烷的一些物理性质。

表 17-6 硅烷的一些物理性质

性　质	SiH_4	Si_2H_6	Si_3H_8	正-Si_4H_6	异-Si_4H_6
熔点/K	88	140.5	390.2	183.1	173.9
沸点/K	161.2	258.7	326.1	381	374
密度/($g\cdot cm^{-3}$)	0.68(87 K)	0.686(248 K)	0.725(273 K)	0.825(273 K)	—
室温下热分解	稳定	非常慢(2.5% 8个月)	缓慢	相当快	相当快

硅烷的化学性质比相应的烷烃活泼，以甲硅烷为例：

(1) 还原性比甲烷强　SiH_4 能与 O_2 猛烈反应，在空气中可以自燃：

$$SiH_4+2O_2 \xrightarrow{\text{自燃}} SiO_2+2H_2O \quad \Delta_r H_m^\ominus=-1430\ kJ\cdot mol^{-1}$$

在溶液中能与一般氧化剂反应：

$$SiH_4+2KMnO_4 \longrightarrow 2MnO_2\downarrow+K_2SiO_3+H_2+H_2O$$

$$SiH_4+8AgNO_3+2H_2O \longrightarrow 8Ag\downarrow+SiO_2\downarrow+8HNO_3$$

这两个反应可用于检验 SiH_4。

(2) 稳定性比甲烷差　SiH_4 在 500 ℃以上分解为 Si 和 H_2：

$$SiH_4 \xrightarrow{500\ ℃} Si+2H_2$$

而 CH_4 的脱氢分解反应的温度比其高出 1000 ℃：

$$2CH_4 \xrightarrow{1500\ ℃} C_2H_2+3H_2\uparrow$$

(3) SiH_4 在碱的催化作用下，发生剧烈水解：

$$SiH_4+(n+2)H_2O \xrightarrow{\text{碱}} SiO_2\cdot nH_2O\downarrow+4H_2$$

而 CH_4 却无此反应。

硅烷比相应的烷烃活泼，可由多方面的因素来说明：

(1) H 的电负性($\chi=2.1$)介于 C($\chi=2.5$)和 Si($\chi=1.8$)之间，CH_4 中C—H 键的共用电子对靠近 C，而 SiH_4 中 Si—H 键的共用电子对则靠近 H，使 H 表现出负氧化态，故硅烷还原性比烷烃强。

(2) Si—Si 键与 Si—H 键的键能均比 C—C 键和 C—H 键的小，故硅烷的稳定性比烷烃差。

(3) Si 的半径比 C 的大，而且价层还有可利用的 3d 空轨道，易受亲核试剂进攻，故硅烷比烷烃易水解。

17-3-3 硅的含氧化合物

一、二氧化硅

二氧化硅有晶体和无定形两种形态。二氧化硅晶体是通过 Si—O 键形成三维网络的原子晶体，在此晶体中，每个硅原子以 4 个共价单键与 4 个氧原子结合，而四面体又通过顶点的氧原子连成一个整体，所以硅氧四面体 SiO_4 是二氧化硅晶体的基本结构单元[见图 17-14(a)]，其中每个氧原子为两个四面体所共有，即 Si∶O=1∶2，所以二氧化硅的最简式为 SiO_2，但此式和 CO_2 分子式有不同意义，后者代表独立的、由 C═O 双键组成的、有确定相对分子质量的小分子。

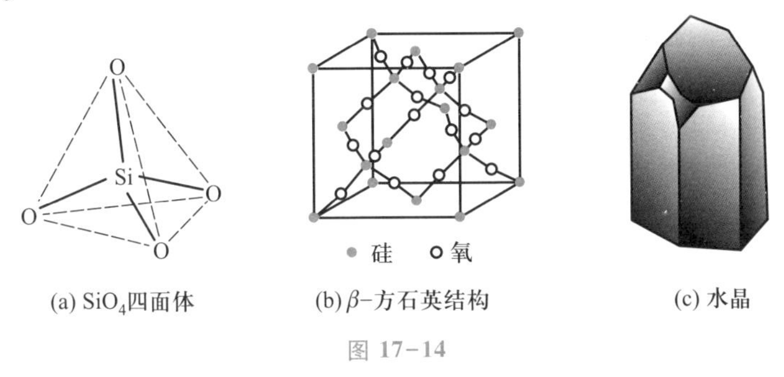

(a) SiO_4四面体　(b) β-方石英结构　(c) 水晶

图 17-14

晶态二氧化硅主要存在于石英矿中，且有多种变体。

这些变体可分为 3 个系列，即石英、鳞石英和方石英系列。在同系列中从高温到低温的不同变体通常分别用 α、β 和 γ 表示。石英、鳞石英和方石英间的转变称为一级变体间的转变，属于重构式转变。同系列的 α、β 和 γ 间的转变称为二级变体间转变，也叫高低温型转变，属于位移式转变。以下是各种变体间的转变示意图：

$$\alpha\text{-石英} \xrightleftharpoons[1143\ \text{K}]{\text{重构式转变}} \alpha\text{-鳞石英} \xrightleftharpoons[1743\ \text{K}]{\text{重构式转变}} \alpha\text{-方石英}$$

$$\alpha\text{-石英} \xrightleftharpoons[\text{转变}]{\text{位移式}} \beta\text{-石英}\ (846\ \text{K})$$

$$\alpha\text{-鳞石英} \xrightleftharpoons[\text{转变}]{\text{位移式}} \beta\text{-鳞石英}\ (433\ \text{K})$$

$$\alpha\text{-方石英} \xrightleftharpoons[\text{转变}]{\text{位移式}} \beta\text{-方石英}\ (473\sim5436\ \text{K})$$

$$\beta\text{-鳞石英} \xrightleftharpoons[\text{转变}]{\text{位移式}} \gamma\text{-鳞石英}\ (378\ \text{K})$$

这三个系列的变体的差异在于晶体中 SiO_4 四面体排列方式不同，方石英的结构和金刚石相似[见图17-14(b)]。纯石英为无色晶体，大而透明的棱柱状石英称为水晶[见图17-14(c)]。紫水晶、玉髓、燧石、玛瑙和碧玉都是含杂质的有色石英晶体。沙子也是混有杂质的石英细粒。蛋白石、硅藻土则是无定形二氧化硅。

因为 SiO_2 为原子晶体，且 Si—O 键的键能很高，所以石英的硬度大、熔点高。将石英加热至1873 K时，熔化成黏稠状液体，内部结构变成无规则状态，冷却时由于黏度大不易再结晶，只是缓慢地硬化，成为玻璃状固体——石英玻璃，这实际上是一种过冷液体。其中 SiO_4 四面体是杂乱排列的，故其结构为无定形。

石英玻璃的膨胀系数小，可以耐受温度的剧变，灼烧后立即投入冷水中也不至于破裂，可用于制造耐高温的仪器(如石英坩埚)。石英玻璃能透过可见光和紫外线，可用于制造医学和矿井中用的水银石英灯以及棱镜、透镜等其他光学仪器。从高纯度石英玻璃熔融体中拉出直径约100 μm的细丝，称为石英玻璃纤维，这种纤维可以传导光，故称光导纤维。利用光导纤维可进行光纤通信，与电波通信相比，它能提供更多的通信通路，以满足大容量通信系统的需要。将光纤通信与数字技术及计算机结合起来，可用于传送电话图像、数据，控制电子设备和智能终端等。光导纤维还特别适合制作各种人体内窥镜(如胃镜等)，对诊断、治疗各种疾病非常有利。若将部分 SiO_2 用 B_2O_3 代替，则得到硼硅酸玻璃，即硬质玻璃，其膨胀系数小，可耐温度剧变而不破裂，适宜制耐高温的玻璃仪器和器皿。

二氧化硅与氟作用生成 SiF_4 和 O_2；高温下，可被 Mg、Al 或 B 还原：

$$SiO_2 + 2Mg \xrightarrow{\text{高温}} 2MgO + Si$$

在1000 ℃以上，H_2 和 C 也都能与 SiO_2 反应。

在无机酸中，SiO_2 只和 HF 作用：

$$SiO_2 + 4HF(aq) \longrightarrow SiF_4\uparrow + 2H_2O$$
$$SiO_2 + 6HF(aq) \longrightarrow H_2SiF_6 + 2H_2O$$

SiO_2 作为酸性氧化物，可缓慢地和浓热的碱液反应，与熔融的 MOH 或 M_2CO_3 作用，反应速率较快：

$$SiO_2 + 2NaOH(\text{浓}) \xrightarrow{\triangle} Na_2SiO_3 + H_2O$$
$$SiO_2 + Na_2CO_3 \xrightarrow{\text{熔融}} Na_2SiO_3 + CO_2\uparrow$$

玻璃中含有 SiO_2，所以玻璃能被碱腐蚀。

SiO_2 和其他一些含氧酸盐，也能发生类似和 Na_2CO_3 的反应，即能置换出易挥发的酸性氧化物。例如：

$$SiO_2+Na_2SO_4 \longrightarrow Na_2SiO_3+SO_3\uparrow$$

$$SiO_2+2KNO_3 \xrightarrow{1000\ ℃} K_2SiO_3+NO_2\uparrow+NO\uparrow+O_2\uparrow$$

二、硅酸

SiO_2 是硅酸的酸酐，但 SiO_2 不溶于水，故不能与水直接反应得到硅酸，只能用可溶性硅酸盐与酸反应制得。

硅酸的种类很多，它的组成随形成时的条件而变，常以通式 $x SiO_2 \cdot y H_2O$ 表示。表 17-7 列出了部分硅酸的名称和组成。在各种硅酸中，以偏硅酸的组成最为简单，故常以化学式 H_2SiO_3 表示反应中产生的硅酸。

表 17-7 硅酸的名称和组成

名称	分子式	x	y	缩合反应
正硅酸	H_4SiO_4	1	2	
偏硅酸	H_2SiO_3	1	1	$H_4SiO_4 \longrightarrow H_2SiO_3+H_2O$
二偏硅酸	$H_2Si_2O_5$	2	1	$2H_2SiO_3 \longrightarrow H_2Si_2O_5+H_2O$
焦硅酸	$H_6Si_2O_7$	2	3	$2H_4SiO_4 \longrightarrow H_6Si_2O_7+H_2O$
三硅酸	$H_8Si_3O_{10}$	3	4	$3H_4SiO_4 \longrightarrow H_8Si_3O_{10}+2H_2O$
三聚偏硅酸（环状）	$H_6Si_3O_9$	3	3	$3H_4SiO_4 \longrightarrow H_6Si_3O_9+3H_2O$

正硅酸 H_4SiO_4 是各种硅酸的原酸，在它加热脱水的过程中，根据脱去水分子数目的不同，依次生成偏硅酸、焦硅酸、三硅酸及可能作为中间产物生成的其他多聚硅酸。现已确证，具有一定稳定性并能独立存在的是 H_4SiO_4、H_2SiO_3、$H_2Si_2O_5$ 和 $H_6Si_2O_7$。

硅酸的酸性很弱，$K_1=2.2\times10^{-10}$，$K_2=2\times10^{-12}$。溶解度也较小，但当用酸和可溶性硅酸盐（如 Na_2SiO_3）作用制取硅酸时，开始并没有白色沉淀生成，这是因为刚开始生成的单分子硅酸可溶于水，当这些单分子硅酸逐渐缩合为多硅酸时，生成了硅酸的胶体溶液——硅酸溶胶。当胶体溶液浓度足够大时，就得到一种白色胶冻状的、软而透明的半固体物质——硅酸凝胶①（在多酸骨架里包含大量

① 在可溶性硅酸盐溶液中加酸，产物随 pH 的降低而变化的情况，大致如下：pH = 14 时，产物以 SiO_3^{2-} 形式存在；pH = 10.9～13.5 时，以 $Si_2O_5^{2-}$ 形式存在；pH<10.9 时，缩合成较大的多酸根离子；pH 更小时，有凝胶析出；pH = 5.8 时，凝胶生成速率最快。

的水)。将硅酸凝胶充分洗涤以除去可溶性盐类,干燥脱去水分后,即成为多孔性稍透明的白色固体,称为硅胶,由于其内表面积很大,因此它是很好的干燥剂、吸附剂及催化剂载体。若将硅酸凝胶用粉红色 $CoCl_2$ 溶液浸泡为粉红色,加热干燥后,得到一种蓝色硅胶(水合 $CoCl_2 \cdot 6H_2O$ 为粉红色,无水 $CoCl_2$ 为蓝色),它再吸水后又变为粉红色,故称为"蓝色干胶"。当变色硅胶变为粉红色后,说明已失效,需重新烘干后再用。

三、硅酸盐

硅酸盐有可溶性和不溶性两大类,除碱金属外,其他金属的硅酸盐均难溶,天然硅酸盐都是难溶的。可溶性硅酸盐中,以硅酸钠 Na_2SiO_3 最为重要。

1. 硅酸钠

硅酸钠可由石英砂(SiO_2)与烧碱(NaOH)或纯碱(Na_2CO_3)反应而制得。

硅酸钠水解使溶液显强碱性,水解产物为二硅酸盐或多硅酸盐:

$$Na_2SiO_3 + 2H_2O \rightleftharpoons NaH_3SiO_4 + NaOH$$

$$2NaH_3SiO_4 \rightleftharpoons Na_2H_4Si_2O_7 + H_2O$$

或

$$2Na_2SiO_3 + H_2O \rightleftharpoons Na_2Si_2O_5 + 2NaOH$$

硅酸钠溶液与饱和氯化铵溶液反应或通入 CO_2 气体,均可析出白色硅酸沉淀:

$$Na_2SiO_3 + 2NH_4Cl \longrightarrow H_2SiO_3\downarrow + 2NH_3\uparrow + 2NaCl$$

$$Na_2SiO_3 + CO_2 + H_2O \longrightarrow Na_2CO_3 + H_2SiO_3\downarrow$$

市售的水玻璃,俗名泡花碱,是多种硅酸盐的混合物,其化学组成为 $Na_2O \cdot nSiO_2$。工业上生产水玻璃的方法是将石英砂、硫酸钠和煤粉混合后,放在反射炉内于 1373 ~1623 K 进行反应。产物是玻璃状块状物,因常含有铁盐等杂质呈灰色或绿色。用水蒸气处理使之溶解为黏稠液体,就成为商品水玻璃。建筑工业及造纸工业用它作黏合剂。木材或织物用水玻璃浸泡以后,可以防水、防腐(也可用于蛋类保护)。水玻璃还用作软水剂、洗涤剂和制肥皂的填料,也是制硅胶和分子筛的原料。

水中花园实验通过金属盐与硅酸钠反应,生成不同颜色的金属硅酸盐胶体。例如:

$$CuSO_4 + Na_2SiO_3 \longrightarrow CuSiO_3\downarrow + Na_2SO_4$$

$$MnSO_4 + Na_2SiO_3 \longrightarrow MnSiO_3\downarrow + Na_2SO_4$$

$$CoCl_2 + Na_2SiO_3 \longrightarrow CoSiO_3\downarrow + 2NaCl$$

生成的硅酸盐固体与液体的接触面形成半透膜,由于渗透压的关系,水不断渗入膜内,胀破半透膜使盐又与硅酸钠接触,生成新的胶状金属硅酸盐。反复渗透,硅酸盐生成芽状或树枝状,从而产生水中花园现象。

2. 天然硅酸盐

地壳的95%是硅酸盐矿，硅酸盐是碱金属、碱土金属、铝、镁及铁等的硅氧化合物，可以看作碱性氧化物和酸性氧化物组成的复杂化合物，用通式 $aM_xO_y \cdot bSiO_2 \cdot cH_2O$ 表示。表 17-8 列出一些常见的硅酸盐矿物。

表 17-8 一些常见的硅酸盐矿物

石棉①	$CaMg_3(SiO_3)_4$	$CaO \cdot 3MgO \cdot 4SiO_2$
沸石	$Na_2(Al_2Si_3O_{10}) \cdot 2H_2O$	$Na_2O \cdot Al_2O_3 \cdot 3SiO_2 \cdot 2H_2O$
云母	$KAl_2(AlSi_3O_{10})(OH)_2$	$K_2O \cdot 3Al_2O_3 \cdot 6SiO_2 \cdot 2H_2O$
滑石	$Mg_3(Si_4O_{10})(OH)_2$	$3MgO \cdot 4SiO_2 \cdot H_2O$
高岭土	$Al_2Si_2O_5(OH)_4$	$Al_2O_3 \cdot 2SiO_2 \cdot 2H_2O$(黏土的主要成分)
石榴石	$Ca_3Al_2(SiO_4)_3$	$3CaO \cdot Al_2O_3 \cdot 3SiO_2$
长石	$KAlSi_3O_8$	$K_2O \cdot Al_2O_3 \cdot 6SiO_2$

天然硅酸盐中以铝硅酸盐最为重要，其中丰度大的是长石。长石和黏土是制玻璃、陶瓷等的原料。翡翠矿物名硬玉，$NaAl(SiO_3)_2$ 属辉石族，单链硅酸根结构$[SiO_3]_m^{2n-}$的透辉石结构型，硬度 6~7，密度约 3.34 g/cm^3，单斜晶系。因含 Cr、Fe、Ca、Mg、Mn、V、Ti 等元素而呈绿、黄、红、橙、褐、灰、浅紫红、紫、蓝等色。玻璃光泽至油脂光泽为最硬的玉石。用于制作首饰和工艺品，价格昂贵。主要产地在缅甸北部。

天然硅酸盐组成复杂，其复杂性在其阴离子，而阴离子的基本结构单元是 SiO_4 四面体。SiO_4 以多种不同的结合方式组成各种阴离子(见表 17-9)。

由表 17-9 可以看出：

① 含有单个的 SiO_4^{4-} 形成的正硅酸盐，其硅和氧原子个数之比 Si∶O = 1∶4。

② 两个 SiO_4 共用一个角顶氧，形成 $Si_2O_7^{6-}$，Si∶O = 1∶(3+1×0.5) = 1∶3.5。

③ 3、4、6 或 8 个 SiO_4 共用 2 个角顶氧，形成闭合的环状阴离子$[Si_nO_{3n}]^{2n-}$，Si∶O = 1∶(2+2×0.5) = 1∶3。

① 石棉为保温、绝热、防火、耐酸碱的材料。建筑方面用量占 90%左右，主要是石棉瓦、石棉板等。但微细石棉纤维能污染空气、水和食物，经呼吸道和消化道引起多种疾病，现已确认为致癌物质。开发石棉代用品是化学研究的热点问题之一。

表 17-9 天然硅酸盐的结构

结构	类型	实例
	SiO_4^{4-}(正硅酸盐)	橄榄石$(Mg,Fe)_2SiO_4$,锆石 $ZrSiO_4$
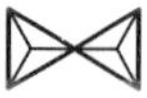	$Si_2O_7^{6-}$(二硅酸盐)	硅铅矿 $Pb_3Si_2O_7$
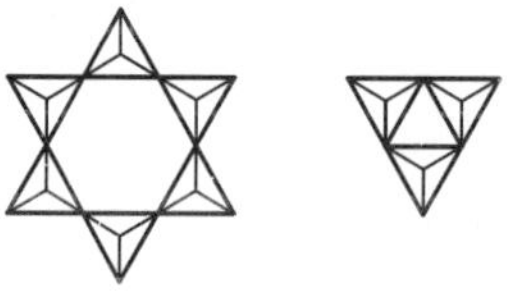	$(Si_nO_{3n})^{2n-}$(环状)	绿柱石 $Be_3Al_2[Si_6O_{18}]$
	$(SiO_3)_n^{2n-}$(单链)	链与链借金属离子连接成纤维结构 如石棉 $CaMg_3[SiO_3]_4$
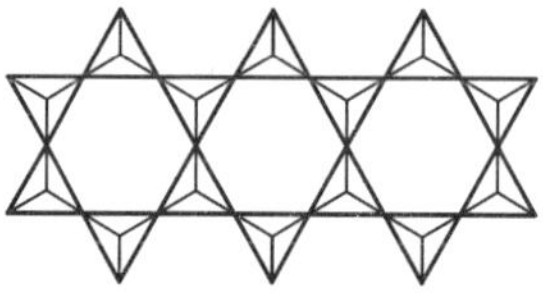	$(Si_4O_{11})_n^{6n-}$(双链)	链与链借金属离子连接成纤维结构 如透闪石 $Ca_3Mg_5[Si_8O_{22}](OH)_2$
	$(Si_2O_5)_n^{2n-}$	金属离子在片与片之间 如滑石 $Mg_3[Si_4O_{10}](OH)_2$
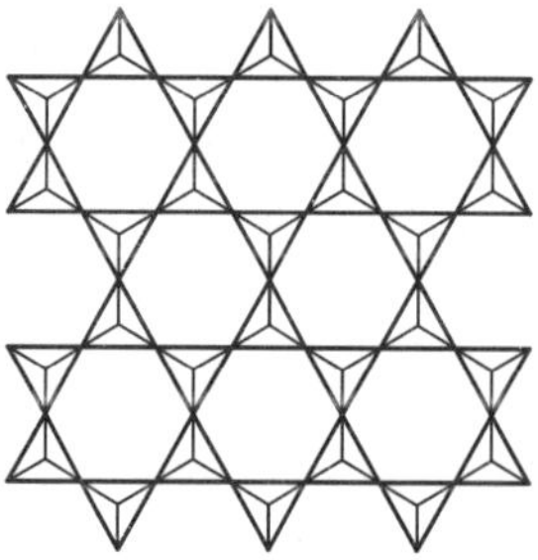	$(Si_3AlO_{10})^{5-}$ (片层状)	白云母 $KAl_2[Si_3AlO_{10}](OH)_2$
	SiO_2(三维网状)	石英(六角形)
	$(AlSi_3O_8)^-$(长石)	正长石 $K[AlSi_3O_8]$
	$(Al_2Si_2O_8)^{2-}$(长石)	钙长石 $Ca[Al_2Si_2O_8]$ 钠长石 $Na_2[Al_2Si_2O_8]$
	$(Al_2Si_3O_{10}(H_2O)_2)^{2-}$ (沸石)	钠沸石 $Na_2[Al_2Si_3O_{10}(H_2O)_2]$

④ n 个 SiO_4 通过共用 2 个角顶氧,形成长的单链,Si、O 原子个数之比与③相同。

⑤ n 个 SiO_4 共用 2 或 3 个角顶氧,形成双链,Si∶O = 2∶5.5,化学式为 $[Si_4O_{11}]_n^{6n-}$。

⑥ n 个 SiO_4 分别以 3 个角顶氧和其他 3 个 SiO_4 相连形成层状结构,Si∶O $=1:\left(1+3\times\frac{1}{2}\right)=1:2.5$,化学式为 $[Si_2O_5]_n^{2n-}$。

⑦ n 个 SiO_4 分别以 4 个角顶氧和其他 4 个 SiO_4 相连成三维空间骨架结构，$Si:O=1:4\times\frac{1}{2}=1:2$，化学式为 SiO_2。链状或层状的硅酸盐阴离子，在链与片层之间，借金属离子 M^{n+} 以静电引力相结合，因其结合力没有 Si—O 间的强，故易从链（如石棉）或层（如云母）间以条状或片状撕开。

铝硅酸盐的三维骨架结构和硅酸盐一样，只是局部的 SiO_4 中的 Si 被 Al 取代，当 SiO_4 中的 Si 被 Al 取代后，酸根的负电荷增加，需相应的金属离子的电荷与之平衡。

* 四、硅酸盐的工业应用

1. 玻璃和陶瓷

许多硅酸盐加热冷却后变成无定形、透明的玻璃。普通玻璃就是用 Na_2CO_3、$CaCO_3$ 和 SiO_2 共熔后得到的 Na_2SiO_3 和 $CaSiO_3$ 的混合物。它的大致组成是 $Na_2SiO_3\cdot CaSiO_3\cdot 4SiO_2$。加不同的氧化物可得不同颜色的玻璃。若将部分 SiO_2 用 B_2O_3 代替，则得到硼硅酸玻璃，即硬质玻璃（国外的 pyrex 型）。其膨胀系数小，可耐温度剧变而不破裂，适宜于制耐高温的玻璃仪器或器皿。当黏土经过高温加热脱水后，有些硅氧骨架重新构筑，成为坚硬的陶瓷。陶瓷大量用作生活用品，有些能耐高温和化学腐蚀的特种陶瓷被用来制作化工容器和耐高温材料。

2. 沸石分子筛

1756 年，人们发现天然沸石是一种具有微孔结构的硅酸盐。天然沸石具有可逆的脱水作用，沸石脱水后又能重新吸附水，可当作干燥剂和吸附剂使用。天然沸石还可以分离不同的气体分子，也可用作催化剂和催化剂载体。但是，随着社会的发展，天然沸石不能满足工业上的大规模需要。因此用人工合成的沸石代替天然沸石已成为生产实践中的迫切需要。

沸石分子筛是由 TO_4 四面体之间通过共享顶点而形成的三维四连接骨架。T 原子通常指 Si 或 Al 原子。如图 17-15 所示，这些 [SiO_4] 和 [AlO_4] 等四面体是构成分子筛骨架的最基本结构单元，即初级结构单元。在有限的初级结构单元中，所有的 TO_4 四面体通过共享氧原子连接成多元环和笼，称为次级结构单元。

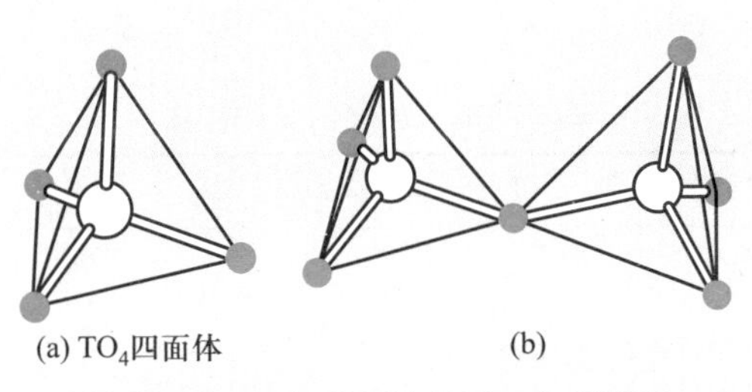

图 17-15 TO_4 四面体共用一个氧顶点

沸石分子筛就是由这些初级和次级结构单元，按一定的方式组合而成的。不同的沸石分子筛可能会含有相同的结构单元，即同一结构单元通过不同的连接方式会形成不同的骨架结构。以方钠石SOD笼为例，从SOD笼出发，SOD笼通过共面连接可形成SOD结构；SOD笼通过四元环连接，可形成LTA结构；SOD笼通过六元环连接，会形成FAU和EMT结构（见图17-16）。

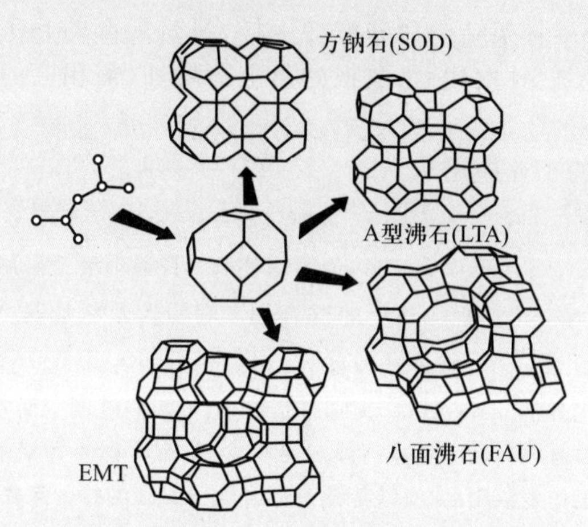

图17-16　由方钠石笼组成的沸石结构

17-3-4　硅的卤化物和氟硅酸盐

一、卤化物

硅易和所有卤素反应，形成挥发性的无色产物SiX_4，其中特别重要的是$SiCl_4$，可用于制备超纯硅（晶体管材料）、硅胶及各种硅酯。

SiX_4和CX_4相似，是共价型化合物，都是非极性分子。SiX_4的一些性质列于表17-10中，对比表17-5和表17-10中CX_4和SiX_4的$\Delta_f H_m^\ominus$数据，可知SiX_4比相应的CX_4稳定。

表17-10　SiX_4的一些性质

性　质	SiF_4	$SiCl_4$	$SiBr_4$	SiI_4
室温下存在状态	气	液	液	固
熔点/K	183.0（升华）	203.2	278.6	393.7
沸点/K	187.2	330.8	427.2	560.7

续表

性　质	SiF_4	$SiCl_4$	$SiBr_4$	SiI_4
$\Delta_f H_m^{\ominus}/(kJ\cdot mol^{-1})$	-1614.9	-687.0	-457.3	-189.5
Si—X 键键能/$(kJ\cdot mol^{-1})$	540	360	289	214
键长/pm	157	202	216	244

从表 17-7 中数据可知：SiX_4 的熔点、沸点均较低，但随相对分子质量增加而升高，所以 SiI_4 的熔点、沸点较高。在 SiX_4 中，SiF_4 最为稳定。

与 CX_4 不同的是 SiX_4 极易水解。$SiCl_4$ 在潮湿的空气中就因水解而产生白色烟雾，水解反应剧烈，且不可逆：

$$SiCl_4 + 4H_2O \longrightarrow H_4SiO_4 + 4HCl$$

故 $SiCl_4$ 可作烟雾剂。

SiF_4 水解反应是可逆的：

$$SiF_4 + 4H_2O \rightleftharpoons H_4SiO_4 + 4HF$$

未水解的 SiF_4 极易与水解产物 HF 反应，生成酸性比硫酸还强的氟硅酸 H_2SiF_6：

$$SiF_4 + 2HF \longrightarrow 2H^+ + SiF_6^{2-}$$

所以 SiF_4 的水解产物和 $SiCl_4$ 的是不同的：

$$3SiF_4 + 4H_2O \rightleftharpoons H_4SiO_4 + 4H^+ + 2SiF_6^{2-}$$

和碳(Ⅳ)化合物的情况不同，在硅(Ⅳ)化合物中，含有很长硅链的化合物不是氢化物，而是卤化物。具有较高 n 值的 Si_nX_{2n+2} 同系物，是有挥发性的液体或固体。现在已经知道，聚氟代硅烷能得到有长达 14 个原子硅链的 $Si_{14}F_{30}$，其他卤代硅烷也已至少能制出 Si_6Cl_{14} 及 Si_4Br_{10}。对这一现象的解释，一般认为可能是卤化硅中存在着 d-p π 配键（由卤原子充满电子的 p 轨道与 Si 原子的 3d 空轨道形成），使 Si—X 键得到加强。

硅的卤化物可以用下列方法制取：

（1）硅与卤素直接化合　Si 与 F_2 在常温下就能反应生成 SiF_4，其他卤化物在升温条件下也可得到。

（2）二氧化硅与氢氟酸作用。例如：

$$\underset{\text{石英砂}}{SiO_2(s)} + \underset{\text{萤石}}{2CaF_2(s)} + 2H_2SO_4(l) \xrightarrow{\triangle} SiF_4(g) + 2CaSO_4(s) + 2H_2O(l)$$

但是 SiO_2 不能和 HCl 作用生成 $SiCl_4$。

(3) SiO_2 与焦炭的混合物氯化:

$$SiO_2(s) + 2C(s) + 2Cl_2(g) \longrightarrow SiCl_4(g) + 2CO(g)$$

二、氟硅酸盐

迄今还未制得游离的 H_2SiF_6,只能得到60%的 H_2SiF_6 溶液,但氟硅酸盐却是已知的。金属锂、钙等的氟硅酸盐溶于水;钠、钾、钡的氟硅酸盐难溶于水,用纯碱溶液吸收 SiF_4 气体,可得白色的氟硅酸钠晶体:

$$3SiF_4 + 2Na_2CO_3 + 2H_2O \longrightarrow 2Na_2SiF_6\downarrow + H_4SiO_4 + 2CO_2$$

生产磷肥时,利用此反应可除去有害的废气 SiF_4,同时得到很有用的副产品 Na_2SiF_6。Na_2SiF_6 可作农业杀虫剂、搪瓷乳白剂及木材防腐剂等。它有腐蚀性,灼热时将分解为 NaF 和 SiF_4。

SiF_4 与碱金属氟化物反应,也可以得到氟硅酸盐:

$$SiF_4 + 2KF \longrightarrow K_2SiF_6$$

K_2SiF_6 用于制造适用于太阳能电池的纯硅(含量99.97%)。

17-4 锗、锡、铅及其化合物

锗、锡和铅为ⅣA族金属元素,常称为锗分族;在化学反应中它们呈+Ⅱ、+Ⅳ氧化态,但从锗到铅,低氧化态化合物的稳定性逐渐增强。

17-4-1 锗、锡、铅的单质

一、冶炼

锗为稀有元素,没有独立的矿物,常以硫化物的形式伴生在其他金属的硫化物矿中。锡在自然界中常以氧化物(如锡石 SnO_2)的状态存在。铅则以各种形态的化合物形式存在。锗的硫化物矿是提炼锗的重要原料。提取锗时,先焙烧使其转变为二氧化锗,然后将二氧化锗提纯。方法是用盐酸溶解二氧化锗并蒸馏出四氯化锗,然后将四氯化锗水解又得到二氧化锗,再加盐酸,重复蒸馏、水解,直到得到纯的二氧化锗。在适当温度下用氢气还原二氧化锗,可得纯度很高的锗。有关反应式如下:

$$GeS_2+3O_2 \longrightarrow GeO_2+2SO_2$$

$$\text{重复进行}\begin{cases} GeO_2+4HCl \longrightarrow GeCl_4+2H_2O \\ GeCl_4+2H_2O \longrightarrow GeO_2+4HCl \end{cases}$$

$$GeO_2(\text{纯})+2H_2 \longrightarrow Ge+2H_2O$$

冶炼锡时，以锡石 SnO_2 为原料，焦炭为还原剂，在高温下可制得粗锡：

$$SnO_2+2C \xrightarrow{\text{高温}} Sn+2CO\uparrow$$

粗锡经电解精炼可得纯锡。

冶炼铅时，先将方铅矿焙烧使之变成氧化物，再用还原剂还原便得粗铅，粗铅经电解精炼得纯铅：

$$2PbS+3O_2 \xrightarrow{\text{焙烧}} 2PbO+2SO_2$$

$$PbO+C \longrightarrow Pb+CO\uparrow$$

$$PbO+CO \longrightarrow Pb+CO_2$$

PbS 也可直接用 Fe 还原得到 Pb：

$$PbS+Fe \longrightarrow Pb+FeS$$

二、物理性质

锗、锡、铅单质的物理性质列于表 17-11 中。

表 17-11 锗、锡、铅单质的物理性质

单质	颜色	密度/($g\cdot cm^{-3}$)	熔点/K	沸点/K	硬度	在空气中的稳定性
锗	银白	5.35	1210	3103	6.25	稳定
白锡	银白	7.28	505	2533	1.5~1.8	常温下稳定
灰锡	灰	5.75				
铅	暗灰	11.35	600	2013	1.5	形成氧化物膜

锗是一种银白色的脆性金属。晶态锗具有类似金刚石的结构，熔点为 937 ℃，为重要的半导体材料。

锡有三种同素异形体：白锡（β 型），四方晶系；灰锡（α 型），金刚石型立方晶体；脆锡（γ 型），正交晶系。常见的为银白略带蓝色的白锡，它有较好的延展性。白锡只有在 13~161 ℃ 的温度范围内才稳定，低于 13 ℃ 时转变为粉末状的灰锡，温度越低，转变越快。因此锡制品在寒冬时要注意不能让其长期处于低温的“恶劣”环境中，否则会自行毁坏。由于灰锡本身就是这种转变的催化剂，所以

锡制品的毁坏一旦从某处开始,便迅速蔓延,导致整个锡制品被毁,这就是锡疫。灰锡受热至13 ℃时可转变为白锡,白锡受热至161 ℃时转变为具有斜方晶系的脆锡。脆锡很脆,容易捣碎成粉末。

铅是软酸、密度($11.35\ g\cdot cm^{-3}$)很大的金属,熔点为337 ℃。新切开的铅表面有金属光泽,但很快变成暗灰色。这是由于它与空气中的氧、水和二氧化碳作用生成了致密的碱式碳酸铅保护层。

锡和铅主要用于制合金。焊锡、青铜、铅字合金都是含Sn、Pb的重要合金。此外,锡还被大量用于制作锡箔和金属镀层。铅用于制铅蓄电池,还用作电缆、耐酸设备及X射线和原子能工业的防护材料。

三、化学性质

锗分族元素的电势图如下。

$\varphi_A^\ominus/V$

$$GeO_2 \xrightarrow{-0.145} Ge$$

$$Sn^{4+} \xrightarrow{0.15} Sn^{2+} \xrightarrow{-0.137} Sn(白锡)$$

$$\alpha\text{-}PbO_2 \xrightarrow{1.46} Pb^{2+} \xrightarrow{-0.125} Pb$$

$$\alpha\text{-}PbO_2 \xrightarrow{1.70} PbSO_4 \xrightarrow{-0.356} Pb$$

$\varphi_B^\ominus/V$

$$HGeO_3^- \xrightarrow{-0.89} Ge$$

$$Sn(OH)_6^{2-} \xrightarrow{-0.93} Sn(OH)_4^{2-} \xrightarrow{-0.91} Sn$$

$$PbO_2 \xrightarrow{0.254} PbO(红) \xrightarrow{-0.578} Pb$$

从电极电势可以看出,这三种元素属于中等活泼的金属,但由于种种原因它们却表现出一定的化学惰性。

表17-12概述了锗、锡、铅的主要化学性质。

由表17-12知,锗在三种元素中性质最不活泼。仅与浓硫酸和浓硝酸反应,生成Ge(Ⅳ)的化合物。

$$Ge+4H_2SO_4(浓) \longrightarrow Ge(SO_4)_2+2SO_2\uparrow+4H_2O$$

$$Ge+4HNO_3(浓) \longrightarrow GeO_2\cdot H_2O\downarrow+4NO_2\uparrow+H_2O$$

与硅相似,锗能与强碱反应生成锗(Ⅳ)酸盐,放出H_2。

$$Ge+2OH^-+H_2O \longrightarrow GeO_3^{2-}+2H_2\uparrow$$

表17-12 锗、锡、铅的主要化学性质

化学性质	Ge	Sn	Pb
在空气中	不反应	不反应	表面生成一层氧化铅或碱式碳酸铅膜
在水中	不反应	不反应	有氧存在时缓慢生成$Pb(OH)_2$

续表

化学性质	Ge	Sn	Pb
HCl	不反应	与稀酸反应慢，与浓酸反应生成 $SnCl_2$	与稀酸反应但生成的 $PbCl_2$ 微溶，反应中止；与浓 HCl 反应生成 $H_2[PbCl_4]$
H_2SO_4	与稀酸不反应，与浓酸作用得 $Ge(SO_4)_2$	与稀酸难反应，与热的浓硫酸反应得 $Sn(SO_4)_2$	与稀硫酸反应，因生成的 $PbSO_4$ 难溶，反应中止，但易溶于热的浓硫酸，生成 $Pb(HSO_4)_2$
HNO_3	与浓酸反应得白色 $xGeO_2 \cdot yH_2O$ 沉淀	与热的浓酸反应生成白色 $xSnO_2 \cdot yH_2O$ 沉淀（β-锡酸），与冷的稀酸反应生成 $Sn(NO_3)_2$	与稀酸反应得到 $Pb(NO_3)_2$，因 $Pb(NO_3)_2$ 不溶于浓硝酸，故 Pb 不与浓硝酸反应
NaOH	生成 Na_2GeO_3，放出 H_2	反应慢，生成亚锡酸盐，放出 H_2	反应缓慢，生成亚铅酸盐，放出 H_2

锡比锗稍活泼。它能与稀酸缓慢作用生成 Sn(Ⅱ)的化合物。

$$Sn + 2HCl \longrightarrow SnCl_2 + H_2\uparrow$$

$$4Sn + 10HNO_3 \longrightarrow 4Sn(NO_3)_2 + NH_4NO_3 + 3H_2O$$

与热的浓 HCl、H_2SO_4、HNO_3 反应：

$$Sn + 2HCl(浓) \xrightarrow{\triangle} SnCl_2 + H_2\uparrow$$

$$Sn + 4H_2SO_4(浓) \xrightarrow{\triangle} Sn(SO_4)_2 + 2SO_2\uparrow + 4H_2O$$

$$Sn + 4HNO_3(浓) \xrightarrow{\triangle} SnO_2 \cdot 2H_2O + 4NO_2\uparrow$$

铅比锡更活泼。在空气中迅速被氧化而在其表面形成一层氧化铅或碱式碳酸铅膜；在有空气存在时，缓慢生成氢氧化铅(Ⅱ)：

$$2Pb + O_2 + 2H_2O \longrightarrow 2Pb(OH)_2$$

因为铅及铅的化合物均有毒，所以铅管不能用于输送饮用水。但与硬水接触时，铅被覆盖上一层不溶性盐[主要是 $PbSO_4$ 及 $Pb_2(OH)_2CO_3$]的保护膜，阻止了水继续与铅作用。

铅可被所有酸侵蚀而形成盐，但多数铅盐，如 $PbSO_4$、$PbCl_2$、$PbBr_2$、PbS、$PbCO_3$、$PbCrO_4$ 等均难溶于水，因而反应仅停留在表面。由于铅有此特性，化工厂或实验室常用它作耐酸反应器的衬里和制储存或输送酸液的管道设备。

在加热时，铅可溶于浓 HCl 和浓 H_2SO_4，因为此时生成的 Pb(Ⅱ)盐可溶：

$$Pb + 4HCl(浓) \xrightarrow{\triangle} H_2[PbCl_4] + H_2\uparrow$$

$$Pb + 3H_2SO_4(浓) \xrightarrow{\triangle} Pb(HSO_4)_2 + SO_2\uparrow + 2H_2O$$

在有 O_2 存在时，铅可溶于醋酸生成易溶的醋酸铅：

$$2Pb + O_2 \longrightarrow 2PbO$$

$$PbO + 2HAc \longrightarrow Pb(Ac)_2 + H_2O$$

这就是用醋酸从含铅矿石中浸取铅的原理。

铅还可溶于稀硝酸中，生成易溶的 $Pb(NO_3)_2$：

$$3Pb + 8HNO_3(稀) \longrightarrow 3Pb(NO_3)_2 + 2NO\uparrow + 4H_2O$$

由于 $Pb(NO_3)_2$ 难溶于浓硝酸，故在配制 $Pb(NO_3)_2$ 溶液时，应该用稀硝酸。

17-4-2 锗、锡、铅的化合物

一、氧化物和氢氧化物

1. 氧化物

锗、锡、铅有两类氧化物，即 MO_2 和 MO。MO_2 都是共价型、两性偏酸性的氧化物；MO 为两性偏碱性的氧化物，离子性较强，但不是典型的离子型化合物。所有这些氧化物都不溶于水。锗、锡、铅氧化物的性质列于表 17-13 中。

表 17-13 锗、锡、铅氧化物的性质

MO_2	状态	熔点/K	MO	状态	熔点/K
GeO_2	白色固体	1388	GeO	黑色固体	983(升华)
SnO_2	白色固体	1400	SnO	黑色固体	1353(分解)
PbO_2	棕黑色固体	563	PbO	黄或黄红色固体	1161

(1) 锡的氧化物　在锡的氧化物中重要的为二氧化锡 SnO_2。它不溶于水，也难溶于酸或碱的水溶液，但与 NaOH 或 Na_2CO_3 和 S 共熔时，可转变为可溶性盐：

$$SnO_2 + 2NaOH \longrightarrow \underset{锡酸钠}{Na_2SnO_3} + H_2O$$

$$SnO_2 + 2Na_2CO_3 + 4S \longrightarrow \underset{\text{硫代锡酸钠}}{Na_2SnS_3} + Na_2SO_4 + 2CO_2\uparrow$$

SnO_2 是锡石的主要成分。金属锡在空气中燃烧可制得 SnO_2。它为非整比化合物，其晶体中锡的比例较大，从而形成 n 型半导体。当该半导体吸附 H_2、CO、CH_4 等具有还原性、可燃性气体时，其电导会发生明显的变化。利用这一特点，SnO_2 被用于制造半导体气敏元件，以检测上述气体，从而可避免中毒、火灾、爆炸等事故的发生。SnO_2 还用于制不透明的玻璃、珐琅和陶瓷。

（2）铅的氧化物　铅的氧化物有一氧化铅 PbO、二氧化铅 PbO_2 和“混合型氧化物”Pb_3O_4。

一氧化铅 PbO 俗称“密陀僧”，可由空气氧化熔融的铅或将 $Pb(OH)_2$ 加热脱水而制得。它有红色四方晶体和黄色正交晶体两种变体。在常温下，红色的比较稳定，将黄色的一氧化铅在水中煮沸即得红色变体。

一氧化铅难溶于水，为两性偏碱性的化合物，易溶于醋酸和硝酸，比较难溶于碱：

$$PbO + 2HAc \longrightarrow Pb(Ac)_2 + H_2O$$

$$PbO + 2HNO_3 \longrightarrow Pb(NO_3)_2 + H_2O$$

二氧化铅 PbO_2 为棕黑色粉末，是一种难溶于水的两性氧化物，其酸性强于碱性，与强碱共热可得铅(Ⅳ)酸盐：

$$PbO_2 + 2NaOH \xrightarrow{\triangle} Na_2PbO_3 + H_2O$$

PbO_2 与硝酸不反应，与盐酸和硫酸反应时有气体放出，此时 PbO_2 为氧化剂：

$$PbO_2 + 4HCl \xrightarrow{\triangle} PbCl_2 + Cl_2\uparrow + 2H_2O$$

$$2PbO_2 + 2H_2SO_4 \xrightarrow{\triangle} 2PbSO_4\downarrow + O_2\uparrow + 2H_2O$$

在酸性溶液中还能把 Mn(Ⅱ)氧化为 Mn(Ⅶ)：

$$5PbO_2 + 2Mn(NO_3)_2 + 6HNO_3 \longrightarrow 2HMnO_4 + 5Pb(NO_3)_2 + 2H_2O$$

由此可见，Pb(Ⅱ)比 Pb(Ⅳ)稳定。

PbO_2 加热时也能分解放氧，逐步转化为铅的低氧化态氧化物：

$$PbO_2 \longrightarrow Pb_2O_3 \longrightarrow Pb_3O_4 \longrightarrow PbO$$

当 PbO_2 与一些还原性的可燃物如硫、磷在一起研磨时即着火，所以用于制火柴。

PbO_2 可用熔融的 $KClO_3$ 或硝酸盐氧化 PbO 而制得，也可电解 Pb(Ⅱ)盐溶液或用 NaClO 氧化亚铅酸盐制得：

$$Pb(OH)_3^- + ClO^- \longrightarrow PbO_2 + Cl^- + OH^- + H_2O$$

PbO_2 也是非整比化合物，在它的晶体中 O∶Pb＝1.88(原子数比)，为 n 型半导体，可作电极材料。

将铅在纯氧中加热或在 400~500 ℃将 PbO 小心加热，都可得到红色的四氧化三铅 Pb_3O_4 粉末，该化合物又名“铅丹”或“红丹”。研究表明：在 Pb_3O_4 的晶体中既有 Pb(Ⅱ)又有 Pb(Ⅳ)，比例为 $2PbO \cdot PbO_2$，结构式为 $Pb_2[PbO_4]$。

Pb_3O_4 与硝酸的反应说明在 Pb_3O_4 晶体中有 $\frac{2}{3}$ 的 Pb(Ⅱ)和 $\frac{1}{3}$ 的 Pb(Ⅳ)：

$$Pb_3O_4 + 4HNO_3 \longrightarrow PbO_2\downarrow + 2Pb(NO_3)_2 + 2H_2O$$

铅丹用于制铅玻璃和钢材上用的涂料。因为它有氧化性，涂在钢材上有利于钢铁表面的钝化，其防锈蚀效果好，所以被大量地用于油漆船舶和桥梁钢架。

2. 氢氧化物

由于锗、锡、铅的氧化物难溶于水，它们的氢氧化物是用盐溶液加碱制得的。这些氢氧化物实际上是一些组成不定的氧化物的水合物，通式为 $xMO_2 \cdot yH_2O$ 和 $xMO \cdot yH_2O$。通常也将其分别写为 $M(OH)_4$ 和 $M(OH)_2$。它们均为两性化合物，在水溶液中可进行两种方式的解离：

$$M^{2+} + 2OH^- \rightleftharpoons M(OH)_2 \underset{-2H_2O}{\overset{+2H_2O}{\rightleftharpoons}} 2H^+ + M(OH)_4^{2-}$$

$$M^{4+} + 4OH^- \rightleftharpoons M(OH)_4 \underset{-2H_2O}{\overset{+2H_2O}{\rightleftharpoons}} 2H^+ + M(OH)_6^{2-}$$

其酸碱性递变规律如下：

碱性增强 →

酸性增强 ↑				碱性增强 ↓
	$Ge(OH)_4$(棕色)	$Sn(OH)_4$(白色)	$Pb(OH)_4$(棕色)	
	$Ge(OH)_2$(白色)	$Sn(OH)_2$(白色)	$Pb(OH)_2$(白色)	

← 酸性增强

其中酸性最强的是 $Ge(OH)_4$($K = 8\times10^{-10}$)，碱性最强的是 $Pb(OH)_2$，都具有两性。

$M(OH)_2$ 型氢氧化物均为两性，常见的是 $Sn(OH)_2$ 和 $Pb(OH)_2$ [$Ge(OH)_2$ 易被氧化]：

$$Sn(OH)_2+2HCl \longrightarrow SnCl_2+2H_2O$$

$$Pb(OH)_2+2HCl \xrightarrow{\triangle} PbCl_2+2H_2O(PbCl_2\text{ 溶于热水})$$

$$Sn(OH)_2+2NaOH \longrightarrow Na_2Sn(OH)_4$$

$$Pb(OH)_2+NaOH \longrightarrow NaPb(OH)_3$$

$Sn(OH)_4^{2-}$ 在碱性介质中容易转变为锡酸根离子 $Sn(OH)_6^{2-}$：

$$Sn(OH)_6^{2-}+2e^- \longrightarrow Sn(OH)_4^{2-}+2OH^- \quad \varphi^{\ominus}=-0.93\ V$$

因此在碱性介质中亚锡酸盐是一种很好的还原剂，如能将 Bi(Ⅲ)还原为金属 Bi：

$$3Na_2Sn(OH)_4+2BiCl_3+6NaOH \longrightarrow 2Bi\downarrow+3Na_2Sn(OH)_6+6NaCl$$

在 $M(OH)_4$ 型氢氧化物中，常见的是 $Ge(OH)_4$ 和 $Sn(OH)_4$[因 Pb(Ⅳ)不稳定]，通常称它们为锗酸和锡酸。在 M(Ⅳ)的盐溶液中加碱或者由 $GeCl_4$、$SnCl_4$ 水解或者将 Ge 和 Sn 分别与浓 HNO_3 反应，都可得到锗酸和锡酸。

由 Sn(Ⅳ)盐在低温下水解或者与碱反应得到的锡酸称为 α-锡酸，它是一种无定形粉末，能溶于酸和碱：

$$SnCl_4+4NH_3\cdot H_2O \longrightarrow Sn(OH)_4\downarrow+4NH_4Cl$$

$$Sn(OH)_4+2NaOH \longrightarrow Na_2Sn(OH)_6$$

$$Sn(OH)_4+4HCl \longrightarrow SnCl_4+4H_2O$$

把 α-锡酸的五聚体叫 β-锡酸，其组成为$[Sn(OH)_4]_5$ 或$(SnO)_5(OH)_{10}\cdot 5H_2O$。β-锡酸通常由 Sn(Ⅳ)盐在高温下水解而得，也可用锡与浓 HNO_3 反应而制得。它在酸中的“溶解”情况视条件而定。α-锡酸放置时间久了也会变成 β-锡酸。

二、卤化物

表 17-14 列出了锗、锡、铅的四卤化物和二卤化物在通常状况下的状态、熔点或沸点。由表 17-14 可见，MX_4 具有共价化合物的特征，熔点低，易升华。MX_2 为离子化合物，熔点较高。

表 17-14 锗、锡、铅卤化物的性质

	四卤化物			二卤化物		
	Ge	Sn	Pb	Ge	Sn	Pb
F	无色气体 236 K 升华	白色晶体 978 K 升华	无色晶体	白色晶体 623 K 分解	白色晶体	无色晶体 1128 K 熔化

续表

	四卤化物			二卤化物		
	Ge	Sn	Pb	Ge	Sn	Pb
Cl	无色液体 沸点 357 K	无色液体 沸点 387.4 K	黄色油状液体 378 K 爆发分解	白色粉末 升华	白色固体 熔点 519 K	白色晶体 熔点 774 K
Br	灰白色晶体 熔点 459.7 K	无色晶体 熔点 475 K		无色晶体 分解	淡黄色固体 熔点 893 K	白色晶体 熔点 1189 K
I	橙色晶体 熔点 417 K	红黄色晶体 熔点 417.7 K		黄色晶体 分解	橙色晶体 熔点 593 K	金黄色晶体 熔点 675 K

1. 四卤化物

常用的四卤化物为 $GeCl_4$ 和 $SnCl_4$。它们均为无色液体,在空气中因水解而发烟。将金属锗、锡直接与 Cl_2 反应或者用 MO_2 与 HCl 反应或者用 MCl_2 与 Cl_2 反应都可得到 MCl_4。$GeCl_4$ 是制取 Ge 或其他锗化合物的中间化合物。$SnCl_4$ 用作媒染剂、有机合成上的氯化催化剂及镀锡的试剂。

在用盐酸酸化,且含有 $PbCl_2$ 的溶液中通入 Cl_2,得到黄色油状液体 $PbCl_4$,该化合物极不稳定,容易分解为 $PbCl_2$ 和 Cl_2。$PbBr_4$ 和 PbI_4 不容易制得,因为不稳定,极易分解。

2. 二卤化物

二氯化锡 $SnCl_2$ 是较重要的二卤化物,由锡与盐酸反应可得到 $SnCl_2\cdot 2H_2O$ 的无色晶体。由于 $\varphi^{\ominus}(Sn^{4+}/Sn^{2+})=0.15$ V,故 $SnCl_2$ 是生产上和化学实验中广泛使用的还原剂。例如:

$$2HgCl_2(\text{过量})+SnCl_2 \longrightarrow SnCl_4+Hg_2Cl_2\downarrow(\text{白色})$$
$$Hg_2Cl_2+SnCl_2 \longrightarrow SnCl_4+2Hg(\text{黑色})$$

上述反应很灵敏,常用来检验 Hg^{2+} 或 Sn^{2+} 的存在。

$SnCl_2$ 易于水解,水解反应如下:

$$SnCl_2+H_2O \longrightarrow Sn(OH)Cl\downarrow(\text{白色})+HCl$$

由于生成的碱式盐难溶于水,故水解反应是不完全的,停留在生成碱式盐这一步。因此在配制 $SnCl_2$ 溶液时,要先将 $SnCl_2$ 固体溶解在少量浓 HCl 中,再加水稀释。Sn^{2+} 在酸性条件下可被空气中的氧氧化,为防止 Sn^{2+} 的氧化,常在新配制的 $SnCl_2$ 溶液中加入少量锡粒。

$PbCl_2$ 是一种难溶于冷水、易溶于热水的白色固体，也能溶于盐酸中，形成配离子：

$$PbCl_2 + 2HCl \longrightarrow H_2PbCl_4$$

将铅溶于稀盐酸或者在可溶性的 Pb(Ⅱ)盐溶液中加适量盐酸或可溶性氯化物都可析出白色 $PbCl_2$ 沉淀。

PbI_2 为黄色丝状有亮光的沉淀，难溶于冷水，易溶于沸水，也能溶于 KI 溶液中生成配离子：

$$PbI_2 + 2KI \longrightarrow K_2PbI_4$$

总结锗、锡、铅两种氧化态化合物稳定性的变化规律如下：

稳定性减弱，氧化性增强 →

Ge(Ⅳ)	Sn(Ⅳ)	Pb(Ⅳ)
Ge(Ⅱ)	Sn(Ⅱ)	Pb(Ⅱ)

← 稳定性减弱，还原性增强

三、硫化物

锗、锡、铅的硫化物的性质列于表 17-15 中。

表 17-15 锗、锡、铅的硫化物的性质

硫化物	GeS_2	SnS_2	GeS	SnS	PbS
状态	白色固体	黄色固体	红色固体	棕色固体	黑色固体
能溶的试剂	Na_2S	Na_2S	$(NH_4)_2S_x$	$(NH_4)_2S_x$	稀 HNO_3

锗分族元素的硫化物有两种类型，即 MS_2 和 MS。其中 PbS_2 不存在。在这些硫化物中，高氧化态的显酸性，能溶于碱性试剂中：

$$MS_2 + Na_2S \longrightarrow Na_2MS_3 \quad M = Ge^{Ⅳ}, Sn^{Ⅳ}$$

低氧化态的硫化物显碱性，不溶于碱性试剂 Na_2S 中。但 GeS、SnS 可溶于氧化性试剂如多硫化铵 $(NH_4)_2S_x$ 中生成硫代锗(Ⅳ)酸盐和硫代锡(Ⅳ)酸盐：

$$GeS + S_2^{2-} \longrightarrow GeS_3^{2-}, \quad SnS + S_2^{2-} \longrightarrow SnS_3^{2-}$$

常利用 SnS_2 和 SnS 在 Na_2S 及 $(NH_4)_2S_x$ 中溶解性的不同来鉴别 Sn^{4+} 和 Sn^{2+}。

在 SnS_3^{2-} 或 GeS_3^{2-} 的盐溶液中加酸，则析出沉淀：

$$GeS_3^{2-}+2H^+ \longrightarrow GeS_2\downarrow + H_2S\uparrow$$

$$SnS_3^{2-}+2H^+ \longrightarrow SnS_2\downarrow + H_2S\uparrow$$

GeS、SnS 和 PbS 均难溶于水。在酸中的溶解情况各异。SnS 可溶于中等浓度的盐酸中，而 PbS 仅溶于浓 HCl 及稀 HNO_3 中。

$$SnS+2HCl \longrightarrow SnCl_2+H_2S\uparrow$$

$$PbS+4HCl(浓) \longrightarrow H_2[PbCl_4]+H_2S\uparrow$$

$$3PbS+8H^++2NO_3^- \longrightarrow 3Pb^{2+}+3S+2NO\uparrow+4H_2O$$

四、铅(Ⅱ)的一些含氧酸盐

铅(Ⅱ)的一些含氧酸盐的性质列于表 17-16 中。

表 17-16　铅(Ⅱ)的一些含氧酸盐的性质

含氧酸盐	硝酸铅	醋酸铅(铅糖)	硫酸铅	碳酸铅	铬酸铅
性状	无色晶体	无色晶体，有毒	白色晶体	白色晶体，有毒	亮黄色晶体，有毒
在水中	溶解	溶解	难溶	难溶	难溶
用途	制其他铅的化合物		制白色油漆	制防锈油漆和陶瓷工业	制黄色涂料铬黄

铅的许多化合物难溶于水、有颜色和有毒。含铅化合物的毒性在于铅离子与蛋白质分子中半胱氨酸的巯基(—SH)反应，生成难溶物。$PbSO_4$、$PbCO_3$ 和 $PbCrO_4$ 常用于制油漆，因此油漆、油灰是铅中毒的一个来源。使用时应注意，含铅化合物的涂料不要用于油漆儿童玩具和家具。长期以来，汽车排出的废气中因含有铅化合物而造成大气污染。目前，人们已经研制出了无铅汽油。

习　题

17-1　对比等电子体 CO 与 N_2 的分子结构及主要物理、化学性质。

17-2　概述 CO 的实验室制法及收集方法。写出 CO 与下列物质发生反应的方程式并注明反应的条件：(1) Ni；(2) CuCl；(3) NaOH；(4) H_2；(5) $PdCl_2$。

17-3　某实验室备有 CCl_4、干冰和泡沫灭火器[内为 $Al_2(SO_4)_3$ 和 $NaHCO_3$]，还有水源和沙子。若有下列失火情况，各宜用哪种方法灭火并说明理由：

(1) 金属镁着火　　　(2) 金属钠着火

（3）黄磷着火　　（4）油着火　　（5）木器着火

17-4　标准状况下，CO_2 的溶解度为 170 mL/100 g 水：

（1）计算在此条件下，溶液中 H_2CO_3 的实际浓度；

（2）假定溶解的 CO_2 全部转变为 H_2CO_3，在此条件下，溶液的 pH 是多少？

17-5　将含有 Na_2CO_3 和 $NaHCO_3$ 的固体混合物 60.0 g 溶于少量水后稀释到 2.00 L，测得该溶液的 pH 为 10.6，试计算原来的混合物中含 Na_2CO_3 及 $NaHCO_3$ 各多少克？

17-6　试分别计算 0.1 $mol \cdot L^{-1}$ NH_4HCO_3 和 0.1 $mol \cdot L^{-1}$ $(NH_4)_2CO_3$ 溶液的 pH。（提示：NH_4HCO_3 按弱酸弱碱盐水解计算。）已知：$NH_3 \cdot H_2O$ 的 $K_b = 1.77 \times 10^{-5}$；$H_2CO_3$ 的 $K_1 = 4.3 \times 10^{-7}$，$K_2 = 5.61 \times 10^{-11}$。

17-7　在 0.2 $mol \cdot L^{-1}$ Ca^{2+} 盐溶液中，加入等浓度、等体积的 Na_2CO_3 溶液，将得到什么产物？若以 0.2 $mol \cdot L^{-1}$ Cu^{2+} 盐代替 Ca^{2+} 盐，产物是什么？再以 0.2 $mol \cdot L^{-1}$ Al^{3+} 盐代替 Ca^{2+} 盐，产物又是什么？试从溶度积计算说明。

17-8　比较下列各对碳酸盐热稳定性的大小

（1）Na_2CO_3 和 $BeCO_3$　　（2）$NaHCO_3$ 和 Na_2CO_3

（3）$MgCO_3$ 和 $BaCO_3$　　（4）$PbCO_3$ 和 $CaCO_3$

17-9　如何鉴别下列各组物质：

（1）Na_2CO_3，Na_2SiO_3，$Na_2B_4O_7 \cdot 10H_2O$

（2）$NaHCO_3$，Na_2CO_3

（3）CH_4，SiH_4

17-10　怎样净化下列两种气体：

（1）含有少量 CO_2、O_2 和 H_2O 等杂质的 CO 气体；

（2）含有少量 H_2O、CO、O_2、N_2 及微量 H_2S 和 SO_2 杂质的 CO_2 气体。

17-11　试说明下列现象的原因：

（1）制备硅时，用氢气作还原剂比用活泼金属或碳好；

（2）装有水玻璃的试剂瓶长期敞开瓶口后，水玻璃变浑浊；

（3）石棉和滑石都是硅酸盐，石棉具有纤维性质，而滑石可作润滑剂。

17-12　试说明下列事实的原因：

（1）常温常压下，CO_2 为气体而 SiO_2 为固体；

（2）CF_4 不水解，而 SiF_4 水解。

17-13　试说明硅为何不溶于氧化性的酸（如浓硝酸）溶液中，却分别溶于碱溶液及 HNO_3 与 HF 组成的混合溶液中。

17-14　试解释下列现象：

（1）甲烷既没有酸也没有碱的特性；

（2）硅烷的还原性比烷烃强；

（3）硅的卤化物比氢化物容易形成链。

17-15　说明下列物质的组成、制法及用途：

（1）泡花碱　　（2）硅胶　　（3）人造分子筛

17-16　画出 $Si_4O_{12}^{8-}$,SiF_6^{2-} 的结构图。

17-17　完成并配平下列反应:

(1) $Si+HNO_3+HF \longrightarrow$　　　(2) $Ca_2Si+HCl \longrightarrow$

(3) $SiO_2+C+Cl_2 \longrightarrow$　　　(4) $Be_2C+H_2O \longrightarrow$

(5) $Si_2H_6+H_2O \longrightarrow$　　　(6) $Na_2SO_4+C+SiO_2 \longrightarrow Na_2SiO_3+$

17-18　在室温、1.01×10^3 kPa 下,将 50 mL CO、CO_2 和 H_2 组成的混合气体与 25 mL O_2 点燃,爆炸后在上述同样的温度和压力测得气体总体积为 37 mL,然后用过量 KOH 溶液吸收,最后剩余 5 mL 气体,计算原混合气体中各组分气体的体积分数。

17-19　若 $SnCl_2$ 溶液中含有少量 Sn^{4+},如何除去它?若 $SnCl_4$ 溶液中含有少量 Sn^{2+},又如何除去?

17-20　试说明锗、锡、铅低氧化态化合物(氧化物、氢氧化物、硫化物)和相应的高氧化态化合物的酸碱性及氧化还原性,并写出有关的化学方程式。

17-21　铅在金属活动顺序表中位于氢的左边,但为什么铅实际上不溶于稀盐酸和稀硫酸中?增加酸的浓度又如何?

17-22　分别举例说明 Sn(Ⅱ)的还原性和 Pb(Ⅳ)的氧化性。

17-23　完成下列转化过程,用方程式表示之。

(1)

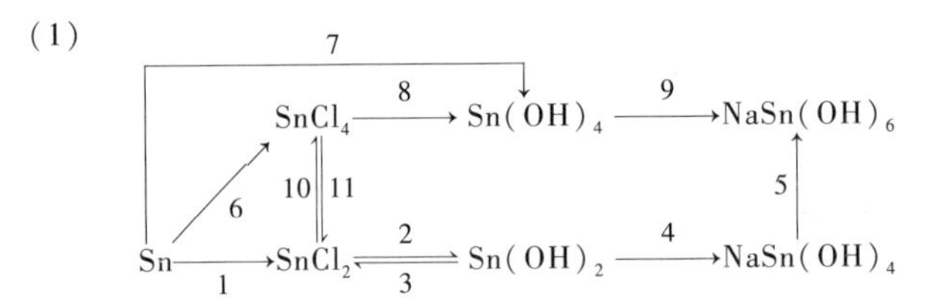

(2)

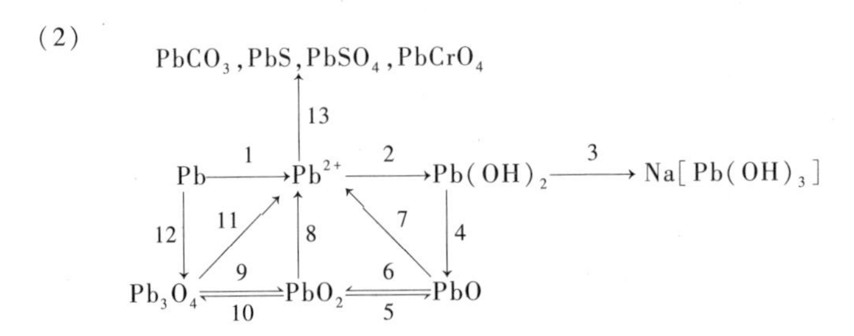

17-24　下列方程式为什么与实验事实不符?

(1) $2Al(NO_3)_3+3Na_2CO_3 = Al_2(CO_3)_3+6NaNO_3$

(2) $PbO_2+4HCl = PbCl_4+2H_2O$

(3) * $Bi_2S_3+3S_2^{2-} = 2BiS_4^{3-}+S$

17-25　利用标准电极电势判断锡从铅(Ⅱ)盐溶液中置换出铅的过程能否进行到底。

17-26　今有 6 瓶无色液体,只知它们是 K_2SO_4、$Pb(NO_3)_2$、$SnCl_2$、$SbCl_3$、$Al_2(SO_4)_3$ 和 $Bi(NO_3)_3$溶液,怎样用最简便的办法来鉴别它们?写出实验现象和有关的离子方程式。

17-27 有一种白色固体混合物，可能含有 $SnCl_2$、$SnCl_4 \cdot 5H_2O$、$PbCl_2$、$PbSO_4$ 等化合物，从下列实验现象判断哪几种物质是确实存在的，并用反应式表示实验现象。

(1) 加水生成悬浊液 A 和不溶固体 B；

(2) 在悬浊液 A 中加入少量盐酸则澄清，滴加碘淀粉溶液可以褪色；

(3) 固体 B 易溶于稀盐酸，通 H_2S 得黑色沉淀，沉淀与 H_2O_2 反应转变为白色。

17-28 用标准电极电势说明下列反应中哪个能正向进行。计算能正向进行反应的 $\Delta_r G^{\ominus}$ 和平衡常数。

$$PbO_2 + 4H^+ + Sn^{2+} \longrightarrow Pb^{2+} + Sn^{4+} + 2H_2O$$

$$Sn^{4+} + Pb^{2+} + 2H_2O \longrightarrow Sn^{2+} + PbO_2 + 4H^+$$

17-29 往 10 mL 0.1 $mol \cdot L^{-1}$ $Pb(NO_3)_2$ 溶液中加入 10 mL 0.1 $mol \cdot L^{-1}$ 氨水，计算说明是否有 $Pb(OH)_2$ 沉淀生成。[$Pb(OH)_2$ 的溶解度为 0.015 5 g/100 g 水。]

17-30 试从热力学数据计算下列反应的 $\Delta_r G^{\ominus}_{298}$，对这些反应进行的可能性做出判断，并比较锗、锡、铅的高氧化态和低氧化态的稳定性。

(1) $GeO_2 + Ge = 2GeO$

(2) $SnO_2 + Sn = 2SnO$

(3) $PbO_2 + Pb = 2PbO$

17-31 根据标准电极电势判断用 $SnCl_2$ 作还原剂能否实现下列过程，写出有关的反应方程式。

(1) 将 Fe^{3+} 还原为 Fe；

(2) 将 $Cr_2O_7^{2-}$ 还原为 Cr^{3+}；

(3) 将 I_2 还原为 I^-。

17-32 回答下列问题：

(1) 实验室配制及保存 $SnCl_2$ 溶液时应采取哪些措施？写出有关的方程式。

(2) 如何用实验方法证实 Pb_3O_4 中铅有不同价态？

第 18 章

硼族元素

内容提要

硼、铝、镓、铟和铊是ⅢA 族的元素。

本章要求：

1. 通过硼单质及其化合物的结构和性质的学习，掌握硼的缺电子特性；
2. 掌握铝单质及其重要化合物的性质，了解铝的冶炼原理和方法；
3. 了解镓分族单质及其化合物的性质和变化规律。

18-1 硼族元素的通性

硼族元素是指元素周期表中ⅢA 族硼、铝、镓、铟和铊 5 种元素。硼是该族中唯一的非金属元素，硼在地壳中的丰度为 $1.0\times10^{-3}\%$。硼是亲氧元素，在自然界主要以各种硼酸盐形成的矿物存在，如最常见的硼砂矿 $Na_2B_4O_7\cdot10H_2O$、硼镁矿 $Mg_2B_2O_5\cdot H_2O$、方硼石 $2Mg_3B_8O_{15}\cdot MgCl_2$ 等。我国西部地区的内陆盐湖地区和吉林、辽宁等省都有硼矿。

铝在自然界主要以硅铝酸盐的形式存在于各种矿物岩石中，如长石、云母、高岭土等。铝占地壳质量的 8.2%，其丰度排第三位，仅次于氧和硅。与铝不同，镓、铟、铊为分散稀有元素，常与含 Zn、Fe、Al、Cr 的矿物共生。铟多共生于有色金属的硫化物矿中，如闪锌矿。铊常与碱金属共存。铝、镓、铟和铊都是金属元素，而且金属性随着金属原子序数的增加而增强。

硼族元素基态原子的价电子构型为 ns^2np^1，它们的最常见氧化态为+Ⅲ，尤其是硼和铝基本显+Ⅲ氧化态。随着原子序数的递增，ns^2 电子对趋于稳定，元素在化合物中呈较低的+Ⅰ氧化态的倾向增强。特别是铊，由于惰性电子对效应的缘故，其+Ⅰ氧化态是最常见的，而+Ⅲ氧化态具有较强的氧化性，易被还原成+Ⅰ氧化态。

硼族元素的一些基本性质列于表 18-1。

表 18-1 硼族元素的一些基本性质

性 质	B	Al	Ga	In	Tl
原子序数	5	13	31	49	81
原子量	10.81	26.98	69.72	114.8	204.4
价电子构型	$2s^2 2p^1$	$3s^2 3p^1$	$4s^2 4p^1$	$5s^2 5p^1$	$6s^2 6p^1$
主要氧化态	+Ⅲ,0	+Ⅲ	+Ⅰ,+Ⅲ	(+Ⅰ),+Ⅲ	+Ⅰ,(+Ⅲ)
共价半径/pm	88	118	126	144	148
M^{2+}离子半径/pm			113	132	140
M^{3+}离子半径/pm	20	50	62	81	95
第一电离能/($kJ\cdot mol^{-1}$)	800.7	577.6	578.8	558.3	589.3
电子亲和能/($kJ\cdot mol^{-1}$)	26.73				
电负性	2.0	1.5	1.6	1.7	1.8

硼、铝、镓、铟和铊的元素电势图如下：

$\varphi_A^\ominus/V$

$$B(OH)_3 \xrightarrow{-0.890} B$$

$$Al^{3+} \xrightarrow{-1.68} Al$$

$$Ga^{3+} \xrightarrow{-0.65} Ga^{2+} \xrightarrow{-0.45} Ga$$

$$In^{3+} \xrightarrow{-0.49} In^{2+} \xrightarrow{-0.40} In^{+} \xrightarrow{-0.126} In$$

$$Tl^{3+} \xrightarrow{0.30} Tl^{2+} \xrightarrow{2.22} Tl^{+} \xrightarrow{-0.34} Tl$$

$$Tl^{3+} \xrightarrow{1.25} Tl^{+}$$

$\varphi_B^\ominus/V$

$$B_4O_7^{2-} \xrightarrow{-0.76} B$$

$$H_2AlO_3^- \xrightarrow{-2.31} Al$$

$$H_2GaO_3^- \xrightarrow{-1.22} Ga$$

$$In(OH)_3 \xrightarrow{-1.0} In$$

$$Tl(OH)_3 \xrightarrow{-0.05} TlOH \xrightarrow{-0.34} Tl$$

18-2 硼及其化合物

18-2-1 硼原子的成键特征

硼的价电子构型是$2s^22p^1$，它能提供成键的电子是$2s^12p_x^12p_y^1$，还有一个空轨道，价电子数少于价轨道数，所以它是缺电子原子，与金属原子相似。但硼与同周期的金属元素锂、铍相比，原子半径小，电离能高，电负性强，不可能像金属原子那样，形成单质时采用金属键，形成化合物时采用离子键。而是与碳、硅相似，以形成共价型分子为特征。所以硼原子形成化学键的第一个特征就是共价性。

在硼原子以sp^2杂化轨道形成的共价分子中，余下的一个空轨道，可以作为路易斯酸，接受外来原子提供的孤对电子，形成以sp^3杂化的四面体构型的配合物。例如，$F_3B \leftarrow :NH_3$。若没有合适的外来原子，也可以自相聚合形成缺电子多中心键，如三中心两电子氢桥键，三中心两电子硼桥键以及三中心两电子硼键（见图18-1）。这是硼原子的第二个成键特征。

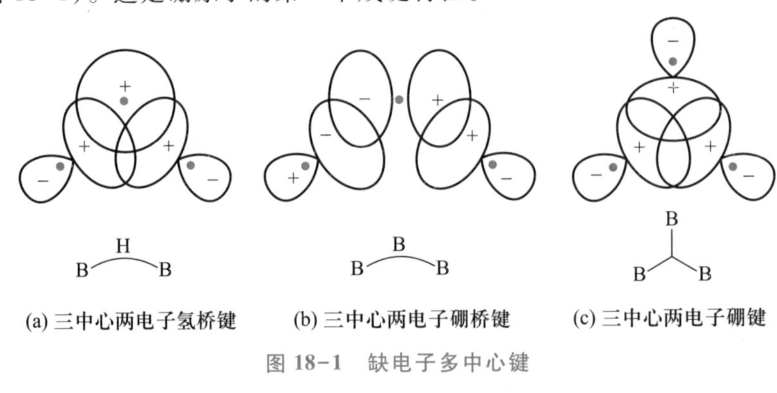

图18-1 缺电子多中心键

硼原子的第三个成键特征是硼单质和硼氢化合物（硼烷）的基本结构是以三角面组成的多面体。多面体的类型有闭合型，也有缺少1个或2个顶点的鸟巢形或蛛网形。在多面体中，硼原子除形成正常的两中心两电子的共价键外，还有多中心键存在。所以这种多面体特性反映了硼原子力图以多种方式解决缺电子问题。

18-2-2 硼的单质

一、单质硼的结构

单质硼有无定形硼和晶体硼两种，晶体硼有各种复杂的晶体结构，但都以 B_{12} 二十面体为基本单元。这个二十面体由 12 个硼原子组成，有 20 个等边三角形的面和 12 个顶角，每个顶角有一个硼原子，每个硼原子与邻近的 5 个硼原子距离相等（177 pm）[见图 18-2(a)]。

由于 B_{12} 二十面体间的连接方式不同、键型不同，所形成的硼晶体类型不同。最普通的一种是六方晶系的 α-菱形硼。α-菱形硼是由 B_{12} 单元组成的层状结构，每一层中的每个 B_{12} 单元通过 6 个硼原子（见图 18-3 中的 1,2,7,12,10,4）用 6 个三中心两电子硼键（键距 203 pm）与在同一平面的 6 个 B_{12} 单元连接（图 18-3 中的虚线三角形表示三中心键）。这种由二十面体组成的片层，又依靠二十面体上、下各 3 个硼原子[图 18-2(b) 中的 3,8,9 和 5,6,11]以 6 个正常的 B—B 共价单键（键长 171 pm）同上、下两层 6 个邻近的二十面体相连接，3 个在上一层，3 个在下一层。所以在 α-菱形硼晶体中，既有普通的 σ 键，又有三中心键。

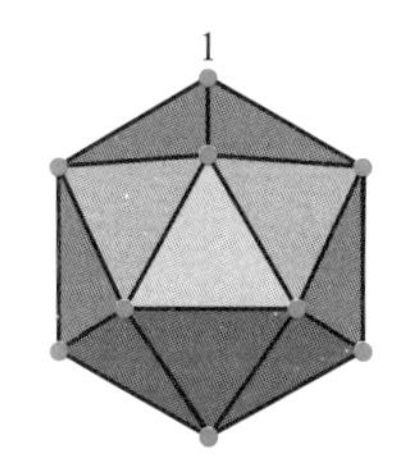

(a) 正二十面体外形

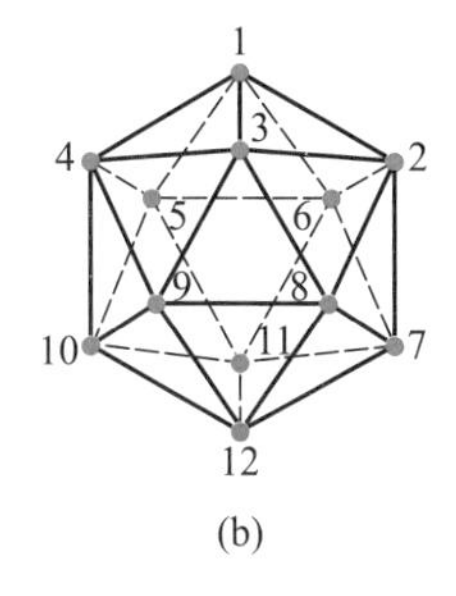

(b)

图 18-2 B_{12} 二十面体

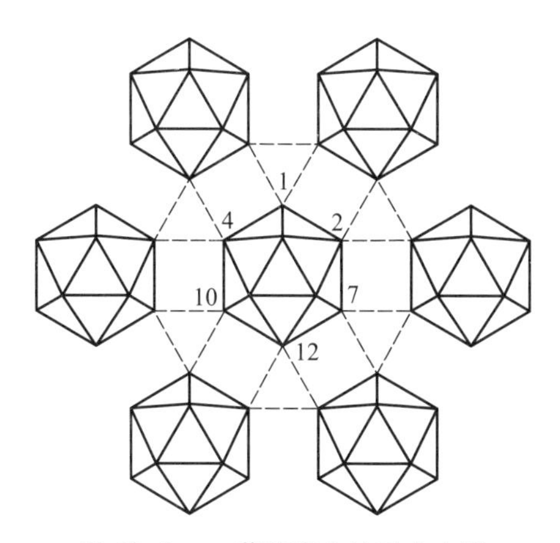

图 18-3 α-菱形硼中的三中心键

二、单质硼的性质和用途

单质硼晶体属于原子晶体。因此晶体硼的硬度很大(在单质中,仅次于金刚石),熔点(2300 ℃)和沸点(2550 ℃)很高,化学性质也不活泼。但无定形硼和粉末状硼比较活泼。

(1) 在氧气中燃烧　除生成 B_2O_3 外,还可生成少量 BN。从硼的燃烧热及 B—O 键的键能数据可知,硼与氧的亲和力超过硅,所以它能从许多稳定的氧化物(如 SiO_2、P_2O_5 等)中夺取氧用作还原剂,故它在炼钢工业中用作去氧剂。

$$4B + 3O_2 \xrightarrow{700\ ℃} 2B_2O_3 \quad \Delta_r H_m^\ominus = -2547\ kJ \cdot mol^{-1}$$

(2) 与非金属反应　无定形硼在室温下与 F_2 反应得 BF_3。高温时,除 H_2、Te、稀有气体外,能与所有非金属如 Cl_2、Br_2、S、N_2 等化合,分别得到 BCl_3、BBr_3、B_2S_3 和 BN。

(3) 与酸和水蒸气反应　无定形硼在赤热下可以同水蒸气反应生成硼酸和氢:

$$2B + 6H_2O(g) \xrightarrow{\triangle} 2H_3BO_3 + 3H_2 \uparrow$$

它不与非氧化性酸(盐酸)反应,仅被氧化性酸如浓 HNO_3、浓 H_2SO_4 和王水所氧化:

$$B + 3HNO_3 \longrightarrow H_3BO_3 + 3NO_2 \uparrow$$

$$2B + 3H_2SO_4 \longrightarrow 2H_3BO_3 + 3SO_2 \uparrow$$

(4) 与强碱反应　无定形硼与浓的强碱溶液有类似硅的反应:

$$2B + 2NaOH + 2H_2O \xrightarrow{\triangle} 2NaBO_2 + 3H_2 \uparrow$$

在氧化剂存在时,与强碱共熔,可得偏硼酸盐:

$$2B + 2NaOH + 3KNO_3 \xrightarrow{\triangle} 2NaBO_2 + 3KNO_2 + H_2O$$

(5) 与金属反应　无定形硼与金属生成金属硼化物。无定形硼用于生产硼钢,它是制造喷气发动机的优质钢材(抗冲击性能好)。因为硼有吸收中子的特性,硼钢还用于制造原子反应堆中的控制棒。将含硼酸盐、铝硅酸盐的陶瓷粉末与 Co、Ti、Ni 的金属粉末混匀,经过特殊热处理烧结成的金属陶瓷是耐高温和超硬质材料。

硼是植物生长发育必需的微量元素之一,对植物体内的酶类代谢起着重要的调节作用,对植物的根茎生长发育有重要影响。

三、单质硼的制备

由于硼在自然界中是以含氧的矿物存在，制备单质硼，主要采用还原法。

(1) 高温下用金属还原　所用金属有 Na、K、Mg、Ca、Zn、Fe 等。例如：

$$B_2O_3 + 3Mg \xrightarrow{\triangle} 2B + 3MgO$$

所得到的硼通常是无定形的，而且还混有难熔的杂质——金属氧化物和硼化物。可用酸处理产物，使这些杂质溶于酸，这样可使硼的纯度提高到95%～98%。

(2) 电解还原熔融的硼酸盐或四氟硼酸盐　例如，在 800 ℃下，于熔融的 KCl-KF 中电解还原 KBF_4。此法相对价廉，但只能得到纯度为 95% 的粉末状硼。

(3) 用氢还原挥发性的硼化合物　如在热的钽(Ta)金属丝上，使 BBr_3 与 H_2 反应：

$$BBr_3(g) + 3/2H_2(g) \xrightarrow{1100\sim1300\ ℃} B(s) + 3HBr(g)$$

所得硼的纯度达 99.9%。

(4) 硼化合物的热分解　用卤化硼热分解可得晶体硼。例如：

$$2BI_3 \xrightarrow[\text{钽丝}]{800\sim1000\ ℃} 2B + 3I_2$$

18-2-3 硼的氢化物(硼烷)和硼氢配合物

由于硼的氢化物与烷烃相似，故又称为**硼烷**。硼和氢不能直接化合，只能用间接的方法制备。例如，早期是用硼化镁 Mg_3B_2(由 Mg 和 B_2O_3 反应制得)和酸作用制取硼烷，该法产率很低：

$$Mg_3B_2 + 2H_3PO_4 \longrightarrow Mg_3(PO_4)_2 + B_2H_6$$

目前，用 NaH 或 $NaBH_4$ 还原 BX_3，可制得产率高、纯度较大的 B_2H_6。

$$3NaBH_4 + 4BF_3 \xrightarrow{323\sim343\ K} 3NaBF_4 + 2B_2H_6$$

现已制得二十多种中性硼烷及其大量的衍生物，如硼烷阴离子 $B_nH_n^{x-}$，碳硼烷(硼烷中的部分 B 被 C 原子取代)等。

硼烷在组成上与烷烃相似，按氢原子数的多少分为少氢型 B_nH_{n+4} 和多氢型 B_nH_{n+6} 两大类，硼烷的命名原则和烷烃相同，通常用天干字(甲、乙、丙……)及

十一、十二……表示硼原子的数目,氢原子数在括号中用阿拉伯数字表示。例如,B_5H_9 称为戊硼烷(9),$B_{14}H_{20}$称为十四硼烷(20)。

一、硼烷的性质

硼烷在物理、化学性质上更像硅烷,它是无色、抗磁性、热稳定性低到中等的分子型化合物,多数有毒。低级硼烷在室温下为气体,但随着相对分子质量的增加,它们变成挥发性的液体或固体(见表 18-2)。

表 18-2　硼烷的某些性质

分子式	B_2H_6	B_4H_{10}	B_5H_9	B_5H_{11}	B_6H_{10}	$B_{10}H_{14}$
名　称	乙硼烷	丁硼烷	戊硼烷(9)	戊硼烷(11)	己硼烷	癸硼烷
室温下状态	气体	气体	液体	液体	液体	固体
沸点/K	180.5	291	321	336	383	486
熔点/K	107.5	153	226.4	150	210.7	372.6
溶解性	易溶于乙醚	易溶于苯	易溶于苯	—	易溶于苯	易溶于苯
水解性	室温下很快	室温下缓慢	363 K,3 d 水解尚未完全	—	363 K,16 h 水解尚未完全	室温
稳定性	373 K 以下稳定	不稳定	很稳定	室温分解	室温缓慢分解	极稳定

在硼烷中最简单的是乙硼烷(B_2H_6)(BH_3 至今尚未制得),B_2H_6 是制备其他硼烷的原料,也是 p 型半导体材料的掺杂剂。

B_2H_6 在空气中剧烈地燃烧且放出大量的热:

$$B_2H_6+3O_2 \xrightarrow{\text{燃烧}} B_2O_3+3H_2O \quad \Delta_r H_m^{\ominus}=-2166\ \text{kJ}\cdot\text{mol}^{-1}$$

B_2H_6 具有强还原性,可被氧化剂氧化。例如,与卤素反应:

$$B_2H_6+6X_2 \longrightarrow 2BX_3+6HX$$

B_2H_6 水解也放出大量的热:

$$B_2H_6+6H_2O \longrightarrow 2H_3BO_3\downarrow+6H_2 \quad \Delta_r H_m^{\ominus}=-509.4\ \text{kJ}\cdot\text{mol}^{-1}$$

B_2H_6 只在 100 ℃ 以下稳定。B_2H_6 的热分解产物很复杂,有 B_4H_{10}、B_5H_9、B_5H_{11}和 $B_{10}H_{14}$等,控制不同条件,可得到不同的主产物。例如:

$$2B_2H_6 \xrightarrow{\text{加压}} B_4H_{10}+H_2$$

B_2H_6 与 NH_3 反应,生成环氮硼烷 $B_3N_3H_6$:

$$3B_2H_6+6NH_3 \xrightarrow{180\ ℃} 2B_3N_3H_6+12H_2$$

环氮硼烷具有规则的平面六角形环状结构(见图 18-4),与苯是等电子体,俗称“无机苯”,其结构和性质与苯十分类似。

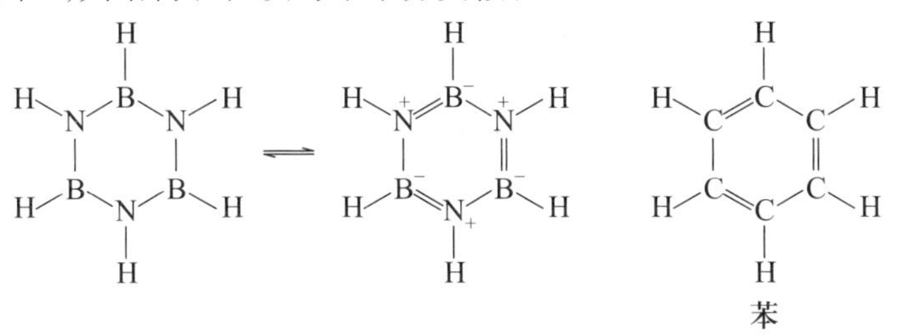

图 18-4 环氮硼烷的结构

二、乙硼烷的分子结构

B_2H_6 的分子结构如图 18-5 所示。在这个分子中,每个硼原子均以 sp^3 杂化轨道成键,2 个硼原子分别与 2 个氢原子形成 2 个 B—H σ 键。这 4 个 σ 键在同一平面内,共用去 8 个价电子,剩余的 4 个价电子在 2 个硼原子和另 2 个氢原子间形成了 2 个垂直于上述平面的三中心两电子键,一个在平面之上,另一个在平面之下。每个 3c-2e 键是由 1 个氢原子和 2 个硼原子共用 2 个电子构成的,结构研究表明这个氢原子具有桥状结构,称为“桥氢原子”,它把 2 个硼原子连接起来。

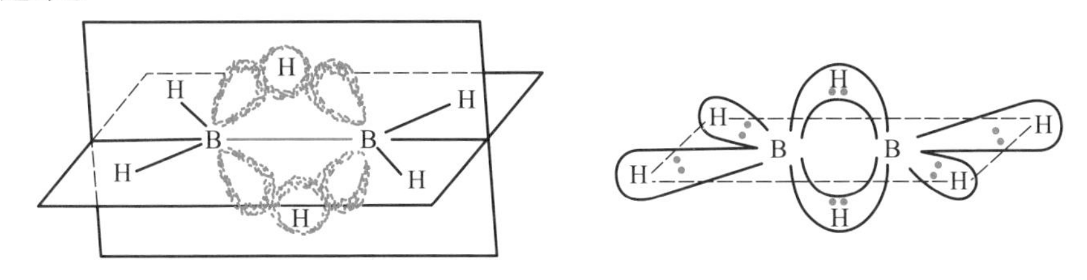

图 18-5 B_2H_6 的分子结构

这种 3c-2e 氢桥键是由 2 个硼原子分别提供 1 个 sp^3 杂化轨道,氢原子提供 1 个 s 轨道,组成 3 个分子轨道——成键、反键、非键轨道(其能级与原来的硼原子一样),在成键轨道上填充 2 个电子而形成的(见图18-6)。

总的来讲,在 B_2H_6 分子中共有两种键:一种是 2c-2e 的硼氢键 B—H;另一种是 3c-2e 的氢桥键 B⌒(H)⌒B。除了有这两种键以外,还可能有 2c-2e 硼-硼键 B—B,开口式 3c-2e 硼桥键 B⌒(B)⌒B,闭合式 3c-2e 硼键 B(B)B,所以硼烷分子

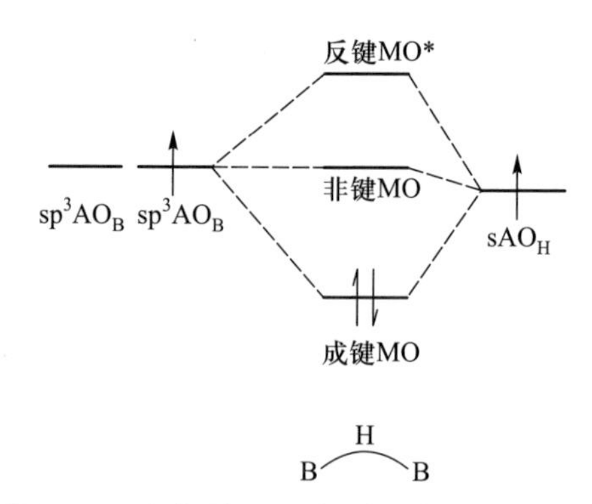

图 18-6 氢桥键(3c-2e)中分子轨道能级图

中常见的键型共有四种,如图 18-7 所示。

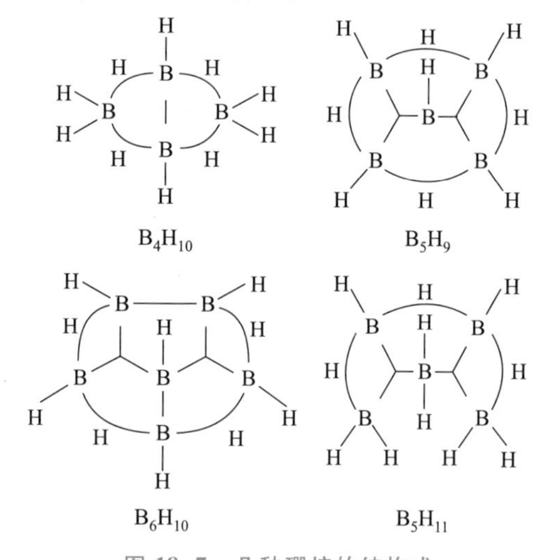

图 18-7 几种硼烷的结构式

CH^+与 BH 单元为等电子体,若硼烷中的部分 BH 被 CH^+取代,则得到硼烷的重要衍生物——碳硼烷。它们也是多面体分子,碳硼烷阴离子又可以与一些过渡金属离子或有机基团形成碳硼烷衍生物。硼烷还有含硫或磷等杂原子的衍生物。由此可知,硼烷及其衍生物是一大类结构复杂、形式多样的化合物。

三、硼氢配合物

硼氢配合物是含有硼氢负离子(如 BH_4^-)的一类化合物。利用下列反应可得到碱金属的硼氢配合物:

$$2LiH + B_2H_6 \longrightarrow 2LiBH_4$$

$$4NaH + BF_3 \longrightarrow NaBH_4 + 3NaF$$

$$4NaH + B(OCH_3)_3 \longrightarrow NaBH_4 + 3NaOCH_3$$

它们都是白色盐型晶体，能溶于水或乙醇，无毒，化学性质稳定。由于其分子中有 BH_4^-(即 H^-)，它们是极强的还原剂：

$$H_2BO_3^- + 5H_2O + 8e^- \longrightarrow BH_4^- + 5OH^- \quad \varphi^{\ominus} = -1.24\ V$$

在还原反应中，它们各有选择性(如 $NaBH_4$ 只还原醛、酮和酰氯类)，且用量少，操作简单，对温度又无特殊要求，在有机合成中副反应少，这样就使得一些复杂的有机合成反应变得快而简单，并且产品质量好。所以 $LiBH_4$ 和 $NaBH_4$ 被认为是有机化学上的“万能还原剂”。不仅在制药、染料和精细化工制品的生产中有广泛的应用，而且还用于“化学镀”，如在金属和非金属底物材料上，用 $NaBH_4$ 镀镍，可得到耐腐蚀的、坚硬的保护层：

$$10NiCl_2 + 8NaBH_4 + 17NaOH + 3H_2O \longrightarrow (3Ni_3B + Ni) + 5NaB(OH)_4 + 20NaCl + 17.5H_2$$

式中的$(3Ni_3B + Ni)$起保护层作用。$LiBH_4$ 的燃烧热很高，可作火箭燃料。

18-2-4 硼的卤化物和氟硼酸

硼形成大量的二元卤化物，其中同种卤素的三卤化物最为稳定。它们可以看成一个同系物 B_nX_{n+2} 中的第一种成员($n=1$)。

三卤化硼是挥发性的、十分活泼的单分子化合物，其双聚倾向很小。它们的某些物理性质列于表 18-3 中。

表 18-3 三卤化硼的某些物理性质

性　质	BF_3	BCl_3	BBr_3	BI_3
熔点/K	146	166	227	323
沸点/K	173	286	364	483
r(B—X)/pm	130	175	187	210
$\Delta_f H^{\ominus}$(298 K)/(kJ·mol^{-1})(气体)	-1136	-403.8	-205.6	+71.1
E(B—X)/(kJ·mol^{-1})	613	456	377	267

BX_3 的熔点与挥发性的变化与卤素相似，室温下，BF_3 和 BCl_3 是气体，BBr_3 是挥发性液体，BI_3 是固体。

所有 BX_3 都是平面三角形分子，∠XBX 为 120°，B—X 键间距小于 B—X 单键的键长。这是因为分子内形成了 Π_4^6 的离域 π 键，硼原子上“空”的 p_z 轨道与 3 个 X 原子上充满电子的 p_z 轨道间发生相互作用，形成垂直于分子平面的 π 键（见图 18-8）。

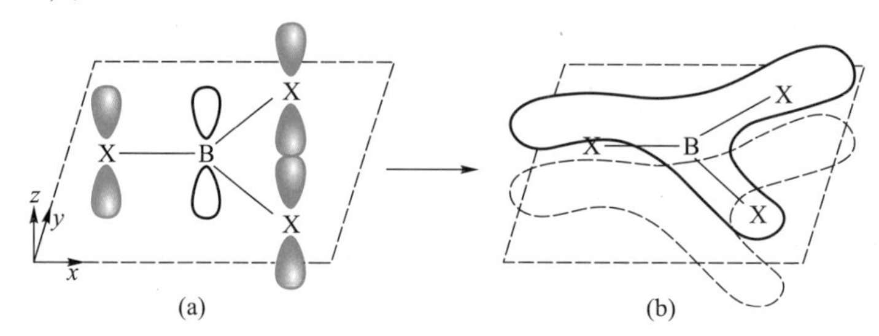

图 18-8 BX_3 中 p_π-p_π 相互作用

B 原子上的“空”p_z 轨道与 3 个 X 原子上的 3 个充满电子的 p_z 轨道之间发生 p_π-p_π 相互作用，从而形成一个与分子平面成 π 对称的成键分子轨道

BX_3 是缺电子分子，有强烈的接受电子对的倾向，能从 H_2O、HF、NH_3、醚、醇以及胺类接受电子对，是很强的路易斯酸，所以它们是有机合成中常用的催化剂。

BX_3 与 SiX_4 相似，极易水解，因为 BX_3 中的 B 原子的价电子层虽没有空的 d 轨道，但有空的 p 轨道，仍可接受 H_2O 的配位：

$$BCl_3 + 3H_2O \longrightarrow H_3BO_3 + 3HCl$$

$$4BF_3 + 6H_2O \longrightarrow H_3BO_3 + 3H_3O^+ + 3BF_4^-$$

HBF_4 和 H_2SiF_6 一样，也是一种强酸，仅以离子状态存在于水溶液中，Cu、Sn、Pb、Cd、Co、Fe、Ni 等金属的氟硼酸盐用于电镀，有速度快、镀层质量好、又省电等优点。

BX_3 的制法与 SiX_4 相似，可以用硼与卤素或 B_2O_3 与 HF 反应得到。

18-2-5 硼的含氧化合物

硼和硅一样，硼的含氧化合物是硼在自然界中存在的主要形式，这类化合物的结构十分复杂和多样，这一点比得上硼烷和硼化物。

一、硼的氧化物及含氧酸

最重要的硼氧化物是 B_2O_3，其熔点为 450 ℃，沸点推测为 2250 ℃，是最难结晶的物质之一。B_2O_3 有晶态和玻璃态两种类型。正常的晶态 B_2O_3（密度为 2.56 $g\cdot cm^{-3}$）是由平面三角形的 BO_3 单元通过其氧原子连接的三维网络结构；还有另一种密度较大（3.11 $g\cdot cm^{-3}$）的晶态 B_2O_3 是由 BO_4 四面体相互不规则连接组成的。玻璃态的 B_2O_3（密度为 1.83 $g\cdot cm^{-3}$）可能是由三角形 BO_3 单元不完全有序组成的，其中 $(BO_3)_3$ 六元环起主要作用；在较高温度下这种结构变得越来越无序，并在 450 ℃以上形成极性的—B=O 原子团。熔融态的 B_2O_3 极易溶解许多金属氧化物而产生有特征颜色的硼酸盐玻璃。由锂、铍和硼氧化物制成的玻璃，用作 X 射线管的窗口。硼玻璃耐高温，可用于制作耐高温的玻璃仪器；硼玻璃纤维，用作火箭的防护材料，硼玻璃还用于制作光学仪器设备、绝缘器材和玻璃钢，这些都是建筑、机械和军工方面所需要的新型材料。

B_2O_3 溶于水，在热的水蒸气中形成挥发性偏硼酸，在水中形成正硼酸：

$$B_2O_3(s) + H_2O(g) \longrightarrow 2HBO_2(g)$$
$$B_2O_3(s) + 3H_2O(l) \longrightarrow 2H_3BO_3(aq)$$

硼酸除有正硼酸 $H_3BO_3(B_2O_3\cdot 3H_2O)$、偏硼酸 $HBO_2(B_2O_3\cdot H_2O)$ 外，还有焦硼酸 $H_4B_2O_5(B_2O_3\cdot 2H_2O)$、四硼酸 $H_2B_4O_7(2B_2O_3\cdot H_2O)$，其中以 H_3BO_3 最重要。

正硼酸 H_3BO_3［或写为 $B(OH)_3$］是白色片状晶体，晶体中的基本结构单元是平面三角形的 $B(OH)_3$，每个硼原子用 3 个 sp^2 杂化轨道与 3 个氢氧根中的氧原子以共价键结合，每个 $B(OH)_3$ 通过氢键分别与另外 3 个 $B(OH)_3$ 连接，无限多的 $B(OH)_3$ 连接成层状结构（见图 18-9），层间则以微弱的范德华力相吸引。所以 H_3BO_3 晶体是片状的，有解理性，有滑腻感，可作润滑剂。硼酸的这种缔合作用使它在冷水中的溶解度很小（273 K 时为 6.35 g/100 g 水）。加热时，由于部分氢键被破坏，其溶解度增大（373 K 时为 27.6 g/100 g 水）。

H_3BO_3 是一元弱酸，$K_a = 7.3\times10^{-10}$，酸性不是由于它本身给出质子，而是由于它是缺电子分子，接受了来自 H_2O 分子中的 OH^- 上的孤对电子，而释放出质子。所以 H_3BO_3 是一个典型的路易斯酸。

$$B(OH)_3 + H_2O \rightleftharpoons \left[\begin{array}{c} H \\ O \\ | \\ HO—B\leftarrow OH \\ | \\ O \\ H \end{array}\right]^- + H^+$$

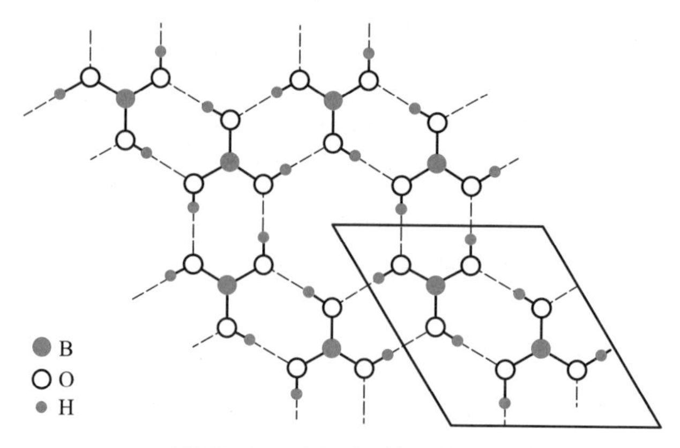

图 18-9 $B(OH)_3$ 的层状结构

原子间的距离是 B—O 为 136 pm，O—H 为 97 pm，O—H⋯O 为 272 pm，硼处的夹角为 120°，而氧处的夹角为 126° 和 114°，氢键几乎是直线形的，晶体中相邻层之间的距离为 318 pm

H_3BO_3 的酸性可因加入甘油或甘露醇等多羟基化合物而大为增强：

$$\mathrm{H{-}O{-}B(OH)_2} + \begin{matrix}\mathrm{HO{-}CH_2}\\ \mathrm{CHOH}\\ \mathrm{HO{-}CH_2}\end{matrix} \longrightarrow \left[\begin{matrix}\mathrm{CH_2{-}O}\\ \mathrm{HOCH}\quad\quad \mathrm{B{-}O}\\ \mathrm{CH_2{-}O}\end{matrix}\right]^- + H^+ + 2H_2O$$

硼酸和甲醇（或乙醇）在浓 H_2SO_4 存在的条件下，生成挥发性硼酸酯，它燃烧产生特有的绿色火焰，可用来检验硼酸根：

$$H_3BO_3 + 3CH_3OH \xrightarrow{\text{浓 } H_2SO_4} B(OCH_3)_3 + 3H_2O$$

H_3BO_3 除了大量地用于玻璃和搪瓷工业外，还因为它是弱酸，对人体的受伤组织有和缓的消毒作用而用于医药方面，也用于食物防腐。

H_3BO_3 受热时会逐渐脱水，首先生成 HBO_2，大约 140 ℃时进一步脱水，变成 $H_2B_4O_7$，温度更高时则转变为硼酐。

$$\underset{\text{正硼酸}}{4H_3BO_3} \xrightarrow{-4H_2O} \underset{\text{偏硼酸}}{4HBO_2} \xrightarrow{-H_2O} \underset{\text{四硼酸}}{H_2B_4O_7} \xrightarrow{-H_2O} \underset{\text{硼酐}}{2B_2O_3}$$

偏硼酸有三种变体，第一种是片层结构，第二种是锯齿状链式结构，第三种是三维网状结构。第一种 HBO_2 的片层结构是由三聚单元 $B_3O_3(OH)_3$ 组成的，并由氢键将这种三聚单元连接成层（见图 18-10），其中所有硼原子都是三配位的。

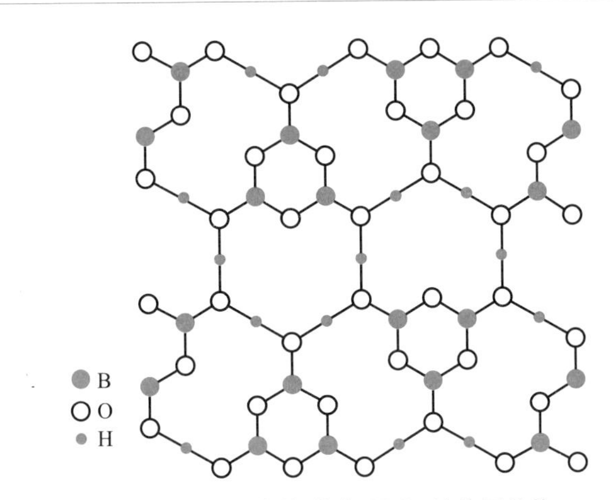

图 18-10 正交偏硼酸 HBO_2 的片层结构

含有化学式为 $B_3O_3(OH)_3$ 的单元，后者由 O—H…O 键相连接

二、硼酸盐

和硅酸盐类似，硼酸盐的结构也十分复杂，但其基本结构单元是 BO_3 平面三角形和 BO_4 四面体，只是在不同的硼酸盐中，BO_3 和 BO_4 基团的数目不同，连接方式不同。表 18-4 列出了各种硼酸盐的组成和实例。

表 18-4 各种硼酸盐的组成和实例

组成	BO_3 三角形的组合方式	阴离子	实 例
仅含 BO_3 单元	$[\ ]^{3-}$	BO_3^{3-}	$M^{III}BO_3$（M = 稀土元素） $CaS_n^{IV}(BO_3)_2$，$Mg_3(BO_3)_2$
	$[\ ]^{4-}$	$B_2O_5^{4-}$	$Mg_2B_2O_5$，$Co_2^{II}B_2O_5$，$Fe_2^{II}B_2O_5$
	$[\ ]^{3-}$	$(BO_2)_3^{3-}$	$NaBO_2$，KBO_2，HBO_2
	$[\ ]^{n-}$	$(BO_2)_n^{n-}$	$Ca(BO_2)_2$

续表

组成	BO_3 三角形的组合方式	阴离子	实　例
仅含 BO_4 单元	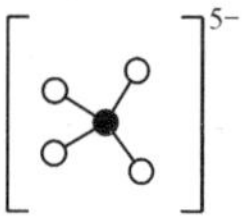	BO_4^{5-}	Ta^VBO_4, $(Ta,Nb)BO_4$ $Ca_2H_4BA_S^VO_8$
	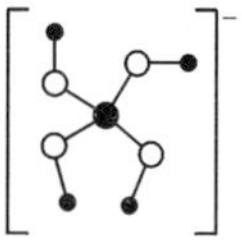	$[B(OH)_4]^-$	$Na_2[B(OH)_4]Cl$
	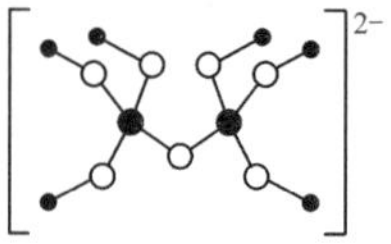	$[B_2O(OH)_6]^{2-}$	$Mg[B_2O(OH)_6]$
	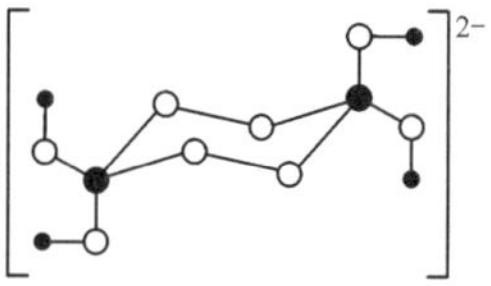	$[B_2(O_2)_2(OH)_4]^{2-}$	$Na_2[B_2(O_2)_2(OH)_4]\cdot 6H_2O$ 即过硼酸钠 $NaBO_3\cdot 4H_2O$
含 BO_3 和 BO_4 单元	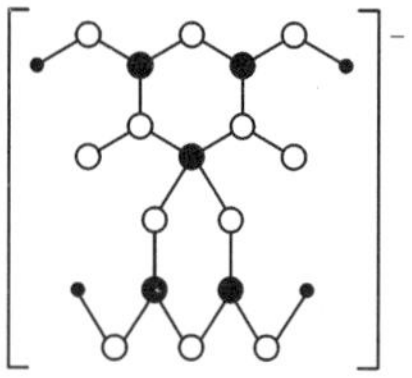	$[B_5O_6(OH)_4]^-$	$K[B_5O_6(OH)_4]\cdot 2H_2O$ 即 $KB_5O_8\cdot 4H_2O$
	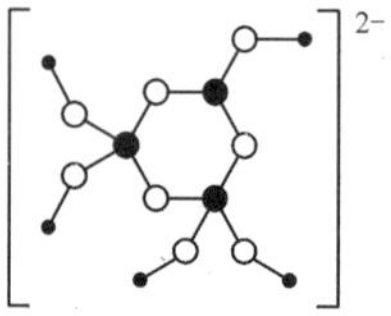	$[B_3O_3(OH)_5]^{2-}$	$Ca[B_3O_3(OH)_5]$ 即硬硼钙石 $Ca_2B_6O_{11}\cdot 5H_2O$
	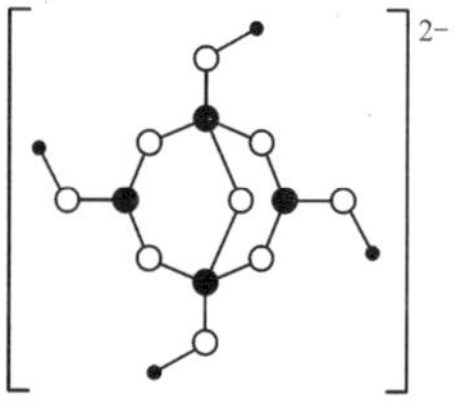	$[B_4O_5(OH)_4]^{2-}$	$Na_2[B_4O_5(OH)_4]\cdot 8H_2O$ 即硼砂矿 $Na_2B_4O_7\cdot 10H_2O$

在硼酸盐中，含有单个 BO_3 基团的不多，常见的是多硼酸盐，将 H_3BO_3 与强碱（$pH=11\sim12$）反应，得到偏硼酸钠；在碱性较弱（$pH<9.0$）的条件下，则得到

四硼酸盐,如硼砂 $Na_2B_4O_7·10H_2O$,得不到单个 BO_3^{3-} 的盐。

在多硼酸盐中,过硼酸钠和硼砂均有实际应用。过硼酸钠是无色晶体。工业过硼酸钠有两种,通常用 $NaBO_3·4H_2O$ 和 $NaBO_3·H_2O$ 表示,晶体结构中存在相同的双核阴离子:

$$\left[\begin{array}{ccccc} HO & & O-O & & OH \\ & B & & B & \\ HO & & O-O & & OH \end{array}\right]^{2-}$$

。过硼酸钠是强氧化剂,水解时产生 H_2O_2,用于漂白羊毛、丝、革和象牙等物或加在洗衣粉中作漂白剂。过硼酸钠可用 H_3BO_3 和 Na_2O_2 反应或硼酸盐与 H_2O_2 反应来制备:

$$H_3BO_3 + Na_2O_2 + HCl + 2H_2O \longrightarrow NaBO_3·4H_2O + NaCl$$

硼砂是无色半透明晶体或白色结晶粉末。在其晶体中,$[B_4O_5(OH)_4]^{2-}$ 通过氢键连接成链状结构,链与链之间通过 Na^+ 以离子键结合,水分子存在于链之间,所以硼砂的分子式按结构应写为 $Na_2B_4O_5(OH)_4·8H_2O$。

自然界有天然的硼砂矿,工业上也能由硼镁矿制得:

$$Mg_2B_2O_5·H_2O + 2NaOH \longrightarrow 2NaBO_2 + 2Mg(OH)_2\downarrow$$

$$4NaBO_2 + CO_2 + 10H_2O \longrightarrow Na_2B_4O_5(OH)_4·8H_2O + Na_2CO_3$$

硼砂在干燥空气中容易风化,加热到 350~400 ℃时,成为无水盐,继续升温至 878 ℃则熔为玻璃状物。硼砂风化时首先失去链之间的结晶水,温度升高,则链之间的氢键因失水而被破坏,形成牢固的偏硼酸骨架。

硼砂同 B_2O_3 一样,在熔融状态能溶解一些金属氧化物,并依金属不同而显出特征的颜色:

$$Na_2B_4O_7 + CoO \longrightarrow \underset{\text{(蓝宝石色)}}{2NaBO_2·Co(BO_2)_2}$$

因此在分析化学中可用硼砂来做“硼砂珠试验”,鉴定金属离子。此性质也被应用于搪瓷和玻璃工业(上釉、着色)和焊接金属(除去金属表面的氧化物)。硼砂还可以代替 B_2O_3 用于制特种光学玻璃和人造宝石。

硼砂易溶于水,也较易水解:

$$B_4O_7^{2-} + 7H_2O \rightleftharpoons 4H_3BO_3 + 2OH^-$$

或写成

$$B_4O_5(OH)_4^{2-} + 5H_2O \rightleftharpoons 2H_3BO_3 + 2B(OH)_4^-$$

这种水溶液具有缓冲作用。硼砂易于提纯,水溶液又显碱性,所以分析化学上常用它来标定酸的浓度。硼砂还可以作肥皂和洗衣粉的填料。

在硼砂水溶液中加酸时,其产物不是四硼酸,而是 H_3BO_3,因为 H_3BO_3 溶解度小,易于结晶析出:

$$Na_2B_4O_7+H_2SO_4+5H_2O \longrightarrow 4H_3BO_3\downarrow +Na_2SO_4$$

将硼砂与 NH_4Cl 共热,再用盐酸、热水处理,可得白色固体氮化硼 BN。

$$Na_2B_4O_7+2NH_4Cl \longrightarrow 2NaCl+B_2O_3+2BN+4H_2O$$

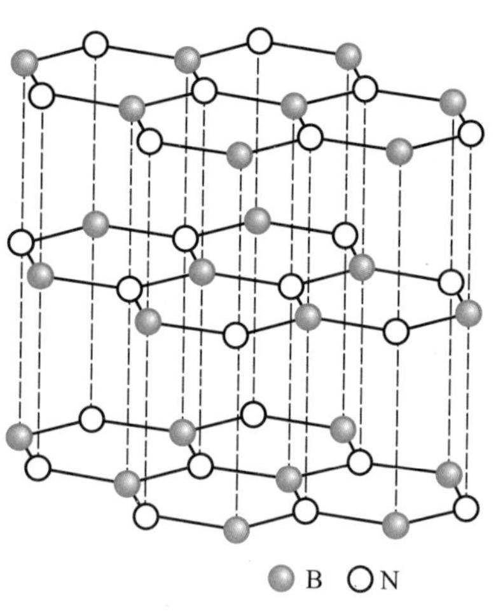

图 18-11 层状六方氮化硼的结构
注意:上下层原子处于重叠位置

在高温下用硼和氨或氮作用也可得 BN,氮化硼具有石墨型晶体结构(见图 18-11),俗称白石墨,化学式写为 $(BN)_x$,其晶体中层内的硼原子和氮原子均采取 sp^2 杂化轨道成键,结构中 B—N 基团与 C—C 基团是等电子体。尽管 $(BN)_x$ 的结构与石墨相似,但性质却并不相同,最大的不同点是 $(BN)_x$ 不导电,具有优良的绝缘性能,这是因为氮的电负性较大,π 键上的电子在很大程度上被定域在氮的周围,不能自由流动。$(BN)_x$ 也有耐热、耐腐蚀、润滑性好等优良性能。在高温、高压下石墨晶形的 $(BN)_x$ 可转为金刚石型的 $(BN)_x$,其硬度大于金刚石,是特殊的耐磨和切削材料。

18-2-6 硼化物

硼化物是指硼与比其电负性小的元素形成的二元化合物。其中一些熔点高、硬度大、高温下强度好和耐化学腐蚀的化合物,已成为新型材料中的重要组成部分,大有取代部分金属材料的趋势。

碳化硼 B_4C 是熔点高、硬度大、具有化学惰性的黑色固体。主要用途是作抛光或研磨用的磨料,也用在制作轻质的防护器具,如用在防弹服及飞船的防护板中,还用于制原子能反应堆中的控制棒。

硼几乎与所有金属都生成金属型硼化物,其组成一般为 MB、M_2B、M_4B、M_3B_4、MB_2 及 MB_6 等,它们一般都很硬,熔点极高,导电、导热性能好。例如,ZrB_2 和 TiB_2 的导电、导热性能分别是金属 Zr 和 Ti 的 10 倍,而熔点都在 3000 ℃以上,比原来金属的熔点高出 727 ℃左右,故用于制作涡轮机叶片、燃烧室内衬、火箭喷嘴等。硼化物或涂有硼化物的金属具有抵抗各种熔融金属、炉渣及盐的腐蚀能力,故可用于制作耐高温的化学器皿、水泵转子及热电偶外壳等。

18-3 铝 镓分族

铝及镓分族元素 Ga、In、Tl 为ⅢA 族的金属元素，也称为 p 区金属元素。价电子构型为 ns^2np^1，价电子数少于价轨道数，为缺电子原子，因而铝及镓分族元素的一些化合物有缺电子性，如三氯化铝在气态存在双聚分子 Al_2Cl_6。除 Tl 外，铝及镓分族元素在化合物中的主要氧化态为+Ⅲ，Tl 的+Ⅰ氧化态比+Ⅲ氧化态的化合物稳定。由于形成 M^{3+} 所需的电离能很大，因此它们的+Ⅲ氧化态化合物有很强的共价性。铝的单质及化合物应用广泛，本节重点介绍铝及其化合物。

18-3-1 铝及其化合物

一、单质铝的冶炼及性质

铝在自然界主要以硅铝酸盐的形式存在于各种矿物岩石中，如长石、云母、高岭土等。铝土矿和冰晶石也是含铝的重要矿物，是提炼铝的重要原料。

1. 铝的冶炼

从铝土矿出发制取金属铝，一般要经过 Al_2O_3 的纯制和 Al_2O_3 的熔融电解两步。先用碱溶液处理铝土矿（$Al_2O_3 \cdot 2H_2O$）或用苏打焙烧铝土矿，使难溶的 Al_2O_3 变为可溶性的铝酸盐：

$$Al_2O_3(s) + 2NaOH + 2H_2O \longrightarrow 2Na[Al(OH)_4]$$

$$Al_2O_3(s) + Na_2CO_3(s) \longrightarrow 2NaAlO_2(s) + CO_2\uparrow$$

产物变为溶液后，澄清过滤除去不溶性杂质，通入 CO_2，促使铝酸盐水解，得 $Al(OH)_3$沉淀：

$$2NaAl(OH)_4 + CO_2 \longrightarrow 2Al(OH)_3\downarrow + Na_2CO_3 + H_2O$$

$$2NaAlO_2 + CO_2 + 3H_2O \longrightarrow 2Al(OH)_3\downarrow + Na_2CO_3$$

将 $Al(OH)_3$ 过滤分离，干燥后煅烧，便得到较纯的符合电解要求的氧化铝。

$$2Al(OH)_3 \xrightarrow{\text{煅烧}} Al_2O_3 + 3H_2O$$

将 Al_2O_3 溶解于熔融的冰晶石（Na_3AlF_6）中进行电解，在阴极可得铝。

如图 18-12 所示，以电解槽的石墨衬里为阴极，石墨棒为阳极，电解反应如下：

$$2Al_2O_3 \longrightarrow 4Al + 3O_2$$

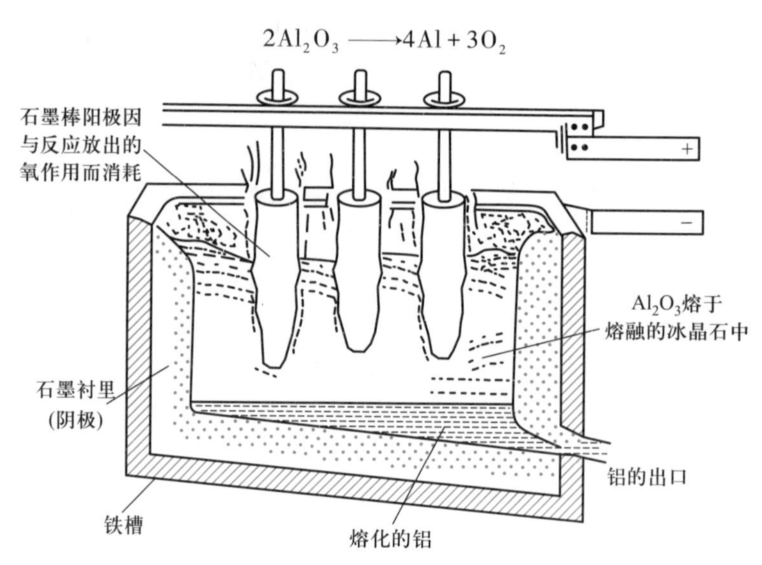

图 18-12　金属铝电解槽结构示意图

电解铝的纯度可达 98%~99%，主要杂质为 Si、Fe、Ga。

阅读材料
铝的冶
炼小史

2. 铝的性质

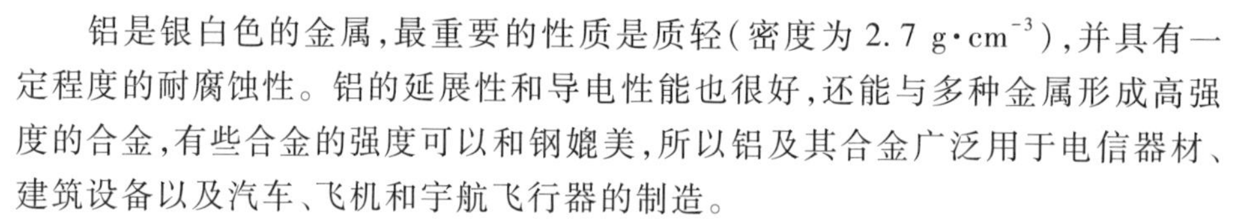

铝是银白色的金属，最重要的性质是质轻（密度为 2.7 $g\cdot cm^{-3}$），并具有一定程度的耐腐蚀性。铝的延展性和导电性能也很好，还能与多种金属形成高强度的合金，有些合金的强度可以和钢媲美，所以铝及其合金广泛用于电信器材、建筑设备以及汽车、飞机和宇航飞行器的制造。

（1）铝的亲氧性　铝是一个相当活泼的金属，电极电势为 -1.662 V。它与氧反应生成氧化铝的标准摩尔生成自由焓的负值很大（-1582 $kJ\cdot mol^{-1}$），因此铝与氧反应的自发性程度很大。但铝一接触空气，表面立即被氧化，生成一层致密的氧化膜，此氧化膜可阻止铝进一步被氧化，且不溶于水和酸，因此铝在空气中相当稳定。只有此氧化膜被破坏后，铝的活泼性才能表现出来。如铝片表面有铝汞齐生成时，将其放置于空气中，其表面便有大量蓬松的氧化铝生成，将此铝片放入水中，还可观察到有氢气放出。

铝的亲氧性还表现在铝能夺取化合物中的氧。例如：

$$2Al + Fe_2O_3 \longrightarrow Al_2O_3 + 2Fe$$

Al_2O_3 的生成焓很高，其 $\Delta_f H_{298}^{\ominus}(Al_2O_3)$ 为 -1676 $kJ\cdot mol^{-1}$，比一般金属氧化物及 SiO_2、B_2O_3 的生成焓大得多，见表 18-5。

表 18-5 一些氧化物的热力学数据

氧化物	Al_2O_3（刚玉）	CaO	MgO（方镁石）	NiO	Cr_2O_3	B_2O_3	SiO_2	Fe_2O_3
$\Delta_f H^{\ominus}_{298}/(kJ\cdot mol^{-1})$	-1676	-635.09	-601.70	-240	-1140	-1272.8	-910.94	-824.2
$\Delta_f G^{\ominus}_{298}/(kJ\cdot mol^{-1})$	-1582	-604.04	-569.44	-212	-1058	-1193.7	-856.67	-742.2

因此铝不仅能夺取化合物中的氧，且反应放出大量的热，致使反应时不必向体系供热。例如，上述 Fe_2O_3 粉与铝粉的反应，用引燃剂点燃后，反应即猛烈进行，放出的热使体系温度高达 3000 ℃以上，可使 Fe 熔化。故铝是冶金上常用的还原剂，在冶金学上称为铝热法。

由于铝的亲氧性，它还被广泛用来作为炼钢的脱氧剂。此外铝还用于制取高温金属陶瓷：将铝粉、石墨和二氧化钛等高熔点金属氧化物按一定比例混合均匀，涂在金属表面，在高温下煅烧：

$$4Al + 3TiO_2 + 3C \xrightarrow{\text{煅烧}} 2Al_2O_3 + 3TiC$$

留在金属表面的涂层是耐高温的物质，它们广泛应用于火箭和导弹技术中。

（2）铝的两性　铝是两性金属。铝既能溶于稀盐酸和稀硫酸中，也易溶于强碱中。例如：

$$2Al + 6HCl \longrightarrow 2AlCl_3 + 3H_2\uparrow$$

$$2Al + 2OH^- + 6H_2O \longrightarrow 2Al(OH)_4^- + 3H_2\uparrow$$

铝还能溶于热的浓硫酸中：

$$2Al + 6H_2SO_4(\text{浓,热}) \longrightarrow Al_2(SO_4)_3 + 3SO_2\uparrow + 6H_2O$$

铝在冷的浓硫酸及稀、浓硝酸中被钝化，所以常用铝桶装运浓硫酸、浓硝酸等化学试剂。

高纯度的铝（99.95%）不与一般的酸作用，只溶于王水。

二、铝的氧化物及其水合物

Al_2O_3 是一种白色难溶于水的粉末。它有多种变体，其中最为人所知的是 α-Al_2O_3 和 γ-Al_2O_3。

α-Al_2O_3 可由金属铝在氧中燃烧或灼烧 $Al(OH)_3$、$Al(NO_3)_3$ 或 $Al_2(SO_4)_3$ 而制得。它的晶体属六方密堆积构型，由于这种密堆积结构，使得晶体中阴、阳离子之间的吸引力强，晶格能大，熔点高（2000 ℃），硬度大（8.8）。α-Al_2O_3 不溶于水,也不溶于酸和碱。耐腐蚀性及绝缘性好,可用作高硬度材料、研磨材料及耐火材料。自然界存在的 $\alpha-Al_2O_3$ 称刚玉,刚玉由于含不同杂质而有不同颜色。含微量 Cr^{3+} 的刚玉呈红色,称红宝石;含 Fe^{2+}、Fe^{3+} 或 Ti^{4+} 的呈蓝色,称蓝宝石。它们均是优良的抛光剂和磨料。

将 $Al(OH)_3$、偏氢氧化铝 AlO(OH)或铝铵矾 $(NH_4)_2SO_4\cdot Al_2(SO_4)_3\cdot 24H_2O$ 加热到 723 K,则有 $\gamma-Al_2O_3$ 生成,它属面心立方密堆积构型,稳定性比 $\alpha-Al_2O_3$ 稍差,可溶于酸和碱。

$$Al_2O_3+6H^+ \longrightarrow 2Al^{3+}+3H_2O$$

$$Al_2O_3+2OH^-+3H_2O \longrightarrow 2Al(OH)_4^-$$

将 $\gamma-Al_2O_3$ 强热到 1273 K 可转变为 $\alpha-Al_2O_3$。$\gamma-Al_2O_3$ 的颗粒小,表面积大,具有良好的吸附能力和催化活性,所以又称活性氧化铝,常用作吸附剂和催化剂。

还有一种 $\beta-Al_2O_3$,实际为 $NaAl_{11}O_{17}$。它有离子传导能力,在制作蓄电池等方面有广阔的应用前景。

Al_2O_3 难溶于水,因此它的氢氧化物只能通过其他方法制得。一般所谓的氢氧化铝,实际上是指三氧化二铝的水合物。如在铝盐溶液中加氨水或碱,得到白色胶状沉淀,其含水量不定,组成也不均匀,统称为水合氧化铝。这种水合氧化铝静置后,可慢慢失水转化为偏氢氧化铝 AlO(OH),温度升高,转化速率加快。若在铝盐溶液中加弱酸盐,如 Na_2CO_3 或 NaAc,则由于弱酸盐的水解,此时得到的是水合氧化铝和偏氢氧化铝的混合物。只有在铝酸盐的溶液(含 $Al(OH)_4^-$)中通 CO_2 才可得到真正的氢氧化铝:

$$2Al(OH)_4^-+CO_2 \longrightarrow 2Al(OH)_3\downarrow+CO_3^{2-}+H_2O$$

结晶的氢氧化铝与无定形的水合氧化铝不同,它难溶于酸,而且加热到 373 K 也不脱水,在 573 K 加热 2 h,才能转变为偏氢氧化铝。

氢氧化铝具有两性,其解离平衡如下:

$$Al^{3+}+3OH^- \rightleftharpoons Al(OH)_3(\text{或 } H_3AlO_3) \underset{-H_2O}{\overset{+H_2O}{\rightleftharpoons}} H^++Al(OH)_4^-$$

所以在氢氧化铝中加酸生成铝盐,加碱则生成铝酸盐:

$$Al(OH)_3+3HNO_3 \longrightarrow Al(NO_3)_3+3H_2O$$

$$Al(OH)_3+KOH \longrightarrow KAl(OH)_4$$

三、铝盐和铝酸盐

1. 铝盐和铝酸盐的形成及水解性

金属铝、氧化铝、氢氧化铝与酸反应得到铝盐,与碱反应得到铝酸盐,如下式所示：

$$[Al、Al_2O_3 或 Al(OH)_3] + HCl \longrightarrow AlCl_3 \quad (铝盐)$$

$$[Al、Al_2O_3 或 Al(OH)_3] + NaOH \longrightarrow NaAl(OH)_4 \quad (铝酸盐)$$

铝盐中含铝离子，水溶液中铝离子以 $Al(H_2O)_6^{3+}$ 的形式存在。由于铝离子电荷高、半径小、具有较高的正电场，所以铝盐的共同特征是强烈的水解性。铝盐溶液由于水解均呈酸性：

$$Al(H_2O)_6^{3+} + H_2O \rightleftharpoons [Al(H_2O)_5(OH)]^{2+} + H_3O^+$$

$[Al(H_2O)_5(OH)]^{2+}$ 还将逐级解离。因为氢氧化铝是难溶于水的弱碱，一些弱酸（如碳酸、氢氰酸、氢硫酸等）的铝盐在水中几乎完全水解，因此化合物 Al_2S_3、$Al_2(CO_3)_3$ 不能用湿法制得。如向铝盐溶液中加入碳酸钠，得不到碳酸铝，水解反应式如下：

$$2Al^{3+} + 3CO_3^{2-} + xH_2O \longrightarrow Al_2O_3 \cdot xH_2O \downarrow + 3CO_2 \uparrow$$

铝酸盐中含 $Al(OH)_4^-$（或 $[Al(OH)_4(H_2O)_2]^-$、$Al(OH)_6^{3-}$）等配离子。拉曼光谱证实在 pH>13 时，有以四面体形式配位的 $Al(OH)_4^-$ 存在。

铝酸盐水解使水溶液呈弱碱性，水解反应如下：

$$Al(OH)_4^- \rightleftharpoons Al(OH)_3 + OH^-$$

在溶液中通入 CO_2 将促进水解的进行，得到 $Al(OH)_3$ 沉淀。工业上利用此反应从铝土矿制取纯的 $Al(OH)_3$ 和 Al_2O_3。

将 $Al(OH)_3$ 和 Na_2CO_3 一同溶于氢氟酸，则得到电解法制铝所需要的助熔剂冰晶石 Na_3AlF_6：

$$2Al(OH)_3 + 12HF + 3Na_2CO_3 \longrightarrow 2Na_3AlF_6 + 3CO_2 \uparrow + 9H_2O$$

2. 几种重要的盐

(1) 卤化物　铝生成三卤化物。在铝的卤化物中，只有 AlF_3 有明显的离子性，其他卤化物均有不同程度的共价性。蒸气密度的测定表明，$AlCl_3$、$AlBr_3$、AlI_3 均为双聚分子，这显然是由铝的缺电子性决定的。Al 原子有空轨道，Cl、Br、I 原子有孤对电子，2 个 AlX_3 分子间可形成桥键，所以 Al_2Cl_6 分子的结构如图 18-13 所示。

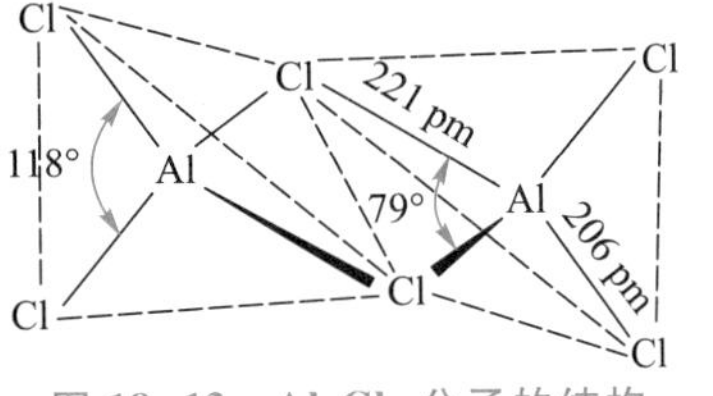

图 18-13　Al_2Cl_6 分子的结构

其中的氯桥键为三中心四电子键，它与乙硼烷的桥式结构形式上相似，但本质不同。当 Al_2Cl_6 溶于水时，立即解离为 $Al(H_2O)_6^{3+}$ 和 Cl^- 并强烈水解。

$AlCl_3$ 易与电子对给体形成配离子和加合物，如 $AlCl_4^-$、$AlCl_3 \cdot NH_3$ 等。这一性质使它成为有机合成中常用的催化剂。

（2）碱式氯化铝　碱式氯化铝是由介于三氯化铝和氢氧化铝之间的一系列水解产物聚合而成的高分子化合物，组成为 $[Al_2(OH)_nCl_{6-n}]_m$，其中 $1 \leqslant n \leqslant 5$，$m \leqslant 10$。它是一种多羟基多核配合物，通过羟基桥连而聚合。它有强的吸附能力，能显著地降低水中泥土胶粒上的负电荷，有高的凝聚效率和沉淀作用，能除去水中的铁、锰、氟、放射性污染物、重金属、泥沙、油脂、木质素以及印染废水中的疏水性染料等，因而是一种高效净水剂。

（3）硫酸铝和明矾　无水硫酸铝为白色粉末。从水溶液中得到的为无色针状晶体，化学式为 $Al_2(SO_4)_3 \cdot 18H_2O$。将纯的氢氧化铝溶于热的浓硫酸或者用硫酸处理铝土矿或黏土都可以得到无水硫酸铝。

$$2Al(OH)_3 + 3H_2SO_4 \longrightarrow Al_2(SO_4)_3 + 6H_2O$$

$$Al_2O_3 \cdot 2SiO_2 \cdot 2H_2O(\text{黏土}) + 3H_2SO_4 \longrightarrow Al_2(SO_4)_3 + 2H_4SiO_4 \downarrow + H_2O$$

硫酸铝与碱金属（除锂外）及铵的硫酸盐可形成溶解度相对较小的复盐，称为矾，如明矾 $KAl(SO_4)_2 \cdot 12H_2O$。在矾的分子结构中有6个水分子与铝离子配位形成 $Al(H_2O)_6^{3+}$，余下的为晶格中的水分子，在 $Al(H_2O)_6^{3+}$ 与 SO_4^{2-} 之间形成氢键。硫酸铝或明矾都易溶于水并水解，其水解实质均为铝离子的水解，产物也是从一些碱式盐到氢氧化铝胶状沉淀。由于这些水解产物颗粒的吸附作用和铝离子的絮凝作用，它们早已被用作净水剂。但处理水的效果不如碱式氯化铝好。硫酸铝和明矾还可用作媒染剂，因铝离子水解生成的胶状物易吸附染料。此外，硫酸铝还是泡沫灭火器中的常用试剂。

18-3-2 镓分族

由于镓分族元素的分散性，故在制备这些金属的过程中，一般都需先经过复杂的富集过程。例如，分散于铝土矿中的镓，在从铝土矿制备 Al_2O_3 的过程中，被富集到经一次碳酸化后分离出的铝酸盐母液中，将铝酸盐母液进行第二次完全碳酸化而不进行原工艺过程中的循环使用，可得到富集了 $Ga(OH)_3$ 的 $Al(OH)_3$ 沉淀。将沉淀分离出来，再溶于碱液中进行电解，可制得金属镓（铝不干扰镓盐的电解）。

$$Ga(OH)_4^- + 3e^- \longrightarrow Ga \downarrow + 4OH^- \quad (\text{阴极})$$

镓、铟、铊均为银白色金属。其单质的基本性质列于表18-6中。

表 18-6 镓、铟、铊单质的基本性质

性　质	Ga	In	Tl
熔点/K	302.78	430	577
沸点/K	2676	2353	1730
相对导电性(Hg=1)	2	11	5
硬度(莫氏)	1.5~2.5	1.2	1.2~1.3
密度/($g\cdot cm^{-3}$)	5.91	7.31	11.9

镓、铟、铊三种金属中,镓的性质比较特殊。镓的熔点很低,握在手中即可熔化;而沸点却很高。因此其液态范围很宽,可用来制作测量高温的温度计。镓之所以有此特性,在于镓的晶体中似存在 Ga_2,因此其熔点低,当镓沸腾时,Ga_2 分裂为原子,所以沸点高。

从电极电势看,镓、铟、铊的单质都有明显的还原性,同铝相似,在空气中其表面生成致密的稳定的氧化物膜。

在化学反应中,镓、铟、铊的氧化态变化较有规律。虽然镓、铟、铊都能生成氧化态为+Ⅰ和+Ⅲ的化合物,但从 Ga 到 Tl,+Ⅲ氧化态化合物的稳定性减弱,+Ⅰ氧化态化合物的稳定性增强。三者都能与酸反应,镓和铟主要生成+Ⅲ氧化态的化合物,而铊则生成+Ⅰ氧化态的化合物。

$$2M + 6HCl \longrightarrow 2MCl_3 + 3H_2\uparrow \qquad M = Ga, In$$

$$M + 6HNO_3 \longrightarrow M(NO_3)_3 + 3NO_2\uparrow + 3H_2O \qquad M = Ga, In$$

$$2M + 3H_2SO_4 \longrightarrow M_2(SO_4)_3 + 3H_2\uparrow \qquad M = Ga, In$$

$$2Tl + 2HCl \longrightarrow 2TlCl\downarrow + H_2\uparrow$$

$$2Tl + H_2SO_4 \longrightarrow Tl_2SO_4 + H_2\uparrow$$

$$3Tl + 4HNO_3 \longrightarrow 3TlNO_3 + NO\uparrow + 2H_2O$$

从 Ga 到 Tl,元素的金属性逐渐增强。Ga 与 Al 相似,具有两性,可溶于碱,也生成+Ⅲ氧化态的化合物。

$$2Ga + 2NaOH + 2H_2O \longrightarrow 2NaGaO_2 + 3H_2\uparrow$$

高纯度的镓难溶于酸或碱。

镓、铟和铊的+Ⅲ氧化态的强酸盐易水解,弱酸盐与铝的弱酸盐一样完全水解。在 M(Ⅲ)盐溶液中加碱,得到氢氧化物 $M(OH)_3$。$Ga(OH)_3$ 和 $Al(OH)_3$ 一样具有两性,可溶于酸和碱,而 $In(OH)_3$ 和 $Tl(OH)_3$ 却纯粹是碱性的,难溶于碱。另外,铊的氧化物、氢氧化物较特别,$Tl(OH)_3$ 不稳定,将其加热至 373 K,便分解为 Tl_2O。镓、铟、铊的氧化物 M_2O_3 及氢氧化物 $M(OH)_3$ 都难溶于水,而 Tl_2O 及 TlOH 易溶于水。

三种元素的卤化物 MX_3 与 AlX_3 相似。除氟化物外，都是共价型化合物，熔点低。在气态中有双聚分子存在，一旦遇水便强烈水解，遇潮湿空气则发烟。

Tl(Ⅲ)氧化性强，很易变成 Tl(Ⅰ)，如 Tl_2O_3 和 $Tl(OH)_3$ 加热至 373 K 时均转变成 Tl_2O；$TlCl_3$ 在 313 K 转变成 TlCl。

Tl(Ⅰ)的化合物稳定。Tl(Ⅰ)的离子半径(147 pm)与 K^+、Rb^+、Ag^+(半径依次为 133 pm、147 pm、126 pm)相近，性质也相似，如 TlOH 易溶于水，其水溶液是强碱，易吸收 CO_2 生成 Tl_2CO_3，且 Tl_2CO_3 与 K_2CO_3 属同一种晶形。TlOH 和 AgOH 相似，易分解；TlX 也与 AgX($X=Cl^-$,Br^-,I^-)相似，难溶于水，而且有感光性。

镓、铟、铊的高纯金属及其合金都是半导体材料。铊、铟合金还可用于制轴承。少量铟可刺激毛发生长。铊及其化合物有毒，可使毛发脱落，常用于制杀鼠毒药。

习 题

18-1 试说明下列现象的原因：

(1) 制备纯硼或硅时，用氢气作还原剂比用活泼金属或炭好；

(2) 硼砂的水溶液是缓冲溶液；

(3) CF_4 不水解，而 BF_3 和 SiF_4 都水解；

(4) BF_3 和 SiF_4 水解产物中，除有相应的含氧酸外，前者生成 BF_4^-，而后者却是 SiF_6^{2-}；

(5) BH_3 有二聚物 B_2H_6，而 BX_3 却不形成二聚体。

18-2 为什么 BH_3 的二聚过程不能用分子中形成氢键来解释？B_2H_6 分子中的化学键有什么特殊性？“三中心两电子键”和一般的共价键有什么不同？

18-3 B_6H_{10}的结构中有多少种形式的化学键？各有多少个？

18-4 H_3BO_3 和 H_3PO_3 组成相似，为什么前者为一元路易斯酸，而后者则为二元质子酸，试从结构上加以解释。

18-5 写出以硼砂为原料制备下列物质的反应方程式：

(1) 硼酸；(2) 三氟化硼；(3) 硼氢化钠

18-6 试计算：

(1) 把 1.5 g H_3BO_3 溶于 100 mL 水中，所得溶液 pH 为多少？

(2) 把足量 Na_2CO_3 加入 75 t 纯的硬硼钙石中，假定转化率为 85%，问所得硼砂的质量是多少(已知 H_3BO_3 $K_1=7.3\times10^{-10}$)？

18-7 两种气态硼氢化物的化学式和密度如下：BH_3 在 290 K 和 53978 Pa 时的密度为 0.629 g·L^{-1}；B_2H_5 在 292 K 和 6916 Pa 时的密度为 0.1553 g·L^{-1}。这两种化合物的相对分子质量各是多少？写出它们的分子式。

18-8 有人根据下列反应式制备了一些硼烷：

$$4BF_3(g)+3LiAlH_4(s)\xrightarrow{\text{乙醚}}2B_2H_6(g)+3LiF(s)+3AlF_3(s)$$

若产率为100%，用5 g BF_3 和10.0 g $LiAlH_4$ 反应能得到多少克 B_2H_6？制备时，由于用了未经很好干燥的乙醚，有些 B_2H_6 与水反应损失了，若水的质量为0.01 g，试计算损失了多少克 B_2H_6？

18-9 完成下列转化过程，用方程式表示之。

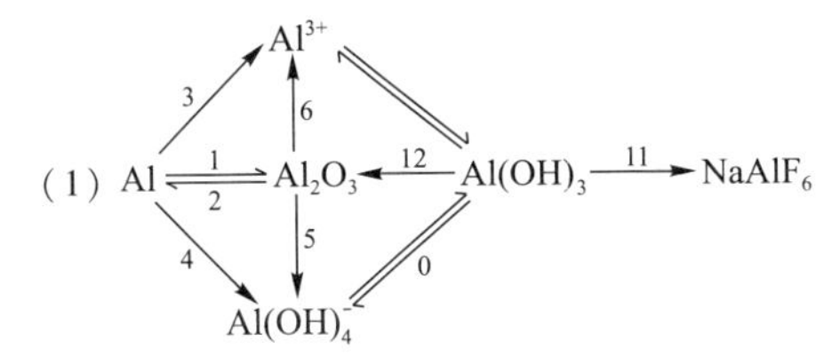

(2) $Na[Ga(OH)_4]\xleftarrow{1}Ga\xrightarrow{2}GaCl_3$，$Na[Ga(OH)_4]\rightleftharpoons Ga(OH)_3\rightleftharpoons GaCl_3$

18-10 已知 Al_2O_3 和 Fe_2O_3 的标准生成热分别为 $-1670\ kJ\cdot mol^{-1}$ 和 $-822\ kJ\cdot mol^{-1}$，计算 Al 与 Fe_2O_3 反应的反应热，由计算结果可以说明什么？

18-11 利用下列数据：

$$Al^{3+}+3e^-\longrightarrow Al(s);\quad \varphi_A^\ominus=-1.662\ V$$

$$Al(OH)_4^-+3e^-\longrightarrow Al(s)+4OH^-;\quad \varphi_B^\ominus=-2.30\ V$$

计算反应 $Al^{3+}+4OH^-\rightleftharpoons Al(OH)_4^-$ 的平衡常数。

18-12 在铝盐溶液中滴加碱溶液，并充分搅拌，当刚有氢氧化铝沉淀生成时，溶液中 Al^{3+} 浓度为 $0.36\ mol\cdot L^{-1}$，问开始沉淀时溶液的 pH 是多少？[已知 $K_{sp}(Al(OH)_3)=1.9\times10^{-33}$。]

第 19 章

p 区元素小结

内容提要

本篇所涉及的大多数元素为非金属元素，因此本章从结构和热力学原理两个方面，就这些非金属元素的单质、无氧酸、含氧酸和含氧酸盐的主要性质做了概括性的小结。并对 p 区元素的次级周期性做了初步的归纳和分析，其目的在于巩固和深化已学过的非金属元素部分的知识。

在所有的一百多种化学元素中，非金属有 22 种，除氢以外都位于元素周期表中的 p 区（见表 19-1）。它们虽然为数不多，但涉及的面却很广。它们的化合物种类繁多。自然界中存在的元素中，丰度最大的是非金属。80% 以上的非金属在现代技术包括能源、功能材料等领域占有极为重要的地位。其中突出的是氢作为能源，硅作为半导体材料，石英光纤作为通信材料，还有特种功能陶瓷等。在超导、激光、生物医药等高技术领域，非金属起着与金属同等重要的作用。

表 19-1　非金属元素在元素周期表中的位置

周期	ⅠA	ⅡA	ⅢB	ⅣB	ⅤB	ⅥB	ⅦB	Ⅷ	ⅠB	ⅡB	ⅢA	ⅣA	ⅤA	ⅥA	ⅦA	0
一	H															He
二											B	C	N	O	F	Ne
三												Si	P	S	Cl	Ar
四													As	Se	Br	Kr
五														Te	I	Xe
六														Po	At	Rn
七																
	s 区		d 区						ds 区		p 区					

La 系	f 区
Ac 系	

19-1 单质的结构和性质

19-1-1 单质的结构和物理性质

非金属单质的晶体结构大多数是分子晶体，也有少数原子晶体和过渡型的层状晶体，但不论是哪种晶体类型，分子中的原子间大都是以两中心两电子共价键相结合的，每种元素在单质分子中的共价键数目大多数符合 $8-N$ 规则，即以 N 代表非金属元素在周期表中的族数，则该元素在单质中的共价数等于 $8-N$。对于氢、氦则为 $2-N$。

稀有气体的共价数为 $8-8=0$，形成单原子分子。卤素的共价数为 $8-7=1$，每两个原子以一个共价键形成双原子分子[见图 19-1(a)]。氢的共价数为 $2-1=1$，也属同一类型。ⅥA 族的硫、硒、碲的共价数为 $8-6=2$，形成二配位的链形或环形分子[见图 19-1(b)，(c)]，ⅤA 族的磷、砷则形成三配位的有限分子 P_4、As_4[见图 19-1(d)]或层状分子如灰砷、黑磷[见图 19-1(e)，(f)]等。ⅣA 族的碳、硅的共价数为 $8-4=4$，形成四配位的金刚石型结构[见图 19-1(g)]。

在单质结构中，有的由于形成 π 键、多中心键或 d 轨道参与成键，键型发生变化，这时成键形式就不遵守 $8-N$ 规则。例如，N_2、O_2 分子中原子的共价键不是单键；硼的单质和石墨结构中存在多中心键或离域 π 键，键的数目也不等于 $8-N$。

非金属元素按其单质的结构和性质大致可以分成三类：第一类为小分子组成的单质，如单原子分子的稀有气体和双原子分子的 X_2(卤素)、O_2、N_2 及 H_2 等，在通常情况下，它们是气体，其固体为分子型晶体，熔点、沸点都很低。第二类为多原子分子组成的单质，如环状的 S_8 和 Se_8 分别是组成斜方硫、单斜硫和红硒晶体的结构单元，四面体的 P_4 和 As_4 分别是组成黄磷和黄砷的基本单元；长链状的 S_x、Se_x 和 Te_x 分别是组成弹性硫、灰硒和灰碲的基本单元。通常情况下，它们是固体，为分子型晶体，熔点、沸点也不高，但比第一类单质的熔点、沸点高。第三类为大分子单质，如金刚石、晶态硅和单质硼等，它们都是原子晶体，熔点、沸点极高，难挥发。在大分子单质中还有一类层状结构的过渡型晶体，如石墨、黑磷、灰砷等。过渡型晶体中的作用力不止一种，链内和链间，层内和层间的作用力并不相同，键型复杂。

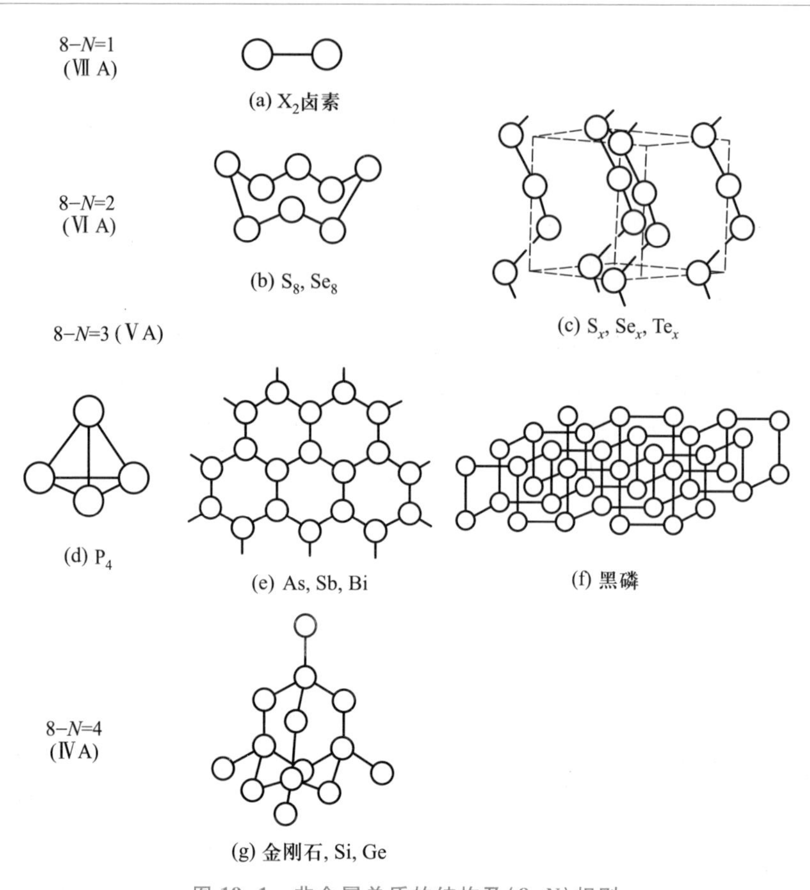

图 19-1　非金属单质的结构及(8−N)规则

19-1-2　单质的化学反应

活泼的非金属(F_2,Cl_2,Br_2,O_2,P,S)与金属元素形成卤化物、氧化物、硫化物、氢化物或含氧酸盐等,非金属元素彼此之间也能形成卤化物、氧化物、无氧酸、含氧酸等。大部分非金属单质不与水反应,卤素仅部分与水反应,碳在赤热条件下才与水蒸气反应。非金属一般不与非氧化性稀酸反应,硼、碳、磷、硫、碘、砷等被浓 HNO_3、浓 H_2SO_4 及王水氧化,硅在含氧酸中被钝化,只能在有氧化剂(如 HNO_3)存在的条件下与氢氟酸反应。

除碳、氮、氧外,非金属单质可和碱溶液反应,对于有变价的非金属元素主要发生歧化反应:

$$Cl_2 + 2NaOH \longrightarrow NaClO + NaCl + H_2O$$

$$3X_2 + 6NaOH \xrightarrow{\triangle} 5NaX + NaXO_3 + 3H_2O \quad (X = Cl, Br, I)$$

$$3S + 6NaOH \longrightarrow 2Na_2S + Na_2SO_3 + 3H_2O$$

$$4P + 3NaOH + 3H_2O \longrightarrow 3NaH_2PO_2 + PH_3\uparrow$$

Si、B 则从碱溶液中置换出 H_2：

$$Si + 2NaOH + H_2O \longrightarrow Na_2SiO_3 + 2H_2\uparrow$$

$$2B + 2NaOH + 2H_2O \longrightarrow 2NaBO_2 + 3H_2\uparrow$$

在浓碱中，F_2 能将 OH^- 中的负二价氧氧化为 O_2 放出：

$$2F_2 + 4OH^- \longrightarrow 4F^- + O_2\uparrow + 2H_2O$$

19-2 分子型氢化物

非金属元素都能形成具有最低氧化态的共价型的简单氢化物：

B_2H_6	CH_4	NH_3	H_2O	HF
	SiH_4	PH_3	H_2S	HCl
		AsH_3	H_2Se	HBr
			H_2Te	HI

在通常情况下，它们为气体或挥发性液体。熔点、沸点都按元素在元素周期表中所处的族和周期呈周期性变化。例如，在同一族中，沸点从上到下递增，但是相比之下，第二周期的 NH_3、H_2O 及 HF 的沸点异常的高（见图 19-2），这是由于在这些分子间存在着氢键，分子间的缔合作用特别强。

有些非金属元素如 C、Si、B 还能形成非金属原子数≥2 的一系列氢化物，如 C 能生成种类繁多的烃类；Si 能形成通式为 Si_nH_{2n+2}（$8 \geqslant n \geqslant 1$）的硅烷；硼则有包括 B_nH_{n+4} 和 B_nH_{n+6} 两大类在内的 20 多种硼烷。本节主要讨论的是简单共价型氢化物的一些重要性质。

19-2-1 热稳定性

分子型氢化物的热稳定性，与组成氢化物的非金属元素的电负性（χ_A）有关，非金属与氢的电负性（$\chi_H = 2.2$）相差越大，所生成的氢化物越稳定；反之，越

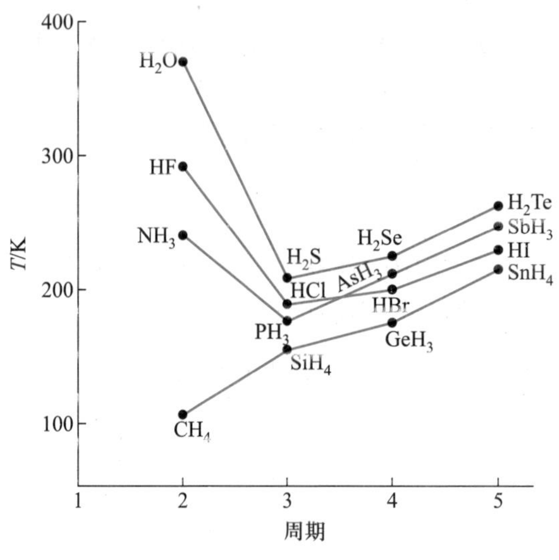

图 19-2 分子型氢化物的沸点

不稳定。例如，$\chi_{As}=2.18$，AsH_3 很不稳定，它不能由 As 与 H_2 直接合成；而 $\chi_F=3.98$，HF 就很稳定，加热至高温也不分解。

从热力学角度看，这些氢化物的标准生成自由能 $\Delta_f G_m^\ominus$ 或标准生成焓 $\Delta_f H_m^\ominus$ 越负，氢化物越稳定。例如：

氢化物	$\Delta_f G_m^\ominus/(kJ\cdot mol^{-1})$	$\Delta_f H_m^\ominus/(kJ\cdot mol^{-1})$
$1/2H_2(g)+1/2F_2(g)\longrightarrow HF(g)$	-275.4	-273.3
$1/2H_2(g)+1/2Cl_2(g)\longrightarrow HCl(g)$	-95.3	-92.3
$1/2H_2(g)+1/2Br_2(g)\longrightarrow HBr(g)$	-53.4	-36.3
$1/2H_2(g)+1/2I_2(g)\longrightarrow HI(g)$	1.7	26.5

根据 $\Delta_f G_m^\ominus=-2.30\,RT\lg K_p$（或 K_c 因为 $\Delta n=0$，$K_p=K_c$），可求出上述各反应 298 K时的 K_p，即 $\lg K_p=\dfrac{-\Delta_f G_m^\ominus}{2.30\,RT}=\dfrac{-\Delta_f G_m^\ominus}{5.7}$

例如，对 HCl 来说，有

$$\lg K_p=\frac{-\Delta_f G_m^\ominus}{5.7}=\frac{95.3}{5.7}=16.7$$

$$K_p=5\times10^{16}$$

由于反应是放热的,升高温度,K_p 变小。例如,1273 K 时的 $K_p=2\times10^4$,但此值仍很大,说明 HCl 在这样的高温下也很少分解。但 HI 则不然,在 298 K 时:

$$\lg K_c=\frac{-1.7}{5.7}=-0.298,\quad K_c=0.503$$

此值很小,说明 HI 在室温时已开始分解。

对于 AsH_3,$\Delta_f G_m^\ominus=68.9\ kJ\cdot mol^{-1}$,$\Delta_f H_m^\ominus=66.4\ kJ\cdot mol^{-1}$,二者都是正值,计算出来的 $K_c\ll1$,所以同卤化氢相比,它更加不稳定。

表 19-2 所列的 $\Delta_f H_m^\ominus$ 和分解温度的数据表明:分子型氢化物的热稳定性,在同一周期中自左至右依次增加;在同一族中,自上而下依次减小。这个变化规律与非金属元素电负性的变化规律是一致的。

表 19-2 一些氢化物的标准生成焓和分解温度

氢化物	B_2H_6	CH_4	NH_3	$H_2O(g)$	HF
χ_A	2.04	2.55	3.04	3.44	3.90
$\Delta_f H_m^\ominus/(kJ\cdot mol^{-1})$	35.6	-159.0	-45.9	-241.8	-273.3
分解温度/K	373K 以下稳定	≥873	1073	>1273	不分解
氢化物		SiH_4	PH_3	H_2S	HCl
χ_A		1.90	2.19	2.58	3.16
$\Delta_f H_m^\ominus/(kJ\cdot mol^{-1})$		34.3	5.4	-20.6	-92.3
分解温度/K		773	713	673	3273 K 分解 1.3%
氢化物			AsH_3	H_2Se	HBr
χ_A			2.18	2.55	2.96
$\Delta_f H_m^\ominus/(kJ\cdot mol^{-1})$			66.4	29.7	-36.3
分解温度/K			573	573	1868 K 分解 1.08%
氢化物			SbH_3	H_2Te	HI
χ_A			2.05	2.10	2.66
$\Delta_f H_m^\ominus/(kJ\cdot mol^{-1})$			145.1	99.6	25.5
分解温度/K			加热或引入火花	273	1073 K 分解 24.9%

19-2-2 还原性

除HF以外，其他分子型氢化物都有还原性，其变化规律与稳定性的增减规律相反，稳定性大的氢化物，还原性小。

还原性增强↓				
B_2H_6	CH_4	NH_3	H_2O	HF
	SiH_4	PH_3	H_2S	HCl
		AsH_3	H_2Se	HBr
			H_2Te	HI

←还原性增强

氢化物 AH_n(A表示非金属元素，n表示该元素的最低氧化态的绝对值)的还原性来自 A^{n-}，而 A^{n-}失电子的能力与其半径和电负性的大小有关，在周期表中，从右向左，自上而下，元素A的半径增大，电负性减小，A^{n-}失电子的能力按此顺序递增，所以氢化物的还原性也按此方向增强。

这些氢化物能与氧、卤素、高氧化态的金属离子及一些含氧酸盐等氧化剂作用。例如：

(1) 与 O_2 的反应：

$$CH_4+2O_2 \xrightarrow{\text{燃烧}} CO_2\uparrow+2H_2O$$

$$B_2H_6+3O_2 \xrightarrow{\text{燃烧}} B_2O_3+3H_2O$$

$$4NH_3+5O_2 \xrightarrow{\text{Pt催化剂}} 4NO\uparrow+6H_2O$$

$$2PH_3+4O_2 \xrightarrow{\text{自燃}} P_2O_5+3H_2O$$

$$2AsH_3+3O_2 \xrightarrow{\text{自燃}} As_2O_3+3H_2O$$

$$2H_2S+3O_2 \xrightarrow{\text{点燃}} 2SO_2\uparrow+2H_2O$$

$$4HBr+O_2 \longrightarrow 2Br_2+2H_2O$$

$$4HI+O_2 \longrightarrow 2I_2+2H_2O$$

HCl有类似作用，但必须使用催化剂并加热。

(2) 与 Cl_2 的反应：

$$8NH_3+3Cl_2 \longrightarrow 6NH_4Cl+N_2\uparrow$$

$$PH_3+4Cl_2 \longrightarrow PCl_5+3HCl$$

$$H_2S + Cl_2 \longrightarrow 2HCl + S$$

$$2HBr + Cl_2 \longrightarrow 2HCl + Br_2$$

$$2HI + Cl_2 \longrightarrow 2HCl + I_2$$

（3）与高氧化态金属离子反应：

$$2AsH_3 + 12Ag^+ + 3H_2O \longrightarrow As_2O_3 + 12Ag\downarrow + 12H^+$$

$$2HI + 2Fe^{3+} \longrightarrow I_2 + 2Fe^{2+} + 2H^+$$

（H_2S、H_2Se、H_2Te 均有此反应）

（4）与氧化性含氧酸盐的反应：

$$5H_2S + 2MnO_4^- + 6H^+ \longrightarrow 2Mn^{2+} + 5S\downarrow + 8H_2O$$

$$6HCl + Cr_2O_7^{2-} + 8H^+ \longrightarrow 3Cl_2 + 2Cr^{3+} + 7H_2O$$

$$6HI + ClO_3^- \longrightarrow 3I_2 + Cl^- + 3H_2O$$

19-2-3 水溶液酸碱性和无氧酸的强度

非金属元素氢化物在水溶液中的酸碱性和该氢化物在水中给出或接受质子能力的相对强弱有关。非金属元素的氢化物，相对于水而言，大多数是酸，如 HX 和 H_2S 等。少数是碱，如 NH_3、PH_3，而 H_2O 本身既是酸又是碱，表现两性。

酸的强度取决于下列质子传递反应平衡常数的大小：

$$HA + H_2O \rightleftharpoons H_3O^+ + A^-$$

通常用解离常数 K_a 或 pK_a 来衡量。

从表 19-3 所列数据可知，pK_a 越小，酸的强度越大，如果氢化物的 pK_a 小于 H_2O 的 pK_a，它们给出质子，表现为酸；反之，则表现为碱。

表 19-3 非金属二元氢化物在水溶液中的 pK_a（298 K）*

NH_3	39	H_2O	15.74	HF	3.25	酸强度增加 ↓
PH_3	27	H_2S	7.05	HCl	-6.3	
AsH_3	≤23	H_2Se	3.82	HBr	-8.7	
		H_2Te	2.6	HI	-9.3	

→ 酸强度增加

碱接受质子的能力取决于非金属元素占有电子的轨道与质子 1s 空轨道重叠的有效性，一般来说，较重的非金属元素以及电负性较大的非金属元素，其重叠的有效性较差，接受质子的能力很弱，其碱性也就很弱，实际上只有 NH_3、PH_3、H_2O 能接受质子，表现碱性，碱性强弱次序为 $NH_3>PH_3>H_2O$。

CH_4 和 SiH_4 具有对称的正四面体结构，分子是非极性的，不溶于水也不解离，没有任何酸碱性。

BH_3 是配位数未饱和的缺电子基团，不能独立存在，立即二聚为 B_2H_6。B_2H_6 和 H_2O 反应转化为 H_3BO_3 和 H_2，并不解离给出质子，也不接受质子。

对于表 19-3 中所表示的酸强度变化规律，可以从能量和结构两个角度来加以分析。

从能量角度来看，分子型氢化物在水溶液中酸性的强弱，取决于下列反应 $\Delta_r G_m^{\ominus}$ 的大小：

$$HA(aq) \longrightarrow H^+(aq) + A^-(aq)$$

$\Delta_r G_m^{\ominus}$ 的负值越大，按 $\Delta_r G_m^{\ominus} = -RT\ln K_a^{\ominus}$ 公式计算出来的 K_a 越大，酸性越强。

$\Delta_r G_m^{\ominus}$ 可按 $\Delta_r G_m^{\ominus} = \Delta_r H_m^{\ominus} - T\Delta_r S_m^{\ominus}$ 公式计算，所以 $\Delta_r G_m^{\ominus}$ 和 $\Delta_r H_m^{\ominus}$ 及 $\Delta_r S_m^{\ominus}$ 有关，其中 $\Delta_r H_m^{\ominus}$ 又涉及许多能量项，如氢卤酸（HX）的解离过程可设计为如下的热力学循环：

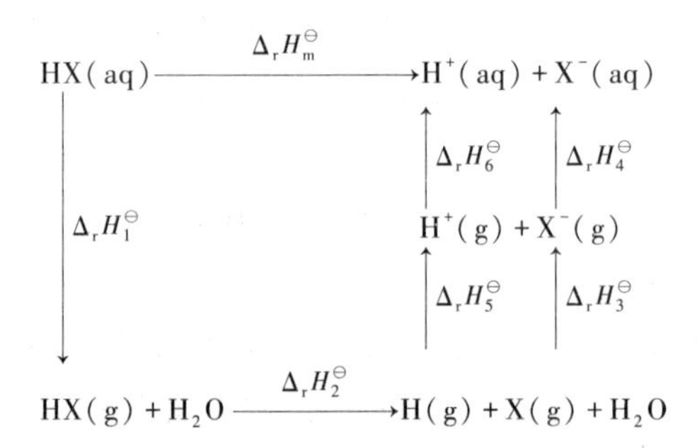

（1）$\Delta_r H_1^{\ominus}$——HX(aq) 脱水形成 HX(g) 所吸收的热即水合能的负值；

（2）$\Delta_r H_2^{\ominus}$——HX 的解离能，即键能；

（3）$\Delta_r H_3^{\ominus}$——X(g) 的电子亲和能；

（4）$\Delta_r H_4^{\ominus}$——$X^-(g)$ 的水合能；

（5）$\Delta_r H_5^{\ominus}$——H(g) 的电离能；

（6）$\Delta_r H_6^{\ominus}$——$H^+(g)$ 的水合能。

HX(aq) 解离过程的总焓变 $\Delta_r H_m^{\ominus}$ 是上述各分步焓变的总和。表 19-4 列出了氢卤酸解离过程各分步的热力学数据。

表 19-4 298 K 时 HX(aq)解离过程各分步的热力学数据

($\Delta_r G_m^{\ominus}$ 和 $\Delta_r H_m^{\ominus}$ 单位 $kJ \cdot mol^{-1}$,$S_m^{\ominus}$ 和 $\Delta_r S_m^{\ominus}$ 单位 $J \cdot K^{-1} \cdot mol^{-1}$)*

步 骤	HF	HCl	HBr	HI
(1) $HX(aq) \xrightarrow{\Delta_r H_1^{\ominus}} HX(g)$	48	16	18	20
(2) $HX(g) \xrightarrow{\Delta_r H_2^{\ominus}} H(g) + X(g)$	569	432	366	299
(3) $X(g) + e^- \xrightarrow{\Delta_r H_3^{\ominus}} X^-(g)$	-328	-349	-325	-295
(4) $X^-(g) \xrightarrow{\Delta_r H_4^{\ominus}} X^-(aq)$	-524	-378	-348	-308
(5) $H(g) \xrightarrow{\Delta_r H_5^{\ominus}} H^+(g) + e^-$	1318	1318	1318	1318
(6) $H^+(g) \xrightarrow{\Delta_r H_6^{\ominus}} H^+(aq)$	-1091	-1091	-1091	-1091
$HX(aq) \xrightarrow{\Delta_r H^{\ominus}} H^+(aq) + X^-(aq)$	-16	-57	-65	-62
$S_m^{\ominus}(H^+, aq)$	0	0	0	0
$S_m^{\ominus}(X^-, aq)$	-14	57	83	111
$S_m^{\ominus}(HX, aq)$	88	92	96	96
$\Delta_r S_m^{\ominus}$	-102	-35	-13	11
$T\Delta_r S_m^{\ominus}$	-30	-10	-4	3
$\Delta_r G_m^{\ominus}$	14	-47	-61	-65
K_a(计算值)	3.5×10^{-3}	10^8	10^{10}	10^{11}
K_a(实验值)	3.53×10^{-4}			

从表 19-4 数据可知:HX(aq)解离反应的 $\Delta_r H_m^{\ominus}$ 均为负值,即都是放热过程,但 HF 所放出的热量比其他三种 HX 要少得多。这是因为 F^- 比其他 X^- 有高得多的水合能;HF 的键能及 HF(aq)脱水形成 HF(g)所需能量比其他 HX 都大得多;同时 F(g)的电子亲和能反比 Cl(g)要小,比 Br(g)、I(g)也大得不多,这样就导致HF(aq)解离反应总的焓变是最小的负值。

因为 $\Delta_r H_m^{\ominus}$ 不是决定 $\Delta_r G_m^{\ominus}$ 的唯一因素,还需考虑熵的变化。HF(aq)解离

反应的 $\Delta_r S_m^\ominus$ 是一个很大的负值，加上 $\Delta_r H_m^\ominus$ 又是最小的负值，共同导致 HF(aq)解离时，$\Delta_r G_m^\ominus$ 成为最大的正值，致使 pK_a 为正值，所以 HF 为弱酸。而其他三种 HX 的熵减程度不大，甚至 HI 还是熵增，再加上 $\Delta_r H_m^\ominus$ 是较大的负值，导致它们解离时的 $\Delta_r G_m^\ominus$ 变为负值，pK_a 为很小的负值，成为强酸。

为什么 HF(aq)解离过程的 $\Delta_r S_m^\ominus$ 负值最大？这是因为解离过程的熵变与离子水合有关，离子水合程度越大，熵减程度越大。HF 和 F^- 能与溶剂(水)形成强的氢键，溶剂化程度最大，因而熵减最明显。

从结构角度分析，分子型氢化物酸性的强弱取决于与质子直接相连的原子的电子密度的大小，若该原子的电子密度越大，对质子的引力越强，酸性越小，反之则酸性越大。

原子的电子密度大小，和原子所带的负电荷数及半径有关，一般来说，若原子有高的负氧化态，电子密度较大；若原子半径较大，电子密度则较小。同一周期的氢化物(如 NH_3、H_2O、HF 系列)，从左至右由于与质子相连的原子的负氧化态依次降低，虽然半径也减小，但影响的主要方面是前者，因而电子密度减小，与质子的作用力减弱，故酸性增强。同一族的氢化物(如氢卤酸 HX 系列)，与质子直接相连的原子的负氧化态相同，但由于原子半径依次增大，电子密度减小，故酸性也增强。

19-3 含 氧 酸

19-3-1 最高氧化态氧化物水合物的酸碱性

非金属元素氧化物的水合物含有一个或多个 OH 基团。作为这类化合物的中心原子，即非金属元素 R，它周围能结合多少个 OH，取决于 R^{n+} 的电荷数及半径大小。一般说来，R^{n+} 的电荷越高，半径越大，能结合的 OH 基团数目越多。但是当 R^{n+} 的电荷很高时，其半径往往很小，如 Cl^{7+} 应能结合 7 个 OH 基团，但是由于它的半径太小(0.027 nm)，容纳不了这么多 OH，最终 Cl^{7+} 周围保留的 OH 基团数目既要满足 Cl^{7+} 的氧化态又需满足它的配位数，而配位数与两种离子的半径比值有关。处于同一周期的元素，其配位数大致相同。表 19-5 列出了第二、第三周期非金属元素最高氧化态氧化物水合物的组成。

表 19-5 第二、第三周期非金属元素最高氧化态氧化物水合物的组成

性 质	第二周期			第三周期			
非金属元素 R^{n+} *	B^{3+}	C^{4+}	N^{5+}	Si^{4+}	P^{5+}	S^{6+}	Cl^{7+}
$r(R^{n+})/r(OH^-)$	0.15	0.11	0.08	0.30	0.25	0.21	0.19
配位数	3	2	2	4	4	3	3
最高氧化态的氧化物水合物 $R(OH)_n$	$B(OH)_3$	$C(OH)_4$	$N(OH)_5$	$Si(OH)_4$	$P(OH)_5$	$S(OH)_6$	$Cl(OH)_7$
		↓	↓	↓	↓	↓	↓
脱水后的氧化物水合物	不脱水	H_2CO_3	HNO_3	H_2SiO_3 或不脱水	H_3PO_4	H_2SO_4	$HClO_4$

* R^{n+} 中的 n 为元素的最高氧化态。

若以 R—O—H 表示脱水后的物质，则在这些分子中存在着 R—O 及 O—H 两种极性键，ROH 在水中有两种解离方式：

碱式解离： $ROH \longrightarrow R^+ + OH^-$

酸式解离： $ROH \longrightarrow RO^- + H^+$

ROH 按碱式还是酸式解离，与正氧化态元素的极化作用有关，正氧化态元素的电荷越高，半径越小，则它的极化作用越大。卡特雷奇（G. H. Cartledge）曾经把这两个因素结合在一起考虑，提出"离子势"的概念，用离子势表示正氧化态元素的极化能力。

离子势即正氧化态元素电荷与半径之比，常用符号 ϕ 表示如下：

$$\phi = \frac{\text{正氧化态元素电荷}}{\text{正氧化态元素半径}} = \frac{z}{r}$$

例如，Na^+ 的电荷 $z = +1$，离子半径 $r = 0.097$ nm，$\phi_{Na^+} = 10$；Al^{3+} 的电荷 $z = +3$，离子半径 $r = 0.051$ nm，$\phi_{Al^{3+}} = 59$。

在 ROH 中，若 R^{n+} 的 ϕ 值大，即其极化作用强，氧原子的电子云将偏向 R^{n+}，$R \times \ddot{\underset{\cdot\cdot}{O}} \times H$，从而使 O—H 键的极性增强，ROH 以酸式解离为主。如果 R^{n+} 的 ϕ 值小，R—O 键比较弱，则 ROH 倾向于碱式解离。

有人找出用 ϕ 值判断 ROH 酸碱性的经验公式①：当 $\sqrt{\phi} > 10$ 时，ROH 显酸性；$7 < \sqrt{\phi} < 10$ 时，ROH 显两性；$\sqrt{\phi} < 7$ 时，ROH 显碱性。

① 当离子半径的长度单位用 Å（埃）时，这套经验公式的数值为 $\sqrt{\phi} > 3.2$，ROH 显酸性；$2.2 < \sqrt{\phi} < 3.2$，ROH 显两性；$\sqrt{\phi} < 2.2$，ROH 显碱性。

总之，R^{n+} 的 ϕ 值大，ROH 是酸；ϕ 值小，ROH 是碱。非金属元素的 ϕ 值一般都较大，所以它们的氧化物水合物为含氧酸。

$\phi=z/r$ 是从事实经验导出的，它不能符合所有事实。所以也有人用 z/r^2 或 z^2/r 等其他函数式来表示正氧化态元素的极化能力以符合另一些事实。不论其表示方法如何，都说明正氧化态元素的电荷-半径比是决定其极化程度大小的主要因素。

19-3-2　含氧酸及其酸根（含氧酸阴离子）的结构

非金属元素的含氧酸的酸根，即含氧酸阴离子，属于多原子离子。在这样的离子中，中心成键原子与氧原子之间除了形成 σ 键以外，还可能形成 π 键，不过由于中心原子的电子构型不同，形成的 π 键类型不完全一样。

第二周期成酸元素的价电子层没有 d 轨道，除硼酸根离子外，其他含氧酸根离子中，成酸的中心原子以 sp^2 杂化轨道与氧原子成键。电子对空间构型为平面三角形，含氧酸根离子有配位数为 3 的 RO_3^{n-} 和配位数为 2 的 RO_2^{n-} 两种形式，前者空间构型也是平面三角形，并有一个 Π_4^6 离域 π 键；后者空间构型是 V 形，有一个 Π_3^4 键（见表 19-6）。

表 19-6　第二周期元素含氧酸及含氧酸阴离子的结构

元素	含氧酸分子的结构式	含氧酸根（单酸根）离子的结构和成键情况		离子空间形状
B	H O | H—O—B—O—H	[H O | HO—B—OH | O H]$^-$	等性 sp^3 杂化	正四面体
C	O ⫶ H—O—C—OH	[O ⫶ C O　O]$^{2-}$	sp^2 杂化　Π_4^6	平面三角形
N	H—O—N(O)(O)　Π_3^4	[O ⫶ N O　O]$^-$	sp^2 杂化　Π_4^6	平面三角形
	H—O—N┄O	[N :O　O:]$^-$	sp^2 杂化　Π_3^4	V 形

第三周期成酸的非金属元素有 Si、P、S、Cl，它们的原子价电子层有空的 3d 轨道。这些元素可能形成 RO_4^{n-}、RO_3^{n-}、RO_2^{n-} 和 RO^{n-} 等类型的含氧酸根离子，其中心原子 R 都是以 sp^3 杂化轨道成键，所以这些离子的空间构型都是正四面体，而离子的形状则依次分别为正四面体、三角锥、V 形和直线形（见表 19-7）。

表 19-7 第三周期元素含氧酸及含氧酸阴离子的结构

元素	含氧酸分子的结构式	含氧酸根（单酸根）离子的结构	和成键情况	离子形状
Si	H | O | H—O—Si—O—H | O | H	$\left[\begin{array}{c} O \\ \vert \\ Si \\ O\ \ O\ \ O \end{array}\right]^{4-}$	等性 sp^3 杂化	正四面体
P	H O | HO—P→O | O H	$\left[\begin{array}{c} O \\ \vert \\ P \\ O\ \ O\ \ O \end{array}\right]^{3-}$	等性 sp^3 杂化	正四面体
S	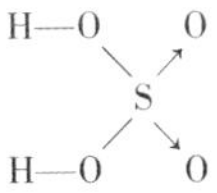 H—O　O S H—O　O	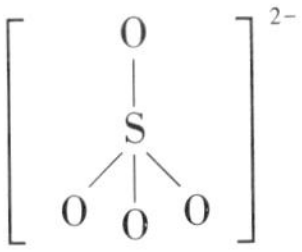 $\left[\begin{array}{c} O \\ \vert \\ S \\ O\ \ O\ \ O \end{array}\right]^{2-}$	等性 sp^3 杂化	正四面体
	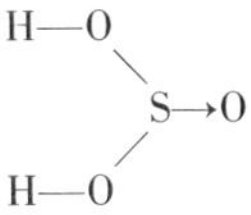 H—O S→O H—O	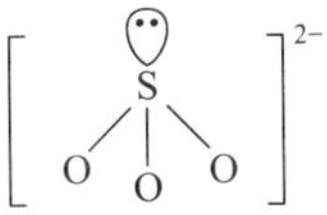 $\left[\begin{array}{c} \ddot{} \\ S \\ O\ \ O\ \ O \end{array}\right]^{2-}$	不等性 sp^3 杂化	三角锥

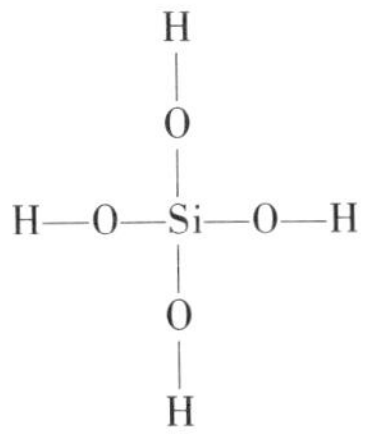

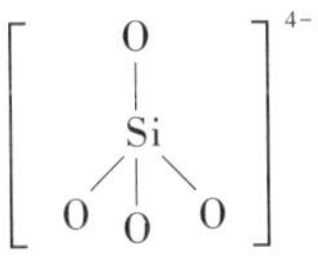

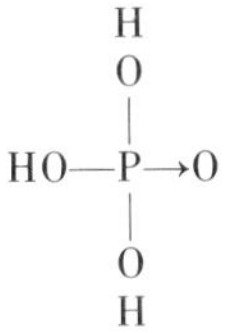

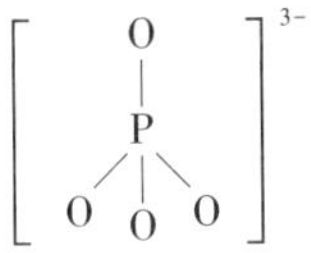

续表

元素	含氧酸分子的结构式	含氧酸根(单酸根)离子的结构和成键情况		离子形状
Cl	$HO-Cl(\to O)_3$(O←Cl→O,Cl→O,Cl—OH)	$[ClO_4]^-$	等性 sp^3 杂化	正四面体
	$HO-Cl(\to O)_2$(O←Cl→O,Cl—OH)	$[ClO_3]^-$	不等性 sp^3 杂化	三角锥
	H—O—Cl→O	$[ClO_2]^-$	不等性 sp^3 杂化	V 形
	H—O—Cl	$[ClO]^-$	不等性 sp^3 杂化	直线形

在 Si、P、S、Cl 等原子形成的含氧酸阴离子中,R—O 键的键长介于单键和双键之间,表明在形成 R→Oσ 键的同时,还可能形成 d-pπ 配键即 R $\rightleftarrows$O,这种键是由氧原子的 2p 孤对电子反馈到 R 原子的空的 3d 轨道而形成的,因 2p 轨道和 3d 轨道能量差较大,故其键能较弱,所以 R—O 键仍以 σ 键为主。

第四周期元素的含氧酸与第三周期元素含氧酸的结构相似,价电子对为四面体排布,成酸原子的配位数为 4。至于第五周期的元素,其中心原子 R 的半径较大,5d 轨道成键倾向又较强,它们能以 sp^3d^2 杂化轨道成键,形成八面体结构。例如,ⅦA 族的碘(+Ⅶ氧化态)既有四配位的偏高碘酸 HIO_4,也有六配位的正高碘酸 H_5IO_6;ⅥA 族+Ⅵ氧化态的碲酸的组成就是六配位的 H_6TeO_6。

由此可以看出:(1) 同一周期元素的含氧酸的结构相似,分子中的非羟基氧原子数随中心原子的半径的减小而增加;(2) 同族元素的含氧酸随中心原子半径的递增,分子中的羟基数增加,而非羟基氧原子数减少。

19-3-3 含氧酸的强度

同无氧酸相似,含氧酸在水溶液中的强度决定于酸分子中质子转移倾向的强弱：

$$R—O—H \quad + \quad H_2O \longrightarrow RO^- + H_3O^+$$

质子转移的倾向越大，酸性越强，反之则越弱。

而质子转移的难易程度，又取决于酸分子中 R 吸引羟基氧原子的电子的能力。当 R 的半径较小、电负性较大、氧化数较高时，R 吸引羟基氧原子的能力强，能够有效地降低氧原子上的电子密度，使 O—H 键变弱，容易释放出质子，而表现出较强的酸性。这一经验规则称为 R—O—H 规则。

按照 R—O—H 规则，同一周期、同种类型的含氧酸（如 H_nRO_4），其酸性自左至右依次增强，而同一族，则自上至下依次减弱。

对于同一元素不同氧化态的含氧酸，则高氧化态含氧酸的酸性较强，低氧化态含氧酸的酸性较弱，如 $HClO_4>HClO_3>HClO_2>HClO$。

R—O—H 规则是定性规则，只考虑了与 R 相连的羟基对酸强度的影响，没有考虑与 R 相连的其他原子（特别是氧原子）的影响。鲍林（Pauling）根据很多实验事实，总结出两条半定量规则。

（1）多元含氧酸的逐级解离常数之比为 10^{-5}，即 $K_1:K_2:K_3\cdots\approx 1:10^{-5}:10^{-10}\cdots$或 pK_a 的差值为 5，如 H_2SO_3 的 $K_1=1.54\times10^{-2}$，$K_2=1.02\times10^{-7}$。

（2）含氧酸 H_nRO_m 可写为 $RO_{m-n}(OH)_n$，分子中的非羟基氧原子数 $N=m-n$。含氧酸的 K_1 与非羟基氧原子数 N 有如下关系：

$$K_1\approx10^{5N-7} \qquad pK_1\approx7-5N$$

这样，在 $RO_{m-n}(OH)_n$ 类型的含氧酸中，对应于某一化学式的含氧酸，其 K_1 的数值有一定范围：

化学式	N	K_1	pK_1	酸性
$R(OH)_n$	0	$10^{-7}\sim10^{-14}$	7～14	很弱
$RO(OH)_n$	1	约 10^{-2}	约 2	中强偏弱
$RO_2(OH)_n$	2	约 10^{3}	约−3	强
$RO_3(OH)_n$	3	约 10^{8}	约−8	最强

表 19-8 表示了一些含氧酸的 N 值与 pK_1 值的关系。

表 19-8　N 值与 pK_1 值的关系

N	3		2		1		0	
酸的相对强度	最强		强		中强偏弱		很弱	
酸的 pK_1 值	$HClO_4$	−7	$HClO_3$	−3.0	H_2CO_3	6.38	H_3SbO_3	11.0
	$HMnO_4$	−2.25	H_2SO_4	−2.0	HNO_2	3.22	HIO	10.62
			HNO_3	−1.3	H_2SeO_3	2.46	H_4SiO_4	9.77
			H_2SeO_4	−1.92	H_3AsO_4	2.24	H_3AsO_3	9.23
					H_3PO_4	2.17	H_3BO_3	9.24
					$HClO_2$	1.96	H_6TeO_6	7.68
					(H_3PO_2)	2.0	HBrO	8.59
					H_2SO_3	1.77	H_4GeO_4	8.59
					(H_3PO_3)	1.2	HClO	7.55
					H_5IO_6	3.36		

表 19-8 中的 H_3PO_3 和 H_3PO_2 的 N 值与酸强度的关系似乎为例外，H_3PO_3 和 H_3PO_2 若分别按 $P(OH)_3$ 和 $HP(OH)_2$ 形式，$N=0$。按鲍林规则估算 $pK_1\approx7$，应属于很弱的酸，但因为它们的结构实际上为 $H-\overset{\overset{O}{\uparrow}}{\underset{\underset{OH}{|}}{P}}-OH$ 和 $H-\overset{\overset{O}{\uparrow}}{\underset{\underset{H}{|}}{P}}-OH$，各有 H 原子直接与 P 原子连接，分子中的 $N=1$，所以 pK_1 仍落在 2 的范围内。

对于鲍林的两条规则是容易理解的。第一条规则的解释是，因为随着解离的进行，酸根的负电荷越来越大，和质子间的作用力增强，解离作用向形成分子方向进行，因此酸性按 $K_1>K_2>K_3\cdots$ 依次减小。第二条规则的解释是，因为酸分子中非羟基氧原子数(N)越大，表示分子中 R→O 配键越多，R 的正电性越强，对 OH 基团中氧原子的电子吸引作用越大，使氧原子上电子密度减小得越多，O—H 键越弱，酸性也就增强。

19-4　含氧酸盐的某些性质

19-4-1　溶解性

含氧酸盐属于离子化合物，它们的绝大部分钠盐、钾盐、铵盐及酸式盐都易溶于水。其他含氧酸盐在水中的溶解性可归纳如下：

（1）硝酸盐、氯酸盐　都易溶于水，且溶解度随温度的升高而迅速地增加。

（2）硫酸盐　大部分溶于水，但 $SrSO_4$、$BaSO_4$ 和 $PbSO_4$ 难溶于水，$CaSO_4$、Ag_2SO_4 和 Hg_2SO_4 微溶于水。

（3）碳酸盐　大多数都不溶于水，其中又以 Ca^{2+}、Sr^{2+}、Ba^{2+}、Pb^{2+}的碳酸盐最难溶。

（4）磷酸盐　大多数都不溶于水。

离子化合物的溶解过程可以认为：首先是离子晶体中的正、负离子克服离子间的引力，从晶格中解离下来成为气态离子，然后进入水中并与极性水分子结合成水合离子的过程。这一溶解过程的焓变（$\Delta_{sol}H_m^\ominus$）和离子晶体的晶格能（U）以及正、负离子的水合能（$\Delta_h H_m^\ominus$）有关：

$$\begin{array}{ccc} M^+A^-(s) & \xrightarrow{\Delta_{sol}H_m^\ominus} & M^+(aq)+A^-(aq) \\ \downarrow U & & \uparrow \Delta_h H_m^\ominus \\ M^+(g)+A^-(g) & \longrightarrow & \end{array}$$

如果在水合过程中放出的能量（即水合能）足以抵偿和超过破坏晶格所需要的能量（即晶格能），溶解焓变 $\Delta_{sol}H_m^\ominus$ 为负值；反之，为正值。一般来说，溶解焓变为负值时，溶解往往易于进行。

离子晶体的晶格能和离子的电荷（z）及半径（r）有关，按晶格能理论计算公式，晶格能和正、负离子半径之和成反比：

$$U=f_1\left(\frac{1}{r_++r_-}\right)$$

而水合能则是分别与正、负离子的半径成反比：

$$\Delta_h H_m^\ominus=f_2\left(\frac{1}{r_+}\right)+f_3\left(\frac{1}{r_-}\right)$$

离子半径越小，晶格能和水合能都越大。但当正、负离子半径相差悬殊（即 $r_+ \ll r_-$）时，若 r_-固定为同一种负离子的半径，随着 r_+的减小，U 改变不大，$\Delta_h H_m^\ominus$ 则增加较多，有利于该盐的溶解。例如，室温下，碱金属的高氯酸盐的溶解度的相对大小是 $NaClO_4>KClO_4>RbClO_4$。

当正、负离子半径相近（$r_+ \approx r_-$）时，若负离子半径较小，随着 r_+的减小，有利于 U 的增大，则不利于盐的溶解。例如，碱金属卤化物的溶解度相对大小是 $LiF<LiCl<LiBr<LiI$。

由以上讨论可归纳出离子半径和离子化合物溶解性的关系：当 $r_+ \approx r_-$ 时，溶解焓趋向于较小的负值或正值，较难溶解。$r_+ \ll r_-$ 时，则溶解焓趋向于较大的负值，较易溶解。表 19-9 列出了某些多原子离子的热化学半径，以便比较。

表 19-9 某些多原子离子的热化学半径

阳离子半径/pm		阴离子半径/pm							
		RO_4^{n-8*}		RO_3^{n-6*}		RX_4^{n-4*}（X = 卤素）		其他	
NH_4^+	151	ClO_4^-	226	BrO_3^-	140	$AlCl_4^-$	281	O_2^-	144
PH_4^+	171	CrO_4^{2-}	242	ClO_3^-	157	BCl_4^-	296	O_2^{2-}	159
		MnO_4^-	215	IO_3^-	182	BF_4^-	218	OH^-	119
		SeO_4^{2-}	235	CO_3^{2-}	164	$CoCl_4^-$	305	CN^-	177
		SO_4^{2-}	244	NO_3^-	165	$FeCl_4^-$	344	CNS^-	199
		VO_4^{3-}	246	HCO_3^-	142	$PtCl_4^{2-}$	279	HS^-	193
		PO_4^{3-}	238	SeO_3^{2-}	225	$ZnCl_4^{2-}$	272	CH_3COO^-	148
		AsO_4^{3-}	248			$ZnBr_4^{2-}$	285	N_3^-	181
		IO_4^-	249			ZnI_4^{2-}	309	BH_4^-	179
		MoO_4^{2-}	254	RO_2^{n-4*}		SiF_6^{2-}	245	NH_2^-	130
				NO_2^-	178	$SnCl_6^{2-}$	335		
						$SnBr_6^{2-}$	349		
						SnI_6^{2-}	382		
						$PdCl_6^{2-}$	305		
						$PtCl_6^{2-}$	299		
						PtF_6^{2-}	282		

* n 表示 R 的氧化态。

需要特别指出的是，仅仅从溶解焓来考虑离子化合物的溶解性，那是不完全可靠的，如 KNO_3 和 $Ba(NO_3)_2$ 的 $\Delta_{sol}H_m^\ominus$ 分别是 35.15 kJ·mol^{-1} 和 40.17 kJ·mol^{-1}，都是正值，但它们却都是易溶的；$Ca_3(PO_4)_2$ 的 $\Delta_{sol}H_m^\ominus$ 是 −64.6 kJ·mol^{-1}，它却是难溶的。这是因为溶解过程的焓效应一般较小，而熵效应却较大。因此要综合考虑溶解过程中的焓变和熵变，即用 $\Delta_{sol}G_m^\ominus = \Delta_{sol}H_m^\ominus - T\Delta_{sol}S_m^\ominus$ 来判断物质溶解的难易。

和 $\Delta_{sol}H_m^\ominus$ 相似，$\Delta_{sol}S_m^\ominus$ 也包括两项：升华熵变 $\Delta_{sub}S_m^\ominus$ 和水合熵变 $\Delta_h S_m^\ominus$。$\Delta_{sub}S_m^\ominus$ 是指 $MA(s) \longrightarrow M^+(g) + A^-(g)$ 过程的熵变，当晶格被破坏，离子脱离晶体，升华为气态正、负离子时，离子的混乱度增加，所以升华熵为正值，离子的电荷越低，半径越大，熵增越多。$\Delta_h S_m^\ominus$ 是指 $M^+(g) + A^-(g) \longrightarrow M^+(aq) + A^-(aq)$

过程的水合熵变，由于水合作用，极性水分子在正、负离子的周围规则地取向，其有序程度增加，混乱度减小，所以水合熵为负值。离子的电荷越高，半径越小，熵减越大。

溶解过程的熵效应是上述两项熵变之和，即 $\Delta_{sol}S_m^{\ominus}=\Delta_{sub}S_m^{\ominus}-\Delta_h S_m^{\ominus}$。一般来说，离子的电荷低，半径大，升华熵占优势，此时溶解熵为正值（见表 19-10A）；而电荷高，半径较小离子的水合熵占优势，它们的溶解熵大多为负值（见表 19-10B）。

表 19-10 一些盐类的 $\Delta_{sol}S_m^{\ominus}$ 值 单位：$J\cdot mol^{-1}\cdot K^{-1}$

A	KCl	KBr	KI	KNO_3
	75	88	109	117
B	Ag_2SO_4	CuS	Na_3PO_4	$Ca_3(PO_4)_2$
	-34	-180	-231	-859.8

综合考虑溶解过程的熵变 $\Delta_{sol}S_m^{\ominus}$ 和焓变 $\Delta_{sol}H_m^{\ominus}$，应用吉布斯公式 $\Delta_{sol}G_m^{\ominus}=\Delta_{sol}H_m^{\ominus}-T\Delta_{sol}S_m^{\ominus}$，可计算出不同盐类的 $\Delta_{sol}G_m^{\ominus}$。若 $\Delta_{sol}G_m^{\ominus}$ 为负值，溶解过程能自发进行，盐类易溶；如果 $\Delta_{sol}G_m^{\ominus}$ 为正值，则溶解不能自发进行，盐类难溶。表 19-11列举了几种含氧酸盐的 $\Delta_{sol}H_m^{\ominus}$、$\Delta_{sol}S_m^{\ominus}$、$\Delta_{sol}G_m^{\ominus}$ 和溶解性的定性关系。

表 19-11 几种含氧酸盐的 $\Delta_{sol}H_m^{\ominus}$、$\Delta_{sol}S_m^{\ominus}$、$\Delta_{sol}G_m^{\ominus}$ 和溶解性的定性关系

盐	$\dfrac{\Delta_{sol}H_m^{\ominus}}{kJ\cdot mol^{-1}}$	$\dfrac{\Delta_{sol}S_m^{\ominus}}{J\cdot mol^{-1}\cdot K^{-1}}$	$\dfrac{\Delta_{sol}G_m^{\ominus}}{kJ\cdot mol^{-1}}$	溶解性
$Ca_3(PO_4)_2$	-64.6	-859.8	191	难溶
Na_3PO_4	-78.66	-230.8	-9.86	易溶
KNO_3	35.15	119.6	-0.491	易溶
$Ba(NO_3)_2$	40.17	99.9	10.4	易溶

从表 19-11 中的数据可看出：$Ca_3(PO_4)_2$ 和 Na_3PO_4 的 $\Delta_{sol}H_m^{\ominus}$ 都是负值，似乎它们都应溶于水，但是由于 $Ca_3(PO_4)_2$ 的熵减非常明显，导致 $\Delta_{sol}G_m^{\ominus}$ 为正值，所以它是难溶盐；而 Na_3PO_4 的 $\Delta_{sol}H_m^{\ominus}$ 负值较大，且不为熵减所克服，$\Delta_{sol}G_m^{\ominus}$ 为负值，所以它易溶于水。KNO_3 和 $Ba(NO_3)_2$ 的$\Delta_{sol}H_m^{\ominus}$ 虽然都是正值，但由于它们都有熵增，使$\Delta_{sol}G_m^{\ominus}$ 为负或者在升温的条件下成为负值，所以属于易溶盐。

19-4-2 水解性

盐类溶于水后,阴、阳离子发生水合作用,在它们的周围都配有一定数目的水分子:

$$M^+A^- + (x+y)H_2O \rightleftharpoons M(OH_2)_x^+ + A(H_2O)_y^-$$

如果离子的极化能力强到足以使水分子中的O—H键断裂则阳离子夺取水分子中的OH^-而释出H^+或者阴离子夺取水分子中的H^+而释出OH^-,从而破坏了水的解离平衡,直到水中同时建立起弱碱、弱酸和水的解离平衡,这个过程即为**盐的水解过程**。盐中的阴、阳离子不一定都发生水解,也可能两者都水解,各种离子的水解程度是不同的。

由表19-12可知,一种阴离子的水解能力与它的共轭酸的强度成反比,强酸的阴离子如ClO_4^-和NO_3^-等不水解,它们对水的pH无影响。但是弱酸的阴离子如CO_3^{2-}、SiO_3^{2-}等,明显地水解,而使溶液的pH增大。阳离子的水解能力与离子的极化能力有关,离子的电荷越高,半径越小,极化能力越强。当电荷或半径相近时,极化能力与离子的电子层构型有关,即18,18+2>9~17>8或2。离子极化能力可用z^2/r表示,有人已找出它与水解常数的负对数pK_h的关系,见表19-13。

盐类的水解涉及金属离子的许多性质,因此这个问题有待在学习金属元素部分时,再进一步讨论。

表19-12 一些离子的相对水解程度

阴离子		阳离子	
微不足道	显著	微不足道	显著
ClO_4^-	PO_4^{3-}	K^+	NH_4^+
NO_3^-	CO_3^{2-}	Na^+	Al^{3+}
SO_4^{2-}	SiO_4^{2-}	Li^+	过渡金属离子
I^-	CH_3COO^-	Ba^{2+}	
Br^-	F^-	Ca^{2+}	
Cl^-	CN^-	Sr^{2+}	
	S^{2-}		

表 19-13 水解常数与离子的电荷半径比关系

$\frac{z^2}{r}$		pK_h		
		稀有气体型金属离子及镧系离子	轻非稀有气体型金属离子	重非稀有气体型金属离子
2.2*	0.87**	$Na^+=14.67$		$Ag^+>11.1$
3.5	1.35	$Li^+=13.8$		
7.6	2.94	$Ba^{2+}=13.82$		
8.4	3.28			$Sn^{2+}=3.81$
8.7	3.39			$Pb^{2+}=7.8$
8.8	3.45	$Sr^{2+}=13.18$		
10.1	3.92			$Hg^{2+}=3.70$
10.3	4.00	$Ca^{2+}=12.67$		
10.8	4.21		$Cd^{2+}=9.2$	
12.5	4.89		$Mn^{2+}=10.59$	
13.3	5.19		$Fe^{2+}=6.8$	
13.7	5.33		$Zn^{2+}=-0.32$	
13.9	5.40		$Co^{2+}=8.9$	
14.1	5.48		$Cu^{2+}=7.34$	
14.3	5.56	$Mg^{2+}=11.41$		
14.7	5.71		$Ni^{2+}=9.86$	
21.8	8.49	$La^{3+}=9.06$		
22.6	8.82	⋮ La 系离子		$Pu^{3+}=7.2$
26.3	10.23			$Bi^{3+}=1.58$
27.2	10.59	$Lu^{3+}=7.94$		$Tl^{3+}=1.14$
29.2	11.39			$In^{3+}=3.54$
31.6	12.33		$Sc^{3+}=4.58$	
33.1	12.90	$Be^{2+}=6.5$		
35.5	13.85		$Fe^{3+}=2.19$	
36.1	14.06		$V^{3+}=2.92$	
			$Cr^{3+}=3.95$	
37.3	14.52		$Ga^{3+}=2.92$	
38.7	15.09			$Th^{3+}=3.89$
41.1	16.00			$U^{3+}=1.50$
43.6	16.98	$Al^{3+}=5.14$		
51.3	20.00			$Pu^{4+}=1.26$
57.0	22.22			$Zr^{4+}=0.35$
57.8	22.54			$Hf^{4+}=-0.12$

水解能力随 z^2/r 的增大而增加（↓）

水解能力因离子电子层构型变化而增加（→）

* 单位为 $10^{28}\,C^2\cdot m^{-1}$；

** 单位为 $e^2\,Å^{-1}$。

19-4-3 热稳定性

无机盐按其组成可分为含氧酸盐(如硝酸盐、硫酸盐、碳酸盐等)和无氧酸盐(如碱金属卤化物、硫化物等)两类,前者的热稳定性不如后者,受热时,一般会发生分解。就其分解反应类型而言,可粗分为两大类,一类是非氧化还原的分解反应,这类反应的特点是有关元素的氧化态未发生改变,在一定条件下,反应是可逆的;另一类是自氧化还原的分解反应,这类反应的特点是由于在含氧酸盐内部,发生电子的转移而引起盐的分解,反应是不可逆的。

第一类非氧化还原的分解反应包括

① 含结晶水的含氧酸盐,受热时脱去结晶水,生成无水盐的反应。如 $CuSO_4 \cdot 5H_2O$、$Na_2CO_3 \cdot 10H_2O$ 加热脱水生成无水 $CuSO_4$、Na_2CO_3 等。在这类含氧酸盐中,如果金属离子半径较小,电荷较高(如 Be^{2+}、Mg^{2+}、Fe^{3+}、Al^{3+}等),与酸根对应的含氧酸又具有挥发性(如硝酸盐、碳酸盐等),则在脱水的同时,会发生水解反应,其产物就不是无水盐,而是碱式盐[如 $Mg(NO_3)_2 \cdot 6H_2O$ 加热脱水生成 $Mg(OH)NO_3$]或氢氧化物[如 $Fe(NO_3)_3 \cdot 9H_2O$ 加热脱水生成 $Fe(OH)_3$]。

② 无水盐分解成相应的氧化物或碱和酸的反应,例如:

$$CaCO_3 \xrightarrow{1170\ K} CaO + CO_2 \uparrow$$

$$(NH_4)_3PO_4 \xrightarrow{\triangle} 3NH_3 \uparrow + H_3PO_4$$

能发生这种分解反应的盐,大都是碱金属和碱土金属的硫酸盐、碳酸盐和磷酸盐等。硅酸盐和硼酸盐几乎不发生这种分解反应,因为 B_2O_3 和 SiO_2 沸点极高,难以汽化。

③ 无水的酸式含氧酸盐,受热时发生缩聚反应生成多酸盐,如果酸式盐中只含有一个 OH,则缩聚产物为焦某酸盐。例如:

$$2NaHSO_4 \xrightarrow[-H_2O]{593\ K} Na_2S_2O_7$$

$$2Na_2HPO_4 \xrightarrow[-H_2O]{523\ K} Na_4P_2O_7$$

对于不稳定含氧酸的酸式盐如 $Ca(HCO_3)_2$,受热时一般不发生缩聚反应。一般来说,含氧酸的酸性越弱,其酸式盐热分解时越易聚合为多酸盐,所以缩聚反应按硅酸盐>磷酸盐>硫酸盐>高氯酸盐的顺序从易到难变化。实际上，高氯酸盐不能聚合成多酸盐。

第二类自氧化还原的分解反应包括

① 分子内氧化还原反应。例如：

$$(NH_4)_2Cr_2O_7 \xrightarrow{\triangle} Cr_2O_3 + N_2\uparrow + 4H_2O\uparrow \quad (NH_4^+ \text{ 被 } Cr_2O_7^{2-} \text{ 氧化})$$

$$Mn(NO_3)_2 \xrightarrow{\triangle} MnO_2 + 2NO_2\uparrow \quad (Mn^{2+} \text{被 } NO_3^- \text{ 氧化})$$

$$Ag_2SO_3 \xrightarrow{\text{红热}} 2Ag + SO_3\uparrow \quad (Ag^+ \text{将 } SO_3^{2-} \text{ 氧化})$$

$$KClO_4 \xrightarrow{783\ K} KCl + 2O_2\uparrow \quad (ClO_4^- \text{ 内部的自氧化还原反应})$$

② 歧化反应。例如：

$$4Na_2SO_3 \xrightarrow{\text{强热}} Na_2S + 3Na_2SO_4 \quad (\text{阴离子歧化})$$

$$Hg_2CO_3 \xrightarrow{\triangle} Hg + HgO + CO_2\uparrow \quad (\text{阳离子歧化})$$

在上述各类分解反应中，不同的盐分解温度不同，即热稳定性有差别。当金属相同时，含氧酸盐的热稳定性与酸根的稳定性有关。在常见的含氧酸盐中，磷酸盐、硅酸盐都比较稳定，它们在加热时不分解，但容易脱水缩合为多酸盐。硝酸盐和卤酸盐一般稳定性较差，分解温度较低。碳酸盐不太稳定，硫酸盐比较稳定。例如：

含氧酸盐	$AgNO_3$	$AgClO_3$	$AgClO_4$	$CaCO_3$	$CaSO_4$
分解温度/K	>485	543	759	1170	1422

酸式盐同正盐比较，前者往往不及后者稳定。例如：

含氧酸盐	$NaHSO_4$	Na_2SO_4
分解温度/K	588	1273

含氧酸盐的热稳定性可从离子极化的观点得到证明。按照金属离子极化力的大小，同一酸根不同金属阳离子的盐，其热稳定性的大致变化顺序：碱金属盐>碱土金属盐>d 区、ds 区和 p 区重金属的盐。在碱金属和碱土金属各族中，随着金属离子半径增大，盐的热稳定性增加。从表 19-14 中某些金属碳酸盐的分解热和分解温度的数据可看出，不同金属碳酸盐的热稳定性变化顺序是符合上述结论的。

表 19-14　某些金属碳酸盐的分解热和分解温度

M^{n+}	分解热 $\Delta H^{\ominus}$/$kJ\cdot mol^{-1}$	分解温度/℃	M^{n+}	分解热 $\Delta H^{\ominus}$/$kJ\cdot mol^{-1}$	分解温度/℃	M^{n+}	分解热 $\Delta H^{\ominus}$/$kJ\cdot mol^{-1}$	分解温度/℃
Li^+	226	700	Be^{2+}	—	<100	Zn^{2+}	71	300
Na^+	321	1800	Mg^{2+}	117	540	Ag^+	82	491
K^+	391	很高	Ca^{2+}	177	900	Tl^+	—	573
Rb^+	404	很高	Sr^{2+}	234	1290	Pb^{2+}	87	300
Cs^+	407	很高	Ba^{2+}	267	1633			

从表 19-14 可看出,含氧酸盐的分解热越大,分解温度越高,该盐越稳定。

如用 M_mRO_{n+1} 表示含氧酸盐,它的分解反应方程式是

$$M_mRO_{n+1} \xrightarrow{\triangle} M_mO + RO_n$$

从热力学原理来看,分解反应 $\Delta_rG_m^{\ominus}$ 正值越大,该盐分解倾向越小。按公式 $\Delta_rG_m^{\ominus}=\Delta_rH_m^{\ominus}-T\Delta_rS_m^{\ominus}$,$\Delta_rG_m^{\ominus}$ 值和 $\Delta_rH_m^{\ominus}$ 及 $\Delta_rS_m^{\ominus}$ 有关,$\Delta_rH_m^{\ominus}$ 越大或 $\Delta_rS_m^{\ominus}$ 越小,均可使 $\Delta_rG_m^{\ominus}$ 值越正,盐就越稳定。例如,许多硅酸盐分解的 SiO_2 极难挥发,熵变很小,所以硅酸盐是很稳定的。当某类含氧酸盐(如碳酸盐、硫酸盐等)按同样的方式进行热分解时,由于分解产物类型相同,其熵变值非常接近,因此可根据 $\Delta_rH_m^{\ominus}$ 值对含氧酸盐热分解倾向做出判断:

$$\Delta_rH_m^{\ominus}=\Delta_fH_m^{\ominus}(M_mO)+\Delta_fH_m^{\ominus}(RO_n)-\Delta_fH_m^{\ominus}(M_mRO_{n+1})$$

对同类含氧酸盐,$\Delta_fH_m^{\ominus}(RO_n)$ 是相同的,因而 $\Delta_rH_m^{\ominus}$ 值主要取决于含氧酸盐 M_mRO_{n+1} 和金属氧化物 M_mO 两者 $\Delta_fH_m^{\ominus}$ 的差值,以 $CaCO_3$ 和 $BaCO_3$ 的分解反应为例,从 CaO、$CaCO_3$、BaO 和 $BaCO_3$ 的 $\Delta_fH_m^{\ominus}$ 值可看出:

物质	CaO	$CaCO_3$	BaO	$BaCO_3$
$\Delta_fH_m^{\ominus}/(kJ\cdot mol^{-1})$	-634.9	-1207.0	-553.5	-1216.3

$BaCO_3$ 的 $\Delta_fH_m^{\ominus}$ 值比 $CaCO_3$ 的 $\Delta_fH_m^{\ominus}$ 值小,而 BaO 的 $\Delta_fH_m^{\ominus}$ 值却比 CaO 的 $\Delta_fH_m^{\ominus}$ 值大,因此 $BaCO_3$ 热分解反应的 $\Delta_rH_m^{\ominus}$ 更大,分解温度也就高。

19-4-4　含氧酸及其盐的氧化还原性

多氧化态的成酸元素的含氧酸(盐)的一个特征就是它们具有氧化还原性。

最高氧化态含氧酸(盐)只表现氧化性;其他氧化态含氧酸(盐)既有氧化性又有还原性。

一、含氧酸(盐)氧化还原性变化规律

各种含氧酸(盐)氧化还原性的相对强弱,通常用标准电极电势 $\varphi^{\ominus}$ 来衡量,但氧化还原反应能否发生还涉及反应机理和动力学等诸多因素的影响,情况颇为复杂,对它的规律性尚缺乏更深入的认识。表 19-15 列出了 p 区元素最高氧化态含氧酸(或氧化物水合物或 M^{n+})的标准电极电势。

表 19-15 p 区元素最高氧化态含氧酸(或氧化物水合物或 M^{n+})的标准电极电势($\varphi_A^{\ominus}$)

单位:V

族	周期				
	二	三	四	五	六
ⅢA	H_3BO_3/B -0.89	Al^{3+}/Al -1.676	Ga^{3+}/Ga -0.529	In^{3+}/In -0.338	Tl^{3+}/Tl 0.72
ⅣA	$CO_2+H^+/HCOOH$ -0.20	SiO_2+H^+/Si * -0.909	H_2GeO_3/Ge -0.012	SnO_2/Sn -0.117	PbO_2/Pb * * 0.664
ⅤA	$NO_3^-+H^+/HNO_2$ 0.94	H_3PO_4/H_3PO_3 -0.276	$H_3AsO_4/HAsO_2$ 0.560	Sb_2O_5/SbO^+ 0.605	Bi_2O_5/BiO^+ 1.59
ⅥA		$SO_4^{2-}+H^+/H_2SO_3$ 0.158	$SeO_4^{2-}+H^+/H_2SeO_3$ 1.151	H_6TeO_6/TeO_2 1.02	PoO_3+H^+/PoO_2 * 1.52
ⅦA		$ClO_4^-+H^+/ClO_3^-$ 1.201	$BrO_4^-+H^+/BrO_3^-$ * 1.853	$H_5IO_6+H^+/IO_3^-$ 1.603	

* $\varphi_A^{\ominus}$ 数据取自 Huheey. Inorg Chem. 3rd ed. A. 45.

** 计算值。

从表 19-15 数据和其他一些已知实验事实,大致可归纳以下一些变化规律:

(1) 同一周期中各元素最高氧化态含氧酸的氧化性从左至右大致递增,如第三周期的 H_4SiO_4 和 H_3PO_4 几乎无氧化性,而浓 H_2SO_4 和 $HClO_4$ 则有强氧化性。

(2) 在同一主族中,各元素的最高氧化态含氧酸的氧化性,大多是随原子序数增加呈锯齿形升高。从第二周期到第三周期,最高氧化态(中间氧化态)含氧酸的氧化性有下降的趋势。从第三周期到第四周期又有升高的趋势,第四周期含氧酸的氧化性很突出，有时在同族元素中居于最强地位。部分第六周期元素的含氧酸氧化性又比第五周期强得多，不仅最高氧化态如此，有些中间氧化态的含氧酸也呈现这种变化趋势，低氧化态则自上至下有规律递减（见表 19-16）。

表 19-16　ⅤA 至ⅦA 族不同氧化态含氧酸的氧化性

最高氧化态			中间氧化态			低氧化态
ⅤA	ⅥA	ⅦA	ⅤA	ⅥA	ⅦA	
HNO_3			HNO_2			
∨			∨			
H_3PO_4	H_2SO_4	$HClO_4$	H_3PO_3	H_2SO_3	$HClO_3$	HClO
∧	∧	∧	∧	∧	∧	∨
H_3AsO_4	H_2SeO_4	$HBrO_4$	H_3AsO_3	H_2SeO_3	$HBrO_3$	HBrO
	∨	∨		∨	∨	∨
	H_6TeO_6	H_5IO_6		H_2TeO_3	HIO_3	HIO

（3）同一种元素的不同氧化态的含氧酸，低氧化态的氧化性较强。例如，$HClO>HClO_2>HClO_3>HClO_4$，$HNO_2>HNO_3$（稀），$H_2SO_3>H_2SO_4$（稀）。

（4）浓酸的氧化性比稀酸强，含氧酸的氧化性一般比相应盐的氧化性强，同一种含氧酸盐在酸性介质中的氧化性比在碱性介质中强。

二、影响含氧酸（盐）氧化能力的因素

各种含氧酸（盐）氧化性强弱规律及其原因是比较复杂的，仅从含氧酸结构和能量因素来考虑，不涉及动力学及反应机理问题。

1. 中心原子结合电子的能力

含氧酸（盐）的氧化能力指处于高氧化态的中心原子在它转变为低氧化态的过程中获得电子的能力，这种能力与它的电负性、原子半径及氧化态等因素有关。若中心原子的原子半径小、电负性大，获得电子的能力强，其含氧酸（盐）的氧化性也就强，反之，氧化性就弱。

同一周期的元素，从左至右，电负性增大，原子半径减小，所以它们的最高氧化态含氧酸的氧化性依次递增。

同一主族的元素，从上至下，电负性减小，原子半径增大，所以低氧化态含氧酸（盐）的氧化性依次递减。至于高氧化态含氧酸（盐）氧化性的锯齿形变化，则是由于次级周期性引起的。

2. 含氧酸分子的稳定性

含氧酸的氧化性和分子稳定性有关，一般来说，如果含氧酸分子中的中心原子 R 多变价，分子又不稳定，该含氧酸（盐）就有氧化性，而且分子越不稳定，其氧化性越强。含氧酸分子的稳定性与分子中 R—O 键的强度和键的数目有关。键的数目越多，R—O 键的强度越大，要断裂这些键，使高氧化态的含氧酸还原为低氧化态甚至为单质，就比较困难，所以稳定的多变价元素的含氧酸氧化性很弱，甚至没有氧化性。

R—O 键的强度和数目与 R 的电子构型、氧化态、原子半径、成键情况以及分子中带正电性的氢原子对 R 的反极化作用等因素有关。

例如，在 HClO、$HClO_2$、$HClO_3$、$HClO_4$ 系列中，由于酸分子中 R—O 键数目依次增加，R—O 键的键长减小（见表 19-17），稳定性依次增加，因而氧化性随氯的氧化态增加而依次减弱。

表 19-17 Cl—O 键的性质

含氧酸阴离子	Cl—O 键数目	Cl—O 键键长/pm	Cl—O 键键能/($kJ \cdot mol^{-1}$)
ClO^-	1	170	209
ClO_2^-	2	164	244.5
ClO_3^-	3	157	243.7
ClO_4^-	4	145	363.5

低氧化态含氧酸氧化性强，还和它的酸性弱有关，因为在弱酸分子中存在着带正电性的氢原子，对酸分子中的 R 原子有反极化作用，使 R—O 键易于断裂。同样的道理也可用来解释：① 为什么浓酸的氧化性比稀酸强？因为在浓酸中也存在着自由的酸分子，有反极化作用。② 为什么含氧酸的氧化性比含氧酸盐强？因为含氧酸盐中 M^{n+} 的反极化作用比 H^+ 弱，含氧酸盐比含氧酸稳定。

3. 其他外界因素的影响

溶液的酸碱性、温度以及伴随氧化还原反应同时进行的其他非氧化还原过程（如水的生成、溶剂化和反溶剂化作用、沉淀的生成、缔合等）对含氧酸的氧化性有影响。含氧酸盐在酸性介质中比在中性或碱性介质中的氧化性强。这是因为在酸性介质中，有较高的标准电极电势值。例如：

$$ClO_4^- + 8H^+ + 8e^- \rightleftharpoons Cl^- + 4H_2O \qquad \varphi_A^\ominus = 1.389\ V$$

$$ClO_4^- + 4H_2O + 8e^- \rightleftharpoons Cl^- + 8OH^- \qquad \varphi_B^\ominus = 0.51\ V$$

在总的氧化还原反应中，如果非氧化还原过程降低的自由能越多，越能促使总反应的自发进行，即增强了含氧酸（盐）的氧化性。

在不同的氧化还原反应中，究竟伴随发生哪些反应？产生了怎样的能量效应？视具体情况而定。

19-5 p区元素的次级周期性

次级周期性是指元素周期表中，每族元素的物理化学性质，从上至下并非单调的直线式递变，而是呈现起伏的“锯齿形”变化。对于p区元素，主要是指第二、第四、第六周期元素的正氧化态，尤其是最高氧化态的化合物所表现的“特殊性”。本节主要讨论p区第二、第四周期元素的特殊性。p区第六周期元素是金属，它们的特殊性——惰性电子对效应，将在下一篇金属元素化学中讨论。

19-5-1 第二周期p区元素的特殊性

与同族元素相比，第二周期p区元素（稀有气体除外），B、C、N、O、F在原子结构上具有内层电子少（只有$1s^2$）、原子半径特别小（在同一族中，从第二周期到第三周期原子半径增加幅度最大）以及价电子层没有d轨道等特点。因而第二周期元素的电子亲和能反常地比第三周期同族元素的小。在形成化学键时，在键型、键数和键能等方面也有不同于同族元素的特殊性，随之也影响这些元素的单质和化合物的结构和性质。

1. 最大配位数

因为第二周期p区元素价电子层只有2s和2p共4个价轨道，没有d轨道，加上2s、2p和3s轨道能级差又较大，很难激发，故只能利用2s和2p价轨道以sp、sp^2或sp^3杂化方式形成σ键，所以在共价化合物中，这些元素的原子最多只能形成4个共价键，也即最大配位数为4，如BH_4^-、CCl_4、NH_4^+等。同族重元素由于价电子层有可利用的nd空轨道，配位数可扩大到5、6、7，如PCl_5、SiF_6^{2-}、SF_6和IF_7等。它们的中心原子分别以sp^3d、sp^3d^2、sp^3d^3杂化轨道成键。

由于最大配位数的限制，第二周期元素的化合物的某些性质和同族元素相比，也有很大不同。以卤化物水解为例，C和Si属于同一族，CCl_4不水解，$SiCl_4$却能剧烈水解；同一族的NCl_3和PCl_3虽都能水解，但水解机理不同，产物也不同，前者为NH_3和HClO，后者为HCl和H_3PO_3；处于对角线的B和Si，BF_3和SiF_4的水解产物中，除有相同的含氧酸H_3BO_3和H_4SiO_4外，前者生成BF_4^-，而后者生成SiF_6^{2-}。

2. 形成π键和氢键的倾向

p区第二周期B、C、N、O元素的原子以sp或sp^2杂化轨道形成σ键时，余下的p轨道能够侧向重叠，形成垂直于σ键平面的π键（包括离域π键）。这是因为这些原子的半径小，内层电子少，排斥作用小，有利于p轨道的重叠，形成的π键比较稳定。所以它们既存在含有π键的单质，如石墨（离域π键）、N_2、O_2、O_3；也存在含有π键的化合物，如BF_3、CO_2、CO、CO_3^{2-}、NO_3^-以及氮的各种氧化物等。而第三周期以下的p区非金属元素则因原子半径较大，内层电子又多，不利于p轨道重叠，故形成p-pπ键的倾向小，它们倾向于形成多个σ单键或者可能动用d轨道形成d-pπ配键。例如，含有多个σ单键的单质有斜方硫（S_8）、白磷（P_4）、单质硅等。化合物中有链状的多硫离子（S_x^{2-}，$x=2\sim6$），环状的磷的氧化物（P_4O_6和P_6O_{10}）以及既有环状又有链状的多硅酸盐和多磷酸盐等。

第二周期的N、O、F，因为电负性大，它们的含氢化合物容易生成氢键，所以，这些氢化物的熔点、沸点在同族元素中相对最高。

3. 单键和多重键的键能

周期表中，每族元素的键能，自上而下随原子半径的增大，应该有规律地减小。但第二周期C、N、O、F元素的某些单键键能比同族第三周期元素的反常地小（见表19-18a）。这是因为它们的原子半径小，参与成键的原子中又有孤对电子，其排斥作用抵消了部分键能，所以单键键能会反常地小。

p区第三周期元素的单键键能大，是因为它们原子半径较大，孤对电子间的排斥作用小，同时也可能有d-pπ键的贡献。

表19-18b中所列的键能数据表明，p区非金属元素与H形成的A—H键能，以及ⅣA族同核双原子键能，都是有规律地自上而下依次递减，不出现反常情况。这是因为H没有孤对电子，ⅣA族元素原子自身成键时，4个价电子也全部用于成键，因此孤对电子的排斥作用对键能的影响很小，主要是核间距的影响。

表19-18 p区某些元素的部分单键和多重键键能 单位：$kJ\cdot mol^{-1}$

a	C—Cl	338	C—O	360	N—N	945	N—F	301	N—O	631	O—O	~498	F—F	157
	Si—Cl	456	Si—O	452	P—P	490	P—F	439	P—O	597	S—S	429	Cl—Cl	243
	Ge—Cl	439			As—As	382	As—F	~484	As—O	481	Se—Se	333	Br—Br	194
	Sn—Cl	406									Te—Te	126	I—I	153
	Pb—Cl	301												
b	C—H	337	C—C	345.6	N—H	314					O—H	428	F—H	569
	Si—H	298	Si—Si	327	P—H	约343					S—H	344	Cl—H	432
			Ge—Ge	274	As—H	约272					Se—H	305	Br—H	366
			Sn—Sn	195							Te—H	268	I—H	299
c	C=C	602	Si=Si	314	N≡N	942					O=O	494		
	C≡C	835			P≡P	481					S=S	425		
	C=O	803	Si=O	640	As≡As	380								
	C≡O	1072												

从表 19-18c 可看出，第二周期元素多重键的键能比第三周期元素的大，显然这是因为它们形成的 p-pπ 键比较稳定。

19-5-2　第四周期 p 区元素的不规则性

第四周期 p 区元素，除稀有气体氪（Kr）以外，还有镓（Ga）、锗（Ge）、砷（As）、硒（Se）、溴（Br）五种元素，它们是经过 d 区的长周期中的元素，所以次外层已有了 10 个 d 电子，次外层电子构型是 $3s^2 3p^6 3d^{10}$。由于 d 电子屏蔽核电荷的能力比同层的 s、p 电子的要小，这就使得从 Ga 到 Br，最外层电子感受到的有效核电荷 Z^* 比不插入 10 个 d 电子时要大，导致这些元素的原子半径和第三周期同族元素相比，增加幅度不大，特别是刚经过 d 区的ⅢA 族 Ga，其原子半径甚至比 Al 还略小。由原子半径引起的这些元素的金属性（非金属性）、电负性、氢氧化物酸碱性、最高氧化态含氧酸（盐）的氧化性等性质都出现反常现象，即所谓“不规则性”。最突出的反常性质是这些元素最高氧化态化合物（如氧化物、含氧酸及其盐）的稳定性小，而氧化性则很强。从表 19-19 中所列的数据可看出，Ga、Ge、As、Se、Br 的氧化物或含氧酸盐的 $\Delta_f H_m^\ominus$ 和 $\Delta_f G_m^\ominus$ 值，大都比第三周期和第五周期元素的大，说明稳定性比它们小。氧化性的强弱可从标准电极电势值来衡量。从表 19-15 可看出，ⅦA 族高溴酸（盐）的氧化性比高氯（碘）酸（盐）强得多。ⅥA 族 H_2SeO_4 的氧化性比 H_2SO_4（稀）强，中等浓度（≈50%）H_2SeO_4 就能将 Cl^- 氧化为 Cl_2，而浓硫酸和 NaCl 反应仅生成 HCl。ⅤA 族 H_3AsO_4 有氧化性，在酸性介质中能将 I^- 氧化为 I_2，而 H_3PO_4 基本上就没有氧化性，浓 H_3PO_4 和碘化物反应只生成碘化氢。

表 19-19　p 区第三、第四、第五周期元素的化合物的稳定性比较

化合物	Al_2O_3	Ga_2O_3	In_2O_3	SiO_2	GeO_2	
$\Delta_f H_m^\ominus/(kJ\cdot mol^{-1})$	-1 676	-1 089	-925	-911	-580	
$\Delta_f G_m^\ominus/(kJ\cdot mol^{-1})$	-1 582.3	-998	-831	-856	-521	
	P_4O_{10}	As_2O_5	Sb_2O_5	SO_3	SeO_3	TeO_3
$\Delta_f H_m^\ominus/(kJ\cdot mol^{-1})$	-3 010	-925	-972	-396	-167	-525
$\Delta_f G_m^\ominus/(kJ\cdot mol^{-1})$	-2 723	-782	-829	-371	—	-269
	$KClO_4$	$KBrO_4$	KIO_4			
$\Delta_f H_m^\ominus/(kJ\cdot mol^{-1})$	-433	-288	-467			
$\Delta_f G_m^\ominus/(kJ\cdot mol^{-1})$	-303	-174	-361			

ⅣA 族中的 $\varphi_A^{\ominus}(H_2GeO_3/Ge)=-0.182$ V，电极电势很小，表明 GeO_2 的氧化性极弱，但相对而言其氧化性却比 SiO_2 强。ⅢA 族中 $\varphi_A^{\ominus}(Ga^{3+}/Ga)$ 比 $\varphi_A^{\ominus}(Al^{3+}/Al)$ 大，说明 Ga(Ⅲ)形成低氧化态的倾向也比 Al 大。

导致第四周期 p 区元素性质不规则性的本质因素是从第三周期过渡到第四周期，次外电子层结构从 $2s^22p^6$ 变为 $3s^23p^63d^{10}$，第一次出现 d 电子，导致有效核电荷 Z^* 增加得多，使最外层的 4s 电子能级变低，比较稳定。从第四周期过渡到第五周期，因为原子的次外层结构相同，所以同族元素相应化合物性质改变较有规律。从第五周期到第六周期，次外电子层虽相同，但倒数第三层电子结构发生改变，第一次出现了 4f 电子，由于 f 电子对核电荷的屏蔽作用比 d 电子更小，以致有效核电荷 Z^* 增加得多，$6s^2$ 也变得稳定，所以第六周期 p 区元素和第五周期元素相比，又表现出一些特殊性。

习　题

19-1　按周期表位置，绘出非金属单质的结构图，并分析它们在结构上有哪些特点和变化规律？

19-2　为什么氟和其他卤素不同，没有多种可变的正氧化态？

19-3　小结 p 区元素的原子半径、电离能、电子亲和能和电负性，在按周期性递变规律的同时，还有哪些反常之处？说明其原因。

19-4　概括非金属元素的氢化物有哪些共性？

19-5　已知下列数据：

$\Delta_f G_m^{\ominus}(H_2S,aq)=-27.9\ kJ\cdot mol^{-1}$

$\Delta_f G_m^{\ominus}(S^{2-},aq)=85.8\ kJ\cdot mol^{-1}$

$\Delta_f G_m^{\ominus}(H_2Se,aq)=22.2\ kJ\cdot mol^{-1}$

$\Delta_f G_m^{\ominus}(Se^{2-},aq)=129.3\ kJ\cdot mol^{-1}$

试计算下列反应的 $\Delta_r G_m^{\ominus}$ 和平衡常数 K：

(1) $H_2S(aq) \longrightarrow 2H^+(aq)+S^{2-}(aq)$

(2) $H_2Se(aq) \longrightarrow 2H^+(aq)+Se^{2-}(aq)$

两者中哪一个酸性较强？

19-6　试从 HA 酸在解离过程中的能量变化分析影响其酸性强度的一些主要因素。

19-7　试从结构观点分析含氧酸强度和结构之间的关系。用鲍林规则判断下列酸的强弱：

(1) HClO　(2) $HClO_2$　(3) H_3AsO_3　(4) HIO_3

(5) H_3PO_3　(6) $HBrO_3$　(7) $HMnO_4$　(8) H_2SeO_4

(9) HNO_2　　(10) H_6TeO_6

19-8　试解释下列各组酸强度的变化顺序：

(1) HI>HBr>HCl>HF

(2) $HClO_4>H_2SO_4>H_3PO_4>H_4SiO_4$

(3) $HNO_3>HNO_2$

(4) $HIO_4>H_5IO_6$

(5) $H_2SeO_4>H_6TeO_6$

19-9　判断下表中各含氧酸盐的溶解性(填“易溶”,“可溶”,“难溶”)。

酸根	阳离子					
	Ag^+	Cu^{2+}	Al^{3+}	K^+	NH_4^+	Ca^{2+}
CO_3^{2-}						
NO_3^-						
SO_4^{2-}						
PO_4^{3-}						
$H_2PO_4^-$						
ClO_3^-						

19-10　已知下列数据：

物质	$\Delta_{sol}H^\ominus/(kJ\cdot mol^{-1})$	$S^\ominus/(J\cdot K^{-1}\cdot mol^{-1})$
Na_2CO_3	-24.69	138.8
$CaCO_3$	-12.13	92.9
$Na^+(aq)$		58.41
$Ca^{2+}(aq)$		-53.1
$CO_3^{2-}(aq)$		-56.9

试计算 Na_2CO_3 和 $CaCO_3$ 溶解过程的标准自由能变化($\Delta_{sol}G_m^\ominus$),并对它们在水中的溶解性做出判断,分析两者水溶性不同的原因。

19-11　试比较下列各组物质的热稳定性,并做出解释。

(1) $Ca(HCO_3)_2$, $CaCO_3$, H_2CO_3, $CaSO_4$, $CaSiO_3$

(2) $AgNO_3$, HNO_3, KNO_3, $KClO_3$, K_3PO_4

19-12　用 $BaCO_3$、$CaCO_3$ 以及它们的组成氧化物的标准生成焓计算 $BaCO_3$ 和 $CaCO_3$ 的分解焓,并从结构上解释为什么 $BaCO_3$ 比 $CaCO_3$ 稳定?

19-13　用表 19-15 中各元素最高氧化态含氧酸(包括氧化物)的 $\varphi^\ominus$ 为纵坐标,各元素的原子序数为横坐标，作出 p 区各周期和各族元素含氧酸的氧化性强度曲线，并从曲线图形分析各周期及各族非金属元素最高氧化态含氧酸氧化性的变化规律。

19-14 试解释下列各组含氧酸（盐）氧化性的强弱：

（1）$H_2SeO_4 > H_2SO_4$（稀）

（2）$HNO_2 > HNO_3$（稀）

（3）浓 $H_2SO_4 >$ 稀 H_2SO_4

（4）$HClO > HBrO > HIO$

（5）$HClO_3(aq) > KClO_3(aq)$

19-15 何谓次级周期性？为什么它在 p 区第二、第四、第六周期中表现出来？为什么它主要表现在最高氧化态化合物的性质（稳定性和氧化性）上？

19-16 试解释下列现象：

（1）硅没有类似石墨的同素异性体。

（2）氮没有五卤化氮 NX_5，却有 +V 氧化态的 N_2O_5、HNO_3 及其盐，这二者是否矛盾？

（3）砷的所有三卤化物均已制得，而五卤化物只制得 AsF_5 和 $AsCl_5$，而且后者极不稳定。

（4）硫可形成 $n=2\sim6$ 的多硫链，而氧只能形成 $n=2$ 的过氧链。

第五篇

元素化学（二）

第 20 章

金属通论

内容提要

本篇所涉及的元素为金属元素，且系统介绍金属元素及其化合物知识。因此本章对金属的存在、性质、冶炼及合金知识做系统介绍，以便读者学习各章金属元素的相关知识。

本章要求：

1. 能从金属结构的角度认识金属的共性；

2. 了解金属冶炼的方法及现状，掌握埃林汉姆(Ellingham)图的意义及使用方法；

3. 了解合金的基本知识。

20-1 概　　述

金属元素是指那些价层电子数较少、在化学反应中较易丢失电子的元素。到目前为止，自然界存在及人工合成的金属元素已达 90 余种。它们位于元素周期表的左方及左下方，包括 s 区(除 H 外)、d 区、ds 区、f 区的全部元素及 p 区左下角的十多种元素。

金属一般分为黑色金属和有色金属。黑色金属是指铁、锰、铬及其合金，有色金属是指除铁、锰、铬及其合金以外的所有金属。实际上，大部分金属(包括铁和锰)是银白色的，所谓黑色金属只是一个由行业说法而来的习惯用语。

有色金属可按其密度、价格、性质、在地壳中的储量及分布情况进行分类：

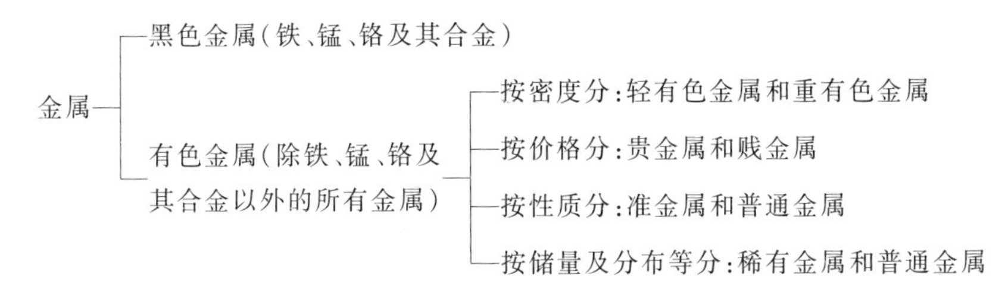

轻有色金属:一般指密度小于 4.5 $g \cdot cm^{-3}$ 的部分有色金属,包括钠、钾、镁、钙、锶、钡和铝等。它们的共同特点是密度小、性质活泼。

重有色金属:一般指密度大于 4.5 $g \cdot cm^{-3}$ 的部分有色金属,包括铜、镍、铅、锌、钴、锡、锑、汞、镉和铋等。

贵金属:金、银及铂族金属(锇、铱、铂、钌、铑和钯),由于它们的密度大、熔点高、性质不活泼、在地壳中含量少、开采提取困难、价格昂贵,故而得名"贵金属"。与之相对的其他金属则称为"贱金属"。

准金属[①]:性质介于典型的金属和典型的非金属之间的金属称为准金属。它们分布于周期表的 p 区,一般包括砷、硼、硅、硒和碲。与之相对的其他金属称为普通金属。

稀有金属:一般指那些在地壳中含量少或分布稀散、提取困难的有色金属。其中部分稀有金属因发现较晚,应用也较晚。目前定义的稀有金属包括轻稀有金属——锂、铷、铯、铍;分散性稀有金属——镓、铟、铊;高熔点稀有金属——钛、锆、铪、钒、铌、钽、钼、钨;铂系金属——钌、铑、钯、锇、铱、铂;稀土金属——钪、钇、镧及镧系;放射性稀有金属——钫、镭、锝、钋、砹、锕及锕系。

应该指出,稀有金属和普通金属之间的划分不是绝对的。随着稀有金属应用的日益广泛,新矿源的开发和研究工作的进展,稀有金属和普通金属之间的界限越来越不明显。

不论是黑色金属,还是有色金属,它们在自然界的分布都是相当广泛的。在矿物、有机化合物及水中都或多或少地含有它们的成分,特别是一些微量金属元素在人体中的作用与分布,曾经或正在引起人们的普遍关注。

元素在地壳中的含量称为丰度。丰度可用质量分数或原子百分数来表示。为了纪念美国地球化学家克拉克(F.W.Clark)在计算地壳内元素平均含量所做出的贡献,通常把元素在地壳中含量的百分数称为克拉克值。如以质量分数表示,称为质量克拉克值,若以原子百分数表示,称为原子克拉克值。表 20-1 列出了部分金属在地壳中的含量。

① 准金属已在相应主族元素部分做了介绍。

表 20-1　部分金属在地壳中的含量(克拉克值)

元素	克拉克值	元素	克拉克值	元素	克拉克值
Al	8.05	Y	0.0029	W	1.3×10^{-4}
Fe	4.65	Nb	0.002	Eu	1.3×10^{-4}
Ca	2.96	Ga	0.0019	Mo	1.1×10^{-4}
K	2.5	Co	0.0018	Tl	1.0×10^{-4}
Na	2.5	Pb	0.0016	Hf	1.0×10^{-4}
Mg	1.87	Th	0.0013	Hg	8.3×10^{-5}
Ti	0.45	Sc	0.001	Lu	8.0×10^{-5}
Mn	0.1	Pr	9.0×10^{-4}	Yb	3.3×10^{-5}
Sr	0.034	Gd	8.0×10^{-4}	Tm	2.7×10^{-5}
Zr	0.017	Sm	8.0×10^{-4}	In	2.5×10^{-5}
Rb	0.015	Dy	5.0×10^{-4}	Cd	1.3×10^{-5}
V	0.009	Tb	4.3×10^{-4}	Pd	1.3×10^{-6}
Cr	0.0083	Be	3.8×10^{-4}	Bi	9.0×10^{-7}
Zn	0.0083	Cs	3.7×10^{-4}	Ag	7.0×10^{-7}
Ce	0.007	Er	3.3×10^{-4}	Au	4.3×10^{-7}
Ni	0.0058	Sn	2.5×10^{-4}	Re	7.0×10^{-8}
Cu	0.0047	Ta	2.5×10^{-4}		
Li	0.0032	U	2.5×10^{-4}		

由表 20-1 知,Al、Fe、Ca、Na、K 和 Mg 等元素在地壳中含量丰富。Cu、Zn 等虽有富矿,但在地壳中的含量并不大。Au、Ag、Bi、Re 等在地壳中含量稀少。

各类金属元素由于其结构及性质方面的差异,在自然界的存在形式各有特点。少数性质极不活泼的金属如 Au、Ag、Hg、铂系等金属元素通常以游离态形式存在;性质稍活泼的元素可以单质及化合物形式存在,如 Fe 在自然界有各种铁矿石,也有陨石;Ⅰ A 族及Ⅱ A 族中的 Mg 性质活泼,常以卤化物的形式存在,但它们大都溶解在海水和湖水中,少数埋藏于不受流水冲刷的岩石下面,如常见的食盐(NaCl)、光卤石($KCl\cdot MgCl_2\cdot 6H_2O$)等;Ⅱ A 族元素常以碳酸盐、硫酸盐、磷酸盐及硅铝酸盐等难溶性的化合物形式存在,形成五光十色的岩石矿物,构成坚硬的地壳,如菱镁矿($MgCO_3$)、重晶石($BaSO_4$)、石膏($CaSO_4\cdot 2H_2O$)等;过渡金属元素则主要以稳定的氧化物及硫化物形式存在,如磁铁矿(Fe_3O_4)、褐铁矿($2Fe_2O_3\cdot 3H_2O$)、赤铁矿(Fe_2O_3)、软锰矿(MnO_2)、金红石(TiO_2)、赤铜矿(Cu_2O)、闪锌矿(ZnS)、黄铁矿(FeS_2)、辰砂(HgS)、黄铜矿(CuS·FeS)和辉铜矿

(Cu_2S)等;p 区金属元素为亲硫元素,它们常以难溶的硫化物形式存在,如辉锑矿(Sb_2S_3)、辉铋矿(Bi_2S_3)和方铅矿(PbS)。

我国金属矿藏的储量极为丰富。U、W、Sn、Mo、Ti、Sb、Hg、Pb、Zn、Fe、Au、Ag、Mg 及稀土金属的矿产均居世界前列,其中稀土矿储量占世界总储量的80%。Cu、Al、Mn 等矿的储量在世界上也占有重要地位。随着新矿源的不断开发和利用,我国已成为世界上已知矿种比较齐全的少数国家之一,这为我国的经济建设提供了雄厚的物质基础。

20-2 金属的提炼

从自然界获取金属单质的过程称为金属的提炼。金属的提炼方法有火法和湿法两大类。火法冶炼金属在我国有着悠久的历史。早在商周时期,我国的青铜冶铸技术、生铁及炼钢技术就已发展到相当高的水平,为现代冶金技术奠定了坚实的基础。相对而言,湿法冶金起步较晚,其规模远小于火法。

一般说来,金属的提炼分为三个过程——矿石的富集、冶炼和精炼。

金属矿石在提炼之前,往往需先选矿,即把采出的矿石中大量的脉石(石英、石灰石和长石等)除去,以提高矿石的品位(有效成分的含量)。根据矿石的性质可有多种富集矿石的方法,如根据矿石的颜色、光泽和形状等特征可进行手选;根据矿石中有用成分与脉石的密度、磁性、黏度和熔点等性质的不同又可分别采用水选、磁选和浮选。由于大部分金属元素在矿石中均以正氧化态形式存在,因此必须采用适当的还原方法使呈正氧化态的金属元素得到电子变为金属原子。高温热还原法即火法是最常用的方法;对于某些非常活泼的金属如 Na、Al 等往往采用熔盐电解法。金、铂等常以单质形式存在于自然界,这时需在适宜条件下将它们氧化,再用还原剂还原,这属于湿法冶炼的范畴。火法或湿法冶炼出的粗金属根据纯度要求,可再进行精制,这就是金属的精炼。

20-2-1 金属还原过程的热力学

一般而言,金属氧化物越稳定,其 $\Delta_f G^\ominus$ 的负值越大,金属越难被还原。因而在同一温度、压力条件下,比较同一类型金属化合物的生成自由能的大小,便可比较金属从化合物中被还原出来的难易程度,从而为寻找适宜的还原剂提供参考依据。

埃林汉姆在 1944 年首先将氧化物的生成自由能对温度作图,后又对硫化物、氯化物和氟化物作类似的图,这种图称为自由能-温度图,又称埃林汉姆图。氧化物的自由能-温度图见图20-1。

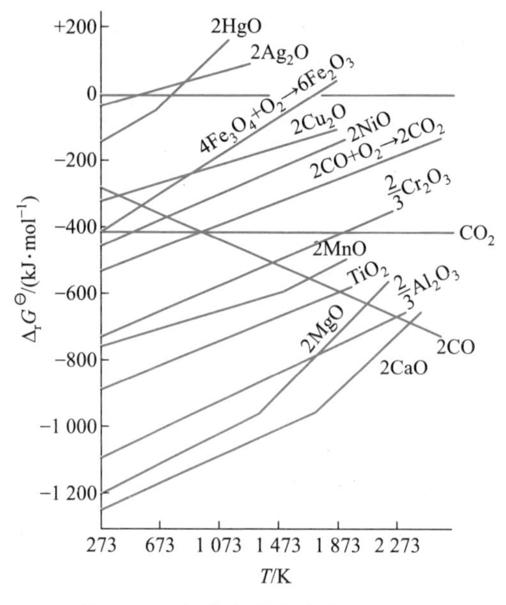

图 20-1 氧化物的自由能-温度图

图20-1是用消耗1 mol氧生成氧化物过程的标准自由能变对温度作图的。根据 $\Delta_r G^\ominus = \Delta_r H^\ominus - T\Delta_r S^\ominus$ 的关系,假定 $\Delta_r H^\ominus$ 和 $\Delta_r S^\ominus$ 为定值,则 $\Delta_r G^\ominus$ 对温度作图便得一条直线。$T=0$ K时直线与纵坐标的交点处 $\Delta_r G^\ominus$ 值为 $\Delta_r H^\ominus$ 的近似值,此为直线的截距;直线的斜率为 $-\Delta_r S^\ominus$。当 $\Delta_r S^\ominus<0$ 时,斜率为正值,$\Delta_r G^\ominus$ 随温度的升高而增大,几乎所有金属氧化物的生成过程都属于这种情形;当 $\Delta_r S^\ominus=0$ 时,$\Delta_r G^\ominus$ 与温度无关,CO_2 的自由能-温度图便为一平行于横坐标的直线;当 $\Delta_r S^\ominus>0$ 时,$\Delta_r G^\ominus$ 随温度的升高而减小,由C生成CO的过程便为熵增过程。

如图20-1所示,HgO、MnO、MgO和CaO的自由能-温度图中直线的斜率发生变化,这是因为反应物或生成物在一定温度下发生了相变,由于相变伴随明显的熵变,从而导致斜率改变。

从图20-1可获得如下信息,这些信息为寻找适宜的金属冶炼方法提供了理论依据。

① 从图中可找出某些金属氧化物分解的适宜温度。凡 $\Delta_r G^\ominus$ 为负值区域内的所有金属在标准条件下都能自发被氧氧化,而位于这个区域以上的金属氧化物会自发分解。因此从图20-1可了解金属氧化物受热分解的情况。由

于金属氧化物的 $\Delta_r G^{\ominus}$ 值随温度升高而增大，原则上每种金属氧化物都能找到其分解的温度范围。显然只有那些分解温度不是很高的反应用于冶金才有实际意义。如 HgO 只需稍加热，温度超过 773 K 就分解得到 Hg，Ag_2O 的分解温度则更低。

② 根据图 20-1 可寻找适宜的还原剂。一种氧化物能被位于其下面的那些金属或其他还原剂所还原，因为这个反应的 $\Delta_r G^{\ominus}<0$。例如，在 1073 K 时 Cr_2O_3 能被 Al 还原。同样，Ca、Mg 也可还原许多金属。因此 Ca、Mg 和 Al 在冶金工业中常用作还原剂。从图 20-1 还可看出，C 和 CO 也可还原许多金属。直线 $2C(s)+O_2(g) \longrightarrow 2CO(g)$ 的斜率为负值，向下倾斜，因此在高温下该直线几乎能与所有金属氧化物的自由能-温度图相交，从而使 CO 的 $\Delta_r G^{\ominus}$ 低于金属氧化物的 $\Delta_r G^{\ominus}$，这使碳成为一种广泛使用的优良还原剂。由图可知，用碳作还原剂时，碳被氧化的程度随温度而定，低于 983 K 时，$C(s)+O_2(g) \longrightarrow CO_2(g)$ 的反应趋势较大，高于此温度时，$2C(s)+O_2(g) \longrightarrow 2CO(g)$ 的趋势较大。

应该指出，利用自由能-温度图中的 $\Delta_r G^{\ominus}$ 判断氧化还原反应的自发方向时，是指在标准条件下，不涉及反应速率和机理。在实际生产中，情况往往很复杂，需要全面的、具体的分析，才能确定适宜的还原剂和还原条件。

20-2-2 工业上冶炼金属的一般方法

根据金属的存在形式、金属还原过程的热力学及其他诸多因素，工业上冶炼金属的方法主要有热分解法、热还原法、电解法和氧化法。

一、热分解法

如上所述，Ag_2O、HgO 等少数不活泼金属的氧化物由于其生成自由能负值小，不稳定，易分解，因此这类金属可通过直接加热使其分解的方法制备：

$$2HgO \xrightarrow{\triangle} 2Hg + O_2 \uparrow$$

$$2Ag_2O \xrightarrow{\triangle} 4Ag + O_2 \uparrow$$

将辰砂在空气中加热也可得到 Hg：

$$HgS + O_2 \xrightarrow{\triangle} Hg + SO_2 \uparrow$$

二、热还原法

这是最常见的从矿石中提取金属的方法。由于所用的还原剂不同，又可分为碳热还原法、氢热还原法和金属热还原法（金属置换法）。

1. 碳热还原法

碳热还原法是指用C或CO作还原剂的金属冶炼方法。由于焦炭资源丰富，价廉易得，所以只要可行，尽可能采用此种方法。

对一些氧化物如SnO_2、Cu_2O等，直接用C作还原剂制取金属：

$$SnO_2 + 2C \longrightarrow Sn + 2CO\uparrow$$

$$Cu_2O + C \longrightarrow 2Cu + CO\uparrow$$

对于Fe_2O_3，常用CO作还原剂：

$$Fe_2O_3 + 3CO \longrightarrow 2Fe + 3CO_2$$

如果矿石的主要成分是碳酸盐，则由于大多数碳酸盐在高温下易发生热分解生成氧化物，故也可用该法冶炼金属，只是反应分两步进行：

$$ZnCO_3 \xrightarrow{\triangle} ZnO + CO_2\uparrow$$

$$ZnO + C \xrightarrow{\triangle} Zn + CO\uparrow$$

如果矿石是硫化物，则先将矿石在空气中煅烧使之转化为氧化物，再用C还原。例如：

$$2PbS + 3O_2 \xrightarrow{\text{煅烧}} 2PbO + 2SO_2\uparrow$$

$$PbO + C \xrightarrow{\triangle} Pb + CO\uparrow$$

2. 氢热还原法

碳热还原法的缺点是制得的金属中往往含有碳和碳化物，得不到较纯的金属。故有时为制备少量的纯金属，采用氢气作还原剂。例如：

$$GeO_2 + 2H_2 \longrightarrow Ge + 2H_2O$$

$$WO_3 + 3H_2 \longrightarrow W + 3H_2O$$

3. 金属热还原法（金属置换法）

这是指用一种金属作还原剂（往往是较活泼的金属）把另一种金属从其化合物中还原出来的情形。一般而言，那些还原能力强、成本低、处理方便、易于分离、不与产品金属形成合金的金属常被选定为还原剂。钠、镁、钙、铝是常用的还原剂。如制取碱金属的几个反应式如下：

$$KCl + Na \longrightarrow NaCl + K\uparrow$$

$$2RbCl + Ca \longrightarrow CaCl_2 + 2Rb\uparrow$$

$$2CsAlO_2 + Mg \longrightarrow MgAl_2O_4 + 2Cs\uparrow$$

钙、镁还常用作冶炼钛、锆、铪、钒、铌和钽的还原剂。

用铝作还原剂制取其他金属的方法称为铝热法。例如，Al 与 Cr_2O_3 的反应如下：

$$Cr_2O_3 + 2Al \longrightarrow Al_2O_3 + 2Cr \quad \Delta_rG^{\ominus} = -622.9\ kJ\cdot mol^{-1}$$

生成氧化铝的反应是强烈的放热反应，被还原的金属常以液态形式析出，因此用铝和其他金属氧化物反应时，不必额外给反应体系供热，只需用引燃剂引发反应即可。

三、电解法

此法主要用于从化合物中制取活泼金属，如铝、镁、钙、钠等。因为一般的化学还原剂不能使活泼金属离子得到电子被还原，只有采用电解这种最强有力的氧化还原手段才行。这些金属通常是电解其熔融盐来制取的。例如：

$$2NaCl(熔融) \xrightarrow{电解} 2Na + Cl_2\uparrow$$

电解法可得到较纯的金属，但要消耗大量的电能，因此成本较高。

四、氧化法

使用氧化剂氧化金属单质以富集、提取金属的方法称为氧化法。如金、银的提取，目前仍用一种氧化-氰化法（见 22-2-1）。

20-2-3 金属的精炼

随着现代科学技术的发展，需要越来越多的高纯金属材料。从矿石提炼出的粗金属，其纯度往往达不到要求，必须进一步提炼，这就是金属的精炼。

常用的金属精炼的方法有电解精炼、气相精炼和区域熔炼。

一、电解精炼

电解精炼是广泛应用的一种金属精炼方法。电解时将不纯的金属做成电解槽的阳极，薄片纯金属做成阴极，通过电解在阴极上得到纯金属。金、银、铜、锡、铅、锌等有色金属一般都采用此法。

二、气相精炼

气相精炼是利用金属单质或化合物的沸点与所含杂质的沸点不同的特点，通过加热控制温度使之分离的精炼方法。如粗锡的精炼就是通过控制温度在锡的沸点以下及杂质的“沸点”以上，使杂质挥发的方法使锡的纯度得到提高。镁、汞、锌、锡等均可用直接蒸馏法提纯。有时不宜用直接蒸馏法提纯的金属，可使之在低温下先生成而在高温下又易于分解的挥发性的化合物，再用气相精炼得到纯金属。

羰化法是提纯金属的一种气相精炼方法。铁、镍等许多过渡金属能与 CO 生成易挥发并且易分解的羰基化合物，用高压羰化法得到高纯度的金属：

$$\text{Ni(含杂质)} + 4CO \xrightarrow{\text{高压}} Ni(CO)_4 \uparrow$$

$$Ni(CO)_4 \xrightarrow{513\sim593\ K} \text{Ni(99.998\%纯)} + 4CO \uparrow$$

碘化物热分解法可用于提纯少量锆、铪、铍、钛和钨等：

$$\text{Ti(不纯)} + 2I_2 \xrightarrow{323\sim523\ K} TiI_4 \uparrow$$

$$TiI_4 \xrightarrow[\text{钨丝}]{1673\ K} \text{Ti(纯)} + 2I_2$$

三、区域熔炼

如图 20-2 所示，将要提纯的物质放进一个装有移动式加热线圈的套管内，强热熔化一段小区域的物质，形成熔融带。将线圈沿管路缓慢移动，熔融带便随着它前进。由于混合物的熔点总比纯物质的低，因此杂质便慢慢汇集在熔融带，随线圈的移动杂质被赶到管子末端，即可除去。经过多次区域熔炼，可得到杂质含量低于 10^{-12}的超纯金属。

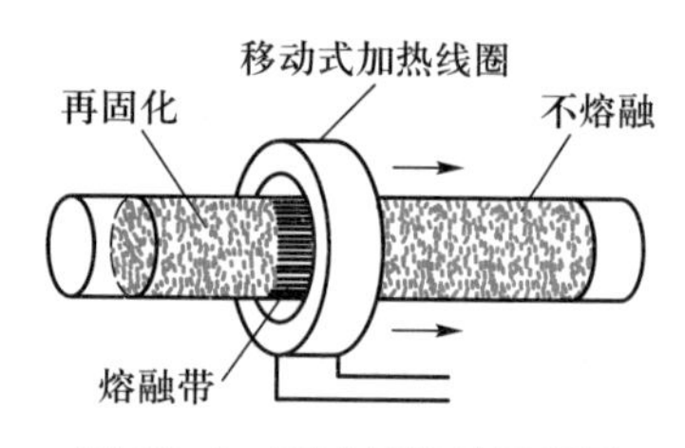

图 20-2 区域熔炼法示意图

20-3 金属的物理性质和化学性质

20-3-1 金属的物理性质

金属和非金属的物理性质有很明显的差别，为了方便比较，将它们列于表 20-2 中。

阅读材料
超导材料

表 20-2 金属和非金属物理性质的比较

金 属	非 金 属
1. 熔点高(除 Hg、Cs、Ga 外,其他金属熔点均较高)	常温下溴为液体,而氧、氟、氯等均为气体,有些为固体
2. 大多数金属密度较大	一般密度较小
3. 有金属光泽	大多无金属光泽
4. 大多是热和电的良导体,电阻通常随温度的升高而增大	大多不是热和电的良导体,电阻通常随温度的升高而减小
5. 大多具有延展性	大多不具有延展性
6. 固体金属大多属金属晶体	固体大多属分子晶体

由表 20-2 可知,与非金属相比,金属具有许多独特的物理性能,如特殊的金属光泽、良好的导电、导热性及延展性等。这些特征存在的原因是金属的紧密堆积结构及金属中自由电子的存在,可用金属键理论给予解释。

对大多数金属而言,晶体中的自由电子能吸收所有频率的光,然后很快放出所有频率的光,因而大多数金属呈现钢灰色乃至银白色。也有少数金属,它们较易吸收某一频率的光,而呈现其互补色,如金为黄色,铜为赤红色,铋为淡红色,铯为淡黄色,铅为灰蓝色。金属光泽只有在整块时才能表现出来,在粉末状时,金属的晶面取向杂乱,晶格排列得不规则,吸收可见光后辐射不出去,因而显黑色。

金属尤其是碱金属中的自由电子在光或短波辐射的作用下能发射出来,产生电流,这就是光电效应;某些金属加热到高温时也能放出电子,产生电流,这便是热电现象。利用金属的这些性质可制作光电管及高温热电偶。

包括碱金属,大部分金属都具有良好的导电、导热性,其中银、铜、金、铝的导电性居于前列。但由于银、金较贵,因而工农业生产和生活中常用铜和铝作导线。

金属除具有优良的导电、导热性外,还有很好的延展性。这是因为当金属受到外力作用时,金属内原子层间做相对位移,金属发生形变而不破坏金属键,因此金属并不断裂,表现出良好的变形性,即具有延展性。金和铂有很好的延展性,但也有少数金属如锑、铋、锰等延展性不好。

由于不同的金属其金属键强弱不同,各种金属的性质又表现出较大差异。一般而言,碱金属由于其原子半径大、成键电子数少、金属键较弱,其熔点低、升华热小,密度、硬度也较小。如钾、钠可浮在水面上,可用小刀切割。相反,第六周期的过渡金属，如钨、铼、锇、铱、铂等由于有 d 电子参加成键，又由于镧系收缩的影响，它们有较强的金属键，不活泼，熔点高，密度和硬度均较大。在所有金属中，钨的熔点最高，为 3410 ℃。锇的密度最大，0 ℃时其密度为 22.57 $g \cdot cm^{-3}$。

20-3-2　金属的化学性质

金属元素的价电子构型有以下几种：

s 区（ⅠA、ⅡA）金属	$ns^{1\sim2}$
p 区（ⅢA～ⅥA）金属	$ns^2np^{1\sim4}$
d 区（ⅢB～Ⅷ）金属	$(n-1)d^{1\sim9}ns^{1\sim2}$
ds 区（ⅠB、ⅡB）金属	$(n-1)d^{10}ns^{1\sim2}$
f 区（镧系、锕系）金属	$(n-2)f^{0\sim14}(n-1)d^{0\sim2}ns^2$

由上可知，除 p 区金属元素外，其余金属元素原子最外层只有 1～2 个 ns 电子，它们在化学反应中易失去，其中 d 区金属元素的原子还能失去次外层的部分 d 电子。f 区元素还能失去次外层 d 电子和倒数第三层的部分 f 电子。p 区金属元素原子的最外层虽有 3 个以上的电子，但这些金属元素位于 p 区的左下方，电子层数较多，原子半径较大，它们在化学反应中易失去最外层 ns 和 np 轨道上的电子或电子向非金属元素的原子偏移。

金属在高温下的活泼性可用电离能衡量。在水溶液中，金属还原性的强弱与金属的升华能、电离能和金属离子的水合能有关，可用标准电极电势来衡量。部分金属的主要化学性质归纳列于表 20-3 中。

由表 20-3 可知，K、Na、Ca、Li、Mg、Al 性质活泼，其电极电势的负值较大，与氧、水及稀酸都能反应。Hg、Ag、Pt、Au 性质不活泼。显然金属活泼性的差异是由于它们的电子结构不同所致。

应该指出，金属实际表现出的化学活泼性除与金属的升华能、电离能和水合能有关外，还常受到生成物性质的影响。如铝的电极电势较低，但在空气中其表面生成致密的氧化物薄膜，阻止铝继续被氧化，因此铝在空气和水中均很稳定。又如，镁与水反应生成的氢氧化镁难溶于水，覆盖在镁的表面，致使反应在常温下难以进行。

20-3-3　p 区金属概述

p 区的十多种金属元素 Al、Ga、In、Tl、Ge、Sn、Pb、Sb、Bi 和 Po 等分属于周期

表 20-3 部分金属的主要化学性质

金属	K	Na	Ca	Li	Mg	Al	Mn	Zn	Cr	Cd	Fe	Ni	Pb	Sn	H^+	Cu	Hg	Ag	Pt	Au
$\varphi_A^\ominus$/V	-2.931	-2.710	-2.868	-3.040	-2.372	-1.676	-1.185	-0.762	-0.744	-0.403	-0.447	-0.257	-0.126	-0.137	0.00	+0.342	+0.851	+0.7996	+1.180	+1.692
在空气中（298 K）	迅速反应				从左向右反应程度减小												不反应			
燃烧	加热燃烧												缓慢氧化						不反应	
与水反应	与冷水反应快		与冷水反应慢			在红热时与水蒸气反应						可逆		不反应						
与稀酸反应	爆炸		反应依次减慢									很慢			不反应					
与氧化性酸反应	能反应																	仅与王水反应		
与碱反应	仅 Al、Zn 等两性金属与碱反应																			
与盐反应	位于其前面的金属可以将后面的金属从其盐中置换出来																			

表中的ⅢA族、ⅣA族和ⅤA族。与s区金属元素相似,同族p区金属元素从上到下原子半径逐渐增大,失电子趋势逐渐增大,元素的金属性逐渐增强。但总的看来,p区金属元素的金属性较弱,部分金属如Al、Ga、Ge、Sn和Pb的单质、氧化物及其水合物均表现出两性,它们的化合物往往表现出明显的共价性。相对而言,Tl、Pb和Bi的金属性稍强。这些元素中,Po为放射性元素。

p区金属元素的价电子构型为$ns^2np^{1\sim4}$,内层为饱和结构。由于ns、np电子可同时成键,也可仅由np电子参与成键,因此它们在化合物中常有两种氧化态,且其氧化值相差为2。例如,ⅢA族Ga有+Ⅰ和+Ⅲ,ⅣA族Sn有+Ⅱ和+Ⅳ,ⅤA族Sb有+Ⅲ和+Ⅴ氧化态。一般而言,同族p区金属元素自上而下低氧化态化合物的稳定性增强。

从电离能看,p区金属元素在化合时要分别失去其外层的3~6个电子,形成高氧化态的离子化合物显然较难,因此它们的高氧化态化合物多数为共价化合物;低氧化态的化合物中部分离子性较强。另外,大部分p区金属元素在化合物中,电荷较高,半径较小,其盐类在水中极易水解。

20-3-4 p区金属$6s^2$电子的稳定性

元素周期表中p区下方的金属元素,即Tl、Pb、Bi和Po在化合物中的特征氧化态应依次为+Ⅲ、+Ⅳ、+Ⅴ和+Ⅵ,但这四种元素的氧化态表现“反常”,对应的化合物氧化性突出。它们的低氧化态的化合物,即Tl(Ⅰ)、Pb(Ⅱ)、Bi(Ⅲ)和Po(Ⅳ)的化合物最稳定,如表20-4所示。

表20-4 p区金属元素氧化态的变化($6s^2$电子的稳定性)

元素	ns^2np^1	元素	ns^2np^2	元素	ns^2np^3	元素	ns^2np^4
Ga	+Ⅰ,+Ⅲ	Ge	+Ⅱ,+Ⅳ	As	+Ⅲ,+Ⅴ		
In	+Ⅰ,+Ⅲ	Sn	+Ⅱ,+Ⅳ	Sb	+Ⅲ,+Ⅴ		
Tl	+Ⅰ(+Ⅲ)	Pb	+Ⅱ(+Ⅳ)	Bi	+Ⅲ(+Ⅴ)	Po	+Ⅳ(+Ⅵ)

长期以来,学者们认为这是由于这四种元素存在$6s^2$惰性电子对之故。这种现象为西奇威克(N. V. Sidgwick)最先注意到,并称之为“惰性电子对效应”。“惰性电子对效应”比较直观地解释了上述现象,但是对效应的本质没有加以阐明。

德拉格(Drago)从有关热力学数据和价键理论解释了Tl、Pb和Bi等元素在化合物中低氧化态的稳定性,认为重元素 $6s^2$ 电子对成键能力较弱的原因在于(1) 原子半径较大,电子云重叠程度差;(2) 内层电子数目较多,这些内层电子与其键合原子的内层电子之间的斥力较大。从而可以解释影响氧化态相对稳定性的热力学因素,如激发能、键能等的变化情况。

表 20-5 为砷分族和锗分族氟化物的平均单键键能。

表 20-5 砷分族和锗分族氟化物的平均单键键能

M	M—F(MF_5) 键能/($kJ\cdot mol^{-1}$)	M—F(MF_3) 键能/($kJ\cdot mol^{-1}$)	M	M—F(MF_4) 键能/($kJ\cdot mol^{-1}$)	M—F(MF_2) 键能/($kJ\cdot mol^{-1}$)
As	~406	484	Ge	~452	481
Sb	~402	~440	Sn	~414	~481
Bi	~297	~393	Pb	~313	394

从表 20-5 中的数据可看出:(1) 在同一分族中随着原子序数的增大,M—F 键的键能逐渐减小,表明重元素成键能力渐弱;(2) 同一元素的氟化物中,高氧化态的 M—F 键的键能总是低于低氧化态的。以砷分族为例,从 AsF_3 至 BiF_3 单键键能逐渐减小;从 MF_3 至 MF_5(M=As,Sb,Bi)单键键能逐渐减小。这就说明,重元素成键的能量有可能太小,不足以补偿 $M^{III}\longrightarrow M^{V}$ 或 $M^{II}\longrightarrow M^{IV}$ 等所需的激发能或 $M^{III}\longrightarrow M^{V}+2e^-$ 及 $M^{II}\longrightarrow M^{IV}+2e^-$ 过程所消耗的能量,而倾向于生成低氧化态的 MF_3 或 MF_2 的化合物。

用表 20-5 中键能的数据和 F—F 键的键能(154.8 $kJ\cdot mol^{-1}$)计算 MF_5 和 MF_4 的分解反应焓变,其结果列于表 20-6 中。从 MF_5(As $\longrightarrow$Bi)和 MF_4(Ge $\longrightarrow$Pb)的分解反应焓变来看,其中 BiF_5 和 PbF_4 的 $\Delta_r H^\ominus$ 值最小,即它们分解时所需要的能量最小,最易分解。亦即高氧化态的重元素的化合物最不稳定。这个结果与上述的分析是一致的。

表 20-6 MF_5 和 MF_4 的分解反应焓变

M	$MF_5(g)\longrightarrow MF_3(g)+F_2(g)$ $\Delta_r H^\ominus/(kJ\cdot mol^{-1})$	M	$MF_4(g)\longrightarrow MF_2(g)+F_2(g)$ $\Delta_r H^\ominus/(kJ\cdot mol^{-1})$
As	423	Ge	691
Sb	523	Sn	539
Bi	151	Pb	309

20-4 合 金

合金是宏观均匀、含有金属元素的多元化学物质，一般具有金属特性。任何元素均可用作合金元素，但基本组分仍是金属。固态下，合金可能是单相亦可能是复相的混合物，可能呈晶态、亦可能呈准晶态或非晶态。合金通过合金化工艺制备，包括熔炼、机械合金化、烧结、气相沉积等。合金可能只含有一种金属元素，如钢。事实上，钢是一类铁碳合金，含碳量质量分数介于0.02%至2.00%。

一般来说，合金根据其中含量较大的主要金属的名称分类、命名，称作某某合金，如铜合金、锌合金、铝合金、铁合金等。合金的内部结构和化学组成较纯金属复杂得多，比纯金属具有许多更优良的性能，因此合金的研究具有极大的实际意义。合金一般分为三种类型，即低共熔混合物、金属固溶体和金属化合物。

20-4-1 低共熔混合物(低共熔合金)

当两种金属按一定组成比共熔时，其熔点总比任一组分金属的熔点要低。当组成为某一定值时，熔点最低，此熔点即为最低共熔温度，对应此熔点的一定组成的混合物称为低共熔混合物。如铋的熔点为271 ℃，镉的熔点为321 ℃，含40% Cd和60% Bi的混合物为低共熔混合物，其熔点为140 ℃。

低共熔混合物是一种非均匀混合物。在显微镜下观看铋和镉的低共熔混合物时，可以看出它是由铋和镉的极细微的晶体互相紧密混合而成的。若组成比发生变化，不是最低共熔点组成，铋镉混合物则含铋和镉的大颗粒晶体，它们散布在铋镉微细晶体的整体中。

焊锡也是一种低共熔合金，含锡63%，含铅37%。低共熔温度为181 ℃(纯铅熔点为327 ℃，纯锡熔点为232 ℃)。当然，低共熔混合物可以是多组分的。例如，伍德合金是四种金属形成的低共熔合金，含50% Bi，25% Pb，12.5% Sn和12.5% Cd，该合金的熔点为65.5 ℃，低于四个组分金属各自的熔点。利用其低熔点，伍德合金被用作电路中的保险丝和防火帘的开关等材料。

20-4-2 金属固溶体(金属固态溶液)

与低共熔混合物不同的是，金属固溶体是一种均匀的组织，故又叫固态溶液。固溶体中被溶解的金属（溶质）可以有限或无限地溶于基体金属（溶剂）的晶格中。根据溶质原子在晶体中所处的位置可将固溶体分为置换固溶体和间隙固溶体，如图 20-3 所示。

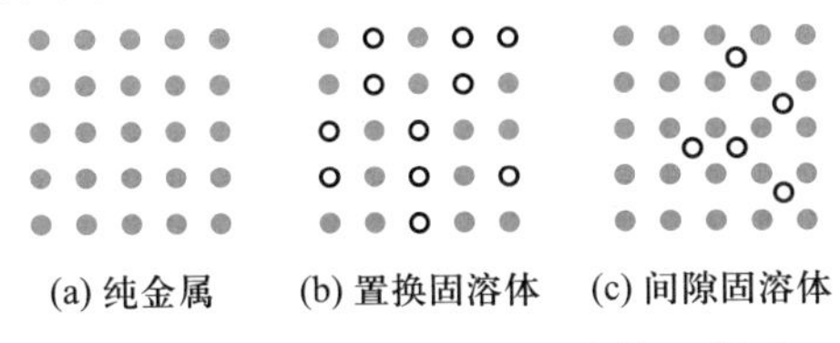

图 20-3　纯金属和金属固溶体示意图

置换固溶体：溶质原子占据溶剂晶格中的结点位置而形成的固溶体。当溶剂和溶质原子直径相差不大，一般在 15%以内时，易于形成置换固溶体。铜镍二元合金即形成置换固溶体，镍原子可在铜晶格的任意位置替代铜原子。

金属元素彼此之间一般都能形成置换固溶体，但溶解度视不同元素而异。影响固溶体溶解度的因素有很多，主要有晶体结构、原子半径、电负性、成键性质等因素。

间隙固溶体：溶质原子分布于溶剂晶格间隙而形成的固溶体。间隙固溶体的溶剂是直径较大的过渡金属，而溶质是直径很小的碳、氢等非金属元素。其形成条件是溶质原子与溶剂原子直径之比必须小于 0.59。如铁碳合金中，铁和碳所形成的固溶体——铁素体和奥氏体，皆为间隙固溶体。

按固溶度来分类，可分为有限固溶体和无限固溶体。无限固溶体只可能是置换固溶体。按溶质原子与溶剂原子的相对分布来分，可分为无序固溶体和有序固溶体。

有些固溶体中溶质质点的分布是有序的，即溶质质点在结构中按一定规律排列，形成所谓“有序固溶体”。例如，Au-Cu 固溶体，Au 和 Cu 都是面心立方格子，它们之间可以形成连续置换固溶体。在一般情况下，Au 和 Cu 原子无规则地分布在面心立方格子的结点上，这便是一般认为的固溶体。但是，如果这个固溶体的组成为 $AuCu_3$和 AuCu，并且在适当的温度下进行较长时间退火，则固溶体的结构可转变为“有序结构”。这表现为 $AuCu_3$组成中，所有 Au 原子占有面心立方格子的顶角位置，而 Cu 原子则占有面心立方格子的面心位置。因而从单位晶胞来看组成应为 $AuCu_3$。同理，如果 Au 原子和 Cu 原子分层相间分布，也形成“有序结构”，其相应的组成应为 AuCu，这种有序结构称为超结构。它除了和组成有关外，还和晶体形成时的温度、压力条件有关。

工业上所使用的金属材料，绝大部分是以固溶体为基体的，有的甚至完全由固溶体所组成。例如，广泛用的碳钢和合金钢，均以固溶体为基体相，其含量占组织中的绝大部分。因此对固溶体的研究有很重要的实际意义。

20-4-3 金属化合物(金属互化物)

当两种金属元素的电负性、电子构型和原子半径差别较大时,则易形成金属化合物,又称金属互化物。有组成固定的“正常价”化合物(如 Mg_2Pb)和组成可变的电子化合物,它们的结构不同于单一金属。在正常价化合物中的化学键介于离子键和共价键之间。大多数金属化合物是电子化合物,它们以金属键结合,其特征是化合物中价电子数与原子数之比有一定值。

金属化合物合金的结构类型丰富多样,有 20000 种以上,不胜枚举,有的结构可找到离子晶体或共价晶体的相关型,有的则是独特的结构类型,如 NaTl 晶胞是 CsCl 晶胞的 8 倍超构;$MgCu_2$是所谓拉维斯相(Laves phase)的一个例子;$CaCu_5$是层状结构的例子;Nb_3Sn 结构是重要的合金超导体,同型化合物 Nb_3Ge 用于高分辨核磁共振仪;$MoAl_{12}$是具有复杂配位结构的例子。

合金与组成它的金属的性质常有较大差别。随着新技术、新工艺的发展,现已研制出多种新型功能材料和结构材料,其中最典型的金属功能材料有非晶态金属、形状记忆合金、减振合金、超导材料、储氢合金、超微粉等;新型结构材料有超塑性合金、超高温合金等。这些金属材料性能优异,用途广泛,具有广阔的应用前景。

思 考 题

20-1 在化学史上,金、银、汞、铅、铜等重金属发现最早,轻金属则发现较迟,如钾、钠、钙等直到 19 世纪才被发现,这是什么原因?

20-2 举例说明金属在自然界的存在形态。

20-3 为什么铜的导电性随温度的升高而减小,硅的导电性随温度的升高而增大?汞的导电性在低于 4.2 K 时有什么变化?

20-4 哪些金属为稀有金属?它们与普通金属之间是如何划分的?

20-5 试各举一种能用下列方法精炼的金属。

(1) 电解法 (2) 羰化法 (3) 碘化物法

20-6 同一周期从左到右,同一族从上到下,金属的熔点、密度、硬度、原子半径、电离能和升华能等物理性质是如何变化的?试说明之。

20-7 试述我国的金属自然资源如何?

20-8　工业上提炼金属常用哪些方法？金属的冶炼现状如何？铁、铜、铝等是如何冶炼的？举例说明之。

习　题

20-1　举例说明哪些金属能从(1) 冷水,(2) 热水,(3) 水蒸气,(4) 酸,(5) 碱中置换出氢气,写出有关的反应式并说明反应条件。

20-2　已知在 973 K 时,

$$2CO + O_2 \longrightarrow 2CO_2 \quad \Delta_r G^\ominus = -398\ kJ \cdot mol^{-1}$$

$$2Ni + O_2 \longrightarrow 2NiO \quad \Delta_r G^\ominus = -314\ kJ \cdot mol^{-1}$$

试计算该温度下 $CO + NiO \longrightarrow Ni + CO_2$ 的 $\Delta_r G^\ominus$ 值,并对照图 20-1 说明在该温度下能否用 CO 还原 NiO 制取 Ni。

20-3　图 20-4 是几种金属硫化物的埃林汉姆图。(1) 请解释图中各条线形状变化的意义;(2) 若从硫化物中提取金属,适宜的还原剂和温度条件各如何?

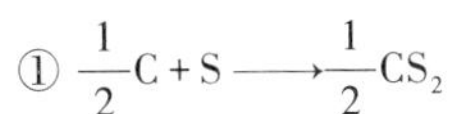

① $\frac{1}{2}C + S \longrightarrow \frac{1}{2}CS_2$

② $Hg + S \longrightarrow HgS$

③ $\frac{2}{3}Bi + S \longrightarrow \frac{1}{3}Bi_2S_3$

④ $H_2 + S \longrightarrow H_2S$

⑤ $Pb + S \longrightarrow PbS$

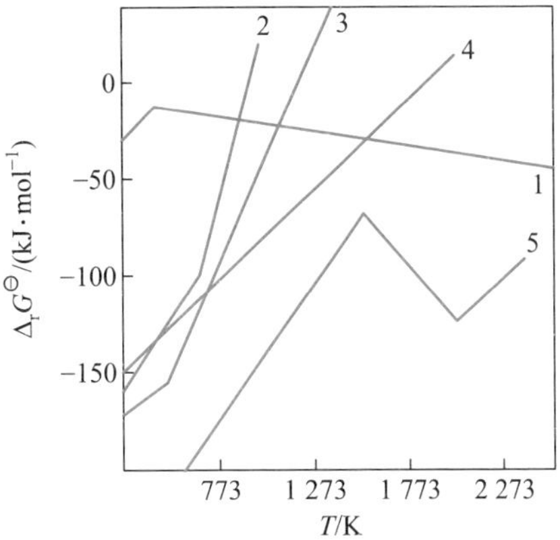

图 20-4　习题 20-3 附图

20-4　已知 773 K 时,

$2Mn + O_2 \longrightarrow 2MnO$　　$\Delta_r G^\ominus = -670\ kJ \cdot mol^{-1}$

$2C + O_2 \longrightarrow 2CO$　　$\Delta_r G^\ominus = -350\ kJ \cdot mol^{-1}$

1773 K 时,$2Mn + O_2 \longrightarrow 2MnO$　　$\Delta_r G^\ominus = -510\ kJ \cdot mol^{-1}$

$2C + O_2 \longrightarrow 2CO$　　$\Delta_r G^\ominus = -540\ kJ \cdot mol^{-1}$

试计算在 773 K 和 1773 K 时反应:

$$MnO(s) + C(s) \longrightarrow Mn(s) + CO(g)$$

的 $\Delta_r G^\ominus$,说明用 C(s) 还原 MnO(s) 应在高温还是低温条件下进行?

20-5　金属的晶体结构有哪几种主要类型?它们的空间利用率和配位数各是多少?对金属性质的影响又如何?

第 21 章

s 区元素

内容提要

s 区元素(碱金属和碱土金属)是金属活泼性最强的元素。本章将系统介绍它们的单质、氧化物、氢氧化物、氢化物及一些重要盐类的知识。

本章要求:

1. 掌握 s 区元素单质的性质,了解其结构、制备、存在及用途与性质的关系;
2. 掌握 s 区元素氧化物的类型及重要氧化物的性质及用途;
3. 了解 s 区元素氢氧化物溶解性和碱性的变化规律;
4. 掌握 s 区元素重要盐类的性质及用途,了解盐类热稳定性、溶解性的变化规律。

21-1 s 区元素的通性

s 区元素包括碱金属和碱土金属两族元素。其中,碱金属元素包括锂、钠、钾、铷、铯和钫六种元素,属于元素周期表的 ⅠA 族。由于它们的氧化物溶于水呈强碱性,所以称为碱金属。碱土金属元素包括铍、镁、钙、锶、钡和镭六种元素,构成元素周期表的ⅡA 族。由于钙、锶、钡的氧化物在性质上介于“碱性的”和“土性的”(既难溶于水又难熔融的 Al_2O_3 称为“土”)之间,所以这几种元素又称为碱土金属,现习惯上把铍、镁也包括在内。

碱金属和碱土金属元素的基本性质列于表 21-1 和表 21-2 中。

表 21-1 碱金属元素的基本性质

性 质	锂	钠	钾	铷	铯
符号	Li	Na	K	Rb	Cs
原子序数	3	11	19	37	55
相对原子质量	6.941	22.99	39.10	85.47	132.9
价电子构型	$2s^1$	$3s^1$	$4s^1$	$5s^1$	$6s^1$
主要氧化态	+Ⅰ	+Ⅰ	+Ⅰ	+Ⅰ	+Ⅰ
原子半径(金属半径)/pm	152	186	232	248	265
离子半径/pm	59	99	137	152	167
第一电离能/($kJ\cdot mol^{-1}$)	520	496	419	403	376
第二电离能/($kJ\cdot mol^{-1}$)	7298	4562	3051	2633	2234
电负性	1.0	0.9	0.8	0.8	0.7
标准电极电势/V $M^+(aq)+e^- \longrightarrow M(s)$	-3.040	-2.713	-2.924	-2.924	-2.923
M^+水合能/($kJ\cdot mol^{-1}$)	519	406	322	293	264

表 21-2 碱土金属元素的基本性质

性 质	铍	镁	钙	锶	钡
符号	Be	Mg	Ca	Sr	Ba
原子序数	4	12	20	38	56
相对原子质量	9.012	24.31	40.08	87.62	137.3
价电子构型	$2s^2$	$3s^2$	$4s^2$	$5s^2$	$6s^2$
主要氧化态	+Ⅱ	+Ⅱ	+Ⅱ	+Ⅱ	+Ⅱ
原子半径(金属半径)/pm	111	160	197	215	217
离子半径/pm	27	57	100	118	136
第一电离能/($kJ\cdot mol^{-1}$)	899	738	590	549	503
第二电离能/($kJ\cdot mol^{-1}$)	1757	1451	1145	1064	965
第三电离能/($kJ\cdot mol^{-1}$)	14849	7733	4912	4138	—
电负性	1.6	1.31	1.0	1.0	0.9
标准电极电势/V $M^{2+}+2e^- \longrightarrow M(s)$	-1.99	-2.356	-2.84	-2.89	-2.92
$M^{2+}(g)$水合能/($kJ\cdot mol^{-1}$)	2494	1921	1577	1443	1305

碱金属和碱土金属元素原子的价电子构型分别为 ns^1 和 ns^2,次外层均为 8 电子的饱和结构,对核电荷的屏蔽效应较强,因此它们在化学反应中易失去最外

层的电子,形成离子型化合物。由表21-1可知,碱金属元素的第一电离能较小,第二电离能远大于第一电离能,因此它们在化合物中显+Ⅰ氧化态(在某些情形,碱金属也有显-Ⅰ氧化态的特征)。与碱金属元素比较,碱土金属元素的电离能要大些,较难失去第一个电子,从表面上看,碱土金属元素要失去第二个电子似乎更难,但由于它们的+Ⅱ氧化态的化合物的晶格能很大,因此它们在化合物中通常表现为+Ⅱ氧化态。

与同周期的元素比较,碱金属元素总是最活泼的金属元素。它们的原子半径最大,第一电离能最小,电负性也最小。碱土金属的活泼性仅次于碱金属。

同族元素随原子序数的增大,从Li到Cs,从Be到Ba(Fr、Ra为放射性元素),元素的金属活泼性依次增加。原子半径、离子半径、电离能、电负性和水合能从上到下均表现出较好的规律性,但锂和铍的性质与同族元素比较有些反常,如锂的电极电势反常的低,锂和铍离子的水合能较大。这是由于与同族元素相比,它们的原子半径和离子半径小,离子的静电场较大。同样的原因致使锂和铍在形成化合物时,化学键的共价倾向比较显著,因而化合物的溶解度小。

由于碱金属和碱土金属的化学活泼性很强,因此在自然界均以化合态形式存在。钠、钾在地壳中分布很广,其丰度均为2.5%。其主要矿物有钠长石$Na[AlSi_3O_8]$、钾长石$K[AlSi_3O_8]$、光卤石$KCl \cdot MgCl_2 \cdot 6H_2O$以及明矾石$KAl_3(SO_4)_2(OH)_6$等。后者可用Na可代K,当Na含量大于K时称钠明矾石。海水中氯化钠含量为2.7%,植物灰中也含有钾盐。锂的重要矿物为锂辉石$Li_2O \cdot Al_2O_3 \cdot 4SiO_2$。由于锂及铷、铯在自然界储量较小且分散,被列为稀有金属。碱土金属的重要矿物有绿柱石$3BeO \cdot Al_2O_3 \cdot 6SiO_2$、白云石$CaCO_3 \cdot MgCO_3$、菱镁矿$MgCO_3$、方解石$CaCO_3$、碳酸锶矿$SrCO_3$、碳酸钡矿$BaCO_3$、石膏$CaSO_4 \cdot 2H_2O$、天青石$SrSO_4$和重晶石$BaSO_4$等。碱土金属中Be为稀有元素。

21-2 s区元素的单质

21-2-1 单质的物理性质、化学性质及用途

一、单质的物理性质及用途

碱金属和碱土金属单质的物理性质列于表21-3中。

表 21-3 碱金属和碱土金属单质的物理性质

金 属	锂	钠	钾	铷	铯
熔点/K	453	370	336	312	302
沸点/K	1645	1156	1032	964	941
密度 293 K/($g \cdot cm^{-3}$)	0.534	0.968	0.89	1.532	1.879
硬度(金刚石=10)	0.6	0.4	0.5	0.3	0.2

金 属	铍	镁	钙	锶	钡	镭
熔点/K	1560	924	1115	1030	1000	973
沸点/K	2740	1373	1757	1639	2118	2010
密度 293 K/($g \cdot cm^{-3}$)	1.85	1.74	1.55	2.64	3.5	5.5
硬度(金刚石=10)	—	2.0	1.5	1.8	—	

碱金属和碱土金属单质除铍呈钢灰色及铯呈淡金黄色外，其他均具有银白色光泽。碱金属具有密度小、硬度小、熔点低的特点，是典型的轻、软金属。其中锂、钠、钾比水轻，锂比煤油还轻，是固体单质中最轻的。由于它们的硬度小，钠、钾可用小刀切割。切割后的新鲜表面可以看到银白色的金属光泽，接触空气后，由于生成氧化物、氮化物和碳酸盐的外壳，颜色变暗。碱金属还具有良好的导电性。特别是铷、铯在光照下便能发射电子，因此它们可作光电元件材料。例如，铯光电管制成的自动报警装置可报告远处的火警。在天文仪器中用铯光电管可测出星体的亮度，从而推测该星体与地球之间的距离。铷、铯还可用于制造最准确的计时仪器——铷、铯原子钟。铷、铯等碱金属之所以具有上述性质，是因为与同周期元素相比，它们的原子体积最大，又只有一个成键电子，固体均为体心立方晶格，原子间引力较弱。

碱土金属由于核外有 2 个成键电子，晶体中原子间距离较短，金属键强度较大，因此它们的熔点、沸点较碱金属高，硬度也较大，但导电性却低于碱金属。另外，碱土金属的物理性质不如碱金属那么有规律，这是由于它们单质的晶格类型不同所致。铍、镁为六方晶格，钙、锶为面心立方晶格，钡为体心立方晶格。

碱金属和碱土金属的单质及合金在工农业生产、科学研究和日常生活中正发挥着越来越大的作用。如钠钾合金(77.2% K 和 22.8% Na，熔点 260.7 K)由于具有较高的比热容和较宽的液态范围被用作核反应堆的冷却剂；钠汞齐(熔点 236.2 K)由于具有缓和的还原性而常在有机合成中作还原剂。钠在实验室常用来除去残留在有机溶剂中的微量水分。

锂的用途越来越广泛。锂和锂的合金广泛用于航天航空工业，如用于生产航空工程所需的高强度、低密度的各种铝合金等；由于锂的热容量大、液态范围宽等优点，它还是理想的反应堆传热介质；另外 ${}^{6}_{3}Li$ 能与氘发生热核反应，${}^{6}_{3}Li$、${}^{7}_{3}Li$ 均可被中子轰击得到氚，因此锂在核动力技术中将起重要作用。近年来发展最快的锂的应用是锂电池。

碱土金属中实际用途最大的是镁,其次是铍。镁主要用于制镁铝合金和电子合金,供制造汽车和飞机的部件。薄的铍片易被X射线穿过,是制造X射线管小窗不可取代的材料;铍还是核反应堆中最好的中子反射剂和减速剂之一;由于铍密度小、比热容大、导热性好、韧度大等优良性能,它在航空、航天方面得到了广泛应用。

这两族元素中有几种在生物体中有重要的作用。例如,钠、钾、钙、镁均是动物体必需的元素,其中钠、钾是体液的重要成分;钙是骨骼的主要组成部分;镁则作为许多酶的活化剂,对肌肉的新陈代谢和中枢神经系统起作用。在植物体中,钾对糖类的形成及植物组织的发育有重要作用。而镁的配合物叶绿素在光合作用中起最主要的作用。锂、铷、锶有可能是潜在的生命元素,它们的生理功能尚不十分清楚。据报道,锂的一种极其简单的化合物——Li_2CO_3 可以用来治疗狂躁型抑郁症。Li_2CO_3 为什么有这种神奇的医学功能,至今仍是个谜。从锂的性质考虑,它与K、Na属同一主族,性质相似,又由于 Li^+ 的静电场力与 Mg^{2+} 相近,其性质又与 Mg^{2+} 相似,因而 Li^+ 似能调节体液中的钾-钠平衡和/或镁-钙平衡,若果真如此,那么狂躁型抑郁症将与上述两种平衡有关?锂的生理作用究竟如何,尚待继续研究。

二、单质的化学性质

碱金属和碱土金属很活泼,易与活泼的非金属单质反应生成离子化合物(锂、铍的某些化合物有共价性)。如在空气中碱金属表面迅速罩上一层氧化物,锂的表面还有氮化物生成。钠、钾在空气中加热便燃烧,铷、铯在常温下,遇空气就立即燃烧。碱土金属的活泼性弱于碱金属,室温下这些金属表面缓慢生成氧化膜,在空气中加热时才显著发生反应,除有氧化物生成外,还有氮化物生成。例如:

$$3Ca + N_2 \longrightarrow Ca_3N_2$$

因此在金属冶炼及电子工业中常用锂、钙作除气剂,以除去某些体系中不必要的氧气和氮气。

碱金属和碱土金属均能与水反应,但反应的剧烈程度各不相同。锂的电极电势虽比铯更负,但由于锂的熔点较高,且 LiOH 溶解度小,易覆盖在锂的表面,因而锂与水反应还不如钠剧烈。钠与水反应放出的热使钠熔化成小球;钾与水反应产生的氢气能燃烧;铷、铯与水剧烈反应并发生爆炸。相比之下,碱土金属与水的反应要温和得多。铍仅能与水蒸气反应,镁能分解热水,钙、锶、钡能与冷水发生比较剧烈的反应。

由碱金属和碱土金属的电负性和电极电势可知,它们在固态和水溶液中都是强还原剂，但由于它们能还原水，因此不宜作还原剂还原水溶液中的其他物质。但在非水体系，如固相反应和有机反应体系中，它们的还原性得到了广泛的应用。如冶金工业中常用钠、镁作还原剂：

$$TiCl_4 + 4Na \longrightarrow Ti + 4NaCl$$

$$SiO_2 + 2Mg \longrightarrow Si + 2MgO$$

碱金属最有趣的性质之一是能溶在液氨中，其稀溶液呈蓝色，且随溶液浓度的增大，溶液颜色加深。当浓度超过 1 $mol \cdot L^{-1}$后，浓度继续加大，溶液由蓝色变为青铜色，在原来深蓝色溶液上出现一个青铜色的新相。将此溶液蒸发，又得到碱金属。据研究认为，在碱金属的稀氨溶液中存在下列平衡：

$$M(s) + (x+y)NH_3(l) \rightleftharpoons M(NH_3)_x^+ + e(NH_3)_y^-$$

钙、锶、钡也能溶于液氨生成蓝色溶液。与钠相比，它们溶解得慢些，量也少些。

碱金属液氨溶液中的溶剂合电子 $e(NH_3)_y^-$ 是一种很强的还原剂，广泛应用于无机和有机制备中。

碱金属的另一个有趣的性质便是能获得电子生成非常活泼的负离子 M^-。这是因为碱金属得到一个电子后，s 轨道全充满了，这种结构的稳定性质虽比 8 电子构型差些，但比只有半充满的 s 轨道要稳定些，所以在特殊条件下碱金属能形成负离子。如气态钠中存在着稳定的钠负离子；下列反应中也有 Na^-生成：

$$Na + Cryp(\text{穴醚}) + xNH_3(l) \rightleftharpoons [Na(Cryp)]^+[Na(NH_3)_x]^-(s)$$

经 X 射线分析证实，其中 Na^-在形式上对应于 NaCl 中的 Cl^-。若除去上述固体盐中的氨，甚至可生成“电子盐”（electride）。钠的电子盐中的 Na^+、e^-，类似于 NaCl 中的 Na^+和 Cl^-。这类化合物有特殊的电磁性质，如锂的电子盐在 228 K 以上有高的导电性，低于此温度，导电性下降。

21-2-2 单质的制备

一、熔盐电解法

由于碱金属和碱土金属的性质很活泼，所以一般用电解它们的熔融化合物的方法制取。图 21-1 为制取金属钠的电解槽示意图。

电解槽外有钢壳，内衬耐火材料。阳极为石墨 A，阴极为铁环 K，两极用隔膜 D 隔开。氯气从阳极上方的抽气罩 H 中抽出，液态钠经环形槽 R、铁管 F 流入收集器 G 中。

电解用的原料是氯化钠和氯化钙的混合盐。若只用氯化钠进行电解，不仅需要高温，且电解析出的钠易挥发（NaCl 的熔点为 1073 K，Na 的沸点为 1156 K），还容易分散在熔融盐中难以分离出来。加入 $CaCl_2$ 后，既降低了电解质的熔点（混合盐的熔点约为 873 K），防止了钠的挥发，又可减小金属钠的分散性，因熔融混合物的密度比钠大，钠浮在液面上。

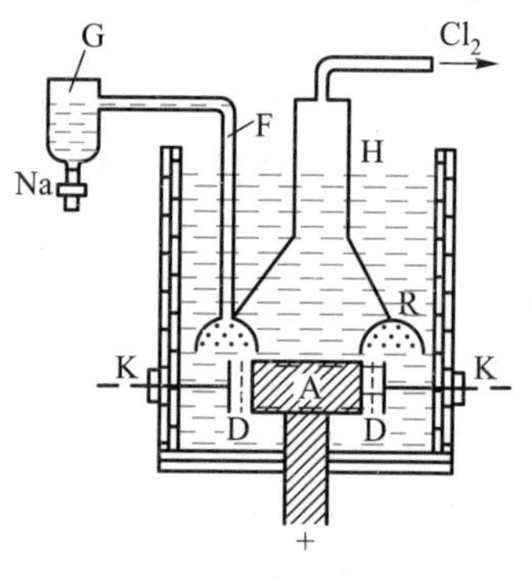

图 21-1 电解槽示意图

电解时电极反应如下：

阳极：$2Cl^- \longrightarrow Cl_2 + 2e^-$

阴极：$Na^+ + e^- \longrightarrow Na$

总反应：$2NaCl \xrightarrow{\text{电解}} 2Na + Cl_2\uparrow$

电解得到的钠约含 1% 钙。钠和锂主要用此法制备。

二、热分解法

碱金属的某些化合物加热能分解生成碱金属。例如：

$$2MN_3 \xrightarrow{\triangle} 2M + 3N_2\uparrow \quad M = Na, K, Rb, Cs$$

该法是精确定量制备碱金属的方法。铷、铯常用该法制备。锂因形成稳定的 Li_3N，不能用此法制备。

三、热还原法

钾、铷、铯因沸点低易挥发，可在高温下用焦炭、碳化物及活泼金属作还原剂还原它们的化合物，利用它们的挥发性易使其与反应体系分离：

$$K_2CO_3 + 2C \xrightarrow[\text{真空}]{1200\ ℃} 2K\uparrow + 3CO$$

$$2KF + CaC_2 \xrightarrow{1000\sim1150\ ℃} CaF_2 + 2K\uparrow + 2C$$

$$KCl + Na \longrightarrow NaCl + K\uparrow$$

$$2RbCl + Ca \longrightarrow CaCl_2 + 2Rb\uparrow$$

$$2CsAlO_2 + Mg \longrightarrow MgAl_2O_4 + 2Cs\uparrow$$

21-3 s 区元素的化合物

21-3-1 氧化物

碱金属和碱土金属与氧化合可形成多种氧化物:普通氧化物(含 O^{2-})、过氧化物(含 O_2^{2-})、超氧化物(含 O_2^-)和臭氧化物(含 O_3^-)。

一、普通氧化物

碱金属在空气中燃烧,只有锂生成普通氧化物 Li_2O,钠生成过氧化物 Na_2O_2,钾、铷、铯则生成超氧化物 MO_2($M=K,Rb,Cs$)。要制备除锂以外的其他碱金属的普通氧化物,必须用其他方法。例如,用钠还原过氧化钠,用钾还原硝酸钾,可分别制得氧化钠和氧化钾:

$$2Na+Na_2O_2 \longrightarrow 2Na_2O$$

$$10K+2KNO_3 \longrightarrow 6K_2O+N_2\uparrow$$

碱土金属在室温或加热时与氧化合,一般只生成普通氧化物 MO。实际生产中常从碱土金属的碳酸盐或硝酸盐加热分解制备其普通氧化物:

$$CaCO_3 \longrightarrow CaO+CO_2\uparrow$$

$$2Sr(NO_3)_2 \longrightarrow 2SrO+4NO_2\uparrow+O_2\uparrow$$

碱金属氧化物的颜色从 Li_2O 到 Cs_2O 逐渐加深,Li_2O 和 Na_2O 为白色,K_2O 为淡黄色,Rb_2O 为亮黄色,Cs_2O 为橙红色。它们的熔点比碱土金属氧化物的熔点低得多。与水反应均生成相应的氢氧化物:

$$M_2O+H_2O \longrightarrow 2MOH$$

上述反应的剧烈程度从 Li_2O 到 Cs_2O 依次加强,Li_2O 与水反应很慢,Rb_2O 和 Cs_2O 与水反应发生燃烧甚至爆炸。

碱土金属氧化物都是白色固体。除 BeO 外,它们都是 NaCl 型晶格的离子化合物。由于正、负离子都带两个电荷,距离又较小,所以碱土金属氧化物有较大的晶格能,熔点和硬度都相当高。经过煅烧的 BeO 和 MgO 难溶于水,常用于制耐火材料和金属陶瓷。钙、锶、钡的氧化物可与水迅速反应并放出大量的热,反应的剧烈程度从 CaO 到 BaO 依次增大。

$$CaO(s)+H_2O(l)\longrightarrow Ca(OH)_2(s); \quad \Delta_r H_m^\ominus=-65.2\ kJ\cdot mol^{-1}$$

$$SrO(s)+H_2O(l)\longrightarrow Sr(OH)_2(s) \quad \Delta_r H_m^\ominus=-81.2\ kJ\cdot mol^{-1}$$

$$BaO(s)+H_2O(l)\longrightarrow Ba(OH)_2(s) \quad \Delta_r H_m^\ominus=-105.4\ kJ\cdot mol^{-1}$$

二、过氧化物

过氧化物是含有过氧键(—O—O—)的化合物,可看作 H_2O_2 的衍生物。除铍外,碱金属和碱土金属元素在一定条件下都能形成过氧化物。常见的是用途较大的过氧化钠。

工业上制备过氧化钠的方法:将钠加热至熔化,通入一定量的除去 CO_2 的干燥空气,维持温度在 180~200 ℃,钠即被氧化为 Na_2O,进而增加空气流量并迅速提高温度到 300~400 ℃,可制得淡黄色粉末 Na_2O_2:

$$4Na+O_2\xrightarrow{180\sim200\ ℃}2Na_2O$$

$$2Na_2O+O_2\xrightarrow{300\sim400\ ℃}2Na_2O_2$$

过氧化钠中氧为-Ⅰ氧化态,既可被氧化又可被还原,因此过氧化钠既有氧化性又有还原性,其氧化性较突出。

过氧化钠与水或稀酸反应产生 H_2O_2,H_2O_2 不稳定,立即分解放出氧气。因此过氧化钠可作氧化剂、氧气发生剂和漂白剂。

过氧化钠与二氧化碳反应也有氧放出:

$$2Na_2O_2+2CO_2\longrightarrow 2Na_2CO_3+O_2\uparrow$$

所以在防毒面具、高空飞行和潜艇中常用 Na_2O_2 作 CO_2 的吸收剂和供氧剂。

过氧化钠在碱性介质中可把 As(Ⅲ)、Cr(Ⅲ)、Fe(Ⅲ)氧化为 As(Ⅴ)、Cr(Ⅵ)、Fe(Ⅵ)等,因此过氧化钠常用作分解矿石的熔剂。

$$Cr_2O_3+3Na_2O_2\longrightarrow 2Na_2CrO_4+Na_2O$$

$$MnO_2+Na_2O_2\longrightarrow Na_2MnO_4$$

由于 Na_2O_2 有强碱性,熔融时不能采用瓷制器皿或石英器皿,宜用铁、镍器皿。

过氧化钠的氧化性还表现在,当它遇到木炭、铝粉等还原性物质时可燃烧,因此在储运和使用过程中应小心谨慎。当遇到像 $KMnO_4$ 这样的强氧化剂时,Na_2O_2 则表现出还原性。

碱土金属的过氧化物中以过氧化钡 BaO_2 较为重要。在 500~520 ℃时,将 O_2 通过 BaO 即可制得:

$$2BaO+O_2\xrightarrow{500\sim520\ ℃}2BaO_2$$

过氧化钡与稀酸反应生成 H_2O_2，这是实验室制 H_2O_2 的方法：

$$BaO_2+H_2SO_4 \longrightarrow BaSO_4+H_2O_2$$

三、超氧化物

钾、铷、铯在过量的氧气中燃烧可直接生成相应的超氧化物。超氧化物中含超氧离子 O_2^-，结构为

$$\left[\,:\ddot{\underset{..}{O}}-\dot{\underset{..}{O}}:\,\right]^-$$

其分子轨道为 $O_2^-[KK(\sigma_{2s})^2(\sigma_{2s}^*)^2(\sigma_{2p})^2(\pi_{2p})^4(\pi_{2p}^*)^3]$。在 O_2^- 中，成键的 $(\sigma_{2p})^2$ 构成一个 σ 键，成键的 $(\pi_{2p})^2$ 和反键的 $(\pi_{2p}^*)^1$ 构成一个三电子 π 键，键级为 1.5。

因 O_2^- 中有一个未成对电子，故它有顺磁性，并呈现出颜色。KO_2 为橙黄色，RbO_2 为深棕色，CsO_2 为深黄色。超氧离子的键级比氧小，所以稳定性比氧差。超氧化物是强氧化剂，与 H_2O 剧烈反应，放出氧气：

$$2MO_2+2H_2O \longrightarrow O_2\uparrow+H_2O_2+2MOH$$

超氧化物也能与 CO_2 反应放出氧气：

$$4MO_2+2CO_2 \longrightarrow 2M_2CO_3+3O_2$$

故像 Na_2O_2 一样，超氧化物也能除去 CO_2 和再生 O_2，也可用于急救器中和潜水、登山等方面。

碱土金属中的钙、锶、钡在一定条件下也能形成超氧化物 MO_4。

四、臭氧化物

K、Rb、Cs 的氢氧化物与臭氧 O_3 反应，可以制得臭氧化物。例如：

$$6KOH+4O_3 \longrightarrow 4KO_3+2KOH\cdot H_2O+O_2$$

将 KO_3 用液氨结晶，可得到橘红色的 KO_3 晶体，它易缓慢地分解为 KO_2 和 O_2。

21-3-2 氢氧化物

碱金属和碱土金属的氧化物（BeO 和 MgO 除外）与水作用，即可得到相应的氢氧化物：

$$M_2O+H_2O \longrightarrow 2MOH$$

$$MO + H_2O \longrightarrow M(OH)_2$$

碱金属和碱土金属的氢氧化物均为白色固体，它们的基本性质列于表21-4中。

表 21-4 碱金属和碱土金属氢氧化物的基本性质

性 质	LiOH	NaOH	KOH	RbOH	CsOH
溶解度(288 K)/($mol \cdot dm^{-3}$)	5.16	27.25	19.96	17.56	25.8
酸碱性	中强碱	强碱	强碱	强碱	强碱
性 质	$Be(OH)_2$	$Mg(OH)_2$	$Ca(OH)_2$	$Sr(OH)_2$	$Ba(OH)_2$
溶解度(293 K)/($mol \cdot dm^{-3}$)	5.6×10^{-8}	1.1×10^{-4}	2.3×10^{-2}	0.15	0.23
酸碱性	两性	中强碱	强碱	强碱	强碱

由表21-4可知，碱金属和碱土金属的氢氧化物的溶解性和碱性均表现为较好的规律性，即从LiOH到CsOH，从$Be(OH)_2$到$Ba(OH)_2$，它们的溶解度逐渐增大，碱性逐渐增强：

溶解度减小	碱性减弱↓	LiOH	NaOH	KOH	RbOH	CsOH
		$Be(OH)_2$	$Mg(OH)_2$	$Ca(OH)_2$	$Sr(OH)_2$	$Ba(OH)_2$

→ 碱性增强，溶解度增大

碱金属的氢氧化物中除LiOH的溶解度稍小外，其余都易溶于水。碱土金属氢氧化物的溶解度则比碱金属氢氧化物小得多，其中溶解度最大的$Ba(OH)_2$也仅微溶，比碱金属氢氧化物中溶解度最小的LiOH的溶解度还小。显然这与碱土金属离子的半径小、电荷高，导致化合物的晶格能大有关。

碱金属氢氧化物中，LiOH为中强碱，其余均为强碱。它们水溶液的碱性在所有类似碱中是最强的。这一方面是由于它们在水中有较大的溶解度，可以得到浓度较大的溶液，另一方面，它们在水中几乎全部解离，因此可得到高浓度的OH^-。OH^-浓度越大，碱性越强。碱土金属的氢氧化物中，$Be(OH)_2$为两性的，可溶于酸和碱中：

$$Be(OH)_2 + 2H^+ \longrightarrow Be^{2+} + 2H_2O$$

$$Be(OH)_2 + 2OH^- \longrightarrow Be(OH)_4^{2-}$$

Be为缺电子原子，价轨道中有2个空的2p轨道，可接受电子对形成配合物，因而$Be(OH)_2$溶于碱形成配离子$Be(OH)_4^{2-}$。

$Mg(OH)_2$ 与 LiOH 相似，为中强碱。$Ca(OH)_2$、$Sr(OH)_2$、$Ba(OH)_2$ 均为强碱。由于它们在水中的溶解度不大，其水溶液中的 OH^- 浓度不高，因而它们水溶液的碱性不是很强。$Ca(OH)_2$（又名熟石灰）价廉易得，当不需要高浓度的碱时，常把它配成石灰乳当碱使用。

碱金属的氢氧化物中，较重要的是氢氧化钠 NaOH。由于它对纤维和皮肤有强烈的腐蚀作用，所以又称它为烧碱、火碱及苛性碱。它的水溶液和熔融物既能溶解某些两性金属（铝、锌等）及其氧化物，也能溶解许多非金属（硅、硼等）及其氧化物：

$$2Al + 2NaOH + 6H_2O \longrightarrow 2NaAl(OH)_4 + 3H_2\uparrow$$

$$Al_2O_3 + 2NaOH \longrightarrow 2NaAlO_2 + H_2O$$

$$Si + 2NaOH + H_2O \longrightarrow Na_2SiO_3 + 2H_2\uparrow$$

$$SiO_2 + 2NaOH \longrightarrow Na_2SiO_3 + H_2O$$

NaOH 易于熔化，又具有上述性质，因此工业生产和分析工作中常用它分解矿石。

工业上用电解食盐水的方法制备 NaOH。如需少量的 NaOH，也可用苛化法制备，即用消石灰或石灰乳与碳酸钠的浓溶液反应：

$$Na_2CO_3 + Ca(OH)_2 \longrightarrow CaCO_3\downarrow + 2NaOH$$

氢氧化钠溶于水放出大量的热。在空气中易潮解，故常用固体氢氧化钠作干燥剂。NaOH 还易与 CO_2 反应生成碳酸盐，所以要密封保存。但 NaOH 表面总难免要接触空气而带有一些 Na_2CO_3，如果在化学分析中需要不含 Na_2CO_3 的 NaOH 溶液，可先配制饱和的 NaOH 溶液，Na_2CO_3 因不溶于饱和的 NaOH 溶液而沉淀析出，取上层清液，用煮沸后冷却的新鲜水稀释到所需浓度即可。

应该指出，氢氧化钠的腐蚀性极强，熔融的氢氧化钠腐蚀性更强，因此工业上熔化氢氧化钠一般用铸铁容器，在实验室可用银或镍制器皿。氢氧化钠能腐蚀玻璃，它和玻璃瓶口中的主要成分 SiO_2 反应生成黏性的 Na_2SiO_3 把瓶口粘紧。

21-3-3 氢化物

碱金属和碱土金属中的 Ca、Sr、Ba 的电负性与 H 的相差较大，在高温下氢能从它们的外层电子中夺得一个电子形成负离子，从而形成氢化物：

$$2M + H_2 \xrightarrow{<720\ ℃} 2MH \quad (M=碱金属)$$

$$M + H_2 \xrightarrow{450\ ℃} MH_2 \quad (M=Ca, Sr, Ba)$$

这些氢化物都是离子晶体,故称为离子型氢化物,又称盐型氢化物。电解它们的熔融盐,在阳极上放出氢气,证明在这类氢化物中氢是带负电的成分。

碱金属和碱土金属的氢化物均为白色固体,常因混有痕量杂质而呈灰色。它们有两个基本特征:其一是大多数氢化物不稳定,加热分解放出氢气,因此可作储氢材料,如镁及镁系合金(Mg_2Ni、Mg_2Cu、镁-稀土系合金)均是很好的储氢材料。储氢时,用它们与氢反应生成金属氢化物;用氢时,把金属氢化物加热,将氢放出来,以供使用。另一个特征是,均具有还原性。LiH、NaH、CaH_2 等在有机合成中常用作还原剂。例如:

$$TiCl_4 + 4NaH \longrightarrow Ti + 4NaCl + 2H_2\uparrow$$

在水溶液中,由于它们能迅速还原水,放出氢气,因此不易作还原剂还原水溶液中的其他物质,但可利用此性质制氢气。

$$LiH + H_2O \longrightarrow LiOH + H_2\uparrow$$

$$CaH_2 + 2H_2O \longrightarrow Ca(OH)_2 + 2H_2\uparrow$$

CaH_2 常用作野外产生氢气的材料。

21-3-4　盐类

碱金属和碱土金属的常见盐类有卤化物、碳酸盐、硝酸盐、硫酸盐和硫化物等。在此讨论它们的共性及一些特性,并简单介绍几种重要的盐。

一、盐类的通性

1. 盐类的颜色及焰色反应

碱金属和碱土金属的离子均为饱和结构,一般情况下电子不易跃迁,因此它们的离子均为无色。除了与有颜色的阴离子形成的盐有颜色外,其他盐一般都是无色或白色的。但碱金属和碱土金属中的钙、锶、钡的挥发性化合物在高温火焰中电子易被激发而呈现特殊的颜色,这就是焰色反应。锂使火焰呈红色;钠呈黄色;钾、铷、铯呈紫色;钙呈橙红色、锶呈洋红色、钡呈绿色。据此可用它们的化合物制五颜六色的焰火。

2. 盐类的溶解性

碱金属盐类最显著的特征是它们易溶于水。Li^+ 由于半径小其某些盐如卤化物等具有一定程度的共价性,因而其强酸盐比其他碱金属的相应盐往往具有更好的溶解性,如 LiCl、$LiNO_3$ 溶解性很好;弱酸盐的溶解性刚好相反,如 LiOH、

Li_2CO_3 和 Li_3PO_4 的溶解性很差。除锂外，碱金属的盐类多为离子性化合物，在水中易溶。难溶的仅为少数含大阴离子的盐。钠、钾的难溶盐主要有六羟基合锑酸钠 $NaSb(OH)_6$、醋酸双氧铀酰锌钠 $NaAc \cdot Zn(Ac)_2 \cdot 3UO_2(Ac)_2 \cdot 9H_2O$、高氯酸钾 $KClO_4$、酒石酸氢钾 $KHC_4H_4O_6$、六氯合铂酸钾 K_4PtCl_6、六亚硝酸根合钴酸钠钾 $K_2NaCo(NO_2)_6$ 和四苯基合硼酸钾 $KB(C_6H_5)_4$。这些盐中除醋酸双氧铀酰锌钠为黄绿色，六氯合铂酸钾为淡黄色，六亚硝酸根合钴酸钠钾为亮黄色外，其余均为白色。据此可用于鉴定 Na^+、K^+。

钠、钾的一些可溶性盐中，钠盐的溶解性更好。但 $NaHCO_3$ 因形成氢键溶解性不大，NaCl 的溶解性随温度的变化不大，这是常见盐中溶解性较特殊的。

碱土金属盐类的重要特征便是其难溶性。大多数碱土金属的盐在水中难溶。一般来讲，它们与一价大阴离子形成的盐是易溶的，如碱土金属的硝酸盐、氯酸盐、高氯酸盐、醋酸盐、酸式碳酸盐、酸式草酸盐、磷酸二氢盐，卤化物除氟化物外也是易溶的；但它们与半径小、电荷高的阴离子形成的盐较难溶，如它们的氟化物、碳酸盐、磷酸盐和草酸盐。硫酸盐和铬酸盐中阳离子半径大的盐难溶，如 $BaSO_4$ 和 $BaCrO_4$，阳离子半径小的盐易溶，如 $MgSO_4$ 和 $MgCrO_4$。

碱金属和碱土金属的盐类溶解性的这些特点，可利用阴、阳离子半径的相互匹配性规则来解释，阴、阳离子半径相差大的化合物比相差小的易溶。

3. 盐类带结晶水的能力

一般来说，离子越小，它所带的电荷越多，则作用于水分子的电场越强，其盐越易带结晶水。显然，碱金属离子从 Li^+ 到 Cs^+ 其水合能力是降低的，这清楚地反映在盐类形成结晶水合物的倾向上。几乎所有锂盐是水合的；钠盐约有 75% 是水合的；钾盐有 25% 是水合的；铷盐和铯盐仅有少数是水合盐。从阴离子的角度看，碱金属的强酸盐水合能力小，弱酸盐水合能力较大。如它们的卤化物大多是无水的；硝酸盐中只有锂可形成水合物，如 $LiNO_3 \cdot H_2O$ 和 $LiNO_3 \cdot 3H_2O$；硫酸盐中只有 $Li_2SO_4 \cdot H_2O$ 和 $Na_2SO_4 \cdot 10H_2O$；碳酸盐中除 Li_2CO_3 无水合物外，其余皆有不同形式的水合物，其水合分子数分别为

碳酸盐	Na_2CO_3	K_2CO_3	Rb_2CO_3	Cs_2CO_3
水合分子数	1,7,10	1,5	1,5	3,5

碱金属的盐中，钠盐与钾盐性质很相似，且钠、钾在地壳中含量丰富，因此常用的碱金属盐是钠盐和钾盐。Na^+ 半径较小，有效核电荷稍高，因此钠盐的吸湿性比钾盐强。分析化学工作中常用的标准试剂许多是钾盐而不是钠盐，如用邻苯二甲酸氢钾标定碱溶液，用重铬酸钾标定还原剂的浓度等。同理，在配制炸药时，用硝酸钾和氯酸钾而不用相应的钠盐。但钠的化合物价格要便宜一些，故一

般能用钠的化合物时就尽量使用钠的化合物而不用钾的化合物。

碱土金属的盐比碱金属的盐更易带结晶水，如 $BeCl_2\cdot4H_2O$、$MgCl_2\cdot6H_2O$、$CaCl_2\cdot6H_2O$、$CaSO_4\cdot2H_2O$、$BaCl_2\cdot2H_2O$ 等。

碱土金属的无水盐有吸潮性。普通食盐的潮解就是其中含 $MgCl_2$ 之故。纺织工业中用 $MgCl_2$ 保持棉纱的湿度而使其柔软。无水 $CaCl_2$ 有很强的吸水性，是一种重要的干燥剂。但由于它能与 NH_3 和乙醇形成加合物，所以不能用于干燥氨和乙醇。

4. 形成复盐的能力

除锂以外，碱金属还能形成一系列复盐。复盐有以下几种类型：

(1) 光卤石类　$MCl\cdot MgCl_2\cdot6H_2O$，$M=K^+$，$Rb^+$，$Cs^+$，如光卤石 $KCl\cdot MgCl_2\cdot6H_2O$；

(2) 矾类　$M_2SO_4\cdot MgSO_4\cdot6H_2O$，$M=K^+$，$Rb^+$，$Cs^+$，如软钾镁矾 $K_2SO_4\cdot MgSO_4\cdot6H_2O$；

(3) 矾类　$M^{I}M^{III}(SO_4)_2\cdot12H_2O$，$M^{I}=Na^+,K^+,Rb^+,Cs^+$，$M^{III}=Al^{3+},Cr^{3+},Fe^{3+},Co^{3+},Ga^{3+},V^{3+}$等，如明矾 $KAl(SO_4)_2\cdot12H_2O$。

复盐的溶解度一般比相应的简单碱金属盐的小得多。

5. 热稳定性

一般碱金属盐具有较高的热稳定性。它们的卤化物和硫酸盐加热难分解。碳酸盐中只有 Li_2CO_3 在 1270 ℃时分解为 Li_2O 和 CO_2。唯有硝酸盐不稳定，加热分解。例如：

$$4LiNO_3 \xrightarrow{700\ ℃} 2Li_2O+4NO_2\uparrow+O_2\uparrow$$

$$2NaNO_3 \xrightarrow{730\ ℃} 2NaNO_2+O_2\uparrow$$

$$2KNO_3 \xrightarrow{670\ ℃} 2KNO_2+O_2\uparrow$$

碱土金属的盐类中，卤化物和硫酸盐对热较稳定，碳酸盐从 $BeCO_3$ 到 $BaCO_3$ 热稳定性增大。$BeCO_3$ 稍加热即分解，$MgCO_3$ 加热到 540 ℃分解，$CaCO_3$ 的分解温度为 900 ℃，$SrCO_3$ 和 $BaCO_3$ 分别在 1280 ℃和 1360 ℃时分解，分解反应如下：

$$MCO_3 \xrightarrow{\triangle} MO+CO_2\uparrow$$

二、重要的盐简介

1. 卤化物

卤化物中用途最广的是氯化钠，来源于海盐、岩盐和井盐。氯化钠除供食用外，还是重要的化工原料，可用于制备 $NaOH$、Cl_2、Na_2CO_3 和 HCl 等。NaCl 与冰的混合物可作制冷剂。

碱土金属的卤化物中，由于铍的半径小，电荷高，且具有缺电子性，因而卤化铍是共价型聚合物 $(BeX_2)_n$，氯化铍不导电，能升华，蒸气中有 $BeCl_2$ 和 $(BeCl_2)_2$ 分子。工业上常用下列方法制 $MgCl_2$：

$$MgO + C + Cl_2 \xrightarrow{\triangle} MgCl_2 + CO$$

氯化镁在通常情况下以 $MgCl_2 \cdot 6H_2O$ 形式存在，加热水解：

$$MgCl_2 \cdot 6H_2O \xrightarrow{>135\ ℃} Mg(OH)Cl + HCl\uparrow + 5H_2O\uparrow$$

$$Mg(OH)Cl \xrightarrow{\sim 500\ ℃} MgO + HCl\uparrow$$

要得到无水 $MgCl_2$，必须在干燥的 HCl 气流中加热 $MgCl_2 \cdot 6H_2O$ 使其脱水。

无水氯化钙是重要的干燥剂。氯化钙 $CaCl_2 \cdot 6H_2O$ 与冰的混合物是实验室常用的制冷剂。将 $CaCl_2 \cdot 6H_2O$ 加热可得到无水 $CaCl_2$：

$$CaCl_2 \cdot 6H_2O \xrightarrow{200\ ℃} CaCl_2 \cdot 2H_2O \xrightarrow{280\ ℃} CaCl_2$$

上述失水过程中仍有少许水解反应发生，故无水 $CaCl_2$ 中常含微量的 CaO。

氯化钡一般指水合物 $BaCl_2 \cdot 2H_2O$，是一种无色单斜晶体。它加热到 127 ℃ 变为无水盐。$BaCl_2$ 是最重要的可溶性钡盐，有毒，对人致死量为 0.8 g，在实验室中常用于鉴定 SO_4^{2-}。$BaCl_2$ 亦用于灭鼠。

氟化钙 CaF_2（又称萤石）是制取 HF 和 F_2 的重要原料。在冶金工业中用作助熔剂，也用于制作光学玻璃和陶瓷等。

常用的荧光灯中涂有荧光材料 $3Ca_3(PO_4)_2 \cdot Ca(F,Cl)_2$ 和少量 Sb^{3+}、Mn^{2+} 的化合物，其中卤磷酸钙为基质，Sb^{3+}、Mn^{2+} 为激活剂，用紫外光激发后，发出荧光。

2. 碳酸盐

碳酸钠俗称苏打或纯碱，其水溶液因水解而呈较强的碱性，在实验室可当碱使用，以调节溶液的 pH。

碳酸钠是一种重要的化工原料，大量用于玻璃、搪瓷、肥皂、造纸、纺织、洗涤剂的生产和有色金属的冶炼中，还是制备其他钠盐或碳酸盐的原料。它在工业上是用氨碱法生产的。

碱土金属的碳酸盐中碳酸钙较为重要。无水 $CaCO_3$ 为无色斜方晶体，加热至 727 ℃ 转变为方解石。$CaCO_3 \cdot 6H_2O$ 为无色单斜晶体，难溶于水，易溶于酸和 NH_4Cl 溶液，用于制 CO_2、发酵粉和涂料等。

3. 硫酸盐

十水硫酸钠 $Na_2SO_4 \cdot 10H_2O$ 俗称芒硝，由于它有很大的熔化热（253 $kJ \cdot kg^{-1}$），是一种较好的相变储热材料的主要组分。白天它吸收太阳能而熔融，夜间冷却结晶就释放出热能。无水硫酸钠 Na_2SO_4 俗称元明粉，大量用于玻璃、造纸、陶瓷等工业中，也用于制 Na_2S 和 $Na_2S_2O_3$。

$CaSO_4 \cdot 2H_2O$ 俗名生石膏，加热到 120 ℃ 部分脱水成熟石膏 $CaSO_4 \cdot \frac{1}{2}H_2O$，这个反应是可逆的：

$$2CaSO_4 \cdot 2H_2O \xrightleftharpoons{120\ ℃} 2CaSO_4 \cdot \frac{1}{2}H_2O + 3H_2O \uparrow$$

熟石膏与水混合成糊状后放置一段时间会变成二水合盐，这时逐渐硬化并膨胀，故用以制模型、塑像、粉笔和石膏绷带等。把石膏加热到 500 ℃ 以上，得无水石膏，它不能与水化合。温度再高，硫酸钙分解为 $xCaSO_4 \cdot yCaO$，叫作水凝石膏，遇水会凝固，大量用作建筑材料。

重晶石 $BaSO_4$ 是制备其他钡类化合物的原料。例如：

$$BaSO_4 + 4C \xrightarrow{1000\ ℃} BaS + 4CO$$

生成的可溶性的 BaS 可用于制 $BaCl_2$ 和 $BaCO_3$：

$$BaS + 2HCl \longrightarrow BaCl_2 + H_2S \uparrow$$
$$BaS + CO_2 + H_2O \longrightarrow BaCO_3 + H_2S \uparrow$$

重晶石可作白色涂料（钡白），在橡胶、造纸工业中作白色填料。$BaSO_4$ 是唯一无毒的钡盐，因其溶解度小，又不溶于胃酸，不会使人中毒，常用作“钡餐”。重晶石粉还因难溶和密度大（4.5 $g \cdot cm^{-3}$）而大量用作钻井泥浆加重剂，以防止油、气井的井喷。

硫酸镁 $MgSO_4 \cdot 7H_2O$ 为无色斜方晶体，加热时反应如下：

$$MgSO_4 \cdot 7H_2O \xrightarrow{77\ ℃} MgSO_4 \cdot H_2O \xrightarrow{247\ ℃} MgSO_4$$

硫酸镁易溶于水，微溶于醇，不溶于乙酸和丙酮，用作媒染剂、泻盐、造纸、纺织、肥皂、陶瓷和油漆工业。

4. 硝酸盐

硝酸盐中硝酸钾较重要。由于硝酸钾在空气中不吸潮，在加热时有强氧化性，因此可用来制火药。硝酸钾还是含氮、钾的优质化肥。

21-3-5 配合物

碱金属离子接受电子对的能力较差，一般难以形成配合物。碱土金属离子的电荷密度较高，具有比碱金属离子强的接受电子的能力。Be^{2+}的半径小，是较强的电子对接受体，能形成较多的配合物，如BeF_3^-、BeF_4^{2-}、$Be(OH)_4^{2-}$等；Be^{2+}还可生成许多稳定的螯合物，如二（草酸根）合铍（Ⅱ）酸盐$M_2Be(C_2O_4)_2$。Ca^{2+}能与NH_3形成不太稳定的氨合物；与配位能力很强的螯合剂如乙二胺四乙酸（EDTA）则形成稳定的螯合物，常用于滴定分析中；Ca^{2+}与焦磷酸盐和多聚磷酸盐可形成稳定的配合物，在锅炉用水中加入这种盐可防止锅炉结垢。镁的一种重要配合物是叶绿素。在这种配合物中，镁离子处于卟啉平面上有机环的中心，环上的4个N与Mg结合（见图21-2）。此外格氏（Grignard）试剂也是一种非常重要的镁的有机化合物，常用于有机合成中。它由卤代烷在无水乙醚中与镁反应制得：

图 21-2 镁在叶绿素中的配位

$$RX + Mg \xrightarrow{\text{无水乙醚}} RMgX$$

X射线衍射已经证明该化合物在乙醚中，镁原子分别与乙醚中的氧原子、卤素原子X及有机基团构成四面体配位。

锶和钡的配合物较少。

阅读材料
氨碱法和联合制碱法

21-4 周期表中的对角线关系

在周期表中，除了同族元素的性质相似以外，还有一些处于对角线上的元素的性质呈现相似性，如硼和硅的相似性。对比锂和镁、铍和铝，发现它们的性质在很多方面也是类似的。这种相似关系称为对角线关系，也称对角线规则。显然，出现这种对角线关系的原因在于对角线上的元素原子具有相近的静电场力。

将Li和Mg，Be和Al的性质相似性总结如下。

一、Li与Mg元素的相似性

(1) 锂和镁在过量的氧中燃烧，均只形成普通氧化物，其共价性较强，能溶于有机溶剂，如乙醚等。

（2）它们的氢氧化物在加热时，均分解为相应的普通氧化物，即 Li_2O 和 MgO。

（3）它们的碳酸盐均不稳定，加热生成相应的氧化物和二氧化碳。

（4）它们的一些盐类，如氟化物、碳酸盐和磷酸盐等均难溶于水。

（5）Li^+ 和 Mg^{2+} 的水合能力均较强。

二、Be 和 Al 元素的相似性

（1）两者都是活泼金属，其标准电极电势相近：$\varphi^{\ominus}(Al^{3+}/Al) = -1.676$ V，$\varphi^{\ominus}(Be^{2+}/Be) = -1.847$ V。

（2）在空气中它们的表面均形成致密的氧化膜而不易被腐蚀，与酸的作用比较慢，均能被浓硝酸钝化。

（3）BeO 和 Al_2O_3 都具有高熔点、高硬度。

（4）铍和铝以及它们的氢氧化物均为两性，在适当条件下可与酸、碱反应。

（5）$BeCl_2$ 和 $AlCl_3$ 都是缺电子的共价型化合物，在蒸气中以缔合分子的状态存在。其卤化物均为路易斯酸，易形成配合物或加合物。

（6）它们的盐易水解，且有许多高价阴离子的盐难溶。

铍和铝尽管有很多相似的性质，但两者在人体内的生理作用却大相径庭。人体内能容许少量的铝，却不能有铍，摄入少量的 BeO 便有生命危险。

思考题

21-1 在自然界中有无碱金属的单质和氢氧化物存在？为什么？

21-2 试根据碱金属和碱土金属元素价电子构型的特点，说明它们化学活泼性的递变规律。

21-3 为什么半径大的 s 区金属易形成非正常氧化物？Li、Na、K、Rb、Cs 和 Ba 在过量的氧中燃烧，生成何种氧化物？各类氧化物与水反应的情况为何？

21-4 （1）能否用 $NaNO_3$ 和 KCl 进行复分解反应制取 KNO_3？为什么？

（2）为何能用 $Na_2Cr_2O_7$ 和 KCl 制取 $K_2Cr_2O_7$？

（3）为什么制火药要用 KNO_3，而不用 $NaNO_3$？

（4）在分析测试中为什么要用 $K_2Cr_2O_7$，而不用 $Na_2Cr_2O_7$ 作基准试剂？

21-5 能否纯粹用化学方法从碱金属的化合物中制得游离态的碱金属？为什么不能采用电解熔融 KCl 的方法制取金属钾？

21-6 室温时，若在空气中保存锂和钾，会发生哪些反应？写出相应的化学方程式。金属锂、钠、钾应如何保存？

21-7　试比较碱金属和碱土金属物理性质的差异，并说明原因。

21-8　试根据物质溶解性及酸碱性的有关理论知识，解释碱金属和碱土金属氢氧化物的碱性和溶解性的递变规律。

21-9　锂与镁有哪些相似性？铍与其他碱土金属在物理、化学性质方面又有哪些不同？

21-10　根据碱金属性质的递变规律，预测钫的下列性质：

(1) 密度、硬度和熔点；

(2) 在空气中燃烧的主要产物；

(3) 与 H_2O 反应的情况；

(4) 氢氧化物的碱性和溶解性。

21-11　根据碱土金属性质的递变规律，预测镭的下列性质：

(1) 镭可以形成哪些氧化物；

(2) $Ra(OH)_2$ 的碱性及在水中的溶解性；

(3) $RaSO_4$ 和 $RaCrO_4$ 在水中的溶解性；

(4) $RaCO_3$ 的热稳定性。

习　　题

21-1　简要说明工业上生产金属钠、烧碱和纯碱的基本原理。

21-2　以重晶石为原料，如何制备 $BaCl_2$、$BaCO_3$、BaO 和 BaO_2？写出有关的化学反应方程式。

21-3　写出下列反应的方程式：

(1) 金属钠与 H_2O、Na_2O_2、NH_3、C_2H_5OH、$TiCl_4$、KCl、MgO、$NaNO_2$ 的反应；

(2) Na_2O_2 与 H_2O、$NaCrO_2$、CO_2、Cr_2O_3、H_2SO_4(稀)的反应。

21-4　完成下列各步反应方程式：

(1)

$$\begin{array}{ccccc} MgCl_2 & \underset{2}{\overset{1}{\rightleftharpoons}} & Mg & \xrightarrow{3} & Mg(OH)_2 \\ \uparrow 5 & & & & \downarrow 4 \\ MgCO_3 & \xrightarrow{6} & Mg(NO_3)_2 & \xrightarrow{7} & MgO \end{array}$$

(2)

$$\begin{array}{ccccc} CaCO_3 & \underset{2}{\overset{1}{\rightleftharpoons}} & CaO & \underset{4}{\overset{3}{\rightleftharpoons}} & Ca(NO_3)_2 \\ 5 \downarrow\uparrow 6 & & & & \uparrow 9 \\ CaCl_2 & \xrightarrow{7} & Ca & \xrightarrow{8} & Ca(OH)_2 \end{array}$$

21-5　含有 Ca^{2+}、Mg^{2+} 和 SO_4^{2-} 的粗食盐如何精制成纯的食盐，以反应方程式表示。

21-6　试利用铍、镁化合物性质的不同鉴别下列各组物质：

(1) $Be(OH)_2$ 和 $Mg(OH)_2$；

(2) $BeCO_3$ 和 $MgCO_3$；

(3) BeF_2 和 MgF_2。

21-7　商品氢氧化钠中为什么常含杂质碳酸钠？如何检验？又如何除去？

21-8　以氢氧化钙为原料，如何制备下列物质？以反应方程式表示之。

(1) 漂白粉；(2) 氢氧化钠；(3) 氨；(4) 氢氧化镁。

21-9　为什么选用过氧化钠作潜水艇密封舱中的供氧剂？为什么选用氢化钙作野外氢气发生剂？请写出有关反应方程式。

21-10　写出下列物质的化学式：

光卤石	明矾	重晶石	天青石	白云石	方解石
苏打	石膏	萤石	芒硝	元明粉	泻盐

21-11　下列反应的热力学数据如下：

	$MgO(s)$	+ $C(s,石墨) \rightleftharpoons$	$CO(g)$	+ $Mg(g)$
$\Delta_f H_{298}^{\ominus}/(kJ\cdot mol^{-1})$	-601.6	0	-110.5	147.7
$\Delta_f G_{298}^{\ominus}/(kJ\cdot mol^{-1})$	-569.3	0	-137.2	113.5
$\Delta_f S_{298}^{\ominus}/(J\cdot mol^{-1}\cdot K^{-1})$	27	5.7	197.7	148.54

试计算：(1) 反应的热效应 $\Delta_r H_{298}^{\ominus}$；(2) 反应的自由能变 $\Delta_r G_{298}^{\ominus}$；(3) 在标准条件下，用 C(s,石墨)还原 MgO 制取金属镁时，反应自发进行的最低温度是多少？

21-12　如何鉴别下列物质？

(1) Na_2CO_3、$NaHCO_3$ 和 NaOH；

(2) CaO、$Ca(OH)_2$ 和 $CaSO_4$。

21-13　已知 $Mg(OH)_2$ 的 $K_{sp}=5.61\times10^{-12}$，$NH_3\cdot H_2O$ 的 $K_b=1.76\times10^{-5}$，计算反应：

$$Mg(OH)_2+2NH_4^+ \rightleftharpoons Mg^{2+}+2NH_3\cdot H_2O$$

的平衡常数 K，讨论 $Mg(OH)_2$ 在氨水中的溶解性。

21-14　往 $BaCl_2$ 和 $CaCl_2$ 的水溶液中分别依次加入：(1) 碳酸铵；(2) 醋酸；(3) 铬酸钾，各有何现象发生？写出反应方程式。

第 22 章

ds 区元素

内容提要

本章主要讨论了 ds 区元素(铜族和锌族元素)单质及其重要化合物的性质、用途及递变规律。

本章要求:

1. 掌握铜族和锌族元素单质的性质与用途;
2. 掌握铜、银、锌、汞的氧化物、氢氧化物、重要盐类以及配合物的生成与性质;
3. 掌握 Cu(Ⅰ)、Cu(Ⅱ),Hg(Ⅰ)、Hg(Ⅱ)之间的相互转化。
4. 掌握 ds 区元素和 s 区元素的性质对比。

22-1 ds 区元素的通性

22-1-1 ds 区元素的基本性质

ds 区元素由铜族元素和锌族元素构成,价电子构型为$(n-1)d^{10}ns^{1\sim2}$,包括铜、银、金、锌、镉、汞六种元素。ds 区元素的最外电子层有 1~2 个 s 电子,与 s 区元素类似。但其次外层为 18 电子构型,而 s 区元素为 8 电子构型(除锂和铍为 2 电子外)。所以与 s 区元素相比,ds 区元素无论是单质还是化合物都表现出明显的性质差异。在学习本章时,应当与 s 区元素部分相互对比以加深理解。

一、铜族元素的基本性质

铜族元素也叫第一副族(ⅠB)元素,包括铜、银、金三种元素,其价电子构型为$(n-1)d^{10}ns^{1}$,基本性质列在表 22-1 中。

表 22-1 铜族元素的基本性质

性质	铜	银	金
原子序数	29	47	79
相对原子质量	63.546	107.868	196.967
价电子构型	$3d^{10}4s^{1}$	$4d^{10}5s^{1}$	$5d^{10}6s^{1}$
常见氧化态	+Ⅰ,+Ⅱ	+Ⅰ	+Ⅰ,+Ⅲ
金属半径/pm	128	144	144
离子半径			
M^{+}/pm	77	115	137
M^{2+}/pm	73	94	—
M^{3+}/pm	54	75	85
第一电离能/($kJ\cdot mol^{-1}$)	745.5	731.0	890.1
第二电离能/($kJ\cdot mol^{-1}$)	1957.3	2072.6	1973.3
第三电离能/($kJ\cdot mol^{-1}$)	3577.6	3359.4	(2895)
M^{+}(g)水合能/($kJ\cdot mol^{-1}$)	-582	-485	-644
M^{2+}(g)水合能/($kJ\cdot mol^{-1}$)	-2121	—	—
升华能/($kJ\cdot mol^{-1}$)	340	285	约 385
密度(293 K)/($g\cdot cm^{-3}$)	8.93	10.49	19.32
电阻率(293 K)/($\mu\Omega\cdot cm^{-1}$)	1.673	1.59	2.35
电负性	1.90	1.93	2.54

铜族元素的最外电子层结构与碱金属元素一样,都只有 1 个 s 电子。但是次外层电子数不同,铜族元素为 18 电子构型,而碱金属元素为 8 电子构型(除锂为 2 电子外)。由于 18 电子构型对核的屏蔽效应比 8 电子构型小得多,使得铜族元素的原子有效核电荷较多,对最外层的一个 s 电子的吸引力比碱金属元素要强得多,因而铜族元素原子相应的电离能高得多,具有金属半径小、密度大等特征。

铜族元素的氧化态有+Ⅰ、+Ⅱ、+Ⅲ三种,这是由于铜族元素最外层 ns 电子和次外层的$(n-1)$d 电子的能量相差不大。常见氧化态(特别是在水溶液里):Cu 为+Ⅱ,Ag 为+Ⅰ,Au 为+Ⅲ(不完全是离子型化合物)。Cu^{+}和 Ag^{2+}不稳定,这可以从它们离子的大小、电荷、电离能、水合能等因素来解释。Cu^{2+}离子半径比 Cu^{+}小,电荷多一倍,所以 Cu^{2+}的溶剂化作用要比 Cu^{+}强得多;Cu^{2+}的水合能(-2121 $kJ\cdot mol^{-1}$)已超过 Cu 的第二电离能,所以 Cu^{2+}在水溶液中比 Cu^{+}更稳定。对 Ag 来说,Ag^{2+}和 Ag^{+}的离子半径都较大,其水合能相应就小,而且 Ag 的第二电离能又比铜的第二电离能大,因此 Ag^{+}比较稳定。由于 Au 的离子半径明显比 Ag 大,Au 的第 3 个电子比较容易失去,再加上 d^{8}离子的平面正方形结构具有较高的晶体场稳定化能,这就使得 Au 容易形成+Ⅲ氧化态。

二、锌族元素的基本性质

锌族元素也叫第二副族(ⅡB)元素,包括锌、镉、汞三种元素,其价电子构型为$(n-1)d^{10}ns^2$,基本性质列在表 22-2 中。

表 22-2 锌族元素的基本性质

性质	锌	镉	汞
符号	Zn	Cd	Hg
原子序	30	48	80
相对原子质量	65. 39	112. 41	200. 59
价电子构型	$3d^{10}4s^2$	$4d^{10}5s^2$	$5d^{10}6s^2$
原子半径(金属半径)/pm	133. 2	148. 9	160
M^{2+}离子半径/pm	74	97	110
第一电离能/$(kJ \cdot mol^{-1})$	915	873	1013
第二电离能/$(kJ \cdot mol^{-1})$	1743	1641	1820
第三电离能/$(kJ \cdot mol^{-1})$	3837	3616	3299
$M^{2+}(g)$水合能/$(kJ \cdot mol^{-1})$	-2054	-1816	-1833
升华能/$(kJ \cdot mol^{-1})$	131	112	62
汽化能/$(kJ \cdot mol^{-1})$	115	100	59
电负性	1. 6	1. 7	1. 9
晶体结构	六方密堆	六方密堆	菱方晶胞
熔点/K	692. 58	593. 9	234. 16
沸点/K	1180	1038	629. 58
硬度	2. 5	2. 0	液

锌族元素都可以完全失去最外层两个 s 电子,以+Ⅱ的常见氧化态存在。由于锌族元素的$(n-1)d$轨道已全充满,ns电子与$(n-1)d$电子的电离能之差比铜族元素大,所以通常情况下不能具有更高的氧化态。锌族元素也能够形成+Ⅰ氧化态,但 Zn 和 Cd 的+Ⅰ价化合物不稳定,文献中少见报道。对于 Hg 元素而言,它能够以+Ⅰ氧化态稳定存在,主要由于全充满的 4f 电子对原子核的屏蔽效应较小,有效核电荷较大,电离能特别高,6s 电子较难失去,采取共用电子对形成$[—Hg:Hg—]^{2+}$以离子形式稳定存在。

22-1-2 ds 区元素的电势图

一、铜族元素的电势图

酸性溶液:$\varphi_A^{\ominus}/V$

$$CuO^{+} \xrightarrow{(+1.8)} Cu^{2+} \xrightarrow{+0.159} Cu^{+} \xrightarrow{+0.520} Cu \quad (Cu^{2+} \xrightarrow{+0.3402} Cu)$$

$$AgO^{+} \xrightarrow[(4\ mol\cdot L^{-1}HNO_3)]{+2.1} Ag^{2+} \xrightarrow[(4\ mol\cdot L^{-1}HClO_4)]{+1.987} Ag^{+} \xrightarrow{+0.80} Ag$$

$$Au^{3+} \xrightarrow{+1.29} Au^{+} \xrightarrow{+1.68} Au \quad (Au^{3+} \xrightarrow{+1.42} Au)$$

碱性溶液:$\varphi_B^{\ominus}/V$

$$Cu(OH)_2 \xrightarrow{-0.09} Cu_2O \xrightarrow{-0.361} Cu$$

$$Ag_2O_3 \xrightarrow{+0.739} AgO \xrightarrow{+0.602} Ag_2O \xrightarrow{+0.343} Ag$$

$$Au(OH)_3 \xrightarrow{+1.45} Au$$

从电势图可以看出,铜族元素的 $\varphi^{\ominus}$ 都比氢大,所以它在水溶液中的金属活泼性差,而且金属活泼性按铜、银、金的顺序降低。其原因除了从表22-1的一些数据分析得到解释外,还可以由固态金属形成一价水合阳离子全部过程的能量变化来解释。该过程的能量包括升华能是由固体金属升华为气体原子所吸收的能量;电离能是由气态原子电离为气态 M^+ 所吸收的能量;水合能是气态 M^+ 与水结合成水合离子 $M^+(aq)$ 所释放出的能量。应用玻恩-哈伯循环计算得到整个过程所需的总能量见表22-3。

表22-3 铜族原子转变为 $M^+(aq)$ 时的能量变化

能量变化	铜	银	金
升华能/($kJ\cdot mol^{-1}$)	340	285	385
电离能/($kJ\cdot mol^{-1}$)	745.3	730.8	889.9
水合能/($kJ\cdot mol^{-1}$)	-582	-485	-644
总能量/($kJ\cdot mol^{-1}$)	503.3	530.8	630.9

由表22-3可见,由 $M(s) \rightarrow M^+(aq)$ 所需总能量按铜、银、金顺序越来越大,即单质形成 $M^+(aq)$ 的活性依次降低,所以铜、银、金的金属活泼性依次降低。

从电势图还可以看出,在酸性溶液中,Cu^+ 和 Au^+ 均不稳定,容易发生歧化反应。

二、锌族元素的电势图

酸性溶液：$\varphi_A^{\ominus}/V$

$$Zn^{2+} \xrightarrow{-0.762} Zn$$

$$Cd^{2+} \xrightarrow{>-0.6} Cd_2^{2+} \xrightarrow{<-0.2} Cd \quad (Cd^{2+} \xrightarrow{-0.402} Cd)$$

$$Hg^{2+} \xrightarrow{+0.9110} Hg_2^{2+} \xrightarrow{+0.796} Hg \quad (Hg^{2+} \xrightarrow{+0.854} Hg)$$

$$HgCl_2 \xrightarrow{+0.53} Hg_2Cl_2 \xrightarrow{+0.281} Hg$$

碱性溶液：$\varphi_B^{\ominus}/V$

$$ZnO_2^{2-} \xrightarrow{-1.285} Zn$$

$$Cd(OH)_2 \xrightarrow{-0.824} Cd$$

$$HgO \xrightarrow{+0.0977} Hg$$

从电势图可以看出，锌族元素的 $\varphi^{\ominus}$ 按锌、镉、汞的顺序升高，这与铜族元素类似，可以通过表 22-2 的一些数据分析得到解释。对于锌和镉，其 $\varphi^{\ominus}$ 都比氢小，说明其在水溶液中具有一定的金属活泼性。而汞的 $\varphi^{\ominus}$ 都比氢大，表明其在水溶液中金属活泼性差。另外，锌族元素的金属活泼性顺序也可以通过它们的原子转变为水合离子时所需的全部过程的能量变化来解释（见表 22-4）。同周期铜族元素与锌族元素的金属性相比，锌族金属比铜族活泼。这也可以从它们的原子转变为水合离子时所需的全部过程的能量变化来解释。$Cu \rightarrow Cu^{2+}(aq)$ 总能量变化（921.6 $kJ \cdot mol^{-1}$）比 $Zn \rightarrow Zn^{2+}(aq)$（735 $kJ \cdot mol^{-1}$）要大得多，所以锌比铜活泼。同理，镉的活泼性大于银；汞大于金。

表 22-4 锌族原子转变为 $M^{2+}(aq)$ 时的能量变化

能量变化	锌	镉	汞
升华能/($kJ \cdot mol^{-1}$)	131	112	62
(I_1+I_2)/($kJ \cdot mol^{-1}$)	2658	2514	2833
$M^{2+}(g)$水合能/($kJ \cdot mol^{-1}$)	-2054	-1816	-1833
总的热效应/($kJ \cdot mol^{-1}$)	735	810	1062

22-2 铜族元素

22-2-1 铜族元素的单质

一、存在和冶炼

1. 存在

铜、银、金是人类最早知道的 3 种金属。很早就被人们用作钱币，因而有

“货币金属”之称，它们在自然界中分布很广。铜在自然界以游离态和化合态两种形式存在：游离铜很少，但目前已发现最大的自然铜块重 4.2×10^3 kg，也发现了纯度极高的天然铜；化合态铜主要以硫化物、氧化物和碳酸盐存在。主要铜矿有黄铜矿 $CuFeS_2$（据估计占全部铜矿蕴藏量的50%）、斑铜矿 Cu_3FeS_4、辉铜矿 Cu_2S、蓝铜矿 $2CuCO_3\cdot Cu(OH)_2$、赤铜矿 Cu_2O。我国的铜矿储量居世界第三位，主要集中在江西、云南、甘肃、湖北、安徽、西藏。

银主要以化合态存在于自然界中，广泛分布在硫化物矿石中，其中以辉银矿 Ag_2S 最重要，也有角银矿 AgCl。硫化银常与方铅矿共生，我国含银的铅锌矿非常丰富。

金很稀少，主要以游离态存在。以单质形式散存于岩石（岩脉金）或砂砾（冲积金）中，总是与石英或黄铁矿共生。我国金矿主要分布在山东、黑龙江、新疆。

2. 冶炼

（1）铜的冶炼　冶炼方法一般随矿石的性质而有所不同。铜的几种氧化物矿石可用焦炭热还原，也可采用湿法冶炼，如用稀硫酸或其他配位剂浸出，然后进行电解。铜主要用火法从黄铜矿 $CuFeS_2$ 提炼。冶炼过程大致如下：

① 富集：由于矿石品位较低（约含0.5%铜称为贫矿），首先要将矿石碾碎，采用泡沫浮选法富集，达到含铜量为15%~20%的精矿。

② 焙烧：把得到的精矿送入沸腾炉，在650~800 ℃通空气进行氧化焙烧，除去部分硫和挥发性杂质如 As_2O_3 等，并使部分硫化物变成氧化物。主要反应如下：

$$2CuFeS_2+O_2 \longrightarrow Cu_2S+2FeS+SO_2\uparrow$$

$$2FeS+3O_2 \longrightarrow 2FeO+2SO_2\uparrow$$

③ 制冰铜：焙烧过的矿石主要成分为 Cu_2S、FeS 和 FeO。将沙子与焙烧过的矿石混合，在反射炉中加热到1400 ℃，使其熔融。FeS 比 Cu_2S 更容易转变成氧化物（FeO），所以 FeO 与 SiO_2 形成熔渣（$FeSiO_3$），因密度小而浮在上层，而 Cu_2S 和剩余的 FeS 熔融在一起生成“冰铜”沉于下层。

$$FeO+SiO_2 \longrightarrow FeSiO_3$$

④ 制泡铜：将冰铜放入转炉，炉里加更多的沙子，同时鼓入空气，使剩余的 FeS 转变成 FeO，进而变成炉渣除去，并使 Cu_2S 转变成含铜98%左右的泡铜，主要反应如下：

$$2Cu_2S + 3O_2 \longrightarrow 2Cu_2O + 2SO_2\uparrow$$
$$2Cu_2O + Cu_2S \longrightarrow 6Cu + SO_2\uparrow$$

⑤ 制精铜:将所得泡铜送入特种炉熔融,加入少量造渣物除去一些金属杂质(如 Ni、As、Sb、Bi、Zn 等),制得含铜 99.5%~99.7%的精铜,浇铸成供电解精炼的阳极铜板。

⑥ 电解精炼:电解精炼是在一个盛有 $CuSO_4$ 和 H_2SO_4 混合溶液的电解槽内,以火法冶炼得到的精铜(或粗铜)为阳极,以纯铜为阴极进行电解。通过电解精炼,阳极发生氧化反应,粗铜不断溶解;阴极发生还原反应,纯铜不断析出,纯度可达 99.95%~99.98%。电解过程中,原粗铜所含杂质如 Zn、Fe、Ni 等失去电子转入溶液中。金、银、铂等沉在阳极底部,叫作阳极泥,是提取贵金属的原料。

我国古代很早就认识到铜盐溶液里的铜能被铁取代,从而发明了"水法炼铜"的新途径,这是湿法冶金技术的起源,在世界化学史上是一项重大贡献。随着科学技术的发展,近年来铜的湿法冶炼有很大进展。一些新型配位剂、萃取剂应用于湿法冶金中,如 2-羟基-5-十二烷基二苯甲酮肟萃取剂已应用在从低品位铜矿浸取液中萃取铜,效果很好,而且生产过程中没有三废污染环境。

(2) 银和金的冶炼 银矿中含银量较低,可采用氰化法提炼,反应如下:

$$4Ag + 8NaCN + 2H_2O + O_2 \longrightarrow 4Na[Ag(CN)_2] + 4NaOH$$
$$Ag_2S + 4NaCN \longrightarrow 2Na[Ag(CN)_2] + Na_2S$$

然后用锌或铝把银还原出来:

$$2Na[Ag(CN)_2] + Zn \longrightarrow 2Ag + Na_2[Zn(CN)_4]$$

再把金属银熔铸成粗银块,供电解法制成纯银。

大部分银都是在生产有色金属(如铜、铅等)时作为副产品而生产的。例如,生产铜过程中的阳极泥经处理除去大部分贱金属,最后在硝酸盐中进行电解,可得到纯度高于 99.9%的银。

金主要以游离态存在。传统上采用"淘金"法,利用金的密度($19.32\ g\cdot cm^{-3}$)比沙子密度(约 $2.5\ g\cdot cm^{-3}$)高得多的原理进行淘金。现代开采的金矿品位低(含金约 $25\ \mu g\cdot g^{-1}$),可用与提炼银相同的氰化法提取。使用电解法精炼可以得到纯度为 99.95%的金。

二、性质和用途

1. 物理性质

铜呈现紫红色,银呈白色,金呈黄色,所以根据它们特征颜色和光泽称呼这些"货币金属"为黄金、白银和紫铜。它们的主要物理性质列在表22-5中。

表22-5 铜、银、金的主要物理性质

性质	铜	银	金
颜色	紫红色	白色	黄色
熔点/K	1356.4	1234.93	1337.43
沸点/K	2840	2485	3353
硬度	2.5~3	2.5~4	2.5~3
导电性(Hg=1)	56.9	59	39.6
导热性(Hg=1)	51.3	57.2	39.2

由表22-5可见,铜族单质均具有较高的熔点、沸点,优良的导电性,很好的导热性及延展性。其中银的导电性、导热性是所有金属中最好的,铜居第二位。金的纯度用"K"(中文译为"开",表示黄金成色的单位)表示,纯金为24K。由于铜族金属均是面心立方晶体,有较多的滑移面,所以有很好的延展性。1 g金可以碾压成只有230个原子厚的约1.0 m^2 的薄片或拉制成直径为20 μm的长达165 m的金线。

非常引人注目的是,铜、银、金能与许多金属形成广泛系列的合金。其中铜合金种类很多,如青铜(80%Cu,15%Sn,5%Zn)质坚韧、易铸(熔点低于纯铜,但硬度却提高很多),黄铜(60%Cu,40%Zn),白铜(50%~70%Cu,18%~20%Ni,13%~15%Zn)。

铜主要应用于电气工业、冶金工业及航天工业。银大量用于摄影工业,几乎占每年用银量的1/3,银还用于制银器和首饰、电器,用作高容量的Ag-Zn电池和Ag-Cu电池。金在镶牙、电子工业(耐腐蚀触点)、航天工业等方面有重要用途。

2. 化学性质

铜族元素的化学活性从Cu至Au降低,主要表现在与空气中氧的反应和与酸的反应上。

室温时,在纯净干燥的空气中,铜、银、金都很稳定。在加热时,铜形成黑色氧化铜,但银和金不与空气中的氧化合。在含有 CO_2 的潮湿空气中放久后,铜表面会缓慢生成一层绿色的铜锈:

$$2Cu+O_2+H_2O+CO_2 \longrightarrow Cu(OH)_2\cdot CuCO_3$$

银和金不发生上述反应。

铜和银可以被硫腐蚀，特别是银对硫及硫化物（H_2S）极为敏感，这是银器暴露在含有这些物质的空气中生成一层 Ag_2S 的黑色薄膜从而失去银白色光泽的主要原因。金不与硫直接反应。

铜族元素均能与卤素反应。铜在常温下就能与卤素反应，银反应很慢，金必须加热才能与干燥的卤素发生反应。

铜、银、金都不能与稀盐酸或稀硫酸作用放出氢气，但在有空气存在时，铜可以缓慢溶解于稀酸中，铜还可溶于热的浓盐酸中；铜和银溶于硝酸或热的浓硫酸，而金只能溶于王水（这时，HNO_3 作氧化剂，HCl 作配位剂）：

$$2Cu + 4HCl + O_2 \longrightarrow 2CuCl_2 + 2H_2O$$

$$2Cu + 2H_2SO_4 + O_2 \longrightarrow 2CuSO_4 + 2H_2O$$

$$2Cu + 8HCl(浓) \xrightarrow{\triangle} 2H_3CuCl_4 + H_2\uparrow$$

$$Cu + 4HNO_3(浓) \longrightarrow Cu(NO_3)_2 + 2NO_2\uparrow + 2H_2O$$

$$3Cu + 8HNO_3(稀) \longrightarrow 3Cu(NO_3)_2 + 2NO\uparrow + 4H_2O$$

$$Cu + 2H_2SO_4(浓) \xrightarrow{\triangle} CuSO_4 + SO_2\uparrow + 2H_2O$$

$$2Ag + 2H_2SO_4(浓) \xrightarrow{\triangle} Ag_2SO_4 + SO_2\uparrow + 2H_2O$$

$$Au + 4HCl + HNO_3 \longrightarrow HAuCl_4 + NO\uparrow + 2H_2O$$

22-2-2 铜族元素的重要化合物

一、铜的化合物

铜元素主要以+Ⅰ和+Ⅱ氧化态形成化合物，主要是氧化物、氢氧化物、卤化物、硫化物和配合物等。

1. 氧化态为+Ⅰ的化合物

(1) 氧化物 Cu_2O 可以通过高温加热 Cu 和 O_2 直接反应、Cu^+和碱反应得到，还可以很方便地由糖类还原 Cu(Ⅱ)盐的碱性溶液制得：

$$2Cu(OH)_4^{2-} + CH_2OH(CHOH)_4CHO \longrightarrow Cu_2O\downarrow + 3OH^- + CH_2OH(CHOH)_4COO^- + 3H_2O$$

分析化学上利用这个反应测定醛，医学上用这个反应检查糖尿病。

由于制备方法和反应条件不同，Cu_2O 晶粒大小也不同，从而呈现多种颜色，如黄色、红色、深棕色等。Cu_2O 为共价型化合物，呈弱碱性；对热十分稳定，在 1235 ℃时熔化而不分解；不溶于水，是一种有毒的物质；具有半导体性质，常用它和铜制作亚铜整流器。在制造玻璃和陶瓷时用作红色颜料，还广泛应用于船底漆。

Cu_2O 溶于稀硫酸,立即发生歧化反应:

$$Cu_2O + H_2SO_4 \longrightarrow Cu_2SO_4 + H_2O$$

$$Cu_2SO_4 \longrightarrow CuSO_4 + Cu$$

Cu_2O 溶于氨水和氢卤酸时,分别形成无色的 $Cu(NH_3)_2^+$ 和 $CuCl_2^-$ 等配合物:

$$Cu_2O + 4NH_3 \cdot H_2O \longrightarrow 2Cu(NH_3)_2^+ + 2OH^- + 3H_2O$$

无色的 $Cu(NH_3)_2^+$ 在空气中不稳定,立即被氧化为深蓝色的 $Cu(NH_3)_4^{2+}$,利用这个性质可以除去气体中的氧:

$$2Cu(NH_3)_2^+ + 4NH_3 \cdot H_2O + \frac{1}{2}O_2 \longrightarrow 2Cu(NH_3)_4^{2+} + 2OH^- + 3H_2O$$

$Cu(NH_3)_2Ac$ 可用于合成氨工业中的铜洗工段,吸收合成氨中对催化剂有毒害的 CO 气体,加热后 CO 又可放出,继续循环使用:

$$Cu(NH_3)_2Ac + CO + NH_3 \xrightleftharpoons[\text{减压加热}]{\text{加压降温}} Cu(NH_3)_3Ac \cdot CO$$

(2) 卤化物　至今尚未制得纯的 CuF,其他卤化亚铜 CuX(X = Cl, Br, I)都是白色难溶于水的化合物,其溶解度按 Cl、Br、I 顺序降低。

卤化亚铜均可通过选择适当的还原剂如 SO_2、$SnCl_2$、Cu 等在相应的卤素离子存在下还原 Cu^{2+} 制得:

$$2Cu^{2+} + 2X^- + SO_2 + 2H_2O \xrightarrow{\triangle} 2CuX \downarrow + 4H^+ + SO_4^{2-}$$

$$2CuCl_2 + SnCl_2 \longrightarrow 2CuCl \downarrow + SnCl_4$$

$$Cu^{2+} + 2Cl^- + Cu \xrightarrow{\triangle} 2CuCl \downarrow$$

$$CuCl + HCl \longrightarrow HCuCl_2$$

当铜作还原剂时,由于难溶的 CuCl 附着在 Cu 的表面,影响了反应的继续进行。因此需要加入浓 HCl 使 CuCl 溶解生成配离子 $CuCl_2^-$,使溶液中的 Cu^+ 浓度降低到非常小,反应进行完全。然后加水使溶液中 Cl^- 浓度变小,$CuCl_2^-$ 被破坏而析出大量的 CuCl。

CuI 还可由 Cu^{2+} 和 I^- 直接反应制得:

$$2Cu^{2+} + 4I^- \longrightarrow 2CuI \downarrow + I_2$$

在这个反应中,I^- 既是还原剂,又是沉淀剂。由于 CuI 是沉淀物,所以在 I^- 存在时,Cu^{2+} 的氧化性大大增强,这可以从下列半反应的 $\varphi^\ominus$ 看出:

$$Cu^{2+} + I^- + e^- \longrightarrow CuI \quad \varphi^\ominus = 0.86\ V$$

$$Cu^{2+} + e^- \longrightarrow Cu^+ \quad \varphi^\ominus = 0.158\ V$$

$$I_2+2e^- \longrightarrow 2I^- \quad \varphi^\ominus=0.536\ V$$

所以 Cu^{2+}能氧化 I^-。由于这个反应能迅速定量地进行,因而分析化学中常用此反应以碘量法测定 Cu^{2+}的含量。

将涂有 CuI 的纸条悬挂在实验室中,可以根据其颜色的变化确定空气中汞的含量:

$$4CuI+Hg \longrightarrow Cu_2HgI_4+2Cu$$

若在 288 K 经过 3 h 白色 CuI 不变色,说明空气中的汞低于允许含量($0.1\ mg\cdot m^{-3}$);若在 3 h 内变为亮黄至暗红色,说明空气中的汞已超标。

另外,利用 CuCl 的盐酸溶液能吸收 CO 形成氯化羰基铜(Ⅰ)的性质,在 CuCl 过量时,定量测定气体混合物中 CO 的含量:

$$2CuCl+2CO+2H_2O \longrightarrow \begin{matrix} OC & & Cl & & CO \\ & Cu & & Cu & \\ H_2O & & Cl & & OH_2 \end{matrix}$$

(3) 硫化亚铜　Cu_2S 是难溶的黑色物质。在 Cu(Ⅰ)盐溶液中通入 H_2S 或由过量的铜和硫直接加热制得:

$$2Cu+S \xrightarrow{\triangle} Cu_2S$$

在硫酸铜溶液中,加入 $Na_2S_2O_3$ 溶液共热也能生成 Cu_2S 沉淀,在分析化学中常用此反应除去铜:

$$2Cu^{2+}+2S_2O_3^{2-}+2H_2O \longrightarrow Cu_2S\downarrow+S\downarrow+2SO_4^{2-}+4H^+$$

硫化亚铜能溶于热的浓硝酸或氰化钠溶液中:

$$3Cu_2S+16HNO_3(浓) \xrightarrow{\triangle} 6Cu(NO_3)_2+3S\downarrow+4NO\uparrow+8H_2O$$

$$Cu_2S+4CN^- \longrightarrow 2Cu(CN)_2^-+S^{2-}$$

(4) 配合物　Cu(Ⅰ)能与 X^-(除 F^-外)、NH_3、CN^-等配体形成配位数为 2、3、4 的配合物。这是因为 Cu^+为 d^{10}构型,具有空的外层 *n*s、*n*p 轨道,能量相近的轨道有利于形成 sp 杂化轨道。配位数为 2 的配离子如 $CuCl_2^-$,用 sp 杂化轨道成键,几何构型为直线形;配位数为 4 的配离子如 $Cu(CN)_4^{3-}$,用 sp^3 杂化轨道成键,几何构型为四面体。

溶液中,配合物或难溶物的生成提供了稳定铜的 + Ⅰ 氧化态的有效途径。

2. 氧化态为 + Ⅱ 的化合物

(1) 氧化物和氢氧化物　将铜在氧气或空气中长时间加热或将氢氧化铜加热分解均可制得黑色的氧化铜:

$$Cu(OH)_2 \xrightarrow{80\sim90\ ℃} CuO\downarrow + H_2O$$

氧化铜是碱性氧化物,不溶于水可溶于酸,热稳定性高,超过1000 ℃时才分解成 Cu_2O 和 O_2。高温下易被 H_2、C、NH_3 等还原为铜:

$$2CuO \xrightarrow{>1000\ ℃} Cu_2O + \frac{1}{2}O_2\uparrow$$

$$3CuO + 2NH_3 \longrightarrow 3Cu + 3H_2O + N_2\uparrow$$

在 Cu^{2+} 溶液中加入强碱,即产生蓝色絮状 $Cu(OH)_2$ 沉淀;继续加入强碱,则沉淀溶解生成蓝色 $Cu(OH)_4^{2-}$:

$$Cu^{2+} + 2OH^- \longrightarrow Cu(OH)_2\downarrow$$

$$Cu(OH)_2 + 2NaOH \longrightarrow Na_2Cu(OH)_4$$

说明 $Cu(OH)_2$ 显酸性。由于其酸性较弱,故需加浓的强碱才能使其溶解生成四羟基合铜(Ⅱ)酸钠。另外,$Cu(OH)_2$ 也可溶于酸,故其为两性氢氧化物。

(2) 卤化铜 除碘化铜不存在外,其他卤化铜均可用氧化铜和氢卤酸反应制得。其中重要的是 $CuCl_2$。

$CuCl_2$ 溶液浓度不同,颜色各异:在很浓的溶液中显黄绿色,在浓溶液中显绿色,在稀溶液中显蓝色。黄绿色是由于 $CuCl_4^{2-}$ 配离子的存在,蓝色是 $Cu(H_2O)_6^{2+}$ 配离子的颜色,两者并存时显绿色。

无水 $CuCl_2$ 呈棕黄色,它是在 HCl 气氛中在140~155 ℃下加热 $CuCl_2\cdot 2H_2O$ 制得的。经X射线研究证明,$CuCl_2$ 为链状结构。$CuCl_2$ 以正方形 $CuCl_4$ 为单元,Cu^{2+} 通过 Cl^- 桥连成无限长链状(Cu—Cl键键长230 pm)。相邻链上的两个 Cl^- 与 Cu^{2+} 形成弱的键(Cu—Cl键键长295 pm),构成一个拉长的八面体配位环境,见图22-1(b)。

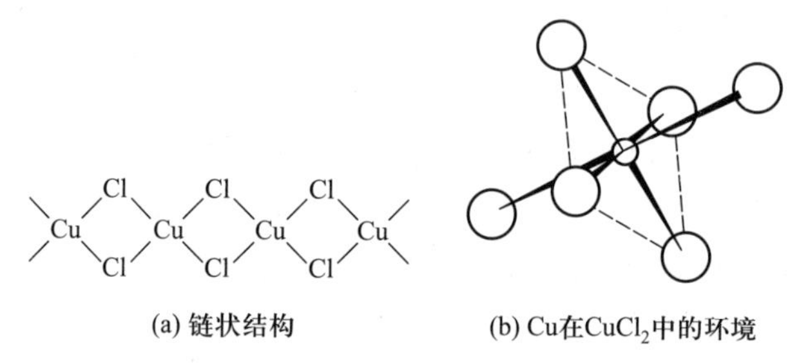

图22-1 无水 $CuCl_2$ 的结构

$CuCl_2$ 在空气中潮解,它不仅易溶于水,而且易溶于乙醇和丙酮。$CuCl_2$ 与碱金属氯化物反应生成 $MCuCl_3$ 或 M_2CuCl_4,与盐酸反应生成 H_2CuCl_4。无水

$CuCl_2$ 受热分解,生成 CuCl 和 Cl_2:

$$2CuCl_2 \xrightarrow{500\ ℃} 2CuCl + Cl_2\uparrow$$

$CuCl_2$ 从水溶液中可以结晶出水合物。水合氯化铜 $CuCl_2 \cdot 2H_2O$ 是蓝色固体,具有与无水 $CuCl_2$ 类似的链状结构。所不同的是 $CuCl_2 \cdot 2H_2O$ 中 Cu^{2+} 的四方平面由两个氯原子(Cu—Cl 键键长 228 pm)和两个水分子(Cu—OH_2 键键长 193 pm)构成,另外两个 Cl^- 与 Cu^{2+} 形成弱键(Cu—Cl 键键长 293 pm),形成拉长的八面体配位环境。$CuCl_2 \cdot 2H_2O$ 受热时按下式分解:

$$2CuCl_2 \cdot 2H_2O \xrightarrow{\triangle} Cu(OH)_2 \cdot CuCl_2 + 2HCl\uparrow$$

(3)硫酸铜　可用热的浓硫酸溶解铜或在氧气存在下用稀的热硫酸与铜屑反应制得:

$$Cu + 2H_2SO_4(浓) \xrightarrow{\triangle} CuSO_4 + SO_2\uparrow + 2H_2O$$

$$2Cu + 2H_2SO_4(稀) + O_2 \xrightarrow{\triangle} 2CuSO_4 + 2H_2O$$

硫酸铜的水合物 $CuSO_4 \cdot 5H_2O$ 俗称胆矾或蓝矾。$CuSO_4 \cdot 5H_2O$ 是蓝色晶体,三斜晶系,在不同温度下逐步失水:

$$CuSO_4 \cdot 5H_2O \xrightarrow{102\ ℃} CuSO_4 \cdot 3H_2O \xrightarrow{113\ ℃} CuSO_4 \cdot H_2O \xrightarrow{258\ ℃} CuSO_4$$

上述现象说明各个水分子结合力不完全相同。实验证明,$CuSO_4 \cdot 5H_2O$ 中有 4 个水分子为配位水分子(Cu—OH_2 键键长 200 pm),以平面四边形与 Cu^{2+} 配位,2 个 SO_4^{2-} 在平面四边形的上和下,形成一个畸变的八面体,第五个水分子以氢键与 2 个配位水分子和硫酸根结合。所以 $CuSO_4 \cdot 5H_2O$ 可写成 $[Cu(H_2O)_4]SO_4 \cdot H_2O$ 形式,简单的平面结构表示如下:

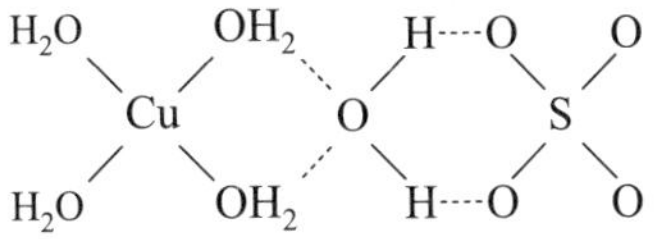

```
H2O     OH2       H---O     O
   \   /    .    /     \   /
    Cu        O          S
   /   \    .    \     /   \
H2O     OH2       H---O     O
```

图 22-2 为 $CuSO_4 \cdot 5H_2O$ 的结构示意图,在晶体结构中平均每个 Cu^{2+} 有 5 个水分子。

无水硫酸铜为白色粉末,不溶于乙醇和乙醚,具有很强的吸水性而显出特征蓝色。可利用这一性质检验或除去乙醇、乙醚等有机溶剂中的少量水分(用作干燥剂)。当 $CuSO_4$ 加热到 650 ℃时,即分解生成 CuO:

$$CuSO_4 \xrightarrow{650\ ℃} CuO + SO_3\uparrow$$

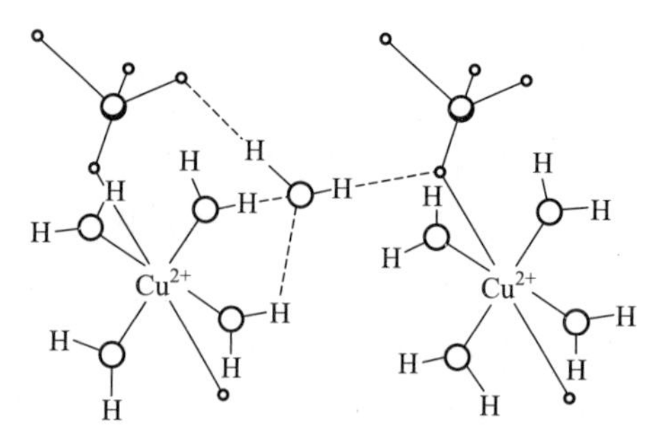

图 22-2 $CuSO_4 \cdot 5H_2O$ 的结构示意图

$CuSO_4$ 的水溶液由于 Cu^{2+} 水解而显酸性，其水解度随浓度降低而增加，288 K时 0.1 $mol \cdot L^{-1}$ $CuSO_4$ 溶液的 pH = 4.2。所以在配制铜盐溶液时，常加入少量相应的酸。$CuSO_4$ 与少量氨水反应，开始生成浅蓝色的碱式硫酸铜沉淀，继续加入足量氨水时，沉淀溶解，得到深蓝色的四氨合铜配离子：

$$2CuSO_4 + 2NH_3 \cdot H_2O \longrightarrow (NH_4)_2SO_4 + Cu_2(OH)_2SO_4 \downarrow$$
$$Cu_2(OH)_2SO_4 + 6NH_3 + 2NH_4^+ \longrightarrow 2Cu(NH_3)_4^{2+} + SO_4^{2-} + 2H_2O$$

若在铜氨溶液中加入乙醇，即得到深蓝色晶体 $Cu(NH_3)_4SO_4 \cdot H_2O$。铜氨溶液可以溶解纤维，在得到的纤维溶液中再加酸时，纤维又沉淀析出。工业上利用这种性质来制造人造丝。

硫酸铜是制备其他含铜化合物的重要原料。广泛用于电镀工艺，用作颜料，作储水池中净化水的除藻剂。在医药上用作收敛剂、防腐剂和催吐剂。在农业上同石灰、水按 $CuSO_4 \cdot 5H_2O : CaO : H_2O = 1:1:100$ 的比例混合制得波尔多液，用作果园和农作物的杀虫剂、杀菌剂。

(4) 硝酸铜　硝酸铜的水合物有 $Cu(NO_3)_2 \cdot 3H_2O$、$Cu(NO_3)_2 \cdot 6H_2O$ 和 $Cu(NO_3)_2 \cdot 9H_2O$。将 $Cu(NO_3)_2 \cdot 3H_2O$ 加热到 170 ℃ 时得碱式盐 $Cu(NO_3)_2 \cdot Cu(OH)_2$，进一步加热到 200 ℃ 时则分解为 CuO。试图通过脱水来制备无水硝酸铜一直未成功，因为水是比硝酸根更强的配体，所以水合硝酸盐在加热时失去硝酸根而不是水。

制备无水硝酸铜是将铜与 N_2O_4 在乙酸乙酯中反应，先产生 $Cu(NO_3)_2 \cdot N_2O_4$，将其加热到 90 ℃，得到蓝色的无水硝酸铜。在真空中加热到 200 ℃，它升华但不分解。

(5) 配合物　Cu^{2+} 的价电子构型为 $3d^9$，有一个单电子，可发生 d-d 跃迁，有颜色。Cu^{2+} 带两个正电荷，因此比 Cu^+ 更容易形成配合物。配位数可以为 2、4、5 和 6。配位数为 2 的很少，五配位的配合物如 $[Cu(bipy)_2I]^+$ 为三角双锥结构。最常见配位数为4和6,由于姜-泰勒效应,通常绝大多数配离子为变形八面体,有4个短键(平面)和2个长键(z轴)。如$[Cu(NH_3)_4(H_2O)_2]^{2+}$配离子,经常用$Cu(NH_3)_4^{2+}$(平面正方形结构)来描述。

Cu^{2+}能与卤素、羟基、焦磷酸根、硫代硫酸根等形成稳定程度不同的简单配合物。CuX_4^{2-}型配合物在水溶液中的稳定性较差。

Cu^{2+}除了与NH_3形成简单配合物外,还能与含N配体如乙二胺($H_2N—CH_2—CH_2—NH_2$,en),与大环含N配体酞菁形成平面正方形螯合物,结构见图22-3(a)、(b)。酞菁铜及其取代衍生物用于生产从蓝色到绿色的颜料,广泛用于生产墨水、涂料和塑料制品。

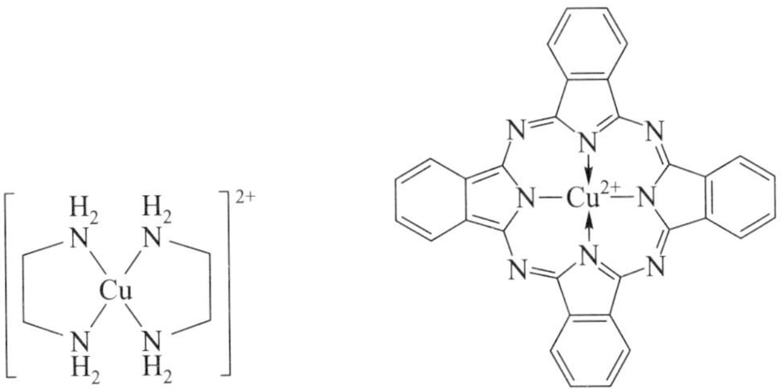

(a) 二(乙二胺)合铜(Ⅱ)　　(b) 酞菁

图 22-3 二(乙二胺)合铜(Ⅱ)和酞菁铜的结构

Cu^{2+}还能与含O配体(如乙酰丙酮①)形成电荷为零的螯合物——内配盐$[Cu(acac)_2]^0$。与醋酸形成一水合醋酸铜$Cu(CH_3COO)_2·H_2O$。经测定醋酸铜的一水合物是二聚体,即$Cu_2(CH_3COO)_4·2H_2O$,其结构见图22-4。很明显,其中每个Cu^{2+}和醋酸根中的4个氧原子配位成平面四方形,另外一个配位点被1个水分子占据,2个Cu^{2+}被4个醋酸根桥连在一起,形成二聚体,Cu—Cu间距离为264 pm,稍大于金属铜中Cu原子间距离(256 pm)。磁性研究表明,一水合醋酸铜中Cu—Cu间存在强的反铁磁相互作用。

Cu^{2+}与含O、N或S、N配体形成的配合物令人们很感兴趣。一方面这类配合物证明了Cu^{2+}的平面正方形的配位环境;另一方面还提供了在固态时通过二聚体形成复杂化学键配合物的例子。

3. Cu(Ⅰ)和Cu(Ⅱ)的相互转化

---

① 乙酰丙酮(acac)的结构式为 $CH_3—\underset{\underset{O}{\|}}{C}—CH_2—\underset{\underset{O}{\|}}{C}—CH_3$。

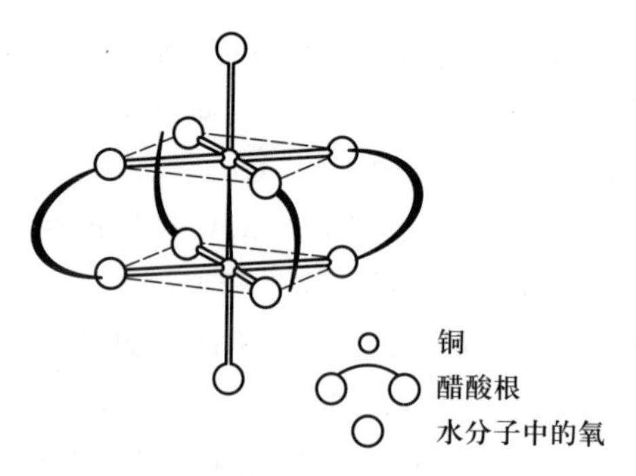

图22-4　醋酸铜(Ⅱ)的双核结构

Cu(Ⅰ)和Cu(Ⅱ)的化合物各在一定的条件下存在，当条件变化时，它们之间可以相互转化。

(1) Cu(Ⅰ)发生歧化反应转化为Cu(Ⅱ)　从铜酸性条件下的电势图可以看出：

$$\varphi_A^\ominus/\mathrm{V} \qquad Cu^{2+} \xrightarrow{0.158} Cu^{+} \xrightarrow{0.522} Cu$$

$\varphi_{右}^\ominus > \varphi_{左}^\ominus$，说明$Cu^+$能歧化成Cu和$Cu^{2+}$，而且歧化趋势很大。如在298 K下，此歧化反应的平衡常数为

$$\lg K = \frac{n(\varphi_{右}^\ominus - \varphi_{左}^\ominus)}{0.0592} = \frac{1\times 0.364}{0.0592} = 6.15$$

$$K = \frac{[Cu^{2+}]}{[Cu^{+}]^2} = 1.4\times 10^6$$

由于K较大，溶液中只要有Cu^+存在，就不稳定，容易发生歧化反应，几乎全部转化为稳定的Cu^{2+}和Cu。例如，将Cu_2O溶于稀H_2SO_4中，立即发生如下歧化反应：

$$Cu_2O + H_2SO_4 \longrightarrow Cu + CuSO_4 + H_2O$$

从热力学能量变化也可以证明$2Cu^+(aq) \longrightarrow Cu(s) + Cu^{2+}(aq)$发生歧化反应的趋势。查表：

$$\Delta_f G_m^\ominus[Cu^+(aq)] = 50.00\ \mathrm{kJ\cdot mol^{-1}}$$

$$\Delta_f G_m^\ominus[Cu^{2+}(aq)] = 65.52\ \mathrm{kJ\cdot mol^{-1}}$$

所以

$$\Delta_r G_m^\ominus = \Delta_f G_m^\ominus[Cu^{2+}(aq)] - 2\Delta_f G_m^\ominus[Cu^+(aq)] = (65.52 - 2\times 50.00)\ \mathrm{kJ\cdot mol^{-1}}$$

$$= -34.48\ \text{kJ}\cdot\text{mol}^{-1}$$

由于 $\Delta_r G^{\ominus}<0$，所以 Cu^+ 在水溶液中能自发地发生歧化反应。

在固相时，也可从热力学能量变化来判断 Cu_2O 能否发生如下的歧化反应：

$$Cu_2O(s) \longrightarrow CuO(s) + Cu(s) \quad \Delta_r G^{\ominus} = +19.2\ \text{kJ}\cdot\text{mol}^{-1}$$

可见 $\Delta_r G^{\ominus}>0$，但正值较小，表明正逆反应在常温下都不易自发进行，因此在常温下，固态 Cu_2O 是稳定的，不发生歧化反应。当溶液中有与 Cu^+ 形成难溶物或配合物的阴离子如 Cl^-、I^-、CN^- 存在时，就能生成稳定的难溶物 CuCl、CuI、CuCN 或配合物 $CuCl_2^-$。

(2) Cu(Ⅱ)热分解或被还原剂还原转化成 Cu(Ⅰ)　前文所述，CuO 加热超过 1000 ℃，即分解转化为 Cu_2O，这可以从在高温时熵增大得到说明。Cu^{2+} 还可以被还原剂如 SO_2、$SnCl_2$、葡萄糖及 I^- 等还原成 Cu(Ⅰ)化合物。如 Cu^{2+} 与 I^- 发生如下反应：

$$2Cu^{2+} + 4I^- \longrightarrow 2CuI\downarrow + I_2$$

这是因为 Cu^{2+} 是弱氧化剂。由于 CuI 的溶度积较小，溶液中 $[Cu^+]$ 降低，影响 Cu^{2+}/Cu^+ 电对的电极电势。假设溶液中 Cu^{2+} 和 I^- 的浓度均是 1 mol·L^{-1}，则溶液中 $[Cu^+]$ 为

$$[Cu^+] = \frac{K_{sp}}{[I^-]} = 1.27\times10^{-12}\ \text{mol}\cdot\text{L}^{-1}$$

根据能斯特方程，则有

$$\varphi(Cu^{2+}/Cu^+) = \varphi^{\ominus}(Cu^{2+}/Cu^+) + 0.0592\lg\frac{[Cu^{2+}]}{[Cu^+]}$$

$$= \left(0.153 + 0.0592\lg\frac{1}{1.27\times10^{-12}}\right)\text{V}$$

$$= 0.86\ \text{V}$$

计算结果表明，由于 CuI 沉淀的生成，电对 Cu^{2+}/Cu^+ 的电极电势由 0.153 V 上升至 0.86 V。此电极电势即为 $Cu^{2+} + I^- + e^- \longrightarrow CuI$ 的标准电极电势。由于此电极电势大于 $\varphi^{\ominus}(I_2/I^-) = 0.535$ V，所以反应能自发正向进行。

室温时，在 Cu^{2+} 溶液中加入 CN^- 时，得到氰化铜的棕黄色沉淀。此物质分解生成白色 CuCN，并放出 $(CN)_2$，其反应为

$$2Cu^{2+} + 4CN^- \longrightarrow 2CuCN\downarrow + (CN)_2\uparrow$$

继续加入过量 CN^-，CuCN 溶解形成无色的 $Cu(CN)_4^{3-}$。$Cu(CN)_4^{3-}$ 极稳定，通入

H_2S 也无 Cu_2S 沉淀生成。

$Cu(CN)_4^{3-}$ 用作镀铜的电镀液。但因氰化物有毒，所以需要迅速发展无氰电镀工艺。例如，可用焦磷酸合铜配离子 $Cu(P_2O_7)_2^{6-}$ 作电镀液来取代氰化法镀铜。

由上可见，在 Cu^{2+} 溶液中，通过反应，若能生成难溶物如 Cu_2O、CuI 等或稳定配离子如 $Cu(CN)_4^{3-}$ 而使[Cu^+]减小，则 Cu(Ⅰ)化合物就能稳定存在。生成难溶物的溶度积越小或 Cu(Ⅰ)配合物的稳定常数越大，则所生成的Cu(Ⅰ)化合物就越稳定，Cu(Ⅱ)也就越容易转化为 Cu(Ⅰ)化合物。

二、银的化合物

银元素主要以+Ⅰ氧化态形成化合物，Ag(Ⅰ)盐大多难溶于水，可溶的只有 $AgNO_3$、AgF 和 $AgClO_4$ 等少数几种盐。其中，$AgClO_4$ 和 AgF 的溶解度非常大（25 ℃时分别为 5570 $g\cdot L^{-1}$和 1800 $g\cdot L^{-1}$）。

Ag^+和 Cu^{2+}相似，形成配合物的倾向很大，把难溶银盐转化成配合物是溶解难溶银盐的重要方法。

（1）氧化银和氢氧化银　在 $AgNO_3$ 溶液中加入 NaOH 溶液，首先析出白色 AgOH 沉淀，常温下 AgOH 极不稳定，立即脱水生成暗棕色 Ag_2O 沉淀。如果用溶于90%乙醇的 $AgNO_3$ 溶液，在低于-45 ℃下和 KOH 反应，可得到白色 AgOH 沉淀。

Ag_2O 微溶于水，20 ℃时，1 L 水能溶 13 mg，溶液呈微碱性。由于 Ag_2O 生成焓很小（31 $kJ\cdot mol^{-1}$），不稳定，加热到 300 ℃时就完全分解。Ag_2O 具有氧化性，能将 CO 氧化成 CO_2 或将 H_2O_2 氧化成 O_2：

$$2Ag_2O \xrightarrow{300\ ℃} 4Ag + O_2$$

$$Ag_2O + CO \longrightarrow 2Ag + CO_2$$

$$Ag_2O + H_2O_2 \longrightarrow 2Ag + H_2O + O_2\uparrow$$

（2）硝酸银　$AgNO_3$ 的制法是将银溶于硝酸，然后蒸发并结晶得到：

$$Ag + 2HNO_3(浓) \longrightarrow AgNO_3 + NO_2\uparrow + H_2O$$

$$3Ag + 4HNO_3(稀) \longrightarrow 3AgNO_3 + NO\uparrow + 2H_2O$$

由于原料中含有杂质铜，因此在 $AgNO_3$ 的产品中将会含有硝酸铜，这可根据硝酸盐热分解温度不同提纯硝酸银：

$$2AgNO_3 \xrightarrow{440\ ℃} 2Ag + 2NO_2 + O_2\uparrow$$

$$2Cu(NO_3)_2 \xrightarrow{200\ ℃} 2CuO + 4NO_2 + O_2\uparrow$$

将粗产品加热至 200～300 ℃，此时硝酸铜分解为黑色不溶于水的 CuO，而 $AgNO_3$ 不分解。将混合物中的 $AgNO_3$ 溶解后过滤出 CuO，然后将滤液重结晶便得到纯的硝酸银。

硝酸银熔点为 481.5 K，见光分解（反应式与热分解式相同）。如有微量的有机化合物将促进其光解。因此，应将硝酸银晶体或其溶液保存在棕色瓶中。硝酸银还能被一些中强或强还原剂还原成单质银：

$$2AgNO_3 + H_3PO_3 + H_2O \longrightarrow H_3PO_4 + 2Ag + 2HNO_3$$

硝酸银还能与许多有机化合物发生氧化还原反应，如皮肤或布与 $AgNO_3$ 接触后都会变黑。10% $AgNO_3$ 溶液可用作消毒剂和腐蚀剂，大量的 $AgNO_3$ 用于制造照卤化银，它也是重要的分析试剂。

(3) 卤化银　Ag(Ⅰ)有 4 种卤化物（F，Cl，Br，I），4 种 AgX 均可由单质直接制备或在硝酸银溶液中加入卤化物（除氟化物外）生成。

制备 AgF 的简便方法是将 Ag_2O 溶解在氢氟酸中并蒸发、浓缩得到晶体：

$$Ag_2O + 2HF \longrightarrow 2AgF + H_2O$$

4 种卤化银的基本性质列在表 22-6 中。

表 22-6　卤化银的性质

性　　质	AgF	AgCl	AgBr	AgI
颜色	白	白	淡黄	黄
溶解度/($g \cdot L^{-1}$)	1800	0.03	0.0055	5.6×10^{-5}
溶度积	—	1.77×10^{-10}	5.35×10^{-13}	8.52×10^{-17}
晶格类型	NaCl	NaCl	NaCl	ZnS
熔点/K	708	728	703	829
离子半径之和/pm	262	307	321	342
Ag—X 键键长/pm	246	277	288	305
键的类型	离子	————	————→	共价

Ag^+ 为 18 电子构型，有强的极化力，也容易变形。由表 22-6 看出，Ag^+ 和易变形的 Cl^-、Br^-、I^- 结合生成的 AgX 的性质（如颜色、溶解性、键型等）呈现出规律变化。

卤化银的颜色依 Cl→Br→I 的顺序而加深，可用化合物中电荷迁移（$X^- Ag^+ \longrightarrow XAg$）所需能量依次降低得到解释。在化合物中，发生在阳离子和阴离子之间的电子跃迁称为电荷迁移跃迁。发生电荷迁移跃迁时吸收频率为 ν 的可见光,而使化合物呈现颜色。在 AgX 中,由相同的 Ag^+ 和结构相似变形性不同的 X^- 组成。由于 X^- 的变形性顺序是 $F^-<Cl^-<Br^-<I^-$,所以在 AgX 中发生电荷迁移时吸收光波波长变化的顺序也是 $F^-<Cl^-<Br^-<I^-$。F^- 的电荷迁移过程需要高能光子,即发生在紫外区,Cl^-、Br^-、I^- 所需光子能量依次降低,电荷迁移光谱带的波长向长波方向移动,所以 AgI 的颜色最深。

AgCl、AgBr、AgI 都不溶于稀硝酸。

AgCl、AgBr、AgI 都具有感光性,可作感光材料,常用于照相术。照相底片上涂有一薄层含有 AgBr 的明胶凝胶,在光的作用下,底片上的 AgBr 分解成极细的银晶核。底片上哪部分感光越强,AgBr 分解越多,哪部分就越黑,这一过程称为曝光产生"潜影":

$$AgBr \xrightarrow{h\nu} Ag + Br$$

将感光的底片于暗室中用有机还原剂如对苯二酚、米吐尔(硫酸对甲氨基苯酚)等将含有银核的 AgBr 进一步还原为银:

$$HO-C_6H_4-OH + 2AgBr + 2OH^- \longrightarrow 2Ag + O{=}C_6H_4{=}O + 2H_2O + 2Br^-$$

这一处理过程叫显影。经过一段时间的显影后,将底片浸入 $Na_2S_2O_3$ 溶液中,未感光的 AgBr 形成 $Ag(S_2O_3)_2^{3-}$ 配离子而溶解,剩下的金属银不再变化,这一过程叫定影:

$$AgBr + 2S_2O_3^{2-} \longrightarrow Ag(S_2O_3)_2^{3-} + Br^-$$

通过定影,得到一张影像与实物在明暗度上是相反的"负像"(即底片)。将底片放在印相纸上,再经过曝光、显影、定影等手续,就得到印有"正像"的照片。定影液中的银可用铁粉把它置换出来或将废胶片在通风橱中焚烧(因产生 NO_x 等有毒气体)以回收银。

AgI 有 α、β、γ 等多种晶形。室温下的稳定形式为 γ-AgI,具有立方闪锌结构。β-AgI 具有六方 ZnO 结构,它是 409 K 和 419 K 之间的稳定形式。它与冰的结构关系密切,在过冷云中极易使冰形成晶核,从而诱发降雨。在 419 K 时,β-AgI 转变为 α-AgI,由六方结构变为体心立方结构。α-AgI 晶体中的 Ag^+ 具有高度的可移动性,当 AgI 从 β-AgI 晶体转化为 α-AgI 晶体时,电导率由 $3.4\times10^{-4}\ \Omega^{-1}\cdot cm^{-1}$ 猛升到 $1.31\ \Omega^{-1}\cdot cm^{-1}$,提高近 4000 倍。根据这个原理,以 α-AgI 为主要成分的物质作为固体电解质电池得到广泛应用。

由于 Ag^+ 导体电阻率小,离子迁移数接近 1,本身放电少,所以此种电池可以长时间保存,理论寿命可达 10 年之久。与此同时,许多其他快离子导体也已相继发展起来。例如：

$$Ag_2HgI_4(\text{黄色六方晶体})\xrightarrow{323.8\ K}Ag_2HgI_4(\text{橘红色立方晶体})$$

(4) 配合物　Ag^+ 与含 N、P 和 S 配体配位形成种类繁多的配合物，如 $AgCl_2^-$、$Ag(NH_3)_2^+$、$Ag(CN)_2^-$、$Ag(S_2O_3)_2^{3-}$ 等。

比较 $AgCl_2^-$ ($K_稳^\ominus = 1.0\times10^5$)、$Ag(NH_3)_2^+$ ($K_稳^\ominus = 1.1\times10^7$)、$Ag(S_2O_3)_2^{3-}$ ($K_稳^\ominus=2.9\times10^{13}$)、$Ag(CN)_2^-$ ($K_稳^\ominus = 1.3\times10^{21}$) 的稳定常数和 AgX 的 K_{sp}：AgCl(1.77×10^{-10})、AgBr(5.35×10^{-13})、AgI(8.52×10^{-17})，可以通过定量计算结果解释以下实验现象：① AgCl 能溶于浓氨水、$Na_2S_2O_3$ 和 NaCN 溶液；AgBr 仅微溶于浓氨水，易溶于 $Na_2S_2O_3$ 和 NaCN 溶液；而 AgI 不溶于浓氨水，微溶于 $Na_2S_2O_3$，易溶于 NaCN 溶液。② 在 $AgNO_3$ 溶液中加入 Cl^- 产生白色 AgCl 沉淀，往沉淀中加入氨水，沉淀溶解产生 $Ag(NH_3)_2^+$ 配离子；在上述溶液中加入 Br^- 产生淡黄色 AgBr 沉淀，加入 $Na_2S_2O_3$ 溶液，沉淀溶解生成 $Ag(S_2O_3)_2^{3-}$ 配离子；加入 I^- 则又产生黄色 AgI 沉淀，加入 NaCN 溶液，沉淀又溶解生成 $Ag(CN)_2^-$ 配离子。③ AgX(包括拟卤化银 AgCN)在相应酸中的溶解度比在水中的大，这是因为生成了 AgX_2^- 等配离子，可查出其相应化合物的 $K_稳^\ominus$，如 $AgBr_2^-$ ($K_稳^\ominus=2.1\times10^7$)、$AgI_2^-$ ($K_稳^\ominus=5.5\times10^{11}$)。

银配离子广泛应用于照相技术和电镀工业中。例如，热水瓶胆上的镀银就是利用 $Ag(NH_3)_2^+$ 与甲醛或葡萄糖的反应：

$$2Ag(NH_3)_2^+ + HCHO + 2OH^- \longrightarrow HCOONH_4 + 2Ag + 3NH_3 + H_2O$$

这个反应叫银镜反应。也可利用此反应鉴定醛(R—CHO)。要注意镀银后的银氨溶液不能储存，因放置时(天热时不到一天)会析出有强爆炸性的 Ag_3N 沉淀。可在银氨液中加盐酸使其转化为 AgCl 沉淀回收，还可利用 Ag^+ 的氧化性与一些强还原剂如羟氨等进一步还原成单质银进行回收。

$$2NH_2OH + 2AgCl \longrightarrow N_2\uparrow + 2Ag\downarrow + 2HCl + 2H_2O$$

三、金的化合物

Au(Ⅲ)化合物最稳定，Au^+ 像 Cu^+ 一样容易发生歧化反应，298 K 时反应的平衡常数为 10^{13}。

$$3Au^+ \rightleftharpoons Au^{3+} + 2Au$$

可见 Au^+ 在水溶液中不能存在。

与 Ag^+ 一样，Au^+ 容易形成二配位的配合物，如 $Au(CN)_2^-$。Au^+ 与二硫代氨基甲酸根形成的配合物中含有直线形 S—Au—S 配键，它是二聚体，其中 Au—

Au 键键长为 276 pm，比金属金中 Au—Au 键键长（288 pm）缩短了 12 pm，说明其中有金属-金属键。

金最稳定的+Ⅲ氧化态的化合物有氧化物、硫化物、卤化物及配合物。

碱与 Au^{3+} 水溶液作用产生沉淀，脱水后变成棕色的 Au_2O_3。Au_2O_3 溶于浓碱形成 $Au(OH)_4^-$。

将 H_2S 通入 $AuCl_3$ 冷的无水乙醚溶液中，可得到 Au_2S_3，它遇水后很快被还原成 Au(Ⅰ)或 Au。

金在 200 ℃时与氯气作用，可得到褐红色晶体 $AuCl_3$。在固态和气态时，该化合物均为二聚体，具有氯桥基结构：

```
Cl      Cl      Cl
  \    /  \    /
   Au       Au
  /    \  /    \
Cl      Cl      Cl
```

$AuCl_3$ 易溶于水，并水解生成一羟三氯合金(Ⅲ)酸：

$$AuCl_3 + H_2O \longrightarrow H[AuCl_3OH]$$

$AuCl_3$ 加热到 423 K 开始分解成 AuCl 和 Cl_2，在较高温度下分解成单质。

将金溶于王水或将 Au_2Cl_6 溶解在浓盐酸中，然后蒸发得到黄色的氯代金酸 $HAuCl_4 \cdot 4H_2O$。由此可以制得许多含有平面正方形离子 AuX_4^- 的盐（X = F，Cl，Br，I，CN，SCN，NO_3）。这些化合物不仅丰富了配位化学的化学键理论，而且具有重要的应用价值。例如，$Au(NO_3)_4^-$ 提供了少数以硝酸根作单齿配体的可靠例子。氯金(Ⅲ)酸的很多盐不仅能溶于水，而且还能溶于乙醚或乙酸乙酯等有机溶剂中，因而可用这些溶剂来萃取金。由于氯金(Ⅲ)酸铯的溶解度非常小，所以有时利用它来鉴定金元素。由金(Ⅲ)的氯配合物和溶解在有机溶剂中的含硫树脂组成涂料，可应用在陶瓷和玻璃上热镀金的生产中。

22-2-3 铜族元素与碱金属元素性质的对比

虽然铜族元素与碱金属元素有相同的最外电子层结构，但由于其次外层电子结构（18 电子构型）与碱金属（8 或 2 电子构型）不同，其金属半径和电离能的变化规律都与碱金属元素不同。与碱金属元素相比，铜族元素具有较小的金属半径，且金属半径从铜到金变化不大。铜族元素也具有较高的电离能，但从铜到金逐渐增加。铜族元素不同的金属半径和电离能的变化规律，导致其单质的物理性质和化学性质与碱金属元素截然不同。

铜族离子具有较强的极化能力，因此其阳离子易水解，氢氧化物的碱性弱，容易形成配合物,易被还原。并且其化合物由于具有 d 轨道的未成对电子或化合物中的成键具有明显的共价键成分而显色。

碱金属和铜族元素性质简要对比如下:

性　质	铜族元素	碱金属元素
物理性质	金属键较强,具有较高的熔点、沸点和升华热,良好的延展性。导电性和导热性最好,密度较大	金属键较弱,熔点、沸点较低,硬度、密度较小
化学活泼性和性质变化规律	是不活泼的重金属,同族内金属活泼性从上至下减弱	是极活泼的轻金属,同族内金属活泼性从上至下增强
氧化态	有+Ⅰ、+Ⅱ、+Ⅲ三种	总是呈+Ⅰ氧化态
化合物的键型和还原性等	化合物有较明显的共价性,化合物有颜色,金属离子易被还原	化合物大多是离子型的,正离子一般是无色的,极难被还原
离子形成配合物的能力	有很强的生成配合物的倾向	仅能与极强的配位剂形成配合物,因此以碱金属离子作中心原子的配合物极少
氢氧化物的碱性和稳定性	氢氧化物碱性较弱,易脱水形成氧化物	氢氧化物是强碱,对热非常稳定

22-3 锌族元素

22-3-1 锌族元素的单质

一、存在与冶炼

1. 存在

锌、镉、汞在地壳中的丰度见表 20-1。这三种元素都是亲硫元素,因此主要以硫化物存在于自然界中。锌的主要矿石是闪锌矿 ZnS 和菱锌矿$ZnCO_3$。镉有镉硫矿,在大多数的锌矿中存在 0.2%~0.4% CdS,还有铜等,成为多金属的共存矿,如铅锌矿是镉在商业上的重要来源。汞唯一重要的矿源是朱砂(又名辰砂)HgS。

2. 冶炼

现代炼锌的方法可分为火法(蒸馏法)和湿法(电解法)两大类。现以火法炼锌为例。

闪锌矿通过浮选法得到含有40%~60%ZnS的精矿石,焙烧使其转化为ZnO,再将ZnO和焦炭混合,在鼓风炉中加热至1100~1300 ℃,使锌以蒸气逸出,冷凝得到纯度为99%的锌粉:

$$2ZnS + 3O_2 \xrightarrow{\text{焙烧}} 2ZnO + 2SO_2\uparrow$$

$$ZnO + C \xrightarrow{\triangle} Zn(g) + CO\uparrow$$

$$ZnO + CO \xrightarrow{\triangle} Zn(g) + CO_2\uparrow$$

在蒸馏过程中还可以回收所含的镉。由于镉的沸点(1038 K)低于锌的沸点(1180 K),所以还原得到的镉在该条件下应先被蒸馏出来,得到粗镉。将粗镉溶于HCl,用锌粉置换,可得到较纯的镉。

汞通过加热辰砂制备。辰砂矿石经粉碎、浮选富集之后,在空气中焙烧或与石灰共热,然后使汞蒸馏出来:

$$HgS + O_2 \xrightarrow{\text{焙烧}} Hg + SO_2\uparrow$$

$$4HgS + 4CaO \xrightarrow{\triangle} 4Hg + 3CaS + CaSO_4$$

粗制的汞中有Pb、Cd、Cu等,可将空气鼓入热的液态粗汞中,使它们氧化成浮渣,再减压蒸馏以提纯汞。

二、性质和用途

1. 物理性质

与其他金属相比,锌族元素最显著的特点是,它们的熔点和沸点低,并依Zn→Cd→Hg顺序下降,这主要是因为锌族元素的原子半径大和全充满的d电子构型造成单质中的金属键较弱。汞是唯一在室温下为液态的金属。汞还有一个反常特征,即除稀有气体外,汞是蒸气几乎全部为单原子的唯一单质。汞的蒸气压相当低(298 K时为0.25 Pa),而液态金属汞的电阻率又特别高,因而常用它作电学测量标准。汞在273~473 K体积膨胀系数很均匀,又不湿润玻璃,因而广泛用在温度计和不同类型的压强计中。汞的蒸气在电弧中能导电,并辐射高强度的可见光和紫外光线,可作太阳灯、用于医疗方面或马路照明。汞还大量用于电力和电子工业方面。

汞蒸气吸入人体会导致慢性中毒,如牙齿松动、毛发脱落、听觉失灵、神经错乱等。因此使用汞时必须非常小心,不许将汞滴撒在实验桌上或地面上。因汞撒开后,表面积增大,极易挥发。在室温下达平衡时,1 m^3空气中含有14 mg汞的蒸气,就大大超过空气中允许汞蒸气的含量(0.1 $mg\cdot m^{-3}$)。万一撒落,必须尽量收集起来。对于遗留在缝隙处的汞,可撒盖硫磺粉使生成难溶的HgS,也可倒入饱和的铁盐溶液使其氧化除去。储藏汞必须密封，实验室临时存放在广口瓶中少量的汞，应覆盖一层水或 10% NaCl 溶液，以保证汞不挥发出来。

刚生成时的镉和锌是带浅蓝色光泽的白色固体。金属锌和镉为畸变的六方紧密堆积，汞为三方晶系、菱方晶胞（面心立方畸变型），使锌族金属密度较大，另外，畸变的结构使得它们各个方向上金属键的强弱不同，导致其抗拉强度较低。

锌主要用于防腐镀层，如电镀、喷镀、含锌涂料（富锌漆）、各种合金以及干电池等。

锌、镉、汞都能与其他各种金属形成合金。锌与铜的合金，各种黄铜具有相当大的商业价值。汞的合金称为汞齐。因组成不同，汞齐可以呈液态或固态。汞齐在化学、化工和冶金中有重要用途：钠汞齐与水反应，缓慢放出氢，在有机合成中常用作还原剂；钛汞齐（8.5% Ti）在 213 K 才凝固，可作低温温度计。利用汞能溶解金、银的性质，在冶金中用汞齐法提炼贵重金属。铁族金属不生成汞齐，因此可用铁制容器盛水银。

2. 化学性质

锌和镉的化学性质比较相近，而汞较特殊，所以主要讨论锌和汞的化学性质。

锌在含有 CO_2 的潮湿空气中很快变暗，生成碱式碳酸锌，它是一层较紧密的保护膜：

$$4Zn + 2O_2 + 3H_2O + CO_2 \longrightarrow ZnCO_3 \cdot 3Zn(OH)_2$$

锌在加热条件下，可以与绝大多数非金属如卤素、氧、硫、磷等发生化学反应，但不与 H_2、N_2、C 反应。在 1000 ℃时锌在空气中燃烧生成氧化锌；而汞在约 347 ℃时与氧明显反应，但在 397 ℃以上 HgO 又分解为单质汞。

锌粉与硫磺共热可形成硫化锌。汞与硫磺粉研磨即能形成硫化汞。这种反常的活泼性是因为汞是液态，研磨时汞与硫磺接触面积增大，反应容易进行。

锌的电极电势比氢负，可与非氧化性酸（如盐酸、硫酸等）反应释放出氢，与氧化性酸（如硝酸）反应比较复杂。而汞的电极电势比氢正，在通常情况下，只能在热的浓硫酸或硝酸中溶解：

$$Hg + 2H_2SO_4(\text{浓}) \xrightarrow{\triangle} HgSO_4 + SO_2\uparrow + 2H_2O$$

$$3Hg + 8HNO_3 \longrightarrow 3Hg(NO_3)_2 + 2NO\uparrow + 4H_2O$$

用过量的汞与冷的稀硝酸反应，生成硝酸亚汞：

$$6Hg + 8HNO_3 \longrightarrow 3Hg_2(NO_3)_2 + 2NO\uparrow + 4H_2O$$

和镉、汞不同，锌与铝相似，都是两性金属，能溶于强碱溶液中：

$$Zn + 2NaOH + 2H_2O \longrightarrow Na_2Zn(OH)_4 + H_2\uparrow$$

锌和铝又有区别，锌溶于氨水形成锌氨配离子，而铝不溶于氨水形成配离子：

$$Zn + 4NH_3 + 2H_2O \longrightarrow Zn(NH_3)_4^{2+} + H_2\uparrow + 2OH^-$$

22-3-2 锌族元素的重要化合物

锌族元素能以+Ⅰ或+Ⅱ氧化态形成化合物，这些化合物主要有氧化物、氢氧化物、硫化物、卤化物和配合物等。

一、氧化态为+Ⅰ的化合物

锌族元素中只有Hg可以形成稳定的+Ⅰ氧化态化合物，这类化合物叫亚汞化合物，主要有$Hg_2(NO_3)_2$和Hg_2Cl_2。所有亚汞化合物都是抗磁性的，Hg总是以双聚体Hg_2^{2+}的形式出现，而没有单个Hg^+，结构为$^+Hg:Hg^+$。Hg_2^{2+}中每个Hg原子以sp杂化轨道成键，所以Hg_2X_2是线形结构，X—Hg—Hg—X。已知汞还可以形成Hg_3^{2+}、Hg_4^{2+}一类的多聚金属阳离子，其中汞的氧化数分别为+2/3和+1/2。

亚汞盐多数是无色的，大多数微溶于水，只有极少数盐如硝酸亚汞是易溶的，且易发生水解：

$$Hg_2(NO_3)_2 + H_2O \longrightarrow Hg_2(OH)NO_3\downarrow + HNO_3$$

在硝酸亚汞溶液中加入盐酸，就生成氯化亚汞沉淀：

$$Hg_2(NO_3)_2 + 2HCl \longrightarrow Hg_2Cl_2\downarrow + 2HNO_3$$

氯化亚汞无毒，因味略甜，俗称甘汞。甘汞是微溶于水的白色粉末，化学上用以制作甘汞电极，曾用作轻泻剂。在光的照射下，容易分解成有毒的汞和氯化汞：

$$Hg_2Cl_2 \xrightarrow{h\nu} HgCl_2 + Hg$$

所以应把氯化亚汞储存在棕色瓶中，避光保存。

二、氧化态为+Ⅱ的化合物

锌族元素的重要化合物是氧化物、硫化物、卤化物和配合物等。这些化合物的基本特征：由于锌族M^{2+}为18电子构型，均无色，因而其化合物也无色。但是因为阳离子的极化作用和变形性依Zn^{2+}、Cd^{2+}、Hg^{2+}顺序增强，导致Cd^{2+}，特别是Hg^{2+}与易变形的阴离子如S^{2-}、I^-等形成的化合物具有明显的共价性，呈现较深的颜色和较低的溶解度。同时本族M^{2+}化合物还具有特征的抗磁性。常见的盐都含有结晶水。形成配合物的倾向也较大。

1. 氧化物和氢氧化物

锌、镉、汞都能形成正常的氧化物 MO，Zn 和 Cd 还能形成过氧化物 MO_2。

ZnO 是白色粉末，CdO 为棕灰色粉末，HgO 为红色或黄色晶体。它们都难溶于水。

ZnO 俗名锌白，用作白色颜料。与传统的“铅白”（碱式碳酸铅）相比，它的优点是无毒，遇到 H_2S 气体不变黑，因为 ZnS 也是白色。ZnO 能增加玻璃的化学稳定性，可用于生产特种玻璃、搪瓷和釉料；用于橡胶的生产能缩短硫化时间；还可用作油漆的催干剂、塑料的稳定剂以及杀菌剂。

用 H_2O_2 溶液处理 $Zn(OH)_2$，便生成组分可稍微变化的水合过氧化物。它具有杀菌能力，因而广泛用于化妆品中。

ZnO 是两性化合物，溶于酸形成锌盐，溶于碱形成锌酸盐如 $Zn(OH)_4^{2-}$（简写成 ZnO_2^{2-}）。

在锌盐和镉盐溶液中加入适量强碱，可以得到它们的氢氧化物。氢氧化锌是两性氢氧化物。$Zn(OH)_2$ 和 $Cd(OH)_2$ 均可溶于氨水生成氨配离子，这一点与 $Al(OH)_3$ 不同：

$$Zn(OH)_2 + 4NH_3 \longrightarrow Zn(NH_3)_4^{2+} + 2OH^-$$

$$Cd(OH)_2 + 4NH_3 \longrightarrow Cd(NH_3)_4^{2+} + 2OH^-$$

当汞盐溶液与碱作用时，得不到 $Hg(OH)_2$，因其不稳定，立即分解成黄色的 HgO：

$$Hg^{2+} + 2OH^- \longrightarrow HgO\downarrow + H_2O$$

HgO 的红色变体是通过 $Hg(NO_3)_2$ 的热分解或在约 347 ℃时于氧气中加热汞或 Na_2CO_3 与 $Hg(NO_3)_2$ 反应制得：

$$Hg(NO_3)_2 \xrightarrow{\triangle} HgO + 2NO_2\uparrow + \frac{1}{2}O_2\uparrow$$

$$Na_2CO_3 + Hg(NO_3)_2 \longrightarrow HgO + CO_2\uparrow + 2NaNO_3$$

黄色 HgO 在低于 297 ℃加热时，可以转变成红色的 HgO。这两种变体的结构相同，颜色差别是由于其晶粒的大小不同所致。黄色 HgO 晶粒较细小，红色晶粒较大。

2. 硫化物

在 Zn^{2+}、Cd^{2+}、Hg^{2+}溶液中分别通入 H_2S，便立即产生黄色的 CdS 沉淀和黑色的 HgS 沉淀，但不能产生白色的 ZnS 沉淀。ZnS 可通过 Zn^{2+}溶液与 Na_2S 反应得到。

难溶硫化物比相应氧化物的共价性强；锌族硫化物在水中的溶解度按 ZnS→CdS→HgS 的顺序减小，HgS 也是金属硫化物中溶解度最小的。部分硫化物可溶于酸生成 M^{2+}和 H_2S：

$$MS + 2H^{+} \longrightarrow M^{2+} + H_2S$$

ZnS 能溶于 0.1 mol·L^{-1}盐酸；CdS 不溶于稀酸，可溶于浓酸，所以控制溶液的酸度可以使锌、镉分离；HgS 则既不溶于浓盐酸，也不溶于浓 HNO_3，只能溶于王水或 HCl 和 KI 的混合物：

$$3HgS + 12HCl + 2HNO_3 \longrightarrow 3H_2HgCl_4 + 3S\downarrow + 2NO\uparrow + 4H_2O$$

$$HgS + 2H^{+} + 4I^{-} \longrightarrow HgI_4^{2-} + H_2S$$

HgS 还可溶于过量的浓 Na_2S 溶液中，生成二硫合汞酸钠：

$$HgS + Na_2S(浓) \longrightarrow Na_2HgS_2$$

这是 HgS 与铜、锌族中其他五种元素硫化物的又一区别。所以可以用加 Na_2S 把 HgS 从铜、锌族元素硫化物中分离出来。

天然硫化锌分布最广的是闪锌矿，它是锌的主要产源。闪锌矿是由锌原子和硫原子的两种立方密堆积晶格相互穿插形成的。这些原子可相互替代，彼此占据对方晶格的四面体形晶格位置，使每个原子都满足四配位（Zn—S 距离为 235 pm）。从图 22-5(a)可以看出硫原子为面心立方排列，若扩展开能看出锌原子也为面心立方排列。还有一种为六方密堆积的纤锌矿，见图 22-5(b)。与闪锌矿一样，锌和硫都是四面体形配位（Zn—S 键键长为 236 pm），但相互穿插的晶格是六方密堆积，而不是立方密堆积。

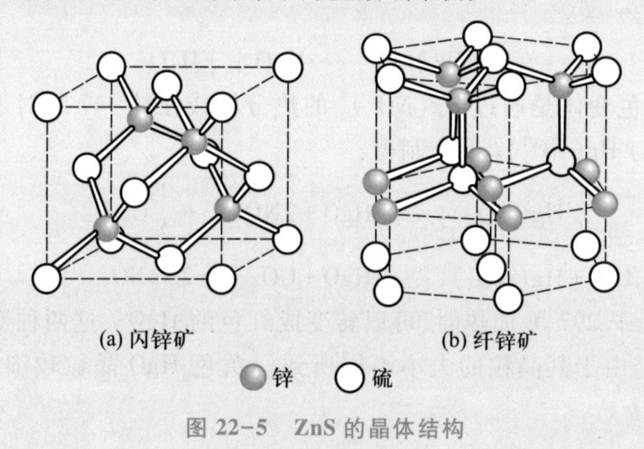

图 22-5 ZnS 的晶体结构

硫化锌可用作白色颜料，它同硫酸钡共沉淀所形成的混合晶体 ZnS·$BaSO_4$ 叫作锌钡白（立德粉），是一种优良的白色颜料，其生成反应如下：

$$ZnSO_4(aq) + BaS(aq) \longrightarrow ZnS\cdot BaSO_4\downarrow$$

ZnS 粉末在 H_2S 气氛中灼烧，即转变为晶体。经过煅烧后的 ZnS 无毒，所以可用作儿童玩具上的油漆颜料。若在晶体 ZnS 中掺入微量的 Cu、Mn、Ag 离子，则在光照时能发出不同颜色的荧光，这种材料叫荧光粉，可制作荧光屏、夜光表、发光油漆等。

硫化镉叫镉黄，用作黄色颜料。若添加少量 CdS、ZnS、HgS 等可得到对热稳定的由浅黄到深红的色彩鲜艳的颜料，其胶态分散体还可用于生产彩色透明玻璃。

3. 卤化物

锌、镉、汞与卤素（F、Cl、Br、I）能生成 12 种二卤化物。在 12 种二卤化物中，由于 F^- 的特殊性，使得 Zn、Cd、Hg 的二氟化物具有比其他二卤化物要高的熔点、沸点，这表明它们主要呈现离子化合物的特征。在 12 种二卤化物中最重要的是氯化锌与氯化汞。

（1）氯化锌　无水氯化锌是白色固体，熔点比较低，易溶于酒精、丙酮及其他有机溶剂；易吸潮、极易溶于水，是固体盐中溶解度最大的（283 K，333 g/100 g H_2O），原因是在溶液中发生如下反应：

$$ZnCl_2 + H_2O \longrightarrow H[ZnCl_2(OH)]$$

一羟基二氯合锌（Ⅱ）酸具有显著的酸性，能溶解金属氧化物如 FeO，$ZnCl_2$ 可用作焊接金属的清洗剂和助熔剂，即在焊接金属时，用 $ZnCl_2$ 清除金属表面上的氧化物，既不损坏金属表面，且水分蒸发后，熔化的盐覆盖在金属表面，使之不再氧化，能保证焊接金属的直接接触：

$$FeO + 2H[ZnCl_2(OH)] \longrightarrow Fe[ZnCl_2(OH)]_2 + H_2O$$

浓的 $ZnCl_2$ 水溶液还能溶解淀粉、纤维素和丝绸，因此用于纺织工业。$ZnCl_2$的吸水性很强，故在有机合成上用作除水剂。用 $ZnCl_2$ 溶液浸过的木材不易被腐蚀。

无水氯化锌不能用湿法制得，因为反应物在水溶液中反应后，经过浓缩、结晶得到的是一些水合物如 $ZnCl_2 \cdot H_2O$。将 $ZnCl_2$ 溶液蒸干，得到的是碱式氯化锌，因为氯化锌发生了水解反应：

$$ZnCl_2 + H_2O \xrightarrow{\triangle} Zn(OH)Cl + HCl\uparrow$$

因此制备无水 $ZnCl_2$ 最好是在干燥 HCl 气氛中加热脱水或热处理金属锌。

（2）氯化汞　$HgCl_2$ 是低熔点（276 ℃）、易升华的固体，俗称升汞。可由 $HgSO_4$ 与 NaCl 作用经升华制得：

$$HgSO_4 + 2NaCl \xrightarrow{\triangle} HgCl_2 + Na_2SO_4$$

$HgCl_2$ 有剧毒,易溶于许多有机溶剂,稍溶于水,且解离度很小,在水中几乎以 $HgCl_2$ 分子存在,这是无机盐少有的性质。在气态以直线形分子 $HgCl_2$ 存在。

氯化汞在水中略有水解,在氨中发生氨解,二者很相似:

$$HgCl_2 + H_2O \longrightarrow Hg(OH)Cl + HCl$$
$$HgCl_2 + 2NH_3 \longrightarrow Hg(NH_2)Cl\downarrow + NH_4Cl$$

在酸性溶液中 $HgCl_2$ 是一个较强的氧化剂,同一些还原剂(如 $SnCl_2$)反应可被还原成 Hg_2Cl_2(白色沉淀):

$$2HgCl_2 + SnCl_2 + 2HCl \longrightarrow Hg_2Cl_2\downarrow + H_2SnCl_6$$

如果 $SnCl_2$ 过量,生成的 Hg_2Cl_2 可进一步被还原为黑色的金属汞,使沉淀变黑:

$$Hg_2Cl_2 + SnCl_2 + 2HCl \longrightarrow 2Hg\downarrow + H_2SnCl_6$$

分析化学上常用 $HgCl_2$ 和 $SnCl_2$ 的反应检验 Hg^{2+} 或 Sn^{2+}。

4. 配合物

由于二价锌族离子有 18 电子构型特征,本族元素比相应主族元素有较强的形成配合物的倾向,但其配位化学不如过渡金属丰富。例如,Zn^{2+}、Hg^{2+} 能生成以下稳定配离子:

$$Zn^{2+} + 4NH_3 \longrightarrow Zn(NH_3)_4^{2+};\qquad K_{稳} = 2.9\times10^{9}$$
$$Zn^{2+} + 4CN^- \longrightarrow Zn(CN)_4^{2-};\qquad K_{稳} = 5.0\times10^{16}$$
$$Hg^{2+} + 4SCN^- \longrightarrow Hg(SCN)_4^{2-};\qquad K_{稳} = 1.7\times10^{21}$$
$$Hg^{2+} + 4Cl^- \longrightarrow HgCl_4^{2-};\qquad K_{稳} = 1.2\times10^{15}$$
$$Hg^{2+} + 4Br^- \longrightarrow HgBr_4^{2-};\qquad K_{稳} = 1.0\times10^{21}$$
$$Hg^{2+} + 4I^- \longrightarrow HgI_4^{2-};\qquad K_{稳} = 6.8\times10^{29}$$
$$Hg^{2+} + 4CN^- \longrightarrow Hg(CN)_4^{2-};\qquad K_{稳} = 2.5\times10^{41}$$

对锌族元素所形成的配合物可以总结出:① 锌族元素能与 NH_3、SCN^-、CN^-、X^-(除 F^- 外的卤素离子)等配体形成四配位的四面体形配合物,其中 CN^- 的配合物最稳定。② 当配体一定时,Hg^{2+} 的配合物比 Zn^{2+} 和 Cd^{2+} 配合物的稳定性要大得多。③ Hg^{2+} 与含有 C、N、P、S 等配位原子的配体所形成的配合物一般较稳定。④ 在锌族元素与卤离子形成的配合物中,锌和镉的配合物都不很稳定;Hg^{2+} 的卤素配合物的稳定性按 $Cl^- < Br^- < I^-$ 增加。⑤ 配离子的组成同配体的浓度有密切关系。例如,Hg^{2+} 与 Cl^- 的反应,在 1 $mol\cdot L^{-1}$ Cl^- 溶液中,主要存在的是 $HgCl_4^{2-}$;而在 0.1 $mol\cdot L^{-1}$ Cl^- 溶液中,$HgCl_2$、$HgCl_3^-$ 和 $HgCl_4^{2-}$ 的浓度大致相等。

Hg^{2+} 与 KI 反应,当加入少量 KI 溶液时,产生红色 HgI_2 沉淀,继续加入过量

KI 时，沉淀溶解，生成无色的四碘合汞(Ⅱ)配离子：

$$Hg^{2+} + 2I^- \longrightarrow HgI_2 \downarrow \text{（红色）}$$

$$HgI_2 + 2I^- \longrightarrow HgI_4^{2-} \quad \text{（无色）}$$

K_2HgI_4 和 KOH 的混合溶液称为奈斯勒试剂。如果溶液中有微量 NH_4^+ 存在，加几滴奈斯勒试剂，就会立即生成特殊的红棕色沉淀 $Hg_2NI \cdot H_2O$：

$$NH_4Cl + 2K_2HgI_4 + 4KOH \longrightarrow Hg_2NI \cdot H_2O + KCl + 7KI + 3H_2O$$

此反应用来鉴定 NH_4^+。

三、Hg_2^{2+} 与 Hg^{2+}的互相转化

从汞酸性条件下的电势图：

$$\varphi_A^\ominus / V \quad Hg^{2+} \xrightarrow{0.920} Hg_2^{2+} \xrightarrow{0.797} Hg$$

可以看出 $\varphi_{右}^\ominus < \varphi_{左}^\ominus$，亚汞离子在溶液中发生歧化反应的趋势很小，由以上的电极电势值计算得到的歧化反应的平衡常数较小：

$$K = \frac{[Hg^{2+}]}{[Hg_2^{2+}]} = 8.36 \times 10^{-3}$$

表明 Hg_2^{2+} 较稳定。因此常用 Hg(Ⅱ)盐和金属汞制备亚汞盐，如将 $Hg(NO_3)_2$ 溶液和 Hg 共同振荡，则生成硝酸亚汞：

$$Hg(NO_3)_2 + Hg \longrightarrow Hg_2(NO_3)_2$$

将 $HgCl_2$ 与 Hg 混合在一起研磨得到 Hg_2Cl_2。

由于 $Hg^{2+} + Hg \rightleftharpoons Hg_2^{2+}$ 的反应是可逆的，在反应体系中加入一种试剂能同 Hg^{2+}形成沉淀或配合物，会大大降低 Hg^{2+}浓度，就会有利于 Hg_2^{2+} 歧化反应的进行，使 Hg(Ⅰ)转化为 Hg(Ⅱ)化合物。例如，在 Hg_2^{2+} 溶液中加入强碱或硫化氢时，发生下列反应：

$$Hg_2^{2+} + 2OH^- \longrightarrow Hg_2(OH)_2 \longrightarrow Hg \downarrow + HgO \downarrow + H_2O$$

$$Hg_2^{2+} + H_2S \longrightarrow Hg_2S + 2H^+$$

$$\quad\quad\quad Hg_2S \longrightarrow HgS + Hg \downarrow$$

所以水溶液中不存在亚汞的氧化物和硫化物。当用氨水处理 Hg_2Cl_2 时，Hg_2Cl_2 首先发生歧化($Hg_2Cl_2 \longrightarrow HgCl_2 + Hg$)，然后 $HgCl_2$ 与氨发生前面提到过的反应。由于生成的氨基化合物 $Hg(NH_2)Cl$ 的溶解度比 Hg_2Cl_2 更小，以及游离出来汞的黑色沉淀，成为鉴定 Hg_2Cl_2 的特征反应：

$$Hg_2Cl_2 + 2NH_3 \longrightarrow Hg(NH_2)Cl\downarrow(\text{白色}) + Hg\downarrow(\text{黑色}) + NH_4Cl$$

利用此反应可以区分 Hg_2^{2+} 和 Hg^{2+}。

向饱和 $Hg_2(NO_3)_2$ 溶液中加入浓 HCl，开始生成 Hg_2Cl_2 沉淀，随即转化生成四氯合汞(Ⅱ)酸 H_2HgCl_4 和金属汞：

$$Hg_2(NO_3)_2 + 2HCl \longrightarrow Hg_2Cl_2\downarrow + 2HNO_3$$

$$Hg_2Cl_2 + 2HCl(\text{浓}) \longrightarrow H_2HgCl_4 + Hg$$

可以看出，这个反应中既有配位反应，又有歧化反应，配位作用促进了歧化反应。

还可以利用氧化还原的方法，使 Hg(Ⅰ)与 Hg(Ⅱ)之间进行转化，这在前面有关化合物的性质中学习过。

22-3-3 锌的生物作用和含镉、汞废水的处理

一、锌的生物作用

锌是最重要的生命必需微量金属元素之一，各种生命形式都需要锌。然而镉和汞却没有任何已知的生物作用，而且它们还是毒性最大的元素之一。

锌是生物体内金属酶的辅基或辅因子，存在于大多数生物细胞里，由于其浓度很低，因而推迟了对它重要性的认识。目前有两种锌酶最引人注意，即羧肽酶A 和碳酸酐酶。

一个成年人的身体里大约含有 2 g 锌。其中约 50%存在于血液里，25%～33%储存在皮肤及骨骼里，其余的锌主要分布在胰和眼等器官里。显然，人体缺锌的典型症状是皮肤受损，伤口不易愈合；骨骼变异，患侏儒症；视网膜脱落，双目失明。最近研究表明，锌还在遗传学中起着重要作用，缺乏锌的动物，发育迟缓，生殖器的发育及生殖机能障碍，智力迟钝等。外科常用的氧化锌软膏的生物功能就是促进伤口的愈合。

二、镉和汞的毒性

镉有剧毒，主要累积在人的肾及肝内，首先引起肾损害，导致肾功能不良。积累在人体内的镉能破坏人体内的钙，导致骨骼疏松和骨骼软化，使人患上一种无法忍受的骨痛症。镉还可以通过置换锌酶里的锌而破坏锌酶的作用，引起高血压、心血管等疾病。

汞的毒性人类很早就知道。汞蒸气可通过呼吸道吸入或经过消化道随饮食而误食，也可以经皮肤直接吸收而中毒。汞急性中毒症状表现为严重口腔炎、恶心呕吐、腹痛、腹泻、尿量减少或尿闭，很快死亡。慢性中毒以消化系统与神经系统症状为主，口腔黏膜溃烂、头痛、记忆力减退、语言失常，严重者可有各种精神

障碍。

有机汞化合物比金属汞或无机汞化合物的中毒更危险。1952 年,日本的“水俣灾难”造成 52 人丧生,其病因是甲基汞离子 $HgMe^{+}$ 中毒。

三、含镉、汞废水的处理

随着化学、冶炼、电镀等工业生产的不断发展,所需镉、汞及其化合物的用量也日趋增多,随之排放出来含镉、汞的废水也越来越多,现已成为世界上危害较大的工业废水之一。为了保护环境,现简单介绍含镉、汞废水的一些处理方法的原理。

1. 含镉废水的处理

(1) 中和沉淀法 在含镉废水中投入石灰或电石渣,使镉离子变为难溶的 $Cd(OH)_2$ 沉淀:

$$Cd^{2+}+2OH^{-} \longrightarrow Cd(OH)_2 \downarrow$$

此法适用于处理冶炼含镉废水和电镀含镉废水。

(2) 离子交换法 基本原理是利用 Cd^{2+} 比水中其他离子与阳离子交换树脂有较强的结合力,能优先交换。

含镉废水的处理还有气浮法、碱性氯化法等。

2. 含汞废水的处理

(1) 金属还原法 可以用铜屑、铁屑、锌粒、硼氢化钠等作还原剂处理含汞废水。这种方法的最大优点是可以直接回收金属汞。

铜屑置换。用废料——紫铜屑、铅黄铜屑、铝屑,可回收电池车间排放出的强酸性含汞废水中的汞。反应式:

$$Cu+Hg^{2+} \longrightarrow Cu^{2+}+Hg \downarrow$$

电池车间废水中还含有硫酸亚汞等。进水含汞浓度为 $1 \sim 400\ mg \cdot L^{-1}$,经过三组铜屑,一组铝屑过滤置换,出水含汞浓度小于 $0.05\ mg \cdot L^{-1}$,回收率达 99%。

硼氢化钠还原法的反应方程式为

$$BH_4^{-}+Hg^{2+}+2OH^{-} \longrightarrow BO_2^{-}+3H_2 \uparrow +Hg \downarrow$$

(2) 化学沉淀法 此法适用于不同浓度、不同种类的汞盐。缺点是含汞泥渣较多,后处理麻烦。该法一般又分为硫氢化钠、硫酸亚铁共沉淀;电石渣、三氯化铁沉淀等。现以硫氢化钠沉淀为例,用硫氢化钠加明矾凝聚沉淀,可以处理多种汞盐洗涤废水,除汞率可达 99%,反应方程式为

$$Hg^{2+}+S^{2-} \longrightarrow HgS \downarrow$$

经过滤后,可使 Hg^{2+} 达到国家允许排放标准(Hg 浓度不超过 0.05 $mg\cdot L^{-1}$)。

含汞废水处理方法还有活性炭吸附法、电解法、离子交换法、微生物法等。

22-3-4 锌族元素与碱土金属元素性质的对比

锌族元素与铜族元素一样,其次外层电子结构为18电子构型,这导致它与碱土金属元素具有明显的性质差异。其金属半径和电离能的大小及它们的变化规律都与铜族元素类似,但与碱土金属元素不同,导致了它们在单质活泼性上的差异。另外,由于锌族元素具有较大的金属半径和全充满的次外层 d 轨道,其形成的金属键弱,导致其熔点、沸点低。

锌族离子为18电子构型,具有强的极化能力和明显的变形性,因此其阳离子易水解,氢氧化物的碱性弱,容易形成配合物。

锌族元素与碱土金属元素性质简要对比如下:

性质	锌族元素	碱土金属元素
物理性质	金属键弱,熔点、沸点低,汞在常温下是液体	金属键较强,熔点、沸点较高
化学活泼性和性质变化规律	是中等活泼金属,同族内金属活泼性从上到下减弱	活泼金属,同族内金属活泼性从上到下增强
氧化态	+Ⅰ和+Ⅱ两种	总呈现出+Ⅱ
化合物的键型	成键键型有明显的共价键成分	化合物大多数是离子型
离子形成配合物的能力	水合能大,易形成配合物	较难形成配合物
氢氧化物的碱性和稳定性	氢氧化物碱性弱,$Zn(OH)_2$ 是两性氢氧化物,易脱水分解	氢氧化物碱性较强,$Be(OH)_2$ 呈两性,$Mg(OH)_2$ 为中强碱,其余都是强碱

习题

22-1 为什么 Cu(Ⅱ)在水溶液中比 Cu(Ⅰ)更稳定,Ag(Ⅰ)比较稳定,Au 易形成+Ⅲ氧化态化合物?

22-2 简述:(1) 怎样从闪锌矿冶炼金属锌?(2) 怎样从辰砂制金属汞?

22-3 电解法精炼铜的过程中，粗铜（阳极）中的铜溶解，纯铜在阴极上沉积出来，但粗铜中的 Ag、Au、Pt 等杂质则不溶解而沉于电解槽底部形成阳极泥，Ni、Fe、Zn 等杂质与铜一起溶解，但并不在阴极上沉积出来，为什么？

22-4 有一份硝酸铜和硝酸银的混合物，试设计一个分离它们的方案。

22-5 1 mL 0.2 $mol\cdot L^{-1}$ HCl 溶液中含有 Cu^{2+} 5 mg，若在室温及 101.325 kPa 下通入 H_2S 气体至饱和，析出 CuS 沉淀，问达平衡时，溶液中残留的 Cu^{2+} 质量浓度（用 $mg\cdot mL^{-1}$ 表示）为多少？

22-6 用反应方程式说明下列现象：

（1）铜器在潮湿空气中慢慢生成一层绿色的铜锈；

（2）金溶于王水；

（3）在 $CuCl_2$ 浓溶液中逐渐加水稀释时，溶液颜色由黄棕色经绿色而变为蓝色；

（4）当 SO_2 通入 $CuSO_4$ 与 NaCl 浓溶液中时析出白色沉淀；

（5）往 $AgNO_3$ 溶液中滴加 KCN 溶液时，先生成白色沉淀而后溶解，再加入 NaCl 溶液时并无 AgCl 沉淀生成，但加入少许 Na_2S 溶液时却析出黑色 Ag_2S 沉淀；

（6）热分解 $CuCl_2\cdot 2H_2O$ 时得不到无水 $CuCl_2$。

22-7 有一黑色固体化合物 A，它不溶于水、稀醋酸和氢氧化钠，却易溶于热盐酸中，生成一种绿色溶液 B。如溶液 B 与铜丝一起煮沸，逐渐变棕黑得到溶液 C。溶液 C 若用大量水稀释，生成白色沉淀 D。D 可溶于氨溶液中，生成无色溶液 E。E 若暴露于空气中，则迅速变成蓝色溶液 F。往溶液 F 中加入 KCN 时，蓝色消失，生成溶液 G。往溶液 G 中加入锌粉，则生成红棕色沉淀 H。H 不溶于稀的酸和碱，可溶于热硝酸生成蓝色溶液 I。往溶液 I 中慢慢加入 NaOH 溶液生成蓝色胶体沉淀 J。将 J 过滤、取出。然后强热，又生成原来化合物 A。试判断上述各字母所代表的物质，并写出相应的各化学反应方程式。

22-8 解释下列实验事实：

（1）铁能使 Cu^{2+} 还原，铜能使 Fe^{3+} 还原，这两件事实有无矛盾？并说明理由；

（2）焊接铁皮时，先常用浓 $ZnCl_2$ 溶液处理铁皮表面；

（3）HgS 不溶于 HCl、HNO_3 和 $(NH_4)_2S$ 中而能溶于王水或 Na_2S 中；

（4）HgC_2O_4 难溶于水，但可溶于含有 Cl^- 的溶液中；

（5）$HgCl_2$ 溶液中在有 NH_4Cl 存在时，加入氨水得不到白色沉淀 $HgNH_2Cl$。

22-9 利用下列 $\Delta_f G^\ominus$ 数据计算 AgCl 的 K_{sp}。

	AgCl(s) ══	Ag^+(aq) +	Cl^-(aq)
$\Delta_f G^\ominus/(kJ\cdot mol^{-1})$	-109.8	77.11	-131.17

22-10 将 1.0080 g 铜-铝合金样品溶解后，加入过量碘离子，然后用 0.1052 $mol\cdot L^{-1}$ $Na_2S_2O_3$ 溶液滴定生成的碘，共消耗 29.84 mL $Na_2S_2O_3$ 溶液，试求合金中铜的质量分数。

22-11 计算下列各个半电池反应的电极电势：

（1）$Hg_2SO_4 + 2e^- \rightleftharpoons 2Hg + SO_4^{2-}$

[已知 $\varphi^\ominus(Hg_2^{2+}/Hg) = 0.797$ V，$K_{sp}(Hg_2SO_4) = 6.5\times 10^{-7}$]

$$\text{(2)}\quad \overset{\varphi_1^\ominus}{\overbrace{CuS \xrightarrow{\varphi_2^\ominus} Cu_2S \xrightarrow{\varphi_3^\ominus} Cu}}$$

[已知 $\varphi^\ominus(Cu^{2+}/Cu^+) = 0.15$ V,$\varphi^\ominus(Cu^+/Cu) = 0.52$ V,$K_{sp}(CuS) = 6.3\times10^{-36}$,$K_{sp}(Cu_2S) = 2.5\times10^{-48}$]

22-12 将 1.4820 g 固态纯的碱金属氯化物样品溶于水后,加过量 $AgNO_3$ 进行沉淀。将所得沉淀经过滤、干燥称其质量为 2.8490 g,求该氯化物中氯的含量是多少? 写出该氯化物的化学式。

22-13 往 0.01 mol·L^{-1} $Zn(NO_3)_2$ 溶液中通入 H_2S 至饱和,当溶液 pH≥1 时,就可析出 ZnS 沉淀,但若往含 1.0 mol·L^{-1} CN^- 的 0.01 mol·L^{-1} $Zn(NO_3)_2$ 溶液中通入 H_2S 至饱和时,则需在 pH≥9 条件下,才可析出 ZnS 沉淀。试计算 $Zn(CN)_4^{2-}$ 的不稳定常数。(注意,计算中并不需要未给出的其他数据。)

22-14 (1) 为什么 Cu^+ 不稳定、易歧化,而 Hg_2^{2+} 则较稳定。试用电极电势的数据和化学平衡的观点加以阐述;

(2) 在什么情况下可使 Cu^{2+} 转化为 Cu^+,试各举一例;

(3) 在什么情况下可使 Hg(Ⅱ)转化为 Hg(Ⅰ),Hg(Ⅰ)转化为 Hg(Ⅱ),试各举三个反应方程式说明。

22-15 CuCl、AgCl、Hg_2Cl_2 都是难溶于水的白色粉末,试区别这三种金属氯化物。

22-16 试扼要列出照相术中的化学反应。

22-17 (1) 怎样从黄铜矿 $CuFeS_2$ 制备 CuF_2;

(2) 从 $Ag(S_2O_3)_2^{3-}$ 溶液中回收 Ag;

(3) 从 ZnS 制备 $ZnCl_2$(无水);

(4) 怎样从 $Hg(NO_3)_2$ 制备① Hg_2Cl_2,② HgO,③ $HgCl_2$,④ HgI_2,⑤ K_2HgI_4。

22-18 分离下列各组混合物:

(1) $CuSO_4$ 和 $ZnSO_4$　　(2) $CuSO_4$ 和 $CdSO_4$

(3) CdS 和 HgS　　(4) Hg_2Cl_2 和 $HgCl_2$

22-19 欲溶解 5.00 g 含有 Cu 75.0%、Zn 24.4%、Pb 0.6% 的黄铜,理论上需密度为 1.13 g·cm^{-3}的 27.8% HNO_3 溶液多少毫升(设还原产物为 NO)?

22-20 试设计一个不用 H_2S 而能使下述离子分离的方案:Ag^+、Hg_2^{2+}、Cu^{2+}、Zn^{2+}、Cd^{2+}、Hg^{2+}和 Al^{3+}。

*22-21 试设计一个可用 H_2S 能将含有 Cu^{2+}、Ag^+、Zn^{2+}、Hg^{2+}、Bi^{3+}、Pb^{2+}的混合溶液进行分离和鉴定的方案。

*22-22 为了测定难溶盐 Ag_2S 的溶度积,可做以下实验:装如下原电池,银片作电池的正极,插入 0.1 mol·L^{-1} $AgNO_3$ 溶液中,并将 H_2S 气体不断通入 $AgNO_3$ 溶液中至饱和。作电池负极的锌片插入 0.1 mol·L^{-1} $ZnSO_4$ 溶液中,并将氨气不断通入 $ZnSO_4$ 溶液直至游离 NH_3 的浓度达到 0.1 mol·L^{-1}为止,再用盐桥连接。测得该电池电动势为 0.852 V。试求 Ag_2S 的 K_{sp} 值。[已知 $\varphi^\ominus(Ag^+/Ag) = 0.80$ V,$\varphi^\ominus(Zn^{2+}/Zn) = -0.76$ V,饱和时$[H_2S] = 0.1$ mol·L^{-1};H_2S

的 $K_1 = 1.1\times10^{-7}$, $K_2 = 1.3\times10^{-13}$; $K_{稳}([Zn(NH_3)_4]^{2+}) = 2.9\times10^9$]

22-23 (1) 用一种方法区别锌盐和铝盐；

(2) 用两种方法区别锌盐和镉盐；

(3) 用三种方法区别镁盐和锌盐。

22-24 比较锌族元素和碱土金属元素的化学性质。

22-25 比较铜族元素和锌族元素的性质，为什么说锌族元素较同周期的铜族元素活泼？

第 23 章

d 区元素(一)

内容提要

本章小结了第一过渡系元素及其化合物性质的一些变化规律。主要讨论第四周期 d 区元素的单质及其化合物的结构、性质与用途。

本章要求：

1. 掌握过渡元素的价电子构型特点及其与元素通性的关系；

2. 掌握第四周期 d 区元素氧化态、最高氧化态氧化物及其水合物的酸碱性、氧化还原性、稳定性、水合离子以及含氧酸根颜色等变化规律；

3. 掌握第四周期 d 区元素的单质及化合物的性质和用途。

23-1 d 区元素概述

过渡元素占据元素周期表的中心部位，像一座桥将元素周期表左边活泼的 ⅠA、ⅡA 族 s 区元素和右边 ⅢA ~ Ⅷ族 p 区元素连接起来。由于元素周期表中这一区域元素具有部分填充的 d 电子，所以把这些过渡元素称为 d 区元素。这些元素都是金属，故又称为 d 区金属。由于铜族元素在呈现某些氧化态时也具有部分填充的 d 电子，如 Cu^{2+} 基态外层电子组态为 $3d^9$，Ag^{2+} 为 $4d^9$，Au^{3+} 为 $5d^8$，而且它们的化学行为与其他过渡金属十分相似，所以常把铜族元素也看作过渡元素。

根据电子结构的特点，基态外层电子组态为 $3d^14s^2$ 的钪是过渡元素中最轻的一个，随后第四周期中的 Ti、V、Cr、Mn、Fe、Co、Ni 和 Cu 都具有部分填充的 3d 电子，所以把这一组元素称为第一过渡系。第五周期从基态外层电子组态为 $4d^15s^2$ 的钇开始，由 Zr、Nb、Mo、Tc、Ru、Rh、Pd 和 Ag 组成第二过渡系元素。外层电子组态为 $5d^16s^2$ 的镧和 Hf、Ta、W、Re、Os、Ir、Pt、Au 这一组 9 种元素构成第三过渡系元素。还有一个由锕到 111 号轮元素组成的第四过渡系元素。

在周期表中夹在镧(57 号元素)和镥(71 号元素)之间的这 15 种元素具有非常相似的物理和化学性质,其中以镧作为典型元素,故称为镧系元素。从铈到镥这 14 种元素的 7 个 4f 轨道逐渐被电子填充,紧跟锕(89 号元素)后的 14 种元素称为锕系元素,5f 壳层逐渐被电子填充。因此又把镧系和锕系这些金属元素称为 f区元素(或 f 区金属)或称内过渡系元素。本章重点介绍第一过渡系元素。

23-2 第四周期 d 区元素的通性

第四周期 d 区元素的基本性质列在表 23-1 中。

23-2-1 金属的性质

第四周期 d 区元素电子结构的特点是具有未充满的 3d 轨道,最外层电子为1~2个,其价电子构型为$(n-1)d^{1\sim9}ns^{1\sim2}$。由表 23-1 可见,它们的电离能和电负性都比较小,容易失去电子呈金属性,而且标准电极电势值几乎都是负值,表明具有较强的还原性,能从非氧化性酸中置换出氢气。另外,由于核电荷数的增加和原子半径的减小,第四周期 d 区元素从左到右金属的还原能力逐渐减弱。

第四周期 d 区金属与同周期主族元素的金属相比,一般具有较小的原子半径和较大的密度,除 Sc 和 Ti 属轻金属外(密度小于 5 $g \cdot cm^{-3}$),其余皆属重金属。第四周期 d 区元素的原子半径随着原子序数的增加原子半径减小,开始减小是很明显的,到ⅥB 族以后减小平缓。这是因为随着原子序数的增加,d 电子数目增加,屏蔽效应减小,使得有效核电荷增加,核对电子的引力加强,原子半径减小。但随着 d 轨道中 d 电子配对的完成,电子之间的斥力逐渐增加,使该区元素原子半径由减小平缓到 ds 区铜元素时又有所增加。由于该区金属的 d 电子和 s 电子均能作为价电子参与金属键的形成,金属键较强,它们的原子化焓也大都高于主族金属,因此这些金属表现出高的硬度,其中硬度最大的是铬(莫氏硬度为 9)。这些金属还表现出高的熔点、沸点,从左到右,熔点从钪的 1541 ℃升至钒的 1890 ℃,达到最高值,然后下降到锰 1244 ℃。随后又上升,到铜时熔点降至1083 ℃,其变化趋势见图23-1。由图23-1可见,第四周期d区金属的熔点随原子序数的变化好像出现两个“峰值”。这种变化的趋势是因为随着原子序数的增加,用于形成金属键的未成对的d电子增多,熔点升高。然后又随着可用于形成金属键的d电子的成对而减少,熔点降低。元素Mn和Cu的3d能级为半充满或全充满的稳定构型而使熔点较低。

表23-1 第四周期d区元素的基本性质

族数	ⅢB	ⅣB	ⅤB	ⅥB	ⅦB	Ⅷ			ⅠB
元素符号	Sc	Ti	V	Cr	Mn	Fe	Co	Ni	Cu
价电子构型									
M	$3d^1 4s^2$	$3d^2 4s^2$	$3d^3 4s^2$	$3d^5 4s^1$	$3d^5 4s^2$	$3d^6 4s^2$	$3d^7 4s^2$	$3d^8 4s^2$	$3d^{10} 4s^1$
M^{2+}		$3d^2$	$3d^3$	$3d^4$	$3d^5$	$3d^6$	$3d^7$	$3d^8$	$3d^9$
M^{3+}	$3d^0$	$3d^1$	$3d^2$	$3d^3$	$3d^4$	$3d^5$	$3d^6$		
原子半径(共价半径)/pm	144	132	122	117	117	116.5	116	115	128
离子半径/pm									
M^{2+}	—	94	88	89	80	74	72	69	72
M^{3+}	73.2	76	74	63	66	64	63	62	—
电离能									
$I_1/(kJ\cdot mol^{-1})$	631	658	650	653	717	759	758	737	745
$I_2/(kJ\cdot mol^{-1})$	1235	1310	1414	1592	1509	1561	1646	1753	1958
$I_3/(kJ\cdot mol^{-1})$	2389	2652	2828	2987	3248	2957	3232	3393	3554
电负性	1.3	1.5	1.6	1.6	1.5	1.8	1.9	1.9	1.9
$\varphi^{\ominus}(M^{2+}/M)/V$		-1.63	-1.13	-0.90	-1.18	-0.44	-0.28	-0.26	0.34
$\varphi^{\ominus}(M^{3+}/M)/V$	-2.08	-1.21	-0.88	-0.74	-0.28	-0.04	0.42		
导电性*	3	4	8	11	1	17	24	24	96
熔点/K	1814	1933	2163	2130	1517	1808	1768	1728	1356
沸点/K	3109	3560	3653	2945	2235	3023	3143	3003	2843
原子化焓/$(kJ\cdot mol^{-1})$	378	470	514	397	281	418	425	430	338
密度/$(g\cdot cm^{-3})$	3.0	4.5	6.0	7.2	7.2	7.9	8.9	8.9	8.9
硬度(莫氏)		4		9	6	4.5	5.5	4	

* 导电性是以银为100的相对值。

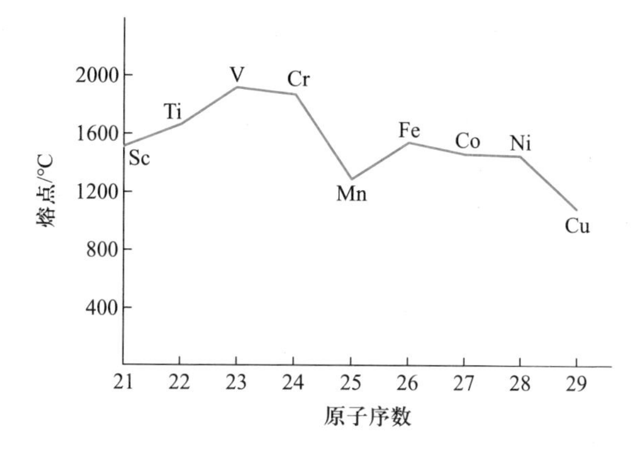

图 23-1 第四周期 d 区金属熔点随原子序数的变化

23-2-2 氧化态

第四周期 d 区元素不同于主族金属元素的特征是能表现出可变的氧化态（见表 23-2）。

表 23-2 第四周期 d 区元素的氧化态

元素	Sc	Ti	V	Cr	Mn	Fe	Co	Ni	Cu
氧化态*		+Ⅱ	+Ⅱ	+Ⅱ	+Ⅱ	+Ⅱ	+Ⅱ	+Ⅱ	+Ⅱ
	+Ⅲ	+Ⅲ	+Ⅲ	+Ⅲ	+Ⅲ	+Ⅲ	+Ⅲ	+Ⅲ	+Ⅲ
		+Ⅳ	+Ⅳ	(+Ⅳ)	+Ⅳ	(+Ⅳ)	(+Ⅳ)		
			+Ⅴ	(+Ⅴ)	(+Ⅴ)	(+Ⅴ)			
				+Ⅵ	+Ⅵ	+Ⅵ			
					+Ⅶ				

* 表中稳定氧化态下面划一横线，很少见的氧化态置于括号中。

由表 23-2 可看出：① 第一过渡系元素除钪以外都可失去 $4s^2$ 形成+Ⅱ氧化态阳离子。② 由于 3d 和 4s 轨道能级相近，因而可以失去一个 3d 电子形成+Ⅲ氧化态阳离子如 $V^{3+}(aq)$、$Cr^{3+}(aq)$、$Fe^{3+}(aq)$。③ 随着原子序数的增加，氧化态先是逐渐升高，达到与其族数对应的最高氧化态（ⅢB～ⅦB），从 Ti 到 Mn 的最高氧化态往往只在氧化物、氟化物或氯化物中出现，随后出现低氧化态。这种变化趋势与成键 d 电子数有关。具有 $d^1 \sim d^5$ 电子构型的元素的电子都是未成对的,都能参与成键,当失去所有 s 和 d 电子时就出现最高氧化态。但在超过 $3d^5$ 构型的元素后,一方面由于电子的配对,再失去电子就要消耗能量去克服电子成对能;另一方面随着原子序数的增加,原子半径逐渐减小,失去电子就更不容易,以致失去所有的价电子在能量上是禁阻的。所以Ⅷ族中大多数元素都不呈现与族序数对应的最高氧化态(除 Ru、Os 以外)。例如,在 FeO_4^{2-}(aq)中 Fe 的氧化态为+Ⅵ,Co^{3+}(aq)不稳定,有被还原成+Ⅱ氧化态的强烈倾向。④ 同一元素氧化态的变化是连续的,如 Ti 的氧化态为+Ⅱ、+Ⅲ、+Ⅳ;V 的氧化态为+Ⅱ、+Ⅲ、+Ⅳ、+Ⅴ。这是因为$(n-1)$d 与 ns 轨道的能量相差不大,可以逐个失去 s 电子和 d 电子造成氧化态的连续变化。⑤ 该区后半部的元素(V,Cr,Mn,Fe,Co)能出现零氧化态,它们与不带电荷的中性配体(如 CO)形成羰基配合物。

第四周期 d 区各氧化态在水溶液中的相对稳定性及其变化规律还可以很直观地展示在各元素氧化态-吉布斯自由能图中(见图 23-2)。从图 23-2 中可看出每种元素各种氧化态在水溶液中的相对稳定性、氧化还原能力和相对强弱以及随周期递变的趋势。

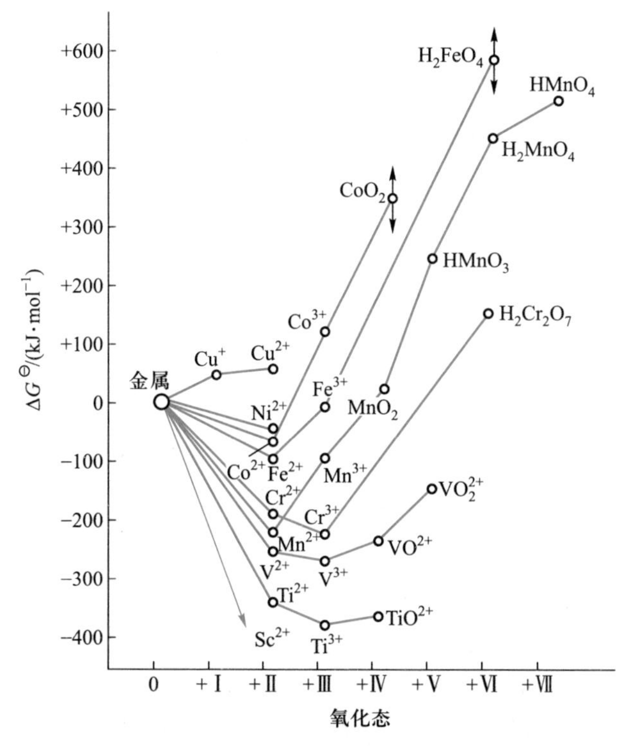

图 23-2 酸性溶液中第四周期 d 区元素的氧化态-吉布斯自由能图

23-2-3　最高氧化态氧化物及其水合物的酸碱性

第四周期 d 区元素从钪到锰元素的最高氧化态氧化物及其水合物的酸碱性变化趋势是，从左至右最高氧化态氧化物及其水合物的碱性逐渐减弱，酸性增强。这一变化规律可用衡量酸碱强弱的“离子势标度”得到解释。由于同一周期从左至右，中心原子的氧化态增加，半径依次减小（见表 23-1），离子势依次增大，中心原子对氧的结合力增强，所以酸式解离逐渐增强，酸性增强；碱性解离依次减弱，碱性减弱。

同一元素不同氧化态氧化物及其水合物的酸碱性，一般是低氧化态氧化物及其水合物呈碱性，最高氧化态呈酸性。随着氧化态升高，水合物的酸性增强，碱性减弱。

23-2-4　氧化还原稳定性

从各元素的电势图以及元素的氧化态-吉布斯自由能图可以小结出各元素不同氧化态化合物氧化还原稳定性的变化趋势与规律：

① 第四周期 d 区金属元素+Ⅱ氧化态的标准电极电势从左至右由负值逐渐增加，到正值表明同周期金属还原性依次减弱，如钛（Ti^{2+}）、钒（V^{2+}）和铬（Cr^{2+}）都是较强的还原剂，镍（Ni^{2+}）、钴（Co^{2+}）都是较弱的还原剂。

② 第四周期 d 区金属元素的最高氧化态含氧酸的标准电极电势从左至右随原子序数的递增而增大，即氧化性逐渐增强。例如，$Cr_2O_7^{2-}$、MnO_4^- 等都是很强的氧化剂，铁的最高氧化态铁（Ⅵ）酸盐也是一种非常强的氧化剂（$\varphi^\ominus = 1.9$ V），即使在室温下也能将 NH_3 氧化到 N_2，在酸性或中性溶液中它迅速地氧化水而释放出氧气：

$$4FeO_4^{2-} + 10H_2O \longrightarrow 4Fe^{3+} + 20OH^- + 3O_2\uparrow$$

③ 第四周期 d 区金属元素的中间氧化态化合物在一定条件下不稳定，既可发生氧化反应，也可发生还原反应，还有一些元素的化合物（如 Cu^+、V^{3+}、Mn^{3+}、MnO_4^{2-}）可发生歧化反应。

23-2-5　配位性

从第四周期 d 区元素的电子结构特征可以看出，其离子具有能量相近的 $(n-1)$d、np、ns 等 9 个原子轨道，其中 ns、np 轨道是空的，$(n-1)$d 轨道可以部分填充电子或全空,极利于形成各种成键能力较强的杂化轨道。同时又由于$(n-1)$d轨道上的电子屏蔽效应较小,离子的有效核电荷较大,核对电子的引力增强,极化力较强;此外,第四周期d区元素金属具有18电子构型,又使它们具有较大的变形性。这些都决定了该区金属离子具有作为配合物的中心体的有利条件,因而能形成许多配合物。例如,第四周期d区元素金属均易与NH_3、SCN^-、CN^-、X^-(卤离子)、$C_2O_4^{2-}$等常见配体形成配合物,还能与CO形成羰基配合物如$Ni(CO)_4$、$Fe(CO)_5$等。

在水溶液或晶体中第四周期d区元素金属的+Ⅲ和+Ⅱ氧化态的配合物通常是四或六配位的,在化学性质方面也具有相似性。

23-2-6 水合离子的颜色和含氧酸根颜色

第四周期d区元素的低价离子在水溶液中都是以水合离子形式存在的,如$Cr(H_2O)_6^{3+}$、$Fe(H_2O)_6^{3+}$等,常常简写为Fe^{3+}、Cr^{3+}等。第四周期d区元素金属水合离子的颜色列在表23-3中。

表23-3 第四周期d区元素金属水合离子的颜色

未成对的d电子数	Sc	Ti	V	Cr	Mn	Fe	Co	Ni	Cu
0	Sc^{3+} 无色	Ti^{4+} 无色							Cu^+ 无色
1		Ti^{3+} 紫色							Cu^{2+} 蓝色
2		Ti^{2+} 褐色	V^{3+} 绿色					Ni^{2+} 绿色	
3			V^{2+} 紫色	Cr^{3+}* 蓝紫色			Co^{2+} 粉红		
4				Cr^{2+} 蓝色	Mn^{3+} 红色	Fe^{2+} 浅绿			
5					Mn^{2+} 浅红色	Fe^{3+}** 浅紫			

* Cr^{3+}部分水合为绿色。

** pH=0时,为浅紫色的$Fe(H_2O)_6^{3+}$;pH>2~3时,Fe^{3+}水解为$[Fe(H_2O)_5(OH)]^{2+}$等离子而呈现为棕黄色或红棕色。

由表23-3可见,由于第四周期d区元素金属离子具有未成对d电子,容易吸收可见光而发生d-d跃迁,因而它们常常具有颜色。没有未成对d电子的水合离子是无色的,如 d^0 电子组态的 Sc^{3+}、Ti^{4+}。具有 d^5 电子组态的离子常显浅色或无色,如 Mn^{2+} 为浅红色。

第四周期 d 区金属含氧酸根离子 VO_3^-、CrO_4^{2-}、MnO_4^- 的颜色分别为黄色、橙色、紫色。这些具有 d^0 电子组态的化合物呈现较深的颜色,是因为化合物吸收可见光后发生了电子从一个原子转移到另一个原子而产生的电荷转移跃迁。在这些含氧酸根中,配体 O^{2-} 上的电子向金属离子跃迁,这种跃迁对光有很强的吸收,吸收峰的摩尔吸收系数很大,数量级通常在 10^4 左右。金属离子越容易获得电子,和它结合的配体越容易失去电子,那么它的电荷转移峰越向低波数方向移动。例如,VO_3^-、CrO_4^{2-}、MnO_4^- 等离子随着金属离子电荷的增加和半径的减小,由 O^{2-} 向金属离子发生电荷转移时最大吸收峰分别为 36900 cm^{-1}、26800 cm^{-1} 和 18500 cm^{-1}。

23-2-7 磁性及催化性

物质的磁性是物质内部结构的一种宏观表现。由于过渡元素原子具有未充满的 d 电子结构特征,在形成化合物时其原子或离子中有未成对的 d 电子,因而它们的许多化合物是顺磁性的。不具有成单电子的物质则表现出抗磁性。

电子本身的自旋运动产生自旋磁矩;同时电子围绕原子核的轨道运动,产生轨道磁矩。因此物质的磁性主要是成单电子的自旋运动和电子绕核运动的轨道运动所产生的。如果电子都成对,则自旋相反的电子的这两种磁矩就会相互抵消,表现为反磁性。

对于第一过渡系金属离子,由于 3d 电子直接与配体接触,其轨道运动受配位场的影响很大,因此电子的轨道运动对磁矩的贡献减弱以致被完全消除。但是电子的自旋运动很少受到外界电场的影响。因此第一过渡系金属的顺磁磁矩主要是由电子的自旋运动贡献的,计算公式如下:

$$\mu_{eff}=\sqrt{n(n+2)}$$

式中,n 是未成对电子数,磁矩的单位暂沿用玻尔磁子(B. M.)。根据实验测定的磁矩,就可以按公式计算未成对电子数。若已知未成对电子数,也可以估算化合物的磁矩。

表 23-4 中列出了第四周期 d 区元素某些金属化合物的磁矩。可以看出,所列化合物磁矩的理论数据和实验测定值基本吻合,说明它们的实验、计算磁矩就是由电子的自旋运动产生的。

表 23-4 第四周期 d 区元素某些金属化合物的磁矩(300 K)

化合物	d电子构型	实验值 μ/(B. M.)	未成对 d 电子数	计算值 μ/(B. M.)
$CsTi(SO_4)_2 \cdot 12H_2O$	d^1	1.84	1	1.73
$(NH_4)_2Fe(SO_4)_2 \cdot 6H_2O$	d^6(高自旋)	5.47	4	4.90
$KCr(SO_4)_2 \cdot 12H_2O$	d^3	3.84	3	3.87
$Mn(acac)_3$	d^4(高自旋)	4.86	4	4.90
$K_2Mn(SO_4)_2 \cdot 6H_2O$	d^5(高自旋)	5.92	5	5.92
$KFe(SO_4)_2 \cdot 12H_2O$	d^5(高自旋)	5.89	5	5.92
$K_4[Fe(CN)_6]$	d^6(低自旋)	0.35	0	0
Cs_2CoCl_4	d^7(高自旋)	4.30	3	3.87
$(NH_4)_2Ni(SO_4)_2 \cdot 6H_2O$	d^8	3.23	2	2.83
$K_2Cu(SO_4)_2 \cdot 12H_2O$	d^9	1.91	1	1.73

23-3 钛

23-3-1 钛的单质

一、发现与存在

1791 年,Cornish 教区牧师兼业余化学家格列高尔(W. Gregor)从 Helford 当地小河中取来的沙子中,用磁铁提取出一种黑色物质,即钛铁矿,用盐酸处理后所得的滤渣是一种新元素的不纯氧化物,这就是 1795 年德国化学家克拉普罗特(M. H. Klaproth)独立发现的金红石氧化物,并按希腊神话中地球的儿女 Titans 之名将新元素命名为钛(titanium)。他们仅得到二氧化钛,1910 年,亨脱尔(M. A. Hunter)用金属钠还原 $TiCl_4$ 首先制得金属钛。

钛在地壳中的丰度为 0.45%,在所有元素中排第十位,仅次于氧、硅、铝、铁、钙、钠、钾、镁、氢,在过渡元素中排第二位,仅次于铁。钛的主要矿物有钛铁矿($FeTiO_3$)和金红石(TiO_2),其次是钒钛铁矿(其中主要成分是钛铁矿和磁铁矿),钛的其他矿物有钙钛矿($CaTiO_3$)、榍石($CaTiSiO_5$)和锐钛矿(TiO_2)等。

二、冶炼和用途

从钛铁矿提取钛,首先用磁选法富集得到钛精矿。通常用硫酸法或氯化法处理钛铁矿。例如,用浓硫酸和磨细的矿石反应:

$$FeTiO_3 + 2H_2SO_4 \longrightarrow TiOSO_4 + FeSO_4 + 2H_2O$$

将所得的固体产物溶于水,并加铁屑避免 Fe^{2+} 被氧化,使其在低温下结晶出 $FeSO_4 \cdot 7H_2O$。过滤后稀释加热使 $TiOSO_4$ 水解得到 H_2TiO_3,然后加热得到 TiO_2:

$$TiOSO_4 + 2H_2O \xrightarrow{\triangle} H_2TiO_3 \downarrow + H_2SO_4$$

$$H_2TiO_3 \xrightarrow{\triangle} TiO_2 + H_2O$$

此法制得的 TiO_2 的纯度达到97%以上,可直接用作钛白颜料和其他原料。

从氧化物制取金属钛,通常用还原法,但不能直接选用 C、Na、Ca、Mg 作还原剂。因为金属氧化物与碳在高温下反应形成难溶的、极坚硬的、耐火的填隙碳化物,很难处理;而 Na、Ca、Mg 在高温下非常活泼,很难除去全部的氧。因此目前大规模生产钛采用氯化法,即将金红石或钛铁矿与焦炭混合,通入氯气并加热制得 $TiCl_4$:

$$2FeTiO_3(s) + 7Cl_2(g) + 6C(s) \xrightarrow{900\ ℃} 2TiCl_4(l) + 2FeCl_3(s) + 6CO(g)$$

$$TiO_2(s) + 2Cl_2(g) + 2C(s) \xrightarrow{900\ ℃} TiCl_4(l) + 2CO(g)$$

将 $TiCl_4$ 蒸馏出来并提纯后,在氩气保护下与镁共热制得钛:

$$TiCl_4 + 2Mg \xrightarrow{947 \sim 1147\ ℃} Ti + 2MgCl_2$$

$MgCl_2$ 和过量 Mg 用稀盐酸溶解得到海绵状钛,再用真空熔化铸成钛锭。

用熔盐法直接电解 TiO_2 也可获得金属钛。

钛是银白色金属,因为它坚硬、强度大、耐热(熔点 1667 ℃)、密度小($4.54\ g \cdot cm^{-3}$),是头等的结构材料,被称为高技术金属。钛和钢的强度一样大,但比钢轻45%;钛的强度是铝的两倍,但仅为铝质量的60%。因此钛在宇航工业、火箭、喷气式发动机、导弹制造等过程中占有重要地位。由于钛的表面覆盖着一层致密的、有附着力的保护性氧化膜,因此钛的抗腐蚀性能强。钛制品在海水、硝酸、热 NaOH 溶液,甚至在氯水中都是惰性的,所以钛也是制造海船、军舰的极好材料。钛还用于医疗器械、脱盐设备以及其他许多需要惰性、耐腐蚀材料的工业生产中。钛可用于制造人造关节和接骨,因为钛对体液无毒和惰性,与肌肉和骨骼生长在一起,故又有"生物金属"之称。

三、化学反应性

钛是活泼的金属,在高温时能直接与氢、卤素、氧、氮、碳、硼、硅、硫等反应。钛与氢反应生成一类非整比的氢化物($TiH_{1.7\sim2.0}$),与C、N、B反应生成硬、难溶、很稳定的填隙式化合物TiC、TiN、TiB和TiB_2。由于钛能与氧、氮、氢、硫形成稳定的化合物,因此钛能以钛铁的形式在炼钢工业中用于脱氧、除氮、去硫,以改善钢的性能。钛还能与一些金属如Al、Sb、Be、Cr、Fe等生成金属间化合物。

在室温下,钛不与无机酸反应,但能溶于浓、热的盐酸和硫酸中:

$$2Ti + 6HCl(浓) \xrightarrow{\triangle} 2TiCl_3 + 3H_2\uparrow$$

$$2Ti + 3H_2SO_4(浓) \xrightarrow{\triangle} Ti_2(SO_4)_3 + 3H_2\uparrow$$

钛易溶于氢氟酸或含有氟离子的酸(将氟化物加入酸中):

$$Ti + 6HF \longrightarrow TiF_6^{2-} + 2H^+ + 2H_2\uparrow$$

这是因为钛的配合物的形成破坏了表面氧化物薄膜,改变了标准电极电势,促进了钛的溶解。

23-3-2　钛的重要化合物

钛有+Ⅱ、+Ⅲ、+Ⅳ氧化态化合物,其元素电势图为

$\varphi_A^\ominus/V$

$$TiF_6^{2-} \xrightarrow{-1.19} Ti$$

$$TiO^{2+} \xrightarrow{0.1} Ti^{3+} \xrightarrow{-0.37} Ti^{2+} \xrightarrow{-1.63} Ti$$

$$TiO^{2+} \xrightarrow{-0.86} Ti$$

$\varphi_B^\ominus/V$

$$TiO_2 \xrightarrow{-1.69} Ti$$

在钛的化合物中,以+Ⅳ氧化态最稳定,低价氧化态不稳定。

一、钛(Ⅳ)化合物

1. 二氧化钛

在自然界中TiO_2有金红石、锐钛矿、板钛矿三种晶形,其中最重要的是金红石晶形。金红石是一种典型的MX_2型晶体类型,属四方晶系(见图23-3)。其中Ti的配位数为6,6个O配位在Ti周围形成八面体结构,O的配位数为3。锐钛矿、板钛矿晶形受热也转变成金红石晶形。

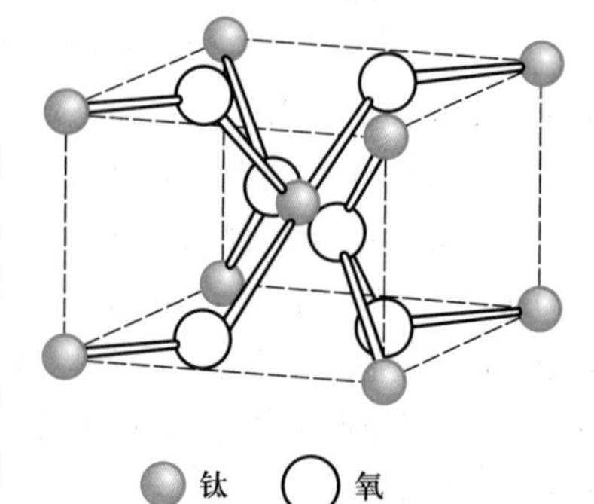

图23-3　金红石TiO_2的四方晶胞

以金红石晶形TiO_2为主要成分的白色

颜料,工业上俗称为钛白粉。含 TiO_2 80%~88%及 Al_2O_3、SiO_2、ZnO 等的表面处理剂,对光、热、空气稳定。广泛用于制造高级白色油漆、纸张的表面处理剂、橡胶和塑料的填充料,以及人造纤维中的消光剂。用于生产硬质钛合金、耐热玻璃和可以防止紫外线透过玻璃。钛白粉作颜料是利用它的光学性质,在可见光范围内有卓越的高折射率,细小颗粒散射光的能力很强,所以用它制造高度阻光的膜。同时,钛白粉的遮盖力很强,若钛白粉的遮盖力为 100,各种白色颜料的遮盖力如图 23-4 所示。

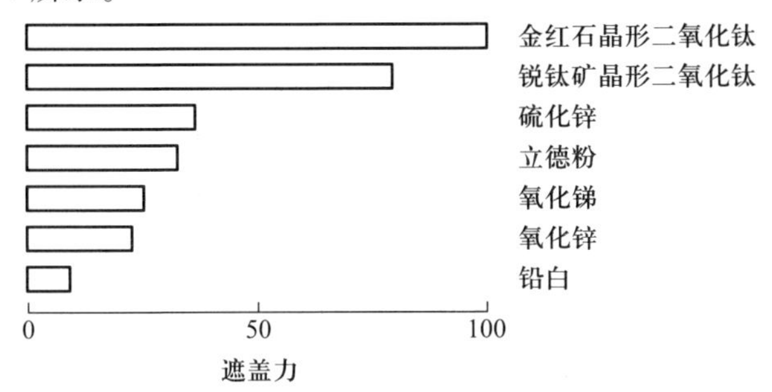

图 23-4 白色颜料遮盖力示意图

所以钛白颜料能取代铅白 $2PbCO_3 \cdot Pb(OH)_2$ 等,在陶瓷和搪瓷中加入 TiO_2 可增加耐酸性。此外,TiO_2 在许多化学反应中用作催化剂,如乙醇脱水和脱氢等。

TiO_2 是白色粉末,不溶于水,也不溶于稀酸,但能溶于氢氟酸和热的浓硫酸中:

$$TiO_2 + 6HF \longrightarrow H_2TiF_6 + 2H_2O$$
$$TiO_2 + 2H_2SO_4 \longrightarrow Ti(SO_4)_2 + 2H_2O$$
$$TiO_2 + H_2SO_4 \longrightarrow TiOSO_4 + H_2O$$

实质上不能从溶液中析出 $Ti(SO_4)_2$,而是析出 $TiOSO_4 \cdot H_2O$ 的白色粉末。这是因为 Ti^{4+} 的电荷半径比值(z/r)大,容易与水反应,经水解得到钛酰离子 TiO^{2+}。钛酰离子常形成链状聚合形式的离子$(TiO)_n^{2n}$,如固态的 $TiOSO_4 \cdot H_2O$ 中钛酰离子就是这样:

```
              Ti                  Ti
 \          /    \             /     \
   O      O        O         O
    \    /          \       /
     Ti               Ti
```

二氧化钛的水合物——$TiO_2 \cdot xH_2O$ 也常写成 H_4TiO_4 或 $Ti(OH)_4$ 称为钛酸。加热煮沸二氧化钛溶于浓硫酸所得的溶液,即水合二氧化钛称为 β 型钛酸,它既不溶于酸,也不溶于碱。当把碱加入新制备的酸性钛盐溶液中时,所得到的水合二氧化钛称为 α 型钛酸。α 型比 β 型钛酸活泼,既溶于稀酸,也能溶于浓碱,具有两性,与强碱反应得碱金属偏钛酸盐的水合物。如无水偏钛酸钡可由 TiO_2 与 $BaCO_3$ 一起熔融而制得:

$$TiO_2 + BaCO_3 \longrightarrow BaTiO_3 + CO_2 \uparrow$$

人工制造的 $BaTiO_3$ 具有高的介电常数,由它制成的电容器具有较大的电容量,因而是制造大容量电容器及超声波发生器的极好材料。

2. 四氯化钛

$TiCl_4$ 是以钛铁矿或金红石为原料,采用氯化法制金属钛得到的中间产物。它是四面体共价型分子化合物,在常温下是无色液体,熔点250 K,沸点 409 K,有刺激性气味,在水中或潮湿空气中都易水解。因此 $TiCl_4$ 暴露在空气中会冒白烟,即产生白色的二氧化钛的水合物 H_2TiO_3 或 TiO_2。

$$TiCl_4 + 4H_2O \longrightarrow H_4TiO_4 \downarrow + 4HCl$$

如果溶液中有一定量的盐酸,$TiCl_4$ 仅发生部分水解,生成 $TiOCl_2$:

$$TiCl_4 + H_2O \longrightarrow TiOCl_2 \downarrow + 2HCl$$

钛(Ⅳ)的卤化物和硫酸盐都易形成配合物。如钛的卤化物与相应的卤化氢或它们的盐生成 M_2TiX_6 配合物。

$$TiCl_4 + 2HCl(浓) \longrightarrow H_2TiCl_6$$

这种配酸只存在于溶液中,若往此溶液中加入 NH_4^+,则可析出黄色的 $(NH_4)_2TiCl_6$ 晶体。钛的硫酸盐与碱金属硫酸盐也可生成 $M_2[Ti(SO_4)_3]$ 配合物,如 $K_2[Ti(SO_4)_3]$。

钛(Ⅳ)的卤化物还能与含 O 和含 N 配位形成六配位的配合物,如 $TiCl_4$ 与醚、酮、胺、亚胺、腈、硫醇和硫醚之类的配体形成黄色到红色的 TiX_4L_2 和 $TiX_4(L-L)$ 类型的配合物。例如,在高氯酸溶液中,与 Ti(Ⅳ)配位的可以有水分子,但溶液中并没有 $[Ti(H_2O)_6]^{4+}$,而是 $[Ti(OH)_2(H_2O)_4]^{2+}$,

$$[Ti(H_2O)_6]^{4+} \longrightarrow [Ti(OH)_2(H_2O)_4]^{2+} + 2H^+$$

$TiCl_4$ 在醇中发生溶剂分解作用生成二醇盐:

$$TiCl_4 + 2ROH \longrightarrow TiCl_2(OR)_2 + 2HCl$$

如果加入干燥的氨气以除掉 HCl,会产生四醇盐:

$$TiCl_4 + 4ROH + 4NH_3 \longrightarrow Ti(OR)_4 + 4NH_4Cl$$

这些醇盐是液体或易升华的固体,较低级的醇盐极易水解生成 TiO_2,这一性质具有重要的商业价值。将这些醇盐(常称为有机钛酸盐)涂在各种材料的表面，暴露在大气中时就能产生一层薄而透明的 TiO_2 附着层,可用作防水织物和隔热涂料。也可涂在玻璃和搪瓷上,烘烧后保留 TiO_2 层,增强了抗刮擦的能力。

在中等酸度的钛(Ⅳ)盐溶液中加入 H_2O_2 可生成较稳定的橘黄色的$[TiO(H_2O_2)]^{2+}$：

$$TiO^{2+} + H_2O_2 \longrightarrow [TiO(H_2O_2)]^{2+}$$

利用此反应可进行钛的定性检验和比色分析。

二、钛(Ⅲ)化合物

在强还原剂的作用下,钛(Ⅳ)化合物可以转化为钛(Ⅲ)化合物。用锌处理钛(Ⅳ)盐的盐酸溶液或将钛溶于热浓盐酸中得到三氯化钛的水溶液：

$$2TiCl_4 + Zn \longrightarrow 2TiCl_3 + ZnCl_2$$

$$2Ti + 6HCl \longrightarrow 2TiCl_3 + 3H_2\uparrow$$

浓缩后可以析出紫色的六水合三氯化钛 $TiCl_3 \cdot 6H_2O$ 晶体,其化学式为$[Ti(H_2O)_6]Cl_3$。如果在此浓溶液中加入乙醚,并通入氯化氢至饱和,可以由绿色的乙醚溶液中得到绿色的六水合三氯化钛晶体,紫色和绿色的 $TiCl_3 \cdot 6H_2O$ 是不同的异构体。绿色的 $TiCl_3 \cdot 6H_2O$ 的化学式为$[TiCl(H_2O)_5]Cl_2 \cdot H_2O$。

如将干燥的气态四氯化钛和过量的氢气在灼热管中还原可以得到紫色粉末状三氯化钛：

$$2TiCl_4 + H_2 \xrightarrow{\triangle} 2TiCl_3 + 2HCl$$

三氯化钛在 450 ℃时,于真空中歧化为二氯化钛和四氯化钛。在更高的温度下,不挥发的 $TiCl_2$ 会进一步歧化：

$$2TiCl_3(s) \xrightarrow{450\ ℃} TiCl_4(g) + TiCl_2(s)$$

$$2TiCl_2(s) \xrightarrow{700\ ℃} Ti(s) + TiCl_4(g)$$

钛(Ⅲ)离子是一个强还原剂(比 Sn^{2+} 稍强)：

$$TiO^{2+} + 2H^+ + e^- \longrightarrow Ti^{3+} + H_2O \quad \varphi^{\ominus} = 0.1\ V$$

钛(Ⅲ)盐非常容易被空气或水所氧化。利用钛(Ⅲ)离子的还原性,可以测定溶液中钛的含量。例如,在钛(Ⅳ)的硫酸溶液中,在隔绝空气的情况下,金属铝片可使溶液中的钛(Ⅳ)还原为 Ti^{3+}：

$$6Ti(SO_4)_2 + 2Al \longrightarrow 3Ti_2(SO_4)_3 + Al_2(SO_4)_3$$

溶液中的 Ti^{3+} 可以用 Fe^{3+} 为氧化剂进行滴定,其反应为

$$Ti_2(SO_4)_3 + Fe_2(SO_4)_3 \longrightarrow 2Ti(SO_4)_2 + 2FeSO_4$$

溶液中加 KSCN 为指示剂。当加入稍过量的 Fe^{3+} 时,立即与 KSCN 生成红色 $[FeNCS]^+$,表示反应已达终点。在有机化学中还可以测定硝基化合物的含量,因为它可将硝基化合物还原为胺:

$$RNO_2 + 4Ti^{3+} + 2H_2O \longrightarrow RNH_2 + 4TiO^{2+} + 2H^+$$

更强的还原剂可将 Ti^{3+} 还原成 Ti^{2+},但 Ti^{2+} 更不稳定。

23-4 钒

23-4-1 钒的单质

一、发现和存在

早在 1801 年,墨西哥矿物学家德里乌(A. M. Del-Rio)由铅矿中发现了一种新的物质,但是他未能分离出新元素。直到 1830 年瑞典化学家塞夫斯特姆(N. G. Sefström)在研究一种铁矿石时再次发现,并肯定了这种新元素。由于其化合物呈现鲜艳而多彩的颜色,所以他以神话中斯堪的那维亚美丽的女神 Vanadis 的名字命名这种新元素为钒(Vanadium)。

钒在地壳中的含量大约为 0.009%,居第 19 位,在过渡元素中仅次于 Fe、Ti、Mn、Zn,排第五位。在自然界中分布得很分散,但很广泛。现已发现 60 多种钒矿石,主要有绿硫钒矿 VS_2 或 V_2S_5、铅钒矿(或褐铅矿)$Pb_5[VO_4]_3Cl$、钒云母 $KV_2[AlSi_3O_{10}](OH)_2$、钒酸钾铀矿 $K_2[UO_2]_2[VO_4]_2 \cdot 3H_2O$ 等。在某些原油中,特别是产自委内瑞拉和加拿大的石油中能找到钒,从石油余渣和燃烧后的烟道灰中能够回收钒。我国四川攀枝花地区蕴藏着极丰富的钒钛磁铁矿。

二、性质和用途

单质钒是一种银灰色金属,具有典型的体心立方结构。纯钒较软,具有延展性,含有杂质时硬而脆。由于外层 d 电子能形成较强的金属键,钒有较高的熔点、沸点和原子化焓。在第一过渡系中,自钒以后,有些 $(n-1)$d 电子就开始进入原子的惰性电子实。因而用于成键的 d 电子数逐渐减少,导致钒成为第一过渡系中熔点最高的金属。

金属钒容易呈钝态,因此在常温下活泼性较低。块状钒在常温下不与空气、

水、苛性碱作用,也不和非氧化性的酸作用,但溶于氢氟酸,也溶于强氧化性酸中,如硝酸和王水。在高温下,钒与大多数非金属元素反应,并可与熔融苛性碱反应。

钒的主要用途在于冶炼特种钢,在钢中加钒的好处是,钒可与钢中的碳结合成 V_4C_3,它在钢中以小颗粒分散从而提高钢的抗磨能力和高温时的强度,以及抗冲击的性能。故广泛用于制造结构钢、弹簧钢、工具钢、装甲钢和钢轨,特别对汽车和飞机制造业有重要意义。

23-4-2 钒的重要化合物

钒的价电子构型为 $(n-1)d^3ns^2$,5 个电子都可以参加成键,稳定氧化态为+V,此外,还能形成+Ⅳ、+Ⅲ、+Ⅱ低氧化态的化合物,其元素电势图如下:

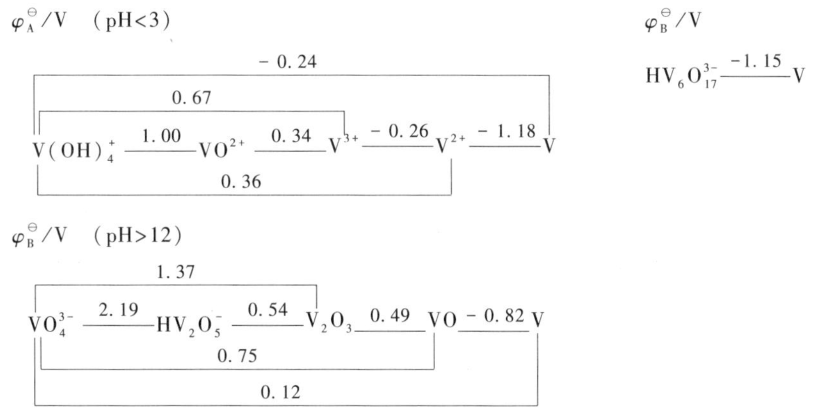

可见,在强酸性介质中 V(Ⅳ)比较稳定,V(Ⅴ)具有中等强度的氧化性,V(Ⅲ)、V(Ⅱ)具有较强的还原性,易被空气氧化为 V(Ⅳ)VO^{2+}。

本节主要介绍五氧化二钒、钒酸盐和多钒酸盐及高低氧化态化合物的相互转化。由于氧化态为+V 的钒具有较大的电荷半径比,所以在水溶液中不存在简单的 V^{5+},而是以钒酰离子(VO_2^+,VO^{3+})或含氧酸根(VO_3^-,VO_4^{3-})等形式存在。同样,氧化态为+Ⅳ的钒在水溶液中以 VO^{2+}形式存在。

一、五氧化二钒

五氧化二钒是钒的重要化合物之一。工业上多由各种类型含钒的矿石作为提取钒的主要来源。例如,用氯化焙烧法处理钒铅矿制取五氧化二钒,即将食盐和钒铅矿在空气中焙烧,矿石中所含的 V_2O_5 成分发生如下反应:

$$V_2O_5 + 2NaCl + \frac{1}{2}O_2 \longrightarrow 2NaVO_3 + Cl_2$$

用水从烧结块中浸出 $NaVO_3$,酸化 $NaVO_3$ 得到五氧化二钒的水合物。

采用碱熔法处理钒(Ⅴ)矿石也可提取 V_2O_5,即用碱金属碳酸盐与钒(Ⅴ)矿石熔融得不溶物 $Ca(VO_3)_2$,再用 Na_2CO_3 处理得 $NaVO_3$:

$$Ca(VO_3)_2+Na_2CO_3 \longrightarrow CaCO_3+2NaVO_3$$

再做同上的处理,煅烧可得工业级 V_2O_5。

要制取纯度较高的五氧化二钒,较好的制法是将上述制得的水合五氧化二钒在碳酸钠溶液中溶解,然后往溶液中加入铵盐(如 NH_4Cl),溶解度很小的偏钒酸铵从溶液中沉淀析出,然后加热偏钒酸铵至 427 ℃分解:

$$2NH_4VO_3 \xrightarrow{\triangle} V_2O_5+2NH_3+H_2O$$

V_2O_5 还可以由三氯氧化钒的水解来制备:

$$2VOCl_3+3H_2O \longrightarrow V_2O_5+6HCl$$

可用金属热还原法(如用 Ca、Al)制得金属钒。

五氧化二钒呈橙黄色至深红色,无臭、无味、有毒。它大约在 650 ℃熔融,冷却时呈橙色正交晶系针状晶体。它在迅速结晶时会因放出大量热而发光。五氧化二钒是两性氧化物,微溶于水,每 100 g 水能溶解 0.07 g V_2O_5,产生淡黄色酸性溶液。V_2O_5 溶于碱生成钒酸盐,在强碱性溶液中则生成正钒酸盐 M_3VO_4。正钒酸根离子是水合离子,可写成 $[VO_2(OH)_4]^{3-}$,相当于 $(VO_4^{3-})\cdot 2H_2O$:

$$V_2O_5+6NaOH \longrightarrow 2Na_3VO_4+3H_2O$$

V_2O_5 具有微弱的碱性,能溶解在强酸中,当 pH=1 时,生成淡黄色的 VO_2^+ 的盐,VO_2^+ 也是水合离子。从电极电势可以看出,在酸性介质中 VO_2^+ 是一种较强的氧化剂,可以被 Fe^{2+}、草酸、酒石酸和乙醇等还原剂还原为 VO^{2+},I^- 能将 VO_2^+ 还原为 V^{3+},强还原性的锌能将 VO_2^+ 还原至 V^{2+},从而使溶液的颜色由黄色逐渐转变成蓝色、绿色,最后呈紫色而显现多彩的颜色:

$$VO_2^++2H^++e^- \longrightarrow VO^{2+}+H_2O \quad \varphi^\ominus=1.0\ V$$

$$\underset{(黄色)}{VO_2^+}+Fe^{2+}+2H^+ \longrightarrow \underset{(蓝色)}{VO^{2+}}+Fe^{3+}+H_2O$$

$$2VO_2^++H_2C_2O_4+2H^+ \xrightarrow{\triangle} 2VO^{2+}+2CO_2\uparrow+2H_2O$$

$$VO_2^++2I^-+4H^+ \longrightarrow \underset{(绿色)}{V^{3+}}+I_2+2H_2O$$

$$2VO_2^++3Zn+8H^+ \longrightarrow \underset{(紫色)}{2V^{2+}}+3Zn^{2+}+4H_2O$$

上述反应可用于氧化还原容量法测定钒。

五氧化二钒也是一种较强的氧化剂，溶于盐酸被还原成 V(Ⅳ)化合物，并放出氯气：

$$V_2O_5 + 6HCl \longrightarrow 2VOCl_2 + Cl_2 + 3H_2O$$

V_2O_5 用 H_2 还原时，可制得一系列低氧化态氧化物，如深蓝色的二氧化钒 VO_2、黑色的三氧化二钒 V_2O_3 和黑色粉末状的一氧化钒 VO。

在低氧化态钒的化合物中，V(Ⅳ)较稳定，V^{3+} 不稳定，V^{2+} 为强还原剂，易被氧化。例如：

$$5V^{2+} + MnO_4^- + 8H^+ \longrightarrow Mn^{2+} + 5V^{3+} + 4H_2O$$

$$5V^{3+} + MnO_4^- + H_2O \longrightarrow Mn^{2+} + 5VO^{2+} + 2H^+$$

$$5VO^{2+} + MnO_4^- + H_2O \longrightarrow Mn^{2+} + 5VO_2^+ + 2H^+$$

五氧化二钒是一种重要的工业催化剂。例如，它能催化许多有机化合物被空气或过氧化氢氧化的反应；催化烯烃和芳烃被氢还原的反应，其中最重要的是在接触法制硫酸的过程中催化 SO_2 氧化为 SO_3 的反应。在这项应用中 V_2O_5 代替了价格昂贵、易被砷等杂质“中毒”的金属铂，从而降低了生产硫酸的成本。V_2O_5 之所以成为多种用途的催化剂，可能是加热时可逆地失去氧的缘故。

二、钒酸盐和多钒酸盐

钒酸盐可分为偏钒酸盐 $M^{I}VO_3$、正钒酸盐 $M_3^{I}VO_4$ 和多钒酸盐 $M_4^{I}V_2O_7$(常称为焦钒酸盐)、$M_3^{I}V_3O_9$ 等。

正钒酸根离子在一定条件下像 PO_4^{3-} 一样能发生一系列的水解-聚合反应，所得到的聚合物统称为同多酸盐，其酸根常称为同多酸阴离子。例如，向钒酸盐溶液中加酸，使 pH 逐渐下降，则生成不同聚合度的多钒酸盐。图 23-5 表示了在不同 pH 和各种钒的总浓度时各钒酸根的存在范围。这是对钒酸盐体系在上述条件中的一种推理和概括。

从图 23-5 可以清楚地看出：只有当溶液为强碱性(pH>13)及溶液中钒的总浓度非常稀的时候(低于 10^{-4} mol · L^{-1})，溶液中得到的是单体的钒酸根；当 pH 下降，溶液中钒的总浓度低于 10^{-4} mol · L^{-1}时，溶液中以酸式钒酸根离子形式存在，如 HVO_4^{2-}、$H_2VO_4^-$；当溶液中钒的总浓度大于 10^{-4} mol · L^{-1}时，溶液中存在一系列聚合物，如 $V_2O_7^{4-}$、$V_3O_9^{3-}$、$V_4O_{12}^{4-}$、$V_{10}O_{28}^{6-}$等；当在浓的钒酸盐溶液中加酸到 pH 大约为 2 时，会沉淀出红棕色的五氧化二钒水合物，进一步加酸，沉淀又会重新溶解，生成含 VO_2^+ 的黄色溶液。

图 23-5 中各种物种的存在可用质子化和缩合平衡来说明。

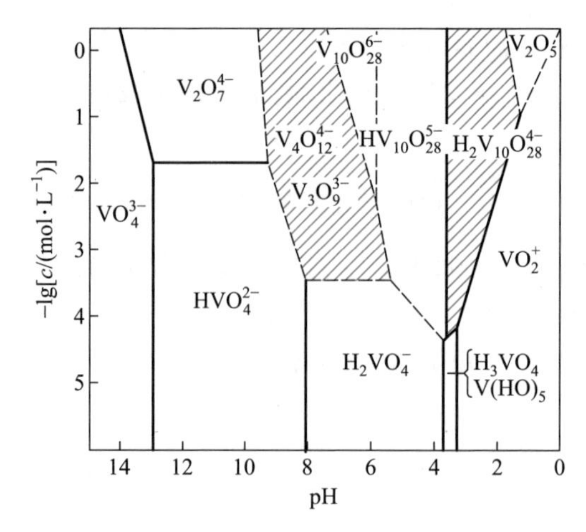

图 23-5　随 pH 和钒的总浓度变化而发生变化的各种钒酸盐和多钒酸盐

在碱性溶液中：

$$VO_4^{3-}+H^+ \rightleftharpoons HVO_4^{2-}$$

$$2HVO_4^{2-} \rightleftharpoons V_2O_7^{4-}+H_2O$$

$$HVO_4^{2-}+H^+ \rightleftharpoons H_2VO_4^-$$

$$3H_2VO_4^- \rightleftharpoons V_3O_9^{3-}+3H_2O$$

$$4H_2VO_4^- \rightleftharpoons V_4O_{12}^{4-}+4H_2O$$

在酸性溶液中：

$$10V_3O_9^{3-}+15H^+ \rightleftharpoons 3HV_{10}O_{28}^{5-}+6H_2O$$

$$H_2VO_4^-+H^+ \rightleftharpoons H_3VO_4$$

$$HV_{10}O_{28}^{5-}+H^+ \rightleftharpoons H_2V_{10}O_{28}^{4-}$$

$$H_3VO_4+H^+ \rightleftharpoons VO_2^++2H_2O$$

$$H_2V_{10}O_{28}^{4-}+14H^+ \rightleftharpoons 10VO_2^++8H_2O$$

从上述的平衡中可以看出：① 生成 HVO_4^{2-}、$H_2VO_4^-$ 等物种时，质子与氧原子结合，而不与钒原子结合。因此，更确切地应写成 $[VO_3(OH)]^{2-}$，但仍习惯表示为 HVO_4^{2-}，像 HSO_4^- 一样。随着 H^+ 浓度的增加，多钒酸根中的氧逐渐被 H^+ 夺走，使得酸根中钒与氧的比值依次降低，到强酸性（pH≤2）时，溶液中主要是稳定的黄色 VO_2^+。② 随着 pH 的下降，发生缩合脱水反应，使得多钒酸根中含钒原子增多，聚合度增大，溶液的颜色逐渐加深，从无色到黄色，再到深红色。例如，当 pH 为 10～13 时，发生由 HVO_4^{2-} 缩合脱水反应，生成焦钒酸盐（$V_2O_7^{4-}$）：

$$^-O-\overset{\overset{\displaystyle O}{\|}}{\underset{\underset{\displaystyle O^-}{|}}{V}}-\boxed{OH + H}O-\overset{\overset{\displaystyle O}{\|}}{\underset{\underset{\displaystyle O^-}{|}}{V}}-O^- \longrightarrow {}^-O-\overset{\overset{\displaystyle O}{\|}}{\underset{\underset{\displaystyle O^-}{|}}{V}}-O-\overset{\overset{\displaystyle O}{\|}}{\underset{\underset{\displaystyle O^-}{|}}{V}}-O^- + H_2O$$

当 pH 为 3~9 时,H^+参与 $V_3O_9^{3-}$ 缩合脱水生成 $HV_{10}O_{28}^{5-}$酸根离子。③ 当溶液转变为酸性后,聚合度就不再改变,直到十钒酸盐而终止,后面就只是获得质子的反应。

正钒酸盐像正磷酸盐一样,含有分立的四面体型 VO_4^{3-};焦钒酸盐像焦磷酸盐一样,含有由共用一个顶点的两个 VO_4 四面体组成的双核 $V_2O_7^{4-}$;偏钒酸盐的结构与水合状态有关(见图 23-6)。无水的偏钒酸盐由共用顶点的 VO_4 四面体的无穷链组成,见图 23-6(a)。水合的偏钒酸盐由共用棱边的 VO_5 三角双锥的无穷链组成,见图 23-6(b)。十钒酸盐的阴离子 $V_{10}O_{28}^{6-}$是由 10 个 VO_6 八面体构成,见图 23-6(c)。

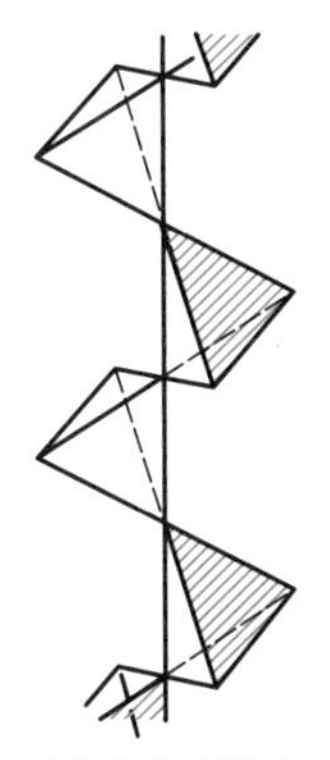

(a) 无水的偏钒酸盐,由共用顶点的VO_4四面体的无穷链组成

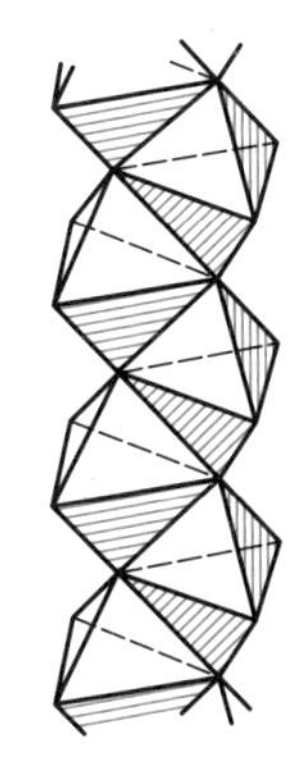

(b) 水合的偏钒酸盐,由共用棱边的VO_5三角双锥的无穷链组成

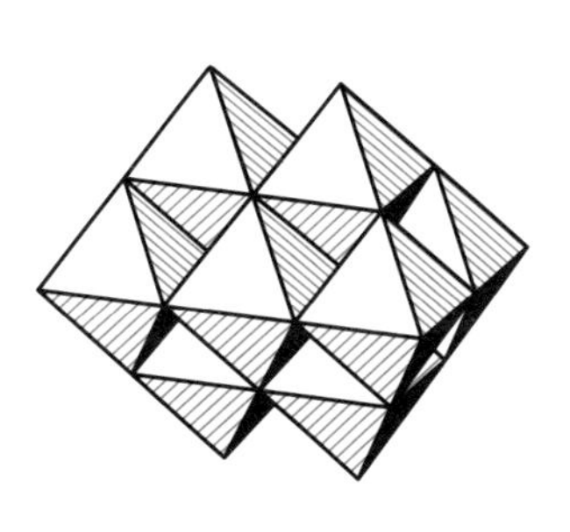

(c) 十钒酸根$V_{10}O_{28}^{6-}$,由10个VO_6八面体组成(2个被遮掩)

图 23-6 用常规表示的某些同多阴离子在晶体中的结构

其中每一个多面体中心含有一个金属原子,而多面体的每个顶点表示一个氧原子

在钒酸盐的溶液中加过氧化氢时,由于溶液的酸碱性不同,所得物种的颜色也不同。当溶液是弱碱性、中性、弱酸性时,得到黄色的二过氧钒酸离子 $[VO_2(O_2)_2]^{3-}$;当溶液是强酸性时,得到红棕色的过氧钒阳离子$[V(O_2)]^{3+}$。两者之间存在下列平衡:

$$[VO_2(O_2)_2]^{3-}+6H^+ \rightleftharpoons [V(O_2)]^{3+}+H_2O_2+2H_2O$$

钒酸盐与过氧化氢的反应,在分析化学中用作钒的定性检验和比色测定。

23-5　铬

23-5-1　铬的单质

铬是 1797 年法国化学家沃克兰(L. N. Vauquelin)在分析铬铅矿时首先发现的。铬(Chromium)的原意是颜色,因为它的化合物都有美丽的颜色。

铬在地壳层的丰度为 0.0083%,与钒相当。主要矿石有铬铁矿 $FeCr_2O_4$,也是唯一具有重要商业价值的矿石。其次是铬铅矿 $PbCrO_4$,铬赭石矿 Cr_2O_3。炼钢所用的铬常由铬铁矿和碳在电炉中反应得到:

$$FeCr_2O_4 + 4C \longrightarrow Fe + 2Cr + 4CO$$

单质铬是银白色有光泽的金属,具有典型的立方体心结构。铬在很纯时相当软,有延展性,含有杂质时硬而脆,有较高熔点,铬是金属中最硬的。铬因良好光泽和高的抗腐蚀性常用于电镀工业,如自行车、汽车、精密仪器零件中的镀铬制件。铬易与其他金属形成合金,因此铬在国防工业、冶金工业、化学工业方面有重要用途。如铬钢含铬 0.5%~1%、Si 0.75%、Mn 0.5%~1.25%,铬钢很硬且有韧性,是机器制造业的重要原料,含铬 12%的钢称为“不锈钢”,有极强的耐腐蚀性能。

金属铬具有较强还原性[$\varphi^{\ominus}(Cr^{2+}/Cr) = -0.91\ V$,$\varphi^{\ominus}(Cr^{3+}/Cr) = -0.74\ V$]。事实上,当铬没有被钝化的时候相当活泼,很容易将 Cu、Sn、Ni 等从它们的溶液中置换出来,也很容易溶于盐酸、硫酸和高氯酸。例如,当铬溶于稀盐酸、稀硫酸时,先生成蓝色的 $CrCl_2$ 溶液,进一步被空气氧化为绿色 $CrCl_3$ 溶液:

$$Cr + 2HCl \longrightarrow CrCl_2 + H_2\uparrow$$

$$4CrCl_2 + 4HCl + O_2 \longrightarrow 4CrCl_3 + 2H_2O$$

铬与浓硫酸反应,则生成 SO_2 和 $Cr_2(SO_4)_3$:

$$2Cr + 6H_2SO_4 \longrightarrow Cr_2(SO_4)_3 + 3SO_2 + 6H_2O$$

23-5-2　铬的重要化合物

铬的价电子构型是 $3d^54s^1$,6 个价电子都可参加成键。因此具有多种氧化态,最高氧化态为+Ⅵ,常见氧化态是+Ⅵ、+Ⅲ、+Ⅱ。铬的元素电势图如下:

$$\varphi_A^\ominus/V \quad Cr_2O_7^{2-} \xrightarrow{+1.33} Cr^{3+} \xrightarrow{-0.41} Cr^{2+} \xrightarrow{-0.91} Cr$$

（$Cr_2O_7^{2-}$ → Cr：+0.295；Cr^{3+} → Cr：−0.74）

$$\varphi_B^\ominus/V \quad CrO_4^{2-} \xrightarrow{-0.13} Cr(OH)_3 \xrightarrow{-1.1} Cr(OH)_2 \xrightarrow{-1.4} Cr$$

（$Cr(OH)_3$ → Cr：−1.48；CrO_2^- → Cr：−1.2）

从电势图可以看出：① 在酸性溶液中，铬的最稳定氧化态是+Ⅲ；② 在酸性介质中，铬(+Ⅵ)具有最强的氧化性。

因此本节主要介绍铬(+Ⅲ)和铬(+Ⅵ)的化合物。

一、铬(Ⅲ)化合物

铬的+Ⅲ氧化态是最常见的，其价电子构型为 $3d^3$，最外层电子构型是 $3s^23p^63d^3$，属于 9~17 电子结构，对原子核的屏蔽作用比 8 电子构型小，使得 Cr^{3+} 有较高的有效正电荷。另外 Cr^{3+} 离子半径比较小(64 pm)。由于 Cr^{3+} 有较强的正电荷和空的 d 轨道，具有 d^3 电子组态以及八面体晶体场下的 t_{2g}^3 电子构型等特点，决定了 Cr^{3+} 的化学特征：① Cr^{3+} 具有较强的配位能力，显示了丰富的配位化学的研究内容。Cr^{3+} 易与 H_2O、NH_3、Cl^-、CN^-、$C_2O_4^{2-}$ 等配体形成配位数为 6 的八面体配合物 CrX_6^{3-}(X 为−Ⅰ氧化态)。这些配合物在水溶液中的主要特征是在动力学上是惰性的，即 X 被其他配体取代的速率非常慢。因此许多配合物能以稳定固体从溶液中分离出来。② Cr^{3+} 中有 3 个成单的 d 电子，在可见光的照射下，可以发生 d-d 跃迁，所以铬(Ⅲ)化合物都显颜色。③ Cr^{3+} 的 d 轨道在八面体场中发生能级分裂，3 个 d 电子处于能量最低的 t_{2g} 轨道中，使 Cr^{3+} 具有较大的晶体场稳定化能和较强的稳定性。通常情况下，既不易被氧化为+Ⅵ氧化态，也不易被还原成+Ⅱ氧化态。

1. 三氧化二铬和氢氧化铬

金属铬在氧气中燃烧或重铬酸铵加热分解或用硫还原重铬酸钠均可制得绿色的三氧化二铬：

$$(NH_4)_2Cr_2O_7 \xrightarrow{\triangle} Cr_2O_3 + N_2\uparrow + 4H_2O$$

$$Na_2Cr_2O_7 + S \longrightarrow Cr_2O_3 + Na_2SO_4$$

Cr_2O_3 与 Al_2O_3 同晶，具有刚玉结构，微溶于水，熔点很高(2708 K)。用上述干法制得的 Cr_2O_3 通常是不活泼的。但如果是从铬(Ⅲ)水溶液中作为水合物沉淀出来的，则 Cr_2O_3 是两性的，溶于酸，也溶于强碱形成绿色的亚铬酸盐 CrO_2^-，在水溶液中，实际上是羟合离子，应写成 $Cr(OH)_4^-$ 或 $Cr(OH)_6^{3-}$：

$$Cr_2O_3+3H_2SO_4 \longrightarrow Cr_2(SO_4)_3+3H_2O$$
$$Cr_2O_3+2NaOH \longrightarrow 2NaCrO_2+H_2O$$

经过灼烧的 Cr_2O_3 不溶于酸,但可用熔融法使它变为可溶性的盐:

$$Cr_2O_3+6KHSO_4 \longrightarrow Cr_2(SO_4)_3+3K_2SO_4+3H_2O$$
$$Cr_2O_3+3K_2S_2O_7 \longrightarrow Cr_2(SO_4)_3+3K_2SO_4$$

Cr_2O_3 是冶炼铬的原料,由于它呈绿色,也可用作绿色颜料。近年来将 Cr_2O_3 用作有机合成的催化剂。

向铬(Ⅲ)盐溶液中加入 2 $mol \cdot L^{-1}$ NaOH 溶液,则生成灰蓝色的胶状沉淀:

$$Cr_2(SO_4)_3+6NaOH \longrightarrow 2Cr(OH)_3\downarrow+3Na_2SO_4$$

氢氧化铬也具有两性,在溶液中存在如下的平衡:

$$\underset{\text{蓝紫色}}{Cr^{3+}}+3OH^- \rightleftharpoons \underset{\text{灰蓝色}}{Cr(OH)_3} \rightleftharpoons H_2O+HCrO_2 \rightleftharpoons H^+ + \underset{\text{绿色}}{CrO_2^-}+H_2O$$

加酸时,平衡向生成 Cr^{3+} 的方向移动;加碱时,平衡向生成 CrO_2^- 的方向移动。

2. 铬(Ⅲ)盐和亚铬酸盐

最重要的铬(Ⅲ)盐是硫酸铬和铬矾。将 Cr_2O_3 溶于冷硫酸中,则得到紫色的 $Cr_2(SO_4)_3 \cdot 18H_2O$。此外还有绿色的 $Cr_2(SO_4)_3 \cdot 6H_2O$ 和桃红色的无水 $Cr_2(SO_4)_3$。硫酸铬(Ⅲ)与碱金属硫酸盐可以形成铬矾,如铬钾矾 $K_2SO_4 \cdot Cr_2(SO_4)_3 \cdot 24H_2O$ 可用 SO_2 还原酸性重铬酸钾溶液制得:

$$K_2Cr_2O_7+H_2SO_4+3SO_2 \longrightarrow K_2SO_4 \cdot Cr_2(SO_4)_3+H_2O$$

铬矾在鞣革、纺织等工业上有广泛的用途。

亚铬酸盐在碱性溶液中的标准电极电势为

$$CrO_4^{2-}+2H_2O+3e^- \longrightarrow CrO_2^-+4OH^- \quad \varphi^\ominus=-0.13\ V$$

可见,在碱性溶液中,铬(Ⅲ)有较强的还原性。因此在碱性溶液中,亚铬酸盐可被 H_2O_2 或 Na_2O_2 氧化生成铬(Ⅵ)酸盐:

$$2CrO_2^-+3H_2O_2+2OH^- \longrightarrow 2CrO_4^{2-}+4H_2O$$
$$2CrO_2^-+3Na_2O_2+2H_2O \longrightarrow 2CrO_4^{2-}+6Na^++4OH^-$$

在酸性溶液中,Cr^{3+} 还原性很弱,需要用过硫酸铵、高锰酸钾等强氧化剂才能将它氧化成 $Cr_2O_7^{2-}$。例如:

$$2Cr^{3+}+3S_2O_8^{2-}+7H_2O \xrightarrow[\triangle]{Ag^+\text{催化}} Cr_2O_7^{2-}+6SO_4^{2-}+14H^+$$

$$10Cr^{3+} + 6MnO_4^- + 11H_2O \xrightarrow{\triangle} 5Cr_2O_7^{2-} + 6Mn^{2+} + 22H^+$$

3. 铬(Ⅲ)的配合物

Cr^{3+}易形成配合物，基本上与任何能给出一对电子的物质都能够形成配位键。它极易与 X^-、H_2O、NH_3、$C_2O_4^{2-}$、CN^-等配体形成配位数为 6 的八面体配合物。这些配合物可以是阴离子、阳离子、中性分子。实际上溶液中并不存在简单的 Cr^{3+}，而是以六水合铬(Ⅲ)离子 $Cr(H_2O)_6^{3+}$ 存在。当 $Cr(H_2O)_6^{3+}$ 中的水被其他配体，如 NH_3、Cl^-等取代时，就生成一系列混合配体配合物。例如，$CrCl_3 \cdot 6H_2O$ 就有三种水合异构体：紫色的 $Cr(H_2O)_6^{3+}$、蓝绿色的 $[Cr(H_2O)_5Cl]Cl_2 \cdot H_2O$和绿色的 $[Cr(H_2O)_4Cl_2]Cl \cdot 2H_2O$。当在$Cr(H_2O)_6^{3+}$溶液中加入不同浓度的氨水后，$NH_3$ 会取代 H_2O 分子生成一系列氨配合物：

$$\underset{\text{紫色}}{Cr(H_2O)_6^{3+}} \xrightarrow{3NH_3} \underset{\text{浅红色}}{[Cr(NH_3)_3(H_2O)_3]^{3+}} \xrightarrow{6NH_3} \underset{\text{黄色}}{Cr(NH_3)_6^{3+}}$$

铬(Ⅲ)的另一特性是水解形成含有羟(OH^-)桥的多核配合物。$Cr(H_2O)_6^{3+}$ 中的配位水失去一个质子形成的 OH^-，随后与另一个羟基缩合而形成二聚羟桥配合物：

$$Cr(H_2O)_6^{3+} + H_2O \rightleftharpoons [Cr(H_2O)_5OH]^{2+} + H_3O^+$$

$$2[Cr(H_2O)_5OH]^{2+} \rightleftharpoons \left[(H_2O)_4Cr \begin{matrix} \overset{H}{O} \\ \diagup \quad \diagdown \\ \diagdown \quad \diagup \\ \underset{H}{O} \end{matrix} Cr(H_2O)_4 \right]^{4+} + 2H_2O$$

当 pH 增大时，会进一步失去质子和发生缩合反应，最后得到的水解产物是 $Cr(OH)_3$沉淀。

水解的多核铬(Ⅲ)配合物在印染和制革工业中有相当重要的商业价值。在印染行业中，织物在铬矾或草酸盐水溶液中浸透以后，用蒸汽加热沉淀出胶状的水解产物，将染料固定在织物上，起着染料的媒染剂作用。在皮革工业生产中，需要对兽皮做防腐和皮革柔软处理，这一工艺通过使用丹宁酸与兽皮胶质纤维中的蛋白质结合来实现。现已用硫酸铬溶液代替了传统的丹宁酸，即先将兽皮用硫酸浸透后，再用硫酸铬溶液浸渍。因为铬(Ⅲ)水解后形成了多核配合物，它将兽皮胶质纤维中相邻的蛋白质链桥连起来，起到使兽皮防腐和皮革干后柔软的作用。

二、铬(Ⅵ)化合物

在第四周期d区元素中,Cr^{6+}比同周期的Ti^{4+}、V^{5+}有更高的正电荷和更小的半径(52 pm)。因此不论在晶体中还是在溶液中都不存在简单的Cr^{6+}。常见的铬(Ⅵ)化合物是氧化物CrO_3、铬酰离子CrO_2^{2+}、含氧酸盐CrO_4^{2-}和$Cr_2O_7^{2-}$,其中又以重铬酸钾(俗称红矾钾)和重铬酸钠(俗称红矾钠)最为重要。

在铬(Ⅵ)化合物中由于Cr—O之间有较强的极化作用,当这些含氧化合物吸收部分可见光后,集中在配位氧原子一端的电子向中心Cr(Ⅵ)离子跃迁,因而这些化合物都显颜色。

铬(Ⅵ)的化合物有较大毒性。工业上生产铬(Ⅵ)化合物,主要是通过铬铁矿与碳酸钠混合在空气中煅烧,使铬氧化成可溶性的铬酸钠:

$$4Fe(CrO_2)_2+7O_2+8Na_2CO_3 \xrightarrow{\text{煅烧}} 2Fe_2O_3+8Na_2CrO_4+8CO_2\uparrow$$

用水浸取熔体,过滤以除去Fe_2O_3等杂质,Na_2CrO_4的水溶液用适量的H_2SO_4酸化,可转化成$Na_2Cr_2O_7$:

$$2Na_2CrO_4+H_2SO_4 \longrightarrow Na_2Cr_2O_7+Na_2SO_4+H_2O$$

由$Na_2Cr_2O_7$制取$K_2Cr_2O_7$,只要在$Na_2Cr_2O_7$溶液中加入固体KCl进行复分解反应即可:

$$Na_2Cr_2O_7+2KCl \longrightarrow K_2Cr_2O_7+2NaCl$$

利用重铬酸钾在低温时溶解度较小(273 K时,4.6 g/100 g水),在高温时溶解度较大(373 K时,94.1 g/100 g水),而温度对NaCl的溶解度影响不大的原理,可将$K_2Cr_2O_7$和NaCl分离。

上述CrO_4^{2-}与$Cr_2O_7^{2-}$之间的转化是因为铬酸盐和重铬酸盐在水溶液中存在着下列缩合平衡:

$$2CrO_4^{2-}+2H^+ \rightleftharpoons Cr_2O_7^{2-}+H_2O \quad K=4.2\times10^{14}$$

加酸可使平衡向右移动,$Cr_2O_7^{2-}$浓度升高。加碱可使平衡左移,CrO_4^{2-}浓度升高。因此溶液中CrO_4^{2-}与$Cr_2O_7^{2-}$离子浓度的比值取决于溶液的pH。在酸性溶液中主要以$Cr_2O_7^{2-}$形式存在,在碱性溶液中则以CrO_4^{2-}形式为主。

由于H_2CrO_4酸性较强($K_1=4.1$,$K_2=10^{-5}$),因此,它不像VO_4^{3-}能形成许多种缩合酸。

除了加酸、加碱可使这个平衡发生移动外,如向这个溶液中加入Ba^{2+}、Pb^{2+}、Ag^+,则这些离子与CrO_4^{2-}反应生成溶度积较小的铬酸盐,而使平衡向生成CrO_4^{2-}的方向移动。所以无论是向铬酸盐溶液或者重铬酸盐溶液中加入这些金属离

子,生成产物都是铬酸盐沉淀:

$$Cr_2O_7^{2-} + 2Ba^{2+} + H_2O \longrightarrow 2H^+ + 2BaCrO_4\downarrow \qquad K_{sp} = 1.6\times10^{-10}$$

黄色

$$Cr_2O_7^{2-} + 2Pb^{2+} + H_2O \longrightarrow 2H^+ + 2PbCrO_4\downarrow \qquad K_{sp} = 1.77\times10^{-14}$$

黄色

$$Cr_2O_7^{2-} + 4Ag^+ + H_2O \longrightarrow 2H^+ + 2Ag_2CrO_4\downarrow \qquad K_{sp} = 9.0\times10^{-12}$$

砖红色

实验室中常用 Ba^{2+}、Pb^{2+}、Ag^+来检验 CrO_4^{2-} 的存在。

重铬酸盐在酸性溶液中是强氧化剂。例如,在冷溶液中 $K_2Cr_2O_7$ 可以氧化 H_2S、H_2SO_3 和 HI;在加热时可氧化 HBr 和 HCl。在这些反应中,$Cr_2O_7^{2-}$ 的还原产物都是 Cr^{3+}的盐。

$$Cr_2O_7^{2-} + 6I^- + 14H^+ \longrightarrow 2Cr^{3+} + 3I_2 + 7H_2O$$

$$Cr_2O_7^{2-} + 3SO_3^{2-} + 8H^+ \longrightarrow 2Cr^{3+} + 3SO_4^{2-} + 4H_2O$$

在分析化学中,常用 $K_2Cr_2O_7$ 来测定铁:

$$K_2Cr_2O_7 + 6FeSO_4 + 7H_2SO_4 \longrightarrow 3Fe_2(SO_4)_3 + Cr_2(SO_4)_3 + K_2SO_4 + 7H_2O$$

$Na_2Cr_2O_7$ 用碳还原得到 Cr_2O_3:

$$Na_2Cr_2O_7 + 2C \xrightarrow{\triangle} Cr_2O_3 + Na_2CO_3 + CO$$

将 H_2O_2 加到重铬酸盐溶液中会生成蓝色的五氧化铬,可用于鉴定 CrO_4^{2-} 和 $Cr_2O_7^{2-}$。

$$Cr_2O_7^{2-} + 4H_2O_2 + 2H^+ \longrightarrow 2CrO_5 + 5H_2O$$

(蓝色)

实验室中所用的洗液是饱和重铬酸钾溶液和浓硫酸的混合物(往 5 g $K_2Cr_2O_7$ 配制的热饱和溶液中加入 100 mL 浓 H_2SO_4),即铬酸洗液。铬酸洗液有强氧化性,可用来洗涤化学玻璃器皿,以除去器壁上黏附的油脂层。洗液经使用后,红棕色逐渐转变成暗绿色,若全部变成暗绿色,说明洗液已经失效。

重铬酸钾也可被乙醇还原:

$$3CH_3CH_2OH + 2K_2Cr_2O_7 + 8H_2SO_4 \longrightarrow 3CH_3COOH + 2Cr_2(SO_4)_3 + 2K_2SO_4 + 11H_2O$$

利用该反应可检测司机是否酒后开车。

$Na_2Cr_2O_7$ 和 $K_2Cr_2O_7$ 均为橙红色晶体,是实验室常用的基准试剂和氧化剂。在工业上,$K_2Cr_2O_7$ 大量用于鞣革、印染、颜料、电镀等方面。

往 $K_2Cr_2O_7$ 溶液中加入浓 H_2SO_4,可以析出橙红色的 CrO_3 晶体:

$$K_2Cr_2O_7 + H_2SO_4 \longrightarrow K_2SO_4 + 2CrO_3\downarrow + H_2O$$

CrO_3 是一种共价性相当强的强酸性氧化物,有毒、易溶于水,在 298 K 时,每 100 g 水能溶 166 g CrO_3,水溶液称为铬酸。三氧化铬是一种强氧化剂,遇到有机化合物剧烈反应以致着火燃烧,甚至可能爆炸。CrO_3 广泛应用在有机化学中作氧化剂。

三氧化铬的晶体由共用顶点的 CrO_4 四面体形成的链构成。这种结构使 CrO_3 的熔点只有 197 ℃。当 CrO_3 熔融,并加热到 220~250 ℃以上时,它失去氧生成一系列氧化态较低的氧化物,最终产物是绿色的 Cr_2O_3:

$$CrO_3 \longrightarrow Cr_3O_8 \longrightarrow Cr_2O_5 \longrightarrow CrO_2 \longrightarrow Cr_2O_3$$

$$4CrO_3 \xrightarrow{\triangle} 2Cr_2O_3 + 3O_2\uparrow$$

用铝热法还原 Cr_2O_3 得到金属铬:

$$Cr_2O_3(s) + 2Al(s) \xrightarrow{\triangle} 2Cr(s) + Al_2O_3(s) \quad \Delta_r G^{\ominus} = -529.6\ kJ\cdot mol^{-1}$$

将重铬酸盐与氯化物在浓硫酸中加热,可蒸馏制得氯化酰铬 CrO_2Cl_2(又称二氯二氧化铬):

$$K_2Cr_2O_7 + 4KCl + 3H_2SO_4 \xrightarrow{\triangle} 2CrO_2Cl_2 + 3K_2SO_4 + 3H_2O$$

氯化氢与 CrO_3 反应也可生成 CrO_2Cl_2:

$$2HCl + CrO_3 \longrightarrow CrO_2Cl_2 + H_2O$$

CrO_2Cl_2 是具有四面体结构的共价分子,深红色液体,沸点 390 K,易挥发。这一性质用在钢铁分析中,当有铬干扰时,在溶解试样时加入 NaCl 和 $HClO_4$,加热蒸发至冒烟,使生成的 CrO_2Cl_2 挥发而除去:

$$Cr_2O_7^{2-} + 4Cl^- + 6H^+ \longrightarrow 2CrO_2Cl_2 + 3H_2O$$

CrO_2Cl_2 在不见光时比较稳定,遇水易水解:

$$2CrO_2Cl_2 + 3H_2O \longrightarrow H_2Cr_2O_7 + 4HCl$$

23-5-3 含铬废水的处理

铬的化合物有毒，由于 Cr(Ⅵ)的强氧化性，其毒性是 Cr(Ⅲ)毒性的 100 倍。已经发现 Cr(Ⅵ)有致癌作用，对农作物及微生物的毒害也很大。

铬以从消化道进入人体为主，也可经呼吸道进入人体。铬中毒可引起鼻炎、咽喉炎、恶心、呕吐、胃肠溃疡和胃肠功能紊乱等。因此必须对铬的冶炼、电镀、皮革、染料、制药等工厂、企业所排放的废气和废水进行处理。目前研究和采取的处理方法较多，主要有以下方法：

一、还原法

在酸性介质中将 Cr(Ⅵ)用还原剂(如 $FeSO_4$、$NaHSO_3$)还原成 Cr(Ⅲ)。调节 pH 为 6~8，使 Cr(Ⅲ)以 $Cr(OH)_3$ 沉淀析出，灼烧得到氧化物回收。若加入适当过量的 $FeSO_4$，并在反应中通入适量的空气，使 Fe^{2+} 与 Fe^{3+}(Cr^{3+})的比例恰当时，可产生具有磁性的，组成类似于 $Fe_3O_4 \cdot xH_2O$ 的铁氧体沉淀，用电磁铁将沉淀吸出，变废为宝。

二、电解法

将含 Cr(Ⅵ)废水放入电解槽内，用铁作阳极进行电解：

阳极：$Fe \longrightarrow Fe^{2+} + 2e^-$

阴极：$2H_2O + 2e^- \longrightarrow H_2\uparrow + 2OH^-$

阳极区生成的 Fe^{2+} 与废水中 $Cr_2O_7^{2-}$ 反应，生成的 Fe^{3+} 和 Cr^{3+} 在阴极区与 OH^- 结合生成 $Fe(OH)_3$ 和 $Cr(OH)_3$ 沉淀除去。多余的 Fe^{2+} 可用 S^{2-} 以 FeS 沉淀除去。此法可使废水的 Cr(Ⅵ)浓度降低到 0.001 $mg \cdot L^{-1}$。

三、离子交换法

采用季胺型强碱性阴离子交换树脂($R—\overset{+}{N}OH^-$)，使废水中 Cr(Ⅵ)与树脂上 OH^- 发生离子交换反应：

$$2RN—OH + CrO_4^{2-} \underset{再生}{\overset{交换}{\rightleftharpoons}} (RN)_2—CrO_4 + 2OH^-$$

在交换一段时间后停止通废水，再通 NaOH 溶液使 Cr(Ⅵ)以高浓度进入溶液回收，并使树脂得到再生。此法适用于处理大量低浓度的含铬废水。

23-6 锰

23-6-1 锰的单质

1774 年，瑞典化学家甘恩(J. G. Gahn)用软锰矿与木炭和油的混合物一起加热,首次得到游离锰(Manganese)。锰在地壳层的丰度是 0.1%,排第 12 位,在过渡元素中排第三位,仅次于铁和钛。锰广泛分布在自然界中,存在于 300 多种不同的矿物中,具有重要商业价值的大约 12 种。最具有商业价值的是软锰矿 MnO_2、黑锰矿 Mn_3O_4、菱锰矿 $MnCO_3$。近年来发现在巨大面积的海洋表层中存在 10^{12} t 以上的锰结核[含有 Cu、Co、Ni 等多种重要金属氧化物的多金属结核状资源,其主要成分是锰(锰 25%左右,是陆地锰矿含量的 2 倍)]。锰结核是因为矿石风化,其氧化物胶体颗粒被冲入海底聚集压缩而形成的,而且每年进一步沉积 10^7 t。

金属锰常用铝热法由软锰矿还原制得。因铝与软锰矿反应剧烈,故先将软锰矿强热使之转变为 Mn_3O_4,然后与铝粉混合燃烧:

$$3MnO_2 \longrightarrow Mn_3O_4 + O_2$$

$$3Mn_3O_4 + 8Al \longrightarrow 9Mn + 4Al_2O_3 \quad \Delta_r G^{\ominus} = -2464.7 \text{ kJ} \cdot \text{mol}^{-1}$$

用此法制得的锰,纯度不超过 95% ~ 98%。纯的金属锰是用电解硫酸锰(Ⅱ)水溶液的方法制得的。

锰外形似铁,致密的块状锰是银白色的,粉末状为灰色。纯锰的用途不多,但其合金非常重要。大约有 95%的锰矿石用来制造锰的合金钢。例如,适当比例的软锰矿和 Fe_2O_3 混合,用焦炭作还原剂,在鼓风炉中或电弧炉中熔炼得到含锰约 80%的铁锰合金。

所有的钢中都含有一定比例的锰。因为在钢铁熔炼过程中,锰与硫反应生成 MnS 进入熔渣以除去硫可防止因形成 FeS 而使钢变脆;另一方面,锰与氧反应生成 MnO,防止了在冷却钢的过程中形成气泡或砂孔;所以锰在炼钢过程中用作除硫剂和除氧剂。同时,锰以合金成分提高钢的硬度。例如,含 Mn13%和 C 1.25%的钢非常坚硬,具有抵抗强烈机械撞击和磨损的能力,因此用来制造破碎机、挖土机、挖泥船、钢轨等。锰代替镍制造不锈钢(16% ~ 20% Cr、8% ~ 10% Mn、0.1% C)。在镁铝合金中加入锰可以使抗腐蚀性和机械性都得到改进。一种锰铜合金(84% Cu、12% Mn、4% Ni),电阻温度系数几乎为零,因而常用来制造各种电器。

锰是第四周期 d 区元素中电正性最高的元素,非常活泼。块状锰暴露在空气中,其表面会被氧化成氧化物膜保护层。粉末状锰会燃烧。锰溶于水释放出氢气,很容易与稀酸水溶液反应生成锰(Ⅱ)盐。锰加热时能在氧、氮、氯、氟气中燃烧生成 Mn_3O_4、Mn_3N_2、$MnCl_2$ 和 MnF_2/ MnF_3,可直接与 B、C、Si、P、As 和 S 化合。锰也能与熔碱反应生成锰酸盐:

$$Mn + 2H_2O \longrightarrow Mn(OH)_2 + H_2 \uparrow$$

$$Mn + 2H^+ \longrightarrow Mn^{2+} + H_2 \uparrow$$

$$2Mn + 4KOH + 3O_2 \xrightarrow{\text{熔融}} 2K_2MnO_4 + 2H_2O$$

23-6-2 锰元素的电势图和氧化态-吉布斯自由能图

锰的价电子构型为 $3d^54s^2$，7 个价电子都可以参加成键，所以锰是第四周期 d 区元素中氧化态范围最宽的元素，可呈现从+Ⅶ到+Ⅱ的氧化态，在特殊化合物中还会出现 0、-Ⅰ至-Ⅲ的氧化态。常见氧化态是+Ⅶ、+Ⅵ、+Ⅳ、+Ⅲ、+Ⅱ，比较重要的是+Ⅶ、+Ⅳ和+Ⅱ。锰元素电势图如下：

+ 1.51（MnO_4^-—Mn^{2+}）

$$\varphi_A^{\ominus}/\mathrm{V}\qquad MnO_4^- \xrightarrow{+0.56} MnO_4^{2-} \xrightarrow{+2.26} MnO_2 \xrightarrow{+0.95} Mn^{3+} \xrightarrow{+1.51} Mn^{2+} \xrightarrow{-1.18} Mn$$

+ 1.70（MnO_4^-—MnO_2）　+ 1.23（MnO_2—Mn^{2+}）

$$\varphi_B^{\ominus}/\mathrm{V}\qquad MnO_4^- \xrightarrow{+0.56} MnO_4^{2-} \xrightarrow{+0.60} MnO_2 \xrightarrow{-0.20} Mn(OH)_3 \xrightarrow{+0.11} Mn(OH)_2 \xrightarrow{-1.55} Mn$$

+ 0.59（MnO_4^-—MnO_2）　- 0.05（MnO_2—$Mn(OH)_2$）

若用各种“半反应”的吉布斯自由能变化对氧化态作图，就能很清楚地表明，同一元素不同氧化态之间的氧化还原性质，这种图就称为氧化态-吉布斯自由能图。锰的氧化态-吉布斯自由能图是以锰的各种氧化态为横坐标，以锰的各种氧化态的生成自由能为纵坐标作出的（见图 23-7）。

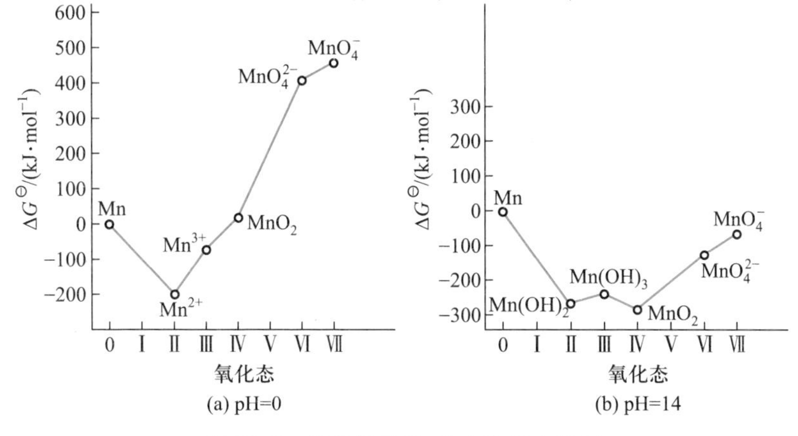

图 23-7 锰的氧化态-吉布斯自由能图

应用氧化态-吉布斯自由能图可以判断锰元素不同氧化态在水溶液中的相对稳定性。由图23-7可知,在pH=0的曲线上,Mn^{2+}处于最低点,它的半反应的$\Delta G^{\ominus}$为负值且最小,表明在酸性溶液中它是最稳定的物种,+Ⅱ为最稳定的氧化态;而在pH=14的曲线上,MnO_2处于最低点,所以在碱性溶液中MnO_2是锰的最稳定物种,+Ⅳ为最稳定氧化态。而图中其他各种氧化态都具有向最稳定氧化态变化的趋势。

应用氧化态-吉布斯自由能图还可以预测中间氧化态物种发生歧化反应的可能性。从图23-7中可以看出,如果某氧化态的生成自由能数值位于它相邻两氧化态的相应值连线的上方,则该氧化态物种不稳定,能发生歧化反应;相反,如果某氧化态的生成自由能值位于它相邻两氧化态的相应值连线的下方,则该氧化态是相对稳定的,不发生歧化反应,相邻的两个物种会发生逆歧化反应生成该物种。如在pH=0的曲线中,MnO_4^{2-}位于MnO_2和MnO_4^-两点连线的上方,Mn^{3+}位于Mn^{2+}和MnO_2连线的上方,所以MnO_4^{2-}和Mn^{3+}不稳定,易发生歧化反应:

$$3MnO_4^{2-}+4H^+ \longrightarrow 2MnO_4^-+MnO_2+2H_2O$$

$$2Mn^{3+}+2H_2O \longrightarrow Mn^{2+}+MnO_2+4H^+$$

同理,在碱性溶液中,$Mn(OH)_3$位于$Mn(OH)_2$和MnO_2连线的上方,可发生歧化反应生成$Mn(OH)_2$和MnO_2;而MnO_4^{2-}与MnO_2和MnO_4^-的连线几乎是一条直线,这意味着MnO_4^{2-}歧化的倾向比在酸性溶液中小,说明在碱性溶液中,锰的+Ⅶ、+Ⅵ和+Ⅳ三种氧化态能以相当的浓度共存。

当由图23-7确定某中间氧化态物种能否发生歧化反应时,还可根据平衡常数的计算来判断歧化反应在常温下进行的程度。例如,将Mn^{3+}的歧化反应组成原电池,则原电池的正极由Mn^{3+}/Mn^{2+}电对组成,负极由MnO_2/Mn^{3+}电对组成,则原电池的标准电动势$E^{\ominus}$为

$$\begin{aligned}E^{\ominus}&=\varphi^{\ominus}(Mn^{3+}/Mn^{2+})-\varphi^{\ominus}(MnO_2/Mn^{3+})\\&=(+1.51\ V)-(+0.95\ V)=+0.56\ V\end{aligned}$$

因为
$$\lg K=\frac{nE^{\ominus}}{0.0591\ V}=\frac{1\times0.56}{0.0591}=9.5$$

所以
$$K=10^{9.5}=3.2\times10^{9}$$

可见,平衡常数K较大,说明Mn^{3+}在酸性溶液中歧化成Mn^{2+}和MnO_2的程度很大。

23-6-3 锰的重要化合物

一、锰(Ⅱ)的化合物

锰(Ⅱ)的化合物主要是氧化物、硫化物、卤化物及各种含氧酸盐。前面已经介绍,Mn(Ⅱ)的化合物稳定,而且酸性介质的稳定性强于碱性介质。所以锰的高氧化态化合物在适当的还原剂作用下都能制得锰(Ⅱ)的化合物。例如,用 H_2 还原锰的氧化物,可生成绿色 MnO。人们对 MnO 的兴趣主要是它的反铁磁性,当温度降到 118 K 以下时,由于相邻 Mn 原子上的电子自旋间强的反铁磁相互作用,磁矩急剧下降。绿色 MnS 是最稳定的锰的硫化物,它与 MnO 相同,具有 NaCl 型结构,是很强的反铁磁性物质。

Mn^{2+}在酸性介质稳定,要在高酸度的热溶液中用强氧化剂,如过硫酸铵[$\varphi^\ominus(S_2O_8^{2-}/SO_4^{2-})=2.01\ V$]或 PbO_2 等才能将 Mn^{2+}氧化为 MnO_4^-:

$$2Mn^{2+}+5S_2O_8^{2-}+8H_2O \xrightarrow[Ag^+催化]{\triangle} 16H^+ +10SO_4^{2-}+2MnO_4^-$$

$$2Mn^{2+}+5PbO_2+4H^+ \longrightarrow 2MnO_4^-+5Pb^{2+}+2H_2O$$

利用生成的 MnO_4^- 的紫色,可以定性检验 Mn^{2+}。实验时应注意,Mn^{2+}浓度和用量不宜太大,因为尚未反应的 Mn^{2+}和反应已生成的 MnO_4^- 会发生反应,生成棕色的 MnO_2 沉淀:

$$2MnO_4^-+3Mn^{2+}+2H_2O \longrightarrow 5MnO_2\downarrow +4H^+$$

在碱性介质中,Mn^{2+}却易被氧化。例如,向锰(Ⅱ)盐溶液中加入强碱,可得到近白色 $Mn(OH)_2$ 沉淀,但它立即被空气中的氧气氧化成棕色的 $MnO(OH)_2$:

$$MnSO_4+2NaOH \longrightarrow Mn(OH)_2\downarrow +Na_2SO_4$$

$$2Mn(OH)_2+O_2 \longrightarrow 2MnO(OH)_2$$

上述实验现象可从下列的电极电势得到解释:

$$MnO_2+2H_2O+2e^- \longrightarrow Mn(OH)_2+2OH^- \qquad \varphi_B^\ominus=-0.05\ V$$

$$O_2+2H_2O+4e^- \longrightarrow 4OH^- \qquad \varphi_B^\ominus=0.401\ V$$

多数锰(Ⅱ)盐都易溶于水,如卤化锰、硝酸锰、硫酸锰等强酸盐,碳酸锰、磷酸锰、硫化锰等是不溶性的盐。在水溶液中,Mn^{2+}常以淡红色的$Mn(H_2O)_6^{2+}$水合离子存在。从溶液中结晶出的锰(Ⅱ)盐是带结晶水的粉红色晶体。例如,$MnCl_2\cdot4H_2O$、$Mn(NO_3)_2\cdot6H_2O$ 和 $Mn(ClO_4)_2\cdot6H_2O$ 等。

用浓 H_2SO_4 与 MnO_2 反应制得水合硫酸锰 $MnSO_4\cdot xH_2O$($x=1,4,5,7$):

$$2MnO_2 + 2H_2SO_4 \longrightarrow 2MnSO_4 \cdot 2H_2O + O_2\uparrow$$

室温下,淡粉红色的 $MnSO_4 \cdot 5H_2O$ 是较稳定的,加热脱水为白色的无水硫酸锰,继续加热时也不分解,所以硫酸锰是最稳定的锰(Ⅱ)盐。

Mn^{2+} 为 d^5 电子构型,它的大多数配合物如 $Mn(H_2O)_6^{2+}$ 是高自旋八面体构型。在八面体场中,5 个 d 电子的排布是 $t_{2g}^3e_g^2$,电子要从能量较低的 t_{2g} 能级跃迁到能量较高的 e_g 能级时,其自旋方向发生改变,这种跃迁是自旋禁阻的,发生这种跃迁的概率很小,对光的吸收很弱。因此,Mn(Ⅱ)高自旋八面体型配合物的颜色很淡,大多数为很淡的粉红色,Mn^{2+} 在很稀的溶液中几乎是无色。

Mn(Ⅱ)也有四面体形配合物,在四面体场中,由于晶体场分裂能较八面体场低,电子跃迁比较容易,所以高自旋四面体形配合物颜色较深,为黄绿色。

二、锰(Ⅳ)的化合物

锰(Ⅳ)的化合物中最重要的、用途很广泛的是二氧化锰。常温下,MnO_2 是一种黑色粉末状物质,不溶于水。在空气中加热至 527 ℃以上放出氧气。

从锰的元素电势图可以看出,在 MnO_2 中,锰处于中间氧化态,它既能被还原为+Ⅱ氧化态,也可以被氧化为+Ⅵ氧化态。在酸性介质中它是一种较强的氧化剂,在碱性介质中它的还原性较强。例如,MnO_2 与浓 HCl 反应可制得氯气:

$$MnO_2 + 4HCl(浓) \xrightarrow{\triangle} MnCl_2 + Cl_2\uparrow + 2H_2O$$

在 110 ℃,MnO_2 与浓 H_2SO_4 反应生成硫酸锰(Ⅲ),并放出氧气:

$$4MnO_2 + 6H_2SO_4(浓) \longrightarrow 2Mn_2(SO_4)_3 + 6H_2O + O_2\uparrow$$

MnO_2 和 KOH 的混合物于空气中或者与 $KClO_3$、KNO_3 等氧化剂一起加热熔融,可以得到绿色的锰酸钾:

$$2MnO_2 + 4KOH + O_2 \longrightarrow 2K_2MnO_4 + 2H_2O$$

$$3MnO_2 + 6KOH + KClO_3 \xrightarrow{\triangle} 3K_2MnO_4 + KCl + 3H_2O$$

二氧化锰是非常重要的工业原料。除了应用于炼钢工业外,最重要的应用是制造干电池。另一主要应用是制砖工业,因为 MnO_2 能显示红、棕、灰等一系列的颜色。在玻璃制造中,它作为脱色剂除去杂色。由苯胺制备氢醌时,用 MnO_2 作氧化剂,氢醌是摄影的显影剂,是染料和油漆生产的重要成分。MnO_2 还是一种催化剂,加快 $KClO_3$ 和 H_2O_2 的分解速率,同时又是一种催干剂,加速干性油漆在空气中的氧化速率,起到快干的作用。

三、锰(Ⅵ)和锰(Ⅶ)化合物

锰(Ⅵ)的化合物中,比较稳定的是锰酸盐,如 Na_2MnO_4 和 K_2MnO_4。它们只有在强碱性条件下(pH>14.4)才能稳定存在,如果在酸性或近中性的条件下,MnO_4^{2-} 也易发生歧化反应:

$$3MnO_4^{2-}+4H^+ \longrightarrow 2MnO_4^-+MnO_2+2H_2O$$

$$3MnO_4^{2-}+2H_2O \longrightarrow 2MnO_4^-+MnO_2+4OH^-$$

上述实验现象可从平衡移动的原理以及氧化态-吉布斯自由能图得到解释。而且可以定量计算出 MnO_4^{2-} 发生歧化反应的平衡常数($K=3.16\times10^{57}$)。可见 K 值很大,说明 MnO_4^{2-} 的歧化反应进行得很完全。只要在 MnO_4^{2-} 溶液中加入很弱的酸(如醋酸),甚至通 CO_2 也会促使歧化反应的进行:

$$3K_2MnO_4+2CO_2 \longrightarrow 2KMnO_4+MnO_2+2K_2CO_3$$

工业生产 $KMnO_4$ 就采用这种方法。但此法产率最高只有 66.7%,因为有 1/3 的锰(Ⅵ)被还原成 MnO_2。所以最好的制备方法是电解法,以约 80 $g\cdot L^{-1}$ K_2MnO_4 溶液为电解液,镍板为阳极,铁板为阴极,电极反应和电解反应如下:

阳极: $2MnO_4^{2-}-2e^- \longrightarrow 2MnO_4^-$

阴极: $2H_2O+2e^- \longrightarrow H_2\uparrow+2OH^-$

电解反应: $2K_2MnO_4+2H_2O \longrightarrow 2KMnO_4+2KOH+H_2\uparrow$

电解法制得的 $KMnO_4$ 纯度高、产率高,而且副产物 KOH 可用于软锰矿的焙烧。

还可用氯气、次氯酸盐等为氧化剂,将 K_2MnO_4 全部氧化为 $KMnO_4$:

$$2K_2MnO_4+Cl_2 \longrightarrow 2KMnO_4+2KCl$$

高锰酸钾是深紫色的晶体,其水溶液呈紫红色。由于 MnO_4^- 的结构与 VO_4^{3-} 和 CrO_4^{2-} 等离子一样,呈四面体构型,其颜色均是 M—O 之间的电荷转移跃迁造成的,而且 Mn—O 之间的极化作用比 Cr—O 更强,电子跃迁更容易发生,所以 $KMnO_4$ 显紫色。

高锰酸钾是一种比较稳定的化合物,但是当 $KMnO_4$ 受热或者其溶液放置过久,都会缓慢分解:

$$2KMnO_4 \xrightarrow{\triangle} K_2MnO_4+MnO_2+O_2\uparrow$$

$$4MnO_4^-+4H^+ \longrightarrow 4MnO_2\downarrow+3O_2\uparrow+2H_2O$$

在中性或微碱性溶液中,$KMnO_4$ 分解成 MnO_4^{2-} 和 O_2:

$$4MnO_4^-+4OH^- \longrightarrow 4MnO_4^{2-}+O_2\uparrow+2H_2O$$

日光对 $KMnO_4$ 的分解有催化作用,因此 $KMnO_4$ 溶液必须保存在棕色瓶中:

$$4KMnO_4+2H_2O \xrightarrow{h\nu} 4MnO_2\downarrow+4KOH+3O_2\uparrow$$

该反应生成的 MnO_2 本身就是催化剂,加速 $KMnO_4$ 的分解,所以 $KMnO_4$ 一旦分解,就会加速分解的进行,这称作“自动催化”。

高锰酸钾是锰元素的最高氧化态化合物之一,所以它的特征性质是强氧化性,其氧化能力和还原产物随溶液的酸度有所不同。例如,$KMnO_4$ 与 Na_2SO_3 在酸性、中性和碱性介质中的还原产物分别为 Mn^{2+}、MnO_2 和 MnO_4^{2-}:

$$2MnO_4^- + 5SO_3^{2-} + 6H^+ \longrightarrow 2Mn^{2+} + 5SO_4^{2-} + 3H_2O$$

$$2MnO_4^- + 3SO_3^{2-} + H_2O \longrightarrow 2MnO_2\downarrow + 3SO_4^{2-} + 2OH^-$$

$$2MnO_4^- + SO_3^{2-} + 2OH^- \longrightarrow 2MnO_4^{2-} + SO_4^{2-} + H_2O$$

$KMnO_4$ 在酸性介质中的强氧化性广泛应用于分析化学中。例如,它可以氧化 Fe^{2+}、Ti^{3+}、VO^{2+}以及 H_2O_2、草酸盐、甲酸盐和亚硝酸盐等。

$$5Fe^{2+} + MnO_4^- + 8H^+ \longrightarrow Mn^{2+} + 5Fe^{3+} + 4H_2O$$

$$5H_2O_2 + 2MnO_4^- + 6H^+ \longrightarrow 2Mn^{2+} + 5O_2 + 8H_2O$$

$$5C_2O_4^{2-} + 2MnO_4^- + 16H^+ \longrightarrow 2Mn^{2+} + 10CO_2 + 8H_2O$$

在定量测定上述各物质含量时必须注意保持溶液有足够的酸度。否则,随反应的不断进行,溶液的酸度不断降低将会生成 MnO_2 而影响测定的准确度。

粉末状的 $KMnO_4$ 与 90% H_2SO_4 反应,生成一种爆炸性的绿色油状物 Mn_2O_7。它在 273 K 以下稳定,静置时缓慢地失去氧而生成 MnO_2,受热爆炸分解成 MnO_2、O_2 和 O_3,并以爆炸方式使大多数有机化合物发生燃烧。Mn_2O_7 在四氯化碳中很稳定、安全,将它溶于冷水就生成高锰酸 $HMnO_4$。

高锰酸钾主要用作氧化剂。除用作分析化学试剂外,还用作织物和油脂的漂白剂;医药上的灰锰氧($KMnO_4$)用作杀菌剂;稀溶液(0.1%)用作浸洗水果、餐具的消毒剂;用作空气装置中的防臭剂;在化工生产中用于生产苯甲酸、维生素 C、糖精及烟酸等。

以上着重讨论了锰(Ⅱ)、锰(Ⅳ)、锰(Ⅵ)、锰(Ⅶ)不同氧化态的化合物。下面可以归纳出锰的各种氧化态的氧化物及其水合物的酸碱性和氧化还原性。

碱性增强 ←

氧化物	MnO	Mn_2O_3	MnO_2	MnO_3	Mn_2O_7
水合物	$Mn(OH)_2$	$Mn(OH)_3$	$Mn(OH)_4$	H_2MnO_4	$HMnO_4$
酸碱性	碱性	弱碱性	两性	酸性	强酸性

→ 酸性增强

→ 氧化性增强

锰的各种氧化态之间的相互转化如下所示：

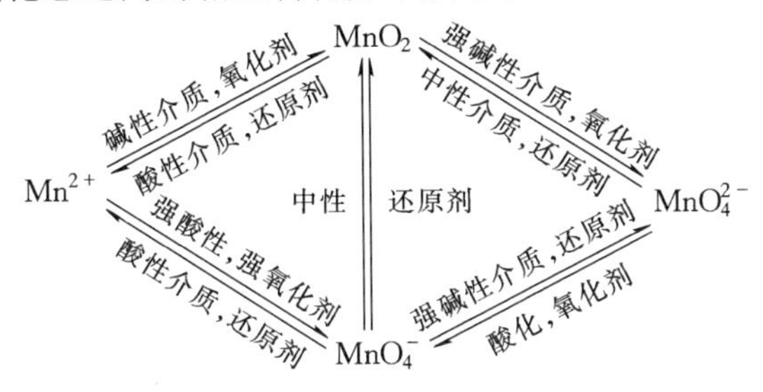

23-7 铁 钴 镍

23-7-1 铁、钴、镍的通性

一、概述和存在

铁、钴、镍是第四周期 d 区元素中的三种元素。它们的性质非常相似，故称为铁系元素。

铁在 d 区元素中占有主导作用，它在人类物质文明的发展进程中起到过比其他任何元素更为重要的作用。从公元前约 4000 年制成的铁珠到公元前 1200 年开始的铁器时代，尤其在近代，铁既是引发工业革命的主要因素之一，也是物质世界的基础支柱之一，可以说没有铁就没有多姿多彩的世界。铁构成了丰富的无机化学知识宝库；近年来，它又构建了极其重要的有机金属化学领域；生物学中，铁在氧的输送和储存以及在电子的输送中起着关键作用，可以说没有铁就没有生命。

铁在地壳的岩石中占 6.2%，丰度为 4.65%，其丰度在氧、硅和铝之后，排在第四位，是丰度第二高的金属。现已探明，月球的土壤中约含 0.5% 的铁，其表面大约有 10^{12} t 铁。铁元素分布很广泛，主要矿石有赤铁矿 Fe_2O_3、磁铁矿 Fe_3O_4、褐铁矿 $2Fe_2O_3 \cdot 3H_2O$、菱铁矿 $FeCO_3$、黄铁矿 FeS_2。我国的东北、华北、华中地区都有很丰富的铁矿。钴的丰度为 0.0018%，位于元素丰度序列的第 30 名。除钪(0.001%)外，钴比第四周期 d 区元素中所有其他元素都少见，虽发现 200 多种含钴的矿石，但有价值的很少，常与硫、砷共生，如辉钴矿 CoAsS。镍的丰度为 0.0058%，在 d 区元素中排第七位，位于元素丰度序列的第 22 名。镍主要与砷、锑和硫结合，与铜、铁、钴及贵金属伴生，如镍黄铁矿 $(Ni,Fe)_9S_8$。

二、铁、钴、镍的基本性质

铁、钴、镍三种元素原子的价电子构型分别为 $3d^64s^2$、$3d^74s^2$、$3d^84s^2$，最外层都有2个电子，而且原子半径很相似，只是次外层的3d电子数不同，所以它们的性质很相似。由于在第四周期d区元素中，从铁开始，3d电子已超过5个，在通常情况下，它们的价电子全部参加成键的可能性逐渐减少，因而铁系元素已不再呈现与族数相对应的最高氧化态。一般条件下，铁表现+Ⅱ和+Ⅲ氧化态，钴和镍为+Ⅱ氧化态，在强氧化剂作用下，铁才出现不稳定的+Ⅵ氧化态（高铁酸盐）。钴有稳定的+Ⅲ氧化态，而镍的+Ⅲ氧化态很少见。在某些特殊化合物中还会出现更低的氧化态。

铁系元素的基本性质列于表23-5中。

由表23-5可见，它们的原子半径、离子半径、电离能等性质基本上随原子序数增加而有规则地变化。镍的相对原子质量比钴小，这是因为镍的同位素中质量数小的一种占的比例大。

铁、钴、镍单质都是具有白色光泽的金属。铁、钴略带灰色，而镍为银白色。它们的密度都较大，熔点也较高。钴比较硬而脆，铁和镍却有很好的延展性。铁、钴、镍的合金是很重要的金属结构材料，如不锈钢、铁磁材料，$SmCo_5$ 永磁体的磁性大于其他磁性材料10倍以上，用在高磁性要求或超小型设备和仪表等方面。超硬合金（77%～88% W，6%～15% Co）可生产钻头、模具及高速刀具等。镍粉可作氢化时的催化剂，镍制坩埚常用于实验室。

表23-5 铁系元素的基本性质

性质	铁	钴	镍
元素符号	Fe	Co	Ni
原子序数	26	27	28
相对原子质量	55.85	58.93	58.69
价电子构型	$3d^64s^2$	$3d^74s^2$	$3d^84s^2$
主要氧化态	+Ⅱ、+Ⅲ、+Ⅵ	+Ⅱ、+Ⅲ、+Ⅳ	+Ⅱ、+Ⅲ、+Ⅳ
原子半径/pm（金属半径）	124.1	125.3	124.6
离子半径/pm			
M^{2+}	74	72	69
M^{3+}	64	63	—
电离能/($kJ\cdot mol^{-1}$)	764.0	763	741.1
电负性	1.83	1.88	1.91
密度/($g\cdot cm^{-3}$)	7.847	8.90	8.902
熔点/K	1808	1768	1726
沸点/K	3023	3143	3005

铁系元素的电势图如下：

$\varphi_A^\ominus/V$

$$FeO_4^{2-}\xrightarrow{2.20}Fe^{3+}\xrightarrow{0.771}Fe^{2+}\xrightarrow{-0.473}Fe$$

$$CoO_2\xrightarrow{1.416}Co^{3+}\xrightarrow{1.82}Co^{2+}\xrightarrow{-0.277}Co$$

$$NiO_2\xrightarrow{1.68}Ni^{2+}\xrightarrow{-0.232}Ni$$

$\varphi_B^\ominus/V$

$$FeO_4^{2-}\xrightarrow{0.72}Fe(OH)_3\xrightarrow{-0.56}Fe(OH)_2\xrightarrow{-0.887}Fe$$

$$CoO_2\xrightarrow{0.62}Co(OH)_3\xrightarrow{0.17}Co(OH)_2\xrightarrow{-0.72}Co$$

$$Ni(OH)_4\xrightarrow{0.60}Ni(OH)_3\xrightarrow{0.48}Ni(OH)_2\xrightarrow{-0.72}Ni$$

从元素电势图可以看出，铁、钴、镍都是中等活泼的金属。在常温和无水情况下，铁系元素均较稳定，但在高温时，它们能与氧、硫、氮、氯发生剧烈的反应：

$$3M+2O_2\longrightarrow M_3O_4\quad (M=Fe,Co)$$

$$M+S\longrightarrow MS\quad (M=Fe,Co,Ni)$$

$$M+Cl_2\longrightarrow MCl_2\quad (M=Co,Ni)$$

$$2Fe+3Cl_2\longrightarrow 2FeCl_3$$

$$3Fe+4H_2O\xrightarrow{\text{高温}}Fe_3O_4+4H_2\uparrow$$

常温时，铁和铝、铬一样，因被“钝化”与浓硝酸、浓硫酸不反应，所以可用铁制品盛装和运输浓硝酸和浓硫酸。稀硝酸能溶解铁，若 Fe 过量，生成$Fe(NO_3)_2$；若 HNO_3 过量，则生成 $Fe(NO_3)_3$。铁能从非氧化性酸中置换出氢气，也能被浓碱溶液所侵蚀，在潮湿空气中生锈 $Fe_2O_3\cdot xH_2O$。

钴和镍在常温下对水和空气都较稳定，它们都溶于稀酸中，与铁不同的是，铁在浓硝酸中发生“钝化”，但钴和镍与浓硝酸发生剧烈反应，与稀硝酸反应较慢。钴和镍与强碱不发生作用，故实验室中可以用镍制坩埚熔融碱性物质。

23-7-2 铁的重要化合物及 Fe-H_2O 体系的电势-pH 图

一、铁的化合物

1. 氧化物和氢氧化物

铁有三种氧化物：FeO、Fe_3O_4 和 Fe_2O_3。

FeO 是在低氧分压下加热铁或在隔绝空气的条件下加热草酸亚铁制得的：

$$FeC_2O_4 \xrightarrow{\triangle} FeO + CO + CO_2$$

用上述方法制得的 FeO 是一种能自燃的黑色细粉。它不稳定,发生歧化反应生成 Fe 和 Fe_3O_4。FeO 呈碱性,易溶于非氧化性酸形成铁(Ⅱ)盐。

在严格无氧的条件下,碱与铁(Ⅱ)盐溶液反应生成白色胶状的 $Fe(OH)_2$。在有氧气情况下迅速变暗,逐渐形成红棕色的水合氧化铁。$Fe(OH)_2$ 呈碱性,但对碱也能显示弱的反应能力,溶于浓碱溶液时生成 $Fe(OH)_6^{4-}$:

$$Fe(OH)_2 + 4OH^- \longrightarrow Fe(OH)_6^{4-}$$

Fe_3O_4 是一种混合价态(Fe^{II}/Fe^{III})氧化物。它可以由铁在氧气中加热或将水蒸气通过赤热的铁或由 FeO 部分氧化或由 Fe_2O_3 加热到 1400 ℃以上制得。它具有反尖晶石结构。尖晶石的通式是 $M^{II}M_2^{III}O_4$,属立方晶系。根据不同价态的正离子所占位置的方式不同,可分尖晶石、反尖晶石。在尖晶石中,M^{II} 占据四面体位置,而 M^{III} 占据八面体位置。在反尖晶石结构中,一半 M^{III} 占据四面体位置,另一半 M^{III} 和 M^{II} 占据八面体位置。因此反尖晶石 Fe_3O_4 的结构式可表示为 $[Fe^{III}]_t[Fe^{II}Fe^{III}]_oO_4$。$Fe_3O_4$ 是一种铁氧体磁性物质,不溶于水和酸,具有很好的电学性质,其电导是 Fe_2O_3 的 10^6 倍,这是因为在 Fe^{II} 和 Fe^{III} 之间存在快速电子传递。

Fe_2O_3 有 α 和 γ 两种不同的构型。将用碱处理铁(Ⅲ)水溶液产生的红棕色凝胶状水合物沉淀加热到 200 ℃时生成红棕色 $\alpha-Fe_2O_3$。它具有刚玉型结构,广泛用作红色颜料,用以制备稀土-铁石榴石和其他铁氧体磁性材料,用以制作抛光宝石的铁丹等。将 Fe_3O_4 氧化可制得 $\gamma-Fe_2O_3$,在真空中加热又转变成 Fe_3O_4,在空气中加热 $\gamma-Fe_2O_3$ 到 400 ℃以上转变为 $\alpha-Fe_2O_3$。从上述的讨论中可以总结出 FeO、Fe_3O_4、Fe_2O_3 之间的相互转化,$\alpha-Fe_2O_3$ 和 $\gamma-Fe_2O_3$ 之间的转化关系。

在实验室里常用磁铁矿(Fe_3O_4)作为制取铁盐的原料。以 $K_2S_2O_7$ 或 $KHSO_4$ 作为熔剂,熔融时分解放出的 SO_3 与 Fe_3O_4 化合,生成可溶性的硫酸盐:

$$2KHSO_4 \longrightarrow K_2S_2O_7 + H_2O$$

$$K_2S_2O_7 \longrightarrow K_2SO_4 + SO_3$$

$$4Fe_3O_4 + 18SO_3 + O_2 \longrightarrow 6Fe_2(SO_4)_3$$

将冷却后的熔块溶于热水中,加盐酸或硫酸以抑制铁盐水解。

碱与铁(Ⅲ)盐溶液生成的红棕色沉淀实际上是水合三氧化二铁 $Fe_2O_3 \cdot nH_2O$,习惯上写成 $Fe(OH)_3$。它略显两性,但碱性强于酸性,只有新沉淀出来的 $Fe(OH)_3$ 能溶于强碱溶液中生成铁(Ⅲ)酸盐离子 FeO_2^- 或 $Fe(OH)_6^{3-}$:

$$Fe(OH)_3 + KOH \longrightarrow KFeO_2 + 2H_2O$$
$$Fe(OH)_3 + 3KOH \longrightarrow K_3Fe(OH)_6$$

2. 铁的重要盐类

铁(Ⅱ)和铁(Ⅲ)的硝酸盐、硫酸盐、氯化物和高氯酸盐等都易溶于水,并且在水中有微弱的水解使溶液显酸性。它们的碳酸盐、磷酸盐、硫化物等弱酸盐都较难溶于水。

它们的可溶性盐类从溶液中析出时,常带有结晶水,如 $FeSO_4 \cdot 7H_2O$、$Fe_2(SO_4)_3 \cdot 9H_2O$。

铁(Ⅱ)盐一般为浅绿色,而铁(Ⅲ)盐一般为红棕色。

(1) 硫酸亚铁　铁屑与稀硫酸反应即生成硫酸亚铁。工业上用氧化黄铁矿的方法来制取,也可利用一些副产物,如在硫酸法分解钛铁矿制取 TiO_2 的生产中得到,以及用硫酸清洗钢铁表面所得的废液中制得硫酸亚铁:

$$2FeS_2 + 7O_2 + 2H_2O \longrightarrow 2FeSO_4 + 2H_2SO_4$$

从溶液中结晶出来的是绿色的七水合硫酸亚铁 $FeSO_4 \cdot 7H_2O$,俗称绿矾。硫酸亚铁与鞣酸反应生成易溶的鞣酸亚铁,它在空气中易被氧化成黑色的鞣酸铁,所以可以用来制蓝黑墨水。在农业上用作杀虫剂,防治大麦的黑穗病和条纹病,还可用于染色和木材防腐。绿矾加热失水得到白色的无水 $FeSO_4$,加强热则分解:

$$2FeSO_4 \xrightarrow{\triangle} Fe_2O_3 + SO_2 + SO_3$$

绿矾在空气中可逐渐风化而失去一部分水,并且表面容易氧化为黄褐色碱式硫酸铁(Ⅲ) $Fe(OH)SO_4$。

$$4FeSO_4 + 2H_2O + O_2 \longrightarrow 4Fe(OH)SO_4$$

因此绿矾在空气中不稳定而变为黄褐色,其溶液久置也常有棕色沉淀。在酸性介质中 Fe^{2+} 较稳定,在碱性介质中立即被氧化。因而保存 Fe^{2+} 盐溶液应加足够浓度的酸,同时放入几颗铁钉来防止氧化。

硫酸亚铁与碱金属硫酸盐形成复盐 $M_2^{I}SO_4 \cdot FeSO_4 \cdot 6H_2O$。最重要的复盐是硫酸亚铁铵,俗称摩尔盐 $FeSO_4 \cdot (NH_4)_2SO_4 \cdot 6H_2O$,它比绿矾稳定得多,因此常被用在分析化学中作还原剂。

$$6FeSO_4 + K_2Cr_2O_7 + 7H_2SO_4 \longrightarrow 3Fe_2(SO_4)_3 + Cr_2(SO_4)_3 + K_2SO_4 + 7H_2O$$
$$10FeSO_4 + 2KMnO_4 + 8H_2SO_4 \longrightarrow 5Fe_2(SO_4)_3 + 2MnSO_4 + K_2SO_4 + 8H_2O$$

(2) 硫酸铁　从元素电势图可以看出,铁(Ⅲ)的氧化性相对较弱,但在一定条件下也显示较强的氧化性。例如:

$$Fe_2(SO_4)_3 + SnCl_2 + 2HCl \longrightarrow 2FeSO_4 + SnCl_4 + H_2SO_4$$

(3) 三氯化铁　无水三氯化铁是用氯气和铁粉在高温下直接合成的。无水 $FeCl_3$ 在 300 ℃以上升华,熔点 282 ℃,沸点 315 ℃,易溶于水和有机溶剂(如乙醚、丙酮),具有明显的共价性。在 400 ℃,它的蒸气中有双聚分子存在,其结构和 Al_2Cl_6 相似,750 ℃以上分解为单分子,无水 $FeCl_3$ 在空气中易潮解。

将铁屑溶于盐酸所得的 $FeCl_2$ 溶液通入氯气,再经浓缩、冷却、结晶得到黄棕色的 $FeCl_3 \cdot 6H_2O$ 晶体。加热则水解失去 HCl 而生成碱式盐。

三氯化铁主要用于有机染料的生产中;在印刷制版中用作铜板的腐蚀剂;在某些反应中用作催化剂;它能引起蛋白质的迅速凝聚,在医药上可用作伤口的止血剂;在酸性溶液中是中等强度的氧化剂,如 $FeCl_3$ 可将 I^-、H_2S 氧化成 I_2、S。

许多可溶性铁(Ⅲ)盐的水溶液以 $Fe(H_2O)_6^{3+}$ 形式存在,它与 $Mn(H_2O)_6^{2+}$ 一样,是高自旋态,电子的 d-d 跃迁也是自旋禁阻的,光吸收很弱,所以其颜色是淡紫色。平常所看到的黄棕色或红棕色是铁(Ⅲ)盐溶于水后发生水解作用引起的,下面是重要的水解平衡:

$$Fe(H_2O)_6^{3+} \rightleftharpoons [Fe(H_2O)_5OH]^{2+} + H^+ \qquad K = 10^{-3.05}$$

$$[Fe(H_2O)_5OH]^{2+} \rightleftharpoons [Fe(H_2O)_4(OH)_2]^+ + H^+ \qquad K = 10^{-3.26}$$

$$2Fe(H_2O)_6^{3+} \rightleftharpoons [Fe_2(H_2O)_8(OH)_2]^{4+} + 2H^+ + 2H_2O \qquad K = 10^{-2.91}$$

第三个平衡实质上是水解反应后发生缩合作用产生的双聚体,有以下结构:

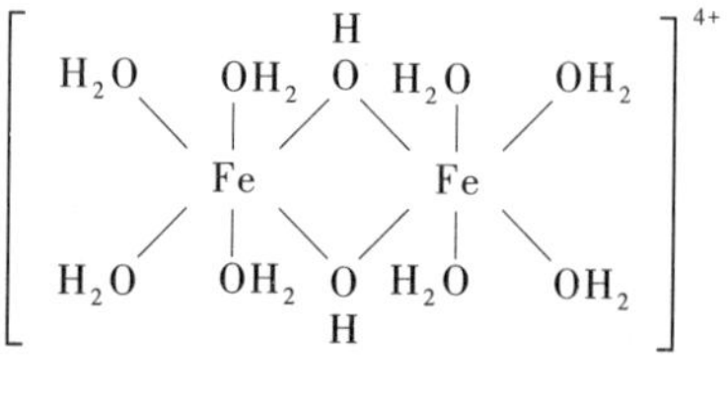

$$\left[\begin{array}{ccccccc} H_2O & OH_2 & \overset{H}{O} & H_2O & OH_2 \\ & \diagdown\ | \diagup & & \diagdown\ | \diagup & \\ & Fe & & Fe & \\ & \diagup\ | \diagdown & & \diagup\ | \diagdown & \\ H_2O & OH_2 & \underset{H}{O} & H_2O & OH_2 \end{array}\right]^{4+}$$

从水解平衡式可以看出,当向溶液中加酸,平衡向左移动,水解度减小。当溶液的酸性较强时(pH<0),Fe^{3+} 主要以淡紫色的 $Fe(H_2O)_6^{3+}$ 存在。如果 pH 提高到 2~3时,水解趋势就很明显,聚合倾向增大,溶液颜色为黄棕色。随着 pH 继续升高,溶液由黄棕色逐渐变为红棕色,最后析出红棕色的胶状$Fe(OH)_3$(或 $Fe_2O_3 \cdot nH_2O$)沉淀。

加热可促进水解,加酸可抑制 $Fe(H_2O)_6^{3+}$ 的水解。

在生产中,常用使 Fe^{3+} 水解析出氢氧化铁沉淀的方法,除去产品中的杂质铁。例如,试剂生产中常用 H_2O_2 氧化 Fe^{2+} 成 Fe^{3+}:

$$2Fe^{2+}+H_2O_2+2H^+ \longrightarrow 2Fe^{3+}+2H_2O$$

由于 $Fe(OH)_3$ 具有胶体性质，不仅沉淀慢，过滤困难，而且使一些其他物质被吸附而损失。因此现在工业生产中改用加入氧化剂（如 $NaClO_3$）至含 Fe^{2+} 的硫酸盐溶液中，使 Fe^{2+} 全部转化为 Fe^{3+}，当 pH = 1.6 ~ 1.8，温度为 85 ~ 95 ℃时，Fe^{3+} 在热溶液中水解呈黄色的晶体析出。此晶体的化学式可表示为 $M_2Fe_6(SO_4)_4(OH)_{12}$（$M=K^+, Na^+, NH_4^+$），俗称黄铁矾：

$$3Fe_2(SO_4)_3+6H_2O \longrightarrow 6Fe(OH)SO_4+3H_2SO_4$$

$$4Fe(OH)SO_4+4H_2O \longrightarrow 2Fe_2(OH)_4SO_4+2H_2SO_4$$

$$2Fe(OH)SO_4+2Fe_2(OH)_4SO_4+Na_2SO_4+2H_2O \longrightarrow Na_2Fe_6(SO_4)_4(OH)_{12}\downarrow +H_2SO_4$$

黄铁矾颗粒大、沉淀快，容易过滤。

Fe^{3+}、Cr^{3+}、Al^{3+} 有许多相似之处。例如，在水溶液中均以 $M(H_2O)_6^{3+}$ 形式存在；都易形成矾；遇适量的碱都生成难溶的胶状沉淀。这是由于它们的电荷相同、半径相近的缘故。但由于它们的离子电子构型不同，它们又有一些差异。如水合离子的颜色不同；$Al(OH)_3$、$Cr(OH)_3$ 显两性，而 $Fe(OH)_3$ 主要显碱性；Cr^{3+} 与 NH_3 形成配合物，而 Al^{3+} 和 Fe^{3+} 在水溶液中不易形成氨配合物等。这三种离子的相似性使它们在矿物中常共存；它们的差异性用于这些元素的分离。

Fe^{3+} 与 S^{2-} 作用的产物与溶液的酸碱性有关。当 Fe^{3+} 与 $(NH_4)_2S$（或 Na_2S）作用时生成 Fe_2S_3 黑色沉淀，而不是 $Fe(OH)_3$ 沉淀，这是因为 Fe_2S_3 比 $Fe(OH)_3$ 难溶[$K_{sp}(Fe_2S_3)=1\times10^{-88}$，$K_{sp}(Fe(OH)_3)=2.79\times10^{-39}$]。如将该溶液酸化，就不会出现 Fe_2S_3 沉淀，而有淡黄色的硫析出：

$$Fe_2S_3+4H^+ \longrightarrow 2Fe^{2+}+S\downarrow +2H_2S$$

从铁的元素电势图还可以看出，由于铁(Ⅲ)处于中间氧化态，既可呈现氧化性，又具有还原性。在酸性溶液中高铁酸根离子 FeO_4^{2-} 是一个很强的氧化剂（$\varphi_A^\ominus=2.20$ V），所以一般的氧化剂很难把 Fe^{3+} 氧化成 FeO_4^{2-}。但在强碱性介质中，铁(Ⅲ)却能被一些氧化剂如 NaClO 氧化成紫红色的高铁酸盐溶液：

$$2Fe(OH)_3+3ClO^-+4OH^- \longrightarrow 2FeO_4^{2-}+3Cl^-+5H_2O$$

还可将 Fe_2O_3、KNO_3 和 KOH 混合加热共熔生成紫红色高铁酸钾：

$$Fe_2O_3+3KNO_3+4KOH \xrightarrow{\triangle} 2K_2FeO_4+3KNO_2+2H_2O$$

将 FeO_4^{2-} 溶液进行酸化时，迅速分解成 Fe^{3+}：

$$4FeO_4^{2-} + 20H^+ \longrightarrow 4Fe^{3+} + 3O_2\uparrow + 10H_2O$$

3. 铁的配合物

铁的配合物以 Fe(Ⅲ)(d^5)和Fe(Ⅱ)(d^6)为主。它们不仅可以与 F^-、Cl^-、SCN^-、CN^-、$C_2O_4^{2-}$ 等离子形成配合物,还可以与 CO、NO 等分子以及许多有机试剂形成配合物。由于铁(Ⅱ)阳离子电荷比铁(Ⅲ)少,所以铁(Ⅱ)配合物的稳定性一般要比铁(Ⅲ)配合物差。

(1) 氨合物　Fe^{2+} 难以形成稳定的氨配合物,如在无水状态下,$FeCl_2$ 与 NH_3 形成 $Fe(NH_3)_6Cl_2$,但遇水即按下式分解:

$$Fe(NH_3)_6Cl_2 + 6H_2O \longrightarrow Fe(OH)_2\downarrow + 4NH_3\cdot H_2O + 2NH_4Cl$$

Fe^{3+} 由于其水合离子发生水解,所以在水溶液中加入氨时,不会形成氨合物,而是 $Fe(OH)_3$ 沉淀。

(2) 硫氰配合物　在 Fe^{3+} 的溶液中加入 SCN^- 溶液即出现血红色:

$$Fe^{3+} + nSCN^- \longrightarrow [Fe(NCS)_n]^{3-n}$$

$n=1\sim6$,随 SCN^- 的浓度而异。这是鉴定 Fe^{3+} 的灵敏反应之一,常用于 Fe^{3+} 的比色测定。测定时,应保证溶液的酸度,否则 Fe^{3+} 会水解;当 Fe^{3+} 浓度很低时,可用乙醚或异戊醇进行萃取,可以得到较好的效果。

(3) 氰配合物　Fe^{2+} 和 Fe^{3+} 都能与 CN^- 形成稳定的铁氰配合物。Fe^{2+} 先与 KCN 溶液生成 $Fe(CN)_2$ 沉淀,KCN 过量则沉淀溶解:

$$FeSO_4 + 2KCN \longrightarrow Fe(CN)_2\downarrow + K_2SO_4$$
$$Fe(CN)_2 + 4KCN \longrightarrow K_4Fe(CN)_6$$

从溶液中析出的黄色晶体是 $K_4Fe(CN)_6\cdot 3H_2O$,称作六氰合铁(Ⅱ)酸钾或亚铁氰化钾,俗称黄血盐。黄血盐在 100 ℃时失去所有结晶水,得到白色粉末,进一步加热即分解:

$$K_4Fe(CN)_6 \xrightarrow{\triangle} 4KCN + FeC_2 + N_2$$

在黄血盐溶液中通入氯气(或用其他氧化剂)则生成六氰合铁(Ⅲ)酸钾或称铁氰化钾:

$$2K_4Fe(CN)_6 + Cl_2 \longrightarrow 2KCl + 2K_3Fe(CN)_6$$

它的晶体为深红色,俗称赤血盐。它的溶解度比黄血盐大。0 ℃时,每 100 g 水可溶解 31 g 赤血盐。赤血盐在碱性介质中有氧化作用:

$$4K_3Fe(CN)_6 + 4KOH \longrightarrow 4K_4Fe(CN)_6 + O_2 + 2H_2O$$

在中性溶液中有微弱的水解作用:

$$K_3Fe(CN)_6+3H_2O \longrightarrow Fe(OH)_3\downarrow+3KCN+3HCN$$

所以在使用赤血盐溶液时，最好现用现配制。另外，由于 $Fe(CN)_6^{4-}$ 不易水解，因此赤血盐的毒性比黄血盐大。工业上利用 Fe^{2+} 与 CN^- 形成稳定的 $Fe(CN)_6^{4-}$ 来处理含 CN^- 废水。

人们早就知道，Fe^{3+} 和 $Fe(CN)_6^{4-}$ 生成蓝色沉淀，称为普鲁士蓝（Prussian blue），用于鉴定 Fe^{3+}。Fe^{2+} 与赤血盐溶液生成滕氏蓝沉淀（Turnbull's blue），用于鉴定 Fe^{2+}。

单晶 X 射线实验数据和 Mössbauer 谱的研究表明，普鲁士蓝和滕氏蓝都是水合六氰合亚铁酸铁（Ⅲ）$Fe_4^{Ⅲ}[Fe^{Ⅱ}(CN)_6]_3 \cdot xH_2O(x=14\sim16)$，其晶体结构如图 23-8 所示。这个结构是由低自旋 $Fe^{Ⅱ}$ 和高自旋 $Fe^{Ⅲ}$ 离子排列成的立方晶格，其中高自旋的 $Fe^{Ⅲ}$ 和低自旋 $Fe^{Ⅱ}$ 之比都是4∶3，氰根离子 CN^- 以直线形排布在立方体的棱边上，所有的 $Fe^{Ⅱ}$ 和 $Fe^{Ⅲ}$ 位于立方体的角顶，立方体中心有较大的孔穴，可以容纳离子（如 K^+、Na^+、Rb^+）或分子。普鲁士蓝和滕氏蓝就是在空穴中包含不同离子或分子而形成的一系列化合物的总称。

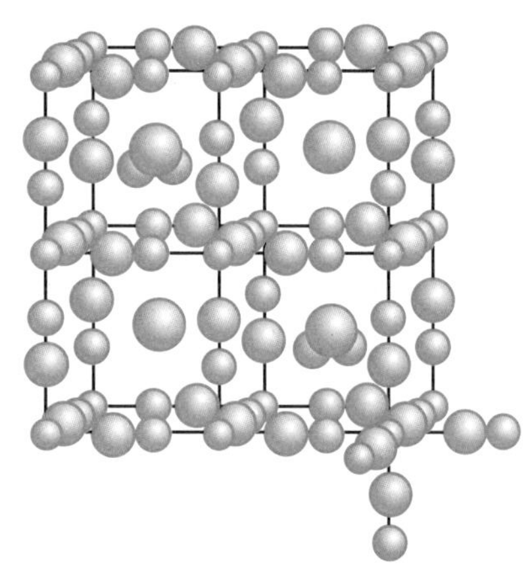

图 23-8 普鲁士蓝的晶体结构

普鲁士蓝的颜色特别深，是由于这个物质中的同一元素 Fe 存在两种不同氧化态（$Fe^{Ⅱ}$ 和 $Fe^{Ⅲ}$），在它们之间发生了从 $Fe^{Ⅱ}$ 到 $Fe^{Ⅲ}$ 的电荷转移。电子转移需要的能量较低，跃迁的概率较大，故颜色很深。普鲁士蓝主要用于油漆和油墨工业，也用于制蜡笔、图画颜料等。

（4）铁的卤离子配合物　Fe^{3+} 与卤离子配合物的稳定性从 F 到 Br 显著减小，没有 Fe^{3+} 与 I^- 的配合物。Fe^{3+} 与 F^- 能形成由 FeF^{2+} 到 FeF_6^{3-} 的一系列配合物。而且这些配合物都十分稳定，所以 FeF_6^{3-} 配离子常用在分析化学中作掩蔽剂。氯配合物的稳定性明显减小，经常生成四面体配合物 $FeCl_4^-$。

（5）羰基配合物　铁与一氧化碳 CO 作用生成羰基配合物，其中铁的氧化态为零：

$$Fe+5CO \xrightarrow[\text{加压}]{200\ ℃} Fe(CO)_5$$

铁还可以与烯烃、炔烃等不饱和烃生成配合物。例如，Fe(Ⅱ)与环戊二烯基反应生成环戊二烯基铁，又称二茂铁。

二、$Fe-H_2O$ 体系的电势-pH 图

上面讨论了铁的不同氧化态化合物的酸碱性、氧化还原性，以及 Fe^{2+}、Fe^{3+}、$Fe(OH)_2$、$Fe(OH)_3$ 各在什么 pH 范围内稳定存在，可以从 $Fe-H_2O$ 体系的电势-pH图中一目了然地看出。电势-pH 图就是将各种物质的电极电势与 pH 的关系以曲线表示出来，$Fe-H_2O$ 体系的电势-pH 图是以 pH 为横坐标，以电极电势 φ 为纵坐标画出的图（见图 23-9）。图中用线划定不同的区域，左方为酸性溶液，右方为碱性溶液，上部为氧化介质，下部为还原介质。两条虚线，其中(a)为氧线，(b)为氢线。两线之间为水的稳定区，(a)线之上和(b)线之下为水的不稳定区。

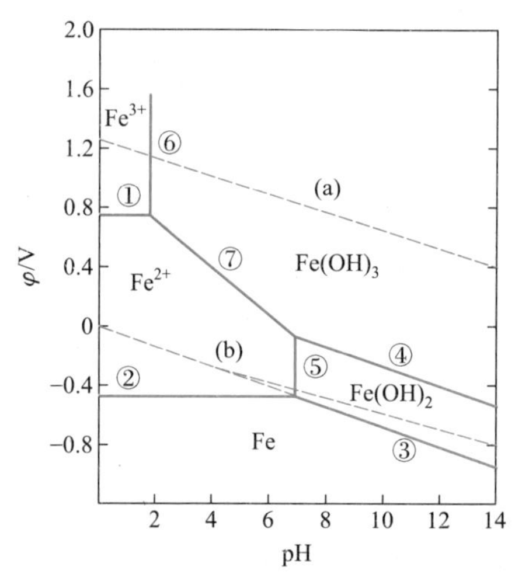

图 23-9　$Fe-H_2O$ 体系 φ-pH 图

图中①~⑦是铁在水溶液中可能发生的多种物种间的平衡。可以根据相关电对的电极电势以及 $Fe(OH)_2$、$Fe(OH)_3$ 的 K_{sp}、K_w 数据，并设 Fe^{2+}、Fe^{3+}的起始浓度为 $10^{-2}mol\cdot L^{-1}$，将有关电极反应的标准电极电势和离子浓度代入能斯特公式计算出该电极反应的电极电势及电极电势与 pH 的关系式。其中有两条线是通过溶解度 s 与 pH 关系式得出的：

线①　$Fe^{3+}+e^- \rightleftharpoons Fe^{2+}$　$\varphi_1=\varphi_1^\ominus=0.771\ V$

线②　$Fe^{2+}+2e^- \rightleftharpoons Fe$　$\varphi_2=\varphi_2^\ominus=-0.44\ V-0.0591\ V\approx-0.50\ V$

线③　$Fe(OH)_2+2e^- \rightleftharpoons Fe+2OH^-$　$\varphi^\ominus=-0.88\ V$

$$\varphi_3=-0.88\ \mathrm{V}+\frac{0.0591\ \mathrm{V}}{2}\lg\frac{1}{[\mathrm{OH^-}]^2}=-0.053\ \mathrm{V}-0.0591\ \mathrm{V}\ \mathrm{pH}$$

线④ $Fe(OH)_3+e^- \rightleftharpoons Fe(OH)_2+OH^-$ $\varphi^\ominus=-0.56\ \mathrm{V}$

$$\varphi_4=-0.56\ \mathrm{V}+0.0591\ \mathrm{V}\lg\frac{1}{[\mathrm{OH^-}]}=0.27\ \mathrm{V}-0.0591\ \mathrm{V}\ \mathrm{pH}$$

线⑤ $Fe(OH)_2 \rightleftharpoons Fe^{2+}+2OH^-$， 根据 s-pH 关系式：

$$\mathrm{pH}=\frac{1}{2}(\lg K_{sp}-\lg[\mathrm{Fe^{2+}}])-\lg K_w=7.45$$

$\{K_{sp}[Fe(OH)_2]=4.87\times10^{-17}$， $K_{sp}[Fe(OH)_3]=2.79\times10^{-39}\}$

线⑥ $Fe(OH)_3 \rightleftharpoons Fe^{3+}+3OH^-$， 据 s-pH 关系式：

$$\mathrm{pH}=\frac{1}{3}(\lg K_{sp}-\lg[\mathrm{Fe^{3+}}])-\lg K_w=2.20$$

线⑦ $Fe(OH)_3+3H^++e^- \rightleftharpoons Fe^{2+}+3H_2O$ $\varphi^\ominus=1.04\ \mathrm{V}$

$$\varphi_7=1.04\ \mathrm{V}+0.0591\ \mathrm{V}\lg\frac{[\mathrm{H^+}]^3}{[\mathrm{Fe^{2+}}]}=1.66\ \mathrm{V}-0.177\ \mathrm{V}\ \mathrm{pH}$$

可以归纳为三种类型：线①和②是没有 H^+ 参加的电化学平衡体系，在不生成 $Fe(OH)_2$、$Fe(OH)_3$ 的范围内电势与溶液的 pH 无关，因此是平行于横坐标轴的两条水平线。线⑤和⑥是没有电子得失的化学平衡体系，只与溶液的 pH 有关，因此是平行于纵坐标轴的两条垂直线。线③、④和⑦是既有 H^+ 参加，又有电子得失的电化学平衡体系，将相应的 pH 代入直线方程中进行计算，绘出的是具有一定斜率的直线。

从图 23-9 直线的位置可以看出不同物种的稳定区域。线①上方为 Fe^{3+} 的稳定区，下方为 Fe^{2+} 的稳定区；线②上方为 Fe^{2+} 的稳定区，下方为 Fe 的稳定区；线⑤左方为 Fe^{2+} 的稳定区，右方为 $Fe(OH)_2$ 的稳定区；线⑥左方为 Fe^{3+} 稳定区，右方为 $Fe(OH)_3$ 的稳定区。

应用图 23-9 可以说明铁单质及其化合物的一些性质。可以看出，Fe 处在水的不稳定区，线②$\varphi(Fe^{2+}/Fe)$ 在(b)线之下，因此铁能从非氧化性酸溶液中置换出氢气。而 Fe^{2+}、Fe^{3+}、$Fe(OH)_2$、$Fe(OH)_3$ 处于水的稳定区，所以它们都能较稳定地存在于水溶液体系中。

若向 $1.0\times10^{-2}\ \mathrm{mol\cdot L^{-1}}\ Fe^{2+}$ 的酸性溶液中加入 OH^-，使 pH > 7 则生成 $Fe(OH)_2$，所以只有控制 pH 在小于 7 以下，Fe^{2+} 才较稳定存在。向 $1.0\times10^{-2}\ \mathrm{mol\cdot L^{-1}}\ Fe^{3+}$ 溶液中加 OH^-，使 pH>2.20 则生成 $Fe(OH)_3$。可见，Fe^{3+} 稳定存在时，溶液的 pH 必须小于 2.20。

还可以看出，在酸性溶液中，线①在(a)虚线以下，由于 $\varphi^\ominus(Fe^{3+}/Fe^{2+})=$

0.771 V,所以空气中的氧可以把 Fe^{2+} 氧化成为 Fe^{3+}。因此当配制 Fe^{2+} 溶液时,需加入铁钉以防止 Fe^{2+} 被氧化为 Fe^{3+}。在碱性溶液中,$\varphi^{\ominus}[Fe(OH)_3/Fe(OH)_2]=-0.56$ V,线④在(a)线之下很多,说明空气中的氧可以把白色的 $Fe(OH)_2$ 完全氧化成红棕色的 $Fe(OH)_3$。

上述分析可以看出,Fe^{2+} 在酸性和碱性介质中都有一定的还原性,而以碱性介质更强些。Fe^{3+} 在酸性和碱性介质中都比较稳定。Fe^{3+} 在酸性溶液中有中等氧化能力,如 Fe^{3+} 可以把 I^- 氧化成 I_2:

$$2Fe^{3+}+2I^- \longrightarrow 2Fe^{2+}+I_2$$

23-7-3　钴和镍的重要化合物

钴在通常条件下表现为+Ⅱ氧化态,+Ⅲ氧化态在简单化合物中是不稳定的,但在某些配合物中却相当稳定。镍则经常呈现+Ⅱ氧化态。这反映出第四周期 d 区元素发展到Ⅷ族时,由于 3d 轨道已超过半充满状态,全部价电子参加成键的趋势大大降低,所以 d 电子较多的钴和镍都不显高氧化态。

一、氧化物和氢氧化物

钴与氧气在高温时反应或在隔绝空气和高温的条件下使钴(Ⅱ)的碳酸盐、草酸盐、硝酸盐热分解制得灰绿色 CoO。它在常温时呈反铁磁性,难溶于水,溶于酸,一般不溶于碱性溶液。在空气中加热钴(Ⅱ)的碳酸盐、草酸盐、硝酸盐或将 CoO 在空气中加热到 400~500 ℃均得到黑色的 Co_3O_4,它具有尖晶石结构。纯的氧化钴 Co_2O_3 还没有得到过,只有一水合物 $Co_2O_3 \cdot H_2O$。

加热镍(Ⅱ)的氢氧化物、碳酸盐、草酸盐或硝酸盐生成绿色的氧化镍。NiO 不溶于水,易溶于酸。纯的无水氧化镍(Ⅲ)也未得到证实,但 β-NiO(OH) 是存在的,它是在低于 298 K 用次溴酸钾的碱性溶液与硝酸镍溶液反应得到的黑色沉淀,它易溶于酸。用碱性 NaClO 溶液氧化硫酸镍可得到黑色的 $NiO_2 \cdot nH_2O$,它不稳定,对有机化合物是一个有用的氧化剂。

向钴(Ⅱ)或镍(Ⅱ)盐的水溶液加碱,可以得到相应的氢氧化物 $Co(OH)_2$、$Ni(OH)_2$。粉红色的 $Co(OH)_2$ 具有两性,溶于酸形成钴(Ⅱ)盐,溶于浓碱生成深蓝色的 $Co(OH)_4^{2-}$。$Co(OH)_2$ 在空气中缓慢地被氧化为棕褐色的 $Co(OH)_3$。绿色凝胶状 $Ni(OH)_2$ 则是碱性的,在空气中比较稳定。

向钴(Ⅱ)盐溶液加入强氧化剂如 Cl_2、NaClO 等,控制溶液的 pH 大于 3.5,可制得棕褐色的 $Co(OH)_3$。在低于 298 K 时,向镍(Ⅱ)盐的碱性溶液中加入氧化剂 Br_2,可制得黑色的 $Ni(OH)_3$:

$$2Co(OH)_2 + NaOCl + H_2O \longrightarrow 2Co(OH)_3\downarrow + NaCl$$
$$2Ni(OH)_2 + Br_2 + 2NaOH \longrightarrow 2Ni(OH)_3\downarrow + 2NaBr$$

$Co(OH)_3$ 和 $Ni(OH)_3$ 都是强氧化剂，它们与盐酸反应时，能将 Cl^- 氧化成 Cl_2：

$$2Co(OH)_3 + 6HCl \longrightarrow 2CoCl_2 + Cl_2 + 6H_2O$$

铁系元素氢氧化物的性质可归纳如下：

还原性增强 ←

$Fe(OH)_2$（白色）	$Co(OH)_2$（粉红色）	$Ni(OH)_2$（绿色）
$Fe(OH)_3$（红棕色）	$Co(OH)_3$（棕褐色）	$Ni(OH)_3$（黑色）

→ 氧化性增强

二、钴和镍的主要盐类

1. 硫酸盐

硫酸钴（Ⅱ）、硫酸镍（Ⅱ）可利用它们的氧化物（Ⅱ）或碳酸盐（Ⅱ）溶于稀硫酸制得，$NiSO_4$ 还可用金属镍与硫酸和硝酸反应制得：

$$2Ni + 2H_2SO_4 + 2HNO_3 \longrightarrow 2NiSO_4 + NO_2 + NO + 3H_2O$$

从溶液中结晶出来含有结晶水，如红色晶体 $CoSO_4 \cdot 7H_2O$，绿色晶体 $NiSO_4 \cdot 7H_2O$ 大量用于电镀和催化剂。硫酸钴（Ⅱ）、硫酸镍（Ⅱ）都可以和碱金属或铵的硫酸盐形成复盐，如 $(NH_4)_2SO_4 \cdot NiSO_4 \cdot 6H_2O$。

2. 卤化物

钴和镍与氯气反应可以制得二氯化钴和二氯化镍。二氯化钴由于含结晶水数目不同而呈现不同颜色：

$$\underset{\text{粉红色}}{CoCl_2 \cdot 6H_2O} \xrightarrow{52\ ℃} \underset{\text{紫红色}}{CoCl_2 \cdot 2H_2O} \xrightarrow{90\ ℃} \underset{\text{蓝紫色}}{CoCl_2 \cdot H_2O} \xrightarrow{120\ ℃} \underset{\text{蓝色}}{CoCl_2}$$

蓝色无水二氯化钴在潮湿的空气中逐渐变为粉红色，这一性质用于干燥剂的硅胶中和制备显隐墨水。当干燥硅胶吸水后，逐渐由蓝色变为粉红色。在烘箱中受热又失水由粉红色变为蓝色，可重复使用。$CoCl_2$ 主要用于电解金属钴和制备钴的化合物，此外还用作氨的吸收剂、防毒面具和肥料添加剂等。

二氯化镍有一系列水合物，均为绿色晶体，加热逐渐失去结晶水：

$$NiCl_2 \cdot 7H_2O \longrightarrow NiCl_2 \cdot 6H_2O \longrightarrow NiCl_2 \cdot 4H_2O \longrightarrow NiCl_2 \cdot 2H_2O$$

无水盐为黄褐色。$NiCl_2$ 在乙醚或丙酮中的溶解度比 $CoCl_2$ 小得多，利用这一性质可分离钴和镍。

钴(Ⅲ)的卤化物 CoF_3 受热按下式分解：

$$2CoF_3 \longrightarrow 2CoF_2 + F_2$$

$CoCl_3$ 在室温和有水时按下式分解：

$$2CoCl_3 \longrightarrow 2CoCl_2 + Cl_2$$

相应的氧化态为+Ⅲ的镍盐尚未制得。

3. 钴和镍的重要配合物

铁、钴、镍都能形成多种配合物。其中钴(Ⅱ)能与许多不同类型的配体形成具有不同立体化学构型的配合物。最普遍的是八面体和四面体构型，但也有一些正方形和某些五配位的配合物。钴(Ⅱ)比其他任何过渡金属离子(除 Zn^{2+} 外)更容易形成四面体配合物 CoX_4^{2-}(X 一般是单齿阴离子配体，如 Cl^-、Br^-、I^-、SCN^-、N_3^-、OH^- 等)。例如，向 Co^{2+} 的溶液加入硫氰化钾溶液生成蓝色的 $Co(SCN)_4^{2-}$ 配离子，它在水溶液中易解离成简单离子：

$$Co(SCN)_4^{2-} \rightleftharpoons Co^{2+} + 4SCN^- \quad K_{稳} = 10^{-3}$$

但 $Co(SCN)_4^{2-}$ 溶于丙酮或戊醇，在有机溶剂中比较稳定，可用于比色分析中。向 $Co(SCN)_4^{2-}$ 溶液加入 Hg^{2+}，则有 $HgCo(SCN)_4$ 沉淀析出：

$$Hg^{2+} + Co(SCN)_4^{2-} \rightleftharpoons HgCo(SCN)_4 \downarrow$$

Co^{2+} 与配体硝酸根 NO_3^- 形成 $Co(NO_3)_4^{2-}$ 配合物。注意，该配合物中钴(Ⅱ)的配位数为 8，因为 NO_3^- 是双齿配体。

许多钴(Ⅱ)盐以及它们的水溶液含有八面体的粉红色 $Co(H_2O)_6^{2+}$，因为 Co^{2+} 是钴的最稳定氧化态。但 Co^{3+} 很不稳定，氧化性很强：

$$Co(H_2O)_6^{3+} + e^- \longrightarrow Co(H_2O)_6^{2+} \quad \varphi^{\ominus} = 1.84\ V$$

当将过量的氨水加入 Co^{2+} 的水溶液时，即生成可溶性的氨合配离子 $Co(NH_3)_6^{2+}$，它不稳定，易氧化成 $Co(NH_3)_6^{3+}$。这是因为形成氨合物后，其电极电势发生了很大的变化：

$$Co(NH_3)_6^{3+} + e^- \longrightarrow Co(NH_3)_6^{2+} \quad \varphi^{\ominus} = 0.1\ V$$

可见，配位前的 $\varphi^{\ominus} = 1.84$ V 降至配位后的 $\varphi^{\ominus} = 0.1$ V，这说明氧化态为+Ⅲ的钴由于形成氨配合物而变得相当稳定。以致空气中的氧能把 $Co(NH_3)_6^{2+}$ 氧化成稳定的 $Co(NH_3)_6^{3+}$。

$$4Co(NH_3)_6^{2+} + O_2 + 2H_2O \longrightarrow 4Co(NH_3)_6^{3+} + 4OH^-$$

许多钴(Ⅱ)配合物容易被氧化而生成最终产物为钴(Ⅲ)配合物。例如,用活性炭作催化剂,向含有 $CoCl_2$、NH_3 和 NH_4Cl 的溶液中通入空气或加入 H_2O_2,可从溶液中结晶出橙黄色的三氯化六氨合钴(Ⅲ)$Co(NH_3)_6Cl_3$ 晶体:

$$4Co(H_2O)_6^{2+} + 20NH_3 + 4NH_4^+ + O_2 \longrightarrow 4Co(NH_3)_6^{3+} + 26H_2O$$
$$2Co(H_2O)_6^{2+} + 10NH_3 + 2NH_4^+ + H_2O_2 \longrightarrow 2Co(NH_3)_6^{3+} + 14H_2O$$

比较 $Co(NH_3)_6^{2+}$ 的 $K_{稳}(1.28\times10^5)$ 和 $Co(NH_3)_6^{3+}$ 的 $K_{稳}(1.6\times10^{35})$ 也可以看出 $Co(NH_3)_6^{3+}$ 比 $Co(NH_3)_6^{2+}$ 稳定得多。

钴的氰配合物,用 KCN 溶液与钴(Ⅱ)盐溶液作用,先有红色的氰化钴 $Co(CN)_2$ 沉淀析出,加入过量 KCN 可析出紫红色 $K_4Co(CN)_6$ 晶体,该配合物很不稳定,将它的溶液稍加热,就会发生下列反应:

$$2Co(CN)_6^{4-} + 2H_2O \longrightarrow 2Co(CN)_6^{3-} + 2OH^- + H_2\uparrow$$

可见 $Co(CN)_6^{3-}$ 相当稳定,而 $Co(CN)_6^{4-}$ 不太稳定,是一个较强的还原剂,这也可以从生成氰配合物的电极电势得到说明:

$$Co(CN)_6^{3-} + e^- \rightleftharpoons Co(CN)_6^{4-} \quad \varphi^{\ominus} = -0.83\ V$$

向钴(Ⅱ)盐溶液加入过量 KNO_2,并以少量醋酸酸化,加热后从溶液中析出的也是钴(Ⅲ)配合物 $K_3Co(NO_2)_6$:

$$Co^{2+} + 7NO_2^- + 3K^+ + 2H^+ \longrightarrow K_3Co(NO_2)_6 + NO + H_2O$$

由于钴(Ⅲ)配合物较钴(Ⅱ)配合物稳定,所以钴(Ⅲ)配合物更多。钴(Ⅲ)除了与单齿配体形成简单配合物外,还能与双齿配体形成螯合物,如三乙二胺合钴(Ⅲ)$Co(en)_3^{3+}$。钴不仅能形成单核配合物,还能形成多核配合物,如在多核钴氨配合物中,羟基(OH^-)、氨基(NH_2^-)、亚氨基(NH^{2-})、过氧离子(O_2^{2-})、超氧离子(O_2^-)都起着桥基的作用,把 Co^{3+} 桥连起来(见图 23-10)。例如,$[(NH_3)_3Co(OH)_3Co(NH_3)_3]Cl_3$。

钴的配合物很多,对钴的配合物的立体化学也研究得很多。例如,化学式为 $[Co(NO_2)(NH_3)_5]Cl_2$ 的配合物存在两种键合异构体:一种是红色的 $[(ONO)Co(NH_3)_5]Cl_2$,配体 NO_2^- 以 O 作配位原子与 Co 成键;另一种是黄棕色的 $[(NO_2)Co(NH_3)_5]Cl_2$,配体 NO_2^- 以 N 作配位原子与 Co 成键。化学式为 $[Co(NH_3)_4Cl_2]^+$ 的配合物存在顺、反两种异构体(见图 23-11)。$Co(en)_3^{3+}$ 还存在两种互为镜像的光学异构体(见图 23-12)。

在镍(Ⅱ)盐的水溶液中,总是以 $Ni(H_2O)_6^{2+}$ 存在,能与许多配体形成配合

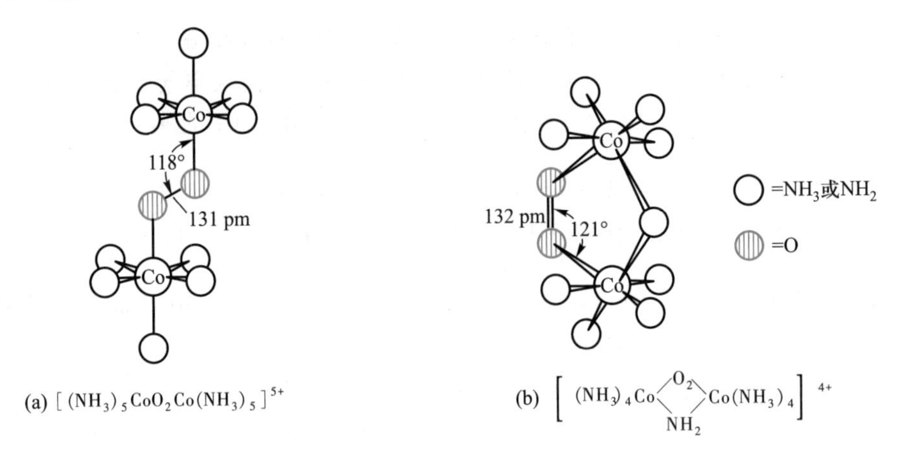

图 23-10　多核钴氨配合物的结构

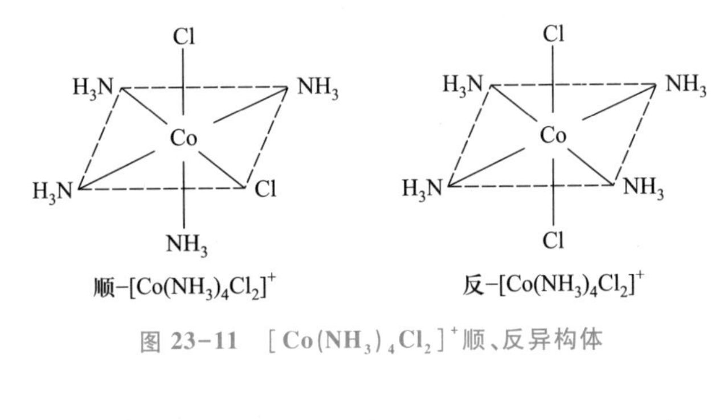

图 23-11　$[Co(NH_3)_4Cl_2]^+$顺、反异构体

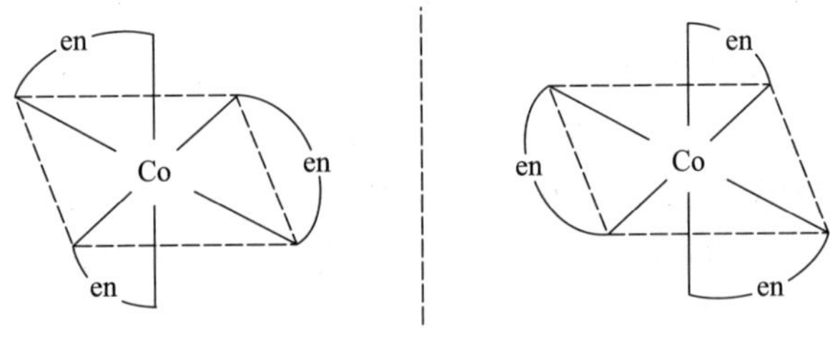

图 23-12　$Co(en)_3^{3+}$ 的光学异构体

物,如 $Ni(NH_3)_6^{2+}$、$Ni(CN)_4^{2-}$。镍(Ⅱ)配合物的配位数很少超过 6,主要是六配位的八面体和四配位的平面正方形构型。

$Ni(CN)_4^{2-}$ 是很稳定的配合物,它是平面正方形构型,Ni^{2+} 采取 dsp^2 杂化,与配体形成 4 个 σ 配键指向平面正方形的 4 个角顶,Ni^{2+} 位于平面正方形的中心。$Ni(CN)_4^{2-}$ 除形成 σ 配键外,还满足生成 p-p 离域 π 键的条件,形成 9 原子 8 电

子离域 π 键,用符号 Π_9^8 表示,其稳定性还可以用反馈 π 键来解释。

Ni^{2+} 常与多齿配体形成螯合物。将丁二酮肟(镍试剂)加入 Ni^{2+} 盐溶液,就立即生成一种鲜红色的二丁二酮肟合镍(Ⅱ)螯合物,这是鉴定 Ni^{2+} 的特征反应:

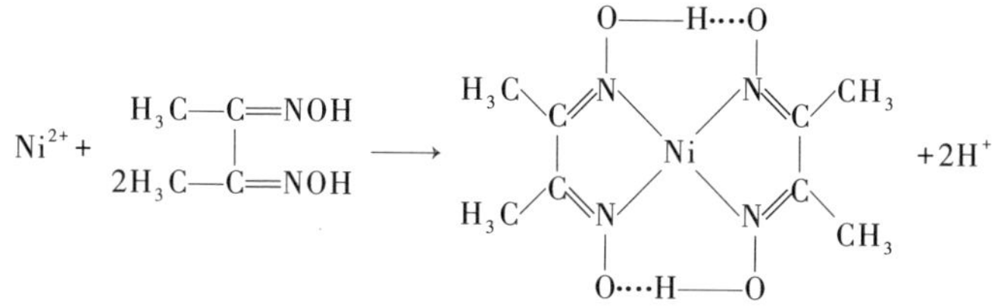

$$Ni^{2+}+\begin{array}{l} H_3C—C{=}NOH \\ \qquad\;\; | \\ 2H_3C—C{=}NOH \end{array} \longrightarrow \begin{array}{ccccccc} & & O—H\cdots O & & \\ & & | \qquad\quad | & & \\ H_3C—C{=}N & & & & N{=}C—CH_3 \\ | & \searrow & Ni & \swarrow & | \\ H_3C—C{=}N & & & & N{=}C—CH_3 \\ & & | \qquad\quad | & & \\ & & O\cdots H—O & & \end{array} +2H^+$$

在二丁二酮肟合镍(Ⅱ)中,与 Ni^{2+} 配位的 4 个 N 原子形成平面正方形。

像铁一样,钴和镍除了形成正常氧化态配合物以外,还能形成低氧化态配合物,如 $Ni(CO)_4$、$Co_2(CO)_8$ 等,在羰基配合物中,Ni 和 Co 的氧化态为零。

最近发现的金属间化合物 $MgCNi_3$ 是一种新型超导体,呈钙钛矿构型,它的临界温度为 8 K。这一发现预示了一大类具有较高 T_c 值的新型超导体的出现。

习　题

23-1　试以原子结构理论说明:

(1) 第四周期 d 区金属元素在性质上的基本共同点;

(2) 讨论第四周期 d 区元素的金属性、氧化态、氧化还原稳定性以及酸碱稳定性变化规律;

(3) 阐述第四周期 d 区金属水合离子颜色及含氧酸根颜色产生的原因。

23-2　Sc_2O_3 在哪些性质上与 Al_2O_3 相似,为什么?

23-3　简述从钛铁矿制备钛白颜料的反应原理,写出反应方程式。试从热力学原理讨论用氯化法从 TiO_2 制金属钛中为什么一定要加碳?

23-4　根据以下实验说明产生各种现象的原因并写出有关反应方程式。

(1) 打开装有四氯化钛的瓶塞,立即冒白烟;

(2) 向此瓶中加入浓盐酸和金属锌时,生成紫色溶液;

(3) 缓慢地加入氢氧化钠至溶液呈碱性,则析出紫色沉淀;

(4) 沉淀过滤后,先用硝酸,然后用稀碱溶液处理,有白色沉淀生成。

23-5　完成下列反应方程式:

(1) 钛溶于氢氟酸;

(2) 向含有 $TiCl_6^{2-}$ 的水溶液中加入 NH_4^+;

(3) 二氧化钛与碳酸钡共熔；

(4) 以钒铅矿为原料采用氯化焙烧法制五氧化二钒；

(5) 五氧化二钒分别溶于盐酸、氢氧化钠、氨水溶液；

(6) 偏钒酸铵热分解。

23-6　试述 H_2O_2 在钛、钒定量分析化学中的作用，写出有关反应方程式。若钛、钒共存时，如何鉴定？

23-7　酸性钒酸盐溶液在加热时，通入 SO_2 生成蓝色溶液，用锌还原时，生成紫色溶液，将上述蓝色和紫色溶液混合得到绿色溶液，写出离子反应方程式。

23-8　钒(V)在强酸性溶液和强碱性溶液中各以何种形式存在？试从质子化和缩合平衡讨论随着 pH 逐渐下降，其酸根中钒与氧原子数比值的变化以及 pH 与钒的总浓度变化规律。

23-9　根据所述实验现象，写出相应的化学反应方程式：

(1) 重铬酸铵加热时如同火山爆发；

(2) 在硫酸铬溶液中，逐渐加入氢氧化钠溶液，开始生成灰蓝色沉淀，继续加碱，沉淀又溶解，再向所得溶液中滴加溴水，直到溶液的绿色转变为黄色；

(3) 在酸性介质中，用锌还原 $Cr_2O_7^{2-}$ 时，溶液的颜色变化是：橙色→绿色→蓝色，反应完成后又变为绿色；

(4) 向用硫酸酸化了的重铬酸钾溶液中通入硫化氢，溶液由橙红色变为绿色，同时有淡黄色沉淀析出；

(5) 向 $K_2Cr_2O_7$ 溶液中加入 $BaCl_2$ 溶液时有黄色沉淀产生，将该沉淀溶解在浓盐酸中得到一种绿色溶液；

(6) 重铬酸钾与硫一起加热得到绿色固体。

23-10　铬的某化合物 A 是橙红色溶于水的固体，将 A 用浓盐酸处理产生黄绿色刺激性气体 B 和暗绿色溶液 C。在 C 中加入 KOH 溶液，先生成灰蓝色沉淀 D，继续加入过量的 KOH 溶液则沉淀消失，变成绿色溶液 E。在 E 中加入 H_2O_2 加热则生成黄色溶液 F，F 用稀酸酸化，又变为原来的化合物 A 的溶液。问 A、B、C、D、E、F 各是什么物质？写出每步变化的反应方程式。

23-11　在含有 CrO_4^{2-} 和 Cl^-（它们的浓度均为 $1.0\times10^{-3}\ mol\cdot L^{-1}$）的混合溶液中逐滴地加入 $AgNO_3$ 溶液，问何种物质先沉淀，两者能否分离开？

23-12　已知 $2CrO_4^{2-}+2H^+ \rightleftharpoons Cr_2O_7^{2-}+H_2O \quad K=1.0\times10^{14}$

(1) 求 $1\ mol\cdot L^{-1}$ 铬酸盐溶液中，铬酸根离子占 90%时，溶液的 pH；

(2) 求 $1\ mol\cdot L^{-1}$ 铬酸盐溶液中，重铬酸根离子占 90%时，溶液的 pH。

23-13　从重铬酸钾出发制备：(1) 铬酸钾，(2) 三氧化二铬，(3) 三氧化铬，(4) 三氯化铬，写出反应方程式。

23-14　75 mL $2\ mol\cdot L^{-1}$ 硝酸银溶液恰使 20 g 六水合氯化铬(Ⅲ)中的氯完全生成 AgCl 沉淀，请根据这些数据写出六水合氯化铬(Ⅲ)的化学式(结构式)。

23-15　以软锰矿为原料，制备锰酸钾、高锰酸钾、二氧化锰和锰，写出反应方程式。

23-16 取不纯的软锰矿 0.3060 g,用 60 mL 0.054 mol·L^{-1} 草酸溶液和稀硫酸处理,剩余的草酸需用 10.62 mL $KMnO_4$ 溶液除去,1 mL $KMnO_4$ 溶液相当于 1.025 mL 草酸溶液。试计算软锰矿中含 MnO_2 的质量分数。

23-17 选择适当的试剂和反应条件,完成见下所示的各种物质间的转化,写出全部反应方程式,找出其中哪些可通过歧化反应来实现。

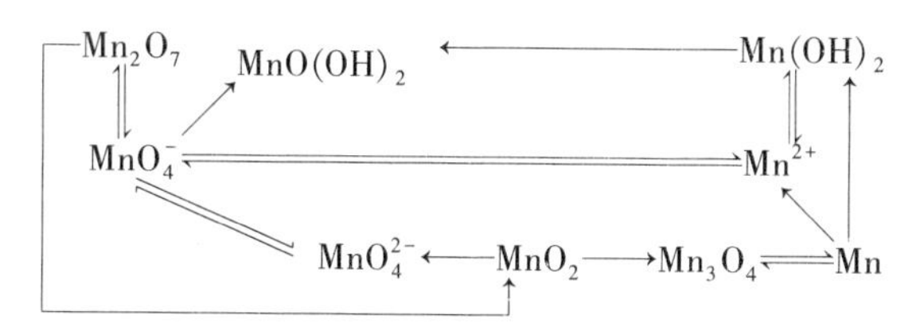

23-18 有一锰的化合物,它是不溶于水且很稳定的黑色粉末状物质 A,该物质与浓硫酸反应得到淡红色溶液 B,且有无色气体 C 放出。向 B 溶液中加入强碱得到白色沉淀 D。此沉淀易被空气氧化成棕色 E。若将 A 与 KOH、$KClO_3$ 一起混合熔融可得绿色物质 F,将 F 溶于水并通入 CO_2,则溶液变成紫色 G,且又析出 A。试问 A、B、C、D、E、F、G 各为何物?并写出相应的方程式。

23-19 向三种阴离子的混合溶液中滴加 $AgNO_3$ 溶液至不再有沉淀生成为止。过滤,用稀硝酸处理沉淀,砖红色沉淀溶解得到橙红色溶液,但仍有白色沉淀。滤液呈紫色,用硫酸酸化后,加入 Na_2SO_3,则紫色逐渐消失。指出上述溶液中含哪三种阴离子,并写出有关反应方程式。

23-20 讨论下列问题:

(1) 根据锰的电势图和有关理论,讨论 MnO_4^{2-} 稳定存在时的 pH 最低应为多少?OH^- 浓度为何值?

(2) 试从生成焓、电极电势、电离能的数据,讨论锰(Ⅱ)不如铁(Ⅲ)稳定的原因;

(3) 在 $MnCl_2$ 溶液中加入过量 HNO_3,再加入足量 $NaBiO_3$,溶液中出现紫色后又消失;

(4) 保存在试剂瓶中的 $KMnO_4$ 溶液中出现棕色沉淀。

23-21 用反应方程式说明下列实验现象:

(1) 在绝对无氧条件下,向含有 Fe^{2+} 的溶液中加入 NaOH 溶液后,生成白色沉淀,随后逐渐成红棕色;

(2) 过滤后的沉淀溶于盐酸得到黄色溶液;

(3) 向黄色溶液中加几滴 KSCN 溶液,立即变成血红色,再通入 SO_2,则红色消失;

(4) 向红色消失的溶液中滴加 $KMnO_4$ 溶液,其紫色会褪去;

(5) 最后加入黄血盐溶液,生成蓝色沉淀。

23-22 解释下列问题:

(1) 钴(Ⅲ)盐不稳定而其配离子稳定,钴(Ⅱ)盐则相反;

(2) 当 Na_2CO_3 溶液与 $FeCl_3$ 溶液反应时,为什么得到的是氢氧化铁而不是碳酸铁?

(3) 为什么不能在水溶液中由 Fe^{3+} 盐和 KI 制得 FeI_3?

(4) Fe 与 Cl_2 可得到 $FeCl_3$，而 Fe 与 HCl 作用只得到 $FeCl_2$；

(5) Co 和 Ni 的相对原子质量与原子序数的顺序为何相反？

(6) $CoCl_2$ 与 NaOH 作用所得沉淀久置后再加浓 HCl 有氯气产生。

23-23　金属 M 溶于稀 HCl 生成 MCl_2，其磁矩为 5.0 B.M.。在无氧条件下，MCl_2 与 NaOH 作用产生白色沉淀 A，A 接触空气逐渐变成红棕色沉淀 B，灼烧时，B 变成红棕色粉末 C。C 经不完全还原，生成黑色的磁性物质 D。B 溶于稀 HCl 生成溶液 E。E 能使 KI 溶液氧化成 I_2，若在加入 KI 前先加入 NaF，则不会析出 I_2。若向 B 的浓 NaOH 悬浮液中通入氯气，可得紫红色溶液 F，加入 $BaCl_2$ 就析出红棕色固体 G。G 是一种很强的氧化剂。试确认 M 及由 A 到 G 所代表化合物，写出反应方程式，画出各物质之间相互转化的相关图。

23-24　有一钴的配合物，其中各组分的含量分别为钴 23.16%，氢 4.71%，氮 33.01%，氧 25.15%，氯 13.95%。如将配合物加热则失去氨，失重为该配合物质量的 26.72%。试求该配合物中有几个氨分子，以及该配合物的最简式。

23-25　举出鉴别 Fe^{3+}、Fe^{2+}、Co^{2+} 和 Ni^{2+} 的常用方法。

23-26　试设计一最佳方案，分离 Fe^{3+}、Al^{3+}、Cr^{3+} 和 Ni^{2+}。

23-27　(1) Cr^{3+}、Mn^{2+}、Fe^{2+}、Fe^{3+}、Co^{2+}、Ni^{2+} 中哪些离子能在水溶液中氨合？

(2) Ti^{3+}、V^{3+}、Cr^{3+}、Mn^{3+} 中哪些离子在水溶液中会歧化？写出歧化反应式。

23-28　写出下列元素在强酸性及强碱性溶液中分别存在的最简单形式(一般不考虑缩合)。

Ti(Ⅳ)，V(Ⅴ)，Cr(Ⅵ)，Cr(Ⅲ)，Mn(Ⅱ)，Mn(Ⅶ)，Fe(Ⅲ)

23-29　请将下列物质根据顺、抗磁性进行分类。

(1) $Cu(NH_3)_4SO_4 \cdot H_2O$　　(2) $K_4Fe(CN)_6 \cdot 3H_2O$

(3) $K_3Fe(CN)_6$　　(4) $Co(NH_3)_6Cl_3$　　(5) $Ni(CO)_4$

23-30　一种不锈钢是 Ni、Cr、Mn、Fe 的合金，试设计一种简单的定性分析方法。

第 24 章

d 区元素(二)

内容提要

本章主要介绍锆、铪、铌、钽、钼、钨及铂系金属的单质、氧化物、卤化物及配合物的性质和重要用途。

本章要求:

1. 掌握第五、第六周期 d 区金属元素的基本特征及其周期性变化规律;
2. 掌握锆铪分离和铌钽分离的方法;
3. 掌握 VIB 族钼、钨元素及其重要化合物的性质和用途,掌握同多酸、杂多酸及其盐的概念;
4. 了解铂系元素及其化合物的性质和用途及其周期性变化规律。

24-1 第五、第六周期 d 区元素的通性

第五、第六周期 d 区元素有许多相似的性质,它们与第四周期 d 区元素相比,又有一些显著的差别。表 24-1 汇列了第五、第六周期 d 区元素的一些主要性质。

表 24-1 第五、第六周期 d 区元素的主要性质

元素	原子序数	电子构型	熔点/K	沸点/K	$\frac{密度}{g\cdot cm^{-3}}$	$\frac{金属半径}{pm}$	电离能/$(kJ\cdot mol^{-1})$			
							I_1	I_2	I_3	I_4
Y	39	$4d^15s^2$	1796±8	3618	4.34	180	615.6	1181	1980	5960
Zr	40	$4d^25s^2$	2125±2	3850	6.49	160	660	1267	2218	3313
Nb	41	$4d^45s^1$	2741±10	5133	8.57	146	664	1382	2416	3695
Mo	42	$4d^55s^1$	2895	5098	10.22	139	685	1558	2621	4477
Tc	43	$4d^55s^2$	2430	4538	11.50	136	702	1472	2850	

续表

元素	原子序数	电子构型	熔点/K	沸点/K	密度 $g\cdot cm^{-3}$	金属半径 pm	电离能/$(kJ\cdot mol^{-1})$			
							I_1	I_2	I_3	I_4
Ru	44	$4d^75s^1$	2607	4423	12.3	134	711	1617	2747	
Rh	45	$4d^85s^1$	2236	4000	12.3	134	720	1744	2997	
Pd	46	$4d^{10}$	1828	3440	12.02	137	805	1875	3177	
La	57	$5d^16s^2$	1193±5	3737	6.19	183	538	1067	1850	
Ag	47	$4d^{10}5s^1$	1235	2485	10.49	144	731	2073	3359	
Cd	48	$4d^{10}5s^2$	594	1038		149	873	1641	3616	
Hf	72	$5d^26s^2$	2500±20	4723	13.31	159	680	1440		
Ta	73	$5d^36s^2$	3269	5702	16.654	146	760	1563		
W	74	$5d^46s^2$	3360	6173	19.4	139	770	1708		
Re	75	$5d^56s^2$	3453	5951	20.5	137	760	1602		
Os	76	$5d^66s^2$	3318±30	5498	22.57	135	840	1640		
Ir	77	$5d^76s^2$	2720	2823	22.5	135.5	880	1640		
Pt	78	$5d^96s^1$	2042	4097	21.4	138.5	870	1791		
Au	79	$5d^{10}6s^1$	1337	3353	19.32	144	890	1937	(2895)	
Hg	80	$5d^{10}6s^2$	234	630		160	1013	1820	3299	

由表 24-1 可以看出,第五、第六周期 d 区元素具有以下特征:

(1) 基态电子构型特例多　在第五、第六周期 d 区元素中,由于 5s 和 4d,6s 和 5d 轨道之间其能级差较小,$(n-1)$d 和 ns 能级交错的情况就更多更复杂一些,因而这两个系列元素中就出现了多个具有特殊电子构型的元素,如 Nb、Mo、Ru、Pd、Pt 等。比较 d 区元素的电离能,可以发现它们的第一电离能与第二电离能之差不是很大;但是,第三电离能或更高级的电离能与第一电离能或第二电离能差值,则是第四周期 d 区元素远比第五、第六周期 d 区元素的大。这是因为 3d 与 4s 能级差大于 4d 与 5s 或 5d 与 6s 能级差。

(2) 原子半径很接近　d 区元素的原子半径随原子序数变化的情况见图 24-1。由图可见,第四、第五、第六周期 d 区元素的原子半径随着原子序数的增加依次减小,但变化得很缓慢。同族元素中从上到下原子半径增加。但第五、第六周期 d 区中的同族元素的原子半径很接近,如铌和钽的原子半径均为 147 pm,钼(140 pm)和钨(141 pm),锝(135 pm)和铼(137 pm),锆的原子半径(160 pm)甚至比铪(159 pm)还大。这种现象则是由于镧系收缩的影响而引起的。

(3) 密度大,熔点、沸点高　第五、第六周期 d 区元素除 Y、Zr、Nb 的密度略低于第四周期 d 区元素外,其他元素都具有较高的密度。其中第六周期 d 区元素几乎都具有特别大的密度,因此又把这两个 d 区元素称为 d 区**重过渡元素**。

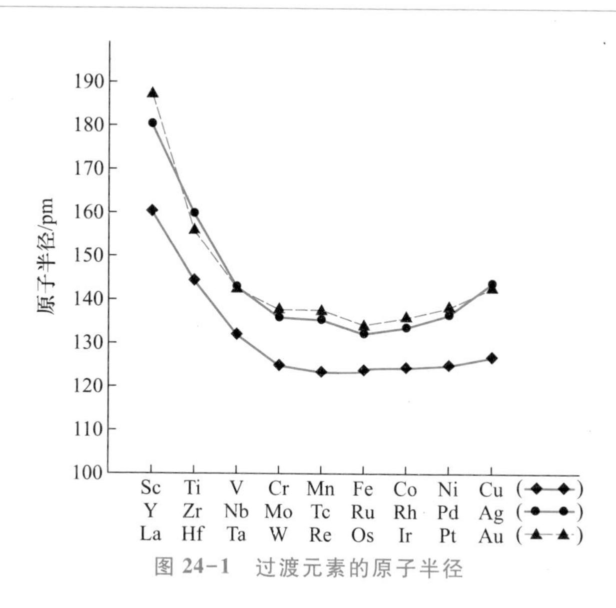

图 24-1 过渡元素的原子半径

(4) 高氧化态稳定,低氧化态不常见　第五、第六周期 d 区元素的常见氧化态列于表 24-2。

表 24-2 第五、第六周期 d 区元素的常见氧化态

元素	Y	Zr	Nb	Mo	Tc	Ru	Rh	Pd
氧化态*	+Ⅲ	+Ⅱ +Ⅲ +Ⅳ	+Ⅱ +Ⅲ +Ⅳ +Ⅴ	+Ⅱ +Ⅲ +Ⅳ +Ⅴ +Ⅵ	+Ⅱ +Ⅲ +Ⅳ +Ⅴ +Ⅵ +Ⅶ	+Ⅱ +Ⅲ +Ⅳ +Ⅴ +Ⅵ +Ⅶ +Ⅷ	+Ⅱ +Ⅲ +Ⅳ +Ⅴ +Ⅵ	+Ⅱ +Ⅲ +Ⅳ
元素	La	Hf	Ta	W	Re	Os	Ir	Pt
氧化态	+Ⅲ	+Ⅲ +Ⅳ	+Ⅱ +Ⅲ +Ⅳ +Ⅴ	+Ⅱ +Ⅲ +Ⅳ +Ⅴ +Ⅵ	+Ⅲ +Ⅳ +Ⅴ +Ⅵ +Ⅶ	+Ⅱ +Ⅲ +Ⅳ +Ⅴ +Ⅵ +Ⅷ	+Ⅱ +Ⅲ +Ⅳ +Ⅴ +Ⅵ	+Ⅱ +Ⅲ +Ⅳ +Ⅴ +Ⅵ

* 划横线的为稳定氧化态。

第五、第六周期 d 区元素的氧化态变化规律与第四周期 d 区元素是一致的,

即同周期从左到右氧化态首先逐渐升高,随后又逐渐降低;同一族中从上到下高氧化态稳定。所不同的是,第五、第六周期d区系列元素的高氧化态稳定,低氧化态化合物不常见。例如,ⅦB族中,ReO_4^-稳定,而MnO_4^-是强氧化剂;Ⅷ族中能生成OsO_4、RuO_4,而Fe、Co、Ni得不到与族对应的氧化态化合物。第四周期d区元素(除Sc外)都能呈现稳定的+Ⅱ氧化态,但第五、第六周期d区元素中只有Pd^{2+}、Pt^{2+}比较稳定外,其余元素+Ⅱ氧化态化合物不常见。

(5) 配合物的配位数较高,形成金属-金属键的元素较多 第五、第六周期d区元素的原子半径、离子半径较第四周期d区元素要大,因而它们在配合物中的配位数都比较高。配位数大于6(7,8,9)的配合物很常见。对于配合物的立体构型来说,第五、第六周期d区元素的六配位八面体构型相当普遍,四面体构型较少,平面正方形的结构只在d^8电子组态的Pd^{2+}和Pt^{2+}中存在。

在通常情况下,第五、第六周期d区元素形成含有金属-金属键化合物比第四周期d区元素要多,如VB族的V、Nb、Ta中Nb和Ta能形成$M_6X_{12}^{2+}$等原子簇化合物,而V却没有此类离子。

对于d^4~d^7电子组态的d区金属离子来说,第四周期d区元素既可形成高自旋,也可形成低自旋八面体配合物,而第五、第六周期d区金属离子一般只形成低自旋配合物。这是因为它们的配位场分裂能Δ_o较大,有较大的自旋配对倾向,较易形成低自旋配合物。

(6) 磁性要考虑自旋-轨道耦合作用 第四周期d区元素化合物的磁矩基本符合纯自旋关系式,而第五、第六周期d区元素化合物中存在广泛的自旋-轨道耦合作用,有高的自旋-轨道耦合常数,因而用纯自旋关系式处理化合物的有效磁矩不适用。它们的磁矩只能按下列公式来处理:

$$\mu_{eff}=\sqrt{4S(S+1)+L(L+1)}$$

24-2 锆 和 铪

24-2-1 存在、制备与分离

一、存在与制备

锆在地壳中的丰度为0.019%,主要矿石为锆英石(ZrO_2+SiO_2)和斜锆石ZrO_2。铪在地壳中的丰度为1.0×10^{-4}%。由于锆和铪的原子半径是相等的,所以它们的化学性质非常相似，在自然界中总是共生在一起，锆矿中总含有铪。

锆的制备方法类似钛，先将锆矿石转变为氯化物，然后以活泼金属在氩气中还原为粗锆。将粗锆与碘共热转变为碘化物，热分解碘化物制金属锆。其主要反应如下：

$$ZrSiO_4 + 3C \xrightarrow{\text{电弧炉}} ZrC + SiO_2 + 2CO$$

$$ZrC + 2Cl_2 \xrightarrow{350\sim450\ ℃} ZrCl_4 + C$$

或

$$ZrO_2 + 2C + 2Cl_2 \xrightarrow{900\ ℃} ZrCl_4 + 2CO$$

$$ZrCl_4(g) + 2Mg(l) \xrightarrow[Ar]{880\ ℃} 2MgCl_2(s) + Zr(s)(\text{粗})$$

$$Zr(\text{粗}) + 2I_2 \xrightarrow{200\ ℃} ZrI_4$$

$$ZrI_4 \xrightarrow{1400\ ℃} Zr + 2I_2$$

二、锆、铪分离

由于锆铪矿石共生，所以用上述方法制得的 Zr 中常含有 2%左右的铪。当锆用作原子反应堆结构材料时，锆中的铪应低于 0.01%，这就必须将锆铪分离。目前主要采取离子交换法或溶剂萃取法分离。

离子交换法是利用强碱型酚醛树脂 $RN(CH_3)_3Cl$ 阴离子交换剂，使 Zr 和 Hf 形成的 ZrF_6^{2-}、HfF_6^{2-} 与阴离子树脂进行吸附交换。由于锆、铪配离子与阴离子树脂结合能力不同，所以可以用 HF 和 HCl 混合溶液为淋洗剂，使这两种阴离子先后被淋洗下来，以达到分离的目的：

$$2RN(CH_3)_3Cl + K_2ZrF_6 \longrightarrow [RN(CH_3)_3]_2ZrF_6 + 2KCl$$

$$2RN(CH_3)_3Cl + K_2HfF_6 \longrightarrow [RN(CH_3)_3]_2HfF_6 + 2KCl$$

$$[RN(CH_3)_3]_2ZrF_6 + 2HCl \longrightarrow H_2ZrF_6 + 2RN(CH_3)_3Cl$$

$$[RN(CH_3)_3]_2HfF_6 + 2HCl \longrightarrow H_2HfF_6 + 2RN(CH_3)_3Cl$$

溶剂萃取法是利用基本上不相混溶的两个液相混合振荡，使所需物质从一种液相转移到另一种液相的过程。Zr、Hf 的溶剂萃取法就是利用 Zr、Hf 的硝酸溶液与有机相磷酸三丁酯（TBP）或三辛胺（TDA）的甲基异丁基酮溶液混合振荡萃取的过程。由于锆的配位能力比铪强，比较容易进入有机溶剂相中，因而达到分离的目的。

24-2-2 单质的性质和用途

锆和铪都是有银色光泽的高熔点金属，都具有典型金属的六方密堆积结构。加热到 400~600 ℃时，表面生成一层致密的、有附着力的、能自行修补裂缝的氧化物保护膜，因而表现突出的抗腐蚀能力。在更高温度下，锆的氧化速率增大，并同时发现有氧溶解在锆中，溶解的氧即使在真空中加热也不能除去，使金属变脆、难以加工。粉末状的锆在空气中加热到180~285 ℃开始着火燃烧。锆在高温空气中燃烧时与氮的反应比氧快，生成氮化物、氧化物和氮氧化物 $ZrON_2$ 的混合物。锆与B、C分别生成硼化物(ZrB_2)和碳化物(ZrC_2)。锆与氧的亲和力很强，高温时能夺取氧化镁、氧化铍和氧化钍等坩埚材料中的氧，所以锆只能在金属坩埚中熔融。锆能吸收氢生成一系列氢化物：Zr_2H、ZrH、ZrH_2，在真空中加热到1000~1200 ℃时吸收的氢几乎可以全部排出。

锆的抗化学腐蚀性优于钛和不锈钢，接近钽。在100 ℃以下，锆与各种浓度的盐酸、硝酸及浓度低于50%的硫酸均不发生作用；也不与碱溶液作用。但溶于氢氟酸、浓硫酸和王水，也被熔融碱所侵蚀。

在原子能反应堆中，锆主要用作二氧化铀燃烧棒的包层。这是因为含约1.5%锡的锆合金在辐射下有稳定的抗腐蚀性和机械性能，而且对热中子的吸收率特别低。含有少量锆的各种合金钢有很高的强度和耐冲击的韧性，用于制造坦克、军舰等。铪吸收热中子能力特别强，用作原子反应堆的控制棒和保护装置。

24-2-3 重要化合物

一、氧化物

ZrO_2 和 HfO_2 可以由加热分解它们的水合物或某些盐制得。它们均为白色固体，高熔点(分别为2700 ℃和2758 ℃)，以惰性著称。ZrO_2 是高质量的耐火材料、优良的高温陶瓷，用来制作坩埚和炉膛，还可用于制造照相闪光灯泡、导火剂。斜锆石 ZrO_2 和 HfO_2 为同晶形结构，晶体中金属原子的配位数是7(见图24-2)，不同于配位数为6的金红石(TiO_2)。这可能是由于Zr的半径大于Ti的缘故。然而，掺杂了 Y_2O_3 等低价氧化物的 ZrO_2 却呈现稳定的萤石结构，在高温下能传导氧离子，是最重要的氧离子固体电解质，用于制造燃料电池、氧气含量测定仪等。ZrO_2 还因高硬度而用作高级磨料。

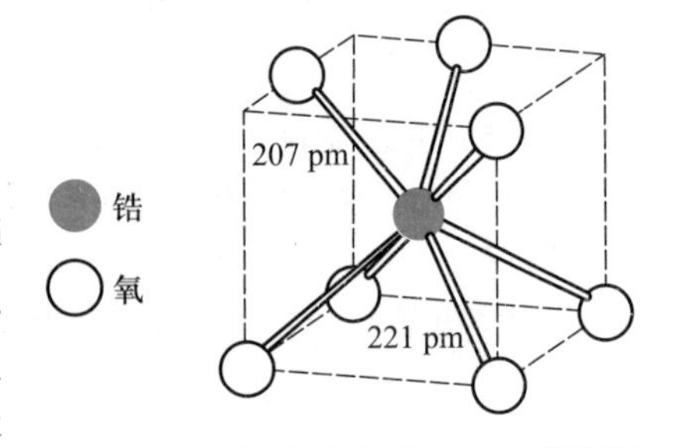

图24-2 在斜锆石 ZrO_2 中Zr的配位

ZrO_2 为白色晶体，难溶于水、盐酸和稀硫酸。作为两性氧化物，它和酸的反应条件比较苛刻，与碱共熔可形成锆酸盐，锆酸盐遇水容易水解。与钛一样，在水溶液中不存在 Zr^{4+}，而以聚合态的 ZrO^{2+} 锆氧离子存在。例如，ZrO_2 与浓硫酸加热反应：

$$ZrO_2+2H_2SO_4(\text{浓}) \longrightarrow Zr(SO_4)_2+2H_2O$$

$$Zr(SO_4)_2+H_2O \longrightarrow ZrOSO_4+H_2SO_4$$

蒸发硫酸锆的硫酸溶液，可析出 $H_2[ZrO(SO_4)_2]\cdot 3H_2O$ 晶体。

当 Zr(Ⅳ) 盐溶液或氯化氧锆（$ZrOCl_2$）水解时，得到二氧化锆的水合物 $ZrO_2\cdot xH_2O$：

$$ZrOCl_2+(x+1)H_2O \longrightarrow ZrO_2\cdot xH_2O+2HCl$$

$ZrO_2\cdot xH_2O$ 是一种白色凝胶，也称 α 型锆酸（H_4ZrO_4），它溶于酸，当加热时转变为 β 型偏锆酸（H_2ZrO_3）。它溶于热的浓硫酸或氢氟酸中。碱金属的锆酸盐在水溶液中溶解度很小，也发生水解：

$$Na_2ZrO_3+2H_2O \longrightarrow ZrO(OH)_2+2NaOH$$

铪盐在水中也发生水解，不过水解倾向较锆盐小。

二、卤化物

$ZrCl_4$ 是白色固体，在 331 ℃升华，是制备金属锆的重要原料。在潮湿空气中冒烟，遇水强烈水解：

$$ZrCl_4+9H_2O \longrightarrow ZrOCl_2\cdot 8H_2O+2HCl$$

在浓盐酸中结晶出水合氯化酰锆 $ZrOCl_2\cdot 8H_2O$ 晶体。它含有四聚合的阳离子 $[Zr_4(OH)_8(H_2O)_{16}]^{8+}$，其中 4 个锆原子被 4 对成桥 OH 基连接成环，每个锆原子被 8 个氧原子以十二面体配位。当盐酸浓度小于 8 $mol\cdot L^{-1}$时，$HfOCl_2\cdot 8H_2O$ 的溶解度与 $ZrOCl_2\cdot 8H_2O$ 相同，但盐酸的浓度大于 9 $mol\cdot L^{-1}$时，则锆盐的溶解度比铪盐大。因此可利用两种盐在浓盐酸中溶解度差别来分离锆和铪。

在 400～500 ℃，金属锆可以将 $ZrCl_4$ 还原为难挥发的 $ZrCl_3$，而 $HfCl_4$ 不会被锆还原，此性质也可用于锆和铪的分离：

$$3ZrCl_4+Zr \longrightarrow 4ZrCl_3$$

三、配合物

锆和铪的配合物主要以配阴离子 MX_6^{2-} 形式存在。由适当的氟化物共熔可制得 MF_7^{3-}、$M_2F_{14}^{6-}$、MF_8^{4-} 等类型的配合物。如 Na_3ZrF_7 为七配位的五角双锥形结构；$Li_6[BeF_4][ZrF_8]$是八配位的变形十二面体构型；$Cu_3Zr_2F_{14}\cdot 18H_2O$ 为八配位的 2 个四方反棱柱共一个棱边的二聚体配合物。Zr(Ⅳ) 和 Hf(Ⅳ) 的配位数可以是 6、7 和 8，这与配合物中带相反电荷的离子有关。

在 $M_2^I ZrF_6$ 型配合物中，K_2ZrF_6 的溶解度随温度的升高而增大，利用这个性质可以进行重结晶提纯。$(NH_4)_2ZrF_6$ 稍加热即可分解：

$$(NH_4)_2ZrF_6 \longrightarrow ZrF_4 + 2NH_3\uparrow + 2HF$$

ZrF_4 在 600 ℃时升华，利用这个性质可将锆与铁或其他杂质分离。

铪的卤配合物如 K_2HfF_6、$(NH_4)_2HfF_6$ 的溶解度比锆的配合物大。锆的烷氧基配合物如 $Hf(OC_4H_7)_4$ 的沸点(87.6 ℃)与 $Zr(OC_4H_7)_4$(89.2 ℃)不同，因而也可利用锆和铪的这些配合物的溶解度或沸点的差异来分离锆和铪。

24-3 铌 和 钽

24-3-1 存在、冶炼与分离

铌和钽在地壳中的丰度分别为 0.002% 和 2.5×10^{-4}%。原子和离子半径基本相同，化学性质极为相似，总是共生在一起。主要矿物可用通式(Fe、Mn)M_2O_6 表示，若 M 以铌为主，称为铌铁矿，若 M 以钽为主，称为钽铁矿。

铌和钽的生产规模比较小，提取的方法比较复杂，其主要过程可表示为

$$\text{矿石+碱} \xrightarrow{\text{共熔}} \text{多铌(钽)酸盐} \xrightarrow[\text{蒸煮}]{\text{稀酸}} Nb_2O_5(Ta_2O_5) \xrightarrow[\text{还原}]{\text{Na 或 C}} Nb(Ta)$$

或者采用电解法，即电解熔融的氟配合物 K_2TaF_7 为电解质，铁作阴极，石墨作阳极，得到金属铌和钽。

Nb 和 Ta 的分离是非常困难的，从发现确定这两种元素到将它们分离开来用了 20 多年时间。最初使用的方法是将上述方法制得的 Nb_2O_5 和 Ta_2O_5 溶于 KF 和 HF 的溶液中，由于生成的 K_2TaF_7 是难溶的，而 $K_2NbOF_5\cdot2H_2O$ 是可溶的，所以可以利用分步结晶法将它们分离开。

目前常用溶剂萃取法，如钽的化合物可被甲基异丁酮从稀的 HF 溶液中萃取出来，增加水溶液相的酸度可使铌的化合物被萃取到新的有机化合物相中去，以此达到分离的目的。

还可用三甲基代丙酮为萃取剂，水相为 H_2NbOF_5 和 H_2TaF_7 的氢氟酸溶液，萃取剂：水相=1.62。萃取后，有机相中富集钽，用氨水反萃成 $Ta_2O_5\cdot nH_2O$ 析出，水相中富集铌，用氨水后也析出 $Nb_2O_5\cdot nH_2O$。该法适用工业萃取，效果较好。

24-3-2 单质的性质和用途

铌、钽都是钢灰色的金属，略带蓝色，具有典型的体心立方金属结构，具有可塑性，特别是钽的延展性能很好，可以冷加工。铌、钽在空气中很稳定，能抵抗除氢氟酸以外的一切无机酸，包括王水。钽对酸有特殊的稳定性，是所有金属中最耐腐蚀的。但溶解在硝酸和氢氟酸的混合液中。

铌和钽在高温时可以与氧、氯、硫、碳等化合。在室温时具有吸收氧、氢、氮气体的能力。例如，1 g 铌在室温时可以吸收 100 mL 氢气，生产高真空的电子管就是利用这一性质。

铌和钽的独特应用是制造合金。铌钢合金能起到固定碳的作用，提高钢在高温时抵抗氧化的性能、改善焊接性能以及增加钢的抗蠕变性能。含 7.5% W 的钽合金能在红热时保持弹性。

铌、钽的另一个重要性质是对人的肌肉和细胞没有任何不良影响，而细胞却可以在其上面生长发育。所以它们用作外科刀具。钽丝缝合神经和肌腱，钽条代替骨骼，钽片弥补头盖骨的损伤。钽独特的耐酸性广泛用于化学工业的耐酸设备。目前有一半以上的钽用来生产容量大、体积小、寿命长、稳定性高、工作温度范围宽的固体电解电容器，现已广泛用于计算机、雷达、导弹等的电子线路中。

24-3-3 重要化合物

铌和钽的最稳定化合价为+5，表明 VB 族元素钒、铌、钽从上到下低氧化态的稳定性逐渐下降。

一、氧化物及水合氧化物

Nb_2O_5 和 Ta_2O_5 为白色粉末。它们溶于 HF 生成五氟化物，与碱共熔生成铌（钽）酸盐，可以认为是两性化合物，但有较强的化学惰性：

$$Nb_2O_5 + 10HF \longrightarrow 2NbF_5 + 5H_2O$$

$$Nb_2O_5 + 2NaOH \xrightarrow{\text{共熔}} 2NaNbO_3 + H_2O$$

Nb_2O_5 和 Ta_2O_5 与过量的碱金属氢氧化物或碳酸盐共熔，然后溶解于水，生成与钒类似的同多酸根阴离子的溶液。例如，当 pH = 11 时，出现的是 $M_6O_{19}^{8-}$，在 pH 较低时，发生质子化作用，产生 $HNb_6O_{19}^{7-}$，当 pH 在 7 以下时，Nb 产生水合物沉淀。Ta 在 pH 为 10 以下产生水合物沉淀。慢慢浓缩时，可以从碱性溶液中析出 $K_8M_6O_{19}\cdot 16H_2O$ 晶体，其中含有 $M_6O_{19}^{8-}$，它是由 6 个 MO_6 八面体聚集起来的八面体结构(见图 24-3)。中心的氧原子为全体 6 个八面体公用,在每个 MO_6 八面体中的 6 个氧原子中,有 4 个氧原子分别与 4 个 MO_6 共顶点,第五个氧原子与 5 个 MO_6 共用一个顶点,第六个氧原子本身属于这个 MO_6 八面体,所以 $M_6O_{19}^{8-}$ 中 M 与 O 的组成为

$$M:O=1:\left[1+\left(1\times\frac{1}{5+1}\right)+\left(4\times\frac{1}{2}\right)\right]=1:3\frac{1}{6}=6:19$$

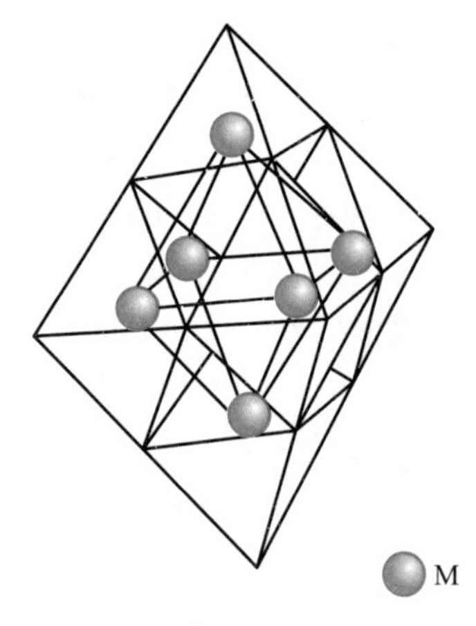

图 24-3　$M_6O_{19}^{8-}$ 结构(M=Nb,Ta)

用硫酸将铌酸盐酸化,得到胶状的五氧化铌水合物,具有不定组成的水合量,简称铌酸,溶于酸和碱。

二、卤化物

铌和钽的四种五卤化物 MX_5(X=F,Cl,Br,I)均可由金属直接与卤素加热制得。NbF_5、TaF_5、$TaCl_5$ 为白色,$NbCl_5$ 为黄色,NbF_5 和 TaF_5 是四聚物(见图 24-4),$NbCl_5$ 和 $TaCl_5$ 是二聚物(见图 24-5)。

$NbCl_5$ 在氧气中加热分解为三氯氧铌 $NbOCl_3$,它是白色丝光针状晶体,约在 670 K 升华,易水解为含水的五氧化物:

$$2NbOCl_3+(n+3)H_2O \longrightarrow 6HCl+Nb_2O_5\cdot nH_2O$$

三氯氧铌在浓盐酸和 NaCl 溶液中能结晶析出氯氧化物的配合物:

$$NbOCl_3+NaCl \xrightarrow{\text{浓 HCl}} NaNbOCl_4$$

$$NbOCl_3+2NaCl \xrightarrow{\text{浓 HCl}} Na_2NbOCl_5$$

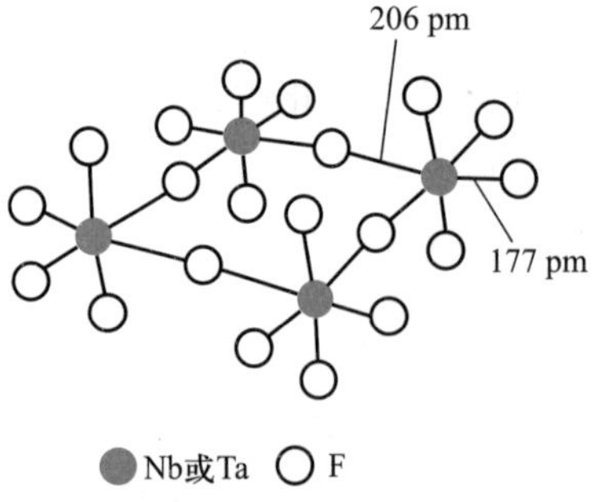

206 pm
177 pm
Nb或Ta　F

图 24-4　NbF_5 和 TaF_5 的四聚体结构

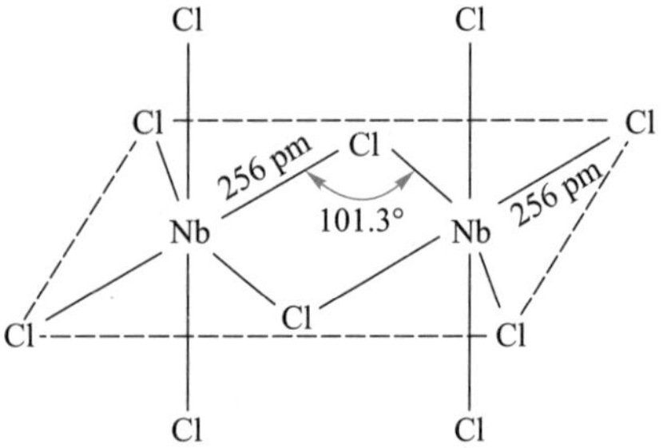

Cl　Cl　Cl　Cl　Cl　256 pm　256 pm　101.3°　Nb　Nb　Cl　Cl　Cl　Cl　Cl

图 24-5　$NbCl_5$ 固体的双核结构

铌和钽的化合物都是易挥发和易水解的固体。NbF_5 在弱酸溶液中的水解产物取决于 HF 的量和浓度,如 HF 浓度小于 70%时生成氟氧化物 $NbOF_3$ 和相

应的铌氧氟氢酸 H_2NbOF_5,浓度为 95%~100%时可能出现 NbF_7^{2-}。TaF_5 生成的 K_2TaF_7 的溶解度比 $K_2NbOF_5 \cdot H_2O$ 溶解度小得多,这种差异也被用于铌、钽的分离。

24-4 钼 和 钨

24-4-1 存在和冶炼

钼和钨是周期系ⅥB 族元素,在地壳中的丰度分别为 $1.1\times10^{-4}\%$ 和 $1.3\times10^{-4}\%$。最重要的钼矿是辉钼矿 MoS_2,其次是钼铅矿 $PbMoO_4$ 和钼钨钙矿 $Ca(Mo,W)O_4$。钨以白钨矿 $CaWO_4$ 和黑钨矿 $(Fe,Mn)WO_4$ 的形式存在。钼和钨是我国的丰产元素,其储量居世界首位。

以辉钼矿为原料冶炼金属钼的主要过程如下:

(1) 将辉钼矿的精砂在 550~650 ℃时焙烧,使其转变成 MoO_3:

$$2MoS_2 + 7O_2 \xrightarrow{550\sim650\ ℃} 2MoO_3 + 4SO_2$$

(2) 用氨水浸出可溶性的钼酸铵溶液:

$$MoO_3 + 2NH_3 \cdot H_2O \longrightarrow (NH_4)_2MoO_4 + H_2O$$

(3) 热分解钼酸铵:

$$(NH_4)_2MoO_4 \xrightarrow{\triangle} MoO_3 + 2NH_3 + H_2O$$

(4) 用 H_2 还原制得高纯金属钼粉,压紧后在 H_2 气流中热至熔点制得钼块:

$$MoO_3 + 3H_2 \xrightarrow{1000\sim1500\ ℃} Mo + 3H_2O$$

由黑钨矿提取金属钨的碱熔法过程和反应如下:

$$(Fe,Mn)WO_4 \xrightarrow[\text{焙烧}]{Na_2CO_3,\text{空气}} Na_2WO_4 \xrightarrow[\text{浸出}]{H_2O} Na_2WO_4\ \text{溶液} \xrightarrow[\text{酸化}]{HCl} WO_3 \cdot xH_2O \xrightarrow{\triangle} WO_3 \xrightarrow[\text{还原}]{H_2} W$$

$$4FeWO_4 + 4Na_2CO_3 + O_2 \xrightarrow{\triangle} 4Na_2WO_4 + 2Fe_2O_3 + 4CO_2$$

$$2MnWO_4 + 2Na_2CO_3 + O_2 \xrightarrow{\triangle} 2Na_2WO_4 + 2MnO_2 + 2CO_2$$

$$Na_2WO_4 + 2HCl \longrightarrow H_2WO_4 + 2NaCl$$

$$H_2WO_4 \xrightarrow{\triangle} WO_3 + H_2O$$

$$WO_3 + 3H_2 \xrightarrow{\triangle} W + 3H_2O$$

也可用盐酸直接处理白钨矿转变为不溶性的钨酸,焙烧后用氢还原 WO_3 制得金属钨。

24-4-2 单质的性质和用途

钼和钨是银白色、有光泽,具有体心立方结构的金属。最明显的特性是它们的高熔点,钨是所有金属中熔点最高的。化学性质较稳定,表面易形成一层钝态的薄膜。

钼和钨在常温下很不活泼,与大多数非金属不作用,钨与氟作用,钼与氟剧烈反应。在高温下它们易与氧、卤素、碳及氢反应,分别得到氧化物、卤化物、间充型碳化物及氢化物。钼与硫作用,而钨不与硫作用。它们与非氧化性的酸不作用,溶于浓硝酸、热浓硫酸、王水或 HF 和 HNO_3 的混合酸。一般与碱溶液不作用,与熔融的碱性氧化剂反应。

钼和钨的元素电势图如下:

$\varphi_A^\ominus/V$

$$H_2MoO_4 \overset{0.4}{\text{———}} MoO_2^+ \overset{(0.0)}{\text{———}} Mo^{3+} \overset{-0.2}{\text{———}} Mo$$

H_2MoO_4 至 Mo:(0.0)

$$WO_3 \overset{-0.03}{\text{———}} W_2O_5 \overset{-0.04}{\text{———}} WO_2 \overset{-0.15}{\text{———}} W^{3+} \overset{-0.11}{\text{———}} W$$

WO_3 至 W:−0.09;WO_2 至 W:−0.12

$\varphi_B^\ominus/V$

$$MoO_4^{2-} \overset{-0.96}{\text{———}} MoO_2 \overset{-0.91}{\text{———}} Mo$$

$$WO_4^{2-} \overset{-1.07}{\text{——————}} W$$

从上述钼和钨的性质以及元素电势图可以看出:ⅥB 族按 Cr、Mo、W 顺序金属活泼性逐渐降低;最高氧化态由 Cr 到 W 逐渐趋于稳定,如 Cr(Ⅵ)具有强氧化性,Mo(Ⅵ)氧化性很弱,而 W(Ⅵ)氧化性更弱;在酸性介质中,Cr(Ⅲ)最稳定,而 W(Ⅵ)最稳定。从自然界中存在的矿物也可说明这一点:铬铁矿[$Fe(CrO_2)_2$]中的 Cr 为+Ⅲ氧化态;辉钼矿(MoS_2)中的 Mo 为+Ⅳ氧化态,黑钨矿[(Fe、Mn)WO_4]中的 W 为+Ⅵ氧化态。这可以从 W 是第六周期 d 区元素,它的全部 5d 电子更容易参与键合,而表现出与族对应的氧化态。

钼和钨的主要用途是制造特种钢。钼使钢质硬韧,耐高温,用以制造高速切削工具、大炮、坦克,纯钼用作各种石油化学过程中的催化剂和电极材料。钨合金材料非常坚硬和耐磨、耐热、纯钨的最重要用途是作电灯泡中的灯丝,而钨丝的金属支架是纯钼。

24-4-3 重要化合物

一、三氧化钼和三氧化钨

MoO_3 和 WO_3 是金属钼和钨在空气中燃烧时的最终产物。它们还可以通过焙烧钼酸和钨酸制得,MoO_3 还可由 MoS_2 在空气中灼烧得到。

三氧化钼 MoO_3 在室温下是一种白色固体,加热时变黄,熔点 795 ℃,白色的 MoO_3 是由畸变的 MoO_6 八面体组成的层状结构。三氧化钨 WO_3 是一种淡黄色固体,熔点 1742 ℃,它由顶角连接的 WO_6 八面体的三维阵列构成。WO_3 至少有七种同质多晶体,而且是唯一在室温时就容易发生多晶转变的氧化物。

将 MoO_3 或 WO_3 在真空中加热或与金属粉末一起加热可还原成 MoO_2 和 WO_2。在 MoO_3 和 MoO_2 或 WO_3 和 WO_2 之间有许多结构复杂的蓝色或紫色物相。紫色 MoO_2 和棕色 WO_2 具有变形金红石结构,能形成金属-金属键而具有类似金属的电导性和抗磁性。

MoO_3 和 WO_3 都是酸性氧化物,难溶于水,没有明显的氧化性,溶于氨水或碱的水溶液生成含 MoO_4^{2-} 的盐。

$$MoO_3+2NH_3\cdot H_2O \longrightarrow (NH_4)_2MoO_4+H_2O$$
$$WO_3+2NaOH \longrightarrow Na_2WO_4+H_2O$$

WO_3 主要用于制备金属钨和钨酸盐,也可用于处理防火物品,它与 MoS_2 结合形成高硬度、抗磨损的润滑涂料。

二、钼酸和钨酸及其盐

钼酸和钨酸实际上都是水合物。如 H_2MoO_4 实际上是 $MoO_3\cdot H_2O$,$H_2MO_4\cdot H_2O$ 实际上是 $MO_3\cdot 2H_2O$(M=Mo,W)。

在钼和钨含 MO_4^{2-} 的盐中,只有碱金属、铵、铍、镁、铊的盐是可溶的,其他金属的盐都难溶于水,难溶盐 $PbMoO_4$ 可用作 Mo 的质量分析测定。

钼酸盐和钨酸盐的氧化性比铬酸盐弱得多。在酸性溶液中,只有用强还原剂才能将 H_2MoO_4 还原到 Mo^{3+},如 $(NH_4)_2MoO_4$ 在浓盐酸溶液中,锌作还原剂,溶液最初显蓝色[钼蓝为 Mo(Ⅵ)、Mo(Ⅴ)混合氧化态化合物],然后还原为红棕

色的 MoO_2^+,再到绿色的 $[MoOCl_5]^{2-}$,最后生成棕色的 $MoCl_3$:

$$2MoO_4^{2-} + Zn + 8H^+ \longrightarrow 2MoO_2^+ + Zn^{2+} + 4H_2O$$

$$2MoO_4^{2-} + Zn + 12H^+ + 10Cl^- \longrightarrow 2[MoOCl_5]^{2-} + Zn^{2+} + 6H_2O$$

$$2MoO_4^{2-} + 3Zn + 16H^+ + 6Cl^- \longrightarrow 2MoCl_3 + 3Zn^{2+} + 8H_2O$$

钨酸的氧化性就更弱了。

在酸性溶液中,钼酸铵与 H_2S 作用生成棕色的 MoS_3 沉淀,钨酸盐中的氧被硫置换,生成一系列硫代钨酸盐:

$$(NH_4)_2MoO_4 + 3H_2S + 2HCl \longrightarrow MoS_3\downarrow + 2NH_4Cl + 4H_2O$$

$$WO_4^{2-} \longrightarrow WO_3S^{2-} \longrightarrow WO_2S_2^{2-} \longrightarrow WOS_3^{2-} \longrightarrow WS_4^{2-}$$

酸化硫代钨酸盐生成棕色 WS_3 沉淀。

三、钼和钨的同多酸和杂多酸及其盐

两个或两个以上相同的酸酐和若干水分子组成的酸称为同多酸,它们的盐称为同多酸盐。由不同的酸酐和若干水分子组成的酸称为杂多酸,其盐称为杂多酸盐。

将钼酸盐或钨酸盐溶液酸化,并不断降低 pH 时,MoO_4^{2-} 或 WO_4^{2-} 就会缩聚生成同多酸根离子。pH 越小,缩合度越大。但在很强的酸性溶液中,发生解聚作用。例如,将 MoO_3 的氨水溶液酸化到 pH = 6 时,缩聚成仲钼酸铵 $(NH_4)_6Mo_7O_{24}\cdot 4H_2O$,它是一种含钼的微量元素肥料,也是实验室常用的试剂。

聚合物种与 pH 的关系:

$$\underset{\text{正钼酸根离子}}{MoO_4^{2-}} \xrightarrow{pH=6} \underset{\text{七钼酸根离子}}{Mo_7O_{24}^{6-}} \xrightarrow{pH=1.5\sim2.9} \underset{\text{八钼酸根离子}}{Mo_8O_{26}^{4-}} \xrightarrow{pH<1} \underset{\text{水合三氧化钼}}{MoO_3\cdot 2H_2O}$$

这些同多酸阴离子的基本单元是 MoO_6 八面体,$Mo_7O_{24}^{6-}$就是由 7 个 MoO_6 八面体(Mo 位于八面体中心)通过共用棱边构成的[见图 24-6(a)],而 $Mo_8O_{26}^{4-}$是由 8 个 MoO_6 八面体通过共用棱边构成的[见图 24-6(b)]。

当将钼酸铵和磷酸盐的溶液进行酸化时,得到的黄色沉淀就是 12-磷钼酸铵。它是制得的第一个杂多酸盐,可用于磷酸盐的定量测定:

$$3NH_4^+ + 12MoO_4^{2-} + PO_4^{3-} + 24H^+ \longrightarrow (NH_4)_3[PMo_{12}O_{40}]\cdot 6H_2O\downarrow + 6H_2O$$

在ⅥB 族元素中,MoO_4^{2-} 和 WO_4^{2-} 的重要特征是比 CrO_4^{2-} 更容易形成同多酸和杂多酸。一些典型的杂多酸有 12-钼硅酸 $H_4[SiMo_{12}O_{40}]$,12-钼砷酸 $H_3[AsMo_{12}O_{40}]$,12-钨硼酸 $H_5[BW_{12}O_{40}]$等。在多酸中能作为中心原子的元素较多,最重要的是过渡元素中的ⅤB 族、ⅥB 族 Cr、Mo、W 元素形成 MO_6 八面体。一些小的杂原子如 P(Ⅴ)、As(Ⅴ)、Si(Ⅳ)生成四面体含氧阴离子。杂原子

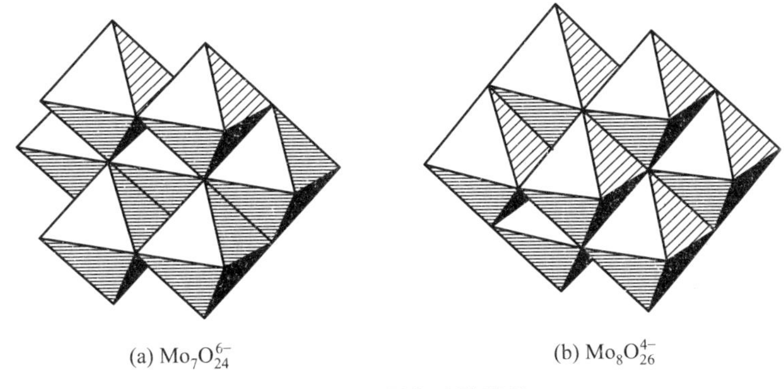

(a) $Mo_7O_{24}^{6-}$　　(b) $Mo_8O_{26}^{4-}$

图 24-6 同多酸阴离子

处于母体金属 M 原子的 MO_6 八面体所构成的内部空腔中，并与相邻的 MO_6 八面体中的氧原子键合，其结构是一个四面体配位的杂原子被 12 个 MO_6 八面体所包围（见图 24-7）。

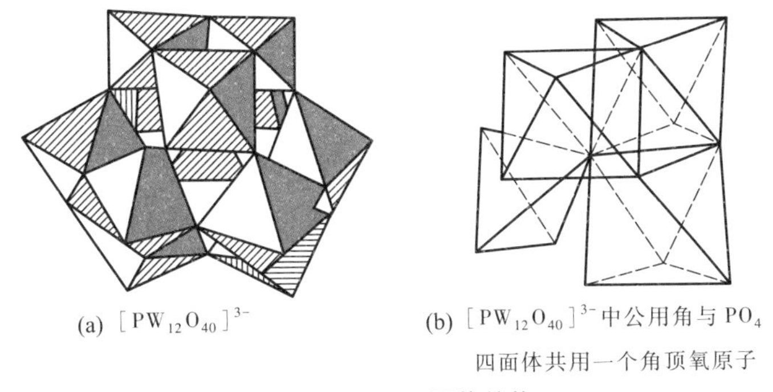

(a) $[PW_{12}O_{40}]^{3-}$　　(b) $[PW_{12}O_{40}]^{3-}$中公用角与 PO_4 四面体共用一个角顶氧原子

图 24-7 MO_6 八面体结构

杂多化合物具有优异的性能，在石油化学工业中广泛用作催化剂，用作许多染料的沉淀剂，用作新颖树脂交换剂，钼的杂多化合物还用作阻燃剂。近些年来的研究成果表明，杂多化合物还具有很好的生物活性，有抗病毒、杀菌、抗肿瘤的功效。

四、钼和钨的原子簇化合物

前面的学习已经认识了有关金属-金属（M—M）键化合物，这类化合物又称原子簇化合物。Mo、W、Nb、Ta 等金属均可形成原子簇化合物。

24-4-4 钼的生物活性和固氮作用

钼是生命体系中必需的过渡元素。它对高等动物和人类有重要的生物作用。人和大多数生物体都需要钼作多种酶的辅助因子。在生物氧化还原反应中,钼主要以Mo(Ⅴ)和Mo(Ⅵ)之间的转化起电子传递作用。它是哺乳动物体内黄嘌呤氧化酶、醛氧化酶和硫化物酶三种金属硫蛋白的成分。一个正常成年人体内含钼总量约为9 mg,人从食物中摄入可溶性钼化合物后,迅速为肌体吸收,在肾、肝和骨骼中含量最高。钼对心肌有保护作用,缺钼会使体内某些含钼的黄素酶和细胞色素c还原酶活性降低或失活,引起三羧酸循环障碍,氧激活率下降而使心肌缺氧。"克山病"与缺钼也有一定关系。钼过量又会造成心腔扩张、心肌肥大、甲状腺肿大、钙磷代谢失调等。

钼是很多植物的必需微量元素。植物的蛋白质、核酸、叶绿素等都是含氮的化合物。实现将空气中的氮、土壤中的NO_2^-、NO_3^-和NH_3转化为植物能吸收和利用的氮化合物是固氮酶。这些酶如硝酸还原酶、氧化酶等,都是钼酶。

24-5 锝 和 铼

24-5-1 单质的冶炼和性质

锝(Tc)和铼(Re)与锰(Mn)同属ⅦB族元素。Tc是过渡金属中唯一的人造元素。它是由核电站从^{235}U的裂变产物中获得的,约占铀裂变产物的6%。铼是自然界中非常稀有的元素,其丰度为7.0×10^{-8}%,共存于辉钼矿中。在焙烧MoS_2矿时,被氧化成挥发性的Re_2O_7而聚集在烟道灰中。将Re_2O_7转变为NH_4ReO_4并在高温下用H_2还原可制得纯度为99.98%的金属铼。

$$Re_2O_7 + H_2O \longrightarrow 2HReO_4$$

$$HReO_4 + KCl \longrightarrow KReO_4 + HCl$$

$$2KReO_4 + 8H_2S \longrightarrow Re_2S_7 + 8H_2O + K_2S$$

$$Re_2S_7 + 28H_2O_2 + 16NH_3\cdot H_2O \longrightarrow 2NH_4ReO_4 + 7(NH_4)_2SO_4 + 36H_2O$$

$$2NH_4ReO_4 + 7H_2 \xrightarrow{700\ ℃} 2Re + 2NH_3 + 8H_2O$$

锝和铼都是银白色金属，通常为灰色粉末。Tc 的同位素均是放射性的，由于 Tc 的半衰期长，提供了一个实际上不变的 β 辐射源而应用于反应堆中。铼的熔点很高，仅次于钨，是非常耐高温和抗腐蚀的金属，用于质谱仪的灯丝、炉子的加热绕组、热电偶（Pt-Re 等）以及加氢反应和脱氢反应中的催化剂等。大量制作 Pt-Re 催化剂，用于生产低铅、高辛烷值的汽油。

金属锝和铼的活泼性较锰差，在潮湿空气中缓慢失去光泽变暗。在氧气中加热到 400℃时，燃烧生成挥发性的氧化物 M_2O_7，与氟分别生成 TcF_5、TcF_6 和 ReF_6、ReF_7。不溶于氢氟酸和盐酸，但容易溶于氧化性的浓硝酸和浓硫酸。铼能溶于过氧化氢的氨溶液中生成含氧酸盐，而锝不溶解：

$$2Re + 7H_2O_2 + 2NH_3 \longrightarrow 2NH_4ReO_4 + 6H_2O$$

24-5-2 重要化合物

一、氧化物和含氧酸盐

锝的氧化物是 Tc_2O_7 和稳定的 TcO_2，铼的氧化物是 Re_2O_7、ReO_3、ReO_2。Tc_2O_7 和 Re_2O_7 都是易挥发的黄色固体。Tc_2O_7 中 2 个 TcO_4 四面体共用一个氧原子，Tc—O—Tc 链是直线形的（见图 24-8），而 Re_2O_7 是由 ReO_4 四面体和 ReO_6 八面体共角交替无限地排列（见图 24-9）。

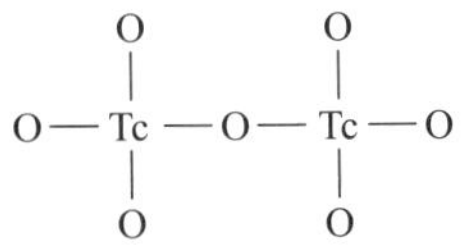

图 24-8 Tc_2O_7 的结构

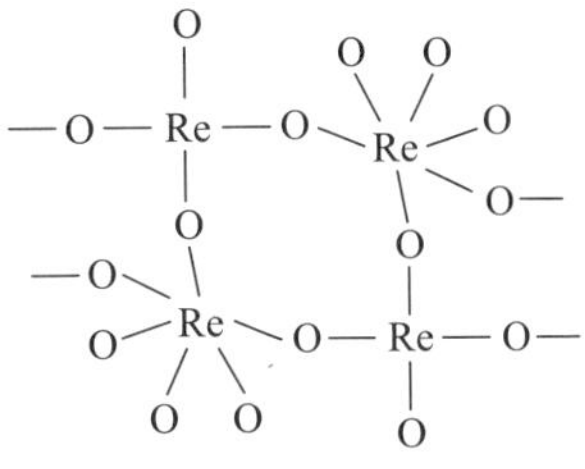

图 24-9 Re_2O_7 的结构

Tc_2O_7 和 Re_2O_7 都能溶于水得到无色的高锝酸 $HTcO_4$ 和高铼酸 $HReO_4$。$HTcO_4$ 和 $HReO_4$ 与 $HMnO_4$ 一样都是强酸，但其氧化性比 $HMnO_4$ 弱得多。在碱性溶液中，$HTcO_4$ 和 $HReO_4$ 是稳定的。

ReO_3 是一种稳定的红色固体，可用 CO 还原 Re_2O_7 而制得。具有金属光泽，ReO_3 的结构如图 24-10 所示。每个铼原子被氧按八面体包围，它具有非常低的电阻率，像金属一样，电阻率随温度降低而降低。不溶于水，也不与酸和碱的水溶液作用，但与浓碱一起煮沸时，发生歧化反应：

$$3ReO_3 \longrightarrow Re_2O_7 + ReO_2$$

TcO_2 是锝的氧化物中最稳定的。它是任何锝的含氧化物加热到高温时的最终产物，如加热 Tc_2O_7 和 NH_4TcO_4 均可制得 TcO_2：

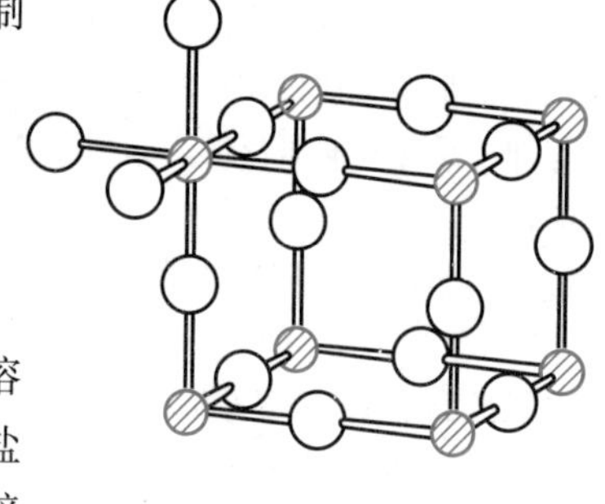

图 24-10 ReO_3 的结构

$$2Tc_2O_7 \xrightarrow{\triangle} 4TcO_2 + 3O_2$$

$$2NH_4TcO_4 \xrightarrow{\triangle} N_2 + 2TcO_2 + 4H_2O$$

蓝黑色 ReO_2 的稳定性较 TcO_2 差，TcO_2 不溶于强碱，而 ReO_2 能与强碱熔融生成亚铼酸盐($MReO_3$)，在 900 ℃歧化为 Re_2O_7 和金属铼，用锌和盐酸还原锝(铼)酸盐 MO_4^- 的水溶液得到锝和铼的水合物 $MO_2 \cdot 2H_2O$。TcO_2 和 ReO_2 这两种氧化物含有强金属-金属键的畸变金红石结构。

二、配合物

ⅦB 族金属 Mn、Tc、Re 都有丰富的配位化学的研究内容，但该族中 Re 与 Mn 或 Tc 相比，更明显地具有生成高配位数化合物的特色。另一引起人们兴趣的特点是，含有 Re—R σ 键的有机金属化合物是过渡金属中最丰富的。例如，具有三冠三棱柱结构的 ReH_9^{2-} 配合物(见图 24-11)，具有多重 Re—Re 金属键的铼配合物 $Re_2Cl_8^{2-}$(见图 24-12)、[$Re_2Cl_5(DTH)_2$]，具有 Re—C σ 键的羰基化合物$Re_2(CO)_{10}$(见图 24-13)等。

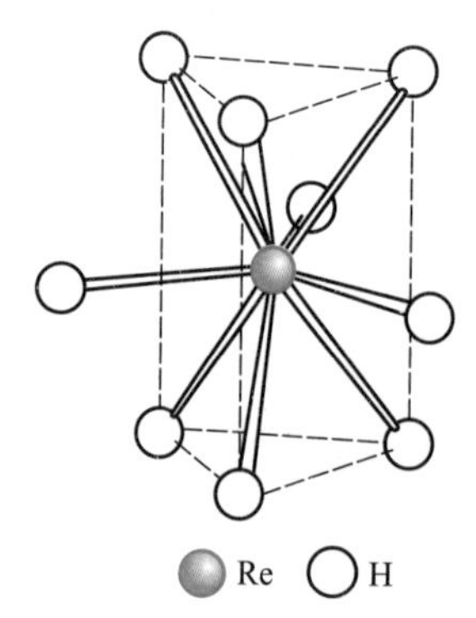

图 24-11 ReH_9^{2-} 的三冠三棱柱结构

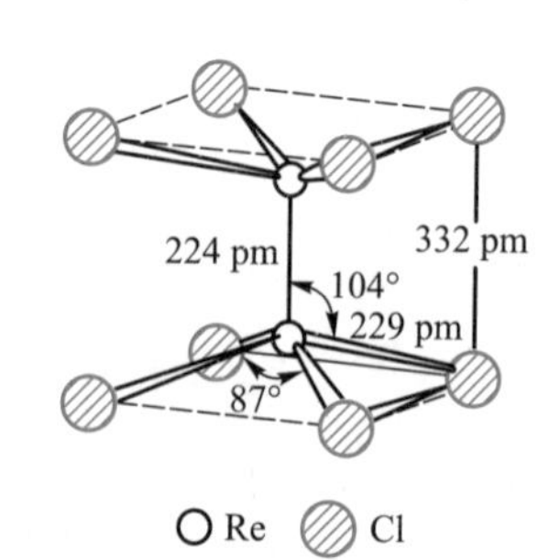

图 24-12 $Re_2Cl_8^{2-}$ 结构

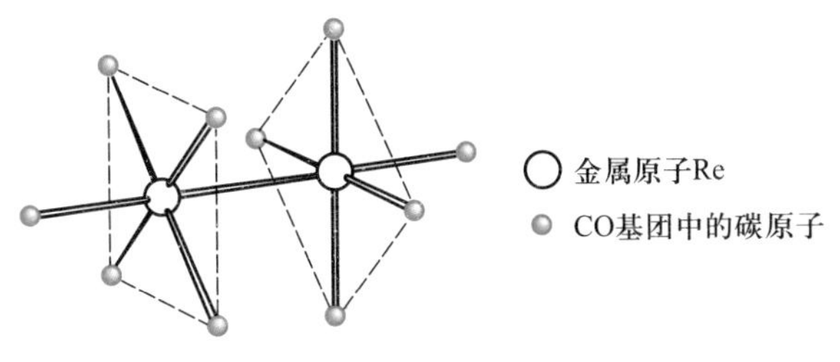

图 24-13 $Re_2(CO)_{10}$结构

24-6 铂系元素简介

24-6-1 铂系元素的通性

铂系元素是指Ⅷ族中的钌、铑、钯和锇、铱、铂六种元素，它们和铁系元素(铁、钴、镍)一起组成元素周期表中的Ⅷ族。但是铂系元素的性质与铁系元素相差很大，而铂系元素彼此之间的性质却非常相似。

铂系元素的基本性质列于表 24-3 中。由表 24-3 可见，钌、铑、钯的密度约为12 g · cm^{-3}，锇、铱、铂的密度都在 22 g · cm^{-3}以上，根据其密度，将前者称为轻铂系金属，后者称为重铂系金属。这两组元素在自然界中常共生共存，彼此间具有许多相似之处，且横向相似性明显于纵向，其共性和变化规律主要有：

(1) 都是稀有金属　铂系金属在地壳中的丰度都很小，尤其是钌、铑极其稀少，所以又把铂系元素称为稀有元素。在自然界中它们能以游离态存在，如天然铂矿和锇铱矿等，也可共生于铜和镍的硫化物中，因此可以从电解精炼铜和镍的阳极泥中回收铂系金属。

(2) 气态原子的电子构型特例多　铂系元素中除锇铱的 ns 为 2，钌、铑、铂为 1，而钯为零。这说明铂系元素原子的最外层电子有从 ns 层填入$(n-1)$d 层的强烈趋势，而且这种趋势在同周期内随原子序数的增加而增强。

(3) 氧化态变化与铁系元素相似，和副族元素一样　铂系元素的氧化态变化和铁、钴、镍相似，即形成高氧化态的倾向都是从左到右逐渐降低；和其他各副族情况一样，重铂系元素形成高氧化态的倾向较轻铂系相应各元素大。

(4) 都是难熔的金属　在每一个三元素组中，金属的熔点、沸点从左到右逐渐降低，其中锇的熔点最高，钯的熔点最低。这也可从 nd 轨道中成单电子数从左到右逐渐减少，形成金属键逐渐减弱得到解释。

(5) 形成多种类型的配合物 由于铂系金属离子是富 d 电子离子,所以铂系元素的重要特性是与许多配体形成配合物。特别是易与 π 酸配体如 CO、CN^-、NO 等形成反馈 π 键的配合物,与不饱和烯、炔配体形成有机金属化合物。

表 24-3 铂系元素的基本性质

性质	钌	铑	钯	锇	铱	铂
符号	Ru	Rh	Pd	Os	Ir	Pt
原子序数	44	45	46	76	77	78
价电子构型	$4d^75s^1$	$4d^85s^1$	$4d^{10}5s^0$	$5d^66s^2$	$5d^76s^2$	$4d^96s^1$
主要氧化态	+Ⅱ,+Ⅳ,+Ⅵ,+Ⅶ,+Ⅷ	+Ⅲ,+Ⅳ	+Ⅱ,+Ⅳ	+Ⅱ,+Ⅲ,+Ⅳ,+Ⅵ,+Ⅷ	+Ⅲ,+Ⅳ,+Ⅵ	+Ⅱ,+Ⅳ
相对原子质量	101.07	102.90	106.42	190.23	192.22	195.08
原子半径/pm	134	134	137	135	135.5	138.5
M^{2+}离子半径/pm	—	—	86	—	—	80
电离能/($kJ \cdot mol^{-1}$)	711	720	805	840	880	870
电负性	2.2	2.28	2.2	2.2	2.20	2.2
$\varphi^{\ominus}$/V $M^{2+}+2e^- \rightleftharpoons M$ *	0.68	0.76	0.915	0.687	1.157	1.188
密度/($g \cdot cm^{-3}$)	12.3	12.41	12.02	22.57	22.5 (290 K)	21.45
熔点/K	2607	2236	1828	3318±30	2720	2042
沸点/K	4423	4000	3440	5498	2823	4097
丰度/($\mu g \cdot g^{-1}$)	0.001	0.001	0.015	0.0015	0.001	0.005

* Ru、Os 对应于 $MO_2+4H^++2e^- \longrightarrow M+2H_2O$;Rh、Ir 对应于 $M^{3+}+3e^- \longrightarrow M$。

24-6-2 单质的性质、用途与冶炼

铂系金属的颜色除锇为蓝灰色外,其余都是银白色。除钌和锇硬而脆外,其余都具有延展性,纯净的铂有很好的可塑性,冷轧可以制得厚度为 0.0025 mm 的薄片。

大多数铂系金属能吸收气体,钯的吸氢能力是所有金属中最大的,将钯从红热逐渐冷却时能吸收比自身体积多达 935 倍的氢气,加热时氢气又被重新释放出来,钯吸收大量氢气时其延展性并不减弱,这在金属中是独一无二的。

铂系金属的化学稳定性很高,常温下和氧、硫、氟、氯、氮等非金属不作用,只有在高温下才与氧化性很强的 F_2、Cl_2 反应。抗腐蚀性强,钌、锇不与非氧化性

酸以及王水作用,铑、铱对酸及王水呈极端惰性,铂不与无机酸作用,但溶于王水。钯可缓慢溶于氧化性酸中,如热浓硝酸、硫酸,在有氧化剂如 KNO_3、$KClO_3$、Na_2O_2 作助熔剂时,铂系金属与碱共熔可生成可溶性化合物,如钌酸盐 RuO_4^{2-}、锇酸盐 $[OsO_2(OH)_4]^{2-}$ 等。

铂系金属的主要用途是作催化剂。Ru 和 Os 相当大的催化能力应用在某些加氢反应中。铑作催化剂用于汽车工业的废气净化和对于膦配合物的合成,加氢反应和加氢甲酰化(即插羰基反应)。钯催化剂适用于加氢和脱氢反应。铂用在多种多样的催化过程中,如氨氧化制硝酸、石油重整、在汽车废气排放管中氧化有毒的蒸气;除此外,铂可作坩埚、蒸发皿及电极,由铂或铂铑合金制成的热电偶可测量高温。铱用在硬质合金中,可制金笔的笔尖和国际标准米尺。铂在化学和玻璃工业中还用作防止热氢氟酸或者熔融玻璃的化学侵蚀,还用在珠宝的制造上。使用铂制坩埚时应遵守有关使用规则,应避免在还原性条件(如酒精喷灯的蓝色火焰)下在坩埚中加热含有 B、Si、P、Sb、As、Bi 的化合物,因为这些元素能与铂形成低共熔混合物而遭到破坏。

铂系金属主要是从电解铜、镍中阳极泥精炼得到的。将阳极泥中 Ag、Au 以及全部六种铂系金属加以分离的综合方案如图 24-14 所示。

24-6-3 重要化合物

一、氧化物和含氧酸盐

铂系金属生成的主要氧化物有 RuO_2、RuO_4、Rh_2O_3、RhO_2、PdO、OsO_2、OsO_4、IrO_2 和 PtO_2。可见铂系金属氧化物的氧化态可从+Ⅱ到+Ⅷ,只有锇和钌有稳定的四氧化物。

钌和锇的黄色四氧化物是熔点、沸点低,易挥发的有毒物质,RuO_4(熔点 298 K,沸点 313 K),OsO_4(熔点 313 K,沸点 403 K),它们的挥发性一方面使其变得很危险,特别是 OsO_4 能毒害眼睛,造成暂时失明,另一方面可利用此性质对锇和钌进行分离。通常制备氧化物和含氧酸盐的方法有

$$Os + 2O_2 \xrightarrow{\triangle} OsO_4$$

$$Ru + 3KNO_3 + 2KOH \longrightarrow K_2RuO_4 + 3KNO_2 + H_2O$$

$$RuO_2 + KNO_3 + 2KOH \longrightarrow K_2RuO_4 + KNO_2 + H_2O$$

$$K_2RuO_4 + NaClO + H_2SO_4 \longrightarrow RuO_4 + K_2SO_4 + NaCl + H_2O$$

RuO_4 和 OsO_4 微溶于水,极易溶于 CCl_4 中,OsO_4 比 RuO_4 稳定。它们都有四面体分子构型,并都有强的氧化性。RuO_4 不仅能氧化浓盐酸,而且还能氧化

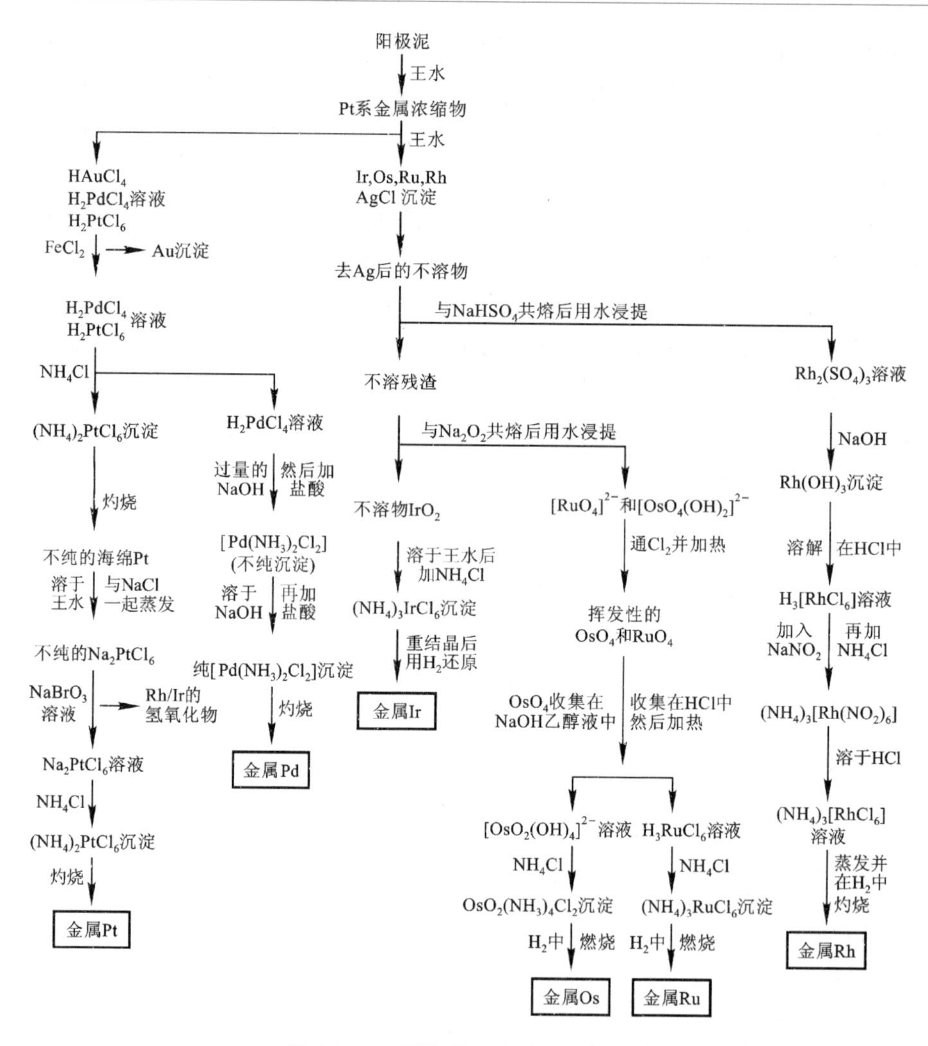

图 24-14 提取铂系金属的流程图

稀盐酸,加热到 370 K 以上时,它爆炸分解成 RuO_2,室温下与乙醇接触也易发生爆炸:

$$4RuO_4 + 4OH^- \longrightarrow 4RuO_4^- + 2H_2O + O_2\uparrow$$

$$4RuO_4^- + 4OH^- \longrightarrow 4RuO_4^{2-} + 2H_2O + O_2\uparrow$$

$$2RuO_4 + 16HCl \longrightarrow 2RuCl_3 + 8H_2O + 5Cl_2\uparrow$$

$$OsO_4 + 2OH^- \longrightarrow [OsO_4(OH)_2]^{2-}$$

$$RuO_4 \xrightarrow{\triangle} RuO_2 + O_2\uparrow$$

在氧气中加热金属铑或者铑的三氯化物或者铑的三硝酸盐至 870 K,生成暗灰色的 Rh_2O_3,它具有刚玉结构,高温时发生分解反应。

在氧气中加热金属铱或者由 $IrCl_6^{2-}$ 水溶液加碱产生的沉淀脱水制得黑色的 IrO_2。IrO_2 不溶于水,溶于浓 HCl 生成六氯铱酸:

$$IrO_2 + 6HCl \longrightarrow H_2IrCl_6 + 2H_2O$$

六氯铱酸易被还原,不稳定,通常保存在硝酸中。

在氧气中加热钯可制得黑色的 PdO,加热到 1170 K 以上又分解。

二、卤化物

铂系金属的卤化物除钯外,其余铂系金属的六氟化物都是已知的,其中有实际应用的是 PtF_6。

PtF_6 在 342.1 K 时沸腾,气态和液态呈暗红色,固态几乎呈黑色,具有挥发性,它是已知的最强的氧化剂之一。它既能将 O_2 氧化到 $O_2^+PtF_6^-$,又能将 Xe 氧化到 $XePtF_6$,$XePtF_6$ 的诞生结束了将稀有气体看作惰性气体的历史,从而揭开了稀有气体化学的新篇章。所有六氟化物都是非常活泼的和有腐蚀性的物质。PtF_6 是仅次于 RhF_6 最不稳定的铂系金属的六氟化物,能迅速被水分解。

Pt、Ru、Os、Rh、Ir 的五氟化物都是四聚结构(见图 24-15)。PtF_5 也很活泼,易水解,易歧化成六氟化铂和四氟化铂。

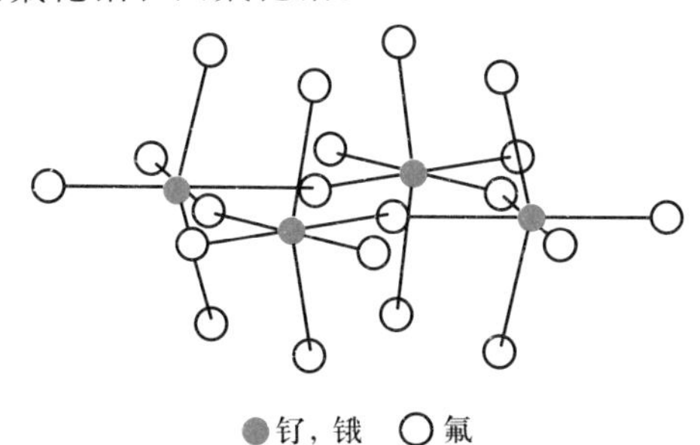

图 24-15 Ru 和 Os 的四聚五氟化物[M_4F_{20}]

它们的结构类似于 Nb 和 Ta 的五氟化物,但畸变得更厉害

$$2PtF_5 \longrightarrow PtF_6 + PtF_4$$

铂系金属均能形成四氟化物,只有铂能形成四种四卤化物,四氟化物的制备反应如下:

$$10RuF_5 + I_2 \longrightarrow 10RuF_4 + 2IF_5$$

$$Pd_2F_6(Pd^{II}Pd^{IV}F_6) + F_2 \longrightarrow 2PdF_4$$

$$H_2PtCl_6 \xrightarrow[-2HCl]{300\ ℃} PtCl_4 \xrightarrow{F_2} PtF_4$$

$$4IrF_5 + Ir \xrightarrow{400\ ℃} 5IrF_4$$

$$RhCl_3 \xrightarrow{BrF_3(l)} RhF_4 \cdot 2BrF_3 \xrightarrow{\triangle} RhF_4$$

$$OsF_6 \xrightarrow{W(CO)_6} OsF_4$$

铂系金属中除 Pt、Pd 不存在三卤化物外,其余的三卤化物均可由铂系元素和卤素直接合成或者是从溶液中析出沉淀。例如:

$$2Rh + 3X_2 \xrightarrow{\triangle} 2RhX_3 \quad (X = F, Cl, Br)$$

$$RhCl_3 + 3KI \longrightarrow RhI_3 \downarrow + 3KCl$$

Rh 和 Ir 的三卤化物是最常见和最稳定的。RhF_3 具有类似 ReO_3 的结构,$RhCl_3$ 与 $AlCl_3$ 同晶形,是红色的固体,800 ℃时挥发,不溶于水,呈化学惰性。$RhCl_3 \cdot 3H_2O$ 是最常见的铑化合物,并且是制备其他铑化合物的起始物。将 $RhCl_3 \cdot 3H_2O$ 置于干燥的 HCl 气氛中,加热至 180 ℃时脱水得到很活泼的红色 $RhCl_3$,由此制得的 $RhCl_3$ 可溶于水。

铂系金属中以 Pt 和 Pd 的二卤化物较多。由于氟的氧化性太强,以致 PtF_2 不存在,Pt 的其他二卤化物都是已知的。Pd 的四种二卤化物都是已知的,从淡紫色的 PdF_2 颜色逐渐加深到黑色的 PdI_2。

Pt 和 Pd 的二氯化物是由单质在红热条件下直接氯化制得的。由于实验条件不同,所得产物存在有两种同分异构体,即红热至 823 K 以上时得到的是红色的、不稳定的、具有链状结构的 α-$PdCl_2$(见图 24-16),在这种结构中每个 Pd 都具有平面正方形的几何形状;控温在 550 ℃以下时制得 β-$PdCl_2$(见图 24-17),它的结构以 Pd_6Cl_{12}单元为基础。在这两种结构中,Pd(Ⅱ)都具有正方形配位的特征,它们都是抗磁性物质,溶解在盐酸中生成配合酸 H_2MCl_6(M = Pt, Pd)。

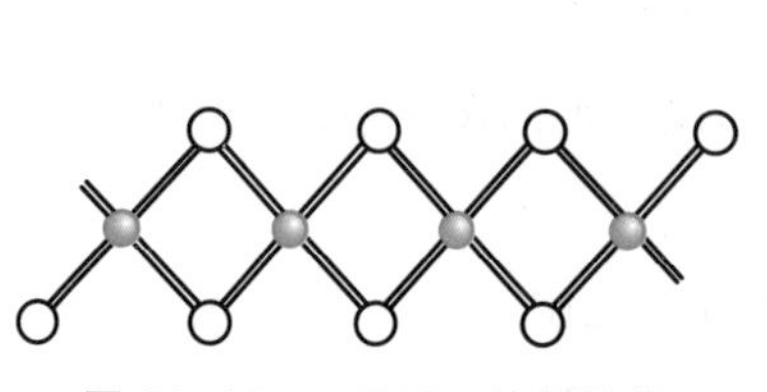

图 24-16 α-$PdCl_2$ 的链结构

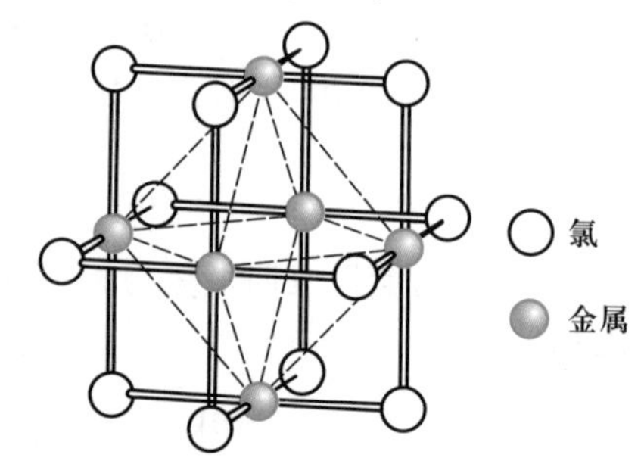

图 24-17 β-$PdCl_2$ 的结构

三、配合物

铂系元素的重要特征性质是能形成多种类型的配合物，如卤配合物、含氮和含氧的配合物、含磷的配合物，与 CO 形成羰基配合物，与不饱和的烯、炔形成有机金属化合物等。多数情况下，这些配合物是配位数为 6 的八面体结构。氧化态为+Ⅱ的钯和铂离子都是 d^8 构型，可形成平面正方形配合物。

这六种元素以生成氯配合物最为常见，将这些金属与碱金属的氯化物在氯气流中加热即可生成氯配合物。其中尤为重要的是 H_2PtCl_6 及其盐，棕红色的氯铂酸 H_2PtCl_6 是 Pt(Ⅳ)化学中最常用的起始物料，K_2PtCl_6 是商业上最普通的铂化合物。将海绵状金属铂溶于王水或氯化铂溶于盐酸都可生成氯铂酸：

$$3Pt + 4HNO_3 + 18HCl \longrightarrow 3H_2PtCl_6 + 4NO\uparrow + 8H_2O$$

$$PtCl_4 + 2HCl \longrightarrow H_2PtCl_6$$

在铂(Ⅳ)化合物中加碱可以制氢氧化铂，它具有两性，溶于盐酸得氯铂酸，溶于碱得铂酸盐：

$$PtCl_4 + 4NaOH \longrightarrow Pt(OH)_4 + 4NaCl$$

$$Pt(OH)_4 + 6HCl \longrightarrow H_2PtCl_6 + 4H_2O$$

$$Pt(OH)_4 + 2NaOH \longrightarrow Na_2[Pt(OH)_6]$$

将固体氯铂酸与硝酸钾灼烧，可得 PtO_2：

$$H_2PtCl_6 + 6KNO_3 \longrightarrow PtO_2 + 6KCl + 6NO_2 + \frac{3}{2}O_2 + H_2O$$

将氯铂酸沉淀转变成微溶的 K_2PtCl_6，然后用肼还原或在铂黑催化下，用草酸钾、二氧化硫等还原剂可制得 K_2PtCl_4，由此提供了一条制备铂(Ⅱ)化合物的路线。

$$K_2PtCl_6 + K_2C_2O_4 \longrightarrow K_2PtCl_4 + 2KCl + 2CO_2\uparrow$$

将 NH_4^+、K^+、Rb^+、Cs^+ 等氯化物加到氯铂酸中生成难溶于水的黄色氯铂酸盐，分析化学中常用 H_2PtCl_6 检验 NH_4^+、K^+、Rb^+、Cs^+ 等离子；工业上还常用加热分解氯铂酸铵来分离提纯金属铂：

$$(NH_4)_2PtCl_6 \xrightarrow{\triangle} Pt + 2Cl_2\uparrow + 2NH_4Cl$$

将 K_2PtCl_4 与醋酸铵作用或用 NH_3 处理 $PtCl_4^{2-}$ 可制得顺式二氯二氨合铂(Ⅱ)，常称为“顺铂”，符号表示为 *cis*-$Pt(NH_3)_2Cl_2$。

$$K_2PtCl_4 + 2NH_4Ac \longrightarrow Pt(NH_3)_2Cl_2 + 2KAc + 2HCl$$

1969 年,罗森博格(B. Rosenberg)及其合作者发现了顺铂具有抗癌活性,从而引起了人们对铂配合物的极大兴趣,现在顺铂类药物已成为最好的抗癌药物之一,曾给美国的抗癌药业带来极大的经济效益。实验表明,顺铂具有抑制细胞分裂,特别是抑制癌细胞增生的作用。现已证实,顺铂的抗癌活性是由于它与癌细胞 DNA(脱氧核糖核酸)分子结合,破坏了 DNA 的复制,从而抑制了癌细胞增长过程中所固有的细胞分裂。但是,顺铂作为一种药物的主要问题是水溶性较小,毒性较大,铂化合物对肾有毒害作用。目前,人们正在致力于提高抗癌活性,降低毒性的研究工作。

习　　题

24-1　简述第五、第六周期 d 区金属与第四周期 d 区金属的主要差别。

24-2　为什么锆、铪及其化合物的物理、化学性质非常相似,如何分离锆和铪?

24-3　举出铌、钽化合物性质的主要差别以及分离铌和钽的方法?

24-4　锌汞齐能将钒酸盐中的钒(Ⅴ)还原至钒(Ⅱ),将铌酸盐的铌(Ⅴ)还原至铌(Ⅳ),但不能使钽酸盐还原,此实验结果说明了什么规律性?

24-5　试以钼和钨为例说明什么叫同多酸?何谓杂多酸,举例说明。

24-6　选择最合适的方法实现下列反应:

(1) 溶解金属钽;

(2) 制备氯化铼;

(3) 溶解 WO_3。

24-7　选择最合适的制备路线和实验条件制备下列物质:

(1) 以锆矿石为原料制备金属锆;

(2) 以铌铁矿为原料制备金属铌;

(3) 以辉钼矿为原料制备金属钼;

(4) 以黑钨矿为原料制备金属钨。

24-8　依据铂的化学性质指出铂制器皿中是否能进行有下述各试剂参与的化学反应:

(1) HF　　(2) 王水　　(3) $HCl+H_2O_2$

(4) $NaOH+Na_2O_2$　　(5) Na_2CO_3　　(6) $NaHSO_4$

(7) Na_2CO_3+S　　(8) SiO_2

24-9　完成本章图 24-14 铂系金属分离图中各步反应方程式。

24-10　完成并配平下列反应:

(1) $ZrCl_4+H_2O \longrightarrow$

(2) $(NH_4)_2ZrF_6 \xrightarrow{\triangle}$

(3) $Nb_2O_5 + NaOH \longrightarrow$

(4) $MoO_3 + NH_3 \cdot H_2O \longrightarrow$

(5) $(NH_4)_2MoO_4 + H_2S + HCl \longrightarrow$

(6) $RuO_4 + HCl \longrightarrow$

(7) $Pt + HNO_3 + HCl \longrightarrow$

(8) $(NH_4)_2PtCl_6 \xrightarrow{\triangle}$

(9) $K_2PtCl_6 + K_2C_2O_4 \longrightarrow$

(10) $PdCl_2 + KOH \longrightarrow$

24-11 比较铂系元素与铁系元素的异同。

24-12 Tc_2O_7 与 Re_2O_7 的结构有何不同?

24-13 完成下列变化,写出反应方程式:

(1) $Nb_2O_5 \longrightarrow NbCl_5 \longrightarrow NbOCl_3 \longrightarrow Na_2NbOCl_5$

(2) $MoO_3 \longrightarrow MoO_4^{2-} \longrightarrow MoCl_3$

(3) $Pt \longrightarrow PtF_6 \longrightarrow XePtF_6$

(4) $Rh \longrightarrow RhCl_3 \longrightarrow RhI_3$

(5) $Pt \longrightarrow H_2PtCl_6 \longrightarrow (NH_4)_2PtCl_6 \longrightarrow Pt$

24-14 指出下列化合物的结构:

(1) $Nb_6O_{19}^{8-}$ (2) ZrO_2 (3) $Mo_7O_{24}^{6-}$

24-15 一种纯的铂化合物,经测定相对分子质量为 301,化合物中含 Pt 64.8%,Cl 23.6%,NH_3 5.6%,H_2O 6.0%:

(1) 指出此化合物的分子式;

(2) 画出可能的结构式;

(3) 讨论各种结构的相对稳定性。

第 25 章

f 区元素

内容提要

本章涉及的元素和化合物较多，首先从通性开始，对镧系和锕系元素的共性有一个概括的认识，然后介绍重要的元素和化合物。

本章要求：

1. 掌握镧系和锕系元素的价电子构型与性质的关系；
2. 掌握镧系收缩的实质及其对镧系化合物性质的影响；
3. 了解镧系和锕系以及与 d 区过渡元素在性质上的异同；
4. 了解它们的一些重要化合物的性质。

周期表中第 57 号元素镧(La)到 71 号元素镥(Lu)共 15 种元素统称为镧系元素(用 Ln 表示)；周期表中第 89 号元素锕(Ac)到 103 号元素铹(Lr)共 15 种元素统称为锕系元素(用 An 表示)。这两个系列位于长式元素周期表下另立的两个横排中。它们属于ⅢB 族元素和过渡元素之列，不过这些元素依次新增加的电子都填入外数第三电子层的 f 轨道。为区别于 d 区过渡元素，故又将这些元素称为内过渡元素。又由于新增加的电子分别填入 4f 和 5f 轨道，所以又可称为 4f 系和 5f 系。这些元素都是金属，所以本章称为 f 区金属。

25-1 镧系元素

25-1-1 镧系元素的通性

一、电子构型

镧系元素气态原子的基态价电子构型见表 25-1。

由表 25-1 可见,镧系元素的外层和次外层的电子构型基本相同,从 Ce 开始,电子逐一填充在 4f 轨道上。由于镧原子基态不存在 f 电子,因此有人主张镧不在镧系元素之列,镧系元素是指 La 以后的 14 种元素。但由于镧与它后面的 14 种元素性质很相似,所以本章把 La 作为镧系元素讨论。

表 25-1 镧系元素气态原子的基态价电子构型*

原子序数	元素	符号	价电子构型		
57	镧	La		$5d^1$	$6s^2$
58	铈	Ce	$4f^1$	$5d^1$	$6s^2$
59	镨	Pr	$4f^3$		$6s^2$
60	钕	Nd	$4f^4$		$6s^2$
61	钷	Pm	$4f^5$		$6s^2$
62	钐	Sm	$4f^6$		$6s^2$
63	铕	Eu	$4f^7$		$6s^2$
64	钆	Gd	$4f^7$	$5d^1$	$6s^2$
65	铽	Tb	$4f^9$		$6s^2$
66	镝	Dy	$4f^{10}$		$6s^2$
67	钬	Ho	$4f^{11}$		$6s^2$
68	铒	Er	$4f^{12}$		$6s^2$
69	铥	Tm	$4f^{13}$		$6s^2$
70	镱	Yb	$4f^{14}$		$6s^2$
71	镥	Lu	$4f^{14}$	$5d^1$	$6s^2$

* 价电子即[Xe]层以外的电子。

二、氧化态

+Ⅲ氧化态是所有镧系元素在固态、水溶液或其他溶剂中的特征氧化态。由于镧系金属在气态时,失去 2 个 s 电子和 1 个 d 电子或 2 个 s 电子和 1 个 f 电子所需的电离能比较低,所以一般能形成稳定的+Ⅲ氧化态。除+Ⅲ特征氧化态外,镧系元素还存在一些不常见的氧化态(见表 25-2)。

表25-2 氧化态与4f电子构型的关系*

符号	+Ⅱ	+Ⅲ	+Ⅳ
La		$4f^0(La^{3+})$	
Ce	$4f^2(CeCl_2)$	$4f^1(Ce^{3+})$	$4f^0(CeO_2, CeF_4, Ce^{4+})$
Pr		$4f^2(Pr^{3+})$	$4f^1(PrO_2, PrF_4, K_2PrF_6)$
Nd	$4f^4(NdI_2)$	$4f^3(Nd^{3+})$	$4f^2(Cs_3NdF_7)$
Pm		$4f^4(Pm^{3+})$	
Sm	$4f^6(SmX_2, SmO)$	$4f^5(Sm^{3+})$	
Eu	$4f^7(Eu^{2+})$	$4f^6(Eu^{3+})$	
Gd		$4f^7(Gd^{3+})$	
Tb		$4f^8(Tb^{3+})$	$4f^7(TbO_2, TbF_4, Cs_3TbF_7)$
Dy		$4f^9(Dy^{3+})$	$4f^8(Cs_3DyF_7)$
Ho		$4f^{10}(Ho^{3+})$	
Er		$4f^{11}(Er^{3+})$	
Tm	$4f^{13}(TmI_2)$	$4f^{12}(Tm^{3+})$	
Yb	$4f^{14}(YbX_2, Yb^{2+})$	$4f^{13}(Yb^{3+})$	
Lu		$4f^{14}(Lu^{3+})$	

* 表中离子表示已知一系列化合物，包括固体和水溶液中，X表示卤素原子。

由表25-2可见，Ce、Pr、Nd、Tb、Dy存在+Ⅳ氧化态，因为它们的4f层保持或接近全空、半满的状态比较稳定，但只有+Ⅳ氧化态的铈能存在于溶液中，它是很强的氧化剂。同样的道理，Sm、Eu、Tm、Yb呈现+Ⅱ氧化态，如Sm($4f^6$)、Eu($4f^7$)、Tm($4f^{13}$)、Yb($4f^{14}$)。Ce、Nd还存在+Ⅱ氧化态。

三、原子半径和离子半径

镧系元素的原子半径和离子半径见表25-3，从表中的数据可以看出，从Sc经Y到La，原子半径和三价离子半径逐渐增大，但从La到Lu(Ce、Eu和Yb原子除外)则逐渐减小。这种镧系元素的原子半径和离子半径随着原子序数的增加而逐渐减小的现象称为镧系收缩。

表25-3 镧系元素的原子半径和离子半径

原子序数	符号	原子半径/pm（金属半径）	离子半径/pm		
			+Ⅱ	+Ⅲ	+Ⅳ
21	Sc	164.06		73.2	
39	Y	180.12		89.3	
57	La	187.91		106.1	
58	Ce	182.47		103.4	92.0
59	Pr	182.79		101.3	90.0
60	Nd	182.14		99.5	
61	Pm	(181.1)		(97.9)	

续表

原子序数	符号	原子半径/pm（金属半径）	离子半径/pm		
			+Ⅱ	+Ⅲ	+Ⅳ
62	Sm	180.41	111.0	96.4	
63	Eu	204.18	109.0	95.0	
64	Gd	180.13		93.8	84.0
65	Tb	178.33		92.3	84.0
66	Dy	177.40		90.8	
67	Ho	176.61		89.4	
68	Er	175.66		88.1	
69	Tm	174.62	94.0	86.9	
70	Yb	193.92	93.0	85.8	
71	Lu	173.49		84.8	

镧系收缩的原因是，在镧系元素中，原子核每增加一个质子，相应的有一个电子进入 4f 层，而 4f 电子对核的屏蔽不如内层电子，因而随着原子序数增加，有效核电荷增加，核对最外层电子的吸引增强，使原子半径、离子半径逐渐减小。

镧系元素的离子半径与原子序数的关系见图 25-1，原子半径与原子序数的关系见图 25-2。由图可见，由 La^{3+} 到 Lu^{3+} 离子半径逐渐减小；原子半径除 Ce、Eu 和 Yb 反常外，从 La(187.91 pm) 到 Lu(173.49 pm) 略有缩小的趋势，但不如离子半径缩小得多。这是因为镧系元素金属原子的电子层比离子多一层，它的

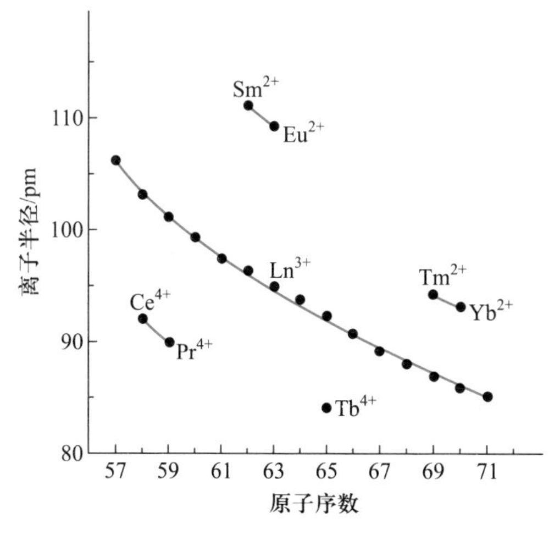

图 25-1 镧系元素的离子半径与原子序数的关系

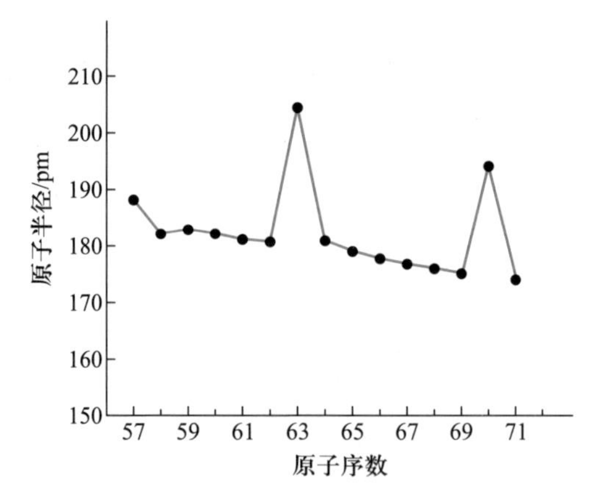

图25-2 镧系元素的原子半径与原子序数的关系

最外层是$6s^2$,4f居于第二内层,它对原子核的屏蔽接近100%,因而镧系金属原子半径收缩的效果就不明显了。在原子半径总的收缩趋势中,Eu和Yb的原子半径比相邻元素的原子半径大得多。这是因为对于镧系金属原子,一般情况下有3个电子是离域的,而Eu和Yb,为了保持$4f^7$和$4f^{14}$的半充满和全充满电子组态,倾向于提供2个电子成为离域电子,这样在相邻原子之间的电子云相互重叠较少,有效半径就明显增大。Ce的4f轨道中只有1个电子、能量较高,因而倾向于平均提供3.1个离域电子,从而使得相邻原子间电子云重叠较多,因此Ce的原子半径较相邻元素La和Pr的原子半径要小一些。在Eu和Yb的金属晶体中,由于仅给出2个电子形成金属键,原子间的结合力不如其他镧系元素那样强,所以金属Eu和Yb的密度较低,熔点也较低(见图25-3),升华能也比相邻的元素低。

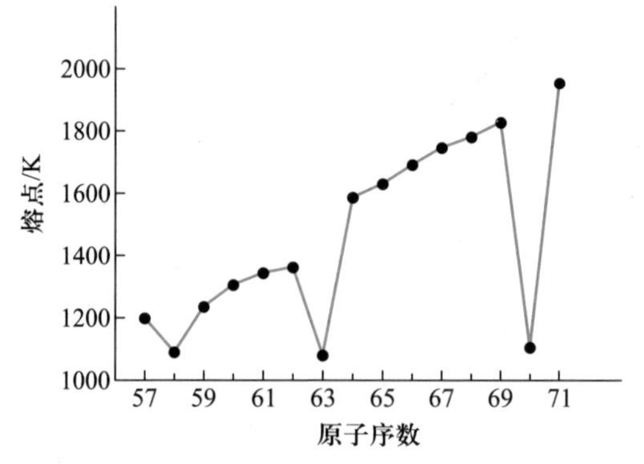

图25-3 镧系金属的熔点与原子序数的关系

镧系收缩在无机化学中是一个重要现象。镧系收缩使得镧系金属与同族的Sc、Y过渡系金属的原子半径、离子半径很接近,因而性质很相似。同时也使得钇成为稀土元素的成员,并与重稀土元素共生于矿物中。由于镧系收缩的存在,ⅣB族中的Zr和Hf,ⅤB族中的Nb和Ta,ⅥB族中的Mo和W,原子半径和离子半径较接近,化学性质也相似,造成这三对元素在分离上的困难。

四、离子的颜色

一些镧系金属三价离子具有很漂亮的颜色。如果阴离子为无色,在结晶盐和水溶液中都保持Ln^{3+}的特征颜色。从表25-4可见,若以Gd^{3+}为中心,从Gd^{3+}到La^{3+}的颜色变化规律又在从Gd^{3+}到Lu^{3+}的过程中重复出现。这就是Ln^{3+}颜色的周期性变化。

表25-4 Ln^{3+}的颜色

离子	未成对电子数	颜色	未成对电子数	离子
La^{3+}	$0(4f^0)$	无色	$0(4f^{14})$	Lu^{3+}
Ce^{3+}	$1(4f^1)$	无色	$1(4f^{13})$	Yb^{3+}
Pr^{3+}	$2(4f^2)$	绿	$2(4f^{12})$	Tm^{3+}
Nd^{3+}	$3(4f^3)$	淡紫	$3(4f^{11})$	Er^{3+}
Pm^{3+}	$4(4f^4)$	粉红,黄	$4(4f^{10})$	Ho^{3+}
Sm^{3+}	$5(4f^5)$	黄	$5(4f^9)$	Dy^{3+}
Eu^{3+}	$6(4f^6)$	无色	$6(4f^8)$	Tb^{3+} *
Gd^{3+}	$7(4f^7)$	无色	$7(4f^7)$	Gd^{3+}

* Tb^{3+}略带淡粉红色。

离子的颜色通常与未成对电子数有关,对于4f亚层未充满的镧系金属离子,其颜色主要是4f亚层中的电子跃迁引起的,发生这种f-f跃迁需要吸收一定波长的光。由表25-4可以看出,具有f^0和f^{14}结构的La^{3+}和Lu^{3+}是无色,是因为在波长范围200~1000 nm(可见光区在内)内无吸收;具有f^1(Ce^{3+})、f^6(Eu^{3+})、f^8(Tb^{3+})、f^7(Gd^{3+})的离子,由于吸收峰的波长全部或大部分在紫外区,所以这些离子是无色的;Yb^{3+}吸收峰的波长在近红外区域,因而也是无色的;剩下的Ln^{3+}在可见光区内有明显的吸收,因而常呈现特征颜色。

五、镧系元素离子和化合物的磁性

镧系元素的磁性较复杂,它与d区过渡元素磁性的根本区别在于d区过渡元素的磁矩主要是由未成对电子的自旋运动产生的,轨道运动对磁矩的贡献往往被环境中配体的电场作用所抑制,几乎完全消失。而镧系元素,由于4f电子能被5s和5p电子很好地屏蔽掉,受外电场的作用较小,轨道运动对磁矩的贡献并没有被周围配位原子的电场作用所抑制,所以在计算其磁矩时必须同时考虑电子自旋和轨道运动两方面对磁矩的影响。图25-4表示镧系元素+3价离子和化合物在300 K时的顺磁磁矩,图中虚线是只考虑自旋运动的计算值,实线是考虑了自旋运动和轨道运动的计算值。

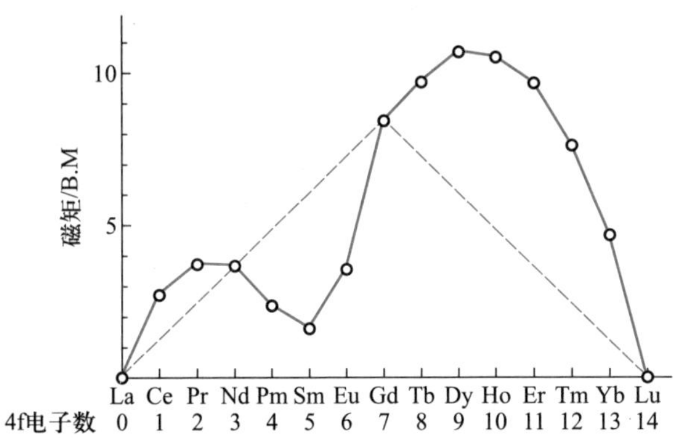

图25-4 镧系元素+3价离子和化合物在300 K时的顺磁磁矩

由图25-4可见,$La^{3+}(4f^0)$、$Lu^{3+}(4f^{14})$没有未成对电子,因此都是抗磁性的;$4f^{1\sim13}$电子构型的离子都是顺磁性的。由于镧系元素+3价离子电子层中未成对的4f电子数从La^{3+}到Gd^{3+}由0增加到7,处于半满稳定构型,随后又从Gd^{3+}到Lu^{3+}由7个逐渐降到0,处于全满状态,所以由自旋运动加轨道运动所贡献的磁矩随原子序数的增加而呈现双峰曲线。

镧系元素及化合物中未成对电子数多,加上电子轨道运动对磁矩所做的贡献,使得它们具有很好的磁性,可作良好的磁性材料,稀土合金还可作永磁材料。

25-1-2 镧系金属

镧系金属为银白色,比较软,有延展性。由镧系元素标准电极电势(见表25-5)可知,镧系金属的活泼性仅次于碱金属和碱土金属,应隔绝空气保存。否则与潮湿空气接触就被氧化而变色。金属活泼性顺序按Sc、Y、La递增;由La到Lu递减,即La最活泼。

表 25-5 标准电极电势

符号	$\varphi^{\ominus}/V$ $Ln^{3+}+3e^{-} \longrightarrow Ln$	$\varphi^{\ominus}/V$ $Ln^{3+}+e^{-} \longrightarrow Ln^{2+}$	$\varphi^{\ominus}/V$ $Ln^{4+}+e^{-} \longrightarrow Ln^{3+}$
La	-2.522		
Ce	-2.483		+1.61
Pr	-2.462		+2.28
Nd	-2.431		
Pm	-2.423		
Sm	-2.414	-1.15	
Eu	-2.407	-0.429	
Gd	-2.397		
Tb	-2.391		
Dy	-2.353		
Ho	-2.319		
Er	-2.296		
Tm	-2.278		
Yb	-2.267	-1.21	
Lu	-2.255		

镧系金属密度随着原子序数增加，从 La（6.17 $g\cdot cm^{-3}$）到 Lu（9.84 $g\cdot cm^{-3}$）逐渐增大。但 Eu（5.26 $g\cdot cm^{-3}$）和 Yb（6.98 $g\cdot cm^{-3}$）的密度较小。其原因是它们的 4f 轨道为了保持半充满和全充满状态，形成金属键时电子云相互重叠较少，使得其半径突然增大。

镧系元素是非常活泼的金属，能与大部分非金属反应。燃点很低，如铈为 438 K，镨 563 K，钕 543 K，燃烧时放出大量的热。因此，可利用此性质制造民用打火石和军用引火合金。例如，含 Ce 50%，La 和 Nd 44%，含 Fe、Al、Ca、C、Si 等 6%的引火合金可用于制造子弹和炮弹的引信和点火装置。

镧系元素典型的化学反应见表 25-6。由表可见，镧系金属反应得到的产物为特征的+Ⅲ氧化态的化合物。由于 Ln^{3+} 离子半径大，所以化合物所生成的键主要是离子性的。除此以外，也可获得+Ⅱ和+Ⅳ氧化态的化合物，如 Ce^{4+} 和 Eu^{2+} 在水溶液中是稳定的。

表 25-6 镧系元素典型的化学反应

反应物	产物	反应条件
$X_2(=F_2\sim I_2)$	LnX_3	室温下反应慢,300 ℃以上燃烧
O_2	Ln_2O_3	室温下反应慢,150~180 ℃燃烧;Ce、Pr、Tb 生成 $LnO_x(x=1.5\sim2.0)$
O_2+H_2O	$Ln_2O_3\cdot xH_2O$	室温下轻稀土反应快;重稀土生成 Ln_2O_3,Eu 生成 $Eu(OH)_2\cdot H_2O$
S_3	Ln_2S_3(某些 Ln 还生成 LnS,LnS_2,Ln_3S_4)	在硫的沸点
N_2	LnN	1000 ℃以上
C	LnC_2,Ln_2C_3	高温
H_2	LnH_2,LnH_3	300 ℃以上反应快
H^+(稀 HCl,H_2SO_4,$HClO_4$,HAc 等)	$Ln^{3+}(+H_2)$	室温下反应快
H_2O	Ln_2O_3 或 $Ln_2O_3\cdot xH_2O(+H_2)$	室温下反应慢,较高温度时反应很快

25-1-3 镧系元素的重要化合物

一、氧化态为+Ⅲ的化合物

(1) 氧化物 镧系元素除 Ce、Pr 和 Tb 以外,其他元素所形成的稳定氧化物均为 Ln_2O_3。其制备方法是将氢氧化物、草酸盐、硝酸盐加热分解。Ce、Pr 和 Tb 的稳定氧化物为 CeO_2、Pr_6O_{11}和 Tb_4O_7,若将它们用 H_2 还原也可制得氧化态为+Ⅲ的氧化物。

Ln_2O_3 熔点高,难溶于水或碱性介质,但易溶于强酸,即使经过灼烧的 Ln_2O_3 也易溶于强酸。Ln_2O_3 与碱土金属氧化物性质相似,可以从空气中吸收 CO_2 形成碳酸盐,在水中发生水合作用形成水合物。与生成 Al_2O_3 一样,生成 Ln_2O_3 的反应都是强的放热反应。例如,La_2O_3、Sm_2O_3、Y_2O_3 的标准生成焓分别为-1793 kJ·mol^{-1}、-1810 kJ·mol^{-1}、-1905 kJ·mol^{-1},它们均比 Al_2O_3 的标准生成焓(-1678 kJ·mol^{-1})要小。因此镧系元素的这些金属是比铝更好的还原剂。

(2) 氢氧化物　在 Ln(Ⅲ)盐溶液中,加入 NaOH 溶液都可以得到 $Ln(OH)_3$ 沉淀。它们的碱强度近似于碱土金属的氢氧化物,但它们的溶解度比碱土金属氢氧化物小得多,即使在 NH_4Cl 存在下,往 Ln(Ⅲ)盐溶液中加入氨水也可以沉淀出 $Ln(OH)_3$。但在相同条件下,$Mg(OH)_2$ 不能产生沉淀。

$Ln(OH)_3$ 的碱性随着离子半径的递减而有规律地减弱。这是因为由 La^{3+} 到 Lu^{3+} 离子半径的减小,中心离子对 OH^- 的吸引力逐渐增强,氢氧化物的解离度逐渐减小的缘故。镧系元素氢氧化物开始沉淀的 pH 随其碱性减弱而减小(见表 25-7)。通过实验测定在不同条件下的溶解度,发现镧系金属离子的浓度与氢氧根之间不是简单的 1∶3 关系,这表明 $Ln(OH)_3$ 可能不是以 $Ln(OH)_3$ 单一的形式存在。因此它们的溶度积常数和其碱度只有相对的比较意义。

(3) 卤化物　镧系元素的氟化物 LnF_3 不溶于水,即使在含 3 mol·L^{-1} HNO_3 的 Ln(Ⅲ)盐溶液中加入氢氟酸或 F^-,也可得到氟化物的沉淀。这是镧系元素离子的特性检验方法。

表 25-7　$Ln(OH)_3$ 开始沉淀的 pH 和溶度积

Ln^{3+}	相对碱度	开始沉淀的 pH*	$Ln(OH)_3$ 的 K_{sp}(298 K)
La^{3+}	相对碱度减小 ↓	7.82	1.0×10^{-19}
Ce^{3+}		7.60	1.5×10^{-20}
Pr^{3+}		7.35	2.7×10^{-22}
Nd^{3+}		7.31	1.9×10^{-21}
Sm^{3+}		6.92	6.8×10^{-22}
Eu^{3+}		6.91	3.4×10^{-22}
Gd^{3+}		6.84	2.1×10^{-22}
Tb^{3+}		—	2.0×10^{-22}
Dy^{3+}		—	1.4×10^{-22}
Ho^{3+}		—	5.0×10^{-23}
Er^{3+}		6.76	1.3×10^{-23}
Tm^{3+}		6.40	3.3×10^{-24}
Yb^{3+}		6.30	2.9×10^{-24}
Lu^{3+}		6.30	2.5×10^{-24}

* 在 298 K,硝酸体系中,用电位滴定法测定,以 0.1 mol·L^{-1} NaOH 溶液滴定 40 mL 0.1 mol·L^{-1} Ln^{3+} 溶液。

氯化物易溶于水,在水溶液中结晶出水合物。在水溶液中,La～Nd 常结晶出七水合氯化物,而 Nd～Lu(包括 Y)常结晶出六水合氯化物。无水氯化物不易通过加热水合物得到,因为加热时发生水解反应生成氯氧化物 LnOCl。制备无水氯化物最好是将氧化物在 $COCl_2$ 或 CCl_4 蒸气中加热。也可加热氧化物与 NH_4Cl 而制得：

$$Ln_2O_3+3COCl_2 \longrightarrow 2LnCl_3+3CO_2\uparrow$$

$$Ln_2O_3+6NH_4Cl \xrightarrow{300\ ℃} 2LnCl_3+3H_2O+6NH_3\uparrow$$

无水氯化物均为高熔点固体，易潮解，易溶于水，溶于醇，熔融状态的电导率高，说明它们主要为离子性化合物。

La、Ce、Pr、Nd、Sm、Gd 的水合氯化物在加热到 55~90 ℃时开始脱水：

$$LnCl_3\cdot nH_2O \longrightarrow LnCl_3+nH_2O$$

脱水的同时，发生水解反应：

$$LnCl_3+H_2O \longrightarrow LnOCl+2HCl$$

在 330~340 ℃，脱水完毕。在 445~680 ℃，除 $CeCl_3$ 外，其他镧系元素的氯化物的完全水解产物均为 LnOCl。$CeCl_3$ 在 550 ℃时水解的最后产物不是 CeOCl，而是 CeO_2。Ln^{3+}的碱度越小，越容易发生水解生成 LnOCl。碱度大的水合氯化物脱水后形成几乎是纯的无水盐。当 Ln^{3+} 的碱度降低时，脱水后形成的无水盐 $LnCl_3$ 中所含的 LnOCl 量也在逐渐增加。

溴化物和碘化物与氯化物相似。

（4）硫酸盐　将镧系元素的氧化物或氢氧化物溶于硫酸中生成硫酸盐。常见的是水合硫酸盐，除硫酸铈为九水合物外，其余的由溶液中结晶出的都是八水合物 $Ln_2(SO_4)_3\cdot 8H_2O$。无水硫酸盐可从水合物加热脱水而制得。

水合硫酸盐在 155~260 ℃脱水得到无水硫酸盐：

$$Ln_2(SO_4)_3\cdot nH_2O \longrightarrow Ln_2(SO_4)_3+nH_2O$$

无水硫酸盐在 855~946 ℃分解为碱式硫酸盐：

$$Ln_2(SO_4)_3 \longrightarrow Ln_2O_2SO_4+2SO_2\uparrow+O_2\uparrow$$

碱式硫酸盐在 1090~1250 ℃分解为氧化物：

$$Ln_2O_2SO_4 \longrightarrow Ln_2O_3+SO_2\uparrow+\frac{1}{2}O_2\uparrow$$

碱式盐的稳定性随 Ln^{3+}离子半径减小而下降，Yb、Lu 的碱式盐极不稳定，因此可认为 Yb、Lu 的水合硫酸盐加热时的最终产物是氧化物。

镧系元素的无水硫酸盐和水合硫酸盐都溶于水，它们的溶解度随着温度升高而减小。它们和碱金属硫酸盐反应生成很多硫酸复盐：

$$x\mathrm{Ln_2(SO_4)_3} + y\mathrm{M_2SO_4} + z\mathrm{H_2O} \longrightarrow x\mathrm{Ln_2(SO_4)_3} \cdot y\mathrm{M_2SO_4} \cdot z\mathrm{H_2O}$$

式中，M 为 K^+、Na^+、NH_4^+；x、y、z 的数值随反应条件不同而不同，通常为 1,1,2 或 1,1,4，如 $Ln_2(SO_4)_3 \cdot Na_2SO_4 \cdot 2H_2O$。利用此性质可把镧系元素分离。

（5）草酸盐 镧系元素生成的草酸盐 $Ln_2(C_2O_4)_3 \cdot H_2O$ 是最重要镧系盐类之一，其反应式为

$$2\mathrm{LnCl_3} + 3\mathrm{H_2C_2O_4} + n\mathrm{H_2O} \longrightarrow \mathrm{Ln_2(C_2O_4)_3} \cdot n\mathrm{H_2O} + 6\mathrm{HCl}$$

由于草酸盐在酸性溶液中的难溶性，镧系元素离子能以草酸盐形式析出而同其他许多金属离子分离开来，所以用质量法测定镧系元素和用各种方法使镧系元素分离时，总是使之先转化为草酸盐，经过灼烧后得氧化物。

草酸盐沉淀的性质决定于生成时的条件。在硝酸溶液中，若主要离子是 $HC_2O_4^-$、NH_4^+，则得到复盐 $NH_4Ln(C_2O_4)_2 \cdot nH_2O$（$n=1$ 或 3）。在中性溶液中，用草酸铵作沉淀剂，则在镧系元素中铕以前的元素生成正草酸盐，钇和铕后面的元素生成的是草酸盐的混合物。用 0.1 $mol \cdot L^{-1}$ $(NH_4)_2C_2O_4$ 溶液洗复盐可得到正草酸盐。

灼烧草酸盐，当温度为 40～60 ℃时水合草酸盐开始脱水，经过中间水合物的形式，得到碱式碳酸盐，最后在 360～800 ℃得到氧化物。除 CeO_2、PrO_x（$1.5<x<2$），以及 Tb_4O_7 外，其余均为 Ln_2O_3。

二、氧化态为+Ⅳ和+Ⅱ的化合物

铈、镨、钕、铽、镝都可以形成氧化态为+Ⅳ的化合物，只有 Ce^{4+} 化合物在水溶液中和固体中是稳定的。

氧化态为+Ⅳ的铈的化合物有二氧化铈 CeO_2、水合二氧化铈 $CeO_2 \cdot nH_2O$ 和氟化物 CeF_4。CeO_2 为白色，不与强酸或强碱作用，当有还原剂如 H_2O_2、Sn(Ⅱ)存在时，可溶于酸并得到 Ce(Ⅲ)溶液。在 Ce(Ⅳ)盐溶液中加入氢氧化钠，便析出胶状黄色沉淀水合二氧化铈 $CeO_2 \cdot nH_2O$，它可重新溶于酸中。在 Ce(Ⅳ)盐溶液中加入盐酸生成 $CeCl_3$，并放出氯气。

一般 Ce(Ⅳ)盐不如 Ce(Ⅲ)盐稳定，在水溶液中易水解，以致 Ce(Ⅳ)盐在稀释时往往析出碱式盐。常见的铈盐有硫酸铈 $Ce(SO_4)_2 \cdot 2H_2O$ 和硝酸铈 $Ce(NO_3)_4 \cdot 3H_2O$。其中以硫酸铈最稳定，在酸性溶液中是一个强氧化剂，是定量分析中铈量法的试剂，Ce^{4+}/Ce^{3+} 电对的标准电极电势值较高，而且因介质而异。

$$Ce^{4+} + e^- \longrightarrow Ce^{3+} \quad \varphi^\ominus = +1.70(1\ mol \cdot L^{-1}\ HClO_4)$$
$$= +1.61(1\ mol \cdot L^{-1}\ HNO_3)$$
$$= +1.44(1\ mol \cdot L^{-1}\ H_2SO_4)$$

Sm、Eu、Yb 可形成二价离子，其中以 Eu^{2+} 较为稳定。由表 25-8 中的标准电极电势可以看出，Yb^{2+} 和 Sm^{2+} 是强还原剂，它们的溶液能很快被水氧化。Yb^{2+} 和 Sm^{2+} 盐的水合物能被本身的结晶水所氧化。但 $EuCl_2 \cdot 2H_2O$ 和其他Eu(Ⅱ)盐对水是稳定的。

表 25-8 Ln^{2+} 的性质

离子	颜色	$\varphi^\ominus$/V $Ln^{3+} + e^- \longrightarrow Ln^{2+}$	离子半径/pm
Sm^{2+}	血红色	-1.55	111
Eu^{2+}	无　色	-0.429	109
Yb^{2+}	黄　色	-1.21	93

25-2 稀土元素

稀土元素是指元素周期表中镧系元素含镧在内的 15 种元素和ⅢB 族中的钪(Sc)和钇(Y)共 17 种元素。由于这一系列的元素最初是以氧化物的形式从相当稀少的矿物中发现的，所以将它们称为“稀土”。事实上，稀土元素储量并不稀少，如铈在地壳中的丰度略低于铜，钇、钕、镧的丰度都比铅高；另外，稀土元素也不是指土性的氧化物，而是一类金属，只是由于这些金属在自然界中分布很分散，提取和分离又比较困难，所以“稀土”名称一直沿用至今。

25-2-1 稀土元素的分布、矿源及分组

从 1794 年芬兰化学家加多林(J.Gadolin)发现第一个稀土元素钇(Y)到 1947 年美国化学家马林斯基(J.A.Marinsky)等人从 ^{235}U 的裂变产物中最后确定了 61 号元素钷(Pm)，才确认 17 种稀土元素均存在于自然界中。

由于稀土元素性质很相似，所以它们常共生于同种矿物中。按照它们在自然界中存在的形态，主要有三种类型的矿源：

(1) 稀土元素共生构成独立的稀土元素矿物，如独居石就是一种含 Ce、La

和 Th 的混合磷酸盐;氟碳铈镧矿是一种含 Ce 和 La 的氟碳酸盐($M^{III}CO_3F$)。

(2) 以类质同晶的形式分散在方解石、磷灰石等矿物中。

(3) 呈吸附状态存在于黏土矿、云母矿等矿物中,如铈硅石$(Ce, Y, Pr, \cdots)_2Si_2O_7 \cdot H_2O$、褐帘石等。

我国的稀土资源极其丰富,矿藏遍布十多个省(自治区)。据报道,我国稀土储量达 3700 万吨,居世界之首。

根据稀土元素性质的递变情况将稀土元素分组有以下几种情况:

(1) 从原子的电子层构型以及它们相对原子质量的大小把稀土元素分成两组:铕以前的镧系元素叫作轻稀土元素或称铈组元素;铕以后的镧系元素加上钇叫作重稀土元素或称钇组元素。有人认为钇的相对原子质量比镧系元素轻,不宜称为“重”,所以分为铈组稀土和钇组稀土较为合适。

(2) 按照稀土元素硫酸盐溶液与 Na_2SO_4 等生成的稀土元素硫酸复盐在水溶液中的溶解度可把稀土元素分为三组:镧到钐的硫酸复盐难溶,称为铈组;铕到镝的硫酸复盐微溶,称为铽组;钇及钬到镥的硫酸复盐易溶,称为钇组。也有人把铽组称为中稀土元素。

25-2-2 稀土元素的分离

含稀土元素的各种矿物中,除了稀土元素共生外,往往还伴生着大量的非稀土元素。因此稀土元素的分离,首先将稀土元素与非稀土元素分离;然后从混合稀土元素中分离提取单一的稀土元素。稀土元素的分离、提取的方法很多,如分级结晶法、分级沉淀法、离子交换法、反相色谱法、溶剂萃取法、液膜萃取法、反相萃取色谱法和氧化还原法等。其中离子交换法、反相色谱法和溶剂萃取法均可实现连续自动地进行多次分配的单元操作,收率较高。下面重点介绍氧化还原法、离子交换法和溶剂萃取法。

一、氧化还原法

氧化还原法是依据被分离元素价态的差异实现分离的。例如,有些稀土元素可以氧化为+Ⅳ氧化态或还原为+Ⅱ氧化态,发生氧化或还原后的离子明显不同于其他+Ⅲ氧化态的稀土离子。这种方法对分离 Ce^{4+}、Eu^{2+}、Yb^{2+}、Sm^{2+}等可变价稀土元素效果好,产品纯度和收率都比较高,是目前生产中应用得较广的方法之一。

1. 铈的氧化分离法

铈是稀土元素中最易氧化成+Ⅳ氧化态的,铈的氧化分离就是利用+Ⅳ氧化态铈的碱性远比+Ⅲ氧化态的稀土金属离子的碱性弱,因而易生成氢氧化物沉淀,并从+Ⅲ氧化态的稀土元素中分离出来。在混合稀土元素溶液中用气体氧化剂如空气(氧气)、F_2、Cl_2 或试剂氧化剂如 $KMnO_4$、$(NH_4)_2S_2O_8$、$KBrO_3$、$NaBiO_3$ 等,将氧化态为+Ⅲ的铈氧化为+Ⅳ的铈:

$$2Ce(OH)_3+\frac{1}{2}O_2+H_2O \longrightarrow 2Ce(OH)_4$$

用氨水调节 pH 在 5~6,以 H_2O_2 使铈完全氧化沉淀出 $Ce(OH)_4$,可使溶液中的铈完全分离。所得滤液可作为分离其他稀土元素的原料。

当用 $KMnO_4$ 或$(NH_4)_2S_2O_8$ 氧化时的反应如下:

$$5Ce_2(SO_4)_3+2KMnO_4+8H_2SO_4 \longrightarrow 10Ce(SO_4)_2+K_2SO_4+2MnSO_4+8H_2O$$

$$Ce_2(SO_4)_3+(NH_4)_2S_2O_8 \longrightarrow 2Ce(SO_4)_2+(NH_4)_2SO_4$$

氧化后可用水解沉淀法使 Ce^{4+} 分离。因为 Ce^{4+} 易于水解,其氢氧化物开始沉淀的 pH 接近 Th^{4+} 而低于其他三价稀土。在硫酸介质中,Ce^{4+} 在 pH 为 2.6 左右沉淀,而其他三价稀土在 pH>6 才沉淀。因此可用水解和调节 pH 的方法使 Ce^{4+} 先沉淀析出,达到与其他稀土分离的目的。

2. 钐、镱、铕的还原分离法

钐、镱、铕的还原分离法是利用钐、镱、铕在水溶液中从氧化态为+Ⅲ还原为+Ⅱ后与+Ⅲ氧化态稀土元素在性质上的差异,将+Ⅱ氧化态的钐、镱、铕与其他+Ⅲ氧化态稀土元素进行分离。常用金属还原法(如 Zn 粉、Mg 粉以及 Na、Li 等作还原剂)、汞齐还原法(如锌汞齐、钠汞齐)以及电解还原法。

使用锌粉还原-碱度法还原铕是在稀土氯化物溶液中先加入锌粉,使 Eu^{3+} 还原成 Eu^{2+},而其他三价稀土元素不被还原:

$$2EuCl_3+Zn \longrightarrow 2EuCl_2+ZnCl_2$$

再加氨水和 NH_4Cl,可使 $EuCl_2$ 稳定在溶液中,而其他三价稀土元素则以氢氧化物沉淀下来,达到与铕分离的目的。加入 NH_4Cl 的目的是使 Eu^{2+} 生成配合物,减少 Eu^{2+} 的损失:

$$Eu(OH)_2+2NH_4Cl \longrightarrow [Eu(NH_3)_2(H_2O)_2]Cl_2$$

此法可从含 $Eu_2O_3>5\%$ 的原料中经一次操作获得纯度大于 99.9% 的氧化铕。原料中的 Eu_2O_3 的含量越高,Eu_2O_3 的收率越高。

Eu^{2+} 在酸性介质中可被空气氧化。当利用过滤法使 $EuCl_2$ 溶液与其他三价稀土元素氢氧化物分离时,可用煤油或二甲苯作保护层试剂,使 $EuCl_2$ 溶液与空气中的氧隔开。

因为稀土元素中的 Eu、Yb 和 Sm 在磺基水杨酸配位剂的溶液中可被钠汞齐还原而进入汞齐相,其他三价稀土元素无此性质,然后调节还原时水相的 pH,可先还原 Eu,后还原 Sm,可使 Eu 和 Sm 分离,只需一次分离可分别获得纯度>99%的 Eu 和 Sm。

二、离子交换法

应用于稀土元素分离过程的离子交换树脂,一般是强酸性阳离子交换树脂,树脂活性基团上的可交换离子(如 H^+、Na^+)与水相中稀土离子进行离子交换。例如,在磺酸基聚苯乙烯强酸性阳离子树脂上可以进行以下交换过程:

$$Ln^{3+}(aq) + 3HO_3SR\ (s) \rightleftharpoons Ln(O_3SR)_3(s) + 3H^+(aq)$$

对于镧系元素来说,离子半径随原子序数增大而减小。离子半径越小,Ln^{3+} 周围吸引的水分子越多,水合半径越大,因此树脂对 Ln^{3+} 的亲和力随原子序数增大而减小,因此 Ln^{3+} 在树脂上的吸附次序是从 La^{3+} 到 Lu^{3+} 逐渐减弱。

Ln^{3+} 置换 H^+ 后被吸附在离子交换树脂上,然后使用某种配位剂如 Na_2EDTA 作淋洗剂冲洗交换柱。这些配位剂在淋洗过程中能与 Ln^{3+} 生成配合物而进入溶液,形成配合物后会降低液相中 Ln^{3+} 的浓度,致使上述平衡向左移动。交换柱上端的被吸附的 Ln^{3+} 将随淋洗剂而进入溶液,但 Ln^{3+} 随着淋洗剂流下时又会遇到新的交换树脂而被吸附,使得上述平衡向右移动。这样,随着淋洗剂由上而下流动,吸附和解析过程交换进行,总的效果相当于 Ln^{3+} 在交换柱上从上而下移动。由于 Ln-EDTA 的稳定性是从 La^{3+} 到 Lu^{3+} 逐渐增加的,因此最先淋洗下来的是 Lu^{3+},最后淋洗下来的是 La^{3+}(见图 25-5 和图 25-6)。

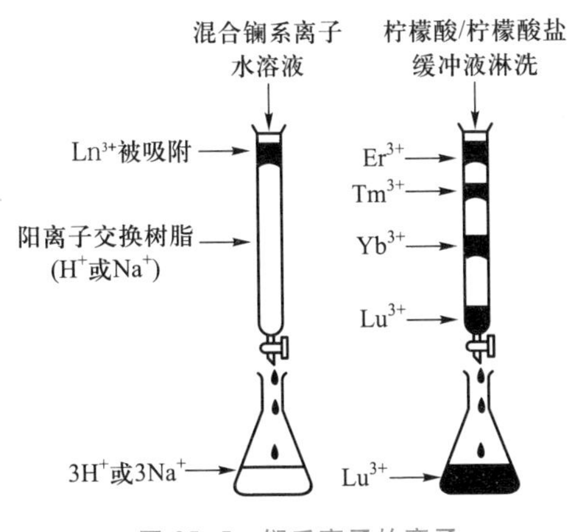

图 25-5 镧系离子的离子交换色谱分离图

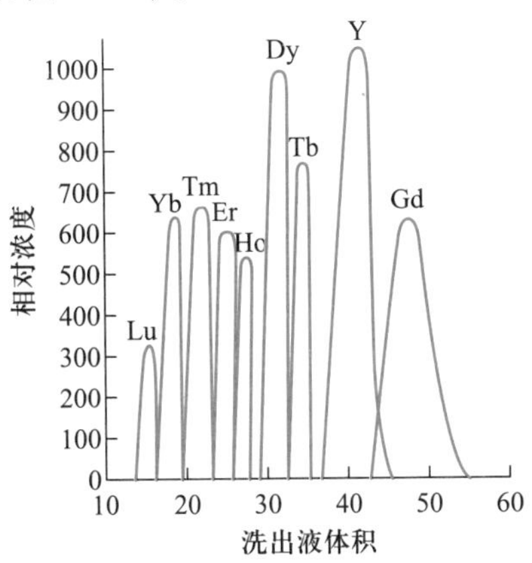

图 25-6 镧系离子从树脂上的洗脱次序

三、溶剂萃取法

溶剂萃取法是稀土元素分离的重要手段,利用不同稀土离子的配合物在有机相和水相中分配系数的不同,可将稀土离子萃取分离出来。

萃取剂必须具备以下两个特点:(1) 它至少有一个萃取功能团,通过这一功能团与金属离子结合成萃合物;(2) 为了使萃取剂本身或萃合物易溶于有机相而难溶于水相,它必须具有相当长的碳氢链或苯环。根据萃取剂的组成和结构特征,可将萃取剂分为以下四大类:(1) 含磷萃取剂,如磷酸三丁酯、三辛基氧化膦、二(2-乙基己基)磷酸酯(HDEHP,P_{204})、2-乙基己基磷酸单(2-乙基己基)酯(P507);(2) 碳氧萃取剂,如甲基异丁酮、叔碳酸和环烷酸;(3) 含氮萃取剂,如氯化甲基三烷基铵盐(N263)、7-烷基-8-羟基喹啉(Kelex-100);(4) 含硫萃取剂,如二丁基亚砜、石油亚砜。

根据萃取过程中金属离子对萃取剂的结合及形成的萃合物的性质和种类的不同,可将稀土离子的溶剂萃取体系分为四种主要的体系,即中性配位萃取体系、酸性螯合萃取体系、离子缔合萃取体系和协同萃取体系。

从独居石或氟碳铈镧矿得到的Ce^{4+}的硫酸和硝酸混合溶液,可采用萃取剂P_{204}分离出铈。HDEHP中的氢离子在萃取时可与水相中的稀土阳离子进行交换,生成萃合物$Ln[H(DEHP)_2]$进入有机相,交换析出的H^+进入水相,只需一级萃取即可获得纯度>99%,收率>90%的CeO_2。目前工业上还用HDEHP成功地分离出La、Ce、Pr、Nd、Sm、Gd等铈组稀土元素。

总之,稀土元素的分离方法很多,如可利用钇在稀土元素中的位置变化得以分离;利用镧没有4f电子,其性质不同于具有4f电子的其他稀土离子得以分离。但就目前生产情况看,经常采用几种方法相互配合达到分离稀土元素的目的,可参考如下分离图。

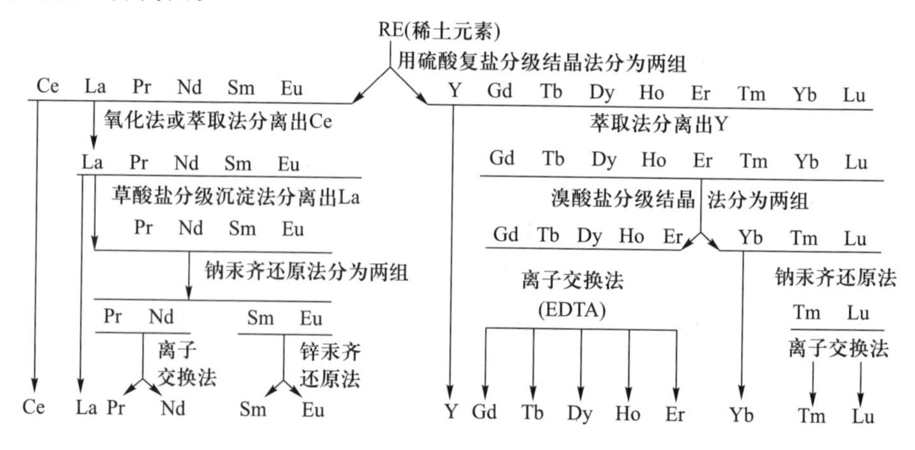

25-2-3 稀土金属配合物

稀土金属由于其特征的 4f 组态显示出与 d 区过渡金属在配合物方面很多不同的性质，虽然配合物的数目和种类不如 d 区过渡金属，但随着稀土金属配合物化学的发展，稀土金属配合物的数目和种类有着明显的增长。除与特征的配位氧原子所形成的氧配合物以外，目前已合成出一系列含 C、N 和 π 键的有机和无机配合物以及一系列金属有机配合物；从结构、种类来看，不仅有单齿、双齿配合物，还有一些大环配合物、多核配合物、原子簇配合物以及与生物有关的配合物。

一、含氧配体的稀土金属配合物

稀土金属配合物的特征配位原子是氧，可与很多含氧配体如羧酸、β-二酮、含氧的磷类萃取剂等生成配合物。

前面提到过的磷类萃取剂 HDEHP(P_{204})，其结构式为

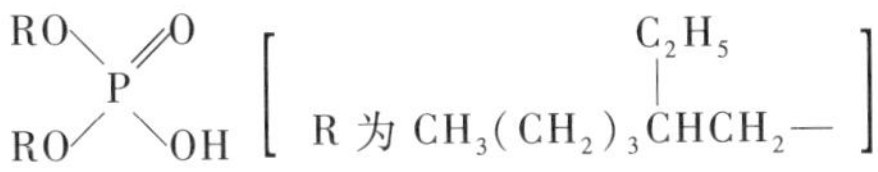

$$(RO)_2P(=O)OH \quad \left[R\ 为\ CH_3(CH_2)_3CH(C_2H_5)CH_2- \right]$$

HDEHP 是弱酸，在苯和煤油等溶剂中，常以二聚体形式存在：

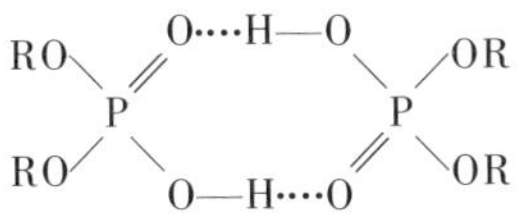

在萃取过程中，HDEHP 和稀土离子形成配位数为 6 的配合物，它是电中性的螯合物，其反应式可表示为

$$6(HDEHP)(有机)+RE^{3+}(aq) \rightleftharpoons RE[H(DEHP)_2]_3(有机)+3H^+(aq)$$

$RE[H(DEHP)_2]_3$ 的结构如下：

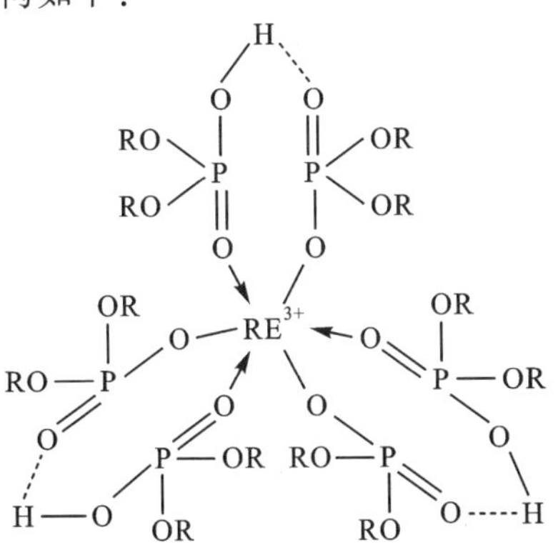

二、含氮配体的配合物

稀土金属与氮的亲和力小于氧，因此很难制得单纯含氮的稀土金属配合物。利用具有适当极性的非水溶剂作为介质，可合成一系列含氮的配合物。例如，稀土元素与1,10-邻菲啰啉(phen)，2,2′-联吡啶(dipy)和酞菁(pc)等形成的配合物，如八配位的[Ln(phen)$_4$](ClO_4)$_3$、十配位的[La(bipy)$_2$(NO_3)$_3$]等。

三、稀土金属与同时含N和O原子配体生成的配合物

氨基酸是一种含N和O配位原子的多齿配体，如甘氨酸NH_2CH_2COOH、α-丙氨酸$CH_3CH(NH_2)COOH$等。无论是对亲氧的还是亲氮的金属离子都能较好地配位，如稀土金属离子与α-氨基酸形成五原子螯环配合物与β-氨基酸形成六原子螯环配合物。

广泛应用于离子交换分离与分析的EDTA(乙二胺四乙酸)是一类氨羧配位剂，常用于稀土金属分离和分析的配位滴定；二乙基三胺五乙酸(DTPA)除用于稀土元素离子交换分离外，在医用上还可作为人体内排除放射性元素的配位剂和核磁成像造影剂中的配位剂等。

四、稀土金属与大环配体生成的配合物

大环配体是一类种类繁多的配体。除只含氧原子的冠醚外，还含有硫、氮、磷、硅等杂原子的；除了不含或只含芳环或全氢环的以外，还有含呋喃环、吡啶环、噻吩环的；除了只含醚键的以外，还有含酯基、酰脂基、亚氨基、肟基等官能团的；除了单、双环的以外，还有三环的球穴醚等。

这类配体的高选择性和所形成配合物的高稳定性及各种特殊的性质广泛用在元素分离、分析、有机合成、仿生化学等学科领域，并产生了巨大的影响，日渐受到高度重视。

例如，冠状配体$18C_6$代表具有6个杂原子(此化合物中的杂原子指氧原子)的18元环(DOTA)，DOTA与三价稀土金属配合物在水中的稳定常数$\lg K_1 = 28 \sim 29$(25 ℃)，是已知配合物中最稳定的。因此Gd-DOTA(Dotarem，多它灵)可作为对人体安全的核磁成像造影剂。又如，穴状配体(2,2,1)与Gd形成的配合物可用作^{15}N、^{89}Y、^{111}Cd和^{183}W在水中测量核磁共振时的弛豫试剂；与Eu^{3+}和Tb^{3+}形成的配合物具有强的荧光和长的激发态寿命，可用作荧光探针和抗体的荧光分析；并应用于稀土金属的色谱法及萃取法分离。

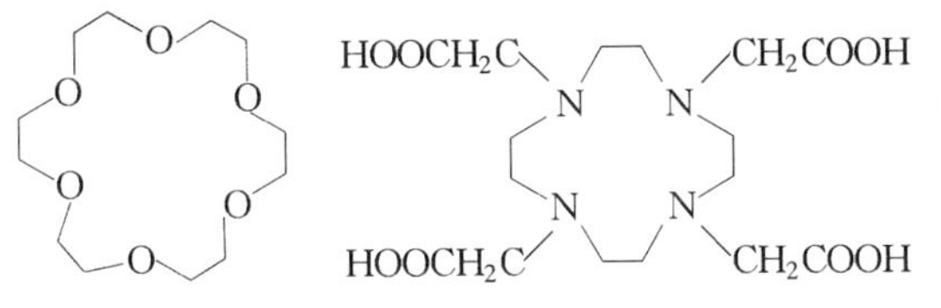

冠状配体 $18C_6$(DOTA)结构式　　　　穴状配体(2,2,1)结构式

五、稀土金属与碳 σ 键金属有机配合物

稀土金属有机配合物的研究是目前非常活跃的领域。因为这些配合物成功地用作烯烃均相聚合的催化剂,如环辛二烯基钕配合物 $Nd(C_8H_{11})Cl_2 \cdot 3THF$ 与不同烷基铝组成的催化体系催化丁二烯聚合,得到产率为 98% 的顺聚丁二烯。还可用于合成聚丁橡胶等。这类配合物的合成方法有:

(1) 稀土金属在液氨中直接反应,如稀土金属与环戊二烯的配合物的合成:

$$6C_5H_6 + 2RE \xrightarrow{\text{液氨}} 2(C_5H_5)_3RE + 3H_2$$

(2) 稀土金属无水卤化物与配体的金属衍生物(RM)反应:

$$3RM + REX_3 \xrightarrow[\text{或 } C_6H_6]{THF} R_3RE + 3MX$$

式中,M=Li,Na,K;R 为 $C_5H_5^-$;THF 为四氢呋喃。

稀土金属配合物是金属有机化学目前研究的主要内容之一。多种多样结构的金属有机化合物的合成,丰富了结构化学的内容。稀土金属具有相当高的正电性、大的离子半径,有比 d 区过渡金属元素更高的配位数(最高配位数可达到 12),同时,由于它有 16 个外层轨道,填满需 32 个电子,稀土金属有机化合物不遵循 18 电子规则,有其自身的特点,这些都显示了稀土金属有机化学丰富的研究内容。

25-2-4 稀土元素及其化合物的应用

稀土元素由于具有许多优良的物理性质和化学性质而得到广泛的应用,目前已成为发展现代尖端科学技术不可缺少的特殊材料。

一、在石油化工中的应用

稀土元素在石油化工领域中的应用是制备分子筛型石油裂化的催化剂。因为稀土元素原子的 4f 轨道只有微弱的成键能力,可使反应物分子活化而易转变成产物分子,同时产物分子又较容易脱离催化剂,所以稀土元素的催化性能优良。在催化原油的裂化过程中,能催化许多其他有机反应。例如,催化烯烃氢化

生成烷烃;醇和丁烷的去氢过程以及催化形成聚酯的反应等。稀土元素分子筛型石油裂化催化剂活性强,选择性高,热稳定性好,可使原油出油率提高 10%~20%。利用已除掉铈的混合稀土元素的环烷酸盐溶于汽油作催化剂,成功地合成了异戊橡胶和顺丁橡胶。

二、在冶金工业上的应用

在冶金工业中,由于稀土元素对氧、硫和其他非金属有强亲和力,用于炼钢中能净化钢液,起到脱氧和脱硫作用,减少有害元素对钢材质量的影响。由于稀土金属原子半径比铁的大得多,在钢液冷却过程中,它可填补在钢的晶粒断相表面缺陷处,阻止晶粒继续长大,从而使钢的晶粒细化,提高钢的致密程度,改善钢的性能。少量混合稀土元素加到铸铁中,能使钢中碳粒发生石墨球化作用,可制得延展性、机械性能、耐磨、耐腐蚀性能提高的球墨铸铁,实现以铁代钢,节省钢材。在有色金属中,稀土元素可以改善合金的高温抗氧化性,提高材料的强度,改善材料的工艺性能。

三、在玻璃、陶瓷工业中的应用

长期以来稀土元素就用于玻璃、陶瓷工业中,不同纯度的 CeO_2 或混合稀土氧化物广泛用作玻璃的抛光剂,用于镜面、平板玻璃、电视显像管等的抛光。它具有用量少、抛光时间短等优点。稀土元素可使玻璃具有特种性能和颜色。例如,含有 La_2O_3 的玻璃具有很高的折射率和很低的散射率;含纯氧化钕的玻璃呈鲜红色,用于航行的仪表中;含纯氧化镨的玻璃是绿色的,并能随光源不同而有不同的颜色;加有镨和钕的玻璃可用于制造焊接工和玻璃工用的防护镜,因为这种玻璃能吸收强烈的钠黄光;往氧化锆中加入 3%的氧化镨,可制得漂亮的镨黄陶瓷;组成为 ZrF_4 60%、BaF_2 34%、LaF_3 6%的氟玻璃可透过紫外至中红外的光,波长范围 2~5 μm 的光透过率很高,折射率很低,化学稳定性高,可耐水和酸的腐蚀。1.5 μm 的光在稀土掺杂氟锆酸盐玻璃中的传输损失小于硅酸盐玻璃,可用作洲际或大洋间通信的光学纤维,这是稀土元素优良的光学性质的作用。

四、稀土发光材料

稀土元素的特殊原子结构导致它们具有优异的发光特性,用于制造发光材料、电光源材料和激光材料。

当含有稀土元素的物质受阴极射线作用时激发而发光,称为稀土元素阴极射线发光材料。例如,彩色电视显像管的红色荧光粉就是钇、铕的硫氧化物 $Y_2O_2S:Eu$。其发光机理是阴极射线使基质 Y_2O_2S 激发,被激发的基质将能量传递给基态的 Eu^{3+},并使其跃迁到各种不同的激发态,产生各种不同相对强度的线状荧光,综合起来显示红光,从而可获得均匀、鲜艳的彩色电视图像。

含稀土元素离子的物质受外来光线激发而发光，称之为光致发光材料。例如，电视台、宾馆等照明使用的高级三基色灯中的三基色荧光粉就是含有稀土金属离子的物质。其中蓝色荧光粉是 $(Ba, Eu)Mg_2Al_{16}O_{27}$，绿色荧光粉是 $(Ce, Tb)MgAl_{11}O_{19}$，红色荧光粉是 $Y_2O_3:Eu$。这种三基色灯光色优异而且节约用电。又如，静电复印机的光源灯用粉也是含有稀土金属离子的物质。例如，$(Ba, 2K)Al_{12}O_{19}:(Eu, Mn)$；$SrAl_{12}O_{19}:(Ce, Mn)$ 和 $(La, Ba, Ce)Al_{7\sim11}O_{19}:Mn$。

含稀土金属离子的物质受 X 射线激发而发光，称之为 X 射线发光材料。先将含稀土元素物质制成发光板，当受到 X 射线照射时就会发出可见光。稀土元素 X 射线发光材料广泛用于医疗和工业探伤。例如，现已用于对人体进行断层透视的 CT，作为 CT 探测器的荧光体就是含稀土金属离子，用加热等静压法制成的烧结陶瓷：一种是 $(Y, Gd)_2O_3:Eu$，一种是 $Gd_2O_2S:(Pr, Ce, F)$。这些稀土荧光体在光的发射上具有转换收率高，光输出高，光谱匹配好，发光衰减快，余辉短等优点；在光学方面具有透过率高和散射低等性能，可延长 X 射线的使用寿命，提高动态脏器拍照的清晰度和诊断水平。近年来又发现了一些新的含稀土元素的荧光体，利用这类材料可制成计算机化的 X 射线成像系统，用于医疗诊断、无损的产品质量监控和安全保卫的检查工作中。

稀土卤化物是制备新型电光源的重要材料，能大大提高发光效率，如镝钬灯、钠钪灯等具有体积小、质量轻、亮度高等特点。如掺有 Yb^{3+}、Er^{3+} 的 YF_3，掺有 Yb^{3+}、Tm^{3+} 的 GdF_3 等材料用在军事方面，这些材料能在夜间将红外线转换为可见光，有利探清目标、方位等。

稀土元素 Pr、Nd、Sm、Eu、Tb、Dy、Ho、Er、Tm、Yb 等还可作为激光材料的基体或激活物质。如掺钕激光玻璃，掺钕钇铝石榴石单晶（$Y_3Al_5O_{12}:Nd$）等，这类材料具有亮度高、方向性好、相干性好等优点，已广泛用于激光雷达、全息摄影、医疗、微型加工等方面。

五、稀土磁材料

稀土金属具有较高的磁矩和优良的磁学性质，它们与过渡金属的合金可作为磁性材料。$SmCo_5$ 和 $SmCo_{17}$ 是较好的第一代永磁材料；稀土过渡金属磁体，如 LnM_5、Ln_2M_{17}（M 代表过渡金属）等是第二代永磁材料；始于 1983 年的稀土金属间化合物作为第三代新型稀土永磁材料，如 $Nd_2Fe_{14}Bo$ 是一个蓬勃发展的研究领域。近年来还发现了反铁磁性与超导性并存的稀土化合物，如 $REMo_6X_8$、$RERh_4B_4$（RE = Nd, Sm）。新型永磁材料 $RE(Fe_{12-x}M_x)N_y$ 和 $RE(Fe_{17-x}M_x)N_y$ 具有较高的居里温度，这就有可能利用稀土的磁致伸缩特性制成军用的声呐；利用磁泡制成高存储密度的磁记录材料。还可用于雷达、电动机、精密仪器等。

六、在其他领域中的应用

稀土金属在核工业中用于反应堆的结构材料和控制材料,如钆、铕、钐用作反应堆的控制棒及防护层的中子吸收体等。

稀土金属合金氢化物如 $LaNi_5H_x$、$La_2Mg_{17}H_x$、$La_2Ni_5Mg_{15}H_x$ 等是良好的储氢材料。这些物质能可逆地吸收和释放 H_2。例如,$LaNi_5H_7$,含氢达 1.37%,储氢密度比液态氢的密度高,可作为新能源的储氢材料,它们还可用在氢的净化装置中。

稀土元素作为微量元素用于农业。例如,稀土元素的硝酸盐等化合物可作为微量元素肥料施用于农作物,起到生物化学酶或辅助酶的生物功效作用。施用后,可使小麦、水稻、棉花、玉米、高粱、油菜增产 10%,使红薯、大豆增产 5%。稀土元素还可用于农药,还可制作猪、鸡、牛、羊等饲料添加剂,促进动、植物的生长。但稀土元素作为微量元素肥料只能促进对常用肥料的吸收,并不能代替常用的氮、磷、钾肥。

在医药方面,有些稀土元素化合物可供药用,如氯化铈和氯化钠配成的膏剂对治疗皮肤病有良好的效果,稀土元素同位素还可用于放射治疗和示踪治疗。例如,β 放射性核素 ^{153}Sm 等作为体内治疗用放射性药物,利用放射性药物在脏器中的选择富集与放射性核素的辐射效应来抑制和破坏病变组织的放射性治疗已在肿瘤治疗中成为有效的重要手段。这些放射性药物在肝癌、结肠癌、白血病、骨癌等严重疾病的治疗中取得可喜进展。

在纺织工业中,轻稀土元素的氯化物或醋酸盐处理纺织品可提高其耐水性,而且使织物具有防腐、防蛀、防酸的性能。

有些稀土化合物还可用作皮革的着色剂或媒染剂。La、Ce、Nd 的一些化合物可用作油漆的干燥剂,提高油漆的耐蚀性等。

总之,稀土元素及其化合物有许多与众不同的光、电、磁和化学特性,在国民经济的许多领域里有着奇特和重要的应用。我国有得天独厚的稀土资源,随着科学技术的发展,我国化学工作者必将研究和开发出稀土元素及其化合物的更多新用途。

25-3 锕系元素

锕系元素又称 5f 过渡系,它是在元素周期表中锕(Ac)到铹(Lr)共 15 种元素,它们都具有放射性。1789 年,德国化学家克拉普罗特(M.H.Klaproth)从沥青铀矿中发现铀,它是被人们认识的第一个锕系元素。其后陆续发现锕、钍和镤。铀以后的元素都是在 1940 年以后用人工核反应合成的。

25-3-1 锕系元素的通性

一、电子构型

锕系元素由于具有放射性、原子核的不稳定性,经历较长时间才确定基态价电子结构,目前公认的最可能的价电子构型列于表 25-9 中。由表可知,锕系元素的价电子构型与镧系元素相似。这是由于锕系元素的电子填充在 5f 电子层上,具有 $5f^{0\sim14}6d^{0\sim2}7s^2$ 的构型特征。它们的主要区别是 5f 轨道的能量以及在空间的伸展范围都比 4f 轨道大,因而使得 5f 与 6d 轨道能量更接近,但 4f 与 5d 轨道能量相差较大。这有利于 f 电子从 5f 向 6d 轨道的跃迁,有利于 f 电子参与成键。从而使得锕系元素中,从 Th 到 Np 具有强烈保持 d 电子的倾向,而 Np 以后的元素的价电子层构型与镧系元素十分相似。

表 25-9 锕系元素价电子构型

原子序数	符号	元素	价电子构型	原子序数	符号	元素	价电子构型
89	Ac	锕	$6d^17s^2$	97	Bk	锫	$5f^97s^2$
90	Th	钍	$6d^27s^2$	98	Cf	锎	$5f^{10}7s^2$
91	Pa	镤	$5f^26d^17s^2$	99	Es	锿	$5f^{11}7s^2$
92	U	铀	$5f^36d^17s^2$	100	Fm	镄	$5f^{12}7s^2$
93	Np	镎	$5f^46d^17s^2$	101	Md	钔	$5f^{13}7s^2$
94	Pu	钚	$5f^67s^2$	102	No	锘	$5f^{14}7s^2$
95	Am	镅	$5f^77s^2$	103	Lr	铹	$5f^{14}6d^17s^2$
96	Cm	锔	$5f^76d^17s^2$				

二、氧化态

由表 25-10 可知,锕系元素中 Th~Bk 存在多种氧化态; Bk 之后的元素,其稳定氧化态是 +Ⅲ。这与镧系元素特征氧化态 +Ⅲ 相似。原因是 5f 电子容易参加成键,以致可以给出 7s、6d 和 5f 电子,从而呈现高氧化态。Bk 之后的元素出现低氧化态,说明它们使用 5f 电子成键越来越困难。

表25-10 锕系元素的氧化态*

Ac	Th	Pa	U	Np	Pu	Am	Cm	Bk	Cf	Es	Fm	Md	No	Lr
						(+Ⅱ)			(+Ⅱ)	(+Ⅱ)	(+Ⅱ)	(+Ⅱ)	(+Ⅱ)	
+Ⅲ	(+Ⅲ)	+Ⅲ	+Ⅲ	+Ⅲ	+Ⅲ	+Ⅲ	+Ⅲ	+Ⅲ	+Ⅲ	+Ⅲ	+Ⅲ	+Ⅲ	+Ⅲ	+Ⅲ
	+Ⅳ	+Ⅳ	+Ⅳ	+Ⅳ	+Ⅳ	+Ⅳ	+Ⅳ	+Ⅳ						
		+Ⅴ	+Ⅴ	+Ⅴ	+Ⅴ	+Ⅴ								
			+Ⅵ	+Ⅵ	+Ⅵ	+Ⅵ								
				+Ⅶ	+Ⅶ									

*划黑短线的数字表示最稳定的氧化态;(　)表示只存在固体中。

三、原子半径和离子半径

锕系元素的原子半径和离子半径列在表25-11中。由于5f电子与4f电子一样,屏蔽能力较差,所以从Ac到Lr原子半径和离子半径随有效核电荷逐渐增加而减小,这种现象称为锕系收缩。锕系收缩类似于镧系收缩,但锕系收缩一般比镧系收缩得大一些,而前面的几种元素Ac、Th、Pa和U尤为显著。

表25-11 锕系元素的原子半径和离子半径　　单位:pm

元素	$r(M^0)$	$r(M^{2+})$	$r(M^{3+})$	$r(M^{4+})$	$r(M^{5+})$	$r(M^{6+})$
Ac	189.8		111			
Th	179.8		108	99		
Pa	164.2		105	96	90	83
U	154.2		103	93	89	82
Np	150.3		101	92	88	81
Pu	152.3		100	90	87	80
Am	173.0		99	89	86	
Cm	174.3		98.6	88		
Bk	170.4		98.1	87		
Cf	169.4		97.6			
Es	169		97			
Fm	194		97			
Md	194		96			
No	194	113	95			
Lr	171	112	94			

四、离子颜色

在表 25-12 中除 Ac^{3+}、Cm^{3+}、Th^{4+}、Pa^{4+} 和 PaO_2^+ 为无色外，其余离子都是显色的。锕系和镧系水合离子颜色的变化规律类似，$Ce^{3+}(4f^1)$ 和 $Pa^{4+}(5f^1)$，$Gd^{3+}(4f^7)$ 和 $Cm^{3+}(5f^7)$，$La^{3+}(4f^0)$ 和 $Ac^{3+}(5f^0)$ 都是无色的。$Np^{3+}(4f^3)$ 和 $U^{3+}(5f^3)$ 显浅红色。

表 25-12　An^{n+} 在水溶液中的颜色

元素	An^{3+}	An^{4+}	AnO_2^+	AnO_2^{2+}
Ac	无　色	—	—	—
Th	—	无　色	—	—
Pa	—	无　色	无　色	—
U	粉　红	绿	—	黄
Np	紫	黄　绿	绿	粉　红
Pu	深　蓝	黄　褐	红　紫	橙
Am	粉　红	粉　红	黄	棕
Cm	无　色			

25-3-2　锕系金属

一、存在与分布

锕系元素中只有钍和铀在自然界中存在矿物，在地壳中钍的丰度为 0.0013%，与硼的丰度相当；铀的丰度为 $2.5\times10^{-4}\%$，比锡的丰度还高。钍的分布广泛，但蕴藏量非常少，唯一有商业用途的是独居石。自然界中存在最重要的铀矿是沥青铀矿（主要成分是 U_3O_8）。

二、锕系金属的制备与用途

锕系元素放射性强，半衰期很短，一般不易制得金属单质。目前制得的只有 Ac、Th、Pa、U、Np、Am、Cm、Bk、Cf，其余金属均未制得。

从独居石制金属钍按下列步骤制取：

$$\text{独居石}\xrightarrow{\text{浓碱液}}\text{镧和钍的氢氧化物}\xrightarrow{\text{酸溶后，磷酸三丁酯萃取，分离}}ThO_2$$

$$\xrightarrow[600\ ^\circ C]{HF(g)}ThF_4\xrightarrow{Ca}Th$$

金属铀也可利用类似于制钍的方法,由沥青铀矿经酸溶或碱溶后,由溶剂萃取或离子交换法得到氧化物,再用 Ca 或 Mg 还原制得。Th 和 U 都可以利用 Li、Mg、Ca 或 Ba 在 1097~1397 ℃ 下还原无水氟化物或氧化物制得。例如:

$$ThF_4 + 2Ca \longrightarrow Th + 2CaF_2$$

$$UF_4 + 2Ca \longrightarrow U + 2CaF_2$$

三、锕系金属的性质

锕系金属外观像银,具有银白色光泽,都是有放射性的金属,在暗处遇到荧光物质能发光。与镧系金属相比,熔点稍高,密度稍大,而且金属结构的变体多,这可能是锕系金属导带中的电子数目可以变动的原因。锕系元素也是活泼金属,它们在空气中迅速变暗,生成一种氧化膜,其中钍的氧化膜有保护性。锕系金属可与大多数非金属反应,特别是在加热时易进行;与酸反应;与碱不作用;与沸水或水蒸气反应,在金属表面生成氧化物,还放出 H_2。由于锕系金属容易与 H_2 反应生成氢化物,所以它们与水能迅速反应。

25-3-3 钍及其化合物

钍的特征氧化态是 +Ⅳ,在水溶液中,Th^{4+} 溶液为无色,能稳定存在,能形成各种无水的和水合的盐。重要化合物有氧化钍和硝酸钍等。

(1) 二氧化钍和水合二氧化钍　使粉末状钍在氧气中燃烧或将氢氧化钍、硝酸钍、草酸钍灼烧,都生成二氧化钍(ThO_2)。ThO_2 是所有氧化物中熔点最高的(3387 ℃),为白色粉末,和硼砂共熔可得晶体状态的 ThO_2。强灼热过的或晶形的 ThO_2 几乎不溶于酸,但在 527 ℃灼热草酸钍所得 ThO_2 很松散,在稀盐酸中似能溶解,实际上形成溶胶。

ThO_2 有广泛的应用。在人造石油工业中,即由水煤气合成汽油时,通常使用含 8% ThO_2 的氧化钴作催化剂。它又是制造钨丝时的添加剂,约 1% ThO_2 就能使钨成为稳定的小晶粒,并增加抗震强度。

在钍盐溶液中加碱或氨水,生成 ThO_2 水合物,为白色凝胶状沉淀,它在空气中强烈吸收 CO_2。易溶于酸,不溶于碱,但溶于碱金属的碳酸盐中形成配合物。加热脱水时,在 257~347 ℃,有 $Th(OH)_4$ 稳定存在,在 470 ℃转化为 ThO_2。

(2) 硝酸钍　是制备其他钍盐的原料。最重要的硝酸盐为 $Th(NO_3)_4 \cdot 5H_2O$,它易溶于水、醇、酮和酯中。在硝酸钍的水溶液中加入不同试剂,可析出不同沉淀,最重要的沉淀有氢氧化物、过氧化物、氟化物、碘酸盐、草酸盐和磷酸盐。后四种盐即使在 $6mol \cdot L^{-1}$ 强酸性溶液中也不溶,因此可用于分离钍和其他有相同性质的三价和四价阳离子。

Th^{4+}在 pH 大于 3 时发生强烈水解，形成的产物是配离子，随溶液的 pH、浓度和阴离子的性质不同，形成配离子的组成不同。在高氯酸溶液中，主要离子为 $Th(OH)^{3+}$、$Th(OH)_2^{2+}$、$Th_2(OH)_2^{6+}$、$Th_4(OH)_8^{8+}$，最后产物为六聚物 $Th_6(OH)_{15}^{9+}$。

25-3-4 铀及其化合物

铀是一种活泼金属，与很多元素可以直接化合。在空气中表面很快变黄，接着变成黑色氧化膜，但此膜不能保护金属。粉末状铀在空气中可以自燃。铀易溶于盐酸和硝酸，但在硫酸、磷酸和氢氟酸中溶解较慢。它不与碱作用。主要化合物有铀的氧化物、硝酸铀酰、六氟化铀等。

（1）氧化物　主要氧化物有 UO_2（暗棕色）、U_3O_8（暗绿）和 UO_3（橙黄色）。

$$2UO_2(NO_3)_2 \xrightarrow{327\ ℃} 2UO_3 + 4NO_2\uparrow + O_2\uparrow$$

$$3UO_3 \xrightarrow{727\ ℃} U_3O_8 + \frac{1}{2}O_2\uparrow$$

$$UO_3 + CO \xrightarrow{350\ ℃} UO_2 + CO_2\uparrow$$

UO_3具有两性，溶于酸生成铀氧基 UO_2^{2+}，溶于碱生成重铀酸根 $U_2O_7^{2-}$。U_3O_8不溶于水，溶于酸生成相应的 UO_2^{2+} 的盐，UO_2 缓慢溶于盐酸和硫酸中，生成铀(Ⅳ)盐，但硝酸容易把它氧化成硝酸铀酰 $UO_2(NO_3)_2$。

（2）硝酸铀酰（或硝酸铀氧基）　由溶液中析出的是六水合硝酸铀酰晶体 $UO_2(NO_3)_2\cdot 6H_2O$，带有黄绿色荧光，在潮湿空气中变潮。它易溶于水、醇和醚，$UO_2{}^{2+}$在溶液中水解，其反应是复杂的，可看成 H_2O 失去 H^+之后，发生 OH^-桥的聚合而得到水解产物为 UO_2OH^+、$(UO_2)_2(OH)_2^{2+}$ 和 $(UO_2)_3(OH)_5^+$。硝酸铀酰与碱金属硝酸盐生成 $M^INO_3\cdot UO_2(NO_3)_2$复盐。

在硝酸铀酰溶液中加碱（NaOH），可析出黄色的重铀酸钠 $Na_2U_2O_7\cdot 6H_2O$。将此盐加热脱水，得无水盐，叫“铀黄”，用在玻璃及陶瓷釉中作为黄色颜料。

（3）UF_6　铀的氟化物很多，有 UF_3、UF_4、UF_5、UF_6，其中 UF_6最重要。UF_6可以从低价氟化物氟化而制得。它是无色晶体，熔点 64 ℃，在干燥空气中稳定，但遇水蒸气即水解：

$$UF_6 + 2H_2O \longrightarrow UO_2F_2 + 4HF$$

六氟化铀具有挥发性，利用$^{238}UF_6$ 和$^{235}UF_6$ 蒸气扩散速率的差别，使^{238}U 和^{235}U分离，而得到纯^{235}U 核燃料。

习 题

25-1 解释下列名词概念：

(1) 什么叫镧系元素？锕系元素？内过渡元素？

(2) 什么叫镧系收缩？锕系收缩？

25-2 镧系元素和锕系元素在价电子构型上有什么相似之处？在氧化态上有何差异？原因何在？

25-3 解释下列问题：

(1) 为什么镧系元素的特征氧化态是 +Ⅲ？

(2) 钍、镤、铀为什么出现多种氧化态？

(3) 钍、镤、铀的主要氧化态为 +Ⅳ、+Ⅴ、+Ⅵ，为什么不把它们分别归入第四、五、六副族中？

25-4 写出由独居石制备钍的主要反应方程式。

25-5 写出从沥青铀矿制备铀的主要反应方程式。

25-6 举例说明锕系元素与镧系元素以及与 d 区过渡元素的相似之处。

25-7 完成下列反应方程式：

(1) $Th \rightleftharpoons ThO_2 \longrightarrow Th(NO_3)_4 \longrightarrow Th(C_2O_4)_4^{4-}$；$ThO_2 \longrightarrow ThF_4 \longrightarrow Th$；$ThO_2 \longrightarrow ThCl_4$

(2) $UO_2(NO_3)_2 \rightleftharpoons UO_3 \longrightarrow UO_2 \longrightarrow UF_4 \longrightarrow UF_6 \longrightarrow UO_2F_2$；$UO_2(NO_3)_2 \longrightarrow Na_2U_2O_7$；$UF_4 \longrightarrow U$

25-8 哪些锕系元素是自然界中存在的？哪些是人工合成的？

第六篇

无机化学选论

第26章 无机合成化学简介

内容提要

1. 简要介绍无机合成研究的内容、实验方法、分离技术、物质的表征方法及“三废”的治理；

2. 简要介绍常规物质，包括单质、卤化物、硫化物、氮化物、碳化物、氧化物、盐类等的制备方法；

3. 介绍特种条件下的合成方法，重点介绍高温合成、低温合成、真空合成、水热合成、高压合成、光化学合成、等离子体合成等；

4. 简要介绍从矿石制取纯化合物的过程及工艺流程。

26-1 绪　论

26-1-1 无机合成研究的内容

无机合成也称无机制备，它是无机化学的重要分支之一，研究的内容包括所有单质及化合物的制备原理、方法及实验技术。

现代无机合成的内容，随着特种合成实验技术及理论化学等的发展和实际应用方面的不断需求，已从常规的经典合成走向大量特种实验技术与方法下的合成，并且发展到开始研究特定结构和特殊性能无机材料的定向设计合成。它需要结合结构化学、热力学、动力学等基本化学原理的运用，需要对合成化学的反应规律、特点深入了解，因而涉及的面很广，与其他学科的关系也日益密切，本章仅做简单的介绍。

26-1-2 无机合成中的实验方法、分离技术及物质的表征方法

制备常规物质所采取的实验方法一般有以下几种：水溶液中合成、非水溶剂合成、气相合成、惰性气氛中合成、高温合成、低温合成等。随着理论研究的深入及实际应用的需要，合成具有特殊结构、特殊聚集态（如膜、超微粒、非晶态等）、特殊性能的无机化合物及无机材料成为研究的热点。因此，现代合成技术，要求了解和掌握高温和低温合成技术、高压和超高压合成技术、高压水热合成技术、放电和光化学合成技术、电氧化还原合成技术、无氧无水实验技术等。

进行无机合成，除需选择适宜的合成方法外还要掌握分离提纯物质的技术。传统的分离提纯物质的方法：重结晶法、蒸馏法、升华法、萃取法、色谱法等。现代又发展了一系列特殊分离方法，如低温分馏、低温分级蒸发和冷凝、低温吸附分离、高温区域熔融、特殊的色谱分离、电化学分离、渗析、扩散分离等。遇到特殊的分离问题，需采取特殊设计的分离方法。

表征所合成物质的技术：离子电导率、熔点、相对分子质量、X 射线衍射（XRD）、磁化率（MS）、红外光谱（IR）、紫外-可见光谱（UV-Vis）、旋光色散和圆二色性（ORD and CD）、核磁共振（NMR）、质谱（MS）、电子顺磁共振（ESR）、穆斯堡尔（Mössbauer）能谱、光电子能谱（PES）等。当对某些特殊结构与性能的无机材料进行表征时，有时还要进行低能电子衍射（LEED）、俄歇电子能谱（AES）、低速离子散射光谱（ISS）、高分辨电子显微镜（HREMS）、固体魔角自旋核磁共振（MAS-NMR）等测定。因此，设计合适及巧妙的结构检测和研究方法是近代无机合成不可缺少的重要方面。

26-1-3 对“三废”的治理

目前化工污染的防治主要采取如下方法：

(1) 控制污染源　通过改变工艺路线和生产方法减少污染或改进设备和操作条件控制污染或淘汰有毒产品。

(2) 采用封闭循环工艺和综合利用　封闭循环工艺可将排放物质经过处理后，重新送回循环系统，再利用。也可将某反应的“三废”收集处理后，用于其他反应的原料或找到其他用途。

(3) 对“三废”进行处理　根据性质不同，对“三废”采取不同的处理方法。对废气中的悬浮物及有害气体的处理方法：对废气中固、液颗粒，一般采取机械

除尘、过滤除尘、静电除尘、洗涤除尘等;对于有害气体,还常采用化学吸收法、固体吸附法(包括分子筛、硅胶、活性炭、离子交换树脂等作为吸附剂吸附)、催化转化法等。

治理废水方法很多,主要可分为四类:物理法、化学法、物理化学法、生物法。物理法主要根据污水中污染物相对密度不同,采用重力分离、过滤、浮选等方法处理;化学法一般有中和法、化学沉淀法、氧化还原法等;物理化学法通常有吸附、离子交换、膜分离、萃取等;生物法是利用微生物的作用来处理污水。

对于废渣,可以根据成分含量,考虑适宜的处理方法,如可作为其他反应的原料,用来提取贵重元素,制砖、铺路、作助熔剂等。

26-2 常规制备物质的典型方法

在常规无机合成中制备物质的典型方法:用 H_2 还原、金属热还原法、电解法制备金属、合金及非金属;利用单质间的直接反应如卤化、硫化、氮化、碳化等,物质的热分解,在水溶液中制备盐等方法来制备化合物。

26-2-1 制备金属和非金属单质

一、用 H_2 还原氧化物

多价金属氧化物的还原是分段进行的。处于高价的氧化物在还原过程中,先形成低价氧化物,增加 H_2 的浓度,再由低价氧化物还原到金属。因此用 H_2 还原氧化物制备金属或非金属的可能性取决于最低价态氧化物的稳定性。氧化物的还原反应一般在 473~673 K 开始,如果还原温度超过 873~923 K,反应需在管式电炉中进行。

二、金属热还原反应

由熔融状态下氧化物和金属之间进行反应来制备金属称为金属热还原反应。

钙、镁、铝等都可以作还原剂,但铝是最常用的还原剂。铝热法还原 Cr_2O_3、Nb_2O_5、Ta_2O_5、SiO_2、TiO_2、ZrO_2、B_2O_3 等氧化物时放出的热量不足以使反应产物超过它们的熔点,如果向其中加入一定量易被还原的氧化物,则反应较易进行。例如,加入 Fe_2O_3:

$$Cr_2O_3+Fe_2O_3+4Al \longrightarrow 2Cr+2Fe+2Al_2O_3$$

形成合金沉积在坩埚底部。

还可以用粉末状金属混合物及金属和硅的混合物作还原剂。例如：

$$4Cr_2O_3+3Mg+6Al \longrightarrow 8Cr+3Mg(AlO_2)_2$$

虽然铝酸镁的熔点(2408 K)比氧化铝高，但由于金属混合物还原剂比 Al 单独作还原剂放出热量大，因而对于 Al 不能直接还原的 Cr_2O_3，使用 Al 和 Mg 或 Al 和 Ca 的混合物则可以还原。

三、电解法

活泼金属一般可以由熔融态化合物直接电解制备。例如，熔盐电解：

$$2NaCl \xrightarrow{电解} 2Na+Cl_2\uparrow$$

$$BeCl_2 \xrightarrow{电解} Be+Cl_2\uparrow$$

有的金属可由氧化物电解得到。例如：

$$2Al_2O_3 \xrightarrow{Na_3AlF_6,1300\ K} 4Al+3O_2\uparrow$$

有的金属可由配合物电解制备。例如：

$$K_2ZrF_6+4NaCl \xrightarrow{电解} Zr+4NaF+2KF+2Cl_2\uparrow$$

饱和食盐水电解制 Cl_2、H_2 是熟知的制备非金属单质的方法之一：

$$2NaCl+2H_2O \xrightarrow{电解} Cl_2\uparrow+H_2\uparrow+2NaOH$$

26-2-2 制备卤化物

一、金属、非金属及其氧化物的氯化反应

1. 金属、非金属的直接氯化

氯化反应一般需在加热条件下进行，反应放出大量热。许多反应物如 S、Se、Zn、Cd、Al 等会熔化，因此反应器需水平放置，防止熔化的物质流出。

氯化时根据反应物和产物的性质来选用不同的装置。制备低沸点的氯化物如 S_2Cl_2、$SnCl_4$等，反应器要连接冷凝器(见图 26-1)，氯化物的蒸气凝聚在冷凝器中并流入盛接器中；制备易升华的氯化物如 $FeCl_3$、$AlCl_3$、$CdCl_3$、$ZnCl_2$等，可在陶瓷或石英燃烧管中进行。温度由热电偶控制，制得的氯化物由氯气流带入盛接器中，盛接器以冷却剂混合物来冷却，见图 26-2。非挥发性氯化物可直接在电炉中反应得到。为防止停止通氯气时湿空气进入反应管,在体系中接装有 $CaCl_2$的 U 形管。

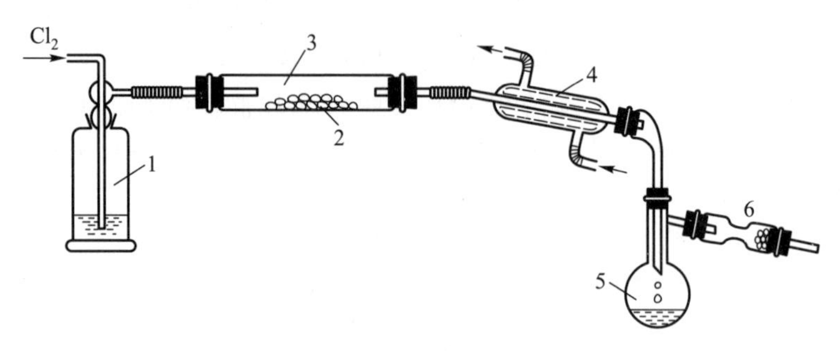

图 26-1 制备低沸点的氯化物

1—盛有浓硫酸的计泡器;2—被氯化的物质;3—普通的玻璃管;4—冷凝器;
5—盛接器;6—装氯化钙的管子

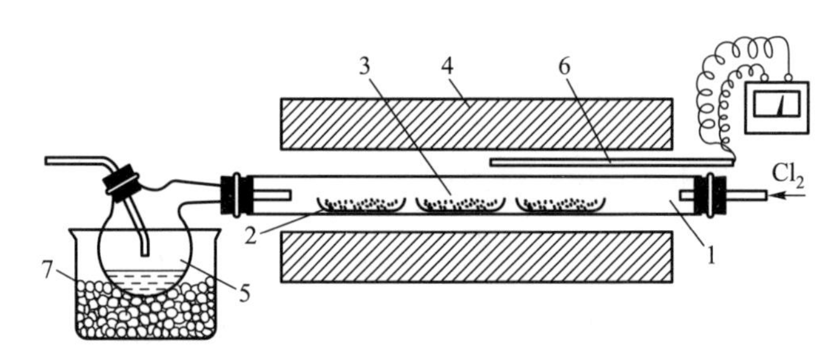

图 26-2 制备大量易升华的氯化物

1—陶瓷或石英反应管;2—瓷舟皿;3—被氯化物质;4—电炉;
5—氯化物的盛接器;6—热电偶;7—冷却剂混合物

用干燥的 HCl 气体氯化金属和非金属比使用 Cl_2 反应温和。由于反应中伴随 H_2 析出,例如:

$$Fe + 2HCl \longrightarrow FeCl_2 + H_2$$

因此制得的氯化物通常是低氧化态的。该方法用于制备 $CrCl_2$、$FeCl_2$、$SnCl_2$、$SbCl_3$等很方便。

2. 氧化物的氯化反应

某氧化物 M_mO_n与氯气的反应达平衡时,可由下列通式表示:

$$2M_mO_n + xCl_2 \longrightarrow 2M_mCl_x + nO_2$$

碱金属和碱土金属的氧化物在 Cl_2 作用下很易转变成氯化物,高温气体中

有大量的 O_2 和少量的 Cl_2。B_2O_3、SiO_2、BeO、Al_2O_3、TiO_2 等氧化物难以氯化，需加入耗氧剂才有利于平衡向生成氯化物方向移动。最方便使用的耗氧剂是碳。碳在反应中被氧化成 CO，与过量 Cl_2 作用进一步生成光气（$COCl_2$）。碳与其他耗氧剂比较，不仅氧化生成的气体易从反应区域中逸出，而且碳本身不易被氯化，不污染产物。

CCl_4 也是常用的氯化剂。例如：

$$SiO_2 + 2CCl_4 \longrightarrow SiCl_4 + 2COCl_2$$

$$Cr_2O_3 + 3CCl_4 \longrightarrow 2CrCl_3 + 3COCl_2$$

光气有毒，因此在用 CCl_4 作氯化剂时，废气必须进行处理。

二、金属、非金属及其氧化物的溴化反应

1. 金属与非金属单质的直接溴化

实验室的溴化方法一般分两类：一类是依靠 Br_2 的自然扩散，把 Br_2 引向反应物。这种溴化反应是在熔封的安瓿瓶中进行的，适宜制备那些不易挥发的溴化物如 $CdBr_2$、$CrBr_3$ 等。另外一类是利用气体载体 N_2、H_2、CO_2 等把 Br_2 引向反应物，见图 26-3。利用 H_2、He、CO_2 等作为 Br_2 蒸气的载气时，制得的溴化物可以用升华法来纯化。当载气中存在 O_2 或水蒸气等杂质时溴化作用减慢，这是由于在反应物表面形成氧化膜。V、Ta、W、Mo 等金属生成挥发性氧代溴化物，玷污制得的溴化物，因此需纯化作为载体的气体。N_2 和 H_2 的混合物作为 Br_2 的载气很易由氨水制得，把氨水溶液在烧瓶中预热，放出的 NH_3 通入加热到 973～1273 K 的装有细铁丝的管子中，在该温度下，NH_3 分解成 N_2 和 H_2，不需专门纯化，适用于制备大量溴化物。CO_2 作为溴化的载气，仅适用于制备不易被氧化的金属或非金属的溴化物。

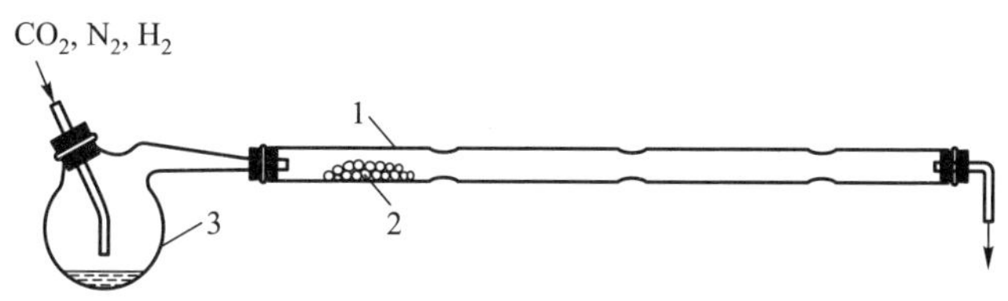

图 26-3 利用气体载体的溴化装置

1—四段式管子；2—被溴化的物质；3—Br_2

2. 氧化物的溴化反应

氧化物的溴化反应可用下列平衡表示：

$$2MO + 2Br_2 \longrightarrow 2MBr_2 + O_2$$

大多数情况下平衡向生成氧化物方向移动。为使平衡向生成溴化物方向移

动,需要加入碳来夺取氧。碳与稳定氧化物(如 Be、Mg、Al、Si、Ti、V 的氧化物)反应,形成 CO:

$$BeO + C + Br_2 \longrightarrow BeBr_2 + CO$$

与不稳定氧化物(如 Cu、Pb 等)反应,形成 CO_2:

$$2CuO + C + 2Br_2 \longrightarrow 2CuBr_2 + CO_2$$

金属、非金属及其氧化物的碘化方法类似于溴化方法,不再赘述。

26-2-3 制备硫化物和硒化物

一、金属、非金属直接作用

在熔封的安瓿瓶中,金属与非金属直接相互作用制备硫化物或硒化物。在制备时需考虑以下几点:① 反应物或产物与安瓿瓶材料相互作用的可能性;② 放出的热量;③ 制备物质的熔点。例如,碱金属、碱土金属等生成硫化物时放出大量热,反应剧烈,以致玻璃制安瓿瓶将被破坏,不能用这种方法制备。铁分族、铬分族、钒分族、钛分族、镓分族及铜、银、锰等元素的硫化物、硒化物可以采用这种方法制备。这种方法也可以制备碱金属的多硫化物。

二、硫化氢、硒化氢与盐溶液作用

硫化氢和它的同类物与盐的水溶液相互作用,是制备硫化物、硒化物和碲化物的最普遍方法之一。

H_2S 通入盐溶液中制得硫化物沉淀真空抽滤,为防止发生氧化作用如 NiS 水洗下生成 Ni(OH)S 等,要用 N_2 饱和的水洗涤沉淀(见图 26-4)。

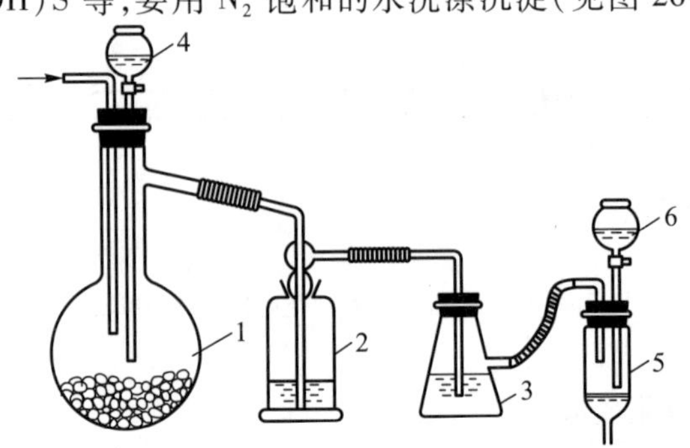

图 26-4 制备硫化物和硒化物以及在惰性气氛中进行过滤

1—盛 Al_2S_3 或 Al_2Se_3 的烧瓶;2—盛水的洗瓶;3—盛盐溶液的锥形瓶;4—盛水的漏斗;5—过滤沉淀的漏斗;6—用于洗涤的漏斗

26-2-4 制备氮化物

一、单质与 N_2或 NH_3直接作用

NH_3比 N_2活泼,因此更适宜用来制备氮化物。用 NH_3 来制备氮化物可以在相对比较低的温度下反应。H_2 还原金属表面的氧化膜,金属和制得的纯净氮化物混在一起。在蒸馏烧瓶中,逐渐加热氯化铵和碱石灰混合物可得到 NH_3。为除去痕量 O_2,将 NH_3 通过碱液及铜屑,并以固体碱块干燥。以 N_2制取氮化物,也必须先纯化 N_2除去痕量 O_2 和水蒸气。一般将 N_2 通过填满镁屑或钙屑的管子,并加热到 873 K,见图 26-5。

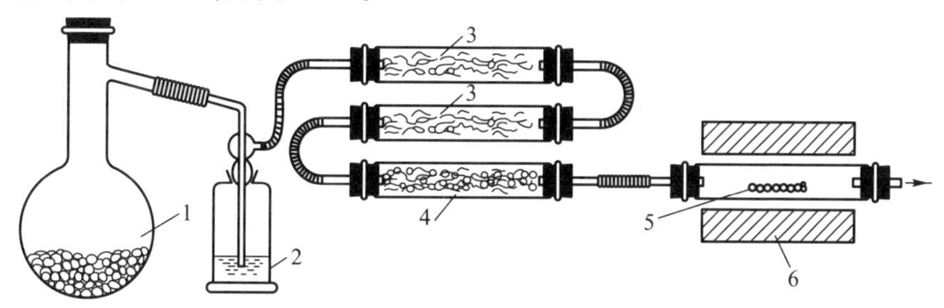

图 26-5 制备氮化物

1—制取氨的烧瓶;2—盛碱液的洗瓶;3—捕集氧的圆柱;
4—盛氢氧化钾的圆柱;5—盛金属的瓷舟皿;6—电炉

二、氧化物、氯化物与 NH_3 作用

金属氧化物和 NH_3 的反应分两段进行。首先,NH_3 先将氧化物还原成金属单质,然后金属与 NH_3 解离时产生的 N_2 化合,这些过程几乎是同时进行的,该方法仅适用于氧化物可用氢气还原的情况下。

当金属氧化物稳定,并且不能被 H_2还原时,可以采用氯化物与 NH_3 反应制备氮化物。当 NH_3 和氯化物一起燃烧时,首先还原到金属,然后金属与 NH_3 热解离时所形成的 N_2 化合:

$$CrCl_3 + NH_3 \longrightarrow CrN + 3HCl$$

26-2-5 制备碳化物

一、金属、非金属直接与碳作用

金属、非金属直接碳化,反应速率主要取决于反应物的粉碎程度,因为它们的相互作用依赖于物质的相互扩散,因此金属和非金属应是细粉状的。将相应

化学计量的碳和金属混合压实、放置在陶瓷或石英制燃烧管中,并在氩气、氮气或真空中煅烧,需 2~3 h 结束。为了匀化,需将产品在惰性气氛中冷却、粉碎、用酒精或甘油洗涤后压片重新煅烧。反应也可在电弧炉中进行。

二、甲烷与金属、氧化物、氯化物作用

甲烷在高温下是强还原剂,析出的碳很活泼,易与各种金属与非金属化合。甲烷在金属表面可被金属催化分解,反应可在陶瓷、石英或石墨制的燃烧管中进行。

由氧化物制备碳化物是分步完成的,首先用 H_2 还原金属氧化物得到金属,然后用碳渗透金属。

当用氯化物与甲烷作用制备碳化物时,由于大多数氯化物易挥发,因此反应要从较低温度开始并逐渐升高温度,根据排气管中是否产生 HCl 可以知道反应是否结束。

26-2-6 热分解法制备氧化物

一、空气中热分解

碳酸盐、硝酸盐、氢氧化物等都采取空气中热分解来制备氧化物。例如:

$$CaCO_3 \longrightarrow CaO + CO_2$$

碳酸盐的分解速率取决于 O_2和 N_2在其分解产物中的扩散过程。因此如果在分解时逸出的气体压力小于大气压,则小颗粒物质将比块状物质分解得更快。如果把碳酸盐磨碎成粉末状,形成很厚的层,则分解作用急剧延缓。在坩埚中,用热分解法可以制备许多氧化物。

二、惰性气氛中热分解

为了将物质分解产生的气体及时移走,分解过程可在 N_2气氛中进行。分解温度高于 873 K 时,反应可在管式炉中进行,低于此温度可在玻璃管中进行。把反应物放入管中加热到必需的温度,通入惰性气体把物质分解时生成的气体从反应区域带走,根据排出气体如 CO_2的消失判断反应是否结束。通入惰性气体可降低反应温度,如 $BaCO_3$分解反应需在 1673~1773 K 下进行,而在 N_2或 H_2气流中 1473 K 下分解反应就能顺利进行。

26-2-7 水合晶体的脱水

一、卤化物水合晶体的脱水

由水合卤化物制备无水卤化物常常是困难的,因为水合卤化物脱水时会发生水解作用。例如：

$$CuCl_2 + H_2O \longrightarrow Cu(OH)Cl + HCl$$

因此脱水时首先要将水合晶体研成粉末，然后在盛有浓 H_2SO_4或 P_2O_5的干燥器中干燥，使其表面残留水脱去。再放入管中，加热下通入干燥的卤素单质、卤化氢或卤素与氮气或氮的氧化物的混合物的弱气流，然后再通入干燥的 N_2或 CO_2，加热 5～10 min 将吸附的卤素或卤化氢带走。

二、含氧酸盐水合晶体的脱水

热稳定性强的碱金属、碱土金属含氧酸盐可直接用加热法脱水，重金属含氧酸盐脱水时易分解形成碱式盐。

脱水作用一般可采取下列方法：

(1) 将盐制成细粉状在浓硫酸中加热干燥；

(2) 在相应氧化物的蒸气中加热盐类；

(3) 将盐长时间保存在无水有机溶剂如丙酮中，采用 P_2O_5等来干燥溶剂。

26-2-8 水溶液中制备盐

一、金属、氧化物、碳酸盐与酸作用

用酸与金属、氧化物、碳酸盐相互作用是制备盐的最普通方法。制备时，常取比计算量少 3%～5% 的酸以使少部分反应物残留而不溶解。滤液经纯化后析出结晶。

二、交换反应制备盐

当所需制备的物质在水中溶解度小时，该方法很有效。析出的沉淀在过滤器上用水洗涤并干燥。

26-3 特种条件下的合成方法

26-3-1 高温合成

目前，合成新型的高温材料要求达到的温度越来越高。获得高温的方法：各种高温电阻炉，加热温度可达 1273～3273 K；聚焦炉，温度在 4000～6000 K；闪光放电灯，达 4273 K 以上；等离子体电弧，温度在 20000 K；激光，温度在 $10^5 \sim 10^6$ K；原子核的分离和聚变，温度达 $10^6 \sim 10^9$ K；高温粒子，温度达到 $10^{10} \sim 10^{14}$ K。

高温合成反应的类型主要包括：高温下的固相合成反应；高温下的固-气合成反应；高温熔炼和合金制备；高温下的化学转移反应；高温下的相变合成；高温熔盐电解；等离子体下的超高温合成；高温下的单晶生长和区域熔融提纯等。

一、高温下固相反应

具有特种性能的无机功能材料和化合物，如各类复合氧化物、含氧酸盐类、二元或多元金属、陶瓷化合物等都是通过 1273～1773 K 下固相反应物间的直接合成而得到的。例如：

$$MgO(s) + Al_2O_3(s) \longrightarrow MgAl_2O_4(\text{尖晶石型})$$

固相反应速率主要由 ① 反应物固体表面积和反应物间的接触面积；② 生成物的成核速率；③ 相界面间离子扩散速率等因素决定。

二、溶胶-凝胶合成

近期发展起来的溶胶-凝胶（sol-gel）合成是能代替高温固相合成制备陶瓷、玻璃及许多固体材料的新方法，如 $YBa_2Cu_3O_{7-\delta}$ 超导氧化物膜的制备：

$$\text{取化学计量 } Y(NO_3)_3 \cdot 5H_2O, Ba(NO_3)_2, Cu(NO_3)_2 \xrightarrow{\text{溶于乙二醇}} \text{混合溶液}$$

$$\xrightarrow[\text{回流蒸出溶剂}]{403\sim453\ K} \text{凝胶} \xrightarrow[O_2]{1223\ K\ \text{灼烧}} \longrightarrow YBa_2Cu_3O_{7-\delta}$$

合成路线原理：

分子态→聚合体→溶胶→凝胶→晶态（或非晶态）

溶胶-凝胶法与高温固相粉末合成方法相比，有突出的优点：① 由于反应物通过溶液均匀混合，易获得所需的均相多组分体系；② 制备温度大幅度降低，可在较温和条件下合成陶瓷、玻璃等功能材料；③ 溶胶或凝胶的流变性质有利于喷射、浸涂、浸渍等制备各种膜、纤维或沉积材料；④ 对化学过程可进行有效控制，达到合成特定结构和聚集态物质的目的。

三、化学转移反应

化学转移反应是指固体或液体物质 A 在一定温度下与气体 B 反应，生成相应气体产物，该气体产物在体系的不同温度部分又发生逆反应，重新得到 A。这一过程类似升华或蒸馏过程，但物质 A 并没有达到该温度下固有的蒸气压，所以称为化学转移。例如，在一个密封的石英管中：

$$Al(s)+0.5AlX_3(g)\underset{600\ ℃}{\overset{1000\ ℃}{\rightleftharpoons}}1.5AlX(g)$$

$$X=F,Cl,Br,I$$

化学转移反应广泛应用于分离提纯物质、合成新化合物、生长单晶等。

26-3-2 低温合成

获得低温的方法很多,如一般半导体制冷温度约为 150 K;气体部分绝热膨胀的三级脉管制冷机,温度达 80.0 K;三级飞利浦制冷机,温度可达 7.8 K;^4He液体减压蒸发温度达 0.7~4.2 K;^3He~^4He 稀释制冷,温度达 0.001~1 K;绝热去磁,制冷温度为 10^{-6}~1 K。

反应类型:① 金属蒸气原子与无机或有机分子间的反应;② 碳蒸气原子与无机或有机分子间的反应;③ 非金属高温物种分子或自由基与无机或有机分子间的反应。

一、金属蒸气合成(MVS)

该合成路线是,将在高温下生成的金属蒸气在低温下与其他气体分子或溶液自发作用产生一系列特殊的合成反应,得到许多其他合成途径无法获得的新化合物。例如:

$$4Li(g)+C_3(g)\xrightarrow{77\ K}(Li)_2C{=}C{=}C(Li)_2$$

二、稀有气体化合物的合成

(1) 低温放电合成　例如,XeF_4的制备:

$$Xe+2F_2\xrightarrow[1100\sim2800\ V,31\sim12\ mA]{195\ K}XeF_4$$

(2) 低温水解合成　氙的氧化物是由氙的氟化物低温水解反应制得的:

$$XeF_6+3H_2O\longrightarrow XeO_3+6HF$$

(3) 低温光化学合成　例如,KrF_2的合成:

$$Kr+F_2\xrightarrow[\text{紫外线照射}]{77\ K}KrF_2$$

26-3-3 真空条件下的合成

真空实验技术是无机合成的一种重要手段。许多合成反应如蒸气原子合成、气相化学转移、无氧镀膜等都需要在真空条件下进行。某些精确的测定如低能电子衍射、俄歇电子能谱、低速离子散射光谱需在 10^{-9} Pa 的超高真空下进行。

真空压强范围包括 $10^{5} \sim 10^{-12}$ Pa，产生真空的装置有水泵、机械泵、扩散泵、冷凝泵、吸气剂离子泵、齿轮分子泵等。

真空条件下的无机合成包括金属与不饱和烃的反应、低压化学气相沉积(LPCVD)、化学转移反应制备大晶体、中间价态和低价态化合物的合成等。下面重点介绍低压化学气相沉积。

化学气相沉积是近些年发展起来的一种合成无机材料的新技术。化学气相沉积是指气态物质在固体表面上进行化学反应生成固态沉积物的过程。由于气相产生固相所用的加热源不同，原料不同，压强、温度不同，化学气相沉积有很多种类型。低压化学气相沉积是其中的一种类型，它与常压化学气相沉积法比较有许多优点，如晶体生长或成膜质量好、沉积温度低、易于控制、沉积效率较高等。

低压化学气相沉积 SiO_2 薄膜，是一个真空下的热分解反应：

$$\text{烷氧基硅烷} \xrightarrow[700\sim750\ ^\circ\mathrm{C}]{25.6\sim66.6\ \mathrm{Pa}} \mathrm{SiO_2} + \text{气态有机原子团} + \mathrm{SiO} + \mathrm{C}$$

在气相沉积氧化层，衬底材料可以是硅，也可以是金属或陶瓷。

化学气相沉积法在提纯物质，研制新晶体，沉积各种无机薄膜、单晶、多晶材料方面得到广泛应用。

26-3-4 水热合成

水热合成法是百余年前，地质学家在实验室模拟地层下的水热条件，研究某些矿物和岩石的形成原因时产生的。该方法是指在一定温度下，密闭体系中，以水为溶剂，在水的自生压强下原始混合物进行反应的过程。通常在不锈钢反应釜内进行。

水热合成法按反应温度可分为低温水热合成(273 K 以下)、中温水热合成(373~573 K)、高温高压水热合成(1273 K，0.3 GPa)。

水热反应大致可分成如下七种类型：

反应分类	实例
① 水热合成法	$3KF+CoCl_2 \longrightarrow KCoF_3+2KCl$
② 水热条件下单晶生长	SiO_2、ZnO 等单晶培养
③ 水热处理法	从含氟金云母中除去玻璃相
④ 水热提取法	水热处理含铬铁矿石，铬以可溶盐 Na_2CrO_4形式提取
⑤ 水热分解法	$ZrSiO_4 \xrightarrow{NaOH(aq)} ZrO_2\downarrow +Na_2SiO_3$
⑥ 水热氧化法	$3Fe(粉)+4H_2O \longrightarrow Fe_3O_4+4H_2$
⑦ 水热热压法	含硼放射性废物与玻璃相混合，水热热压固化成型，深埋地下

下面简要介绍水热合成法在无机物造孔合成、单晶培养等方面的应用。

一、中温中压下无机物的造孔合成

在不同的水热晶化条件下，由分子筛型无机物如硅酸盐、铝酸盐等可以合成不同孔结构的微孔无机固体材料。无机物造孔合成的主要步骤包括多硅酸根与铝酸根离子缩聚成凝胶、凝胶的溶解、晶核的生成、晶体生长、介稳相的转型等。对于 $Na_2O-SiO_2-Al_2O_3-H_2O$ 体系，实验表明，随水热晶化温度和压强的改变，体系中晶化产生的微孔型晶体分子筛的孔结构明显变化，随晶化温度升高和压强增高，微孔型晶体孔道尺寸和孔体积明显缩小，晶体骨架密度相应增大。

二、高温水热条件下单晶培养

通常水热法培养单晶时，水热压强范围在 0.05～0.5 GPa，在这一压强范围内可以培养出完整大晶体，如石英（水晶）单晶的培养。

培养石英单晶的原料放在高压釜较热的底部，籽晶悬挂在温度较低的上部，高压釜内填装一定量的溶剂介质。结晶区温度为 603～623 K，溶解区温度为 633～653 K，压强为 0.1～0.16 GPa，矿化剂为 1.0～1.2 $mol\cdot L^{-1}$NaOH 溶液，添加剂为 LiF、$LiNO_3$或 Li_2CO_3。石英单晶的生长过程，包括培养基石英的溶解及溶解的 SiO_2向籽晶上的生长。

石英在 NaOH 溶液中的溶解可表示为：

$$SiO_2(石英)+(2x-4)NaOH \longrightarrow Na_{(2x-4)}SiO_x+(x-2)H_2O$$

式中，$x>2$。产物经电离、水解：

$$NaSi_3O_7^-+H_2O \longrightarrow Si_3O_6^-+Na^++2OH^-$$

活化的离子受生长体表面活性中心的吸引,沉降到石英体表面。

晶体的生长速率与许多因素有关。一般温度高、压强大、溶液过饱和度大,晶体生长快。对于一定生长温度下,溶解区与生长区温差大晶体生长快。但晶体生长太快会明显降低晶体质量。高温下,相应提高碱溶液浓度和填充度,可以提高晶体的完整性。

26-3-5 高压合成

在现代无机合成中,随着高压和超高压实验技术的发展,人们深入研究了无机物在高压下的各种变化,如高压下的相转变、电子结构变化、电荷转移、高压下的晶体生长、准晶态与非晶态物质的转化等,在此基础上合成了若干具有特种结构和性能的无机物。

一、超高压下的无机合成

在高压或超高压下某些无机物往往由于结构中阳离子配位数的变化或阳离子配位数不变而结构排列变化或结构中电子结构变化和电荷转移,导致物质发生相变,从而生成新结构的化合物或物相。

例如,常压下锗酸根中 $r(Ge^{4+})/r(O^{2-})=0.386$,$Ge^{4+}$配位数应该是 4,但压强在 2.5 GPa 下 Ge^{4+}的配位数则变成 6。此类高压下相变特点为合成具有特种高配位数结构的无机物指出方向。

除高压下相变合成反应外,非相变高压合成得到其他途径难于合成的特殊结构无机物,如 Cr^{4+}的 ABO_3型含氧酸盐 $CaCrO_3$、$SrCrO_3$、$BaCrO_3$、$PbCrO_3$等。例如,$BaCrO_3$的合成:

$$BaO+CrO_2 \xrightarrow[\text{高温}]{6\sim6.5\ \text{GPa}} BaCrO_3$$

二、高压气体作用下无机物的合成

大量金属羰基化合物都是在 CO 高压下合成得到的,如 $Co_2(CO)_8$ 的合成:

$$2CoCO_3+2H_2(23.52\ \text{MPa})+8CO(11.27\ \text{MPa}) \xrightarrow[150\sim160\ ℃]{23.52\ \text{MPa}} Co_2(CO)_8+2H_2O+2CO_2$$

大量过渡金属羰基化合物合成反应路线的实质是,金属化合物在还原剂作用下生成活性金属,与高压 CO 在一定条件下发生羰基化合作用。前面介绍的 ABO_3型复合氧化物(A 为 Ca^{2+},Cr^{2+},Ba^{2+};B 为 Ti^{4+},V^{4+},Mn^{4+},Fe^{4+},Co^{4+})是在高氧压下合成的化合物。

26-3-6 光化学合成

光化学合成是指在光作用下进行的化合物合成研究。光化学反应的完成是光致电子激发态的化学反应。在光的作用下(通常用紫外光和可见光),电子从基态跃迁到激发态,此激发态再进行各种光物理和光化学过程。用于光化学合成的光源主要是汞灯,它可提供从紫外到可见(200~750 nm)范围内的辐射光。目前,光化学合成主要集中在有机金属配合物的合成方面。

按照反应类型,光化学合成可分为以下类型:

一、光取代反应

例如,光水合反应:

$$[Cr(NH_3)_5Cl]^{2+} + H_2O \xrightarrow[365\sim506\ nm]{h\nu} [\mathit{cis}\text{-}Cr(NH_3)_4(H_2O)Cl]^{2+} + NH_3$$

金属羰基配合物的取代反应:

$$[Mn(CO)_5]_2 + 2PPh_3 \longrightarrow [Mn(CO)_4(PPh_3)]_2 + 2CO$$

二、光异构化反应

例如,二(双吡啶)Ru(Ⅱ)配合物光化学顺反异构化反应:

$$\mathit{cis}\text{-}[Ru(bipy)_2(H_2O)_2]^{2+} \longrightarrow \mathit{trans}\text{-}[Ru(bipy)_2(H_2O)_2]^{2+}$$

有机金属配合物中配体异构化反应:

$$\left[(en)_2Co\text{-}S(O)_2\text{-}CH_2CH_2NH_2\right]^{+} \xrightarrow{h\nu} \left[(en)_2Co\text{-}O\text{-}S(=O)\text{-}CH_2CH_2NH_2\right]^{2+}$$

三、光敏金属-金属键的断裂反应

这里所涉及的配合物都是双核的或多核的。光敏金属-金属键的断裂反应可以发生在同种金属间的键上,也可发生在异种金属间的键上。例如:

$$Ru_3(CO)_9(PPh_3)_3 + 3L \xrightarrow{h\nu} 3Ru(CO)_3(PPh_3)L$$

式中,$L = CO, PPh_3$

四、光致电子转移反应和氧化还原反应

电子转移反应中所涉及的电子的激发态包括金属为中心的(MC)或配位场(LF)激发态、配体内或配体为中心的(LC)激发态、电子转移(CT)激发态。可以有从金属到配体(MLCT)或从配体到金属(LMCT)电荷转移,还可以有电荷到溶剂的(CTTS)转移及多核配合物中金属-金属间的转移。光氧化还原反应可用来制备低价过渡金属配合物,光解水制备 H_2和 O_2也属于该类反应。

五、光敏化反应

光敏化反应是在敏化剂存在下进行的光化学反应。敏化剂的作用是传递能量或本身参与光化学反应生成自由基,然后与反应物作用再还原成敏化剂。例如,汞敏化反应:

$$2MH_4 \xrightarrow{Hg(^3P_1)} M_2H_6 + H_2$$

$$M = Si, Ge$$

$$Fe(CO)_5 + CH_3CN \xrightarrow{Hg(^3P_1)} Fe(CO)_4CH_3CN + CO$$

汞在光照下激发形成激发态汞,激发态汞和反应物分子碰撞把能量传给反应物分子而发生反应。除汞外,激态原子 $Cd(^3P_1, P_1)$、$H(^2P)$、$Na(^2P_{3/2}, ^2P_{1/2})$、$Ar(^3P_1, ^1P_1)$、$Kr(^3P_1, ^1P_1)$、$Xe(^3P_1)$ 等都有敏化作用。

26-3-7　等离子体合成

人们所熟知的物质的聚集态是固态、液态、气态,随着温度升高,固态转变为液态,液态转变为气态。若温度进一步升高,其中部分粒子发生电离,当电离部分超过一定限度(>0.1%)时,带电粒子运动明显受电磁场影响,成为导电率很高的流体,这种物质状态在自然界中广泛存在,有人称其为物质第四态,其行为主要取决于离子和电子间的库仑力。由于其中正、负电荷总数相等,宏观上仍呈电中性,所以又称等离子体。等离子体合成也称放电合成,是利用等离子体的特殊性质进行化学合成的一种技术。利用放电法是比较实用的获得等离子体的方法,如各种电弧放电、辉光放电、高频电感耦合放电、高频电容耦合放电、微波诱导放电、电容耦合微波放电等。等离子体一般分两种类型:① 高压平衡等离子体也称热等离子体、高温等离子体;② 低压非平衡等离子体也称冷等离子体或低温等离子体。

一、热等离子体的应用

热等离子体可看作一种由电能产生的密度很高的热源,温度可达 6000~10000 K 以上。比较简单获得热等离子体的方法是高强度(直流或交流)电弧,即电流大于 50 A、气压大于 10 kPa 的电弧放电。热等离子体可用于金属和合金的冶炼,超细、超纯耐高温粉末材料的合成,亚稳态金属粉末和单晶的制备,NO_2和 CO 的生产等。如 NO_2的合成,传统的方法是利用天然气先形成 NH_3,再氧化

得到 NO_2,该方法比较麻烦,而用等子体加热氧气和氮气混合物获得 NO_2 要简便得多。例如:

$$\text{空气} \xrightarrow[\text{等离子体}]{\text{电能}} NO \xrightarrow[\text{淬灭}]{O_2} NO_2 \xrightarrow{H_2O} HNO_3$$

反应产物形成后,利用突然降温或离心分离等使等离子体淬灭,产物不致发生副反应或逆反应而获得所需产物。

二、冷等离子体的应用

冷等离子体主要用于反应吸热大,产物在高温下不稳定的合成反应。该技术可以使通常需高温高压的反应在较温和条件下进行。冷等离子体主要通过低气压下放电的办法获得,包括低强度电弧、辉光放电、射频放电和微波诱导放电等。如采用微波等离子体使氮和氢激发,激发态的氮具有很高的反应活性,可在反应器(铁、铝、铂等)上发生解离吸附,然后与激发态氢反应生成 NH_3,反应过程可表示如下:

$$N_2 \xrightarrow{\text{微波等离子体}} N_2^* (\text{激发})$$

$$H_2 \longrightarrow 2H (\text{解离})$$

$$N_2^* \longrightarrow 2N(a) (\text{解离吸附})$$

$$H \longrightarrow H(a) \ \text{吸附}$$

$$N(a) + 3H(a) \longrightarrow NH_3 (\text{表面反应})$$

冷等离子体还可以用于合成金刚石、臭氧及制造光导纤维等。

26-4 由矿物制取纯化合物简介

元素在地壳中的丰度大小是一个平均数字,实际上元素在地壳中的分配往往是不均匀的。若某一元素在某些区域非常集中,这些区域就叫作产地。元素集中的矿物或岩石就叫作该元素的矿石。闪锌矿是主要含锌元素的矿石。

由矿石制取纯化合物大致要经过选矿及对矿物原料进行化学处理等过程。选矿一般不属于化学工艺学的范畴。通常可以根据物质的物理性质,如相对密度、磁性等不同,通过磁选、浮选等方法得到精矿。对矿物原料的化学处理,大体分为分解精矿、分离和纯制等步骤,得到的纯化合物可进一步制取单质。

26-4-1 分解精矿

分解精矿即分解富集矿石,其目的是把天然矿物组分转变为另外一些化合物,实现粗略的预分离。分解方法大致可分成两类:湿法和干法。

26-4-2 分离和纯制

分离过程一般是在水溶液中进行的。通常分为两种情况:一种情况是所需元素存在于溶液中,如湿法分解精矿后,使易溶物质溶解,其中包括所需元素形成的物质。还可以将干法得到的固体熔块由水、酸或碱来沥浸,使所需元素浸取到溶液中去。另一种情况是把杂质留在溶液中,所需元素形成的物质沉淀出来。

将物质进一步提纯的方法,如所需元素在水溶液中,可以采取沉淀法、结晶法、蒸馏法、离子交换法等纯制;对于某些易挥发的、熔点低的化合物如氯化物等固体可以采取蒸发、升华、精馏等方法纯制。在制取工业所需要的纯化合物时,有时还需把所分出来的化合物转变成对工业有用的另一种化合物。

若被处理的精矿中含有几种元素,分离和纯制步骤变得复杂。

由纯化合物进一步制备单质的方法,在前面已做介绍,这里不再重复。

26-4-3 工艺流程简介

下面对干法、湿法各举一例,简单介绍一下化工生产中由矿物制备化合物的工艺流程。

1. 石灰烧结法从含锂的矿石中提取锂

本法适用于处理锂辉石、锂云母,这是一种普遍采用的重要方法,其工艺流程如图26-6所示。

2. 硫酸法生产钛白

硫酸法生产钛白的原料为钛铁矿,其工艺流程见图26-7。

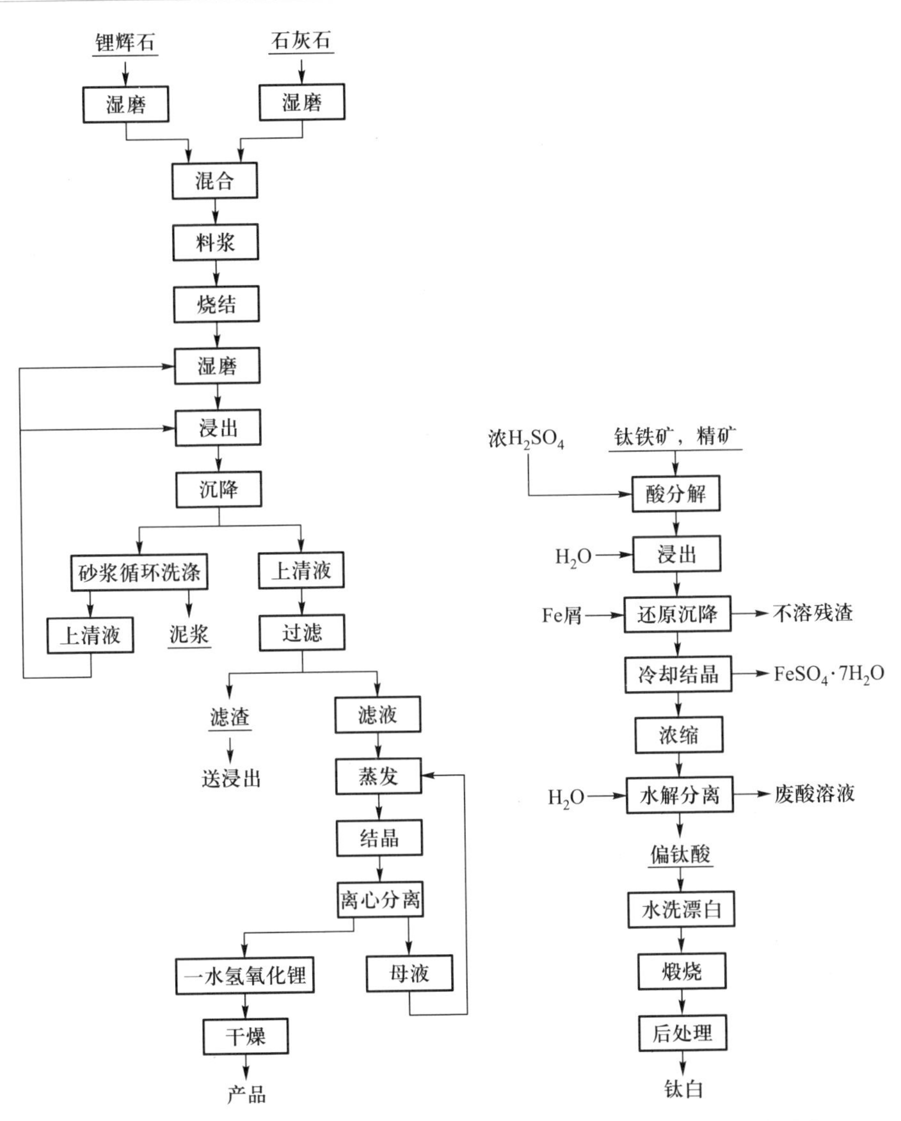

图 26-6 石灰烧结法由锂辉石制备氢氧化锂的工艺流程

图 26-7 硫酸法生产钛白的工艺流程

习 题

26-1 无机合成化学在国民经济的发展中有什么重要意义？

26-2 无机合成化学包括哪些内容？

26-3 试述制备单质的主要方法。

26-4 试述制备卤化物、硫化物、氮化物、碳化物、氧化物的主要方法。

26-5 什么是水热合成、光化学合成、等离子体合成？试举例说明。

26-6 获得高温、低温、高压、高真空的方法有哪些？各举三例。

26-7 什么是化学转移反应？什么是化学气相沉积？

26-8 如何从矿石中制取纯化合物？什么是干法、湿法？各举例说明。

26-9 讨论化学污染的来源有哪些？怎样进行防治？

第 27 章

特殊类型的无机化合物

内容提要

本章重点介绍金属有机配合物和簇状化合物。这两类化合物因在成键特征上与经典化合物不同,故称为特殊类型的无机化合物。

本章要求:

1. 掌握金属有机配合物的概念及金属-碳键的类型;
2. 熟悉金属有机配合物中,金属羰基化合物、烯烃和炔烃金属有机化合物、夹心型配合物的制备、性质、组成、结构、化学变化规律及其应用;
3. 了解金属簇状化合物的金属与金属之间的成键特征;
4. 掌握并运用威德规则判断高级硼烷及其衍生物的多面体结构类型。

27-1 金属有机化合物

1827 年,丹麦化学家蔡斯(W.C.Zeise)制得了第一个金属有机化合物 $K[PtCl_3(C_2H_4)]\cdot H_2O$(蔡斯盐)。随后,陆续制备了许多重要的金属有机化合物,如四乙基铅[$Pb(C_2H_5)_4$]、二乙基锌[$Zn(C_2H_5)_2$]、四羰基镍[$Ni(CO)_4$]、五羰基铁[$Fe(CO)_5$]及格氏试剂(RMgX)等。1951 年二茂铁[$(C_5H_5)_2Fe$]的合成、1952 年其夹心结构的确定(Willkinson 和 Fischer),推动了金属有机化学的迅速发展。70 年来,由于结构理论的发展、合成技术的改进、测试手段的完善,许多金属有机化合物以其独特的性质显示出良好的应用前景而逐渐发展成为新兴的研究领域和热门的研究课题。

27-1-1 金属有机化合物的定义

金属有机化合物又称有机金属化合物,是指分子中含有一个或多个金属-

碳(M—C)键的一类化合物。由于准金属硼、硅、砷、硒、碲被视为金属,人们把它们与有机化合物形成的化合物也称为金属有机化合物。应该指出的是,凡金属与碳原子不直接键合,而是通过氧、硫、氮原子成键的化合物通常不称为金属有机化合物,如金属与烷氧基相连的化合物$(C_3H_7O)_4Ti$、金属与有机胺的配合物$[Cu(en)_2]^{2+}$、有机酸的金属盐类(如C_6H_5COONa)以及无机碳酸盐等均不是金属有机化合物。根据金属有机化合物的广义定义,常说的有机硅化物、卤化有机镁化合物、金属通过 π 键与有机配体形成的一系列配合物等均为金属有机化合物。本章讨论的是过渡金属元素金属有机化合物。

27-1-2 金属有机配合物

本章主要讨论以下两类金属有机配合物:

(1) 在一些含有 M—C 键的化合物中,其碳原子既可以为 σ 电子给予体,作为配体又有空的 π^* 轨道接受金属原子的 d 电子成为 π 电子接受体形成反馈 π 配键。碳原子为 σ 电子给予体时起路易斯碱的作用,当为 π 电子接受体时起路易斯酸的作用,这类配体常称 π-酸配体,形成的配合物常称 π-酸配合物。常见的 π-酸配体有 CO、NO、RNC(异腈类,R 为烷基)、R_3P(膦)、R_3As(胂)、bpy、phen、CN^-等。π-酸配合物常见的例子有 $Ni(CO)_4$、$Fe(CO)_5$、$W(CO)_6$ 等。

(2) 配体中若有直链的不饱和烃,如烯烃和炔烃(如乙烯或乙炔);或者是具有离域 π 键的环状体系,如环戊二烯基、苯等,这类配体与中心金属原子形成配合物时,是以 π 键电子和金属原子键合形成 σ 键,空的 π^* 轨道接受金属原子的 d 电子形成反馈 π 配键。配体为 π 电子给予体同时还是 π 电子接受体,这类配体常称 π-配体,形成的配合物常称 π-配合物。常见 π-配体的例子有 C_2H_4、C_2H_2、$C_5H_5^-$、C_6H_6 等。常见 π-配合物的例子有 $K[PtCl_3(\eta^2-C_2H_4)]$、$[(\eta^5-C_5H_5)_2Fe]$、$[(\eta^6-C_6H_6)_2Cr]$等。η^5(η 称为齿合度)表示环上 5 个碳原子键合于中心原子,η^6 表示环上 6 个碳原子键合于中心原子。

27-1-3 金属羰基化合物

金属羰基化合物是指过渡金属元素(低氧化态、零和负氧化态)与 CO 中性分子所形成的一类配合物。通式为 $M_x(CO)_y$ 的二元金属羰基化合物是目前最重要的一类金属有机配合物。

1890 年,蒙德(Mond)和兰格(Langer)在研究镍对 CO 被氧化反应的催化作用过程中，发现 CO 在常温、常压能与镍粉生成 $Ni(CO)_4$。继 $Ni(CO)_4$ 之后，又陆续制得许多过渡金属羰基配合物，如 $Fe(CO)_5$、$Cr(CO)_6$、$Co_2(CO)_8$、$Fe_2(CO)_9$、$Rh_4(CO)_{12}$ 等。表 27-1 中列出了部分组成已经确定的金属羰基配合物。有的羰基配合物虽已有报道，但需进一步证实，如 $Ir_2(CO)_8$；有的尚未分离出来，如 $Ru_2(CO)_9$ 等。此外，还有一些异核羰基配合物，如 $[(OC)_5MnCo(CO)_4]$；混配型羰基配合物，如 $[Fe(CO)_4Cl_2]$、$[Cr(CO)_3(NH_3)_3]$ 等。

从结构上看，金属羰基配合物具有以下特点：

(1) 尽管 CO 不是一个很强的路易斯碱，但它与过渡金属却可形成很强的化学键。

(2) 金属羰基配合物中的中心原子都是过渡金属，且具有较低氧化态。通常为 0，有时呈较低正氧化态，有时呈负氧化态。

(3) 除个别金属羰基化物外，都符合有效原子序数规则。

(4) 无论是单核羰基化合物还是多核羰基化合物都是典型的共价型化合物。因此它们都具有难溶于水、易溶于有机溶剂、熔点低的特点。许多羰基化合物易升华、受热易分解等(见表 27-1)。

表 27-1 金属羰基配合物

$V(CO)_6$	$Cr(CO)_6$	$Mn_2(CO)_{10}$	$Fe(CO)_5$	$Co_2(CO)_8$	$Ni(CO)_4$
蓝色、固体 70 ℃熔化，分解	无色、固体 130 ℃熔化，分解	黄色，固体 熔点 154 ℃	黄色，液体 沸点 103 ℃ 熔点 -20.5 ℃	橙色，固体 熔点 51 ℃	无色，液体 沸点 42.1 ℃ 熔点 -19.3 ℃
			$Fe_2(CO)_9$	$Co_4(CO)_{12}$	
			橙色，固体 100 ℃熔化，分解	黑色，固体	
			$Fe_3(CO)_{12}$	$Co_6(CO)_{16}$	
			黑色，固体 140~150 ℃熔化，分解	黑色，固体 熔点 150 ℃，分解	
	$Mo(CO)_6$	$Te_2(CO)_{10}$	$Ru(CO)_5$	$Rh_2(CO)_8$	
	白色，固体 (升华)	白色，固体 熔点 159 ℃	无色，液体 熔点 22 ℃	橙色，固体 熔点 76 ℃	

续表

$V(CO)_6$	$Cr(CO)_6$	$Mn_2(CO)_{10}$	$Fe(CO)_5$	$Co_2(CO)_8$	$Ni(CO)_4$
			$Ru_3(CO)_{12}$	$Rh_4(CO)_{12}$	
			橙色,固体 熔点 150 ℃	橙色,固体 150 ℃熔化, 分解	
				$Rh_6(CO)_{16}$	
				黑色,固体 >220 ℃熔化, 分解	
	$W(CO)_6$	$Ru_2(CO)_{10}$	$Os(CO)_5$	$Ir_4(CO)_{12}$	
	无色,固体 (升华)	无色,固体 熔点 177 ℃	无色,液体 熔点 15 ℃	黄色,固体 210 ℃分解	
			$Os_3(CO)_{12}$		
			黄色,固体 熔点 224℃		

一、金属羰基配合物的制备和用途

金属羰基配合物的制备,目前主要采用以下方法:

(1) 金属与 CO 直接作用　用新还原出来的、处于非常活化状态的铁粉和镍粉分别和 CO 作用可制得 $Ni(CO)_4$ 和 $Fe(CO)_5$:

$$Ni(s)+4CO(g)\xrightarrow{\text{室温},100\ kPa}Ni(CO)_4(l)$$

$$Fe(s)+5CO(g)\xrightarrow[373\sim473\ K]{20\ MPa①}Fe(CO)_5(l)$$

(2) 还原法　过渡金属化合物在还原条件下与 CO 反应,常用的还原剂除 CO 本身外,还有 H_2、Na 和烷基铝等。例如:

$$2CoCO_3+2H_2+8CO\xrightarrow[393\sim403\ K]{25\sim30\ MPa}[Co_2(CO)_8]+2H_2O+2CO_2$$

① 利用金属羰基配合物 $Ni(CO)_4$ 和 $Fe(CO)_5$ 的生成和分解制备纯度高的 Ni 和 Fe 等金属粉末。这种纯的细铁粉适用于作磁铁芯和催化剂。

$$Re_2O_7 + 17CO \xrightarrow[\sim 573\ K]{\sim 18\ MPa} Re_2(CO)_{10} + 7CO_2$$

钒的羰基配合物很容易由下面的反应制得：

$$VCl_3 + 6CO + 4Na(\text{过量}) \xrightarrow[\text{二甘醇二甲醚}]{393\ K, 30\ MPa} [Na(\text{二甘醇二甲醚})_2][V(CO)_6] + 3NaCl$$

$$\xrightarrow[H_3PO_4]{323\ K,\text{升华}} V(CO)_6$$

(3) 热解和光解法　一些羰基配合物受热或光照下可生成新的羰基配合物：

$$2Fe(CO)_5{}^{①} \xrightarrow{h\nu} Fe_2(CO)_9 + CO$$

羰基配合物的用途主要是制备高纯金属、催化剂和汽油抗震剂等。羰基配合物虽然有毒，但它能溶于汽油之中，并且很容易蒸发到汽化器中，其燃烧产物的毒性小，并不像四乙基铅那样严重污染环境和危害人体健康。但$Fe(CO)_5$也有缺点，燃烧后生成 Fe_2O_3 污染燃烧室。

利用羰基配合物中 CO 可被其他基团取代的特性，制备多种羰基衍生物，其中一些用作有机合成的催化剂。如甲醇合成乙酸，反应要在高温、高压下进行。改用铑的羰基衍生物$[RhI_2(CO)_2]^-$为催化剂，在 HI 存在下，反应在低压下就可进行。

$$CH_3OH + CO \xrightarrow[[RhI_2(CO)_2]^-]{HI(\text{活化剂})} CH_3COOH$$

二、有效原子序数规则

CO 是中性分子，不是强的路易斯碱，但几乎能和所有过渡金属形成配合物，而且这些金属常处于零和低氧化态，引起了人们的很大兴趣。1923 年，英国化学家西奇威克（N. V. Sidgwick）提出了有效原子序数（EAN）规则（effective atomic number rule），这个经验规则表明：中心原子的电子数加上配体提供的电子数之和应等于同周期的稀有气体元素的原子序数或者中心原子的价电子数加上配体提供的电子数之和等于 18，所以 EAN 规则又称 18 电子规则。EAN 一般为 36(Kr)、54(Xe)或 86(Rn)。推广到一般，EAN 可表示为

$$EAN = n_M + 2n_L + n_X$$

① 为了减少汽油燃烧时发生的爆震现象，通常在汽油中加入抗震剂四乙基铅$[Pb(CH_3CH_2)_4]$，近年来用 $Ni(CO)_4$ 和 $Fe(CO)_5$ 作为汽油的抗震剂。

式中,n_M 为中心原子的价电子数,$2n_L$ 为配体提供的电子数(对 CO 为 2,配体不同,提供电子数不同),n_X 为加合电子或与中心原子形成共价单键的原子提供的电子数。对于中心原子氧化态为 0 的金属羰基配合物,n_X 为零。例如:

$Ni(CO)_4$

Ni:	Ni 价电子数:	10
4CO:	配体提供电子数:	8
	Ni 价层电子总数=10+8=18	

$Fe(CO)_5$

Fe:	Fe 价电子数:	8
5CO:	配体提供电子数:	10
	Fe 价层电子总数=8+10=18	

原子序数为奇数的金属原子单靠加合 CO 配体不能满足 EAN 规则,但可以通过加合电子或与提供单个电子的原子、原子团形成一个共价键或聚合成二聚体满足 EAN 规则。例如,Mn 假定生成 $Mn(CO)_5$,则 Mn 原子核外电子总数为 25+10=35,不等于 Kr 的原子序数 36,Mn 价层电子总数为 17,估计 $Mn(CO)_5$ 不会存在。事实上,至今未制得 $Mn(CO)_5$。但 $Mn(CO)_5^-$、$HMn(CO)_5$、$Mn(CO)_5Cl$、$Mn_2(CO)_{10}$ 确实存在,二聚体的 $Co_2(CO)_8$ 也属于这种情况。以 Mn 的羰基化合物为例,用 EAN 规则分析如下:

$Mn(CO)_5^-$

Mn:	Mn 价电子数:	7
5CO:	配体提供电子数:	10
	加合电子数:	1
	Mn 价层电子总数=7+10+1=18	

$HMn(CO)_5$

Mn:	Mn 价电子数:	7
5CO:	配体提供电子数:	10
H:	H 提供电子数:	1
	Mn 价层电子总数=7+10+1=18	

$Mn_2(CO)_{10}$

Mn:	Mn 价电子数:	7
5CO:	配体提供电子数:	10
$\frac{1}{2}$(Mn—Mn)	$\frac{1}{2}$(Mn—Mn)提供电子数:	1
	Mn 价层电子总数=7+10+1=18	

如果有机配体在形式上既可当作自由基,又可当作离子看待时,使用 EAN 规则习惯上有两种电子计数法。例如:

$CH_3Mn(CO)_5$		$CH_3Mn(CO)_5$	
Mn^0 价电子数:	7	Mn^+ 价电子数:	6
$\cdot CH_3$(自由基):	1	$:CH_3^-$(负离子):	2
5CO:	10	5CO:	10
Mn 价层电子总数 = 18		Mn 价层电子总数 = 18	

尽管 π 键合配体可作为离子试剂,但通常看成电中性试剂。例如:

$(C_5H_5)Mn(CO)_2(NO)$

Mn 价电子数:	6
$\cdot C_5H_5$(自由基):	5
2CO:	4
NO:	3
Mn 价层电子总数 = 18	

EAN 规则也有不少例外,如铑、钯、铱和铂等易形成四配位平面形配合物,价层电子总数通常为 16,也同样非常稳定①。已发现的 $V(CO)_6$ 也不符合 EAN 规则。$V(CO)_6$ 中有效原子序数为 23+12 = 35,显示顺磁性,不易形成二聚体,也不太稳定,70 ℃分解,在强还原剂作用下易生成 $V(CO)_6^-$,这一阴离子符合 EAN 规则。

EAN 规则对羰基配合物、过渡金属有机配合物比较适合,但对多核金属簇状化合物则不适用。

三、羰基配合物的化学键

EAN 规则虽能指出金属羰基配合物的稳定性,即把羰基配合物这种特殊的稳定性看作中心原子具有稀有气体的电子构型。但没有从理论上说明为什么 CO 能和低氧化态的金属原子形成配合物。要解决这一问题,首先了解 CO 的分子轨道能级图(见图 27-1)。

CO 分子中 C 的 2s 和 2p 原子轨道和 O 的 2s 和 2p 轨道成键。由于原子中对称性相同的 2s 和 $2p_z$ 轨道之间有一定的混合(即轨道杂化),可形成两个 sp 杂化轨道,因此 C 原子和 O 原子形成分子时可以组成 2 个 σ 孤对电子轨道(一个是氧的 sp 杂化轨道,另一个是碳的 sp 杂化轨道),一个 C—Oσ 成键分子轨道和一个空的 C—Oσ^* 分子轨道。此外还有 2 个充满电子的 π 键轨道,由 2 个 p_x

① 1972 年,托曼(C. A. Tolman)在总结和归纳很多实验结果的基础上,提出 18-16 电子规则,扩大了 18 电子规则的适用范围。

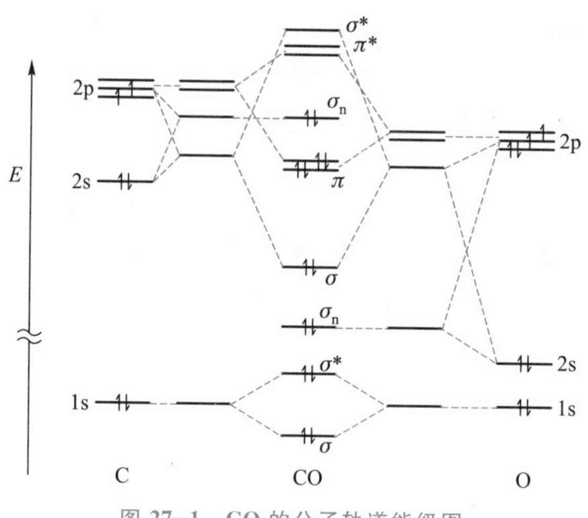

图 27-1　CO 的分子轨道能级图

轨道和 2 个 p_y 轨道组合而成，分别位于 *yz* 和 *xz* 平面内。2 个孤对电子所占据轨道可看成 2 个 σ 轨道，基本上可看成分别为 C 原子和 O 原子提供。而中心原子的 d 电子形成反馈 π 键（见图 27-2）。

这种反馈 π 键减少了由于生成 σ 配键而引起的中心金属原子上过多的负电荷积累，加强 σ 配键，同时 σ 配键的形成也促进了反馈 π 键的形成。这种相互促进和加强作用，称为 $\sigma-\pi$ 协同作用，增强了羰基配合物的稳定性。反馈 π 键生成，C—O 间结合力必定削弱。红外光谱证实，CO 的特征伸缩振动频率为 2 143 cm^{-1}，而在金属羰基配合物中为 2 000 cm^{-1} 左右，振动频率减小表明 C—O 键削弱。实验证明在 $Ni(CO)_4$ 中 C—O 键键长为 115 pm，游离 C—O 键键长为 113 pm，同样说明 C—O 键减弱了。事实说明羰基配合物中形成 σ 配键和反馈 π 键的理论是正确的。根据羰基化合物中 CO 的伸缩振动频率做出如下判断：σ_{CO} 越大，M→CO 间反馈 π 键越弱，反之，σ 的降低，意味着反馈 π 键的增强（见表 27-2）。

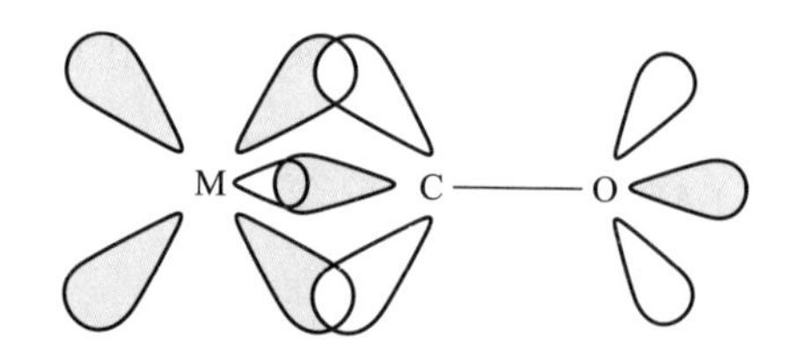

图 27-2　金属 M 与 CO 中的 σ 配键和反馈 π 键

表 27-2 一些金属羰基化合物中 CO 的红外吸收频率

化合物	σ_{co}/cm^{-1}	化合物	σ_{co}/cm^{-1}
$Mn(CO)_6^+$	2 090	$Ni(CO)_4$	2 066
$Cr(CO)_6$	2 018	$Co(CO)_4^-$	1 890
$V(CO)_6^-$	1 800	$Fe(CO)_4^{2-}$	1 790
$Mn_2(CO)_{10}$	2 017	$Fe(CO)_5$	2 035
$Mn(CO)_5H$	2 039	CO	2 143

27-1-4 烯烃、炔烃金属有机化合物

过渡金属与烯烃、炔烃通过 π 键可形成一类含有 π 键的金属有机化合物，称为 π 配合物。

一、烯烃金属有机化合物——蔡斯盐

$K[PtCl_3(C_2H_4)]\cdot H_2O$(蔡斯盐)为柠檬黄色晶体，它是在 $PtCl_2$ 的盐酸溶液中通入乙烯，然后加入 KCl 而得：

$$2PtCl_2+2C_2H_4 \longrightarrow [PtCl_2(C_2H_4)]_2$$

二聚体 $[PtCl_2(C_2H_4)]_2$ 的结构如图 27-3 所示，加入 KCl 后得蔡斯盐。

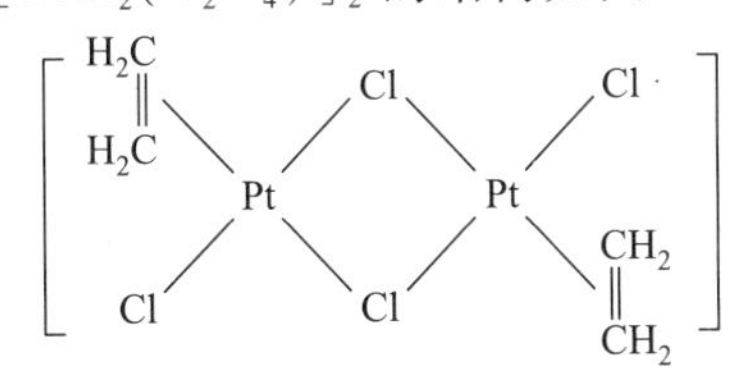

图 27-3 $[PtCl_2(C_2H_4)]_2$ 的结构

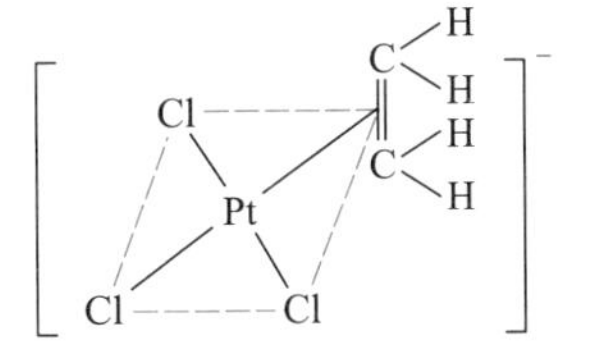

图 27-4 蔡斯盐阴离子 $[PtCl_3(C_2H_4)]^-$ 的结构

$$[PtCl_2(C_2H_4)]_2+2KCl \longrightarrow 2K[PtCl_3(C_2H_4)]\cdot H_2O\downarrow$$

X 射线衍射和中子衍射法测定结果表明，蔡斯盐中的 $[PtCl_3(C_2H_4)]^-$ 阴离子具有平面正方形的几何形状，其中 Pt(Ⅱ)周围有 3 个 Cl^- 并与铂共平面，这个平面与 C_2H_4 分子的 C═C 键键轴垂直并交于 C═C 键键轴的中点。同时乙烯配体中的氢原子对称地远离中心铂(Ⅱ)离子向后弯折(见图 27-4)，C_2H_4 分子不再保持平面形。

中心原子 Pt(Ⅱ)采用 dsp^2 轨道杂化，C_2H_4 充满电子的 π 轨道与其中一个 dsp^2 杂化轨道重叠形成 σ 配键(即三中心配键)，而 Pt(Ⅱ)的其他杂化轨道与 3

个 Cl^- 形成 σ 配键；另外铂(Ⅱ)充满电子的 d 轨道(如 $5d_{xz}$)与 C_2H_4 的反键 π 轨道重叠形成反馈 π 键。因此，Pt(Ⅱ)—C_2H_4 之间的化学键为 $\sigma-\pi$ 配键。反馈 π 键的形成，促进了乙烯 π 电子向中心金属原子的转移，加强了 σ 配键。$\sigma-\pi$ 协同成键作用使得配合物相当稳定。反馈 π 键形成可由实验测定结果得到证实：在蔡斯盐晶体中，C_2H_4 作为配体 C═C 键键长为 137 pm，自由 C_2H_4 中 C═C 键键长为 133.5 pm；自由 C_2H_4 中 C═C 的伸缩振动频率为 1 623 cm^{-1}，配位后变为1 526 cm^{-1}，降低了 97 cm^{-1}。这些数据说明，由于反馈 π 键形成，C═C 键被削弱，使得 C═C 键活化，为乙烯中双键加成反应创造了条件。

二、炔烃金属有机化合物

乙炔及其衍生物和过渡金属形成配合物和乙烯配合物有很多类似之处，而乙炔配合物更复杂。乙炔既可作为二电子给予体又可作为四电子给予体，配位方式较为多样，并可形成双核或三核配合物。

最简单的乙炔配合物 $[Pt(C_2H_2)Cl_3]^-$ 与蔡斯盐类似，乙炔仅占有金属的一个配位位置，成键作用也是 $\sigma-\pi$ 配键键合，也就是说仅给予金属一对 π 成键电子，乙炔并以 π^* 轨道接受金属反馈电子，这时乙炔(或炔烃)仅为二电子给予体与烯烃相当[见图 27-5(a)]。由于炔烃中有两组互相垂直的 π 键和 π^* 键，可占据两个配位位置，形成两组 $\sigma-\pi$ 配键，所以炔烃常形成双核配合物[见图 27-5(b)]。如 $(C_2Ph_2)Co_2(CO)_6$ 中，C_2Ph_2 把两个钴原子连接起来，此时的 PhC≡CPh 相当于四电子给予体。X 射线结构测定证实，Co 和 C—C 三中心键的两个平面接近垂直，2 个 Co 原子的位置可能与 C—C 键上的 2 个 π 轨道同时重叠，C—C 键键长大于 146 pm，这表明炔烃中 C≡C 键受到了削弱，而化学活性增加。不饱和烃配合物在工业上有重要意义，常在不饱和烃氧化、氢化、聚合等反应中作催化剂。

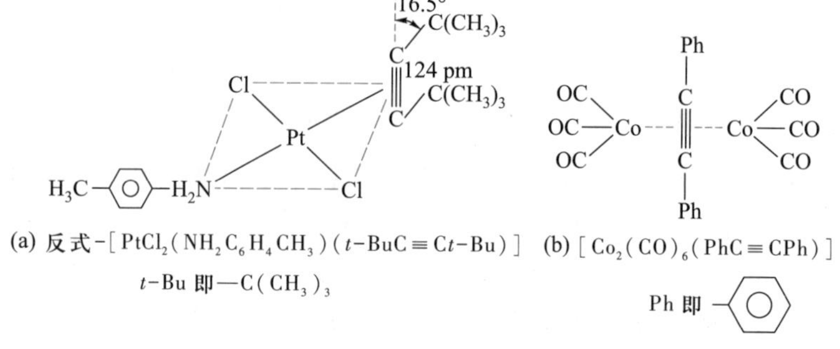

(a) 反式-$[PtCl_2(NH_2C_6H_4CH_3)(t\text{-}BuC\equiv Ct\text{-}Bu)]$
t-Bu 即—$C(CH_3)_3$

(b) $[Co_2(CO)_6(PhC\equiv CPh)]$
Ph 即

图 27-5 炔烃配合物

27-1-5 夹心型配合物

环多烯(如环戊二烯)和芳烃(如苯)具有离域 π 键的结构,离域 π 键可以作为一个整体和中心金属原子通过多中心 π 键形成配合物。在这些配合物中,通常多烯烃或芳香环的平面与键轴垂直①,而两个环是互相平行的,中心金属原子对称地夹在两个平行的环之间,具有夹心面包式结构,故称夹心型配合物。广义的夹心型配合物还包括具有不对称碳环倾斜夹心型配合物[如$(C_5H_5)_2TiCl_2$]和多层夹心型配合物[如$(C_5H_5)_3Ni_2$、$(C_5H_5)_3Fe_2$]。几种典型的夹心型配合物结构见图 27-6 所示。

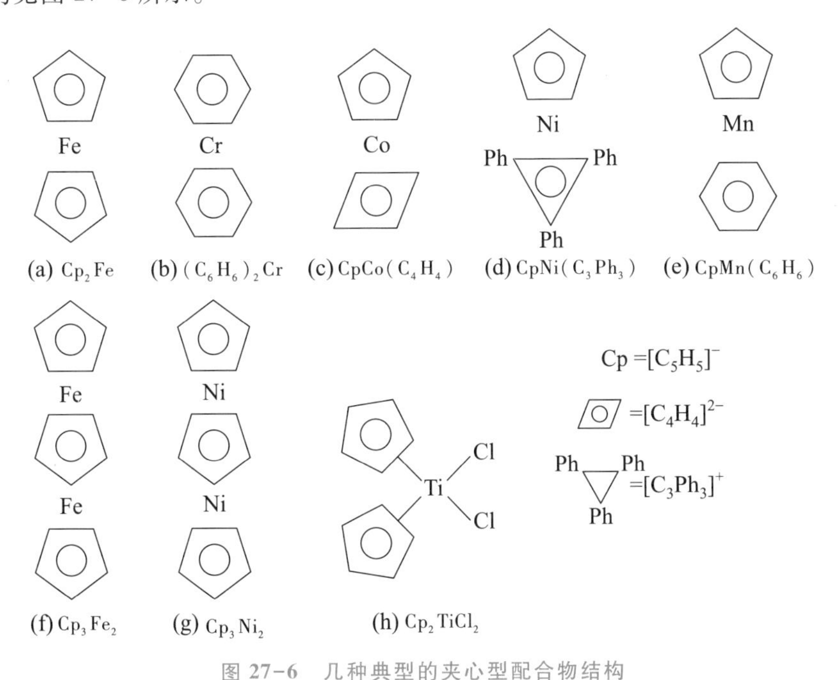

图 27-6 几种典型的夹心型配合物结构

一、二茂铁(ferrocene)

二茂铁[$Fe(C_5H_5)_2$]是在 1951 年由波森(P. L. Pauson)等制备出来的第一个夹心型配合物。它的特殊结构和相当高的稳定性,引起了许多化学家的研究兴趣。

① 这里键轴不是指中心原子与环上原子的连线,而是指中心原子和整个参与成键的环的中心的连线。

环戊二烯，简称为茂，化学式 C_5H_6，是一个弱酸（p$K_a \approx 20$）。其单体为无色液体，一般以低熔点（33.6 ℃）二聚体形式存在，加热时部分分解，常压蒸馏可得单体，不溶于水，能溶于乙醇、乙醚和苯等有机溶剂。与碱金属可形成离子型化合物钠茂 $Na^+C_5H_5^-$。$C_5H_5^-$ 称为茂基，简写为 Cp。Cp 与过渡金属通常形成夹心型配合物。二茂铁亦可表示为 Cp_2Fe。

通常把二茂铁看成一个由 Fe^{2+} 和两个茂基 $C_5H_5^-$ 构成的配合物。固体二茂铁是同类化合物中最稳定的一个，它不受空气或潮气的影响，不水解也不易和酸、碱等试剂作用，加热至 500 ℃ 仍不分解；Cp_2Fe 具有抗磁性，被氧化后得顺磁性的 $[(C_5H_5)_2Fe]^+$。这些性质表明二茂铁是稳定的共价化合物。

二茂铁的分子轨道能级图[①]见图 27-7。

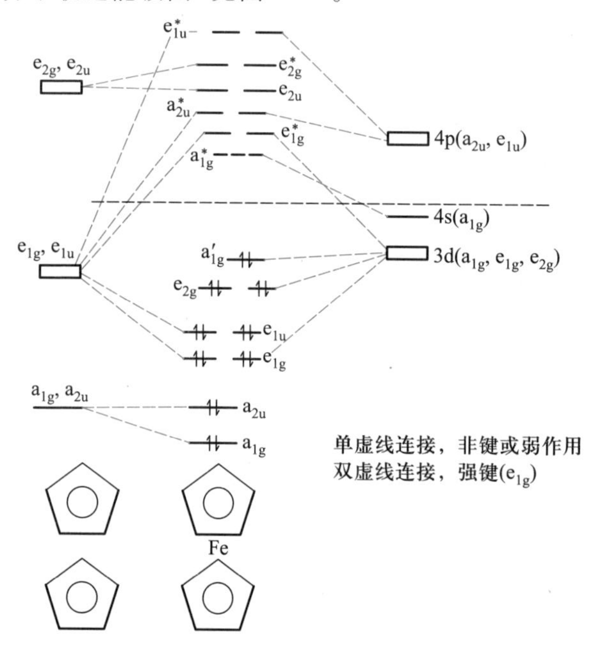

图 27-7　二茂铁的分子轨道能级图

① 两个 $C_5H_5^-$ 各自用 5 个 p 轨道组合成 5 个非定域的分子轨道，然后按两个茂环中对称相当的分子轨道匹配组合成 10 个配体群轨道。分别表示为 a_{1g}、a_{2u}、e_{1g}、e_{1u}、e_{2g}、e_{2u}。

① 从对称性角度，a 为单重简并，e 为二重简并，t 为三重简并，g 为中心对称，u 为中心反对称。下标 1 为镜面对称，下标 2 为镜面反对称。

② Fe(Ⅱ)共有9个价轨道,从对称性划分,分别为 a_{1g}、e_{1g}、e_{2g}、a_{1g}、e_{1u}、e_{2u}。

③ 根据对称性匹配、能量相近、最大重叠的原则,组合成19个分子轨道。其中8个成键轨道,3个非键轨道,8个反键轨道。

④ 电子填充在成键和非键轨道上。

交错型二茂铁(对称性为 D_{5d})之所以稳定,原因是符合18电子规则。Fe(Ⅱ)有6个价电子,$C_5H_5^-$ 有一个 Π_5^6 键,2个配体 $C_5H_5^-$ 可提供12个电子,合计18个电子,满足18电子规则。根据分子轨道能级图(见图27-7),18个价电子全都处在9个成键轨道和非键轨道中,充满电子的分子轨道具有高度的对称性,而2个非键轨道和8个反键分子轨道全空,形成一个封闭的电子结构,所以二茂铁是一个稳定的夹心型配合物。

制备二茂铁的方法有多种,其中最常用的方法是在四氢呋喃(THF)溶液中,通过钠或氢化钠和环戊二烯作用生成钠盐,然后再和金属卤化物或羰基化合物反应。

$$2C_5H_6 + 2Na \xrightarrow{THF} 2C_5H_5Na + H_2$$

$$2C_5H_5Na + FeCl_2 \xrightarrow{THF} (C_5H_5)_2Fe + 2NaCl$$

几乎所有过渡金属都可以形成类似于二茂铁的配合物,如 Cp_2Ti、Cp_2V、Cp_2Cr、Cp_2Co、Cp_2Ru、Cp_2Os 等,但都不太稳定。

目前,二茂铁及其衍生物被广泛地用作火箭燃料的添加剂、汽油的抗震剂、硅树脂和橡胶的熟化剂、紫外光吸收剂等。

二、二苯铬

二苯铬 $(C_6H_6)_2Cr$ 早在1919年就已制得,直到1954年才搞清楚二苯铬的结构和键合情况,即被确认为属于夹心型配合物。

苯(C_6H_6)和环戊二烯基($C_5H_5^-$)都是6电子配体,而Cr和Fe(Ⅱ)的价层也都是6个电子,二苯铬和二茂铁的分子轨道能级图也相似,18个电子也都是填充在成键和非键分子轨道上,所以二茂铁和二苯铬是等电子体,具有相似的结构和键合情况,性质也比较相近。

二苯铬是抗磁性的棕黑色固体,熔点284 ℃,稳定性比二茂铁差,易被氧化为黄色的 $[(C_6H_6)_2Cr]^+$。

二苯铬可由三氯化铬、芳烃、三卤化铝和铝反应生成 $[(C_6H_6)_2Cr]^+$,然后用 $Na_2S_2O_4$ 还原得到:

$$3CrCl_3 + 2Al + AlCl_3 + 6C_6H_6 \longrightarrow 3[(C_6H_6)_2Cr][AlCl_4]$$

$$2[(C_6H_6)_2Cr]^+ + S_2O_4^{2-} + 4OH^- \longrightarrow 2(C_6H_6)_2Cr + 2SO_3^{2-} + 2H_2O$$

二苯铬的主要用途是在200~250 ℃,二苯铬可作乙烯聚合的催化剂。

苯可和许多金属形成含苯的夹心型配合物,还可与茂基形成混合夹心型配合物。

27-2 簇状化合物

原子簇化合物也叫簇状化合物,简称原子簇或簇合物。原子簇化合物是指由3个或3个以上原子直接键合组成的多面体或缺顶多面体骨架为特征的分子或离子。1966年,美国化学家科顿(F. A. Cotton)将原子簇定义为"含有直接而明显键合的2个或2个以上金属原子的化合物"。由于这一历史原因,常把含有M—M键的双原子金属化合物放在金属簇中一起讨论。

27-2-1 羰基金属簇状化合物

一、金属簇状化合物的特点和分类

金属簇状化合物有以下几个特点:① 组成M—M键的金属原子可以是同种(同核),也可以是不同种(异核);M—M键可以是单键,也可以是多重键。② 过渡金属原子呈现较低氧化态。羰基金属簇状化合物中金属原子多为中性原子,有时呈负氧化态、较低正氧化态;而卤素金属簇状化合物中,金属原子常呈现+Ⅱ、+Ⅲ氧化态。③ 第一过渡系元素的成簇能力比第二、第三过渡系差。只有第二、第三过渡系元素才能形成低价簇状卤化物,这与4d和5d轨道伸展较大,有利于d轨道重叠成键有关。

金属簇状化合物的分类方法很多,主要有以下几种:

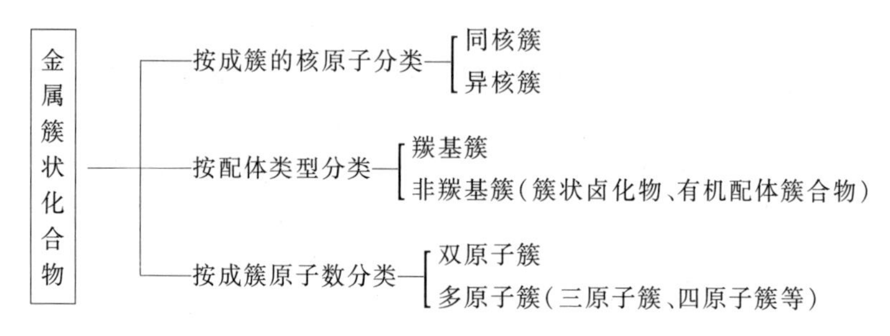

判断配合物是否存在 M—M 键，主要从以下三个方面考虑：

(1) 键能　通常认为 M—M 键键能在 80 kJ·mol^{-1}以上才是簇状化合物(见表27-3)，但这种测定结果只有对同类型簇状化合物和同一种测定方法才有意义。

(2) 键长　M—M 键键长比纯金属晶体中要短，说明有 M—M 键存在。例如，$Tc_2Cl_8^{3-}$ 中无桥连基团，Tc—Tc 键键长为 213 pm，而金属晶体中 Tc—Tc 键键长为 270 pm；$W_3Cl_9^{3-}$ 中虽有三个 Cl^-桥，但 W—W 键键长 241 pm，而金属晶体中 W—W 键键长为 274 pm；$Mo_2Cl_8^{3-}$ 中的 Mo—Mo 键键长比纯金属中短 35 pm。

(3) 磁矩　由于 M—M 键形成，电子自旋成对，引起金属簇状化合物磁矩减小，如 $W_2Cl_9^{3-}$ 中，因不含未成对电子，呈抗磁性，证明 W—W 键存在。

判断 M—M 键存在，应综合考虑，否则会出错。还可根据光谱判断。

表 27-3　一些羰基簇的 M—M 键键能

簇状化合物	$Mn_2(CO)_{10}$	$Tc_2(CO)_{10}$	$Re_2(CO)_{10}$	$Fe_3(CO)_{12}$
键能/(kJ·mol^{-1})	104	180	187	82

簇状化合物	$Ru_3(CO)_{12}$	$Os_3(CO)_{12}$	$Co_4(CO)_{12}$	$Rh_4(CO)_{12}$	$Ir_4(CO)_{12}$
键能/(kJ·mol^{-1})	117	130	83	114	130

二、羰基簇状化合物的化学键

在金属羰基化合物中，一氧化碳分子可以和 1 个、2 个或 3 个金属原子键合，一般情况下都是通过碳原子和金属原子结合。一氧化碳和金属原子的配位方式主要有端基、边桥基、面桥基等几种(见图 27-8)。

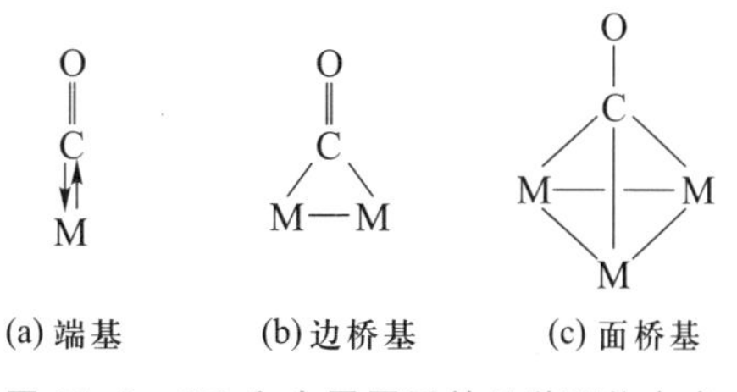

图 27-8　CO 和金属原子的几种配位方式

(1) 端基配位　参见 27-1-3 节。

(2) 边桥基配位　在双核或多核的金属羰基化合物中，当 CO 配体和 2 个金属原子结合时，形成边桥基。边桥基通常用“μ_2-CO”或简单地用“μ-CO”表示。边桥基仍可作为两电子配体，因为碳原子上孤对电子的轨道能同时和形成 M—M 键的 2 个金属原子的空轨道重叠[见图 27-9(a)]，又能用反键 π^* 轨道和 2 个充满电子的金属原子 d 轨道重叠形成反馈键[见图 27-9(b)]。

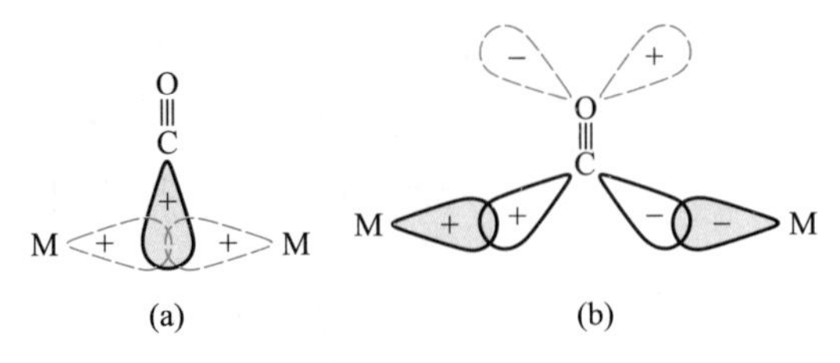

图 27-9　边桥基中的化学键

(3) 面桥基配位　在多核金属羰基化合物中,当 CO 配体和 3 个金属原子结合时形成面桥基。面桥基通常用“μ_3-CO”表示。μ_3-CO 基团中碳原子上含有孤对电子的轨道可以和符号相同的 3 个金属原子轨道重叠[见图 27-10(a)];同时,CO 配体上两个空的反键 π^* 轨道又能和对称性匹配充满电子的金属的原子轨道组合形成反馈 π 键[见图 27-10(b)(c)]。

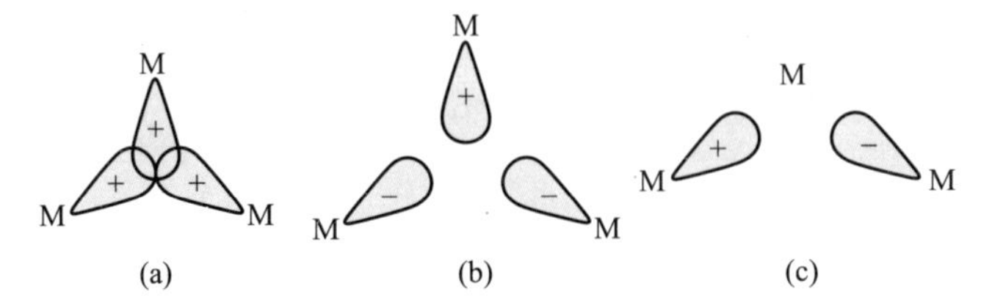

图 27-10　能和 μ_3-CO 孤对电子轨道及 π^* 轨道作用的金属原子轨道组合

通常通过测定配合物的红外光谱判断 CO 是端基、边桥基还是面桥基配位。在自由的 CO 中,σ_{CO}为 2 143 cm^{-1},而端基的 σ_{CO}在 2 125~1 900 cm^{-1};边桥基的 σ_{CO}在 1 850~1 700 cm^{-1};面桥基通常在1 650 cm^{-1}。

三、典型的羰基簇合物

(1) 双原子簇　典型的例子有 $Fe_2(CO)_9$、反式-(η^5-C_5H_5)$_2$$Fe_2(CO)_4$、$Co_2(\mu_2\text{-}CO)_2(CO)_6$ 等(见图 27-11)。对于 $Fe_2(CO)_9$,分子中 9 个 CO 其中有 3 个处于边桥基位置,6 个处于端基位置。同理分析(η^5-C_5H_5)$_2$$Fe_2(CO)_4$ 和$Co_2(\mu_2\text{-}CO)_2(CO)_6$。

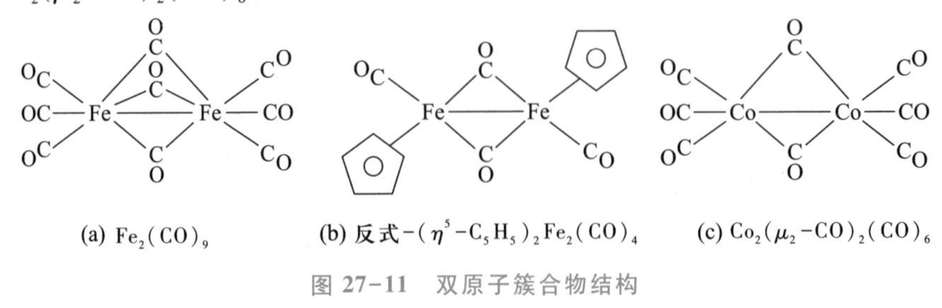

图 27-11　双原子簇合物结构

（2）多原子簇　三原子簇典型例子有 $Fe_3(\mu_2\text{-}CO)_2(CO)_{10}$、$(C_5H_5)_3Co_3(CO)_3$、$(C_5H_5)_3Ni_3(CO)_2$ 等（见图 27-12），三个中心原子构成三角形骨架。对于 $Fe_3(\mu_2\text{-}CO)_2(CO)_{10}$，12 个 CO 中 2 个 CO 处于边桥基位置，而 10 个处于端基位置。对于 $(C_5H_5)_3Co_3(CO)_3$[①] 3 个 CO 中 2 个处于边桥基位置，而 1 个处于面桥基位置。对于 $(C_5H_5)_3Ni_3(CO)_2$，2 个 CO 均处于面桥基位置。

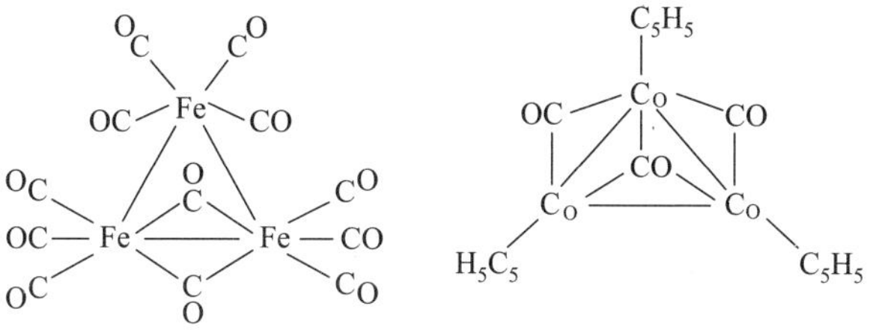

(a) $Fe_3(\mu_2\text{-}CO)_2(CO)_{10}$　(b) $(C_5H_5)_3Co_3(CO)_3$　(c) $(C_5H_5)_3Ni_3(CO)_2$

图 27-12　三原子簇合物结构

钴、铑和铱都能生成 $M_4(CO)_{12}$ 化合物。三种 $M_4(CO)_{12}$ 簇状化合物都是四面体结构，每个金属原子价电子层都遵守 18 电子规则。然而 Ir 和 Co、Rh 相比，CO 基排列方式不尽相同。在 Co、Rh 原子簇中 9 个 CO 处于端基位置，而 3 个 CO 处于桥基位置；而在 Ir 的簇合物中全部处于端基位置。这是金属羰基化物的通性——在同一系列中，较重金属比较轻金属具有较少桥基的一个例子（见图 27-13）。

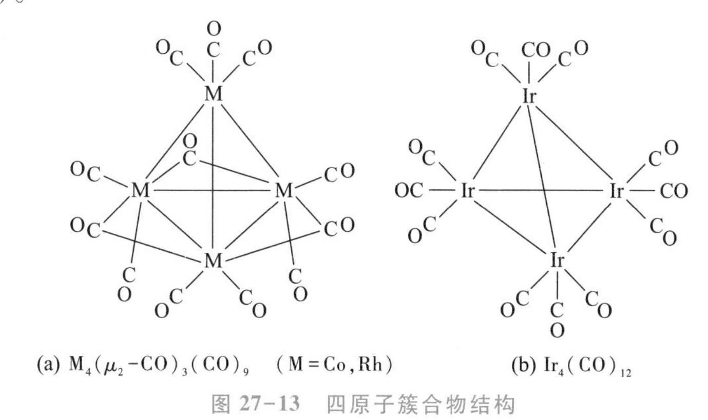

(a) $M_4(\mu_2\text{-}CO)_3(CO)_9$　（M＝Co，Rh）　(b) $Ir_4(CO)_{12}$

图 27-13　四原子簇合物结构

在 M_5 原子簇配合物中，M_5 的结构主要有三角双锥体和四方锥体两种。如

① 其中两个边桥基具有高度的不对称性，有人将该边桥基称为半桥基，本书不加区分。

$Ni_5(CO)_{12}^{2-}$中 Ni_5 呈三角双锥形，而 $Fe_5(CO)_{15}C$ 中的 Fe_5 呈四方锥结构[见图 27-14(a)、(b)]。在 $Fe_5(CO)_{15}C$ 中 5 个铁原子构成一个四方锥，碳原子位于底面的中心。$M_2Ni_3(CO)_{16}^{2-}$(M = Mo, W)的骨架构成三角双锥，而三个镍原子位于三角双锥的平面[见图 27-14(c)]。

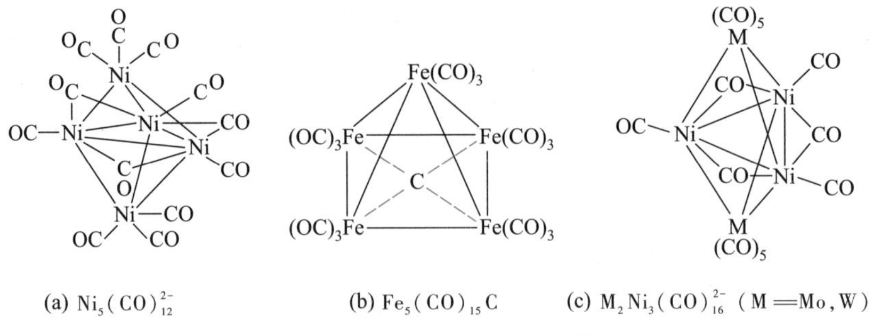

(a) $Ni_5(CO)_{12}^{2-}$　(b) $Fe_5(CO)_{15}C$　(c) $M_2Ni_3(CO)_{16}^{2-}$ (M = Mo, W)

图 27-14　五原子簇合物结构

六原子簇配合物中的 M_6 排列成规则的八面体或变形八面体。$Rh_6(CO)_{16}$、$Co_6(CO)_{16}$、$Ir_6(CO)_{16}$ 都是八面体形[见图 27-15(a)]。在 $Co_6(CO)_{15}^{2-}$、$Rh_6(CO)_{15}^{2-}$和 $Ir_6(CO)_{15}^{2-}$等配合物中，每个金属原子和 4 个羰基相连，羰基有端基配位、边桥基配位和面羰基配位，[见图 27-15(b)]。

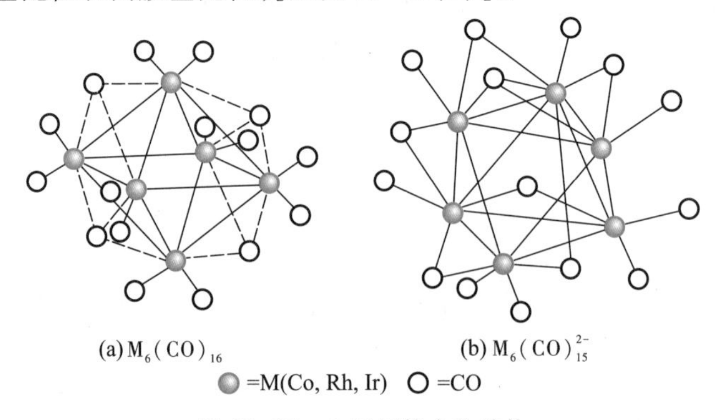

(a) $M_6(CO)_{16}$　(b) $M_6(CO)_{15}^{2-}$

● =M(Co, Rh, Ir)　○ =CO

图 27-15　六原子簇合物结构

理想的正八面体结构并不多见，八面体骨架都有不同程度的变形；六原子以上金属簇配合物也常以八面体为基础，由于结构更复杂，不再介绍。

27-2-2　卤素金属簇状配合物

卤素金属簇状配合物分双原子簇和多原子簇配合物。双原子簇的例子有

$Re_2Cl_8^{2-}$、$Mo_2Cl_8^{4-}$、$Tc_2Cl_8^{3-}$、$W_3Cl_9^{3-}$、$Mo_2Cl_8^{3-}$ 等。多原子簇有 $Re_3Cl_{12}^{3-}$、$Nb_6Cl_{12}^{2+}$、$Ta_6Cl_{12}^{2+}$、$Mo_6Cl_{14}^{2-}$等。

一、M—M 多重键的双原子簇配合物

卤素为配体的双原子簇配合物及其衍生物,M—M 键常具有多重键的特征。研究得最充分的是 $Re_2Cl_8^{2-}$ 和 $Mo_2Cl_8^{4-}$。$Re_2Cl_8^{2-}$的结构如图 27-16(a)所示,通过研究发现它的结构有两个突出特点:① Re—Re 键键长很短,为224 pm,比纯金属中 Re—Re 键键长 275 pm 小得多。② 上下氯原子呈重叠对齐构成四方柱形结构,Cl—Cl 键键长为 332 pm,小于范德华半径之和(340 ~ 360 pm)。为什么两组氯原子呈重叠形?为什么 Re—Re 键键长很小?1964 年,科顿(F. A. Cotton)提出四重键理论。

(a) $Re_2Cl_8^{2-}$ 的结构

(b) $Re_2Cl_8^{2-}$ 中的 π 键

科顿认为:① Re 原子采用 dsp^2 杂化轨道(s、p_x、p_y、$d_{x^2-y^2}$)和 4 个 Cl 原子成键,近似于平面正方形,Re 在 Cl 组成的平面之外 50 pm[见图 27-16(a)]。② Re—Re 间形成四重键分析如下[见图 27-16(b)、(c)]。

Re—Re 之间:

d_{z^2} 和 d_{z^2} ⟶ σ 键

d_{xz} 和 d_{xz} ⟶ π 键

d_{yz} 和 d_{yz} ⟶ π 键

d_{xy} 和 d_{xy} ⟶ δ 键

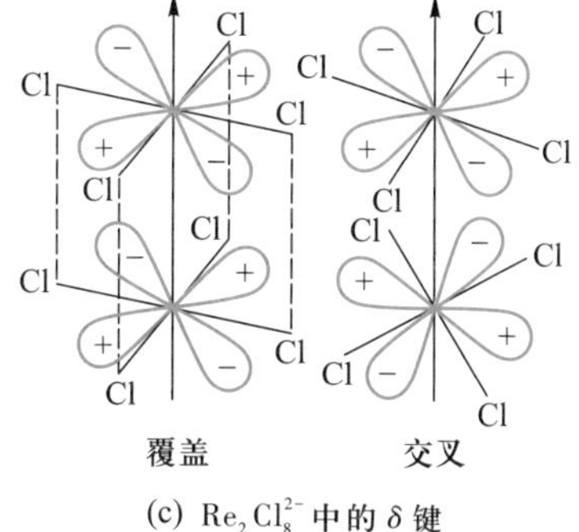

(c) $Re_2Cl_8^{2-}$ 中的 δ 键

图 27-16 多重键双原子簇配合物结构

③ 三种键型的重叠以 σ 键最大,两个 π 键次之,δ 键最小。④ 电子分配:Re 氧化态为+Ⅲ,即 d^4 电子构型。$Re_2Cl_8^{2-}$ 中共 24 个电子,8 个 Re—Cl 键共计用去 16 个电子,Re—Re 四重键用去 8 个电子,$Re_2Cl_8^{2-}$ 为抗磁性物质。以上分析解释了为什么 Re—Re 键键长很小,上下两组氯呈重叠的问题。

二、卤素三金属原子簇配合物

最典型的例子是 $Re_3Cl_{12}^{3-}$ 及其衍生物,在 $Re_3Cl_{12}^{3-}$ 中,3 个 Re 原子在一个平面上,Re—Re 键键长为 247 pm,比 $Re_2Cl_8^{2-}$ 中四重键的 Re—Re 键键长(224 pm)要

长一些，但比$(OC)_5Re—Re(CO)_5$中Re—Re单键（302 pm）要短些，每两个Re之间还借助氯桥间接键合（见图27-17），Re—Re键为双重键。

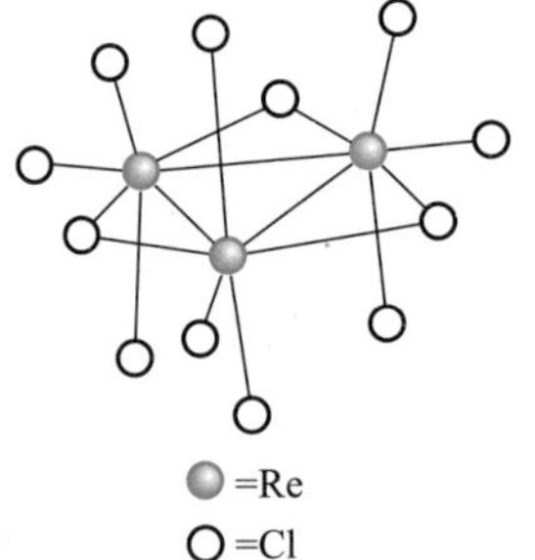

图27-17 $Re_3Cl_{12}^{3-}$的结构

三、卤素六原子金属簇配合物

六原子金属簇配合物以八面体结构为特征。主要有两种类型：$M_6X_{12}^{2+}$和$[M_6Cl_8]^{4+}$。下面分别以$Nb_6Cl_{12}^{2+}$和$Mo_6Cl_8^{4+}$为例进行讨论。

$Nb_6Cl_{12}^{2+}$中，6个Nb组成一个八面体，Nb—Nb键键长为285 pm，最短Nb—Cl键键长为241 pm，如图27-18(a)所示。12个Cl在八面体12条棱的外侧借助氯桥与邻近的2个Nb键合，八面体共12个Nb—Nb键。因6个Nb共30个电子，可认为转移给Cl共14个电子，$Nb_6Cl_{12}^{2+}$可看成$Nb_6Cl_{12}Cl_2$，因此12个Nb—Nb键共有8对电子，Nb—Nb键键级为8/12=2/3。可以认为存在一个6c-16e的多中心键。

$Mo_6Cl_8^{4+}$的结构如图27-18(b)所示。6个Mo组成一个八面体，沿着每个面的中心法线上各配置一个Cl原子，每个Cl原子和3个Mo原子形成多中心桥键，每个Mo原子和4个相邻Mo原子组成4个σ单键，$Mo_6Cl_8^{4+}$中有12个M—M键（八面体的12条棱），每个Mo(Ⅱ)提供4个电子，共24个电子，每个Mo—Mo键可分摊2个电子，所以是单键。实验测得Mo—Mo键键长为261 pm，与$[W_6Cl_8]^{4+}$结构类似。

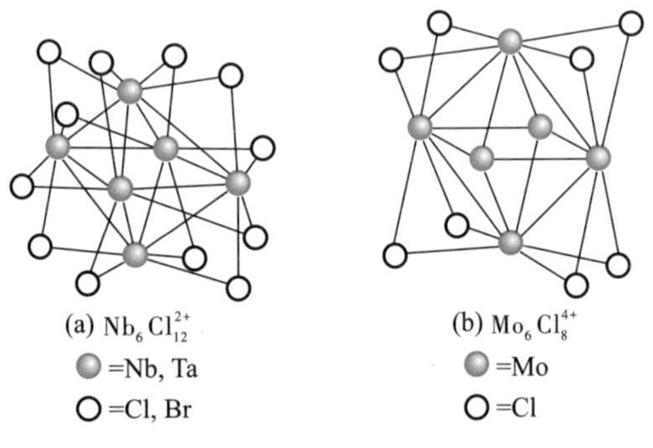

图27-18 六原子簇配合物结构

由以上分析可知，在金属与卤素组成的金属簇配合物中，卤离子可以端基、边桥基和面桥基的形式和金属原子组成的多面体骨架联系在一起。

27-2-3 簇状配合物的结构特点

同经典的单核配合物和多核配合物相比,簇状配合物的结构有以下特点。

(1) 簇状配合物有 M—M 键,多核簇状配合物是以成簇的金属原子所构成的金属骨架为特征。三原子以上原子簇中金属原子以一种多角形或多面体排列在一起(见图 27-19)。

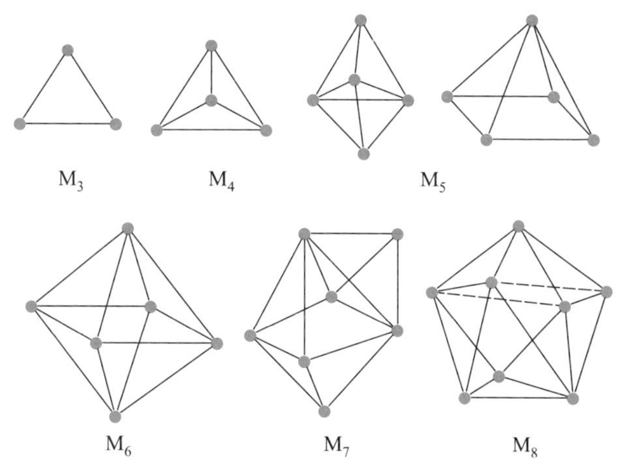

图 27-19 簇状配合物的基本骨架结构

(2) 多数簇状配合物的中心是空的,而单核和多核经典配合物都有中心原子。

(3) 簇状配合物中金属骨架的“边”并不代表相邻两个中心原子之间实际存在成键作用,骨架中的成键作用以离域的多中心键为主要特征。

(4) 占据骨架结构中顶点位置的原子不仅可以是同种或异种过渡金属原子,有时也可杂以主族金属原子,甚至是非金属原子如 C、B、P 等。

27-3 硼烷及其衍生物

硼烷及其衍生物因为它们的分子立体构型都是多面体或缺顶多面体,而骨架之间都是以离域的多中心键相结合。这些与金属簇合物十分相似,称为非金属簇合物。

斯托克(A. Stock)及其合作者在1912—1936年间,分离并鉴定一系列**硼烷**,如B_2H_6、B_4H_{10}、B_5H_9、B_5H_{11}、B_6H_{10}和$B_{10}H_{14}$等,开创了无机化学新领域——**硼氢化学**。20世纪50年代末到60年代中又合成出了新型的硼烷阴离子$B_nH_n^{2-}$(n=6~12),其中$B_{12}H_{12}^{2-}$、$B_{10}H_{10}^{2-}$表现了极高的稳定性。从1965年第一个金属碳硼烷化合物合成成功,到1975年已合成金属碳硼烷400多个。1957—1959年,利普斯科姆(W. N. Lipscomb)提出硼氢化合物的"三中心键理论",因此荣获1976年诺贝尔化学奖;1971年,威德(K. Wade)提出了"骨架成键电子对理论",20世纪80年代又提出了新的结构规则。

27-3-1 硼烷的结构和化学键

由表27-4可看出,中性硼烷可根据组成分为多氢的B_nH_{n+6}和少氢的B_nH_{n+4}两大类。从化学配比看,由简单的B_2H_6到复杂的硼烷,不能用烃类或非金属"正常"化合物的结构和键合关系来说明。由于硼烷的缺电子性,分子中没有足够的电子使所有相邻的两个原子间都能生成常规的二中心二电子键(2c-2e键)。这就决定了硼烷结构的特殊性。20世纪50年代广泛地采用各种类型的多中心键来说明硼烷的结构。

表 27-4 一些硼烷的重要性质

通式	化 合 物	名 称	熔点/K	沸点/K
B_nH_{n+4}	B_2H_6	乙硼烷(6)	437.83	365.59
	B_5H_9	戊硼烷(9)	319	333
	B_6H_{10}	己硼烷(10)	335.3	381
	B_8H_{12}	辛硼烷(12)	293	—
	$B_{10}H_{14}$	癸硼烷(14)	372.5	486(外推)
B_nH_{n+6}	B_4H_{10}	丁硼烷(10)	393	191
	B_5H_{11}	戊硼烷(11)	455	338
	B_6H_{12}	己硼烷(12)	355.3	350~360
	B_8H_{14}	辛硼烷(14)	—	—
	B_9H_{15}	壬硼烷(15)	275.6	—

续表

通式	$\Delta_f H_m^\ominus/(kJ\cdot mol^{-1})$	在空气中反应（室温）	热稳定性	与水反应
B_nH_{n+4}	35.5	自　燃	稳定(室温)	立即水解
	77.5	自　燃	150 ℃缓慢分解	加热水解
	94.9	稳　定	25 ℃缓慢分解	加热水解
	—	—	极不稳定	—
	31.56	极稳定	150 ℃稳定	水解极慢
B_nH_{n+6}	66.3	纯时不自燃	25 ℃很快分解	24 h 内水解
	103.7	自　燃	25 ℃很快分解	快速水解
	—	—	液态,室温稳定几小时	全部水解
	—	—	极不稳定	立即水解
	—	稳　定	—	—

一、硼烷中的化学键

B_2H_6 是最简单的硼烷。它的结构在第 17 章已做介绍,这里不再重复。考察其他硼烷,由于硼原子的缺电子性,存在六种成键情况列于表 27-5。

表 27-5 硼烷中的化学键

名　称	符　号	轨道重叠情况
2c-2e 硼氢键	B—H	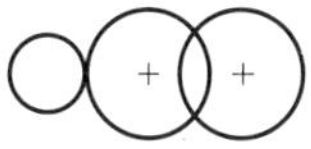
2c-2e 硼硼键	B—B	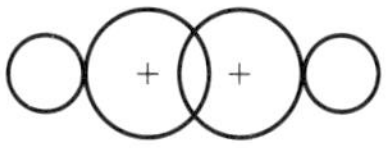
3c-2e 氢桥键	 B⌒H⌒B（H 桥连两个 B）	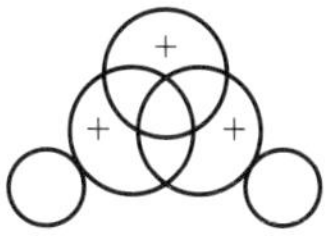
闭合式 3c-2e 硼键	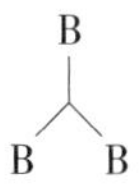 三个 B 以 Y 形相连	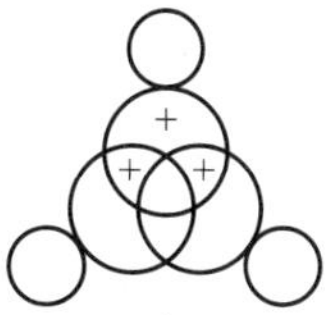

续表

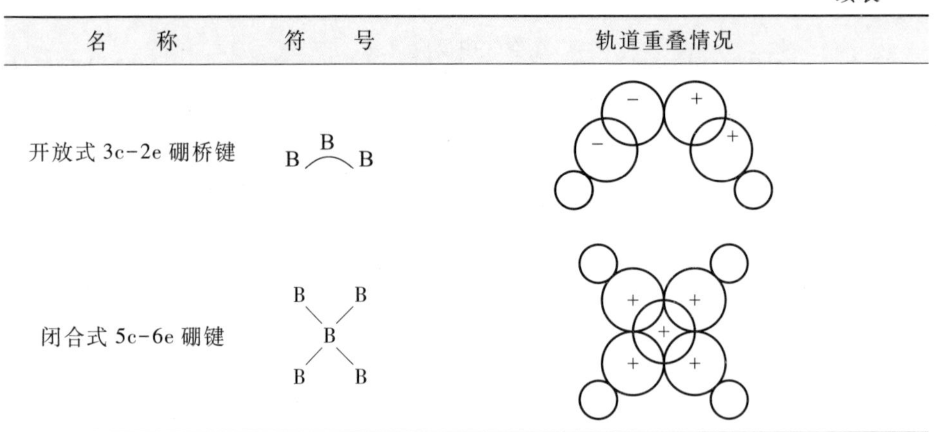

名　称	符　号	轨道重叠情况
开放式 3c-2e 硼桥键	$\mathrm{B}\overset{\mathrm{B}}{\frown}\mathrm{B}$	
闭合式 5c-6e 硼键	B B / B / B B	

应该说明的是 2c-2e 的 B—H 键和 3c-2e 的氢桥键是定域键处理方式得到的。利普斯科姆等认为还应有 B—B、$\begin{smallmatrix} & \mathrm{B} & \\ & | & \\ \mathrm{B} & & \mathrm{B} \end{smallmatrix}$、$\mathrm{B}\overset{\mathrm{B}}{\frown}\mathrm{B}$成键要素。而闭合式 5c-6e硼键是由离域键处理方式得到的。通常定域键讨论硼烷中化学键只提前面五种。这种处理方式，在讨论简单的中性硼烷比较适合。

二、硼烷的结构类型

硼氢化合物及其衍生物根据所含元素又可分为硼烷（中性硼烷、硼烷阴离子）和杂硼烷（碳硼烷、磷硼烷等）两大类。

迄今为止，已合成的硼烷及其衍生物就其结构有三种类型：① 闭式（closo）；② 巢式（nido）；③ 蛛网式（arachno）。巢式和蛛网式结构又称开式多面体结构。B^-和碳原子是等电子体，若碳原子取代硼氢化合物中的 BH 单元，即生成碳硼烷，其结构基本不变。少氢的中性硼烷 B_nH_{n+4}都具有巢式结构，多氢的中性硼烷 B_nH_{n+6}具有蛛网式结构（见图 27-20）。闭式结构假想地转化为巢式和蛛网式结构的图式如图 27-21 所示。

三、威德规则

1971 年，英国结构化学家威德在分子轨道理论基础上提出了一个预言硼烷、硼烷衍生物以及原子簇化合物结构的规则，通常叫**威德规则**。该规则指出：硼烷及其衍生物的结构与骨架成键电子对数有关。

若 b 表示骨架成键电子对数，n 表示骨架原子数，则

① $b=n+1$，为闭式结构；

② $b=n+2$，为巢式结构；

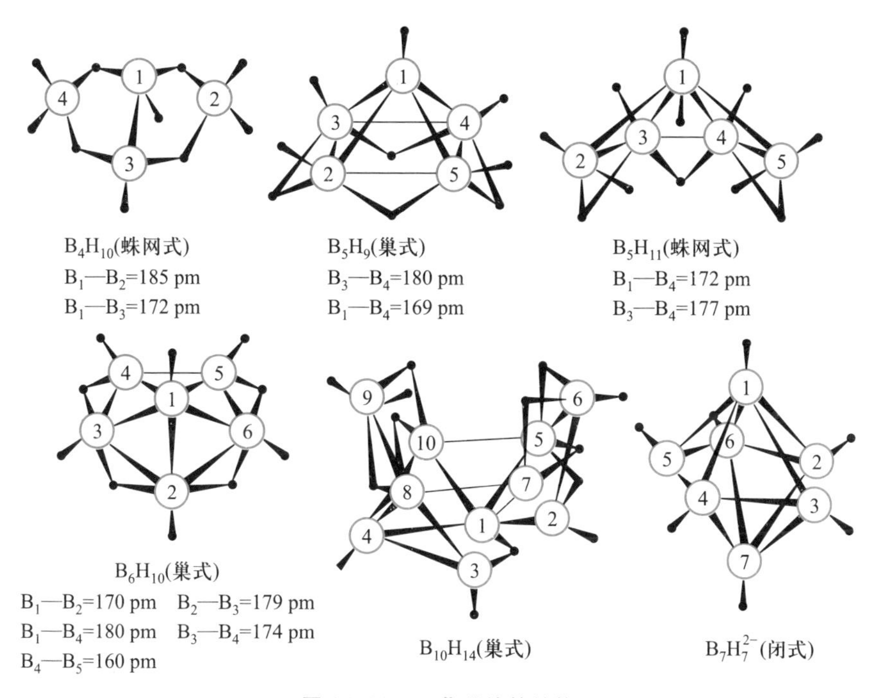

图 27-20 一些硼烷的结构

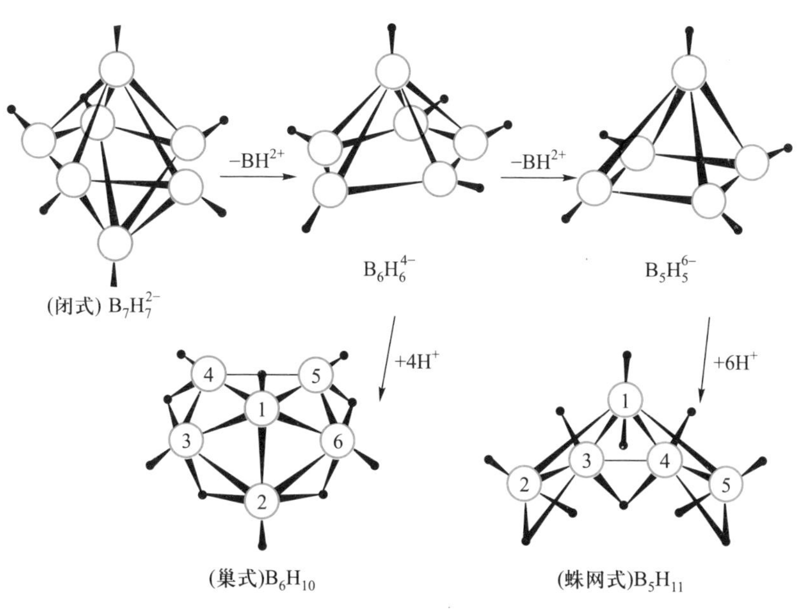

图 27-21 假想的结构转化图式

③ $b=n+3$，为蛛网式结构。

它适用于 $B_nH_n^{2-}$、B_nH_{n+x}（$n>x$、$n=5\sim12$，$x=2,4,6$ 等）、碳硼烷和某些其他杂硼烷化合物如 $B_{11}SH_{11}$ 等。

关于中性硼烷、硼烷阴离子、碳硼烷的结构均可用以下通式表示：

$$[(CH)_a(BH)_pH_q]^{d-}$$

式中，a 为 CH 基个数；p 为 BH 基个数；q 代表额外的 H 原子数，即处于 B⌒H⌒B 键中的 H 和 BH_2 上的第二个端梢 H 原子数；d 代表多面体所带的电荷。硼原子和碳原子是构成多面体骨架的骨架原子。多面体的顶点数即硼原子和碳原子数 n 为（$a+p$）。假设每个 B—H 键贡献 2 个电子；每个额外 H 原子贡献 1 个电子；CH 贡献 3 个电子。多面体骨架成键电子数 M 可按下式计算：

$$M=3a+2p+q+d$$

由于 $a+p=n$，则 $M=2n+a+q+d$，所以 $b=\frac{1}{2}(2n+a+q+d)$。

例如，任一 $B_nH_n^{2-}$ 中，$a=0$，$q=0$，$d=2$，多面体骨架成键电子对数 $b=\frac{1}{2}(2n+2)=n+1$，故这类离子为闭式结构。

例如，B_5H_9，可写为 $(BH)_5H_4$，$a=0$，$p=5$，$q=4$，$d=0$，则 $b=\frac{1}{2}(2\times5+4)=7=5+2$。因为 $n=a+p=5$，符合 $n+2$ 类型，故 B_5H_9 为巢式结构。

硼烷结构和骨架电子对数的关系列在表 27-6 中。

表 27-6　硼烷结构和骨架电子对数的关系

组成通式	结构类型	骨架电子对数	例　子
$B_nH_n^{2-}$	闭式（n 顶点多面体）	$n+1$	$B_{n-2}C_2H_n$，$B_{n-1}CH_n^-$，$B_6H_6^{2-}$，B_nSH_{11}
B_nH_{n+4}（$B_nH_n^{4-}$）	巢式（$n+1$ 顶点多面体缺 1 顶）	$n+2$	B_5H_9，$B_3C_2H_7$，$B_{10}H_{14}$
B_nH_{n+6}（$B_nH_n^{6-}$）	蛛网式（$n+2$ 顶点多面体缺 2 顶）	$n+3$	B_4H_{10}，B_5H_{11}，$B_{10}H_{15}^-$

对于硼烷，应用威德规则可用更简化的方式讨论其所属结构类型。硼烷通式可写成 B_nH_{n+m}，应用威德规则可做如下假定：

① 硼烷可看成由 n 个 BH 基团和 m 个 H 组成，n 个 BH 共有 $n(3+1)=4n$ 个电子，B_nH_{n+m} 共有（$4n+m$）个电子。

② 当形成 n 个 2c-2e 外向 B—H 时，共用去 $2n$ 个电子，因此提供给骨架的电子数为 $2n+m$。

③ 设骨架成键电子对数为 b，则 $b=\frac{1}{2}(2n+m)=n+\frac{m}{2}$。$m=2$，$b=n+1$，闭式结构；$m=4$，$b=n+2$，巢式结构；$m=6$，$b=n+3$，网式结构。应用这个式子判断硼烷的结构类型更为简单。例如，戊硼烷(9)，B_5H_9：$m=4$，$b=5+\frac{4}{2}=5+2$，B_5H_9 为巢式结构。$B_6H_6^{2-}$：1 个负电荷相当于一个 H 原子，$m=2$，$b=6+\frac{2}{2}=6+1$，$B_6H_6^{2-}$ 为闭式结构。$B_9C_2H_{11}$： 1 个 C 相当于 B^-，$m=2$，$b=11+\frac{2}{2}=11+1$，$B_9C_2H_{11}$ 为闭式结构。

应该注意，威德规则并不能预测具体结构，只能预测结构类型，而且不符合威德规则的例子也不少。例如，它不能预测三棱柱、立方体等非三角多面体的原子簇的结构。尽管如此，威德规则仍然是目前预言结构类型最好的规则。

27-3-2 硼烷的合成与反应

一、中性硼烷的合成和反应

研究最多而又最简单的硼烷是 B_2H_6，最稳定的硼烷是 $B_{10}H_{14}$。在实验室中 B_2H_6 的制法：

$$2BH_4^- + 2H^+ \longrightarrow B_2H_6 + 2H_2 \quad (\text{用 } 85\%\,H_3PO_4 \text{ 可得较纯产物})$$

$$2NaBH_4 + I_2 \xrightarrow{\text{二甘醇二甲醚}} B_2H_6 + 2NaI + H_2$$

$$3NaBH_4 + 4BF_3 \xrightarrow{\text{二甘醇二甲醚}} 2B_2H_6 + 3NaBF_4$$

合成较高级硼烷大都利用各种条件下乙硼烷的热解而得到。例如，B_2H_6 在二甲醚中 150 ℃热解可得 $B_{10}H_{14}$，在氢气存在下 B_2H_6 在 200~250 ℃热解得到 B_5H_9。

中性硼烷的反应，主要有以下三种：

(1) 与路易斯碱的反应　乙硼烷在多种反应中，开始时都是与路易斯碱(用 L 表示)加成得到不稳定的加合物，然后发生对称或不对称的裂解：

$$B_2H_6+2L \longrightarrow 2\left[\begin{matrix} H & & H \\ & B & \\ H & & L \end{matrix}\right]$$

（对称裂解）

$$B_2H_6+2L \longrightarrow \left[\begin{matrix} H & & L \\ & B & \\ H & & L \end{matrix}\right]^+ \left[\begin{matrix} H & & H \\ & B & \\ H & & H \end{matrix}\right]^-$$

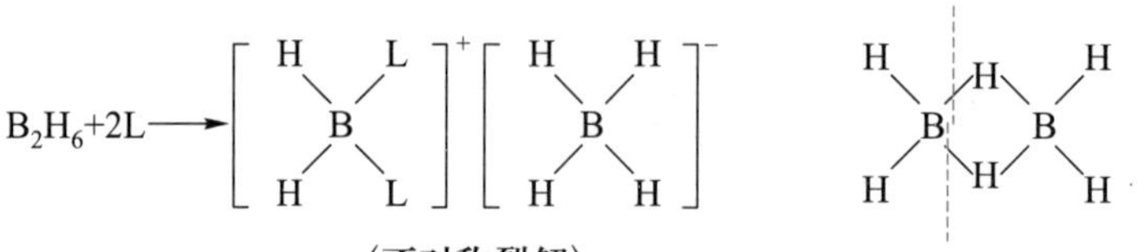

（不对称裂解）

一般来说，乙硼烷和 B_nH_{n+6} 与 NaH 和较大的路易斯碱反应（如胺、醚、膦等）发生对称裂解：

$$B_2H_6+2NaH \longrightarrow 2NaBH_4$$

$$B_2H_6+2(CH_3)_2O \longrightarrow 2(CH_3)_2OBH_3$$

$$B_4H_{10}+2N(CH_3)_3 \longrightarrow BH_3N(CH_3)_3+B_3H_7N(CH_3)_3$$

$$B_5H_{11}+2CO \longrightarrow BH_3CO+B_4H_8CO$$

$$B_6H_{12}+P(CH_3)_3 \longrightarrow BH_3P(CH_3)_3+B_5H_9$$

乙硼烷和蛛网式结构硼烷与较小的路易斯碱反应（如 NH_3、NH_2CH_3、OH^- 等）发生不对称裂解，分裂出 BH_2^+ 和 BH_4^-：

$$B_2H_6+2NH_3 \longrightarrow BH_2(NH_3)_2^+ + BH_4^-$$

$$B_4H_{10}+2NH_3 \longrightarrow BH_2(NH_3)_2^+ + B_3H_8^-$$

$$2B_4H_{10}+4OH^- \longrightarrow B(OH)_4^- + BH_4^- + 2B_3H_8^-$$

$$B_5H_{11}+2NH_3 \longrightarrow BH_2(NH_3)_2^+ + B_4H_9^-$$

（2）去质子反应　$B_{10}H_{14}$ 在水介质中 $pK_a=2.7$，早在 1956 年人们就知道可用 NaOH 滴定。由此推理，具有桥氢的中性硼烷具有质子酸的性质。现已知道它可发生多种去质子反应而形成 $B_{10}H_{13}^-$。例如：

$$B_{10}H_{14}+NaOH \longrightarrow NaB_{10}H_{13}+H_2O$$

$$B_{10}H_{14}+NaH \longrightarrow NaB_{10}H_{13}+H_2$$

$$B_{10}H_{14}+CH_3MgI \longrightarrow B_{10}H_{13}MgI+CH_4$$

$$B_{10}H_{14}+P(C_6H_5)_3CH_2 \longrightarrow [P(C_6H_5)_3CH_3][B_{10}H_{13}]$$

同类硼烷酸性随骨架体积增大而增强。对巢式硼烷系列，酸性次序如下：$B_5H_9<B_6H_{10}<B_{10}H_{14}<B_{16}H_{20}<n\text{-}B_{18}H_{22}$；对蛛网式硼烷，$B_4H_{10}<B_5H_{11}$。但不同类型硼烷之间无明显规律。

（3）氢的亲电取代反应　由于硼烷中的角顶带有较多的负电荷（见图

27-20中 $B_{10}H_{14}$ 中 2、4 位置)，因此硼烷中端梢氢原子可被亲电试剂取代。其中研究最多、最典型的取代反应就是卤化反应。$B_{10}H_{14}$ 中不同位置的氢有不同的可交换性，即不同位置对亲电进攻的敏感性不同，但端梢氢均可被 X_2(X = Cl, Br, I)完全取代，取代顺序：$Cl_2 > Br_2 > I_2$。例如，$B_{10}H_{10}^{2-}$ 和 $B_{12}H_{12}^{2-}$ 中的氢被 X_2 完全取代后，生成 $B_{10}X_{10}^{2-}$ 和 $B_{12}X_{12}^{2-}$。它们的取代反应性次序为 $B_{10}H_{10}^{2-} > B_{12}H_{12}^{2-}$。

二、闭式硼烷阴离子的合成与反应

BH_4^- 可认为是最简单的硼烷阴离子。BH_4^- 及其衍生物 BH_3CN^-、$BH(OCH_3)_3^-$ 制备反应如下：

$$2LiH + B_2H_6 \xrightarrow{\text{乙醚}} 2LiBH_4$$

$$4NaH + B(OCH_3)_3 \xrightarrow{523\ K} NaBH_4 + 3NaOCH_3$$

$$NaH + B(OCH_3)_3 \xrightarrow{THF} NaBH(OCH_3)_3$$

$$NaBH_4 + HCN \xrightarrow{THF} NaBH_3CN + H_2$$

$NaBH_4$ 是最常见、最具有代表性的碱金属四氢硼化物。$NaBH_4$ 在水中缓慢水解：

$$2NaBH_4 + 2H_2O \longrightarrow 2NaOH + B_2H_6 + 2H_2$$

$NaBH_4$ 及其衍生物 $NaBH(OCH_3)_3$、$NaBH_3CN$ 等在无机和有机化学中被广泛地用作还原剂和 H^-来源。

在硼烷阴离子中，$B_{12}H_{12}^{2-}$和 $B_{10}H_{10}^{2-}$较稳定，常出现在各种硼烷阴离子的混合物中。其他硼烷阴离子还有 $B_7H_7^{2-}$、$B_8H_8^{2-}$、$B_9H_9^{2-}$ 等。

$B_{12}H_{12}^{2-}$的合成是 $NaBH_4$ 和 B_2H_6 在三乙胺溶剂中，通过缩合反应制得：

$$2NaBH_4 + 5B_2H_6 \xrightarrow[\text{三乙胺}]{373 \sim 553\ K} Na_2B_{12}H_{12} + 13H_2$$

$$2(C_2H_5)_3NBH_3 + 5B_2H_6 \xrightarrow[\text{三乙胺}]{373 \sim 553\ K} [(C_2H_5)_3NH]_2B_{12}H_{12} + 11H_2$$

$B_{10}H_{10}^{2-}$的合成是将$(C_2H_5)_3N$ 和 $B_{10}H_{14}$在甲苯中回流而制得：

$$2(C_2H_5)_3N + B_{10}H_{14} \xrightarrow{\text{甲苯中回流}} [(C_2H_5)_3NH]_2B_{10}H_{10} + H_2$$

由于闭式硼烷阴离子中骨架键合电子高度的离域性，对称性高且硼原子多的离子具有特殊的稳定性。在通式为 $B_nH_n^{2-}$($n = 6 \sim 12$)的硼烷阴离子中，$B_{12}H_{12}^{2-}$最稳定。它不与强碱作用，在 95 ℃和 3mol · L^{-1}盐酸中也不水解。$B_7H_7^{2-}$ 因结构不对称，稳定性最低，在水中缓慢水解。$B_{12}H_{12}^{2-}$的结构如图 27-22 所示，它是由 20 个相等三角形面构成的规则二十面体。

多面体硼烷阴离子类似于芳烃能发生许多取代反应，和亲电试剂如 RCO^+、CO^+、$C_6H_5N_2^+$ 和 Br^+ 等发生亲电取代。这些取代反应在强酸介质中较易进行。

与芳烃相比，闭式硼烷阴离子的成键轨道已全部充满，最低空轨道（LUMO）的能级相当高，所以难于还原，但可以被氧化。

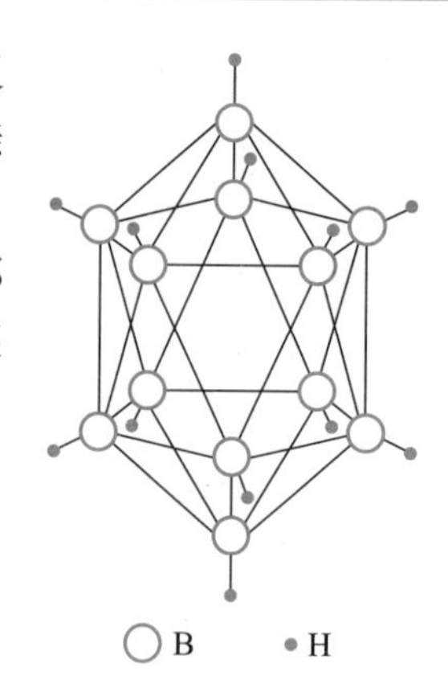

图 27-22 闭式硼烷阴离子 $B_{12}H_{12}^{2-}$ 的结构

27-3-3 碳硼烷

一、碳硼烷的合成与性质

碳硼烷是多面体硼烷的骨架中，由碳原子取代部分硼原子而形成的一类化合物。在碳硼烷中 CH 与 BH^- 是等电子体，可以互相取代。碳硼烷有三种类型：

① 含2个碳原子的中性碳硼烷，即闭式中性二碳代碳硼烷，通式为 $B_nC_2H_{n+2}$（$n=3\sim10$），典型的例子是 $B_{10}C_2H_{12}$。

② 含2个碳原子的巢式碳硼烷阴离子，通式为 $B_nC_2H_{n+3}^-$（$n=3\sim10$），典型的例子是 $B_9C_2H_{12}^-$。

③ 含碳原子数除2以外的碳硼烷及阴离子，闭式碳代碳硼烷阴离子较为典型，通式为闭式 $B_nCH_{n+1}^-$。

典型的 $B_{10}C_2H_{12}$，通常采用 $B_{10}H_{14}$ 在路易斯碱（L）存在下与炔烃反应制得：

$$B_{10}H_{14} \xrightarrow[-H_2]{2L} L_2B_{10}H_{12} \xrightarrow[-2L,\ -H_2]{RC\equiv CR'} RC \underset{B_{10}H_{10}}{\bigtriangledown} CR'$$

（1,2-异构体）

式中，R 及 R′可为氢原子、烷基、芳基等，$\bigtriangledown$ 代表闭式结构，$L=Et_2S$ 或乙腈。当 R、R′为 H 时得到 $B_{10}C_2H_{12}$。如将 1,2-$C_2B_{10}H_{12}$ 加热，则发生异构化，这种分子内重排反应表示如下：

$$HC \underset{B_{10}H_{10}}{\bigtriangledown} CH \xrightarrow[\text{几小时}]{470\ ^\circ C} HCB_{10}H_{10}CH \longrightarrow \overline{HCB_{10}H_{10}CH}$$

1,2-异构体（邻位异构体） 1,7-异构体（间位异构体） 1,12-异构体（对位异构体）

异构体中数字表示碳原子所占的位置。三种异构体的标准摩尔生成焓 $\Delta_f H_m^\ominus$ 的数值如表 27-7 所示。它们都有较高的稳定性，与闭式硼烷阴离子相似，可发生类似芳烃的取代反应。

表 27-7 $C_2B_{10}H_{12}$异构体的标准摩尔生成焓

异 构 体	$\Delta_f H_m^\ominus/(kJ\cdot mol^{-1})$
$1,2-C_2B_{10}H_{12}$	-169.9
$1,7-C_2B_{10}H_{12}$	-240.6
$1,12-C_2B_{10}H_{12}$	-310.9

二、夹心型金属碳硼烷

重要的碳硼烷阴离子 $C_2B_9H_{12}^-$是由闭式 $C_2B_{10}H_{12}$降解而得。

$$1,2-C_2B_{10}H_{12}+2C_2H_5OH+C_2H_5ONa\xrightarrow[\text{乙醇}]{358\ K}Na(1,2-C_2B_9H_{12})+B(OC_2H_5)_3+H_2$$

$Na(1,2-C_2B_9H_{12})$在四氢呋喃中与强碱氢化钠作用,生成开口的 $B_9C_2H_{11}^{2-}$:

$$1,2-C_2B_9H_{12}^-+NaH\xrightarrow{THF}1,2-C_2B_9H_{11}^{2-}+Na^++H_2$$

$C_2B_9H_{12}^-$和 $C_2B_9H_{11}^{2-}$的结构如图 27-23 所示。$C_2B_9H_{12}^-$中第 12 个氢原子可能留在五边形的开口处。$C_2B_9H_{11}^{2-}$的结构,位于开口面上 3 个硼原子和 2 个碳原子各提供 1 个 sp^3 杂化轨道指向缺少顶点的位置,这 5 个 sp^3 轨道中,包含 6 个离域电子,类似于环戊二烯基离子。1964 年,M.F.Hawthorne 等又成功合成了夹心型金属碳硼烷 $Fe(1,2-C_2B_9H_{11})_2^{2-}$,结构如图 27-24(a)所示。后来又合成一些过渡金属离子的化合物。还发现 $C_2B_9H_{11}^{2-}$与 CO 等配体一起和金属离子形成“半夹心”型化合物[见图 27-24(b)]。

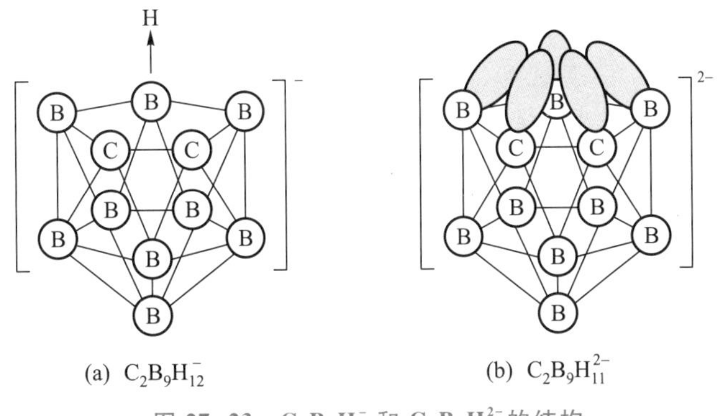

(a) $C_2B_9H_{12}^-$ (b) $C_2B_9H_{11}^{2-}$

图 27-23 $C_2B_9H_{12}^-$和 $C_2B_9H_{11}^{2-}$的结构

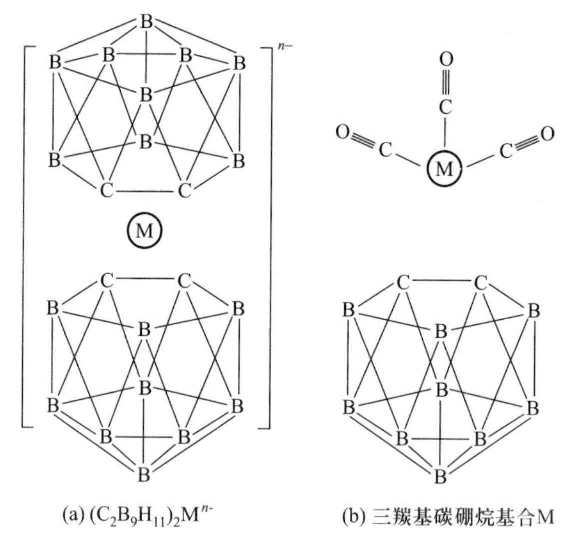

(a) $(C_2B_9H_{11})_2M^{n-}$　　(b) 三羰基碳硼烷基合M

图 27-24　$C_2B_9H_{11}^{2-}$ 作配体的金属配合物结构

习　题

27-1　列举 V、Cr、Fe 和 Ni 的单核金属羰基配合物，写出它们的分子式，并指出哪些符合 EAN 规则。

27-2　为什么羰基配合物中过渡金属可以是零氧化态，甚至是负氧化态（如 $[Co(CO)_4]^-$、$[V(CO)_6]^-$ 等）？

27-3　讨论并解释在 $V(CO)_6^-$、$Cr(CO)_6$、$Mn(CO)_6^+$ 系列中 CO 的伸缩振动频率的变化趋势（提示：它们之间的 σ 键都比较弱，从形成反馈 π 键的强弱的角度分析）。

27-4　根据 EAN 规则推测出 $Fe_2(CO)_9$、$Ru_3(CO)_{12}$ 和 $Rh_4(CO)_{12}$ 的结构。

27-5　解释下列现象：

（1）CO 和 N_2 是等电子体，但 N_2 比 CO 生成配合物的能力差；

（2）CO 和 NO 为配体的钛的化合物一般难以形成；

（3）Mn 的配合物可以 $Mn_2(CO)_{10}$ 的形式存在，也可以 $Mn(CO)_5H$、$Mn(CO)_5Cl$ 的形式存在，却不存在 $Mn(CO)_5$，为什么？

27-6　通过计算说明，下列配合物是否满足 EAN 规则？中性分子指出中心原子的氧化态。

(1) $Cr(C_6H_6)(CO)_3$;(2) $Mn(CO)_4(NO)$;(3) $Co(NH_3)_6^{3+}$;(4) $(\eta^5\text{-}C_5H_5)Mn(CO)_3$

Mn
OC CO CO

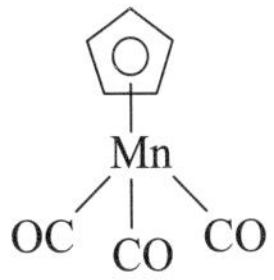

27-7 写出下列反应的化学方程式:

(1) 在 $PtCl_2$ 的盐酸溶液中通入乙烯,然后加入 KCl 制备蔡斯盐;

(2) 用茂化钠与 $FeCl_2$ 在四氢呋喃中反应制备二茂铁;

(3) 六羰基合铬中部分 CO 被 C_6H_6 取代的反应;

(4) 金属钠与 $V(CO)_6$ 的反应。

27-8 说明 π-酸配合物和 π 配合物有何共同点和不同点。

27-9 说明 $Re_2Cl_8^{2-}$ 配离子中 Re—Re 间的成键特征。

27-10 二茂铁和二茂钴相比,哪一个稳定性大,试说明原因。

27-11 在含有线性 OC—M—CO 基团的羰基配合物中,(1) 当一个 CO 被三乙胺取代;(2) 配合物若带一个正电荷;(3) 配合物若带一个负电荷,CO 的伸缩振动频率将若如何变化?

27-12 已知化学式分别为 $Mn_2(CO)_{10}$和 $Co_2(CO)_8$ 两个配合物,$Mn_2(CO)_{10}$只有 2044~1980 cm^{-1}的伸缩振动带;而 $Co_2(CO)_8$ 具有 2071~2022 cm^{-1} 的振动带和另外两个分别为 1860 cm^{-1}、1858 cm^{-1}的振动带,画出两种化合物的结构式(提示:桥连结构式和非桥连结构式)。

27-13 举例说明簇状配合物和多核配合物概念上有何不同之处,二者有何关系?

27-14 画出硼烷结构中 2c-2e B—H 键、2c-2e B—B 键、3c-2e $\mathrm{B}\overset{\mathrm{H}}{\frown}\mathrm{B}$键、闭合型 3c-2e $\overset{\mathrm{B}}{\mathrm{B}\ \ \ \mathrm{B}}$ 键、开放式$\mathrm{B}\overset{\mathrm{B}}{\frown}\mathrm{B}$键的轨道重叠情况图。

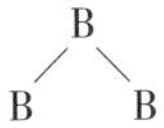

27-15 运用威德规则,判断下列物种所属结构类型(闭式、巢式、蛛网式)。

$B_6H_6^{2-}$,$B_{10}H_{10}^{2-}$,$B_{12}H_{12}^{2-}$,$B_4C_2H_6$,$B_{10}C_2H_{12}$,B_5H_{11},B_4H_{10},$B_{10}H_{15}^-$

27-16 请写出下列各物质的制备反应:

(1) $NaBH_4$; (2) B_2H_6; (3) B_5H_9; (4) $B_{12}H_{12}^-$; (5) $C_2B_9H_{12}^-$; (6) $C_2B_9H_{11}^{2-}$

第 28 章

生物无机化学简介

内容提要

本章介绍生物无机化学的基本知识，包括生命必需元素及其生物功能、血红蛋白和肌红蛋白、羧肽酶、维生素 B_{12} 和 B_{12} 辅酶、微量元素与疾病等。

本章要求：

1. 了解生命必需元素及其主要生物功能；
2. 掌握血红蛋白活性部位的结构及其载氧功能；
3. 了解羧肽酶 A 的生物功能及其可能的作用机理；
4. 了解维生素 B_{12} 和 B_{12} 辅酶的主要组成及功能。

生物无机化学始于 20 世纪 60 年代，是介于生物化学与无机化学之间内容广泛的交叉学科，在分子水平上研究生物体内与无机元素有关的各种相互作用，其研究对象是生物体内的金属（和少数非金属）元素及其化合物，特别是痕量金属元素和生物大分子配体形成的生物配合物，如各种金属酶、金属蛋白等，侧重研究它们的结构-性质-生物活性之间的关系以及在生命环境内参与反应的机理。近年来，生物无机化学进一步同分子生物学、结构生物学、能源科学、理论化学、环境科学、材料科学和信息科学等融合交叉并取得重大进展。

很多生命过程都与无机元素有关。它们不仅对维持生物大分子的结构至关重要，而且广泛参与各种生命过程，在物质输送、信息传递、生物催化和能量转换中都起着十分关键的作用，这些无机元素在生物体内的状态和功能就成为生物无机化学家感兴趣的课题。生物无机化学目前的研究热点包括金属酶和金属蛋白的结构和功能、催化机理以及模型化合物的构建；金属离子及其配合物与生物大分子的相互作用及功能的调控机理；生物矿化生物纳米水平的程序化组装及智能仿生体系；金属离子与细胞的相互作用；痕量元素生物无机化学与环境生物无机化学；金属药物及金属酶和模拟酶的应用。化学生物学是化学和生命科学交叉的新学科，其目标是通过化学方法和技术拓展生物学的研究范围、通过加强化学在生命科学中的应用进一步促进化学的发展,生物无机化学的研究已成为化学生物学学科的重要组成部分。

28-1 生命元素及其生物功能

28-1-1 生命元素

在天然条件下,地球上可以找到90多种元素,根据目前掌握的材料,多数科学家比较一致地认为生命必需元素共有27种,它们在周期表中的分布情况如表28-1所示。

表 28-1 生命必需元素在周期表中的分布

	ⅠA	ⅡA	ⅢB	ⅣB	ⅤB	ⅥB	ⅦB	Ⅷ			ⅠB	ⅡB	ⅢA	ⅣA	ⅤA	ⅥA	ⅦA	0
1	H																	
2													B	C	N	O	F	
3	Na	Mg												Si	P	S	Cl	
4	K	Ca			V	Cr	Mn	Fe	Co	Ni	Cu	Zn			As	Se		
5						Mo								Sn			I	

硼是某些绿色植物和藻类生长的必需元素,而哺乳动物并不需要硼,因此人体必需元素实际上为26种。在27种生命必需的元素中,按体内含量高低可分为宏量元素和微量元素。

宏量元素指含量占生物体总质量0.01%以上的元素,如碳、氢、氧、氮、磷、硫、氯、钾、钠、钙和镁。这些元素在人体内的含量均在0.04%~62.8%,这11种元素共占人体总质量的99.97%。

微量元素指含量占生物体总质量0.01%以下的元素,如铁、硅、锌、铜、溴、锡、锰等。这些微量元素占人体总质量的0.03%左右。这些微量元素在体内的含量虽小,但在生命活动过程中的作用是十分重要的。

28-1-2 生命元素的生物功能

根据目前报道的资料,对生命必需元素的主要生物功能,依次介绍如下:

(1) 碳、氢、氧、氮、硫和磷六种元素的生物功能,是组成生物体内蛋白质、脂肪、糖类和核糖核酸的结构单元,也是组成地球上生命的基础。

(2) 钠、钾和氯离子的主要功能是调节体液的渗透压、电解质平衡和酸碱平衡,通过钠-钾泵,将钾离子、葡萄糖和氨基酸输入细胞内,维持核糖体的最大活性,以便有效地合成蛋白质。钾离子也是稳定细胞内酶结构的重要辅因子。同时,钠离子、钾离子还参与神经信息的传递。

(3) 钙和氟是骨骼、牙齿和细胞壁形成的必要结构成分(如磷灰石、碳酸钙等),钙离子还在传送激素影响、触发肌肉收缩和神经信号、诱发血液凝结和稳定蛋白质结构中起着重要作用。

(4) 镁离子参与体内糖代谢及呼吸酶的活性,是糖代谢和呼吸不可缺少的辅因子,与乙酰辅酶 A 的形成有关,还与脂肪酸的代谢有关。参与蛋白质合成时起催化作用。与 Ca^{2+}、K^{+}、Na^{+}协同作用共同维持肌肉神经系统的兴奋性,维持心肌的正常结构和功能。另一个有镁参与的重要生物过程是光合作用,在此过程中含镁的叶绿素捕获光子,并利用此能量固定二氧化碳而放出氧。

(5) 铁(Ⅱ,Ⅲ)的主要功能是作为机体内运载氧分子的呼吸色素。例如,哺乳动物血液中的血红蛋白和肌肉组织中的肌红蛋白的活性部位都由 Fe(Ⅱ)和卟啉组成。其次,含铁蛋白(如细胞色素、铁硫蛋白)是生物氧化还原反应中的主要电子载体,它是所有生物体内能量转换反应中不可缺少的物质。

(6) 铜(Ⅰ,Ⅱ)的主要功能与铁相似,起着载氧色素(如血蓝蛋白)和电子载体(如铜蓝蛋白)的作用。另外,铜对调节体内铁的吸收、血红蛋白的合成以及形成皮肤黑色素、影响结缔组织、弹性组织的结构和解毒作用都有关系。

(7) 锌离子是许多酶的辅基或酶的激活剂,维持维生素 A 的正常代谢功能及对黑暗环境的适应能力,维持正常的味觉功能和食欲,维持机体的生长发育特别是对促进儿童的生长和智力发育具有重要的作用。

(8) 锰(Ⅱ,Ⅲ)是水解酶和呼吸酶的辅因子。没有含锰酶就不可能进行专一的代谢过程,如尿的形成。锰也是植物光合作用过程中光解水的反应中心。此外,锰还与骨骼的形成和维生素 C 的合成有关。

(9) 钼是固氮酶和某些氧化还原酶的活性组分,参与氮分子的活化和黄嘌呤、硝酸盐以及亚硫酸盐的代谢。阻止致癌物质亚硝胺的形成，抑制食管和肾对亚硝胺的吸收，从而防止食道癌和胃癌的发生。

(10) 钴是体内重要维生素 B_{12}的组分。维生素 B_{12}参与体内很多重要的生化反应，主要包括脱氧核糖核酸(DNA)和血红蛋白的合成、氨基酸的代谢和甲基的转移反应等。

(11) 铬(Ⅲ)是胰岛激素的辅因子，也是胃蛋白酶的必要组分，铬还经常与核糖核酸(RNA)共存。它的主要功能是调节血糖代谢，帮助维持体内所允许的正常葡萄糖含量，并和核酸脂类、胆固醇的合成以及氨基酸的利用有关。

(12) 钒、锡、镍是人体有益的元素，钒能降低血液中胆固醇的含量。锡可能与蛋白质的生物合成有关。镍能促进体内铁的吸收、红细胞的增长和氨基酸的合成等。

(13) 硅是骨骼、软骨形成的初期阶段所必需的组分。同时，能使上皮组织和结缔组织保持必需的强度和弹性，保持皮肤良好的化学和机械稳定性以及血管壁的通透性，还能排除机体内铝的毒害作用。

(14) 硒是谷胱甘肽过氧化物酶的必要构成部分，具有保护血红蛋白免受过氧化氢和过氧化物损害的功能，同时具有抗衰老和抗癌的生理功能。

(15) 碘参与甲状腺素的构成。溴以有机溴化物的形式存在于人和高等动物的组织和血液中，其生物功能及是否为生命必需元素还有待进一步确证。

(16) 砷是合成血红蛋白的必需成分。

(17) 硼对植物生长是必需的，尚未确证为人体必需的营养成分。

28-1-3 污染元素

污染元素是指存在于生物体内会阻碍生物机体正常代谢过程和影响生理功能的微量元素。

根据资料报道，人体内已发现的元素有 70 多种，远比生命必需元素多得多，这是因为随着自然资源的开发利用和现代工业的发展，人类对自然环境施加的影响越来越大，环境污染问题变得十分突出。某些元素(如汞、铅、镉等)通过大气、水源和食物等途径侵入人体，在体内积累而成为人体中的污染元素。

人们还发现，即使是生命必需元素，它们在体内的含量都有一个最佳的浓度范围，超过或低于这个范围，对健康也会产生不良影响。例如，硒是重要的生命必需元素，成人每天摄取量以 100 μg 左右为宜，若长期低于 50 μg 可能引起癌症、心肌损害等；若过量摄取，又可能造成腹泻、神经官能症及缺铁性贫血等中毒反应，甚至死亡。同时，生命必需元素的存在形式对人体健康也直接有关，如铁在生物体内不能以游离态存在，只有存在于特定的生物大分子结构(如蛋白质)包围的封闭状态之中，才能担负正常的生理功能，铁一旦成为自由铁离子就会催化过氧化反应产生过氧化氢和一些自由基，干扰细胞的代谢和分裂，导致病变。

28-2 血红蛋白和肌红蛋白

28-2-1 血红蛋白和肌红蛋白的结构

一、蛋白质的结构

蛋白质存在于一切细胞中，是维持生命所必需的最重要有机物质之一。蛋白质是一种生物大分子，是由数百至数千个氨基酸组成的。现已发现的氨基酸($H_2N—CHR—COOH$)共有 40 多种，其中 20 种是组成蛋白质所必需的(见表 28-2)，一个氨基酸分子中的氨基和另一个氨基酸中的羧基失水缩合形成肽键$\left(\begin{array}{c} O\ \ H \\ \|\ \ \ | \\ —C—N— \end{array}\right)$：

$$H_2N—\underset{R_1}{\underset{|}{CH}}—C\begin{matrix}\nearrow O \\ \searrow OH\end{matrix} + \begin{matrix}H \searrow \\ H \nearrow\end{matrix}N—\underset{R_2}{\underset{|}{CH}}—COOH \longrightarrow H_2N—\underset{R_1}{\underset{|}{CH}}—\overset{O}{\overset{\|}{C}}—\overset{H}{\overset{|}{N}}—\underset{R_2}{\underset{|}{CH}}—COOH$$

许多氨基酸按照上述方法彼此相连，形成一条多肽链，多肽链上的各个氨基酸由于在相互连接的过程中“损失”了氨基上的 H 和羧基上的 OH，被称为氨基酸残基。在多肽链一端氨基酸含有尚未反应的游离氨基称为 N 端基，而肽链的另一端的氨基酸含有一个尚未反应的羧基称为 C 端基。并规定氨基酸顺序的编号是从多肽链的 N 端基开始，所以从 N 端到 C 端即代表多肽链的走向。这就是蛋白质的一级结构。

表 28-2 组成蛋白质所必需的氨基酸

$H_2NCHRCOOH$ 中的 R	名称	简写符号	$H_2NCHRCOOH$ 中的 R	名称	简写符号
H—	甘氨酸	Gly	$HO—CH_2—$	丝氨酸	Ser
$CH_3—$	丙氨酸	Ala	$HO—\underset{CH_3}{\underset{\mid}{CH}}—$	苏氨酸	Thr
$(CH_3)_2CH—$	缬氨酸	Val	$H—O—C_6H_4—CH_2—$	酪氨酸	Tyr

续表

$H_2NCHRCOOH$ 中的 R	名称	简写符号	$H_2NCHRCOOH$ 中的 R	名称	简写符号
$(CH_3)_2CHCH_2-$	亮氨酸	Leu	H_2NCOCH_2-	天冬酰胺	Asn
$CH_3CH_2\underset{CH_3}{\underset{\mid}{C}}H-$	异亮氨酸	Ile	$H_2N-CO-(CH_2)_2-$	谷氨酰胺	Gln
			$H_2N-(CH_2)_4-$	赖氨酸	Lys
$C_6H_5-CH_2-$	苯丙氨酸	Phe	$H_2N-\underset{NH}{\underset{\Vert}{C}}-NH-(CH_2)_3-$	精氨酸	Arg
(吲哚环)$-CH_2-$ N H	色氨酸	Trp	(咪唑环)$-CH_2-$ N H	组氨酸	His
H_2C——NH │　　│ H_2C　CH—COOH C H_2	脯氨酸*	Pro	$HS-CH_2-$	半胱氨酸	Cys
$HOOC-CH_2-$	天冬氨酸	Asp	$CH_3-S-(CH_2)_2-$	甲硫氨酸	Met
$HOOC-(CH_2)_2-$	谷氨酸	Glu			

* 脯氨酸为完整的结构式。

蛋白质的二级结构是由一个肽键的羰基氧原子和另一个肽键的亚胺氢原子形成氢键，即

$$H-\overset{|}{N}\diagdown C=\overset{\delta^-}{O}\cdots\overset{\delta^+}{H}-\overset{|}{N}\diagdown C=O$$

这种氢键相互作用可以采取两种不同的形式，分别形成蛋白质的两种重要二级结构——α 螺旋结构和 β 折叠的层状结构。

事实上，在天然蛋白质中没有一个分子的多肽链是全部属于 α 螺旋结构的。由于各个残基上不同性质侧链的相互作用，使多肽链成为由不同长度的 α 螺旋肽段和走向无序的松散肽段按确定方式形成的紧密折叠结构。这种特有结构称为蛋白质的三级结构。维持蛋白质三级结构的相互作用一般来自三个方面：

(1) 共价相互作用，主要发生在两个半胱氨酸通过它们的—SH 氧化形成双硫键；

(2) 静电相互作用，有两种形式。一种形式发生在多肽链末端 α-氨基(N 端)和该分子的另一端的羧基(C 端)之间相互吸引而形成盐键。另一种形式是侧链氢键；

(3) 疏水相互作用，是非极性蛋白质链中疏水的非极性基团间靠范德华力

形成的疏水键。

在某些蛋白质中，整个分子由若干条多肽链组成，每条多肽链称为一个亚单位，它们可以相同，也可以不同。整个分子中所有亚单位构成的聚集体结构称为蛋白质的四级结构。亚单位之间的作用都属于静电性质的弱键（如盐键、侧链氢键）和疏水相互作用，而并不包含任何共价的键合。

二、血红蛋白和肌红蛋白的分子结构

卟啉的基本骨架是卟吩（见图28-1），当卟吩环的1号至8号碳原子上的H被其他基团部分或全部取代后所得的衍生物称为卟啉，自然界中广泛存在着一种卟啉衍生物为原卟啉Ⅸ（见图28-2），血红蛋白和肌红蛋白的活性部位——血红素就是原卟啉Ⅸ与Fe(Ⅱ)的配合物（见图28-3）。

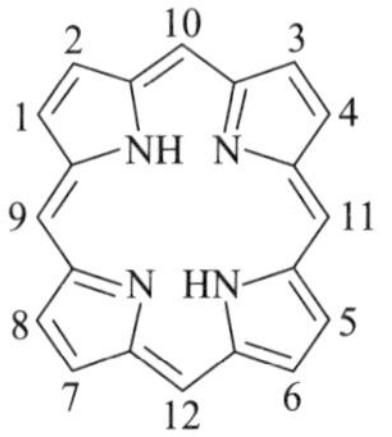

图28-1 卟吩的结构式

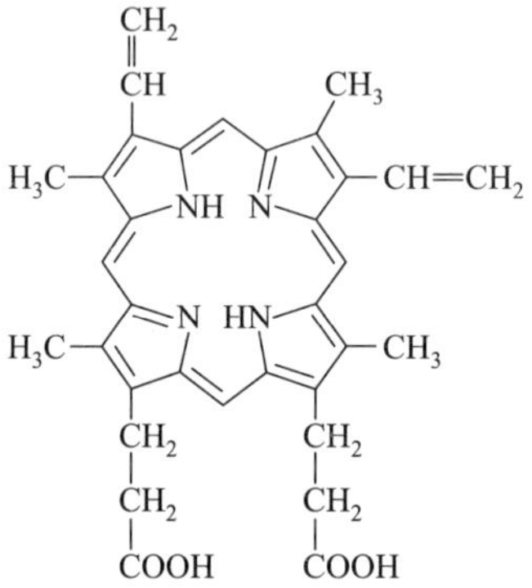

图28-2 原卟啉Ⅸ的结构式

肌红蛋白（缩写为Mb，相对分子质量为17500）由单一的多肽键（珠蛋白）和血红素组成。肽链含有150~160个氨基酸残基，准确的数目依不同来源而异。图28-4为肌红蛋白三级结构示意图。

血红蛋白（缩写为Hb）的相对分子质量约为64500，它由4个亚单位组成，每个亚单位包含一条多肽链和一个血红素。其中两条多肽链叫α链，另两条叫β链。在最常见的血红蛋白中，α链由141个氨基酸组成，而β链含146个氨基酸。根据Mb和Hb的X射线晶体结构分析结果，确定两者具有十分相似的二级和三级结构。图28-5为血红蛋白β链的三级结构，图28-6为血红蛋白的四级结构。

从图28-5可见，不论是血红蛋白的每个亚单位还是肌红蛋白中的血红素内Fe(Ⅱ)的4个配位位置被卟啉的氮原子占据，第五个配位位置被近侧组氨酸残基F_8(His-92)的咪唑氮占据，而远侧组氨酸残基F_7(His-63)的咪唑氮正好对准血红素的中心，但因离Fe(Ⅱ)太远而无法成键。因此Fe(Ⅱ)的第六个配位

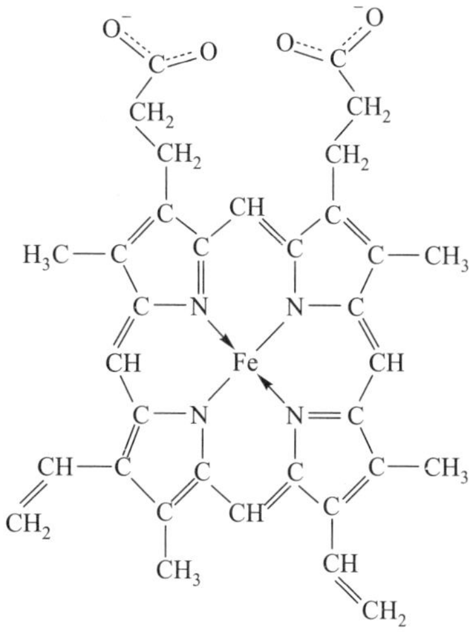

图 28-3 血红素(辅基)的结构式

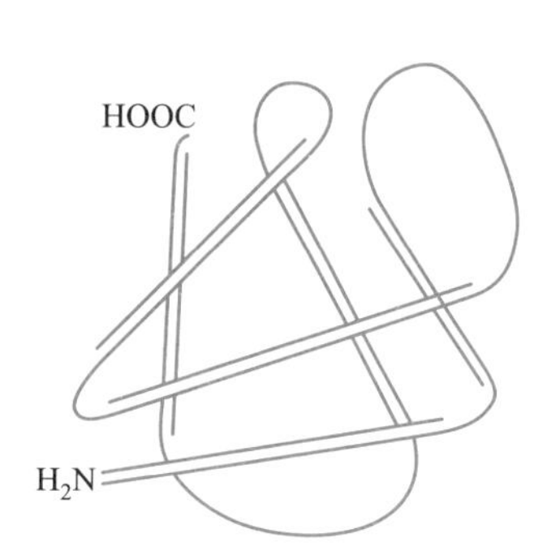

图 28-4 肌红蛋白三级结构示意图

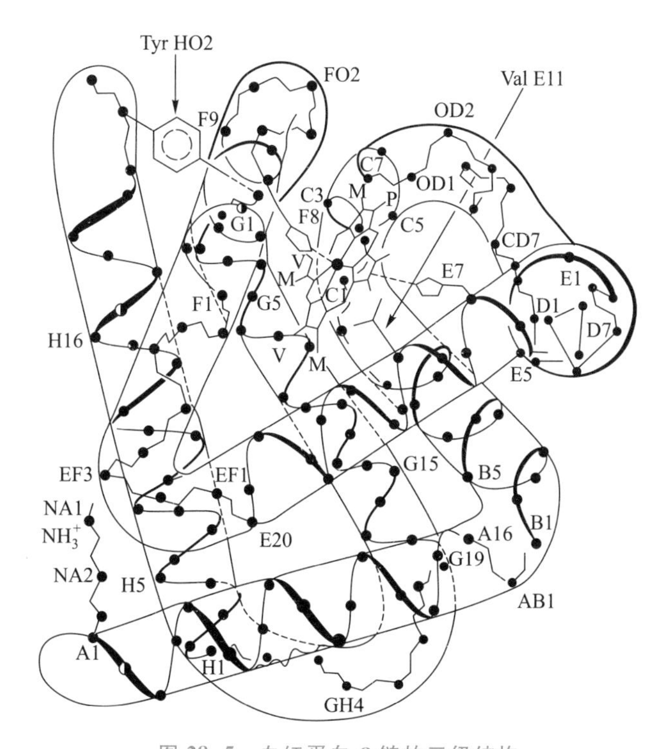

图 28-5 血红蛋白 β 链的三级结构

黑圆圈代表各氨基酸残基的 α 碳原子，

α 链的构象与 β 链相似，只是某些残基有所差异

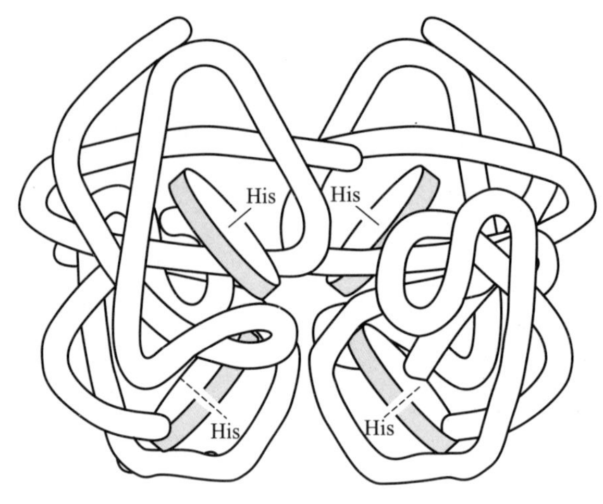

图 28-6 血红蛋白的四级结构

圆环代表血红素辅基

位置恰好可容纳氧分子，对 Mb 或 Hb 的运载或储存 O_2 的生物功能具有重要意义。卟啉环周围被疏水的带侧链的氨基酸残基包围着，如苯丙氨酸残基（Phe）、亮氨酸残基（Leu）和缬氨酸残基（Val），使血红素正好埋藏于卷曲的珠蛋白链所构成的空隙（或口袋）中，以保持确定的空间构象。

28-2-2 血红蛋白和肌红蛋白的氧合作用

血红蛋白（Hb）和肌红蛋白（Mb）都能结合氧。但它们的生理功能是不同的，Hb 在肺部结合 O_2 并通过血液循环把它带到各个组织。细胞中的 O_2 由 Mb 结合储存，当代谢作用需要时，它们再把 O_2 释出交给其他接受体。由于 Hb 和 Mb 结合氧和释放氧的环境极不相同，它们结合氧的常数随氧分压的变化是不同的（见图 28-7）。Hb 的曲线呈 S 形，而 Mb 的曲线为简单的上升平滑曲线。

对于 Mb，有如下简单的平衡：

$$Mb + O_2 \rightleftharpoons MbO_2$$

若 p_{O_2} 表示平衡时氧的分压，则氧合反应的平衡常数为

$$K_{O_2} = \frac{[MbO_2]}{[Mb] \cdot p_{O_2}}$$

则肌红蛋白氧合作用的分数为

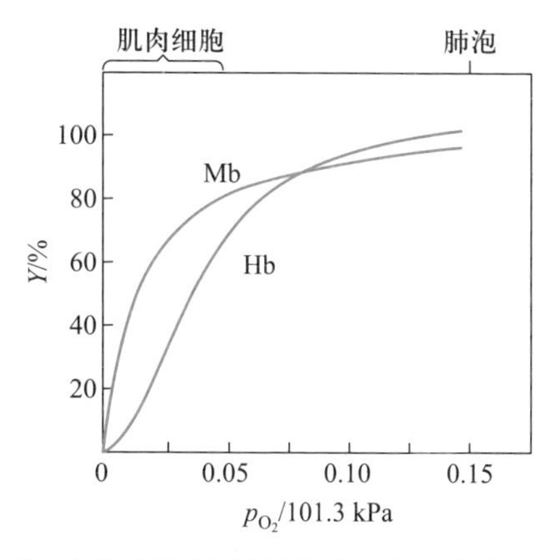

图 28-7 人体生理条件下 Hb 和 Mb 与氧加合的曲线

$$Y=\frac{[MbO_2]}{[Mb]+[MbO_2]}=\frac{K_{O_2}\cdot p_{O_2}}{1+K_{O_2}p_{O_2}}$$

将上式重排得

$$\frac{Y}{1-Y}=K_{O_2}p_{O_2}$$

这就是图 28-7 中 Mb 曲线的方程式。

含有 4 个亚单位的 Hb 的行为要复杂得多,它结合 O_2 的曲线近似地遵守下式:

$$\frac{Y}{1-Y}=Kp_{O_2}^{n} \qquad n\approx 2.8$$

该方程式称为 Hill 方程式,它基本上能近似地描述 Hb 结合氧的曲线,如图 28-7 所示的 S 形。式中的 n 称为 Hill 系数,当 $n>1$ 时,表示 Hb 的不同亚单位之间存在着相互作用,即氧分子和一个亚单位的加合将影响其他亚单位对氧的加合,这种影响可从氧合作用的逐级平衡常数的递变情况看出,当 292 K 和 pH 为 9.1 时,氧合作用的逐级 K_i 值依次递增,这和一般配合物逐级生成常数依次减小的情况是完全不同的。说明每个氧分子与 Hb 的加合将使它更容易与氧结合直至饱和为止,这种作用称为合作效应。

$$Hb+O_2 \rightleftharpoons HbO_2 \qquad K_1=0.240$$

$$HbO_2+O_2 \rightleftharpoons Hb(O_2)_2 \qquad K_2=0.464$$

$$Hb(O_2)_2+O_2 \rightleftharpoons Hb(O_2)_3 \qquad K_3=0.732$$

$$Hb(O_2)_3 + O_2 \rightleftharpoons Hb(O_2)_4 \qquad K_4 = 1.992$$

为了说明血红蛋白中 4 个血红素的合作效应，佩鲁茨（Perutz）提出了较为直观的解释。根据实验测定，Hb 的磁矩为 5.4 BM（相当于 4 个单电子），而 HbO_2 的磁矩接近零（无单电子）。又从结构分析知道，Hb 中的 Fe(Ⅱ) 为五配位（卟啉环中的 4 个 N 和一个近侧 His 的咪唑氮）空间结构为四方锥（对称性为 C_{4v}）；当氧加合后，Fe 的配位数增加为 6，立体结构变为八面体（对称性为 O_h）。由于在两种不同配体场的作用下，中心铁离子的 d 能级将发生不同的分裂（见图 28-8）。

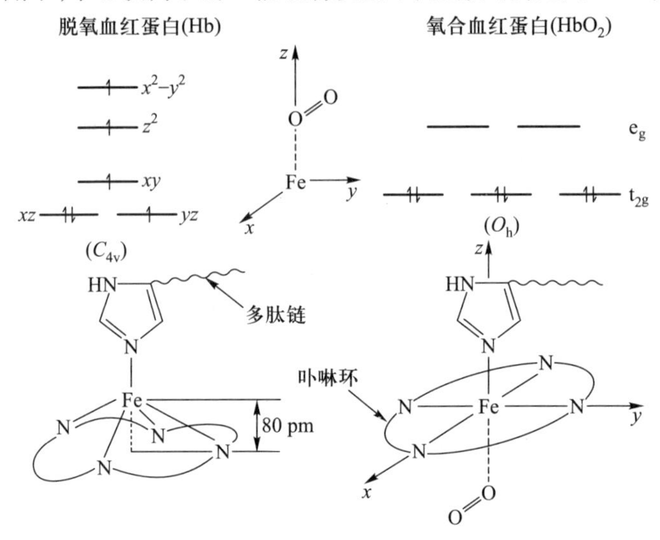

图 28-8 Fe(Ⅱ)在 Hb 和 HbO_2 中的电子结构和配位环境

由于 Hb 中的 Fe(Ⅱ)呈高自旋态，d_{z^2} 和 $d_{x^2-y^2}$ 轨道上皆有单电子，它们的原子轨道角度分布在坐标轴方向上为极大值，正好与卟啉环的配位 N 原子上孤对电子相遇，库仑斥力较大，导致高自旋态 Fe(Ⅱ)的半径较大，为 78 pm。据佩鲁茨估计，血红素中 Fe—N 键键长应为 218 pm，卟啉环只有键长为 200~205 pm 的"孔洞"，所以 Fe(Ⅱ)放不进去，只能位于血红素平面上约 80 pm 处，而 HbO_2 中的 Fe 为低自旋态，e_g 轨道为全空，d 轨道角度分布的极大值正好避开卟啉环中的配位 N 原子，库仑斥力较小，故低自旋态 Fe(Ⅱ)的半径较小，仅为 61 pm。自旋态的改变使 Fe(Ⅱ)的半径缩小 17 pm，因此低自旋态 Fe—N 键键长几乎等于 200 pm，正好适应卟啉的"孔洞"，Fe(Ⅱ)从卟啉环的上方落入环的平面内，下落的距离约为 80 pm，这样与 Fe(Ⅱ)相连接的组氨酸残基的咪唑基的位置要发生变化。这种变化通过残基的咪唑环传递至蛋白质多肽链的其他部位，导致珠蛋白链构象的改变，引起珠蛋白链相对移动的范围为 10~70 pm，正是这种构象的改变为进一步的氧加合造成了有利的立体化学条件。这样,佩鲁茨的机理较为圆满地解释了合作效应。近年来,有人提出异议,所以血红蛋白载氧机理尚待进一步确认。

28-3 金 属 酶

28-3-1 酶的概述

酶是一类复杂的蛋白质,其相对分子质量为1万~200万,在已知生物体内的1 000多种酶中,约有1/3的酶必须有金属离子参与才显活性,才能完成其在生物体内的催化功能,这些酶称为金属酶。换句话说,金属离子与酶蛋白质的结合体统称为金属酶。

金属酶在生物体内的作用是在各种重要的生化过程中完成专一的催化功能。金属酶所催化的反应通常是在十分温和的条件下进行(如室温、常压、有氧存在、介质接近中性等),而催化效率却很高。例如,过氧化氢酶在1 min内能使500万个 H_2O_2 分解为 H_2O 和 O_2,酶的高效催化的根本原因在于充分降低反应的活化能(见表28-3)。

表28-3 过氧化氢分解反应的活化能

反应条件	活化能/($kJ\cdot mol^{-1}$)
无催化剂	75.3
铂黑	49.0
过氧化氢酶[含Fe(Ⅲ)]	<8.4

同时,酶对反应物(称底物或基质)具有高度的专一性。如第一个分离提纯的脲酶就是典型的例子,它只能催化水解尿素($H_2N-\overset{\overset{\displaystyle O}{\|}}{C}-NH_2$)中的酰胺键,而对一般的酰胺($R-\overset{\overset{\displaystyle O}{\|}}{C}-NH_2$)和双缩脲($H_2N-\overset{\overset{\displaystyle O}{\|}}{C}-NH-\overset{\overset{\displaystyle O}{\|}}{C}-NH_2$)却都无效。

关于酶的催化机理是比较复杂的。一般认为,和绝大多数蛋白质一样,酶蛋白具有特定的二级和三级结构,由于在高级结构中蛋白质链的折叠卷曲,其组成氨基酸中有些特定的侧链以一定的几何形式配置在金属离子周围,并由一定的配位原子组成配位环境。所以整个酶蛋白是一个多齿配体，而金属离子则处于由它提供的具有特定几何构型的配位环境中。如果组成配位环境的氨基酸侧链是酶促反应的必需基团，那么金属离子及其周围的配位环境构成酶的活性部位或活性中心，它是整个酶分子的一小部分，金属离子在这里所处的配位环境的几何构型常是低对称的，不规律的。反应时，底物首先与酶结合成底物与酶的复合物，即金属、酶蛋白和底物的三元配合物，只有酶的活性部位与底物分子在立体构型上呈互补状态，或者说两者必须保持严格一定的空间匹配关系，化学反应才得以进行。有人把这一过程中的酶比喻为“锁”，而底物就是“钥匙”，如果两者相契合，就可转动钥匙把门打开，即完成化学反应。以上就是解释酶催化作用机理的锁钥假说。

在金属酶中已发现的金属为 Co、Mn、Fe、Cu、Zn 和 Mo，但在自然界的酶中含 Co 是很少见的，最常见的金属是 Fe、Zn 和 Cu。

28-3-2 羧肽酶

羧肽酶系是水解蛋白质多肽链的酶系。它的功能是水解多肽链中含羧基的一端。这里只介绍研究得比较详尽的羧肽酶 A。

羧肽酶 A 简写为 CPA，相对分子质量为 34 600，酶蛋白为单一的多肽链，由 307 个氨基酸残基组成，N 端基为丙氨酸（Ala），C 端基为天冬酰胺（Asn），分子中含有 38%螺旋区和 17%折叠片段，这种二级结构进一步发生折曲缠绕，使整个酶蛋白分子呈椭圆形的三级结构（见图 28-9）。每条羧肽酶 A 的蛋白链上结合一个 Zn^{2+}，Zn^{2+}位于靠近椭圆球表面、由蛋白链折叠形成的疏水“口袋”中。Zn^{2+}是四配位的，通过 3 个键与酶蛋白连接，其中 2 个是利用组氨酸（His-69 和 His-196）侧链的咪唑氮原子，一个是利用谷氨酸（Glu-72）侧链上的羧基氧原子，在未与底物结合以前，一个水分子占据第四个位置，但水分子与 Zn^{2+}键合能力很弱，能为底物蛋白质羧基所置换，呈变形的四面体结构（见图 28-10）。

羧肽酶 A 催化的专一性表现为催化水解的 C 端氨基酸残基必须带有芳香族或脂肪族疏水性侧链 R，即 R 为 $C_6H_5—CH_2—$ 或 $(H_3C)_2CH—$ 等。由于羧肽酶和各种底物的反应动力学一般都比较复杂，现以羧肽酶与底物甘氨酰酪氨酸二肽（Gly-Tyr）的反应为例，说明羧肽酶 A 的水解可能反应机理。图 28-11 中，底物 C 端的苯酚侧基正好装入酶蛋白三级结构组成的“口袋”，同端的羧基与邻近的精氨酸（Arg145）的质子化胍基形成两个氢键。底物的羧基氧原子取代配位的

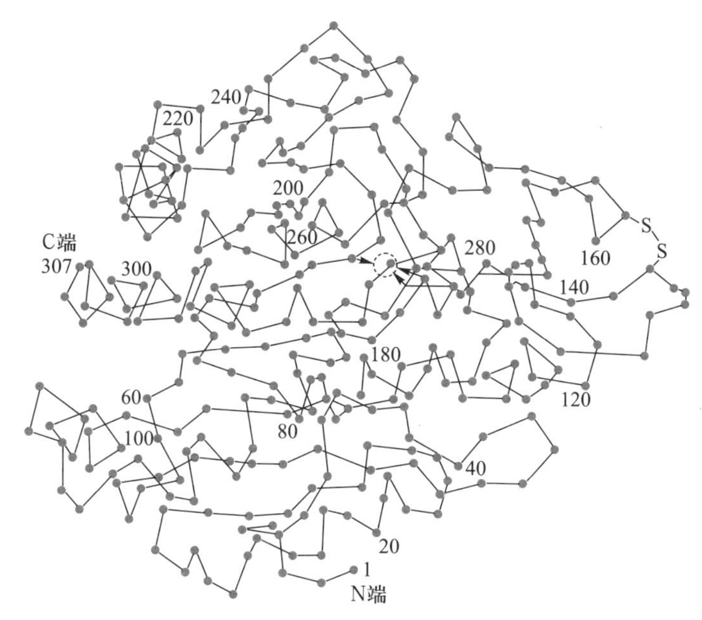

图 28-9 羧肽酶 A 的三级结构

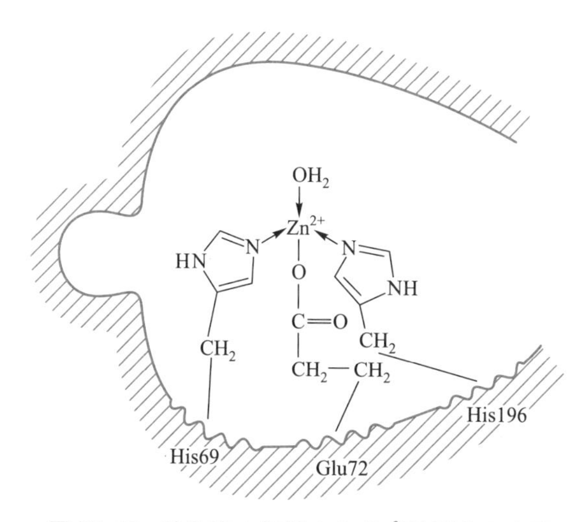

图 28-10 羧肽酶 A 活性中心 Zn^{2+}的配位示意图

水分子而与 Zn(Ⅱ)成键,使 Zn(Ⅱ)位移 60 pm。当 Gly-Tyr 与 CPA 的活性部位结合后,使酶的构象发生了巨大的变化,由于底物羧基与 Arg145 的相互作用,Arg145 残基向底物位移约 200 pm。这种移动通过多肽链的“放大”作用,导致 C_{α}—C_{β} 键的扭转而使酪氨酸(Tyr248)的酚基由酶的表面转入活性部位内靠近底物肽键的位置，上述酚基总的移动范围竟达 1 200 pm。谷氨酸(Glu270)残基位于底物羰基碳原子的附近，可对水分子的碱催化进攻或对羰基碳原子的直接亲核进攻起促进作用，Tyr248 很可能释出一个质子给即将水解的肽键 NH，最终导致底物 Gly-Tyr 水解为 Gly 和 Tyr。

这个例子说明了酶催化的锁钥假说，即在酶催化反应中，首先是酶与底物必须有适当的空间结构，然后酶与底物作用，把底物固定在对这一反应特别适合的位置，生成金属-蛋白质-底物的三元配合物，并且引起底物与蛋白质的构象发

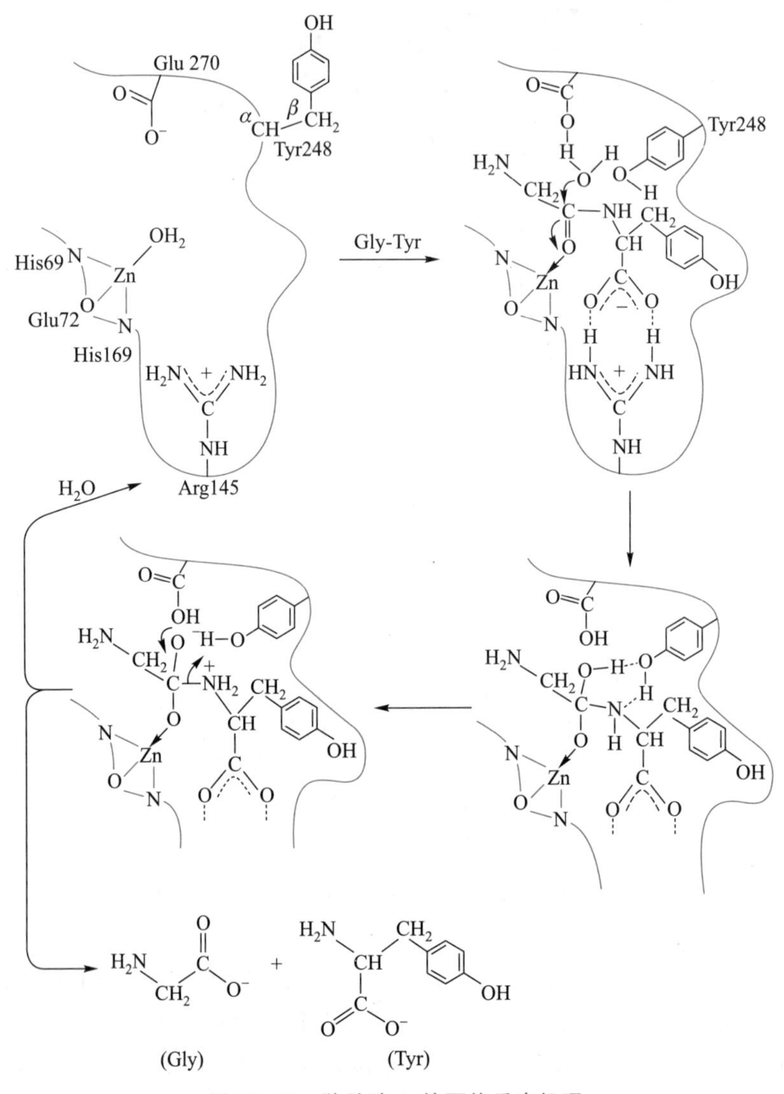

图 28-11 羧肽酶 A 的可能反应机理

生改变,使底物的键扭曲,以利于键的断裂,生成产物。

最后还必须指出:上述 CPA 酶水解作用机理提出的前提是,假定由 X 射线对晶体结构分析所得的结论适用于酶在溶液中的作用状况。同时 Gly-Tyr 是 CPA 酶的一种“拟底物”,因为它在室温时的水解速率很慢,因此不能作为 CPA 作用底物的正常代表,所以由此获得的信息只能是 CPA 酶水解作用的可能反应机理。

28-4 维生素 B_{12}和 B_{12}辅酶

维生素 B_{12}是组成中唯一含有金属元素的维生素,这种维生素是所有高等动物都必需的。但动物本身不能合成它,只有细菌(如生存于河底污泥中的沼气细菌)能合成这种维生素。

维生素 B_{12}分子的结构如图 28-12 所示。Co(Ⅲ)位于大环四齿配体咕啉(图 28-12 结构式中的实线部分)的中央,环平面下方的第五配体由碱基 5,6-甲基苯并咪唑环上氮原子占据,环平面上方的第六配体 R 为 CN^-离子时,即构成维生素 B_{12}[1][图28-12(b)],学名为氰钴胺素,当 R 为 5′-脱氧腺苷时,即为 B_{12}辅酶。

咕啉环的结构与卟啉环有所不同,它比卟啉少一个联结两个吡咯环的桥式次甲基碳(HC)，而且在环中心只有一个 NH。另外,咕啉环周围的碳原子都是饱和的,并结合 7 个酰胺基作为取代基,其中 3 个(图 28-12 中碳原子的编号为 2、7、18)是乙酰胺,3 个(图 28-12 中碳原子的编号为 3、8、13)是丙酰胺,最后一个酰胺(图 28-12 中碳原子的编号为 17)是 *N*-取代的丙酰胺,取代基为核苷酸侧链。由此可见,B_{12}辅酶的空间结构具有高度的不对称性,其中与 Co 原子直接配位的第六配体(5′-脱氧腺苷阴离子)是 B_{12}辅酶催化活性部位,反应时,此配体首先解离下来,借以打开底物进入 Co 内界的通道。若将此配体换成其他碱基的核苷,则最终导致活性的丧失。因此,5′-脱氧腺苷是保持辅酶活性的必要结构成分。

维生素 B_{12}中的钴有+Ⅲ、+Ⅱ、+Ⅰ三种氧化态,而且它们之间的相互转化是

① 维生素 B_{12}的红色晶体曾于 1948 年首次获得,组成中的 CN^-是为了分离目的而引入的,在机体中第六配体为一结合松弛的水分子。

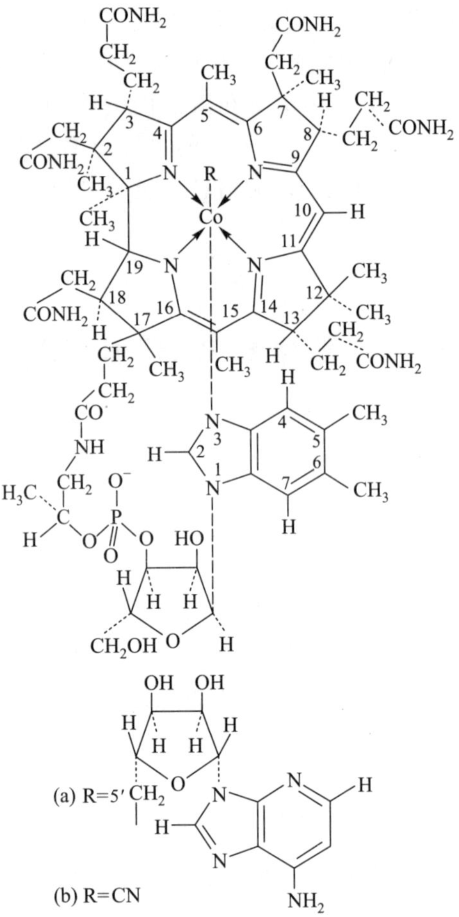

图 28-12　B_{12}辅酶(a)和维生素 B_{12}(b)的结构

维生素 B_{12}发挥生物功能所必须的条件。为此,不同价态的氰钴胺素分别称为氰钴(Ⅲ)胺素、氰钴(Ⅱ)胺素和氰钴(Ⅰ)胺素,也可按习惯简称为维生素 B_{12}、维生素 B_{12r}和维生素 B_{12s}。有时为了直观表示钴胺素第六配体在反应中的变化情况,可用方括号代表咕啉六环配体,左下侧的箭头代表第五配体核苷酸链的配位情况,第六配体则书写于括号的上方,如维生素 B_{12}可写作 $\overset{\text{CN}}{\overset{|}{[\ \text{Co}\ ]}}$,也可简化表示为 CN—cbl。

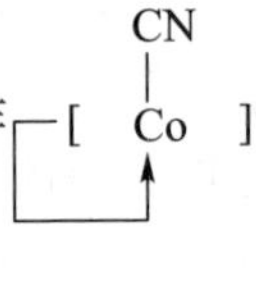

维生素 B_{12}衍生物包括咕啉环上取代基或侧链的变化、轴向配体变化和金属价态变化产生的化合物。

在生物体内维生素 B_{12} 起辅酶的作用，即辅助某种酶发挥作用。这类酶所催化的反应可以用下式表示：

$$\mathrm{\underset{H}{C_1}{-}\underset{X}{C_2}} \xrightarrow[B_{12}\text{辅酶}]{\text{酶}} \mathrm{\underset{X}{C_1}{-}\underset{H}{C_2}}$$

这类反应的特征是底物分子中联结于 C_1 的氢原子在酶催化反应中转移到 C_2，原来与 C_2 成键的 X 转移至 C_1。如 L-谷氨酸根在谷氨酸变位酶和 B_{12} 辅酶的作用下变成 3-甲基-L-天冬氨酸根：

$$\mathrm{{}^{+}H_3N{-}{}^{2}CH({}^{1}COO^-){-}{}^{3}CH_2{-}{}^{4}CH_2{-}{}^{5}COO^-} \xrightarrow[B_{12}\text{辅酶}]{\text{谷氨酸变位酶}} \mathrm{{}^{+}H_3N{-}{}^{2}CH({}^{1}COO^-){-}H\,{}^{4}C({}^{3}CH_3){-}COO^-}$$

在反应中，C_4 上的氢原子转移到 C_3 上，C_3 上的 $\mathrm{{-}C(COO^-)(H)NH_3^+}$ 转移到 C_4 上。

这类酶促反应的作用机理目前尚未完全了解，但许多实验事实表明，在 B_{12} 辅酶参与的反应中，相邻氢原子发生转移反应，可表示为

$$\mathrm{[Co{-}CH_2R]} + \mathrm{H{-}C_1{-}C_2{-}X} \longrightarrow \left[\mathrm{RCH_2\cdots[Co(II)]}\quad \mathrm{H{-}C_1{-}C_2{-}X}\right] \longrightarrow$$

$$\left[\mathrm{RCH_3}\quad \mathrm{C_1{-}C_2{-}X}\quad \mathrm{[Co(II)]}\right] \longrightarrow \left[\mathrm{X{-}C_1{-}C_2}\quad \mathrm{H{-}CH_2R}\quad \mathrm{[Co(II)]}\right] \longrightarrow$$

$$\left[\mathrm{X{-}C_1{-}C_2{-}H}\quad \mathrm{CH_2R\cdots[Co(II)]}\right] \longrightarrow \mathrm{X{-}C_1{-}C_2{-}H} + \mathrm{[Co{-}CH_2R]}$$

式中，RCH_2—表示 5′-脱氧腺苷。关于钴(Ⅱ)胺素的 α 位是核苷酸末端碱基还是敞开呈解离状态，至今不明。因此表示式中咕啉环[ ]左下侧的箭头未予指

出，但是必须指出 $\begin{array}{c} X \\ >C_1 \cdots C_2 \\ [Co(\text{II})] \end{array}$ 中[Co(Ⅱ)]的存在可能促使 π 中间复合物易于形成，从而加速分子内基团 1,2-转移反应的实现。

综上所述，由于 B_{12} 辅酶中 Co(Ⅲ)的几何状态可以使第六配体与咕啉环的键合很弱，很容易发生解离或置换；其次是 Co 的氧化态可以使氧化加成和还原消除反应所需的活化能较小；最后，咕啉环可以绕曲并可取各种空间构象，以适应不同的环境。所以，维生素 B_{12} 体系很适合完成其辅酶的生理功能。

阅读材料
微量元素与疾病

习 题

28-1 叙述钠、钾、钙、铁、铜、锌、钴等元素各自的生物功能。

28-2 什么是蛋白质的肽键结构？蛋白质二级、三级结构中各依靠何种作用力形成？

28-3 写出八面体场中，高自旋 Fe(Ⅱ)和低自旋 Fe(Ⅱ)的电子组态，为什么高自旋具有较大的半径？

28-4 什么是血红蛋白的合作效应？佩鲁茨机理如何解释血红蛋白的合作效应？

28-5 试述羧肽酶 A 的活性部位的结构及可能作用机理。

28-6 为什么氧化还原酶中优先使用如 Mn、Fe、Co 和 Cu 这样的 d 区金属，而不使用 Zn、Ca、Mg 等金属？

第 29 章

无机固体化学简介

内容提要

本章简要地介绍非晶态、拟晶、合金、陶瓷、纳米化学等内容，讨论涉及它们的结构、性质与用途以及新进展。

29-1 非 晶 态

按照一般的理解，相对于气态和液态，固体物质可定义为原子只能在原地振动（某些原子团还可能在一定角度范围内摆动或转动），却不能像液体那样自由移动。非晶态（noncrystallic state）固体与晶态不同，不呈现宏观多面体外形，具有各向同性，原子无长程周期性。除不能自由流动外，非晶态与液体的性质十分相似，故非晶态又有过冷液体之称。玻璃（glass）是最常见的非晶态物质，因而非晶态也称玻璃态。广义地说，所谓无定形态固体，也是非晶态。非晶态的粉末衍射图谱没有明锐的谱线而只呈现漫峰，可用于与晶体物质区分，常温下的非晶态是热力学介稳态，会自发转化为晶态，但只有晶化速率极慢的非晶态才有实际意义。非晶态具有相当大的普遍性。金属、非金属、氧化物、含氧酸盐、硫化物、卤化物以及许多有机化合物都有可能由于其熔体急速冷却而呈现非晶态。普遍认为，容易呈现非晶态的无机物的近熔液态有高黏度，结构中存在以共价成分为主的配位多面体，且通过其配位原子桥连成“无限”三维共价骨架，但在固化时其桥连具随机性，从而不呈现三维周期性平移对称性。

硅酸盐玻璃是最常见的非晶态；SiO_2 也有非晶态，通称石英玻璃。它们的微观空间里都具有以氧原子桥连的 SiO_4^{4-} 四面体，但无长程平移周期性结构（见图 29-1）。玛瑙是天然的非晶态 SiO_2，图 29-1 给出了内缘为水晶晶体的天然玛瑙球，足以说明非晶态的形成是由于其高黏度的近熔点液态因温度下降过快，

SiO_4^{4-} 四面体未能有序排列。

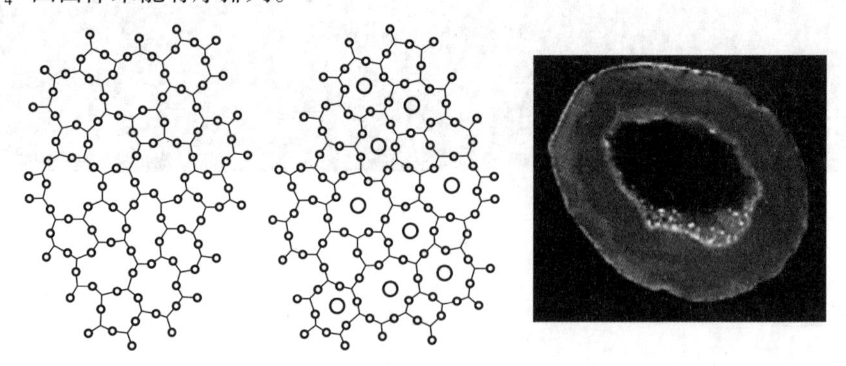

图29-1　石英玻璃、玻璃(大球为金属原子)以及内缘为水晶晶体的天然玛瑙球

按组成(习惯上用氧化物表示),硅酸盐玻璃的主要类型:(1)(硅酸)钠钙玻璃,含 SiO_2 60%~75%,Na_2O 12%~18%,CaO 5%~12%,是最普通的玻璃,占玻璃总生产量90%;它们不耐温度骤变,耐化学腐蚀性一般。(2)(硅酸)铅玻璃,至少含PbO 20%;高折射率,较软而易于切割;电绝缘性好,用于制作电子器件及温度计,但高温下不耐温度骤变。(3)硼(硅酸盐)玻璃,至少含 B_2O_3 5%;耐温度变化和耐化学腐蚀性能好,但不如钠钙玻璃和铅玻璃好制造;用于制造玻璃管、灯泡、光学玻璃、化学实验仪器等。(4)铝硅酸盐玻璃,与硼玻璃类似,但更耐化学腐蚀,高温下稳定,比硼玻璃更难制造;覆盖导电膜的铝硅酸盐玻璃用作电子线路的电阻器。(5)含96%的二氧化硅玻璃,其余为硼的是特种硼玻璃,骤热至900 ℃仍有极好机械强度。

人造石英玻璃膨胀系数极小,不怕骤冷骤热,可用来制作经受温度骤变的反应器皿、石英灯管等(见图29-2);石英玻璃光导纤维则是当代信息社会的重要物质基础之一。

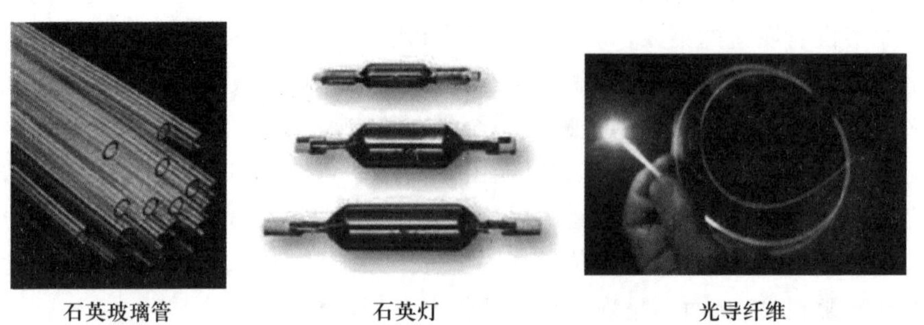

石英玻璃管　　石英灯　　光导纤维

图29-2　石英玻璃管、石英灯和光导纤维

除硅酸盐和二氧化硅外,能够出现稳定且实用的玻璃态的无机物还很多,如氟化物玻璃($NaPbFe_2F_9$、$BaTiF_5$、$Ba_7CuFe_6F_{34}$ 等)。最早发现于1979年的氟化物玻璃的组分为 $NaF/PbF_2/MF_3$,其中 $M^{III}=Cr^{3+}$,Fe^{3+},V^{3+},Ga^{3+} 等,均为过渡性

金属离子，其微观结构与晶态一样含[MF_6]八面体。此外还有氟化铍玻璃，与其晶态一样含 BeF_4 四面体；氟锆酸盐玻璃，含 ZrF_6 或 ZrF_9 多面体。氟化物玻璃透光范围宽，从紫外至中红外，用作光学透镜和光纤。

此外还有能产生激光的稀土磷酸盐玻璃、用作光纤的稀土碲化物玻璃、硫化物玻璃、卤化物玻璃等非硅酸盐玻璃。最后可提及，高级照相机、摄像机及潜望镜镜头玻璃是氧化镧含量高达 60% 的硼酸盐玻璃，具高折射率、低色散性及良好的化学稳定性等优良性能，对彩色摄影的发展起重要作用[①]。

29-2 拟 晶

晶体只可能有 1、2、3、4、6 重旋转轴或反轴，然而，自 1982 年 Shechtman 等人始，不断发现有一类物质具有晶体所不具有的 5、8、10 或 12 重轴或反轴，如 $Ti_{18}V_2Ni_{10}$有$\bar{5}$反轴，Mn_4Si 有 8 重轴，$Al_{70}Pd_{13}Mn_{17}$有 10 重轴，骤冷的 V_8Ni_2 有 12 重轴。这就是拟晶(quasicrystal，又译为准晶)。拟晶跟一般晶体相似，也呈现凸多面体宏观外形，但有不同于晶体的单型，如十面体、二十面体等。拟晶单晶的 X 射线、中子射线和电子衍射图谱也像一般晶体单晶一样呈现离散的特征衍射斑点(见图 29-3)。

已知的拟晶都是金属互化物。已知的稳定拟晶有几百种，至少由 3 种金属组成，如 $Al_{65}Cu_{23}Fe_{12}$，$Al_{70}Pd_{21}Mn_9$ 等，但近年也发现仅有两种金属的稳定拟晶，如 $Cd_{57}Yb_{10}$。拟晶的组成规律不明，值得重视的事实是，组成为 $Al_{70}Pd_{21}Mn_9$ 的是拟晶而组成为 $Al_{60}Pd_{25}Mn_{15}$的却是一般晶体。

已有多种拟晶结构模型。普遍认为，拟晶比晶体的三维周期结构复杂，需用超三维周期结构描述[②]。图 29-3 是其中一种模型，认为拟晶具有多种取向的两种菱形，其排列的周期性自然不属于通常描述晶体的三维单调平移周期性了。拟晶的发现对经典晶体学理论产生极大冲击，以致国际晶体学联合会最近建议把晶体定义为"有特征的离散衍射图谱的固体"(any solid having an essentially discrete diffraction diagram)，以代替原先的晶体定义。

---

① 不应忘记镧的相对原子质量相对于其他组成元素很大。

② 超三维周期性在晶体中也有，但不同于拟晶，如有的晶体的三维平移周期是非单调的，有周期性涨落，对周期涨落的表述需添加一个维度，这类晶体被称为非公度晶体。氧化物高温超导晶体便具有这种结构。

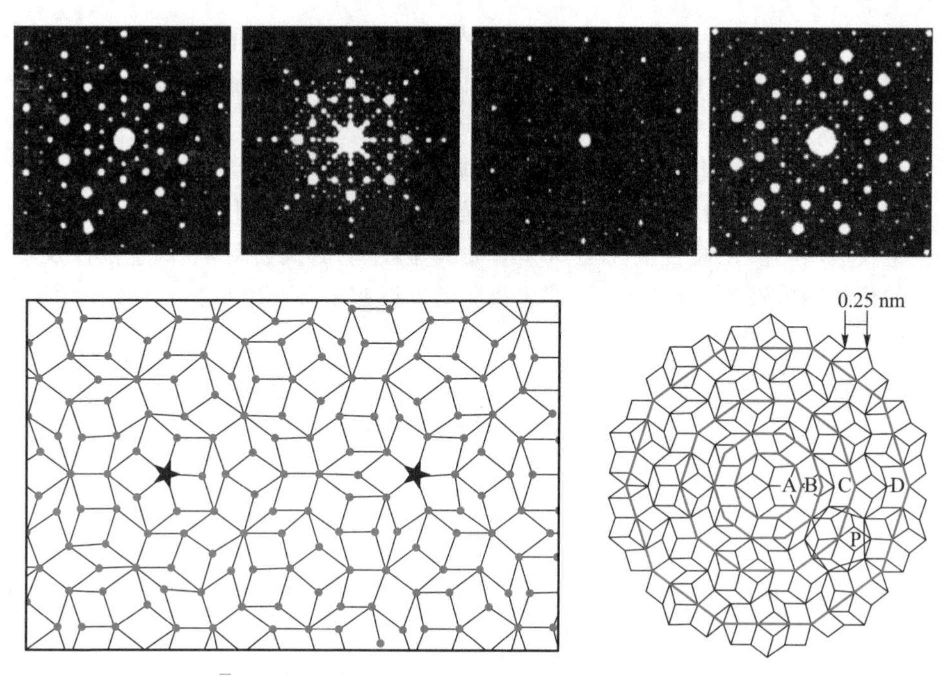

图 29-3 $\bar{5}$、8、10、12 重轴拟晶的单晶衍射图谱以及拟晶结构模型举例
该模型分别为 5 重轴和 10 重轴拟晶的双菱形结构模型

拟晶有许多特殊性质，如低摩擦系数、高硬度、低表面能以及低传热性等，已被开发成许多有用的材料，如拟晶 $Al_{65}Cu_{23}Fe_{12}$ 十分耐磨，被开发为高温电弧喷嘴、高速旋转的发动机翼片的镀层、手术用针或针灸针、电动剃刀片等，还发现用拟晶为镀层的不粘锅具特氟隆镀层不可比拟的高硬度和耐热等特性。

29-3 实际晶体

通常认为晶体微观具“无限”有序结构，所有原子均按完美对称图案呈单调周期性平移。其实，这只是晶体的理想模型，可称为理想晶体(ideal crystals)。而实际存在的晶体称为实际晶体(real crystals)，或多或少地偏离理想晶体模型。理想晶体又称完美晶体(perfect crystals)，实际晶体又称非完美晶体(imperfect crystals)。首先应指出，即使是理想晶体，微观空间里的原子或分子绝非在原点不动，而在不断振动，有的原子团(如甲基)还做一定幅度的摆动，温度越高这些运动越激烈，理论上达 0 K 时，仍非静止不动。其次，实际晶体由许多约 20 μm

大小的晶粒(crystal grains)构成;晶粒由晶界(grain boundary)相连,晶界原子无平移周期性。因而实际晶体的周期性平移结构事实上并非无限。当然,有序排列范畴过小,不再称晶粒,就成非晶态了(见图 29-4)。请注意:上述晶界也可看作晶面,但与自由晶面不同,其间不存在其他原子或分子,但晶界比晶粒内部更易渗入外界原子或分子,具较高反应活性①。若实际晶体真的如理想晶体模型那样呈无限周期有序结构"铁板一块"不可能有因原子扩散导致的固态反应等性质。

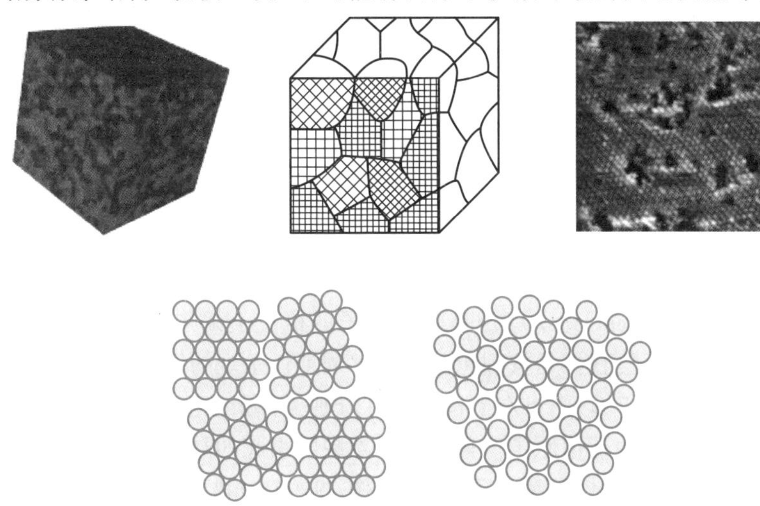

图 29-4 晶粒与晶界示意图及晶粒与非晶态对比

图为电子显微镜照片

最近有一则报道,氧化物超导体晶界因氧离子缺陷使超导临界电流密度下降,若用 Ca^{2+} 取代 $YBa_2Cu_3O_{7-\delta}$结构中的 Y^{3+},形成$Y_{1-x}Ca_xBa_2Cu_3O_{7-\delta}$,因电荷平衡降低晶界氧离子缺陷,电子更易越过晶界,超导临界电流密度大大增加。图 29-5 是该报道中晶界氧原子缺陷示意图,图中小亮点是晶界氧空位缺陷。另一则报道,硅芯片微电子开关阀门界面因硅与空气反应形成 SiO_2 而漏电导致芯片效能下降,若以单原子膜 HfO_2 代之,可使开关阀门更微小而效能却更高。

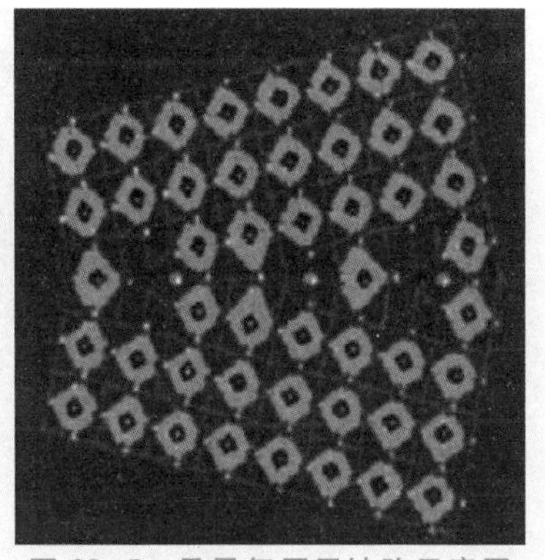

图 29-5 晶界氧原子缺陷示意图

① 此处的晶界概念是模糊的、不严格的。严格地说,晶体界面可分晶畴(domain boundary)、晶界(grain boundary)和自由晶面(free surface),它们具有不同的定义:晶畴尺寸极小,相邻晶畴的取向稍有差别,界面几乎没有无序原子,许多晶畴组合仍为单晶;晶界组合为多晶;而自由晶面间存在气体分子。

晶界原子的非周期结构属于实际晶体的体缺陷，属晶体缺陷（crystal defects）。晶体缺陷按维度可分为体缺陷、面缺陷、线缺陷和点缺陷，面缺陷和线缺陷总称位错（dislocations），不是讨论重点，图 29-6 的模型是其中另几例。

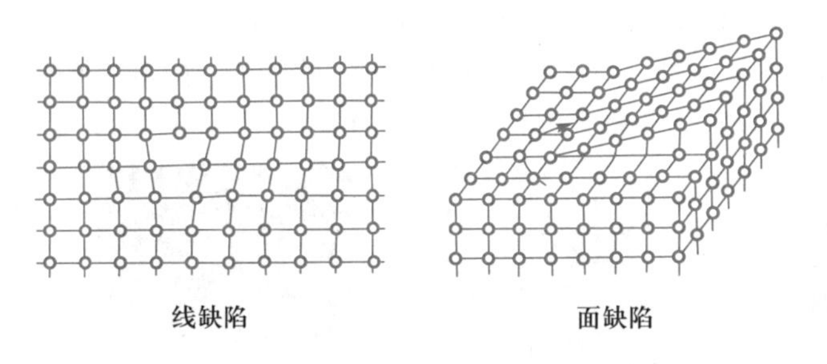

螺旋面位错蛋白质
晶体电子显微照片

图 29-6　实际晶体的线缺陷和面缺陷

点缺陷是最重要的晶体缺陷，有多种类型，如空位（vacancy）、填隙（interstitial）、代换（displacement）等。空位是应有原子的格位上缺了原子；填隙是不应有原子的格位有了原子；代换是按理想晶体平移周期性呈现的原子被其他原子代换，有多种类型。图 29-7(a)中自左上按顺时针分别为掺杂填隙、掺杂代换、自填隙和空位缺陷，请注意图中还用原子位移描述了点缺陷引起的晶格畸变，晶格畸变是点缺陷破坏理想晶体平移性的另一重要方面；图 29-7(b)描绘了点缺陷的两种重要类型——肖特基缺陷（Schottiky defect）和弗伦克尔缺陷（Frenkel defect）。

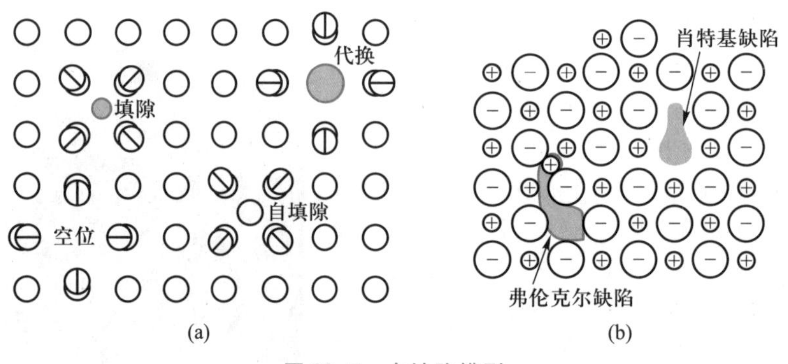

图 29-7　点缺陷模型

实际晶体的上述各类点缺陷是普遍存在的，但点缺陷率很小，如一般晶体的肖特基缺陷或弗伦克尔缺陷率仅约 10^{-4}，且与温度有关。这说明点缺陷并非静止不动，会变化或移动。点缺陷赋予晶体许多重要性质，故晶体缺陷的“缺陷”一词不应按贬义理解，下面是一些例子。

自然界许多矿物组成十分复杂，难以用简单化学式表示，其实质是代换缺陷。以五光十色的电气石(tourmalin)为例,其典型组成为$(Na,Ca)(Li,Al)_6Al_6(BO_3)_3Si_6O_{18}(OH)_4$,圆括号用逗号隔开的为互代离子。已知电气石至少有10种亚种,组成互不相同,如$NaMg_3(Cr,Fe^{3+})_6(BO_3)_3Si_6O_{18}(OH)_4$,$Na(Li,Al)_3Al_6(BO_3)_3Si_6O_{18}(OH)_4$等,可见其晶体结构中可代换离子丰富多样,需指出的是代换缺陷并不改变电气石的基本结构,其空间群均为R3m,仅晶胞参数稍有不同。复杂多样的掺杂代换是电气石五光十色的基本原因。

较单纯的掺杂致色的例子是Cr^{3+}掺杂引起的代换缺陷使本应无色的刚玉(Al_2O_3)、祖母绿(即绿柱石$Be_3Al_2SiO_{18}$)、变石($BeAl_2O_4$)致色。有趣的是,掺杂Cr^{3+}的刚玉呈红色(即红宝石 ruby),掺杂Cr^{3+}的绿柱石呈绿色(透明者称祖母绿 emerald),而掺杂Cr^{3+}的变石更令人迷惑,在日光下和白炽灯下分别呈蓝绿色和深红色。

另一重要例子是有的天然金刚石呈现美丽的蓝、黄、棕、绿色或者黑色。只含碳的金刚石应无色,可透过各种波长可见光甚至红外线和紫外线,其原因是金刚石中碳原子的电子从基态激发到最低能带的激发态需5.4 eV的能量,远大于可见光能量(1.77~3.10 eV)。当金刚石的部分碳原子被氮原子代换,基态能带与最低激发态能带的带隙从原来的5.4 eV降至2.2 eV左右,氮原子浓度不同,热运动引起的氮能带宽度不同,可吸收不同波长可见光,呈黄(C/N=105:1)或绿(C/N=103:1)色等;氮原子浓度再高,所有可见光都被吸收,就是黑色金刚石了。蓝色金刚石是浓度小于10^{-6}的硼掺杂引起的,具导电性可用碳价带电子进入硼主能带使碳价带引起正电空穴导电解释。金刚石还可人工“色心”致色呈各种颜色,但色心致色金刚石的颜色会因加热、辐照而变,不持久,还常呈现荧光,易与掺杂致色区分。

上述金刚石中的碳被氮或硼代换也是异价原子代换的例子。值得提到的异价原子代换还有硅半导体。Si被B、Al、Ga、In等三价原子代换使硅晶体的价带少了电子,产生正电空穴,可发生空穴导电,是p-型半导体;Si被P、As等五价原子代换使晶体导带多了电子,可发生电子导电,是n-型半导体。两者相连称n-p结。若硅半导体n-端接正极,能使交流电变直流电(半导体整流器)。有些半导体n-p结发生电荷复合时还可能使电能转化为光能(发光二极管)、热能(热泵,可用于制冷)等,是当今科技热点之一。

色心(colour centers)是空位型缺陷的另一重要形式。广义的色心有多种类型,而其中最基本的是“F-心”①。F-心晶体有空位缺陷,而又因高能辐照等外因在空位里填入电子,电子被局域其中,没有足够能量不能逃离,可形象地称为

① “F心”的“F”源自德文Farbe(颜色)的首字母,有的英文资料也用“Farbe center”一词。

“电子陷阱”。F-心浓度通常极低,却可吸收可见光而产生极鲜艳的颜色。最典型的色心发光晶体是卤化物,如有色的天然萤石、氯化钾、氯化钠等的颜色多非掺杂代换缺陷而是色心引起的。色心吸收光的能量与晶体组成有关,见表 29-1。天然晶体的色心是晶体受到天然高能辐射所致。通过人工高能辐射也可致色心,如人工高能辐射可使矿物黄玉、绿柱石等宝石产生色心而呈美丽的蓝色,人工辐射的钻石色心颜色更多。色心致色的重要性质是加热或辐照可使颜色改变或消退。图 29-8 是 F-心结构模型。

表 29-1 碱金属卤化物 F-心吸收峰能量与颜色 单位:eV

M^+/X^-	F^-	Cl^-	Br^-
Li^+	5.3 无色	3.2 黄-绿	2.7 黄/棕
Na^+	3.6 无色	2.7 黄/棕	2.3 紫
K^+	2.7 黄/绿	2.2 紫	2.0 蓝-绿
Rb^+	—	2.0 蓝-绿	1.8 蓝-绿

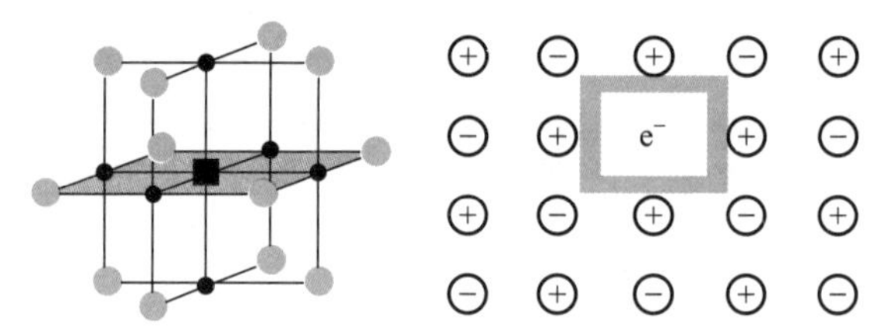

图 29-8 F-心结构模型

非整比化合物(non-stoichiometric compounds)是化学式不符合简单整数比的固体化合物,如 $Fe_{1-\delta}O$、$Zn_{1+\delta}S$、$UO_{2+\delta}$等,其 δ 值不等于零。为维持电中性,非整比化合物晶体中存在各种类型的点缺陷。值得一提的还有钇钡铜氧超导体,如 $YBa_2Cu_3O_{7-\delta}$,结构中存在氧空缺,而且部分 Cu^{2+}被 Cu^{3+}代换。如p-型半导体 $Ni_{0.97}O$ 既有正离子空位,又有 Ni^{2+}被 Ni^{3+}的代换缺陷。该化合物呈黑色,是 Ni^{2+}与 Ni^{3+}通过氧原子的电荷迁移致色。色彩最丰富的非整比化合物是钨青铜 Na_xWO_3,可用金属钠还原 WO_3 等方法制备,其晶体结构如图 29-9 所示,属钙钛矿结构型,中心为 Na^+,若中心无空位缺陷,化学式为$NaWO_3$,完全空缺则为 WO_3,每填入 1 个 Na^+,相应有 1 个 W^{6+}还原为 W^{5+},化学式转为 Na_xWO_3,x 值不同,颜色不同(见图 29-10)。

点缺陷还赋予非整比化合物许多特殊性质,如半导性、超导性等。

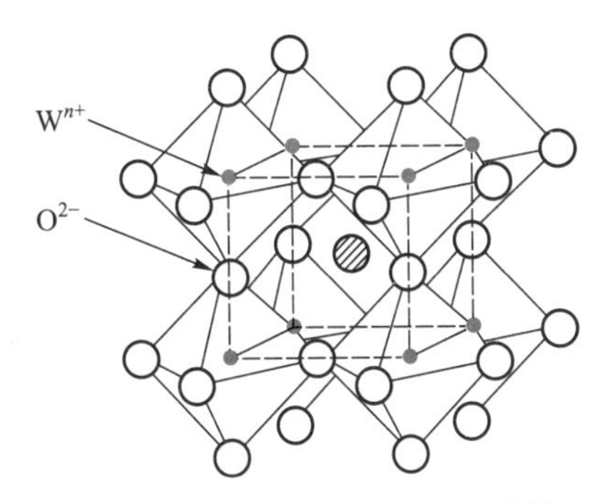

图 29-9 钨青铜 Na_xWO_3 的结构

中心的大球是 Na^+

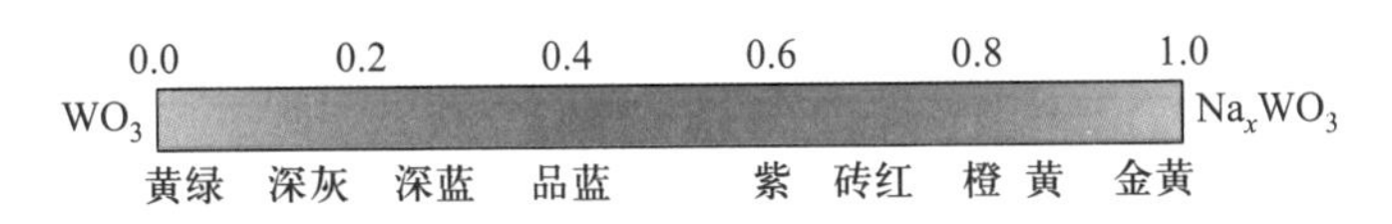

图 29-10 Na_xWO_3 的颜色与 x 值的相互关系

29-4 合　金

纯金属的实用场合很有限,如纯铜(俗称紫铜)用作导线,金、银用作微电子元件导体等。通常人们遇到的金属绝大多数是合金。合金含两种或多种金属或非金属,具金属的基本物理性质(如金属光泽、导电导热、延展性等)。按晶体结构可将合金分为固溶体合金、金属化合物合金和金属间隙化合物合金三大类。

29-4-1 固溶体合金

一般而言,两种或多种有相同晶体结构类型(简称同晶)的金属才能形成固溶体合金,可与"相似相溶"的液体混合得到单相液体相比拟,但固溶体(solid solution)是高温熔融态冷却得到的固体。固溶体的原子以无序或有序形式在晶体微观空间里排列。无序固溶体合金的晶体结构中的原子按统计规律均匀地占据晶体所有点位上,不分彼此;而有序固溶体合金的晶体结构中原子的分布是各居其位的。如图 29-11 中 AuCu 固溶体的例子:Au 和 Cu 同晶(fcc 结构型),半径相差不到 15%，可无限共熔形成共熔体合金 Au_xCu_y。金和铜共熔态结晶，得到无序固溶体合金，晶体结构每一点位上占据的都是 x%Au 和 y%Cu 的“统计原子”；当上式的 $x=y$ 并冷至 380 ℃以下长时间保温，会得到一种与原晶胞相近的有序固溶体合金，Au 占据 0,0,0 和 1/2,1/2,0 两种点位，而 Cu 占据 0,1/2,1/2 和 1/2,0,1/2 两种点位（此晶胞显然已非立方面心而是四方素胞）；然而，若将保温温度设定在 420~380 ℃，会得到一种晶胞尺寸相当于无序结构（即面心立方堆积）晶胞 10 倍的大晶胞，其中 Au 和 Cu 的点位虽复杂却并非无序，仍是有序结构，称为**超构**（superstructure）有序 AuCu。

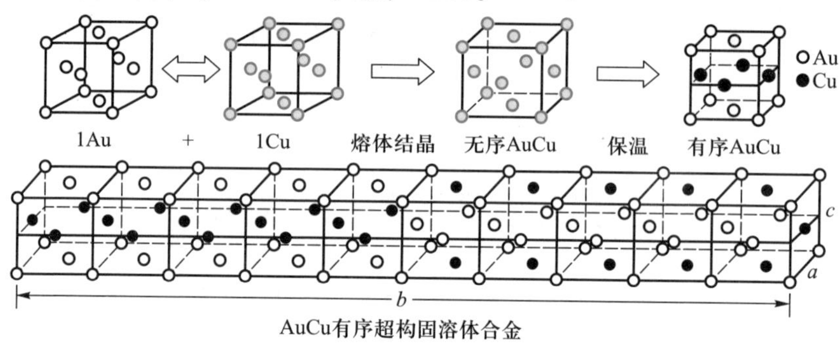

图 29-11 AuCu 固溶体的无序结构与有序结构

图 29-12 是另一例子：将以原子比 3∶1的 Fe 与 Al 共熔后结晶得 Fe_3Al 固溶体，结构如图（a），它不同于上述无序 AuCu 的完全无序结构，具有素立方小晶胞，坐标为 0,0,0 的点位完全被 Fe 原子占据，而坐标为 1/2,1/2,1/2 的点位才是 50%Fe 和 50%Al 的“统计原子”。这种结构也通称为无序结构，但显然与完全无序不同，可称为“半有序结构”或“半无序结构”。控制冷却和保温的温度，Fe_3Al 也能形成如图（b）的完全有序结构，该结构的晶胞为图（a）的晶胞的 8 倍，是图（a）的超构。

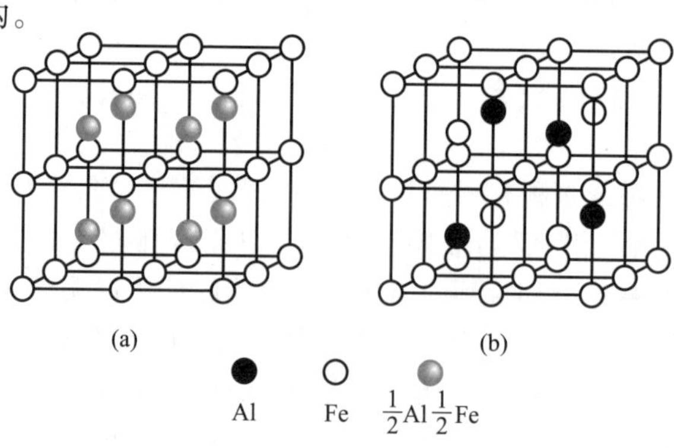

图 29-12 Fe_3Al 固溶体合金

需指出的是,常温下的铁和铝不同晶,铁为体心立方,铝为面心立方,似无形成固溶体合金的条件,但升高温度,铁的晶体结构会从体心立方变成面心立方,前者称为 α-Fe,后者称为 γ-Fe①。

29-4-2 金属化合物合金

金属化合物合金具有不同于组分金属单独存在时的结构,形成一种新的晶体结构。金属化合物合金的结构类型丰富多样,有 20 000 种以上,不胜枚举,有的结构可找到离子晶体或共价晶体的相关型,有的则是独特的结构类型,图 29-13仅是几例。

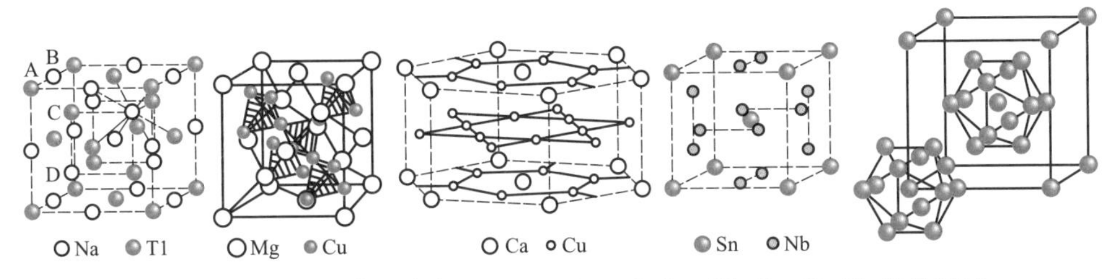

图 29-13 金属化合物合金 NaTl、$MgCu_2$、$CaCu_5$、Nb_3Sn、$MoAl_{12}$的晶胞图

图 29-13 中的 NaTl 晶胞是 CsCl 晶胞的 8 倍超构;$MgCu_2$ 是所谓拉维斯相(Laves phase)的一个例子;$CaCu_5$ 是层状结构的例子;Nb_3Sn 结构是重要的合金超导体,同型化合物 Nb_3Ge 用于高分辨核磁共振仪;$MoAl_{12}$是具有复杂配位结构的例子。

金属化合物的组成十分复杂,仍有许多规律属未知领域,已归纳出规律的有两类:其一是按相当于金属与非金属化合的化合价组成,如 Mg_2Sn 和 Mg_2Pb,可按周期系“族价”,即 Mg 是二价元素,Sn、Pb 是四价元素来理解。另一类是所谓电子化合物(electron compounds),其组成取决于两种金属的电子数和原子数之比,但电子化合物组成元素的“电子数”的计数不同寻常,也有争论,被较普遍接受的规律:周期系Ⅷ族元素 Fe、Co、Ni、Ru、Rh、Pd、Os、Ir 和 Pt 的“电子数”为零,ⅠB 族 Cu、Ag、Au 为 1,ⅡB 族 Zn、Cd、Hg 及ⅡA 族 Be、Mg 为 2,ⅢA 族 Al、In、Ga 为 3,ⅣA 族 Si、Ge、Sn、Pb 为 4 等,而电子数与原子数之比有三种基本类型:3:2,21:13 和 7:4,由此可理解如 CuZn、Ag_3Al、Cu_9Al_4、Cu_3Sn 等金属化合物的组成。

① 纯铁在 910~1390 ℃呈 γ 相。

上述三类电子化合物各具特定结构，分别称为 β，γ 和 ε 相。例如，Cu_5Zn_8 属于 21∶13 型电子化合物，其结构如图 29-14 所示，是一种很大的立方晶胞，含 52 个原子，称为 γ-黄铜型结构，许多化学式原子总数为 13 的倍数的电子化合物合金相具此结构，如 Fe_5Zn_{21}、$Cu_{31}Sn_8$ 等。β 和 ε 相结构从略。

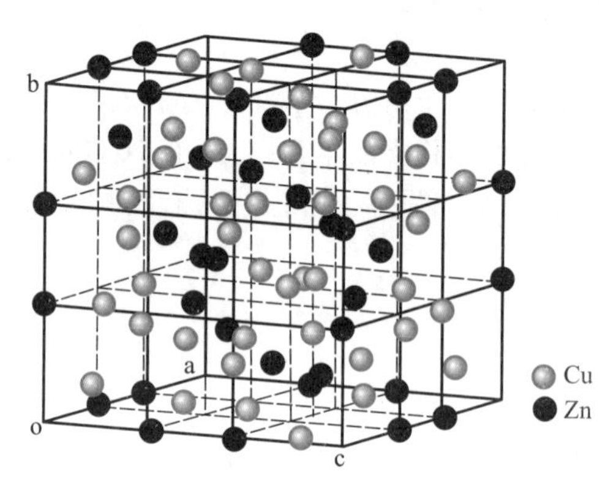

图 29-14　电子化合物 Cu_5Zn_8 的晶胞

29-4-3　间隙相合金

间隙相合金是指合金中的一种原子（通常为半径较小的非金属原子）填入合金的金属元素的晶体结构的空隙中形成的合金，有许多种类型。表 29-2 给出了间隙相合金的基本类型。

表 29-2　间隙相合金的基本类型

相的名称	$Fe_4N(\gamma)$	$Fe_2N(\varepsilon)$	Mn_4N	Mn_7N	Mo_7C
非金属 X 原子分数/%	19~21	17~33	20~21.5	25~34	30~39
相的名称	NiC	PdN	TdC	VC	ZrC
非金属 X 原子分数/%	44~48	39~45	45~50	43~50	33~50
相的名称	UC_2	TiC	TiN	Ti_2N	$TiN \sim Ti_2N$
非金属 X 原子分数/%	26~65	25~50	30~50	0~33	47~62

有的间隙相合金十分重要，如碳化铁 Fe_3C，是碳钢的相之一，其理想结构模型如图 29-15 所示，图中给出了该结构中的[CFe_6]八面体及其连接形式。

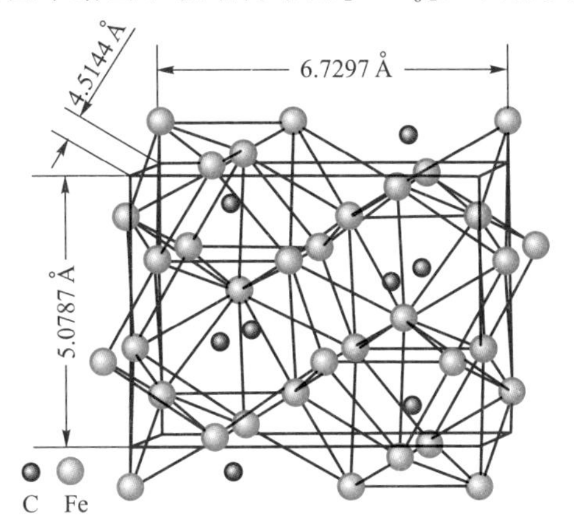

图 29-15 Fe_3C 晶体结构

最后应指出，本节讨论的只不过是合金的单相晶体结构。通常见到的合金经常是多相的。合金中相的存在不仅与组成有关，也与温度以及温度变化的速率等因素有关。即使只就合金的单相而言，上面的讨论仍只是其理想晶体模型，实际晶体要复杂得多，如电子化合物的电子数与原子数之比可定义为“电子浓度”，对实际晶体为一区间，并非如上所述的三个整数相除得到的值；间隙相合金的组成范围更大。合金的各种物理性质，特别是机械性质，绝非只取决于合金中各相的晶体结构，在更大程度上取决于处于微观和宏观之间的纳米级或微米级的介观结构，一些技术专业书籍上所谓的“结构”常指后者。该“结构”与合金的加工方法等有关，如淬火等。合金的体相与表相（即表面的组成与结构）也常不同，而合金的化学稳定性（如被空气、酸碱等锈蚀）等性质不仅与合金体相有关，也与表相有关，否则难以理解如渗碳、渗氮等合金加工技术。

阅读材料
钢铁

29-5 非金属固体材料 陶瓷

29-5-1 概述

“非金属”是一个内涵丰富的术语，在初等化学里它是指非金属单质或元素，然而，在实际生活中，人们把除金属与合金外的所有材料都称为非金属，包括木材、石油、塑料、橡胶等有机化合物，不以获得金属为目的的所有无机矿物（大理石、花岗岩、云母、石棉等）以及纯碱、烧碱等化工产品都称为“非金属”。本节讨论的是人工合成的无机非金属固体材料（non-metallic solid materials），它们几乎与现代意义的陶瓷（ceramics）同义。陶瓷一词源自历史悠久的陶和瓷。现代陶瓷①是广义的，一般是指通过烧结（sinter）得到的，具有多孔隙的多晶集合体的显微结构（microstructure），组成几乎涵盖除金属与合金外的所有人工合成非金属固体材料。但事实上陶瓷这一概念并无严格的界定，上述三者不兼备，或制作方式或某些显微结构特征或组成例外的，也常被归于陶瓷，如有所谓金属陶瓷之说；又如，经气相化学沉积（VCD）法制得的金刚石薄膜也有人称为陶瓷（因它们是“多晶态非金属材料”），再如，气孔已不是所有现代陶瓷的特征，如用于高压钠灯的透明陶瓷 Al_2O_3 的气孔率等于零。因而简而言之，陶瓷一词几乎是“人工合成的无机非金属固体材料”这一冗长的词组的同义词。

人们接触传统陶瓷获得的经验之一是，陶瓷脆而易碎。多数广义陶瓷也很脆，似可将抗冲击性能差看成陶瓷的普遍特性，但陶瓷的这种特性只在常温下呈现，加热至高温常不复存在，事实上，烧制传统陶瓷经常会发生温度过高导致胚体变形的现象。有的新型陶瓷，加热时可拉伸，如有人将几乎等量的氧化锆、铝酸镁和氧化铝粉末混合成型烧结，烧结后加热，慢慢拉伸，竟可拉长 1050 %倍。该陶瓷的这种特殊性质是由于其颗粒粒度很小（0.2 mm），加热时拉伸，颗粒间可滑动（见图 29-16）。

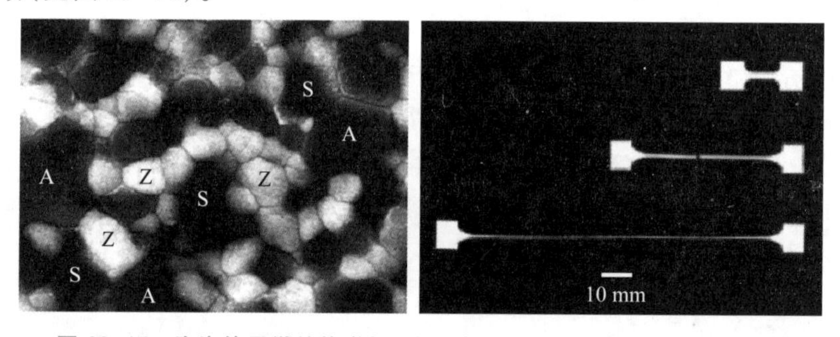

图 29-16　陶瓷的显微结构举例（字母表示不同的晶相）和可伸拉陶瓷

陶瓷的品种繁多，分类方法也很多，如按性能、按组成、按用途、按微观结构，不一而足，例如，表 29-3 是功能陶瓷（functional ceramics）的分类。除功能陶瓷外，还有所谓结构陶瓷（constructural ceramics）。这样多的陶瓷，只能以举例的方

① 现代陶瓷又叫高级陶瓷、先进陶瓷、精细陶瓷、新型陶瓷、特种陶瓷、高技术陶瓷等。

式讨论几类，以对陶瓷有个概括性的认识。

表 29-3 功能陶瓷的各种类型

分类	功能陶瓷	典型材料	主要用途
电功能陶瓷	绝缘陶瓷	Al_2O_3、BeO、MgO、AlN、SiC	集成电路基片、封装陶瓷、高频绝缘陶瓷
	介电陶瓷	TiO_2、$La_2Ti_2O_7$、$Ba_2Ti_5O_{20}$	陶瓷电容器、微波陶瓷
	铁电陶瓷	$BaTiO_3$、$SrTiO_3$	陶瓷电容器
	压电陶瓷	PZT、PT、LNN (PbBa)$NaNb_5O_{15}$	超声换能器、谐振器、滤波器、压电点火、压电电动机、表面波延迟元件
	半导体陶瓷	PTC(Ba-Sr-Pb)TiO_3 NTC（Mn、Co、Ni、Fe、La）CrO_3 CTR(V_2O_5)	温度补偿和自控加热元件等 温度传感器、温度补偿器等 热传感元件、防火灾传感器等
		ZnO 压敏电阻	浪涌电流吸收器、噪声消除、避雷器
		SiC 发热体	电炉、小型电热器等
	快离子导体陶瓷	β-Al_2O_3、ZrO_2	钠硫电池固体电介质、氧传感器陶瓷
	高温超导陶瓷	La-Ba-Cu-O、Y-Ba-Cu-O Bi-Sr-Ca-Cu-O Tl-Ba-Ca-Cu-O	超导材料
磁功能陶瓷	软磁铁氧体	Mn-Zn、Cu-Zn、Ni-Zn、Cu-Zn-Mg	电视机、收录机的磁芯，记录磁头、温度传感器、计算机电源磁芯、电波吸收体
	硬磁铁氧体	Ba、Sr 铁氧化	铁氧体磁石
	记忆用铁氧体	Li、Mn、Ni、Mg、Zn 与铁形成的尖晶石型	计算机磁芯
光功能陶瓷	透明 Al_2O_3 陶瓷	Al_2O_3	高压钠灯
	透明 MgO 陶瓷	MgO	照明或特殊灯管，红外输出窗材料
	透明 Y_2O_3-ThO_2 陶瓷	Y_2O_3-ThO_2	激光元件
	透明铁电陶瓷	PLZT	光存储元件、视频显示和存储系统、光开关、光阀等

续表

分类	功能陶瓷	典型材料	主要用途
生物及化学功能陶瓷	湿敏陶瓷	$MgCr_2O_4-TiO_2$、$ZnO-Cr_2O_3$、Fe_3O_4 等	工业湿度检测、烹饪控制元件
	气敏陶瓷	SnO_2、$\alpha-Fe_2O_3$、ZrO_2、TiO_2、ZnO 等	汽车传感器、气体泄漏报警、各类气体检测
	载体用陶瓷	蓝青石瓷、Al_2O_3 瓷、$SiO_2-Al_2O_3$ 瓷等	汽车尾气催化载体、化工用催化载体、酵素固定载体
	催化用陶瓷	沸石、过渡金属氧化物	接触分解反应催化、排气净化催化
	生物陶瓷	Al_2O_3、$Ca_5(F、Cl)P_3O_{12}$	人造牙齿、关节骨等

29-5-2 固体电解质

固体电解质(solid electrolytes 或 solid state ionics)又称离子导体(ionic conductor)。固体电解质一词强调了它们是固体,却像电解质溶液那样以离子为载流子,而不同于金属或半导体以电子和正电空穴为载流子。应指出,一般离子晶体中的离子也能移动,但十分困难,导电能力极低,而固体电解质有很强的导电能力,故而又称快离子导体(fast ionic conductor)①。固体电解质可按传导离子分为阳离子导体和阴离子导体,前者有银离子导体、铜离子导体、钠离子导体、锂离子导体、氢离子导体等,后者有氧离子导体、氟离子导体等。固体电解质一般为晶体,非晶态者需特称非晶态电解质,又称玻璃态离子导体。此外还有一类特殊的固体电解质,既离子导电又电子导电,称为混合导体。表 29-4 列举了常见的固体电解质。下面仅选择几种重要固体电解质来讨论,以对固体电解质的组成、结构与应用有一个初步认识。

表 29-4 常见的固体电解质

导电离子	化合物	温度范围/℃	导电离子	化合物	温度范围/℃
氧(O^{2-})	$ZrO_2(Y_2O_3)$	500~1600	Ag^+	$\alpha-AgI$	150~450
	$ThO_2(Y_2O_3)$	500~1100		$\beta-AgI$	100~140

① 一般将电导率大于 $10^{-2}\Omega^{-1}cm^{-1}$,活化能小于 0.5 eV 的离子导电性的固体称为固体电解质。

续表

导电离子	化合物	温度范围/℃	导电离子	化合物	温度范围/℃
	$CeO_2(Gd_2O_3)$	500~1500		AgCl	100~400
F^-	CaF_2	600~1400		AgBr	100~400
	NaF	330~980		Ag_3SBr	10~300
	LiF	350~700		Ag_3SI	250~400
	PbF_2	200		Ag_2HgI_4	50~100
	SrF_2	500~700		KAg_4I_5	20~220
	BaF_2	500		$RbAg_4I_5$	25~200
Cl^-	$PbCl_2$	200~450	Cu^+	β-CuI	369~407
	$BaCl_2$	400~700		CuCl	250~400
	$SrCl_2$	500~780		β-CuBr	385~469
Br^-	$BaBr_2$	350~450		γ-CuBr	230~385
	$PbBr_2$	250~365		$7CuBr\cdot C_6H_{13}N_4\cdot CH_3Br$	20~130
	KBr	605		$KCuI_3$	260~325
I^-	PbI_2	255	Li^+	$LiAl_{11}O_{17}$	25~800
	KI	610		$LiI(Al_2O_3)$	25~100
Na^+	NaF	500		$Li_{11}Zr_{12}Ta_{11}P_3O_{32}$	25~200
	NaCl	300~600	H^+	H_3OClO_4	-20~40
	NaBr	435		$C_6H_{13}N_2\cdot 1.73H_2SO_4$	150~200
	$NaAl_{11}O_{17}$	20~700			
	$Na_2Zr_3PSi_2O_{12}$	20~450			

(1) 银离子导体 银离子导体是发现最早的固体电解质。1913 年,Tubandt 等报道,AgI 固体在 400 ℃以上的导电能力是室温的上万倍,可与电解质溶液相比。后经晶体结构实验证实,室温下的 AgI 属纤维锌矿结构型(六方 ZnS),146 ℃以上转化为一种奇特结构,称为α-AgI,其结构可用堆积-填隙模型描述:I^-做体心立方堆积,晶胞见图 29-17,占(0,0,0)和(1/2,1/2,1/2)两个位置,Ag^+则填入堆积球的孔隙中;该结构有 3 类孔隙,八面体孔隙(O)、四面体孔隙(T)和三角形孔隙(Tr),与堆积原子之比为 I^-:O:T:Tr=1:3:6:12,而且所有孔隙都大得足以填入 Ag^+;然而,为维持电中性,1 个 I^-只对应 1 个 Ag^+,因而平均 21 个孔隙只有 1 个填入 Ag^+,20 个是空的,换言之,Ag^+做统计性的无序分布,每个孔隙平均分摊到 1/21 个 Ag^+。这种奇特结构给人以想象:在电场作用下,Ag^+将穿越 I^-围拢的"窗口"从一个孔隙传至另一孔隙而沿电场方向运动,因而 α-AgI 是

优良的离子导体。还应指出,晶体中的离子在不断振动之中,上述“窗口”必定时大时小,且温度越高,变化越快,Ag^+穿越“窗口”的机会必定越多。因此,所有离子导体的导电性随温度升高而增强。对比:电子导体则相反!

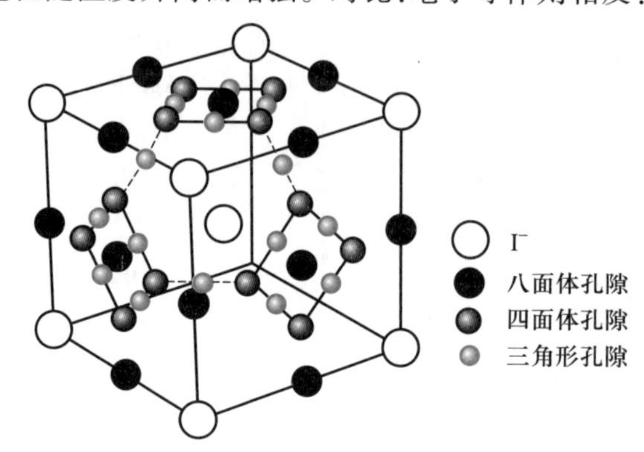

图 29-17 α-AgI 的晶胞中的堆积球 I^-与三类孔隙
Ag^+平均占有率 1/21

然而,α-AgI 只在 146~555 ℃才能稳定存在,室温下不存在。自 1961 年起,已经研究开发了许多室温银离子导体,其中 $RbAg_4I_5$ 是导电性最强的室温固体电解质。该晶体实质上是一种代换掺杂型晶体,掺入的 Rb^+代换了 1/5 的 Ag^+,具 α-AgI 基本结构。掺入半径更大的有机阳离子可形成新晶型银离子导体,如 $[(CH_3)_4N]_2Ag_{13}I_{15}$。还有阴离子代换型如 Ag_3SI、$Ag_7I_4PO_4$、$Ag_{19}I_{15}P_2O_7$ 等以及阴阳离子混合代换型如 $RbAg_4I_4CN$ 等,层出不穷。有的含氧酸根阴离子代换型银离子导体具玻璃态,如 $AgI \cdot Ag_2MoO_4$ 体系,该结构中的三种离子 Ag^+、I^-和 MoO_4^{2-} 完全无序。

银离子导体是应用最广的固体电解质,如制作银碘电池、热电转化器、离子选择电极以及库仑计、电子开关、压敏元件、气敏传感器、电积分器、记忆元件、电容器、电色显示器等电化学器件。下面仅举几例。

银离子固体电解质的银碘电池品种繁多,如体积微小的全固态低能量一次性原电池:$Ag|AgI|I_2(C)$ 、$Ag|RbAg_4I_5|RbI_3(C)$、$Ag|Ag_3SI|I_2(C)$、$Ag|RbAg_4I_5|(CH_3)_4NI_9$ 等;微型低能量可充电电池 $Ag|RbAg_4I_5|NbSe_2-I_2$ 等。

热电转化器利用的是热释电原理,即因电池两极温差导致离子通过固体电解质由高温电极向低温电极扩散,两极产生电势差,热能转化为电能的装置,如 $Ag(T_1)|AgI|Ag(T_2)$,$T_1>T_2$,可用作温度探测仪、太阳能转化器等。

离子选择性电极通常用于微量化学分析。例如,由银丝和固体银离子导体组成的银离子选择电极与不同浓度的硝酸银水溶液接触产生的电势不同,从而能测定溶液中的银离子浓度。

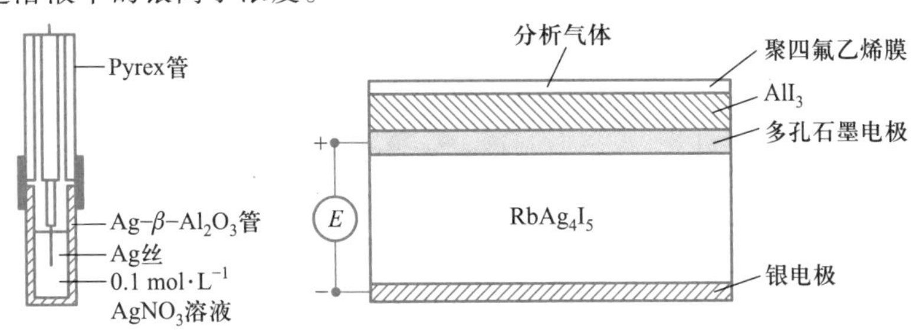

图 29-18 银离子选择电极和银离子导体气敏传感器

电化学器件都是原电池。仅举一例,图 29-18 是一种有趣的银离子导体气敏传感器,可检出外界气氛中氧气的浓度。氧气透过传感器的聚四氟乙烯薄膜,将与活性物质 AlI_3 发生氧化还原反应:

$$4AlI_3+3O_2 \longrightarrow 2Al_2O_3+6I_2$$

产物 I_2 向多孔石墨电极扩散,形成原电池 $Ag|RbAg_4I_5|I_2$,由于电池的电极电势大小与碘的浓度相关,碘的浓度又取决于氧气的浓度,因而用检流计测定电池电动势即可得知气氛中氧气的浓度。选择适当的活性物质,可设计出测定如 F_2、Cl_2、O_3、CO、NO、NO_2、NH_3、SO_2、C_2H_2 等各种气体的浓度。气敏传感器有许多应用场合,已进入千家万户,如用作燃气等气体泄漏的自动报警器等。但需指出,用作气敏传感器的陶瓷品种很多,并非都是离子导体,如 SnO_2、ZnO、Fe_2O_3、WO_3、(LnM)BO_3 等,多数是半导体。

(2) 钠离子导体 最重要的钠离子导体是所谓 $\beta-Al_2O_3$,理想化学式 $NaAl_{11}O_{17}$,$\beta-Al_2O_3$ 之名源自早先以为它是 Al_2O_3 的一种晶型(Na^+相对含量少而被忽视),现保留为一种晶体结构型名。不特别指明时,$\beta-Al_2O_3$ 即 $NaAl_{11}O_{17}$。严格而言应称 $Na-\beta-Al_2O_3$,因后来发现 $\beta-Al_2O_3$ 结构型中的 M^+ 阳离子也可为 Li^+等。$\beta-Al_2O_3$ 的晶胞如图 29-19 所示,似乎十分复杂,但从堆积结构图可清楚观察到此结构垂直于 c 轴的二维空间里有巨大的 Na^+移动通道。

其实,$NaAl_{11}O_{17}$只是 $\beta-Al_2O_3$ 的理想化学式。具有实用价值的 $\beta-Al_2O_3$ 实际晶体,组成在相当大的范围内是可调节的。考察图 29-19 便不难想见,垂直于 c 轴的 Na^+-O^{2-}层有很大空间,足以填入更多的 Na^+,但为求得电荷平衡,填入比理想化学式更多的 Na^+必伴随发生氧离子填隙缺陷或 Al^{3+}空位缺陷。

$Na-\beta-Al_2O_3$ 最重要的用途是用作钠硫电池(NAS battery)的固体电解质。钠硫电池始于 1967 年美国福特公司,是一种高能量可充电电池。电池的负极为钠,正极为多硫化钠(Na_2S_2、Na_2S_4、Na_2S_5 等),可简单地表示为 $Na|\beta-Al_2O_3|S$,

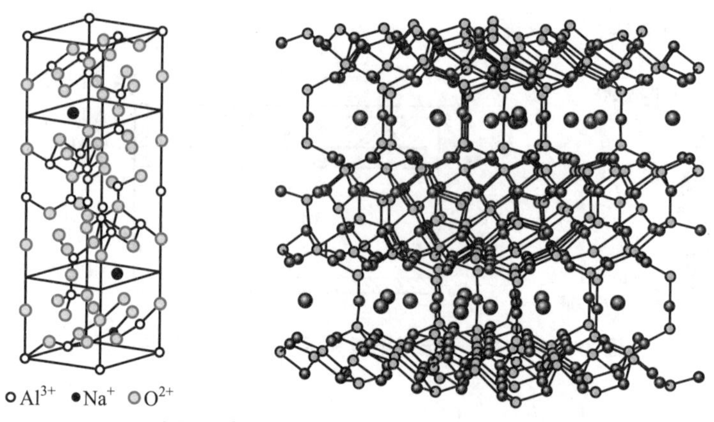

图 29-19 β-Al_2O_3($NaAl_{11}O_{17}$)的晶胞和多晶胞结构示意图

工作温度 300 ℃,钠和多硫化钠均呈液态。放电时负极向外电路(负荷)释放电子,产生的 Na^+进入固体电解质 β-Al_2O_3 向正极迁移,正极的硫从外电路获得电子形成 S^{2-}(以多硫化钠形式存在);充电时钠电极与外电源负极相连,硫电极与外电源正极相连,S^{2-}氧化为硫,同时钠离子进入固体电解质向钠电极迁移,在钠电极得到电子转化为钠。与传统的铅电池相比,钠硫电池在比能量和比功率等技术指标上有明显优势。例如,理论上钠硫电池的比能量高达 760 Wh/kg,效率可达 100%(即充电电量可全部放出)。充电时间短,无污染,原材料丰富,但价格贵得多,在技术上尚有许多待解决的问题。

(3) 氧离子导体　应用最广泛的氧离子导体是掺杂 Y^{3+} 的 ZrO_2(简称 YSZ)。广泛用作氧气检测仪、电解池的固体电解质以及燃料电池(简称 SOFC)。图 29-20 是使用氧离子导体的燃料电池一例。

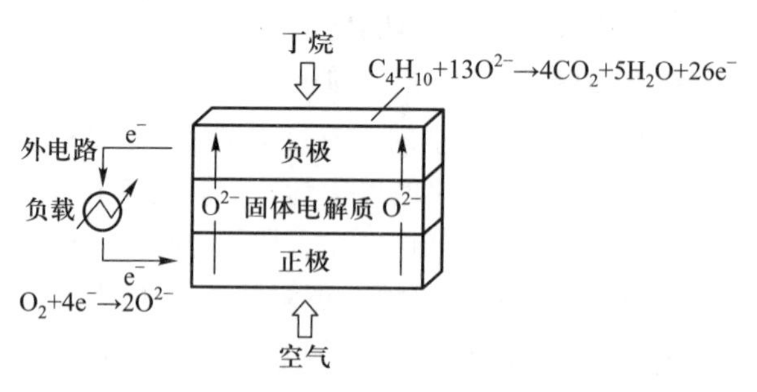

图 29-20 使用氧离子导体的燃料电池结构示意图

天然的 ZrO_2 矿物是单斜晶体,在高温下能转化为立方晶体,而加入异价离

子 Ca^{2+} 或 Y^{3+} 等能得到的异价代换掺杂氧离子缺陷的萤石结构型立方晶体，结构中存在大量氧离子迁移通道，晶格的热稳定性高，在 900～1000 ℃下是导电性极强的氧离子导体。

29-5-3 高温超导陶瓷

超导体是一类特殊的电子导体，一定温度（临界温度）以下它的电阻率会突然下降为零（见图 29-21）。最早发现的超导体是 Hg（1911 年，H. K. Onnes 研究小组，临界温度 4.1 K）；其后发现的是某些金属化合物合金如 Nb_3Sn（1954 年，临界温度 18 K），至 1973 年发现 Nb_3Ge 临界温度达 23 K，以致理论界预言超导临界温度不会超过 30 K；然而，1986 年发现了临界温度高达 35 K 的钙钛矿晶型复合氧化物，引发科技界高温超导热，其后改变元素组成的该型氧化物超导的临界温度竟达到 145 K；2001 年又发现了以 MgB_2 为代表的新型高温超导体，虽临界温度尚低（39 K），但因其组成为普通元素，合成方法简单，引起广泛关注；还发现 C_{60}+$CHBr_3$ 堆积-填隙晶体的临界温度高达 117 K；最新发现，高压下（190 GPa）氢基超导体临界温度可超过 260 K。已证实有 30 种元素的单质能呈现超导态；化合物类型也很多，除无机化合物、有机化合物外，甚至无金属的有机超导体也已发现。

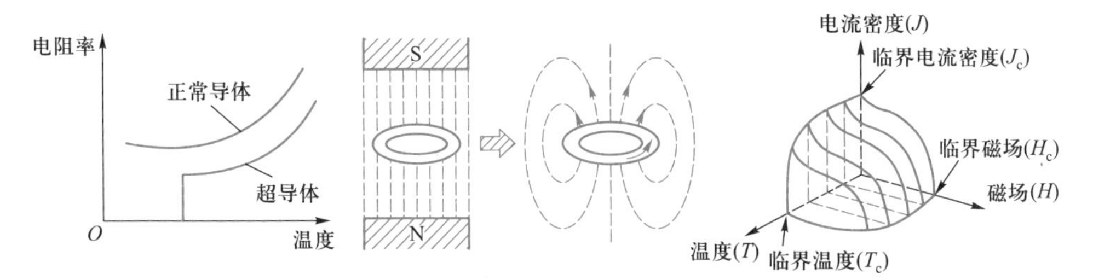

图 29-21 超导体的临界温度、永久电流和超导态的临界范围

超导体的神奇在于，如果施以外加磁场，将温度降至临界温度以下，使物质呈超导态，超导体内将出现感生电流，然后突然撤去外加磁场，由于超导体的电阻为零，其电流永久的“长流不息”，即使上千万年也不会消失。然而，研究发现，即使在临界温度以下，如果超导体感生的电流密度超过某一极限（临界电流）或者外加的磁场超过某一强度（临界磁场），超导态就会消失！换言之，超导态只能在一定临界温度、临界电流和临界磁场的范围内才能呈现，因此真正有实际应用价值的超导体必须具有较高的临界温度、较大的临界电流和较强的临界磁场。

超导体的另一神奇性质是，若将温度降至临界温度以下获得超导态后外加一磁场，超导体内部将是完全抗磁性的，即外加磁场的磁力线完全不能通过超导体，这种现象称为迈斯纳效应。迈斯纳效应的存在可使超导体可在外加磁场上空悬浮，称为磁悬浮现象（magnetic levitation），因此将超导体用于磁悬浮列车，可使磁悬浮列车的运行能耗大大降低（见图 29-22）。我国于 2000 年研制成功了世界首辆载人高温（>77 K）超导磁悬浮实验车“世纪号”，证明其原理上的可行性；2005 年，日本制造的低温超导磁悬浮地面轨道交通工具时速可达 603 km，将此技术向实际应用更推进一步。

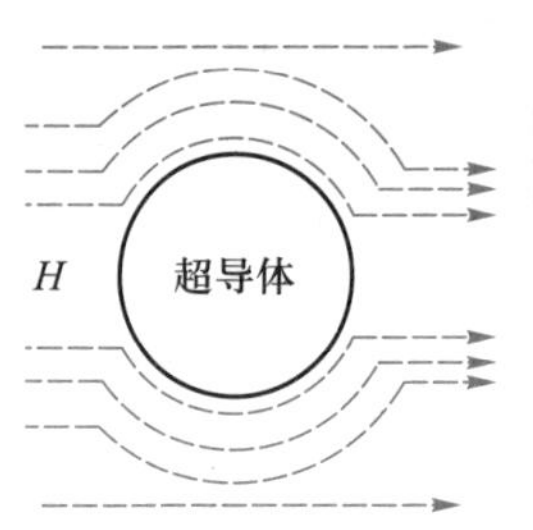

磁悬浮现象

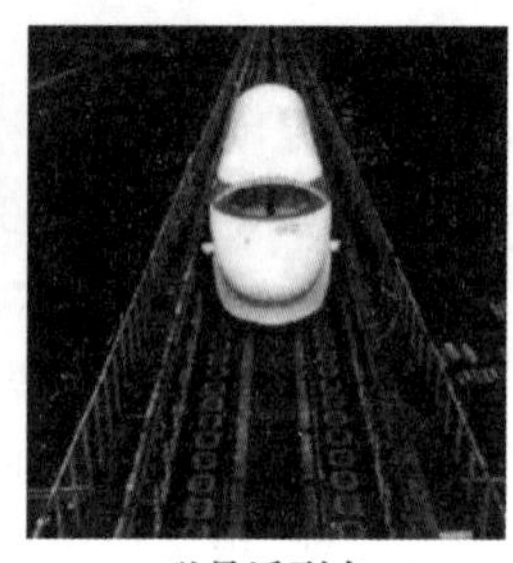

磁悬浮列车

图 29-22　超导态的完全抗磁性（迈斯纳效应）及磁悬浮现象与磁悬浮列车

已经获得超导态无机化合物的类型很多，除上述 Nb_3Sn 型金属化合物外，碳化物、氮化物、硅化物、硼化物和氟化物等都出现过超导体。氧化物超导体最早发现于 1964 年（TiO 和 NbO，氯化钠结构型），但临界温度只有 1 K。其后也发现过 A_xWO_3、$Ag(Ag_6O_8)X$、$LiTi_2O_4$、$Ba(Pb,Bi)O_3$ 等氧化物超导体，但临界温度都没有超过 23 K。钙钛矿结构型氧化物超导体之可贵之处在于：打破了 1973 年的预言，使临界温度已高于液氮温度，并具实用价值。

几十年的高温超导研究已证实，所有氧化物高温超导材料的晶体结构都有如下特点：属于钙钛矿超构，含混合价态金属，存在强金属-氧共价键，有氧缺陷，具有非公度调制结构，并发现如下规律：理想的钙钛矿结构是通式为 AMO_3 的立方晶胞（$Z=1$），A 和 M 分别为六配位（八面体）和十二配位（十四面体）。氧化物高温超导的结构是多倍钙钛矿晶胞的叠加而得的超构，如典型的 $YBa_2Cu_3O_{7-\delta}$，$\delta=0.2$（简称 YBCO-123 型超导陶瓷）是 $c\approx3a$ 的钙钛矿超构（见图 29-23），组成更复杂的氧化物高温超导体的 c 轴更长；按三倍钙钛矿超构，上述钇钡铜氧超导体的化学式应为 $YBa_2Cu_3O_9$，然而事实上其氧原子数不到 7，可见存在氧缺陷。由图 29-23 可见，按垂直于 c 轴层状结构考虑，氧缺陷在同层内；若按化学式 $YBa_2Cu_3O_7$ 考虑，由于 Y^{3+} 和 Ba^{2+} 的价态是固定的，应含 2/3 的 Cu^{2+} 和 1/3 的 Cu^{3+}，事实上 $\delta>0$，可见 Cu^{3+} 超过 1/3，即该化合物是含**混合价态**的铜；在所有三种金属中，Cu—O 的共价性最强，事实上，所有已知的钙钛矿型高温超导体无一例外地都含铜，而且，—Cu—O—Cu—O—的连续堆积层数越多，超导临界温度也越高；近年又发现，该型超导结构明显存在程度不同的非公度调制结构，即原子的位置和品种以及氧原子的缺陷在一定程度上出现无序分布，但并非完全无序，而是更远程的更大的周期性有序结构。从图 29-23 还可见，垂直于 c 轴的原子层呈现一种波浪形高低调制，或者说"层"变宽了，同层原子的种类也出现周期性的代换关系。氧化物高温超导体的制备是典型的陶瓷工艺，即用相应氧化物或可在高温下分解为氧化物的前体化合物（如从水溶液获得各种金属的柠檬酸盐的混合物等）烧结而得，超导性能不仅与组成和晶体结构对称性等因素有关，而且也受烧结温度、氧分压、显微结构等因素的严重影响。至今尚未建立解释高温超导陶瓷超导性的完整理论。

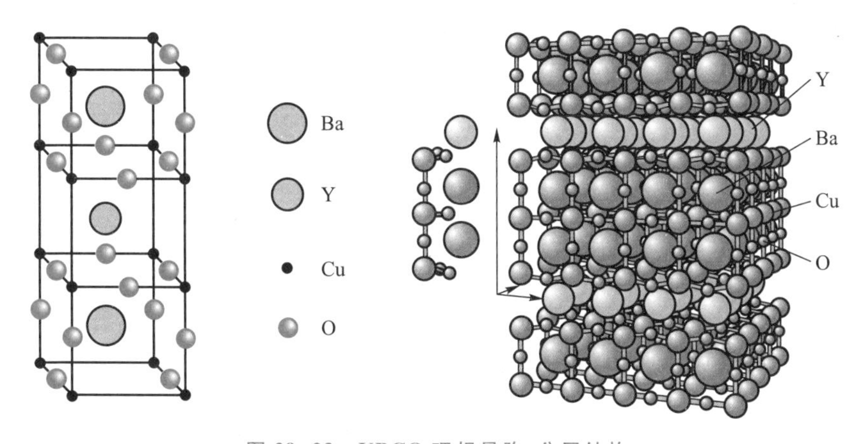

图 29-23 YBCO 理想晶胞、分层结构

高温超导陶瓷已经取得实际应用，例如，我国已经生产 Bi-2223 超导导线（见图 29-24）。

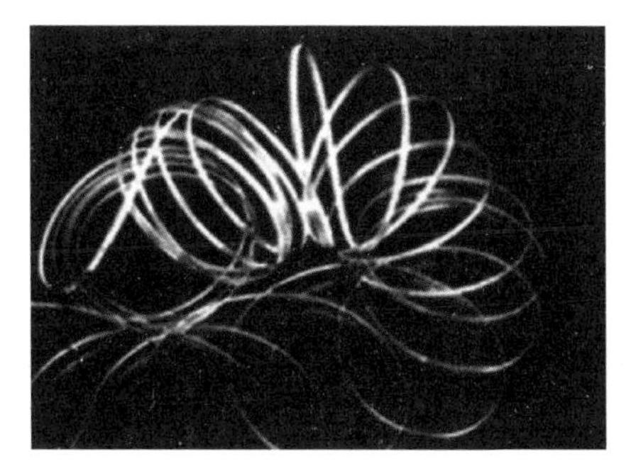

图 29-24 Bi-2223 超导导线

29-5-4　生物陶瓷

生物陶瓷是指能够植入人体的现代陶瓷,无毒、与生物体有亲和性。惰性生物陶瓷如 Al_2O_3 和各种碳制品,表面活性生物陶瓷如羟基磷灰石(HA)、表面活性玻璃陶瓷(SAGC)等,吸收性生物陶瓷如硫酸钙、磷酸钠、磷酸钙陶瓷等以及生物复合陶瓷如 HA-聚乳酸和 SAGC-有机玻璃(PMMA)等。

用作生物陶瓷的 Al_2O_3 是高密度的 $\alpha-Al_2O_3$,即刚玉,通常以硫酸铝铵为原料,首先高温分解得到 $\gamma-Al_2O_3$,然后添加少量 $Mg(NO_3)_2$ 以在高温下形成 MgO,促使在 1860 ℃烧结时能形成具有细小单晶(直径<1μm)$\alpha-Al_2O_3$ 的聚集体且气孔率几乎为零的显微结构。刚玉陶瓷最早应用于 1932 年,进入 20 世纪 60 年代得到全面应用(见图 29-25)。除刚玉多晶陶瓷外,近年来刚玉单晶作为植入骨质的钉材也得到广泛应用。聚乳酸(PLA)镀膜的(由有机化合物灼烧而得)的碳纤维被广泛用作人工心脏瓣膜。羟基磷灰石本是骨骼和齿本质的无机成分。人造羟基磷灰石已广泛用于制造植入式义齿和人造骨骼或填入因骨癌损伤的骨骼。与刚玉相反,人造羟基磷灰石陶瓷骨材是多孔的,气孔率为 30%~45%,跟天然骨骼十分相似(见图 29-26)。

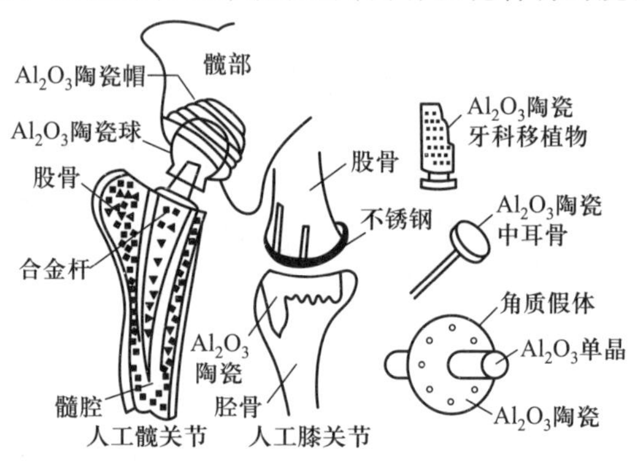

图 29-25　医用刚玉陶瓷举例

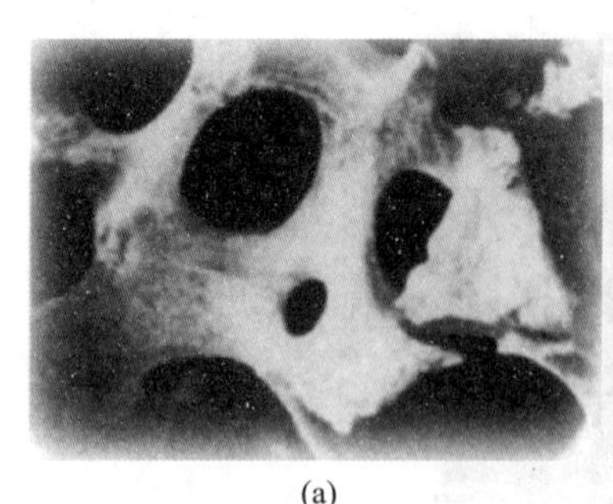

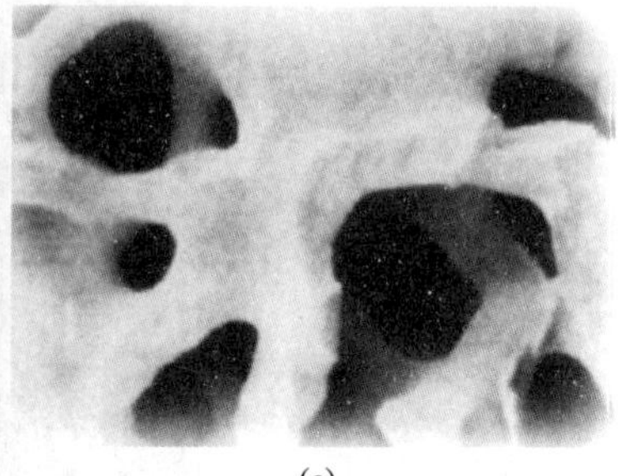

(a)　(b)　(c)

图 29-26　羟基磷灰石生物陶瓷骨材(b);其显微结构(c)与人骨(a)十分相似

29-5-5 热电制冷材料

一种半导体元件，电流从 n-型半导体通过与之相连的某些 p-型半导体时会发生剧烈的温度下降，好比一个热泵，通电使热量不断从一端移到另一端，称为热电制冷。最典型的制冷 p-型半导体材料是第ⅤA 族和第ⅥA 族元素的化合物，如 Bi_2Te_3 和 Sb_2Te_3。20 世纪 80 年代末出现的 $Bi_{2-x}Sb_xTe_{3-y}Se_y$ 已使低温端达到-70 ℃。后出现了填隙方钴矿晶型（filled skutterudite）材料，典型组成为 RM_4X_{12}，R 是稀土元素，如镧或铈，M 是铁、钌或锇，X 为磷、砷或锑。填入晶格空隙的稀土原子与周围原子的结合是松弛的，电流通过材料时，将发生剧烈热振动，把热波放大而传出材料，可称为热短路（thermal short）材料。近年出现 $Sr_4Eu_4Ga_{16}Ge_{30}$，具笼状空隙，填隙原子是铕。在研究之中的还有一些五碲化物。2000 年报道了新型制冷半导体 $CsBi_4Te_6$，却不是陶瓷而是一种合金，可使二极管冷端达到-140 ℃的低温。

29-6 沸石和分子筛

29-6-1 概述

沸石（zeolites）有的存在于自然界（天然沸石），更多的则是根据应用需求人造的（人造沸石）。天然沸石是一类含水铝硅酸盐晶体的总称，它们会因释放水而呈沸腾状，故而得名沸石；人造沸石除铝硅酸盐晶体外，还有非硅酸盐沸石，如磷酸盐沸石等。沸石的结构特征可以铝硅酸盐沸石来说明：它们具有三维无限伸展的网络状铝硅酸根阴离子骨架，骨架中存在巨大的多面体孔穴（笼，cage），孔穴多面体的表面为孔窗，相邻多面体通过孔道（tunnel）相连。沸石结构中的大孔穴常笼合一些客体分子或离子（guest species），可被代换；三维网络骨架则相应地称为骨架主体（framework host）。

天然沸石是火山喷发的产物。人造沸石主要方法是铝酸钠和水玻璃按一定配比在一定温度和压力下结晶；有时添加模板分子（templates），常用的为有机胺，如三甲基胺、三丙基胺等，以形成相应大小的沸石孔穴。

沸石品种繁多。1978 年，IUPAC 对沸石进行了分类，赋予每一类沸石一个由三个英文字母组成的代号；1986 年，国际沸石联合会 IZA 采纳了 IUPAC 系统，

如沸石代号 FAU 源自矿物名 Faujasite（八面沸石），典型矿物组成为 $|(Ca^{2+}, Mg^{2+}Na^{+})_{229}(H_2O)_{240}|[Al_{58}Si_{134}O_{384}]$，立方晶系，$a=24.74$ Å，空间群 $Fd\bar{3}m$(No. 227)。为明确属于该型沸石的具体品种的化学组成，可在代号前添加组成，如 $|Na_{58}|[Al_{58}Si_{134}O_{384}]$-FAU 或简写为|Na-|[Al-Si-O]-FAU；又如，非硅酸盐的[Co-Al-P-O]-FAU、[Al-Ge-O]-FAU 等，式中"||"内为沸石中的客体物种，"[ ]"内为骨架主体。沸石的骨架类型是不依赖于组成、构成骨架的四面体配位原子的类型（如 Si、Al、P、Ga、Ge、B、Be 等，简称 T-原子）、晶胞大小或对称性的。截至 2020 年 3 月，在国际沸石联合会网站上共列出了 248 类沸石的三字母代号，每一类沸石的组成、结构、已知品种、合成方法等，该网站均有详尽介绍。

沸石有广泛的用途，是重要的用于化学物质的分离提纯以及用作吸附剂、干燥剂、催化剂或助催化剂、过滤介质等的材料。除广泛应用于化学工业和化学实验室外，也广泛用于其他领域，如石油开采和加工、环境保护、废弃物如污水处理剂、洗涤剂、添加剂、土壤改良剂、肥料添加剂、饲料添加剂、灭菌消毒药物、药物载体、食品保鲜剂、建筑材料等。

下面仅介绍几种沸石，借以讨论有关沸石的某些重要术语及沸石的应用。

29-6-2 A 型沸石

A 型沸石，代号 LTA，是应用最广泛的人造硅酸盐沸石。典型合成方法：氢氧化钠、铝酸钠和偏硅酸钠在室温下混合后在 99 ℃结晶，110 ℃干燥即得组成为 $|Na^{+}_{12}(H_2O)_{27/8}[Al_{12}Si_{12}O_{48}]$ 或 $|Na_{64}(H_2O)_{326.71}|[Si_{96}Al_{96}O_{384}]$ 的水合型成品。LTA 的典型品种组成也可为 $|Na_{91.7}|[Si_{96}Al_{96}O_{384}]$，称为无水型。由组成式可见，该型沸石结构中可容纳客体物种的孔穴十分巨大。该型沸石属立方晶系，空间群 $Fm\bar{3}c$，具面心立方晶胞，晶胞参数 $a=24.6$ Å 左右①。典型品种的骨架由 $[SiO_4]$ 和 $[AlO_4]$ 四面体顶角相连向三维方向延伸构成网络结构，也可由其他元素代替硅和铝形成骨架，如[Al-Ge-O]-LTA、[Ga-P-O]-LTA 等。构成四面体的中心原子简称 T 原子，每 1000 $Å^3$ 体积中的 T 原子数称为骨架密度（framework density，简写 FD）。沸石的骨架密度范围为 12.1～20.6。LTA 型沸石的骨架密度为 12.9。骨架结构是沸石分类的主要依据。LTA 型沸石骨架可笼合客体分子的多面体孔穴（笼）有两种，一种为二十六面体（α-笼），另一种为立方八面体

① 若不区分硅和铝，可认为晶胞参数 $a=12.3$ Å。

(β-笼);α-笼体积达 760 $Å^3$,直径 11.4 Å,由 12 个四元环、8 个六元环和 6 个八元环孔窗围拢构成;β-笼体积达 160 $Å^3$,直径 6.6 Å,由 6 个四元环和 8 个六元环孔窗围拢构成。α-笼可以容纳 25 个水分子或 19~20 个 NH_3 或 12 个 C_2H_5OH 或 9 个 CO_2 或 4 个 C_4H_{10}。β-笼较小,也能容纳 $4H_2O+0.5NaOH$。结构中还有一种立方体孔穴,由 6 个四元环围拢构成,体积太小,不能笼合客体物种。针对沸石晶体内部存在的这些尺寸很大的孔穴,形成了所谓介孔(meso pores)的概念,“介”(meso-)是“宏”(macro-)和“微”(micro-)之间的意思。三种孔穴的连接方式如图 29-27(a)所示,可比拟为一个“立方体”,其 8 个“顶角”为 β-笼,连接 β-笼的“棱”为立方笼而“立方体”内为 α-笼。图 29-27(b)只给出 A 型沸石 4 个 α-笼,并表明它们如何通过八元环孔道相通。

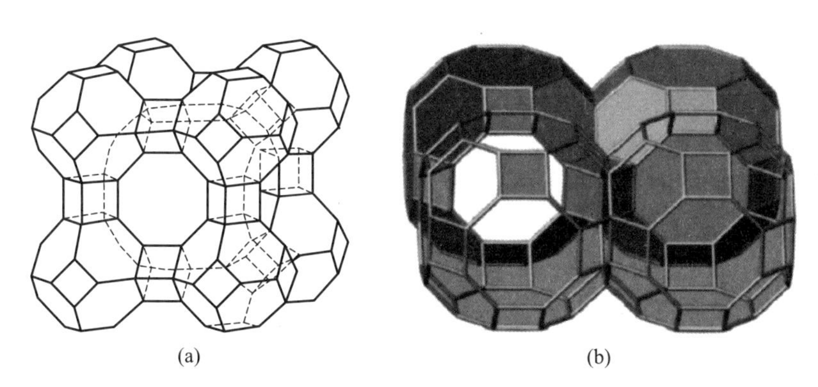

图 29-27 A 型沸石中的三种孔穴及其连接方式(左)和 α-笼通过八元环孔道相通(右)

图 29-28 进一步给出 A 型沸石 α-笼孔道的远程结构示意。由此可以清晰地想象,只要客体分子能够通过连接 α-笼的孔道,就可以进出沸石,因而沸石又名分子筛(molecular sieves)①。

有趣的是,A 型分子筛的孔道直径大小取决于结构中阳离子的品种和相对含量。当阳离子全部是 Na^+时,孔道直径为 4 Å,简称 4A 型分子筛;当超过 1/3 的 Na^+被 Ca^{2+}取代时,孔径扩大为 5 Å,简称 5A 型分子筛;反之,用 K^+取代 Na^+,将使孔径缩小为 3 Å,简称 3A 型分子筛。该现象的实质是沸石中带正电荷的阳离子总是处在带负电荷的氧离子围拢形成的孔窗当中,为维持电荷平衡,1 个 Ca^{2+}可取代 2 个 Na^+,而进入分子筛的 Ca^{2+}一定会优先占据较小的六元环孔窗,使起分子筛孔道作用的八元环孔窗部分地没有阳离子“挡道”,因而使(八元环

① 严格说,沸石和分子筛两个术语的内涵是不同的,但经常被不加区别地混用,包括本书。

图 29-28 A 型沸石 α-笼孔道远程结构

的)孔径扩大为 5 Å;而用 K^+取代 Na^+则并不改变阳离子总数,只是把“挡道”离子从 Na^+改为 K^+,(八元环的)孔径就缩小了。

5A 型分子筛能高效地分离正丁烷和异丁烷。这是因为,正丁烷分子直径为 4.65 Å,异丁烷分子直径为 5.6 Å,当用 Ca^{2+}取代 Na^+人为地调节分子筛孔径为 5 Å左右时,正丁烷能通过分子筛而异丁烷不能,从而起到分离作用(见图 29-29,可形象地将它们比喻为“小狗钻火圈”)。

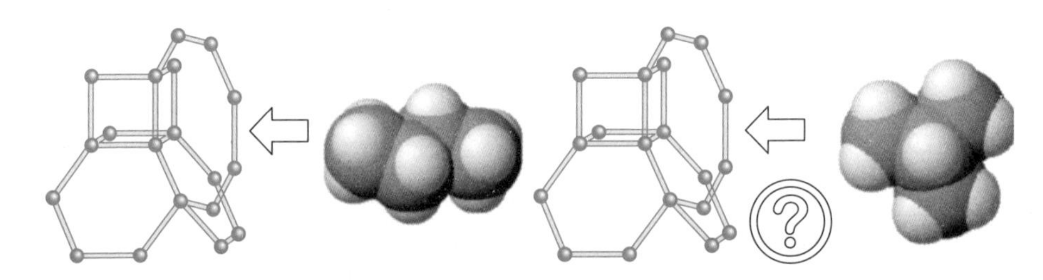

图 29-29 正丁烷分子能通过 5A 型分子筛孔道而异丁烷分子不能

A 型分子筛具有吸附水分子的良好性能,干燥性能仅次于五氧化二磷,却有后者不具备的易再生特性,可反复使用。例如,3A 型分子筛可干燥乙烯、丙烯等气体。

29-6-3 磷酸铝沸石

磷酸铝沸石(AFI)是人造的,也可称为介孔磷酸铝(meso-porous aluminum

phosphates),以区别于天然的无孔穴结构的磷酸铝矿物。磷酸铝沸石的结构类型很多,下面仅以 AFI 为例。AFI 的典型组成是 $AlPO_4$,可以正磷酸、模板分子三乙基胺、三异丙醇铝和氢氟酸在室温下混合,在 180 ℃ 结晶。经洗涤后在 600 ℃下灼烧而得,晶体颗粒直径 500 μm。AFI 的结构见图 29-30。

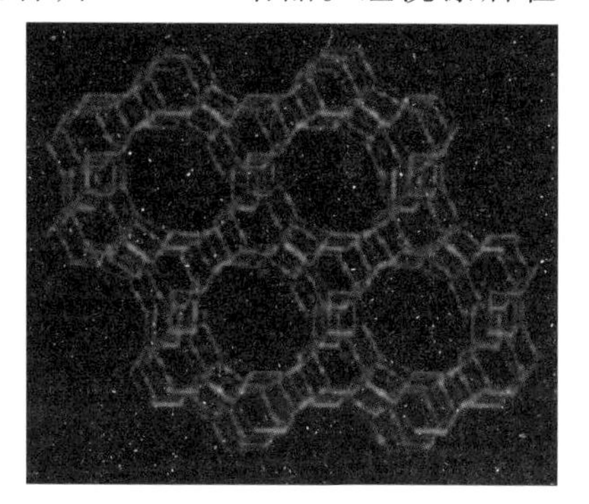

图 29-30 AFI 的结构

AFI 属六方晶系,空间群 $P6/mcc$ (No. 192),$a = 13.827$ Å,$c = 8.580$ Å;骨架密度 17.3;结构中存在平行于 c 轴的由十二元 T 原子构成的一维孔道,直径 7.34 Å。

许多磷酸铝沸石具有优良的反应活性。2001 年,我国科学家报道了 550 ℃ 真空热解 AFI 沸石孔道中的三丙基胺分子后用酸溶解磷酸铝沸石,成功地制备出直径仅达 4 Å 的单层碳纳米管,图 29-31 是碳纳米管在 AFI 孔道中的模型图。实验证明该纳米管具有超导性,引起各界重视。

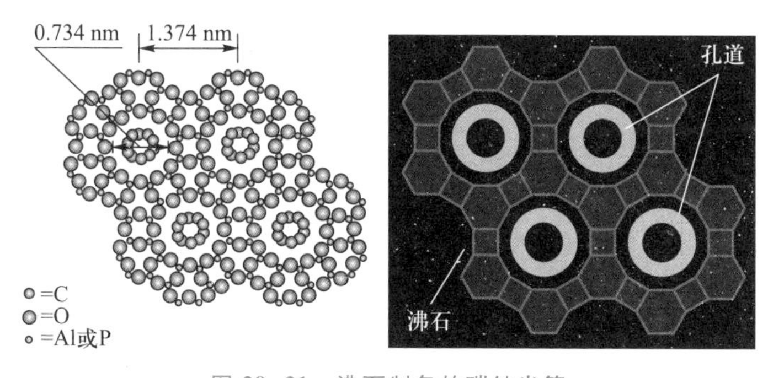

图 29-31 沸石制备的碳纳米管

磷酸铝分子筛用作催化剂的报道甚多,下面是一个生动例子:将己烷氧化为己二酸(制造尼龙的原料)的传统工艺十分烦琐,需先将己烷转化为环己酮和环己醇的混合物再用硝酸氧化。1998 年,有人特别设计了一种含钴原子的磷酸铝分子筛,孔径大小正好供己烷进入,而且进到分子筛孔穴中的己烷分子的两端正好对准孔壁上的钴原子,钴原子先把己烷转变为自由基,接着被进入分子筛的氧气氧化为己二酸,产率达到 85%。

以上合成沸石的模板效应和沸石应用的例子都涉及纳米化学,为此,特辟专节讨论如下。

29-7 纳米化学

29-7-1 概述

纳米科学或纳米技术是20世纪90年代形成的一门新兴的多学科综合的科学技术,是在0.10~100 nm(1 nm=10^{-9}m)尺度上,研究电子、原子和分子运动规律和特性的技术。纵观文献资料可见,化学家研究纳米科技的重心或是合成纳米尺度的材料或是在纳米尺度上(可称为介观 meso-scale)研究物质的性质,利用纳米尺度的物质特性进行化学合成、分离提纯等,并对新合成的纳米材料进行表征,可称为纳米化学(nano-chemistry),当然,也可以称为介观化学(meso-scale chemistry)。在上节讨论沸石时已经看到,利用沸石具有纳米尺寸的孔穴或孔道(介孔)可以合成化学物质或进行化学分离,应属于纳米化学。

本节讨论的纳米化学涉及的都是固体。但需指出,介观态物质体系不一定都是固体,也可以是液体甚至气体。例如,上节曾提到,有时沸石晶体的介孔中既存在金属离子,又存在水分子,实质上是以液态水为溶剂的水溶液,是介观液体。但它们的结构与性质肯定不同于宏观液体,而且严重依赖于环境(如沸石孔壁的结构),是非常值得重视的研究领域。在生物体内,也有类似的介观液体存在,如在具生物活性的蛋白质的四级结构内常存在由其亲水基团围拢的充满水分子的空间,水中也可能存在离子和其他亲水分子,有人把它们戏称为“水池”(water pool),其结构与功能均未得到充分研究。气态介观物质的典型代表是所谓“气溶胶”。

纳米材料的先决条件是纳米颗粒的存在;纳米颗粒内部仍是具有长程序的晶状结构,而纳米颗粒的排列却是既无长程序也无短程序的无序结构。然而,纳米颗粒太小,直径不到100 nm的纳米颗粒包含的原子不到几万个,显然已与通常晶体的无限结构有别,固定的准连续能带消失了,而表现为分裂的能级,量子尺寸效应十分显著。相反,纳米颗粒的总表面积远大于通常的物质颗粒,随颗粒变小,占总原子数百分数急剧增大(见图29-32):

纳米颗粒的如上特征赋予它许多新的性质,导致材料的力、磁、光、介电、超导、催化、吸附……热力学、动力学性能等都发生质的改变。通俗的例子:用作热敷的“热袋”里的铁粉(尚非纳米颗粒)不同于宏观的铁制品,能被空气迅速氧化而在短时间释放大量的热。纳米颗粒的铜的强度比普通铜大5倍。纳米金属大

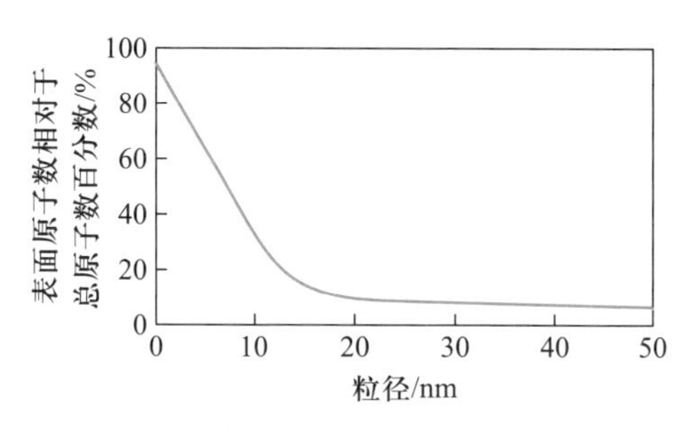

图 29-32 纳米颗粒表面原子占总原子百分数随颗粒变小急剧增大

多呈黑色，熔点普遍较低等。

29-7-2 纳米材料的制备

纳米材料的制备方法极多，不胜枚举，新方法还层出不穷。按物料的物理状态可分为固相法、液相法和气相法，按制备原理可分为化学法、化学物理法和物理法。有的方法是专为得到纳米材料设计的，但有的却并非专用于制备纳米材料，得到的产物可能是纳米材料，也可能不是纳米材料，关键在于制备条件的控制。纳米材料的概念也十分宽泛，有的指纳米颗粒，有的指纳米膜(二维)，有的指纳米线(一维)，所指不同，方法各异。下面以举例的形式进行讨论，凡非制备纳米材料所特有的方法均有说明，应看作制备无机固体的一般方法，不再另列专节讨论。

(1) 湿法　在水溶液或其他溶剂中进行的合成。此法显然不是专门用来制备纳米材料的。为制得其纳米颗粒，关键在于控制晶核生成速率和晶粒成长速率，即较高的晶核生成速率和较低的晶粒成长速率。例如，硝酸镍和氢氧化钠进行沉淀反应时，若加入乙二胺等试剂，可制得氢氧化镍纳米颗粒。又如，用多元醇代替水为溶剂，可在较高温度下发生沉淀反应，如 $Zn(AcO)_2 \cdot 2H_2O$ 溶于一缩二乙醇(DEG)，于 100~220 ℃下强制水解可制得单分散球形 ZnO 纳米颗粒。还原反应得到重金属也可在多元醇中进行，如将 $Co(CH_3COO)_2 \cdot 4H_2O$、$Cu(CH_3COO)_2 \cdot H_2O$溶于或悬浮于定量乙二醇中，180~190 ℃下回流 2 h，可得 Co_xCu_{100-x}($x=4\sim49$) 高矫顽力磁性微粉，在高密度磁性记录上具有潜在的应用前景。添加高分子、表面活性剂等也可控制反应速率。还有一种称为溶胶-凝胶(sol-gel)的方法，即使反应在常温常压下的溶胶和凝胶中进行，以控制结晶颗粒的大小，条件不同，或得到纳米颗粒，或得到微米至毫米级的单晶，应用场合十分广泛。反之，也可在高温、高压下进行液相反应，称为水热法(hydrother-

mal)。水热法使用由 Monel 合金为主制作的高压釜(autoclave)。将反应物溶于水或有机溶剂发生分解、脱水、氧化、还原等反应,反应也可在电场、微波等外加场中进行。水热法可通过实验条件的调节控制纳米颗粒的晶体结构、结晶形态与晶粒纯度,不同反应条件下得到的产物,小至纳米颗粒,大至巨大的单晶(如人造白宝石、水晶等)。如以 $ZrOCl_2 \cdot 8H_2O$ 和 YCl_3 作为反应前驱物制备掺杂 Y_2O_3 的 ZrO_2 6 nm 纳米颗粒;用金属 Sn 粉溶于 HNO_3 形成 $\alpha-H_2SnO_3$ 溶胶,制得分散均匀的 5 nm 四方相 SnO_2 或以 $SnCl_4 \cdot 5H_2O$ 水热合成 $\alpha-SnO_2$ 颗粒;用金属 Ti 粉溶于 H_2O_2 碱性溶液,在不同的介质中制备出不同晶形、九种形状的 TiO_2 纳米粉;以 $FeCl_3$ 为原料,加入适量金属粉,分别用尿素和氨水作沉淀剂,制出 80 nm×160 nm棒状 Fe_3O_4 和 80 nm 板状 Fe_3O_4;类似反应还可制出 30 nm 球状 $NiFe_2O_4$ 及 30 nm $ZnFe_2O_4$ 纳米粉末、6 nm ZnS 等。还可用有机溶剂代替水作介质实现通常条件下无法实现的反应,制备具亚稳态结构的材料。如在250 ℃乙二醇中对勃姆石[Boehmite AlO(OH)]进行加压脱水制得 $\alpha-Al_2O_3$ 微粉。苯是溶剂热法优良溶剂,如在苯中发生反应 $GaCl_3+Li_3N \longrightarrow GaN+3LiCl$,制备 GaN 纳米颗粒。聚醚类也可作为水热法溶剂,如在 160 ℃聚醚中制备纳米 InP 材料。另有一种专用于制备纳米颗粒的胶束法(微乳液法),以表面活性剂、助表面活性剂(常为醇类)、油类(常为碳氢化合物)组成的透明的、各向同性的热力学稳定体系,其中存在微小的"水池"为表面活性剂和助表面活性剂所构成的单分子层包围成的胶束,其大小在几至几十个纳米间,"水池"彼此分离,是"微反应器"。胶束有很大的界面,有利于化学反应,且制备的粒子不易聚结,大小可控,分散性好。已用胶束法制备了金属(如 Pt、Pd、Rh、Ir、Au、Ag、Cu 等)、硫化物(如 CdS、PbS、CuS 等)、Ni、Co、Fe 等金属的硼化物、氯化物($AgCl$、$AuCl_3$ 等)、碱土金属碳酸盐(如 $CaCO_3$、$BaCO_3$、$SrCO_3$ 等)、氧化物(如 Eu_2O_3、Fe_2O_3、Bi_2O_3 等)以及氢氧化物 $Al(OH)_3$ 等。此外,还有模板(template)法,除纳米碳管的例子外,还可提到的是用 Na-Y 型沸石与 $Cd(NO_3)_2$ 溶液混合,通过离子交换形成 Cd-Y 型沸石,经干燥后与 H_2S 气体反应,在八面沸石笼中生成 CdS 超微粒子。

(2) 干法　在高温下获得纳米材料。首先,上述由液相法得到的许多产物有的尚需在高温下发生热解(pyrolysis)才能获得纳米材料。例如,在低于200 ℃的情况下,硝酸盐分解制备 10 nm 的 Fe_2O_3;碳酸盐分解制备 14 nm 的 ZrO_2。又如,先用硼氢化钠还原 Ti(Ⅳ)得到 $Ti(BH_4)_2$,热分解后在 900~1100 ℃下烧结,可得到 100 nm 的 TiB_2 纳米颗粒。其次,发生气固反应也可得到纳米颗粒,如用 15%H_2 和 85%Ar 还原金属复合氧化物可制得粒径小于 35 nm 的 Cu、Rh、$\gamma-Ni_{0.33}Fe_{0.66}$等金属。又如,固态金属和气态 N_2、H_2 等反应可合成金属氮化物和氢化物;用钛粉在 N_2 中燃烧获得的高温来点燃镁粉可合成纳米级 Mg_3N_2。高温固-固反应也可得到纳米颗粒，如以炭黑和 SiO_2 为原料，在高温炉氮气保护下进行碳热还原反应获得微粉，可获得 Si_3N_4、SiC 及 SiC-Si_3N_4 复合纳米材料。有的化学反应自身放热，在瞬间达到几千摄氏度的高温，可使挥发性杂质蒸发除去，而大量气体的释放还避免了因反应物熔融而粘连，可减小产物粒径，如柠檬酸盐-醋酸盐-硝酸盐体系形成的凝胶在加热过程中经历自点燃过程，可得到超微 $La_{0.84}Sr_{0.16}MnO_3$ 颗粒。热解也可在某种基质或催化剂表面上进行。例如，将 2-氨基-4,6-二氯-5-三嗪放置在以石英为衬底的用激光刻蚀的镍薄膜上热解，可得到排列整齐的长 100 μm、直径 30~50 nm 的多层碳纳米管束；在 Fe-Si 基质上热解乙烯得到整齐排列的三维纳米塔状管碳，塔高 250 μm，底面 50 μm×50 μm。更有一种高温气相反应，称为化学气相沉积法（CVD），即由气态物质（包括固态物质的蒸气）热解或相互反应得到固体产物沉积到某固体基质上形成纳米膜或纳米颗粒。反应在真空密闭体系内进行，固态产物沉积到体系的冷端，控制反应条件可得到分散的微小单晶、多晶纳米颗粒或在基质上形成单分子膜（如真空金属镀膜）不等；除加热外，也可采取施加激光，形成等离子体等手段。如在 700~1000 ℃下以 $AlCl_3$ 和 NH_3 为原料制取 AlN；在 1300 ℃用 $(CH_3)_2SiCl_2$-NH_3-H_2 气相体系制备 SiC-Si_3N_4 纳米颗粒等。又如，施加微波外场，烷烃在大量氢气存在下可热解沉积出金刚石（钻石）薄膜。还有一种形成气溶胶再行热解或水解等反应的方法，称为喷雾法。例如，将 $Mg(NO_3)_2$ 和 $Al(NO_3)_3$ 的水溶液与甲醇混合喷雾热解（800 ℃），可合成镁铝尖晶石（$MgAl_2O_4$），产物粒径为几十纳米。又如，用水蒸气水解丁醇铝气溶胶，得到 $Al(OH)_3$ 微粒，经焙烧得 Al_2O_3 超微颗粒；将钛化合物的气溶胶送入等离子体火焰中热解，制取二氧化锆超细粉末，等等。

（3）电化学法　通过电解得到化学产品本是古老的方法，但近年有许多新的发展。例如，在 600 ℃的惰性气氛中将电流通过浸在熔融 LiCl 电解质中的石墨电极，反应后将电解质溶于水经过滤分离产物中的碳碎片和无定形碳，得到 20%~30% 多层纳米碳管。在上述电解质中加入 $SnCl_2$ 或含 Bi 和 Pb 的盐，可得到在管芯填充 Sn、Bi、Pb 的碳纳米线（nanowire）。这种方法易于控制条件，产品的纯度高、粒径细、成本低，适于工业生产。

（4）爆炸法　即在高强度密封容器中发生爆炸反应获得高温高压，制取纳米材料。例如，用爆炸法将石墨转化成 5~10 nm 金刚石微晶。

（5）冷冻-干燥法　将金属盐的溶液雾化成微小液滴，快速冻结（常见的冷冻剂有乙烷、液氮），干燥。例如，将 Ba 和 Ti 硝酸盐用该法得到的高反应活性前驱物在 600 ℃温度下焙烧 10 min 制得 10~15 nm 均匀 $BaTiO_3$ 纳米颗粒。

（6）反应性球磨法　一定粒度的反应物粉末（或反应物气体）以一定的配

比置于球磨机中高能粉磨，保持研磨体与粉末的质量比和研磨体球径比，通入氩气保护，如用球磨法制出纳米合金 WSi_2、MoSi 等。又如，室温下将金属粉在氮气流中球磨，制得 FeN、TiN 纳米颗粒；室温下镍粉在提纯后的氮气流中进行球磨，制备面心立方 5 nm NiN 介稳合金粉末；用 Ca、Mg 等强还原性物质还原金属氧化物和卤化物经球磨，反应，瞬间燃烧形成 Ta 颗粒，粒径 50～200 nm。

（7）辐照法　属辐射化学范畴，如用 γ 射线对水进行辐照，会产生 H_2、O_2、H、OH_2、$e^-(aq)$、H_2O^+、H_2O^*、HO_2 等物种，其中 H 和 $e^-(aq)$ 活性粒子是还原性的，$e^-(aq)$ 的还原电位为 −2.77 eV，具有很强的还原能力，加入异丙醇等清除氧化性自由基 OH。水溶液中的 $e^-(aq)$ 可逐步把溶液中的金属离子在室温下还原为金属原子或低价金属离子。新生成的金属原子聚集成核，生长成纳米颗粒，从溶液中沉淀出来。用此法能制备许多纳米级的金属、非金属、金属氧化物及硫化物。微波辐照：如 Si 粉、C 粉在丙酮中混合用微波炉加热，产物成核与生长过程均匀，反应在短时间（4～5 min）、相对低温（<1250 K）下进行，得到高纯的 β−SiC 相。又如，在 pH 7.5 的 $CoSO_4+NaH_2PO_4+CO(NH_2)_2$ 体系中，微波辐照，发生“突然成核”，得到 100 nm 左右的 $Co_3(PO_4)_2$ 颗粒；在 $FeCl_3+CO(NH_2)_2+H_2O$ 体系中，微波加热，Fe^{3+} 水解突发成核，制备 β−FeO(OH) 超微颗粒，FeO(OH) 继续水解，得到亚微米级 $\alpha-Fe_2O_3$ 颗粒。微波加热将 Bi^{3+} 迅速水解产生晶核，得到均匀分散的 80 nm $BiPO_4\cdot 5H_2O$ 颗粒；在 $Ba(NO_3)_2+Sr(NO_3)_2+TiCl_3+KOH$ 体系中合成出 100 nm 的 $Ba_{0.5}Sr_{0.5}TiO_3$ 颗粒等。紫外红外光辐照分解法：用紫外光作辐射源辐照适当的前驱体溶液，也可制备纳米微粉。例如，用紫外辐照含有 $Ag_2Pb(C_2O_4)_2$ 和聚乙烯吡咯烷酮（PVP）的水溶液，制备 Ag−Pd 合金微粉。用紫外光辐照含 $Ag_2Rh(C_2O_4)_2$、PVP、$NaBH_4$ 的水溶液制备出 Ag−Rh 合金微粉。利用红外光作为热源，照射可吸收红外光的前驱体，如金属羰基配合物溶液，使得金属羰基分子团之间的键打破，从而使金属原子缓慢地聚集成核、长大以至形成非晶态纳米颗粒。在热解过程中充入惰性气体，可制备出金属纳米颗粒，如 Fe 粉、Ni 粉（25 nm）。

此外，还可用许多物理方法制备纳米材料，如蒸发冷凝法、激光聚集原子沉积法、非晶晶化法、机械球磨法、离子注入法、原子法等。

习　题

29−1　合金有哪些类型？固溶体合金和金属化合物合金有何不同？什么叫电子化合

物？该型化合物的电子数是如何定义的？

*29-2 考察图 29-14 的 Cu_5Zn_8 晶胞，判断它是素晶胞还是带心晶胞。

29-3 研读本章有关内容对“超构”下一个定义，并与其他同学进行讨论。

29-4 查阅参考书回答：传统的“陶器”和“瓷器”的原料、组成、烧成温度、机械强度、外观有何不同？我国的陶器和瓷器最迟出现于什么年代？欧洲人是何时从何处获得我国制造瓷器的秘密的？

29-5 温度对离子导体和电子导体的导电性的影响有何不同？应怎样理解？

29-6 本章提到的导电性最强的室温固体电解质是什么物质？

29-7 写出钠硫电池的充电反应和放电反应。

29-8 除用作钠硫电池固体电解质外，$Na-\beta-Al_2O_3$ 还可用来提纯金属钠。试想象该装置的结构和运行条件，然后查阅文献资料。

29-9 锂离子电池和锂电池是不是一类电池？

29-10 什么是 YSZ？钇的掺杂对它的离子导电性有什么作用？

29-11 在 EuF_2 中掺杂 La^{3+} 对其离子导电性有何影响？应怎样理解这种影响？

29-12 将 $Na-\beta-Al_2O_3$ 浸泡在强酸溶液中，将得到质子导体，后者的导电载流子是什么？

29-13 计算 $YBa_2Cu_3O_{7-\delta}$，$\delta=0.2$ 时，Cu^{3+} 和 Cu^{2+} 的摩尔比。

29-14 预测高温超导陶瓷呈说明颜色？为什么？

29-15 磁悬浮列车是否必须有超导体才能实现？

29-16 在网络上搜索羟基磷灰石（hydroxyapatite，HAP）的晶体结构图。从晶体结构如何理解它是一种极佳的离子交换剂，如它的组成离子——OH^- 是容易被其他负离子，如 F^- 代换的。如何理解它是亲水的，可通过吸附的水分子亲和蛋白质？

29-17 3A 分子筛、4A 分子筛和 5A 分子筛的 3A、4A、5A 代表什么意义？它们的组成和结构有何异同？它们各有何实际应用价值？调查一下，用作干燥剂的是其中哪一种分子筛。它们的宏观外形？怎样使用过的作干燥剂的分子筛恢复其初始的干燥性能？

29-18 设氯化钠颗粒呈立方体，试模型化地给出计算颗粒的总原子数和表面原子数的公式以及计算颗粒表面原子占总原子的百分数的公式。分别计算颗粒大小相当于 1、1000、10^6 个氯化钠晶胞时表面原子占总原子的百分数。

第 30 章

核 化 学

内容提要

本章介绍核化学的基本知识，包括核反应的基本类型、核稳定性、人工核反应、核裂变与核聚变、超铀元素和锕系元素以及超锕系元素的概况等。

核化学研究核素的相互转变，由此涉及的反应和性质，以及反应产物的鉴定、分离、合成、制备、应用。

30-1 放射性和元素衰变及天然放射系

30-1-1 放射性

放射性(radioactivity)的发现是 19 世纪末 20 世纪初物理学发生巨大变革的基础。最早发现的具有放射性的元素是铀，并将铀释放的射线称为“铀射线”(1896 年贝克勒)。1897 年，居里夫人正确预言，原子核释放射线是一种十分普遍的现象，遂将铀射线改称放射性。以后的研究证明，原子序数大于 83 的所有元素都具有放射性，它们不存在不释放射线的稳定同位素，射线来自原子核，释放射线的同时，原子核发生蜕变，从一种核素变成另一种核素，是放射性元素。原子序数小于 83 的元素中也有 2 个放射性元素，它们是 43 号元素锝(Tc)和 61 号元素钷(Pm)，都是人工合成元素。此外，稳定元素也可以有放射性同位素，如碳-14 是碳的放射性同位素。由此形成了放射性核素、放射性元素和放射性同位素的概念[①]。

---

① 长期以来人们将放射性核素称为放射性同位素，而且已经约定俗成，要想改过来似已很困难了。但严格地说，放射性同位素应指某一元素中具有放射性的核素，如 C-14 是 C-12 的放射性同位素，换言之，严格地说，只有具有相同核电荷的核素才能互称同位素，以表明它们在元素周期表中处于同一位置。放射性元素则指其所有已知同位素均为放射性者。

1899 年,卢瑟福用实验证明放射性核素释放的射线有三种不同的组成,分别称为 α 射线,β 射线和 γ 射线,并于 1903 年又证明,它们分别是高速运动的 ^{4}He 核、电子和短波电磁波。

30-1-2 元素衰变

放射性元素的原子核放出射线的同时发生蜕变,从一种核素转变为另一种或另一些核素。元素蜕变(disintergrate)可分为衰变(decay)和裂变(fission)两种类型,扩展地看,聚变(fusion)也可认为是一种蜕变方式,但通常并不称为元素蜕变。本节只讨论衰变,裂变和聚变将在下节讨论。

放射性元素的衰变共有 4 种类型,分述如下:

(1) α 衰变 释放 α 粒子的衰变。α 粒子即高能氦-4 原子核,可表为 $^{4}_{2}He$ 或 $^{4}_{2}\alpha$,α 衰变既导致核电荷下降 2,又导致核质量数下降 4。例如:

$$^{238}_{92}U \longrightarrow ^{234}_{90}Th + ^{4}_{2}He$$

(2) β 衰变 释放 β 粒子的衰变。β 粒子即高速电子,在一般情况下常表为 β 或 e,但有时为强调它的质量数和电荷数,也可在左上下标分别添加 0 和-1。β 衰变导致核电荷升高 1 而核质量数不变。例如:

$$^{14}_{6}C \longrightarrow ^{14}_{7}N + ^{0}_{-1}e$$

(3) 正电子衰变 释放正电子的衰变。正电子带 1 个正电荷,质量则与电子相等,表为 $^{0}_{1}e$。正电子衰变导致核电荷下降 1 而质量数不变。例如:

$$^{11}_{6}C \longrightarrow ^{11}_{5}B + ^{0}_{1}e$$

从原子核释放出来的正电子很容易与核外电子碰撞和“湮灭”,变为 2 个能量相等的光子。最典型的例子是,医学上利用锝发生正电子衰变得到的光子流检测体内的血流等。

(4) 电子俘获 又称 K 层俘获,常简写为 EC(electron capture 的缩写),原子核俘获 1 个核外电子(K 层电子)而发生衰变。K 层俘获导致核电荷下降 1 而质量数不变。例如:

$$^{7}_{4}Be + ^{0}_{-1}e \longrightarrow ^{7}_{3}Li$$

电子俘获必发生较高能量的核外电子释放能量转变为 K 层电子的过程,该过程释放出来的 X 射线是元素所特征的。

应指出,同一种放射性核素,发生蜕变的形式可能不止一种。最典型的例子是，^{40}K 是一种天然放射性核素，约占天然钾的 0.012%，它既可发生正电子衰变，也可发生 β 衰变和电子俘获。最后需指出，无论放射性核素发生哪种类型的衰变，几乎都释放 γ 射线。γ 射线是短波电磁波（波长 10^{-12} m 左右）。释放 γ 射线并未发生核素转变，似不应称为衰变，但许多人称其为 γ 衰变。还应补充说明的是，有时某些放射性核素在形成时并非处在其最低能量状态，而是具有一定寿命（至少大于 10^{-9} s）的激发态，或称介稳态（metastable state），为表达这种状态，可在符号内加小写的 m，最重要的例子是所谓锝-99m 或写成 $^{99m}_{43}Tc$。锝-99m 释放 γ 射线转变为基态也并未引起核的蜕变，但也常听到有些人不恰当地称其为 γ 衰变。

30-1-3 半衰期

放射性物质的衰变速率是与样品的原子数成正比

$$-\frac{dN}{dt}=\lambda N$$

式中，N 为放射性核的数目，λ 为速率常数，也称衰变常数。它表示放射性元素在单位时间内的衰变分数。

积分上式得

$$\ln N=-\lambda t+a$$

式中，a 为积分常数。在开始时 $t=0, N=N_0$，代入上式求出 $a=\ln N_0$，得

$$\ln\frac{N}{N_0}=-\lambda t$$

写成指数形式：

$$N=N_0 e^{-\lambda t}$$

此式表示任何时间 t 时，剩下的放射性核的数目，它是放射性基本定律的数学表达形式。

用半衰期 $T_{1/2}$ 的概念来描述放射性元素的放射性强度是很方便的。半衰期是一放射性元素衰变到原来一半数量所需的时间。

当 $t=T_{1/2}, N=\frac{N_0}{2}$ 时，即可得到：

$$T_{1/2}=\frac{\ln 2}{\lambda}=\frac{0.693}{\lambda}$$

可见半衰期 $T_{1/2}$是和 λ 成反比的。元素的放射性越强，就是它的衰变常数 λ 越大，那么它的半衰期就越短。

半衰期可短到百万分之一秒，如 $^{135}_{55}Cs$ 的半衰期为 2.8×10^{-10} s。长的可达几十亿年，如 $^{209}_{83}Bi$ 的半衰期为 2.7×10^{17} a。重要放射性同位素的半衰期见表30-1。

表 30-1 重要放射性同位素的半衰期及其衰变类型

同位素		半衰期	衰变类型
天然放射性同位素	$^{238}_{92}U$	4.51×10^{9} a	α
	$^{235}_{92}U$	7.13×10^{8} a	α
	$^{232}_{90}Th$	1.40×10^{10} a	α
	$^{40}_{19}K$	1.28×10^{9} a	β
	$^{14}_{6}C$	5730a	β
人工放射性同位素	$^{239}_{94}Pu$	24400a	α
	$^{137}_{55}Cs$	30.23a	β
	$^{90}_{38}Sr$	28.1a	β
	$^{131}_{53}I$	8.07d	β

核衰变的初步计算在动力学基础一章里已讨论过了，它属于一级反应，计算不复杂，但若涉及连续发生多级衰变，计算就比较复杂了，留待物理化学课程里讨论。

30-1-4 天然放射系

随着核逐渐增大，质子间的排斥力增大，核的能量增高。当吸引力不可能维持核子在一起的时候，核就会分裂。α 粒子，即氦核$^{4}_{2}He$ 是特别稳定的核碎片，因而很容易放射出来。

当一个原子核放射出一个 α 粒子，变为一个新核时，新核的电荷少两个单位，质量数少了四个单位。新核在周期表中向母核的左边移二格。

$$^{226}_{88}Ra \longrightarrow {}^{222}_{86}Rn + {}^{4}_{2}He$$

当一个原子核放射一个 β 粒子后，新核质量数不变但新核的电荷数多了一个单位，即新核在周期表中向母核的右边移一格。例如：

$$^{228}_{88}Ra \longrightarrow {}^{228}_{89}Ac + {}^{0}_{-1}e$$

这就是放射性位移规律。

重放射性元素可以分为四个放射系。放射性元素钍、铀和锕存在于自然界并分属于三个不同的放射系。它们是相应的放射系的主要成员并具有最长的半衰期。它们经过一系列的 α 放射和 β 放射进行衰变，所产生的放射性元素逐渐趋于稳定，最后得到稳定同位素。三个放射系的最后一种元素都是原子序数为 82 的铅。随着人工铀后元素的发现，又增加了一个镎系，此放射系的最后一种元素为原子序数为 83 的铋。

钍　($4n$)放射系

镎　($4n+1$)放射系

铀　($4n+2$)放射系

锕　($4n+3$)放射系

放射系内每一个放射性核的形成都是通过失去一个 α 粒子或一个 β 粒子，所以放射系内各核质量数都是 4 的倍数，或者被 4 除以后还剩 1，2 或 3。故有 $4n$，$4n+1$，$4n+2$，$4n+3$ 之称。

钍($4n$)放射系

$$^{232}_{90}Th \xrightarrow{\alpha} {}^{228}_{88}Ra \xrightarrow{\beta} {}^{228}_{89}Ac \xrightarrow{\beta} {}^{228}_{90}Th \xrightarrow{\alpha} {}^{224}_{88}Ra \xrightarrow{\alpha} {}^{220}_{86}Rn \xrightarrow{\alpha} {}^{216}_{84}Po$$

$$^{216}_{84}Po \xrightarrow{\beta} {}^{216}_{85}At \xrightarrow{\alpha} {}^{212}_{83}Bi \qquad {}^{216}_{84}Po \xrightarrow{\alpha} {}^{212}_{82}Pb \xrightarrow{\beta} {}^{212}_{83}Bi$$

$$^{212}_{83}Bi \xrightarrow{\beta} {}^{212}_{84}Po \xrightarrow{\alpha} {}^{208}_{82}Pb \qquad {}^{212}_{83}Bi \xrightarrow{\alpha} {}^{208}_{81}Tl \xrightarrow{\beta} {}^{208}_{82}Pb$$

镎($4n+1$)放射系

$$^{241}_{94}Pu \xrightarrow{\beta} {}^{241}_{95}Am \xrightarrow{\alpha} {}^{237}_{93}Np \qquad {}^{237}_{92}U \xrightarrow{\beta} {}^{237}_{93}Np$$

$$^{237}_{93}Np \xrightarrow{\alpha} {}^{233}_{91}Pa \xrightarrow{\beta} {}^{233}_{92}U \xrightarrow{\alpha} {}^{229}_{90}Th \xrightarrow{\alpha} {}^{225}_{88}Ra \xrightarrow{\beta} {}^{225}_{89}Ac \xrightarrow{\alpha} {}^{221}_{87}Fr \xrightarrow{\alpha} {}^{217}_{85}At \xrightarrow{\alpha} {}^{213}_{83}Bi$$

$$^{213}_{83}Bi \xrightarrow{\beta} {}^{213}_{84}Po \xrightarrow{\alpha} {}^{209}_{82}Pb \qquad {}^{213}_{83}Bi \xrightarrow{\alpha} {}^{209}_{81}Tl \xrightarrow{\beta} {}^{209}_{82}Pb$$

$$^{209}_{82}Pb \xrightarrow{\beta} {}^{209}_{83}Bi$$

铀($4n+2$)放射系

$$ {}^{238}_{92}\mathrm{U} \xrightarrow{\alpha} {}^{234}_{90}\mathrm{Th} \xrightarrow{\beta} {}^{234}_{91}\mathrm{Pa} \xrightarrow{\beta} {}^{234}_{92}\mathrm{U} $$

$$ {}^{238}_{93}\mathrm{Np} \xrightarrow{\beta} {}^{238}_{94}\mathrm{Pu} \xrightarrow{\alpha} {}^{234}_{92}\mathrm{U} $$

$$ {}^{234}_{92}\mathrm{U} \xrightarrow{\alpha} {}^{230}_{90}\mathrm{Th} \xrightarrow{\alpha} {}^{226}_{88}\mathrm{Ra} \xrightarrow{\alpha} {}^{222}_{86}\mathrm{Rn} \xrightarrow{\alpha} {}^{218}_{84}\mathrm{Po} $$

$$ {}^{218}_{84}\mathrm{Po} \xrightarrow{\beta} {}^{218}_{85}\mathrm{At} \xrightarrow{\alpha} {}^{214}_{83}\mathrm{Bi}; \quad {}^{218}_{84}\mathrm{Po} \xrightarrow{\alpha} {}^{214}_{82}\mathrm{Pb} \xrightarrow{\beta} {}^{214}_{83}\mathrm{Bi} $$

$$ {}^{214}_{83}\mathrm{Bi} \xrightarrow{\beta} {}^{214}_{84}\mathrm{Po} \xrightarrow{\alpha} {}^{210}_{82}\mathrm{Pb}; \quad {}^{214}_{83}\mathrm{Bi} \xrightarrow{\alpha} {}^{210}_{81}\mathrm{Tl} \xrightarrow{\beta} {}^{210}_{82}\mathrm{Pb} $$

$$ {}^{210}_{82}\mathrm{Pb} \xrightarrow{\beta} {}^{210}_{83}\mathrm{Bi} \xrightarrow{\beta} {}^{210}_{84}\mathrm{Po} \xrightarrow{\alpha} {}^{206}_{82}\mathrm{Pb} $$

锕(4n+3)放射系

$$ {}^{239}_{92}\mathrm{U} \xrightarrow{\beta} {}^{239}_{93}\mathrm{Np} \xrightarrow{\beta} {}^{239}_{94}\mathrm{Pu} \xrightarrow{\alpha} {}^{235}_{92}\mathrm{U} \xrightarrow{\alpha} {}^{231}_{90}\mathrm{Th} \xrightarrow{\beta} {}^{231}_{91}\mathrm{Pa} \xrightarrow{\alpha} {}^{227}_{89}\mathrm{Ac} $$

$$ {}^{227}_{89}\mathrm{Ac} \xrightarrow{\beta} {}^{227}_{90}\mathrm{Th} \xrightarrow{\alpha} {}^{223}_{88}\mathrm{Ra}; \quad {}^{227}_{89}\mathrm{Ac} \xrightarrow{\alpha} {}^{223}_{87}\mathrm{Fr} \xrightarrow{\beta} {}^{223}_{88}\mathrm{Ra} $$

$$ {}^{223}_{88}\mathrm{Ra} \xrightarrow{\alpha} {}^{219}_{86}\mathrm{Rn} \xrightarrow{\alpha} {}^{215}_{84}\mathrm{Po} \xrightarrow{\alpha} {}^{211}_{82}\mathrm{Pb} \xrightarrow{\beta} {}^{211}_{83}\mathrm{Bi} $$

$$ {}^{211}_{83}\mathrm{Bi} \xrightarrow{\beta} {}^{211}_{84}\mathrm{Po} \xrightarrow{\alpha} {}^{207}_{82}\mathrm{Pb}; \quad {}^{211}_{83}\mathrm{Bi} \xrightarrow{\alpha} {}^{207}_{81}\mathrm{Tl} \xrightarrow{\beta} {}^{207}_{82}\mathrm{Pb} $$

30-2　人工核反应和人造放射性同位素的应用

30-2-1　人工核反应

被概括为“核反应”的核变通常是指除放射性核素的自发衰变外的核变，是原子核受到一个高能粒子的轰击而导致的核变。

不要以为核反应都是人工的，事实上，自然界里也无时无刻发生着多种核反应。最典型的例子：恒星如太阳的聚变核反应，地球高层大气分子受到高能宇宙辐射发生的核变（如碳-14 的形成），放射性元素的矿物中发生的核反应（如铀-235 裂变释放的高能中子引发的诸多核反应）等。

最早的人工核反应是 1919 年卢瑟福用 ^{214}Po 释放的 α 粒子轰击 ^{14}N，发生如下反应：

$$ {}^{14}_{7}\mathrm{N} + {}^{4}_{2}\mathrm{He} \longrightarrow {}^{17}_{8}\mathrm{O} + {}^{1}_{1}\mathrm{H} $$

该反应也可简单地表达为$^{14}_{7}N(\alpha,p)^{17}_{8}O$。以后就用这两种方式表达核反应。

1919—1932 年间，人们用天然放射性核素释放的 α 粒子轰击 B、C、O、F、Na、Al、P 等，实现了一系列人工核反应，并得到了许多自然界没有的放射性核素，也叫“人造同位素”。在这些人工核反应中特别值得一提的是 1930 年用 α 粒子轰击铍-9 的反应，这一核反应的实施，导致了中子的发现：

$$^{9}_{4}Be + ^{4}_{2}He \longrightarrow ^{12}_{6}C + ^{1}_{0}n$$

1934 年，居里夫妇用 α 粒子轰击^{27}Al是另一个重要的历史事件。该人工核反应得到的产物是^{30}P，是自然界不存在的磷同位素，开创了人造核素的先河：

$$^{27}_{13}Al + ^{4}_{2}He \longrightarrow ^{30}_{15}P + ^{1}_{0}n$$

更令人兴奋的是这一人造核素发生的是正电子衰变，从此人们才知道核素的衰变形式还有除 α 衰变和 β 衰变的其他方式：

$$^{30}_{15}P \longrightarrow ^{30}_{14}Si + ^{0}_{1}e$$

这一反应也是第一次由人造核素获得的放射性，后称这种现象为人工放射性。

自认识了中子后，人们开始用中子轰击来实施新的人工核反应。中子不带电荷，不像带正电的氦核那样会受到被轰击的原子核排斥，因而可以用来轰击原子序数更高的核素。有了这种新武器，短短 1934—1937 几年间就得到了 200 多种新放射性核素。

轰击原子核实现人工核反应的粒子除了氦-4 和中子外，也可利用其他粒子，如质子和氘等。例如，人造元素锝是 1937 年用氘核轰击^{96}Mo得到的，可表为$^{96}_{42}Mo(D,n)^{97}_{43}Tc$。为实施轰击重核的人工核反应，需提高轰击粒子的能量，于是发明了回旋加速器（见图 30-1）。

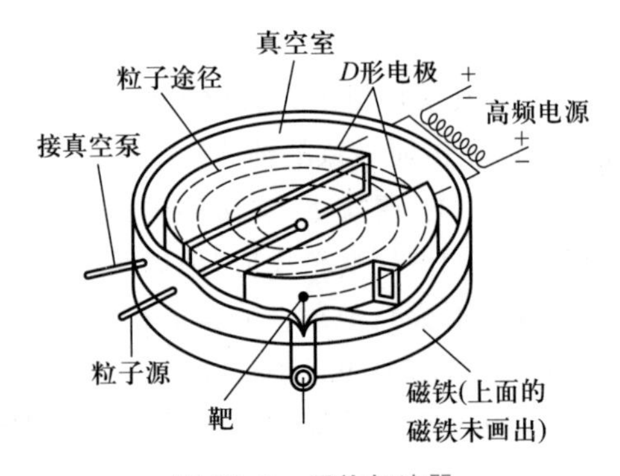

图 30-1 回旋加速器

30-2-2 人造放射性同位素的应用

因为很少量的放射性物质就可以很容易被检测出，所以放射性同位素广泛地作为示踪原子应用于跟踪化学反应。卡尔文（C.M.Calvin）等用含有放射性同位素^{14}C的二氧化碳来研究光合作用中碳的动态，这称为示踪方法。有些元素不能得到放射性同位素，也可用稳定同位素作为示踪，这样就要用质谱仪来分析其产物。例如，^{18}O（稳定同位素）作为示踪原子，可以证明当酯生成时，酸的碳-氧键断裂：

$$R-\overset{\overset{\displaystyle O}{\|}}{C}-OH + R'^{18}OH \longrightarrow R-\overset{\overset{\displaystyle O}{\|}}{C}-{}^{18}OR' + H_2O$$

天然存在的放射性同位素具有一定的半衰期，可以作为统一时间的校准“钟”，用来确定地球历史的经历。半衰期最长的同位素，特别是天然放射系的母体，可以提供关于地球的年龄及岩石和陨石的年龄信息。例如，可以从^{238}U与^{206}Pb的比值来计算岩石的年龄。

这种方法可用来计算地球形成的年龄和最老陨石的年龄，其结果基本是一样的，为$4.5\times10^9\sim4.6\times10^9$ a。最老的地球岩石年龄大约是3×10^9 a。利用阿波罗卫船取回的月岩的年龄稍大一点，为$3.1\times10^9\sim4.1\times10^9$ a。月球土壤的年龄为4.6×10^9 a。

放射性另一有趣的应用是通过测定^{14}C的含量，确定含碳物质的年龄。天然存在的碳大约是98.89% ^{12}C和1.11% ^{13}C，这取决于其来源。碳还含有很少量的^{14}C同位素，^{14}C具有放射性：

$$^{14}_{6}C \xrightarrow{\beta} {}^{14}_{7}N \quad T_{1/2}=5720a$$

显然^{14}C是大气上层从宇宙射线来的中子与氮的反应的产物：

$$^{14}_{7}N + {}^{1}_{0}n \longrightarrow {}^{14}_{6}C + {}^{1}_{1}H$$

在大气中碳氧化为二氧化碳后（含有放射性和非放射性的碳），被植物吸收，动物以植物为食物，这样^{14}C进入到动物的组织中。通过^{14}C的吸收和放射性的自然平衡，活的有机体内的^{14}C与^{12}C的恒态比达到与大气中的比相等，也就是相应于每克碳每分钟进行15.3次衰变。当动物或植物死亡，碳的吸收停止，放射性碳的含量由于衰变开始逐渐减少；在5720a以后，放射性碳减少到原来的一半，这样通过测定木材、纸、纤维、化石等样品中碳的衰变速率，就可能确定有机体死亡的时间，这种方法称为放射性碳确定时代的方法（radiocarbon dating method）。

中子活化分析应用在现代检测空气的污染方面。当分析样品中某一元素时，将样品用中子源照射，被分析的元素的原子核俘获中子，直到形成不稳定的核而放射γ射线。因为γ射线的波长是元素的特性，故能在样品中区别其他元素。这种分析方法的优点是非破坏性的，经过照射的样品，几乎不损耗。中子活化是灵敏的分析技术之一。例如，可以检测出 10^{-12}g 砷，这比通常用的马许实验灵敏 10000 倍。

放射性物质和粒子加速器的高能辐射对生物有重要的影响。大剂量的辐射能导致严重疾病，甚至死亡。低水平的辐射也能产生遗传方面的危害。在控制条件下，高能辐射也会得到有益的结果，并广泛应用于医学。如 X 射线应用于肺结核病、骨折和牙科疾病的诊断是大家熟悉的。现在用放射性同位素于脑瘤的造影。放射性同位素最早应用之一是用在治疗癌症，用以破坏有害的细胞。近年用 ^{60}Co 改善了癌症的治疗。各种生理过程如血液流动、氧的利用和甲状腺的活性都可以利用放射性同位素进行研究。

30-3　裂变与聚变

30-3-1　裂变

一个原子核分裂为两个质量大致相当的原子核的过程称为核裂变（nuclear fission）。最早发现的裂变是铀-235 吸收一个中子的裂变，裂变得到至少 35 种元素（Zn～Gd），其中有 200 种以上的核素具有放射性。相反，占天然铀的绝大多数的铀-238 吸收中子不会发生裂变。

铀-235 的裂变反应在一定条件下会以链式反应（chain reaction）的方式呈现，发生链式裂变反应的条件有两个，一是铀-235 的浓度足够大，二是总质量足够大。为满足前一条件，必须从天然铀中分离或浓缩只占 0.7%的铀-235，得到纯铀-235 或所谓浓缩铀（铀-235 占 3%以上）；为满足后一条件，发生裂变的样品的总质量必须达到一个所谓临界质量（critical mass）。以使铀-235裂变产生的中子不能飞离样品；若样品为达临界质量的纯铀，链式反应迅速延续，在几微秒时间内放出大量能量，发生爆炸，即原子弹（见图 30-2）爆炸①；链式反应也可进行控制，不发生爆炸反应，这就是已成为当今全球重要电能来源的核电站的核

① 核爆炸的临界质量是机密数据，据文献记载，大多数自发裂变的放射性核素发生链反应核爆炸反应的临界质量为公斤级，如铀的临界质量最低估计为 600 g，另一说是 2～5 kg。初期的原子弹中铀的临界质量可能为 15 kg 左右。爆炸了许多 TNT 当量很低的核弹，其核燃料未见报道：临界质量的下降还可通过铍壳层对中子的反射等技术手段。

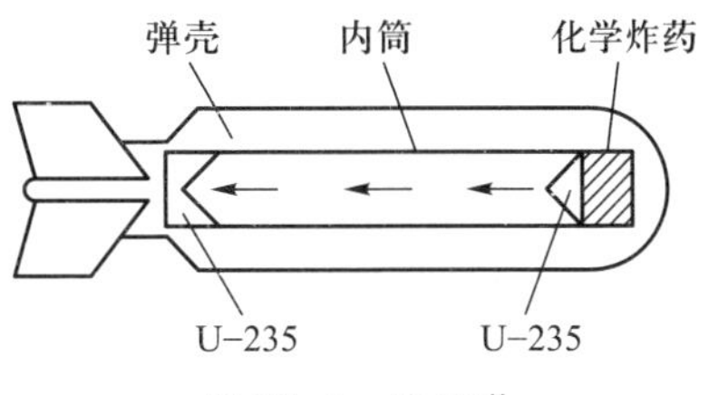

图 30-2 原子弹

反应堆(见图 30-3)。以铀-235 为燃料的核电站使用的是浓缩铀,不是纯铀-235,而且,反应堆用镉、硼等来吸收中子,称为控制棒,以使链式反应减速,还用轻水、重水、石墨等中子减速剂降低中子的能量,减速后的中子称为慢中子,更易被铀-235 吸收而使它裂变,而铀-235 裂变释放的中子称为快中子,反而易被铀-238 吸收,后者不发生裂变。总之,核反应堆发生的裂变反应是得到控制的,是安全的,是不会爆炸的。

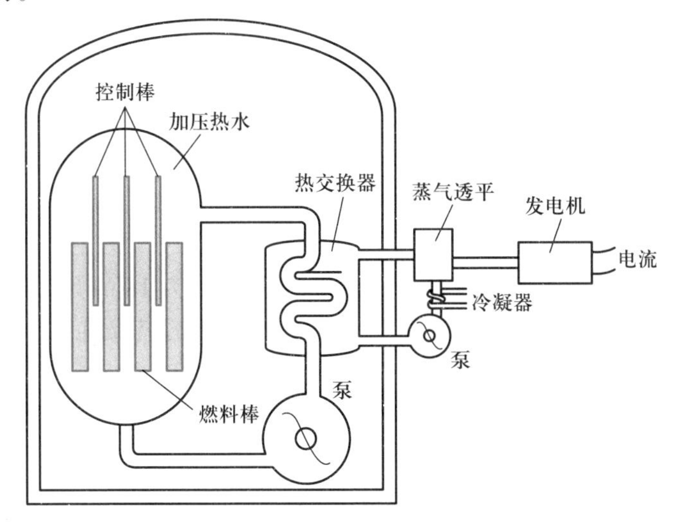

图 30-3 核反应堆

还有一种完全不同于铀-235 的裂变反应,称为自发裂变反应,发生裂变的原子核并未吸收中子就可自发裂变,例如:

$$^{252}_{98}\mathrm{Cf} \longrightarrow {}^{142}_{56}\mathrm{Ba} + {}^{106}_{42}\mathrm{Mo} + 4\,{}^{1}_{0}\mathrm{n}$$

几乎所有超铀元素都具有发生自发裂变的放射性同位素。

30-3-2 聚变

两个轻原子核聚合成一个重原子核的核反应称为核聚变。宇宙间的恒星每时每刻发生着聚变反应,展开了一幅元素进化的图景。已经人工实施的聚变反应都是链式反应,即氢弹,它的核燃料是氘或氚等。可控聚变反应堆正在试验之中,一旦实现,将提供巨大能量,而聚变的核素则可从海水提取,能源危机将一去不复返。

30-4 核稳定性理论

30-4-1 幻数和稳定核的质子中子比以及衰变一般规律

没有一个“万能”的规则去判断某一原子核是否具有放射性。但是可以提供一些经验的规则,能帮助预言核的稳定性。

(1) 所有具有 84 或多于 84 个质子的原子核是不稳定的。也就是说原子序数 84 以后的元素均为放射性元素。例如,铀($Z=92$)所有同位素均为放射性同位素。

(2) 具有 2、8、20、28、50、82 或 126 个质子或中子的原子核,通常要比在周期表中与此相邻的原子核更稳定些。例如,原子序数为 18 的有 3 种稳定的核,原子序数为 19 的有 2 种,原子序数为 20 的有 5 种,原子序数为 21 的有 1 种;具有 18 个中子的有 3 种稳定性的核,19 个中子的没有,20 个中子的有 4 种,21 个中子的没有。20 个质子或中子比 18、19、21 具有更稳定的核。2、8、20、28、50、82 和 126 这些数称为幻数。正如具有 2、10、18、36、54 或 86 个电子的稀有气体结构增加化学稳定性一样,具有幻数核子数会增加核稳定性。

(3) 原子核具有的质子数和中子数均为偶数时,通常较具有奇数的质子数或中子数的核更稳定一些。氧-16,碳-12 就是明显的例子。另外,从绝大多数稳定的原子核(包括非放射性的)也可以看出这一规律(见表 30-2)。质子和中子均为奇数的只有 4 种元素的同位素,即${}^{2}_{1}H$、${}^{6}_{3}Li$、${}^{10}_{5}B$ 和${}^{14}_{7}N$ 的核是稳定的。

表 30-2 质子数和中子数的偶数稳定性

质 子 数	中 子 数	稳定同位素的数目
偶	偶	164
偶	奇	55
奇	偶	50
奇	奇	4

(4) 根据库仑定律,原子核中的质子间应该产生很强的排斥力而使核不稳

定。使核中质子紧密结合在一起的核力，至今仍不十分清楚，但是中子似乎起着重要的作用。确定某一同位素是稳定或具有放射性的重要因素是中子与质子比（n∶p），见图 30-4 所示。

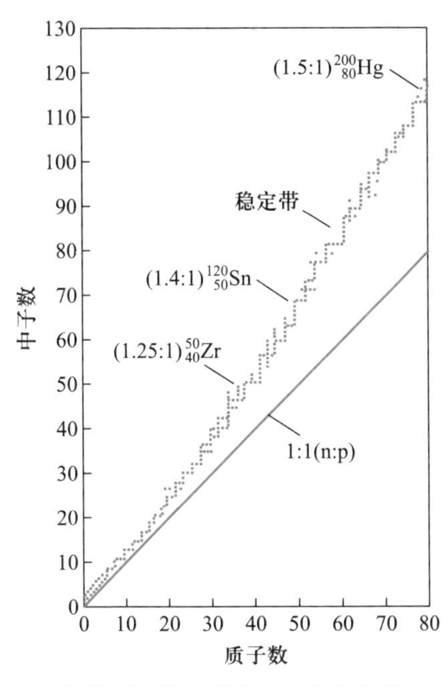

图 30-4 稳定核的中子与质子比

原子核较小的元素，其 n∶p 值是1，使原子核稳定，如$^{4}_{2}$He、$^{12}_{6}$C、$^{16}_{8}$O、$^{28}_{14}$Si 和 $^{40}_{20}$Ca。对于原子序数较大的元素，因为质子间排斥力增加必须有更多的中子使之稳定，n∶p 值增大，如铋的 n∶p 值约为1.5。

从图 30-4 中可见随着原子序数增加稳定原子核的 n∶p 值逐渐增加。用质子数对中子数作图，在图中形成一个稳定带，大多数放射性核都在稳定带之外。

如果核具有的 n∶p 值高于或低于稳定值将不稳定并具有放射性，核将会发生衰变得到稳定的核。

放射性核素衰变的一般规律是，位于图 30-4 稳定带上方的核素会发生 β 衰变，下方的核素会发生电子俘获或正电子衰变，而稳定带向上延续得到的更重核素则发生 α 衰变。

30-4-2 结合能

在核反应发生的同时，会伴随巨大的能量放出。核反应的能量可以通过爱因斯坦的著名的质量和能量联系公式来考虑，质量和能量联系公式如下：

$$E = mc^2$$

式中，E 表示能量，m 表示质量，c 表示光速 $2.998\times10^8\,m\cdot s^{-1}$。这公式表明一物体的质量和能量是成比例的，因为比例常数 c^2 是很大的数，质量很小的变化，将伴随着很大的能量变化。

伴随化学反应的质量变化太小，从以下例题可以看出，1 mol CH_4 燃烧伴随质量损失是非常小的，用现代最精确的天平也测不出来。

[**例 1**] 计算 1 mol CH_4 燃烧时体系的质量损失：

$$CH_4 + 2O_2 \longrightarrow CO_2 + 2H_2O$$

这一反应体系能量损失为 890 kJ，$\Delta E = -890$ kJ。

解：根据 $E = mc^2$，体系中质量变化 Δm 与能量变化 ΔE 成正比。

$$\Delta E = \Delta mc^2$$

$$\Delta m = \frac{\Delta E}{c^2}$$

因 $1\,J = 1\,kg\cdot m^2\cdot s^{-2}$，

$$\Delta E = -890\,kJ = -890\times10^3\,kg\cdot m^2\cdot s^{-2}$$

$$c = 2.998\times10^8\,m\cdot s^{-1}$$

$$\Delta m = \frac{-890\times10^3\,kg\cdot m^2\cdot s^{-2}}{(2.998\times10^8\,m\cdot s^{-1})^2} = -9.90\times10^{-12}\,kg$$

燃烧 1 mol CH_4 体系的质量亏损为 9.90×10^{-12} kg。

从上面的例子中可以看出，在一般化学反应中，随着能量变化的质量变化太小，以致用现代的测试手段测不出来，但是在核反应中总是发现产物和反应物有质量差。例如，氘分裂为质子和中子：

$$^2_1D \longrightarrow {}^1_1p + {}^1_0n$$

^2_1D 的摩尔质量从实验测得为 $2.01355\,g\cdot mol^{-1}$（见表 30-3），但是假若把中子和质子的质量加起来，则得到较大的数值：

$$(1.00728 + 1.00867)\,g\cdot mol^{-1} = 2.01595\,g\cdot mol^{-1}$$

质量变化 Δm 为

$$(2.01595 - 2.01355)\,g\cdot mol^{-1} = 0.00240\,g\cdot mol^{-1}$$

$$\Delta E = \Delta mc^2$$

$$= 0.00240\,\frac{g}{mol}\times\frac{1\,kg}{1000\,g}\times(2.998\times10^8\,m\cdot s^{-1})^2$$

$$= 2.16\times10^{11}\text{kg}\cdot\text{m}^2\cdot\text{s}^{-2}\cdot\text{mol}^{-1}$$
$$= 216\times10^{9}\text{J}\cdot\text{mol}^{-1}$$
$$= 216\ \text{G}^{①}\text{J}\cdot\text{mol}^{-1}$$

表 30-3 某些核的摩尔质量(不包括电子质量)

核	$M/(\text{g}\cdot\text{mol}^{-1})$	核	$M/(\text{g}\cdot\text{mol}^{-1})$
$^{1}_{0}\text{n}$(中子)	1.00867	$^{56}_{26}\text{Fe}$	55.92066
$^{1}_{1}\text{p}$(质子)	1.00728	$^{59}_{27}\text{Co}$	58.91837
$^{2}_{1}\text{D}$(氘)	2.01355	$^{84}_{36}\text{Kr}$	83.8917
$^{3}_{1}\text{T}$(氚)	3.01550	$^{120}_{50}\text{Sn}$	119.8747
$^{4}_{2}\text{He}$	4.00150	$^{138}_{56}\text{Ba}$	137.8743
$^{7}_{3}\text{Li}$	7.01436	$^{194}_{78}\text{Pt}$	193.9200
$^{12}_{6}\text{C}$	11.99671	$^{200}_{83}\text{Bi}$	208.9348
$^{15}_{8}\text{O}$	14.99868	$^{235}_{92}\text{U}$	234.9934
$^{16}_{8}\text{O}$	15.99052	$^{239}_{94}\text{Pu}$	239.0006
$^{17}_{8}\text{O}$	16.99474		

因为膨胀功甚至电子的能量与核能量变化相比可以忽略不计,可以把核能量的变化等于内能的变化(ΔU_{m})或热焓的变化(ΔH_{m}),即

$$\Delta E = \Delta U_{\text{m}} = \Delta H_{\text{m}} = 216\ \text{GJ}\cdot\text{mol}^{-1}$$

原子核分解为其组成的质子和中子所需要的能量称为核结合能,因此$^{2}_{1}\text{D}$ 核的结合能为 216 GJ · mol^{-1},如果要计算每一个核子的结合能则为

$$\frac{216\ \text{GJ}}{6.022\times10^{23}} = 0.358\times10^{-12}\ \text{J}$$

已知分子的键能约为 200 kJ · mol^{-1} 或 300 kJ · mol^{-1},而核结合能为 GJ · mol^{-1},相当于 10^6kJ · mol^{-1}。所以,在原子核中,使核子结合在一起的能量,要比在分子中使原子结合在一起的能量大一百万倍。

因为在不同的核中核子数是不同的,为了便于比较,通常使用核子平均结合能,即每个原子核的结合能除以核子数,得到每个核子的平均结合能。例如,根据表 30-3 的数据,可以求$^{56}_{26}\text{Fe}$ 的核子平均结合能。

① G(giga)为 10^9。

$$^{56}_{26}Fe \longrightarrow 26\ ^{1}_{1}p + 30\ ^{1}_{0}n$$

$$\begin{aligned}
&26\ ^{1}_{1}p \quad 26\times1.00728 = 26.18928\ g\cdot mol^{-1} \\
&30\ ^{1}_{0}n \quad 30\times1.00867 = 30.26010\ g\cdot mol^{-1} \\
&\qquad\qquad\qquad\qquad\qquad\ \ 56.44938\ g\cdot mol^{-1} \\
&^{56}_{26}Fe \qquad\qquad\qquad\qquad\ \ 55.92066\ g\cdot mol^{-1}
\end{aligned}$$

$$\begin{aligned}
\Delta m &= (56.44938-55.92066)\ g\cdot mol^{-1} \\
&= 0.52872\ g\cdot mol^{-1} \\
\Delta E &= \Delta mc^2 \\
&= 0.52872\ \frac{g}{mol}\ \frac{kg}{1000\ g}(2.998\times10^{8} m\cdot s^{-1})^{2} \\
&= 47521\ GJ\cdot mol^{-1}
\end{aligned}$$

每摩尔原子核有 6.022×10^{23} 个原子核，而每个铁原子核有 56 个核子，所以每个核子的平均结合能为

$$\frac{47521\ GJ\cdot mol^{-1}}{56\times6.022\times10^{23} mol^{-1}} = 1.41\times10^{-12} J$$

核的结合能不仅告诉人们当原子核分解为质子和中子时需要能量，还告诉人们当质子和中子形成核时放出多少能量称为核生成能。例如，$^{56}_{26}Fe$：

$$26^{1}_{1}p + 30^{1}_{0}n \longrightarrow {}^{56}_{26}Fe$$

$$\Delta H_{m} = -47521\ GJ\cdot mol^{-1}$$

$^{56}_{26}Fe$ 核的生成能等于负的核结合能。图 30-5 为核的平均生成能与每种元素最稳定同位素的质量数作图。显然，核的能量越低则越稳定。最稳定的核是那些质量数靠近 60 的核。具有最低能量的核是$^{56}_{26}Fe$ 核。质量数大于 60 的核能量较高，也就是比较不稳定。质量数小于 60，则进入高能量核区域，除$^{4}_{2}He$ 外，轻元素都属于高能量的核。

图 30-5 告诉人们，原则上有两种方法可以从元素的核得到能量：一是裂变，即是某些重核分裂成两个差不多大小裂块的过程，从重核裂变为两个质量中等的核。在这种情况下，每个核子将从较高的能量状态移向较低的能量状态，因而放出能量。二是聚变，即是轻核被合成重核。

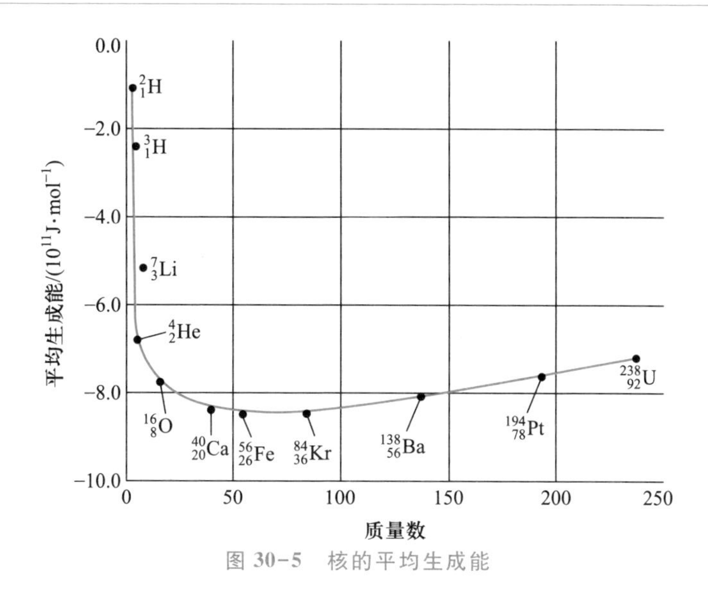

图 30-5 核的平均生成能

30-5 超铀元素 锕系元素 超锕元素简介

30-5-1 超铀元素、锕系元素、超锕元素的发展简史

铀是天然元素,发现于 1841 年,比铀更早发现的还有钍(1828 年),也是天然元素。在随后的 1869 年门捷列夫元素周期系中,没有确定铀和钍的位置,甚至当时有人认为,铀是最重的元素,再也不可能发现比铀重的元素了。可是后来人们却发现了比铀更重的元素,于是出现了“超铀元素”的概念。截至锕系元素,即从 89 号元素锕到 103 号元素共 15 种元素的全部发现,证实它们跟镧系元素一样属于元素周期系的 f 区元素,再以后,进一步合成了超锕系元素,“超铀元素”一词的意义只是比铀更重的元素全部是人工合成元素。

应该清楚地认识到,超铀元素的发现是一系列重大发现的交互作用的产物。这一历史阶段相当长,起点是在 19 世纪末贝克勒尔发现放射性,而终点则并未到来。这一系列重大发现是 1895 年伦琴发现 X 射线。1896 年,贝克勒尔发现铀能发射“射线”,随后居里等人又发现钍也能发射“射线”,进而居里夫人大胆预言,发射射线是这些元素的本性,并将这些元素称为“放射性元素”。1898 年,居里夫妇发现了新的放射性元素钋和镭。1899 年,卢瑟福证明镭放射的射线由三部分构成,并命名为 α、β 和 γ 射线。1899 年,德比尔内在居里夫人的建议下发现了锕。直到20世纪初的1903年，卢瑟福证实 α 射线是氦核流，β 射线是电子流，遂与索迪共同提出了元素衰变的理论，从此打破了元素不变的概念，为新元素的发现打开大门。

1913年，莫斯莱提出原子序数的概念，同年，法扬斯、索迪和汤姆生提出了同位素的概念，到1920年，查德威克证实原子序数等于原子核内的核电荷数。1932年，查德威克发现中子，索迪等人进而提出了位移规则，至此，人们才认识到，许多质量不同的放射性“元素”其实只是某种元素的同位素，大大提高了对放射性元素的认识，从而为确定放射性元素在元素周期系中的位置并进行正确命名奠定了基础，使新元素的发现从被动变为有元素周期律理论指导的理性行为。在此前，铀、钍、锕和镤早已发现（1917年，哈恩、迈特勒、索迪和克兰斯顿从铀的裂变产物中发现了镤），而它们在周期表的位置直到20世纪30年代才得到明确，此后才有合成超铀元素的历史。

超铀元素全部是通过人工合成得到认识的，尽管有的元素在天然铀矿里有微量存在。1919年，卢瑟福用 α 射线轰击氮，第一次实现人工核反应。1934年，费米开创了用中子轰击原子核获得新核素。1940年，麦克米伦终于实现零的突破，用热中子照射铀得到第一个超铀元素镎（^{239}Np）。不久西博格和麦克米伦又在刚刚建立的回旋加速器中用氘核轰击铀得到钚（^{238}Pu），开创了超铀元素的探索。由此，西博格提出了锕系元素的假设，认为第七周期存在跟第六周期的镧系元素相似的一系列元素，即锕系元素。至1961年，现在称为锕系元素的元素就已全部合成了。除其中99、100号元素是在核爆炸的碎片中发现的之外，其他锕系元素都是回旋加速器中用高速核子轰击较重原子核而人工合成的。从1964年开始，开始了合成超锕系元素，即超镄元素的合成。

30-5-2 锕系元素简介

在1940年前，现在被称为锕系元素只发现了第89～94号元素锕、钍、镤、铀、镎和钚6种元素，在研究了它们的化学性质后，西博格等提出了存在类似镧系的锕系元素的假设，其后才逐一人工合成了其他锕系元素。锕系元素的基态电子组态跟相应的镧系元素不完全相同，轻锕系元素不符合构造原理的基态组态比轻镧系元素更多，对比如下：

	La	Ce	Pr	Nd	Pm	Sm	Eu	Gd	Tb	Dy	Ho	Er	Tm	Yb	Lu
[Xe]	$5d^1 6s^2$	$4f^1 5d^1$	$4f^3$	$4f^4$	$4f^5$	$4f^6$	$4f^7$	$4f^7 5d^1$	$4f^9$	$4f^{10}$	$4f^{11}$	$4f^{12}$	$4f^{13}$	$4f^{14}$	$4f^{14} 5d^1 6s^2$
	Ac	Th	Pa	U	Np	Pu	Am	Cm	Bk	Cf	Es	Fm	Md	No	Lr
[Rn]	$6d^1 7s^2$	$6d^2$	$5f^2 6d^1$	$5f^3 6d^1$	$5f^4 6d^1$	$5f^6$	$5f^7$	$5f^7 6d^1$	$5f^9$	$5f^{10}$	$5f^{11}$	$5f^{12}$	$5f^{13}$	$5f^{14}$	$5f^{14} 6d^1 7s^2$

锕系元素的氧化态远比镧系元素丰富多彩，有许多元素，特别是轻锕系元素，可以呈现很高的氧化态，最高可以达到+Ⅶ，到重锕系元素才降为+Ⅳ乃至+Ⅲ。镧系元素能够表现高达+Ⅳ氧化态的元素至今只有6种（Ce、Pr、Nd、Sm、Tb、Dy，其中Ce、Pr、Tb有+Ⅳ氧化态的氧化物或含氧酸盐而其余只有固态的复合氟化物），而锕系元素则反之，只有5种元素至今未发现超过+Ⅲ的氧化态。

下面对各个锕系元素做一简介。

锕 Ac，原子序数89，相对原子质量227.027 8，天然放射性元素，名源希腊文，原意"射线"。1899年，法国化学家德比尔内采用新的分离方法从沥青铀矿中得到锕，并进行了放射性鉴定，不久后的1902年，吉塞尔（Friedrich Otto Giesel）也独立地发现了锕。由于锕在铀矿里含量极低，其获得主要靠人工合成，通常是在核反应器中用中子轰击镭。质量数209~232的所有锕同位素均已发现，其中锕-227、228是天然的，其余均为人工核反应的产物。锕-227是锕的最稳定同位素，半衰期为21.77a。有两种衰变方式：放出α射线衰变为钫-223或放出β射线衰变为钍-227。锕为银白色金属，熔点1 050 ℃，沸点3 200 ℃，密度10.07 g/cm^3；面心立方晶胞。锕的化学性质十分活泼，与镧和钇十分相似，可直接与多种非金属元素直接反应；金属锕在暗处发光，在空气中放置缓慢变成Ac_2O_3；锕有较强的碱性。锕的常见氧化态为+Ⅱ和+Ⅲ，酸性和碱性溶液的标准电极电势如下：

$$\varphi_A^\ominus/V \qquad Ac^{3+} \xrightarrow{-4.9} Ac^{2+} \xrightarrow{-0.7} Ac \quad (Ac^{3+} \xrightarrow{-2.13} Ac)$$

$$\varphi_B^\ominus/V \qquad Ac(OH)_3 \xrightarrow{-2.6} Ac$$

锕的应用价值不大，主要用作航天器的热源、热电子发电以及中子源。

钍 Th，原子序数90，相对原子质量232.038 1(1)，天然放射性元素，以北欧神话中战神的名字命名，是1828年由瑞典化学家贝采利乌斯发现的。当时有一名为Esmark的牧师发现一矿物样品，怀疑其中有未知元素，请贝采里乌斯予以鉴定。Esmark的矿物样品实为thorite $ThSiO_4$。钍在地壳中的含量为百万分之1.5，为铀的3倍。自然界含钍的矿物很多，重要的矿物除硅酸钍thorite $ThSiO_4$外还有方钍石thorianite ThO_2和与稀土共存的独居石monazite [(Ce,La,Th,Nd,Y)PO_4]。现已发现质量数212~236的所有钍同位素，其中钍232是天然的，也是半衰期最长的同位素，半衰期为1.4×10^{10}a；钍-232也能发生自发裂变。钍为银白色金属，质较软，熔点1 750 ℃，沸点4 790 ℃，密度11.72 g/cm^3。钍化学性质活泼，除惰性气体外，钍能与所有非金属元素作用，生成二元化合物；室温下与空气和水的反应缓慢，加热后反应迅速。钍能呈现+Ⅳ氧化态，酸性和碱性溶液中的标准电极电势如下：

$$\varphi_A^\ominus/V \qquad Th^{4+} \xrightarrow{-3.8} Th^{3+} \xrightarrow{-4.9} Th^{2+} \xrightarrow{0.7} Th \quad (Th^{4+} \xrightarrow{-1.83} Th)$$

$$\varphi_B^\ominus/V \qquad ThO_2 \xrightarrow{-2.56} Th$$

钍及其化合物在核能、航天航空、冶金、化工、石油、电子工业等众多行业都有重要应用。钍是高毒性元素。用浸硝酸钍溶液制成的燃烧乙炔气的氧化钍灯罩（Welsbach mantle，含1%氧化铈）的白炽灯曾在很长时期是人类主要灯源，至今仍在使用中。钍镁合金在高温下具有高强度。在钨丝表面上镀钍可大大提高钨丝发射电子的能力。氧化钍熔点极高（3 300 ℃），还用作高温实验室的坩埚。含氧化钍的玻璃具高折射率和低色散性，用作高质量摄影镜头和科学仪器。氧化钍还是氨氧化制硝酸、石油裂解、硫酸生产的催化剂。用反应堆的中子照射钍-232得到钍-233，后者经衰变可得到铀-233，为重要裂变材料，其过程可循环发生，利用类似循环生产燃料的核反应堆被称作“增殖反应堆”。

镤 Pa，原子序数 91，相对原子质量 231.035 88（2），是天然放射性元素。1913 年，美国化学家法扬斯（K. Fajans）和格林（O. H. Göhring）在研究铀的衰变系列时发现半衰期仅达 1.17 min 的镤-234；1917 年，英国化学家索迪（F. Soddy）和克拉斯通（J. Cranston）、德国化学家哈恩（O. Hahn）和迈特纳（L. Meitner）各自独立发现天然存在的半衰期长达 32 760a 的镤-231。直到 1934 年 A. V. Grosse 才首次分离了镤。现已发现质量数在 215～238 的镤的 21 个同位素。镤为灰色金属，属四方晶系；熔点 1 572 ℃，密度15.37 g/cm^3。镤在空气中稳定，高温下可与氧反应。镤十分昂贵，稀有，且极毒，无广泛用途，仅镤-231 用于能源技术。1961 年，英国人花了约 500 000 美元才从 55 000 kg 矿物中分离出 125 g 纯度为 99.9%的镤。镤的最高氧化态达+Ⅴ，其酸性溶液中的标准电极电势如下：

$$\varphi_A^\ominus/V \qquad PaO(OH)^{2+} \xrightarrow{-0.1} Pa^{4+} \xrightarrow{-1.46} Pa^{3+} \xrightarrow{-5} Pa^{2+} \xrightarrow{0.3} Pa \quad (PaO(OH)^{2+} \xrightarrow{-1.19} Pa;\ Pa^{4+} \xrightarrow{-1.47} Pa)$$

铀 U，原子序数 92，相对原子质量 238.028 91（3），最重要的核燃料，元素名源于纪念 1781 年发现的天王星。1789 年，德国化学家克拉普罗特（M. H. Klaproth）从沥青铀矿中发现铀的氧化物。1841 年，法国化学家佩利若（E. M. Péligot）用钾还原四氯化铀制得金属铀。铀在自然界分布很广，在地壳中的含量为万分之3至万分之4，比汞、银、金的含量都高，最重要的矿物为沥青铀矿 uraninite（其中的铀以 UO_2 方式存在）、钒钾铀矿 carnotite [$K_2(UO_2)_2VO_4 \cdot 1\sim3H_2O$] 和钙铀云母 autunite[$Ca(UO_2)_2(PO_4)_2 \cdot 10H_2O$] 以及伴生于磷酸盐矿、褐煤和独居石的资源。由铀矿提取的铀常以重铀酸钠 $Na_2U_2O_7 \cdot 6H_2O$ 或被称为“黄饼”的八氧化三铀 U_3O_8 出售。铀的世界总储量约 3.4×10^6 t，最大蕴藏地为澳大利亚，我国已探明铀矿 200 多个，主要分布在江西、广东、湖南、广西以及新疆、辽宁、云南、河北、内蒙古、浙江、甘肃等省（自治区）；海水中铀的总含量为陆地的2000倍，可能是铀的未来资源。现已发现质量数在 226~242 的 16 个铀同位素，其中只有铀-238、235、234 是天然放射性同位素。金属铀的熔点为 1 132 ℃，沸点 3 818 ℃，密度 18.95 g/cm^3；铀在接近绝对零度时有超导性，有延展性。铀的化学性质活泼，易与绝大多数非金属反应，能与多种金属形成合金。铀能表现+Ⅵ氧化态，其酸性和碱性溶液中的标准电极电势如下所示：

$$\varphi_A^\ominus/V \quad UO_2^{2+} \xrightarrow{0.16} UO_2^{+} \xrightarrow{0.38} U^{4+} \xrightarrow{-0.52} U^{3+} \xrightarrow{-4.7} U^{2+} \xrightarrow{-0.1} U$$

（UO_2^{2+} 至 U^{4+}：0.27；U^{3+} 至 U：−1.66；U^{4+} 至 U：−1.38）

$$\varphi_B^\ominus/V \quad UO_2(OH)_2 \xrightarrow{-0.3} UO_2 \xrightarrow{-2.6} U(OH)_3 \xrightarrow{-2.10} U$$

铀最初只用作玻璃着色或陶瓷釉料，使玻璃或陶瓷染上发荧光的黄绿色。1938年发现铀核裂变后，始为主要核原料，也是铀的主要用途。此外，醋酸氧铀酰是分析化学试剂。直接用作核燃料的仅是铀的三种天然同位素中的^{235}U，它仅占天然铀的 0.7%，^{238}U 则需经中子照射最后转化为钚-239 后才用作核燃料。天然铀分离掉^{235}U 的“残渣”称为“贫铀”，后者的密度达 19.3 g/cm^3，是铅的 2 倍，由于用“贫铀”制造的合金具有其他合金元素不可替代的高强度、高密度和高韧性，被美国用来制成“贫铀炸弹”，后者具有穿甲性能，炸成的碎片极为坚锐锋利，四散冲击，可将触及的目标切成碎片，成为美国在海湾战争和科索沃战争中使用的新式武器。然而，“贫铀炸弹”爆炸会使部分铀变成氧化铀的气溶胶，进入人体引起严重的慢性辐射病。

镎 Np，原子序数 93，是人工放射性元素，元素名源于海王星。1940 年，美国核物理学家麦克米伦（E. M. McMillian）和艾贝尔森（P. H. Abelson）利用中子轰击薄铀片研究裂变物的射程时，发现镎-239。在铀矿中只发现过痕量的镎-239、237，需通过人工核反应合成。镎为银白色金属，有延展性，熔点相对较低，仅 637 ℃，沸点高，3 902 ℃，密度可达 20.25 g/cm^3。金属镎化学性质比较活泼，能与氧、氢、卤素直接反应；能溶于酸；镎的最高氧化态可达到+Ⅶ，酸性和碱性溶液的标准电极电势如下：

$$\varphi_A^\ominus/V \qquad NpO_3^+ \overset{2.04}{\text{——}} NpO_2^{2+} \overset{1.24}{\text{——}} NpO_2^+ \overset{0.66}{\text{——}} Np^{4+} \overset{0.18}{\text{——}} Np^{3+} \overset{-4.7}{\text{——}} Np^{2+} \overset{-0.3}{\text{——}} Np$$

$NpO_2^{2+} \overset{0.94}{\text{——}} Np^{4+}$；$Np^{3+} \overset{-1.79}{\text{——}} Np$；$NpO_2^+ \overset{0.45}{\text{——}} Np^{3+}$；$Np^{4+} \overset{-1.30}{\text{——}} Np$

$$\varphi_B^\ominus/V \qquad NpO_5^{3-} \overset{0.58}{\text{——}} NpO_2(OH)_2 \overset{0.6}{\text{——}} NpO_2(OH) \overset{0.3}{\text{——}} NpO_2 \overset{-2.1}{\text{——}} Np(OH)_3 \overset{-2.2}{\text{——}} Np$$

镎-237 是半衰期最长的同位素，主要用来制备钚-238，此外，也用于中子检测。

钚 Pu，原子序数 94，是人工放射性元素，元素名仿照铀、镎以冥王星命名。钚是继镎后第二个发现的超铀元素，1940 年末，美国科学家西博格、麦克米伦等在美国用 60 英寸回旋加速器加速的 16 MeV 氘核轰击铀-238 时发现钚-238，次年又发现了最重要的同位素钚-239，它能发生链式反应，是核武器和核反应堆的能源，是二战末第一颗爆炸的原子弹的核原料；而半衰期最长的同位素是钚-244，半衰期为 8.2×10^7 a。钚为银白色金属，熔点 640 ℃，沸点 3 234 ℃，密度 19.84 g/cm^3；从室温到熔点之间有 6 种同素异形体，这是很独特的现象。钚在空气中的氧化速率与湿度有关，湿度高则氧化快，且有自燃的危险；钚易溶于酸中，不过浓酸可能会引起钝化。钚的氧化态也能达到+Ⅶ，酸性和碱性溶液的标准电极电势如下：

$$\varphi_A^\ominus/V \qquad PuO_2^{2+} \overset{1.02}{\text{——}} PuO_2^+ \overset{1.04}{\text{——}} Pu^{4+} \overset{1.01}{\text{——}} Pu^{3+} \overset{-3.5}{\text{——}} Pu^{2+} \overset{-1.2}{\text{——}} Pu$$

$PuO_2^{2+} \overset{1.03}{\text{——}} Pu^{4+}$；$Pu^{3+} \overset{-2.0}{\text{——}} Pu$；$Pu^{4+} \overset{-1.25}{\text{——}} Pu$

$$\varphi_B^\ominus/V \qquad PuO_5^{3-} \overset{0.95}{\text{——}} PuO_2(OH)_2 \overset{0.3}{\text{——}} PuO_2(OH) \overset{0.9}{\text{——}} PuO_2 \overset{-1.4}{\text{——}} Pu(OH)_3 \overset{2.46}{\text{——}} Pu$$

二氧化钚是最重要的钚化合物。钚-238 可用于制作放射性同位素电池，广泛应用于宇宙飞船、人造卫星、极地气象站等的能源。钚属于极毒元素。

镅 Am，原子序数 95，是人工放射性元素，元素名源于发现地美洲的名字。1944 年，美国科学家西博格、吉奥索等在经过中子长期辐照的钚中首次发现镅-241。已发现的 13 种镅的同位素都是通过人工核反应得到的，其中半衰期最长的是镅-243，半衰期 7 370 a。镅是银白色金属，熔点 1 176 ℃，沸点 2 607 ℃，平均密度 13.66 g/cm^3。镅易溶于稀的无机酸，在强酸溶液中易发生歧化。在水溶液中，镅的最高氧化态可达+Ⅵ，酸性和碱性溶液的标准电极电势如下：

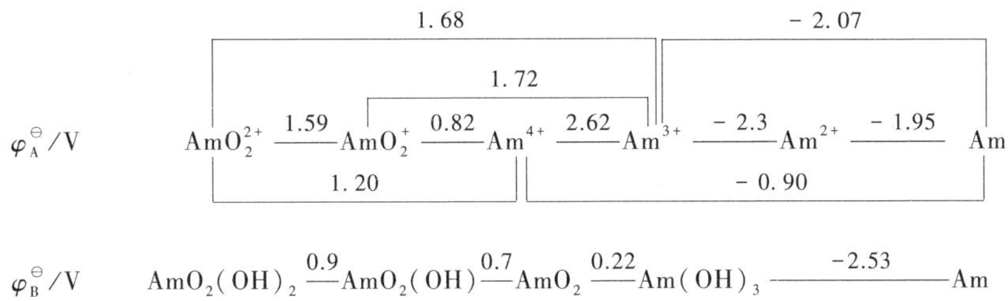

$\varphi_A^{\ominus}/V$

$$AmO_2^{2+} \xrightarrow{1.59} AmO_2^{+} \xrightarrow{0.82} Am^{4+} \xrightarrow{2.62} Am^{3+} \xrightarrow{-2.3} Am^{2+} \xrightarrow{-1.95} Am$$

（AmO_2^{2+}—Am^{3+}：1.68；AmO_2^{+}—Am^{3+}：1.72；Am^{3+}—Am：-2.07；AmO_2^{2+}—Am^{4+}：1.20；Am^{4+}—Am：-0.90）

$\varphi_B^{\ominus}/V$

$$AmO_2(OH)_2 \xrightarrow{0.9} AmO_2(OH) \xrightarrow{0.7} AmO_2 \xrightarrow{0.22} Am(OH)_3 \xrightarrow{-2.53} Am$$

镅同位素中用途最大的是镅-241,可以数以千克计生产,主要用于制造中子源,其放射性强度约为镭的3倍,用于制作密度测定仪、探伤照相和作荧光分析仪的激发源以及火警(烟雾)警报器;很多地方可见镅-241骨密度测定仪。其次是镅-243,用于在高通量反应堆中生产超钚元素。

锔Cm,原子序数96,因纪念著名科学家居里夫妇而得名。1944年,美国科学家西博格、詹姆斯等在同步加速器中用32 MeV的α粒子轰击钚-239时发现锔-242。现已发现质量数为238~251的全部锔同位素。锔-247是半衰期最长的锔同位素,半衰期为1.56×10^{7} a。锔的发现先于95号元素镅。锔为银白色金属,熔点1 340 ℃,锔有两种同素异形体,其密度分别是13.51 g/cm^{3}和19.26 g/cm^3。金属锔易溶于稀的无机酸;研究过的锔的固体化合物主要有卤化物、氢化物和氧化物。跟镅相反,锔的产量仅以微克计,仅锔-242和锔-244用作同位素能源,此外,锔-244还是在高通量反应堆中制造超锔元素的原料。在酸性和碱性溶液的标准电极电势如下:

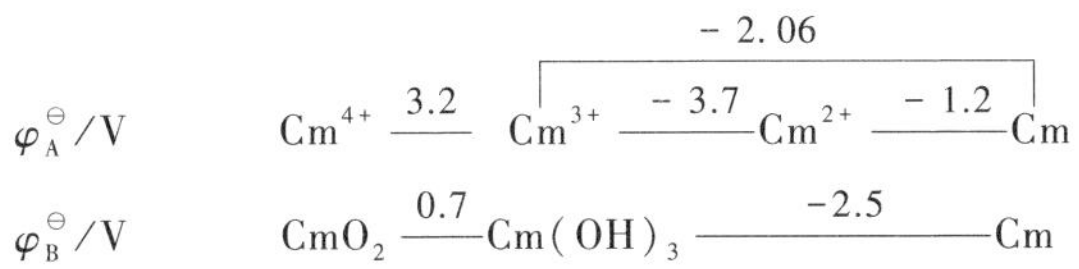

$\varphi_A^{\ominus}/V$

$$Cm^{4+} \xrightarrow{3.2} Cm^{3+} \xrightarrow{-3.7} Cm^{2+} \xrightarrow{-1.2} Cm$$

（Cm^{3+}—Cm：-2.06）

$\varphi_B^{\ominus}/V$

$$CmO_2 \xrightarrow{0.7} Cm(OH)_3 \xrightarrow{-2.5} Cm$$

锫Bk,原子序数97,是人工放射性元素,元素名称源于发现地。1949年,美国科学家汤普森、吉奥索、西博格用加速到35MeV的α粒子轰击镅-241时发现锫-243。现已发现质量数为240、242~251的锫同位素。半衰期最长的同位素为锫-247,半衰期为1 380 a。锫的产量极低,以10^{-9} g计,无实用价值。锫为银白色金属,熔点986±22 ℃,密度约14 g/cm^3。锫的化学性质与其他锕系元素相似,能与氧、卤素、稀酸等反应。在酸性溶液中的标准电极电势如下:

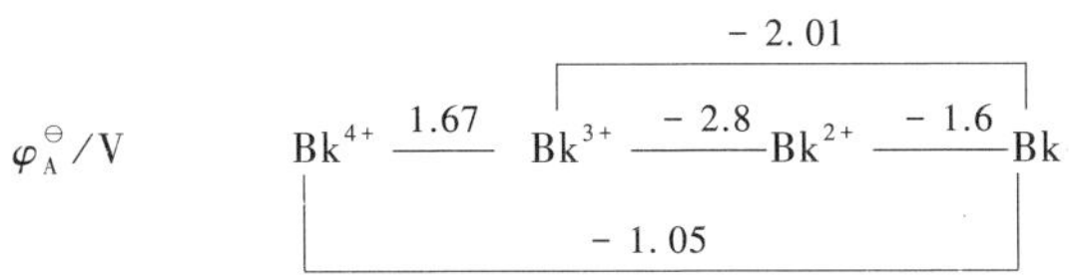

$\varphi_A^{\ominus}/V$

$$Bk^{4+} \xrightarrow{1.67} Bk^{3+} \xrightarrow{-2.8} Bk^{2+} \xrightarrow{-1.6} Bk$$

（Bk^{3+}—Bk：-2.01；Bk^{4+}—Bk：-1.05）

锎 Cf,原子序数 98,是人工放射性元素,因纪念发现地加利福尼亚而得名。1950 年,美国科学家汤普森、斯特里特等在美国加利福尼亚大学用加速的 α 粒子轰击锔-242 时发现锎-245。现已发现质量数 239~256 的全部锎同位素。锎的熔点为 900 ℃,容易挥发,从室温到熔点有三种不同的晶体结构。锎最有用的同位素是锎-252(半衰期 2.6 a)是能够产生丰富中子的唯一核素,1 μg 锎-252 在 1 min 内可释放出 17 亿个中子,可用于中子活化分析和植入体内治疗癌症的医用放射源,还用作核电站的启动中子源棒;锎-249 和锎-251 有较长的半衰期(351 a 和 898 a),适用于化学研究。锎的常见氧化态+Ⅳ、+Ⅲ和+Ⅱ(氧化物和卤化物)。酸性溶液中的标准电极电势如下:

$$\varphi_A^{\ominus}/V \qquad Cf^{4+} \xrightarrow{3.2} Cf^{3+} \xrightarrow{-1.6} Cf^{2+} \xrightarrow{-2.1} Cf \qquad (Cf^{3+} \xrightarrow{-1.93} Cf)$$

锿 Es,原子序数 99,是人工放射性元素,因纪念著名的物理学家爱因斯坦而得名。1952 年,美国科学家吉奥索等从比基尼岛氢弹试验沉降物中首次成功提取并鉴定了锿和镄,现已发现了质量数 243~256 的全部锿同位素,最长半衰期同位素为锿-252,半衰期 471.7 d。锿是易挥发的金属,熔点 860 ℃。金属锿的化学性质活泼;锂可将氟化锿还原为锿。常见氧化态+Ⅲ(EsX_3,X=卤素)和+Ⅱ(EsX_2,X=卤素)。锿是迄今能获得可称量的最重元素。在酸性溶液中的标准电极电势如下:

$$\varphi_A^{\ominus}/V \qquad Es^{4+} \xrightarrow{4.5} Es^{3+} \xrightarrow{-1.5} Es^{2+} \xrightarrow{-2.2} Es \qquad (Es^{3+} \xrightarrow{-2.0} Es)$$

镄 Fm,原子序数 100,是人工放射性元素,因纪念著名的意大利物理学家费米而得名。1952 年,美国科学家吉奥索等从比基尼岛氢弹试验沉降物中首次成功提取并鉴定了锿和镄,现已发现了质量数 242~259 的全部镄同位素,最稳定同位素镄-257,半衰期 100.5 d。镄可通过氦、铍、碳、氧、氖等离子轰击重元素靶或用反应堆中子长时间照射钚等方式合成。常见氧化态+Ⅱ(FmF_2)。在酸性溶液中的标准电极电势如下:

$$\varphi_A^{\ominus}/V \qquad Fm^{3+} \xrightarrow{-1.15} Fm^{2+} \xrightarrow{-2.37} Fm \qquad (Fm^{3+} \xrightarrow{-1.96} Fm)$$

钔 Md,原子序数 101,是人工放射性元素,因纪念元素周期表的创始者门捷列夫而得名。1955 年,美国科学家吉奥索等用 α 粒子轰击锿-253,首次发现钔-256。钔的生成截面很小,长达 3 h 轰击实验只生成一个钔-256 原子,现已发现

14 种钔的放射性同位素,最稳定同位素钔-258,半衰期 51.5 d。目前只能在痕量水平上研究钔的性质。在酸性溶液中的标准电极电势如下:

$$\varphi_A^\ominus/V \qquad Md^{3+} \xrightarrow{-0.15} Md^{2+} \xrightarrow{-2.4} Md \quad (Md^{3+} \xrightarrow{-1.7} Md)$$

锘 No,原子序数 102,是人工放射性元素,因纪念著名瑞典科学家诺贝尔而得名。锘由谁最早发现至今仍无定论,1957 年,瑞典的国际科学家小组声称发现 102 号元素;1958 年,美国和苏联的科学家分别进行合成 102 号元素的试验,一致证明瑞典的实验结果是错误的。1971 年,美国橡树岭国家实验室合成了锘-259。现已发现质量数为 250~259 的全部锘同位素。半衰期最长的锘-259 的半衰期也只有 58 min。在酸性溶液中的标准电极电势如下:

$$\varphi_A^\ominus/V \qquad No^{3+} \xrightarrow{1.4} No^{2+} \xrightarrow{-2.5} No \quad (No^{3+} \xrightarrow{-1.2} No)$$

铹 Lw,原子序数 103,是人工放射性元素,为纪念回旋加速器的创始人——美国科学家劳伦斯而得名。1961 年,美国科学家吉奥索等用加速的硼粒子轰击锎靶时,观察到一种半衰期约 8 s 的新核素,后证明是铹-258。此后苏联杜布纳联合核子研究所用加速的氧粒子轰击镅靶生成了铹-256 和铹-257。现已发现质量数为 253~262 的全部铹同位素。半衰期最长的铹-262 的半衰期约 3.6 h。铹的化学性质所知甚少,Lr^{3+}/Lr 在酸性溶液中的标准电极电势约-2 V。

30-5-3 超铹元素简介

自从 1964 年苏联宣布在莫斯科郊区的杜布纳联合核研究所首次发现超锕系元素——第 104 号元素质量数为 260 的同位素开始,超锕系元素的合成的竞争就在苏联杜布纳研究所、美国加州劳伦斯伯克莱实验室和德国达姆斯达特重离子实验室三地迅速展开。

从锕系元素最稳定同位素的半衰期渐次降低以及第一个超锕系元素$^{260}104$的半衰期仅为 0.3±0.1 s 的事实看,超锕系元素的合成将越来越困难,这可从表 30-4 可以看到,当时杜布纳研究所合成的是铹-260,半衰期仅为 180 s,这个事实似乎意味着超铹元素的半衰期将不会达到 1 min,而且延续锕系元素的规律变得越来越短。

表 30-4 锕系元素的半衰期

原子序数	元素符号	最稳定同位素质量数	半衰期
94	Pu	244	8.2×10^{7} a*
95	Am	243	7 370 a
96	Cm	247	1.56×10^{7} a
97	Bk	247	1 400 a
98	Cf	251	900 a
99	Es	252	1.29 a
100	Fm	257	100.5 d
101	Md	258	51.5 d
102	No	259	58 min
103	Lr	262	3.6 h

* 我国法定计量单位 a 为时间年的符号，过去曾用 y。

然而，早在20世纪70年代，核结构模型的研究者们提出了稳定岛理论，认为114号元素附近存在一个相当稳定的核素群，好比在核素海洋里露出来的稳定核素岛屿（见图30-6），该理论极大地激发了合成超锕元素的热情。

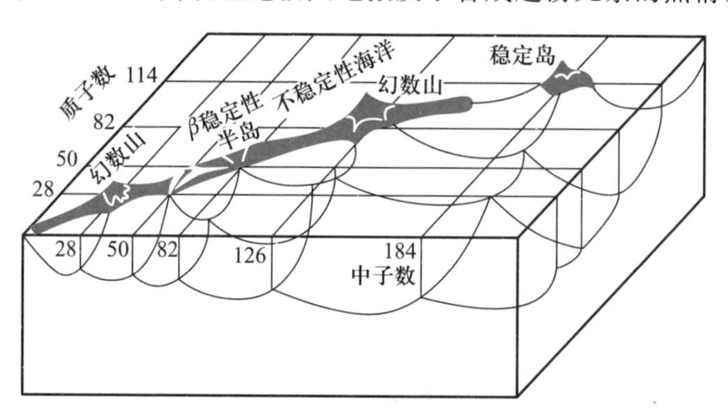

图 30-6 稳定岛理论

图30-7是超铀元素发现年代的统计，纵坐标是发现年代，横坐标是同年发现的元素数目，可以看到，20世纪最后30多年间是超锕系元素发现的高峰期。

图30-8给出了截至2000年发现的从106号元素到118号元素的所有核素，并用颜色标志了它们的半衰期的级别，尽管如前所述116和118的发现已被否定，仍然可以看到，某些超重核素的半衰期较长，意味着稳定岛理论可能是正确的。

图30-9则对比了稳定岛理论的预测和截至2000年的合成事实，图上的每一个黑点是一个已经合成的或较重核素的衰变得到的核素。几乎所有已经合成

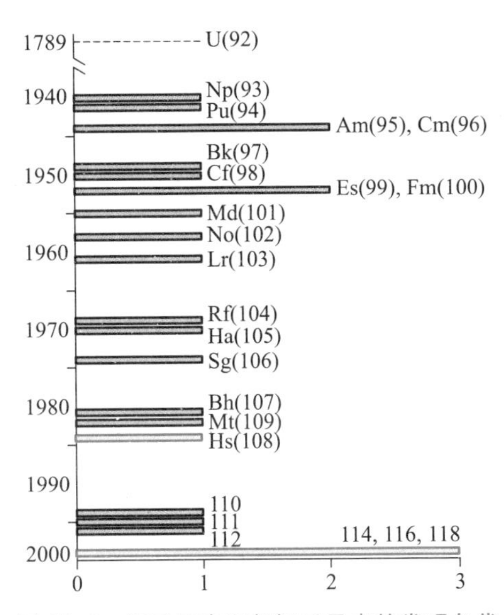

图 30-7 锕系元素和超锕系元素的发现年代

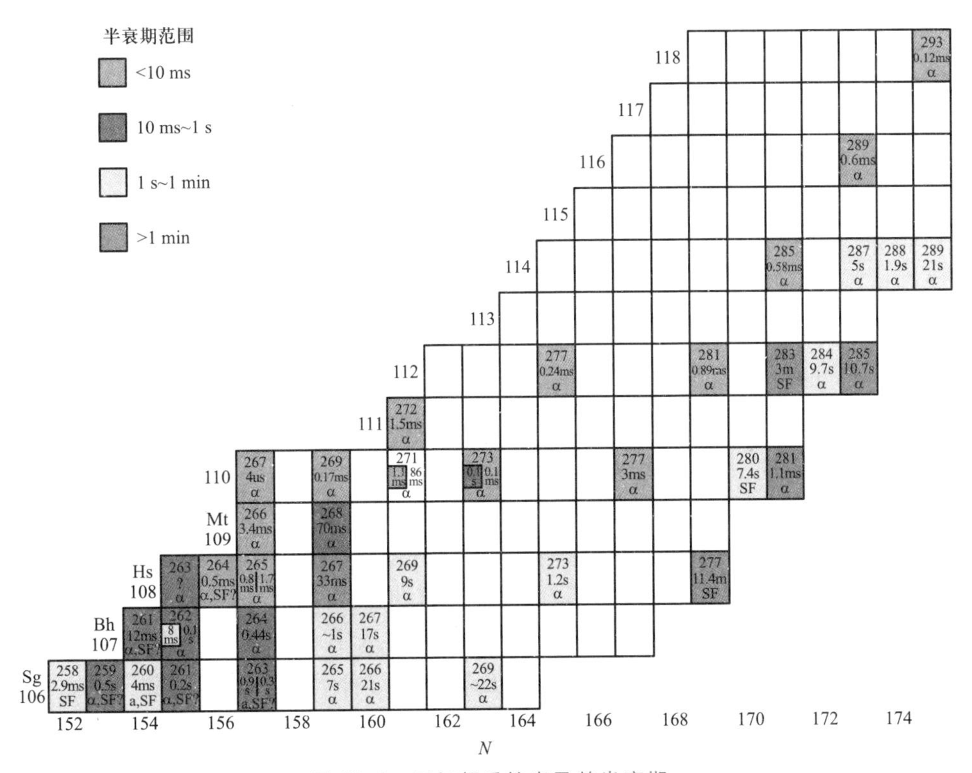

图 30-8 已知超重核素及其半衰期

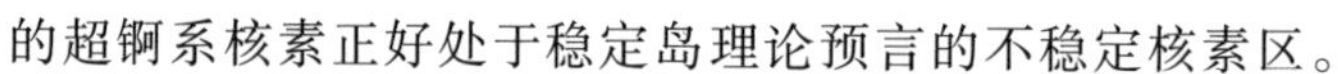
的超锕系核素正好处于稳定岛理论预言的不稳定核素区。

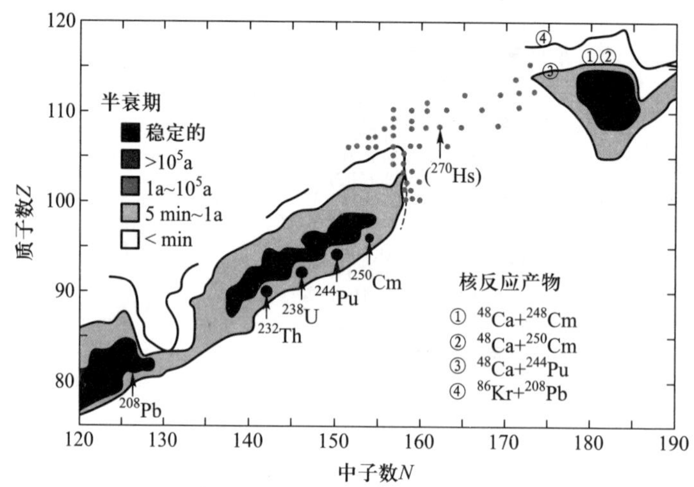

图 30-9 已合成的超锕系核素几乎都处于稳定岛理论预言的不稳定核素区

下面是各个超锕系元素的简介。

铲 Rf,第 104 号元素。1964 年,苏联杜布纳实验室用加速到 113~115 MeV 的氖核^{22}Ne 轰击钚靶^{242}Pu,用显微镜测量了一个特殊玻璃容器里的裂变轨迹,宣布合成了半衰期为 0.3±0.1 s,质量数为 260 的 104 号元素:

$$^{242}Pu + ^{22}Ne \longrightarrow ^{258}Rf + 4n$$

1969 年,美国伯克莱加州大学宣布用 71 MeV 的^{12}C 轰击^{249}Cf,得到^{257}104 和^{258}104。前者的半衰期为 4~5 s,释放 α 粒子衰变为半衰期为 105 s 的^{253}No。在同一核熔合反应中,还发生释放 3 个中子得到^{258}104,半衰期 1/100 s。他们还用和 69 MeV 的^{13}C 轰击^{249}Cf得到^{259}104,半衰期 3~4 s,释放 α 粒子衰变为半衰期为 185 s 的^{255}No。当时的美国实验室没有能力加速^{22}Ne,因而没有能力证实杜布纳实验室的发现。鉴于证实存在 257-104 和 259-104 的事件有数千次,而杜布纳实验室的结果未能得到重复,IUPAC 决议定名第 104 号元素为铲,以纪念新西兰物理学家 E. R. Rutherford。但在 1970 年,美国人用^{15}N 轰击^{249}Cf 确实得到了^{260}Rf。已知铲的最稳定同位素为^{263}Rf,半衰期约 10 min,它释放 α 粒子衰变为^{257}No,也可发生自发裂变。1998 年,德国 Mainz 大学 E. Strub 等报道,Rf 跟上两个周期的锆和铪一样,生成 RfF_4,氧化态为+Ⅳ,由于锕系元素最后一个元素的最高氧化态已经降为+Ⅲ,因而有理由相信 Rf 是锕系后的周期系第ⅣB 族元素。

钳 Db,第 105 号元素。1967 年,杜布纳研究所宣布用^{22}Ni 轰击^{243}Am 获得

$^{260}105$和$^{261}105$的几个原子。1970年,该研究所再次宣布合成了105号元素。同年,美国伯克莱加州大学宣布在重离子直线加速器上用84 MeV的^{15}N轰击^{249}Cf合成了半衰期为1.6 s的$^{260}105$。1971年,该实验室又宣布用^{15}N轰击^{250}Cf和用^{16}O轰击^{249}Cf合成了$^{261}105$(半衰期1.8 s,释放α粒子衰变为^{257}Lr)和$^{262}105$(半衰期40 s,释放α粒子衰变为^{258}Lr)。迄今为止已得到105号元素的9种同位素,其中^{262}Db半衰期最长(34 s)。德国Mainz大学的实验证实𨧀的化学性质与第ⅤB族的铌和钽相似,而且更像第五周期的铌,从而证实它是第ⅤB族元素。他们的实验采用吸附的方法,实验发现该元素表现+Ⅴ氧化态,因而能被玻璃吸附,而若像最后一个锕系元素那样表现+Ⅲ氧化态则不易被吸附。

𨭎 Sg,第106号元素。首见于苏联杜布纳研究所1974年的报道,系用高能^{54}Cr轰击铅同位素的产物。同年,A. Ghiorse等在美国加州劳伦斯伯克莱实验室和Livermore国家实验室用^{18}O轰击^{249}Cf得到106号元素的同位素。后来瑞士Paul Scherrer研究所通过如下反应得到了迄今最稳定的同位素:

$$^{248}Cf + {}^{22}Ne \longrightarrow {}^{266}Sg + 4\,{}^{1}n$$

已经得到7种同位素,^{266}Sg,半衰期约21 s,释放α粒子衰变为^{262}Rf,也能发生自发裂变。

𨨏 Bh,第107号元素。1976年,杜布纳研究所宣布得到第107号元素,后于1981年被德国重离子研究所证实。它是用^{54}Cr轰击^{209}Bi获得的。迄今获得的𨨏的最稳定同位素为^{264}Bh,半衰期只有0.44 s,释放α粒子衰变为^{260}Db。𨨏在元素周期表中的位置的证据是,它跟第ⅦB族的Tc和Re一样能形成氧化态为+Ⅶ的卤氧化物。

𨭆 Hs,第108号元素。1984年,由重离子研究所P. Armbruster和G. Münzenber领导的研究小组获得。他们用^{58}Fe轰击^{208}Pb,得到^{265}Hs,半衰期只有0.002 s。已经获得的最稳定同位素为^{269}Hs,半衰期为9 s,放出α粒子衰变为^{265}Sg。并在质谱仪中证实存在像OsO_4一样的气态+Ⅷ氧化态四氧化物,因而它是第Ⅷ族元素。该元素是迄今获得化学证据的最重元素。

鿏 Mt,第109号元素。为已有元素名称的最重元素。1982年,P. Armbruster和G. Münzenber研究小组发现于德国重离子研究所,用^{58}Fe轰击^{209}Bi得到半衰期为0.0038 s的^{266}Mt,衰变产物为^{264}Bh。

𫟼 Ds,第110号元素。1994年,由P. Armbruster和G. Münzenber领导的研究小组发现于德国重离子研究所。他们用^{62}Ni轰击^{208}Pb,得到核素$^{269}110$,半衰期0.17 μs,核融合反应后放出一个中子而转变为这个新元素。已知质量数271的同位素是110号元素的最稳定同位素,半衰期约0.0011 s,释放α粒子衰变为^{267}Hs。

轮 Rg,第111号元素。1994年底,由P. Armbruster 和 G. Münzenber 领导的研究小组发现于德国重离子研究所。他们用^{64}Ni轰击^{209}Bi,检出了核素^{272}Rg的3个原子,半衰期约1.5 ms,是已知111号元素最稳定的同位素,它发生α衰变转变为^{268}Mt,图30-10给出了它的衰变系列,对衰变系列产物的鉴定是鉴别是否合成了超重新元素的基础。图中的CN是融合的激发态核,它释放中子转变为111号元素的基态。该系列的中间产物$^{268}109$和$^{264}107$是Mt和Bh最重的同位素。

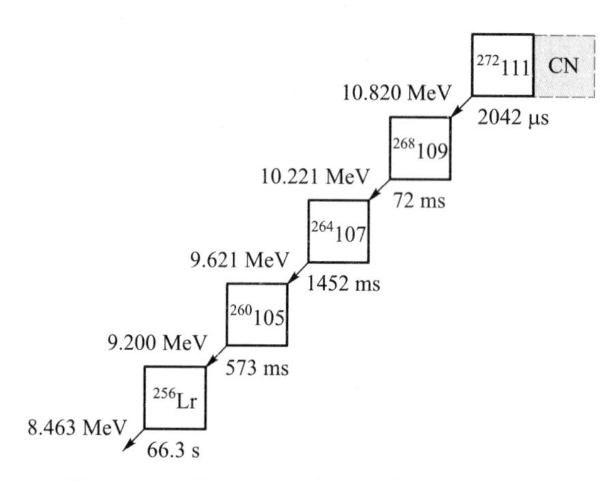

图 30-10 第111号元素的合成与其衰变系列

鿔 Cn,第112号元素。1996年,合成于德国重离子研究所。他们用锌轰击铅获得半衰期仅为0.24 ms的^{277}Cn,它是该元素迄今所知最稳定的同位素,α衰变为^{273}Ds。

鿭 Nh,第113号元素。由日本物理化学所最初合成。2015年,被正式认定为新元素,2016年,被命名为Nihonium。

𫓧 Fl,第114号元素。1998年,合成于杜布纳,用钙轰击钚得到^{289}Fl,半衰期21 s,是迄今为止已知的最稳定同位素,半衰期达30 s,相比之下,是超锕系元素中异乎寻常的长寿核素,似乎正在证实稳定岛理论的预言;它发生α衰变为^{285}Cn。该合成反应同时得到质量数为288的同位素,半衰期2 s:

$$^{244}_{94}Pu + ^{48}_{20}Ca \longrightarrow ^{289}_{114}Cn + 3^{1}n$$

$$^{244}_{94}Pu + ^{48}_{20}Ca \longrightarrow ^{288}_{114}Cn + 4^{1}n$$

镆 Mc,第115号元素。该元素由劳伦斯利弗莫尔国家实验室、橡树岭国家实验室和俄罗斯的科学家联合合成。2016年,被命名为Moscovium。

𫟷 Lv,第116号元素。由俄罗斯杜布纳核研究联合科研所和美国劳伦斯利弗莫尔国家实验室合作于2000年合成。2016年,被命名为Livermorium。

鿬Ts,第117号元素。由美国劳伦斯利弗莫尔国家实验室、橡树岭国家实验室和俄罗斯杜布纳核研究所的科学家共同合成。2016年,被命名为Tenessine。

鿫Og,第118号元素。由美国劳伦斯利弗莫尔国家实验室和俄罗斯的科学家共同合成。用钙轰击^{249}Cf,得到^{297}Og。2016年,被命名为Oganesson。

习 题

30-1 完成下列核反应方程式:

(1) $^{87}_{36}Kr \longrightarrow {}^{0}_{-1}e + ?$

(2) $^{53}_{24}Cr + {}^{4}_{2}He \longrightarrow {}^{1}_{0}n + ?$

(3) $^{235}_{92}U + {}^{1}_{0}n \longrightarrow {}^{140}_{56}Ba + ? + 2{}^{1}_{0}n$

(4) $^{235}_{92}U \longrightarrow {}^{4}_{2}He + ?$

(5) $^{24}_{12}Mg + {}^{0}_{1}n \longrightarrow {}^{1}_{1}H + ?$

30-2 写出下列核反应方程式:

(1) $^{14}_{7}N(n,p){}^{14}_{6}C$;

(2) $^{15}_{7}N(p,\alpha){}^{12}_{6}C$;

(3) $^{35}_{17}Cl(n,p){}^{35}_{16}S$。

30-3 在下列反应中,将"?"所表示的产物写出(包括元素符号、原子序数和质量数)。

(1) $^{237}_{93}Np \longrightarrow {}^{4}_{2}He + ?$

(2) $^{60}_{27}Co \longrightarrow {}^{0}_{-1}e + ?$ (β 衰变)

(3) $^{41}_{20}Ca \longrightarrow ?$ (电子俘获)

(4) $^{11}_{6}C \longrightarrow {}^{0}_{+1}e + ?$

(5) $^{24}_{12}Mg + {}^{2}_{1}H \longrightarrow {}^{25}_{12}Mg + ?$

(6) $^{6}_{3}Li + {}^{1}_{0}n \longrightarrow {}^{4}_{2}He + ?$

30-4 在下列反应中,产生哪些粒子?

(1) $^{9}_{4}Be + {}^{4}_{2}He \longrightarrow {}^{12}_{6}C + ?$

(2) $^{226}_{88}Ra \longrightarrow {}^{222}_{86}Rn + ?$

(3) $^{14}_{6}C \longrightarrow {}^{14}_{7}N + ?$

(4) $^{18}_{9}F \longrightarrow {}^{18}_{8}O + ?$

(5) $^{3}_{1}H + {}^{2}_{1}H \longrightarrow {}^{4}_{2}He + ?$

30-5 下列同位素,哪种具有放射性?简要说明原因。

(1) $^{40}_{20}Ca$ (2) $^{210}_{84}Po$ (3) $^{54}_{25}Mn$

30-6 你认为下列两对核素，每对中哪一种的丰度大些？根据核稳定性简要说明理由。

(1) $^{14}_{6}C$ 或 $^{14}_{7}N$ (2) $^{18}_{8}O$ 或 $^{16}_{9}F$

30-7 下列衰变，哪一个能降低碘-131的 n:p 值？

(1) 放射质子； (2) 放射 α 粒子；

(3) 放射 γ 射线； (4) 放射正电子；

(5) 放射 β 粒子； (6) 电子俘获。

30-8 锶-137的半衰期是30 a，试计算8 mg锶-137样品，在10 a以后还剩下多少毫克？

30-9 根据下列每种同位素的半衰期，试计算每种同位素都是100 g时，在指定的时间末，还剩多少？

(1) $^{189}_{75}Re$； $T_{1/2}=24$ h； 5d

(2) $^{153}_{68}Er$； $T_{1/2}=34$ s； 2.4 h

(3) $^{221}_{89}Ae$； $T_{1/2}=52$ ms； 1.664 s

30-10 某岩石经过分析含有铀-238和铅-206，其质量比 $^{235}U/^{206}Pb=1.5$，铀238的半衰期为 4.5×10^{9} a，试计算此岩石的年龄。

30-11 在下午1时开始测定一纯的放射性同位素样品，每分钟1 555次衰变，同日下午2时下降到每分钟1 069次衰变，计算此同位素的半衰期。

30-12 碘-131半衰期为8.1 d，有一样品开始放射性强度为0.50 mCi（毫居里），问14天后样品放射性强度为多少毫居里。

30-13 $4n+3$ 系的母体是 $^{239}_{92}U$ 经过连续衰变直到 $^{207}_{82}Pb$，其间经过几个 α 放射和几个 β 放射？

30-14 $4n$ 系的母体是 $^{232}_{90}Th$，此核经过6个 α 放射和4个 β 放射，通常其顺序为 $\alpha,\beta,\beta,\alpha,\alpha,\alpha,\alpha,\beta,\beta,\alpha$ 确定每一步产生新核的名称，原子序数和质量数。

30-15 (1) ^{90}Sr 的半衰期为29 a，计算衰变常数 $\lambda(a^{-1})$

(2) 计算90.0%的 ^{90}Sr 衰变所需要的时间。

30-16 氚 $^{3}_{1}H$ 的半衰期为12 a，计算36 a将有百分之几的 $^{3}_{1}H$ 衰变。

30-17 ^{234}Th 的半衰期为24 d，如果此同位素的99.9%衰变需要多长时间？

30-18 (1) ^{238}U 的半衰期为 4.51×10^{9} a，如岩石中含有 N 个 ^{238}U 原子，在 4.51×10^{9} a内，^{238}U 衰变到 ^{206}Pb，将会产生多少氦原子？

(2) 分析某岩石的氦和铀的含量，发现含有 1.00×10^{-9} mol ^{238}U 原子和 2.00×10^{-9} mol $^{4}_{2}He$ 原子。假设所有的氦都是由 ^{238}U 衰变到 ^{206}Pb 所产生的，并且所有的氦都保留在岩石中。试问当岩石形成时有多少摩尔 ^{238}U 原子？

(3) 计算此岩石的年龄。

30-19 计算下列原子核的平均结合能。

(1) $^{16}_{8}O$ (15.990 25 g · mol^{-1})

(2) $^{230}_{90}Th$ (229.983 7 g · mol^{-1})

30-20 计算下列聚变反应的 ΔH_{m}：

$$^{2}_{1}H + ^{2}_{1}H \longrightarrow ^{3}_{2}He + ^{1}_{0}n$$

已知$^{3}_{2}He$摩尔质量＝3.016 03 g·mol^{-1}。

30-21　要一个$^{7}_{3}Li$原子核分裂为质子和中子,需要供给多少能量?(假若$^{7}_{3}Li$摩尔质量＝7.014 36 g·mol^{-1}。)

30-22　当一个$^{7}_{3}Li$和1个$^{2}_{1}H$发生聚变,能放出多少能量?

$$^{7}_{3}Li + ^{2}_{1}H \longrightarrow 2^{4}_{2}He + ^{1}_{0}n$$

30-23　核反应与一般化学反应有何不同?

30-24　解释下列名词:

核结合能,裂变,聚变,临界质量

30-25　写出氮-15轰击锎-249获得第105号元素的合成方程式。

30-26　超重元素的合成方程有什么共同特点?

30-27　超重元素的衰变有什么共同规律?

30-28　通过互联网查阅超铀元素的名称的来源。

30-29　通过互联网查阅合成超铀元素有几种基本途径?

30-30　哪个核素是114号元素中寿命最长的?它预示着什么理论预言?

30-31　预测第114号元素的化学性质。

30-32　举出超重元素的实际价值的重要例子。

30-33　访问中国原子能科学研究院的网站。

族 / 周期	1 ⅠA		16 ⅥA	17 ⅦA	18 0	电子层	18族电子数
1	1 H 氢 1 2 3 $1s^1$ 1.008				2 He 氦 3 4 $1s^2$ 4.0026	K	2
2	3 Li 锂 6 7 $2s^1$ 6.94	4 B 9.0	8 O 氧 16 17 18 $2s^22p^4$ 15.999	9 F 氟 19 $2s^22p^5$ 18.998	10 Ne 氖 20 21 22 $2s^22p^6$ 20.180	L K	8 2
3	11 Na 钠 23 $3s^1$ 22.990	1 M 24.	16 S 硫 32 33 34 36 $3s^23p^4$ 32.06	17 Cl 氯 35 37 $3s^23p^5$ 35.45	18 Ar 氩 36 38 40 $3s^23p^6$ 39.95	M L K	8 8 2
4	19 K 钾 39 40 41 $4s^1$ 39.098	2 C 40.	34 Se 硒 74 76 77 78 80 82 $4s^24p^4$ 78.971(8)	35 Br 溴 79 81 $4s^24p^5$ 79.904	36 Kr 氪 78 80 82 83 84 86 $4s^24p^6$ 83.798(2)	N M L K	8 18 8 2
5	37 Rb 铷 85 87 $5s^1$ 85.468	3 S 87.	52 Te 碲 120 122 123 124 125 126 128 130 $5s^25p^4$ 127.60(3)	53 I 碘 127 $5s^25p^5$ 126.90	54 Xe 氙 124 126 128 129 130 131 132 134 136 $5s^25p^6$ 131.29	O N M L K	8 18 18 8 2
6	55 Cs 铯 133 $6s^1$ 132.91	5 B 137	84 Po 钋 208 209 210 $6s^26p^4$ (209)	85 At 砹 210 211 $6s^26p^5$ (210)	86 Rn 氡 211 220 222 $6s^26p^6$ (222)	P O N M L K	8 18 32 18 8 2
7	87 Fr 钫 212 222 223 $7s^1$ (223)	8 R (22	116 Lv 鉝* 291 292 293 $7s^27p^4$ (293)	117 Ts 鿬* 293 294 (293)	118 Og 鿫* 294 (294)	Q P O N M L K	8 18 32 32 18 8 2

系	168 170 171 172 173 174 176 $4f^{14}6s^2$	71 Lu 镥 175 176 $4f^{14}5d^16s^2$ 174.97
系*	255 259 $5f^{14}7s^2$	103 Lr 铹* 261 262 $5f^{14}6d^17s^2$ (262)

扫码或访问网站，获取更多元素信息

2d.hep.com.cn/pte

高等教育出版社印制
(2022)

元素周期表

原子序数 / 元素符号（红色指放射性元素） / 元素名称（标*的为人造元素） / 同位素的质量数（加底线的是天然丰度最大的同位素，红色指放射性同位素） / 价层电子构型 / 相对原子质量（加括号的是放射性元素半衰期最长的同位素的质量数）

示例：19 K 钾 39 40 41 $4s^1$ 39.098

金 属 | 稀有气体 | 非金属 | 过渡元素

注：
1. 相对原子质量引自国际纯粹与应用化学联合会 (IUPAC) 相对原子质量表 (2018)，删节至五位有效数字，末尾数的准确度加注在其后括号内。
2. 稳定元素列有其在自然界存在的同位素的质量数；放射性元素、人造元素同位素质量数的选列参考自有关文献。

族 / 周期	1 IA	2 IIA	3 IIIB	4 IVB	5 VB	6 VIB	7 VIIB	8 VIII	9	10	11 IB	12 IIB	13 IIIA	14 IVA	15 VA	16 VIA	17 VIIA	18 0	电子层	18族电子数
1	1 H 氢 1 2 3 $1s^1$ 1.008																	2 He 氦 3 4 $1s^2$ 4.0026	K	2
2	3 Li 锂 6 7 $2s^1$ 6.94	4 Be 铍 9 $2s^2$ 9.0122											5 B 硼 10 11 $2s^22p^1$ 10.81	6 C 碳 12 13 14 $2s^22p^2$ 12.011	7 N 氮 14 15 $2s^22p^3$ 14.007	8 O 氧 16 17 18 $2s^22p^4$ 15.999	9 F 氟 19 $2s^22p^5$ 18.998	10 Ne 氖 20 21 22 $2s^22p^6$ 20.180	L K	8 2
3	11 Na 钠 23 $3s^1$ 22.990	12 Mg 镁 24 25 26 $3s^2$ 24.305											13 Al 铝 27 $3s^23p^1$ 26.982	14 Si 硅 28 29 30 $3s^23p^2$ 28.085	15 P 磷 31 $3s^23p^3$ 30.974	16 S 硫 32 33 34 36 $3s^23p^4$ 32.06	17 Cl 氯 35 37 $3s^23p^5$ 35.45	18 Ar 氩 36 38 40 $3s^23p^6$ 39.95	M L K	8 8 2
4	19 K 钾 39 40 41 $4s^1$ 39.098	20 Ca 钙 40 42 43 44 46 48 $4s^2$ 40.078(4)	21 Sc 钪 45 $3d^14s^2$ 44.956	22 Ti 钛 46 47 48 49 50 $3d^24s^2$ 47.867	23 V 钒 50 51 $3d^34s^2$ 50.942	24 Cr 铬 50 52 53 54 $3d^54s^1$ 51.996	25 Mn 锰 55 $3d^54s^2$ 54.938	26 Fe 铁 54 56 57 58 $3d^64s^2$ 55.845(2)	27 Co 钴 59 $3d^74s^2$ 58.933	28 Ni 镍 58 60 61 62 64 $3d^84s^2$ 58.693	29 Cu 铜 63 65 $3d^{10}4s^1$ 63.546(3)	30 Zn 锌 64 66 67 68 70 $3d^{10}4s^2$ 65.38(2)	31 Ga 镓 69 71 $4s^24p^1$ 69.723	32 Ge 锗 70 72 73 74 76 $4s^24p^2$ 72.630(8)	33 As 砷 75 $4s^24p^3$ 74.922	34 Se 硒 74 76 77 78 80 82 $4s^24p^4$ 78.971(8)	35 Br 溴 79 81 $4s^24p^5$ 79.904	36 Kr 氪 78 80 82 83 84 86 $4s^24p^6$ 83.798(2)	N M L K	8 18 8 2
5	37 Rb 铷 85 87 $5s^1$ 85.468	38 Sr 锶 84 86 87 88 $5s^2$ 87.62	39 Y 钇 89 $4d^15s^2$ 88.906	40 Zr 锆 90 91 92 94 96 $4d^25s^2$ 91.224(2)	41 Nb 铌 93 $4d^45s^1$ 92.906	42 Mo 钼 92 94 95 96 97 98 100 $4d^55s^1$ 95.95	43 Tc 锝 97 98 99 $4d^55s^2$ (98)	44 Ru 钌 96 98 99 100 101 102 104 $4d^75s^1$ 101.07(2)	45 Rh 铑 103 $4d^85s^1$ 102.91	46 Pd 钯 102 104 105 106 108 110 $4d^{10}$ 106.42	47 Ag 银 107 109 $4d^{10}5s^1$ 107.87	48 Cd 镉 106 108 110 111 112 113 114 116 $4d^{10}5s^2$ 112.41	49 In 铟 113 115 $5s^25p^1$ 114.82	50 Sn 锡 112 114 115 116 117 118 119 120 122 124 $5s^25p^2$ 118.71	51 Sb 锑 121 123 $5s^25p^3$ 121.76	52 Te 碲 120 122 123 124 125 126 128 130 $5s^25p^4$ 127.60(3)	53 I 碘 127 $5s^25p^5$ 126.90	54 Xe 氙 124 126 128 129 130 131 132 134 136 $5s^25p^6$ 131.29	O N M L K	8 18 18 8 2
6	55 Cs 铯 133 $6s^1$ 132.91	56 Ba 钡 130 132 134 135 136 137 138 $6s^2$ 137.33	57–71 La-Lu 镧系	72 Hf 铪 174 176 177 178 179 180 $5d^26s^2$ 178.49(2)	73 Ta 钽 180 181 $5d^36s^2$ 180.95	74 W 钨 180 182 183 184 186 $5d^46s^2$ 183.84	75 Re 铼 185 187 $5d^56s^2$ 186.21	76 Os 锇 184 186 187 188 189 190 192 $5d^66s^2$ 190.23(3)	77 Ir 铱 191 193 $5d^76s^2$ 192.22	78 Pt 铂 190 192 194 195 196 198 $5d^96s^1$ 195.08	79 Au 金 197 $5d^{10}6s^1$ 196.97	80 Hg 汞 196 198 199 200 201 202 204 $5d^{10}6s^2$ 200.59	81 Tl 铊 203 205 $6s^26p^1$ 204.38	82 Pb 铅 204 206 207 208 $6s^26p^2$ 207.2	83 Bi 铋 209 $6s^26p^3$ 208.98	84 Po 钋 208 209 210 $6s^26p^4$ (209)	85 At 砹 210 211 $6s^26p^5$ (210)	86 Rn 氡 211 220 222 $6s^26p^6$ (222)	P O N M L K	8 18 32 18 8 2
7	87 Fr 钫 212 222 223 $7s^1$ (223)	88 Ra 镭 223 224 226 228 $7s^2$ (226)	89–103 Ac-Lr 锕系	104 Rf 𬬻* 265 267 $6d^27s^2$ (267)	105 Db 𬭊* 268 270 $6d^37s^2$ (270)	106 Sg 𬭳* 269 271 $6d^47s^2$ (269)	107 Bh 𬭛* 270 274 $6d^57s^2$ (270)	108 Hs 𬭶* 269 270 $6d^67s^2$ (270)	109 Mt 鿏* 276 278 $6d^77s^2$ (278)	110 Ds 𫟼* 280 281 $6d^87s^2$ (281)	111 Rg 𬬭* 281 282 $6d^{10}7s^1$ (281)	112 Cn 鎶* 283 285 $6d^{10}7s^2$ (285)	113 Nh 鿭* 285 286 (286)	114 Fl 𫓧* 287 288 289 $7s^27p^2$ (289)	115 Mc 镆* 288 289 290 (289)	116 Lv 𫟷* 291 292 293 $7s^27p^4$ (293)	117 Ts 鿬* 293 294 (293)	118 Og 鿫* 294 (294)	Q P O N M L K	8 18 32 32 18 8 2

镧系	57 La 镧 138 139 $5d^16s^2$ 138.91	58 Ce 铈 136 138 140 142 $4f^15d^16s^2$ 140.12	59 Pr 镨 141 $4f^36s^2$ 140.91	60 Nd 钕 142 143 144 145 146 148 150 $4f^46s^2$ 144.24	61 Pm 钷 145 146 147 $4f^56s^2$ (145)	62 Sm 钐 144 147 148 149 150 152 154 $4f^66s^2$ 150.36(2)	63 Eu 铕 151 153 $4f^76s^2$ 151.96	64 Gd 钆 152 154 155 156 157 158 160 $4f^75d^16s^2$ 157.25(3)	65 Tb 铽 159 $4f^96s^2$ 158.93	66 Dy 镝 156 158 160 161 162 163 164 $4f^{10}6s^2$ 162.50	67 Ho 钬 165 $4f^{11}6s^2$ 164.93	68 Er 铒 162 164 166 167 168 170 $4f^{12}6s^2$ 167.26	69 Tm 铥 169 $4f^{13}6s^2$ 168.93	70 Yb 镱 168 170 171 172 173 174 176 $4f^{14}6s^2$ 173.05	71 Lu 镥 175 176 $4f^{14}5d^16s^2$ 174.97
锕系	89 Ac 锕 225 227 $6d^17s^2$ (227)	90 Th 钍 230 232 $6d^27s^2$ 232.04	91 Pa 镤 231 233 $5f^26d^17s^2$ 231.04	92 U 铀 233 234 235 236 238 $5f^36d^17s^2$ 238.03	93 Np 镎 236 237 $5f^46d^17s^2$ (237)	94 Pu 钚 238 239 240 241 242 244 $5f^67s^2$ (244)	95 Am 镅* 241 243 $5f^77s^2$ (243)	96 Cm 锔* 243 244 245 246 247 248 $5f^76d^17s^2$ (247)	97 Bk 锫* 247 249 $5f^97s^2$ (247)	98 Cf 锎* 249 250 251 252 $5f^{10}7s^2$ (251)	99 Es 锿* 252 254 $5f^{11}7s^2$ (252)	100 Fm 镄* 253 257 $5f^{12}7s^2$ (257)	101 Md 钔* 258 260 $5f^{13}7s^2$ (258)	102 No 锘* 255 259 $5f^{14}7s^2$ (259)	103 Lr 铹* 261 262 $5f^{14}6d^17s^2$ (262)

扫码或访问网站，获取更多元素信息

2d.hep.com.cn/pte

高等教育出版社印制
(2022)